Gesamtverzeichnis des deutschsprachigen Schrifttums (GV) 1700 – 1910

Bearbeitet unter der Leitung von
Hilmar Schmuck und Willi Gorzny
Bibliographische und redaktionelle Beratung:
Hans Popst und Rainer Schöller

59

Hel - Hep

K · G · Saur München · New York · London · Paris 1982

CIP-Kurztitelaufnahme der Deutschen Bibliothek

Gesamtverzeichnis des deutschsprachigen Schrifttums :
(GV). – München, New York, London, Paris : Saur.
Bd. 1 – 6 bearb. unter d. Leitung von Peter Geils
u. Willi Gorzny.
ISBN 3-598-30000-X

1700 – 1910 / bearb. unter d. Leitung von Hilmar
Schmuck u. Willi Gorzny. Bibliograph. u. red.
Beratung: Hans Popst u. Rainer Schöller

NE: Schmuck, Hilmar [Bearb.]

59. Hel - Hep. - 1982.

Techn. Realisierung und Druck: Norbert Gärtner, Mainz-Kastel
Binden: Karl Schaumann, Darmstadt
Printed in the Federal Republic of Germany
ISBN 3-598-30000-X (Gesamtwerk)

Hela [Sachliches OW]

Ostsee-Bad Hela. *Danzig [1899] Gebr. Zenner.* 8° [Umschlagt.] [05.7610

Hela [Schlagwort]

Hela, s.: **Europa. Liebenow.**

Hela, s.: Preussen. Messtischblätter.

Helbach, s. Hellbach.

Helbach, G. Über Nitranilinsulfosäure. In-8°. 31 S. Basel. These. 1886

Helbeck, Paul, die Lehren des Marxismus u. die revisionistischen Strömungen in der Sozialdemokratie. (48 S.) gr. 8. Elberfeld 905. A. Martini & Grüttefien. n. — 50

Deutsche Weltpolitik und die Mittel zu ihrer Durchführung von Kaufmann (Paul) **Helbeck** u. Reg.R. Dr. [Oskar] Poensgen. Köln: Reichsverb. d. Ver. d. nationallib. Jugend 1907. (58 S.) 8° [Umschlagt. F.] [08.1547

Helber, Emil [app. Arzt aus Schw. Hall]: Ueber einen Fall von Syringomyelie ... Schw. Hall, Buchdr. v. E. Schwend, 1896; 31 S. 8.
München, Med. Fak., Inaug.-Diss. v. 1896

Helber, Ernst *Otto* [aus Ludwigsburg in Württemb.]: Ueber die Nierenerkrankungen Schwangerer ... Berlin, C. Vogts Buchdr., *1896;* 29 S., 1 Bl. 8.
Berlin, Med. Fak., Inaug.-Diss. v. 4. Aug. 1896

Helber, K., Geometrie f. Anfänger nach genetischer Methode m. Übungsaufgaben u. e. Anh., enth., e. Überblick üb. die wichtigsten Körper. gr. 8. (VI, 74 S. m. eingedr. Fig.) Stuttgart 885. Metzler's Verl. n. 1. 30

Helber's, Seb., teutsches Syllabierbüchlein [1593], hrsg. v. Gust. Roethe. 8. (XVI, 40 S.) Freiburg i/Br. 882. Mohr. n. 1. 20; auf Büttenpap. n. 2. —

Helbich, Adam Theophil (Warschau), De carbunculo polonico. Diss. med. Bln. (August Petsch) 17. IX. 1827. 47 S. mit Biogr. (6.50) 14135
Oppon.: Fr. v. Hechell, A. v. Hoffmann, F. Dworzaczek.

Helbich, Hans, Volontärassistent am Kaiser und Kaiserin Friedrich Kinderkrankenhaus zu Berlin: Aus der Königl. Universitäts-Kinderklinik, Greifswald. Ist hohe Säuglingssterblichkeit eine Auslese im Darwinschen Sinne? Greifswald 1907: H. Adler. (38 S.) 8°
Greifswald, Med. Fak., Ref. Minkowski, Diss. v. 4. Juni 1907
[Geb. 6. Jan. 79 Gleichamberg (S.-Meiningen); Wohnort: Berlin; Staatsangeh.: S.-Meiningen; Vorbildung: Gymn. Arnstadt Reife M. 02; Studium: Erlangen 4, Jena 1, Greifswald 3 S.; Coll. 21. Febr. 07; Approb. 25. Apr. 07.]

Helbig

— s. auch Hellwig, Helwig.

Helbig — Ueber den Nutzen der Mittheil. der Schulprogramme für den Gymn.-Unterr. im Allg. u. insb. f. d. deutsche Spr. 10 S.
Progr. Breslau, k. 1826

Helbig, Adolph H.: Al-Qadi al-Fadil, der Wezir Saladin's. Eine Biographie. Leipzig 1908: Drugulin. 75 S. 8°
Heidelberg, Phil. Diss. v. 30. Juli 1909, Ref. Bezold
[Geb. 14. Okt. 79 Wiesbaden; Wohnort: Heidelberg; Staatsangeh.: Preußen; Vorbildung: Gymn. Wiesbaden Reife O. 00; Studium: Lausanne 1, München 3, Heidelberg 5, Berlin 4, Heidelberg 2 S.; Rig. 31. Juli 07.] [U 09. 1995

Helbig, Adph. H., Al-Qadi al-Fadil, der Wezir Saladin's. Eine Biographie. (III, 75 S.) gr. 8. Berlin 909. S. Calvary & Co. 4. —

Helbig, Alb., Greiffenstein, s.: **Winckler, B. v.**

Heimatkundliches Lesebuch für die Schüler des Hirschberger Tales. Bearb. von A[lb.] **Helbig**, Lehrer. 2. Aufl. Glogau: C. Flemming [1905]. (32 S.) 8° [F.] [06. 6591

Rübezahl, der Herr des Riesengebirges. Sagen, Märchen u. Schwänke erzählt von A[lbert] **Helbig**. Mit vielen Abb. Warmbrunn: M. Leipelt [1908]. (80 S.) 8° [F.] [08. 17534 2

— Schmiedeberg u. Hohenwiese. Führer durch das Riesengebirge. Mit 1 Plan v. Schmiedeberg, 1 Karte vom Riesengebirge u. 25 Abbild. (64 S.) gr. 8. Hirschberg (910). Schles. Druckerei u. Verlagsanstalt. — 60

Helbig, Arno, Tostedt, das Paradies der Lüneburger Heide. (23 S. m. 1 Abb.) 8. Hamburg (907). Kramer's Sort. — 40

Helbig, C., Handkommentar zum Arzneibuch f. das Deutsche Reich, s.: **Schneider, Alfr.**

Helbig, C. Aug., der kleine Leseschüler. Als Mittel, den Leseunterricht eben so anziehend als bildend zu betreiben, u. den Schulunterr. durch d. älterliche Haus zu befördern. Mit e. Verw. f. Aeltern u. Lehrer. 8. (4 B. u. 1/4 B. m. Stntfln.) Glogau 842, Flemming.

Bücherei-Verzeichnis des Vereins für Erdkunde zu Dresden. Abgeschlossen am 15. April 1905. (Verf.: C. E. **Helbig** u. O. Mörtzsch.) Dresden: Holze & Pahl in Comm. (1905). (VIII, 258 S.) 8° [05. 10659

Helbig, C. E., die Choleraforschung während der letzten Epidemie. [Aus: „Fortschritte der öffentl. Gesundheitspflege".] gr. 8. (39 S.) Frankfurt a/M. 894. Jaeger, Verl. n. 1. 40

— Hygiene der chem. Grossindustrie, s.: **Goldschmidt**, Ferdinand

Helbig, G. F., s. Geo. Fr. Meier, Versuch eines Lehrgebäudes.

Helbig, C. G., der Wasser-Richter oder Nutzen und Schaden, Charlatanerien und Intoleranz resp. des Wassers und der Wasserärzte nebst Nachweis des „Aehnliches heilt Aehnliches" aus deren Schriften. 1. Heft. gr. 8. (VIII, 69 S.) Dresden 869, Weiske. *

Helbig, Carl, s. Helbig, Karl

Helbig, F., nach Göthe, s.: Bloch's, E., Theater-Correspondenz.

— Gregor VII., } s. Universal-Biblio-
— die Komödie auf der Hochschule, } thek Nr. 1036; 956.

Helbig, F., e. Küßchen, s.: **Dilettanten-Mappe.**

Helbig, Fr., Die Don Juan-Sage, ihre Entstehung u. Fortentwickelung. (A.) Braunschweig 1877. 8°. (80 Pfg. B. Seligsberg, Bayreuth, 1911.)

Helbig, Fr., († d. 4. Aug. 1827.) französ. Lesebuch für die niedern Klassen d. kathol. Gymnasien Schlesiens u. d. Grafsch. Glatz. Nebst einem Wortregister. gr. 8. Bresl. 804. 2e Aufl. 809. 3e Aufl. 814. (Holäufer.), 1 ₰

* Helbig, F., französisches Lesebuch f. die niedern Klassen d. Gymnasien. 2te verm. Aufl. nebst einem Wortregister. gr. 8. Bresl. Barth. 810.

Helbig, Fr., Nikolaus de Smit. Historisches Schauspiel in 5 Akten, nebst e. Vorspiel: Das Marktrecht. 8. (131 S.) Gera 898. M. Nuckdeschel. 2. —; geb. in Leinw. 3. —

Helbig, Franz, a. Gunschwitz, Referendar am Kgl. Landgericht zu Beuthen O. S.: Gültigkeit bezw. Ungültigkeit einer zweiten Ehe im Falle der Aufhebung des Scheidungsurteils im Wege der Restitutionsklage. Ein Beitrag zur Lehre vom konstitutiven Urteil unter besonderer Berücksichtigung seiner rückwirkenden Kraft. Breslau 1906: Genossenschaftsdr. (76 S.) 8°

Erlangen, Jur. Fak., Ref. Örtmann, Diss. v. 7. März 1906

[Geb. 30. Dez. 78 Gunschwitz; Wohnort: Beuthen O.-S.; Staatsangeh.: Preußen; Vorbildung: Gymn. Neubrandenburg Reife M. 00; Studium: Göttingen 3, Breslau 3 S.; Rig. 30. Jan. 06.]

Helbig, Friedr., Babel. Tragödie in 5 Akten. gr. 8. (88 S.) Arnstadt 873. Faßheber in Comm. n. 1. 50

Helbig, Fr., die Brautfahrt. Dramat. Festgedicht. 8. (22 S.) Gera 884, Burow's Sortiment. *

Helbig, Frdr., Kunigunde von Orlamünde. Tragödie in 5 Aufzügen u. einem Nachspiele. Jena 859. Deistung. 8. (2 Bl., 134 S.) 15 ngr.

Helbig, Frdr., deutsches Laien-Rechtsbuch, enth. eine systemat. erläut. Zusammenstellung d. Wissenswerthesten aus den neuen deutschen Justizgesetzen für den Laien, nebst einem Anh. m. Auszügen aus dem Gerichtskostengesetze, der Gebührenordnung für Gerichtsvollzieher, Zeugen u. Sachverständige, dem Entwurf der Gebührenordnung für Rechtsanwälte u. eine Anzahl Formulare für die gebräuchlichsten Anträge. 8. (VIII, 112 S.) Erfurt 879. Stenger. n. 1. —

— die Sage vom „Ewigen Juden", s. a. Sammlung gemeinverständl. wissenschaftl. Vorträge.

Helbig, Frdr., Die Sage vom ‚Ewigen Juden', ihre poetische Wanderung und Fortbildung. Berlin 1874. 8.
Iah: Samml. gem.-verst. Vorträge. II. 106.

Helbig, Frdr. (in Arnstadt), die Sage vom „Ewigen Juden", ihre poetische Wandlung u. Fortbildung. **Berlin**, Lüderitz (C. Habel), 1874. 8°. 56 S. Cart.

—— die Wacht am Osterstein. Festspiel in 1 Akte. gr. 8. (15 S.) Ebendas. 883. *

Helbig, G., s.a. Helbig, Karl Gustav

Potemkin. Ein interessanter Beitrag zur Regierungsgeschichte Katharina's der Zweyten. (Bearbeitung der Artikel in der „Minerva": „Potemkin der Taurier", von *G. v. Helbig*.) Mit Bildniss. Halle und Leipzig (o. Adresse) 1804. 8°. 214 S. (4 Mk. 50 Pfg. Adolf Weigel, 1906.)
Fehlt im Anon.-Lex.

Helbig, Geo. v., russische Günstlinge. Ins Russ. übers. u. m. Vorwort versehen v. W. A. Bilbassow. Mit e. Bildnis Katharina II. gr. 8. (VI, IV, 534 S.) Berlin 900. F. Gottheiner. n. 7. 50

Russische Günstlinge [russ.]
[Russ.] Georg [Adolf Wilhelm] fon-Gel'big [Helbig], sekretar' saksonskago posol'stva pri dvorě Ekateriny II. Russkie izbranniki. Perevod i priměčanija V[asilija] A[lekséevića] Bil'basova. Sportr. Ekateriny II. *Berlin: F. Gottgejner 1900.* (IV, 534 S.) 8° [oo. v931

Helbig, Gust. Adolph Wilh. v.

v. Helbig, G. Ad. W., († d. 14. Nov. 1813.) s.a. Biographie Peter III.

Biographie Peter des Dritten (von *Gust. Adolph Wilh. v. Helbig*). 2 Thle. Mit Titelportrait u. 2 Vignetten. Stuttgart u. Tübingen 1808–9. 8°. Selten! (6 Mk. L. Frensdorff, 1906.)

— s.a. Günstlinge, Russische.

GÜNSTLINGE, Russische (von *Gust. Adolf Wilh. v. Helbig*). Tübingen, J. G. Cotta, 1809. 8°. VIII, 502 S. Lat. Lett. (13 Mk. Rich. Bertling, Dresden, 1889; 25 Mk. Adolf Weigel, 1908.)
Enthält interessante u. bisher unbekannte Mitteilungen über das Privatleben Peters d. Gr. u. Katharinas II. Beginnt mit dem Grafen Lefort († 1699). Die russische Regierung verhinderte den weiteren Verkauf gleich nach Erscheinen. Exemplare dieser Originalausgabe sind also rar!

— — Dasselbe. Wortgetreuer Abdruck der Original-Ausgabe. Mit Portr. d. Kaiserin Catharina II. nach Dan. Chodowiecki, ausgeführt in d. artist. Anstalt von Mart. Rommel in Stuttgart. Stuttgart, J. Scheible (188*). Gr. 8°. (Ausgabe auf Handpapier nach holländischer Art, Mk. 8—; gebd. in geschmackvollem Liebhaber-Halbfranzband mit Goldschn., Mk. 11—; Ausgabe für Bibliophilen („nur 40 nummerirte Exemplare auf feinstem holländischem Papier „Van Gelder". Mk. 12—; gebd. in geschmackvollem Halbfranzband mit Goldschnitt Mk. 15—.) (8 Mk., gewöhnl. Ausgabe, Hugo Streisand, Berlin, 1906; 8 Mk. v. Zahn & Jaensch, Dresden, 1900.)
Portr., XIV—328 S. Tit. in Roth- u. Schwarzdruck. Schwabacher Lett.

Helbig, G. Ad. W. v., russische Günstlinge. Wortgetreuer Abdr. der Orig.-Ausg., Tübingen, in der J. G. Cotta'schen Buchh., 1809. Mit Portr. der Kaiserin Catharina II. nach Dan. Chodowiecki. 8. (XIV, 328 S.) Stuttgart 883, Scheible.
geb. mit Goldschn.
Ausg. für Bibliophilen auf holländ. Pap.
geb. mit Goldschn.

Helbig, Heinr., vermischte Gedichte. 8. Lpz. Rein. 804.

— neue Samml. verm. Gedichte. 8. Ebd. 821.

Helbig, (Johann) Hugo

—— **Quaestiones de dialecto cretica. Dissertatio philologica. gr. 8. (36 S.) Numburgi 870. (Leipzig, Gräfe.)** *

Helbig, Jos. Hugo, de dialecto Cretica quaestiones grammaticae. 4. (52 S.) Plauen 873, Hohmann. *

Helbig, Hugo De synaloephae apud epicos latinos primi post Christum saeculi ratione. 32 S. **Progr.** G. *Bautzen* 1878.

Helbig, J., Recueil des monuments funéraires, s. Recueil.

Helbig, Jo. Laur., Commentarius in libros Josue, Judicum et Ruth. Köln, 1717, Folio. Vgl. Pandesia sacra etc.

Helbig, Joann. Laur., Pandesia sacra mysticis epulis copiose instructa, cuius missus primus continet prolegomena in universam Scripturam s. amplissima, in quibus 1. de Scriptura s. in genere eiusque proprietatibus; 2. de metabolica et 3. de exegetica interpretatione agitur. Köln, 1713.

Helbig, Jo. Laur., Pandosia sacra mysticis epulis copiose instructa. Missus secundus: Commentarius in Pentateuchum reddens sensum litteralem, anagogico-allegorico-tropologico-symbolicum per quaestiones utilissimas pieque curiosissimas et discursus morales verbi Dei praedicatoribus dogmatum et documentorum materias ubertim suppeditans servato ordine, distributione et methodo prorsus singulari. Köln, 1713, 2 Bde, Folio.

Helbig, Joann. Laur., Pandosia sacra mysticis epulis copiose instructa. Köln, 1718, handelt missus II. et III. de metabolica et exegetica interpretatione.

— — s. expositio Iosuae, Iudic. et Ruth. fol. Norimb. 717.

Helbig, Julius

Helbig, Jul., Beiträge zur Geschichte der Stadt u. des Bez. Friedland. [Aus: „Friedländer Wochenbl."] 1.—11. Lfg. 12. (1. Bd. 820 S. m. Bildern; 2. Bd. VII, 312 S. u. 3. Bd. S. 1—64.) Friedland i/B. 892—894. (J. Weeber.) à n. — 40

Helbig, Jul., Beiträge z. Geschichte d. Stadt u. d. Bez. Friedland. [Aus: „Friedländer Wochenbl."] 12—18. Lfg. 12. (3. Bd. S. 65—323 m. 1 Abb. u. 4. Bd. S. 1—200.) Friedland i/B. 894—896. (J. Weeber.) à Lfg. n. — 40

Helbig, Julius. Friedlandia. Mit Beiträgen von Johannes Altzberg, Theodor Bakedy, Emil Fischer, E. Johne, H. W. Lankt, Joh. Aug. Lederer, G. K. Neubek, Ant. Newotny, Ferdinand Siezmund, und Anderen. II. Jagrgang. Mit 1 Plane. 8. (246 S.) Friedlant, Philipp Gerzabek in Reichenberg 1853.

Helbig, Julius. — Friedlandia. Wohlthätigkeits-Album für 1854. Herausgegeben von — —. Dritter Jahrgang. 8. (VIII, 178 S.) Wien. Druck von Anton Schweiger. Jasper's Witwe und Hügel. 1854.

— Geschichte d. Schützen-Gesellschaft (des jetzigen k. k. priv.-bürgerl. Schützencorps) in Friedland i/B. Im Auftr. d. Gesellschaft verf. 12. (III, 276 S. m. 6 Abb.) Ebd. 897. n. 2.—

— — Die Ortsnamen im Bezirke Friedland i. B. Ein etymologischer Versuch. (Separat-Abdruck aus dem „Friedländer Wochenblatt".) Kl.-8. (48 S.) Friedland: Weeber 1894. —.20

Helbig, K.

— „Ich habe keine Zeit!" Ansprache, geh. beim Gartenfest des Jünglingsvereins zu Leipzig-Reudnitz am 16. VIII. 1903. (12 S.) 8. Dresden (903). Verbandsbuchh. (E. Zacharias.) n. — 10

— dasselbe. 2. Aufl. (12 S.) 8. Ebd. (905). n. — 15

Helbig, K., Stauweiher u. Brunnenstube. Etwas f. christl. Vereine u. Gemeinden. 2. Aufl. (16 S.) 8. Dresden (910). Verbandsbuchh. — 15

— die Steinkreuze im Königr. Sachsen als Grenzzeichen. (26 S. m. 28 Abbildgn.) gr. 8. Leipzig 906. F. Jansa. n. — 75
Sonderabdruck aus: „Mitt. d. Ver. f. sächs. Volkskde."

Helbig, K., was hat e. Gemeinde an ihrem Männer- u. Jünglingsverein? (16 S.) 8. Dresden (905). Verbandsbuchh. (E. Zacharias.) n. — 15

ROCHLITZ, Gräfin v., Maitresse Kurfürst Johann Georg IV. — Helbig, K. G., Die Gräfin v. Rochlitz. Hannover 1873. 8⁰. (A.) (1 Mk. Paul Neubner, Cöln, 1892.)

Helbig, K. G., Zur Orientierung auf d. Gebiete d. alt. Numismatik. Pr. 1860. 20 S.

Helbig, Karl

Helbig, Carl, Assist. am anat. Inst.: Die Behandlung des äußern Milzbrandes beim Menschen. Königsberg i. P. 1908: Kümmel. 20 S. 8°
Königsberg, Med. Diss. v. 15. Febr. 1909, Ref. Lexer
[Geb. 27. Okt. 82 Allenstein; Wohnort: Königsberg i. P.; Staatsangeh.: Preußen; Vorbildung: Gymn. Allenstein Reife M. 02; Studium: Königsberg 1, München 1, Königsberg 8 S.; Coll. 25. März 08; Approb. 2. Jan. 09.]
[U 09. 2374

Helbig, Carl, Bock gegen Bock. Hrn. Prof. Dr. C. E. Bock's Angriffe auf das homöopath. Heilverfahren, zumeist aus seinen eignen Schriften widerlegt. Dresden 856. Schäfer's Sorthdlg. in Comm. gr. 8. (79 S.) n. 8 ngr.

Helbig, Carolus (Julius) *(geb. Grünberg in Schles. 18. 1. 1841)*: De ellipsis apud tragicos Graecos usu. Vratislaviae (1868). (44 S.) 8⁰
Breslau, Phil. Diss. v. 6. März 1868

Helbig, Karl Aug., Grundriß der Geschichte der poetischen Literatur der Deutschen. 6., verm. und verb. Aufl. 8. (X und 38 S.) Leipzig 862, Arnoldische Buchh.

Helbig, Karl Ernst

Helbig, C. E, gesundheitl. Ansprüche an militär. Bauten, s.a Handbuch d. Hygiene.

Helbig, Dr. C. E., Oberstabsarzt a. D. in Dresden. Gesundheitliche Ansprüche an militärische Bauten. Mit 9 Abbild. im Text. (Diese Abhandlung bildet zugleich die 34. Lieferung des „Handbuchs der Hygiene herausgegeben von Dr. Theodor Weyl in Berlin".) 8. Jena 1897.

(Gesundheitliche Ansprüche an militärische Bauten. Bearb. von Dr. C[arl] E[rnst] Helbig, Oberstabsarzt in Dresden. Mit 9 Abb. im Text. *Jena: G. Fischer 1897.* (S. 316–355.) 8⁰
Handbuch d. Hygiene. Bd 6. Lfg 5.

Helbig, C. E. Heusingers Eisenbahn-Personenwagen als fahrendes Lazareth. 8. Dresden 1876.

Helbig, Carl Ernst, die erste Erfindung. Vorgeschichtliche u. culturhist. Gedanken. 2. unveränd. [Titel-]Aufl. 8. (VIII, 48 S.) Dresden [900.] (902). O. Damm. n. 1.20
Die 1. Aufl. erschien ohne Angabe des Verfassers.

— Erneuerung der Genfer Uebereinkunft. Ein Vorschlag f. die Friedens-Conferenz. gr. 8. (IV, 34 S.) Ebd. 899. n. 1.—

Helbig, Karl Gottlob

— und Carl Friedr. Trinks, die Allöopathie. Eine Zeitschrift. 1. Jahrg. 1834. 1. Bd. 24 Nrn. (Bog.) kl. Fol. Dresden, Arnold.

— und Carl Friedr. Trinks, die Allöopathie. Eine Zeitschr. 1. Bd. 2. Hft. (od. Nr. 26 — 50.) kl. Fol. Dresden 835, 36, Arnoldische Buchh.
1. Bd. 1. Hft. (od. No. 1 — 25.) Ebendas. 1834. 1 Thlr.

Helbig, Carl Gottlob (Zethau), De obesitatis morbosae genesi. Diss. med. Lpz. (Staritz) 27. III. 1832. 24 S. (5.50) 14136

Helbig, Karl Glo., Heraklides. Ueber Krankheitsursachen und Heilmittel, nach ihren reinen Wirkungen. 1s Hft. A. u. d. T.: Die Muskatennuß. Nach homöopathischen Grundsätzen bearb. gr. 8. Leipzig 833. Breitkopf u. Härtel. $^1/_2$ ϑ — 2s Hft. A. u. d. T.: Einleitung zu den Affekten als Krankheitsursache und Heilmittel, oder über das den Affekten und der Naturheilkraft zum Grunde liegende Vermögen und dessen Thätigkeitsgesetze. gr. 8. Ebd. 836. Meser's Verlags-Expedition. 1 ϑ

Helbig, Carl Gtlo., Heraklides. Ueber Krankheitsursachen u. Heilmittel nach ihren reinen Wirkungen. 2. Hft. — A. u. d. T.: Einleitung zu d. Affekten als Krankheitsursache u. Heilmittel, od. üb. das den Affekten u. d. Naturheilkraft z. Grunde liegende Vermögen u. dess. Thätigkeitsgesetze. gr. 8. (9$^1/_4$ B.) Leipzig 836, [Fritzsche.] 1 Thlr., hrbgs. Pr.
1. Hft. Leipzig 833, Breitkopf u. Härtel. 12 Gr.

Helbig, Karl Gustav

—— der Kaiser Ferdinand und der Herzog von Friedland während des Winters 1633—1634. Nach handschriftlichen Quellen des königl. sächs. Haupt-Staats-Archivs und mit kritischer Berücksichtigung der gedruckten Berichte dargestellt. Mit Wallensteins Horoscope von Keppler. gr. 8. (VIII und 72 S.) Dresden 852, Adler und Dietze.

—— Grundriß d. Geschichte der poetischen Literatur der Deutschen. 1. Aufl. (3 B.) 843. u. 2., verm. u. verb. Aufl. 8. (3$^1/_2$ B.) Dresden u. Leipzig 844, Arnoldische Buchh. n *

— Grundriß der Geschichte der poetischen Literatur d. Deutschen. 3. verm. u. verb. Aufl. 8. (XII u. 47 S.) Leipzig 847, Arnold. — 4. verm. u. verb. Aufl. 8. (XVI u. 46 S.) Ebd. 850. n. $^1/_6$ ϑ

Helbig, Karl Gust., Grundriß der Geschichte der poetischen Literatur der Deutschen. 5., verm. u. verb. Aufl. Leipzig 853. Arnold. 8. (XVI, 46 S.) 5 ngr.

Helbig, Karl Gust., Grundriß der Geschichte der poetischen Literatur der Deutschen. 6. verm. u. verb. Aufl. Leipzig 862. Arnold. 8. (X, 38 S.) n. 5 ngr.

Helbig, Karl Gust., Grundriß der Geschichte der poetischen Literatur der Deutschen. 7., verm. und verb. Aufl. gr. 8. (VIII, 48 S.) Leipzig 875, Arnoldische Buchh. *

Helbig, Karl Gustav, Oberlehrer an der Kreuzschule zu Dresden. Gustav Adolf und die Kurfürsten von Sachsen und Brandenburg. 1630—1632. Nach handschriftlichen Quellen des königlich sächsischen Haupt-Staats-Archivs dargestellt.
8. Leipzig 1854.

—— Gustav Adolf und die Kurfürsten von Sachsen und Brandenburg 1630—1632. Nach handschriftlichen Quellen des königl. sächs. Haupt-Staats-Archivs dargestellt. gr. 8. (VIII und 120 S.) Leipzig 854, Arnoldische Buchh. 120 S. *

Helbig, Carl Gust., Christian Ludwig Liscow. Ein Beitrag zur Literatur- und Kulturgeschichte des 18. Jahrh. Nach Liscow's Papieren im k. sächs. Haupt-Staats-Archive u. andern Mittheilungen hrsg. gr. 8. (5$^1/_2$ B.) Dresden u. Leipzig 844, Arnoldische Buchh. Thlr. *

Helbig, Carl Gust., die Macht der Aehnlichkeit, u. wie es zu erklären ist, daß Aehnliches Aehnliches heilt. 8. (8$^1/_2$ B.) Dresden u. Leipzig 842, Arnoldische Buchh.

Helbig, Karl Gustav (Hrsg.), s. Pufendorf, Esajas: Bericht über Kaiser Leopold, ...

— G., Dissertatio de vi et usu vocabulorum φρένες, θυμός similiumque apud Homerum. Pr. 1840. 82 S. 1.20

Car. Gust. Helbig de vi et usu vocabulorum φρένες, θυμός similiumque apud Homerum. Dresd. 1840. 8.

—— Wallenstein und Arnim 1632—1634. Ein Beitrag zur Geschichte des dreißigjähr. Kriegs nach handschriftl. Quellen des k. sächs. Haupt-Staats-Archivs. gr. 8. (37 S.) Dresden 850, Adler und Dietze. *

Helbig, Karl Gust., die sittlichen Zustände des griech. Heldenalters. Ein Beitrag zur Erläuterung des Homer u. zur griechischen Kulturgeschichte. 8. Leipzig 839. Kayser'sche Buchh. (Beyer.) $^7/_8$ ϑ

Helbig, Karl Gust., die sittl. Zustände d. griech. Heldenalters. Ein Beitr. z. Erläuterung d. Homer u. z. griech. Kulturgeschichte. 8. (10 B.) Leipzig 839, [Peter.]

Über Düngung im forstlichen Betriebe von Dr. Maximilian **Helbig**, Assist. zu Karlsruhe. Neudamm: J. Neumann 1906. (VII, 141 S.) 8° [05. 7016

Helbig, Oscar Maximilian, aus Niederwartha, Kgr. Sachsen: **Beiträge** zur Kondensation aromatischer o-Aldehydophenoxyderivate. *Rostock 1899: C. Boldt.* (39 S.) 8°
Rostock, Phil. Diss. v. [17. Juni] 1899

Helbig, Paul [pr. Arzt aus Schlesien]: Ein Fall einer Complication von Carcinoma uteri mit Gravidität. . . . Greifswald, Druck v. Julius Abel, 1889; 28 S. 8°
Greifswald, Med. Fak., Inaug.-Diss. v. 8. Aug. 1889

Helbig, Paul. (geb. Gnichwitz in Schles. 5. 1. 1837): Nonnulla de rheumatismo articulorum acuto. Berolini (1861). (32 S.) 8°
Berlin, Med. Diss. v. 14. Aug. 1861

Deutsch-Amerikanisches in der New York Public Library. Richard E. **Helbig**. Berlin: Mayer & Müller; New York: C. A. Stern [1906]. (11 S.) 4° [Umschlagt. J. u. Ant.]
Aus: German American Annals. Vol. 4, No 5. [06. 14361

—Deutsch-amerikanische Forschungen. Wachsthum u. Benutzg d. Dt.-amer. Sammlg d. New York Public Library während 1906—1907. Chicago '08. 16 S. 4° Aus: Dt.-amer. Geschichtsblätter. 8, 4.

Helbig, Richard E. Deutsch-Amerikanische Forschungen: Wachstum und Benutzung der deutsch-amerikanischen Saamlung der New York Public Library während 1906-09. Chicago: Staiger Printing Co., 1909.

_____. Die deutsch-amerikanische Sammlung der New York Public Library. Philadelphia: International Printing Co., n. d.

Helbig, Robert, aus Bautzen: Die italienischen Elemente im Albanesischen. *Leipzig: J. A. Barth 1903.* (VI, 137 S.) 8°
Leipzig, Phil. Diss. v. [3. Apr.] 1903

Helbig, V., s. Helbig, Wolfgang

Helbig, Wolfgang

Helbig, W., Antora Perugina. S.-A. 1862. 22 S m. 2 Tfln.

— I baffi di Alcibiade. 1892. 8 S.

Helbig, Wolfg., Beiträge zur altitalischen Kultur- u. Kunstgeschichte. 1. Bd. A. u. d. T.: Die Italiker in der Poebene. Mit einer (chromolith.) Karte u. 2 (lith.) Taf. gr. 8. (XI, 140 S.) Leipzig 879. Breitkopf & Härtel. n. 6. —

Helbig, W., zu den homerischen Bestattungsgebräuchen. gr. 8. (S. 199—279.) München 900. (G. Franz' Vorl.) n. 1.40
Sonderabdruck aus: „Sitzungsber. d. bayer. Akad. d. Wiss."

— Sopra alcuni bronzi trovati a Cuma ed a Capua. S.-A. 1880. 53 S.

Helbig, Wolfg., s.: Collection Barracco.

Helbig, W. Das Homerische Epos aus den Denkmälern erläutert. Archäologische Untersuchungen von W. Helbig ... Leipzig, B. G. Teubner 1884.
VIII + 353 S. m. 120 Holzschn.; 2 Taf. 8°.
Im 2. Kap. wird die Tracht behandelt.

Helbig, W., das homerische Epos, aus den Denkmälern erläutert. Archäologische Untersuchungen. 2. verb. und verm. Aufl. gr. 8. (X, 470 S. mit 2 Taf. und 163 in den Text gedr. Abbild.) Leipzig 887, Teubner. *

Helbig, Wolfg. Führer durch die öffentlichen Sammlungen klassischer Alterthümer in Rom. 2 Bde. 12. (Mit Abbildgn.) Lpz. 891, K. Baedeker. geb. in Leinw. * 12 —
1. Vatikanische Skulpturensammlung, die kapitolinischen u. das lateranische Museum. (XII, 548 S.)
2. Die Villen, das Museo Boncompagni, der Palazzo Spada, die Antiken der vatikanischen Bibliothek, das Museo delle Terme v. W. H. — Das etruskische Museum im Vatikan, das Kircher'sche u. prähistorische Museum im Collegio Romano v. Emil Reisch. (V, 443 S.)

Führer durch die öffentlichen Sammlungen klassischer Altertümer in Rom v. Wolfgang Helbig. 2. Aufl. Bd 1. 2. *Leipzig: B. G. Teubner 1899.*
2 Bde, 8°
1. Die Vatikan. Skulpturensammlung, die Kapitolin. u. das Lateran. Museum, d. Magazzino archeol. comun. auf d. Caelius.
2. Die Villen, das Museo Boncompagni, der Palazzo Spada, d. Antiken d. Vatikan. Bibliothek, d. Museo delle Terme v. Helbig. Das Etrusk. Museum im Vatikan, d. Kirchersche u. Prähistor. Museum im Collegio Romano von Emil Reisch.
Ing. 9055

Helbig, W., zur Geschichte des römischen Equitatus. A. Die Equites als berittene Hopliten. (S. 267—317 m. Abb.) Lex.-8. München 905. (G. Franz' Vorl.) n. 1.60
Sonderabdruck aus: „Abhandlgn. d. bayer. Akad. d. Wiss."

Helbig, W., zur Geschichte der hasta donatica, s. a. Abhandlungen der königl. Gesellschaft der Wissenschaften zu Göttingen. Phil.-histor. Kl. X, 3.

Zur Geschichte der hasta donatica. Von W[olfgang] **Helbig**. Mit 6 Fig. u. 2 Taf. Berlin: Weidmann 1908. (40 S.) 4°
= **Abhandlungen** d. Kgl. Gesellschaft d. Wiss. zu Göttingen. Phil.-hist. Kl. N. F. Bd 10, No 3.
Ind. 14475

— Ein ägyptisches Grabgemälde u. die mykenische Frage. S.-A. 1897. 44 S.

Helbig, Wolfg., guide to the public collections of classical antiquities in Rome. Translated from the German by James F. and Findlay Muirhead. 2 Vols. 12. Leipzig, K. Baedeker. Geb. in Leinw. à n. 6. —
1. The sculptures at the Vatican. The Capitoline museum. The Lateran museum. (XII, 518 S. m. Abb.) 895.
2. The villas, the Museo Boncompagni, the Palazzo Spada, the antiquities of the Vatican library, the Museo delle Terme by H. The Etruscan museum in the Vatican, the Museo Kircheriano, and the prehistoric museum at the Collegio Romano by Emil Reisch. (V, 490 S.) 896.

Helbig, Wolfg., guide dans les musées d'archéologie classique de Rome. Traduction française par J. Toutain. 2 vols. 12. Leipzig 893. K. Baedeker. Geb. in Leinw. n. 12. —
I. Le musée de sculpture du Vatican. Les musées du Capitole et du Latran. (XIV, 527 S. m. Abbildgn.)
II. Les villas, le musée Boncompagni, le palais Spada, les antiques de la bibliothèque du Vatican, le musée des Thermes par W. H., le musée étrusque du Vatican, le musée Kircher et le musée préhistorique du Collège romain par Emile Reisch. (V, 450 S. m. Abbildgn.)

— Oggetti trovati nella Tomba Cornetana. S.-A. 1875. 17 S.

Helbig, W., Ueber den Pileus der alten Italiker. S.-A. 1880. 68 S. u. 2 Taf.

— Pitture Cornetane. S.-A. 1863. 25 S. u. 2 Taf.

Helbig, Wolfgangus (geb. am 2 Febr. 1839 in Dresden): Quaestiones scaenicae ... Bonnae, form. C. Georgii (1861). 2 Bl., 39 S., 1 Bl. 8. ¶ Erschien zugleich selbständig bei Henry & Cohen in Bonn.
Bonn, Phil. Fak., Diss. v. 17 Jan. 1861

— Due rappresentanze del mito Calidonio. S.-A. 1863. 25 S.

Helbig, W., Ueber die Responsion gewisser Dialogpartien im Aristophanes. S.-A. 1860. 14 S.

Helbig, W., Scavi di Pompei. S.-A. 1868. 12 S.

— V., Sopra il trattamento della capellatura e della barba all' epoca Omerica. S.-A. 1880. 12 S. m. 1 Taf. 4°. 1.—

Helbig, Wolfg., Untersuchungen üb. die Campanische Wandmalerei. gr. 8. (XIV, 384 S.) Leipzig 873. Breitkopf & Härtel. n. 8. —

—— **Wandgemälde der vom Vesuv verschütteten Städte Campaniens beschrieben. Nebst einer Abhandlung über die antiken Wandmalereien in techn. Beziehung von Otto Donner.** gr. 8. (CL, 500 S. mit 8 eingefügten lithogr. Taf. in gr. 8. und 4. und 1 Atlas von 23 lithogr. Taf. in Fol.) Leipzig 869, Breitkopf und Härtel. *
Vgl.: Donner, Otto.

Helbing, Seifried. Hrsg. u. erklärt v. Jos. Seemüller. gr. 8. (VIII, CX, 392 S.) Halle 886. Buchh. d. Waisenhauses. n. 8. —

– dass., s.a. Helbling

Helbing, s.: Jubiläum, e. seltenes.

Helbing, A., und A. Hänlein, 40 Chorgesänge zum gottesdienstlichen Gebrauch. Im Auftrag des Vorstands des Evangel. Kirchengesangvereins für Baden hrsg. 8. (84 S.) Lahr 885, Schauenburg. geb. *

Helbing, A. u. A. Hänlein. 40 Chorgesänge zum gottesdienstlichen Gebrauch. Im Auftrag d. Vorstands d. Ev. Kirchengesangvereins f. Baden hrsg. 2. Aufl. 8. (84 S.) Lahr 892, Schauenburg. geb. in Leinw. * — 80

Helbing, A., u. A. Hänlein, 40 Chorgesänge z. gottesdienstl. Gebrauch. Im Austr. d. Vorstands d. ev. Kirchengesangvereins f. Baden hrsg. 3. Aufl. 8. (84 S.) Lahr 896. M. Schauenburg. Geb. in Leinw. n. — 80

Helbing, A., u. A. Hänlein, 40 Chorgesänge zum gottesdienstlichen Gebrauch, II. Folge, s.: Hänlein, A., Choräle u. Chorgesänge.

Helbing, Adolf, Medizinalpraktikant: Über einen Fall von Tumor der Cauda equina. Karlsruhe 1909: Braun. 19 S. 8°
Freiburg i. B., Med. Diss. v. 1909, Ref. Hoche
[Geb. 4. Juli 75 Emmendingen; Wohnort: Emmendingen; Staatsangeh.: Baden; Vorbildung: Gymn. Freiburg i. B. Reife Juli 95; Studium: Tübingen 5, Freiburg i. B. 4, München 1 S.; Coll. 30. Jan. 08.] [U 09. 934

Helbing, Albert

Helbing, Alb., die badischen Perikopen. Ein Vortrag, auf der Bezirksversammlg. d. bad. wissenschaftl. Predigervereins zu Freiburg i/Br. am 9. Mai 1876 geh. gr. 8. (32 S.) Karlsruhe 876. Braun. n. — 50

Helbing, Carl, s. Helbing, Karl

Helbing, Eduard [app. Arzt aus Merzleben]: **Zur Lehre von der echten cerebralen Pseudobulbärparalyse.** ... Göttingen, Druck d. Dieterichschen Univ.-Buchdr. W. Fr. Kaestner, 1890; 44 S. 8°
Göttingen, Med. Fak., Inaug.-Diss. v. 30. Apr. 1890

Helbing, Ed., zur Lehre v. d. echten cerebralen Pseudobulbärparalyse. Inaug.-Diss. gr. 8. (44 S.) Göttingen 890. (Vandenhoeck & Ruprecht's Verl.) n. 1.—

Helbing, Eduard [app. Arzt aus Wertheim '(Baden)']: Ueber das Rhinhämatom ... Heidelberg, Univ.-Buchdr. v. J. Hörning, 1895; 24 S., 1 Bl. 8.
Heidelberg, Med. Fak., Inaug.-Diss. v. [26. Apr.] 1895

HELBING, ERICH.
See Schweizerische Bierbrauer-Zeitung.

Helbing, Frz., s. a.: Haek, Dav. — Helling, Hans.

Helbing, Frz., Geschichte d. Prostitution, s.: Dufour, P.

HELBING, Franz, Geschichte der weiblichen Untreue. Berlin W. Verlag von R. Jacobsthal. O. J. (1906). 8°. (Br. Mk. 4—; im ill. Orig.-Sarsenetbd. Mk. 5—.)
288 S. (incl. Tit. u. 3 S. Vorwort). Lat. Lett. — Zahm und wenig erschöpfend. Bibliographisches u. Quellen-Material fehlen gänzlich.
Inh.: Vorwort. — Einleitung. — Das Weib. — Die Liebe. — Die Ehe. — Der Ehebruch. — Die Untreue des Weibes im Altertum, im Mittelalter, in der Neuzeit, in der Gegenwart. — Ursachen u. Wirkungen. — Schlussbetrachtungen.

— — Geſchichte der weiblichen Untreue. Berlin, ebenda (1908). 8°. 288 S.

Das Geschlechtsleben der Menschheit. Von Franz **Helbing**. 4. [Mehr nicht ersch.] Berlin: Walther 1910. VIII, 296 S. 8°
4. Helbing: Das Geschlechtsleben d. neuesten Zeit. [10. 9272

Hinter Klostermauern. Beiträge z. Geschichte d. Mönchs- u. Nonnenklöster. Von Franz **Helbing**. Berlin: R. Jacobsthal [1908]. (304 S.) 8° [Fr.] [08. 12839

HELBING, Fr., Die Tortur. Geschichte der Folter im Kriminal-Verfahren aller Völker und Zeiten. 2 Bde. Mit 43 Illustrationen. Berlin, o. J. (c. 1895). Gr. 8°. (12 Mk. M. Glogau jr., Hamburg, 1906.)

— die Tortur. Geschichte der Folter im Kriminalverfahren aller Völker u. Zeiten. Mit 43 Illustr. 2 Bde. Lex.-8. Berlin (902). J. Gnadenfeld & Co. n. 12.—; geb. in Halbfrz. n. 15.—
1. Vom Altertum bis zur Reformation. (VII, 268 S.)
2. Von der Reformation bis zur Gegenwart. (265 S.)

— — Die Tortur: Geschichte der Folter im Kriminalverfahren aller Völker und Zeiten. 2 Bde. Mit 43 Illustr. Berlin, Verlag Dr. P. Langenscheidt 1903. Lex.-8°. (Br. Mk. 12—, Hfrzbde. 15—.) (9 Mk. Taussig, Prag, 1904; 8 Mk. Oskar Rauthe, 1909.)

Franz **Helbing**. Die Tortur. Geschichte d. Folter im Kriminalverfahren aller Völker u. Zeiten. 2 Teile in 1 Bd. [Neue Titel-Ausg.] Mit 43 Ill. Gr.-Lichterfelde-Ost: Langenscheidt [1907]. VII, 260, 266 S. 4°(8°)
1. Vom Altertum bis z. Reformation. 2. Von d. Reform. bis z. Gegenwart. (Enzyklopädie d. modernen Kriminalistik. [Bd 7.]) [11. 6120

Helbing, Franz. Die Tortur. Geschichte der Folter im Kriminalverfahren aller Völker und Zeiten. Zwei Teile in einem Bande. Teil 1: Vom Altertum bis zur Reformation; Teil 2: Von der Ref' bis zur Gegenwart. Mit dreiundvierzig Illustrationen. [Neue, Titel-Ausgabe.] VIII + 268 u. IV + 268 S. gr.-8. Gross-Lichterfelde-Ost, Dr. P. Langenscheidt, [1907]. Komplett M. 12.—, geb. 14.—
Original-Ausg.: Berlin. J. Gnadenfeld & Co., [1902].
Darin Teil 1, S. 168 f. u. Teil 2, S. 11/15. 18. 77. 142 f. 151/4 etc. die Schweiz betr.

Helbing, Friedrich Emanuel (Bautzen), De clerico rerum et operarum conductore. Disp. jur. eccles. Präs. Christian Gottlieb Hommel. Wittbg. (Gerdes) 1773. 28 S. (6.—) 14139
Gew.: Christian Gotthelf Frh. v. Gutschmidt.

Helbing, Fritz [Rogehnen]: Velleius Paterculus. Ein Beitrag zur Kritik seiner historia romana. ... Rostock, Univ.-Buchdr. v. Adler's Erben, 1888; 88 S. 8°
Rostock, Phil. Fak., Inaug.-Diss. v. 11. Jun. 1888

— **Gottlob Friedrich** (Hering./Thür.), Admonitionem de vitando perjurio quae fit per clericum. Präs. Gustav Heinr. Mylius. Lpz. (Jo. Christian Langenheim) 12. XI. 1733. 34 S., tlws. dtsch. (6.50) 14140
Gew.: Gottlob Erdmann v. Berlepsch (Seebach).

Helbing, H. (Hrsg.), s. Aufwärts

Helbing, H., und W. Selbach. Das Gesetz betreffend die Bildung einer Genossenschaft zur Regelung der Vorflut und zur Abwässerreinigung im Emschergebiete vom 19. Juli 1904. Mit Erläuterungen. Essen-Ruhr, 1907. 56 S.

Helbing, Hans (in d. Vita: Johannes) *Heinrich Alexander* [aus Schlesien]: Ein Fall von traumatischer Trennung der oberen Tibiaepiphyse ... Greifswald, Druck v. J. Abel, 1894; 28 S. 8.
Greifswald, Med. Fak., Inaug.-Diss. v. 24. März 1894

Helbing, Herm., Beiträge zur Anatomie u. Systematik der Laemargiden, s. a. Acta, nova, academiae etc. naturae curiosorum.

Helbing, Hermann. Beiträge zur Anatomie und Systematik der Laemargiden. 4.
(Theil-)Ausg. A: Diss. Phil. Basel. Mit 1 Tafel und 30 Textfiguren. (Sonderabdruck aus: Nova Acta der Kaiserlichen Leop.-Carol. Deutschen Akademie der Naturforscher. Band 82.) 136 S. Halle a. d. S., Druck Ehrhardt Karras, 1904.
(Vollst.) Ausg. B: Mit 2 Tafeln Nr. VIII und IX und 42 Textfiguren. Eingegangen bei der Akademie am 7. März 1904. — Nova Acta. Abh[andlungen] der Kaiserl. Leop.-Carol. D' A' der N'. Band 82. Nr. 4. S. 335–524. (190 S.) + *Tafel-Erklärungen* [4 S.]. Halle a. S., Druck E' K'; Comm. Wilh. Engelmann, Leipzig, 1904. [M. 12.—]

Helbing, H., s. a. Erzählungen aus d. Volksleben.

[F.] Erzählungen aus dem Volksleben. Gesammelt u. hrsg. v. H. Helbing. Bd 1. *Elberfeld: Westdeutscher Jünglingsbund 1896.* 8. [97. 1013

Helbing, Herm., Friedens-Klänge. 14 Lieder f. gemischten Chor. gr. 8. (16 S.) Elberfeld 898. Buchh. des westdeutschen Jünglingsbundes. — 40

Helbing, Herm., Friedens-Klänge. Lieder f. gemischten Chor. (2. Aufl.) (32 S.) 8. Elberfeld 905. Westdeutscher Jünglingsbund. n. — 40

[Kopft.:] [F.] Unsere Mission an den Soldaten. Referat erstattet b. d. Bundeskreiskonferenz v. Bundesagent H. Helbing. *([Elberfeld: Westdeutscher Jünglingsbund] 1895.)* (8 S.) 1 Bd 8. [96. 313

Helbing, Hugo

— die Wiener Ansichten v. Schütz, Ziegler u. Janscha. gr. 4. (5 S. m. 7 Taf.) München (901). Vereinigte Druckereien u. Kunstanstalten. n. 4.—
Sonderabdr. a.: „Monatsber. üb. Kunstwiss. u. Kunsthandel."

Helbing, Hugo, s.: Handzeichnungen alter Meister aus verschiedenen Sammlungen.

(Museum August Riedinger.) Die Kunst-Sammlungen des Museums August Riedinger in Augsburg.
Abth. I: Katalog der reichhaltigen und bedeutenden Kunstsammlung des Museums August Riedinger in Augsburg. Abth. I. Antiquitæten aller Art, alte Oelgemælde und Miniaturen. (Verzeichnet v.) Hugo Helbing. München. 1894. 4°g.

Katalog des Museums Aug Riedinger in Augsburg. I und II. (Von H Helbing) (248 S 36 T) 4° München 1894

Kunstwissenschaftlicher **Katalog. H. Helbing**, Kunsthandlung, München. (*München: H. Helbing 1900*.) (286 S.) 8° [01. 3886

Katalog einer bedeutenden höchst interessanten Sammlung griechischer Vasen, Terrakotten, Marmorwerke, Bronzen und Gläser. Auktion in München ... 1899 ... unter Leitung d. Kunsthändl. **Hugo Helbing** in München. *München 1899: Knorr & Hirth.* (25 S.) 4° [00. 3841 B

Katalog einer hervorragenden Sammlung von Kupferstichen, Radierungen und Holzschnitten aus dem Besitze eines süddeutschen Privatsammlers ... Auktion in München ... 1905 ... unter Leitung d. Kunsthändlers Hugo **Helbing**. München: H. Helbing 1905. (144 S.) 4° [06. 9004 B

Kupferstich-Auktion von Hugo **Helbing**, München. Katalog mehrerer Sammlungen von Kupferstichen, Radierungen u. Holzschnitten aus verschiedenem teils adeligem Besitze ... Auktion in München ... 1906 ... München: H. Helbing 1906. (140 S.) 4°(8°) [06. 10076 4

– (Hrsg.), s. M o n a t s b e r i c h t e über Kunstwissenschaft und Kunsthandel.

Helbing, Hugo [app. Arzt aus Lahr]: **Über die Wirkung des Thallins.** Nach Beobachtungen aus dem städtischen Krankenhause zu München. ... München, M. Rieger'sche Univ.-Buchh. (Gustav Himmer.), 1889; 1 Bl. + 25 S. 8°
München, Med. Fak., Inaug.-Diss. v. 1889

— Johann Heinrich Ludwig (Mecklenburg-Schwerin), De detractione sanguinis in morbis apolecticis. Diss. med. Präs. Friedrich Ludwig Kreysig. Wittenberg (Tzschiedrich) 23. X. 1797. 36 S. (6.—) 14141
Gew.: Johann Ehrenfried Pohl. — Widm. v.: August Friedrich Wilh. Rudolph, Johann Sigismund Wittich.

Helbing, K. Spitzen-Album. Nach den Originalen herausgegeben von K. Helbing. Wien R. v. Waldheim [1877—1880]
2 Serien gr 2°
I (1877) Tit., 2 Bl., 20 Taf
II (1880) Tit., 1 Bl., 20 Taf

Helbing, Karl

Helbing, Carl [Cand. d. Med. aus Fürth]: **Zur Casuistik der muskulären Makroglossie** ... Leipzig, Druck v. B. G. Teubner, 1896; 17 S. 8.
München, Med. Fak., Inaug.-Diss. v. 1896

HELBING, KARL. Untersuchung eines Benzolvorlaufs und eines neuen Erdharzes. (Tübingen) Giessen, 1874.

Helbing, Leo [pract. Arzt in Weissenborn]: **Über die juvenile Form der progressiven Muskelatrophie** .... Helmstedt, Druck v. J. C. Schmidt, 1886; 32 S. 8°.
Göttingen, Med. Fak., Inaug.-Diss. v. 1886

Helbing, Leo, über die juvenile Form der progressiven Muskelatrophie. Inaugural-Dissertation. gr. 8. (32 S.) Helmstedt 886. (Göttingen, Vandenhoeck und Ruprecht.) *

Helbing, Otto: Auctions-Catalog, enthaltend Münzen und Medaillen verschiedener Länder des Mittelalters und der Neuzeit. Auction 20. März 1899. — München: Helbing 1899. 97 S. 4° (8°)

Helbing, Otto: Auctions-Catalog, enthaltend Münzen und Medaillen verschiedener Länder. Sammlg des ... Carl Frank in Augsburg u. A. ... Auction 14. Dezember 1908. Mit 14 Taf. Abb. — München: Helbing 1908. 210 S. 4° (8°)

Helbing, Otto: Auktions-Katalog, enthaltend Münzen und Medaillen des Mittelalters und der Neuzeit, sowie eine numismatische Bibliothek ... Auktion 9. Mai 1910. Mit 17 Taf. Abb. — München: Helbing 1910. 292 S. 4° (8°)

Helbing, Otto: Auctions-Catalog, enthaltend die nachgelassene Sammlung des ... Friedrich Freiherr von Falkenhausen in Wallisfurth (Schlesien), ferner die Sammlung eines engl. Münzfreundes etc. Auction 8. Nov. 1897. — München: Helbing 1897. 164 S. 4° (8°)

Helbing, Otto: Auctions-Catalog, enthaltend die nachgelassene Sammlung des ... General von Leeb in München u. A. Münzen u. Medaillen verschiedener Länder ... Auction 9. Nov. 1903. Mit 2 Taf. Abb. — München: Helbing 1903. 60 S. 4° (8°)

Helbing, Otto: Auctions-Catalog, enthaltend die nachgelassene Sammlung des ... Joseph **Maurer** zu München ... Münzen u. Medaillen verschiedener Länder des Mittelalters u. der Neuzeit. ... Auction 17. Okt. 1900. — München: Helbing 1900. 102 S. 4° (8°)

Helbing, Otto: Auctions-Catalog, enthaltend die nachgelassene Sammlung des ... Johann Joseph Schrott ... u. A. Münzen u. Medaillen verschiedener Länder. Auction 25. Februar 1901. Mit 12 Abb. — München: Helbing 1901. 89 S. 4° (8°)

Helbing, Otto: Auctions-Catalog, enthaltend die Sammlungen des ... Albert Weinreb in Jägerndorf u. A. Münzen u. Medaillen aller Länder u. Zeiten. Auction 12. Dez. 1904. Mit 16 Taf. Abb. — München: Helbing 1904. 235 S. 4° (8°)

Helbing, Otto: Catalog eines berühmten alten Münzen- und Medaillen-Cabinets. Abth. 1—4. — München: Helbing 1902—03. 4° (8°)
1. Gold-Münzen u. Medaillen. Auction 10. März 1902.
2. Münzen u. Medaillen aus Silber u. unedlen Metallen. Auction 17.—21. 24. Nov. 1902. 1902.
3. ——— Auction 20.—24. 27. April 1903. 1903.
4. ——— Auction 2. Nov. 1903. 1903.

Otto **Helbing,** München: Verzeichnis von Münzen und Medaillen mit beigefügten Verkaufspreisen. 13. 14. — München: Helbing 1900 [u.] o. J. 4° (8°)

Helbing, Paul [app. Arzt aus Karlsruhe]: **Ueber perforirende Hautgeschwüre in Folge von Neuritis** ... (Aus: Beitr. z. klin. Chirurgie. Bd V.) Tübingen, H. Laupp'sche Buchh., 1889; 16 S. 8°
Tübingen, Med. Fak., Inaug.-Diss. v. 1889

Helbing, Paul, W i n t e r k u r e n u. Winterkurorte. M. bes. Berücksicht. d. Riviera. Gemeinverständl. behandelt. gr. 8. (62 S.) Berlin (899). **H. Steinitz.** **n. 1.60**

Helbing, Philipp, der Scheck-Verkehr nach dem neuen Recht. Gemeinverständlich dargestellt u. erläutert. Mit dem Wortlaut des Scheckgesetzes vom 11. III. 1908, e. Sachregister u. mehreren Formular-Beilagen. 1. u. 2. Aufl. (1.—8. Taus.) (48 S.) gr. 8. Stuttgart 908. Muth. 1.—

Helbing, Robert: **Über den Gebrauch des echten und sociativen Dativs** bei Herodot. *Karlsruhe 1898: G. Braun.* (86 S.) 8°
Freiburg i. B., Phil. Diss. v. 1898

Helbing, Rob., über den Gebrauch des echten u. sociativen Dativs bei Herodot. Diss. gr. 8. (86 S.) Karlsruhe 898. (E. Kundt.) **n. 1.60**

Helbing, Rob., Grammatik der Septuaginta. Laut- u. Wortlehre. (XVIII, 149 S.) gr. 8. Göttingen 907. Vandenhoeck & Ruprecht. 6.—; geb. 6.60

Helbing, R(obert), Dr., Lehramtspraktikant: Der **Instrumentalis** bei Herodot. *Karlsruhe 1900: G. Braun.* (24 S.) 4° ¶(Forts. d. Freiburger phil. Diss. v. 1898 über d. Gebrauch d. echten u. sociativen Dativs bei Herodot.)
Karlsruhe, grossh. G, MP 1900 (653)

Helbing, Rob., die Präpositionen bei Herodot u. andern Historikern, s. a. Beiträge zur histor. Syntax der griech. Sprache. 16. Hft.

Die Präpositionen bei Herodot und andern Historikern. Von Dr. Robert Helbing, Prof. in Karlsruhe. Würzburg: A. Stuber 1904. (159 S.) 8°
= Beiträge z. Histor. Syntax d. griech. Sprache. H. 16.

Helbing, Theodor, appr. Arzt a. Emmendingen: Über Foetale Peritonitis. Nebst e. casuist. Beitrag aus d. Universitätsfrauenklinik zu Freiburg i. B. Freiburg i. Br. 1908: U. Hochreuther. (82 S.) 8°
Freiburg i. B., Med. Fak., Ref. Krönig, Diss. v. 1908
[Geb. 9. Juli 78 Emmendingen; Wohnort: Freiburg i. B.; Staatsangeh.: Baden; Vorbildung: Gymn. Freiburg i. B. Reife O. 96; Studium: Heidelberg 6, Berlin 2, Freiburg i. B. 10 S.; Coll. 14. Febr. 08; Approb. 1. Nov. 07.]

Helbing, Seifried. Hrsg. und erklärt von Jos. Seemüller. gr. 8. (VIII, CX, 392 S.) Halle 886, Buchh. des Waisenhauses.

– dass., s.a. Helbing

Helbing, Dienstanweisung f. d. kgl. bayer. Offiziere, Sanitätsoffiziere u. ob. Beamten d. Beurlaubtenstandes. 12. (VI, 46 S. m. 1 Bekleidungs.-Tab.) Berlin 896. E. S. Mittler & Sohn. — München, Literar.-artist. Anstalt. n. — 80

Helbing, Alfred. Roms Kriege unter Augustus <31 vor bis 14 nach Chr.>. [Sep.-Ausg. von: Beilage zum Programm der Städtischen Schulen in Aarau. Schuljahr 1899/1900.] 8. Aarau 1900.

Helbing, Alfr., Roms Kriege unter Augustus (31 vor bis 14 nach Chr.). gr. 8. (85 S.) Aarau 900. H. R. Sauerländer & Co. n. — 70

Helbing, Alfred. Nikolaus Lenau und seine Lieder. Populärer Vortrag, gehalten zur Feier des 100jährigen Geburtstagsjubiläums des Dichters ... zu Aarau. II + 46 S. 8.
Programm der Städtischen Schulen in Aarau. Schuljahr 1902/03. Aarau, G. Keller, 1903. (Beilage.)

Helbing, Alfred. Plaudereien über Egypten. [Mit 1 Tafel.] 55 S. 8.
Bericht über die Städtischen Schulen, Aarau. Schuljahr 1908/09. Aarau, H. R. Sauerländer & Co., 1909. (Beilage.)

Helbing, A[lfred]. Zum 30sten Todesjahr von Heinrich Leuthold. 8.
Ausg. A: Bericht über die Städtischen Schulen, Aarau. Schuljahr 1909/10. Aarau, A. Villiger-Amsler, 1910. (Beilagen: [1].) 42 S.
Ausg. B, sep.: Vortrag, gehalten am 22. März 1910 ... in Aarau. II + 42 S. Aarau, A. V'-A'.

Helbing, Alfred [von Rapperswil]: Der Zug der Cimbern und Teutonen. Winterthur 1898. 68 S. 8°.
Zürich. Phil. Diss. I. S. 1897/98.

Der Zug der Cimbern und Teutonen. E. Studie v. Alfred Helbling v. Rapperswil. Winterthur: Buchdr. Geschw. Ziegler 1898. (4 Bl., 68 S., 4 Bl.) 1 Bd 8.

Helbing, Alfr., der Zug der Cimbern u. Teutonen. Eine Studie. gr. 8. (VIII, 68 S.) Zürich 898. A. Müller's Verl. n. 1. —

Helbling, Carl(os), s. Helbling, Karl

Helbling, Ernst, Finanzprakt.: Das Oktroi der Stadt Freiburg im Breisgau. Karlsruhe 1910: Braun. VIII, 168 S. 8° ¶ (Ersch. auch als: Freiburger volkswirtsch. Abhandlungen. Bd 1, H. 2.)
Freiburg i. B., Rechts- u. staatsw. Diss. v. 1910, Ref. v. Schulze-Gävernitz
(Nicht für den Austausch, lag nicht vor)
[Geb. 19. März 80 Niederrimsingen; Wohnort: Freiburg i. B.; Staatsangeh.: Baden; Vorbildung: Berthold-Gymn. Freiburg i. B. Reife Juli 01; Studium: Freiburg i. B. 10 S.; Rig. 28. Febr. 10.] [U 10. 936

Helbling, Ernst, das Oktroi der Stadt Freiburg im Breisgau u. seiner geschichtlichen Entwicklung, s.a. Abhandlungen, Freiburger volkswirtschaftliche. I. 2.

Das Oktroi der Stadt Freiburg im Breisgau in seiner geschichtlichen Entwicklung. Dargest. auf Grund archival. Quellen von Dr. Ernst Helbling. Karlsruhe: Braun 1910. 168 S. 8°
Erschien auch als Inaug.-Diss. Freiburg 1910.
(Freiburger Volkswirtschaftliche Abhandlungen. Bd 1, H. 2.)

Helbling, F. B.: Die Kunst oder erprobte Anleitung zur Selbstverfertigung von gemeinnützigen Handelsartikeln, als: Fabrikation der Liqueure und feinen Branntweinen mit oder ohne Destillation, feinen Flaschenweinen etc. Glarus: Vogel 1857. 64 S. -- [Zit. nach Kayser]

H[elbling], F[elix]. Das Rathhaus der Stadt Rapperswil. Eine Monographie. [Mit 1 Vignette.] 8. Rapperswil 1871.

Helbling, J. C., Berechnung der Frucht nach dem Gewicht. Ein prakt. Hülfsbuch (Faulenzer) für Käufer und Verkäufer mit mehr als 150 Tab. Reutlingen 856. Fleischhauer u. Spohn. 16. (2 Bl., 155 S.) 9 ngr.

Helbling, J. C., neuer Frucht-Rechner nach dem Gewicht. Ein praktisches Hülfsbuch für Käufer und Verkäufer mit mehr als 80 Tabellen. Reutlingen 860. Fleischhauer & Spohn. 16. (2 Bl., 82 S.) 4 ngr.

Helbling, Jul., die badische Dienstweisung f. Grundbuchämter, erläutert. 2 Bde. (XI, 706 u. IV, 504 S.) gr. 8. Karlsruhe 905. G. Braun'sche Hofbuchdr. Geb. in Leinw. n. 20. —

Das deutsche und badische Bürgerliche Recht. Dargest. von Julius Helbling, Notariatsinsp. (In 7 Lfgn.) Karlsruhe: G. Braun (1899–)1900. (XVIII, 890 S.) 8° [J.]

Helbling, Jul., das deutsche u. badische bürgerliche Recht. gr. 8. (XVIII, 890 S.) Karlsruhe 900. G. Braun'sche Hofbuchdr. Geb. in Leinw. n.n. 12. 50
Erschien auch in 7 Lfgn. à n. 1. 70.

Helbling, Karl

Helbling, Carl, aus Jona, Kt. St. Gallen: Die schweizerische Armenpflege. Rechtsvergleichende systematische Darstellung der amtlichen Armenpflege in Bund und Kantonen. [Zürich 1908.] VIII + 110 S. 8°. [23. V. 08.]
Zürich. Staatswiss. Diss. 1907/08.

Helbling, Carl. Die schweizerische Armenpflege. Rechtsvergleichende systematische Darstellung der amtlichen Armenpflege in Bund und Kantonen. Diss. Staatsw. Univ. Zürich ... von K' H'.... VIII + 110 S. 8. [Zürich,] Buchdr. Züricher Post, [1908].

Helbling, Carl. Die schweizerische Armenpflege von Dr. jur. K' H'. IV + 110 S. 8. Zürich, Rascher & Cie., [1908]. [fr. 2. —]
(Arbeiten aus dem Staatswissenschaftlichen Seminar der Universität Zürich, hrg. von Professor Dr. [Johann Jacob] Schollenberger. Heft 1.)

— dasselbe, s.a. Arbeiten aus dem staatswiss. Seminar der Universität Zürich. 1. Heft.

— Die schweizerische Armenpflege. 8°. Zürich, Rascher u. Co., 1909. (Arbeiten aus d. staatswiss. Seminar d. Univers. Zürich, Heft 1.)

Helbling, Carl. Die geschichtlichen Beziehungen der Stadt Rapperswil zum Zürcher Oberland. [Sep.-Abdr. aus: Der Freisinnige. Anzeiger des Bezirkes Hinwil....] 20 S. 8. [Wetzikon, Aktien-Buchdr., 1906.]

Helbling, C[arl]. Gebäudeversicherung im Kanton Graubünden. Die staatliche Brandversicherungs-Anstalt gegenüber den privaten Feuerversicherungs-Gesellschaften. (1907 August 31.) II + 8 S. 8. Zürich, G. Meyer, 1907.

Helbling, C[arl]. Geschichte des Schützenwesens in Rapperswil. [SA. aus dem Wochenblatt vom Seebezirk und Gaster, Jahrg. 1908.] 20 S. 8. Rapperswil, H. Gasser-Akeret, 1908.

Helbling, Carlos, deutsch-portugiesische Handelskorrespondenz, s.: Göschen's kaufmännische Bibliothek. 5. Bd.

Helbling, C[arl]. Der Heiliggeistspital in Rapperswil und seine Alpwirtschaft. [SA. aus dem Volksblatt vom Bachtel, Jahrg. 1908.] II + 38 S. 8. Wald, H. Hess, [1909].

Helbling, Carl. Das Kapuzinerkloster Rapperswil in seinen Beziehungen zur Stadtgemeinde. Nach den Akten des Archivs dargestellt von K' H', Ratsschreiber. Separatabdruck [aus] der «Ostschweiz» [Jahrg. 33, N° 261—265. 1906 November 13—19]. 24 S. 8. St. Gallen, Buchdr. der «Ostschweiz», 1906.

[Helbling, Carl.] Rapperswil und oberer Zürichsee. [Illustrierter Führer, mit 1 Karte.] Hrg. vom Verkehrs- und Verschönerungs-Verein R'. IV + 48 + *Inserate* 32 S. 8. Davos-Platz, Buchdr. Davos A.-G., [1907].

Helbling, C[arl]. Das Rathaus in Rapperswil. [Illustriert.] II + 17 S. 8. Richterswil, R. Ehrsam & Cie., [1906].

— portugiesisch-deutsches u. deutsch-portugiesisches Taschenwörterbuch. (In 2 Tln.) 1. Tl. Deutsch-portugiesisch. (VI, 412 S.) 16. Leipzig 905. O. Holtze's Nachf. Geb. in Leinw. n. 2.70

Helbling, Carl, portugiesisch-deutsches u. deutsch-portugiesisches Taschenwörterbuch. 2 Tle. in 1 Bde. 16. Leipzig, O. Holtze's Nachf. 4.50; geb. in Halbfrz. 5.25; einz. Tle., geb. in Leinw. 2.70
1. Portugiesisch-deutsch. (431 S.) 907.
2. Deutsch-portugiesisch. (Neue Ausg.) (II, 412 S.) 905.

Helbling, Markus, Besuchungen des allerheil. Altarssakramentes, — das Gebet, } s.: Liguori, Alphons Maria v.

Helbling, Robert [aus Rapperswil]: Die Erzlagerstätten des Mont Chemin bei Martigny im Wallis. Mit 2 Karten. Basel 1902. 40 S. 8°.
Basel. Phil. Diss. 1902/1903.

Helbling, R[obert]. Die Erzlagerstätten des Mont Chemin bei Martigny im Wallis. Diss. Phil. Basel. Juli 1902. [Mit 5 Figuren und 2 Tafeln.] 40 S. 8. Basel, Emil Birkhäuser, 1902.

(H[elbling], X[aver].) Geschichtliche Notizen über den Männerchor Rapperswil. Zur Feier seines fünfzigjährigen Bestehens nach den Vereinsprotokollen zusammengestellt vom Vorstand. 1854—1904. II + 40 S. 8. (Rapperswil, H. Gasser-Akeret, [1904].)

Helbling v. Hirzenfeld, siehe: Handbuch des Königr. Böhmen f. 1851.

Helbling v. Hirzenfeld, Sebast. Geo., († d. 31. Dec. 1782.) specierum naturalium nondum aut minus notarum monographiae anecdotae, figuris aeneis partim pictis illustratae. 8. Wien 779.

Helbron: Offentliche Rede welche bei Gelegenheit der für Hr. Geh. Rath Neller sel. begangenen Exequien . . . zu Trier am 2. Jan. 1784 . . . gehalten worden. Trier 1784.

Helbron, Jacob [aus Waxweiler (Rheinprov.)]: Ein Beitrag zur Pathologie und Therapie des Klumpfusses ... Würzburg, Druck v. F. Fromme, 1894; 31 S. 8.
Würzburg, Med. Fak., Inaug.-Diss. v. 1894

Helbron, Josef. Zur [Ulrich] Kroenleinschen Operation. Mit zwei Tafeln. *Kopftitel:* Aus der Universitäts-Augenklinik in Berlin.... 88 S. gr.-8. Berlin, S. Karger, 1905. [M. 3.50]

Helbron, Josef [aus Dormagen a/Rh.]: Operations-Ergebnisse tuberculöser Lymphome ... Würzburg, A. Boegler'sche Buchdr., 1895; 41 S. 8.
Würzburg, Med. Fak., Inaug.-Diss. v. 1895

Helbron, Petrvs ⟨geb. am 15 [nicht 14] Dez. 1837 in Biringen bei Trier⟩: De originibvs ivramenti pvrgatorii ... Bonnae, typ. F. Krveger (1861). 2 Bl. 8. ¶ Nur Titelbl., Vita u. Thesen.
Bonn, Jur. Fak., Thes. v. 14 Aug. 1861

Helbron, Petrvs ⟨geb. am 15 [nicht 14] Dez. 1837 in Biringen bei Trier⟩: De originibvs ivramenti pvrgatorii ... Bonnae, typ. F. Krveger (1861). 1 Bl., 55 S., 2 Bl. 8.
Bonn, Jur. Fak., Diss. v. 14 Aug. 1861

Helcher, Hans H., Tractate von d. Goldtinctur, Pest, Cur incurabler Krankheiten. 8. Breslau. 729.

Helcher, Hans H., Alle Tractätlein beysammen, als nemlich: I Aurum potabile od. Gold-Tinctur. II. Anfällige Seuche, wie sie im 1709. 10. 11. 12 u. 13 J. untersucht, u. nebst der Pest praeserviret u. curiret worden. III. Cur incurabler Krankheiten. IV. Kurzer Extract aus allen Tractätlein, mit was vor Methodo die Gold-Tinctur u. Stärk-Pulver, als eine Universal-Medicin, in allen Krankheiten sicher zu brauchen, auch wie mit gar wenigen Artzneyen alle Krankheiten zu curiren seye. 995 S. Brsl. u. Lpz. 1729. 8°.

Helck, Jh. Chr.

— Abhandl. von d. Kunst alt zu werden. 8. Dresd. 751.

Helck, J. C., Fabeln. 8. Dresden, Gröll. 750.

Helck, Jh. Chr., († 1770.) Fabeln. 8. Dresd. 751. 2e A. 755. Gröll. 6 gl.

— Gott in seinen Werken. 8. Dresd. 758.

Helck, Ioannes, Dresdensis: De Cratetis Mallotae studiis criticis quae ad Iliadem spectant. Bornae 1905: R. Noske. (87 S.) 8°
Leipzig, Phil. Fak., Ref. Wachsmuth, Marx, Lipsius, Diss v. 21. Dez. 1905
Geb. 9. Dez. 79 Dresden; Wohnort: Dresden; Staatsangeh.: Sachsen; Vorbildung: Kreuzsch. Dresden Reife O. 99; Studium: Leipzig 10 S.; Rig. 1. Aug. [illegible]

Helcroft, ..., s. Leichtsinn und kindl. Liebe.

Held, der chinesische. Singspl. 8. Berl. 773. Haude u. Sp. 6 gl.

— der christl., nach den Gründen der Vernunft u. des Glaubens. gr. 8. Halle, Renger. 763.

— der christliche, Schausp. von Lillo. 8. Leipz. Schneider. 777.

Held, der, des 19ten Jahrhund., u. Apokalypse des 17ten, oder erfüllte Weissagungen neuerer Zeiten. 8. Magdeb. 809. Heinrichshofen. 8 gl.

Held, Der junge. In vier Gesängen. Münster und Hamm 1770. 1773. V: *Reckert, Carl Christian.* (GGr IV, 101, 8) (BGE III², 135) (Bresl 31, S. 138)

Held, Der, im gemeinem Leben. Leipz. 1783. V: *Weidmann, Paul.* (Jahrb. d. Grillp.-Ges. XIII.)

Held, Der, im gemeinen Leben, eine wahre Geschichte aus Familienbriefen. Dessau u. Leipzig 1783. V: *Weidmann, Paul.* (Behrisch, Wiener Autoren, S. 245) (Bespr. Realzeitung 1783, Nr. 49, S. 774/777) (Biblport)

Held, der, im gemeinen Leb.; e. wahrhafte Gesch. aus Familienbriefen. 8. Dessau, Gelehrt. Handl. 784.

Held, Der macedonische, in wahrer Gestalt. O. O. 1786. V: *Trenck, Fch. Freiherr von.* (Gustav Gugitz u. Max von Portheim: Friedr. Freih. v. d. Trenck. Wien 1912, Nr. 82) (Biblport)

— der, des Nordens. 3 Thle. mit 3 Zueignungen an Fichte, v. S. Fouqué de la Motte. 8. Berl. Hitzig. 810.

Held, Der, von Olang. **Ein Schaustück aus den Tiroler Freiheitskriegen nach einer Erzählung in Wahrheit und Dichtung in 4 Aufzügen vom Verfasser des »Schwabenbüble«. Innsbruck 1909. V: *Eiterer, Paul.* (EB)**

Held, der, v. Olang. Ein Schaustück aus den Tiroler Freiheitskriegen nach e. Erzählg. in Wahrheit u. Dichtg. in 4 Aufzügen vom Verf. des „Schwabenbüble". (54 S.) 8. Innsbruck 909. Wagner. 1. —

Held, Ottilie, und mehrere andere Geschichten. Aus dem Engl. übers. gr. 16. (87 S. mit eingedr. Holzschn. und 4 Holzschnt.) Cincinnati 859. (Philadelphia, Schäfer und Koradi.) geb. *

Held. Der H' von St. Jakob an der Birs. Unpatriotisches Drama... s.a.W[olf], A[rthur].

Held, Der, von St. Jakob an der Birs. Unpatriotisches Drama in baseldeutschen Versen. Basel [1908]. V: *Wolf, Arthur.* (BBullschw 8, S. 250)

Held, Gesetz betr. d. Gewerbesteuer in Preussen. 2. Aufl. Berl. 883.

Held, natürliche Gesundheitspflege. Verhaltungsregeln zur Erzielung körperl. Wohlbefindens. Mit besond. Berücksichtigung des Hämorrhoidal-Zustandes und der heilsamen Wirkungen des R. F. Daubitz'schen Kräuter-Liqueurs. Approbirt durch Dr. Kriebel. 8. (IV und 75 S.) Berlin 865, (Nelte, Böltje und Comp.)

Held. Sociale Grundsteuer-Regulierung. 8°. Berlin 1860.

—, Handwerkersprüche. 8°. 4 S. Grenchen, Niederhäuser's Buchh. 1899. — 20

Held, J. 50. Jahrestage d. Einführung d. öffentl. Turnens in Zittau, Zittau 1895, 23 S., 8°.

—— Ist das Schwurgerichts-Urtheil im Proceß Grothe und Genossen wegen Ermordung des Prof. Gregy richtig oder nichtig? 8. (28 S.) Berlin 864, E. Mecklenburg.

—— der Justizmörder. Ein polit. Roman. 3 Thle. br. 8. (664 S.) Berlin 867, (Conrad.) 1

Held, das Kaiserthum als Rechtsbegriff. Würzb. 879. Nicht im Handel.

Held, Prof., s. Kern d. Lehre Jesu Christi.

(Held.) Vollständigster Liebesbriefsteller. Ein treuer Ratgeber in allen Herzensangelegenheiten für alle Stände u. Verhältnisse. Mit e. Anhang von Verlobungsanzeigen, amtlichen Schriftstücken in Heiratsangelegenheiten, Hochzeitseinladungen, Anreden und Komplimenten auf Bällen, bei der Brautwerbung u. bei Gratulationen, von Liebes- u. Hochzeitsliedern, Stammbuchversen etc. 8°. 80 S. Grenchen 1898, A. Niederhäuser. — 75 curt. 1 —

Held, siehe: *Mengold, J. W.*

— — Moderne Originaltragödien. 2 Bde. (I: Liebe. II: Freundschaft.) Ebd., Selbstverlag, 1841—42. 12°. (3 Mk. 50 Pfg. W. H. Kühl, Berlin, c. 1883; jetzt theurer!)
Beides sehr selten!

Held, Polizei-Verordnungen der Stadt Stettin. 2. Aufl. Stettin 894

Held: Quaestionum ad literarum Romanarum historiam spectantium capita duo. 20 S. (Gratulationsschrift). –Schweidnitz, Progr. 1861

v. Held: Reden bei dem . . . 200jähr. Stiftungsfest der K. Studienanst. zu Bayreuth, s. Bracker.

Held. Vide: Socialist (Der). Wochenschr.

Held, allgem. deut. Staatsrecht. Leipz. 868.

— finanzwissensch. Studien üb. d. Einkommensteuer. Bonn 872.

Held: System der Fische. München 1853. 4°

— Vide: Volksvertreter (Der).

Held, A., der Gesangunterricht in der Volksschule mit besonderer Rücksicht auf Gesammtschulen. Methodischer Stufengang. A. Unterschule. Chur 864. Hitz. 8. (52 S.) n. 4 *ngr.*

—— Lieder für die erste Schulgesangabtheilung. Heftchen A. 8. (12 S.) Chur 864, Hitz.

Held, Adf., die deutsche Arbeiterpresse der Gegenwart. gr. 8. (V, 196 S.) Leipzig 873, Duncker und Humblot. *

Held, Adolf Bericht über das [300jährige] Jubiläum [der Anstalt]. S. 12–19 der Chronik. Progr. Lemgo 1884

Held, Adf., zwei Bücher zur socialen Geschichte Englands. Aus dem Nachlass hrsg. v. Geo. Frdr. Knapp. Mit dem (radirten) Bildniss Adf. Held's. gr. 8. (XIV, 775 S.) Leipzig 881. Duncker u. Humblot. n. 16. —

— die ländlichen Darlehnskassen-Vereine in der Rheinprovinz. Eine Antwort auf die Abhandlg. d. Herrn Nöll in 11. Jahrg. 2. Hft. d. „Arbeiterfreund." [Aus: „Arbeiterfreund."] gr. 8. (21 S.) Berlin 873. Simion. n. — 75

Held, Prof. Ad.,
— Die ländlichen Darlehenskassenvereine in der Rheinprovinz und ihre Beziehungen zur Arbeiterfrage. (Aus: Hildebrand's Jahrb. f. Nationalökon., Bd. 13.) gr. 8⁰. Jena, F. Mauke, 1869.

—— die ländlichen Darlehenskassenvereine in der Rheinprovinz und ihre Beziehungen zur Arbeiterfrage. gr. 8. (84 S. mit 1 Tab. in Fol.) Jena 869, F. Mauke. *
Aus: Hildebrand's Jahrb. für Nationalökonomie etc., besonders abgedruckt.

Held, Adf., der Einfluß der Arbeit auf die Gesundheit der Arbeiter, s. Bildungs-Blätter für unser Volk.

Held, Adf., die Einkommensteuer. Finanzwissenschaftliche Studien zur Reform der directen Steuern in Deutschland. gr. 8. (XII, 354 S.) Bonn 872. Marcus. n. 6. —

— Grundriss f. Vorlesungen üb. Nationalökonomie. Zum Gebrauche seiner Zuhörer. [Als Mscr. gedr.] gr. 8. (IV, 64 S.) Bonn 876. Strauss in Comm. n. 1. 50

— Grundriss für Vorlesungen über Nationalökonomie. Zum Gebrauche seiner Zuhörer verf. 2. Aufl. gr. 8. (92 S.) Bonn 878. Strauss. n. 2. —

— Handwerk und Grossindustrie. Vortrag, geh. in der Singakademie zu Berlin am 21. Febr. 1881.

— Vide: Kritik der Held'schen Socialreformtheorie.

Held, Adolf Die Rede des Demosthenes περὶ παραπρεσβείας. 18 S. Progr. Lemgo 1881.

—— Sozialismus, Sozialdemokratie und Sozialpolitik. gr. 8. (IX, 156 S.) Leipzig 878, Duncker und Humblot. *

—— Social-Reform-Theorie zur Beseitigung des allgemeinen materiellen Nothstandes und Begründung des allgemeinen socialen Wohlstandes. br. 8. (74 S.) Berlin 868, (Conrad.) *

Held, Adf., Carey's Socialwissenschaft und das Merkantilsystem. Eine literaturgeschichtl. Parallele. gr. 8. (XII und 216 S.) Würzburg 866, Stuber. *

Held, Alex., demonstrative Naturgeschichte od. Erfahrungen u. Belehrungen üb. das Sammeln, Präpariren, Klassificiren, Aufstellen, Verwahren u. Demonstriren der Naturkörper aller drei Reiche &c. Bevorwort. v. G. H. v. Schubert. Lex.-8. (35 B., 7 Stnt. u. 1 lith. Portr.) Stuttgart 845, Hallberger'sche Vrlgsh.

Held, Alexis, der Antheil der bayerischen Armee an dem Nationalkriege gegen Frankreich im Jahre 1870, Nach offiziellen Quellen u. Mittheilungen bearb. (In 12–15 Lfgn.) 1–4 Lfg. München 870. Merhoff. gr. 8. (192 S.) Jede Lfg. 4 ngr

Held, Alexis, der Antheil der bayerischen Armee an dem Nationalkriege gegen Frankreich im J. 1870. Nach den vorhandenen offiziellen Berichten u. besten Quellen bearb. 5–18. (Schluß-)Lfg. gr. 8. (IV, S. 193–883.) München. 871. Merhoff. à — 40

— die Fürstengrüfte der Wittelsbacher in München. Mit Benützg. der vorhandenen Quellen. Mit 21 photograph. Taf. gr. 8. (34 S.) München 874. Höpfner & Grammer in Comm. n. 10. —

—— Münchener Reise-Handbuch für das bayerische Hochland. Mit einer (lithogr.) Special-Karte (in 4.). 8. (246 S.) München 874, L. Finsterlin. geb. *

Held, Aug., der Blüthenkranz. Ein poetisches Allerlei, besteh. aus Gedichten zu Geburts- und Namenstagen, vermischten Dichtungen, Stammbuchs-Aufsätzen u. Charaden. 8. Waldenburg 835. (Breslau, Leuckart.) 2/3 ℛ

Held, Aug., Erato. Opfer d. kindl. Liebe u. d. Dankes zu Geburts-, Namens- u. Neujahrstagen, nebst e. Anh. vermischter Dichtungen. 8. (10 B.) Ratibor 833, Juhr.

—— Thalia. Allegor.-dramat. Spiele. 8. (12 B.) Ratibor 834, Juhr.

Held, Bernhard: Beiträge zur physikalisch-chemischen Prüfung von Drogen. Liebertwolkwitz 1908: Zeugner. 78 S. 8⁰
Leipzig, Phil. Diss. v. 2. Nov. 1908, Ref. Beckmann, Le Blanc
[Geb. 24. Aug. 81 Delitzsch; Wohnort: Halberstadt; Staatsangeh.: Preußen; Vorbildung: Realprogymn. Delitzsch bis M. 96; Studium: Leipzig 12 S.; Rig. 28. Juli 08.] [U 09. 2983

Held, C. F. W., moderne Evangelisten. Eine Streitschrift zum Frieden, Allen gewidmet, die sich um die Kirche bekümmern. gr. 8. (168 S.) Berlin 863, Schlawitz. *

Held, C. F. W., Jesus der Christ. 16 apologet. Vorträge über die Grundlehren des Christenthums nach ihrer geschichtl. Entwicklung und in ihrer bleib. Bedeutung, mit Rücksicht auf den Rationalismus und Skepticismus der Gegenwart. Im Winter 1864 zu Zürich gehalten. 8. (VII und 242 S.) Zürich 865, Meyer. *

Held, C. F. W., Selbstzeugnisse Jesu in 15 Betrachtungen für die Suchenden unserer Zeit. Nebst 9 Predigten. Neue (Titel-) Ausg. 8. (VIII, 377 S.) Zürich (865)69, Meyer.

—— moderne Weltanschauung und Christenthum. Ein Vortrag. 8. (VIII und 41 S.) Breslau 866, Mälzer. *.

Held, C. V., der Heidelberger Catechismus vollständig erklärt. 8. Mannh. Schwan u. G. 814.

Held, Charles-Antoine-Louis: Das Dekret über die Kirchen-Fabriken vom 30. Dezember 1809. In französischer und deutscher Sprache, erläutert. Luxemburg: St. Paul.-Ges. 1888. VI, 96 S. 8⁰

Held, Charles-Antoine-Louis: Leben des seligen Peter Fourier, Stifters der Congregation Unserer Lieben Frau. Luxemburg: St. Paul.-Ges. 1892. 192, 1 S. 8⁰

– Dass. Zweite Auflage. Strassburg 1897. VIII, 234 S. 8⁰

Held, Charles-Antoine-Louis: Maria, deine Mutter. M. Gladbach 1895. 126 S. 12⁰

Held, Charles-Antoine-Louis: Maria, die Mutter Jesu, die Trösterin der Betrübten, in ihrem Gnadenbild zu Luxemburg und Kevelaer. Illustrirt von M. Engels. Luxemburg: St. Paul.-Ges. 1895. 64 S. 8⁰

– Dass. Zweite Auflage Ebd. 1895. 64 S. 8⁰

Held, Charles-Antoine-Louis: Das Marienkind. Erwägungen allen frommen Verehrern der allerseligsten Jungfrau gewidmet. M. Gladbach, New-York [1895]. 126 S. 16⁰

Held, Charles-Antoine-Louis: Schematismus der Diözese Luxemburg für das Jahr 1897. Luxemburg: St. Paul-Ges. 1896. 88, 1 p. 8⁰

Held, Charles-Antoine-Louis: Die sechs Sonntage zu Ehren des hl. Aloysius. Mit oberhirtlicher Genehmigung. Luxemburg: St. Paul.-Druck. 1894. – 141, 3 S. 16⁰

– Dass. Zweites Tausend. Ebd. 1894. 141, 3 p. 16⁰

– Dass. Zweite vermehrte Auflage. Mit oberhirtlicher Genehmigung. Luxemburg: St. Paul-Ges. 1895. 159 S. 16⁰

Held, Charles-Antoine-Louis: Staatsrecht und Kirchenrecht im Grossherzogthum Luxemburg. Den gebildeten Laien gewidmet von Fidelis Catholicus. Erster Theil. (Mehr nicht erschienen.) Luxemburg: St. Paul.-Ges. 1894. 229, 2 S. 8⁰

Held, Charles-Antoine-Louis: Synoptischer Unterricht über die Verwaltung der Kirchen-Fabriken in der Diözese Luxemburg. Mit bischöflicher Druckgenehmigung. Luxemburg: St. Paul.-Ges. 1900. 22 S. 8⁰

Held, **Chr. Aug., Diss. inaug. med. de tempestivo corticis peruviani usu in febribus inflammatoriis. 4. Götting. 775. Dieterich. 2 ℔.**

Held, Christian Friedrich

Held, Chr. Fr., (†im Juli 1788.) s. 1) Auszüge aus d. besten französ. period. medicin. Schriftstellern, u. setze hinzu: (v. Chr. Fr. Held.) 2) Leroi, Abhandl. v. d. Vorherverkündigungen.

Held, Christian Friedrich (Übers.):

s.: Leroux, (Vincent Claude Pierre): Beobachtungen über die Blutflüsse der Wöchnerinnen, und über die Mittel, sie zu stillen. (Observations sur les pertes de sang des femmes en couches et sur les moyens de les guérir. Dt.) Königsberg: 1784

JB 3.900

Held, Christian Friedrich (Übers.):

s.: Leroux, (Vincent Claude Pierre): Beobachtungen über die Blutflüsse der Wöchnerinnen, und über die Mittel, sie zu stillen. (Observations sur les pertes de sang des femmes en couches et sur les moyens de les guérir. Dt.) Leipzig u.Königsberg: 1789

JB 3.901

Held, Christian Friedrich (Übers.):

s.: Levret, (André): Kunst der Geburtshülfe, nach den Gesetzen der Bewegung und Naturlehre. (L'Art des accouchemens, démontré par des principes de physique et de méchanique. Dt.) Th.1 - 2. Gera u.Leipzig: 1772 - 1774

JB 3.861

Held, Christian Friedrich (Übers.):

s.: Levret, (André): Kunst der Geburtshülfe, nach den Gesetzen der Bewegung und Naturlehre. (L'Art des accouchemens, démontré par des principes de physique et de méchanique. Dt.) 2.verm.und verbess.Ausg. Th.1 - 2. Leipzig: 1778

JB 6.631

--- s. A. K. Lorry, Abhandl.

--- s. Pt. Ant. Marteau, Abhandl.

--- s. Retz, Abhandl. v. Einflusse d. Witterung.

Held, Christian Friedrich (Übers.u.Hrsg.):

s.: Tissot, S(imon) A(ndré): Medicinisches praktisches Handbuch. (Oeuvres. Auszüge. Dt.) Th.1 - 3. Leipzig: 1785 - 1786

JB 2.043

Held, D., Gedichte, Briefe und Reden zur Gratulation bei Neujahrs-, Geburts-, Namens- ꝛc. Tagen, bei Taufen, Confirmationen ꝛc. Zur Erhöhung von Feierlichkeiten an Familienfesten. 4. verb. ꝛc. Aufl. Quedlinburg (857.) Ernst. 8. (VI, 136 S.) 10 ngr.

Held, D., Gedichte, Briefe und Reden zur Gratulation bei Neujahrs-, Geburts-, Namens- ꝛc. Tagen. Zur Erhöhung von Feierlichkeiten an Familienfesten. 4., verb. und verm. Aufl. 16. (VI und 186 S.) Quedlinburg 858, Ernst'sche Buchh. *

Held, D., Gedichte, Briefe und Reden zur Gratulation bei Neujahrs-, Geburts-, Namens- ꝛc. und andern festlichen Tagen, bei Taufen, Confirmationen, Jubelfeiern u. andern Festen. Zur Erhöhung von Feierlichkeiten an Familienfesten. 5. verb. u. verm. Aufl. Quedlinburg 864. Ernst. 12. (XII, 131 S.) n. 10 ngr.

Held, D., Gedichte, Briefe und Reden zur Gratulation bei Neujahrs-, Geburts-, Namens-, Verlobungs-, Hochzeits- und and. festl. Tagen, bei Taufen und Jubelfeiern. Nebst Nachrufen an Hingeschiedene und 20 Trinksprüchen ꝛc. Zur Erhöhung von Feierlichkeiten an Familienfesten hrsg. 6.—8. verb. und verm. Aufl. gr. 16. (VI, 136 S.) Quedlinburg 870,73,75, Ernst'sche Buchh.

Held, D., Gedichte, Briefe und Reden zur Gratulation bei Neujahrs-, Geburts-, Namens-, Verlobungs-, Hochzeits- und andern festlichen Tagen, bei Taufen und Jubelfeiern. Nebst Nachrufen an Hingeschiedene und 20 Trinksprüchen. Zur Erhöhung von Feierlichkeiten an Familienfesten hrsg. 9. verb. Aufl. gr. 16. (VI, 136 S.) Quedlinburg 878, Ernst'sche Buchh. *

Held, D., Gedichte, Briefe u. Reden zur Gratulation bei Neujahrs-, Geburts- Namens-, Verlobungs-, Hochzeits-, u. andern festlichen Tagen, bei Taufen u. Jubelfeiern. Nebst Nachrufen an Hingeschiedene u. 20 Trinksprüchen. Zur Erhöhung v. Feierlichkeiten an Familienfesten hrsg. 10., verb. Aufl. gr. 16. (VI, 136 S.) Quedlinburg 881. Ernst. n. 1. —

Held, D., Gedichte, Briefe und Reden zur Gratulation bei Neujahrs-, Geburts-, Namens-, Verlobungs-, Hochzeits- und andern festlichen Tagen, bei Taufen und Jubelfeiern. Nebst Nachrufen an Hingeschiedene und 20 Trinksprüchen. Zur Erhöhung von Feierlichkeiten an Familienfesten hrsg. 10. verb. Aufl. 12. (VI, 136 S.) Quedlinburg 882, Ernst'sche Buchh. *

Held, Gedichte, Briefe u. Reden zur Gratulation bei Neujahrs-, Geburts-, Namens-, Verlobungs-, Hochzeits- u. anderen festl. Tagen, bei Taufen u. Jubelfeiern. Nebst Nachrufen an Hingeschiedene u. 35 Trinksprüchen. Zur Erhöhg. von Feierlichkeiten u. Familienfesten hrsg. 11., verb. Aufl. 8. (VI, 135 S.) Quedlinburg 888. Ernst. n. 1. —

[F. u. Ant.] (A. d. Umschl.: Ich gratulire!) Gedichte, Briefe und Reden bei Neujahrs-, Geburts- . . . u. anderen festl. Tagen . . . nebst Nachrufen an Hingeschiedene, sowie 36 Toaste u. Trinksprüche . . . hrsg. v. D. Held. 12. verb. u. verm. Aufl. *Halberstadt & Leipzig: Ernst [1895].* (III, 140 S.) 1 Bd 8. 95. 4916

— Ich gratuliere! Gedichte, Briefe u. Reden zu Gratulationen bei Neujahrs-, Geburts-, Namens-, Verlobungs-,

Hochzeits-, Tauf-, Jubelfeiern 2c., nebst Nachrufen an Dahingeschied. Z. Erhöhg. d. Feierlichkeit b. Familienfesten ges. u. hrsg. 13., verb. u. verm. Aufl. 8. (VI, 135 S.) Leipzig 897. Ernst. n. 1. —

Held, D., ich gratuliere! Eine Auswahl v. Gedichten, Briefen u. Reden zu Gratulationen bei Geburts- u. Namenstagen, bei Neujahrs-, Verlobungs-, Hochzeits-, Tauf- u. Jubelfeiern, sowie bei and. festl. Gelegenheiten, nebst Nachrufen an Dahingeschiedene. Zur Erhöhg. der Feierlichkeit bei Familienfesten. 14., verb. Aufl. (VI, 135 S.) 8. Leipzig (904). Ernst. 1. —

Held, D., 190 Wünsche u. Gedichte z. Gratulation bei Neujahrs-, Geburts-, Namens-, Verlobungs-, Hochzeits- u. and. festl. Tagen. Nebst Reden bei Schulprüfungen u. Beförderungen. 3., verb. Aufl. 12. (5 B.) Quedlinburg 846, Ernst'sche Buchh.

Held, Eduardus (geb. am 14 April 1804 in Braunfels): De angina membranacea . . . Bonnae, typ. P. Neusseri (1829). 2 Bl., 24 S., 2 Bl. 4.

Bonn, Med. Fak., Diss. v. 16 Sept. 1829

Held, Emil, das badische Einkommensteuer-Gesetz u. Gewerbsteuer-Gesetz, nebst Vollzugsverordngn. Mit Einleitg., Anmerkgn. u. Anh., einschläg. Gesetze u. Verordngn. enth. gr. 8. (XXXVII, 165 S.) Mannheim 885. Bensheimer's Verl. n. 2. —; geb. n. 2. 80

Held, F., Lob- u. Sittenreden an d. Gedächtnißtage einiger Heiligen Gottes. gr. 8. Augsb. Doll. 786.

Held, F. Sprachen-Karte der westlichen Kronländer von Oesterreich. Nach dem Zensus von 1880 1 : 1 500 000. Gotha 1887. 1 Bl c. L. Ff

— **Ferdinand** (Dessau), Der Schüttelfrost. Seine diagnostische und prognostische Bedeutung. Diss. med.-chir. Halle (Lipke) 30. VII. 1872. 32 S. mit Biogr. (6.—) 14145
Oppon.: L. Lauffs, F. Schmidt.

Held, Fr., s. F. H. W. Martini u. Chemnitz, Conchylien-Cabinet.

Held, Frz. Eine Afrikareise durchs Marsfeld [Pariser Ausstellung 1889]. 8. (353 S.) Berl. 890, Rosenbaum u. Hart. * 3 —

Held, Frz. (Franz Herzfeld), Au delà de l'eau. Geschichten u. Walzertacte v. Boul' Mich'. 8. (240 S.) Berlin 898. Fresko-Verlag. n. 2. —

— ein Fest auf der Bastille. Vorspiel zu der Revolutions-Trilogie „Massen". 8. (137 S.) Berlin 889. Rosenbaum & Hart. n. 2. —

— e. Fest auf der Bastille. Trauerspiel in 3 Akten. 2. Aufl. 8. (196 S.). Berlin 891. Rosenbaum & Hart. n. 2. —

Held, Frz., Gorgonenhäupter. Ein realist. Romancero. 12. (130 S.) Leipzig 887, Friedrich. *

— Groß-Natur. Ausgewählte Gedichte. 8. (80 S.) Berlin 893. Fresko-Verl. n. — 30

— Der abenteuerliche Pfaffe Don Juan od. die Ehebeichten. Das ist: Eines Stadtbuhlers Sündniß u. Läuterung. Roman in Reimen. Auf Grund e. verlorenen Handschrift d. Chr. v. Grimmelshausen an Tag geben. 8. (VIII, 270 S.) Lpz. 889, W. Friedrich. * 3 —

Held, Franz, Karte des deutschen Sprachgebietes von Nordmähren und Schlesien. Am 31. December 1890. Unaufgezogen, gefalzt —.15
Brünn: Winiker 1896.

— — Karte des deutschen Sprachgebietes Südmährens am 31. December 1890. Unaufgezogen, gefalzt Brünn: Winiker 1896. —.15

— Manometer auf 99! Soziales Drama in 5 Akten. 8. (280 S.) Ebd. 893. n. 1. 50

Held, Frz., Don Juan's Ratskellerkneipen. Eine feuchtfröhl. Weinmär. 8. (108 S.) Berlin 894. Fresko-Verl. n. 1. —

Held, F., das deutsche Sprachgebiet von Mähren und Schlesien. Hrsg. von der historisch-statist. Section der k. k. mährisch-schles. Gesellschaft zur Beförderung des Ackerbaues, der Natur- und Landeskunde. Lex.-8. (16 S. mit 4 Karten in 3 Blättern.) Brünn 888, (Winiker.) *

Held, Frz., d. deutsche Sprachgebiet v. Mähren u. Schlesien im J. 1890. M. 2 Karten. [Aus: „Schriften d. Vereins f. d. Geschichte Mährens u. Schlesiens, gleichzeit. e. Section d. k. k. mähr. Gesellschaft z. Beförderg. d. Landwirtschaft, d. Natur- u. Landeskunde. XXXI. Bd."] gr. 8. (21 S.) Brünn 896. (C. Winiker.) n.n. 1. 80

— dasselbe, s. a. Schriften d. Vereines f. d. Geschichte Mährens u. Schlesiens.

Das 'Deutsche Sprachgebiet' von Nordmähren und Schlesien am 31. December 1890. Entw. F[ranz] Held. Gez. Suwald, Karl. [Massst. 1:300 000.] *Brünn: Dr. v. R. M. Rohrer 1896.* 1 Ktnbl. quer-2. (F) (94. 7110

Das Deutsche Sprachgebiet Südmährens am 31. December 1890. Entw. v. F[ranz] Held, gez. v. K[arl] Suwald. Massst.: 1:300000. *Brünn: Dr. v. R. M. Rohrer 1895.* 1 Ktnbl. quer-2. (⁵⁄₈₄) (96 70)

— Tanhusaere recidivus u. andere Gestalten 8. (186 S.) Ebd. 894. n. 1. 75; geb. 3. —

— trotz Alledem! Einiges aus meinem Schatzhaus. 8. (III, 128 S.) Ebd. 894. n. 1. 50; geb. 2. 50

Held, Franz Xaver

Held, Fr. X. II., faßliche Anleitung für den Federschnitt; Sitz und Haltung des Körpers, Haltung und Führung der Feder, Lage des Papiers ec. ... Augsburg 834. Schlosser. $1^1/_2$ ℋ

Held, Fr. X., fassl. Anleitung z. nützl. Gebr. dieser (nachstehenden) Vorlegeblätter, enthalt. den Federschnitt, Sitz u. Haltung d. Körpers, Haltung u. Führung d. Feder, Lage d. Papiers, u. einige Fingerzeige beim Schreiben selbst. M. 1 Kpfrt. Fol. (1 B.) (Augsburg 832, Schlosser.)

Held, Frz. Xav., systematische Anleitung als Grundlage beim Schreibunterrichte in 3 Theilen: Federschnitt, Haltung und Formenlehre zum Schul- und Privatgebrauche. Mit 1 (lith.) Zeichnung des Federschnittes und der Haltung, dann 13 (lith.) Taf. Musterschriften. (München 857. Franz.) qu. 4. (8 S.) n. 15 ngr.

Held, Franz Xaver [Assistenzarzt im k. 4. Feldart.-Reg. „König"]: Aus d. Krankenhause zu Augsburg. Beiträge zur Casuistik der Transplantationen. . . . Augsburg, Buchdr. Rackl & Lochner, 1890; 20 S. 8°
München, Med. Fak., Inaug.-Diss. v. 1890

Held, F. X., I. (oder Karl Ph.?) s. Katechismus, Heidelberger.

Held FX, Lehr-System der Schreibekunst in 3 Tln. (112 S Text 22 T) 4° Augsburg

— Mustervorschriften in 12 Blättern. München. (Landsh., Thomann) ...

Held, F. X., II., 25 kalligraphische Vorlegeblätter in deutscher u. englischer Schrift. Gestochen v. F. Buckler. gr. qu. 8. (Augsb. 831. Schlosser.) 6 gr.

Held, F. X., 2 Hefte calligraphische Vorlegeblätter in deutscher u. englischer Schrift gest. von F. Buckler. qu. Lex.-8. (18 Blätter.) Augsburg 844, Janna u. Co. à n. $^1/_4$ ß

Held, Friedrich Dr. „Andeutungen zu einem natürlichen System der Wirbelthiere". pg. 3—18. 4°. Dr. C. Wolf.
München, Progr. 1851/52

Held, Friedrich [aus Bretten '(Baden.)']: Zur chemischen Charakteristik des Samenmantels „Macis" der Myristicaarten spez. der sog. Bombay-Macis ... Bretten, Buchdr. v. F. Seiz, *1893;* 27 S. 8.
Erlangen, Phil. Fak., Inaug.-Diss. v. 1893

Held, Friedrich Dr. (Lehrer der Naturgeschichte) „Grundlinien zu einem natürlichen System der organischen Körper mit vorzüglicher Berücksichtigung der Evertebraten". pg. 3—28. 4°. Dr. C. Wolf.
München, Progr. 1850/51

Held, Friedr. Dr. „Grundriss eines natürlichen Systems der Amphibien". pg. 3—21. 4°. Dr. C. Wolf & Sohn.
München, Progr. 1855/56

Held, Friedrich Dr. „Zur Klassifikation der Vögel". pg. 3—10. 4°. Dr. C. Wolf & Sohn.
München, Progr. 1856/57

Held, Friedrich Dr. med. „Die Landmollusken Bayerns". pg. 3—23. 4°. Dr. C. Wolf.
München, Progr. 1848/49

Held, Friedr. Dr. „Zur vergleichenden Organlehre der Pflanze und des Thieres". pg. 3—11. 4°. Dr. C. Wolf & Sohn.
München, Progr. 1857/58

Held, Friedrich, med. pract. von Zürich: Ueber Trippercomplicationen. (Aus der medicinischen Klinik in Zürich.) Zür. Zürcher u. Furrer Dr. 1887. 2 Bl., 81 S., 1 Bl., 4 Tab. 8°.
Zürich, Med. Diss. [v. 10. März 1887].

Held, Friedr. Dr. „Umrisse zu einem natürlichen System der Fische". pg. 3 bis 18. 4°. Dr. C. Wolf & Sohn.
München, Progr. 1852/53

Held, Friedrich Dr. med. „Die Wassermollusken Bayerns". pg. 3—25. 4°. Dr. C. Wolf.
München, Progr. 1846/47

— Friedrich Ferdinand (Spora/Zeitz), De graviditate extrauterina primaria, accedit observat. graviditatis abdominalis primariae cum descriptione lithopaedii inde exorti. Diss. med. Lpz. (Staritz) 1834. 28 S. (6.40) 14146
Gew.: Fried. Peter Ludwig Cerutti, Friedrich Haugk. — Krankengesch. d. C. H. Einer.

Held, Friedrich Wilhelm Alexander

Held. (Fr. Wilh. Al.). Anklage gegen das Ministerium Brandenburg wegen Hochverrath. Berlin, L. Schlesinger (1849). 8 S. 8.

Held. Ansprache an die Berliner Bürgerwehr! Druck von F. Reichardt. 1 Bl. Fol.
Flugblatt. Berlin, 28. Mai 1848.

Held. Antwort auf die zwei Fragen eines Ungenannten. Druck von F. Reichardt u. Co. 1. Bl. Fol.
Flugblatt. Berlin, 18. Mai 1848.

(Held, Friedr. Wilh. Alex.) Stenographischer Bericht über den Vortrag von Held am 8. Dezember 1865 gehalten über seinen 1848 erfolgten Rücktritt vom politischen Schauplatz. Berlin 1865. 12, 45 S. 8.

Held. Ganz Berlin und halb Preußen im Anklagezustand. Druck ebenda. 1 Bl. Fol.
Flugblatt. Berlin, 16. Juli 1848.

Held. Berlin muß sofort verproviantirt werden. Bürger der Hauptstadt! Vorsicht ist die Mutter der Weisheit, — Der Social-Verein. In seinem Namen: Held, Präsident. Druck von F. Reichardt u. Co. 1 Bl. Fol.
Flugblatt. Berlin, 25. Okt. 1848.

Held, (Frdr. Wilh. Alex.), Berlin von der Revolution bis zur Verfassung od. Geschichte der Berliner Revolutions-Epoche. Illustr. (m. Holzschn.) v. Wilh. Scholz. 1. Lfg. hoch 4. (S. 1—32.) Berlin 849, Expedition der Locomotive. $^1/_4$ ß

Held, (Friedr. Wilh. Alex.), Berlin von der Revolution bis zur Verfassung oder Geschichte der berliner Revolutions-Epoche. Illustr. (mit Holzschn.) von Wilh. Scholz. 1. Lfg. hoch 4. (S. 1—32.) Berlin 849, [Held.]

Held. Berliner! Ihr steht auf dem Punkte, verrathen zu werden, — Druck von F. Reichardt u. Co. 1 Bl. Fol.
Flugblatt. Berlin, 7. Sept. 1848.

—— das Buch des Gesetzes für das preuß. Volk, s. a. Buch.

Held: Das Buch des Gesetzes für das Preußische Volk. E. fortlaufende Sammlung sämmtlicher neuen allgemeinen Preuß. Gesetze und gesetzlichen Verordnungen seit der Revolution. Mit Erl. versehen. Bd 1. [einz.] Berlin 1849.

Held. Bürgerwehr Magistrat und Stadtverordnete. Zu haben bei L. Schlesinger. 1 Bl. Fol.
Flugblatt. Berlin, 4. Juli 1848.

Held. Der Bürgerwehrgesetz-Entwurf bei Gaslicht betrachtet. Druck von F. Reichardt u. Co. 1 Bl. Fol.
Flugblatt. Berlin, 18. Juli 1848.

Held, (Friedr. Wilh. Alex.) Censuriana oder Geheimnisse der Censur. Kassel, H. Hotop. 1844. 426 S. 8.

Held. Ein Characterzug der Tante Voß geb. Lessing. (Extra-Abdruck aus der „Locomotive".) Druck von F. Reichardt u. Comp. 1 Bl. Fol.
Flugblatt. Berlin, 17. Mai 1848.

Held, (Friedr. Wilh. Alex.) Die Contre-Revolution oder die Auflösung der National-Versammlung. Ein kritisches Wort als Stoff zu Interpellationen für die Wähler. Berlin, Exped. der Locomotive 1849. 24 S. 8.

— Deutschland, wie es fortschreitet und einig — ist. Heft 1. Die Vereine. Abth. 1. Mit einem colorirten Titelbild (fehlt). Leipzig, F. Jackowitz 1844. 62 S. 8.

(Held.) Enthüllungen über die vereitelte Volks-Versammlung hinter Zehlendorf außerhalb des Belagerungs-Rayons. Eine aufklärende Mittheilung. Druck von C. Schultze. 4 Bl. 4.
Flugblatt. Berlin, 7. Mai 1849.

Held, (Friedr. Wilh. Alex.). Enthüllungen über die vereitelte Volks-Versammlung hinter Zehlendorf außerhalb des Belagerungs-Rayons. Eine aufklärende Mittheilung. Berlin, Expedition der Lokomotive 1849. 8 S. 8.

Held. Persönliche Erklärung an meine noch übrigen Anhänger im Volke. Druck von F. Reichardt u. Co. 1 Bl. Fol.
Flugblatt. Berlin, 10. Nov. 1848.

—— **Flugblätter.** I. Blatt: Republik. 8. (16 S.) Leipzig 848, Ph. Reclam jun. *

Held. Für meine Freunde. Seit mehreren Tagen circuliren über mich wieder — Druck von F. Reichardt u. Co. 1 Bl. Fol.
Flugblatt. Berlin, 30. Aug. 1848.

Held. Gegen-Bekanntmachung. Der Königliche Polizei-Präsident v. Bardeleben. — Druck von F. Reichardt u. Co. 1 Bl. Fol.
Flugblatt. Berlin, 5. Sept. 1848.

Held. Die Gelderpressungen des Eigenthümers der Vossischen Zeitung, Herrn Lessing. Druck ebenda. 1 Bl. Fol.
Flugblatt. Berlin, 30. Juni 1848.

—— populär-pragmatisch-kritische **Geschichte** des Revolutions-Zeitalters oder der J. 1789—1850. Mit Illustrationen. 1—35. Lfg. hoch 4. (S. 1—1400 mit eingedr. Holzschn.) Leipzig 850—52, Hartknoch. à Lfg. * 5 Ngr. *
Hat gleichen Inhalt mit: Held und Corvin, illustrirte Weltgeschichte. 4. Bd.

Held, (Friedr. Wilh. Alex.), populär-pragmatisch-kritische Geschichte des Revolutions-Zeitalters oder der J. 1789—1850. Mit Illustr. (in eingedr. Holzschn.) 36—41. Lfg. Lex.-8. (S. 1401—1640.) Leipzig 853, Hartknoch. à Lfg. * 5 Ngr. *
1—35. Lfg. Ebendas. 1850—52. * 5 Thlr. 25 Ngr. — Vorstehendes Werk wurde auch unter dem Titel: Held und Corvin, illustrirte Weltgeschichte, 4 Bde., ausgegeben.

Held. Ich und meine demokratischen Feinde. Druck von F. Reichardt u. Co. 1 Bl. Fol.
Flugblatt. Berlin, 12. Sept. 1848.

Held. Ich und der Staatsanwalt. Druck von F. Reichardt u. Co. 1 Bl. Fol.
Flugblatt. Berlin, 1. Aug. 1848.

Held. Meine Idee für die Verfassung Preußens und Deutschlands. Druck von F. Reichardt u. Co. 1 Bl. Fol.
Flugblatt. Berlin, 18. Sept. 1848.

—— Irrfahrten eines Comödianten &c., s. **Irrfahrten.**

HELD, Irrfahrten eines Comödianten. Schilderung des Theaterlebens. Aus den Papieren eines ehemaligen Schauspielers. Erfurt, Selbstverlag d. Vf., 1841. 12°. 336 S. (2 Mk. 50 Pfg. G. Priewe, c. 1890; jetzt theurer!)

—— die **Contre-Revolution** oder die Auflösung der National-Versammlung. Ein krit. Wort als Stoff zu Interpellationen für die Wähler. gr. 16. (24 S.) Berlin 849. [Held.] **

Held, (Friedr. Wilh. Alex.) 1848—1850. Deutschlands Lehrjahre oder deutsche Revolutions-Geschichten. Berlin, Berendt (1859). 610 S. 8.

Held, Deutschlands Lehrjahre oder deutsche Revolutions-Geschichten. 1848—1850. 11—13. (letzte) Liefg. Berlin 860. (Scherl.) Lex.-8. (V, S. 481—610.) Jede Liefg. 4 ngr.
1—10. Liefg. s. Deutschland's Lehrjahre.

Held, W. Vide: Locomotive.

Held, (Friedrich Wilhelm Alexander.) Lösung der socialen Frage. Berlin, Selbstverlag 1848. 43 S. 8.

Held. Männer der Arbeit. Ein Mann der Arbeit spricht zu Euch. — Druck von F. Reichardt u. Comp. 1 Bl. Fol.
Flugblatt. Berlin, 8. April 1848.

Held. Das Ministerium hat die Ehre der Krone verletzt. Druck von F. Reichardt. 1 Bl. Fol.
Flugblatt. Berlin, 10. Juni 1848.

Held. An meine Mitbürger! Seit mehreren Tagen haben sich — Druck ebenda. 1 Bl. Fol.
Flugblatt. Berlin, 20. Juni 1848.

— die **Portefeuille-Jagd** oder Cabinetsfragen u. Ministerkrisen. Ein krit. Wort zur Förderung polit. Bildung. gr. 16. (16 S.) Berlin 849, Expedition der Locomotive. 1/12 n$

—— die **Portefeuille-Jagd** oder Cabinetsfragen und Minister-krisen. Ein krit. Wort zur Förderung polit. Bildung. gr. 16. (16 S.) Berlin 849, [Held.]

Held. Radical-Reform der Erwerbsverhältnisse. Druck von F. Reichardt. 1 Bl. Fol.
Flugblatt. Berlin, 13. April 1848.

– s. Reden der Volksvertreter.

Held, (Friedr. Wilh. Alex.), die pariser **Revolution** vom Febr. 1848. 8. (110 S.) Leipzig 848, Hartknoch. Thlr. *
Wurde auch u. d. T.: Tagesgeschichte 1. Bd. 5. Heft, ausgegeben.
Heft 1-4 sind nicht erschienen.

— Spionerie und falsche Denunciation durch die sogenannte Schutzmannschaft. Druck von F. Reichardt u. Co. 1 Bl. Fol.
Flugblatt. Berlin, 31. Aug. 1848.

Held. Treu dem Volke. Bürger! Der gewichtige Augenblick. — Druck von F. Reichardt. 1 Bl. Fol.
Flugblatt. Berlin, 22. Sept. 1848.

– s. Unterhaltungs-Bibliothek für das Volk.

Held. An das Volk von Berlin. Druck von F. Reichardt u. Co. 1 Bl. Fol.
Flugblatt. Berlin, 16. Mai 1848.

Held. Die Volksbewaffnung — eine Wahrheit. Seit längerer Zeit haben zu dem Zwecke, — Druck von F. Reichardt. 1 Bl. Fol. Flugblatt. Berlin, 26. Juli 1848.

– s.a. Volksvertreter, Der.

—— Volksvertreter, der, 1845. Septemb.—December. M. Stahlst. 4. Berlin. [Leop. Schlesinger.] à Monat. *

—— dass. (2. u. 3. Jahrg.) 1846, 47. à 12 Hfte. 4. Ebds. à Hft. * 4 Ngr. à J. *

– Volksvertreter. 1847. 12 Hefte. 4. (à 6 B.) Berlin, Reichardt u. Co. (Hoffmann & Co.) (à n. 4 ngr) n. 1 ß 18 ngr

- der Volksvertreter, seine nothwend. Eigenschaften u. Pflichten. Eine krit. Untersuchung zugleich als Stoff zu Interpellationen f. Wähler. gr. 16. (25 S.) Berlin 849, Expedition der Locomotive. baar 1/12 ß

—— der Volksvertreter, seine nothwend. Eigenschaften und Pflichten. Eine krit. Untersuchung zugleich als Stoff zu Interpellationen für Wähler. gr. 16. (25 S.) Berlin 849, [Held.] **.

—— der Wahlkampf oder Volk, Verfassung und Partei. Eine krit. Abhandlung zugleich als Stoff zu Interpellationen für Wähler. gr. 16. (31 S.) Berlin 849, [Held.] **.

Held, W., s.a. Weltgeschichte, illustrirte.

– u. Corvin, illustrirte Weltgeschichte. Ein Buch fürs Volk. 1.—29. Liefg. gr. Lex.-8. (Mit Holzschn.) Leipzig 844—46, Hartknoch. Subscr.-Pr. à n. 1/6 ß

– u. (Otto) Corvin v. Wiersbitzki, illustrirte Weltgeschichte. 30—110. Lfg. Lex. 8. (2. Bd. S. 361—871. 3. Bd. 1336 S. 4. Bd. S. 1—1400. Mit eingedr. Holzschn.) Leipzig 847 — 52, Hartknoch. à n. 1/6 ß

Held und Corvin, illustrirte Weltgeschichte. 111—120. (letzte) Liefg. Leipzig 853, 54. Hartknoch. Lex.-8. (4. Bd.: X, S. 1401—1747 m. Holzschn. im Text u. 17 Tab. in qu. Fol.) Jede Liefg. n. 5 ngr

4. Bd.: A. u. d. T.: Held, populär-pragmatisch-kritische Geschichte des Revolutions-Zeitalters oder der Jahre 1789—1850. 36—45. Liefg.

Held, Fr. Wilh., s. Weltgeschichte, illustrirte, für das Volk.

Held, Fritz, s.: Siegel der badischen Städte.

— Wappentafel der 58 Amtsstädte Badens. Entworfen nach amtl. Material. (1 Bl. m. farb. Abbildgn. u. eingedr. Text.) 38,5×49 cm. Karlsruhe (908). F. Thiergarten. n. — 50

Held, Georg Friedrich, aus Neu-Orleans, V. St. von Nord-Amerika: Die Kalkkörper der Synapten. [S.A. aus: Vierteljahrsschrift der Naturforsch. Ges. in Zür., Bd II, S. 243—271]. Zür. Zürcher u. Furrer Dr. 1857. 32 S., 1 Bl., 1 Taf., 1 Bl. 8°.

Zürich, Med. Diss. v. 18. Juli 1857.

Held Gustav: Über Jugendliteratur und Schülerbibliotheken. (40). Waidhofen a./Y. R. 90.
Progr.

Held, Gust.: Der Unterricht im Deutschen an 7klassigen Mittelschulen. 51 S. 8° St. Pölten RG. & OR. 1872.

Held, Gustav Friedrich, s. Criminalgesetzbuch und forststrafrechtliche Bestimmungen für das Königreich Sachsen ...

Held, G(ustav) F(riedr.), der Entwurf eines bürgerlichen Gesetzbuches für das Königr. Sachsen in seinem Entstehen und in seinem Systeme dargestellt. gr. 8. (45 S.) Leipzig 852, Hinrichs'sche Buchh. *

—— Erläuterungen zu dem Entwurfe eines bürgerlichen Gesetzbuches für das Königr. Sachsen zur Entgegnung auf die hierüber ausgesprochenen kritischen Bemerkungen. Allgemeine und den I. Thl. betreff. Erläuterungen. Nebst einem Verzeichnisse der bei dem Drucke des Entwurfes übersehenen Berichtigungen. gr. 8. (IV und 83 S.) Leipzig 853, Hinrichs'sche Buchh. *

HELD, Gustav Friedr. u. G. A. SIEBDRAT: Criminalgesetzbuch und forststrafrechtliche Bestimmungen für das Königreich Sachsen, das Großherzogthum Sachsen-Weimar-Eisenach, die Herzogthümer Sachsen-Altenburg und Sachsen-Meiningen und das Fürstenthum Schwarzburg-Sondershausen. Nebst einem durchlaufenden Commentar zum Handgebrauch bei jeder Art des gerichtlichen Verfahrens, so wie für Universitätsstudien. - Leipzig 1848. XIV, 506 S.

— Gustav Friedrich (Altenburg), Ad legem XIV. D. de transactionibus. Diss. jur. Lpz. (Staritz) 26. VI. 1828. 34 S. (6.20) 14147
Gew.: Heinrich Constantin v. Ende (Grosspoessna).

Held, Gust. Friedr., über deutsche Nationalgesetzgebung. Ein Wort an alle deutsche Regierungen. br. 8. (29 S.) Leipzig 848, Arnoldische Buchh.

Held, H., Beispiele u. Aufgaben aus der Buchstabenrechnung. s.: Hecht, Wilh. u. H. Lother.

Held, Hans [aus Pommern]: Über Azoverbindungen der Salicylsäure und Derivate derselben. . . . Greifswald, Druck v. Julius Abel, 1889. 37 S. 8°
Greifswald, Phil. Fak., Inaug.-Diss. v. 9. Aug. 1889

Held, Hans, über den Bau der Neuroglia u. üb. die Wand der Lymphgefässe in Haut u. Schleimhaut, s.a. Abhandlungen der königl. sächs. Gesellschaft der Wissenschaften. Mathem.-phys. Klasse. 28. IV.

Über den Bau der Neuroglia und über die Wand der Lymphgefäße in Haut und Schleimhaut. Von Hans Held. Mit 3 Fig. u. 4 Taf. *Leipzig: B.G. Teubner 1903.* (S. 201–318.) 4°(8°)
— Abhandlungen d. K. Sächs. Gesellschaft d. Wiss. Math.-phys. Kl. Bd 28, No 4. [03. 10018]

Held, Hans. Die Beziehungen d. Vorderseitenstranges zu Mittel- u. Hinterhirn. (Aus dem Laboratorium der psychiatr. u. Nervenklinik P. Flechsig.) Lex.-8. (7 S. m. 3 Taf.) Lpz. 892, Hirzel. * 1 20
Aus: Abhandlgn. d. k. sächs. Gesellsch. d. Wissensch., besond. abgedruckt.

Held, Hans, die Entwicklung des Nervengewebes bei den Wirbeltieren. Mit 275 Abbildgn. auf 53 Taf. (IX, 378 S.) Lex. 8. Leipzig 909. J. A. Barth. 30.—; geb. in Leinw. 32. —

Held, Hans v., Geschichte der 3 Belagerungen Colbergs im 7jähr. Kriege. Hrsg. und Preußens Kriegern und Bürgern gewidmet von seinem Sohne. gr. 8. (XV und 352 S. mit 2 lithogr. und ill. Karten in Fol.) Berlin 847, A. Duncker.

Held, Hans Wallensteins Katastrophe nach den neuesten Publikationen. 29 S. Progr. Hsch. Joh. *Strassburg Els.* 1884.

— zur weiteren Kenntnis der Nervenendfüsse u. zur Struktur der Sehzellen, s.a. Abhandlungen der königl. sächs. Gesellschaft der Wissenschaften. Mathem.-physik. Kl. 29. II.

Zur weiteren Kenntnis der Nervenendfüße und zur Struktur der Sehzellen. Von Hans Held. Mit 1 Doppeltaf. *Leipzig: B. G. Teubner 1904.* (43 S.) 4°(8°)
— Abhandlungen d. K. Sächs. Gesellschaft d. Wiss. Math.-phys. Kl. Bd 29, No 2. [04. 15031

Held, Hans, über die Neuroglia marginalis der menschlichen Grosshirnrinde. (S. 360—416 m. 12 Taf.) gr. 8. Berlin (909). S. Karger. 5. —
Sonderabdruck aus: „Monatsschr. f. Psychiatrie".

Held, Hans [aus Nürnberg]: Ueber para-Nitrosophenylmethylamin .... Erlangen, Druck d. Univ.-Buchdr. v. E. Th. Jacob, 1887; 36 S. + 1 Bl. 8°
Erlangen, Phil. Fak., Inaug. Diss. v. 1887

— Untersuchungen üb. den feineren Bau des Ohrlabyrinthes der Wirbeltiere, s.a. Abhandlungen der königl. sächs. Gesellschaft der Wissenschaften. Mathem.-phys. Kl. 28, I.

Untersuchungen über den feineren Bau des Ohrlabyrinthes der Wirbeltiere. Von Hans Held. 1. *Leipzig: B. G. Teubner 1902.* 4°(8°)
= Abhandlungen d. K. Sächs. Gesellschaft d. Wiss. Math.-phys. Kl. Bd 28, No 1. [02. 1579

— Untersuchungen üb. den feineren Bau des Ohrlabyrinthes der Wirbeltiere. II. Zur Entwicklungsgeschichte des Cortischen Organs u. der Macula acustica bei Säugetieren u. Vögeln, s.: Abhandlungen der königl. sächs. Gesellschaft der Wissenschaften. Mathem.-phys. Kl. 31, V.

Held, Hans Heinrich Ludwig von

Held, H. H. L. (Hans Heinr. Ludw.) v. (1764—1841). Ueber und wider die vertrauten Briefe und neuen Feuerbrände des preussischen Kriegesrathes von Cölln. O. O. 1808. 8°. (1 Rthl.) XIV u. 224 S. (6 Mk. E. Frensdorff, 1906.)
Seltene und scharfe Streitschrift.

— über u. für die vertrauten Briefe u. Feuerbrände d. Kriegsr. v. Cölln. gr. 8. (Berl.) 808.

— s. God dam! Ein Heldengedicht.

Held, H. s.a. Vide: Jakobiner (Die wahren).

JACOBINER, Die wahren, im preussischen Staate oder actenmässige Darstellung der bösen Ränke und betrügerischen Dienstführung zweyer preussischer Staatsminister. (Vf.: *Hans Heinr. Ludw. v. Held*, geb. 15. Nov. 1764 in Auras bei Breslau, † 30. Mai 1842 durch Selbstmord in Berlin). Ueberall und nirgends (Berlin, Frölich) 1801. 8°. 3 Bl., 256 S. (In Krotoschin, Magistrats-Bibl.; auch im British Museum.) (18 Mk. O. Rauthe, 1908:)
Von grösster Seltenheit! Das berühmte schwarze Buch, das die Verschleuderung preussischer Crongüter (Crotoscin) durch die Minister Hoym und Goldbeck blosslegte. Verfasser, der preuss. Patriot und Oberrevisor *H. H. L. von Held* in Posen, ein Günstling des Ministers Struensee's, auf dessen Kosten dieses Buch gedruckt wurde, sass deswegen 1802 bis 1803 in Haft.
Goedeke VII, 412, 17, 3: Wegen des schwarzen Umschlags und Schnittes „das schwarze Buch" genannt. — Vgl. Meyer, Chrn., Geschichte der Provinz Posen. Gotha 1891. S. 197.
Weller, fing. Dr.; Anon.-Lex. II. p. 309 (nach Goedeke, Kayser, Meusel)

v. Held, Hans Hnr. Ldw., üb. d. Meerbad bei Colberg. 8. Berl. 803. Schmidt. 12 gr.

Deutschmann, Hans (d. i. *Hans Heinr. Ludw. v. Held*), Patriotenspiegel für die Deutschen in Deutschland. Ein Angebinde für Bonaparte bei seiner Kaiserkrönung. Teutoburg 1804. (Im British Museum.)
Anon.-Lex. III. p. 260 (nach Goedeke). Der Cat. des British Museum nennt Gustav Graf v. Schlabrendorf als Vf. (?)

Struensee. Eine Skizze für diejenigen, denen sein Andenken werth ist. Nebst einer metrischen Uebersetzung der berühmten philosophischen Epistel Friedrichs des Großen an den Feldmarschall Keith: Ueber die Nichtigkeit der Todesfurcht. Von Hans Heinrich Ludwig von Held. Berlin. 1805. 8°

— Struensee. Eine Skizze rc. 8. Berl. Maßdorf. 805.

— Struensee. Eine Skizze. 8. Berl. 805. Maurers B. 18 gr.

Held, Hans Ludw., Dämmerstunden. (IV, 136 S.) 8. Dresden (906). E. Pierson. n. 2. —; geb. n.n. 3. —

Held, Hans Ludw., Jakobus. Aus dem Leben e. jungen Priesters. (VII, 141 S.) 8. München 907. Hans Sachs-Verlag. 2. 50

— Maria-Fried. Ein Roman aus der Hollebau. (Einband-Zeichnung v. Jos. Braumüller, Zeichng. des Verf. v. Sepp Frank.) (VII, 142 S. m. Bildnis.) 8. Ebd. 910. 2.—; geb. in Leinw. 3. —

— Salome. Ein Mysterium. (43 S. m. 1 Bildnis.) gr. 8. Ebd. 907. Kart. 2. —

Held, Heinr., der allgem. deutsche Cäcilienverein. Eine geschichtl. Skizze. 12. (24 S.) Regensburg 901. J. Habbel. n. — 20

— Gedächtnis-Rede auf den verewigten Zentrumsführer Dr. Ernst Maria Lieber, geh. bei der Trauerfeier des kathol. Casinos, Regensburg, am 3. IV. 1902. 8. (63 S.) Ebd. (902). n. —20

Held, Heinrich [Cand. d. Med. aus Regensburg]: Aus d. Patholog. Institut zu München. Zur Kenntniss der glatten weissen Schrumpfniere. . . . Jena, Gustav Fischer, 1889; 18 S. u. 1 Taf. 8°
München, Med. Fak., Inaug.-Diss. v. 1889

Held, Heinrich (Hrsg.), s. Volks-Calender, Der.

Held, Herm., Kreisbauinsp.: Baubeschreibung (des neuen Gymnasialgebäudes). *Münster 1899: Aschendorff.* (S. 17—22.) 4°
Münster i. W., k. Paulinisches G, P 1899 (378)

Zeitz in Wort und Lied. Volksmundart von Hermann Held. Zeitz: Brendel (1908). 204 S. 8° [09. 7048

Held, Herm., Zeitz in Wort u. Lied. Volksmundart. (VI, 204 S. m. Bildnis.) 8. Zeitz (908). (O. Langenberg.) Kart. 1. 50

Held, Herm. Gust., Bemerkungen zu dem Entwurfe eines Strafgesetzbuchs für den norddeutschen Bund. gr. 8. (76 S.) Dresden 870, Bach. *

Held, Hugo, Tagebuch e. Abenteurers. 8. (132 S.) Dresden 901. E. Pierson. n. 2. —; geb. n. 3. —

Held, J., praktische Anleitung zur Fabrikation u. Behandlung des Emmenthalerkäses, s. Peter, A.

Held, J., Die eheliche Errungenschaft nach den Volksrechten und Rechtsbüchern des Mittelalters ... München 1839. 8. (Bkd.)

Held, J. A., Requiem ad IV voces inaequales comitante organo. Partitio cum vocibus. Fol. (12 u. 4 Stimmen à 6 S.) Einsiedeln 876. Benziger. 2. 35; Stimmen à — 30

Held, J. C., Briefe aus Paris, geschrieben in d. Monaten Sept., Oct., Novbr. 1830. gr. 12. (9½ B.) Sulzbach 831, v. Seidel.

Held, J. F. Geschichte der humanistischen Lehranstalt in Ravensburg von ihrer ersten Gründung bis zu ihrer Erhebung zum Gymnasium. 47 S. **Progr.** *Ravensburg* 1882.

Held, J. Geo., d. Entwickelg. d. Korbflechterei in Oberfranken, s.: Festschrift, hrsg. z. Korbmacher-Jubiläum.

Held, J. H., des Amtmanns Tochter, nach d. Alt-Engl. von C. Reinhard, herausgeg. von J. Wittasek. 2te Aufl. Prag, Enders. 817.

Held, J. T., Blick auf die praktische Medicin der Neuzeit. Sendschreiben an den Dr. und Prof. Hrn. Jos. Löschner. Lex.-8. (IV und 54 S.) Prag 850, Calve'sche Vrlgsb.

Held Johann: Über den einheitlichen Charakter der Demosthenischen Kranzrede. 24. Krumau. 04.
Progr.

HELD, Johann Baptist (Rosenheim): Ueber die Vergiftungen durch Schwämme.- München: Deschler 1847. 20 S.
10.8.1847 - Urk (Titel: De venenationibus per fungos.); F 66
Diss. Ingolst-Landsh.-Mchn.

Held, Johann Christoph

Held, J. C. Dr. „Zur Beantwortung der Frage: Ob der Unterricht in der Geschichte an den Gewerbschulen notwendig sei oder nicht?" pg. 3-8. 4°. Theod. Burger.
Bayreuth, Progr. 1847/48

Bemerkungen zur Charakteristik des Chors in der Antigone des Sophokles. Von Dr. Held, Stdr. u. P. — 1847. B., Burger. — S. 3—24.
Progr. Bayreuth

— Bemerkungen über den Chor in der Elektra des Sophokles. Pr. 1861. 20 S. 4°.

Paedagogische Bilder aus den Gedichten des Horatius, von Dr. Held, R. u. P. — 1839. B., Birner. — S. 3—17.
Progr. Bayreuth

Bruchstücke aus dem Briefwechsel zwischen dem Vater eines Schülers und dem Rector eines Gymnasiums. Herausgeg. v. Dr. J. C. Held, Stdr. — 1851, Ebend. — S. 3—22.
Progr. Bayreuth

Bruchstücke aus dem Briefwechsel zwischen dem Vater eines Schülers und dem Rector eines Gymnasiums. Zweite Mittheilung. Herausgegeben von Dr. J. C. Held, Stdr. — 1855. — B., Burger. S. 3—20.
Progr. Bayreuth

— s. Caesar, C. J., commentarii de bello civili et ejusd. de bello gallico.

Ueber den Charakter Kreon's in der Antigone des Sophocles. Versuch einer erläuternden Darstellung von Dr. Held, Stdr. u. P. — 1842. B., Höreth. — S. 3—10.
Progr. Bayreuth

Literarum Universitati Friderico-Alexandrinae sacra saecularia prima diebus XXIII. XXIV. XXV. m. Aug. a. MDCCCXLIII pie celebranda omnia faustissima precans gratulatur Gymnasium Baruthinum quod conditor Christianus Ernestus Marggr. Brandenb. suo nomine voluit nominari Christian-Ernestinum. — MDCCCXLIII. Ibid. — S. 3—8. — 29 sapph. Strophen [von Dr. Held, R.]
Progr. Bayreuth

Friderico Thierschio Doctoris Philosophiae honorem abhinc quinquaginta annos a. d. XIV. Cal. Jul. MDCCCVIII acceptum congratulantur Gymnasii Baruthini cum schola latina Profess. et magistri. — 1858. B., Hoereth. — S. 3—9. [Explicantur aliquot Sophoclis loci a Dr. Held, R. et P.]
Progr. Bayreuth

Sacra regni quina vicennalia Augustissimi et Potentissimi Principis ac Domini Domini Maximiliani Josephi Regis Bavariae in Gymnasio regio Baruthino d. XVI. Febr. MDCCCXXIV pie celebranda indicit et ad audiendam orationem .... invitat Dr. Joan. Christoph. Held, P. — Praemittuntur observationes miscellae in Plinii Panegyricum Trajano dictum. — Baruthi typis F. C. Birneri. — S. 1—20.
Progr. Bayreuth

— **Johann Christoph,** Observationes miscellae in Plinii panegyricum Traiano dictum. (Sacra regni quina vicennalia domini Maximiliani Josephi regis Bavariae in gymnasio regio Baruthino.) Bayreuth (F. C. Birner) 16. II. 1824. 26 Seiten. (6.—) 14150

— s. Platonis dialogi selecti.

— s. Plutarchi vitae.

Prolegomenon in Plutarchi vitam Timoleontis caput primum. Scrips. Dr. J. C. Held, P. — 1832. B., ex off. Hoereth. — S. 3—15.
Progr. Bayreuth

Prolegomenon in Plutarchi vitam Timoleontis capitis secundi pars prior. Scrips. Dr. J. C. Held, P. — 1834. B., Hoereth. — S. 3—16. [S. Nr. 284.]
Progr. Bayreuth

—— **Prolegomenon in Plutarchi vitam Timoleontis cap. II. Pars I. 4 maj. (2 B.) Baruthii 834, (Grau.)**

Prolegomenon in Plutarchi vitam Timoleontis capitis secundi pars posterior cum epimetro. Scrips. Dr. J. C. Held, R. — 1837. B., Birner. — S. 3—17. [S. Nr. 286.]
Progr. Bayreuth

Prolegomenon ad Plutarchi vitam Timoleontis caput tertium. Scrips. Dr. J. C. Held, R. — 1841. B., Birner. — S. 3—19.
Progr. Bayreuth

Held, J. C. Dr. (kgl. Studienrektor) „Rede, gehalten bei dem Antritt des Rektorats an der Königlichen Kreis-Landwirthschafts- und Gewerbs-Schule zu Bayreuth am 23. Juli 1838". pg. 3—8. 4°. (Inhalt: Nutzen der Gewerbschulen.) F. C. Birner.
Bayreuth, Progr. 1837/38

Rede gehalten am 4. Mai 1835 beim Antritt des Rektorats am k. G. zu B. von Dr. J. C. Held. — 1835. B., Birner. — S. 3—16.
Progr. Bayreuth

Rede am 15. Nov. 1841 als dem Tage nach der feierlichen Enthüllung des von Seiner Majestät König Ludwig I. von Bayern dem Dichter Jean Paul Friedrich Richter zu Bayreuth errichteten Standbildes im Gymn. zu Bayr. gehalten von Dr. J. C. Held, Stdr. — Gedruckt zum Besten der Jean Paul's Stiftung für verwahrloste Kinder. — Bayreuth 1841. In Comm. der Grau'schen Buchhdl. — S. 3—16.
Progr. Bayreuth

Held, J. C., Rede am 15. Novbr. 1841, als dem Tage nach d. feierlichen Enthüllung des von Sr. Maj. König Ludwig I. von Bayern dem Dichter Jean Paul Friedrich Richter zu Bayreuth errichteten Standbildes, im Gymnasium zu Bayreuth gehalten. gr. 4. Bayreuth 842, Grau. ¼ ℔

Held, Joh. Chrph. v., Rede bei der 2. Säcularfeier des Gymnasiums zu Bayreuth, gehalten am 10. Aug. 1864. gr. 8. (18 S.) Bayreuth 864, Gießel.

Schluß-Rede bei der öffentlichen Preisevertheilung an dem K. Gymnasio in Bayreuth im Jahre 1831 gehalten von Prof. Dr. Held. — Bayreuth 1832. — Vorwort S. III—IV, Rede S. 1—12 in 8.
Progr. Bayreuth

Held, Joh. Chrph., Schulreden. gr. 8. (X und 332 S.) Nürnberg 853, Geiger.

—— Schulreden. Ein Beitrag zur Gymnasial-Pädagogik. 2. Sammlung. gr. 8. (VIII und 347 S.) Bayreuth 866, Grau'sche Buchh. *
1. Sammlung. Nürnberg 1853, Geiger. 1 Thlr. 6 Ngr.

— Ueber einige Stellen des Sophocles. Gel. 1858. 9 S. 4°.

Lexikalische Uebungen zu Cicero's Büchern von den Pflichten. Von Dr. J. C. Held, Stdr. — 1858. Ebend. — S. 3—17.
Progr. Bayreuth

Vaticinium viri abenei. Poemation. Inter epulas sollemnes ad celebrandum diem festum apparatas, quo vir amplissimus et doctissimus Dr. J. C. Held Gymnasii Baruthini Rector inter equites S. Michaelis illustrissimos est adlectus edidit Strath armides [Heerwagen] Grammaticus. — [1851] B., Burger. — ½ Bog. in 4. — 72 Verse.
Progr. Bayreuth

Held, J. C. Dr. (Rector) „Ueber das Verhältniss der ordentlichen oder regelmässigen Schüler und der Hospitanten an den Gewerbschulen". Ein Wort der Verständigung an die Eltern, welche ihre Söhne den Unterricht der Gewerbschule wollen geniessen lassen. pg. 3—9. 4°. Heinr. Höreth.
Bayreuth. Progr. 1850/51

Held, J. C. Dr. „Vortrag, gehalten bei der Preisevertheilung der Königlichen Kreis-Landwirthschafts- und Gewerbs-Schule zu Bayreuth am 26. August 1844". Inhalt: Zweck und Vortheil der Gewerbschulen vor anderen Schulen. pg. 3—8. 4°. F. C. Birner.
Bayreuth, Progr. 1844/45

Held, J. C. Dr „Vortrag bei der Preisevertheilung der K. Studien-Anstalt und der K. Kreis-Landwirthschafts- und Gewerbschule". pg. 3—12. 4°. (Inhalt: Zweck und Wert der Gewerbschulen.) H. Höreth.
Bayreuth. Progr. 1860/61

Lateinische Votivtafel zur 50jährigen Lehramtsjubelfeier des Herrn Schulrathes u. s. w. Dr. Christian von Bomhard. — 13. Okt. 1858. B., Burger. — 1 Bog. in ext. [v. Dr. Held, R. u. P.]
Progr. Bayreuth

— **Johann Friedrich** (Tilsit/Preuss.), De mediis. Disp. jur. Präs. Adrian Beier. Jena (Werther) März 1700. 44 S. (6.80) 14152
Gew.: Jacob Andreas Held. — Widm. v. Präs.

Held, Jh. Geo., († d. 16. Febr. 1821.) bibl. Geschichte zum Nutzen d. jungen Herrn von Ulm auf Erbach. 8. Ulm. 788. N. A. 8. Augsb. 789. Stettin. 4 gr.

Held, Jh. Geo. Fr.

— Gebete u. Entwürfe d. fünf Passionspredigten rc. 8. Nürnb. 797.

Held, Jh. Geo. Fr., Nachricht v. Gallus Korn, Dominikanermönchs, Leben u. Schriften. gr. 8. Nürnb. 802. (v. Ebner.) 4 gr.

Held, J. G. F., Nachr. v. Gallus Korns Leben u. Schriften. gr. 8. Nürnb. Lechner. 802.

— **Johann Carl** (Braunfels), De blennorrhagia urethrali syphilitica virorum. Diss. med. Bln. (Johann Friedrich Stark) 3. VI. 1820. 48 S. mit Biogr. (6.50) 14149
Oppon.: Temmel, Leopold Bamberger. — Gew.: Ludwig Held (Vater).

Johann Nikolaus Held
(† d. 4. Oct. 1786.)

Abhandlung von der Verdickung des Geblütes in der Lunge, nebst angehängter Vorr. Von dem medicinischen Werke, entworfen von J[ohann] N[ikolaus] H[eld]. Franckfurt a.M. 1751: Brenner. 42 S. 8°

— Anweisung, wie man d. Rindvieh behandeln soll, daß es nicht von einer ansteckenden Krankheit befallen werde, u. das schon kränkelnde gesund machen könne. 8. Wetzlar 783.

— Beweis, daß die öffentl. Anatomien nicht allein einem Staate höchst nothwendig, sondern auch in allen Rechten gegründet. 4. Darmst. 762.

— medicin. Gedanken über den 147sten u. 149sten Artikel der peinl. Reichs-Halsgerichts-Ordnung. 4. Darmst. 759

Held, J. N., De hernia cerebri in adulta feliciter curata. 28 pp. Giss. 4°. *Richter*, Chir. Bibl. IV, 580. *Weiz*, N. Ausg. 1778, VIII, 3—11.

1777

Held, Johannes Nicolaus (Darmstadt) [Auctor et Resp.]
Dissertatio inauguralis medico-chirurgica de hernia cerebri in adulta feliciter curata.
Giessae [28.] Aug. 1777: Joh. Jac. Braun. 28 S. 4°
pro gradu doctoris medicinae.

Held, Johann Nikolaus (Darmstadt)
Dissertatio inauguralis medica de liquore amnii.
Giessae [26.] Nov. 1750: Braun. 36 S. 4°
pro gradu doctoris rite ... obtinendo

— Sendschreiben an einen guten Freund von d. Erkenntniß Gottes u. seiner selbst aus d. Anatomie. 4. Frankf. 752.

— die Vorzüge, welche d. Gesundheit durch d. Landleben erhält. 4. Darmst. 753.

Held, Johann Theobald

Held, J. T., Blick auf Karlsbad. Ein Sendschr. an Joh. de Carro, etc. begleitet mit dess. Bemerkn. gr. 8. (2 B.) Prag 835, Haase Söhne.

—— zweiter Blick auf Karlsbad. Ein Sendschr. an Joh. de Carro, etc. begleitet mit dess. Bemerkn. gr. 8. (1¾ B.) Prag 838, Haase Söhne.

Held, (J. Th.,) kurze Geschichte d. Heilanstalt d. barmherzigen Brüder in Prag. Nebst Rückblicken auf Entstehung, Verbreitung, u. Schicksale dieses Ordens überhaupt. (Zum Besten dieser Anstalt.) Mit 2 Kpfrn. u. 1 Grundriß. gr. 8. Prag 823, (Enders.)

— tentamen historicum illustrandis rebus anno 1409 in universitate Pragena gestis. 8maj. Prag (Calve) 12 gr.

Held, Joseph (Mitarb.), s. Abhandlungen, Vier, über das constitutionelle Princip.

Held, Jos., das Brodbacken. Eine Anweisung, aus den verschiedenen Getreide-Mehlarten, Kartoffeln, Eicheln, Kastanien, Kürbissen u. allen andern geeigneten Stoffen ein vorzügliches, gesundes, wohlschmeckendes u. wohlfeiles Brod zu backen. Mit 1 Taf. Abbild. 8. Nordhausen 843, Fürst. 7/12 rf

Held, Jos., Deutschland, der deutsche Bund und die deutschen Großmächte. Würzburg 864. Stuber. Lex.-8. (2 Bl., 88 S.) 18 ngr.

— Frankreich an der Spitze der Civilisation? Ebend. 863. gr. 8. (40 S.) 9 ngr.

Held, Jos., Grundriß für akademische Vorträge über gemeines deutsches Privatrecht mit Ausschluß des Lehnrechts so wie des Handels- u. Wechselrechts. Lex.-8. Würzburg 844, Stahel'sche Buchh. n. 1/6 rf

Held, Jos. v., Grundzüge des allgemeinen Staatsrechts oder Institutionen des öffentlichen Rechts. gr. 8. (VII, 498 S.) Leipzig 868, Brockhaus.

Held, Jos., über die Nationalität im Allgemeinen und mit besond. Rücksicht auf die gegenwärtig in Deutschland obschwebenden Verhältnisse. gr. 8. (24 S.) Würzburg 851, Stahel'sche Buchh.

Held, Jos., Staat und Gesellschaft vom Standpunkte der Geschichte der Menschheit und des Staats. Mit besonderer Rücksicht auf die politisch-socialen Fragen unserer Zeit. (In 3 Thln.) 1. Thl.: Grundanschauungen über Staat und Gesellschaft. gr. 8. (XXV und 598 S.) Leipzig 861, Brockhaus. *

—— Staat und Gesellschaft vom Standpunkte der Geschichte der Menschheit und des Staats. Mit besond. Rücksicht auf die politisch-socialen Fragen unserer Zeit. 2. und 3. Thl. gr. 8. Leipzig 863,65, Brockhaus. *

Inhalt:

Thl. 2. Volk und Regierung mit besond. Rücksicht auf die Entwickelung der Gesellschaft und des Staats in Deutschland. (XXXI und 796 S.) * 4 Thlr.

„ 3. Der verfassungsmässige und constitutionelle Staat. (XXIV und 1020 S.) * 5 Thlr.

1. Thl. Ebendas. 1861. * 3 Thlr.

Held, Jos., System des Verfassungsrechts der monarchischen Staaten Deutschlands mit besonderer Rücksicht auf den Constitutionalismus. 1. Thl. Einleitung. Allgem. Staaatsrechtsgrundsätze. Geschichte der polit. Gestaltungen Gesammt-Deutschlands. Würzburg 856. Stahel. gr. 8. (XVI, 504 S.) n. 1 Thlr 27 ngr.

— — 2. Thl. System des geltenden, den deutschen constitutionellen Monarchien gemeinsamen Staatsverfassungsrechts. Ebend. 857. gr. 8. (XXI, 688 S.) n. 2 Thlr. 21 ngr.

Held, Jos., die Verfassung d. deutschen Reiches vom staatsrechtl. Standpunkt aus betrachtet. Ein Beitrag zu deren Kritik. Nebst e. Anh., die Verfassg. d. deutschen Reiches u. die Verträge m. den süddeutschen Staaten enth. gr. 8. (XII, 283 S.) Leipzig 872. Brockhaus. n. 4. —

Held, Jos. (Hrsg.), s. Vollgraff, Karl: Staats- und Rechtsphilosophie ...

Held, Julius

Held, J. **Additamenta ad literaturae Rom. historiam. (Besond. von den litterär. Studien der Imperatoren nach Sueton's Vit. caes.) 20 S.** . . . .

Progr. Schweidnitz 1839

Held, Iul., Additamenta ad literaturae romanae historiam. 4. (3 B.) Suidnicii 839, Heege.

Held, Jul. Adnotationes ad locos quosdam C. Cornelii Taciti annalium difficiliores. 20 S.

Schweidnitz, Progr. 1851

Held, Julius: Annotationes in Demosthenis orationem quae vulgo prima Philippicarum dicitur. Vratislaviae (1831). (57 S.) 8° *[Buchausg. 1831 bei Korn in Breslau unt. d. T.: „Prolegomena ad Demosthenis . . .“]*

Breslau, Phil. Fak., Hab.-Schr. v. 5. März 1831

Held: De Gn. Domitio Corbulone. 27 S.–Schweidnitz, Progr. 1862

Held, J. **Observ. in difficiliores quosd. C. Taciti annalium locos. (I. 34, 35; III. 14, 26, 55; XIII. 57; XIV. 8; XV. 43, 44; XVI. 2, 9, 11, 16, 25, 35.) 13 S.**

Progr. Schweidnitz 1837

Held: Observationes in difficiliores quosdam Sophoclis Antigonae locos. 15 S.–Schweidnitz, Progr. 1854

Held, J. Prolegomena ad librum epistolar., quas mutuo sibi scripsisse Plinium jun. et Trajanum Caes. viri docti credunt. 28 S. . . . .

Progr. Schweidnitz 1835

—— Prolegomena ad librum epistolar. quas mutuo sibi scripsisse Plinium juniorem et Trajanum Caesarem viri docti credunt. 4maj. ($3^3/_4$ B.) Suidnicii 835, Heege.

Held, Jul., Prolegomena ad Demosthenis orationem quae vulgo prima Philippicarum dicitur. 4 maj. (4 B.) Vratislaviae 831, J. Fr. Korn.

Held, Julius *(geb. Oppeln 19.3.1803)*: Prolegomena ad vitam Attici quae vulgo Cornelio Nepoti adscribitur. Vratislaviae (1826). (51 S.) 8°

Breslau, Phil. Diss. v. 17. Aug. 1826

Held, J., De Saleio Basso poeta. 1884. 15 S. 4°.

Held, Jul. Commentatio de Cn. Julii Agricolae vita, quae vulgo Cornelio Tacito assignatur. 38 S. . .

Schweidnitz, Progr. 1845

Held, Jul., commentatio de Cn. Jul. Agricolae vita, quae vulgo Corn. Tacito adsignatur. 4. (5 B.) Schweidnitz 845, Heege.

Held, J. Comment. de vita scriptisque A. Cremutii Cordi. 11 S. . . . .

Progr. Schweidnitz 1841

— über den Werth der Briefsammlung des jüngern Plinius in Bezug auf Geschichte der römischen Literatur. gr. 8. Breslau 833. Aderholz. $^1/_3$ Thlr

Held K.: Der Pisee- od. Stampf-Bau praktisch dargestellt. Hildesheim 1808. 120 S. 6 Tvl.

Held, K., d. Pisee- oder Stampf-Bau, prakt. dargestellt. Mit 6 Kpft. gr. 8. Hildesh. 808. Gerstenberg. 1 Thlr illum. 1 Thlr 8 gr

Held, C., der Pisen- od. Stampfbau, praktisch dargestellt. m. K. gr. 8. Hildesh. Gerstenberg. 808.

illum.

Held, Karl, moderne Detaillisten. Ein prakt. Ratgeber f. Detaillisten jeder Branche, die ihr Geschäft zur Blüte bringen wollen. Mit Anh.: Warnungen u. Winke f. Anfänger. Geschäftskäufe u. Neugründgn. (73 S.) 8. Rixdorf (908). K. Held. 2.50; geb. 3.50

— Geheimnisse der Wüste. Reise-Erlebnisse u. Abenteuer (Umschlag: Reiseabenteuer). 1.—16. Bd. (à 32 S.) gr. 8. Berlin (908. 09). Verlag moderner Lektüre. à — 10

Fortsetzung u. d. T.:

— Old Ironhand, der Trapper u. Indianerkämpfer. Reiseabenteuer. 17.—19. Bd. (à 32 S.) gr. 8. Ebd. (909). à — 10

Held, Karl [app. Arzt (aus Weissenburg a. S.)]: Der primäre Krebs der Gallenblase m. bes. Berücks. seiner Aetiologie ... Weissenburg a. S., Druck d. Buch- & Steindr. v. Braun & Elbel, 1893; 1 Bl., 27 S. 8.

Erlangen, Med. Fak., Inaug.-Diss. v. Juli 1892

Held, Karl *Martin*: Das Kreuzkantorat zu Dresden. Nach archival. Quellen bearb. ... Leipzig, Druck v. Breitkopf & Härtel, 1894; 1 Bl., 172 S., 1 Bl. 8.

Leipzig, Phil. Fak., Inaug.-Diss. v. [20. Aug.] 1894

Held, Karl. Das Kreuzkantorat zu Dresden. [S. A. aus der Vierteljahrsschrift für Musikwissenschaft. 1894. Heft 3.] Leipzig 1894.

Held, Carolus Fridericus Guilelmus, Dr. phil.: De opere Iesu Christi salutari quid M. Lutherus senserit demonstratur atque ex universa ipsius theologia illustratur. P. prior. Gottingae: Vandenhoeck & Ruprecht (1860). 96 S. 8°

Halle-Wittenberg, Theol. Liz.-Diss. v. 18. Febr. 1860

Geb. Treptow a. d. Tollense [6.] Febr. 1830. V.

Ersch. vollst. im Buchhandel ebda 1860. III, 304 S.

— de opere Jesu Christi salutari quid M. Lutherus senserit demonstratur atque ex universa ipsius theologia illustratur. Commentatio theologica. Göttingen 860. Vandenhoeck & Ruprecht. gr. 8. (2 Bl., 304 S.) n. 1 *ℛ* 10 *ngr.*

— Reise-Kniffe. Prakt. Wegweiser zum Erfolg f. Geschäftsreisende, Handlungsagenten u. solche, die es werden wollen. Mit Anh.: „Der Handlungsagent" (Platzvertreter). Auf Grund eigener prakt. Erfahrgn. bearb. (95 S.) 8. Berlin (907). Rixdorf, K. Held. 2.50; geb. 3.50

Hold, Karl, aus Braunschweig: Das **Verbum** ohne pronominales Subjekt in der älteren deutschen Sprache. *Berlin: Mayer & Müller 1903.* (XI, 44 S.) 8° ¶ (Erscheint vollst. als: Palaestra, H. 31.)

Göttingen, Phil. Diss. v. [19. Juli] 1903

Held, Karl, das Verbum ohne pronominales Subjekt in der älteren deutschen Sprache, s.a. Palaestra. XXXI.

Das Verbum ohne pronominales Subjekt in der älteren deutschen Sprache. Von Karl Hold. *Berlin: Mayer & Muller 1903.* (XIII, 163 S.) 8°
= Palaestra. 31. [illegible] 10

Held, Karl Ant. Ludw., la capacité des fabriques d'église et leur patrimonie. gr. 8. (64 S.) Luxemburg 892. St. Paulus-Druckerei. n. — 60

— das Dekret üb. die Kirchen-Fabriken vom 30. Dezbr. 1809. In französ. u. deutscher Sprache, erläutert v. H. gr. 8. (VI, 96 S.) Ebd. 888. n. — 60

Held, K. A. Ludw., Leben d. hl. Peter Fourier. (2. Aufl.) 8. (VIII, 234 S. m. Abb. u. Bildn.) Straßburg 897. F. X. Le Roux & Co. n. 1.20

Held, K. A. Ludw., Maria, deine Mutter. Erwägungen, allen frommen Verehrern der allersel. Jungfrau gewidmet. 16. (126 S.) M.-Gladbach (895). A. Riffarth. n.n. — 25; geb. in Leinw. n. — 35

— das Marienkind. Erwägungen, allen frommen Verehrern der allersel. Jungfrau gewidmet. 16. (126 S.) Ebd. (895). n. — 25; geb. in Leinw. n. — 50

— die sechs Sonntage zu Ehren d. hl. Aloysius. 16. (143 S.) Ebd. 894. n. — 80

Held, L. Die schweiz. Landestopographie unter der Leitung von Oberst Siegfried. Bern 1880.

Held, L., der electro-magnetische Telegraph in seiner Anwendung beim Eisenbahndienst. Ein Leitfaden f. Eisenbahn-Stations- u. Telegraphenbeamte. gr. 8. (86 S. m. eingedr. Holzschn.) Berlin 888. L. R. Schwartz. n. 1.—

HELD, LUDWIG.
Praktische (Der) Chemiker, oder technisch-chemisches Handbuch viele noch nicht veröffentliche Vorschriften enthaltend, für Färbereien, Kattundruckereien, Apotheker, Materialisten, Seifensieder, Metallarbeiter, Buchbinder, Etui- und Instrumentenfabrikanten, Sattler, Schreiner, Möbelfabrikanten, Firniss- und Lackfabrikanten, Parfümeure, Chocolade- und Liqueurfabrikanten. Mit einem Anhange über Roth- und Scharlachfärberei, Camphinbereitung, feine Tafel- und Gewürz- Essige, sowie die neueste Schnellessigfabrikation, Bleichung der Waschschwämme, u. s. w. Stuttgart, 1853. 8vo.

Held, Ludw., der praktische Chemiker oder technisch-chemisches Handbuch, viele noch nicht veröffentlichte Vorschriften enthltd., für Färbereien, Kattundruckereien, Apotheker, Materialisten, Seifensieder, Metallarbeiter rc. Mit einem Anhange über Roth- u. Scharlachfärberei, Camphinbereitung, feine Tafel- u. Gewürz-Essige, sowie die neueste Schnellessigfabrikation rc. Stuttgart 853. Erhard. gr. 8. (IV, 144 S.) 18 *ngr.*

Held, Ludw., die Näherin, s.: Universal-Bibliothek.

Held, Max: Das Arbeitsverhältnis im Nürnberger Handwerk von der Einverleibung der Stadt in Bayern bis zur Einführung der Gewerbefreiheit. Stuttgart 1909: Union. 100 S. 8° ¶ (Ersch. auch als: Münchener volkswirtsch. Studien. Stück 97.)

München, Staatswirtsch. Diss. v. 26. Mai 1909, Ref. Brentano

[Geb. 4. Sept. 87 Wassubach; Wohnort: Nürnberg; Staatsangeh.: Bayern; Vorbildung: Neues Gymn. Nürnberg Reife Juli 05; Studium: Jura München 1, Genf 1, München 2, Berlin 1, München 3 S.; Rig. 26. Mai 09.] [U 10. 3445

Held, Max, das Arbeitsverhältnis im Nürnberger Handwerk von der Einverleibung der Stadt in Bayern bis zur Einführung der Gewerbefreiheit, s.a. Studien, Münchener volkswirtschaftliche. 97. Heft.

Held, Max, Das Arbeitsverhältnis im Nürnberger Handwerk von der Einverleibung der Stadt in Bayern bis zur Einführung der Gewerbefreiheit. 8°. Stuttgart, J. G. Cotta Nachf., 1909. (Münchener volkswirtschaftl. Studien, 97. Stück.)

Held, Max: ([Überklebt:] Aus der Klinik des Herrn Dr. A. Blaschko.) Ein Fall von persistierender Erythrodermia idiopathica. *Berlin 1898: L. Blankenburg.* (25 S.) 8°
Berlin, Med. Diss. v. 16. März 1898

Held, Mich. v. Vide: Locomotive.

Held, O., einige Bemerkungen u. Zusätze zu der ornithologischen Abhandlung: „Die Vögel der Grossherzogthümer Mecklenburg m. kurzen Beschreibungen v. C. Wüstnei u. G. Clodius". gr. 8. (S. 58—76.) Güstrow 902. (Opitz & Co.) n. — 40
Sonderabdruck aus: „Archiv d. Ver. d. Freunde d. Naturgeschichte in Mecklbg."

Held, Otto, Gesetz und sonstige Bestimmungen betr. die Gewerbesteuer in Preußen mit gewerbepolizeilichen Vorschriften für Verwaltungs- und Polizei-Beamte, die Staatsanwaltschaft und Schöffengerichte. 2. verb. Aufl. gr. 8. (XV, 326 S.) Berlin 888, Springer. geb.
1. Aufl. erschien im Selbstverlage des Verfassers.

—— Gesetze und Verordnungen für die Polizei-Verwaltung und Strafrechts-Pflege unter besond. Berücksicht. der für die Prov. Pommern und den Reg.-Bez. Stettin erlassenen Polizei-Verordnungen. Zusammengestellt und bearb. Lex.-8. (VI, XIX, 743 S.) Berlin 884, C. Heymann's Verlag.

— u. Junge, Gesetze u. Verordnungen f. die Polizeiverwaltung und Strafrechtspflege, unter besond. Berücksicht. der v. dem Hrn. Oberpräsidenten der Prov. Brandenburg, v. dem Hrn. Regierungspräsidenten u. der königl. Regierung zu Frankfurt a/O. erlassenen Polizeiverordnungen. Lex.=8. (XXXII, 703 S.) Ebd. 887.
Subscr.=Pr. n.n. 6.50; geb. n.n. 7.50; Ladenpr. n. 10.—; geb. n. 11.50

Held, O., Gesetze u. Verordnungen f. die Polizeiverwaltg. u. Strafrechtspflege, unter besond. Berücksicht. der v. dem Hrn. Oberpräsidenten der Prov. Brandenburg, v. dem Hrn. Regierungspräsidenten u. der königl. Regierung zu Potsdam erlassenen Polizeiverordngn. gr. 8. (XXXIX, 738 S.) Berlin 887. Habel. Subscr.=Pr. n.n. 6.50; geb. n.n. 7.50; Ladenpr. n. 10.—; geb. n. 11.50

— dasselbe, unter besond. Berücksicht. der von dem Hrn. Oberpräsidenten der Provinz Ostpreußen, v. dem Hrn. Regierungspräsidenten u. der königl. Regierung zu Gumbinnen erlassenen Polizeiverordnungen. gr. 8. (XXXII, 679 S.) Ebd. 887. Subscr.=Pr. n.n. 6.50; geb. n.n. 7.50; Ladenpr. n. 10.—; geb. n. 11.50

— dasselbe, unter besond. Berücksicht. der von dem Hrn. Oberpräsidenten der Provinz Ostpreußen, v. dem Hrn. Regierungspräsidenten u. der kgl. Regierung zu Königsberg i. Pr. erlassenen Polizeiverordngn. gr. 8. (XXXII, 671 S.) Ebd. 887. Subscr.=Pr. n.n. 6.50; geb. n.n. 7.50; Ladenpr. n. 10.—; geb. n. 11.50

— dasselbe, unter besond. Berücksicht. der von dem Hrn. Oberpräsidenten der Prov. Sachsen, v. dem Hrn. Regierungspräsidenten u. der königl. Regierung zu Erfurt erlassenen Polizeiverordnungen. gr. 8. (XXXVI, 743 S.) Ebd. 888. n. 7.—

— dasselbe, unter besond. Berücksicht. der von dem Hrn. Oberpräsidenten der Prov. Sachsen, v. dem Hrn. Regierungspräsidenten u. der königl. Regierung zu Magdeburg erlassenen Polizeiverordnungen.* gr. 8. (XXXVI, 772 S.) Ebd. 888. n. 7.—

— dasselbe, unter besond. Berücksicht. der von dem Hrn. Oberpräsidenten der Prov. Sachsen, v. dem Hrn. Regierungspräsidenten u. der königl. Regierung zu Merseburg erlassenen Polizeiverordnungen. gr. 8. (XXXVI, 828 S.) Ebd. 888. n. 7.—

— dasselbe, unter besond. Berücksicht. der von dem Hrn. Oberpräsidenten der Prov. Westfalen, v. dem Hrn. Regierungspräsidenten u. der königl. Regierung zu Arnsberg erlassenen Polizeiverordnungen. gr. 8. (XL, 756 S.) Ebd. 888. n. 7.—

Held, Otto, Gesetze u. Verordngn. f. d. Polizeiverwaltg. u. Strafrechtspflege unt. bes. Berücksicht. der v. d. Oberpräsidenten d. Prov. Ostpreußen, v. d. Regierungspräsidenten u. d. königl. Regierung z. Gumbinnen erlass. Polizeiverordngn. Ergänzungsbd. gr. 8. (XV, 568 S.) Berlin 895. C. Habel. Subskr.=Pr. n. 7.—; geb. in Halbldr. n.n. 8.—; Einzelpr. n. 9.—; geb. n. 10.—

— dasselbe, unt. bes. Berücksicht. d. f. d. Reg.=Bez. Königsberg i/Pr. erlass. Polizeiverordngn. Ergänzungsbd. gr. 8. (XV, 444 S.) Ebd. 895. Subskr.=Pr. n. 6.—; geb. in Halbldr. n.n. 7.—; Einzelpr. n. 8.—; geb. n. 9.— (Hauptwerk u. Ergänzungsbd. n. 17.—; geb. n. 19.—)

— dasselbe, unt. bes. Berücksicht. d. für d. Prov. Pommern u. d. Reg.=Bez. Köslin erlass. Polizeiverordngn. Lex.=8. (19, XLVIII, 1014 S.) Ebd. 895. Subskr.=Pr. n. 9.—; geb. in Halbldr. n.n. 10.—; Einzelpr. n. 14.—; geb. n.n. 15.—

— dasselbe, unt. bes. Berücksicht. der f. d. Prov. Pommern u. d. Reg.=Bez. Stettin erlass. Polizeiverordngn. 2. Aufl. Lex.=8. (XLVIII, 1022 u. 16 S.) Ebd. 895. Subskr.=Pr. n. 9.—; geb. in Halbldr. n.n. 10.—; Einzelpr. n. 14.—; geb. n.n. 15.—

—— Instructionen für Polizei=Beamte. Auszug aus dem Werke: „Die bestehende Organisation und die erforderliche Reorganisation der preußischen Polizei=Verwaltung". 8. (153 S.) Berlin 886, Luckhardt. *ℳ 2.40.; geb. * 3 50

Held, Otto, Katechismus=Fragen. Nach dem Mecklenburg=Schwerinschen Landeskatechismus zur Erklärung desselben, sowie zur Erklärung des kleinen Luther'schen Katechismus überhaupt gestellt und mit Bibelsprüchen, bibl. Beispielen, Gesangbuchsliedern und etlichen andern guten Sprüchen versehen. 8. (VI, 99 S.) Rostock 874, Stiller'sche Hofbuchh.

—— Lehrbuch der neuhochdeutschen Sprache. 2 Thle. gr. 8. Rostock 869, Stiller'sche Hofbuchh.

Inhalt:
Thl. 1. Lautlehre, Wortlehre, Wortbildungslehre und Rechtschreibung. (VIII, S. 1—152.) *ℳ 1.60.
" 2. Satzlehre und Interpunktion. (V, S. 153—243.) *ℳ 1.

Held, Otto, moderne Malereien f. das Bürgerhaus. 24 (farb.) Taf. Orig.-Entwürfe f. Decken, Wände, Treppen u. s. w. (1 Bl. Text.) 45×34 cm. Wien (908). F. Wolfrum & Co. In Mappe 35.—

— die bestehende Organisation u. die erforderliche Reorganisation der preuß. Polizei=Verwaltung m. Rücksicht auf die wünschenswerthe Erweiterung derselben zur deutschen Reichspolizei. gr. 8. (VI, 228 S.) Berlin 886. F. Luckhardt. n. 5.—

—— Polizei=Verordnungen der Stadt Stettin auf Grund amtlicher Quellen zusammengestellt. 4. (166 S.) Stettin 883, Hessenland. * 1 50
—— dass. — 1. Nachtrag dazu. 4. (75 S.) Ebendas. 888. * — 75

—— Sammlung der Gesetze und Verordnungen für die Polizei=Verwaltung und Strafrechtspflege unter besond. Berücksicht. der für die Prov. Westpreußen erlassenen Polizei=Verordnungen. 2. verb. und verm. Aufl. gr. 8. (VI, 480 S.) Berlin 885, Haack. geb. [*ℳ 7.—] * 3 —
—— dass. — mit den Polizei=Verordnungen für den Reg.=Bez. Danzig. 2. verb. und verm. Aufl. gr. 8. (VI, 573 S.) Ebendas. 885. geb. [*ℳ 8.—] * 3 50

H[eld], P. W.: Reichsprälatisches Staatsrecht. Kempten 1785. 2 Bde
Th. 1. Von der Reichsprälaten Staatsgerechtsamen in Ansehung des heil. römischen Reichs.
" 2. ... in Ansehung ihrer Lande und Gebiethe.

Held, Phpp., d. Blumenzucht u. Blumenpflege in uns. Hausgärten, s.: Landmanns, d., Winterabende.

Held, Phpp., die Blumenzucht im Zimmer. Illustriertes Handbüchlein der Zimmer=, Fenster= u. Balkon=Gärtnerei zur Selbstbelehrg. f. Blumenfreunde. [Aus: „D. Gartenbuch".] 8. (IV, 64 S.) Berlin 893. Aug. Schultze's Verl. 1.—

Held, Ph., der Feldgemüsebau. Mit e. Anleitg. zum Anbau wichtiger Arzneigewächse u. Handelspflanzen u. zum Dörren u. Einmachen der Gemüse. 8. (VIII, 183 S. m. 16 in den Text gedr. Holzschn.) Stuttgart 890. Ulmer. n. 2. 75; geb. n. 3. --

Held, Ph., großes illustr. Gartenbuch zur Selbstbelehrung f. Gartenbesitzer. Enth.: Die Anlage der Gärten. Gemüse-Garten. Obst-Garten. Obstverwertung. Blumen oder Ziergarten. Zimmer-Garten. Garten-Kalender. Alles in durchaus klarer, leichtverständl. Darstellung u. durch viele Illustr. erläutert. (XVI, 432 S.) 8. Berlin 907. Aug. Schultze, Verl. 3.—; kart. 3. 50

-- illustriertes Gartenbuch zur Selbstbelehrung f. Gartenbesitzer 8. (XVI, 368 S. m. Abbildgn.) Ebd. 893. 3. -

— illustr. Gartenbuch z. Selbstbelehrg. f. Gartenbesitzer. Enth.: 1. Allgem. üb. Gartenbau. 2. Gemüsegärten. 3. Obst-Garten u. Obstweinbereitg. 4. Blumen- u. Ziergarten. 5. Zimmer-Garten. 6. Gartenkalender. 4. Aufl. 8. (XVI, 392 S.) Berlin 895. Aug. Schultze's Verl. 3.—; kart. n. 3. 50

Held, Ph., s.: Landmann, der.

Den Obstbau schädigende Pilze und deren Bekämpfung. Von Ph[ilipp] Held, Garteninsp., Hohenheim. Mit 40 Abb. auf 2 Taf. *Frankfurt a. O.: Trowitzsch & Sohn 1903.* (VI, 57 S.) 8° [F.]

— der praktische Obstzüchter. gr. 8. (VIII, 194 S. m. 80 Abbildgn.) Stuttgart 894. E. Ulmer. n. 2. 80; geb. in Halbleinw. n.n. 3. 5

-- das Schreibwerk d. Gärtners. Kurze Anleitg. zur Abfassg. der schriftl. Arbeiten des gärtner. Betriebes. Nebst zahlreichen Beispielen. gr. 8. (VIII, 77 S.) Berlin 894. P. Parey. n. 1. --

— die Veredelungen v. Obstbäumen u. Fruchtgehölzen. Mit 287 farb. Abbildgn. auf 8 Taf. (à 33×48 cm.) gr. 8. (64 S.) Stuttgart 902. K. G. Lutz. Kart. u. in Mappe n. 3. 75

Held, Ph. Weinbau. Anleitung zur rationellen Traubenzucht. Mit 105 in den Text gedruckten Abb. Berlin: Parey 1897. VIII, 181 S. (Thaer-Bibliothek. Bd 87.) -- 107*. UB Braunschw. GGW*

— praktische Winke zur Pflege der Zimmerblumen. gr. 8. (62 S. m. Abb.) Würzburg (900). (J. M. Richter.) - 50

Held, Robert, Amtmann in Stuttgart: Das württembergische Notverordnungsrecht unter Vergleich mit dem Notverordnungsrecht anderer deutscher Staaten. Stuttgart 1905: W. Kohlhammer. (53 S.) 8° [F.]

Tübingen, Staatsw. Fak., Ref. Triepel, Diss. v. 9. Nov. 1904

[Geb. 2. Okt. 75 Heilbronn; Wohnort: Stuttgart; Staatsangeh.: Württemberg; Vorbildung: Karls Gymn. Heilbronn Reife M. 94; Studium: Tübingen 9 S.; Rig. 4. Nov. 04]

Held, Sigmund, gepr. Rechtsprakt.: Die Verwirkungsklausel im Verhältnis zur Vertragstrafe nach deutschem Privatrecht. Nürnberg 1911: Stich. 80 S. 8°

Erlangen, Jur. Diss. v. 22. Nov. 1910, Ref. Oertmann

[Geb. 21. April 84 Wassertrüdingen; Wohnort: Nürnberg; Staatsangeh.: Bayern; Vorbildung: Neues Gymn. Nürnberg Reife 02; Studium: Erlangen 2, Berlin 1, München 5 S.; Rig. 11. Jan. 11.] [U 11. 815

Märchen und Sagen der afrikanischen Neger. Gesammelt von T. v. Held. Mit Buchschmuck von E. Nehring u. e. Einführung von General (E[duard]) v. Liebert. *Jena: H. W. Schmidt 1904.* (XIV, 202 S.) 8° [F.]

Held, Theodor [aus Tübingen]: Beitrag zur Casuistik der Lipomatosis universalis. Berlin, Buchdr. v. Gustav Schade (Otto Francke) (1888). 33 + 1 S. 8°

Berlin, Med. Fak., Inaug.-Diss. v. 20. Nov. 1888

Held, Wenzel, Schnell-Rechner üb. die Tabak- u. Cigarren-Preise nach dem Tarife vom 1. Juli 1875 f. die Kronländer Oesterreich ob u. unter der Enns, Salzburg, Steiermark, Kärnten, Krain, Küstenland, Böhmen, Mähren, Schlesien, Galizien u. die Bukowina. Mit e. Handtabelle zu Berechng. kleinerer Mengen der gangbarsten Tabakgattgn. (in gr. 4.) gr. 8. (32 S.) Prag 875. Verl. der Bohemia. n. 2. 40; Handtabelle apart n. — 20

— Stempel-Rechner zum Gebrauche bei Stempel-Fassungen, Inventuren u. Verschleiss-Rechnungen f. die k. k. Steuerämter u. Stempelverschleissstätten. gr. 8. (8. S.) Ebend. 876. — 60

Held, Wilhelm, s. a. Held, Friedrich Wilhelm Alexander

Held, Wilh., 1813. 1814. 1815. Vaterländ. Schausp. mit Gesang in 3 Abthln. Musik v. Fr. Held. 16. (7 B.) Erfurt 841, Expedit. d. Thüring. Chronik. *

—— Johanna d'Arc. Trauersp. in 5 Aufz. gr. 8. (12 B.) Saarbrücken 836. (Reutlingen, Enßlin u. Laiblin.)

Held, (Wilh.), Aufruf zu einer Revolution der deutschen — Rechtschreibung. 8. (9 B. u. 1 Stnt.) Leipzig 844, Hartknoch.

—— Freundschaft. Tragödie in 5 Acten. (Moderne Original-Tragödien. 11.) 16. (25 B.) (Berlin 842, Held.)

Held, ..., der Findling. Eine lehrreiche Erzählung für die reifere Jugend. gr. 12. Reutlingen 837. Enßlin u. Laiblin. 1/12 ℔

—— Preußens Helden. Biograph. Monumente f. Preußens brave Soldaten. 6 Bdchn. 32. (832 Seit.) Erfurt 841, Expedit. d. Thüring. Chronik. *

—— deutscher Courier, s. Courier.

— Liebe. Tragödie in 5 Acten. 16. Erfurt 841, Exped. d. Thür. Chronik; auch Held in Erfurt. n. 1 ℔

—— Nationalkalender, s. Nationalkalender.

Held, Wilhelm, aus Riga: Ueber die **Verschiebung** der **Konfessionen** in Bayern und Baden und ihre **Ursachen.** *Riga 1901: Müller.* (135 S.) 4°

Leipzig, Phil. Diss. v. [9. Juli] 1901

Held, Wilh., über die Verschiebung der Konfessionen in Bayern u. Baden u. ihre Ursachen. Lex.-8. (V, 135 S.) Riga 901. (Leipzig, Krüger & Co.) n. 2.—

—— dem deutschen Volke. 8. (20½ B.) Leipzig 846, Jurany.

Held, Willebold

Held, W. Vide: Abhandlungen vom Kleezehenden.

– s.a. Anmerkungen, Kritische, über die sogenannte Reformation in Deutschland ...

Kritische Anmerkungen über die sogenannte Reformation in Deutschland am Ende des 18. Jahrhunderts (von *Willebold Held*). Frankfurt (Kempten) 1782. 8°.
Anon.-Lex. I. p. 72 (nach Meusel u. Baader). Kayser hat „Frankfurt 1808".

— s. Beleuchtung d. Auiser Punktation.

— s. Glaubenszweifel.

— Jurisprudentia universalis, ex juribus canonico, civili, romano et germanico, tam publico quam privato, feudali et criminali, collecta et in quinque libros contracta. 8maj. Augsb. 768—73.

Held, Willebold: Jurisprudentia universalis ex juribus canonico, civili Romano, et Germanico, tam publico, quam privato, feudali, et criminali collecta et in 5 libros contracta. Liber 1—5. (Boos prope Memmingam) 1768—73. 6 Bde

Held, Wilib. († d. 30. Oct. 1789.) Nemesis Norbertina, seu methodus corrigendi Canonicos regulares Praemonstratenses. 8. Augsb. 755.

– s.a. Staatsrecht, Reichspräl.

(Held, Wilib.): Reichspräl. Staatsrecht. (*Kempten*, typogr. Ges. und *Ulm*, Stettin.) 1r Th. von den Reichsprälat. Gerechts. in Auseh. d. h. Röm. Reichs. 782. 2r Th. — in Ansehung ihrer Lande und Gebiete. 785. gr. 4. (4 Thl.)

* *Wolfgang Adam Held*. Der hurtige und geschwinde Rechenmeister. Stuttgard. 8. 2 Alph. 1755.

Held von Hagelsheim, G., Von dem Consensu nervorum, in dreyen Exempeln dargethan. Samml. v. Nat. u. Med. Gesch. 1722, Lpz. 1724, XXII, 600—682.

Held-Marbach, Clara, leidvoll und freudvoll. Gedichte. gr. 16. (VI, 176 S.) Breslau 876, Max und Comp. *
geb. *

Held-Ritt, Ernst v., Prießnitz auf Gräfenberg, od. treue Darstell. seines Heilverfahrens mit kaltem Wasser. Ein Handb. f. Alle, welche Gräfenberg besuchen, u. d. Wasserkur dort od. in d. Heimath brauchen wollen; so wie für Jene, welche dort Heilung fanden. Nebst topograph. Beschreib. v. Gräfenberg u. seiner Umgebung. 8. (7½ B., 1 Karte u. Prießnitz's Portr.) Wien 837, [Mörschner.]

Heldberg, A., bremischer Post- und Eisenbahnkalender für 1855. gr. 8. (VIII und 96 S. mit 8 Tab. in qu. Fol.) Bremen 855, (Kühtmann und Comp.) *

Heldberg, Peter Philipp (Celle), De officio et potestate Rabbini provincialis in terris Brunsvico Luneburgicis. Diss. jur. Präs. Georg Ludw. Boehmer. Götting. (Gg. Ludw. Schultz) 16. IX. 1751. 40 S. (7.—) 14156
Gew.: Rud. Joh. Frh. v. Wrisberg (Wrisbergholtzen . .), Heinr. Frh. v. Grote (Schauen . .), Gerl. Ad. Frh. v. Münchhausen (Strausfurth), Ernst Frh. v. Steinberg (Bodenburg . .), Phil. Ad. Frh. v. Münchhausen (Steinburg), Carl Diede Frh. v. Fürstenstein (Madelungen . .), Aug. Wilh. Frh. v. Schwichelt (Flachsstoeckheim . .), Joh. Clam. Aug. Frh. v. Busch (Walbeck . .).

Heldburg [Schlagwort]

Heldburg, s.: Geologische Karten (Preussen).

Heldburg. s.: Preussen. Messtischblätter.

Heldburgs, Ferdinand, politische Laufbahn, 1r Theil, 8. Gotha, 788. Ettinger. 18 sgl.

Helden, die alten und die jungen. gr. 8. (8 S.) Berlin 866, Kießling.

Helden, die, von Asgard oder die Weihnachtswoche. Erzählungen aus der nordischen Götterlehre für die Jugend. Frei aus dem Engl. gr. 8. (200 S. mit 8 Holzschntaf.) Gütersloh 874, Bertelsmann's Verlag. cart.

Helden. – Die beiden Helden o. d. Alte vom Rheingrafenstein, s.a. Brockhaus, Wilhelm

Helden, d. beiden, od. d. Alte v. Rheingrafenstein, s.a. Saat u. Ernte.

Helden, Die beiden, oder der Alte vom Rheingrafenstein. Ein Blatt aus der Geschichte der Reformation... 3. Aufl. Elberfeld [1896]. V: *Brockhaus*, *Wilh*. (Berl)

Helden, Biblische. München 1892. V: *Schwahn*, *Ottilie*. (Ky)

Helden, biblische. (Von Ottilie Schwahn.) gr. 4. (20 S. m. 8 farb. Bildern.) München 892. Nürnberg, Th. Stroefer. n. 1. 50

Helden, die brittischen. Dramat. Originalgemälde. 8. Augsb. 795. Bürglen. 8 gl

Helden, Buch der, s.a. Heldenbuch

— der, in d. Ursprache, s.a. Gedichte, altdeutsche.

— — der, in der Ursprache v. F. H. v. d. Hagen rc. s.a. Gedichte, deutsche, des Mittelalters.

Helden, Buch der, von F. H. v. der Hagen. gr. 8. Berl. Unger. 811.

— der, erneuet herausgeg. v. Fr. H. v. d. Hagen. 8. Berl. 811. Leipz. 816. Brockhaus. 2 Rthlr

Helden, d. christl., in d. französ. Staatsumwälzung. Aus d. Französ. von A. Räß u. Nic. Weis. gr. 8. Mainz 820. Müller. (Leipz. Hinrichs.) 1 Rthlr 4 gl

— deutsche, des Krieges von 1870. Eine Kriegsschilderung. gr. 4. (28 S. mit 15 Portraits in Stahlst.) Leipzig 870. Dürr'sche Buchh. In Carton *
— dass. — 2. verm. Aufl. 4. (28 S. mit 16 Portr. in Stahlst.) Ebendas. 870. In Carton *

Deutsche Helden des Krieges von 1870. 4. Leipzig 1871.

— die heiligen, der Vorzeit u. der Legende. Gebetbüchlein f. Soldaten. 2. verm. Aufl. 16. (IV, 174 S.) Eichstätt 874. Krüll. geb. n. — 50

Helden, die, der Masse. Charakteristiken. Hrsg. von Thdr. Opitz. gr. 8. (53 S.) Grünberg 847, Weiß.

Helden der Menschheit. H. 1. *Berlin: Verl. Aufklärung [1901].* 4°(8°)
(ot. 339)

Helden der Menschheit. Lebensbeschreibungen weltgeschichtl. Persönlichkeiten. Mit 145 Abbildgn. Lex.-8. (VIII, 586 S.) Berlin 902. Verlag Aufklärung. 5. —; geb. 6. —
Erschien auch in 25 Lfgn. à n. — 20.

Helden, die, v. Metz. Erinnerung an die Schlachten-Denkmäler. qu. 12. (12 Taf.) Metz 890. Deutsche Buchhandlg. geb. n. 1. —

Helden, Die, Oesterreichs im vierten preussischen Kriege. Wien 1780. V: *Wittmann, Flavian (Florian).* (WBL 57/175) (BiblPort)

Helden, Oesterreichs und Russlands, der guten Sache, in Deutschland und Italien des Feldzuges von 1799. Lemberg 1800. V: *Löwenwolde, Chn. Graf.* (GGr VII/37, Nr. 3/1) (BiblPort)

Helden Preußens, s. a. Preußens Helden.

Helden, Preussens. I. Scharnhorst. II. III. IV. Blücher. Weimar 1830-31. V: *Benicken, Frdr. Wilh. von.* (Pr)

— Preußens. 4 Thle. (1r Thl. Scharnhorst. 2r — 4r Thl. Blücher.) Mit 2 Kpf. u. 7 Plänen. gr. 12. Weimar 830. 31. Hoffmann. 5 ℛ 8 ℊ

Helden, die, der Reformation. Antike histor. Portrait-Sammlung. Nach den im Besitze des academ. Specialisten Sigm. Feer sich befindenden antiken Orig.-Stahlstichen [Kranach, Dürer etc.] reproducirt. 1. Thl. Fol. (12 Photolithogr. mit 1 Bl. Text.) Klausenburg 887, Demjén. * 5 —

Helden, Die, der Republik und Bürger und Bauern am Niederrhein ... Elberfeld 1851. V: *Zuccalmaglio, Ant. Wilh. Florentin von.* (Ky)

—— die, der Republik und Bürger und Bauern am Niederrhein in den letzten Jahren des vorigen Jahrhunderts, aus dem Munde eines Augenzeugen und aus handschriftl. Nachrichten und Urkunden, zusammengestellt von dem Verf. der deutschen Kokarde (V. v. Zuccalmaglio). gr. 8. (VIII und 232 S.) Elberfeld 851, Hassel. *

Helden des alten Roms u. des neuen Frankreichs, s. Friedr. Rochlitz.

Helden des alten Roms und des neuen Frankreichs. Leipzig 1796. V: *Rochlitz, Friedrich.* (Ky) (MGT)

— des alten Roms u. des neuen Frankreichs, (v. Fr. Rochlitz). 1r Thl. Mit Kpf. 8. Leipz. 796. (Mittler). 1 ℛ 6 ℊ

Helden des alten Roms und des neuen Frankreichs, 1ter Theil, mit 1 Kupf. 8. Leipzig, 796. Supprian. 1 Rthl. 8 sgl.

Helden, Russische, des Krieges von 1877. Eine Schilderung des russisch-türkischen Krieges mit 15 Portraits in Stahlstich: Kaiser Alexander II., Grossfürst-Thronfolger Alexander, Grossfürst Wladimir, Grossfürst Nikolaus, Grossfürst Michael, General Gurko, General Heimann, General Loris-Melikow, General Fürst Massalsky, General Nepokojtschitzkij, General Radetzki, General Skobeleff, General Tergukassow, General von Totleben, General Zimmermann. 4. Leipzig 1878.

Helden, russische, des Krieges von 1877. Eine Schilderung des russisch-türk. Krieges mit 15 Portraits in Stahlst. 1. Aufl. (48 S.) ℳ 4,50.; geb. ℳ 9.; 2. verm. Aufl. gr. 4. (54 S.) Leipzig 878, Dürr'sche Buchh. cart. *
geb. *

Helden, Die, der guten Sache in Deutschland und Italien, des Feldzuges vom Jahre 1799 in zwölf Gesängen. 2. Aufl. Gedruckt mit Pillerschen Schriften. 1800 [Lemberg]. V: *Löwenwolde, Chn. Graf.* (GGr VII/37, Nr. 3/1) (BiblPort)

Helden, unsere. Lebensbilder für Heer und Volk. I. Feldmarschall Erzherzog Albrecht von J.-E. Emmer. Mit Port. (in Holzschn.) nach einer Photogr. von V. Angerer in Wien. 8. (63 S.) Salzburg 879, Dieter. *

Helden, unsere. Lebensbilder für Heer und Volk. 2.—9. Heft. 8. Salzburg, Dieter. à Heft * 60 Pf. *
Inhalt:
Heft 2. Emmer, J. E., Feldmarschall Graf Radetzky. Mit dem (Holzschn.-) Portr. nach dem Bilde von Jos. Kriehuber. (64 S.) 879.
" 3. Vancalari, Gust., Prinz Eugen. (70 S. mit Holzschn.-Portr.) 880.
" 4. Wurzbach, C. v., Feldmarschall Erzherzog Carl. (71 S. mit Holzschn.-Portr.) 880.
" 5. Janko, Wilh. Edler v., Laudon. (63 S. mit Holzschn.-Portr.) 880.
" 6. Vancalari, Gust., Feldmarschall Carl Philipp Fürst Schwarzenberg. Zugleich Darstellung der Franzosenkriege von 1792—1815. (64 S. mit Holzschn.-Portr.) 882.
" 7. Bekk, Adf., die Vertheidiger Wiens in den Türkenkriegen 1529 und 1683. (72 S. mit 4 Portr.) 883.
" 8. Emmer, J. E., Andreas Hofer. Mit (Holzschn.-)Portr. nach dem Wachter'schen Oelgemälde. (80 S.) 883.
" 9. Nord, Wilh. du, Admiral Wilhelm von Tegethoff. (71 S. mit Holzschn.-Portr.) 884.
1. Heft. Ebendas. 1879. * 60 Pf.

—— unsere. Lebensbilder für Heer und Volk. 1. Heft: Feldmarschall Erzherzog Albrecht von J. E. Emmer. 2. unveränd. Aufl. 8. (63 S. mit Portr. nach einer Photogr. von V. Angerer in Wien.) Salzburg 885, Dieter. * — 60
2.—9. Heft. Ebendas. 1879—84. à * 60 Pf.

— unsere. Lebensbilder f. Heer u. Volk. 1., 3., 4., 8. u. 10. Hft. 8. Salzburg, H. Dieter. à n. — 60
1. Feldmarschall Erzherzog Albrecht v. J. E. Emmer. 3. Aufl. (64 S. m. Bildn.) 895.
3. Prinz Eugen. Von Gust. Vancalari. M. Portr. 2. Aufl. (71 S.) 898.
4. Generalissimus Erzherzog Carl. Von C. v. Wurzbach. M. Portr. 2. Aufl. (72 S.) 898. Kart. n. — 80
8. Andreas Hofer. Von J. E. Emmer. M. Portr. n. d. Wachter'schen Oelgemälde. 2. Aufl. (80 S.) 898.
10. Hervorrag. Heldenthaten österreich. Krieger. Von A. Grafen Thürheim. M. Royal's Portr. (69 S.) 895.

— unsere. Lebensbilder f. Heer u. Volk. I. 8. Salzburg, H. Dieter. n. — 60
Feldmarschall Erzherzog Albrecht. Von J. E. Emmer. Mit Portr. nach e. Photographie v. V. Angerer in Wien u. m. e. Abbildg. des Reiter-Standbildes in Wien. 6. Aufl. (64 S.) 899.

— unsere. Lebensbilder f. Heer u. Volk. V. u. IX. 8. Salzburg 903. H. Dieter. à n. — 60
V. Laudon. Von Wilh. Edler v. Janko. Mit Portr. 2. Aufl. (64 S.)
IX. Admiral Wilhelm v. Tegetthoff. Von Wilh. du Nord. Mit Portr. 2. Aufl. (63 S.) 903.

Helden, unsere. Geschichtliche Lebensbilder. VI. u. VII. Bdchn. kl. 8. Salzburg 907. H. Dieter. à — 60
Bancalari, Gust., Feldmarschall Carl Philipp Fürst Schwarzenberg. Zugleich Darstellg. der Franzosenkriege von 1792—1815. Mit Porträt. 2. Aufl. (63 S.) (VI. Bdchn.)
Bell, Adf., die Verteidiger Wiens in den Türkenkriegen 1529 u. 1683. Mit 4 Porträts. 2. Aufl. (63 S.) (VII. Bdchn.)

—— die, der Vendée. A. d. Franz. gr. 8. (8¼ B.) Wien 830, Sollinger.

Helden, zwei, des Indianervolkes. Erzählungen aus dem Indianerleben für die reifere Jugend. 8. Mülheim 880. Bagel. cart. 2. 25
Tekumseh, der Indianerhäuptling. Von W. Fricke. (144 S. m. 2 Chromolith.) — Der weiße Adler. Von Carl Zastrow. (143 S. m. 2 Chromolith.)

[F.] Zwei Helden des Indianervolkes ... M. 6 feinen Farbendruckb. *Mülheim a. d. R.: J. Bagel [1895].* (206 S., 1 Bl., 5 Taf.) 1 Bd 8. [pb. 491]

Zastrow, Karl: Conanchet, d. Häuptling d. Wampanowys. Nach J. F. Cooper bearb. *Mülheim a. d. Rh. [1895].*
in: Helden, Zwei, des Indianervolkes. [pb. 491]

Friedrich, Friedrich: Die grosse Sonne oder d. Ende der Natchez-Indianer. *Mülheim a. d. R. [1895].*
in: Helden, Zwei, des Indianervolkes. [pb. 491]

Helden, zwei, des Indianervolkes. — Zastrow, Karl: Conanchet, der Häuptling der Wampanowys. Nach J. F. Cooper bearb. — Friedrich, Frdr.: Die große Sonne od. das Ende der Natchez-Indianer. — Müller, Karl: Die Indianerburg od. Erlebnisse u. Abenteuer eines jungen Deutschen im fernen Westen. Eine Erzählg. f. die Jugend. (206 u. 128 S. m. 11 Farbdr.) 8. Mülheim a/R. (905). J. Bagel. Geb. 3. —

Helden

— Müller u. Langsdorff, d. Verwerthung d. städt. Fäcalien. Hann. 885.

Helden, W. A., geschwind. Rechenmeister. 12. Stuttg. Erhard. 756.

Helden, W. A., der hurtige u. geschwinde Rechenmeister, in welchem alles Dasjenige, was im gemeinen Leben vorfällt rc., zu finden. 4. Stuttg. 756. (Löflund). 16 K

Helden Sarnowski, v., Lektion im Büchsen- und Pistolenschießen. Populär bearb., mit besond. Rücksicht auf Privat-Schießvereine und Schützengilden. gr. 8. (48 S.) Erfurt 848, Müller'sche Sortimentsb.

Helden-Sarnowski, L. v., populäre Theorie des Schießens mit praktischen Fingerzeigen für den Schieß-Instructeur. gr. 8. (IV und 47 S. mit 4 Stnt. erläut. Zeichnungen in Fol.) Erfurt 862, Villaret. *

HELDEN- und Liebesbegebenheiten, Vermischte, der der Welt seither einigen Jahren bekannt gewordenen Grafen Hiob v. Anacker, vorgestellt in einer Unterredung mit dem Generallieutenant Baron v. Kyau und dem Herzog von Roquelor. Aus der Lappischen in die Hanns Kritische, und endlich in die hochteutsche Sprache übersetzt durch einen Anackerschen Operateur. Mit Titelkpfr. Kyputzky (Erfurt, Homeyer) 1766. 8°. 176 S. (8 Mk., Max Jaeckel, Potsdam, 1910.) Rar!

HELDENBERG, F. J. v., Das emsig gesuchte menschliche Vergnügen bei allen Weltständen. Fünfzig Fragen: „Wo wird sichs wohl fügen, dass man findt Vergnügen?" mit Nein beantw. Aschaffenburg, bei Al. Kaufmann, 1752. 8°. Rar! (22 Sgr. Heberle, Cöln, c. 1872.)

Heldenberg, Fr., über Preßfreiheit u. Preßzwang. gr. 12. (2 B.) Augsburg 832, (Schlosser.)

Heldenberg, Franz Xaver Georg, s.a. Heldenburg

Der Förster od. neue Beyträge z. Forstwesen. Von F. Heldenberg. Bd. (1) H. 1-3, Bd. 2 H. 1-2 (4 Vol.). Nürnb. 1797-1802.

Heldenberg, Frz. Xav. Geo., der Förster, oder e. Beitrag zum Forstwesen. 2 Bde., à 3 Hefte. Mit Kpf. 8. Nürnb. 798—803. Stein. 4 rf 6 K

Heldenberg, Fr., der Förster, od. n. Beytr. z. Forstwesen. 2 Bde. 8. Nrnb. Stein. 798-803. (I. m. illum. K. 1s Hft. 12 gr. 2s 18 gr. 3s 1 Rthlr. II. 1s 16 gr. 2s 20 gr. 3s 12 gr.)

HELDENBERG, Franz Xaver Georg: Praktische Forstkunde für angehende Forstmänner untergeordneter Dienstgrade mit besonderer Rücksicht auf Konkursprüfungen in systematisch geordneten Fragen und Antworten. - München 1828 u. 1829. 3 Tl. Tl. 1: XXVII, 247 S. - Tl. 2: XXXI, 298 S. - Tl. 3: XXX, 311 S.

Heldenberg, Frz. (Xav.) Geo., prakt. Forstkunde. Für angeh. Forstmänner untergeordn. Dienstgrade, mit besond. Rücksicht auf Konkursprüfungen, in systematischgeord. Fragen u. Antworten. 3 Thle. gr. 8. (60 B. u. 1 Tab.) München 828, 29, Fleischmann.

HELDENBERG, Ludwig (Arnsdorf): De vernibus in corpore humano.- Monachii: Giesser 1838. 13 S.
30.11.1835 - Urk: F 62
Diss. Ingolst.-Landsh.-Mchn.

Heldenbilder. Die H' am Rathhause zu Zürich. 8. *o. O.* 1834.

Heldenbilder aus dem Sagenkreise Karls d. Großen rc. s. Hagen, Fr. H. von der.

HELDENBRIEFE, Neue. Prenzlau u. Leipzig, verlegts Christian Ragoczy, 1746. 4°. 24 S. Aeusserst selten! (4 Mk. 50 Pfg. Heinr. Lesser, Breslau, c. 1875.) (Im Besitze des Univ.-Prof. Dr. Max Frhrn. v. Waldberg in Heidelberg.)
3 Nrn. mit zusammen 5 Heroiden, nebst prosaischer Einleitung. Die Stoffe sind der Geschichte Rügens, Pommerns und Polens entnommen. 1. Liebe zwischen Fürst Stoislaf und Brantislava, einer Gräfin von Güzko. 2. Wartislaf und Jutha. 3. Liebe zwischen Rüdiger und Wenda.
Näheres bei Ernst, Gotthold, Die Heroide in d. dtsch. Litt. Heidelb. 1901. S. 131—132 („Der Schwulst ist überwunden).

Heldenbruch, Doktor, Wirrwarr. — Weltprozeß. Verbrechen der Medizin. — Justizverbrechen im heutigen Deutschland. (78 S. m. 1 Bildnis.) 31×23 cm. Zürich (909). A. Bürdeke. 3. —

Heldenbruch, D., Wirrwarr. — Weltprozess. Verbrechen der Medizin. — Justizverbrechen im heut. Deutschland. (78 S. m. 1 Bildnis.) Zürich, Verlags-Magazin. 1909. 3. —

Heldenbuch, s.a. Helden, Buch der

Heldenbuch, ein Denkmal der Großthaten in den Befreiungskriegen von 1808 bis 1815. s. Chr. Niemeyer.

Heldenbuch, von F. H. von d. Hagen. 8. Berlin, Unger. 811. (Brockhaus. 816.)

Heldenbuch, von Iran. s. a. Firdusi.

— — von Iran, aus dem Schah Nahmeh des Firdusi von J. Görres. II Bände mit Kupfern und 1 Charte. gr. 8. Berlin, Reimer. 820. Rthlr.

Heldenbuch, das, von Carl Simrock, s. a. Simrock.

Heldenbuch, das. Von Karl Simrock. 1. Bd. A. u. d. T.: Gudrun. Deutsches Heldenlied. 2. Aufl. gr. 8. (370 S.) Stuttgart 851, Cotta 1 1/2 ₰

— dass. 2. Bd. A. u. d. T.: Das Nibelungenlied. Uebers. von Karl Simrock. 7. Aufl. gr. 8. (382 S.) Ebd. 851. 1 ₰

Heldenbuch. Altdeutsche Heldenlieder aus dem Sagenkreise Dietrichs von Bern und der Nibelungen. Meist aus einzigen Handschriften zum erstenmal gedruckt oder hergestellt durch Friedr. Heinr. v. d. Hagen. 2 Bde. Leipzig 855. H. Schultze. gr. 8. (CXXVI, 543; 3 Bl., 541 S.) n. 6 ₰. 20 ngr.

Heldenbuch, das. Von Carl Simrock. 1. Bd. A. u. d. T.: Gudrun. Deutsches Heldenlied. 2. Aufl. 1853. und 3., verb. Aufl. gr. 8. (370 S.) Stuttgart 856, Cotta'sche Buchh.

— das. Von Karl Simrock. Stuttgart, Cotta.
1. Bd.: Gudrun, Deutsches Heldenlied übers. rc. 3. verb. Aufl. 856. 8. (2 Bl., 370 S.) 1 ₰. 15 ngr. — 4. verb. Aufl. 858. 16. (2 Bl., 370 S. u. 1 Stahlst.) geb. n. 2 ₰. 6 ngr.
2. Bd.: Das Nibelungenlied. Uebers. rc. 8—10. verb. Aufl. 854—56. (2 Bl., 370 S.) 1 ₰.
3. Bd.: Das kleine Heldenbuch. 2. verm. Aufl. Walther und Hildegunde. Alphart. Der hörnerne Siegfried. Der Rosengarten. Das Hildebrandslied. Ortnit. Hugdietrich u. Wolfdietrich. 8. (XIV, 616 S.) 2 ₰. 15 ngr.

—— dass. — 3. Bd. A. u. d. T.: Das kleine Heldenbuch. Walther und Hildegunde. Alphart. Der hörnerne Siegfried. Der Rosengarten. Das Hildebrandslied. Ortnit. Hugdietrich und Wolfdietrich. 2., verm. Aufl. gr. 8. (XIV und 616 S.) Ebendas. 857.
2. Bd. Das Nibelungenlied. 10. Aufl. Ebendas. 1856. 1 Thlr.

Heldenbuch, das. Von Karl Simrock. Stuttgart, Cotta. 8.
1. Bd.: Gudrun. Deutsches Heldenlied übers. von Karl Simrock. 5. Aufl. 861. (370 S.) 1 ₰ 15 ngr.
2. Bd.: Das Nibelungenlied übers. von Karl Simrock. 11—15. verb. Aufl. 857—64. (384 S.) 1 ₰
4. Bd.: Das Amelungenlied. 1. Thl.: Wieland der Schmied. Wittich Wielands Sohn. Ecken Ausfahrt. 2. verm. Aufl. 863. (504 S.) 2 ₰ 15 ngr.

—— dass. — 5. Bd. A. u. d. T.: Das Amelungenlied. 2. Thl. Dietleib. Sibichs Verrath. 2. Aufl. gr. 8. (422 S.) Ebendas. 864.

Heldenbuch, das. Von Karl Simrock. 2. Bd. A. u. d. T.: Das Nibelungenlied übers. von Karl Simrock. 16. u. 17., verb. Aufl. Stuttgart 865—67. Cotta'sche Buchh. gr. 8. (384 S.) 1 ₰

Heldenbuch, das. Von Karl Simrock. 1.—3. Bd. gr. 8. Stuttgart, Cotta'sche Buchh. *
Inhalt:
Bd. 1. Gudrun. Deutsches Heldenlied übers. von Karl Simrock. 8. verb. Aufl. (370 S.) 873. *M 4,50.
" 2. Das Nibelungenlied übers. von Karl Simrock. 18.—30. verb. Aufl. (XXXII, 385 S.) 868—74. (*M 3.) *M 3,50.

Heldenbuch, das rc.
Bd. 3. Das kleine Heldenbuch von Karl Simrock. Walther und Hildegunde. Alphart. Der hörnerne Siegfried. Der Rosengarten. Das Hildebrandslied. Ortnit. Hugdietrich und Wolfdietrich. 3. verm. Aufl. (XIV, 550 S.) 874. *M 9.
4.—6. Bd.: Das Amelungenlied. 3 Thle. 2. Aufl. Ebendas. 1863,64. *M 21.

Heldenbuch, das. Von Karl Simrock. 1., 2. und 6. Bd. gr. 8. Stuttgart, Cotta'sche Buchh. *
Inhalt:
Bd. 1. Gudrun. Deutsches Heldenlied, übers. von Karl Simrock. 9.—11. verb. Aufl. (370 S.) 873—76. *M 4,50.
" 2. Das Nibelungenlied, übers. von Karl Simrock. 31.—39. verb. Aufl. (XXXII, 384 S.) 874—76. *M 3,50.
" 6. Amelungenlied. 3. Thl. 2. Aufl. (432 S.) 872. *M 7,50.
3. Bd. Ebendas. 1874. *M 9.; 4. und 5. Bd. Ebendas. 1862,65. *M 13,50.

Heldenbuch, das, von Karl Simrock. [In 6 Bdn.] 1.—3. und 6. Bd. gr. 8. Stuttgart 885—87, Cotta'sche Buchh. Nachf. * 17 —
Inhalt:
Bd. 1. Gudrun. Deutsches Heldenlied. 14. Aufl. (370 S.) *M 4.50.
" 2. Das Nibelungenlied. 48. Aufl. (XXXII, 384 S.) *M 3.50.
" 3. Das kleine Heldenbuch. [Walther und Hildegunde. Alphart. Der hörnerne Siegfried. Der Rosengarten. Das Hildebrandslied. Ortnit. Hugdietrich und Wolfdietrich.] 4. Aufl. (XIV, 550 S.) *M 9.—.
" 6. Das Amelungenlied. 3. Thl.: [Die beiden Dietriche. Die Rabenschlacht. Die Heimkehr.] 3. Aufl. (432 S.) *M 7.50.
4. und 5. Bd. [Das Amelungenlied. 1. und 2. Thl.] Ebendas. 1863,64. *M 13.50.

Heldenbuch, das, von Karl Simrock. [In 6 Bdn.] 2. Bd.: Das Nibelungenlied. 50. verb. Aufl. gr. 8. (XXXVIII, 384 S.) Stuttg. 891, Cotta Nachf. * 3 50
1., 3.—6. Bd. Ebd. 1863—87. * 27 —.

Heldenbuch, das. Von Karl Simrock. 2. Bd. Das Nibelungenlied, übers. v. K. S. 52. Aufl. gr. 8. (XXXVIII, 384 S.) Stuttgart 893. J. G. Cotta Nachf. n. 3. 50; geb. in Leinw. n. 4. 50

Bayern's Helden- u. Ehrenbuch. Decorirte und Belobte der nach Frankreich ausmarschirten bayer. Armee. Anlass der empfangenen Auszeichnungen. Ein Gedenkbuch des deutsch-französ. Krieges 1870—71. Nach Mittheilungen der verschied. k. Heeresabtheilungen. München 1872. Hoch-8°. Eleg. Hschwsldrbd.
XL, 432 S. Dem Könige Ludwig II. gewidmet.

Helden- und Ehrenbuch, Bayern's. Dekorirte und Belobte der nach Frankreich ausmarschirten bayer. Armee. Anlaß der empfangenen Auszeichnungen. Ein Gedenkbuch des deutsch-französischen Krieges 1870—71. Nach Mittheilungen der verschiedenen k. Heeresabtheilungen. 7 Lfgn. Lex.-8. (XL, 280 S.) München 873, Huber. à Lfg. * 70 Pf. *
Pracht-Ausg. à Lfg. M 1.

—— das deutsche. Nach dem mutmasslich ältesten Drucke neu hrsg. von Adelbert v. Keller, s. Bibliothek des litterarischen Vereins in Stuttgart, Bd. 87.

—— deutsches. 1. und 2. Thl. gr. 8. Berlin 866, Weidmann'sche Buchh. à Thl. * 2 Thlr. 20 Ngr. *
Inhalt:
Thl. 1. Biterolf und Dietleib hrsg. von Osk. Jänicke. Laurin und Walberan mit Benutzung der von Frz. Roth gesammelten Abschriften und Vergleichungen. (LVIII und 308 S.)
" 2. Alpharts Tod. Dietrichs Flucht. Rabenschlacht. Hrsg. von Ernst Martin. (LX und 338 S.)

—— deutsches. 3.—5. Thl. gr. 8. Berlin, Weidmann'sche Buchh. *
Inhalt:
[Thl. 3. 4. Ortnit und die Wolfdietriche. Nach Müllenhoffs Vorarbeiten hrsg. von Arth. Amelung und Osk. Jänicke. 2 Bde. (1. Bd. (LXXI, 302 S.) 871. *M 8.; 2. Bd. (L, 351 S.) 873. *M 10.)
" 5. Dietrichs Abenteuer von Albrecht von Kemenaten nebst den Bruchstücken von Dietrich und Wenezlan. Hrsg. von Jul. Zupitza. (LV, 296 S.) 870. *M 8.
1. und 2. Thl. Ebendas. 1866,67. à Bd. *M 8.

—— deutsches, für Heer und Volk. 1. Bdchn.: Prinz Friedrich Karl von Preußen, General-Feldmarschall. gr. 8. (80 S. mit Portr. und 22 Textillustr.) Berlin 885, Luckhardt. — 60
Nicht weiter erschienen.

Helden- u. Ehrenbuch Bayerns. Decorirte u. Belobte der nach Frankreich ausmarschirten bayer. Armee. Anlass der empfangenen Auszeichnungen. (XL. 280) 8. München 1872. 4.90.

— das, für die Jugend, eine lehrreiche Beschreibung aller militairischen Gegenstände, nebst interessanten Zügen von Muth u. Tapferkeit aus dem letzten Kriege. Mit 16 color. Bildern. 8. Nürnb. 819. 2e verm. Aufl. 824. Zeh. 14 gr.

Heldenbuch, das kleine. Uebers. von K. Simrock, s. a. Volksbibliothek, deutsche.

Das kleine **Heldenbuch**. Von Karl Simrock. In 2 Bden. Bd 1. 2. Stuttgart & Berlin: J. G. Cotta Nachf. [1906]. 2 Bde 8° [F.]
1. Walther u. Hildegunde. Alphart. Der hörnerne Siegfried. Der Rosengarten. Das Hildebrandslied.
2. König Ortnits Meerfahrt u. Tod. Hugdietrich u. Wolfdietrich.
— **Handbibliothek**, Cotta'sche. No 137. 138. (ed. 2388

—— der Schweiz. Hrsg. von Jak. Kübler. 16. (258 S.) Winterthur 857, Steiner'sche Buchh.

Heldenbuch, Schweitzerisches. Basel [17??]. 2. Aufl. 1825. H: *Lavater, Johann Caspar* [?]. (MGT)

HELDENBURG, Franz Xaver Georg: Der Förster oder neue Beiträge zum Forstwesen. – Nürnberg 1798-1803. 2 Bd. in 6 H.

– dass., s.a. Heldenberg

Heldengallerie, deutsche. Ein Prämienheft zur Sedanfeier. 4. (8 Farbendr. m. 8 Bl. Text.) Bielefeld 877. Velhagen & Klasing. — 50

Schubart, Edler v. Kleefelde, Joh. Christian: **Heldengedicht.** auf v. Schubart. 1785. 4°
Kl. 2321. Üb. Schubart s. Allgem. Deutsche Biographie Bd 32 1891 S. 602—606 (Leisewitz).

Heldengedicht, Das Allerneueste, benahmset die Hexe zu Endor... Calicut [Göttingen] 1753. V: *Camerer, Johann Friedrich.* (Waniek, Gottsched. Leipz. 1897. S. 583.) (GGr)

Heldengedicht, Humoristisches, in sechs Knütteldämmen, worinnen zu lesen, was die guten Breslauer in diesen Tagen erlebt haben. Breslau 1861. V: *Dietrich, Ernst & Peiser.* (Kat. d. Druckschr. üb. Breslau. Breslau 1903, S. 65.)

Heldengedicht, Ein, Hans Sachs genannt; a. d. Engl. ... Hamburg 1702. Ü: *Warnecke, Christian.* (BrMm) (GGr)

Heldengedicht, so bey Beerdigung des Hrn. Ad. Fr. von Trampen ... präsentirt worden. Copenh. 1704. V: *Niedt, Frdr. Erh.* (Bruun, Bibl. Danica. III. 1526.)

Heldengeist und Despotismus der älteren und neueren Zeit, unpartheiisch gewürdigt von einem deutschen Mann. 8°. Altona 1795.

Heldengeist u. Despotism. d. ält. u. neuern Zeit rc. gr. 8. Altona, Hammerich. 795.

Heldengemälde, ein unterhaltendes u. lehrr. Lesebuch f. d. männl. Jugend, m. 1 illum. K. 8. Quedlinb. Basse. 811. geb.

Heldengemälde, ein unterhaltendes u. lehrreiches Lesebuch f. die männl. Jugend. Mit 1 ill. Kpf. 8. Quedlinb. 812. Basse. 20 gr.

Heldengemälde, Historisch-romantische, nach der morgenländischen Geschichte des Mittelalters. Leipzig 1824-25. V: *Wiessner, Amadeus.* (GGr)

Heldengemälde, histor.-romant., nach der morgenländ. Geschichte des Mittelalters, von Kurt v. der Aue (Amad. Wießner), 14 u. 28 Bdchen. A. u. d. T.: 16 Bdchen. Attila, der große Hunnenfürst, genannt die Geißel Gottes. — 28 Bdchn. Dschengis-Khan, od. Tamudschin, der Großherr der Mongolen, der größte Held des 13. Jahrhund. 8. Merseb. 824. Sonntag. (à 1 Thlr 4 gr) 2 Thlr 8 gr. 38 Bdchen. A. u. d. T.: Batu-Khan, der mächtigste Herrscher in Kiptschak, Europas Schrecken im 13. Jahrh. 8. Ebd. 825. Ebd. 1 Thlr

Heldengemälde aus der Vorzeit der europäischen Völker. Leipzig 1817. V: *Lindau, Wilhelm Adolph.* (EE)

Heldengemälde aus der Vorzeit der europäischen Völker, von W. A. Lindau. 8. Leipzig, Knobloch. 817.

Heldengesang vom Zuge gegen die Polowzier, des Fürsten vom sewerischen Nowgorod, Igor, Swätslawitsch, geschrieben in alt-russischer Sprache gegen das Ende des 12ten Jahrhunderts. Ins Deutsche übers., mit e. Vorrede u. kurzen philolog. u. histor. Noten v. Jos. Müller 11. 12. Prag 811. (W. Vogel in Lpz.) 8 gr.

— Dass., übers. u. mit d. Urtexte u. e. böhm. Uebers. versehen von W. Hanka. 8. Prag 821. Enders. 9 gr.

Heldengeschichte Sr. Durchlaucht des Prinzen Ferdinand von Braunschweig-Lüneburg, General en Chef der Armeen Sr. Kgl. Majestät von Grossbritannien, Generalfeldmarschall der Kgl. Preussischen Armeen. Mit unpartheyischer Feder beschrieben. 8. 1763.

Fatale Helden- und Todes-Geschichte des weyland Grafens Carl Aemil von Löwenhaupt. (298) 8. Frankfurt u. Leipzig 1744.

Heldengeschichte, Sören Knudsens, Oder: vom Duelliren. A. d. Dän. Flensb. u. Leipzig 1784. V: *Bloch, Søren.* (Bruun, Bibl. Danica. I, 975.) Ü: *Scheibe, J. A.* (Collin, Anonymer. Kiobenh. 1869.)

Der Allerdurchlauchtigsten . . . Mariae Theresiae . . . Helden- und Kriegs-Geschichte. o. O. 1743. 8°.

Heldengeschichte des berühmten J. D Mentzel, Ungarischen u Böhmischen General-Majors. 8. Frankfurt 1744.

Helden-, Staats- und Lebensgeschichte des . . . Don Carlos, Infanten von Spanien. Regensburg 1735. V: *Ranft, Michael.* (ML)

Helden-, Staats- und Lebensgeschichte des . . . Herrn Friedrichs des Andern, jetzt glorwürdigst regierenden Königs in Preussen, Churfürsten zu Brandenburg. Frankfurt u. Leipzig 1746—1766. V: *Hempel.* (Frensdorff 54/193) (Biblport)

Helden-, Staats- und Lebensgeschichte Friedrichs II., Koenigs in Preussen. 8 Bde. 8. Frankfurt 1758—66.

HELDEN- und Liebesgeschichten, Ermunternde, der neuern Zeit, welche sich in verschiedenen Gegenden zugetragen haben. Mit schönen Kupfern ausgezieret. 2 Thle. Nürnberg 1766. 8°. Sehr rar! (10 Mk. Scheible, vor 1900.)

Heldenhain, Franz v. — Wachprobe für Zinsgroschen Jerusalems zu Gericht des Hauses Oesterreich. (sic). Von — —. Temesvar. 1855. Druck von Beichel's Erben. (6 S. 8)

Oesterreichs Heldenkampf im Jahre 1864. Lithographisches Tableau mit Randzeichnungen, von V. Katzler. Gross-Quer-Folio. Wien. Redaction des Eisenbahn-Couriers (Vogler & Balde). 1864. 2 fl.

Heldenliebe der Schrifft Alten und Neuen Testaments . . . Leipzig 1711-37. V: *Lehms, Georg Christian.* (GGr) (BGE)

Heldenlied über die Königin in Ungarn und Ihre Gnade gegen die Juden . . . Anno 1745. V: *Richter, Christoph Gottlieb* [?]. (ML)

Heldenlieder von Adolph IV. dem Schauenburger. Hamburg 1851. V: *Keck, Carl Heinrich.* (Schles)

Heldenlieder v. Adolf IV. dem Schauenburger. 8. (52 S.) . Hamburg 851, Hoffmann & Campe. 1/4 ₰

Heldenlieder, altdänische, Balladen u. Mährchen; übersetzt von W. K. Grimm. gr. 8. Heidelb. 811. Mohr. 3 ₰ 8 K

Heldenlieder der deutschen Kaiserzeit, aus dem Lat. übers., an zeitgenöss. Berichten erläutert u. eingeleitet durch Übersichten üb. die Entwickelg. der deutschen Geschichtsschreibg im X., XI. u. XII. Jahrh. zur Ergänzung der deutschen Litteraturgeschichte u. zur Einführg. in die Geschichtswissenschaft v. Wilh. Gundlach. (In 3 Bdn.) 1. Bd. 8. Innsbruck 894. Wagner. n. 7. —
Hrotsvitha's Otto-Lied. (XXXIX, 654 S.)

Heldenlieder d. deutschen Kaiserzeit, aus d. Lat. übers., an zeitgenöss. Berichten erläut. u. eingeleit. durch Übersichten üb. d. Entwickelg. d. deutschen Geschichtsschreibg. im X., XI. und XII. Jahrh. z. Ergänzg. d. deutschen Litteraturgeschichte u. z. Einführg. in d. Geschichtswissenschaft v. Wilh. Gundlach. 2. Bd. 8. Innsbruck 896. Wagner. n. 8. 40 (1 u. 2.: n. 15. 40)
D. Sang v. Sachsenkrieg. M. e. Excurse: üb. Stilvergleichg. als Mittel d. histor. Beweisverfahrens. (XIX, 818 S.)

Heldenlieder der deutschen Kaiserzeit aus dem Lat. übers., an zeitgenöss. Berichten erläutert u. eingeleitet durch Übersichten üb. die Entwickelg. der deutschen Geschichtsschreibg. im X., XI. u. XII. Jahrh. zur Ergänzg. der deutschen Litteraturgeschichte u. zur Einführg. in die Geschichtswissenschaft v. Wilh. Gundlach. 3. Bd. 8. Innsbruck, Wagner. n. 11. —
Barbarossa-Lieder, übers. v. Osc. Doering u. Wilh. Gundlach, erläutert u. eingeleitet v. Wilh. Gundlach. Mit e. Excurse: Die Gottschalk-Frage. (XXIII, 1061 S.) 899.
Bd. 1 u. 2. Ebd. 894. 896. n. 15. 40.

HELDENLIEDER aus den Sagenkreisen Karls des Großen, Arthurs der Tafelrunde und des Grals, Attila's, der Amelungen und Nibelungen. (Hrsg. v. Friedrich Heinrich von der Hagen.) 2 Thle. Mit 30 color. Bildern von Friedrich Tieck (zu Th. 1). Breslau, o. J. u. 1823. 8°. 732 S. Aeusserst selten! (48 Mk. H. Streisand, Berlin, 1908.)
I: Die Nibelungen, Heunen und Amelungen in 30 Bildern.
II: Nibelungen, Heunen und Amelungen etc.

Heldenmädchen, das, oder Scenen aus Griechenlands Befreiungskampfe. Aus d. Franz. 8. Leipz. 823, Lelch.

Heldenmädchen, das, aus der Vendee, ein Roman, von Caroline de la Motte Fouqué. Mit 1 Kupf. 2 Thle. 8. Leipzig, G. Fleischer. 816.

Heldenmuth, Heroischer, oder exemplarischer Entwurf deren Heldenthaten des Durchl. Fürsten und Herrn Herrn Carl des fünften Herzogen von Lotharingen. In welchem nebst Entsetzung der preiswürdigsten kaiserlichen Residenz-Stadt Wien den 12. September 1683 alle Sieg und Victorien alle Belagerungen, und Eroberungen so vieler Hungarischen Vestungen, und was sich Zeit währenden Dero Ober-Commando über die gesamte kaiserl. Alliirte Armee in 8 Feldzügen bis 1690 inclusive von Tag zu Tag zugetragen, kürzlich doch ausführlich erzehlet und beschrieben wird. Alles zum höchsten Nachruhm des Durchl verblichenen Herzogs zusammengetragen, und verfasst von B. W. 8. Wien 1767.

Heldenmuth, üb. den, im Kriegs- u. Civilstande, (von F. W. J. Dillenius). 8. Tübing. 785. Leipz. 786. 2e Aufl. 812. Weygand. 8 K

Heldenmuth, der, die Leiden und der Tod des Erzbischofs von Paris. Aus dem authent. französ. Original übertr. von D. M. gr. 8. (15 S.) Bonn 848, (Wittmann.)

Heldenmuth u. Liebe, ein Roman. 8. Leipz., Solbrig, (Fr. Fleischer). 18 K

— — und Liebe. Ein Roman von *W. X.* (Leipzig, Solbrig in Commiss.) 1809. 8°. (18 ggr.)

Heldenmuth, der, in der Liebe in den besondern Begebenheiten der Bathildis einer Prinzessin der Angelsachsen, aus dem Franz. des Arnaud, 8. Daselbst, 776. Böhme. 13 sgl.

Heldenmuth, Marianischer, von der Hochlöblichen Congregation . . . vorgestellet . . . [Straubing] 1765. V: *Werle, Alois.* (Jes)

— —, Der weibliche, in Beyspielen aus der würklichen (!) u. wahren Geschichte. Ein Beitrag zu einer Apologie des schönen Geschlechts etc. Bingen, b. Jülicher. 1802. 8°.
Citirt in: Edelsinn u. Tugendhöhe . . . . Münster u. Lpz. 1803. 8°. S. 485—86.

— d. weibliche, in Beyspiel. ꝛc. 8. Lingen, Jülicher. 802.

Helden-Register, Pommerisches, oder das Leben und die Thaten, derer fürstlichen . . . und bürgerlichen Standes-Personen, so in Pommern . . . sich berühmt gemacht . . . Colberg 1745. V: *Vanselow, Amandus Carl.* (BMarsch 383)

Pommersches Heldenregister oder Leben von Standespersonen, so in Pommern geboren und sich in Kriegsdiensten bekannt gemacht. 8. Stollberg 1745. 2,00.

Heldenreich, Johann Georg Adolph von (Lausitzer Adel), De transactione ex falsa causa. Präs. Gottfr. Ludw. Mencken. Wittbg. (Gerdes) Nov. 1717. 26 S. (5.50) 11157

Heldenromane, nordische, übersetzt von Fr. H. von der Hagen. Auch unter dem Titel:
Wilkina- u. Niflunga-Saga, oder Dieterich v. Bern u. die Nibelungen. 3 Bde. 8. Breslau, Max und Comp. 814.

— — dies. 4r Bd. auch unt. dem Titel:
Volsunga-Saga, oder Sigurth der Fafnirstödter. 8. Ebend. 814.

— — dies. 5r Bd. auch unt. d. Titel:
Ragnar Lodbroks Saga, Norvagests- und Blomstervalla Saga, die Fabeln der Edda u. die Lieder von den Volsungen u. Niflungen. 8. Ebend. 816.

Heldenromane, nordische, übers. durch Fr. H. von d. Hagen. 5. Bdchn. — A. u. d. T.: Ragnar-Lodbroks-Saga, u. Norna-Gests-Saga. 8. (11 B.) Breslau 828, Max u. Komp.
1—4. Bdchn. Ebendas. 1814, 15., drdgs. Pr. 2 Thlr. 16 Gr.

Heldensaal, Sächsischer, od. Geschichte dies. Durchl. Hauses ꝛc. 8. Nürnb. Stein. 755.

Heldensage, die deutsche, s. a. Denkmäler der älteren deutschen Literatur.

Heldensage, die deutsche, s. a. Graeser's Schulausgaben classischer Werke.

Heldensage, deutsche. Ein Lesebuch für's deutsche Volk. Halle 858. Mühlmann. 8. (2 Bl., 196 S.) 12 ngr.

Heldensage, die deutsche. Nach Darstellgn. v. Uhland, Vilmar, Scherer, Keck u. Khull. Mit Einleitg. u. Anmerkgn. versehen v. Frz. Brosch u. Frz. Wiedenhofer. (Graesers Schulausg. klass. Werke.) 6. umgearb. u. erweit. Aufl. 15.—17. Taus. (XXI, 81 S.) 8. Wien (905). K. Graeser & Co. n. —50

Helden-Sagen, altdeutsche und altnordische. Uebersetzt durch Friedr. Heinr. v. d. Hagen. 2., verb. Aufl. 2 Bde. A. u. d. T.: Wilkina- und Niflunga-Saga oder Dietrich v. Bern und die Nibelungen. 2., verb. Aufl. 2 Bde. 8. (XXXVI und 855 S.) Breslau 855, Max und Comp.

Helden-Sagen, altdeutsche und altnordische. Uebersetzt von Friedr. Heinr. v. der Hagen. 3. wohlfeile (Titel-)Ausg. 2 Bde. gr. 16. (XXXVI, 351; 504 S.) Breslau (855)72, Max und Comp. [Stuttgart, Heitz.]

Helden-Sagen, altdeutsche und altnordische. Uebersetzt von Friedr. Heinr. von der Hagen. 3. Bd. A. u. d. T.: Volsunga- und Ragnars-Saga, nebst der Geschichte von Nornagest. 2. Aufl. Völlig umgearb. von Ant. Edzardi. 8. (XII, LXXX, 438 S.) Stuttgart 880, Heitz.
1. und 2. Bd. [Breslau 872, Max und Comp.] Stuttgart, Heitz. *ℳ 4,50.

Heldensagen der minussinschen Tataren rhythmisch bearbeitet von Anton Schiefner: St. Petersburg 1859.

Heldensinn u. Heldenstärke; ein vaterländ. Schauspiel in 5 Aufz. v. J. J. Hottinger. 16. Winterthur, Steiner. 814. Rthlr.

Heldensinn und Weibertreue . . . Heilbronn 1828. (II, 9166.) — Die im A.-L. (nach Kayser) genannte Verf. *Elise Löffelholz* ist vielleicht identisch mit *Elise v. Königsthal*, verw. Frfr. v. Löffelholz. Vgl. GGr X, 130. (DARP)

Heldensinn u. Weibertreue, oder die Weiber auf Weinsberg. Eine romant. Erzähl. der Vorzeit, auf Wahrheit gegründet, (von Elise Löffelholz). Mit 1 Titelkpf. gr. 16. Heilbr. 828. Drechsler. 1 fl 4 kr

Heldensöhnen, den, Borussia's. Eine Siegeshymne, unseren Braven in der Armee gewidmet. gr. 8. (4 S.) Königsberg 866, Richter.

Heldenspiel, ein, in 5 Abenteuern, v. F. Fouqué de la Motte. 4. Berl. Hitzig. 808.

Heldenstein, Hermann Graf von, gen. Blaubart, a. d. Franz. Singspiel in drei Akten. Riga [18??]. Ü: *Lüderwald, Georg Ernst.* (Ky) (GGr)

Heldenstein, Jean-Pierre-David. u. Michel Weyer: Gemeinde-Verwaltung der Stadt Luxemburg. Bericht über die Verwaltung . . . während des Jahres 1855. (Art. 29 des Communal-Gesetzes vom 24. Februar 1843). Luxemburg: Bück 1855. 29 S. 8°

Heldenstein, Jean-Pierre-David, u. Michel Weyer: Gemeinde-Verwaltung . . . Bericht . . . während des Jahres 1856. (Art. 29 . . . 1843). Luxemburg: Bück 1857. 29 S. 8°

Heldenstein, Jean-Pierre-David, u. Michel Weyer: Gemeinde-Verwaltung . . . Bericht über die Verwaltungs-Lage der Stadt Luxemburg. 1857. Luxemburg: Bück 1858. 34 S. 8°

Heldenstein, Jean-Pierre-David, u. Michel Weyer: Bericht über die Verwaltungs-Lage der Stadt Luxemburg während des Jahres 1858, abgestattet durch die Bürgermeister und Schöffen der Stadt, in Gemässheit der Vorschrift des Art. 29 des Gesetzes vom 24. Februar 1843, über die Einrichtung der Gemeinden. Luxemburg: Bück 1859. 37 S. 8°

Heldenstein, Jean-Pierre-David, u. Michel Weyer: Bericht über die . . . während des Jahres 1860, abgestattet . . . der Stadt, nach Vorschrift des Art. 29 . . . Gemeinden. Luxemburg: Bück 1861. 39 S. 8°

Heldenstein, Jean-Pierre-David, u. Michel Weyer: Bericht über die . . . während des Jahres 1861, abgestattet . . . Gemeinden. Luxemburg: Bück 1862. 46 S. 8°

Heldenstein, Jean-Pierre-David, u. Michel Weyer: Bericht über die . . . während des Jahres 1862 abgestattet . . . Gemeinden. Luxemburg: Heintzé [1863]. 24 S. 5°

Heldenstein, Jean-Pierre-David, u. Michel Weyer: Bericht über die . . . während des Jahres 1863 abgestattet . . . Gemeinden. Luxemburg: Heintzé [1864]. 19 S. 4°

Heldenstein, Jean-Pierre-David, u. Michel Weyer: Bericht über den Stand der Gemeinde-Angelegenheiten der Stadt Luxemburg für das Jahr 1864. (Art. 29 des Gesetzes vom 24. Februar 1843.) Luxemburg: Heintzé [1865]. 12 p. 4°

Heldenstein, Jean-Pierre-David, u. Mathias-Lambert Schrobilgen: Administration communale de la ville de Luxembourg. Rapport fait en séance du 25 février 1850 au Conseil communal de la ville de Luxembourg, par les bourgmestre et échevins sur la situation administrative de la ville pendant l'année 1849. – Gemeinde-Verwaltung der Stadt Luxemburg. Bericht über die Verwaltung und die Lage der Gemeinde-Angelegenheiten der Stadt Luxemburg, während des Jahres 1849, von dem Bürgermeister und den Schöffen dem Gemeinderath der Stadt abgestattet in der Sitzung vom 25. Februar 1850. Luxemburg: Lamort [1850]. 63, 1 S. 8°

Heldenthaten, Anecdoten und Charakterzüge aus dem glorreichen Kriege der Preußen gegen Oesterreich und dessen Verbündete im J. 1866. 16. (66 S.) Pyritz 866, Backe.

Die Heldenthaten u. Auszeichnungen der bayerischen Armee im Kriege 1870 u. 1871. (VI. 195) 32. Ingolstadt. 1871. 0,60. – 2. Aufl. 2 Bde. (XII. 398) 32. ib. 1871. 1,10.

Heldenthaten, die, und Auszeichnungen der bayerischen Armee im Kriege von 1870 und 1871. Im Zusammenhang mit der Geschichte des ganzen Feldzuges. 1. und 2. Bdchn. 16. Ingolstadt 871, Krüll'sche Buchh. [1. Bdchn. 1. Aufl. (VI, 195 S. mit 4 Holzschntaf.) * 60 Pf., und 2. Aufl. (VIII, 210 S.); 2. Bdchn. (IV, 188 S. mit 8 Holzschntaf. und 1 chromolithogr. Karte in qu. 4.)] à Bdchn. * 80 Pf. *

Heldenthaten, deutschvölkische, s. a. Lichtstrahlen. Nr. 3.

(F) Deutschvölkische Heldenthaten. Die Stellung der Deutschnationalen zu den Volksrechten und zum Arbeiterschutz, ihr Verhältnis zur Demokratie und Socialpolitik. Dargestellt an der Hand unwiderlegbarer Thatsachen von einem Volksgenossen. (Lichtstrahlen Nr. 3⁴,) Wien. 1900. Volksbuchhandlung Brand. 16°. |26 S. K —.6

Prinz Eugenii Heldenthaten. 3 Bde. 8. M. K. Frankfurt 1718.

Heldentaten. – Des großen Feldherrns Eugenii, Hertzogs von Savoyen . . . Helden-Thaten, s.a. Du Mont, J.

Helden-Thaten des grossen Feldherrn Eugenii, Herzogs von Savoyen und kayserlichen General-Lieutenants. 8. M. K. s. l. & a. – 4 Thle. 8. M. K. Leipzig 1710—12. — 5 Thle. 8. M. K. Nürnberg 1735. — 6 Thle. 8. Frankfurt 1735—39.

Eugen von Savoyen. –

Des grossen Feldherrns, Herzogs . . . . . und kaiserlichen General-Lieutenants Heldenthaten. Mit Kupfern. (4 Bde.)
8. Frankfurt und Leipzig 1720—1723.

Heldenthaten d. böhm. Königs Georg, aus d. Hause Podiebrad. 8. Prag 792. Buchler. 6 K

Grosse Heldenthaten | eines | achtzehnjährigen Mädchens, welches am 1. Januar 1833 sechs Räuber, welche in ihres Vaters Haus einge- | drungen waren, auf eine politische Weise überwunden und ermordet hat. | *(Text)*.
o. O., o. J. (1833), 1 Bl. zweiseitig zweispaltig bedruckt.
StB Augsburg 4° Kult. Flugschr. num. 47.
Schenda VoB S. 411.

Heldenthaten, Zauber- u. Liebesgeschichten d. Vorzeit. Neueste Samml. von wenig bekannten u. doch äuserst interess. histor. Begebenheiten, im romant. Gewande dargestellt. 3 Bdchn. 8. Leipzig 837, Rein'sche Buchh. à 3/4 Thlr.
Bdchn. 1., 2. Erzählungen aus d. Gesch. v. Dänemark, Norwegen, Schweden, England, Schottland u. Irland. (23½ B.)
" 3. Erzählungen aus d. Gesch. d. älteren Spaniens. (10½ B.)

Heldentod, Der, des . . . Herrn Karl Joseph Aloys, des H. R. R. Fürsten zu Fürstenberg . . . Prag 1799. V (Ged.): *Friedelberg*. V (Widm.): *Steinsky, Frz Ant.* (GGr)

Heldentod, Gustav Adolphs, für Deutschlands Freiheit. Ein historisches Gedicht . . . Cassel 1833. V: *Friederich, Gerhard.* (GGr)

Heldentod, Der, der bayer. Landesvertheidiger bei Sendlingen . . . München 1831. V: *Massmann, Hans Ferdinand.* (sch)

Heldentod, der, der bayr. Landesvertheidiger bei Sendlingen e. Stunde v. München in d. Christnacht d. J. 1705. gr. 8. (1½ B.) München 831, [Jaquet.]

Heldentod, der, der bayrischen Landesvertheidiger oder die Schlacht bei Sendlingen eine Stunde von München in der Christnacht des J. 1705. 2. Aufl. 12. (22 S.) Augsburg 852, Jaquet's Vrlgsb.

Heldentod, der, fürs Vaterland. Ein dramat. Gemälde in 3 Aufz. 8. Quedlinb. 810. Basse. 18 K

Heldentod, Der, fürs Vaterland. Quedlinburg 1811. V: *Cramer, Friedrich M. G.* (Zeitschr. f. Büch. N. F. 15, 1923, 124)

Heldenzüge aus d. J. 1859. 35 Bl. Darstellungen von Heldenthaten österr. Officiere u. Soldaten a. d. italien. Feldzuge 1859. Wien 1862.

Heldenzüge aus dem J. 1859. qu. Fol. (35 Chromolithogr mit 1 Blatt Text.) Wien 862, Hof- und Staatsdruckerei. In Carton.

—— der Mannschaft des k. k. 27. Infanterie-Regiments König der Belgier aus dem Feldzuge 1864. gr. 8. (33 S.) Wien 864, (Dirnböck's Buchh.) geb.

Heldermann, J. H., Quaest. in A. Plutum. Diss. 1861. 56 S.

Heldermann, K. L.: Kleines Handbuch der Gymnastik für die deutsche Jugend. Quedlinburg & Leipzig 1834. 128 S. m. Abb.

Heldermann, K. L., kleines Handbuch d. Gymnastik f. d. deutsche Jugend. Od.: Unterr. in d., zur Beförderung d. Gesundheit, Kraft u. Gelenkigkeit d. Körpers u. zur phys. Ausbild. überh. unentbehrl. Leibesübungen. Für Aeltern, Erzieher, Lehrer, so wie z. Selbstunterr. f. Jünglinge u. Knaben. Nach d. neuesten Grundsätzen bearb. Mit vielen erläut. Abbildn. (auf 4 lith. Bog. Fol.) 8. (8½ B.) Quedlinburg 834, Basse.

Heldermann, K. L.: Kleines Handbuch der Gymnastik für Mädchen. Quedlinburg & Leipzig 1835. 96 S. m. Abb.

Heldermann, K. L., kleines Handbuch d. Gymnastik f. Mädchen. Für Eltern, Erzieher, Lehrer an Schulen u. z. Selbstunterr. Nach d. neuesten u. besten Quellen bearb. 8. (6⅓ B. u. 3 Bog. Abbildn.) Quedlinburg 835, Basse.

Heldern, Toni, die Backfischpension. Eine Erzählg. f. junge Mädchen. Mit Orig.-Illustr. v. Geo. Dobry. 8. (144 S.) Leipzig 893. Ernst Friedrich. Geb. in Leinw. n. 3. 60

Heldern, Toni, die Backfischpension. E. Erzählg. f. junge Mädchen. M. Orig.-Illustr. v. Margarete Pfeifer. II. Aufl. gr. 8. (III, 156 S.) Leipzig 898. A. Bergmann. Geb. in Leinw. n. 4. —

Heldin, Die unvergleichliche, in dem Bilde der schönen Holländerin. Nürnberg 1715. V: *Nicolas, Jean.* Ü: *Rost, Johann Leonhard.* (BGE IV³, 474)

Heldin, die, der Vendée, ein weibl. Abällino; aus d. Französ. übers. (v. H. G. Schmieder). 2 Bde. 8. Hamb. 800. (Herold jun.) 1 ₰ 8 ℊ

Heldin, die, der Vendée, e. weiblicher Abällino. 2 Bde. 8. Hambg. Vollmer. 800.

Heldin, Die, der Vendée. Ein weiblicher Abällino . . . Hamburg 1801. V: *Schmieder, Heinrich Gottlieb.* (MüF) »1800« (Ky)

— —, Die, der Vendée. Ein weiblicher Abällino. Romant. Geschichte aus d. französ. Kriege. (Aus d. Französ. übersetzt von Heinrich Gottlieb Schmieder.) 2 Thle. Hamburg, Verlagsgesellschaft, 1801. 8⁰.
I: 4 Bl. Vorst. u. 240 S. II: Tit. u. 190 S. — Anon.-Lex. II. p. 275 hat Schmieder als Verfasser (nach Müller-Fraureuth). Kayser hat „1800" (?).

— — Dasselbe. Aus d. Französ. übers. (vom Vorigen). 2 Bde. Ebd. 1809. 8⁰. (1⅓ Rthl.)
Kayser 1836, p. 61. — Orig. ist vielleicht: Les Amans Vendéens (Roman par Gosse). 2 vols Londres 1800. 8⁰. (1 Mk. Riemann, Coburg, Cat. 12; jetzt theurer!)

Die Heldin von Zweibrücken, | oder: | Leidensgeschichte des Heinrich Ambos, | oder | Das letzte Lebewohl. | Eine wahre Geschichte des Jahres 1840. | (*Text*).
Kol.: Mügeln, gedruckt mit Königl. Sächs. bei G. Strahmer. – Zu haben bei S. Heidenreich.
o. J., 1 Bl., zweiseitig bedruckt, 210 × 270.
LBO Bänkelsängerlit. V, 23.

HELDING, Joh. Chr., Biblischer Jungfrauen-Spiegel. Braunschweig 1736. 8⁰. 5½ Bogen. Rar!
Cat. Meissner II.

Helding, Lina, das Buch der Balladen. Sammlung der schönsten Balladen, zusammengestellt. 12. (IV, 206 S.) Leipzig 889. Fock. geb. m. Goldschn. n. 1. 80

Heldinnen, drei christl., unserer Zeiten, oder erbaul. Lebensgeschichte dreier jungen Töchter, a. d. Französ. übersetzt. 8. Augsburg 823, Doll.

Heldmann, Vater, unt. seinen Kindern, s. a. Vater.

Heldmann, Vater, unter seinen Kindern. Ein Unterhaltungsbuch f. das zartere Alter. 2 Bdchen. (Aus d. neuen Kinderbibliothek abgedruckt.) Mit 2 Kpf. 16. Darmst. 828. Leske. 10 ℊ Mit ill. Kpf. 12 ℊ

Heldmann, A., Landgraf Georg II. u. die St. Elisabethkirche zu Marburg a/L. Ein Beitrag zur Beleuchtg. der St. Elisabethkirchensache. 8. (27 S.) Marburg i/H. 893. O. Ehrhardt. n. — 40

Heldmann, A., Die hessischen Pfandschaften im kölnischen Westfalen im 15. u. 16. Jahrh. Mit Stammtfln. d. Schenken zu Schweinsberg, d. Geschlechts v. Viermünden u. d. Freiherren v. Winnenburg-Beichelstein, Braunsberg u. Bourscheid. Westfäl. Zeitschr. 48. Bd. II. Münster 1890. 8. S. 3—78. 49. Bd. II. 1891. S. 1—96. Auch S.-A. Marburg 1891. 8.

Heldmann, A. G. L., die kirchenrechtlichen Bestimmungen über das Eigentums- und Dispositionsrecht an den evangelisch-lutherischen Kirchen im Oberfürstentum Hessen. gr. 8. (16 S.) Marburg 866, (Elwert'sche Universitäts-Buchh.)

Heldmann, Adolf, prakt. Arzt aus Berschweiler (Rheinpr.): **Beschreibung** eines im höchsten Grade osteomalacisch veränderten Beckens aus der Sammlung der Strassburger Frauenklinik (mit photographischen Abbildungen). *Strassburg i. E. 1899: C. & J. Goeller.* (39 S.) 8⁰
Strassburg, Med. Diss. v. 1899.

Heldmann, Amadeus, Auswahl kirchlicher Gesänge f. d. kathol. Jugend. 16. (VI, 80 S.) Regensburg 898. J. Habbel. Geb. n. — 40

Heldmann, Amad., Auswahl kirchlicher Gesänge f. d. kathol. Jugend. (Ausg. ohne Noten.) gr. 16. (40 S.) Regensburg 899. J. Habbel. n. — 10; Orgelbegleitg. dazu. qu. hoch 4. (64 autogr. S.) Geb. in Leinw. n. 2. —

[F.] Die Reichsherrschaft Bretzenheim a. d. Nahe, ihre Inhaber u. Prätendenten. Urkundl. untersucht v. Aug. Heldmann, Pfarrer zu Michelbach b. Marburg. *Kreuznach: F. Harrach 1896.* (1 Bl., 70 S., 3 Stammtaf.) 1 Bd 8.
— Antiquar.-Histor. Verein zu Kreuznach. Veröffentlichung 17. [illegible]

Heldmann, August, Pfarrer zu Michelbach Das Geschlecht von Viermünden (Viermund, Virmont). 4. Theil des Werkes: „Zur Geschichte des Gerichts Viermünden und seiner Geschlechter.“ Sonderabdruck aus der „Zeitschrift des Vereines für hessische Geschichte und Landeskunde“. N. F. XXVII. Bd.
8. (Ohne Druckort 1904.)

Heldmann, Bernhard Rudolf, s. Heldmann, Rudolf

HELDMANN, C.: Oberhessische Flora. Taschenbuch zum Gebrauch auf botanischen Excursionen. - Marburg 1837. 280 S.

Heldmann, C., oberhessische Flora. Taschenb. z. Gebr. auf botan. Excursionen in d. Umgebung v. Marburg u. Giessen, enth. e. Aufzähl. d. wildwachs. u. häufiger angebauten Gefässpflanzen. gr. 12. (17⅓ B.) Marburg 837, Garthe.

Heldmann, E., Emendationes Lysiacae. Pr. 1876. 84 S. 4°.

— **Franz Herm.** (Lemgo/Lippe), De restitutione in integrum propter documenta noviter reperta. Diss. jur. Präs. Conr. Ludeking. Rinteln (Hermann Augustin Enax) 6. VII. 1715. 34 S. (6.50) 14160

Heldmann, Friedrich

Heldmann, Fr., Akazienblüthen aus der Schweiz. Taschenbuch f. Freimaurer. 1r u. 2r Jahrg. 12. Bern 819. Haller. (Aarau, Sauerländer). 1r Jahrg. 1 ₰

– s. Aufklärungen über Begebenheiten der neuern Zeit.

Heldmann, Friedr., Bibliothek merkw. Criminal- u. Rechtsfälle, s. Bibliothek ꝛc.

— Bibliothek merkw. Criminal- u. Rechtsfälle, f. Th. v. Haupt.

Heldmann, Fr., üb. die Bildung d. Jugend z. Handlungsstande in republikanischen Staaten. gr. 8. Aarau, Sauerländer. 807.

Die drey aeltesten geschichtlichen Denkmale der teutschen Freymaurerbrüderschaft sammt Grundzügen zu einer allgemeinen Geschichte der Freymaurerey von Friedr. Heldmann. Arau: Sauerländer in Comm. 1819. 588 S. 8⁰
Auszug in: A. 8 (1838—1839) S. 135—147.
Recens: A. 7 (1837) S. 137—138.
cf. Hermes. 1820, 4 S. 22—42. (K. Ch. F. Krause); Wedekind, G. Frh. v.: Baustücke. 1 (1820) S. 313—332; LCBl. 1821 No 110, 112.
Kl. 2849, Tt. 301. Enth. die Statuten der Strassburger Haupthütte v. J. 1459, die Art. der Steinmetzbrrschaft v. J. 1535 u. die Kölner Urkunde.

— Entwickelung der Lehranstalten in dem kurfürstl. Baierischen Handlungs-Institute zu Würzburg. Würzb. 80. (Stabel).

—— Erzählungen f. gute Kinder ꝛc., f. Erzählungen.

— üb. die Erziehung der Jugend zum Handelsstand in republikan. Staaten. gr. 8. Aarau 807. (Sauerländer). 3 ℊℊ

– s. Gallerie der neuen Chamäleone, ...

– s.a. Guide, Nouveau, du voyageur dans les XXII Cantons Suisses.

H[eldmann]. [Friedrich]. Nouveau Guide du voyageur dans les XXII Cantons Suisses, traduit d'un Manuscrit allemand du Professeur H. par R[odolphe] W[althard]. Avec [1 vignette et] la Nouvelle Carte de la Suisse de Mr le Colonel ([Johann] H[einrich]) Weiss.
8. Berne 1829.

Heldmann, Friedrich s.a. Handbuch für Reisende in Italien. Basel 1820.

Heldmann, Fr. Handbuch für Reisende in Italien in Beziehung auf alte und neue Denkmäler, Wissenschaften, Künste, Klima und Production, Sitten und Gebräuche seiner Bewohner. Sammt statistischer Uebersicht der verschiedenen Staaten Italiens etc. Eine Uebersetzung des zu Mailand erschienenen „Manuel du voyageur en Italie“.
8. Basel 1820.

—— neue Jugend-Bibliothek, f. Jugend-Bibliothek.

— neue Jugendbibliothek. Eine Samml. v. Reisebeschreibb., Biographien ꝛc. 12 Bdchn. 16. Darmst. 827, 28. Leske. 1 ₰ 12 ℊℊ ill. 2 ₰ Daraus apart: 1) Kleine Olla-Potrida, für d. Jugend. 3 Thle. geb. 14 ℊℊ 2) Franklin, Reisen nach d. Polarmeere. 2 Thle. geb. 12 ℊℊ Schrbp. 18 ℊℊ 3) Burckhard's Reisen in Nubien. 2 Thle. 12 ℊℊ Schrbp. 18 ℊℊ 4) Blumenlese aus Klopstock. 6 ℊℊ 5) Konstantinopel, nach Hammer. 2 Thle. geb. 12 ℊℊ 6) Persische Skizzen, bearbeitet von Heldmann. 2 Thle. 12 ℊℊ

—— neue Kinder-Bibliothek, f. Kinder-Bibliothek.

— neue Kinderbibliothek z. Entwickelung, Belehrung u. Unterhaltung. 12 Bdchn. Mit Kpf. 16. Darmst. 827. Leske. 1 ₰ 12 ℊℊ ill. 2 ₰ Daraus apart: 1) Guter Rath für das kindl. Alter. 2 Bdchn., mit ill. Kpf. geb. 12 ℊℊ 2) Erzähll. für gute Kinder. 2 Thle., mit ill. Kpf. geb. 12 ℊℊ 3) Blumenlese für das kindl. Alter. 2 Thle., mit ill. Kpf. geb. 12 ℊℊ 4) Der französ. Robinson. 2 Thle., mit ill. Kpf. 12 ℊℊ 5) Vater Heldmann unter seinen Kindern. 2 Thle., mit ill. Kpf. geb. 12 ℊℊ 6) Frühröschen, mit ill. Kpf. geb. 7 ℊℊ 7) Harnisch, Sonntagserzähll. 6 ℊℊ Schrbp., mit ill. Kpf. geb. 10 ℊℊ

Mittheilungen über die Freimaurerei. Von Fr[iedr.] Heldmann. Frankfurt a/M.: Sauerländer 1836. VIII, 360 S. 8⁰
Kl. 667, Tt. 1614. Abhandl. u. Reden verschied. Verf.

— schweizerische Münz-, Maß- u. Gewichts-Kunde. gr. 8. Erl. 811. (Palm). 20 ℊℊ 2e Aufl. 80. Basel, Neukirch. ...

– s. Quatremère de Quincy: Geschichte der berühmtesten Architekten.

– s. Skizzen, Persische.

Das Fuldische eheliche Güterrecht und das Bürgerliche Gesetzbuch von Dr. [Heinrich] Heldmann. *Fulda: G. Nehrkorn 1900.* (39 S.) 8° [F.]
[... 6393 4]

Heldmann, Heinrich [Gerichts-Ref.]: Die Judikatsklage, ihre Geschichte und heutige Anwendbarkeit ... Marburg, Druck v. J. Sittenfeld in Berlin, 1895; 3 Bl., 60 S., 1 Bl. 8.
Marburg, Jur. Fak., Inaug.-Diss. v. [16. Nov.] 1895

Heldmann, J., Auswahl von französ. Theaterstücken, f. Auswahl.

Heldmann, Jgn., f. 1) Bouilly, Erzählungen. 2) Taschen-Encyklopädie.

Heldmann, Jh. Alb. Herm., († d. 21. Juni 1810.) Gedichte. 8. Lemgo 769. Meyer. 2 gr.

— s. 1) Justinianus vier Bücher. 2) J. J. Schmauß, academ. Reden. 3) Zeitung f. Rechtsgelehrte.

Memoria Mauri de Schenkl, Aug. Bavariae Regi a consiliis in rebus sacris, Gym. ac Lyc. Ambergensis quondam Rectoris et ejusdem Lyc. Professoris celeberrimi pariter atque meritissimi. Scrips. Joan. Nep. Heldmann, G. P. — 1832. Ibid. — S. 3—16. Progr. Regensburg.

Heldmann, Karl

Heldmann, Carl *Christian Wilhelm* [aus Viermünden bei Frankenberg i. H.]: Beiträge zur Geschichte der ländlichen Rechtsverhältnisse in den Deutschordenscommenden Marburg und Schiffenberg ... (Erschien vollst. u. d. T.: Geschichte der Deutschordens-Ballei Hessen. 1. Tl. Bis 1360, in: Zeitschr. d. Ver. f. hess. Gesch. u. Landesk., N. F. Bd. XX.) Marburg, Druck v. L. Döll in Cassel, 1894; 82 S., 3 Bl., 15 Tab. 8.
Marburg, Phil. Fak., Inaug.-Diss. v. [8. Febr.] 1895

Heldmann, Karl, approb. Arzt aus Oberviechtach: Aus d. Kgl. chirurg. Klinik zu München. Drei Fälle von Exartikulation des Schultergürtels. *München 1902: C. Wolf & Sohn.* (22 S.) 8°
München, Med. Diss. v. 1902

Heldmann [Dir. Dr.]: Festrede gehalten am 26. Januar 1889 . . . zur Vorfeier des Allerhöchsten Geburtstages Sr. Majestät des Deutschen Kaisers Wilhelm II. Bückeburg, Druck d. Grimmeschen Hofbuchdr. A. Grimme (1889); S. 1–8; 4°
Bückeburg, fürstl. Adolfinum, G u. RPG, OP 1889 (671)

Heldmann, Karl, Dr. phil.: Die **Hypothesen** über den Kölngau und die älteste Verfassung der Stadt Köln. *Halle a. S. 1899: E. Karras.* (54 S.) 8° ¶ (Erschien vollst. 1900 u. d. T.: Der Kölngau und die Civitas Köln ...)
Halle, Phil. Hab.-Schr. v. 25. Okt. 1899

Heldmann, Karl, der Kölngau u. die Civitas Köln. Histor.-geograph. Untersuchgn. üb. den Ursprung d. deutschen Städtewesens. Mit geograph. Index u. e. Karte. gr. 8. (VII, 136 S.) Halle 900. M. Niemeyer. n. 6. —

Heldmann, Karl, s.: **Mitteilungen, neue, aus dem Gebiete historisch-antiquarischer Forschungen.**

Heldmann, Karl, die Rolandsbilder Deutschlands in 300jähriger Forschung u. nach den Quellen. Beiträge zur Geschichte der mittelalterl. Spiele u. Fälschgn. Mit 4 Abbildgn. in Lichtdr. (VII, 172 S.) gr. 8. Halle 904. M. Niemeyer. n. 6. —

Rolandsspielfiguren, Richterbilder oder Königsbilder? Neue Untersuchungen über d. Rolande Deutschlands mit Beiträgen z. mittelalterl. Kultur-, Kunst- u. Rechtsgeschichte von Dr. Karl **Heldmann,** Prof. Mit 3 Abb. Halle a. d. S.: M. Niemeyer 1905. (210 S.) 8° [05. 13,49 9

— Mittelalterliche Volksspiele in den thüringisch-sächs. Landen, s. a. Neujahrsblätter, hrsg. v. der histor. Kommission f. die Prov. Sachsen u. das Herzogt. Anh. 32.

Mittelalterliche Volksspiele in den thüringisch-sächsischen Landen. Von Prof. Dr. Karl **Heldmann.** Halle a. S.: O. Hendel 1908. (57 S.) 8° [J.]
— **Neujahrsblätter.** Hrsg. von d. Hist. Kommission d. Prov. Sachsen. No 32. [08. 6314

Heldmann, Karl, Mittelalterliche Volksspiele in den thüringisch-sächsischen Landen. Halle a. S. 1909. 8°.
(Neujahrsblätter, hrsg. von d. Hist. Komm. f. d. Prov. Sachsen, 32.)

Heldmann, Karl (Hrsg.), s. Zeitschrift, Thüringisch-Sächsische, für Geschichte und Kunst.

Heldmann, Ludwig [aus Bückeburg]: Aus d. med. Klinik '(Ambulanz)' zu Bonn. Ueber die Einwirkung der Kohlehydratnahrung auf den Eiweissverbrauch bei Diabetes mellitus ... Bonn, Buchdr. J. Bach Wwe., 1892; 45 S., 1 Bl. 8.
Bonn, Med. Fak., Inaug.-Diss. v. [15.] März 1892

HELDMANN, Robert (Lauenau): Ueber Entstehung und Behandlung variköser Unterschenkel-Geschwüre mit besonderer Berücksichtigung der Circumcision.- München: Wolf 1880. 57 S.
29.7.1880 - Urk (Titel: De ortu et curatione ulcerum cruralium varicosorum.); Chr 1880/81,14
Diss. Ingolst.-Landsh.-Mchn.

Heldmann, *Bernhard* Rudolf [aus Rinteln]: Ein Fall von Cysticercus subretinalis unter dem Bilde eines intraocularen Tumors. '(Zugl. m. anatom. Befund.)' ... Halle a. S., Hofbuchdr. v. C. A. Kaemmerer & C., 1896; 21 S., 2 Bl., 1 Taf. 8.
Halle, Med. Fak., Inaug.-Diss. v. 28. März 1896

Helbner, August, über den obligatorischen Turnunterricht in der Volksschule, Dresden 1876, 11 S., Gr.-8°.

Heldrastein [Sachliches OW]

Heldrastein, der. Ein Führer f. die Besucher d. „Heldrasteines". 2. Aufl. Mit Titelbild u. 1 (farb.) Umgebungskarte. (43 S.) 8. Eisenach (909). Hofbuchdr. Eisenach H. Kahle. — 80

Heldrastein [Schlagwort]

Heldrastein, s.: Werrathal.

Heldreich, K. v., dankbare Erinnerung an d. Glück uns. Vaterlandes vor dem Bilde e. gewaltthätigen Criminalverfassung d. Vorzeit. gr. 8. ... Dresden 830, (Arnold.) Thlr.

Heldreich, Theodor von

HELDREICH (T. von). Ueber die Liliaceen-Gattung **Leopoldia** und ihre Arten. Moskau, 1878. 8°.

Heldreich, Thdr. v., die Nutzpflanzen Griechenlands. Mit besond. Berücksichtigung der neugriech. und pelasgischen Vulgarnamen. gr. 8. (VIII und 104 S.) Athen 862, Wilberg. *

Heldreich, Th. v., Pflanzen der attischen Ebene, s. a. Jahreszeiten, griechische.

Pflanzen der attischen Ebene v. Theoder von **Heldreich.** (Heft 5 von: Griechische Jahreszeiten. Hrgg. v. August Mommsen.) Schleswig. 1877. 8°.

HELDREICH (T. von). Die Pflanzen der attischer Ebene. Schleswig, 1879. 8°.

Heldrich, Karl, approb. Arzt aus München: **Totale Resektionen** der Scapula im Anschluß an sarkomatöse oder carcinomatöse Neubildungen. *München 1903: C. A. Seyfried & Co.* (52 S.) 8°
München, Med. Diss. v. 1903

Heldring, E., die Kaiserin Augusta Viktoria! Ein Festgruß zum 22. Okt. 1890. gr. 8. (3 S.) Berlin 890. Schneider & Co. — 30

Heldring, O. G., sein Leben u. seine Arbeit. Von ihm selbst erzählt. Aus dem Holl. übersetzt. v. Rud. Müller. Mit einem Vorwort v. Wilh. Baur. gr. 8. (XV, 416 S. m. Holzschn.-Portr.) Gütersloh 882. Bertelsmann. n. 6. —; geb. n. 7. —

Heldt, Alwin, approb. Arzt aus München: **Beitrag zur traumatischen Entstehung von Tumoren im Anschluß an einen Fall von multiplen Myelomen.** *München 1902: C. Wolf & Sohn.* (26 S.) 8°
München, Med. Diss. v. 1902

Heldt, Arthur

Heldt, Arth., die Schundliteratur. In krit. Beleuchtg. vom erzieher. Standpunkt. Wesen, Ursachen, Wirkgn., Bekämpfg. 1.—6. Taus. (58 S.) 8. Leipzig 908. Reform-Verlag. (Urspr. Pr. — 75)

Heldt, C. van. Konflikte, s. a. Kürschner's Bücherschatz.

Konflikte. Nach dem Amerikanischen. Von C. van **Heldt**. Mit Ill. von Erich Gützlaff. Berlin, Leipzig: Hillger [1910]. 112 S. 8°
(Kürschners Bücherschatz. Nr 700.) [10. 7406

Heldt, E., ewige Liebe. Novelle in Versen. Mit einem Titelbild in Stahlst. 16. (53 S.) Stuttgart 881. Gundert. cart. m. Goldschn. n. 2. —; geb. m. Goldschn. n. 3. —

—— verwehte Spuren. Drei epische Dichtungen. 16. (VII, 96 S.) Frankfurt a. M. 884, Grobel.
geb. mit Goldschn. *

Heldt, E., verwehte Spuren. Drei epische Dichtungen. 2. Aufl. 12. (96 S.) [Görlitz 886.] Leipzig, Foerster's Verlag.
geb. mit Goldschn. * 2 50

Heldt, E., zurück ins Leben, s.: Noelting, B.

Heldt, Helge, Blondel de Nesle, — — die Tageszeiten, } s. Breitkopf und Härtel's Text-Bibliothek Nr. 128; 131.

Heldt, P. F., kleine Grammatik von den Grundsätzen einer allgemeinen Sprachlehre zur Erlernung der lateinischen Sprache, in Tabellen. 8. Schleswig. Koch.

Heldt, P. H. kleine Grammatik d. latein. Sprache, auf 2 Tabellen. 8. Schleswig, Koch. 815.

Heldt, P. S., kleine Grammatik zur Erlernung der latein. Sprache. Schlesw. 816. 8. 5 gr.

Heldt, Pt. Sievert, († 1816.) kl. Grammatik nach Grundsätzen einer allgem. Sprachlehre zur Erlernung der latein. Sprache, in 2 Tabb. 8. Schlesw. 815. Koch. 4 gr

Heldt, Wilh., die Fundamental-Eigenschaften des Sauerstoffs und Wasserstoffs. Experimental-Untersuchungen. Berlin 861. Hickethier. Lex.-8. (80 S.) n. 10 ngr.

Heldt, Gul. (geb. Berlin 18. 6. 1823): De Santonini natura et origine. Berolini (1846). (43 S.) 8°
Berlin, Phil. Diss. v. 4. Apr. 1846

Nicolaus Helduader's Chronik der Stadt Schleswig, vom Jahre 1603 bis zum Jahre 1822 fortgeführt und mit Anmerkungen und Ergänzungen begleitet v. Johann Christian Jürgensen. Schleswig. 1822. 8°.

Heldwein, J., Anrede an die bayerischen Soldaten beim Abschied von ihrer Heimath. gr. 8. (4 S.) Ingolstadt 870, Krüll'sche Buchh.

Heldwein, J., Worte d. Trostes f. die Hinterlassenen der im Kriege gefallenen Soldaten. gr. 8. (8. S.) Ingolstadt 871. Krüll. — 15

Heldwein, Johs., aus Kirche u. Kloster Andechs. (34 S. m. Abbildgn.) gr. 8. Kloster Andechs 907. (München, W. Foth Nachf.) 1.50

Heldwein, Johannes: Zustände in den bayerischen Klöstern am Vorabende und im Beginne der Reformation. München 1906: Kastner & Callwey. (48 S.) 8° [J.] ¶[Nur ein Teil der eingereichten Arbeit.]
München, Phil. Fak., Ref. Grauert, Diss. v. 9. März 1906
[Geb. 19. Febr. 74 München; Wohnort: München; Staatsangeh.: Bayern; Vorbildung: Luitpold-Gymn. München Reife Juli 94; Studium: München 8 S.; Rig. 9. März 06.]

d'Hele, ..., das Urtheil des Midas; e. Operette in 3 Aufz. Aus d. Französ. 8. Münster 781. Coppenrath. 3 gr

Heleand, s.: Evangelienharmonie, d. altsächs.

Wladimir HELEKAL Ausgabe der Selbstbiographie des Grafen Kaspar v. Sternberg Phil. Diss., Prag 1908/1909

Helena, s. a. Dilia Helena.

Helena. Ein Taschenbuch für ... ([Hrsg.:] Leopold Schefer.)
Bunzlau: Appun [1836—1839]. 16° (4/1840: 8°)
[Stahlst. Tit.]
[1/] 1837: [1836.] 2 Bl., 479 S., 1 Titelbild, 5 Taf.
Darin u. a. Erstdr. v. Ludwig Tiecks „Die Klausenburg. Eine Gespenstergeschichte“.
3/ 1839: [1838.] 1 Bl., 518 S., 1 Titelbild, 5 Taf.
Darin u. a. Erstdr. v. Ludwig Tiecks Novelle „Liebeswerben“.
4/ 1840: [1839.] 1 Bl., 410 S., 1 Titelbild.

Helena. Taschenbuch f. 1837 — 40. 1 — 4. Jahrg. (Mit Beiträgen v. L. Tieck, L. Storch, C. v. Wachsmann, Leop. Schefer, Em. Scävola ꝛc.) 16. Bunzlau, Appun's Buchh. [837. (30 B. u. 6 Stahlst.), 38. (31 B. u. 6 Stahlst.), 39. (32½ B. u. 6 Stahlst.) à * 2⅓ Thlr., 40. (25¾ B. u. E. Scävola's Portr.) * 1⅚ Thlr.] Thlr. *

Helena. Versuch eines unterhaltenden Belehrungsbuches f. dienende Mädchen. 16. (8 B.) Basel 842, Schneider.

Helena. Römisches Familien- und Sittengemälde aus dem ersten Jahrh. Aus dem Engl. 2 Bde. 8. (VI, 275; III, 258 S.) Basel 871, Schneider. *

— in Egypten. Schausp. des Euripides, a. d. Griech. 8. Zürich, Ziegler. 805.

Helena Franziska, Erinnerungen aus der Schweiz. Aachen 855. Mayer. 16. (2 Bl., 109 S.) 15 ngr.

Helena, Die Heilige, am Calvarberge; a. d. Ital. Halb. 1776. V: *Metastasio, Pietro.* Ü: *Eichholtz, Friedrich Wilhelm.* (GGr)

Helena, die Kaiserstochter aus Konstantinopel. Volkserzählung v. G. u. B. Dom. 8. (64 S.) Urfahr-Linz 878. Kraußlich. — 20

Helena am Kalvar; ein Drama nach Metastasio übersetzt ... Halberstadt 1782. Ü: *Eichholtz, Friedrich Wilhelm.* (ML) »Dessau« (Ky) (GGr)

Helena am Calvar. Drama; aus d. Italien. (v. Fr. Wlh. Eichholz). 8. Dessau 782. Gel.-Handl. 2 gr

Helena, der holländischen, Liebesgeschichten. 8. 749.

Helena u. Paris; ein heroisches Ballet in 3 A. Wien 808. Wallishausser. 2 gr

Helena Pawlowna. Eine Skizze ꝛc. 8. Rost. Stiller. 804.

—— die schöne, s. Carnevals-Possen.

Helena, Franziska, Erinnerungen aus der Schweiz. 8. (III und 109 S.) Aachen 855, Mayer.

Helene par Mad. la Barde W.... Francfort 1797. Nov. éd. 1800. V: *Wiesenhütten, Friederike Henriette Freiin von geb. von Forstner.* (schl)

— par Md. la Baronne de *** auteur du Journal de Lalotte de Wiesenhütten. 8. Frankf. 797. Guilhauman. 1 ℛ

— — le même 1. II Vol. 12. Frcft. (Tourneisen à Cassel.) 797

— od. so kommt man zu Ehren. Ein Volksbuch, als e. Gegenstück zu Anna, od. d. Fallstrick der Ehre u. des Reichthums, v. J. G. D. Schmiedtgen. 8. Lpz. Gerh. Fleischer. 797.

Helene nach d. Franz.... Leipz. 1798. V: *Wiesenhütten, Fried. Henr. Freiin von geb. von Forstner.* Ü: *Müller, Carl Ludwig Methusalem.* (schl) (GGr) (NN)

— nach d. Französ. des Verfass. von Lottens Tagebuch (K. L. M. Müller). 2 Bde. 8. Leipz. 798. (Knobloch). 1 ℛ

Helene. Nach d. Frz. der Verfasserin v. Lottens Tagebuche. 2 Bdchen. 8. Lpzg. Martini. 798.

Helene oder die Wirkungen der gesunden Vernunft; ein Roman ... a. d. Engl. ... Coburg u. Leipzig 1799. V: *Schuler, C. von.* (Ky) (MGT)

— oder die Wirkung der gesunden Vernunft, (v. C. v. Schuler). 3 Thle. 8. Coburg 799. Sinner. 2 ℛ 8 gr

Helene par Md. la Baronne de *** auteur du Journal de Lolotte. 8. Frcft. Guilhaumann. 800.

Helene. Schausp. m. Gesang in 3 Aufz. v. Treitschke. 8. Wien, Wallishausser. 803.

Helene, od. d. wunderbare Erscheinung im Münster zu Straßburg, ein Roman aus d. Vorzeit. 3 Thle. 8. Quedlinb. 824, Basse.

Helene. Ein Fehdebrief an die Gesellschaft. Aus d. Papieren einer Dame. Hrsg. v. Ed. Maria Oettinger. 12. ($11\frac{1}{3}$ B.) Leipzig 843, Ph. Reclam jun.

Helene, oder: Die Schule der Selbstbeherrschung. Eine lehrreiche Erzählung für die Jugend. Aus d. Engl. v. Dr. Brühl. 12. Reutlingen 845, Fleischhauer u. Spohn. $8\frac{3}{4}$ ngr

Helene. Eine Warnungstafel vor der modernen Welt. Aus den Papieren eines Verstorbenen. Berlin 859. Plahn. 8. (X, 174 S.) $22\frac{1}{2}$ ngr.

Helene. Eine Erzählung für christl. Kreise. 8. (152 S.) Leipzig 867, Naumann.

Helene. Zürich 1888. V: *Mackay, John Henry.* (Das litt. Echo, II. Jahrg., Heft 5, S. 322/26) (Kü 26) (Cat. d. Stadtbibl. Zürich. Zürich 1864—97.)

Helene. 12. (183 S.) Zürich 888. Verlags-Magazin. n. 2.—

Helene. Drama in 4 Akten v.? (79 S.) gr. 8. Wien 902. (R. Lechner & Sohn.) n. 2.—

Helene, Herzogin von Orleans, Prinzessin von Mecklenburg-Schwerin. Ein Lebensbild. A. d. Franz. Berlin 1859. V: *Harcourt, Comtesse d', née Comtesse Saint-Aulaire.* (Ky)

Helene Herzogin von Orleans Prinzessin von Mecklenburg-Schwerin. Ein Lebensbild. (Von Gräfin d'Harcourt.) Aus dem Französ. 1—4. unveränd. Abdr. Berlin 859. J. Springer. gr. 8. (121 S.) 20 ngr; Velinp. 1 ℛ

— — Nach der 7. Originalaufl. aus dem Französ. von L. R. Lencer. Einzige autorisirte Ausg. Leipzig 859. Lehmann. (Wolf.) gr. 8. (141 S.) 15 ngr.
Vgl. auch Harcourt.

HELENE, Die keusche, auf der Redoute und Helenens Brautnacht, mit 13 Illustrationen. (In einem anon. Cat. von 190* für 50 Pfg. angeboten.)

—— und Sarah oder die Probeschriften. Nebst zwei andern Geschichten. 16. (112 S. mit 8 Holzschnt.) Cincinnati 859. (Philadelphia, Schäfer und Koradi.) geb. *

HELENE, Die schöne. In neuer Aufmachung. (Um 1905.) 8°. Verb. d. Ldg. Leipzig I. A. 2/10.

Helene, Tochter des Kaiser Antonius, oder die schwergeprüfte Tugend als Siegerin. Znaim, Martin Hoffmann 1852. 8.

Helene, Tante, das Buch der Puppen-Kleidung, s.: Marie, Tante.

Helene, Frau, s.a. Einmachen u. Konservieren der Früchte u Gemüse.

Helene, Frau, Einmachen u. Konservieren der Früchte u. Gemüse. 1.—3. Tauf. 12. (127 S.) Frankfurt a/M. 893. Jaeger's Verl. n. 1.—

Helene, Frau. Einmachen und Konservieren der Früchte und Gemüse, von Frau Helene. 3. Aufl. 104 [+ 8] S. 8. Zürich und Leipzig, Th. Schröter, [1903]. (cart. M. 1. —)

Helene, Frau. Einmachen und Konservieren der Früchte und Gemüse. 4. Aufl. [Mit Abbildungen.] 118 [+ *Anzeigen* 10] S. 8. Zürich und Leipzig, Th. Schröter, [1905]. [geb. fr. 1. 50]

Helene, (Frau v. Hülsen), kleine moralische Erzählungen für kleine Mädchen. Mit 8 (lith. u.) color. Bildern. 2. unveränd. Aufl. Stuttgart 868. Schmidt & Spring. gr. 16. (VI, 102 S.) geb. 15 ngr.

— Fastenküche. 354 erprobte Rezepte. 1.—3. Tauf. 12. (88 S.) Ebd. 893. n. — 80

— Fischküche. 198 erprobte Rezepte. 1.—3. Tauf. 12. (67 S.) Ebd. 893. n. — 60

Heleno, Frau. F' Helene's Fisch- und Fastenküche. 552 erprobte Rezepte für die Zubereitung aller Arten Fluss- und Seefische, Krebse, Muscheln und Schaltiere, sowie für die Bereitung von Suppen, Gemüse, Vor- und Zuspeisen, Puddings, Kompotts, Salat, Saucen und Backwerk. 2. Aufl. ⟨4.—6. Tausend.⟩ 120 S. 8. Zürich-Leipzig, Th. Schröter, [1905]. (geb. fr. 1. 50)

— s.a. Hausfrau, die praktische u. sparsame.

Helene, Frau. Die praktische und sparsame Hausfrau. Anleitung zur Führung des Haushalts, nebst mehr als 800 Ratschlägen für junge Hausfrauen. 4. vermehrte und verbesserte Aufl. 16.—18. Tausend. 149 S. 8. Leipzig und Zürich, Th. Schröter, [1905]. (geb. fr. 2. —)

— Kartoffelküche. 260 erprobte Rezepte. 7.—12. Taus. 8. (103 S.) Ebd. 893. n. — 80

Heleno, Frau. F' Helenen's Kartoffelküche. 260 erprobte Rezepte (*Umschlag: Die K'. 260 erpr' R'. Von F' H'). 5. Aufl. 13.—15. Tausend. 78 S. 8. Leipzig und Zürich, Th. Schröter, [1905]. (geb. fr. 1. 25)

Helene, Tante, deutsche Märchen geschrieben in England u. meiner Nichte Bertha Krieger zugeeignet. gr. 16. (104 S.) Speyer 873. Kleeberger. n. 1. —; geb. n. 1. 80

— Novellen u. Skizzen für ihre Freunde. Ebend. 869. 8. (V, 261 S.) 1 ₰ 15 ngr; in engl. Einb. 2 ₰

(Helene, Frau.) Puppenkochbuch, nach welchem kleine Mädchen wirklich kochen können. Von Frau Helene's Kinderchen (d. i. Frau Helene). [Mit illustriertem Umschlag.] 54 S. 8. Zürich, Th. Schröter, [Weihn. 1906]. [cart. fr. —. 70]

Helene, (Frau v. Hülsen), ungesucht — gefunden. Erzählungen u. Skizzen. gr. 8. (V, 296 S.) Berlin 871. Plahn. 3. —; geb. m. Goldschn. 4. 50

Helene, Frau, s. a. Was thut die prakische Hausfrau.

Helene, Frau. Was thut die praktische Hausfrau? Antworten auf 100erlei wicht. u. unwicht. Fragen, wie sie das häusl. Leben m. sich bringt, f. Hausfrauen u. solche, die es werden wollen. Von Frau Helene. 3. Aufl. [10.—15. Taus.] 12. (111 S.) Frankf. a. M. 892, Jaeger's Verlag. cart. * 1 20
1. u. 2. Aufl. Ebd. 1891.

— was thut die sparsame Hausfrau? Antworten auf vielerlei Fragen, welche jede Hausfrau sich täglich stellt u. stellen muß. 1.—6. Taus. 12. (166 S.) Ebd. 893. Kart. n. 1. 50

Helene, [Frau v. Hülsen], Aus alter und neuer Zeit. Novellen und Skizzen. 8. (328 S.) Berlin 873, Plahn'sche Buchh. geb. mit Goldschn.

Helene, Marie, Bilder aus dem Leben. (VIII und 293 S.) Leipzig 863, Grunow. *

— aus Herz und Leben. Gedichte. br. 8. (IX und 104 S.) Berlin 867, v. Decker'sche geheime Ober-Hofbuchdruckerei.

Helenenheim, Das, in Bad Wildungen. Bad Wildungen 1902. V: *Lau, Carl.* (Berl)

Helenens Fehler. Von der Verf. von Adelaide Lindsay. Frei übers. von Emma Franz. 8. (152 S. mit 1 Holzschntaf. in Tondr.) Wien 866, Pichler's Witwe und Sohn. cart.

Helenens Leiden, n. d. Engl. der Mistriß Elisabeth Sana Villa—Real—Groch. 8. Liegnitz, Elegert. 800.

Gegen den Alkohol. Von Dr. Matti **Helenius** u. Frau Alli Trygg-Helenius, Helsingfors. Leipzig & Berlin: B.G. Teubner 1906. (58 S.) 8° [J.]
[06. 8330

Die Alkoholfrage [Alkoholspörsmålet]. Eine soziolog. statist. Untersuchung von Matti **Helenius**, Helsingfors. *Jena: G. Fischer 1903.* (VI, 334 S.) 8° [03. 17611

Über das Alkoholverbot in den Vereinigten Staaten von Nord-Amerika. Ergebnisse e. mit Staatsunterstützung ausgeführten Forschungsreise dargest. von Dr. Matti **Helenius**-Seppälä, Helsingfors. Jena: Fischer 1910. IV, 131 S. 8° [10. 4673

— Die Alkoholverbotsgesetze u. ihre Wirkgn. 1. Die Vereinigten Staaten Amerikas. 2. Finnland. (32 S.) gr. 8. Dresden 908. O. V. Böhmert. — 40
Sonderabdruck aus: „Die Alkoholfrage".

Die Zahlen des Dr. Helenius. Sonderabdruck d. Kapitel V aus [Matti] **Helenius**, Die Alkoholfrage [Alkoholspörsmålet.] Mit Genehm. d. Verf. u. Verl. veranst. von d. Hamb. Centralverb. gegen d. Alkoholismus. *Hamburg:* [ausgekl.: *Gebr. Lüdeking*] *1904.* (30 S.) 8° [04. 6855

Helenus, H., an das preuß. Volk und dessen Vertreter: gegen den Eid des Heeres auf die Verfassung. L. P. G. Geschrieben am 31. Juli 1848. gr. 8. (16 S.) Berlin 848, Deckersche geheime Ober-Hofbuchdr.

Helf, Bernhard [app. Arzt aus Grumme]: Ein Fall von Melanosarkom des Ciliarkörpers. . . . München, Buchdr. v. M. Ernst, 1890; 26 S. 8°
München, Med. Fak., Inaug.-Diss. v. 1890

Helf, F. Erich, Ulrich v. Hutten. Trauerspiel in 5 Aufzügen. 8. (IV, 135 S.) Dresden 893. E. Pierson. n. 1.50

Verzeichniß empfehlenswerther, ungewöhnlich billiger Bücher und Kupferwerke. Vorräthig in der Buch- und Antiquarhandlung von Karl Helf (vormals Sommer) in Wien. 8. (18 S.) Wien. Druck von Karl Ueberreuter. 1855.

Helf, Ludw., Ergänzungen u. Erläuterungen zur Geschäftsanweisung für die Gerichtsvollzieher. Auf Veranlassung des königl. Justizministeriums hrsg. gr. 8. (V, 289 S.) Berlin 879. v. Decker. n. 2. 50

Helf, Ludw., u. P. Siméon, Vorschriften f. d. preuß. Gerichtsvollzieher. Auf Grundlage d. Ergänzgn. u. Erläutergn. z. Geschäftsanweisg. f. Gerichtsvollzieher v. H., neu bearb. v. S. 3. Aufl. gr. 8. (XXV, 481 S.) Berlin 895. R. v. Decker. n. 6. —; geb. in Leinw. n. 7. —

Helfeld, s. Hellfeld.

Helfenbein, Ferdinand: Die Sprache des Trouvère Adam de la Halle aus Arras. Halle a. S. 1911: Karras. IV, 94 S. 8°
¶ (Aus: Zeitschrift f. roman. Philol. Bd 35, H. 3/4.)
Straßburg, Phil. Diss. v. 10. Dez. 1910, Ref. Hoepffner
[Geb. 18. Mai 88 Leichlingen; Wohnort: Höchst a. M.; Staatsangeh.: Preußen; Vorbildung: Klinger-Oberrealsch. Frankfurt a. M. Reife O. 07; Studium: Straßburg 3, Berlin 1, Straßburg 4 S.] [U 11. 4292

Helfenbein, R., die Hausapotheke des Geflügelzüchters. gr. 8. (8 S.) Leipzig 894. Expcd. der Allg. deutschen Geflügelzeitung. n. — 20

Helfenberger, Johannes. Ein christl. Lebensbild aus'm Baselbiet. 8. (56 S.) Basel 872. Spittler. — 30

Helfensrieder, Carl Friedrich (Torgau). De labiis oris eorumque vitiis. Diss. chirurg. Präs. Burcard Wilhelm Seiler. Wittbg. (Friedrich Immanuel Seibt) 30. IX. 1809. 32 S. (6.20) 14163
Gew.: Sigfrid Lebrecht Crusius (Salis b. Kohren).

Helfenstein, Max. Ein Lustspiel in 2 Akten, v. Aug. v. Kotzebue. 8. Leipz. Kummer. 812.

Helfenstein, A., die Energie u. ihre Formen. Krit. Studien. (IV, 152 S.) gr. 8. Wien 903, F. Deuticke. n. 4.20

Helfenstein, Alois [diplomierter Chemiker von Neuenkirch, Kt. Luzern]: Über die Anwendung des Faraday'schen Gesetzes bei der Elektrolyse geschmolzener Salze. Leipzig 1900. 68 S. 8°.
Zürich. Phil. Diss. II. S. 1899/1900.

Helfenstein, Jac., Gregor's VII. Bestrebungen nach den Streitschriften seiner Zeit. gr. 8. (VIII und 200 S.) Frankfurt a. M. 856, Hermann'sche Buchh. *

Helfenstein, Jac., Gregor's VII. Bestrebungen nach den Streitschriften seiner Zeit. 2. Ausg. gr. 8. (VIII, 200 S.) Prag 870, Tempsky. *

Helfenstein, Jac., die Entwickelung des Schulwesens in seiner culturhistorischen Bedeutung, dargestellt in Bezug auf die Schulverhältnisse der freien Stadt Frankfurt von der ältesten bis zur neuesten Zeit. (In 2 Abthlgn.) 1. Abthl.: Das Mittelalter und die Reformationszeit. gr. 8. (VIII und 143 S.) Frankfurt a. M. 858, Sauerländer's Verlag.

Helfenstein, Loth., Prinzessin Luise. Ein Drama an e. Königshofe. Erzählung aus hohen Sphären. (198 S.) gr. 8. Weimar (903). K. Leutloff. n. 2.40; geb. n. 3.—

— dasselbe. 5. Aufl. (200 S.) gr. 8. Ebd. (903). n. 2.40; geb. n. 3.—

— der Spuk der Daliborka od.: Im Hungerturm auf dem Hradschin, s. a. Collection Geister- u. Gespenster-Romane. 6. Bd.

Der Spuk der Daliborka oder: Im Hungerturm auf dem Hradschin. Ein merkwürdiges Erlebnis von Lothar **Helfenstein**. Berlin: A. Weichert [1904]. (93 S.) 8° [F.]
= **Geister**- u. Gespenster-**Romane**, Collection. Bd 6.

— die stöhnende Wand, s. a. Collection Geister- u. Gespenster-Romane. 2. Bd.

Die stöhnende Wand. Eine Geister-Erzählung von Lothar **Helfenstein**. Berlin: A. Weichert [1904]. (95 S.) 8° [F.]
= **Geister**- u. Gespenster-**Romane**, Collection. Bd 2.

Helfenstein, Ludw., Allerseelen. Ein Vorspiel. 8. (41 S.) Gotha 885, F. A. Perthes. * 1 —

Helfenstein, Ludw., der Rothbart. Trauerspiel in 5 Aufzügen. [1844 und 1871.] gr. 8. (128 S.) Bonn 871, Marcus. *

Helfenstein, Steph., das Schlachtfeld ob Sempach. Festpredigt an der Schlachtjahrzeitfeier, d. 11. Heumonat 1870 gehalten. gr. 8. (20 S.) Luzern 870. Räber. — 30

(Helfenstein, W.) (Übers.):

s.: Brambilla, G(iovanni) A(lessandro) de: Geschichte der von den berühmtesten Männern Italiens gemachten Entdeckungen in der Phisik, Medizin, Anatomie und Chirurgie. (Storia delle scoperte fisico-medico-anatomico-chirurgiche fatte dagli uomini illustri italiani. Dt.) Bd 1. Wien: 1789

JB 5.822

Helfenzrieder, Johann Evangelist

— Abhandl. von den Fehlern d. gewöhnl. Maschinen, besonders d. Hebzeuge. gr. 8. Augsb. 795. Rieger. 8 gr.

— Abhandl. vom Gebrauch d. Erde, des Sandes od. der Asche zur Löschung der Feuersbrünste. Mit 3 Kpft. gr. 8. Augsb. 794. Rieger. 6 gr.

— Abhandl. von der Geodäsie od. Feldmessen. Mit Kpf. 4. Ingolst. 775. (W. Rauck in Leipz.) 1 Rthlr. 12 gr.

* Abhandlung von der Geodäsie oder dem praktischen Feldmessen, darinnen verschiedene neue Instrumente beschrieben, oder neue Vortheile vorgetragen werden, wodurch die Arbeit entweder erleichtert, oder sicherer und genauer wird. Von *Johann Evangelist Helfenzrieder*, der Gottesgelahrtheit Doktorn, Sr. Churfürstl. Durchlaucht in Baiern wirklichem Rathe und öffentlichem Lehrer der Mathematik auf der hohen Schule zu Ingolstadt, der Churfürstlichen Akademie der Wissenschaften ordentlichem Mitgliede. Ingolstadt und Augsburg, in den Cratzischen Buchhandlungen. 4. 387 S. mit 5 Kupfertafeln. (1 Rthl. 12 ggr.) 1776.

— v. d. Geodäsie od. Feldmessen. m. K. 4. Münch. (Krüll, Ingolst.) 778.

— — dasselbe. m. K. 4. Leipz. Sommer.

* Abhandlung von Verbesserung der Feuerspritzen, welche bey der Churmaynz. Akademie der Wissenschaften zu Erfurt im Jahre 1777. den Preis erhalten hat, von *Johann Evangelist Helfenzrieder*, d. Gottesgelahrth. Dokt. etc. Mit 3 Tabellen. München, bey Joseph Aloys von Cratz. gr. 8. 52 S. 1778 ...

— Abhandl. von Verbesserung der Feuerspritzen. gr. 8. Ingolst. 778. (W. Rauck in Leipz.) 6 gr.

— v. Verbesser. d. Feuerspritzen. gr. 8. München. (Sommer in Lpz.) 778.

— Anfangsgründe d. reinen Mathematik. Mit Kpf. gr. 8. Ingolst. 779. (W. Rauck in Leipz.) 1 Rthlr.

Helfenzrieder, J., Anfangsgr. der reinen Mathematik, m. K. gr. 8. Ingolst. (Sommer, Lpz.) 781. Rthlr.

J. J. Helfenzrieder's Anfangsgründe der reinen Mathematik, mit Kupf. Salzburg, im Verlage des Waysenhauses. gr. 8. (1 Rthlr.) 1781.

— Beantwortung d. Preisfr.: Welches die leichteste u. wohlfeilste Art v. Wasserbau sei ꝛc. Mit 9 Kpf. 4. Münch., (Franz). 20 gr.

— Beitr. zur bürgerl. Baukunst. Mit 10 Kpft. gr. 8. Augsb. 787. M. Rieger. 1 ₰ 20 ℋ

Helfenzrieder J.: Ausführliche Beschreibung einer Trocknungsscheune ... Augsb. 1787. 46 S. 2 Tvl. P.

— Beschreib. e. neuen Art Dachziegel. Mit 1 Kpf. gr. 8. Salzb. 786. Duyle. 4 ℋ

— Beschreibung e. neuen Art astronom. Quadranten. Mit 6 Kpf. 4. Münch., (Franz). 16 ℋ

— Beschreib. einer Trocknungsscheune. Mit 2 Kpft. 8. Augsb. 787. Rieger. 3 ℋ

— selecta element. matheseos purae collecta pro iis, qui philos. dant operam, c. fig. 8maj. Ingolst. 774. Krüll. 12 ℋ

J. E. Helfenzrieder Elementa Matheſeos purae cum fig. Ingolſtad. Craetz. 8 maj. (12 gr.)
1776.

— elem. matheseos purae, c. fig. 8. maj. Ingolst. Krüll. 776.

— Gab den 2n — 5n Jahrg. d. meteorolog. Ephemeriden d. baier. Academie heraus.

Helfenzrieder, J. E., Erklärung der Weise, wie die Sonnen- und Mond-Strahlen zu Gestaltung des Nordlichts über unsern Horizont heraufgebracht werden, zur Zeit, da diese Gestirne tief unter demselben stehen, u. s. w.

— Feuerschutz, oder Mittel, d. Häuser wider Feuersgefahr zu schützen. Mit Kpf. 8. Augsb. 788. Rieger. 3 ℋ

Helfenzrieder, Jh. Evangel., († d... März 1803.) Sätze aus d. prakt. Astronomie. 4. Ingolst. 773.

— tubus astronom. amplissimi campi, c. fig. 4. Ingolst. 773. Krüll. 5 ℋ

* Tubus aſtronomicus ampliſſimi Campi cum Micrometro ſuo et Feneſtellis ocularibus nouum Inſtrumentum multis Obſeruationibus opportunum inuentum, et deſcriptum a *P. Joann. Ev. Helfenzrieder*, Soc. Jeſu, in alma et Electorali Vniverſitate Anglipolitana Matheſ. Prof. Publ. Ord. cum Declaratione Vſus, Accedit ex Aſtronomia practica Materia Excercitationis mathematicae Reſpondente Joann. Bapt. Frueth, S. J. Menſe Auguſto. Typis J. Ferd. Luzenberger, Vniverſitatis Typographi. 4. 7. Bog. 1 Kupfertaf.
1773

Helfenzrieder, Jh. Evangel., Unterr., gute Sonnenuhren ꝛc. zu machen. gr. 8. Augsb. 780. Rieger. 20 ℋ

— Verbesserung d. Blitzableiter, f. Jos. Weber, Theorie.

— von einigen Verbesserungen d. einfachen Luftpumpe. 4. Münch., (Franz). 10 ℋ

Helfer, der. Blätter für Krankenpflege u. Wohlthätigkeit. Hrsg. v. V. Böhmert u. W. Bode. 1. u. 2. Jahrg. Octbr. 1889 — Septbr. 1891. à 12 Nrn. (¾ B.) 4. Dresden. Leipzig, Duncker & Humblot. à Jahrg. n. 2. —

Helfer, der. Blätter f. Armenpflege u. Wohlthätigkeit. Hrsg. v. Vict. Böhmert. 1.—4. Jahrg. Oktbr. 1889—Septbr. 1893. à Jahrg. 12 Nrn. (à Nr. ¾ Bog.) 4. Dresd. Lpz., Duncker u. Humblot. à Jahrg. * 2 —

Helfer, der. Blätter f. Armenpflege u. Wohlthätigkeit. Hrsg. v. Vict. Böhmert. 6. u. 7. Jahrg. Oktbr. 1894—Septbr. 1896. à 12 Nrn. (à ca. 1 Bog.) gr. 4. Dresden, O. V. Böhmert. à Jahrg. n. 2. —

— dasselbe. Organ f. d. Armenpfleger d. Städte Dresden, Stuttgart u. Posen, sow. f. d. Helfer u. Helferinnen d. Vereins geg. Armennot u. Bettelei zu Dresden. Hrsg. v. Vict. Böhmert. 8.—10. Jahrg. Oktbr. 1896—Septbr. 1899. à 12 Nrn. (à ca. 1 Bog.) gr. 4. Ebd. à Jahrg. n. 2. —; einz. Nrn. n.n. — 15

Helfer, der. Blätter f. Armenpflege u. Wohlthätigkeit. Organ f. die Armenpfleger der Städte Dresden, Leipzig u. a. Hrsg. v. Vict. Böhmert u. Paul Scheven. 11.—14. Jahrg. Oktbr. 1899—Septbr. 1903. à 12 Nrn. gr. 4. (à ca. 6 S.) Dresden, O. V. Böhmert. à Jahrg. n. 2. —

Helfer, der. Blätter f. Armenpflege u. Wohltätigkeit. Organ f. die Armenpfleger der Städte Dresden, Leipzig u. a. Hrsg. v. Vict. Böhmert u. Paul Scheven. 15.—18. Jhrg. Oktbr. 1903—Septbr. 1907. à 12 Nrn. (15.—17. Jhrg. IV, 74; IV, 72 u. IV, 72 S.) 4. Dresden, O. V. Böhmert. à Jhrg. n. 2. —

Helfer, der. Blätter f. Armenpflege u. Wohltätigkeit. Organ f. die Armenpfleger der Städte Dresden, Leipzig u. a. Hrsg. v. Vict. Böhmert u. Paul Scheven. Red.: V. Böhmert. 19.—21. Jahrg. Oktbr. 1907—September 1910. à 12 Nrn. (à ca. 6 S.) 30,5×23 cm. Dresden, O. V. Böhmert. à Jahrg. 2. —

— der bewährte, in Zahnschmerz-Nöthen. 12. (16 S.) Chemnitz 891. C. A. Hager. — 10

Helfer für Garten und Feld
v. Schweizerische Metallarbeiter-Zeitung.

Der kleine Helfer. (Hrgg. v. Sönke Friedrichsen, Breklum.) 8° 1907—16. 1919—22.

— der, in der Not (Rezepte f. das Haus), s. a. Miniatur-Bibliothek.

Helfer, der, in der Noth bei Examen, Extemporalien ꝛc., od. Beiträge zur Erleichterung d. Humanitätsstudien. 4. Cassel 827. 2e Aufl. 830. Luckhardt. 12 ℋ

Helfer, der, in 1000 Nöthen oder der Allerweltsgratulant. Vollständigste Sammlung von Gelegenheitsgedichten und Glückwünschen ꝛc. u. and. ähnl. Musteraufsätzen für alle nur denkbaren Fälle des Lebens. Nebst e. Anh. über die Sprache der Blumen u. Farben. breit 12. Ulm 846, Ebner. 13 ngl

Anonym: „Der treue Helfer im Hause, Felde und Garten etc., oder 842 vielfältig erprobte Mittel, aus 20jähriger Erfahrung und aus den besten Zeitschriften gesammelt und herausgegeben von Dr. S . . . .n", 2. Ausgabe Eisenberg 1838 (Schöne).

Helfer, der treue u. sichere, im Hause, im Felde u. Garten, od. 842 vielfältig erprobte Mittel. Aus länger als 20jähr. Erfahrung u. aus d. besten Zeitschriften zum allgem. u. heilsamen Gebr. gesammelt u. hrsg. v. S......n. 1—3. Aufl. 8. (à 12 B.) Eisenberg 836—40, Schöne'sche Buchh. à

Helfer, Der treue und sichere, im Hause, im Felde und im Garten . . . 4. Aufl. Eisenberg 1847. H: *Schumann*. (Ky)

Helfer, der treue und sichere, im Hause, im Felde und im Garten, oder 842 vielfältig erprobte Mittel ꝛc. gesammelt und hrsg. von S.....n. 4. Aufl. 8. (XVI und 176 S.) Eisenberg 847, Schöne'sche Buchh.

Helfer, der treue und sichere, im Hause, im Felde und im Garten, oder 842 vielfältig erprobte Mittel, als: Vortheile bei dem Bierbrauen, Mittel wider Säure des Biers; gutes helles Bier zu erhalten u. s. w. u. s. w. Aus länger als 20jähr. Erfahrung und aus den besten Zeitschriften zum allgemeinen und heilsamen Gebrauch gesammelt und hrsg. von S......n. 5. (Titel-)Aufl. 8. (XVI und 176 S.) Eisenberg (847)59, Schöne'sche Buchh.

—— der, in Zahnkrankheit, Zahnschmerz u. Zahnnoth. Nebst gutem Rathe üb. die d. Zähnen v. Jugend auf zu widmende Aufmerksamkeit, Sorgfalt u. Pflege, namentl. f. Eltern, Erzieher u. die heranwachs. Jugend; nebst genauen Vorschriften zu den besten u. neuesten Zahnpulvern, Tincturen u. Mundwassern. Frei bearb. nach Taveau, Maury u. Saunders. gr. 12. ($5\frac{1}{2}$ B.) Weimar 835, Voigt.

—— der, in Zahnkrankheit, Zahnschmerz u. Zahnnoth. Frei bearb. nach Taveau, Maury u. Saunders. 2. Ausg. 12. ($5\frac{1}{2}$ B.) Weimar 843, Voigt.

— der, in Zahnkrankheit, Zahnschmerz und Zahnnoth. Nebst gutem Rath über die den Zähnen von Jugend auf zu widmende Aufmerksamkeit, Sorgfalt u. Pflege, namentlich für Eltern, Erzieher u. die heranwachsende Jugend. Nebst genauen Vorschriften zu den besten u. neuesten Zahnpulvern, Tincturen u. Mundwassern. Frei bearb. nach Traveau, Maury u. Saunders. 3. verm. Aufl. Weimar 858. Voigt. 24. (VI, 157 S.) 10 ngr.

Helfer, der conservative Preuße. Erinnerungs- und Unterhaltungsblätter für Conservative. Enth.: eine Reihe in conservativen Vereinen gehalt. Vorträge und Gedichte, nebst einer Beigabe von Rebus, Xenien, Aphorismen rc. 16. (92 S.) Leipzig 865, (Literarisches Museum.) *

Helfer, A., evangelisches Choralbuch enth. e. Auswahl v. 170 der gebräuchlichsten Choralmelodien, nach den ältesten u. neuesten Quellen bearb. f. Orgel, Harmonium, Klavier u. Sängerchöre, vierstimmig gesetzt u. m. taktisch u. rhythmisch verbundenen Zwischenspielen versehen. 2. Aufl. qu. gr. 4. (IV, 175 S.) Leipzig 875. Siegismund & Volkening. 9. —

Helfer, A., der practische Organist oder Schule des Orgelspiels. Ein Lehr- u. Hand-Buch für Organisten, wie für den Orgelunterricht in Seminarien u. Präparanden-Anstalten. Technischer Thl. Op. 11. Erfurt 860. Körner's Verlag. qu. 4. (33 S.) n. 24 ngr.

Helfer, C., das Duell vor dem Forum der Vernunft. Ein Casino-Vortrag. 8. (28 S.) Innsbruck, Vereinsbuchhandlung. * — 30

Helfer, Ernst [prakt. Arzt in Bern]: Experimentelle Untersuchungen über die Farbenveränderungen des Blutes bei der Kohlenoxydgasvergiftung in forensischer Beziehung. (Von der Fakultät gekrönte Preisschrift.) (Mit einer Tafel.) Bern 1901. 59 S. 8°.
Bern. Med. Diss. 1901/1902.

Helfer, Ernst. Experimentelle Untersuchungen über die Farbenveränderungen des Blutes bei der Kohlenoxydgasvergiftung in forensischer Beziehung. ⟨Von der Fakultät gekrönte Preisschrift.⟩ Diss. Med. Bern. [Mit 1 Tafel.] 59 S. 8. Bern, Neukomm & Zimmermann, 1901.

Helfer, Friedrich Wilhelm (Leipzig), Nonnulla de hydrope scarlatinoso. Diss. med. Lpz. (Staritz) 6. VI. 1848. 28 S. mit Biogr. (M.: Ch. H. Heun.) (6.40) 14164
Gew.: Philipp Wilhelm Rousset, Heinrich Armin Friedlaender.

Helfer, Friedr. Wilh., Zunftwesen und Gewerbefreiheit. Ein Lebensbild. Der Jugend des deutschen Gewerbestandes gewidmet. br. 8. (177 S.) Gotha 857. [Leipzig, Bernitzsch.]

Helfer, Friedr. Wilh., Zunftwesen und Gewerbefreiheit. Ein Lebensbild. Der Jugend des deutschen Gewerbestandes gewidmet. Gotha 857. Scheube. 8. (177 S.) 15 ngr.

Helfer, Godofredus: De usu explorationis internae ad terminum in ultimis mensibus graviditatis reperiendum. Halis Saxonum (1866): Orphanotropheum. 32 S. 8°
Halle-Wittenberg, Med. Diss. v. 21. Febr. 1866 [Diplom auch 21., aber nach hs. Korrektur auf dem Titel des Ex. in den Dek.-Akten: 24.]
Geb. Krautheim bei Weimar 7. 11. 1838. V.

Helfer, Hermann: Biologisch-faunistische Beobachtungen an Pantopoden der Nord- und Ostsee. Kiel 1909: Ehlers. 48 S. 8°
Kiel, Phil. Diss. v. 11. Dez. 1909, Ref. Brandt
[Geb. 1. März 85 Hohensalza; Wohnort: Mülheim a. R.; Staatsangeh.: Preußen; Vorbildung: Gymn. Mors Reife O. 05; Studium: Lausanne 1, Brüssel 1, München 3, Kiel 4 S.; Rig. 24. Juli 09.] [U 10. 2502

Helfer, Joh. Wilh., Reisen in Vorderasien und Indien, s. Nostiz, Gräfin Pauline.

Helfer's, Joh. Wilh., hinterlassene Sammlungen aus Vorder- und Hinter-Indien. Nach seinem Tode im Auftrage des böhm. National-Museums unter Mitwirkung Mehrerer bearb. und hrsg. von Herm. Max. Schmidt-Göbel. 1. Lfg. gr. 4. (VIII und 94 S. mit 3 Kpfrt.) Prag 847, (Ehrlich.) *

Helfer's, Johann Wilhelm, gedruckte und ungedruckte Schriften über die Tenasserim-Provinzen, den Mergui-Archipel und die Andamanen-Inseln.
Wien 1860.

Helferarbeit, die, im Kindergottesdienst. Ein Aufruf zur Mitarbeit. gr. 8. (IV, 36 S.) Berlin 885, Buchh. der Berliner Stadtmission. — 30

Helferich, s.a. Helfferich

Helferich, über die Einführung d. Kapitalsteuer in Baden. gr. 8. ($2\frac{3}{4}$ B.) Tübingen 840, Laupp'sche Buchh. Thlr.

Helferich, die Kindertaufe. Eine offenherz. Ansprache an die Mennoniten Deutschlands von einem Freunde des Hinankommens zu einerlei Glaube und Erkenntniß des Sohnes Gottes. 8. (28 S.) Mainz 865, (v. Zabern.) *

v. *Helferich*. Korreferat über die Vorschläge zur Errichtung einer allgemeinen Hagelversicherungsanstalt. München 1882.

v. Helferich, Vortrag über die bäuerliche Erbfolge.
München 1883

Helferich, Adolf, s. Helfferich

C. Helferich, Abhandlung über die Wahl eines Wirtschaftssystems.
Anlage zum 1. Jahresberichte der Central-Landw. Schule in W., Verf. Dir. von W.
Weihenstephan 1853

Helferich, C., über den Einfluß des Futterbaues auf den Ertrag an Getreide, s. Jahresbericht der königl. landwirthschaftlichen Centralschule zu Weihenstephan.

Helferich, über den Einfluß der entsprechenden Wirthschaftsweise rc., s. Jahresbericht der königl. landwirthschaftl. Centralschule zu Weihenstephan.

Helferich, C., Erwiderung auf das Urtheil des Frhrn. v. Liebig über die höheren landwirthschaftlichen Lehranstalten Deutschlands und über den landwirthschaftlichen Unterricht. gr. 8. (22 S.) Landshut 861, Krüll'sche Universitäts-Buchh. Thlr.

(Helferich, F.): „Kann bei einer einheitlichen deutschen Handels- und Zollverfassung Hamburg aus der deutschen Zolllinie ausgeschlossen bleiben?" Frankfurt a. M. 1848. — Vorh.: Com. Bibl. Hamburg.

Helferich, F. Jos. M., religiöse Abend-Unterhaltungen zwischen mir u. Einem meiner kathol. Freunde. Mit einiger Rücksichtnahme auf die Flugschr., betit.: „Urkundl. Darstellung d. kirchl. u. pietist. Umtriebe." 8. (20¼ B.) Offenbach 836. (Leipzig, Leich. ?) *

Helferich, F. Jos., der Glaube ist nicht Jedermanns Ding. Predigt am 2. Wetterauer evangel. Missionsfeste zu Nauheim den 27. Septbr. 1855 gehalten. Friedberg 855. Scriba. 8. (14 S.) 1⅓ ngr.

—— christl. Glaubensbekenntniß als Rechtfertigung seines Uebertritts von d. röm.-kathol. z. evangel.-protestant. Kirche. Den 7 Gemeinden, welchen er schon d. Evangel. Jesu Christi verkündet, wie auch allen seinen lieben Freunden u. Feinden in Achtung gewid. 8. (21 B.) Friedberg in d. Wett. 835, Bindernagel.

—— „Glaubet ihr nicht, so bleibet ihr nicht." Predigten auf alle Sonn- u. Festtage d. Kirchenjahrs. gr. 8. (19½ B.) Frankfurt a. M. 841, Zimmer. *

Helferich, Frz. Jos., einziger Rettungsweg aus dem National-Verderben. Predigt, auf dem am 29. Aug. 1849 zu Seeheim stattgehabten Missionsfeste gehalten. gr. 8. (19 S.) Frankfurt a. M. 849, Zimmer'sche Sort.-B. (Völcker.) n. 3 ngr

Helferich, Geo, die Ausbeutung der Arbeiter durch die Socialdemokratie. 1.—4. durchgeseh. Aufl. 8. (32 S.) Duisburg 878, Raske. *

—— ein Blick in das Innere der Socialdemokratie. Besprochen für das Volk. 8. (80 S.) Duisburg 878, (Raske.) *

Georg Helferich. Formalismus und Realismus im Erziehungs- und Bildungswesen und das Verhältnis der Pforzheimer kombinierten Anstalt des Paedagogiums und der höheren Bürgerschule zu diesen Bildungsprincipien. S. 25—40 des Programms. Pforzheim, P 1846

Georg Helferich. Krates Gebet, übersetzt und erläutert und mit einer Einleitung versehen. 50 S. Karlsruhe, P 1852

G. Helferich. Miscellen. 23 S. Heidelberg, P 1854

Georg Helferich. Zwei Schulreden: 1) Die Schule in ihrem Verhältnis zum Leben; 2) Christus als Mittel- und Wendepunkt des geistigen Lebens in Menschheit und Geschichte. Anhang dazu: Aphorismen aus dem Grenzgebiet der Theologie und der klassischen Altertumswissenschaft. 52 S. Heidelberg, P 1863

G. Helferich. Untersuchungen aus dem Gebiet der klassischen Altertumswissenschaft in drei Lieferungen. I. Bedeutung von des Neuplatonikers Origines Werke: Ὅτι μόνος ποιητὴς ὁ βασιλεύς. II. Selbsttödtung durch Trinken von Stierblut im Altertum, namentlich bei den Griechen. III. Kritisch-exegetisches Spicilegium zu etlichen Stellen aus Aeschylus Sieben vor Theben. 50 S. Heidelberg, P 1860

Helferich, H.

— s.a. Jahresbericht üb. die chirurgische Klinik der Universität Greifswald.

Helferich u. Cahen, Jahres-Bericht über die chirurgische Klinik der Universität Greifswald während des Etatsjahres 1888/89. gr. 8. (XVI, 156 S. m. Abbildgn. u. 2 Grundrissen.) Greifswald 890. Abel. n. 4. 50

Helferich, H., über Prognose und Operabilität der Mamma-Carcinome. gr. 8. (31 S.) München 885, J. A. Finsterlin. * — 90
Aus: Aerztliches Intelligenzblatt, besonders abgedruckt.

— Carl Thiersch. Rede, geh. bei der Feier zur Eröffng. d. neuen Institutsgebäudes der chirurg. Klinik am 26. I. 1900. gr. 8. (9 S.) Leipzig 900. [A. Georgi]. G. Thieme. — 30

— die antiseptische Wundbehandlung in ihren Erfolgen u. Wirkungen. Rede, geh. beim Antritt des Rektorates der Universität Greifswald am 16. Mai 1892. gr. 8. (23 S.) Stuttgart 892. F. Enke. n. — 80

— s.: Zeitschrift, deutsche, f. Chirurgie.

Helferich, Heinrich

Helferich, H., Atlas u. Grundriss der traumatischen Frakturen u. Luxationen, s.a. Lehmann's mediz. Handatlanten. 8. Bd.

Atlas und Grundriss der traumatischen Fracturen und Luxationen v. Prof. Dr. H[einrich] Helferich in Greifswald. M. 166 Abb. nach Originalzeichngn v. Dr. Jos. Trumpp. *München: J. F. Lehmann 1895.* (XVI, 126 S., 64 Taf. m. 64 S. Erläut.) 1 Bd 8.
= Hand-Atlanten, Lehmann's Medicinische. Bd VIII. [95. 1948 2

Atlas und Grundriss der traumatischen Fracturen und Luxationen v. Prof. Dr. H[einrich] Helferich in Greifswald. M. 166 Abb. nach Originalzeichngn v. Dr. Jos. Trumpp u. Dr. J. Anders. II. verm. Aufl. *München: J. F. Lehmann 1896.* (XVI, 172 S., 64 Taf. m. 64 S. Erläut.) 1 Bd 8.
= Hand-Atlanten, Lehmann's Medicinische. Bd VIII. [96. 1949 2

Atlas und Grundriss der traumatischen Fracturen und Luxationen v. Prof. Dr. H[einrich] Helferich in Greifswald. M. 68 Taf. u. 126 Fig. i. T. von Maler B. Keilitz. 3. gänzlich neubearb. Aufl. *München: J. F. Lehmann 1897.* (XVII, 280 S., 68 Taf.) 1 Bd 8.
= Hand-Atlanten, Lehmann's Medicinische. Bd VIII. [97. 1950 2

Atlas und Grundriss der traumatischen Fracturen und Luxationen von Prof. Dr. H[einrich] Helferich in Greifswald. Mit 68 Taf. u. 126 Fig. im Text von Maler B. Keilitz. 4. verb. u. verm. Aufl. *München: J. F. Lehmann 1898.* (XVII, 293 S., 68 Taf.) 1 Bd 8°
= Hand-Atlanten, Lehmann's Medicinische. Bd 8. [98. 1959 11

Atlas und Grundriss der traumatischen Frakturen und Luxationen von Prof. Dr. H[einrich] **Helferich.** Mit 79 Taf. u. 158 Fig. 5., verb. u. verm Aufl. München: Lehmann 1901. XXI, 316 S. 8°
(Lehmann's Medicin. Handatlanten. Bd 8.) [01. 1997 7

Atlas und Grundriss der traumatischen Frakturen und Luxationen von Prof. H[einrich] Helferich in Kiel. Mit 76 Taf. u. 195 Fig. vom Maler B. Keilitz. 6. verb. u. verm. Aufl. *München: J. F. Lehmann 1903.* (XIX, 348 S.) 8°
— Handatlanten, Lehmanns medizinische. Bd 8. [03 481 9

Atlas und Grundriss der traumatischen Frakturen und Luxationen von Prof. Dr. H[einrich] **Helferich** in Kiel. Mit 76 Taf. u. 238 Fig. von Maler B. Keilitz. 7. verb. u. verm. Aufl. München: J. F. Lehmann 1906. (XXVIII, 370 S.) 8°
— **Handatlanten,** Lehmann's medizinische. Bd 8. [06. 8870 6

Atlas und Grundriss der traumatischen Frakturen und Luxationen. Von Prof. Dr. H[einrich] **Helferich.** Mit 78 Taf. u. 316 Fig. 8. verb. u. verm. Aufl. München: Lehmann 1910. XII, 403 S. 8°
(Lehmann's Medizinische Handatlanten. Bd 8.) [10. 14088

HELFERICH, Heinrich (München): Ueber den Einfluss des Nervus vagus auf die Darmbewegung.- München: Straub 1874. 38 S.
9.3.1874 - Urk (Titel: Quantum valeat nervus vagus ad intestini motum.); Chr 1873/74,14
Diss. Ingolst.-Landsh.-Mchn.

Helferich, H., siehe: *Lehmann's Taschenatlanten.*

Helferich, Herm., neue Kunst. gr. 8. (V, 74 S.) Berlin 887, F. und P. Lehmann. * 1 50

Helferich, J. F., s. Helfferich, Johann Friedrich

Helferich, Jak. Heinr., pädagog. Auffassung d. Seelenlebens d. Cretinen, als Kriterium f. deren Perfektibilität. gr. 8. (2⅓ B.) Bern 846, (47,) Fischer.

Helferich, Jak. Heinr., das Leben der Cretinen, mit besond. Rücksicht auf Psychologie, Physiologie, Pathologie, Pädagogik und Humanität nach Grundlage der neuesten Erlebnisse der Wissenschaft und mehrjähr. eigenen Erfahrungen geschildert. gr. 8. (84 S.) Stuttgart 850, Müller's Vrlgsh. Thlr.

Helferich, Johann: „Von den periodischen Schwankungen im Werte der edlen Metalle von der Entdeckung Amerikas bis zum Jahre 1830. Eine historisch-ökonomische Monographie", Nürnberg 1843 (Schrag). — Vorh.: Büch. der Industrie- und Handelskammer Leipzig, Preuß. Staatsbibl. Berlin, Com. Bibl. Hamburg, StB Nürnberg.

An die Hochw. Provinzial- und Directorial-Loge des eklectischen Bundes in Frankfurt a./M. [Von Joh. Gottlieb Helferich.] [Dat.:] Nürnberg 1817. 34 S. 4° [Kopftit.]
cf. Geist, L.: Kurzgef. Gesch. d. L. Jos. z. Einigk., Nürnberg. [1861] S. 169—171.
Kl. 2986. Anklageschrift gegen die Loge Joseph z. Einigkeit u. deren M. v. St. G. F. Schwarz.

Helferich, Johann Jacob (Präs.), s. Genth, Adam Friedrich: De ecclesia Romana sedeque cumprimis pontificia morte Augustiss. Romanor. Imperatoris Caroli VI summo advocato orbata.

HELFERICH, Wilhelm (München): Ueber Anheilung gänzlich abgetrennter Körpertheile.- Würzburg: Thein 1873. 33 S.
22.7.1872 - Urk (Titel: De partibus a corpore totaliter sejunctis recoalescendis.); Chr 1871/1872,20
Diss. Ingolst.-Landsh.-Mchn.

Helferich, Dr. W. Geschichtliche Entwicklung der Fürsorge für im Felde verwundete u. erkrankte Krieger. Heidelberg 1908. 36 S.

Helferich, Wilh., geschichtliche Entwicklung der Fürsorge f. im Felde verwundete u. erkrankte Krieger m. besond. Berücksicht. der freiwill. Hilfstätigkeit u. der Organisation der freiwill. Krankenpflege von heute. 2 Vorträge, geh. im Informationskurs f. Delegierte der bayer. freiwill. Krankenpflege in München am 30. u. 31. III. 1908. (36 S.) gr. 8. Heidelberg 909. J. Hörning. — 80

Helferkalender f. die deutschen Kindergottesdienste u. Sonntagsschulen. 1893. 12. (108 S. m. 1 Bildnis.) Berl., Verlag f. Sonntagsschul-Litteratur. † — 30

Helferkalender f. die deutschen Kindergottesdienste u. Sonntags-Schulen. Hrsg. vom Komitee f. Förderg. der Sonntagsschulsache in Deutschland. 1895. 12. (110 S. m. 1 Bildnis.) Berlin 894. Deutsche Sonntagsschul-Buchh. (L. Burmeister). n. — 30

— dasselbe. (Ausg. f. Rußland.) 1897. 12. (112 S. m. 1 Abb.) Ebd. n. — 40

Helferkalender für die deutschen Kindergottesdienste u. Sonntags-Schulen. Hrsg. v. Komitee f. Förderg. d. Sonntagsschulsache in Deutschland. 1898. 12. (112 S. m. 1 Bildnis.) Berlin, Deutsche Sonntagsschul-Buchh. n. — 40

Helferkalender f. die deutschen Kindergottesdienste u. Sonntags-Schulen. Hrsg. vom Komitee f. Förderung der Sonntagsschulsache in Deutschland 1903. 12. (120 S.) Berlin, Deutsche Sonntagsschul-Buchh. Geb. n. — 40

Helferkalender f. die deutschen Kindergottesdienste u. Sonntagsschulen. Hrsg. vom Komitee f. Förderg. der Sonntagsschulsache in Deutschland. 1907. (122 S. m. 1 Bildnis.) kl. 8. Berlin, Deutsche Sonntagsschul-Buchh. Geb. n. — 40

Helferkalender f. die deutschen Kindergottesdienste u. Sonntagsschulen. Hrsg. vom Komitee f. Förderg. der Sonntagsschulsache in Deutschland. 1910. (182 S.) kl. 8. Berlin, Deutsche Sonntagsschul-Buchh. Geb. — 40

Helfers, Friedrich [aus Hannover]: Ueber Kondensationen von Aldehyden mit Phenolaethern ... Hannover, Klindworth's Hof-Dr., 1892; 30 S., 1 Bl. 8.
Freiburg i. B., Phil. Fak., Inaug.-Diss. v. 1892

Helferstorfer: Zusammenstellung der beiden Erzählungen von dem Tode der Polyxena aus Euripides und Seneca. 14 S. — Wien, Sch., Progr. 1851.

Helferstorfer, Othmar, Christus Anfang u. Ende. Ein Kranz von Gebeten, aus bewährten Kirchenschriftstellern entnommen. 8. Wien ... Riedel's Wwe. u. Sohn. Velp. mit 6 Stahlst. 2 ℛ

Helfert, Joseph, ein biographisches Denkmal. Leipzig 1886. V: *Helfert, Joseph Alex. Freiherr von.* (Strakosch-Grassmann, Bibliogr. zur Gesch. des österr. Unterrichtswesens. Wien 1902 II, 37.)

Helfert, Jos., jur. Dr. k. k. ö. o. Prof. des röm.- und Kirchenrechts, fürsterzbischöfl. Consistorialrath 2c. Biographisches Denkmal. Mit dem gest. Bildnisse. gr. 16. (79 S.) Leipzig 856, Hübner. *
Aus dem Jahrbuche „Libussa 1856", besonders abgedruckt.

Helfert, Sammlung. Die österreichische Revolution im Zusammenhang mit der mitteleuropäischen Bewegung der Jahre 1848 und 1849 ... Wien und Leipz. 1898. V: *Helfert, Jos. Alex. Freih. v.* (Berl)

Helfert, s.a. Geschichtslügen, Oesterreichische.

Die Jubiläums-Literatur der Wiener Katastrophe von 1683 und die Kaplir-Frage. Von A. Freiherrn von **Helfert.** Prag. 1884. = Abhandlungen der Cl. für Phil. etc. der böhmischen Gesellschaft der Wissenschaften. 6. Folge. Bd. 12. Nr. 2. 4°.

Helfert, Freib. v., Die Jubiläumsliteratur d. Wiener Katastrophe v. 1683 u. die Kaplir-Frage. (Abhandl. d. kgl. böhm Gesellsch. d. Wissenschaften. VI. Folge. 12. Bd.) 4. (36 S.) Prag, *J. G. Calve'sche H.- u. U.-B. 45 kr. N. b.

Helfert, F. v., Radetzky in den Tagen seiner ärgsten Bedrängnis. [Aus: Archiv f. österr. Geschichte (Bd. XCV, 1. Hälfte, S. 145) separat abgedruckt.] Gr.-8°. (18 S.) † K —.55
Wien: Hölder 1906.

(F) **Helfert,** F. v., Im Wiener konstituierenden Reichstag. Juli bis Oktober 1848. Gr.-8°. (ill. 256 S.) K 4.00
Wien: Hölder 1904.

Helfert, F. A., Predigt am hundertjähr. Jubeltage d. kathol. Kirche in Leipzig. 8. Leipz. 810. Baumgärtner. 4 ℊ

— Rede bei d. Gedächtnißfeier d. Geburt Kaiser Franz II. am 13. Febr. 1814 zu Altenburg vorgetragen. 8. Leipz. 814. 2e Aufl. ... Magazin f. Ind. 3 ℊ

Helfert, Frz. Amadeus, Gelegenheits-Reden im Verlaufe seines seelsorgl. Lebens u. Wirkens. 8. (8 B.) Würzburg 840. [Regensburg, Manz.]

Helfert, Frz. Amadeus, Gelegenheits-Reden im Verlaufe seines seelsorglichen Lebens und Wirkens. 8. Würzburg 840. Etlinger'sche Verlagsh. 3/8 ℛ

Helfert, Jos., Anleitung z. geistl. Geschäftsstyle, nach d. gemeinen u. d. oesterreich. Kirchenrechte. 3. Aufl. gr. 8. (32 1/2 B. incl. Tabn.) Prag 838. (Wien, Braumüller u. Seidel.)

Helfert, Jos., Anleitung zum geistl. Geschäftsstyle nach d. gemeinen u. d. österr. Kirchenrechte. 3. 5. mal verb. u. verm. hrsg. v. Jos. A. Helfert. gr. 8. (37¼ B.) Prag 846. (Credner.) *

Helfert's, Jos., Anleitung zum geistl. Geschäftsstyle nach dem gemeinen und dem österreich. Kirchenrechte. 6. Ausg. von Jos. Alex. Helfert, Sohn. gr. 8. (XII und 520 S.) Prag 848. (Wien, Gerold, Verlag.) *

Helfert, Joseph. Anleitung zum geistlichen Geschäftsstyle ... zum 7. mal ... Hsg. Prag 1856. H: *Helfert, Joseph Alexander Freih. v.* (Ky)

Helfert, Dr. Josef — Dr. J. Helferts weil. k. k. öffentl. Professors der Rechte ꝛc. Anleitung zum geistlichen Geschäftsstyle nach dem gemeinen und dem österreichischen Kirchenrechte. Mit Rücksicht auf den neuesten Stand der Gesetzgebung zum siebentenmal verbessert und vermehrt herausgegeben. Prag, 1856. Druck von Kath. Gerzabek. J. G. Calve'sche Verlagsbuchhandlung. Wien, Karl Gerolds Sohn. (XII. 4 Bl. 545 S. 8.)

Helfert's, Jos., Anleitung zum geistlichen Geschäftstyle nach dem gemeinen und dem österreichischen Kirchenrechte. Mit Rücksicht auf den neuesten Stand der Gesezgebung zum siebentenmal verb. und verm. hrsg. gr. 8. (XX und 537 S.) Prag 856, [Tempsky.]

Helfert's, Jos., Anleitung zum geistlichen Geschäftsstyle nach dem gemeinen und dem österreichischen Kirchenrechte. Unter Mitwirkung von Ed. Tersch zum achtenmale verb. und verm. hrsg. von Jos. Alex. Frhrn. v. Helfert. gr. 8. (XXIV und 584 S. mit 1 Stnt. in qu. gr. 4.) Prag 858, Tempsky.

Helfert's, Jos., Anleitung zum geistlichen Geschäftsstyl nach dem gemeinen und österreichischen Kirchenrechte. Unter Mitwirkung von E. Tersch zum 9. Male verm. und verb. hrsg. von Jos. Alex. Frhrn. v. Helfert. gr. 8. (XXII und 674 S. mit 1 Stnt.) Prag 864, Tempsky.

Helfert's, Jos., Anleitung zum christlichen Geschäftsstyl nach dem gemeinen und österreichischen Kirchenrechte. Bearb. von Thdr. Wiedemann. Hrsg. von Jos. Alex. Frhrn. v. Helfert. 9. Aufl. (752 S.) 1864; 10. verm. und verb. Aufl. gr. 8. (XVI, 679 S.) Prag 879, Tempsky. *

Helfert's, Jos., Anleitung zum geistlichen Geschäftsstyl. Unter Mitwirkg. v. Heinr. Heidlmair nach dem neuesten Stande der österreich. Gesetzgebg. bearb. u. hrsg. von Jos. Alex. Frhrn. v. Helfert. 11. verb. Aufl. gr. 8. (XII, 467 S.) Prag 892, Tempsky. — Lpz., Freytag. * 8 —

—— Anleitung zum seelsorgerlichen Geschäftsstyle in Ehesachen. Nach dem Stande der neuesten Gesezgebung in Oesterreich. Ein Nachtrag zu der 7. Aufl. von des Verf. Anleitung zum geistlichen Geschäftsstyle ꝛc. gr. 8. (87 S. mit 1 Tab. und 1 Stnt. in qu. gr. 4.) Prag 858, Tempsky.
Aus dem vorhergehenden Werk besonders abgedruckt.

Helfert, Jos., von d. Besetzung, Erledigung u. dem Ledigstehen d. Beneficien nach d. gemeinen, u. dem besond. Oesterreich. Kirchenrechte. gr. 8. (18 B.) Wien 828, (v. Mösle sel. Wtwe. u. Braumüller.)

Helfert, Jos.: Von der Besetzung, Erledigung und dem Ledigstehen d. Beneficien nach d. gem. u. dem besond. Oesterreich. Kirchenrechte. *Wien*, (v. Mösle und Braumüller.) gr. 8. 838. (1 Thl. 8 Gr.)

— Darstell. d. Rechte, welche in Ansehung d. heil. Handlungen, dann d. heil. religiösen Sachen sowohl nach kirchlichen, als nach Oesterr. bürgerl. Gesetzen Statt finden. gr. 8. Prag 826, (Wien, v. Mösle.)

—— Darstellung der Rechte, welche in Ansehung der heil. Handlungen, dann der heil. u. relig. Sachen sowohl nach kirchl., als nach österr.-bürgerl. Gesetzen Statt finden. 2., verm. u. verb. Aufl. gr. 8. (28 B.) Prag 843. (Wien, Braumüller u. Seidel.) *

Helfert, Jos.: Von d. Erbauung, Erhaltung und Herstellung d. kirchl. Gebäude. Nach d. gemein. u. d. besond. Oesterreich. Kirchenrechte zusammengestellt. 2e verm. u. verbess. Aufl. *Prag*, (Haase, Söhne.) (823.) 834. gr. 8. (1 Thl. 8 Gr.)

— von d. Erbauung, Erhaltung u. Herstellung kirchl. Gebäude. gr. 8. Wien 823. v. Mösle. 16 gr

—— von d. Erbauung, Erhaltung u. Herstellung d. kirchl. Gebäude. Nach d. gemein. u. d. besond. Oesterreich. Kirchenrechte zusammen gestellt. 2., verm. u. verb. Aufl. gr. 8. (17 B.) Prag 834, (Haase, Söhne.)

— Handbuch des Kirchenrechts aus den gemeinen u. Oesterr. Quellen zusammengestellt. 2 Thle. 2. Aufl. gr. 8. Prag 845. (Wien, Braumüller u. Seidel.) n. 4½ rß

—— Handbuch d. Kirchenrechts aus den gemeinen u. österr. Quellen zusammengestellt. 2. Aufl. 2 Thle. (57¼ B.) 845. * 4 Thlr. 15 Ngr. u. z. 3. mal verb. u. verm. hrsg. v. Jos. A. Helfert. (2 Abthlgn. in 1 Bde.) gr. 8. (57 B.) Prag 846, Credner. *

—— Handbuch des Kirchenrechts aus dem gemeinen und österreich. Quellen zusammengestellt. Verm. und verb. hrsg. von Jos. Alex. Helfert. 4., mit der 3. gleichlautende Aufl. gr. 8. (XXVI und 890 S.) Prag 849. (Wien, Gerold, Verlag.) *

— von dem Kirchenvermögen. 1r Thl. 2e Aufl. u. 2r Thl. A. u. d. T.: 1r Thl. Von d. Kirchenvermögen u. dem Religionsfonds. 2r Thl. Von d. Einkünften, Abgaben u. Verlassenschaften geistl. Personen. gr. 8. Prag 825, (Leipzig, Herbig, Wien, v. Mösle.)

Ders.: Von d. Kirchenvermögen u. dem Religionsfonde. 1r Theil: Von d Kirchenvermögen. — 2r Theil: Von den Einkünften, Abgaben u. Verlassenschaften geistl. Personen. 3e verm. u. verb. Aufl. *Prag*, 834. gr. 8. (Beide Theile 2 Thl. 18 Gr.)

Helfert, Jos.: Die Rechte u. Verfass. d. Akatholiken in d. Oesterr. Kaiserstaate. Nach den k. k. Verordnn. zusammengestellt. 2e Aufl. *Wien*, v. Mösle u. Braumüller. 827. gr. 8. (1 Thl. 4 Gr.)

—— die Rechte u. Verfassung der Akatholiken in d. österr. Kaiserstaate. Nach den k. k. Verordnungen zusammengestellt. 3., sehr verm. u. verb. Aufl. gr. 8. (17 B.) Prag 843. (Wien, Braumüller u. Seidel.) *

—— von d. Rechten u. Pflichten d. Bischöfe u. Pfarrer, dann deren beiderseit. Gehülfen u. Stellvertreter. Nach d. gem. u. d. besond. Oesterreich. Kirchenrechte zusammen gestellt. 2 Thle. gr. 8. (53½ B. u. 2 Tab. qu. gr. Fol.) Prag 832, (Haase, Söhne.)

— Versuch e. systemat. Darstellung d. Jurisdictions-Norm f. die deutschen u. italien. Provinzen d. österr. Kaiserstaates. gr. 8. Wien 819. 2e Aufl. 828. (v. Mösle). 1 rß 8 gr

Helfert, Josef Alexander von

Helfert, Frhr. v., 1814. Ausgang der französischen Herrschaft in Ober-Italien u. Brescia-Mailänder Militär-Verschwörung. Mit e. urkundl. Anh. [Aus: „Archiv f. österr. Gesch."] Lex.-8. (151 S.) Wien 890. (Tompsky.) n. 2. 30

Helfert, Jos. Alex. Frhr. v., staatliches Archivwesen. gr. 8. (48 S.) Wien 893. (W. Braumüller.) n.n. 2. —

Helfert, Jos. Alex. Frhr. v., s. Atlas kirchl. Denkmäler.

— s.: Atlas, kunsthistorischer.

Helfert, Jos. Alex. Frhr. v., Aufzeichnungen u. Erinnerungen aus jungen Jahren. Im Wiener konstituier. Reichstag Juli—Oktober 1848. (VII, 256 S. m. Bildnis.) gr. 8. Wien 904. A. Hölder. n. 4. —

Helfert, Freiherr v. Die weltgeschichtliche Bedeutung des Wiener Sieges von 1683. Vortrag, gehalten am 2. September 1883 in der Festversammlung des katholisch-politischen Casinos der inneren Stadt. 8. Wien 1883.

Helfert, Jos. Alex. Freiherr v. Bericht über die Ausstellung von Schul- und Unterrichts-Gegenständen in Wien. Erstattet an den k. k. Staatsminister Anton Ritter v. Schmerling. gr. 8. Wien 1862.

Helfert, J. A. Freih. v., Bernhard Bolzano. Gr.-8°. (32 S.) † Prag: Řivnač 1910. K —.60

Helfert, Jos. Alex. Frhr. v., Bosnisches. 1. und 2. Aufl. 8. (III, 322 S.) Wien 879, Manz'sche Hofbuchh. *

Helfert, Jos. Alex. Freih. v., Casati u. Pillersdorff u. die Anfänge der italienischen Einheitsbewegung. Mit e. urkundl. Anh. gr. 8. (271 S.) Wien 902. (C. Gerold's Sohn). n. 5. 70
Sonderabdruck aus: „Archiv f. österr. Gesch."

Helfert, Jos. Alex. Frhr. v., die Czecho-Slaven, s. Völker, die, Oesterreich-Ungarns.

Kaplir. — Helfert, Freiherr v. Der Chef der Wiener Stadtvertheidigung 1683 gegen die Türken. (Mit 1 Portrait des Grafen Zdenko .....) 8. Prag und Leipzig 1883.

— der Chef der Wiener Stadtvertheidigung 1683 gegen die Türken. Mit e. (phototyp.) Titelbild u. 3 in den Text gedr. Abbildgn. gr. 8. (66 S.) Prag 883. Tempsky. — Leipzig, Freytag. n. 2. —

Helfert, Freiherr v., Der Chef der Wiener Stadtvertheidigung 1683 gegen die Türken. Zweite mit einer Einbegleitung versehene Ausgabe. 8. (IV, 66 S.) Wien: Kubasta & Voigt 1889. 1.—

[F.] Denkmalpflege. Offentl. Obsorge f. Gegenstände d. Kunst u. d. Alterthums nach d. neuesten Stande d. Gesetzgebg in d. verschiedenen Culturstaaten v. Dr. Joseph Alexander Frh. v. Helfert, Präsid. d. k. k. Central-Comm. f. Kunst- ... Denkm. *Wien & Leipzig: W. Braumüller 1897.* (XII, 202 S.) 1 Bd 8. (97. 1652

December, Zum zweiten, 1848—1898. Huldigungsgabe des Österreichischen Volksschriften-Vereines in dessen Namen geleitet und herausgegeben von Frhr. v. Helfert. gr. 8. Wien 1898.

Helfert, Frh. von. Der Krakauer Emigranten-Aufstand April 1848. Mit einem urkundlichen Anhang. (Sonderabdruck aus:) „Österr. Jahrbücher". 1890. (Mit 1 Karte.) 8. Wien (1890).

Helfert, Joseph Freiherr von. Erlebnisse und Erinnerungen. Aus dem October des Jahres 1848. (Aus:) „Die Kultur. Zeitschrift für Wissenschaft, Litteratur und Kunst." II. Jhrg 2.—5. Heft. 8. Wien u. Stuttgart 1900.

Helfert, Jos. Alex. Frhr. v., Aloys Fischer. Lebens- und Charakterbild, mit einem Anhange seiner Aufsätze und Aufzeichnungen. gr. 8. (266 S.) Innsbruck 885, Vereinsbuchhandlung. * 4 —

— die böhmische Frage in ihrer jüngsten Phase. Mit Urkunden. gr. 8. (126 S.) Prag 878, Tempsky. *

— Kaiser Franz und die europäischen Befreiungskriege gegen Napoleon I., s. a. Geschichte, österreichische.

Helfert, Dr. Joseph Alex. Freiherr von. Kaiser Franz und die europäischen Befreiungskriege gegen Napoleon I. 8. Wien 1867.

— Kaiser Franz und die europäischen Befreiungskriege gegen Napoleon I. gr. 8. (288 S.) Wien 869, (Prandel.) *

— Kaiser Franz I. von Österreich u. die Stiftung d. lombardo-venetian. Königreichs, s. a. Quellen- u. Forschungen z. Geschichte, Litteratur u. Sprache Österreichs. VII.

[Jos. Alex.] Frh. v. **Helfert**. Kaiser Franz I. von Österreich und die Stiftung des Lombardo-Venetianischen Königreichs. Im Zshang mit d. gleichz. allg. Ereignissen u. Zuständen Italiens. Mit e. urkundl. Anhang. *Innsbruck: Wagner 1901.* (XXX, 643 S.) 8°
— Quellen u. Forschungen z. Geschichte, Litt. u. Sprache Österreichs u. s. Kronländer. 7. (01. 6436

Franz Karl. — Helfert, Freiherr von. Erzherzog ..... kaiserl. Prinz von Österreich etc. Ein Lebens- und Charakterbild. 8. Wien 1879.

— staatliche Fürsorge f. Denkmale der Kunst u. des Alterthums. (28 S.) 4. Wien 876. (A. Schroll & Co.) n.n. 1. 20
Sonderabdruck aus: „Mittheilgn. d. Central-Comm. f. Kunst- u. histor. Denkmale".

— zum Gedächtnisse Friedrich Schmidt's, s.: Schmidt, Frdr.

Helfert, Jos. Alex., über den Gerichtstand der minderjährigen Wittwe nach den Grundsätzen des österreich. Rechtes. gr. 8. (VI und 159 S.) Wien 847, Gerold, Verlag.

— der Rastadter Gesandtenmord. Studie. gr. 8. (XI, 301 S. mit 1 lithogr. Uebersichtskärtchen.) Wien 874, Braumüller. *

Helfert, Jos. Alex. Frh. v., zur Geschichte des Lombardo-venezianischen Königreichs. (382 S.) gr. 8. Wien 908. (A. Hölder). 8. 80
Sonderabdruck aus: „Archiv f. österr. Geschichte".

— Geschichte Oesterreichs vom Ausgange des Wiener October-Aufstandes 1848. 1.—3. Bd. gr. 8. Prag, Tempsky. *
Inhalt:
Bd. 1. Die Belagerung und Einnahme Wiens October 1848. Mit urkundl. Beilagen und einer (chromolithogr.) Uebersichtskarte (in Fol.). (XIII, 528 S.) 869. *M 10.
Dieser Band erschien unter anonymer Angabe: Von S. v. S....n.
Bd. 2. Revolution und Reaction im Spätjahr 1848. (XIII, 439 S.) 870. *M 8.
„ 3. Die Thronbesteigung des Kaisers Franz Joseph I. (XVI, 638 S.) 872. *M 10.

— Geschichte Oesterreichs vom Ausgange d. Wiener October-Aufstandes 1848. 3. u. 4. Bd. gr. 8. Ebend. 872. 76. à n. 10. — (1—4.: n. 38. —)
3. Die Thronbesteigung d. Kaisers Franz Joseph I. (XVI, 638 S.)
4. Der ungarische Winter-Feldzug u. die octroyirte Verfassung. Decbr. 1848 bis März 1849. 1. Thl. (XV, 442 u. Anh. 148 S.) n. 10. —

—— Geschichte Oesterreichs vom Ausgange des Wiener October-Aufstandes 1848. IV. Der ungarische Winterfeldzug und die octroyirte Verfassung. Decbr. 1848 bis 1849. 2. und 3. Thl. gr. 8. (XIV, 568; XX, 528 S.) Prag 886, Tempsky. — Leipzig, Freytag. à Bd. *ℳ 10.—. * 20 —
1.—3. und 4. Bd. 1. Thl. Ebendas. 1869—76. *ℳ 38.—.

Helfert, Jos. Alex. v., österreichische Geschichte für das Volk. Vortrag gehalten in der 16. General-Versammlung des Vereines zur Verbreitung von Druckschriften für Volksbildung. Wien 863. (Prandel & Ewald.) 8. (53 S.) n. 6 ngr.

— Geschichte der österr. Revolution im Zusammenhange m. der mitteleurop. Bewegung der J. 1848—1849. 1. u. 2. Bd. Lex. 8. Freiburg i/B., Herder. 19.—; geb. in Halbfrz. 24.—
1. Bis zur österreich. Verfassg. vom 25. IV. 1848. (XIX, 538 S.) 907. 10.—; geb. 12. 50
2. Bis zur Flucht der kaiserl. Familie aus Wien. (XV, 382 S. m. 2 eingedr. Kärtchen.) 909. 9.—; geb. 11. 50

— e. Geschichte v. Thoren. [Aus: „Mitteilgn. d. k. k. Central-Commission z. Erforschg. u. Erhaltg. d. Kunst- u. histor. Denkmale".] Lex.-8. (88 S. m. 18 Fig.) Wien 894. (W. Braumüller.) n.n. 3.—

— s. a. Geschichtslügen, österreichische.

Oesterreichische Geschichtslügen. E. Richtigstellg histor. Irrthümer u. Legenden, irriger Auffassgn u. Unrichtigkeiten, v. zwei Oesterreichern. (Vf.: Dr. F[th] [Joseph Alexander] v. Helfert & Dr. G. E. Haas.) Im Namen d. Wahrheit ges. u. hrsg. von e. Verehrer der Vf. *Paderborn: A. Höllerl 1897.* (VII, 197 S.) 1 Bd 8. [97. 4318

Oesterreichische Geschichtslügen. E. Richtigstellg histor. Irrthümer u. Legenden, irriger Auffassgn u. Unrichtigkeiten, v. zwei Oesterreichern. (Vf.: Dr. [Joseph Alexander] F[th] v. Helfert & Dr. G. E. Haas.) Im Namen d. Wahrheit ges. u. hrsg. von e. Verehrer der Vf. [2. Aufl.] *Paderborn: A. Höllerl 1897.* (VII, 184 S.) 1 Bd 8. [97 ...6

Helfert, Josef Alexander Frhr von: Die sprachl. Gleichberechtigung in der Schule und deren verfassungsmäßige Behandlung. Ein Versuch zur Verständigung. Prag: Tempsky 1861. 92 S.

Helfert, Freih. v. Gregor XVI. und Pius IX. Ausgang und Anfang ihrer Regierung October 1845—November 1846. Mit Benutzung von Metternich'schen Schriften und k. k. Botschaftsberichten aus Rom. (Aus:) „Rozpravy české Akademie císaře Františka Josefa pro vědy, slovesnost a umění v Praze." Ročník IV. Třída 1. Číslo 1. gr. 8 Praze 1895.

— Gregor XVI. u. Pius IX. Ausgang u. Anfang ihrer Regierg. Octbr. 1845—Novbr. 1846. Mit Benutzg. v. Metternich'schen Schriften u. k. k. Botschafts-Berichten aus Rom. Lex.-8. (IV, 189 S.) Prag 895. (Bursik & Kohout.) n. 3. 20

[F.] Sammlung Helfert (Vf.: [Jos. Alex.] F[th] v. Helfert.) D. österreich. Revolution im Zshang m. d. mitteleurop. Bewegg d. Jahre 1848 u. 1849 in Wort u. Ton, in Bild u. Erz. *Wien & Leipzig: W. Braumüller 1898.* (2 Bl., 101 S.) 1 Bd 8. [98. 7096

— Sammlung Helfert. Die österreich. Revolution im Zusammenhang m. d. mitteleurop. Bewegg. d. J. 1848 u. 1849 in Wort u. Ton, in Bild u. Erz. gr. 8. (IV, 101 S.) Wien 899. W. Braumüller. n. 1. 80

J[osef Alexander] F[th] v. Helfert. Die Herstellung des Riesenthores von St. Stephan und die Wiener Secession. Als Ms. gedr. *(Wien) 1902: (R. Brzezowsky & Söhne).* (10 S.) 4° [F.] [02. 4434

Helfert Jos. Alex. Hus u. Hieronymus. Studie. 8. (332 S.) Prag, J. G. Calve (Tempsky) 1853.

— Mistr Jan Hus etc., s. Bibliothéka, novočeska, vyd. nákl. Musea kr. Českého.

Helfert, Josef Alexander. (Johann) Hus und Hieronymus (von Prag). Studie. ([Mit] Anhang: Documente.) 8. Prag 1853.

— s.: Jahrbuch, österreichisches.

— s.: Jahrbuch der k. k. Zentral-Kommission f. Erforschg. u. Erhaltung der Kunst- u. historischen Denkmale.

—— 50 Jahre nach dem Wiener Congresse von 1814—15. Mit besond. Hinblick auf die neuesten österreich. Zustände. Lex.-8. (III und 95 S.) Wien 865, Czermak. *

Sechzig Jahre im Staatsdienst und in der Literatur 1841/2 bis 1901/2. Als Ms. f. Freunde. Von Joseph Alexander Frh. v. Helfert. o. O. (1903). 53 S. 8° [10. 7?8 8

— vor 60 Jahren. Einzelnes aus den Ereignissen 1848. gr. 8. (39 S.) Wien 898. (Kubasta & Voigt). n.n. 1.—
Sonderabdruck aus: „Österr. Jahrbuch."

—— die Wiener Journalistik im Jahre 1848. gr. 8. (IV, 368 S.) Wien 877, Manz'sche Hofbuchh. *

—— die Jubiläums-Literatur der Wiener Katastrophe von 1683 und die Kaplíř-Frage. gr. 4. (36 S.) Prag 884, (Calve'sche Universitäts-Buchh.) *
Aus: Abhandlungen der k. böhm. Gesellschaft der Wissenschaften, besonders abgedruckt.

— der Prager Juni-Aufstand 1848. [Aus: „Österr. Jahrbuch 1897".) gr. 8. (IV, 271 S.) Prag 897. F. Řivnáč. n. 5.—

Helfert, Jos. Alex., Jus Austriacum controversum. Versuche ausführl. Beleuchtung v. zweifelhaften u. streitigen Gegenständen aus d. Gebiete d. östreich. bürgerl. Gesezgebung. I. Ueber den Heimfal des Heiratsgutes bei Trennung der Ehe durch den Tod. gr. 8. (3⅓ B.) Prag 843. (Ehrlich.) *

— Königin Karolina von Neapel u. Sicilien im Kampfe gegen die französische Weltherrschaft 1790—1814. Mit Benützung von Schriftstücken des k. k. Haus-, Hof- u. Staats-Archivs. gr. 8. (XIII, 641 S.) Wien 878. Braumüller. n. 15.—

— s. a. Kunst-Topographie, österreichische.

— Österreichische Kunst-Topographie. (16 S.) 4. Wien 881. (A. Schroll & Co.) n.n. 1.—
Sonderabdruck aus: „Mittheilgn. d. Central-Comm. f. Kunst- u. histor. Denkmale".

— die tyroler Landesvertheidigung im J. 1848. Mit Benützg. e. Tagebuches des FML. Grafen Lichnowsky u. anderer Papiere aus dem Nachlasse des FZM. Grafen Huyn. Mit 5 in den Text gedr. Kärtchen. (192 S.) gr 8. Wien 904. W. Braumüller. n. 3. 60
Sonderabdruck aus: „Österr. Jahrb."

Helfert, Jos. Alex. Freih. v., zur Lösung der Rastatter Gesandtenmord-Frage. Gesammelte Aufsätze. gr. 8. (VII, 158 S.) Stuttgart 900. München, J. Roth. n. 4.—

— Maria Karolina v. Oesterreich, Königin v. Neapel u. Sicilien. Anklagen u. Vertheidigg. Mit Benützg. v. Schriftstücken d. k. k. Haus-, Hof- u. Staats-Archivs. gr. 8. (VII, 290 S.) Wien 884. Faesy. n. 6. 40

—— Maria Louise Erzherzogin von Oesterreich, Kaiserin der Franzosen. Mit Benützung von Briefen an ihre Aeltern und von Schriftstücken des k. k. Haus-, Hof- und Staats-Archivs. gr. 8. (XVIII, 461 S. mit 2 Portr. in Stahlst. und 2 Facs.) Wien 878, Braumüller. *ℳ 12.; geb. *

— **Memorie segrete.** Des Frhrn. Giangiacomo v. Cresceri Enthüllungen üb. den Hof v. Neapel 1796—1816. Mit biograph. Notizen, e. krit. Commentar u. e. Anh. versehen von v. H. [Aus: „Sitzungsber. d. k. Akad. d. Wiss."] Lex.-8. (260 S.) Wien 892. (F. Tempsky.) n. 5.20

— s.: **Mittoilungen** der 3. (Archiv-)Section dor k. k. Contral-Commission zur Erforschg. u. Erhaltg. d. Kunst- u. histor. Denkmalo.

— s.: **Mittoilungen** der k. k. Zentral-Kommission f. Erforschung u. Erhaltung der Kunst- u. historischen Denkmale.

— Joachim **Murat**. Seine letzten Kämpfe u. sein Ende. Mit Benützung von Schriftstücken des k. k. Haus-, Hof- u. Staats-Archivs. gr. 8. (X, 244 S.) Wien 878. Manz. n. 4. —

— **Napoleon I.** Fahrt von Fontainebleau nach Elba. April—Mai 1814. Mit Benützg. der amtl. Reiseberichte d. kaiserl. österr. Commissars General Koller. gr. 8. (85 S.) Ebend. 874. n. 2. —

Helfert, Jos. Alex. Ueber Nationalgeschichte und den gegenwärtigen Stand ihrer Pflege in Oesterreich. 8. (65 S.) Prag, J. G. Calve'sche Buchhandlung 1853.

— über **Nationalgeschichte** und den gegenwärtigen Stand ihrer Pflege in Oesterreich. Prag 853. Tempsky. gr. 8. (3 Bl., 65 S.) 15 ngr.

—— Oesterreich und die Nationalitäten. Ein offenes Wort an Hrn. Frz. Palacky. gr. 8. (39 S.) Wien 850, Gerold, Verlag. *

—— der Wiener **Parnaß** im J. 1848. gr. 8. (XCIII, 463 S.) Wien 882, Manz'sche Hofverlagsb. *

Radetzky.—
Helfert, Freih. v. — Graf Joseph ..... Nach einem für den katholischen Damen-Leseverein am 10. März gehaltenen Vortrage. Separatabdruck aus Nr. 92—94 der „Wiener Zeitung". 8. Wien 1892.

— **Radetzky** in den Tagen seiner ärgsten Bedrängnis. Amtlicher Bericht des Feldmarschalls vom 18. bis zum 30. III. 1848. (18 S.) Lex.-8. Wien 906. (A. Hölder.) n. — 55
Sonderabdruck aus: „Archiv f. öst. Gesch."

Helfert, Jos. Alex. Freiherr von. **Aus der Radetzky-Zeit.** (Aus:) „Die Kultur. Vierteljahresschrift f. Wissenschaft, Literatur und Kunst." 5. Jhrg. 1 Heft. 8. Wien 1904.

Helfert, J. A. Frhr. v., **Italienische Räubergeschichten** (Aus:) „Die Kultur" I., 1. u. 2. Heft. 1899. 8. (Stuttgart 1899.)

—— zur **Reform** der rechts- und staatswissenschaftlichen Studien an den österreichischen Universitäten. gr. 8. (68 S.) Wien 888, Konegen. * 1 —
Aus: Oesterreichische Monatsschrift für christliche Social-Reform, besonders abgedruckt.

— **Revision** d. ungarischen Ausgleichs. Aus geschichtlich-staatsrechtl. Gesichtspunkten. gr. 8. (V, 197 S.) Ebend. 876. n. 4. —

— **Revision** des ungarischen Ausgleichs. Ein 2. Thl. gr. 8. (48 S.) Ebend. 876. n. 1. 20 (1. u. 2.: n. 5. 20)

Helfert, Frh. von. **Mitteleuropäische Revolution.** März und April 1848. — Siehe: „Österreichisches Jahrbuch für den österr. Volksschriften-Verein." 27. Jahrg. Gruppe X i. Wien 1903.

— Fabrizio **Ruffo**. Revolution u. Gegen-Revolution von Neapel, November 1798 bis Aug. 1799. Mit 1 (rad.) Portr. u. 4 Schriftproben. gr. 8. (XXI, 611 S.) Wien 882. Braumüller. n. 15. —

—— **Rußland** und Oesterreich. gr. 8. (III, 67 S.) Wien 870, Braumüller. *

—— die **Schlacht** bei Kulm 1813. gr. Lex.-8. (XV und 77 S. mit 1 chromolithogr. Uebersichts-Kärtchen des Schauplatzes.) Wien 863, (Brandel.) *

Helfert, Joseph Alexander Freiherr von. Feldmarschall Fürst Carl **Schwarzenberg und der russische Feldzug** im Jahre 1812. (Separatabdruck aus:) „Volks- und Wirthschafts-Kalender" für 1867. (Mit 1 Abbildung.) (Donation Liechtenstein.) 8. Wien 1866.

Helfert, Jos. Alex. Frhr. v., 8 Stadtpläne u. e. Stadtansicht vom alten Prag. [Aus: „Mitteilgn. d. k. k. Central-Commission zur Erforschg. u. Erhaltg. der Kunst- u. histor. Denkmale".] Lex.-8. (34 S. m. 4 Abbildgn.) Prag 893. H. Dominicus. n. 2. —

Thun. — **Helfert.** — Leo Graf ..... Grösstentheils nach Briefen und handschriftlichen Aufzeichnungen. (Aus:) „Oesterr. Jahrbuch" 1891—1897. Wien 1891—1897.

— s.: **Viribus unitis.**

— die österreichische **Volksschule**. Geschichte, System, Statistik. (In 4 Bdn.) Prag, Tempsky. Lex.-8. Jeder Bd. 4 ℛ 16 ngr.
1. Bd.: Die Gründung der österreichischen Volksschule durch Maria Theresia. 860. (XXXII, 679 S.)
3. Bd.: System der österreichischen Volksschule. Vollständige Sammlung u. geordnete Zusammenstellung aller über das österreichische Volksschulwesen in Kraft bestehenden Gesetze u. Verordnungen. 861. (XX, 652 S.)
2. Bd. ist noch nicht erschienen.

—— **Zeugenverhör** über Maria **Karolina** von Oesterreich, Königin von Neapel und Sicilien, aus der Zeit vor der grossen französischen Revolution [1768—1790]. Lex.-8. (158 S.) Wien 879, (Gerold's Sohn.) *
Aus: Archiv für österreichische Geschichte, besonders abgedruckt.

— s.: Zum 2. December 1848—1898.

Helferts, P. F. A., Predigt am hundertjähr. Jubeltage d. kathol. Kirche in Leipzig. 8. Leipz. Baumgärtner. 810.

Helfet einander! Ein Führer u. Ratgeber f. Menschenfreunde. Alleiniges officielles Organ der Vereine zur Errichtg. v. Wohlfahrts-Anstalten: Kaffeehaus, Speisehaus u. Volksheim m. öffentl. Lesehalle — unter Ausschluß geist. Getränke — ferner Badestuben, Kochschulen, Haushaltungs- u. Fortbildungs-Schulen, Trinker-Asyle, Familien-Gärten, Einzel-Wohnhäuser m. Gärten f. Arbeiter in allen Städten üb. 5000 Einwohner, in Deutschland, Oesterreich u. Schweiz. Hrsg. u. red. v. Adf. Hinrichsen. 1. Jahrg. April—Dezbr. 1902. 18 Nrn. (224 S.) hoch 4. Berlin (E. Pilger Nachf.). n. 3. —

— dasselbe. 2. Jahrg. 1903. 24 Nrn. (à ca. 12 S.) hoch 4. Ebd. n. 4. —

Helff, Alfred. Molekulargewichtsbestimmungen der Verbindungen von Phosphor mit Schwefel, und Schmelzpunkte von Gemengen beider Elemente. Leipzig, 1893.

Ein Wort zur Weihe des neuen Tempels der ger.·. u.·. vollk.·.□ .·. St.·. Joh.·. zur Freymüthigkeit am Rhein am O.·. von Frankenthal auf das Winter Johannisfest 5818. Nach zwey Aufnahmen von **Helffenstein.** [Frankenthal 1818]: Enderes. 6 Bl. 8⁰ [Umschlagtit.]
Tt. 2055. Gedicht: „Ihr kennt das Lied, das uns die Schöpfung singet, . . ."

Helffenstein, L., Predigt, nebst Altarreden u. Gesängen an dem Feste der Vereinigung beider evangel. Kirchen des Großherzogth. Baden in d. evangel. Kirche zu Wieblingen. gr. 8. Heidelb. 822. (Groos). 4 gGr

Helfferich, s.a. Helferich

Helfferich, Adf., die Analogien in der Philosophie. Ein Gedenkblatt auf Fichte's Grab. gr. 8. (32 S.) Berlin 862, Springer's Verlag.

Helfferich, Adf., der Westgothische Arianismus und die Spanische Ketzer-Geschichte. Berlin 860. Lex.-8. (IV, 151 S.) n. 1 Thlr 2 ngr.

Helfferich, Adf., Baiern nach den Wahlen. 16. (15 S.) Frankfurt a. M. 869, Winter. *

Helfferich, Adph., Belgien in polit., kirchl., pädagog. u. artist. Beziehung. gr. 8. (X u. 314 S.) Pforzheim 848, Flammer & Hoffmann. (Stuttgart, Scheitlin.) 2⅓ Thlr

—— berliner Briefe. I. gr. 8. (26 S.) Leipzig 849, Hinrichs'sche Buchh. *

—— dass. — II. Die beiden Kammern des constitutionellen Preußen. gr. 8. (32 S.) Ebds. 849. *
Letztere zwei wurden aus: Neue Jahrbücher für Geschichte und Politik ꝛc. Jahrg. 1849., besonders abgedruckt.

— Deutsche Briefe aus Paris. Nro. I. Die Berliner Barrikaden u. die Folgen der Pariser Februar-Revolution. gr. 8. (43 S.) Pforzheim 848, Flammer & Hoffmann. ⅙ Thlr — Nro. II. Die provisor. Regierung u. die National-Versammlung. gr. 8. (27 S.) Ebd. 848. 3 ngr — Nro. III. Le commencement de la fin. (u.) Nro. IV. Die Republik u. das monarch. Prinzip. Der Pariser Salon. gr. 8. (52 S.) Ebd. 848. 6 ngr — Nro. V. Die Fahnenweihe u. die Wahlen. gr. 8. (35 S.) Ebd. 848. ⅙ Thlr — Nro. VI. Unterschiedliche Fiaskos u. die Eröffnung der Nationalversammlung. gr. 8. (30 S.) Ebd. 848. ⅙ Thlr — Nro. VII. Der 15. Mai u. was ihm voranging. gr. 8. (34 S.) Ebd. 848. ⅙ Thlr — Nro. VIII. Sendschreiben an den Redacteur der „Kölnischen Zeitung." gr. 8. (30 S.) Ebd. 848. 5 ngr (Stuttgart, Scheitlin.) (I—VIII: 1 Thlr 3 ngr)

—— deutsche Briefe aus Paris. Nr. 1—8. gr. 8. Pforzheim 848. [Stuttgart, Scheitlin's Vrlgsh.]
Nr. 1. Die berliner Barrikaden und die Folgen der pariser Februar-Revolution. (43 S.) 5 Ngr.
" 2. Die provisor. Regierung und die National-Versammlung. (27 S.) 3 Ngr.
" 3., 4. Le commencement de la fin. — Die Republik und das monarch. Princip. — Der pariser Salon. (52 S.) 6 Ngr.
" 5. Die Fahnenweihe und die Wahlen. 5 Ngr.
" 6. Unterschiedliche Fiaskos und die Eröffnung der Nationalversammlung. 5 Ngr.
" 7. Der 15. Mai und was ihm vorangina. 5 Ngr.
" 8. Sendschreiben an den Redacteur der „Kölnischen Zeitung." (30 S.) 4 Ngr.

Helfferich, Adph., Briefe aus Italien. I. (Thl.) A. u. d. T.: Briefe aus Triest, Venedig, Piemont, Genua, Florenz im Spätjahre 1849. 8. (224 S.) Leipzig 850, Hinrichs. 1 Thlr — II. (Thl.) A. u. d. T.: Römische Zustände im Frühjahre 1850. 8. (X u. 368 S.) Ebd. 850. 1⅔ Thlr (I u. II: 2⅔ Thlr)

Helfferich, Adph., Briefe aus Italien. III. (Thl.) A. u. d. T.: Neapel u. Sicilien im Jahre 1850. Leipzig 853. Hinrichs. 8. (VII, 166 S.) 27 ngr.

—— Engländer und Franzosen. Eine Parallele. 8. (VII und 278 S.) Berlin 852, Hertz. *

—— Engländer und Franzosen. Eine Parallele. 2., verm. (Titel-)Ausg. 8. (VII und 278 S.) Berlin (852)59, Hertz. *

—— Entstehung und Geschichte des Westgothen-Rechts. gr. 8. (VIII und 475 S.) Berlin 858, G. Reimer.

Helferich, Dr. Ad. v., Der Erbacker. Eine culturgesch. Untersuchung. I. Das Princip des Erbackers. II. Das Standes- u. Erbrecht der Germanen. 8⁰. Leipzig, Brockhaus, 1865.

—— der Erbacker. Eine culturgeschichtl. Untersuchung. gr. 8. (VIII und 472 S.) Leipzig 865, Brockhaus. *

Helfferich, Adf., geschichtliche Forschungen. I. u. II. gr. 8. (IX, 239 u. 211 S.) Frankfurt a. M. 871. 73. Winter. n. 9. 40

—— et G. de Clermont, Fueros francos. Les communes françaises en Espagne et en Portugal pendant le moyen-âge: Étude historique sur leur formation et leur développement, accompagnée d'un grand nombre de textes inédits tirés de manuscrits espagnols et portugais. gr. 8. (VIII und 80 S.) Berlin 860, Springer's Verlag. *

— der altrömische Kalender. Anhang.: Altitalische Texte in der Uebersetzung, Frankfurt a. M. 869. Winter. gr. 8. (109 S.) n. 24 ngr.

—— kann bei einer einheitl. deutschen Handels- und Zollverfassung ꝛc., s. Kann.

— die Kategorien des Rechts auf geschichtlicher Grundlage. Berlin 863. J. Springer. gr. 8. (VIII, 215 S.) 1 Thlr 7½ ngr.

— Kunst und Kunststyl. Mit einem Sendschreiben an W. v. Kaulbach. Berlin 853. Th. Enslin. gr. 8. (XX, 117 S.) n. 16 ngr.

—— deutsche Kunstbriefe. I. Das Kunst-Stichwort. Lex.-8. (24 S.) Berlin 859, Springer's Verlag.

—— die phoenizisch-cyprische Lösung. gr. 8. (64 S.) Ebendas. 869. *

—— Raymund Lull und die Anfänge der catalonischen Literatur. Lex.-8. (V und 168 S.) Berlin 858, Springer's Verlag. *

—— das deutsche Mark- und Weichbildrecht. gr. 8. (64 S.) Berlin 867, Springer's Verlag. *

Helferich, Ad., die Metaphysik als Grundwissenschaft. Ein Leitfaden. gr. 8. (16½ B.) Hamburg 846, Fr. u. Andr. Perthes.

Helfferich, Ad., die christl. Mystik in ihrer Entwickelung u. in ihren Denkmalen. 2 Thle.: Entwickelungsgeschichte d. christl. Mystik. — Denkmale altchristl. Mystik. gr. 8. (64½ B.) Hamburg 842, Fr. Perthes. *

— die neuere Naturwissenschaft, ihre Ergebnisse und ihre Aussichten. Triest 857. Literar.-artist. Abth. d. österr. Lloyd. gr. 8. (1 Bl., IV, 171 S.) n. 20 ngr.

—— die neuere Naturwissenschaft, ihre Ergebnisse und ihre Aussichten. gr. 8. (VI und 171 S.) Triest 857, Direction des österreichischen Lloyd. *

—— der Organismus der Wissenschaft und die Philosophie der Geschichte. gr. 8. (XV und 622 S.) Leipzig 856, Brockhaus. *

— das deutsche Reichsfürstenthum. Frankfurt a. M. 869. Winter. 8. (30 S.) n. 6 ngr.

—— Schiller-Rede. Lex.-8. (8 S.) Berlin 859, Springer's Verlag.

Helfferich, Adph., die Schule des Willens. Ein Beitrag zur Erziehungslehre. Berlin 858. J. Springer. gr. 8. (66 S.) n. 12 ngr.

Helfferich, Adolf, Der culturgeschichtliche Sinn der altböhmischen Sagenwelt. gr. 8. (31 S.) Prag, Credner's Sort.-Conto. in Comm. 60 Z. 1865.

—— der culturgeschichtliche Sinn der altböhmischen Sagenwelt. gr. 8. (31 S.) Prag 865, [Satow.] *

—— Skizzen und Erzählungen aus Irland. 8. (XIII und 322 S.) Berlin 858, Springer's Verlag.

—— Spinoza u. Leibnitz od. das Wesen des Idealismus u. d. Realismus. gr. 8. (7 B.) Hamburg 846, Fr. u. Andr. Perthes.

—— Heinrich Steffens u. die Wissenschaft der Gegenwart. Einleitung zu den Vorlesungen üb. das Universitätsstudium gehalt. im Sommersemester 1845 an der Universität Berlin. gr. 8. (2⅞ B.) Berlin 845, Herm. Schultze. *

— Turan u. Iran. Ueber die Entstehung der Schriftsprache. Frankfurt a. M. 868. Winter. gr. 8. (III, 184 S.) n. 1 ₰ 10 ngr.

—— zum Verständniss der deutschen Mythologie. gr. 8. (48 S.) Leipzig 865, Brockhaus. *

—— das Wurzelwort. gr. 8. (8 S.) Berlin 865, Springer's Verlag.

Helfferich, Friedrich: Die Stellung des Bezirksgremiums Neustadt a.d.Hdt.-Dürkheim bezw. des Bezirksgremiums Neustadt a.Hdt. zur Weingesetzgebung in den Jahren 1886 bis 1908 nach Auszügen aus den Sitzungs-Protokollen zusammengefaßt. Neustadt a.d.Haardt: Verl. der Aktien-Dr. 1908. 63 S. -- 121*

Helfferich, Johann Friedrich

— — De comitum Sueviae Palatinorum Tubingensium familia longe illustrissima, fatis, terris, officio, dignitate et praerogativis. Schediasma histor. Tübing. (Schramm) 1751. 108 Seiten. (12.50) 14166

Helfferich, Joh. Frdr.: Schediasma hist. de comitum Sueviae palatinorum Tubingensium familia, fatis, terris, officio, dignitate et praerogativis. Tubingae 1751. (Auch in: Thesaurus rer. Suev. von Wegelin. 3. 1759. 2°.)

Helfferich, I. F., Schediasma hist. de comitum Sueviae Palatinor. Tubing. familia. 4. Ulm, Wohler. 752.

Helfferich, Jh. Fr., (†1769.) schediasma hist. de comitum Sueviae palatinor. Tubing. familia. 4. (Ulm) 772. Wohler. 5 ℛ

— genealog. Generalbegriff d. Herzogl. Würtemberg. Regimentsgeschichte, zum Plan e. Collegii. 8. Tübing. 765.

Helfferich, Johann Friedrich (Tübingen), Jurisprudentiae principum ordinumque Imperii Rom. Germanici privatae specim. alterum. Diss. jur. Präs. Jo. Jac. Helfferich (Vater). Tüb. (Christian Gottfried Cotta) Mai 1745. 56 S. (7.—) 14165
Tl. I s. Hiemer, J. F. u. Helfferich, Jo. Jacob. 1740.

Helfferich, Johann Jakob

— — De fictitia distintione terrarum Germaniae in mediatas et immediatas, falsòque cumprimis eidem superstructâ immedietate nobilium S. Rom. Imp. originariâ, prodromus. Tübing. (Franck) 1725. 40 S. (6.80) 14168

Helfferich, Jo. Jac. (Präs.), s. Hartmann, Jacob Peter: Sanctiones juris civilis Romani de secundis nuptiis, ...

Helfferich, Jo. Jac. (Präs.), s. Helfferich, Johann Friedrich: Jurisprudentiae principum ordinumque Imperii Rom. Germanici privatae specim. alterum.

— — Commentatio de jurisprudentia principum ordinumque S. Rom. Germ. Imp. privata. Von dem privat Recht der Fürsten und Stände des Heil. Röm. Reichs. o. O. 1740. 46 S. (6.50) 14169
Vgl. a. Hiemer, J. F. 1730.

Helfferich, Joh. Jak.: Commentatio de jurisprudentia principum ordinumque S. Rom. Germ. imp. privata. Von dem privat Recht der Fürsten u. Stände des Heil. Röm. Reichs. [Tübingen] 1740.

— Johann Jacob (Göppingen), Theses selectiores ex materiâ de literis status. Von Staats=Brieffen. Präs. Michael Grass. Tübing. (Sigmund) Mai 1714. 36 S. (7.—) 14167
Widm. v.: Joh. Cunrad Klemm, Präs., Jacob David Moegling, Joh. Ulr. Frommann, Friderich Adam Zenck (dtsch.), M. F. Grass, M. Hock (dtsch.).

Helfferich, Karl, der Abschluss der deutschen Münzreform, s. a. Zeitfragen, volkswirthsch. 166. Hft.

Der Abschluss der deutschen Münzreform. Von Karl Helfferich. *Berlin: L. Simion 1899.* (35 S.) 8°
— Zeitfragen, Volkswirthschaftliche. H. 166.

Helfferich, Karl (Hrsg.), s. Bamberger, Ludwig: Ausgewählte Reden und Aufsätze.

Die Baumwollfrage. Ein weltwirtschaftl. Problem. Von Prof. Dr. [Karl] **Helfferich**, Legationsr. (Berlin) 1904: (E. S. Mittler & Sohn). (27 S.) 8° [Umschlagt.]
Aus: Marine-Rundschau. 1904, Juniheft. [07.15866 11]

Helfferich, Karl, Chronik der evangelischen Kirche Württembergs vom Jahre 1879. 8. (IV, 51 S.) Stuttgart 880. Kohlhammer. n. — 70

— zur Erneuerung d. deutschen Bankgesetzes. Erweit. Sonderabdr. aus Schmollers Jahrbuch. gr. 8. (XI, 186 S.) Leipzig 899. Duncker & Humblot. n. 3. —

Helfferich, Karl, die Folgen des deutsch-österreichischen Münz-Vereins v. 1857, s.a. Abhandlungen aus d. staatswissenschaftlichen Seminar zu Strassburg i. E.

Helfferich, K. Die Folgen des deutsch-österreichischen Münz-Vereins von 1857. Ein Beitrag zur Geld- und Währungs-Theorie. Strassburg 1894

Das Geld von Prof. Dr. Karl **Helfferich,** Kais. Legationsrat. *Leipzig: C. L. Hirschfeld 1903.* (X, 590 S.) 8°
= Helfferich: Geld u. Banken. T. 1.
= **Hand- u. Lehrbuch** d. Staatswissenschaften. Abt. 1, Bd 8. [03. 5763

Helfferich K., das Geld. 2. Auflage (600 S.) Leipzig 1910

— **Geld u. Banken,** s.a. **Hand- u. Lehrbuch der Staatswissenschaften.** 8. I.

Geld und Banken. Von Prof. Dr. Karl **Helfferich,** Kais. Legationsrat. In 2 T. T. 1. *Leipzig: C. L. Hirschfeld 1903.* 8°
= **Hand- u. Lehrbuch** d. Staatswissenschaften. Abt. 1, Bd 8. [03. 5760

Geld und Banken. Von Prof. Dr. Karl **Helfferich.** 2. Aufl. T. 1. Leipzig: Hirschfeld 1910. 8°
(Hand- u. Lehrbuch d. Staatswissenschaften. Abt. 1. Bd 8.) [10. 11747

Das Geld im russisch-japanischen Kriege. Ein finanzpolit. Beitrag z. Zeitgeschichte von Karl **Helfferich.** Berlin: E. S. Mittler & Sohn 1900. (IX, 240 S.) 8° [F.] [05. 15497

— zur Geschichte d. Goldwährung, s.a. **Zeitfragen,** volkswirthschaftliche.

Zur Geschichte der Goldwährung. Von Karl **Helfferich** ... *Berlin: L. Simion 1896.* (44 S.) 8.
= **Zeitfragen,** Volkswirthschaftliche. H. 137. (Jg. 18. H. 1.) [96. 4011

— Handelspolitik. Vorträge, geh. in Hamburg im Winter 1900/01 im Auftrag der hamburg. Oberschulbehörde. gr. 8. (VII, 206 S.) Leipzig 901. Duncker & Humblot. n. 4. 60

— bimetallistische Kampfesart. E. Auseinandersetzg. m. Otto Arendt, Mitglied d. preuss. Abgeordnetenhauses. gr. 8. (28 S.) Neustadt a/H. 895. (A. Otto.) — 50

— s.: Magisterbuch.

Deutschlands Münzreform und die Silberentwertung. Einige Worte über bimetallistische Geschichtschreibung von Karl **Helfferich.** Stuttgart: A. Bonz & Co. in Komm. 1898. (60 S.) 8° [F.] [07. 16339 11

Helfferich, Karl [Neustadt a. d. H.]: Der deutsche Münzverein von 1857 bis 1871 ... [Erschien vollst. u. d. T.: Die Folgen d. deutsch-österreich. Münzvereins v. 1857 ... als Heft 12 von: Abh. aus d. Staatswiss. Sem. zu Strassburg i. E.] Strassburg, K. J. Trübner, 1894; 1 Bl., 40 S. 8.
Strassburg, Rechts- u. staatswiss. Fak., Inaug.-Diss. v. 1894

Helfferich, K. Ausgewählte Reden und Aufsätze über Geld- und Bankwesen von Ludwig Bamberger. Im Auftrag des Vereins zum Schutz der deutschen Goldwährung herausgegeben. Berlin 1900.

[F.] Die Reform des deutschen Geldwesens nach der Gründung des Reiches. Von Karl **Helfferich.** [Bd] I. II. *Leipzig: Duncker & Humblot 1898.* 2 Bde 8.
I ... [A. T.:] Gesch. d. dtsch. Geldreform. Von ... Helfferich. (XI, 474 S.)
II ... [A. T.:] Beiträge z. Gesch. d. dtsch. Geldref. Von ... Helfferich. (X, 509 S., 4 Tab.) [98. 6395

Zur Reform der kolonialen Verwaltungs-Organisation von Prof. Dr. K[arl] **Helfferich,** wirkl. Legationsrat. Berlin 1905: E. S. Mittler & Sohn. (47 S.) 8° [F.]
= **Kolonialblatt,** Deutsches. Jg. 16, No 2. Beil. 1. [05. 10730 4

Helfferich-Bamberger, siehe Schriften d. Vereins f. Goldwährg.

— d. gegenwärtige Stand d. Währungsfrage. [Aus: „Berliner Rundschau".] gr. 8. (30 S.) Berlin 895. (Thormann & Goetsch.) n. — 50

— Studien üb. Gold- u. Bankwesen. gr. 8. (V, 261 S.) Berlin 900. J. Guttentag. n. 6. —; geb. in Leinw. n. 7. —

Helfferich, K. Das deutsche System der Kontingentierung des Notenumlaufs. (Sonderabdruck aus dem »Finanz-Archiv«, herausgegeben von G. Schanz, XIII. Jahrgang. 1896.)

Verein z. Schutz d. deutschen Goldwährung. Währung und Landwirtschaft. Gemeinfaßl. dargest. von Dr. Karl **Helfferich.** Stuttgart: A. Bonz & Co. in Komm. 1895. (32 S.) 8° [F.]
= **Währungs-Bibliothek.** Ser. 1. H. 3. [06. 11077

– dass., s.a. Währungs-Bibliothek.

— die Währungsfrage, s.a. Währungs-Bibliothek.

– Die Währungsfrage. 2. Aufl. Stuttgart 1895.

Helfferich, Karl, geg. d. Währungs-Umsturz, s.a. Zeitfragen, volkswirthschaftliche.

— Gegen den Währungsumsturz. (Zeitfragen, Volkswirtschaftliche 128) Berlin 1895

Helffrich, Joh. Jacob (Göppingen), De summo militiae imperialis praefecto, von deß H. Röm. Reichs Feld=Herrn. Diss. jur. publ. Präs. Jacob David Moegling. Tübing. (Johann Cunrad Reis) April 1709. 100 S., tlws. dtsch. (10.—) 14170
Gew.: Joh. Andreas Frommann, Michael Grass, — Widm. v.: Gabriel Schweder, Präs., P. G. Sponer (Hanov.), J. C. Schmidt (Hanov.).

Helffrich, Wm. A.: Geschichte verschiedener Gemeinden in Lecha und Berks Counties, wie auch Nachricht über die sie bedienenden Prediger, vornehmlich über die Familie Helffrich, deren Ursprung und Ausbreitung in Europa, nach authentischen Quellen, und deren Immigration und Verbreitung in Amerika, nebst einem Rückblick in das kirchliche Leben Ostpennsylvaniens. *Allentown, Pa.: Trexler & Hartzell 1891. 104 S.*

Helffrich, Wm. A.: Lebensbild aus dem Pennsylvanisch-Deutschen Predigerstand: oder Wahrheit in Licht und Schatten. *Allentown, Pa.: Herausgegeben von N. W. A. und W. U. Helffrich 1906. (2), 549 S., ill.*

Helfft, D., s. v. Lindenstein, D. H., üb. Verirrungen d. Menschen.

Helfft, Dora, eine pflichtvergessene Frau. Sittenbild. 8. (165 S.) Dresden 899. H. Minden. n. 2. —

Helfft, Dora, ein moderner Jurist. Zeitbild. 1. u. 2. Aufl. 8. (à V, 267 S.) Dresden (902). H. Minden. n. 3. —; geb. n.n. 4. —

Helfft, H., Balneodiätetik. Verhaltungsregeln beim Gebrauche der Mineralwasser, Molken, Trauben, Seebäder sowie während des Aufenthalts an klimatischen Kurorten. gr. 16. (VIII und 175 S.) Berlin 858, A. Hirschwald. geb. *

Helfft, H., Balneodiätetik. Verhaltungsregeln beim Gebrauche der Mineralwasser, Molken, Trauben etc., sowie während des Aufenthalts an klimat. Kurorten. 2., umgearb. und verm. Aufl. 8. (XII und 211 S.) Berlin 862, A. Hirschwald. geb. *

Helfft's, H., Balneodiätetik. Verhaltungsregeln beim Gebrauche der Mineralwässer, Molken, Trauben, Seebäder, sowie während des Aufenthaltes im klimat. Kurorte. 3. neu bearb. und verm. Aufl. von H. Blaschko. gr. 16. (IV, 203 S.) Berlin 874, Hirschwald. *

Helfft, H., Berg und Thal. Wanderungen durch Süd-Deutschland, die Schweiz und Oberitalien. 8. (VII und 262 S. mit 7 lithogr. landschaftl. Bildern von Jul. Helfft.) Berlin 854, Duncker und Humblot. *

Helfft, H., s. Gregory, G., Vorlesungen über d. Ausschlagsfieber.

Helfft (H.), Handbuch der Balneotherapie, s.a. **Thilenius.**

—— **Handbuch der Balneotherapie. Praktischer Leitfaden bei Verordnung der Mineral-Brunnen und Bäder, sowie des Seebades. 1. Aufl. (VIII und 472 S.) 1854. * 2 Thlr. 20 Ngr. und 2., umgearb. und verm. Aufl. gr. 8. (VIII und 540 S. mit 1 lithogr. Heilquellen-Karte in Fol.) Berlin 855, A. Hirschwald. ***

— Handbuch der Balneotherapie. Praktischer Leitfaden bei Verordnung der Mineralquellen, Molken, Seebäder, klimat. Kurorte etc. 854. (VIII, 472 S.) n. 2 ℛ. 20 *ngr.* — 2. umgearb. u. verm. Aufl. 855. (VIII, 540 S.) n. 3 ℛ. — 3. umgearb. etc. Aufl. Mit 1 (lith. u. color.) Heilquellen-Karte (in Fol.). Berlin 857. A. Hirschwald. gr. 8. (XI, 540 S.) n. 3 ℛ.

— Handbuch der Balneotherapie. Practischer Leitfaden bei Verordnung der Mineralquellen, Molken, Seebäder, klimatischen Kurorte etc. 4. Aufl. 859. (XI, 596 S.) n. 3 ℛ 10 *ngr.* — 5. umgearb. u. verm. Aufl. Mit 1 (lith.) Heilquellen-Karte (in Fol.). Ebend. 863. 8. (XIII, 662 S.) n. 3 ℛ 20 *ngr.*

—— Handbuch der Balneotherapie. Practischer Leitfaden bei Verordnung der Mineralquellen, Molken, Seebäder etc. 5. Aufl. 1863. und 6., umgearb. und verm. Aufl. gr. 8. (VIII und 624 S. mit 1 lithogr. Heilquellenkarte in Imp.-4.) Berlin 867, A. Hirschwald. *

—— Handbuch der Balneotherapie. Practischer Leitfaden bei Verordnung der Mineralquellen, Molken, Seebäder, klimat. Kurorte etc. Mit Benutzung der vom Verf. hinterlassenen Notizen neu bearb. und hrsg. von Ed. Krieger. 7. verb. und verm. Aufl. gr. 8. (VIII, 615 S. mit 1 lithogr. Heilquellenkarte in Fol.) Berlin 870, Hirschwald. *

—— dass. — Hrsg. und ergänzt von Geo. Thilenius. 8. um einen kurzen Abriss der medicin. Klimatologie verm. Aufl. gr. 8. (VII, 716 S.) Ebendas. 874. *

Helfft's, H., Handbuch der Balneotherapie. Leitfaden für pract. Aerzte bei Verordnung der Mineralquellen, Molken, Seebäder, klimat. Kurorte etc., hrsg. von Geo. Thilenius. 9. vollständig neu bearb. Aufl. gr. 8. (XVI, 652, 268 S.) Berlin 882, Hirschwald. *

—— Krampf und Lähmung der Kehlkopfs-Muskeln und die dadurch bedingten Krankheiten. gr. 8. (VI und 87 S.) Berlin 852, A. Hirschwald. *

Helfft, Herm. (geb. Berlin 24. 5. 1819): De desquamatione epidermidis atque epithelii. Berolini (1842). (38 S.) 8°
Berlin, Med. Diss. v. 22. Juli 1842

Helfft, J. Jak., s. Felibien, chronolog. geordn. Nachrr.

Helfft, Jh. Jak., Berechnung der Arbeiten des Zimmermanns, s. F. Triest, Handbuch zur Berechnung der Baukosten rc. 2e Abthl.

Helfft, Joh. Jac., encyklopäd. Wörterbuch d. Landbaukunst f. Cameralisten, Architecten, Bauhandwerker u. d. bautreib. Publikum. 2 Lfgn. A—Z. Schmal gr. 4. (54½ B.) Berlin 836, Duncker u. Humblot. *

Helfgott, Tobias, mein erster Tag. Schul-Humoreske. 2. Aufl. 16. (III, 61 S.) Wien 881. Rosner. n. 1. —

Helfrecht, Johann Theodor Benjamin [Pseud.: Albezor]

Helfrecht, Jh. Thdr. Benj., histor. Abhandl. von d. Asylen. 4. Hof 801. Grau. 10 𝒦

— s.a. Anleitung z. deutschen Dichtkunst.

— Anleit. z. Dichtkunst f. Anfänger. 8. Ebend. 810.

Helfrecht, J. Th. B., Anleitung z. Dichtkunst f. Schulen. Neue verb. Aufl. 8. Hof, Grau. 811.

— Anleit. zur Redekunst, f. Anfänger. 8. Hof 805. Grau. 12 𝒦

— s. **Boethius de consulatione.**

— Tycho de Brahe, geschildert nach s. Leben u. Schriften. Mit Kpf. 8. Hof 798. Grau. 12 𝒦

— brevis declinatio vitae R. D. Rennebaumii. 8. Hof 801. (Grau). 6 𝒦

— s. Eutropii breviar.

Helfrecht J. Th. B.: Das Fichtelgebirge, nach vielen Reisen auf demselben beschrieben. Th (1)-2. Hof 1799-1800. (20, 547) S. 13 Tvl. (1 kol.). 2. Kt.
(Th. 2 har Tit.: Versuch einer geograph.-naturhist. Beschreib. d. F.es).

— das Fichtelgebirge, beschrieben. 2 Thle. Mit 6 Kpf. u. 1 Karte. 8. Hof 800. Grau. 2 ℛ 8 𝒦 Die Karte hierzu apart 8 𝒦 (2r Thl. A. u. d. T.: Versuch e. geograph.-naturhistor. Beschreib. des Fichtelgebirges.)

LIRIUS, M(agister). Biographie aus der wirklichen Welt oder Halbroman .... (von *Joh. Theod. Benj. Helfrecht* = *Helfrich*). Hof 1801.
Anon.-Lex. III. p. 79 (nach Fikenscher).

— s. J. G. G. Rennebaum, synchron. Tafeln.

— Ruinen, Alterthümer u. noch stehende Schlösser auf dem Fichtelgebirge. Mit Kpf. gr. 8. Hof 795. Grau. 20 𝒦

Helfrecht, Jh. Thdr. Benj., s.a. Shakal, der schöne Geist.

ALBEZOR (d. i. *Joh. Theod. Benj. Helfrecht*), Shakal, der schöne Geist. Fragment einer Biographie aus dem 14. Jahrhundert von dem Araber *Albezor*. Aus dem Arabischen, Malayischen, Lateinischen, Französischen übersetzt von Hanns Görg. Mit satyr. Titelkpf. Dintenstadt (Leipzig, Fleischer) 1789. 8°. (5 Mk. Ludw. Rosenthal, 1906.)
Weller, fing. Dr.

— s. Valerii Maximi factorum.

— Versuch einer orograph. mineralog. Beschreib. d. Landeshauptmannschaft Hof. Mit Kpf. 8. Hof 797. Grau. 16 gr.

— Versuch e. kurzen Geschichte d. vormal. Höfer Klöster. 8. Hof 808. (Grau).

Helfreich, Friedrich

Abhandlung über den Unterricht und die Erziehung bei den alten Römern von Subrector Helfreich. 1811 Ebend. — S. 1–10.
Progr. Zweibrücken.

Helfreich, Fr., über Arterienpuls der Netzhaut, s. Festschrift zur dritten Säcularfeier der Alma Julia Maximiliana.

Ueber Erziehung und Unterricht bei den alten Römern. Beschluß. Von Friedr. Helfreich, G. P. 1830. Ebend. — S. 3–13. [S. Nr. 1039.]
Progr. Zweibrücken.

Helfreich, Friedr., eine besondere Form der Lidbewegung. gr. 4. (8 S.) Leipzig 887, Engelmann. *
Aus: Festschrift für A. v. Kölliker, besonders abgedruckt.

Ueber die taurische Iphigenia von Euripides und Goethe. Von Friedrich Helfreich, G. P. — 1836. Ebend. — S. I–XIV.
Progr. Zweibrücken.

Helfreich, Friedr., über die Nerven der Conjunctiva und Sclera. gr. 8. (III, 35 S. mit 3 lithogr. Taf.) Würzburg 870, Stuber. *

Helfreich, G. W. C., Predigt bei d. Feier des 25jähr. Regierungsjubiläums des Königs von Baiern. gr. 8. Sulzb. 824. v. Seidel. 3 gr.

Helfreich, Geo., der arme Richard, oder die Kunst, reich zu werden. Nach der französ. Ausg. der Werke Benj. Franklin's, mit vorausgeschickter kurzer Biographie desselben. Ein Beitrag zur Lebensweisheitslehre für alle Stände besonders für die unteren Klassen der menschlichen Gesellschaft. Eine Neujahrsgabe für 1852. 8. (22 S.) Erlangen 852, Palm's Verlag.

Helfrich, Conrad, s. Helfrich, Konrad

Helfrich, George

Helfrich, Geo., die Dame auf Schlittschuhen, s.a. Veröffentlichung des Berliner Schlittschuh-Club. 2.

Die Dame auf Schlittschuhen von George **Helfrich**. Berlin: F. Fontane & Co. 1900. (48 S.) 8°
= **Veröffentlichung** d. Berliner Schlittschuh-Club. 2. [68. 1441

Helfrich, George, **das Eisbüchlein der Jugend**, s.a. Veröffentlichgn. des Berliner Schlittschuh-Club.

Helfrich, George, Das Eisbüchlein der Jugend, illustr. v. Lill v. Ramberg, Berlin, 58 S., 8°. 1910.

Helfrich, George. Der Eislauf in kunsthistorischer Darstellung. St. Petersburg, Verlag des St. Petersburger Eislaufvereins 1903.
54 S., 29 Taf. 8°
Tit. u. Text auch russisch.

— Das Paarlaufen u. Gruppenlaufen auf dem Eise, s.a. Veröffentlichung, 3., des Berliner Schlittschuh-Club.

Das Paarlaufen und Gruppenlaufen auf dem Eise. Hrsg. von George **Helfrich**. Berlin: F. Fontane & Co. 1908. (72 S.) 8°
= **Veröffentlichung** d. Berliner Schlittschuh-Club. 3. [68. 1441

— **Das Schnellaufen auf dem Eise**, s.a. Veröffentlichung, 4., des Berliner Schlittschuh-Club.

Das Schnellaufen auf dem Eise von George **Helfrich**. Berlin: F. Fontane & Co. 1908. (59 S.) 8°
= **Veröffentlichung** d. Berliner Schlittschuh-Club. 4. [68. 1442

— **Praktische Winke f. Kunsteisläufer u. Eislaufvereine**, s.a. Veröffentlichung, 1., des Berliner Schlittschuh-Club.

Praktische Winke für Kunsteisläufer und Eislaufvereine von George **Helfrich**, Mitgl. d. Berliner Schlittschuh-Clubs. *Berlin: F. Fontane & Co. 1092.* (35 S.) 8°
= **Veröffentlichung** d. Berliner Schlittschuh-Club. 1. [61. 9775

Helfrich, George, praktische Winke f. Kunsteisläufer u. Eislaufvereine. 8. (35 S. m. Fig.) Berlin 902. F. Fontane & Co. n. 1. —

Helfrich, G.: Praktische Winke für Kunsteisläufer u. Eislaufvereine. Berlin 1902. 35 S.
— — 2. Aufl. 1909. 53 S.

Helfrich, Johann Heinrich

Helfrich, J. H., Lieder u. Gedichte zur Ermunterung u. zum Vergnügen. 8. Leipz. Gräff.

Helfrich, J. H., Lieder u. Gedichte zur Ermunterung u. zum Vergnügen. 8. Leipz. 790. (Wienbrack). 12 gr.

Helfrich, Johann Theodor Benjamin, s. Helfrecht.

Helfrich, Konrad

Helfrich, Conrad (Speyer), De inventario in genere. Diss. jur. Marburg (Johann Heinrich Stock) 9. VI. 1701. 38 S. (7.—) 14171

Helfrich, Marie, Stickmusterbuch z. Gebr. f. Schule u. Haus. qu. 12. (9 Taf.) Frankfurt a/O. 896. H. Andres & Co. n. — 20

Helfrich, William A., s. Hellfrich

Helfritz, H., Rede bei Enthüllung des Paepke-Denkmals in Greifswald am 12. Juli 1867 gehalten. gr. 8. (8 S.) Greifswald 867, Scharff.

Helfritz, Hans, Gerichtsassessor b. d. Kgl. Staatsanwaltschaft zu Greifswald: Der geschichtliche Bestand und die legislative Verwertbarkeit von Widerruf, Abbitte und Ehrenerklärung. Greifswald 1905: J. Abel. (IX, 155 S.) 8° [F.]
Greifswald, Jur. Fak., Ref. Weismann, Diss. v. 30. Juli 1905
[Geb. 21. Febr. 77 Greifswald; Wohnort: Greifswald; Staatsangeh.: Preußen; Vorbildung: Gymn. Greifswald Reife O. 95; Studium: Berlin 3, Greifswald 4 S.; Rig. 9. Juni 05.]

Helft, Ernst, a. Halberstadt: Beiträge zur Frage der technischen Ausgestaltung der deutschen Einkommenbesteuerung. (München: J. Schweitzer 1907.) (50 S.) 8° [F.]
Berlin, Phil. Fak., Ref. Wagner, Diss. v. 21. Dez. 1907
[Geb. 14. April 85 Halberstadt; Wohnort: Charlottenburg; Staatsangeh.: Preußen; Vorbildung: Gymn. Prenzlau Reife O. 03; Studium: Freiburg i. B. 1, Berlin 7 S.; Rig. 13. Juni 07.]

Helg, Franz Joseph (ex episcopatu Basileensi Delemontanus), De botanices systematicae in medicina utilitate. Diss. med. Strassburg (Joh. Heinr. Heitz) 4. IV. 1770. 29 S. (6.40) 14172

Helg, J[acob]. Grundriss der Kirchengeschichte, mit besonderer Berücksichtigung der Schweiz, für Sekundar-, Bezirks- und Realschulen, sowie die untern Klassen des Gymnasiums (*Umschlag: Gr' der Kirch' für höhere Volksschulen). Mit 196 Illustrationen, wovon 145 im Text und 51 auf Tafeln, 11 Karten im Text und einer mehrfarbigen Karte der Schweiz nach Konfessionen. 366 [+ Tafeln 12] S. 8. Einsiedeln etc., Benziger & Co. A. G., 1906. [geb. fr. 3. 25]

Grundriß der Welt- und Schweizergeschichte für Sekundar-, Bezirks- u. Realschulen, sowie d. untern Klassen des Gymn. Von Dr. J. Helg, ehedem Lehrer in Rorschach. T. 1. 2. *Einsiedeln, Köln: Benziger & Co.* 1898–1903. 2 Bde 8° [J.]
1. Altertum u. Mittelalter. (2. Aufl.) 1903.
2. Die neuere u. neueste Zeit. 1898.

Helge, Hans [Pseud.], s.a. Bechmann, Adolf

Helge, Hans, Odysseus auf Scheria. (Nausikaa.) Trauerspiel in 5 Aufzügen, auf der Grundlage des Goetheschen Entwurfs verf. (128 S.) 8. Leipzig 907. Modernes Verlagsbureau. 2 —

Odysseus auf Scheria (Nausikaa). Trauerspiel in 5 Aufz. auf d. Grundlage d. Goetheschen Entwurfs verf. von Hans **Helge**. Berlin-Leipzig: C. Wigand 1907. (127 S.) 8°

Helgelin, C. M. Allgemeines Handbuch der Heizung. Stuttgart 1827. 8

Helgendorf, Helga v., gegen den Strom. — Auf heißem Boden. 2 Novellen. 8. (103 S.) Dresden 901. E. Pierson. n. 2. —; geb. n. 3. —

Helgers, Eduard. Beiträge zur Geologie der westlichen Gehänge des Lauterbrunnenthales. Diss. Phil. Bern ... von Josef Heinrich Ed' H' aus Zürich. [Mit 20 Figuren, 3 Tafeln und 1 Karte.] 64 S. 8. Bern, K. J. Wyss, 1905.

Helgers, Eduard. Die Lohnerkette. Eine geotektonische Skizze. [Mit 2 Profil-Tafeln.] 20 S. 8. Bern, K. J. Wyss, 1909.

Helgers, Josef Heinrich Eduard, s. Helgers, Eduard

Helgo, E. [Pseud.], s. Lindemann, M.

Helgoland [Sachliches OW]

Helgoland. [Leipzig 1847.] V: *Röding, Johann Friedrich Wilhelm.* (Schr)

Helgoland. 50,000 u. 150,000. G. M. 1866.

Helgoland. Hamburg 1890 Quer-Fol.
Enthält Photographien vom 9. u. 10. Aug. 1890. auf denen die Übergabe der Insel an Deutschland zur Darstellung kommt; erhalten sind nur 8 Bl.

Helgoland. 14 photograph. Aufnahmen. qu. gr. 4. Hamburg 892. Strumper & Co. In Leinw.-Mappe 20. —

— **Unsere Reichsinsel, geschildert von F. Frhr. v. Dincklage-Campe** 16 Foliobilder in photogr. Kunstdruck, aufgenommen u. ausgeführt v. Dr. E. Mertens & Co. in Berlin. Fol. (26 S.) Berlin 894 C. Skopnik. Geb. in Leinw. n. 20. —; m. 16 Chromobildern in Celluloidbd. n. 40. —

Helgoland, Cuxhaven, Bremerhaven, Wilhelmshaven. Führer u. Rathgeber f. Touristen u. Kurgäste. Mit 1 Kt. u. 1 Abb. 4. erw. Aufl. Hamburg: Verlagsanst. u. Dr. Actien-Ges. 1892. 50 S. 8°
(Seeligs Führer.)

Helgoland u. die Helgolander. Memorabilien d. alten Helgolander Schiffscapitains Hans Frank Heikens. Hrsg. v. Adolf Stahr. 8. (10⅛ B.) Oldenburg 844, Schulze'sche Buchh. —

Helgoland in d. Jahren 800, 1300, 1649, 1830. (Mit geschichtl. Notiz.) Lith. u. ill. Fol. Hamburg, Berendsohn.

Die Insel **Helgoland**. Prakt. Reiseführer. 22. Aufl., neu bearb. von [Nikolaus] Schiller-Tietz. Mit 2 Karten. Berlin: A. Goldschmidt 1908–09. (IV, 40, 4 S.) 8°
— Reiseführer, Griebens. Bd 107.

Helgoland, Nord- und Südhafen. 1 : 5000. (No. 74). 1895. 1 Bl. c. I..

Helgoland [Schlagwort]

— s.a. Berlin. Hornbogen, F.

Helgoland, s.a. Deutschland. Kürschner-Peip.

Helgoland, s.a. Kanalkarten.

— s.a. Seekarten.

Helgoland. Aeuckens, Fr., Plan der Insel Helgoland Chromolith. Imp.-Fol. Helgoland 886. (Hamburg, Kramer.) n. 2. —

Charte von Helgoland und der Düne. (1 : 25000.) o. O. u. J Lithogr. 1 Bl. 8°, 22 15 cm. Aufgez. a. Leinen.

Helgoland — Karte von —. Aufgen. von T. Rodowicz. 2,666. Berlin bei S. Schropp. 1850. Mit Nebenkarten. 1 Bl.

Helgoland. Wenzel, Plan v. Helgoland. Gezeichnet v. Alker u. Hahn. 1 : 3000. 46,5 × 53,5 cm. Farbdr. Cuxhaven (906). A. Rauschenplat. n. — 60

Helgoländer Bucht [Schlagwort]

Helgoländer Bucht, s.: Seekarten.

Heliand

— von M. Heyne, s.a. Bibliothek der ältesten deutschen Literatur-Denkmäler.

— hrsg. v. Heinr. Rückert, s.a. Dichtungen, deutsche, d. Mittelalters.

— hrsg. von E. Sievers, s.a. Handbibliothek, germanistische.

Heliand, s.a. Küntzel, Otto.

Heliand. Hrsg. von Otto Behaghel, s.a. Textbibliothek, altdeutsche.

Heliand. Poema Saxonicum seculi noni. Accurate expressum ad exemplar Monacense infertis e Cottoniano Londinensi supplementis nec non adjecta lectionum variet. nunc primum ed. J. A. Schmeller. (Heliand, od. d. altsächs. Evangelien-Harmonie. 1. Lfg. Text.) 4maj. (23⅓ B.) Stuttgartiae 830, Cotta. Schrbp. 2 Thlr., Vlnp.

Heliand oder die altsächsische Evangelienharmonie. Genau nach der Münchener Handschrift .... mit hinzugefügten Erläuterungen nun zum ersten Male herausgegeben von J. A. Schmeller. 2 Abtheilungen. Ebendas., 1830—1840, gr. 4°, 18,50 Mk.

-- der, oder die altsächsische Evangelienharmonie. Stabreimend übers. von C. W. M. Grein. Rinteln 854. Bösendahl. gr. 8. (X, 200 S.) 1 ℛ𝓉.

-- oder das Lied vom Leben Jesu, sonst auch die altsächsische Evangelien-Harmonie. In der Urschrift mit nebenstehender Uebersetzung, nebst Anmerkungen und einem Wortverzeichnisse. Von J. R. Köne. Münster 855. Theissing. gr. 8. (1 Bl., 612 S.) n. 3 ℛ𝓉.

Heliand. Christi Leben u. Lehre. Nach dem Altsächs. v. Karl Simrock, s.a. Hesse's, Max, Volksbücherei

Heliand. Christi Leben und Lehre. Nach dem Altsächsischen von K. Simrock. Elberfeld 856. Friderichs. 16. (IV, 275 S.) 27 ngr.

—— sächsische Evangelienharmonie aus dem 9. Jahrhundert. Ein Denkmal der ersten Blüthe des Christenthums im nördl. Deutschland. Uebertr. von Geo. Rapp. br. 8. (XV und 143 S.) Stuttgart 856, S. G. Liesching.

Heliand, Christi Leben und Lehre. Nach dem Altsächs. von K. Simrock. 2. Aufl. 8. (IV und 275 S.) Elberfeld 866, Friderichs.

—— der, oder die altsächsische Evangelien-Harmonie. Uebersetzung in Stabreimen nebst einem Anh. von Chrn. Wilh. Mich. Grein. 2. durchaus neue Bearbeitung. 8. (VI, 188 S.) Cassel 869, Kay. *ℳ 2,40.; geb. *

— oder die altsächsische Evangelien-Harmonie. Uebersetzung in Stabreimen nebst einem Anhang von Chrn. Wilh. Mich. Grein. 2. durchaus neue Bearbeitung. Cassel 869. Krieger. 8. (VI, 188 S.) n. 24 ngr.; in engl. Einb. n. 1 ℛ𝓉

Heliand. Christi Leben u. Lehre, nach dem Altsächs. von Karl Simrock. 3. Aufl. Mit Ornamenten aus Handschriften des IX. Jahrh. Lex.-8. (VI, 218 S.) Berlin 882. Grote. n. 8. —; geb. n. 12. —

Heliand. Hrsg. v. M. Heyne, s.a. Bibliothek der ältesten deutschen Litteratur-Denkmäler.

Heliand. Mit ausführl. Glossar hrsg. v. Mor. Heyne. 3. Aufl. gr. 8. (VIII, 385 S.) Paderborn 883. F. Schöningh. n. 6. —

Heliand. Nach d. Altsächs. v. Paul Herrmann, s.a. Universal-Bibliothek.

Heliand. Nach d. Altsächs. von Paul Herrmann. Leipzig: Ph. Reclam jun. [1895]. (203 S.) 8° [F.]
(Universal-Bibliothek. 3324. 3325.) [07. 17184 9

(Heleand [Heliand].) Die altsächsische Evangelienharmonie in die neuhochdeutsche Sprache übertr. v. Edmund Behringer. *Aschaffenburg: C. Krebs 1898.* (V S., 1 Bl., 261 S.) 1 Bd 8. [98. 3480

Heliand, nebst e. Anh. üb. Otfrieds Evangelienbuch, ausgewählt. v. Johs. Seiler, s.a. Denkmäler d. älteren deutsch. Litteratur. II. 3.

Heliand nebst einem Anhange über Otfrieds Evangelienbuch ausgew., übers. u. erl. von Dr. Johannes Seiler, Oberl. zu Bielefeld. *Halle a. S.: Buchh. d. Waisenh. 1900.* (VI, 83 S.) 8° [F.]
— Denkmäler d. Älteren deutschen Litteratur f. d. litteraturgesch. Unterr. an höh. Lehranst. 2, 3. [00. 3180

— u. Genesis, hrsg. v. Otto Behaghel, s.a. Textbibliothek, altdeutsche. Nr. 4.

Heliand und Genesis. Hrsg. von Otto Behaghel. Der Heliandausgabe. 2. Aufl. *Halle a. S.: M. Niemeyer 1903.* (XXXII, 279 S.) 8°
— Textbibliothek, Altdeutsche. No 4. [03. 3047 9

Heliand nebst den Bruchstücken der altsächs. Genesis, hrsg. v. Mor. Heyne, s.a. Bibliothek der ält. deutschen Literatur-Denkmäler. II.

Heliand nebst den Bruchstücken der altsächsischen Genesis. Mit ausführl. Glossar hrsg. von Moritz Heyne. 4. Aufl. Paderborn: F. Schöningh 1905. (VIII, 394 S.) 8°
= Bibliothek d. ältesten dtsch. Litteratur-Denkmäler. Bd 2. [05. 4063 6

Heliand nebst Proben aus der altsächs. Genesisdichtung u. aus Otfrieds Evangelienbuch, ausgewählt, übers. u. erläutert v. Johs. Seiler, s.a. Denkmäler der älteren deutschen Literatur. II, 3.

Heliand nebst Proben aus der altsächsischen Genesisdichtung u. aus Otfrieds Evangelienbuch ausgew., übers. u. erl. von Dr. Johannes Seiler. 2., durchges. u. erw. Aufl. Halle a. S.: Waisenhaus 1907. (VI, 87 S.) 8° [F.]
— Denkmäler d. älteren deutschen Literatur. 2, 3. [08. 633 3

Heliand. Christi Leben u. Lehre. Nach d. Altsächs. von Karl Simrock. Mit Einl. von Gotthold Klee. Leipzig: M. Hesse [1907]. (186 S.) 8° [F.] [07. 17184 9

Heliand. Leitfaden für die Simultanschule des Lebens. 1. Jubelbdchn. Religion u. Religiöses. — Gott u. Göttliches. gr. 8. (36 S.) Charlottenburg 887. Grundmann. n. — 50

Heliand. Monatsschrift zur Pflege religiösen Lebens f. gebildete Katholiken, hrsg. v. Herm. Hoffmann u. Bernh. Strehler. (Neue Folge der Friedensblätter.) 1. u. 2. Jahrg. Oktbr. 1909—Septbr. 1911. à 12 Hefte. (I. Jahrg. XII, 384 S.) gr. 8. Paderborn, F. Schöningh. à Jahrg. 3. —

Helianth. Ein Weihnachtslied. 32. (127 S. m. eingedr. Holzschn.) Wien 852, Wenedikt. cart. m. Goldschn. 1 ℛ𝓉

Helias, der Schwanenritter. Höchst wunderbare und erbauliche Geschichte, gar anmuthig zu lesen. 1. und 2. Aufl. gr. 16. (44 S.) Reutlingen 876, Enßlin und Laiblin's Verlagsh.

Helias, | der | Schwanenritter. | Höchst wunderbare und erbauliche Geschichte, | gar anmuthig zu lesen. | Zweite Auflage | Reutlingen. | Druck und Verlag von Enßlin und Laiblin. (= Reutlinger Volksbücher, 21).
o. J. (1877). 44 S. + 2 Bl. Anzeigen, 166 × 107, U.-Fig.: *Der Schwanenritter im Boot, sein Horn blasend,* 84 × 77.
LBS d. D. oct K 3402.
Frenzel: Stoffe S. 574-577.

Heliconus

Versammlungs-Rede der R. C. des alten Systems, gehalten vom Br Heliconus. Den 21. Sept. 1779. o. O. [1779]. XVI S. 8°
Üb. das Erlangen der Weisheit. 23.

Helse, Strosburjer, im Herr Vetter Daniel zen' Ehre gezeicht vom e. Burrjerskind. Erschts Schribbüechel voll. gr. 4. (12 lith. Taf.) Straßburg 893. (J. Noiriel's Sort.) n. 2. 50

Héligiobale XIX ou biographie du dixneuvième siècle de la France dediée à la Grande Nation (en signe de sympathie par un Allemand). S. l. [1843]. V: *Veltheim, Hans Graf von.* (Grisebach, Weltlitteraturkat. Berlin 1898—1900. I, 291.)

Helikon, des schlesischen, auserlesene Gedichte. 8. Frankf. 709.

Heling, Ernst, appr. Arzt: Die Therapie des Ulcus corneae serpens und ihre Resultate an der Greifswalder Klinik in den Jahren 1889—1907. Greifswald 1910: Abel. 29 S. 8°
Greifswald, Med. Diss. v. 21. Sept. 1910, Ref. Römer
[Geb. 3. März 85 Belgard i. P.; Wohnort: Belgard; Staatsangeh.: Preußen; Vorbildung: Gymn. Belgard Reife O. 03; Studium: Marburg 2, Berlin 4, Würzburg 1, Greifswald 3 S.; Coll. 5. März 09; Approb. 8. Febr. 10.] [U 11. 1638

Heling, J(onathan), Prof.: Geschichtszahlen, zusammengestellt für das Gymnasium in Belgard a. d. Persante. *Belgard 1902: G. Klemp.* (52 S.) 8° [F.]
Belgard, st. G, P 1902 (147)

Heling, Jonathan. Die Wahl d. römischen Königs Matthias. 1. Tl. gr. 4. (16 S.) Belgard 892. (Lpz., Fock.) * 1 —

[F. u. Ant.] **Heling,** Jonathan [Oberl.]: Die Wahl des römischen Königs Matthias. 1. Tl. Belgard, Druck v. G. Klemp, *1892*; 16 S. 4.
Belgard, st. G, P 1892 (129)

Heling, Reinhard: Pommerns Verhältnis zum Schmalkaldischen Bunde. Stettin 1906: Herrcke & Lebeling. (36 S.) 8° ¶(Erschien vollst. in: Baltische Studien N.F. Bd 10. 1906.)
Königsberg, Phil. Fak., Ref. Rachfahl, Diss. v. 27. April 1906
[Geb. 5. März 82 Piepenhagen b. Labes, Pommern; Wohnort: Königsberg i. Pr.; Staatsangeh.: Preußen; Vorbildung: Gymn. Dramburg Reife O. 02; Studium: Königsberg 8 S.; Rig. 20. Dez. 05.]

Helinkor, R. [Pseud.], s.a. Kornheil, R.

Helinkor, (R.,) Schotbne a. d. wirklichen Leben u. d. Gebiete d. Phantasie. Mit 1 Kpfr. 8. Nürnb. 826, Zeh.

Heliochromie, die. Das Problem des Photographirens in den natürl. Farben. Eine Zusammenstellung der hierauf bezügl. Arbeiten von Becquerel, Niépce und Poitevin. gr. 8. (III, 75 S.) Düsseldorf 883, Liesegang's Verlag. *

Heliochromie, Die. Das Problem des Photographirens in natürlichen Farben. Dusseldorf 1884

Heliochromie, die. Zusammenstellung der hierauf bezüglichen Arbeiten von Becquerel, Niépce und Poitevin. Düsseldorf 1884

Heliodora oder die Lautenspielerin aus Griechenland. Meissen 1799—1800. Zweite . . . Aufl. 1802. V: *Lindau, Wilhelm Adolph.* (Ky) (MGT) (GGr) (EE)

Heliodora, od. die Lautenspielerin aus Griechenland, (v. W. A. Lindau). 2 Thle. 8. Meißen ... 2e Aufl. 802. Goedsche. 1 ℛ 12 gr

Heliodora. Ein christliches Gedicht . . . Salzburg 1846. V: *Schumann von Mannsegg, Ignaz.* (Hr)

Heliodora. Ein christl. Gedicht aus Juvavia. Von J. S. M. gr. 8. (4 B.) Salzburg 846, Mayr'sche Buchh.

Heliodorus

Heliodori colometriae Aristophaneae quantum superest una cum reliquis scholiis in Aristophanem metricis edid. Carol. Thiemann. gr. 8. (VIII, 136 S.) Halle 869, Buchh. des Waisenhauses. *

Heliodorus Emesenus

Ἡλιωδώρου Αἰθιοπικά

Heliodor. *Ηλιοδωρου Αιθιοπικων βιβλια δεκα.* Cum animadversionibus [illegible] Bourdelotii ad vett. edd. recensuit Ioannes Petrus Schmidius. Lipsiae 1772.

— Aethiopica graece ad editiones vet. rec., et Bourtelotii notas add. Schmid. 8. Lips. Gleditsch. 772.

Heliodorus. Aethiopica. Leipzig 1805. H: *Coray, Admance (Koraes, Adamantios).* (ErschDL)

Ἡλιοδωρου αιθιοπικων βιβλια δεκα. προτροπη και θαπαρη Αλεξανδρου βασιλειον. Ο. Δ. Κοραης. (Heliodori Aethiopica c. Coray.) II Tmi. 8. maj. Lips. Reclam. 805.

Heliodori Aethiopicorum libri X ab Imman. Bekkero. Lipsiae 855. Teubner. 8. (VI, 318 S.) $22\frac{1}{2}$ ngr; Velinp. 1 ℛ.

Heliodor's zehn Bücher äthiopischer Geschichten. Aus dem Griech. übers. von Fr. Jacobs. Vollständig in 3 Bdchn. 16. Stuttgart ..., Metzler. Subscr.-Pr. à 1/6 ℛ

Heliodor. Zehn Bücher aethiopischer Geschichten, übersetzt von Friedrich Jacobs. Stuttgart 1832. 8°.

Heliodor, aethiopische Geschichten, v. Fr. Jacobs, s.a. Prosaiker, griech.

Heliodor's aethiopische Geschichten, s.a. Sammlung, neueste, ausgewählter röm. und griech. Classiker.

Heliodor's Aethiopische Geschichten. Aus d. Griech. von Fr. Jacobs. 3 Bdchn. 16. Stuttg. 837, 38. Metzler. (à 1/6 ℛ) 1/2 ℛ

Heliodor, übers. von Theod. Fischer, s.a. Bibliothek, Langenscheidt'sche, sämmtl. griech. und röm. Klassiker.

— — Aethiopische Geschichten übers. von Theodor Fischer. 2 Thle. Stuttgart, C. Hoffmann. 1867. 8°.
Hier einige Text-Ausgaben. Heliodori historiae aethiopicae libri X; graece. Parisiis 1530. 4°. (In Wiesbaden, Landesbibl.) — Historiae Aethiopicae libri X, nunquam antea (!) in lucem edit. (graece ed. Vincentius Obsopoeus, d. i. Vinc. Heidnecker, nicht Hel. Eob. Hesse). Basileae, ex officina Hervagiana 1534. Kl. 4°. 4 Bl., 242 S., 1 Bl. (3 Mk., wurmst., Heinr. Lesser, Breslau, c. 1878.) — Heliodori historia aethiopica, interprete Stanisl. Warschewiczky. Basileae, Oporin, 1552. Fol. — Heliodori Aethiopicorum libri X. Coll. MSS. Bibl. Palatinae & aliorum emend. Hieron. Commelini opera. (Mit Titelvign.) Graece et latine. Heidelbergae 1596. 8°. 15, 519, 48 pp. — Aethiopiae historiae libri X. St. Warschewiczki interpr. Vrsellis 1601. 12°. (Heinr. Schöningh's in Münster Jan.-Auct. 1894, no. 5225.) — Heliodori Aethiopicorum libri X, gr. et lat. text. recogn., sel. lect. var. adj. Ch. W. Mitscherlich. Strasburg (!), typogr. Gesellsch., 1798. II. Gr. 8°. (Ersch I, 1. 1822. Sp. 90.) — Idem (ex rec. D. Corav). Lips., Reclam, 1805. II. 8°. (6 Rthlr.) (l. c.)

Heliodor's äthiopische Geschichten. Aus dem Griech. übers. v. Thdr. Fischer. 1. u. 4.—6. Lfg. 2. Aufl. (1. Bd. VI u. S. 1—48 u. 2. Bd. S. 1—138.) kl. 8. Berlin-Schöneberg (910). Langenscheidt's Verlag. à Lfg. — 35

— Dass. s.a. Bibliothek der Übersetzungen sämmtlicher griechischer und römischer Klassiker.

Heliodorus, Emesinus. Historiae aethiopicae libri X, graece, c. animadverss. J. Bourdelotii ad vett. edd. recens. Jh. Pt. Schmid. 8. Leipz. 772. (Brockhaus). 1 ℛ

— gr. et lat. Text. recogn. select. varietat. adj. Chr. W. Mitscherlich. II Voll. 8 maj. Strassb. 792. Treuttel u. W. 4 ℛ (Auch in d. *Scriptores* erot. gr.)

Heliodorus. Aethiopische Liebes- und Heldengeschichte; a. d. Griech. . . . Jena 1750. Ü: *Agricola, Christian Wilhelm.* (Ky) (ML) (BrMm) (DegG) (Hoff)

* — — Aethiopische Liebes- und Helden-Geschichte, aus dem Griechischen des *Heliodorus* übersetzet durch M. C. W. A(gricola). Mit 8 Kpfrn. Jena, C. H. Cuno, 1750. 8°. 2 Alph. 3 Bog. (In Berlin: Vz 1050.)

— — Aethiopische Schriften. In: Griechische Prosaiker, in neuen Verdeutschungen, von Tafel, Osiander u. Schwab. Bd. XXV, Heft 1—2.

Heliodorus. Theagenes und Chariclea; eine . . . Geschichte . . . a. d. Griech. . . . Leipzig 1767. Ü: *Meinhard, Johann Nicolaus.* (ErschDL) (Gi) (BrMm) (DegG) (Hoff)

— Theagenes u. Charikleija, e. äthiop. Geschichte in 10 Büchern; aus d. Griech. übers. von J. N. Meinhard. 2 Thle. 8. Leipz. 767. Dyck. 1 ℛ 6 gℓ Schrbp. 1 ℛ 12 gℓ

— — Theagenes und Charikleia. Ein Roman, aus d. Griech. übers. v. Karl Wilh. Göttling. Frankfurt a. M., in der Andreäischen Buchh. 1822. Gr. 8°. (7 Mk. H. Streisand, Berlin, 1908.)
VIII—380 S. (incl. Anmerk. S. 367 sq.).

Heliodorus Prusensis

Heliodori in Ethica Nicomachea paraphrasis, s. a. Commentaria in Aristotelem graeca.

Heliodori [Prusensis] in Ethica Nicomachea paraphrasis. Consilio et auctor. Acad. litt. Regiae Boruss. ed. Gustavus Heylbut. Berolini: G. Reimer 1889. VIII, 246 S. 8°
(Commentaria in Aristotelem Graeca. Vol. 19, P. 2.) [10. 6063]

Heliogabal, s.: Fischer, Wilh.

— s.: Schmerzensweg, mein.

Héliogabale XIX ou biographie du 19. siècle de la France: dediée à la grande nation, par un Allemand. kl. Fol. (22 Bl. Carricaturen.) Braunschweig 843, Wehrt.

Heliogabalus u. Alexander Severus röm. Gesch. mit Erklär. einig. röm. Alterthümer. a. d. Franz. 8. Münster, Perenon. 779.

Heliode oder Abenteuer auf der Sonne. (Aus dem Engl. übers.) Leipzig 855. Weber. 8. (VIII, 341 S.) n. 1 ℛ. 15 ngr.

Helions Ehe, m. ihren Wonnen u. Thränen; e. Gemälde für reine Seelen. v. K. F. Wiesiger. 8. Zerbst, Fuchsel. 799.

Helions Ehen mit ihren Wonnen u. Thränen, (v. Karl. Fr. Wisiger). 8. Wien 800. Bauer u. D. 10 gℓ

Helios. Populäre Zeitschr. f. Literatur u. Kunst. Redig. v. A. Martiny, s. a. Mittwochblatt.

Helios. Populäre Zeitschrift für Literatur und Kunst. Redigirt von A. Martiny u. G. Fröbel. 1r — 7r Jahrg. à 48 Numm. 1834 — 1840. Rudolstadt, Fröbel. (Leipzig, Engelmann.) à Jahrg. 1½ ℛ

Helios, populär-kritische Zeitschrift für Literatur u. Kunst. Herausgeg. v. G. Fröbel. 5. (8.) Jahrg. 1841. 48 Numm. gr. 4. Rudolstadt, Fröbel. n. 1½ ℛ — Vergl. Vaterlandsfreund.

Helios. Organ der photographischen Gesellschaft zu Dresden. Hrsg. und redig. von Herm. Krone. 1.—4. Jahrg. 1870—1873. à Jahrg. 12 Hefte. (Bog. mit artist. Beilagen.) gr. 8. Dresden, Krone. à Jahrg. *
Die 4 Jahrg. zusammen, ermässigt

Helios. Monatliche Mittheilungen aus dem Gesammtgebiete der Naturwissenschaften. Organ des naturwissenschaftl. Vereins d. Reg.-Bez. Frankfurt, hrsg. v. E. Huth. 7. 8. Jahrgang. April 1889 — März 1891. à 12 Nrn. (1½ B.) gr. 8. Berlin, Friedländer & Sohn. à Jahrg. n. 4. —
s.: Mittheilungen, monatliche, aus dem Gesammtgebiete der Naturwissenschaften.

Helios. Abhandlungen u. monatl. Mittheilgn. aus dem Gesammtgebiete der Naturwissenschaften. Organ d. naturwissenschaftl. Vereins d. Reg.-Bez. Frankfurt. Hrsg. v. Ernst Huth. 9. u. 10. Jahrg. Apr. 1891— März 1893. à 12 Nrn. (1½ Bog.) gr. 8. Berlin, R. Friedländer & Sohn. à Jahrg. n. 4. —
Hörte auf im Buchhandel zu erscheinen, weitere Jahrgänge werden nur an Mitglieder des Vereins geliefert.

HELIOS. Abhandlungen und monatl. Mittheilungen aus dem Gesammtgebiete der Naturwissenschaften.
Organ des Naturwissenschaftlichen Vereins des Regierungs-Bezirks Frankfurt.
Herausgegeben von E. HUTH.
Bd. 9. Mit Beiträgen von HAGER, HERING, HÖCK ... (Mit 1 Tafel.) ib. 1892. —
Herausgegeben von ERNST HUTH.
Bd. 10[1]). Mit Beiträgen von BENNECKE, CANTER, DRESSLER ... ib. 1893. —
Bd. 11. Mit Beiträgen von DRESSLER, GRAF von FINCKENSTEIN, HIRTH ... ib. 1894. —
Bd. 12. Mit Beiträgen von BEHLA, CANTER, DRESSLER ... ib. 1895. —

Helios. Abhandlgn. u. monatl. Mittheilgn. aus d. Gesammtgebiete d. Naturwissenschaften. Organ d. naturwissenschaftl. Vereins d. Reg.-Bez. Frankfurt. 13.—15. Bd. gr. 8. Berlin (R. Friedländer & Sohn). n. 7. —
13. Mit Beiträgen v. Brand, Dressler, Harttung u. a. Hrsg. v. Ernst Huth. (IV, 100 S.) 896. n. 4. —
14. Mit Beiträgen v. Dressler, Huth, Lewy u. a. Hrsg. v. Ernst Huth. (III, 112 S. m. 2 Taf.) 897. n. 2. —
15. Mit Beiträgen v. Brand, Dressler, Laubert u. a. Hrsg. v. Hugo Roedel. (III, 88 S.) 898. n. 1. —

Helios. Abhandlungen u. Mittheilgn. aus dem Gesamtgebiete der Naturwissenschaften. Organ des naturwissenschaftl. Vereins des Reg.-Bez. Frankfurt. (Museums-Gesellsch.) 16.—19. Bd. Hrsg. v. Hugo Roedel. gr. 8. Berlin (R. Friedländer & Sohn). à n. 2. —
16. Mit Beiträgen v. Brand, Dressler, Keilhack u. a. (III, 96 S. m. 1 Taf.) 899.
17. Mit Beiträgen v. Brand, Dressler, Keilhack u. a. (IV, 107 S.) 900.
18. Mit Beiträgen v. Brand, Dressler, Keilhack u. a. (IV, 91 S. m. 2 Karten u. 1 Taf.) 901.
19. Mit Beiträgen v. Brand, Dressler, Höhnemann u. a. (III, 97 S. m. 1 Karte u. 1 Taf.) 902.

HELIOS. Abhandlungen und Mitteilungen aus dem Gesamtgebiete der Naturwissenschaften.
Organ des Naturwissenschaftlichen Vereins des Regierungsbezirkes Frankfurt (Museums-Gesellschaft).
Bd. 21. Mit Beiträgen von ALBRECHT, BRAND, DRESSLER ... 1 Buntdrucktafel, 3 Abbildungen im Text. ib. 1904. –
Organ des Naturwissenschaftlichen Vereins des Regierungsbezirkes Frankfurt (Oder). Herausgegeben von H. ROEDEL.
Bd. XXII. Mit Beiträgen von ALBRECHT, BRAND, DRESSLER ... ib. 1905. –
Bd. XXIII. Mit Beiträgen von ALBRECHT, BRAND, DRESSLER ... (Mit 6 Abbildungen im Text.) ib. 1906. –
Bd. XXIV. und XXV. (Mit Tafeln.) ib. 1908. –

Helios. Abhandlungen u. Mitteilgn. aus dem Gesamtgebiete der Naturwissenschaften. Organ des naturwissenschaftl. Vereins des Reg.-Bez. Frankfurt (Oder). 23.—26. Bd. gr. 8. Berlin (R. Friedländer & Sohn). à 2.—
23. Mit Beiträgen von Albrecht, Brand, Dressler u. a. Hrsg. v. H. Roedel. (III, 141 S. m. 6 Abbildgn.) 906.
24. 25. Mit Beiträgen von Albrecht, Brand, Dressler u. a. Hrsg. v. H. Roedel. (IV, 192 S. m. 1 Bildnis.) 908.
26. Mit Beiträgen von Albrecht, Brand, Keilhack u. a. Hrsg. v. H. Roedel. (IV, 184 S. m. 3 Taf.) 910.

— Export-Zeitschrift f. Elektrotechnik. (In deutscher, französ. u. engl. Sprache.) Red.: E. Mueller. 1. Jahrg. Oktbr. 1894—Septbr. 1895. 24 Nrn. (à ca. $1^1/_2$ Bog.) gr. 4. Leipzig, Hachmeister & Thal. n. 6. —

Helios. Export-Zeitschrift f. Elektrotechnik. (In deutscher, französ. u. engl. Sprache.) Red.: E. Mueller. 2.—5. Jahrg. Oktbr. 1895—Septbr. 1899. à 24 Nrn. (à ca. 2 S.) gr. 4. Leipzig, Hachmeister & Thal. à Jahrg. n. 6. —

— Export-Zeitschrift f. Elektrotechnik. (In deutscher, französ. u. engl. Sprache.) Red.: E. A. Mueller. 6. Jahrg. 5. Quartal. Oktbr.—Dezbr. 1899. 6 Nrn. gr. 4. (à ca. 20 S. m. Abb.) Leipzig, Hachmeister & Thal. n. 1. 50

— dasselbe. Red. des techn. Teiles: K. Schindler; des Handelsteiles: K. Thal. 6.—8. Jahrg. 1900—1902. à 52 Nrn. hoch 4. (VI, 864; VI, 1200 u. VI, 1382 S. m. Abbildgn.) Ebd. à Jahrg. n. 6. —

Helios. Export-Zeitschrift f. Elektrotechnik. (In deutscher, französ. u. engl. Sprache.) Red. des techn. Teiles: Osk. Arendt, des Handelsteiles: K. Thal. 9.—11. Jahrg. 1903—1905. à 52 Nrn. (X, 1452; XII. 1880 u. VIII, 1536 S. m. Abbildgn.) hoch 4. Leipzig. Hachmeister & Thal. à Jhrg. n. 4. —

— dasselbe. 12. Jahrg. 1906. 52 Nrn. Mit d. Beilage: „Der Elektropraktiker". 13 Nrn. (VIII, 1608 u. 104 S. m. Abbildgn.) hoch 4. Ebd. n. 4. —

Helios. Fach- u. Export-Zeitschrift f. Elektrotechnik. Electrical export trade journal. Journal d'exportation pour l'électricité. (In deutscher, französ. u. engl. Sprache.) Schriftleitg.: C. Fredenhagen. 13.—16. Jahrg. 1907—1910. à 52 Nrn. (à ca. 72 S. m. Abbildgn.) 31 ×23,5 cm. Leipzig, Hachmeister & Thal. 1907. 08 à 6.—; 1909. 10 à Jahrg. 8. —

— Organ des naturwissenschaftl. Vereins des Reg.-Bez. Frankfurt (Museums-Gesellschaft) zu Frankfurt a. d. Oder. 20.—22. Bd. gr. 8. Berlin (R. Friedländer & Sohn.) à n. 2. —
20. Mit Berichten der naturwiss. Vereinigung zu Guben u. Beiträgen v. Albrecht, Brand, Klittke, Matsdorf, Ochsenius. 1 Kartenbeilage, 4 Taf., 3 Abbildgn. im Text u. Gesamt-Inhalts-Verzeichnis zu d. Bänden XI—XX. (IV, 159 S.) 903.
21. Mit Beiträgen v. Albrecht, Brand, Dressler u. a. (VI, 200 S. m. 3 Abbildgn. u. 1 farb. Taf.) 904.
22. Mit Beiträgen v. Albrecht, Brand, Dressler u. a. Hrsg. v. H. Roedel. (IV, 185 S.) 905.

HELIOS. Organ des Naturwissenschaftlichen Vereins des Regierungsbezirks Frankfurt (Oder).
Herausgegeben von H. ROEDEL.
Bd. 26. (Mit 3 Tafeln.) Mit Beiträgen von ALBRECHT, BRAND, KEILHACK ... ib. 1910. –
Bd. 27. Mit Beiträgen von BRAND, KEILHACK, KLITTKE † ... ib. 1913. –

Helios, Der, in den Jahren 1882 bis 1900. Ein Beitrag zur Entwicklungsgeschichte der Elektrotechnik. Barmen 1900. V: *Müllendorff, Eugen.* (StBKöln II, 280)

Helios der Titan; oder Rom und Neapel; eine Zeitschrift ... Leipzig 1801—4. Ü: *Benkowitz, Carl Frdr.* (MGT) (Ky) (Cb) (GGr)

Helios, d. Titan, od. Rom u. Neapel, eine Zeitschr. a. d. Ital. (v. Benkowitz.) 1s—3s Heft. gr. 8. Leipzig, Graff. 802—4. (1s 2s à 1 Rthlr. 8 gr. 3s 20 gr.)

Helios, d. Titan, od. Rom u. Neapel, e. Zeitschrift; aus d. Ital. (von Karl Fr. Benkowitz). 1s—3s Hft. gr. 8. Leipz. 802—4. (Wienbrack). 3 ₰ 12 gr

Héliot, s. Hélyot.

Helius Romanus
s. Romanus, Helius. Inv. [illegible]

Helke. Schauspiel aus der deutschen Heldensage. Leipzig 1856. V: *Rieger, Maximilian.* (BrVV) (Burger, A. Bibliographie der schönen Litteratur Hessens. Nieder-Ingelheim 1907 I, S 60.)

Helke. Schauspiel aus der deutschen Heldensage. 8. (93 S.) Leipzig 856, Brockhaus.

Helken, P., Anweisung, bei d. heil. Messe d. Priester am Altare zu dienen. 8. (1 B.) Vacha 839, Schmitt u. Müller.

Helkenberg, Emil, Beiträge zur Kenntniss des Orcins, Inaugural-Dissertation. 8. (40 S.) Göttingen 878. (Vandenhoeck & Ruprecht.) n. — 80

Helkenberg, Heinrich Wilhelm Ernst, aus Bremen: **Beiträge** zur Bestimmung der Konstitution zweier Isomerer[!] der Crotonsäuren. *Leipzig 1901: Metzger & Wittig.* (30 S.) 8°
Leipzig, Phil. Diss. v. [19. Jan.] 1901

Helkenberg, Hugo [approb. Arzt aus Hagen i. Westf.]: Beitrag zur Casuistik der Fremdkorper der weiblichen Blase .... Würzburg, *Bremen, Druck v. H. Frese,* 1886; 27 S. 8°.
Würzburg, Med. Fak., Inaug.-Diss. v. 1886.

Helkenberg, Hugo, Beitrag zur Casuistik der Fremdkörper der weiblichen Blase. Diss. Würzburg 1886. Stahelsche Univ.-Buchh. 8°. 27 S.

Hell

— s.: Jahreshefte d. Vereins f. vaterländ. Naturkunde in Württemberg.

Hell, über Lahmheiten der Gelenke u. Sehnen bei Pferden, s.a. Beiheft zum Militär-Wochenblatt.

Hell. Über Lahmheiten der Gelenke und Sehnen. Berlin 1888. 8°. (Bh. z. M. W. B.)

Hell, Dr. A., Nachricht über die in dem Pfleggerichte Tittmoning herrschende Epidemie. gr. 8. Salzb. 792. (Duyle). 3 ½

Hell Adolf: Die physiologische Natur des Psychischen.
1906 PN 2109 Diss. Wien, Univ. 112

Hell Alois: Über die historischen Beinamen im Geschichtsunterrichte. 22. Smichow 91.
Progr.

Hell Alois: Eine Geographie aus dem Mittelalter. (14.) Bruneck R. 75.
Progr.

Hell, Alois: Das nördliche Kalkalpen- und das Centralalpengebiet Tirols in einigen Beziehungen zu den Lebensverhältnissen seiner Bewohner. 20 S. – Bruneck, R.,Progr. 1878.

Hell, Alois: K a t a l o g der Lehrerbibliothek. 21; 23 S. Smichow, St. G., Progr. 1900. 1901

Hell, Bernhard, a. Stuttgart: Ernst Mach's Philosophie. Eine erkenntniskritische Studie über Wirklichkeit und Wert. Stuttgart: F. Frommanns Verlag (E. Hauff) 1907. (130 S.) 8°
Freiburg i. B., Phil. Fak., Ref. Rickert, Diss. v. 1907
[Geb. 2. Mai 77 Stuttgart; Wohnort: Stuttgart; Staatsangeh.: Württemberg; Vorbildung: Eberhard-Ludwigs-Gymn. Stuttgart Reife Juli 97; Studium: T.H. Stuttgart 8, Univ. Göttingen 2, Freiburg i. B. 4 S.; Rig. 25. Juli 06.]

HELL, C.: Der Fuchsfänger. Eine Anweisung zum Fange von Füchsen, Ottern, Dachsen ... in Eisen und Fallen, nach einer von den bisher bekannten Fangweisen abweichenden Methode. - Königsberg i. d. N. 1866. 20 S.

Hell's, C. F. van, der Regisseur. Fachblatt f. Theater, Musik u. Kunst. Red.: Ferd. Pfundheller. 5. Jahrg. Septbr. 1902—Oktbr. 1903. 20 Nrn. gr. 4. (à ca 8 S. m. Fig.) Berlin (H. Steinitz). n. 20. —
Vergl.: Regisseur, der.

Hell's, C. F. van, der Regisseur. Fachblatt f. Theater, Musik u. Kunst. Red.: Ferd. Pfundheller. 6.—8. Jahrg. Oktbr. 1903—Septbr. 1906. à 20 Nrn. (à ca. 8 S. m. Fig.) gr. 4. Berlin (H. Steinitz). à Jhrg. n. 20.—; halbjährlich 11. —

Hell, Camillo

Ideale Planimetrie. Eine Botschaft v. Gesetz d. Kreise, überbracht von Camillo Hell. *Wien: Verl. d. Verf. 1904.* (47 S., 48 Taf.) 8° [illegible]

Hell, Carl, s. H e l l , Karl

HELL, Elisabeth (Guadalajara): Jugendliche Schneiderinnen und Näherinnen in München.- Stuttgart: Union 1911. 178 S. = Münchener volkswirtschaftliche Studien. 115.
16.11.1911 - Chr 1911/12,24; U 12.5518
Diss. Ingolst.-Landsh.-Mchn.

Hell, Eugen

Kritische und exegetische Bemerkungen zu Euripides' Helena. I. Teil. — Von Dr. Eugen Hell, G.-L. — 1906, Nördlingen, C. H. Beck. — P. 3–56.
Progr. Günzburg, a.D., K. Gymn.

Hell, F. L.

Hell, Krankheiten der Muskeln, Faszien, Nerven u. Gefässe an den Extremitäten, s.a. Handbuch der tierärztlichen Chirurgie u. Geburtshilfe. IV, 1.

Hell, Fr., der Krieg in Deutschland im Jahre 1813, verbunden mit interessanten Zügen u. Schilderungen aus dem Leben wackerer Krieger u. Feldherren. (Mit den Charakteristiken von Napoleon, Schwarzenberg, Blücher, Scharnhorst u. Gneisenau.) 8. Quedlinburg 841, Ernst'sche Buchh. ½ ß

Hell, Franz, od. d. Irrwege für Geweihte u. Suchende, v. K. A. Ragozky, m. 11 K. 2 Thle. 8. Cöthen, Auc. 803.
Postpap.

Hell, Frz., Soldatenehre, s.a. **Geschichten, intime.**

Soldatenehre. Beitrag z. Feldzuge gegen d. Herero von Franz **Hell**. Berlin: Berliner Roman-Verl. [1904]. (47 S.) 8° [F.]
— **Geschichten**, Intime. 12. [illegible]

Nach dem Zapfenstreich. Ein Militär-Erlebnis von Franz **Hell**. Berlin: Berliner Roman-Verl. [1904]. (48 S.) 8° [F.]
— **Geschichten**, Intime. 13. [illegible]

– Dass. s.a. G e s c h i c h t e n , Intime.

Hell, Gust., pharmaceutisch-technisches Manuale. Anleitung zur verbesserten Darstellg. vieler officinellen u. zur Bereitg. aller nicht officinellen pharmaceut. Composita, sowie zum richt. Betriebe der pharmaceut. Nebenindustrie. Ein Handbuch f. die Apotheker in Oesterreich-Ungarn. 1. Pharmaceut. Theil. gr. 8. (XXXII, 267 S.) Wien 873. (Buchholz & Diebel.) n.n. 7. —

Hell, Gust., pharmaceutisch-technisches Manuale. Anleitung zur verbesserten Darstellung vieler officinellen u. zur Bereitung aller nichtofficinellen pharmaceutischen Composita, sowie zum richtigen Betriebe der pharmaceutischen Nebenindustrie. Ein Handbuch zunächst für die Apotheker in Oesterreich-Ungarn. I. Pharmaceutischer Thl. 2., verb. u. verm. Aufl. gr. 8. (IV, 355 S.) Wien 877. 79. Buchholz & Diebel. n. 7. - ; geb. n. 8. —; geb. u. durchschossen n. 8. 30

— dasselbe. 2. Thl. Die pharmaceutische Nebenindustrie. Anleitung für Apotheker zum Betriebe verschiedener Industriezweige. Mit 21 erläuternden (eingedr. Holzschn.-)Abbildungen. 8. (VIII, 374 S.) Ebend. 879. n. 7. —; geb. n. 8. —; geb. u. durchsch. n. 8. 30

H e l l , Gust., pharmaceutisch-technisches Manuale. Anleitung zur rationellen Darstellung pharmaceut. Präparate, Composita und Hilfsartikel, zur Bereitung offizineller und nicht-offizineller Arzneimittel, sowie zum richt. Betriebe der pharmaceut. Nebenindustrie. Ein Handbuch für Apotheker. 1. und 2. Thl. gr. 8. Troppau, Buchholz und Diebel.
à Thl. *M 7.50. *
geb. à Thl. *M 8.50. *

Inhalt:

Thl. 1. Pharmaceutischer Theil. Arbeits- und Nachschlagebuch für Receptur und Defectur. 3. umgearb. und wesentlich verm. Aufl. (V, 478 S.) 885. (Durchsch. Exempl. geb. *M 9.—.)
» 2. Die pharmaceutische Nebenindustrie. Anleitung für Apotheker zum Betriebe verschiedener Industriezweige. 2. verb. und verm. Aufl. (VIII, 471 S. mit 21 erläut. Abbild.) 888.

Hell, Gust., pharmaceutisch-technisches Manuale. I. Pharmaceutischer Thl. Arbeits- u. Nachschlagebuch f. Receptur u. Defectur. 3. Aufl. gr. 8. (V, 478 S.) Troppau 886. Buchholz & Diebel. n. 7. 50; geb. n. 8. 50; u. durchsch. n. 9. —

Hell, Gust., Pharmaceutisch-technisches Manuale. Anleitg. z. rationellen Darstellg. pharmaceut. Präparate, Composita u. Hilfsartikel, zur Bereitg. offizin. u. nicht-offizin. Arzneimittel, sow. z. richt. Betriebe d. pharmaceut. Nebenindustrie. E. Handbuch f. Apotheker. I. Pharmaceut. Thl. Arbeits- u. Nachschlagebuch f. Receptur u. Defectur. 4., umgearb. u. wesentl. verm. Aufl. gr. 8. (VI, 627 S.) Troppau 898. Buchholz & Diebel. n. 8. 50; geb. n. 9. 50; u. durchsch. n. 11. —

Hell, Gust., pharmazeutisch-technisches Manuale. Anleitung zur rationellen Darstellg. pharmazeut. Präparate, Komposita u. Hilfsartikel zur Bereitg. offizineller u. nichtoffizineller Arzneimittel, sowie zum richt. Betriebe der pharmazeut. Nebenindustrie. Ein Handbuch f. Apotheker. 2 Tle. 8. Wien 910. Urban & Schwarzenberg. à 12.—; geb. à n 13. 50
1. Pharmazeutischer Tl. Arbeits- u. Nachschlagebuch f. Rezeptur u. Defektur. 5., umgearb. u. wesentlich verm. Aufl. (VII, 750 S.)
2. Die pharmazeut. Nebenindustrie. Anleitung f. Apotheker zum Betriebe verschied. Industriezweige. 4., verb. u. verm. Aufl. Mit 30 erläut. Abb. (VIII, 599 S.)

Hell, Gust., die pharmaceutische Nebenindustrie. Anleitung f. Apotheker zum Betriebe verschiedener Industriezweige. Des pharmaceutisch-techn. Manuales II. Tl. Mit 30 erläut. Abbildgn. 3. verb. u. verm. Aufl. (VIII, 585 S.) gr. 8. Troppau 903. Buchholz & Diebel. n. 8. 50; geb. n.n. 9. 50

Die pharmaceutische Nebenindustrie. Anleitung f. Apotheker z. Betriebe verschiedener Industriezweige. Von Gustav Hell, Apotheker. Mit 30 erl. Abb. 4., verb. u. verm. Aufl. Berlin, Wien: Urban u. Schwarzenberg 1910. VIII, 599 S. 8°
(Hell: Pharmazeut.-techn. Manuale. 2.) [10. 1331]

Hell, H. Das Duell. Ein Problem. Berlin 1904. 72 S.

Hell, J., d. prakt. Arzt als Augenarzt. Kurzes Handbuch f. prakt. Aerzte u. Studierende. 1. u. 2. Aufl. 12. (V, 118 S.) Ravensburg 897. O. Maier. n. 2.—

Hell, J. (Hrsg.), s. Piening, Theodor: Snack un Snurren.

Hell, J., s. Wissenschaft u. Bildung.

Hell, J. C. L.: Resumé über die Petrefacten Würtembergs in Hinsicht ihrer geognostischen Verhältnisse. St. Petersburg. 1854. 8⁰

Hell, Jak., das Messen-Stiftungswesen in Nieder-Oesterreich. 8. (8½ B.) Wien 838, Pichler sel. Wwe.

HELL, Joseph (Beilngries): De concretione digitorum.- Landshut: Storno 1820. 32 S., Taf. 4 Bl.
30.8.1820 - Po 381; P 58
Diss. Ingolst.-Landsh.-Mchn.

Hell, Jos., s.: Farazdak, Divan.

HELL, Joseph (Traunstein): Jahres-Bericht über die erste chirurgische Abtheilung des allgemeinen Krankenhauses zu München im Etatsjahr 1865/66.- München: Stahl 1868. 15 S.
18.11.1865 - Urk (Titel: De aegrotis primae chirurgicae classis urbani valetudinarii Monacensis.); P 71
Diss.Ingolst.-Landsh.-Mchn.

Hell, Jos., die Kultur der Araber, s.a. Wissenschaft u. Bildung.

Die Kultur der Araber. Von Dr. Joseph Hell, Prof. Mit zahlr. Abb. u. 1 Taf. Leipzig: Quelle & Meyer 1909. 144 S. 8°
(Wissenschaft u. Bildung. 64.) [10. 1324]

— das Leben des Farazdak nach seinen Gedichten u. sein Loblied auf Al-Walîd ibn Jazîd, Dîw. 394. Text, Übersetzg. u. Kommentar. (70 S.) gr. 8. Leipzig 903. (O. Harrassowitz.) n. 2. 80

Hell, Joseph, Dr.: Al-Farazdaḳ's Lieder auf die Muhallabiten. Text, Übers. u. Kommentar. *Leipzig 1903: G. Kreysing.* (33 S.) 8°
München, Phil. Hab.-Schr. v. 1903
(Nicht für den Austausch)

Hell, Joseph, aus Vilsbiburg: Farazdaḳ's Lobgedicht auf Al-Walid ibn Jazid (Diw. 304). Nebst Einleitung üb. d. Leben d. Farazdaḳ nach seinen Gedichten. *Leipzig 1902: G. Kreysing.* (IV, 38 S.) 8° ¶[Erschien vollst. 1903 bei Harrassowitz in Leipzig.]
München, Phil. Diss. v. 1902

Hell, Karl

Hell, Carl, s.: Handwörterbuch, neues, der Chemie.

Hell Karl: L vor Konsonant im Süd- und Südostfranzösischen.
1906 PN 2116 Diss.Wien, Univ. 2274

Hell, Karl, neu bearbeitete, planmäßig geordnete Musterbeispiele zur Anfertigung der schriftlichen Aufsätze in den deutschen Elementarschulen zu Diktirübungen ꝛc. sowie zum Selbstunterrichte und zur Uebung im schriftl. Gedanken-Ausdrucke überhaupt. [2. Aufl. der „Materialien zur Anfertigung der schriftl. Aufgaben".] gr. 8. (119 S.) Kempten 874, Kösel'sche Buchh. *

Hell, Klaus, u. W. Wachholz, stenographische Schönschreibschule (Stolze-Schrey). 1. u. 2. Heft. (à 32 S.) 8. Flensburg (910). A. Westphalen. à nn — 35

Die Schule im Einigungsrate v. Klaus Hell. [Berlin. (1907.)] 8° Sonderabdruck aus: Der deutsche Stenograph. Jg. 1907, Nr. 6—8. [Kopft.]

Hell, Klaus, Schullehrbuch der vereinfachten deutschen Stenographie (Einigungssystem Stolze-Schrey.) (IV, 64 S.) 8. Flensburg 906. A. Westphalen. n. — 80; Schreibheft dazu — 15; Schlüssel. (34 S.) — 60

Die Stenographie im 20. Jahrhundert. Vortrag geh. . . . v. Klaus Hell. [Berlin. (1907.)] 8° Sonderabdruck aus: Der deutsche Stenograph. Jg. 1907, Nr. 14—17. [Kopft.]

Stenographie und Schule v. Klaus Hell. Berlin. [1906.] 8°

Hell, L[udwig]. Über die Ätiologie und Prophylaxe der postoperativen Thrombophlebitis. Aus der geburtshilflich-gynäkologischen Klinik zu Basel. Diss. Med. Basel. 42 S. 8. Leipzig, Georg Thieme, 1909.

Hell, Maximilian

— adjument. memoriae, manuale chronol. geneal. hist. 16. Wien 750. Ed. II. 774. Ed. VI. 789. Ghelen. 10 ℊ

Hell, Maximilian. Adjumentum memoriae manuale chronologico-genealogico-historicum . . . Viennae 1789. H: *Mezburg, Georg Ignaz von.* (so) (Jes)

— Anleit. zum nützl. Gebrauch d. künstl. Stahlmagneten. 8. Breslau 762.

Hell, Maximilian. Beiträge zur praktischen Astronomie. A. d. Lat. Wien 1791—94. Ü: *Jungnitz, Longinus Anton.* (Nowack, Schles. Schriftst.-Lex. Bresl. 1836—43. III, 61.)

— Beitr. zur prakt. Astronomie; aus d. Latein. v. L. Ant. Jungnitz. 4 Thle., mit Kpf. gr. 8. Bresl. 791—94. J. F. Korn. 5 ℊ

— Compendia varia praxesque omnium operation. arithmeticarum, itemque regulae aureae simplicis, compositae etc. cum primis ad usus mercatorum et civiles applicatae. 8. Claudiopoli 755.

— planetarum Saturni, Jovis etc. descript. 8 maj. Wien 764. Trattner. 8 ℊ

— Diplomata, Bullae, Privilegia, libertates, immunitates, Constitutiones et Satuta etc. antiq. Universitatis Vindobonensis. med. 4. Vien. Tendler. 791.

— diplomata, biellae, privilegia, libertates, immunitates, constitutiones et statuta etc. antiq. universitatis Vindobonensis. med. 4. Wien 791. (Trattner). 2 ℔

Hell, Max., († d. 14. April 1792.) elementa arithmeticae numericae et literalis. 8 maj. Wien 755. Ed. III. 763. Ed. IV. 773. (Trattner). 12 ℊ

Max. Hell Elementa arithmeticae numericae et literalis seu algebrae. Viennae. 8 maj. (16 gr.) 1761.

Hell, Max., elementa arithmeticae s. algebrae. 8. maj. Vien. Tendler. 773.

Hell, M. Ephemerides astronomicae ad meridianum Vindobonensem ... Vindobonae 1757—93. V (1769—93): *Pilgram, Ant.* (Ky)

-- Ephemerides astronomicae ad meridian. Vindobon., a. 1757—93. (v. 1769—93. v. P. Pilgram). 8 maj. Wien 757 — 93. Trattner. 32 ℔ 22 ℊ. (Fortsetz., vgl. Trisnecker).

-- Appendix ad Ephemerides 1767 elogium Petr. Anich continens. 8 maj. Wien 766. Trattner. 4 ℊ id. ad ann. 1777. Aurorae borealis theoria nova. P. I. Cum V tabb. aen. 8 maj. ibid. 776.

Hell, M. Chronologisches, genealogisch-historisches Handbuch zum Behuf des Gedächtnisses; a. d. Latein. Wien 1800. Ü: *Geissau, Anton Ferdinand von.* (Ky)

-- chronolog. geneal.-histor. Handbuch zum Behuf d. Gedächtnisses; aus d. Latein. (v. A. v. Geissau). 8. Wien ... Mit n. Tit. 800. Schaumburg. 20 ℊ

— methodus astronomica sine usu quadrantis vet. sectoris aut alterius cujusvis instrumenti in gradus circuli divisi etc. 8. Wien 774.... Deutsch unt. d. T.: Astronom. Art, ohne Gebrauch e. Quadranten od. Sectors, oder e. andern in Cirkelgrade getheilten Instruments etc. blos durch Hülfe eines Sehrohrs etc. die Polhöhe e. jeden auf d. festen Lande gelegenen Orts zu bestimmen. 8. Ebd. 775.

— monumenta aere perenniora inter astra ponenda. Cum tabb. aen. 8 maj. Wien 789. Trattner. 8 ℊ

— observat. astronom. ab 1717—52 etc., s. A. Hallerstein.

— observat. transitus Veneris ante discum solis d. 3; Juni 1769, c. fig. 4. Kopenh. 770. Schubothe. 8 ℊ

— de parallaxi solis ex observ. transit. Veneris anni 1769. 8 maj. Wien 772. Trattner. 8 ℊ

De Satellite veneris. A Maximiliano Hell. (Viennae: Thomas de Trattner) 1765. 91 S. 8°
(= Ephemerides astronomicae. 1766, App.)

— drei neue Sternbilder; aus d. Latein. von E. A. Junanitz. Mit 4 Kpft. gr. 8. Wien 789. (Trattner). 8 ℊ

— 3 neue Sternbilder, mit K. gr. 8. Wien, Tendler. 798.

— tabulae lunares Tob. Mayer, cum supplemento reliquarum tabularum lunarium de Cassini, de la Lande et suis. 8 maj. Wien 762.

— tabulae solares Nic. Lud. de Lacaille, cum supplemento reliquarum tabularum, c. fig. 8 maj. Wien 763. (Trattner). 6 ℊ

— tabulae solar. et lunares ad meridian. Parisin. 8. maj. ibid. 772.

— Unterricht von d. Osterfeier etc. 4. Wien 760. Trattner. 4 ℊ

— Unterr. von d. Osterfeyer. 4. Wien, Trattner. 761.

Hell, (Maximilian), Abt: Der Zucker, ein neues Präservativmittel wider den Scorbut (Scharbock). Nebst einer Zuschrift, darinn des Scharbocks Ursachen etc. und auch des Zuckers Eigenschften gründlicher erwogen und widerlegt werden von...(Anton Germanus) von Albertiz. 48 S., gbd.

Wien u. Leipzig: Jahn 1779
aus: Wiener Realzeitung, 8tes Stück (1779)

JB 2.052

Hell, N., Observationes Livianae. Diss. 1870. 81 S.

Hell, Nancy

Das Moidle von Vierschach. Erzählung von Nancy Hell. (Berlin: F. Schulze [1906].) (9 S.) 8° [Umschlagt. Text stenogr.]
— Zehnpfennigbücher, Schulzes. No 46, [1.]

Hell P.: **Hell**: Observationes macro- et microscopicae de haeresi et fine franco-muratoriorum. 2 Bl. 4°
Kl. 463 b. Eine auf P. Hell in Wien geschriebene Satire.

Hell, P., Reise nach Wardoe bei Lappland u. seine Beobachtung d. Venus-Durchganges im J. 1769. Aus d. aufgefund. Tagebüchern geschöpft u. mit Erläutern. begleit. v. Carl Ludw. Littrow. gr. 8. (11½ B. u. Ttlvign.) Wien 835. [Gerold's Vrlsh.]

Hell, Pot., die wichtigsten Klein-Kraft-Maschinen, ihre Vorzüge u. ihre Mängel. Ein Rathgeber für den Gewerbetreibenden u. den Landwirth beim Ankauf eines Motors. Mit 16 (eingedr.) Holzschn. gr. 8. (48 S.) Braunschweig 878. Bruhn's Verl. 1. 20

Hell, Theodor

Hell, Thdr., (Karl Gttfr. Thdr. Winkler,) s. Abendzeitung.

— s. Abrantes, Der Engel.

– s. Agrionien.

— Alisbertha, d. Kriegerin d. sieben Berge. Schspl. in 3 A. 8. Leipz. 811. 2e A. 817. Hinrichs. 10 ℊ

– s. Alles für seine Königin.

– s. Ampère, mein Weg in Dante's Fußtapfen.

— Angelika, od. d. Tochter Opfer. Drama in 5 A. gr. 8. Dresd. ... 2e A. 819. Arnold. 16 ℊ

– s. Anglade. das Haus

– s. d'Arlincourt. d. Renegat.

– s. A. W. Arnault, Germanikus.

– s. Balzac, Seraphita.

– s. Berry, das Milchmädchen.

— der Beruf. Lstspl. in 1 A. 8. Leipz. 805. (Arnold in Dresd.) 8 ℊ

– s. Buch d. 101.

Hell, Thdr., (Karl Gf. Thdr. Winkler), Bühne der Ausländer. 1r Bd. (Enth.: der graue Mann. — Der Hirt von Tolosa. — Poscharcky). 8. Dresd. 819. Arnold. 1 ℛ 6 ℊ 2r Bd. (Enth.: d. Ball nach d. Mode. — Don Manuel. — List hilft siegen). 8. Ebd. 819. 1 ℛ 3r Bd. (Enth.: der Besuch im Narrenhause. — der Fall v. Tunis. — Lully u. Quinault). 8. Ebd. 820. 1 ℛ

– s. Burg Alphausen.

– s. Byron, Mazeppa.

Hell, Theodor [Übers.]
s. Byron, G.G.: Poesien. 1821 – 1825.

– s. Calanièz. der Flatterhafte.

– s. Desjobert, Rom im Jahrhunderte des Augustus.

Hell, Th., (Karl Gottfr. Theod. Winkler,) Dresden in Natur u. Kunst, bei seinem schönsten Feste, der Feier einer 60jähr. Regierung seines geliebten Königs, Friedrich August. 12. Dresd. 818. Arnold. 4 ℊ

– s. A. Duval, der Hausknecht.

– s. Duval, ein Tag ic.

— die glückliche Entdeckung. Nachspl. 8. Leipz. 806. (Arnold in Dresd.) 8 ℊ

— Er ist es selbst. 8. Leipz. 808. Hinrichs. 6 ℊ

—— der Erde reinstes Glück. Festsp. in 2 Abthln. zur Feier d. hoh. Vermähl. Sr. Kgl. Hoheit d. Herzogs v. Sachsen Friedrich August Mitregent u. Ihro Kgl. Hoheit d. Prinzessin v. Baiern Maria Anna Leopoldine. In Musik gesetzt v. C. G. Reissiger. gr. 8. (4½ B. u. 1 Stndr.) Dresden 833, Arnold.

— neue Erzähll. für häusl. Zirkel. 6 Bde. Mit Kpf. 8. Leipz. 811—17. Hinrichs. 4 ℛ

— Evadne, oder die Bildsäulen, s. Sheil.

—— Exoteren, s. Exoteren.

— der Feuerlärm. Origin.-Lstspl. in 4 A. 8. Leipz. 811. Hinrichs. 21 ℊ

— der Freiwerber. Lstspl. in 2 A. 8. Leipz. 805. (Arnold in Dresden). 10 ℊ

— die alten Freunde; ein Lstspl. in 5 Aufz., nach Picard, mit 1 Kpf. 8. Augsb. 822. v. Jenisch u. St. 16 ℊ

— Geisterscenen; Lstspl. in 4 A. 8. Lpz. 805. (Arnold in Dresd.) 8 ℊ

— die Gelübde. Lstspl. in 2 A. 8. Lpz. 805. (Arnold in Dresd.) 8 ℊ

– s. v. Genlis, d. Fräulein v. Lafayette. — Dess. Johanna v. Frankreich.

– s. Frau v. Genlis, Mythologie in Arabesken.

Hell, Theodor [Übers.]
s. Genlis, Stéphanie-Félicité de: Kleine Romane und Erzählungen. 1814.

– s. Dess. St. Clair.

— der Geschäftige. Origin.-Lstspl. 8. Leipz. 815. Hinrichs. 12 ℊ

– s. Glückswechsel.

Hell, Theodor [Übers.]
s. Grattan, Th.C.: Reisebilder. 1830.

– s. Herr Hablcht.

—— deutsche Handwerkszeitung, s. Handwerkszeitung.

Hell, Th., der Hofmeister in tausend Ängsten, s.: Universal-Bibliothek.

– s. V. Hugo. Lucrezia Borgia; — Dess. Maria Tudor.

Hell, Thdr., (Karl Gfr. Thdr. Winkler), der 29ste Januar 1819, ein Wort vom Herzen, in scenischer Anordnung. 8. Dresd. 819. Arnold. 6 ℊ

— das Idyll, od. d. Sucht zu dichten. Lstspl. in 5 A. nach Piron. 8. Leipz. 806. (Arnold in Dresd.) 18 ℊ

— Kampf u. Versöhnung, oder über alles Liebe. Dramat. Dichtung. gr. 8. Dresd., Arnold. 4 ℊ

– s. A. Karr, Fis.

Hell, Thdr., (Karl Gf. Thdr. Winkler), d. alte Comödiant, od. d. Legate. Lstspl. in 1 A., nach Piccard. 8. Leipz. 806. (Arnold in Dresden). 8 ℊ

– s. Lafitte, J. B. P., der rothe Doctor.

– s. Lafont. das Geheimniß.

– s.a. Leben, buntes.

Hell, Theodor [Übers.]

Buntes Leben. Roman. Aus dem Engl. übers. von Theodor [d.i. Karl Theodor Winckler]. Th. 1.2.
Berlin: Duncker & Humblot 1827. 8°

Winkler, K. G. Th., (Theodor Hell). Des Maurers Leben dargestellt in 9 Gesängen. 4. unverand. Aufl. Dresden, Türk. 1863. 8. Titelkpfr. XVI, 143 S.

– s. Liebhabertheater.

– Lieder d. Sehnsucht, Erinnerung u. Hoffnung. 8. Berl. 806.

– s. Lorenz, nur ein Stündchen.

Hell, Thdr., (Karl Gf. Thdr. Winkler), Lottchen, e. Erzählung. 8. Leipz. 803. a. 807. Hinrichs. 20 gr

– Lustspiele. 2 Bde. (1r Bd. Die Gelübde. — Nur ein Stündchen u. er war fort. — Unverhofft. — Die Freiwerber. 2r Bd. Geisterscenen. — Das Idyll, oder die Sucht zu dichten. — Der alte Komödiant. — Die glückl. Entdeckung.) 8. Leipz. 805. Weigel. 3 rf 16 gr

– neue Lustspiele. 5 Bde. 8. Leipz. 808—17. Hinrichs. 4 rf 16 gr Velinp. 6 rf 8 gr (1r Bd. Enth.: Glückswechsel, oder die Marionetten. — Er ist es selbst. — Die beiden Väter, oder der Blumenkelch. Schrbp. 1 rf 12 gr Velinp. 2 rf 2r Bd. Enth.: der Haustyrann. — Ein Tag aus dem Jugendleben Heinrich V. — Die Verwechselung, oder Kleider machen Leute. — Herr Habicht, oder der Hauswirth unter Siegel. Schreibp. 1 rf 12 gr Velinp. 2 rf 3r Bd. Enth.: der Flatterhafte, oder er muß heirathen. — Das Strudelköpfchen. — Die Muttermilde. Schreibp. 1 rf 12 gr Velinp. 2 rf 4r Bd. Enth.: der Feuerlärm. — Drei Stockwerk hoch, oder das Lustspiel auf d. Treppe. — Aliebertha, die Kriegerin der sieben Berge. Schreibp. 1 rf 12 gr Velinp. 2 rf 5r Bd. Enth.: der Geschäftige; Origin.-Lstspl. 12 gr Zwei Stationen; Lstsp. 8 gr Das Milchmädchen v. Bercy; Schspl. 10 gr Schreibp. 1 rf Velinp. 1 rf 12 gr)

– Lyratöne. 2 Bde. mit 6 Kupfern. 8. Dresden, Arnold. 821.

—— Lyratöne. 3. Tonreihe. — A. u. d. T.: Neue Lyratöne. 2 Thle. 16. (28¼ B.) Braunschweig 830, Vieweg.
1. u. 2. Thl. (Tonreihe.) Dresden, Arnold. 1821. 2 Thlr.

– – 3te Tonreihe. Auch u. dem T.: Neue Lyratöne. 2 Thle. 16. Braunschw. 831. Vieweg. 2 rf 12 gr

– Makaria. Drama. 8. Leipz. 806. Wienbrack. 16 gr

– s. Makkabäer, die

– s. G. May, Frauenachtung.

– s. Memoiren der Markgräfin v. Baireuth.

– s. Milchmädchen, das.

– s. Th. Murat, das junge Paris.

– Muttermilde. Lstspl. in 3 A. 8. Leipz. 810. Hinrichs. 12 gr

– s. St. Nelly, Novellen.

Hell, Th., Oberon, s.: Mode's Opern-Text-Bibliothek.

Hell, Th., Oberon, König der Elfen, s.: Weber, Karl Maria v.

Hell, Theodor [Übers.]
s. Paris oder das Buch der Hundert und Ein. 1832.

—— Penelope, s.a. Penelope.

– Penelope, Taschenbuch d. Häuslichkeit u. Eintracht gewidmet, f. 1811. m. K. 12. Leipz. Hinrichs.

Hell, Theod., Penelope, Taschenbuch d. Häuslichkeit u. Eintracht gewidmet f. die Jahre 1812, 13, 15 u. 16, mit K. u. Landschaft. 2r—5r Jahrg. 12. Leipz. Hinrichs. geb. à
Velinp.
Velinp. in Atlas

– – Penelope, Taschenbuch der Häuslichkeit und Eintracht. 6r bis 10r Jahrg. 817 — 21. Mit Kupfern. Taschenf. Leipzig, Hinrichs. (817 1 Rthlr. 8 Gr. 818 — 21. à 1 Rthlr. 12 Gr.)

Hell, (Th.,) Penelope, Taschenbuch d. Häuslichkeit u. Eintracht 11r — 17r Jahrg. 1822 — 28. Mit Kupf. 12. Leipz., Hinrichs. à 1 Rthlr. 12 gr.

– s. M. Perrin, Reise d. Hindostan.

– s. Planche, Oberon.

– Sängers Reise. 16 Bdchn. Lindau, Graubündten, Mayland, Pavia, Lago Maggiore. gr. 8. Tübingen, Cotta. 816.

– s.a. Reisebilder.

Hell, Theodor [Übers.]
Reisebilder, oder Züge von Menschen und Städten. Vom Verfasser der "Heer- und Querstraßen". Aus dem Engl. übertragen. Th. 2.
Berlin: Duncker & Humblot 1830. 310 S. 8°

– s. Reybaud, Mad. Charles, Marie d'Enambuc.

– der weiße Ritter. Schspl. in 6 A. 8. Augsb. 820. v. Jenisch u. St. 20 gr

– s. Robert d. Teufel.

——, Robert d. Teufel, s. 8. Bd.: Scribe u. De Lavigne.

– s. J. J. Rousseau, Julie, od. die neue Heloise.

– s. Rousseau, auserlesene Werke.

– s. Saint-Felix, Tibull und Virgil.

—— Salmigondis, s. Salmigondis.

– s. Sammlung der neuern u. bessern Romane der Franzosen.

– s. G. Sand, der Uskoke.

– d. Schwätzer. Posse in 1 A. nach Parleur éternel. 8. Lpz. 807. N. A. 817. Elberf., Schönian. 10 gr

– s. Scribe, Robert der Teufel.

– d. Segen d. Eifersucht, s. A. v. Kotzebue. Almanach. J. 1819.

– s. Stationen, zwei.

– drei Stockwerk hoch, od. d. Lstspl. auf d. Treppe. Nachspl. 8. Leipz. 816. Hinrichs. 6 gr

– s. Strudelköpfchen.

– s. Sue, E., der ewige Jude.

Hell, Theodor [Übers.]
s. Sue, Marie-Joseph-Eugène: Martin, das Findelkind ... 1847.

– Drei T a g e aus dem Leben eines Spielers, s.a. U n i v e r s a l b i b l i o t h e k .

— drei Tage aus d. Leben e. Spielers. Dramat. Gemälde nach d. Französ. 8. Braunschw. 830. Vieweg. 1 Thlr.

Hell, Thdr., drei Tage aus dem Lebenslaufe eines Spielers. Dramatisches Gemälde in 3 Abtheilungen, nach dem Französ. bearb. 2. Aufl. 12. (156 S.) Braunschweig 865, Vieweg und Sohn. *

– (Hrsg.),s.a. T a s c h e n b u c h , Weimarisches dramatisches, für größere und kleinere Bühnen.

Hell, (Th.) Weimarisches, dramat. Taschenbuch für große u. kleine Bühnen. 1r Jahrg. 1823 enthält: Der Bethlehemitische Kindermord, von Geier, — Das Gasthaus z. goldnen Sonne, von Clauren.— Ein Mann hilft den Andern. Mit Kupf. 12. Weimar, Hoffmann. Rthlr.

– s. T a s c h e n b u c h , Wienerisches , dramat

— Lady Termagont. or Strudelköpfchen. Comedy in one act. Translat. from the German by Ph. Yung. 8. Leipz. 820.

— Theodor u. Zoe, od. Konstantinopels Fall. Trspl. in 5 A. 12. Leipz. 818. Hartknoch. 1 Thlr.

— Unverhofft. Lstspl. in 1 A. 8. Leipz. 806. (Arnold in Dresd.) 6 Gr.

– s. V ä t e r , die beiden.

—— dramat. V e r g i ß m e i n n i c h t , s. V e r g i ß m e i n n i c h t .

– s. V e r w e c h s e l u n g . die.

– s. V i a r d o t , Studien.

– s. K. M. v. W e b e r , Schriften.

Hell, Thdr., die Wiederherstellung der geschwächten Sehkraft und die Heilung der Augenschwäche und Augenentzündung. 8. (45 S.) Altona 868, Verlags-Bureau.

—— s. W i n k l e r , K. G. Th.

—— Woher kommen die meisten heutigen Augenleiden? und Was darf man dagegen brauchen? Volksfaßlicher Rathgeber. 8. (45 S.) Altona 866, Verlags-Bureau. *

– s. W u n d e r s a g e , die, von Alron,

— Zoe. Trspl. in 5 A. 12. Leipz. 818. Hartknoch. 1 Thlr.

– s. Z u l i m a .

Helladius

H e l l a d i i , Grammatica graeca. Gr. et lat. Norimb. 712. 8. 8 gr.

— spicileg. technolog. g r a e c i s m i , s. grammatica graeca. 8. Norimb. (Andreä, Francof.) 712.

H e l l a d i u s , Alex., status praesens e c c l e s i a e graecae. 8. Norimb. 714.

Helland-Hansen, B., zur Ozeanographie des Nordmeeres, s.a. P u b l i c a t i o n s de circonstance du conseil permanent international pour l'exploration de la mer. Nr. 19.

B. H e l l a n d - H a n s e n : Zur Ozeanographie des Nordmeeres. 1904. 8 S. Fig.

H e l l a n i c u s Lesb., fragmenta colleg. etc. ed. Sturz. 8. Lips. Sommer. 787.

H e l l a n i c i L e s b i i , Fragmenta. E variis script. colleg. emend., illustr. commentat. de Hellanici aetate, vita e scriptis in universum praemiss. et indices adjec. Fr. G. Sturz. Edit. II. aucta et emend., cui access. G. Canteri syntagma de ratione emendandi graecos auctores. 8 maj. Lips. 826, Hartmann. 1 Rthlr. 4 gr. Schreib-Papier. Rthlr.

Hellanici Lesbii Fragmenta. E variis script. colleg. emend. illustr. commentat. de Hellanici aetate, vita e scriptis in universum praemiss. et indices adjec. Fr. G. Sturz. 8. Leipz. 787. Sommer. 12 Gr. Edit. II. aucta et emend , cui access. G. Canteri syntagma de ratione emendandi graecos auctores. 8 maj. Leipz. 826. (Lehnhold). 1 Thlr. 4 Gr. Schrbp. 1 Thlr. 18 Gr.

H e l l a s , oder Dichtungen der Griechen ꝛc., s. B l ä s i n g .

Hellas; aus d. Griech. von Er. Chr. Reiske. 2 Thle. 8. Mitau 778, 79. (W. Nauck in Leipz.) 1 Thlr. 12 Gr.

Hellas. Veilchen, von Herder gewunden ꝛc., s.a. Herder's griech. Anthologie.

Hellas, Veilchen, von Herder gepflückt, in einen Kranz gewunden. 4. Gießen 801. (Leipzig, Fr. Fleischer.) 1 1/6 Thlr.

Ἑλλας. *Περιοδικὸν τοῦ ἐν Ἀμστερδάμῳ φιλελληνικοῦ συλλόγου.* Organe de la société philhellénique à Amsterdam. Red.: Madame M. Z w a a n s w i j k , A. J. F l a m e n t , H. C. M u l l e r . 3. année. 4 livrs. (à ca. 7 Bog.) gr. 8. Leiden 891. E. J. Brill. n.n. 8. —

— dasselbe. Red.: H. C. M u l l e r et Y. H. R o g g e . 4. année. 4 livrs. (à ca. 7 Bog.) gr. 8. Ebd. 892. n.n. 8. —

— dasselbe. Red.: H. C. M u l l e r , Y. H. R o g g e u. P. J. S w a v i n g . 5. année. 4 livrs. (à ca. 7 Bog.) gr. 8. Ebd. 893. n.n. 8. —

Hellas. Illustr. Schriftenfolge f. Natur u. Kultur, Kunst u. Schönheit, Wissenschaft u. Sozialleben. I. Serie. 12 Hefte. (à ca. 16 S.) gr. 8. Berlin 907. Verl. Hellas. 3. —
Fortsetzg. s.: D e u t s c h - H e l l a s .

— an d. Deutschen, s. J. Wülfer.

H e l l a s und Rom, s.a. F o r b i g e r , Alb.

Hellas und Rom. Vorhalle des klassischen Alterthums, in einer organischen Auswahl aus den Meisterwerken seiner Dichter, Geschichtschreiber u. Philosophen. Nach den besten vorhand. Uebertragungen herausgeg. u. mit fortlauf. biographischen u. literär-geschichtl. Erläuterungen begleitet von K. Fr. Borberg. Mit e. Vorwort von Jh. Kaspar v. Orelli. 1. Abtheil. Die Dichter des hellen. Alterthums. 2 Bde. 8. Stuttgart 841, 42, Göpel. 2 Thlr.

– – dass. 2. Abtheil. Die Dichter des römischen Alterthums. 2 Bde. 8. Ebend. 843, 44. 2 Thlr.

— dass. 3. Abtheil. 1.—3. Liefg. Die Prosaisten des hellenischen Alterthums ꝛc. 8. Ebend. 845, 46. à 1/2 Thlr. — Jede Abtheil. in 2 Bänden reich geb. 2 3/4 Thlr.

Hellas u. Rom. Vorhalle des klassischen Alterthums in einer organ. Auswahl aus den Meisterwerken seiner Dichter, Geschichtschreiber, Redner u. Philosophen. Herausgeg. u. mit Erläuterungen begleitet v. K. Fr. Borberg. 3. Abthlg. 4 Lfg. Die Prosaisten des hellen. Alterthums. 4. Lfg. 8. (S. 641—880 u. VIII S.) Stuttgart 847, Göpel. 1/2 ℛ (3. Abthlg. in 2 Bdn. 2 ℛ cart. 2 1/2 ℛ In Engl. Einb. n. 2 3/4 ℛ)

dass. 4. Abthlg.: die Prosaisten des Römischen Alterthums, in einer organ. Auswahl aus ihren Meisterwerken. Nach den besten vorhand. Uebertragungen hrsg. mit fortlauf. biograph. u. literär.-geschichtl. Erläuterungen begleitet v. K. Fr. Borberg. 4 Lfgn. od. 2 Bde. 8. (454 u. 1040 S.) Ebd. 847. (a Lfg. 1/2 ℛ) 2 ℛ cart. 2 1/2 ℛ In Engl. Einb. n. 2 3/4 ℛ

— d. weibliche, s. a. A. Schneider.

Hellas, d. weibliche, eine Samml. sämmtlich vorhandener Werke griech. Dichterinnen, nebst Commentar u. Schilderungen ihres Lebens. gr. 8. Gießen, Müller. 807.
(a. unt. d. Tit.: A. Scheideri ἀνθῃ, sive selecta poëtriarum etc.)

Hellat, Peter: Eine Studie über die Lepra in den Ostseeprovinzen mit besonderer Berücksichtigung ihrer Verbreitung und Aetiologie. Diss. Dorpat. 8°. XIII, 101 pp. mit einer lithographirten Tafel und Karte. 1887.

Hellauer, Josef

Hellauer, Jos., das Indentgeschäft. (S. 21—46.) gr. 8. Wien 904. Administration des k. k. österr. Handels-Museums. n. — 60

— das Kontraktwesen im englisch-überseeischen Importhandel. (S. 21—64.) gr. 8. Ebd. (905). n. 1.20

Hellauer Dr. Josef: Die Organisation des Exporthandels. 86. Wien Export. Ak. 02.
Brosch.

Hellauer, Jos., System der Welthandelslehre. Ein Lehr- u. Handbuch des internat. Handels. I. Bd. Allgem. Welthandelslehre. 1. Tl. (XVI, 482 S.) gr. 8. Berlin 910. Puttkammer & Mühlbrecht. 10.—

Hellauer, Josef: Ueber Wucher. *Linz a. D. 1898: E. Mareis.* (99 S.) 8° [F.]
Greifswald, Phil. Diss. v. 1898

— die Zahlungsvermittlung der englischen Banken im Überseehandel. (S. 47—91.) gr. 8. Ebd. 904. n. —80
8 Sonderabdrucke aus: „Jahrb. d. Export-Akad. d. k. k. österr. Handelsmuseums".

Hellbach

Ἑλλβαχίον, Διατριβὴ διὰ στίχων ἡρωικῶν. Γοττίγγῃ 736. 4.

— Dr., Unschuldig Verurtheilte od. d. Gefangenen v. Stein. 8. Lief. 1—4. (S. 1—156.) Wien, J. Fischer. à 20 kr. 1885.

Hellbach, A., das Zimmer-Aquarium. Eine Abhandlg. üb. Beschaffg. u. Einrichtg. desselben auf möglichst billigem Wege u. m. besond. Berücksicht. der Fischkrankheiten. (62 S. m. 6 farb. Taf.) gr. 8. Nürnberg (907). (Offenstadt & Fellheimer.) Geb. in Leinw. 2.75

Hellbach, André: Das grosse Gnadenmittel des Gebetes. Vom heiligen Kirchenlehrer Alphons Maria von Liguori. Aus dem grösseren Werke des Heiligen über das Gebet. Neu übersetzt. Mit Erlaubnis der Obern. Regensburg, New-York, Cincinnati 1880. VIII, 152 p. 16°

– Dass. Zweite, unveränderte Auflage. Ebd. 1894. VIII, 152 S. 16°

Hellbach, André: Hülfsbüchlein zur Erleichterung der Generalbeicht. Von P. A. Konings aus der Congregation des allerheiligsten Erlösers. Aus dem Englischen übersetzt von einem Priester derselben Congregation. Mit Erlaubnis der geistlichen Obrigkeit. Dülmen o. J. 45, 1 S. 12°

Hellbach, Ch., histor. Nachr. v. Thüring. Bergschlöss. Gleichen, Mühlberg u. Wachsenburg ic. 8. Erf. Keyser. 802.

Hellbach, Ernst v.

Am Madrider Hofe. Von Ernst v. Hellbach. *Berlin: H. Steinitz [1901].* (181 S.) 8° [F.]
— Weiberregiment an den Höfen Europas in d. letzten 3 Jh. 7. [...]

Am Hofe Napoleons III. Von Ernst v. Hellbach. *Berlin: H. Steinitz [1901].* (172 S.) 8° [F.]
— Weiberregiment an d. Höfen Europas in d. letzten 3 Jh. 6. [...]

Am Wiener Hofe. Von Ernst v. Hellbach. *Berlin: H. Steinitz [1901].* (168 S.) 8° [F.]
— Weiberregiment an den Höfen Europas in d. letzten 3 Jh. 9. [...]

Hellbach, Ernst v., Das Weiberregiment am Hofe Napoleon III. Berlin 1901. 8°. (Mk. 2—.) (1 Mk. 35 Pfg., unaufgeschn., Schaper, Hannov., 1906.)

HELLBACH, Ernst v., Das Weiberregiment am Wiener Hofe. (Auch tit.: Das Weiberregiment an den Höfen Europas in den letzten drei Jahrhunderten. Bd. IX.) Berlin, Hugo Steinitz, 1901. 8°.
Verboten v. L.-G. Klagenfurt, 24. VII. 1901. §§ 63, 64. Kr.-G. Wels, 27. VII. 1901. §§ 63, 64.

Hellbach, Ernst v., s.: Weiberregiment, das, an d. Höfen Europas.

Hellbach, Frz., Kapital u. Arbeit od. der Fluch der Enterbten. Roman aus dem Leben. 100 Lfgn. (à 1 1/2 Bog.) Mit Bildern. gr. 8. Berlin 891. M. Fischer. à n. — 10

Hellbach, Hans, Medizinalprakt.: Aus d. med. Klinik u. Klinik f. Haut- u. Geschlechtskrankh. d. Univ. Jena. ⟨Prof. Stintzing⟩. Abt. f. Haut- u. Geschlechtskrankh. Ueber weiche Naevi und einen Fall von Riesennaevus. Rudolstadt 1908: Mänicke & Jahn. 50 S. 8°
Jena, Med. Diss. v. 10. Dez. 1908, Ref. Spiethoff
[Geb. 2. Mai 82 Stadtilm; Wohnort: Stadtilm; Staatsangeh.: Schwarzburg-Rudolstadt; Vorbildung: Gymn. Rudolstadt Reife O. 02; Studium: Leipzig 2, Jena 1, Leipzig 3, München 3, Jena 2 S.; Coll. 28. März 08; Approb. 10. Dez. 08.]
[U 09. 2139

Hellbach, J. H., polit. mor. Abhandl. in heroisch-griech. Vers. 4. Götting. 736.

— Μνημεῖον στοργῆς ἀληθινῆς ἰσχυρότατον. Monumentum amoris parentibus J. A. Hellbachio et Annae Mariae in memoriam positum a filio J. H. Hellbachio. Dresd. 772. 4.

Hellbach, Johann Christian von

v. Hellbach, Jh. Chr., († d. 18. Oct. 1828.) Adels-Lexicon, oder Handbuch üb. die histor., genealog. u. diplomat., zum Theil auch herald. Nachrichten vom hohen u. niedern Adel, besonders in den deutschen Bundes-Staaten ic. 2 Bde. gr. 8. Ilmenau 825 u. 26. Voigt. 5 ℛ 12 gr holl. Schrbp. 6 ℛ

— Archiv f. die Geographie, Geschichte u. Statistik der Grafschaft Gleichen u. ihrer Besitzer. 2 Bde. 8. Altenb. 805. Schnuphase. 1 ℛ 12 gr (a. Schumann in Zwickau.)

— Archiv von u. für Schwarzburg, mit Nachtrag. 8. Hildburgh. 787, 88. Hanisch. 1 ₰ 8 gl. Der Nachtrag apart. (Leipz., Er. Fleischer). 8 gl.

Hellbach, Joh. Christian, Super art. 133 constitut. crim. Carol. de poena abortus et sterilitatis procuratae ex mente Caroli V. imp. Disquis. jur. crimin. Lpz. (Langenheim's Erb. & Klauberth) 1779. 16 S. (5.50) 14174
Gew.: Johann Gottlieb Mueller.

— Beweis, daß ein Vater auch über neu erkaufte Lehngüter, ohne Einwilligung sr. lehnsfähigen Kinder, nicht disponiren könne. 8. Arnst. 790.

— Beweis für die Lehnsfolge d. Weibsperson im Hersfeld. Lehen. 8. Arnst. 794.

— über e. Broschüre des Hrn. Rath Treibers gegen d. Archiv von u. für Schwarzburg. Erf. 787. Keyser. 2 gl.

Hellbach, Joh. Chr.: Entwurf einer auserlesenen Bibliothek für Rechtsgelehrte mit zweckmässiger Kritik u. Ladenpreisen. Th. 1. 2. Erfurt 1787. 94.

— Entwurf e. auserles. Bibliothek f. Rechtsgelehrte. 2 Bde. gr. 8. Erf. 787—94. Keyser. 1 ₰ 8 gl.

— Epitome rerum Moguntinarum. 8. Erf. 787. Keyser. 1 gl.

— s. A. Fritsch. commentat.

— Grundriß d. zuverläss. Genealogie des fürstl. Hauses Schwarzburg. 4. Rudolst. 820. Hofbuchhandl. 8 gl.

Hellbach, J. Chr.: Grundriss d. Schwarzburg. Privatrechts, besond. d. Sondershäuser Oberherrsch. betr. *Hildburgh.* 789. (E. Fleischer in *Leipz.*) 8. (7 Gr.)

— Grundriß d. Schwarzburg. Privatrechts. 8. Hildburgh. 789. (Er. Fleischer in Leipz.); (auch Caubert das.) 7 gl.

— Grundsätze von d. Rechten, Gesetzen u. Gewohnheiten der Kirchstellen u. Kirchstühle, Kapellen u. a. Kirchstände. 8. Erf. 804. Keyser. 8 gl.

— Handbuch üb. den Küchengartenbau, für die größere Volksklasse rc. 1r Thl. 8. Erf. 809. Keyser. 18 gl.

Hellbach, Joh. Chr., Handb. üb. d. Küchengartenbau f. d. grössere Volksklasse nach d. bewährtesten Erfahr. u. neuesten Beobacht. 1. Thl. 8. Erfurt, 1809. Leipzig, Winter. — 22½

— s. Handbuch d. Sächs.-Goth. Privatrechts.

— Handbuch d. Schwarzburg-Sondershausischen, besond. neuen Privatrechts. gr. 8. Arnst. 820. Hildebrand. 1 ₰ 8 gl.

Hellbach, Joh. Chrstn. v., Handbuch d. schwarzburg-sondershäus. besond. neuern Privatrechts, in e. Repertorio vorgetragen. 2. Thl. — A. u. d. T.: Repertorium zu d. Gesetzgeb. d. Fürstenthums Schwarzburg-Sondershausen v. J. 1810 bis mit 1836, umfass: 1) ein alphabet. Sachregister, 2) ein chronolog. Verzeichniß d. in dem vorbemerkten Zeitraume erschien. Gesetze, Verordnn., Rescripte, Publicanda rc. u. entworfen v. Chr. G. F. Schreck. 8. (20¼ B.) Sondershausen 841, Eupel. Thlr.

Hellbach, Jo. Christ.: Handb. d. Rangrechts, in welchem d. Liter. u. Theorie, nebst ein. Promtuar üb. d. pract. Grundsätze desselb., ingl. d. neuesten vorzüglichern Rangordnn. im Anh. enthalten sind. *Ansbach.* 804. 8. (1 Thl. 4 Gr.)

— Handbuch d. Rangrechts. 8. Ansp. Gassert. 805.

— Hülfsmittel zur Menschenrettung aus brennenden Gebäuden. Eine Preisschr. Mit 6 Kpft. gr. 8. Gotha 810. Becker. 1 ₰ 12 gl.

— über die Schwarzburg. Lehnsgeschichte. 8. Arnst. 780.

— Niklas Cph., Reichsfreiherr von Lynker; e. biograph. Versuch 8. Eisenach 789. N. verm. Aufl. 795. (Bärecke). 4 gl. Zusätze f. die Besitzer der ersten Aufl. 8. Ebd. 795. 4 gl.

— Reichsfreyherr v. Lynker, ein biogr. Vers. 8. Eisenach, Wittekind. 795.

— — Zusätze f. d. Besitzer d. ersten Aufl. 8. Ebend. 795.

Hellbach, Jo. Christ.: Meditationes juris proedriae moderni. *Lips.* 742. 4. Ed. 2a. 746.
s.a. Hellbach, Johann Christoph Theodor

— Nachricht von seiner alten lieben Frauen-Kirche u. von dem dabei gestandenen Jungfrauen-Kloster zu Arnstadt. 821. Mit 2 Kpf. 21 gl. 2e (mit e. Nachtrag) verm. u. verb. Ausg. Mit 5 Kpf. gr. 8. Arnst. 828. Hildebrandt. 1 ₰ Der Nachtrag mit 3 Kpf. apart. 6 gl.

Hellbach, Joh. Chr. v., Nachricht von d. sehr alten Lieben Frauen-Kirche u. von d. dabei gestandenen Jungfrauen-Kloster zu Arnstadt. 2., (mit e. Nachtr.) verm. u. verb. Ausg. M. 5 Kpfr. gr. 8. (9 B.) Arnstadt 828, Hildebrand.
Der Nachtrag m. 3 Kpfrn., apart 6 Gr.

—— Nachricht von d. sehr alten Lieben Frauen-Kirche u. von d. dabei gestand. Jungfrauen-Kloster zu Arnstadt. 3. Ausg. gr. 8. (9 B. u. 6 Kpfrt.) Arnstadt 840, Meinhardt.

Hellbach, J. Chr., Historische Nachrichten von den thüring. Bergschlössern Gleichen, Mühlberg und Wachsenburg, nebst Erzählung der Sagen vom zweiweibigen Grafen v. Gleichen. Mit Titelkupf. Erfurt 1802. 8°. (3 frcs. Adolf Geering, c. 1892.)

— histor. Nachrichten von d. Thüring. Bergschlössern Gleichen, Mühlberg u. Wachsenburg, ihren Besitzern u. Bewohnern rc. 8. Erf. 802. Keyser. 20 gl.

— Skizze e. Nekrologs d. Schwarzburg., besonders Arnstädtischer Kanzler. 4. Arnst. 815.

— Unterricht über Brandverhütung, Lösch- u. Rettung in Feuersgefahr. 8. Altenb. 805. Schnuphase. 4 gl.

Hellbach, J. Ch.: Wörterbuch d. Lehnrechts. *Lpz.,* Kummer. 803. 8. (1 Thl. 8 Gr.)

Hellbach, Johann Christoph Theodor

Hellbach, Jh. Cph. Thdr., († d. ...) selecta criminalia eaque jam de marito una uxore non contento. 4. Arnst. 747. Mit neuem Tit. Hildburgh. 751. Hanisch. 1 ₰ (Frommann in Jena). 20 gl.

Hellbach, I. C. Theod., meditationes juris poedriae moderni. 4. Lps. Schoenermark. 742.

— — Primitiae lexici juris praecedentiae hodierni, maximam partem ex praejudiciis celeberrimorum doctorum et dicasteriorum collectae. Erfurt (Tobias Heinrich Schroeder) 1748. 40 S., tlws. dtsch. (6.50) 14176

— Johann Christoph Theodor (Arnstadt), Via juris feudalis adumbrata; seu: delineata ratio controversias feudales, tam publicas quam privatas, ex fontibus genuinis, secundum usum curiarum feudalium hodiernum, promte certeque decidendi; dissensibus ac responsis doctorum & dicasteriorum illustrata; cum indice copios. Frankf. u. Lpz. (Ernst Ludwig Niedt) 1728. 104 S., tlws. dtsch. (7.—) 14175

Hellbach, Rafael

Hellbach, Raf., Bädeker in Wien. Ein schneller Führer f. Fremde u. Einheimische in Stadt u. Umgebg. 6. ganz umgearb. Aufl. Mit e. (chromolith.) Plane v. Wien (in gr. Fol.) u. 24 Ansichten (in eingedr. Holzschn.) 16. (XII, 156 S.) Wien 873. Wenedikt. 1. 80

Hellbach, Rafael. Der Kurort Baden für Gesunde und Kranke. Neuester und zuverlässigster Wegweiser für die Stadt Baden und deren Umgebung in medizin. u. histor.-topograf. Beziehung. Wien 858. Wenedikt. 16. (63 S. u. 1 Holzschn. in 4.) n. 8 ngr.

—— der kundige Begleiter in der Hermannshöhle und deren nächsten Umgebungen, besonders berechnet für Theilnehmer an den Vergnügungszügen zwischen Wien und Mürzzuschlag. 16. (28 S. mit 1 Plane und 8 Illustr. in eingedr. Holzschn.) Wien 869, Wenedikt.

—— der kundige Begleiter auf den Semmeringfahrten. Eine Anleitung die zwischen Wien und Mürzzuschlag verkehr. Vergnügungszüge für genußreiche Touren von 1 bis 8 Tagen auszubeuten. Mit besond. Berücksicht. von Wiener-Neustadt, der Rosalien-Kapelle, Forchtenstein rc. 2. Aufl. 16. (VIII, 76 S.) Wien 873, Dirnböck's Buchh. cart. *

Hellbach, Rafael, der kundige Begleiter auf den Vergnügungszügen zwischen Wien und Triest. gr. 16. (VIII, 174 S.) Wien 875, Dirnböck's Buchh. cart. *

Hellbach, Rafael, Die Belagerung Wiens durch die Türken 1683. 8. (32 S.) Wien, Carl Fritz. 10 kr. 1883.

Hellbach, Raf., der allezeit fertige Declamator im Gesellschafts- u. Familienkreise oder die Kunst eines wirkungsvollen Vortrages. Ein fröhlicher Gesellschafter für Haus u. Familie rc. Nach eigener 30jähriger Erfahrung bearb. u. hrsg. Mit Illustr.-Beilage: „Der Strike der Schmiede" (Holzschn.). 8. (VIII, 152 S.) Wien 882. Winkler. 1. —; geb. 1. 30

— das Ende d. Hauses Frangipani, s.: Lesehalle, romantische.

— der Fremde in Wien. Ein zuverläss. u. zeiterspar. Führer f. Alle, welche das Sehens- u. Merkwürdigste v. Wien in kürzester Zeit kennen lernen u. sich orientiren wollen, wo u. wie man in der Kaiserstadt gut u. billig lebt. Nebst Andeutgn. zu Ausflügen in Wiens maler. Umgebgn. 3. gänzl. umgearb. Aufl. Mit 20 Illustr. (in eingedr. Holzsch.) e. (chromolith Plan v. Wien (in Fol.) u. e. (lith.) Situationsplane der Weltausstellg. (in qu. 4.) gr. 16. (136 S.) Wien 873. Dirnböck. n. 2. —

—— der Führer durch die oesterreichisch-steierische Alpenwelt mit besond. Berücksicht. von Mariazell und Umgebung nebst einem Anh.: Die Südbahn in ihrem Anschlusse an die Kronprinz Rudolph-Bahn von Bruck a. M. bis in das obere Ennsthal. 2. Aufl. (156 S.) 1869, und 3. verb. Aufl. 16. (XIV, 168 S. mit 16 Illustr. in eingedr. Holzschn. und 1 chromolithogr. Karte in gr. Fol.) Wien 873, Wenedikt. cart.

—— neuester Führer in dem Lustschlosse und Parke Laxenburg. Mit 1 (lith.) Plane des Parkes (in 4.). Wien 857. Wenedikt. 16. (31 S.) 6 ngr.

Hellbach, Rafael — Neuester Führer in dem Lustschloße und Parke Laxenburg. Von — —. Mit einem Plane des Parkes. Wien, 1859 (sic.) Dr. von U. Klopf sen. und Alex. Eurich. Verlag von Albert A. Wenedikt. (31 S. 8.)

Hellbach, Rafael, neuester Führer in dem Lustschlosse und Parke Laxenburg. 2. verb. Aufl. Mit 1 (lith.) Plane des Parkes (in 4.). Wien 861. Wenedikt. 16. (47 S.) 6 ngr.

— neuester Führer in dem Lustschlosse u. Parke Laxenburg. 3. verb. Aufl. 16. (35 S. m. e. Steintaf. in qu. 4.) Ebend. 874. — 60

Hellbach, Dr. Rafael, Neuester Führer in dem Lustschlosse und Parke Laxenburg. 3. verbesserte Auflage. Mit einem Plan des Parkes. 16. (35 S.) Wien: Wenedikt 1889. —.24

Hellbach, Rafael — Der Führer zum Neusiedlersee, auf den Schneeberg und die Raxalpe. Mit besonderer Berücksichtigung von Eisenstadt, Esterhaz, Forchtenstein, Neustadt, der Gegenden um den Wechsel, der Brühl und Badens. Ein Handbuch für Reisende und ein verläßlicher Führer in fast alle an der Südbahn von Wien bis auf den Semmering und der Oedenburg-Wiener-Neustädter Eisenbahn gelegenen Gegenden. Von — —. Mit 9 Illustrationen und einer Karte. Wien, 1857. Druck von U. Klopf sen. und Alex. Eurich. Verlag von Albert A. Wenedikt. (272 S. 8.)

—— der Führer zum Neusiedlersee, auf den Schneeberg und die Raxalpe. Mit besond. Berücksicht. von Eisenstadt, Esterhaz, Forchtenstein, Neustadt, der Gegenden um den Wechsel, der Brühl und Badens. Ein Handbuch für Reisende und ein zuverläßlicher Führer in fast alle an der Südbahn von Wien bis auf den Semmering und der Oedenburg-Wiener-Neustädter Eisenbahn gelegenen Gegenden. 16. (VIII und 272 S. mit 9 Illustr. in eingedr. Holzschn. und 1 chromolithogr. Karte in Imp.-Fol.) Wien 858, Wenedikt. *

— der Führer durch ganz Oesterreich. Ein vollständ. Handbuch f. Reisende in Oesterreich-Ungarn u. durch Theile angrenz. Länder, nebst Reiserouten nach Dresden, München, Venedig u. s. w. Mit zahlreichen Illustr. (in eingedr. Holzschn.), 2 (chromolith.) Karten (in gr. Fol.) u. 2 (lith.) Plänen (in qu. 4.) 8. (440 S.) Ebend. 874. geb. n. 7. 80

— der Führer durch Tyrol mit besond. Berücksichtigung der Brennerbahn, der in ihrem Bereiche liegenden Gegenden u. der Städte Innsbruck, Botzen, Trient &c. Wien 868. Gerold's Sohn. 16. (IX, 186 S.) cart. n. 20 ngr.

— der Führer auf der West-, Süd- und Kronprinz Rudolfs-Bahn. Eine Anleitung, die Strecken der Eisenbahnen Wien-St. Valentin, St. Valentin-Weyer &c. zu höchst genußreichen kürzeren und längeren Touren auszubeuten. Mit besond. Berücksicht. des Steyr-, Enns-, Mur- und Drau-Gebietes &c. 16. (VIII, 136 S.) Wien 873, Dirnböck's Buchh. cart. *

Hellbach, Dr. Raphael, Josephine Gallmeyer, die letzte Priesterin der heiteren Wiener Muse. Eine kurze Beleuchtung des Lebens und Wirkens dieser Künstlerin. gr. 8. (16 S. mit Porträt.) Wien. Karl Fritz. 20 kr. 1884.

— guide for foreigners in Vienna, to the monuments collections, curiosities and environs of the austrian metropolis. Furnished with a (chromolith.) map of the town (in Fol.) a. its outer districts a. adorned by illustrations (in eingedr. Holzschn.) 16. (IV, 70 S.) Ebend. 873. 1. 20

— guide à Vienne. Ses monuments, musées et curiosités. Avec un (chromolith.) plan de Vienne (in Fol.) et illustrations (in eingedr. Holzschn.) 3. éd. 16. (71 S.) Ebend. 873. 1. 20

— die Kunst der Declamation. Eine auf Erfahrg. begründete Anleitg. die Kunst d. ästhet. mündl. Vortrages f. den geselligen Cirkel, den Concertsaal u. die Bühne durch Selbstunterricht sich anzueignen. Mit e. vollständ. Declamationslehre u. e. großen Anzahl gewählter u hinsichtl. ihrer Vortragsweise zergliederter Declamationsstücke. 8. (VIII, 232 S.) Wien 871. Hartleben. n. 1. 75

— die Kunst des vorzüglichen Gedächtnisses. Eine auf Erfahrung begründete Anleitung, diese Geisteskraft in Bezug auf Kunst, Wissen und die Vorkommnisse des alltägl. Lebens durch Selbstübung und Anwendung der untrüglichsten Hülfsmittel in einem wahrhaft staunenswerthen Grade zu stärken. Nebst einer kurzen Geschichte der Gedächtnißkunst [Mnemonik], einer Darstellung ihrer Pflege und Bedeutsamkeit in allen Zeitaltern, wie Erklärungen bisher noch unenthüllter Wunderleistungen der berühmtesten Gedächtnißkünstler. 8. (VIII, 180 S.) Wien 876, Hartleben's Verlag. *

Hellbach, Raf., die Kunst d. vorzüglichen Gedächtnisses. Nebst e. kurzen Geschichte der Gedächtnißkunst (Mnemonik) u. e. Darstellg. ihrer Pflege u. Bedeutsamkeit in allen Zeitaltern. 2., verb. Aufl. 8. (VIII, 174 S.) Wien 893. A. Hartleben. n. 1. 80

— die Kunst, Schauspieler zu werden. Eine auf Erfahrung gegründete Anleitung, die Kunst der dramatischen Darstellung in Bezug auf Declamation, Mimik u. Maske durch Selbstunterricht sich anzueignen. Für künst. Bühnenmitglieder, Freunde der Schauspielkunst u. Dilettanten. Wien 869. Hartleben. 8. (XI, 195 S.) 12½ ngr.

die Kunst, Schauspieler zu werden. Eine auf Erfahrung gegründete Anleitung, die Kunst der dramat. Darstellung in Bezug auf Declamation, Mimik und Maske durch Selbstunterricht sich anzueignen. Für künftige Bühnenmitglieder, Dilettanten und Freunde der Schauspielkunst. 2. durchaus umgearb. und verm. Aufl. 8. (VIII, 181 S.) Wien 884, Hartleben's Verlag.

— Wiener Landpartien. Touristenführer in Wien's näheren u. nächsten malerischen Umgebungen. Ein verlässlicher u. zeitsparender Begleiter auf Touren u. Ausflügen von 1 bis 4 Geh- u. ½ bis 4 Eisenbahnstunden im Umkreise der Residenz. 12. (XIV, 271 S.) Wien 882. Bermann u. Altmann. geb. n. 3. —

Hellbach, Raph., Liebesabenteuer eines alten Junggesellen. Dichtung und Wahrheit. 8. (176 S.) Wien 886, Reidl. *

HELLBACH, R. (ps.?). Liebesabenteuer eines Junggesellen. 3 Bdchn. Wien, Mich. Stern, 1888. 8⁰. (Mk. 3—.)
Herren-Bibl. Neue Folge.

— Naturgeschichte der Wienerin. 8. (128 S.) Ebendas. 885. *

— der Pilger und Tourist nach dem Wallfahrtsorte Maria-Zell. Nebst Ausflügen auf den Schneeberg, die Raxalpe, den Semmering &c., einem Abstecher nach Eisenerz und Graz, und einer Darstellung der Donaufahrt von Ybbs nach Wien. Ein Handbuch für Reisende und ein Führer für andächtige Pilger. 16. (IV und 248 S. mit 19 Illustr. in eingedr. Holzschn.) Wien 857, Wenedikt.
Mit 1 chromolithogr. Karte in gr. Fol.

Hellbach, Dr. Rafael: Ferdinand Raimund. Eine Gedenkschrift zur Erinnerung an den 50. Todestag des unvergesslichen Volksdichters. 8⁰ (24 S.) Wien: Fritz 1886.

Hellbach, Raf., Reise-Handbuch durch das südliche Oesterreich u. Steiermark, Salzburg, Tirol, Kärnten, Krain u. Küstenland. Mit 2 (lith. u chromolith.) Karten (in qu. 4.) 8. (296 S.) Wien 874. Wenedikt. geb. 4. 50

Hellbach, Dr. Raphael, Ein schottischer Robinson, oder Jacob Flinton's Abenteuer und Reisen in allen Welttheilen. Eine Erzählung als Seitenstück zu Robinson Crusoe. 8. (64 S. mit zahlreichen Illustrationen.) Wien, Karl Fritz. 30 kr. 1884.

— ein schottischer Robinson oder Jakob Flinton's Abenteuer und Reisen in allen Welttheilen. Eine Erzählung als Seitenstück zu Robinson Crusoe. 8. (64 S. mit eingedr. Illustr. und 4 Taf.) Ebendas. 885. *

— der siegreiche Stürmer des Parnaß, oder: die Kunst, in kürzester Zeit Dichter zu werden. Eine populäre u. leichtfaßl Anleitung zum Versbau, nebst einer Erklärung sämmtl. Dichtungsarten in Prosa u. in Versen &c. Wien 868. Wenedikt. 16. (IV, 284 S.) 21 ngr.

— der siegreiche Stürmer des Parnaß, oder: Die Kunst, in kürzester Zeit Dichter zu werden. Eine populäre und leichtfaßl. Anleitung zum Versbau, nebst einer Erklärung sämmtl. Dichtungsarten in Prosa und in Versen &c. 16. (IV, 284 S.) Ebendas. 869.

— die Thäler von Reichenau und Neuberg und deren Umgebungen bis auf vier Stunden im Umkreise. 16. (VIII, 90 S.) Wien 870, Gerold's Sohn. *

— Franz Zahlheim, s.: Bibliothek, blaue.

Hellbach, Rud.

Die Weihe des neuen Logenhauses der Joh.-Loge Günther zur Eintracht in Rudolstadt am 4. Sept. 1892 von R[ud.] Hellbach. [Leipzig 1892: Vollrath.] 22 S. 8° [Kopftit.]
Abgedr. in: FZ. 46 (1892) S. 329—333, 338 bis 339; H. 3 (1892) S. 115, 127—128.
Bericht. 23.

Hellbardt, werdet voll Geistes! (16 S.) 8. Gelsenkirchen (907). [G. Koezle.] Stuttgart, C. & A. Ulshöfer. — 15

Hellbardt, F.

Das hochzeitliche Kleid. Von F. **Hellbardt**, Pfarrer. Gelsenkirchen: G. Koezle [1906]. (16 S.) 8° [Umschlagt. J.] [06. 15043

Weihnachtsgabe und Weihnachtsdank. Von Pfarrer (F.) **Hellbardt**. Gelsenkirchen: G. Koezle [1906]. (16 S.) 8° [Umschlagt. J.] [07. 15460 6

Kaltblut in Ostpreussen. Wie zuchten wir in Ostpreussen ein schweres Acker- u. Rollwagenpferd, ohne d. Remontezucht zu gefährden? Von Rittergutsbes. W[illy] **Hellbardt-Roschenen**. *Allenstein: W. E. Harich 1901.* (24 S.) 8° [J.]
Aus: W. E. Harich's Landwirthsch. Anzeiger f. Ostdeutschland. [02. 6,62 10

Hellbauer, C. F., was wäre Sachsen ohne seinen Bergbau? 8. Freyberg, Craz und G. 821.

Hellberg

— des Grafen, u. der Comteß Amalie Rebbach, Gesch., a. d. Frz. 8. Dresd. Gerlach. 783.

v. Hellberg, Karl, e. Geschichte (v. F. K. X. v. Trützschler). 2 Thle. 8. Leipz. 781. Kummer. 1 ℔ 8 gr

Hellberg, Ludwig, als Jüngling und Mann. Hamburg 1798—99. V: *Heinse, Gottlob Heinrich.* (Ky) (MGT) (GGr)

Hellberg, Ludwig, als Jüngling u. Mann (v. G. H. Heinse). 2 Bde. 8. Hamb. 798, 99. (Herold iun.) 2 ℔ 20 gr

— Ludwig, als Jüngling u. Mann. 2 Bde. 8. Hamb. Vollmer. 798—99. (à 1 Rthlr. 10 gr.)

Hellberg, August [appr. Arzt]: Ueber Haemorrhagische Diathese ... München, Druck v. A. Gradinger, 1887, 17 S. 8°
München, Med. Fak., Inaug.-Diss. v. 1887

Hellberg, August, ueber Haemorrhagische Diathese. Diss. München 1887, A. Buchholz. 8°. 17 S.

Hellberg, Justus

Vexirschatz. E. Sammlg v. ca. 300 Vexir-Scherzen ... Gefunden u. erfunden v. Justus **Hellberg**. 4. Aufl. *(Erfurt: F. Bartholomäus [1895].)* (1 Bl., 186 S.) 1 Bd 8. [96. 490

Hellberg, Just., Vexirschatz. Eine Sammlg. v. ca. 300 Vexir-Scherzen. Gefunden u. erfunden v. H. 6. Aufl. gr. 16. (185 S. m. Abb.) Erfurt 895. F. Bartholomäus. n. 1. —

Hellberg, Karl, die Mineralöl-Zollordnung (Beschluß des Bundesrates v. 15. II. 1906) u. die hiezu ergangenen Überwachungs- u. Vollzugs-Vorschriften, nebst den m. Mustereinträgen versehenen Formularien f. den prakt. Gebrauch zusammengestellt u. bearb. (II, 76 S.) gr. 8. Ansbach (907). C. Brügel & Sohn. 1. —

— u. Ludw. Stoll, prakt. Ratgeber f. die Prüfung der in Bayern zugelassenen selbsttätigen Malzsteuerwagen. (V, 109 S.) 11.8. Ebd. 910. 1.50

Hellberg, Osk., die Welt unserer Begriffe. Eine Philosophie der Zufriedenen. Gemeinverständl. Skizze e. vollständ. Systems, als e. Schlüssel zum Verständnis der analogen Erscheingn. in Natur- u. Menschenleben, Universum u. Erdendasein, zugleich als e. Verteidigg. monarchisch-protest. Denkart dargeboten. gr. 8. (II, II, 68 S. m. 1 Tab.) Halle 901. Wischan & Wettengel. 1.50

Hellberg, Wilhelm Heinrich Alexand. (Kellinghusen), De morbis phthisicorum secundariis. Diss. med. Bln. (Nietack) 9. VI. 1832. 40 S. mit Biogr. (6.50) 14177
Oppon.: S. Cohen, J. Philippi, A. Pietzcker.

Hellborn, Fr. v., ein aus dem span. Kriege glücklich zurückgekehrter Offizier, Leben u. Schicksale, von K. G. Cramer. 2 Bde. 8. Hamb. Vollmer. 814. (Ir 1 Rthlr. 12 gr. IIr 1 Rthlr. 8 gr.)

William Hellborn und Julius Anselmus. Zwei Maurer-Brüder, oder: Über falsche und wahre Maurerei. Bdch. 1. Teutschland [Görlitz: Anton] 1803. 317 S. u. 1. Titelkpfr. 8°
cf. Berliner Zeitung 1803 St. 47 Beil. S. 1. 2. Kl. 3981, TB. 168. Nicht mehr erschienen. Verf. nach TB. 168 wahrscheinlich K. G. v. Anton, doch ist sonst darüber nichts zu finden. 23.

Hellborn, H., die weiße Schwalbe, s.a. Volks-Erzählungen, kleine.

Hellborn, H., die weiße Schwalbe. Eine Indianergeschichte. gr. 16. (64 S.) Mülheim 877. Bagel. n. — 25

Hellborn, R., Allarm!, s.: Theater-
— Ha! Anno 1870! od. Unser Elsaß. Album, militär.

Hellborn, R.: Boxer. Milit. Schwank mit Gesang in 1 Akt von –. Landsberg a. W.: Volger & Klein [1901]. (16 S.) 8°
= Theater-Album, Militärisches. No 102.

– Eine friedliche Eroberung, s. Theater-Album, Militärisches.

Hellborn, R.: Es geht los! Militär. Schwank mit Gesang in 1 Akt von –. Landsberg a. W.: Volger & Klein [1899]. (20 S.) 8°
= Theater-Album, Militärisches. No 95.

– Die Kanone, s. Theater-Album, Militärisches.

— Mädchenschwüre od. e. fideles Pensionat, s.: Volger's Vaudeville-Theater.

— Natural-Verpflegung, s.: Theater-Album, militärisches.

— Sie schwärmt für's Militair, s. Theater-Album, militärisches.

Hellborn, R., s.: Theater-Album, militärisches.

Hellborn, R., der Traum d. alten Kriegers, s.a. Festspiele, patriot.

Der Traum des alten Kriegers. Patriot. Festspiel in 1 Aufz. von R. Hellborn. *Landsberg a. W.: Volger & Klein [1903].* (16 S.) 8° [F.]
— Festspiele, Patriotische. No 1.

Hellbrunn, Das kaiserliche Lustschloss und Klessheim nächst Salzburg ... Salzburg 1856. V: *Schallhammer, Anton R. von.* (Hr)

Hellbrunn und Kleßheim, die kaiserlichen Lustschlösser nächst Salzburg. Ein Führer für Fremde und Einheimische. Salzburg, 1856. Zaunrit'sche Buchdr. Kommission der Mayr'schen Buchhandlung. (66 S. 8.)

Hellbrunn, das kaiserl. Lustschloß, bei Salzburg. (Kurze Beschreibg. der Wasserwerke, der Baulichkeiten u. des Parkes dortselbst.) 8. Aufl. (31 S. m. 10 Abbildgn.) kl. 8. Salzburg 909. H. Dieter. —35

Helldorf, v., s.a. Helldorff, v.

Helldorf, A., die Unteroffizier-Frage als wichtigste Militärfrage der Gegenwart, s.: Bibliothek, militärische.

(Helldorf). — Ordinarius senior ceterique assessores facult. jurid. Lips. laudabil. superat. examen viri Ferdinand Heinrich v. Helldorf. — Inest advers. juris judiciarii adnot. VIII. De debitoris obligatione a concursu adimplenda. Lpz. (Saalbach) 1785. 23 S. mit Biogr. (M.: H. E. v. Schlottheim.) (3.50) 14178

v. Helldorf, G. Die Errichtung des Garde-Dragoner-Regiments im Jahre 1815. 8. Berlin 1865.

Helldorff (II), v., Zur Geschichte der Schlacht bei Kulm. Aufklärung verschiedener bis jetzt unrichtig dargestellter Thatsachen über die Tage vom 25—30. August 1813. gr. 8. (56 S.) Berlin 856, Hempel. *

Helldorff, Frhr. v., aus dem Leben des kaiserlich russischen Generals der Infanterie Prinzen Eugen von Württemberg, aus dessen eigenhändigen Aufzeichnungen so wie aus dem schriftlichen Nachlaß seiner Adjutanten gesammelt und hrsg. 1. Thl. gr. 8. (V und 160 S.) Berlin 861, Hempel *

Helldorf, Frhr. v., aus dem Leben des kaiserlich russischen Generals der Infanterie Prinzen Eugen von Württemberg. Aus dessen eigenhänd. Aufzeichnungen, so wie aus dem schriftl. Nachlaß seiner Adjutanten gesammelt und hrsg. 2.—4. (Schluß-) Thl. gr. 8. (XIII und 468 S. mit 4 lithogr. Plänen in gr. 8. und qu. gr. 4.) Berlin 862, Hempel. à Thl. * 1 Thlr. 10 Ngr. *
1. Thl. Ebendas. 1861. * 1 Thlr. 10 Ngr.

Helldorff (I.), v., der Unteroffizier der Landwehr-Infanterie. Instructionen für einjährige Freiwillige und Gefreite, welche mit dem Zeugniß der Qualification zu Landwehr-Unteroffizieren zur Reserve entlassen werden. 8. (VIII und 75 S.) Berlin 854, Hempel. *.

Helldorff, Fr. v., der Zwischenact. Zwischensp. in 1 Act. 8. (3 B.) Schneeberg 828. (Zwickau, Gebr. Schumann.)

Helldorff, Heinr. v., der Infanterie-Unteroffizier als Sectionsführer im zerstreuten Gefecht. 2. auch für das gezogene Infanterie-Gewehr umgeänd. Aufl. (40 S.) — 3. Aufl. Berlin 857. Hempel. 8. (47 S.) n. 3 ngr.

— Der Infanterie-Unteroffizier als Sektionsführer im zerstreuten Gefecht. 4. Aufl. Berlin 1857. 56 S. — 10. Aufl. 1871.

Helldorf, Heinr. v., der Infanterie-Unteroffizier als Sectionsführer im zerstreuten Gefecht. 7., nach den neuesten Erfahrungen veränd. Aufl. 1866. und 8., durchges. Aufl. 8. (48 S.) Berlin 868, Hempel. *

Helldorf, Heinr. v., der Infanterie-Unteroffizier als Sectionsführer im zerstreuten Gefecht. 9. und 10. Aufl. 1870,71. 40 Pf., und 11. durchgeseh. Aufl. 8. (48 S.) Berlin 873, Hempel. *

Helldorff, Heinr. v., der Infanterie-Unteroffizier als Sectionsführer im zerstreuten Gefecht. 12. durchgeseh. Aufl. 8. (48 S.) Berlin 876, Hempel. *

von Helldorff, *Otto* Heinrich [Referendar aus Baumersroda]: Die mittelbare Thäterschaft und die Verleitung zum Falscheide. '(§ 160 R.-St.-G.-B.)' ... Halle a/S., *Lippert & C., Naumburg a. S.,* 1895; IX, 66 S. 8.
Halle, Jur. Fak., Inaug.-Diss. v. 15. Juni 1895

Helldorff, H. v. Der Unteroffizier der Landwehr-Infanterie. Berlin 1854. 74 S.

Helldorff, [Heinr. Aug.] Frh. v.: Aus dem Leben des Russischen Generals der Infanterie Prinzen Eugen von Württemberg, aus dessen eigenhändigen Aufzeichnungen und dem Nachlass seiner Adjutanten. 4 Bde. Berlin: Hempel 1861—62.

Helldorff, F. v., Schloß Pretzsch. Leben u. Leiden am Hofe der Gemahlin August des Starken. 8. (VIII, 811 S.) Schwerin 899. F. Bahn. n. 3.—; geb. n. 4.—

Helldorf, Karl v.

—— s. Buschbeck, F., preuss. Feld-Taschenbuch.

Helldorff, K. v., Dienst-Vorschriften der Königl. Preußischen Armee, s.a. Dienst-Vorschriften.

Helldorf, K. v. Dienst-Vorschriften der Kgl. Preuß. Armee. T. 1—5. Berlin 1856—61. 8°.
Dass. 2. Aufl. T. 1. (Mit) Nachtr. T. 2. 1865—68.
Dass. 3. Aufl. T. 1—4. (Mit) Nachtr. 1 zu T. 1—4. 1873—80.
Dass. 4. Aufl. T. 1,1 u. 2. (Mit) Nachtr. 1 zu T. 1,1. Nachtr. 2 zu T. 1—4 und Alph. Sachreg. 1879—84.
Dass. 4.(!) Aufl. T. 1,1.3 und 5. T. 2,1—5. T. 3,1—5. T. 4,1—3. 5—7. 1892—1902.

Helldorff, Carl v., Dienst-Vorschriften der königlich preußischen Armee. 2. Aufl. 2 Thle. und Nachtrag. gr. 8. Berlin 865, Bath. *

Inhalt:

Thl. 1. Abthl. 1. Das Ergänzungswesen. (XXXII und 931 S.) 865. * 3 Thlr. 20 Ngr.
„ 1. „ 2. Innerer Dienst. — Garnisondienst. (XI und 631 S.) 867. 3 Thlr.
„ 2. Büreau-Dienst. (X und 494 S. mit 12 Tab.) 868. * 2 Thlr. 20 Ngr.
Nachtrag. (XII und 302 S.) 868. * 1 Thlr. 15 Ngr.

Helldorf, Karl v., Dienst-Vorschriften der königl. preuß. Armee. Fortgesetzt m. Autoris. d. königl. Kriegs-Ministeriums. 3. Aufl. 1. Thl. Ergänzungs-Wesen. 1—5. Abth. gr. 8. Berlin 874. Bath. n. 21. 60

1. Militär-Dienstpflicht. Ersatz-Wesen. (XXVII, 394 S.) n. 6. —
2. Ergänzung der Offiziere d. stehend. Heeres. (26 S.) n. — 60
3. Das Militär-Erziehungs- u. Bildungswesen. (XI, 187 S.) n. 3. —
4. Reserve u. Landwehr (X, 248 S.) n. 4. 50
5. Verabschiedung u. Entlassung. Civil-Versorgung. (XVI, 452 S.) n. 8. —

— dasselbe. 3. Aufl. 2. Thl. 1. 3. u. 4. Abth. gr. 8. Ebend. 875. n. 19. 50

1. Innerer Dienst. (XIII, 522 S.) n. 10. —
3. Garnison-Dienst. Militär-Kirchenwesen. (VII, 116 S.) n. 2. —
4. Garnison-Dienst. Bureau-Dienst. 4. Abth. Bureau-Dienst. (XI, 355 S.) n. 7. 50
5. Abth. Reisekosten, Tagegelder, Umzugskosten, Beförderung auf Eisenbahnen rc. Vorspannwesen. Anh.: Marschgebührnisse der Reservisten. (VIII, 101 S.) n. 3. —
6. Abth. Wohnungsgeldzuschuß (III, 27 S.) n. — 50

— dasselbe. 3. Thl. Militär-Oekonomie. 1. Abth., 2. Abth. 2. Hft., 3. Abth. 1. Hft., 4. Abth. 1. Hft., 5. u. 6. Abth. gr. 8. Ebend. 875. n. 13. 70

1. Abth. Kassen-Wesen. (VII, 120 S.) n. 2. —
2. Abth. 2. Hft. Geldverpflegung. II. Im Kriege. (VIII, 127 S.) n. 2. —
3. Abth. Natural-Verpflegung. I. Im Frieden. (VIII, 100 S.) n. 1. 60
4. Abth. Bekleidung u. Ausrüstung. I. Im Frieden. Anh.: Feld-Geräth. (XV, 288 S.) n. 4. 60

— dasselbe. 4. Thl. Quartier u. Servis. Garnison-Anstalten. Militär-Lazareth-Wesen. Militär-Rechtspflege 1. u. 2. Abth. gr. 8. Ebend. 876. n. 7. 60

1. Quartier u. Servis. (VII, 176 S.) n. 3. —
2. Garnison-Anstalten. (XII, 284 S.) n. 4. 60

Helldorff, Karl v., Dienst-Vorschriften der königlich preußischen Armee. Fortgesetzt mit Autorisation des königlichen Kriegs-Ministeriums. 3. Aufl. 1. Thl. 6. Abth., 2. Thl. 2. Abth. 1. u. 2. Hft. u. 5. Abth., 3. Thl. 2. Abth. 1. Hft., 3. Abth. 2. Hft. u. 4. Abth. 2. Hft., 4. Thl. 3—7. Abth. gr. 8. Berlin 877—79. Bath. n. 24. 80

I. Ergänzungswesen. 6. Abth. Remontewesen. (V, 48 S.) n. — 80
II. Innerer Dienst. Garnison-Dienst. Bureau-Dienst. 2. Abth. 1. Hft. Anzug. (VIII, 126 S.) n. 2. —
 — dasselbe. 2. Hft. Orden u. Ehrenzeichen. (VII, 136 S.)
 5. Abth. Waffen u. Munition. (X, 186 S.) n. 3. —
III. Militär-Oekonomie. 2. Abth. Geld-Verpflegung. 1. Hft. Im Frieden. (VII, 125 S.) n. 1. 60
 — dasselbe. 3. Abth. Natural-Verpflegung. 2. Hft. Im Kriege. (VI, 52 S.) n. 1. —
 — dasselbe. 4. Abth. Bekleidung u. Ausrüstung. 2. Hft. Im Kriege. Anh.: Feld-Geräth. (V, 164 S.) n. 2. —
IV. Quartier u. Servis. Garnison-Anstalten. Lazareth-Wesen.
 3. Abth. Militär-Lazarethwesen. (VIII, 147 S.) n. 2. 40
 4. Abth. Militär-Strafrecht. (XV, 315 S.) n. 7. —
 5. Abth. Rechtsverhältnisse der Militärpersonen in bürgerlichen Angelegenheiten. (IV, 48 S.) n. — 80
 6. Abth. Rechtsverhältnisse der Beamten der Militär-Verwaltung. (IV, 58 S.) n. 1. —
 7. Abth. Versorgung der Militär-Wittwen u. Waisen. (IV, 79 S.) n. 1. 20

—— Dienst-Vorschriften der königl. preußischen Armee. Fortgesetzt mit Autorisation des königl. Kriegs-Ministeriums. 4. Aufl. 1. Thl.: Ergänzungs-Wesen. 1. Abthl.: Militär-Verfassung. Wehr- und Militärpflicht. Ersatz- und Control-Wesen. gr. 8. (XI, 350 S.) Berlin 879, Bath. *

Helldorff, Karl v., Dienst-Vorschriften der königl. preußischen Armee. Fortgesetzt mit Autorisation des königl. Kriegs-Ministeriums. 1. Thl. 1. Nachtrag, 2. Thl. 1. Nachtrag, 3. Thl. 1. und 3. Abthl. und 4. Thl. 1. Nachtrag. gr. 8. Berlin, Bath. *

Inhalt:

Thl. 1. Ergänzungs-Wesen. 1. Nachtrag. 3. Aufl. (364 S.) 880. ℳ 5.
 2. Innerer Dienst. Garnison-Dienst. Bureau-Dienst. 1. Nachtrag. (443 S.) 879. *ℳ 4.
 * 3. Militär-Oekonomie. 1. Abthl.: Kassen-Wesen. 4. Aufl. (IV, 120 S.) 883. *ℳ 2. — 3. Abthl.: Natural-Verpflegung. I. Im Frieden. gr. 8. (V, 101 S.) 884. *ℳ 1,60.
 * 4. Quartier und Servis. Garnison-Anstalten. Militair-Lazarethwesen. Militair-Rechtspflege. 1. Nachtrag. 3. Aufl. (332 S.) 880. *ℳ 5.

Helldorff, Karl v., Dienst-Vorschriften der königlich preußischen Armee. Fortgesetzt mit Autorisation des königlichen Kriegs-Ministeriums. 3. Aufl. 1. Nachtrag zum 1—4. Thl. gr. 8. Berlin 880. Bath. n. 18. —

1. Ergänzungs-Wesen. (364 S.) n. 5. —
2. Innerer Dienst. Garnisondienst. Bureaudienst. (325 S.) n. 4. —
3. Militär-Oekonomie. (313 S.) n. 4. —
4. Quartier u. Servis. Garnison-Anstalten. Militär-Lazarethwesen. Militär-Rechtspflege. (332 S.) n. 5. —

— dasselbe. 4. Aufl. 1. Thl. Ergänzungs-Wesen. 1. Abth. Militär-Verfassung. Wehr- u. Militärpflicht. Ersatz- u. Control-Wesen. gr. 8. (XI, 350 S.) Ebend. 881. n. 6. —

Helldorff, Karl v., Dienstvorschriften der königl. preußischen Armee. Fortgesetzt m. Autorisation d. königl. Kriegsministeriums. 4. Aufl. 3. Thl. Militär-Oekonomie. 1. u. 3. Abth. gr. 8. Berlin, Bath. n. 3. 60

1. Kassen-Wesen. (IV, 120 S.) 883. n. 2. —
2. Naturalverpflegung. I. Im Frieden. (V, 101 S.) 884. n. 1. 60

— dasselbe. Nachtrag II. [komplet]. gr. 8. (951 S.) Ebend. 883. n. 8. —

— dasselbe. Alphabetisches Sachregister. gr. 8. (III, 232 S.) Ebend. 884. n. 5. —

Helldorff, Karl v., Dienstvorschriften der königl. preußischen Armee. Fortgesetzt m. Genehmigg. d. königl. Kriegsministeriums. 4. Aufl. 1. Thl Ergänzungswesen. 1. u. 3. Abth. gr. 8. Berlin, R. Bath. n. 11. 80

1. Militärverfassung. Wehr- u. Militärpflicht. Ersatz- u. Kontrolwesen. (X, 414 S.) 892. n. 7. —
3. Das Militär-Erziehungs- u. Bildungswesen. (XII, 245 S.) 893. n. 4. 80

— dasselbe. 4. Aufl. 2. Thl. Innerer Dienst. Garnisondienst. Bureaudienst. 1., 3. u. 4. Abth. gr. 8. Ebd. n. 16. 20

1. Innerer Dienst. (XV, 578 S.) 893. n. 10. —
3. Garnisondienst. Militär-Kirchenwesen. (VIII, 112 S.) 893. n. 2. —
4. Bureaudienst. (VI, 222 S.) 894. n. 4. 20

— dasselbe. 4. Aufl. 3. Thl. Militärökonomie. 1. u. 2. Abth. gr. 8. Ebd. 895. n. 5. —

1. Kassenwesen. (II, 56 S.) n. 1. —
2. Besoldung im Frieden. (VI, 189 S.) n. 4. —

Helldorf, Karl v., Dienstvorschriften des kgl. preuß. Armee. Fortges. m. Genehmigg. d. kgl. Kriegsministeriums. 4. Aufl. 1. Thl., 5. Abth., u. 2. Thl., 5. Abth. gr. 8. Berlin 896. R. Bath. n. 3. 10

I. Ergänzungswesen. 5. Abth. Remontewesen. Pferdegelder. (V, 78 S.) n. 1. 60
II. Inn. Dienst. Garnisondienst. Bureaudienst. 5. Abth. Waffen u. Munition. (VI, 69 S.) n. 1. 50

Helldorff, Karl v., Dienstvorschriften d. königl. preußischen Armee. Fortgesetzt m. Genehmigg. des königl. Kriegsministeriums. 4. Aufl. II. Thl. 2. Abth.; III. Thl. 3.—5. Abth. u. IV. Thl. 1.—3. u. 5.—7. Abth. gr. 8. Berlin, A. Bath. n. 32. 55

II. 2. Innerer Dienst. Garnisondienst. Bureaudienst. 2. Abth. Anzug. Orden u. Ehrenzeichen. (VIII, 194 S.) 902. n. 4. —
III. 3. Militär-Oekonomie. 3. Abth. Verpflegung. (VI, 160 S.) 900. n. 4. —
4. Dasselbe. 4. Abth. Bekleidung u. Ausrüstung. Feldgeräth. (VI, 283 S.) 899. n. 6. —
5. Dasselbe. 5. Abth. Wohnungsgeldzuschuß. (III, 23 S.) 902. n. — 50
IV. 1. Quartier u. Servis. Garnisonanstalten. Militär-Sanitätswesen. Militär-Rechtspflege. 1. Abth. Quartier u. Servis. (VI, 206 S.) 901. n. 4. 50
2. Dasselbe. 2. Abth. Garnisonanstalt. (IX, 202 S.) 901. n. 4. 50
3. Dasselbe. 3. Abth. Militär-Sanitätswesen. (X, 218 S.) 902. n. 4. 50
5. Dasselbe. 5. Abth. Rechtsverhältnisse der Militärpersonen in bürgerl. Angelegenheiten. (VI, 126 S.) 902. n. 2. 25
6. Dasselbe. Hinterbliebenen-Fürsorge. 6. Abth. Rechtsverhältnisse der Beamten der Militärverwaltg. (IV, 80 S.) 902. n. — 80
7. Dasselbe. 7. Abth. Fürsorge f. Hinterbliebene. (IV, 46 S.) 902. n. 1. 50

Helldorff, Karl-Roderich von, Regierungsrefer.: Entspricht oder widerspricht die heutige preußische Ansiedlungs-Gesetzgebung der Reichsverfassung, respektive der preußischen Verfassung? Borna-Leipzig 1909: Noske. VII, 82 S. 8°
Leipzig, Jur. Diss. v. 16. Aug. 1909
[Geb. 14. Nov. 81 Zingst; Wohnort: St.-Ulrich b. Mücheln; Staatsangeh.: Preußen; Vorbildung: Gymn. Jena Reife O. 01; Studium: Lausanne 1, Heidelberg 3, München 1, Halle 3 S.; Rig. 5. Dez. 05.] [U 10. 2749

Helldorff, Marie H[enriette]: Auf eigenen Füßen. Prakt. Wegweiser durch alle Berufsarten f. erwerbende Frauen. 3. Aufl. — Berlin: Seemann [1906.] 112 S. 8°

Helldorff, Marie H. v., Auf eigenen Füssen. Praktischer Wegweiser durch alle Berufsarten f. erwerb. Frauen. 2. Aufl. (112 S.) 8. Berlin, H. Seemann Nachf. 1907. —. 40.

Helldorff, Marie H. v., auf eigenen Füßen. Praktischer Wegweiser durch alle Berufsarten f. erwerb. Frauen. 6. Aufl. (112 S.) 8. Berlin (908). H. Seemann Nachf. — 40

Helldorff, Otto Heinrich, s. H e l l d o r f f , Heinrich

Helldorff-Baumersrode, C. v., Das Recht der Arbeit und die Landfrage. Socialpolitische Glosse zu der Vorlage betreffend die Beförderung deutscher Ansiedelungen in Westpreussen u. Posen. Ein offener Brief an den Rittergutsbesitzer Herrn Wendorff-Naulin. gr. 8°. Berlin, Staude, 1886. 84 S.

Helldorff-Baumersrode, C. v., Verstaatlichung des Grund und Bodens oder Schutzzölle für die Landwirthschaft. Ein offener Brief an einen Landwirth. 8°. Berlin, Staude, 1885.

Helldorff-Buschbeck-, s. B u s c h b e c k -Helldorff.

Helldorff-Zingst, v., die Beurtheilung des Zuchtbullen. Als Material f. Körcommissionen, sowie im Interesse der Hebg. der heimathl. Rindviehzucht zusammengestellt. 1. u. 2. Aufl. 12. (16 S.) Querfurt 893. W. Schneider. n. — 20

Helldunkel, Das, in seinen ersten Gesetzen. Leipzig 1821. V: *Muhlert, K. Frdr.* [?] (EB)

Helldunkel, das, in seinen ersten Gesetzen dargestellt u. erläutert. Ein Beitrag zur Theorie d. zeichnenden Künste. Mit Kpf. 8. Leipz. 821. Magazin f. Ind. 10 gr

Helldunkel, Hans, (Fr. Aug. Schulze), Possenspiele. 8. Leipz. 811. Tauchnitz. 8 gr

Helle; ein Drama. Nürnb. 1779. V: *Brömel, Johann Friedrich.* (Ky) (MGT)

Helle; Drama (von Jh. Fr. Brömel). 8. Nürnb. 779. Monath u. K. 2 gr

Helle, Alfred *Ferdinand* [aus Magdeburg]: Ein Beitrag zur Constitution der Camphoronsäure ... Bonn, Univ.-Buchdr. v. C. Georgi, 1893; 45 S. 8.
Bonn, Phil. Fak., Inaug.-Diss. v. 10. Aug. 1893

Helle, Carl Paul Johannes, s. H e l l e , Johannes

Helle, Friedrich, s. H e l l e , Friedrich Wilhelm

Helle, Friedrich Wilhelm

—— Golgatha und Oelberg. Christologisches Epos. gr. 8. (VIII, 463 S.) Prag 886, Rohlicek und Sievers. *

Helle, Friedr. Wilh., Jesus Messias. Eine kathol. Epopöe. 1. Thl. Gesang 1—14. 1. Aufl. 1870, und 2. unveränd. Aufl. gr. 8. (VII, 314 S.) Innsbruck 873, Wagner'sche Universitäts-Buchh. *

Helle, Fldr. W., Jesus Messias. E. christolog. Epopöe. 3 Bde. Umgearb. u. erweit. Ausg. der 1. u. 2. Aufl. gr. 8. Heiligenstadt 896. F. W. Cordier. n. 21. —; geb. n.n. 33. —
1. Bethlehem u. Nazareth. (XXIX, 235 S.) — 2. Jordan u. Kedron. (531 S.) — 3. Golgatha u. Ölberg. (441 S.)

Helle, Friedr. Wilh., Mahnrufe an das deutsche Volk. Patriot. Gedichte aus den J. 1857—66. 8. (108 S.) Wien 866, Lechner's Universitäts-Buchh. *

—— Maria Antoinette. Eine episch-lyr. Dichtung. 12. (VIII und 143 S.) Wien 866, (Seidel und Sohn.) *

Helle, Fr. Wilh., Marien-Preis. Lieder zur Verherrlichung der allerseligsten Jungfrau. Eine Festgabe zum 25jähr. Jubiläum des Dogmas der Unbefleckten Empfängniß Mariä. 16. (95 S.) Neisse 879. Huch. n. 1. —

Helle, Frdr. Wilh., Marien-Preis. Lieder u. Balladen zur Verherrlichg. der allerseligsten Jungfrau. 2., stark verm. Aufl. Eine Festgabe zum 50jähr. Jubiläum des Dogmas der unbefleckten Empfängnis Mariä. Mit 1 Titelbilde der Beuroner Klosterschule. (XII, 143 S.) 8. Münster 904. Alphonsus-Buchh. Geb. in Leinw. n 2. 50

Marien-Preis. Lieder u. Balladen z. Verherrlichung d. allerseligsten Jungfrau von Dr. Friedrich Wilh. **Helle**. 3. Aufl. Hrsg. von P. Ansgar Pöllmann, O.S.B. Mit e. Titelbilde d. Beuroner Kunstschule. Münster i.W.: Alphonsus-Buchh. 1906. (XII, 143 S.) 8° [J.] [06. 6530 G

—— Minneleben. Eine romant. Dichtung. 16. (VII und 206 S.) Münster 867, Russell. 24 Ngr.; geb.

Helle, Frdr. Wilh., die Schöpfung. Epische Dichtg. Prolog zu „Jesus Messias". 1. u. 2. Aufl. 12. (222 S.) Donauwörth (899. 902). L. Auer.
Geb. in Leinw. m. Goldschn. n. 4. –

Helle, Friedr., Kalanyas Völkergesang. Mittelafrikanischer Schöpfungsmythus. Heiligenstadt, Cordier, 1894, 148 S., 12°, 3 Mk.
Eine meisterhafte poetische Bearbeitung des Schöpfungsmythus der Jumala-Neger Mittelafrikas. Von theol. Interesse, insofern der Inhalt dieses Mythus in vielen wichtigen Punkten eine auffallende Ähnlichkeit mit dem bibl. Schöpfungsberichte aufweist. Über den Inhalt des Mythus s. Pesendorfer, (Linzer) Theol.-pr. Quartalschr. 1896, S. 677. Stimmen a. M.-Laach Bd. 18, S. 102.

Helle, F. W., Christkindleins Wanderung. Christliche Weihnachtsmärchen. 2. Aufl. 12. (79 S. m. 1 Chromolith.) Donauwörth 888. Auer. cart. 1. 20

Helle, Johannes

Helle, *Carl Paul* Johannes [aus Stettin]: Über einige Abkömmlinge der o-Tolidin-o-disulfonsäure ... Greifswald, Druck v. J. Abel, 1892; 68 S. 8.
Greifswald, Phil. Fak., Inaug.-Diss. v. 2. Mai 1892

Helle, K., die Arbeitsstoffe im Bäckergewerbe. s.: Netolitzky, F.

Helle, Karl, über die Beschaffenheit der Kuhmilch in Graz, m. e. Zusatz v. W. Prausnitz. gr. 8. (16 S.) Graz 900. (Leuschner & Lubensky). n. — 40

Helle, M., Uebermenschenthum u. Zuchtstaat. Ein Anarchistenideal. Beleuchtet v. H. gr. 8. (63 S.) Mainz 899. (Mainzer Verlags-Anstalt & Druckerei). — 75

HEILE, Paul (Diepholz): Über Anerbenrecht und Grundverschuldung.- Emden: Gerhard 1911. 81 S., 10 Bl.Tab.,Taf.,1 Kart.
20.6.1911 - Chr 1911/12,25; U 12.3617
Diss. Ingolst.-Landsh.-Mchn.

Helle v. Samo, A. Ritter zur, das Vilajet der Inseln des Weissen Meeres [Bahr i Sefid Dschezaïri], das privilegirte Beylik Samos [Syssam] u. das selbstständige Mutessariflik Cypern [Kybris] [1876] nach geographischen, militär- u. national-ökonomischen Notizen aus den Tagebüchern des früheren k. k. Militär-Attachés der österreich-ungarischen Botschaft in Constantinopel. gr. 8. (91 S. m. 1 chromolith. Karte in gr. 4.) Wien 878. Gerold & Co. in Comm. n. 1. 40

—— die Völker des osmanischen Reiches. Beiträge für Förderung oriental. Studien, aus den Papieren des früheren Militär-Attachés der k. k. österreich.-ungar. Botschaft in Constantinopel. gr. 8. (IV, 132 S.) Wien 876, Gerold's Sohn. *

— die Völker des osmanischen Reiches. Beiträge für Förderung orientalischer Studien. 1876. gr. 8. (IV, 132 S.) Ebend. 877. n. 7. —

Helleband, Emil, s. Hellebrand

Hellebaut, (Capitaine,) Précis de l'histoire de Saxe, depuis les temps les plus reculés jusqu'à nos jours. Mit 1 Holzschnitt-Tafel u. 2 Tab. Lex.-8. Anvers 844. (Cöln, Welter.) n. 1 ℔ 22 ngl

Hellebrand, Emil

Hellebrand, E., Definitive Bahnbestimmung des Kometen 1883 I (Brooks). Besonders abgedruckt a. d. mathem.-naturw. Klasse d. k. Akad. d. Wiss. 4°. (77 S.) † K 4.70
Wien: Gerold 1905.

Hellebrand, Emil, definitive Bahnbestimmung des Kometen 1883 I (Brooks). (77 S.) 4. Wien 905. (A. Hölder.) n. 4. 70
Sonderabdruck aus: „Denkschr. d. k. Akad. d. Wiss."

Helleband, Emil, die günstigste Gewichtsverteilung bei Dreieckswinkelmessungen m. Rücksicht auf d. mittleren Punktfehler. (40 S. m. 1 Fig.) gr. 8. Wien 909. A. Hölder. 1. 15
Sonderabdr. a.: „Sitzungsber. d. k. Akad. d. Wiss."

— Über die günstigste Gewichtsverteilung bei trigonometrischen Punktbestimmungen (mit 6 Textfiguren). D SS. 120 . . . . 4.80
Separatabdruck

Hellebusch, B. H. F., katholisches Gesang- und Gebetbuch. Eine Auswahl der vorzüglichsten Choräle und Kirchenlieder für zwei Stimmen gesetzt, mit den gewöhnl. Andachtsübungen. 2., verb. Aufl. 8. (271 S.) Cincinnati 859. (Philadelphia, Schäfer und Koradi.) geb. *

—— vollständige Gesang-Schule, nebst einer reichhaltigen Auswahl von Schul- und Volks-Liedern für eine, zwei, drei und vier Stimmen. 2., verb. und verm. Aufl. 8. (160 S.) Philadelphia 859, Schäfer und Koradi. *

Hellekessel, Henricus (geb. in Düren, getauft am 5 Juni 1794): De digitalis purpureae usu in cura phthiseos pulmonalis per metasyncrisin absolvenda . . . Bonnae, typ. F. Kupferberg (1819). 1 Bl., 32 S. 4. ¶ Am Schluss eine kurze Ansprache d. Praeses u. Promotors Chrn Friedr. Harless.
Bonn, Med. Fak., Diss. v. 14 Aug. 1819

Hellemans, Johannes, Regierungstierarzt in Niederländisch Ost-Indien: Ueber das Auftreten des Strongylus pinguicola (Sclerostoma pinguicola Verrill, Stephanurus dentatus Diesing) auf Java und Sumatra. (Bearbeitet im Reichsseruminstitut in Rotterdam. Direktor: Dr. Poels.) Jena, Gustav Fischer, 1911. 32 S. 8°. S.-A. aus dem Centralblatt für Bakt. etc. I. Abt. Originale. Bd. 57. Heft 3. [10. VI. 10.]
Bern, Vet.-Med. Diss. 1910/11.

Hellems, F. B. R, Lex de imperio Vespasiani. Diss. 1902. 24 S. 1.50

Reponse du Sr. de Hellen Ministre du roi auprès des Etats généraux au memoire que le Sr. de Canderbach résident de Saxe a remis à leurs hautes Puissances. En date du 29. Sept. 1756. (7 S.) A Berlin.

Hellen, C. v. [Pseud.], s.a. Krause, Helene v.

Hellen, C. v., der Herr Diakonus. Novelle. 8. (124 S.) Leipzig 884, J. Lehmann.
geb. mit Goldschn. *

Hellen, C. v., der Herr Diakonus. Novelle. 8. (124 S.) Leipzig 884. Fr. Richter. n. 3. —; geb. m. Goldschn. n. 4. —

Hellen, C. v., Freiheit, s.: Volksbücher, neue.

Hellen, C. v., Godolav,
— echtes Gold,
— der Grenadier,
s.: Volksbücher, neue.

— Hanna, s.: Soldaten-Bibliothek, kleine.

— dasselbe,
— Hittebarn,
— der Kalandsturm,
s.: Volksbücher, neue.

— zum Licht,
— Königin Luise v. Preußen,
s.: Volksbücher, neue.

— neues Märchenbuch, s.: Kinder-Bibliothek kolor.

– Im Strom der Großstadt, s. Volksbücher, Neue.

– Meister Wieberts Tochter, s. Volksbücher, Neue.

Hellen, C. v., um d. Andern willen. Erzählung. 8. (127 S.) Leipzig 892. E. Ungleich. n. 1. 60; geb. n.n. 2. 20

Hellen, C. v., Ursula. Novelle. 8. (142 S.) Leipzig 885, [Lehmann.] Fr. Richter. *
geb. mit Goldschn. *

(B) Hellen, C. v., Ursula. 885. (KBL 23.) Jetzt: Dresden, C. L. Ungelenk. Geb. 1. 50

Hellen, D. A., Zur, s. Zur Hellen.

von der Hellen, Eduard [aus Wellen in Hannover]: Goethes Anteil an Lavaters physiognomischen Fragmenten .... Frankfurt a/M, Literar. Anst. Rütten & Loening, 1888; 2 Bl. + 88 + 1 S. 8°
Bonn, Phil. Fak., Inaug.-Diss. v. 8. Febr. 1888

Hellen, Ed. v. der, Goethes Anteil an Lavaters physiognomischen Fragmenten. gr. 8. (256 S. mit einigen 30 Abbild.; darunter 3 bisher nicht beachtete Goethe-Bildnisse.) Frankfurt a. M. 888, Literar. Anstalt, Rütten und Loening. *

Hellen, Eduard von der, Arzt in Straßburg i. E.: Beitrag zur Anatomie des Zwerchfelles: Das Centrum tendineum. *Stuttgart: E. Nägele 1903.* (S. 151—181.) 8° ¶(Aus: Zeitschr. f. Morphol. u. Anthropol., Bd 6, H. 1.)
Straßburg, Med. Diss. v. 1903

Hellen, Eduard v. der, s.: Goethe, Frau Elisab. (Goethes Mutter), in e. Auswahl aus ihrem Briefwechsel, s.: Goethe's, Joh. Wolfg. v., Briefe.

Hellen, Ed. v. der, s.: Journal, das, v. Tiefurt.

Hellen, Ed. v. der. Das Journal v. Tiefurt, s. Schriften d. Goethe-Gesellschaft.

— das rote Programm. Leitfaden f. Agitatoren, sowie zum Selbstunterricht in der Socialdemokratie. 1.—3. Taus. gr. 8. (64 S.) Weimar 892. H. Weißbach. n. – 40

– (Hrsg.), s. Schiller, Friedrich v.: Sämtliche Werke.

Hellen, Ed. v. der, Italiens Volkswirtschaft. Ein Vortrag. gr. 8. (40 S.) Freiburg i/B. 899. Tübingen, J. C. B. Mohr. n. — 80

Hellen, G. v. d.: Die Erziehung zum Soldaten. Graz 1931. 191 S.

Hellen, H. v. d., d. Molkereiwesen in Dänemark, Schweden u. Schleswig-Holstein, s.: Bisserina, B.

Hellen, Johs., Hammer u. Harfe. Sozialpolitische Gedanken in gebundener Form. (86 S.) 8. Essen 905. Fredebeul & Koenen. n. — 40

Hellenbach, Baron Lazar

—— Mr. Slade's Aufenthalt in Wien. Ein offener Brief an meine Freunde. 8. (44 S.) Ebendas. (878)887. *

Hellenbach, Lazar. B., die antisemitische Bewegung. gr. 8. (55 S.) Leipzig 888, Besser.

Hellenbach, L[azar] B[aron], Geburt und Tod als Wechsel der Anschauungsform oder die Doppel-Natur des Menschen. gr. 8. (VI, 325 S.) [Wien 885, Braumüller.] Leipzig, Mutze. *

Hellenbach, L. B., Geburt u. Tod als Wechsel d. Anschauungsform od. d. Doppel-Natur d. Menschen. 2. Aufl. gr. 8. (VIII, 325 S. m. 1 Fksm.) Leipzig 897. O. Mutze. n. 6. —; geb. n. 8. —

Hellenbach, Lazar, Gesetze der socialen Bewegung. Versuch einer Geschichte der Menschheit. Wien 864. Bartelmus. gr. 8. (VIII, 189 S.) 1 ℛ

Hellenbach, L. B., das 19. u. 20. Jahrhundert. Kritik der Gegenwart u. Ausblicke in die Zukunft. Aus dem handschriftl. Nachlaß hrsg. von Karl du Prel. gr. 8. (VIII, 186 S.) Leipzig 893. O. Mutze. n. 3. —;
geb. n. 4. —

— der Individualismus im Lichte der Biologie u. Philosophie der Gegenwart. gr. 8. (VIII, 272 S.) Wien 878. Braumüller. n. 4. —

— der Individualismus im Lichte der Biologie u. Philosophie der Gegenwart. 2. (Titel-)Aufl. gr. 8. (VIII, 272 S.) Ebd. 887. n. 4. —; geb. n. 5. 50

— ist Hansen ein Schwindler? Eine Studie über den „animalischen Magnetismus". 8. (38 S.) Wien 880. Rosner. n. — 80

Hellenbach, L. B., ist Hansen e. Schwindler? Eine Studie üb. den „animal. Magnetismus". 2. Aufl. 8. (38 S.) Leipzig 887. Mutze. n. — 50

—— der Kampf am Rhein und an der Donau. 1.—3. Aufl. 8. (40 S.) Leipzig 887, Mutze. *

—— der ungarisch-kroatische Conflict. gr. 8. (17 S.) Wien 883, (Braumüller.) *

— die neuesten Kundgebungen einer intelligiblen Welt. 8. (68 S.) Wien 881. Rosner. n. 1. 20

Hellenbach, L. B., die neuesten Kundgebungen e. intelligiblen Welt. 2. Aufl. gr. 8. (45 S.) Leipzig 899. O. Mutze. n. 1. 20

—— die Logik der Thatsachen. Eine Entgegnung auf die Brochure „Einblicke in den Spiritismus". [Von Erzherzog Johann.] 1.—5. Aufl. gr. 8. (40 S.) Leipzig 884, Mutze. *

— d. Lösung d. sozialen Frage. [Aus: „II., d. Vorurtheile d. Menschheit".] gr. 8. (IV, 364 S.) Ebd. 893. n. 2. —; geb. n. 3. —

Hellenbach, L. B., Die Magie der Zahlen als Grundlage aller Mannigfaltigkeit und das scheinbare Fatum. 8. (199 S.) geb. In Comm. 2 fl. nur baar. Wien: Braunmüller 1882.

— die Magie der Zahlen als Grundlage aller Mannigfaltigkeit u. das scheinbare Fatum. gr. 8. (IV, 200 S. m. 1 Schrifttaf.) Wien 882. (Leipzig, Mutze.) n. 4. —

Die Magie der Zahlen als Grundlage aller Mannigfaltigkeit und das scheinbare Fatum. Von L[azar] B[aron] Hellenbach. 2. Aufl. M. d. Bildn. d. Vf. u. 1 Schrifttaf. *Leipzig: O. Mutze 1898.* (4 Bl., 199 S., 1 Portr., 1 Facs.) 1 Bd 8.

Hellenbach, L. B., die Magie der Zahlen als Grundlage aller Mannigfaltigkeit u. d. scheinbare Fatum. 3. Aufl. Mit dem Bildnis des Verf. u. 1 Schrifttaf. (V, 199 S.) 8. Leipzig 910. O. Mutze. 4.— ; geb. n 5.50

— — die öffentliche Meinung und die Nordbahnfrage. gr. 8. (15 S.) Wien 884, (Braumüller.) *

— — die Insel Mellonta. 8. (III, 237 S.) Wien 883, Rosner.

—— die Insel Mellonta. 2. verm. Aufl. 8. (VI, 248 S.) [Wien 885, Braumüller.] Leipzig, Mutze. *

[J.] Die Insel Mellonta. (E. Zukunftsbild.) Von L[azar] B. Hellenbach. 3. Aufl. *Leipzig: O. Mutze 1896.* (VIII, 248 S.) 1 Bd 8.

—— die Occupation Bosniens und deren Folgen. Als Mscr. gedr. gr. 8. (52 S.) Ebendas. (878)887. *

—— eine Philosophie des gesunden Menschenverstandes. Gedanken über das Wesen der menschlichen Erscheinung. gr. 8. (VIII, 289 S.) (Ebendas.) 876. *

—— eine Philosophie des gesunden Menschenverstandes. Gedanken über das Wesen der menschlichen Erscheinung. 2. (Titel-)Aufl. gr. 8. (VIII, 289 S.) Ebendas. (876)887. * geb. *

— aus dem Tagebuche eines Philosophen. 8. (VII, 312 S.) Wien 881. Rosner. n. 5. —

Hellenbach, Baron Lazar, Ursache und Wirkung des nächsten Krieges. Mit besond. Berücksicht. der Südslaven gegenüber Oesterreich und Russland. gr. 8. (40 S.) Leipzig 869, O. Wigand.

—— die Vorurtheile der Menschheit. 1. und 2. Bd. gr. 8. (VII, 364; XIII, 303 S.) Wien 879, Rosner. à Bd. *M 6. *

—— die Vorurtheile der Menschheit. 3. (Schluss-)Bd.: Die Vorurtheile des gemeinen Verstandes. gr. 8. (IX, 377 S.) Ebendas. 880.
1. und 2. Bd. Ebendas. 1879. à *M 6.

—— dass. — Neue (Titel-)Ausg. 3 Bde. gr. 8. (VII, 364; XIII, 303; IX, 377 S.) Wien 884, Braumüller.

Die Vorurtheile der Menschheit. Von L[azar] B[aron] Hellenbach. 3. Aufl. in 3 Bden. Bd 1–3. *Leipzig: O. Mutze 1893.* 3 Bde 8°
1. Volkswirthschaftl. Vorurtheile. – Polit. Vorurtheile. – Gesellschaftl. Vorurtheile.
2. Vorurtheile in Religion u. Wissenschaft.
3. Die Vorurtheile d. gemeinen Verstandes.

Was ist Recht? Von H. Hellenbroich. *Bonn: P. Hanstein 1897.* (45 S.) 1 Bd 8.

Hellenbroich, Heinrich

Die Armenstiftungen der Stadt Münster i. W. (Verf.: Heinrich Hellenbroich.) *Münster 1900: J. Krick.* (60 S.) 8° [J.]

Hellenbroich, Heinrich [pract. Arzt aus Norm i. d. Rheinprovinz]: Casuistische Beiträge zur Chirurgie des Magens .... Greifswald, Druck v. Julius Abel, 1887; 27 S. 8°.
Greifswald, Med. Fak., Inaug.-Diss. v. 20. Apr. 1887.

Hellenbroich, Heinrich, casuistische Beiträge zur Chirurgie des Magens. Diss. Greifswald 1887, Jul. Bindewald. 8°. 27 S.

Hellenbroich, Heinrich: Erfüllung der Verträge im Konkurse. *M.Gladbach: P. Holl 1897.* (43 S.) 8°
Erlangen, Jur. Diss. v. 23. Juli 1897

Hellendall, Hugo [app. Arzt aus M. Gladbach]: Ueber die operative Behandlung der traumatischen intraperitonealen Ruptur der Harnblase ... Strassburg i. E., Buchdr. C. & J. Goeller, 1896; 44 S. 8.
Strassburg, Med. Fak., Inaug.-Diss. v. 1896

Hellenen, die, od. die Menschheit in Griechenland, nach J. J. Barthelemy. Als Handbuch zum Vorlesen rc. gr. 8. Leipz. 799. Weygand. 2 ℛ

Hellenen, die, Darstellungen für d. gebildete Lesewelt. 1e Abthl. Ansichten ihrer Schriftsteller über Gott, Vorsehung u. Gottesverehrung; über Leben, Tod u. Unvergänglichkeit des Menschen; über bürgerl. und häusliches Leben, Liebe, Freundschaft und die Pflichten der Eltern, Kinder u. Ehegatten; über Tugend, Laster und Mittel der Besserung, in sieben Büchern. 12. Quedlinburg 834. Becker'sche Buchh. (Franke.) 5/12 ℛ

Hellenia, ein Taschenbuch. (1824). Rostock. Goed. VIII, 115, 273.

Hellenika. Archiv archäolog., philologischer, histor. u. epigraph. Abhandlungen u. Aufsätze. In period. Heften v. Ludw. Roß. 1. Bd. 1. u. 2. Hft. 4. Halle 846, Schwetschke u. Sohn. [1. (12½ B. u. 1 Stnt.) * 1 Thlr., 2. (7 B.) * 20 Ngr.]*

Hellenstein, Schloss, zu Heilbronn, hsg. von dem Verschönerungsverein Heilbronn. Stuttgart 1892. V: *Hartmann, Julius.* (Heyd)

Hellenstein, Schloß, zu Heidenheim an der Brenz. Hrsg. v. dem Verschönerungsverein Heidenheim. 12. (61 S. m. Abbildgn. u. 1 Lichtdr.) Heidenheim 892, (Rees). ** 1 —

Hellenthal, K. A.: K. A. Hellenthals (Johann Karl Lübecks) Hülfsbuch für Weinbesitzer und Weinhändler oder der vollkommene Weinkellermeister, enthaltend eine Belehrung, wie man den Most, so wie man ihn von der Presse erhält, behandeln muß, um aus demselben guten, edeln und haltbaren Wein zu erhalten. Nebst allen nöthigen Kenntnissen über die Keller und ihre Einrichtung; das Behandeln, Richten und Schönen der Weine; über die Krankheiten der Weine und ihre Heilung; über die Beurtheilung der Weine und Kenntniß derselben, nach ihrem Geburtsort aus allen Ländern; über die Nachbildung natürlicher und die Bereitung künstlicher Weine und endlich über Weinverfälschungen und ihre Entdeckungsart, mit verschiedenen Weinkünsten. Nach eigener Prüfung und den berühmtesten Schriftstellern Chaptal, Rozier, Parmentier, Fabbroni, Demachy, Hahnemann, Gotthard und mehreren andern verf. 2., verb. Aufl. Pesth: Hartleben 1815. 235 S. -- 16°. ÖNB. Stiftsbibliothek Klosterneuburg
--- Dass. 1. Aufl. Ebd. 1808. -- [Zit. nach Thienemann]
--- Dass. 3., verm. u. verb. Aufl. 1819. 300 S. -- UB Brünn°. ÖNB
--- Dass. 4., mit einigen Verbesserungen verm. Aufl. Ebd. 1822. 293 S. -- 17.21°.43.
--- Dass. 5., verb. u. abermals verm. Aufl. Ebd. 1829. 305 S. -- 107°
--- Dass. 6., neu bearb. u. verm. Aufl. von Heinrich Wiese. Ebd. 1838. LXII, 352 S., 3 Taf. -- 3. ÖNB°. UB Wien
--- Dass. 7., verb. u. verm. Aufl. mit Benützung der berühmtesten Oenologen und Chemiker, verf. von J. Beyse. Pest & Wien: Hartleben 1859. X, 264 S. -- 100°. ÖNB. UB Wien
--- Dass. 8. Aufl. Ebd. 1869. XVI, 384 S., mit 56 Holzschnitten. -- 17.37. Frei 100°. Gei 1
--- Dass. 9., verb. u. verm. Aufl. Wien, Pest, Leipzig: Hartleben 1874. XVI, 400 S., mit 58 in den Text gedruckten Holzschnitten. -- 35°. UB Brünn
--- Dass. 10., verb. u. sehr verm. Aufl. Ebd. 1883. XVI, 400 S., mit 75 in den Text gedruckten Abb. -- 36.43.121. Gei 1°. UB Wien
--- Dass. 11., vollst. umgearb. u. verm. Aufl. Unter Benutzung der hervorragendsten Werke und auf Grund eigener Erfahrungen verf. von A[ndor] Teleki. Wien: Hartleben [1905]. VIII, 368 S. -- 100°

— Hülfsb. f. Weinbesitzer u. Weinhändler, od. d. vollkomm. Weinkellermeister auf d. Standpunkte d. Industrie u. Erfahrung. Nebst e. Einleit. üb. d. nöthigsten Vorkenntnisse v. Weinbau. Mit Abb. Lex.-8. Pesth, 1808. 2. Aufl. v. Joh. Karl Lübeck. 1815. 3. Aufl. 1819. 4. Aufl. 1822. 5. Aufl. 1829. 6. Aufl. v. Heinr. Wiese. 1838. (Leipzig, Kirchner.) 1. 15

Hellenthal, K. A., Hülfsbuch f. Weinbesitzer und Weinhändler, od. d. vollkommne Weinkellermeister, enth. e. Belehr., wie man d. Most, so wie man ihn von der Presse erhält, behandeln muß, um aus demselben guten edlen u. haltbaren Wein zu erhalten. 2te verb. Aufl. v. Dr. Lübeck. 8. Pesth, Hartleben. 815.

Hellenthal, K. A., Hülfsbuch für Weinbesitzer und Weinhändler, oder der vollkommene Weinkellermeister rc. Herausg. von Dr. Lübeck. 3te Aufl. 8. Pesth, Hartleben. 819.

Hellenthal, (K. A.,) Hülfsbuch f. Weinbesitzer u. Weinhändler, oder d. vollkommene Weinküfer u. s. w. 4e verb. Aufl. v. J. K. Lübeck. 8. Pesth 822, Hartleben.

†**Hellenthal**, K. A., (Joh. Carl Lübeck,) Hülfsbuch f. Weinbesitzer u. Weinhändler, od. d. vollkomm. Weinkellermeister. Nach eig. Prüfung u. d. berühmtesten Schriftstellern verfaßt. 5., verb. u. verm. Aufl. gr. 12. (13 B.) Pesth 829, Hartleben.

Hellenthal's, K. A., Hülfsbuch für Weinbesitzer u. Weinhändler, oder der vollkommene Weinkellermeister auf dem Standpunkte der Industrie und Erfahrung. Nebst einer Einleitung über die nöthigsten Vorkenntnisse vom Weinbau. Mit Abbildd. der neuesten u. vorzügl. Maschinen, Pressen rc. 6e neu bearb. u. verm. Aufl. von Heinr. Wiese. Lex.-8. Pesth 838. Hartleben. (Leipzig, Frohberger.) $1\frac{1}{2}$ ß

Hellenthal's, C. A., Hilfsbuch für Weinbesitzer und Weinhändler oder der vollkommene Weinkellermeister, enthält eine Belehrung, wie man den Most, sowie man ihn von der Presse erhält, behandeln muß, um aus demselben guten, edlen und haltbaren Wein zu erzielen, nebst allen nöthigen Kenntnissen über die Keller und ihre Einrichtung rc., sowie die vollständ. Bereitung des Champagnerweines von der Presse bis zum Versenden, wie sie in der Champagne betrieben wird. 7., verb. und verm. Aufl. mit Benützung der berühmtesten Oenologen und Chemiker. Verfaßt von J. Beyse. Lex.-8. (X und 264 S. mit eingedr. Holzschn.) Wien 859, Hartleben's Verlags-Expedition.

Hellenthal's, K. A., Hilfsbuch für Weinbesitzer u. Weinhändler oder der vollkommene Weinkellermeister. Enthltd. e. Belehrung wie man den Most, sowie man ihn von der Presse erhält, behandeln muß, um aus demselben guten, edlen u. haltbaren Wein zu erzielen, nebst allen nöthigen Kenntnissen über die Keller u. ihre Einrichtung, über die Aufbesserung u. Vermehrung des Weines rc.; sowie die vollständige Bereitung des Champagnerweines von der Presse bis zum Versenden, wie sie in der Champagne betrieben wird. 8. verb. u. verm. Aufl., nach eigenen, langjähr. u. pract. Erfahrungen des Verf. u. mit Benützung der berühmtesten Oenologen u. Chemiker. Verf. von J. Beyse. Mit 56 in den Text gedr. Holzschn. Wien 869. Hartleben. gr. 8. (XVI, 384 S.) 1 ß 20 ngr.

Hellenthal's, K. A., Hilfsbuch für Weinbesitzer u. Weinhändler, od. der vollkommene Weinkellermeister. Enthalt e. Belehrg., wie man den Most, sowie man ihn von der Presse erhält, behandeln muß, um aus demselben guten, edlen u. haltbaren Wein zu erzielen, nebst allen nöthigen Kenntnissen üb. die Keller u. ihre Einrichtg.; ub. die Aufbesserg. u. Vermehrg. des Weines rc. sowie üb. die vollständ. Bereitg. d. Champagnerweines von der Presse bis zum Versenden, wie sie in d. Champagne betrieben wird. 9. verb. u. verm. Aufl. nach eigenen langjahr. u. prakt. Erfahrgn. d. Verf. u. m. Benützg. d. beruhmtesten Oenologen u. Chemiker verfaßt v. J. Beyse. Mit 58 in den Text gedr. Holzschn. gr. 8. (XVI, 400 S.) Wien 873. Hartleben. 5. —

Hellenthal's, K. A., Hilfsbuch für Weinbesitzer u. Weinhändler oder der vollkommene Weinkellermeister. Enth. eine Belehrung, wie man den Most, sowie man ihn von der Presse erhält, behandeln muß, um aus demselben guten, edlen u. haltbaren Wein zu erzielen, nebst allen nöthigen Kenntnissen über die Keller u. ihre Einrichtung, über die Aufbesserung u. Vermehrung des Weines rc., sowie die vollständige Bereitung des Champagnerweines von der Presse bis zum Versenden, wie sie in der Champagne betrieben wird. 10., verb. u. sehr verm. Aufl., nach eigenen langjährigen u. praktischen Erfahrungen des Verf. u. mit Benutzung der berühmtesten Oenologen u. Chemiker verf. v. J. Beyse. Mit 75 in den Text gedr. Holzschn. gr. 8. (XVI, 398 S.) Wien 883. Hartleben. 4. 50

Hellenthal's, K. A., Hilfsbuch f. Weinbesitzer u. Weinhändler. Enth. e. ausführl. Darstellg. der Weinbereitg. u. Kellerwirtschaft, sowie in kurzen Zügen die Champagner-, Obstwein- u. Kognakfabrikation. 11., vollst. umgearb. u. verm. Aufl. Unter Benutzg. der hervorrag. önolog. Werke u. auf Grund eigener Erfahrgn. verf. v. A. Teleki. (VIII, 368 S.) gr. 8. Wien (908) A. Hartleben. 5. —; geb. 6. —

— der allgem. ökonom. Sammler, od. Auswahl der neuesten, besten u. vorzüglichsten Abhandlungen, Aufsätze, sowohl üb. Acker-, Gärten-, Obst-, Wald-, Wein- u. Wiesenbau rc. 2 Bde. Mit 5 Kpf. 4. Pesth 813. Hartleben. 4 ß Hbg. Pr. 2 ß

Hellonthal, Wilh(elm), approb. Arzt aus Münsterbusch (Bez. Aachen): Aus d. Kgl. chirurg. Klinik d. Universität Marburg. Über traumat. Darmrupturen und ihre Beziehungen zu Brüchen. *Marburg 1899: C. L. Pfeil.* (49 S.) 8°
Marburg, Med. Diss. v. 2. Nov. [illegible]

HELLER, Zum Gedächtnis des entschlafenen Mitgliedes und vieljährigen Schriftführers des Pegnesischen Blumenordens, Herrn Georg Christian Heinrich Seiler, II. Pfarrers bei St. Sebald, geschrieben im Namen und Auftrag des Ordens. Nürnberg 1881. Druck von G. P. J. Bieling (G. Dietz). 4°.

Heller, Dr., s. F. H. Grautoff, histor. Schriften.

Heller: Hat Karl der V. wortbrüchig an dem Landgrafen Philipp von Hessen gehandelt, als er ihn zu Halle gefangen nahm? 21 S.–Melk, Progr. 1866

Heller: Hat Tilly absichtlich Magdeburg zerstört und kann geschichtlich nachgewiesen werden, dass er an der Zerstörung dieser Stadt seine Freude gehabt ? 49 S. –Melk, Progr. 1867

Heller: Heinrich V. in seinem Verhältnisse zu seinem Vater, dem Kaiser Heinrich IV., und in seinen Beziehungen zu Papst Paschal II. bis auf d. Zeit seiner Kaiserkrönung. 28 S.–Melk, Progr. 1868

Heller. Kriegsereignisse bei Gibraltar 1704 u. 1705. 8. Wien 1838.

Heller, Unser Kronprinz von der Wiege bis zum Altar. Gedenkbuch für die Völker Oesterreichs. gr. 8. mit 6 Illustrationen und 1 Titel-Bild in Tondruck. Elegant brosch. Preis 20 kr.
Wien: Czaki 1881.

Heller: Über Maxima der Vegetation überhaupt und über jene von Attika insbesondere. 25 S.– Wien Th., Progr. 1863.

Heller. De la place de l'adjectif. Berlin, königl. R., 1848. 24 S. 4. Progr.

Heller, der Ring, od. die unvermuthete Entdeckung. Lstspl. 8. Prag 787. Schönfeld. 4 ß

Heller, Schirmeck und seine Umgegend. Special-Karte zum Gebrauch des Touristen, mit 1 Orientirungs-Tabelle. 1:40,000. Chromolithogr. gr. Fol. Strassburg 879, Trübner. *

Heller: De la suppression de l'article devant les substantifs joints aux verbes. 43 S. – Berlin Elis., Progr. 1856.

Heller, warum muss der Auswurf Hustender unschädl. gemacht werden? Zur Bekämpfg. der Schwindsucht. Plakat m. 1 farb. Abbildg. gr. Fol. Morchenstern (899). I. Wawra. — 40; aufgezogen n. — 50

Heller, A., s.: Sitzungs-Protokolle des ärztlichen Lokalvereins zu Nürnberg.

Heller, Adolf

Heller, Ad., s.a. Preußen, der Beamtenstaat.

Heller, A., das enthüllte Rußland, s.a. Bibliothek, historische, 9 u. 10. Lfg.

Heller, Adolph, vormals der k. preuss. Gesandtschaft zu London und zu St. Petersburg attachirt etc. Das enthüllte Russland oder Kaiser Nikolaus und sein Reich. Nach dem englischen Original-Werke etc. bearbeitet. (2 Bde.) 8. Grimma 1845.

– s.a. Rußland im Jahre 1844.

– – Russland im Jahre 1844. Ein Nachtrag zu dem enthüllten Russland etc. 8. Grimma 1845.

Heller, Adolf Chr. Carl

Heller, A. Ch. C., üb. die Bestimmung d. deutschen Volkes f. das Christentum, s.: Sammlung theolog. u. socialer Reden u. Abhandlungen.

Heller, A. Ch. C., die Cananäerin, ein Bild treuer Mutterliebe. Ein Wort an Mütter und Kinder nach dem Evangelio Matthäi Cap. 15, 21—28. gr. 8. (16 S.) Barmen 875, Wiemann.

Heller, A. Chr. C., Gerechtigkeit erhöhet ein Volk; aber die Sünde ist der Leute Verderben. Predigt am Geburtstage Sr. Maj. des deutschen Kaisers. 1. und 2. Aufl. gr. 8. (15 S.) Barmen 873, Wiemann.

Heller, Adf. Chr. Carl, Geschichte der evangelischen Gemeinden zu Dortmund mit besond. Berücksicht. der St. Petri-Nicolai-Gemeinde. gr. 8. (IX, 195 S.) Dortmund 882, (Krüger.)

—— an der Heerstraße des siebenjährigen Krieges. Ein Beitrag zu der Geschichte der freien Reichsstadt Dortmund und ihrer Umgebung aus den J. 1757 bis April 1763. 8. (108 S.) Ebendas. 883.

—— Sechs Predigten. gr. 8. (81 S.) Barmen 872, Wiemann.

Heller, A. Chr. C., Kaiser Wilhelms Tod ein seliges Sterben. Gedächtnispredigt über Offenbarung St. Johannis Kap. 14, V. 13, bei der Trauerfeier der evangel. Mitglieder des Landwehr-Vereins, gehalten am Sonntag Judica, den 18. März 1888. gr. 8. (15 S.) Dortmund 888, Harms. *

Heller, Alois

Heller, A., theoretische u. praktische Anleitung für den Dienst in der topographischen u. Zeichen-Sektion des topographischen Bureaus des königl. bayer. Generalstabes. Mit 3 Fig.-Taf. gr. 8. (VII, 136 S.) München 902. (Literarisch-artist. Anstalt.) n.n. 1. 80

Topogr. Bureau d. Kgl. Bayer. Generalstabes. Theoretische und praktische Anleitung für den Dienst in der topographischen und Zeichen-Sektion. Bearb. von A[lois] Heller, Oberst. Mit 3 Figurentaf. München 1902: Oldenbourg. VII, 136 S. 8° [11. 8478 7

— die Herstellung der Karten im topographischen Bureau des k. b. Generalstabes. Beschrieben u. m. graph. Darstellgn. erläutert. Fol. (10 S. m. 17 z. Tl. farb. Beilagen in Fol. u. gr. Fol.) München (900). (J. Lindauer.) In Mappe n.n. 22. —

Heller, die Tätigkeit des bayer. topographischen Bureaus in den letzten 10 Jahren, s.a. Forschungen, landeskundliche, hrsg. v. der geograph. Gesellschaft in München. 3. Heft.

Heller: Die Tätigkeit d. bayer. topographischen Bureaus in den letzten 10 Jahren. Münch. 1909. 18 S. 10 kol. Kt. P. (Landeskundliche Forschungen herausg. v. der geographischen Gesellschaft in München. H. 3).

Heller Ambr.: Welche erziehlichen Elemente liegen im Geschichtsunterrichte und wie lässt sich das dem Gymnasium darin gesteckte Lehrziel erreichen? 34. Melk. 75. Progr.

Heller, Amely

H[einrich] W[ilhelm] Ernst im Urteile seiner Zeitgenossen. Mit mehreren ungedr. Originalbriefen u. Portr. Von Amely **Heller** Wien, Brünn, Berlin: Selbstverl. 1904. (62 S.) 8° [J.] [08. 17145 7

Heller, Amely, H. W. Ernst im Urteile seiner Zeitgenossen. Mit mehreren ungedruckten Orig.-Briefen u. Porträts. (63 S.) gr. 8. Brünn 904. (C. Winkler.) Geb. in Leinw. n. 4. —

Heller, Arnold, der Automobilmotor im Eisenbahnbetriebe, s.: Küster's autotechnische Bibliothek. 20. Bd.

Heller, Arnold, die Entwickelung der Medicin. Rede, bei Antritt des Rectorats an der königl. Christian-Albrechts-Universität zu Kiel am 6. März 1882 geh. gr. 4. (14 S.) Kiel 882. (Universitäts-Buchh.) n. — 60

Heller, A., Handbuch der chronischen Infectionskrankheiten, s. Handbuch der speciellen Pathologie und Therapie.

Heller, A., Handbuch der Krankheiten des chylopoëtischen Apparates, s. Handbuch der speciellen Pathologie und Therapie.

Heller, A., Handbuch der Syphilis, der Invassionskrankheiten u. der Zoonosen, s.: Handbuch der speciellen Pathologie u. Therapie.

-- die Krankheiten der Leber, s.: Handbuch der speciellen Pathologie und Therapie.

Heller, die Lungenerkrankungen bei angeborener Syphilis, s. Beiträge zur pathologischen Anatomie, experimentellen Pathologie und praktischen Medicin.

Heller, Arnold, o. Prof. d. Medizin: Über die Mitwirkung der Medizin am inneren Ausbaue des deutschen Reiches. Kiel: Lipsius & Tischer in Komm. 1905. (14 S.) 8°
Kiel, Rede bei Antritt d. Rektorats 1905

—— specielle Pathologie und Therapie der Krankheiten der peripheren Nerven. gr. 8. (XII, 320 S.) Wien 879, (Braumüller.) *

— die Schmarotzer mit besonderer Berücksichtigung der für den Menschen wichtigen, s.a. Naturkräfte, die.

Heller A.: Die Schmarotzer m. besond. Berücks. d. f. die Menschen wichtigen. Münch. u. Leipz. 1880. 230 S. Fig. 1 Kt.
(Naturkräfte. Bd. 30).

Heller, A., Die Schmarotzer, mit besonderer Berücksichtigung der für die Menschen wichtigen. München 80. Oldenbourg. M. 3.–, geb. M. 4.–

Heller, Arn., Untersuchungen über die feineren Vorgänge bei der Entzündung, nach fremden und eigenen Experimenten. gr. 4. (32 S.) Erlangen 869, (Besold.)

Heller, üb. die Ursachen der Krankheiten u. ihre Abwehr. Vortrag. gr. 8. (16 S.) Kiel 889. Lipsius & Tischer. n. — 60

Heller, Arn. Verhütung der Tuberkulose. Referat. 2. verm. Aufl. gr. 8. (VIII, 48 S. m. eingedr. graph. Taf.) Braunschw. 891, Vieweg u. Sohn. * 1 —
2. verm. Abdr. aus: Deutsche Vierteljahrsschr. f. öffentl. Gesundheitspflege.

Vorläufiges Verzeichnis der seither bekannten schleswig-holsteinischen Münzen zsgest. v. Arnold **Heller**. Als Manuskript gedruckt. Kiel. 1901. 8°.

Heller, Arthur, aus Stendal: Über die Wirkung ätherischer Öle und einiger verwandter Körper auf die Pflanze. *München 1903: V. Höfling.* (35 S.) 8° ¶ Aus: Flora od. Allgem. Bot. Zeitung Bd 93, H. 1.
Leipzig, Phil. Diss. v. 1903

Heller, August

Heller, Aug. Beiträge zum Problem der Materie. gr. 8. (S. 248—266.) Budap. 890. Berl., Friedländer u. Sohn. *
Aus: Mathem. u. naturwiss. Berichte aus Ungarn, besonders abgedruckt.

Heller, Aug., s.: Berichte, mathemat. u naturwissenschaftl., aus Ungarn.

— s.: Georgius de Hungaria, Arithmetik aus d. J. 1499.

Heller, Aug., Geschichte der Physik von Aristoteles bis auf die neueste Zeit. 2 Bde. gr. 8. Stuttgart, Enke. *
Inhalt:
Bd. 1. Von Aristoteles bis Galilei. (XII, 411 S.) 882. * ℳ 9.
„ 2. Von Descartes bis Rob. Mayer. (XV, 753 S.) 884. * ℳ 18.

Goethe-Zimmer d. Ung. Akad. d. Wiss. Katalog der Elischer'schen Goethe-Sammlung ... Zsgest. v. August **Heller**, Oberbibliothekar d. Akad. Budapest: V. Hornyanszky 1896. (VI, 145 S.) 1 Bd 8°

Heller, A.: Die St. Gerhardsberger Sternwarte zu Ofen. Budapest 1878.

Heller, August Friedrich (Rügen), De naphtha aceti ejusque in medicina usu. Dissertat. med. Jena (Prager & Co.) 21. IV. 1800. 23 S. (4.50) 14182
Gew.: Carl Christoph v. Usedom (Udars).

Heller, B. K., Darstellungen sämmtlicher Haus- u. Luxusartikel im deutschen Style, ein Musterbuch für deutsche Gewerbe u. deutsche Gewerbeschulen. 5 Hfte Fol. (60 lith. Taf.) Nürnberg 849. (Korn.) (à n. n. 1/2 ℛℓ) n. n. 2 1/2 ℛℓ

Heller, B. K.: Darstellungen sämmtlicher Haus- und Luxusartikel im deutschen Style, ein Musterbuch für deutsche Gewerbeschulen. Nürnberg. 1850. (Selbstverlag des Herausgebers.)

Heller, B. K.: Darstellungen sämmtlicher Haus- u. Luxus-Artikel in deutschem Style, ein Musterbuch für deutsche Gewerbe ... 2. Aufl. Nürnberg 1850. Kl. Fol.

Heller, B. C., archäologisch-artistische Mittheilungen mit 22 Platten über die Ausgrabungen auf der Akropolis zu Athen 1835, 36 und 37. qu. Fol. (IV und 7 S. mit 22 Stnt., wovon 5 in Tondr.) Nürnberg 852, Bauer und Raspe. *

Heller, B. K., großes Musterbuch der Gewerbe in 100 Blättern. Eine Darstellung von Hausgeräthen und Luxusartikeln im deutschen Style. Nürnberg (853.) Bauer u. Raspe. qu. Fol.
1. Abth.: Musterbuch für Bildhauer, Tischler und Kunstschreiner. (25 lith. Bl.) n. 1 ℛ. 18 ngr.
2. Abth.: Musterbuch für Eisengießereien und die Werkstätten der Kunstschlosser 2c. (25 lith. Bl.) n. 1 ℛ. 18 ngr.
3. Abth.: Musterbuch für Gold- und Silberarbeiter, Gürtler und Fabrikanten in Neusilber und Bronze 2c. (30 lith. Bl.) n. 2 ℛ.
4. Abth.: Musterbuch für Teppichwirkereien, Zimmermaler, Chatoullen-Fabrikanten und Portefeuilleurs 2c. (30 lith. Bl.) n. 2 ℛ.
5. Abth.: Musterbuch für Kunstdrechsler, Elfenbein- und Meerschaumschneider 2c. (20 lith. Bl.) n. 1 ℛ. 10 ngr.

Heller, Bernhard. Zur Bedeutung der Pigmentzellen. Diss. Vet.-Med. Bern. Separatabdruck aus Freytag, [Friedrich,] Blutstudien II. [Mit 4 Tafeln.] 20 S. 8. (Altenburg, Stephan Geibel & Co.,) 1909.

Heller, Bruno, Deutsch. (X, 120 S.) gr. 8. Mannheim 903. M. Maisberger. (Nur direkt) Geb. in Leinw. n. n. 1.60

— die im praktischen Leben verwendbaren Regeln, Lehrsätze u. Formeln der gesamten Mathematik, nebst Tabellen. (41 S. m. Fig.) gr. 8. Ebd. 903. Geb. in Leinw. — 80

Heller, C., Chronik d. Stadt Wolgast. gr. 8. (30 1/2 B.) Greifswald 829. (Stralsund, Trinius.)

Heller C, die Philosophie gegenüber dem Leben und den Einzelwissenschaften. (Sammlung gemeinverständlicher wissenschaftlicher Vorträge 44) Berlin 1867

Heller C, die sieben Stationen zu Nürnberg. (8 S 9 T) 4° Nürnberg

Heller, C.: Die Wasserkraftgewinnung..., s. Heller, Richard Clemens

Heller, Camil, s. Heller, Kamill

Heller, Carl, s. Heller, Karl

Heller, Carl Bartholomäus, s. Heller, Karl Bartholomäus

Heller, Carl Victor, s. Heller, Viktor

Heller, E.

Buchführung für Landwirte. Anleitung z. Berechnung d. Ertrages d. Landwirtschaft, Feststellung d. Einkommens d. Landwirts, Nachweisung d. Verzinsung des im Betriebe angelegten Kapitals. Von E. **Heller**, Landwirt. Hrsg. von Rudolf Heller. Berlin: Deutsche Landbuchh. 1906. (109, 83 S.) 8° [F.] [07. 7938]

Heller, E., Formularienbuch für Gewerbetreibende und Rechtsfreunde. Gr.-8°. (172 S.) geb. K 4.—
Wien: Tempsky 1908.

Heller, E., Simulationen u. ihre Behandlung. Für Militair-, Gerichts- u. Anstalts-Aerzte bearb. gr. 8. (VI, 180 S.) Fürstenwalde 882. Geelhaar. n. 3. —

Heller, E., Simulationen u. ihre Behandlung. Für Militair-, Gerichts- u. Kassen-Aerzte bearb. 2., verm. Aufl. gr. 8. (VIII, 153 S.) Leipzig 890. Abel. n. 4. —

Heller, E., Tagelohnbuch. Hrsg. v. Rud. Heller. (48 S.) 33 ×26 cm. Berlin 908. Deutsche Landbuchh. nn 1. —

Heller, Eduard

Heller, Eduard: G e s c h i c h t e der Stadt Freienwalde a. O. Nach urkundl. Quellen bearb. von Dr. med. –. Freienwalde: Freienw. Geschichtsver.: J. Thilo in Comm. 1896. (VI, 210, 70 S.) 8°

Heller, Eduard. (Ferd.) (geb. Frankfurt a. O. 22. 12. 1834): De pneumothorace. Berolini (1859). (31 S.) 8°
Berlin, Med. Diss. v. 5. Aug. 1859

Das österreichische Gewerberecht mit Berücks. der Gewerbenovelle v. 5. Febr. 1907, RGBl. Nr. 26. Systemat. Darstellung f. d. Praxis von Dr. Emil **Heller**, Konzipist. (In 24 Lfgn.) Wien: Manz 19(07–)08. (XXXIX, 1120 S.) 8° [F.] [08, 6785

— Für das Gewerbe brach liegende Millionen! Eine Studie üb. die Zwecke der Gewerbe-Genossenschaften. (88 S.) 8. Wien (910). Wallishausser. 1. 50

Heller, Emil, Fräulein Mutter. Erzählung. 8. (II, 151 S.) Wien 899. M. Breitenstein. n. 2. 50

Heller, Aemilius [Coburgensis]: De Cariae Lydiaeque sacerdotibus. . . . (Aus: Jahrb. f. class. Philol. Suppl.-Bd. XVIII.) Lipsiae, typ. B. G. Teubneri, 1891; 2 Bl., S. 215–219; 8°
Jena, Phil. Fak., Inaug.-Diss. v. 1891

Heller, Aemilius. De Cariae Lydiaeque sacerdotibus. gr. 8. (S. 215—264.) Lpz. 891, Teubner. * 1 20
Aus: Jahrbb. f. class. Philologie 18. Suppl.-Bd., besonders abgedruckt.

Heller, Erich, Fürsprecher in Bern, von Thal (St. Gallen): Beitrag zur Bestimmung der Kompetenzen der Aufsichtsbehörden nach eidgenössischem Schuldbetreibungs- und Konkursrecht. Bern, Büchler & Co., 1910. 120 S. 8°.
Bern Jur. Diss. 1910/11.

Heller, Ernst, ein Cäsarentraum. Histor. Tragödie in 5 Akten. gr. 8. (VIII, 187 S.) Bern 897. Neukomm & Zimmermann. n. 2. 50; geb. n. 4. —

Heller, Ernst, Frühlingsboten. Gedichte. 8. (VI, 116 S.) Bern 878. Lang & Co. n. 2. 20

[F.] **Heller**, *Ernst:* Katalog der Lehrerbibliothek, 2. Tl. [Forts. d. P-Beil. 1888 v. *Paul* Pinzger.] *Saalfeld, 1897;* 1 Bl., 41—136 S. 8.
Saalfeld, herz. RG, OP 1897 (737)

Heller, E[rnst]: Katalog der Lehrerbibliothek, 3. T. ⟨Schluss⟩. *(Saalfeld 1898: Wiedemann.)* (137—195 S.) 8° [Schluss d. P-Beilagen 1888 v. Paul Pinzger, 1897 v. Ernst Heller.] [F.]
Saalfeld, herz. RG, OP 1898 (748)

Heller, Ernst, approb. Arzt aus Eichenwalde: Zur Kenntnis der Fibrome und Sarkome an Hand und Fingern. *Leipzig 1902: W. Wigand.* (61 S.) 8°
Leipzig, Med. Diss. v. (16. Apr.) 1902

Heller, Ernst, Sänger aus Helvetiens Gauen. Album deutsch-schweizer. Dichtungen der Gegenwart. Aus Orig.-Beiträgen zusammengestellt und hrsg. Lex.-8. (III, 295 S. mit 1 Holzschntaf.) Bern 880, Wyß. geb. mit Goldschn. *
—— dass. — Neue Ausg. 8. (XII, 324 S.) Bern 882, Haller. *
geb. *M 4.; mit Goldschn. *

Heller, Ernst. Sänger aus Helvetiens Gauen. Album deutsch-schweizer. Dichtgn. der Gegenwart. Aus Orig.-Beiträgen zusammengestellt u. hrsg. Neue Volks-Ausg. 8. (XII, 324 S.) Aarau 891, Sauerländer u. Comp. geb. in Leinw. * 2 80

Heller, Ernst, Sänger aus Helvetiens Gauen. Album deutsch-schweizer. Dichtgn. der Gegenwart. Aus Orig.-Beiträgen zusammengestellt u. hrsg. Neue Volks-Ausg. 8. (XII, 324 S.) Aarau 892. H. R. Sauerländer & Co. Geb. in Leinw. n. 2. 80

Heller, Ernst, die Schweizer-Garde in Paris am 10. Aug. 1792. Gedicht. gr. 8. (8 S.) Bern 887, (Jenni.) Köhler'sche Buchh. *

Heller, Ernst: Aus d. Med. Univ.-Poliklinik zu Königsberg i. P. ⟨Direktor Julius Schreiber⟩. Ueber das Verhalten der Desmoid-Reaktion im nüchternen Zustande des Magens. Königsberg i. P. 1908. 27 S. 8°
Königsberg, Med. Diss. v. 27. Jan. 1909, Ref. Lichtheim
[Geb. 25. Jan. 85 Königsberg i. P.; Wohnort: Königsberg; Staatsangeh.: Preußen; Vorbildung: Friedrichs-Koll. Königsberg Reife M. 02; Studium: Königsberg, Freiburg i. B., München, zus. 10 S.; Coll. 2. Juni 09; Approb. 5. Jan. 09.] [U 09. 2375

Heller, Ernst Richard, a. Eisenach: Über die Einwirkung von alkoholischer Salzsäure auf Azoverbindungen. Erlangen 1907: E. Th. Jacob. (48 S.) 8°
Erlangen, Phil. Fak., Ref. Fischer, Diss. v. 5. Juli 1907
[Geb. 26. Aug. 78 Eisenach; Wohnort: Erlangen; Staatsangeh.: Sachsen-Weimar; Vorbildung: Realgymn. Weimar Reife O. 99; Studium: Jena 13, Erlangen 3 S.; Rig. 2. Mai 07.]

Heller, F. A., Lehrbuch des bürgerlichen Rechnens, fußend auf ganz neuen und bewährten alten Methoden, die schnell und sicher zum Ziele führen. Für Lehrer und Rechenfreunde bearb. gr. 8. (XI, 249 S.) Paderborn 884, F. Schöningh. *

Heller, F. H., nach welchen Grundsätzen sollen Zensuren erteilt werden in der Volksschule? Mit e. Vorwort von Kühn. gr. 8. (38 S.) Leipzig 888. Brandstetter. n. — 60

Heller, F. W.

— Geschichte d. Kreuzzüge nach dem heil. Lande. 3 Bde. 8. Ebend. 816.

Heller, F. W., Thaten u. Schicksale des Grafen Albrecht von Waldstein. Ein Beitrag zu Schillers Geschichte d. 30jähr. Kriegs. 8. Mannh. Löffler. 816.

Heller, Felix: Aus d. Hautklinik d. städt. Krankenh. zu Frankfurt a. M. ⟨Direktor: Herxheimer⟩ u. dem Kgl. Inst. f. experim. Therapie zu Frankfurt a. M. ⟨Direktor: Ehrlich⟩. Über die Serodiagnostik der Syphilis und ihren Wert für die Praxis. Erlangen 1908: Junge. 35 S. 8°
Gießen, Med. Diss. v. 1. Dez. 1908, Ref. Voit
[Geb. 10. Juli 83 Beuthen O.-S.; Wohnort: Frankfurt a. M.; Staatsangeh.: Preußen; Vorbildung: Gymn. Beuthen Reife O. 02; Studium: München 2, Berlin 6, Breslau 2 S.; Coll. 24. Juli 08; Approb. 7. Aug. 08.] [U 09. 1110

Heller, Fr., Amor, der Liebesbote. Ein treuer Ratgeber in allen Liebesangelegenheiten. gr. 16. (96 S.) Reutlingen (900). R. Bardtenschlager. — 25;
auf stärk. Papier m. farb. Umschlag — 50

Heller, Franz

Heller, Frz., das ABC f. Wohnungsmieter. Grundregeln, welche jeder Wohnungsmieter bei Abschluß des Mietvertrages zu beachten hat. Nach den Bestimmgn. des B. G.-B. 2. verb. Aufl. (26 S.) 12. München (903). Seitz & Schauer. n. -- 30

(B) Heller, Frz., ABC für Wohnungsmieter. 903. (KBL 34.) Jetzt: München, Verlag d. ärztl. Rundschau.

Heller, Franciscus (Antonius Marcus) *(geb. Breslau 24. 4. 1820)*: De dosibus medicaminum. P. I., continens Acet. aromat. — Cort. quercus. Vratislaviae (1846). (28 S.) 8° *[Verf. erlebte die Diplomerneuerung 1896 als Arzt in Breslau.]*

Breslau, Med. Diss. v. 9. Febr. 1846

Heller, Frz., über Ernährung und Stoffwechsel, so wie über einige der vorzüglichsten Nahrungsmittel. Breslau 855. Aland. gr. 8. (32 S.) n. 7½ ngr.

Heller, die Interessen der Wohnungsmiether nach dem Rechte des bürgerl. Gesetzbuches. Popul. Berathungsschrift. gr. 8. (32 S.) München 900. (J. Lindauer.) n. — 50

— Wohnungsmieter! welche Grundregeln habt Ihr bei Abschluß Eurer Miet-Verträge zu beachten? Abhandlg. unter Zugrundelegg. der einschläg. Bestimmgn. des B. G.-B. (23 S.) gr. 8. München (903). (M. Beckstein.) — 30

Heller, Franc. Method., de exophthalmiis, s. Heller, J. C.

Heller, Franz Xaver

— graminum in Magno-Ducatu Wirceburgensi tam sponte crescentium, quam cultorum enumeratio systematica, in us. auditor. suorum. 8maj. Würzb. 809. Stahel. 6 gr.

Heller, Frz. Xav., Flora Wirceburgensis, sive plantarum in Magno-Ducatu Wirceburgensi indigenarum enumeratio systematica cum earum characteribus generum etc. Pars I. et II. 8maj. Würzb. 810 u. 11. Stahel. 5 ℛß

— Supplementum Florae Wirceburgensis, continens plantarum genera quaedam atque species in Magno-Ducatu Wirceburgensi. 8 maj. ibid 815. 12 gr.

Heller, Friedrich: Die Grundzüge des Gesellschaftsrechts nach dem Bürgerlichen Gesetzbuch für das Deutsche Reich. *Berlin 1898: G. Schade.* (44 S.) 8°

Erlangen, Jur. Diss. v. 21. Jan. 1898

Heller, Frdr., Kraft. Geschichten aus den Bergen. 8. (VII, 161 S.) Dresden 900. C. Reissner. n. 2. —; geb. n. 3. —

— Sünde. Silhouetten. 8. (VII, 159 S.) Ebd. 899. n. 2. —; geb. n. 3. —

Heller, (Frid.) (geb. Hamburg 22. 10. 1842): Theses. Berolini (1866). (2 Bl.) 8°

Berlin, Med. Thes. v. 12. Juni 1866

Heller, Friedr. Herm., die Handelswege Inner-Deutschlands im 16., 17. und 18. Jahrh. und ihre Beziehungen zu Leipzig. Nach archival. Quellen bearb. gr. 8. (72 S. mit 1 lithogr. Karte.) Dresden 884, Baensch. *

Heller, G., J. O. Kardinal Rauscher, Fürst-Erzbischof v. Wien, s.: Deutschlands Episcopat in Lebensbildern.

(Heller, G. W.): Ueb. d. Strafe d. Ehebruchs nach den Begriffen und Gesetzen d. alten und neuen Deutschen. *Ulm.* 773. 8.

vgl. Heller, Heinrich Wilhelm

Heller, Georg [aus Göttingen]: Beiträge zur Lehre von den Fremdkörpern in den Luftwegen. . . . Göttingen, Druck d. Dieterichschen Univ.-Buchdr. W. Fr. Kaestner, 1890; 46 S. 8°

Göttingen, Med. Fak., Inaug.-Diss. v. 11. Dez. 1890

Heller, G., Beiträge zur Lehre v. den Fremdkörpern in den Luftwegen. Inaug.-Diss. gr. 8. (45 S.) Göttingen 890. (Vandenhoeck & Ruprecht.) n. 1. --

Heller, Geo., die Eisenbahn v. Kassel nach Frankfurt a. M. Eine Beleucht. d. staatswirthschaftl. Gutachtens d. rc. Dr. Schmitthenner in Giesen üb. d. Frage: Ob dieselbe am zweckmäßigsten üb. Marburg od. üb. Fulda zu führen sey? gr. 8. (7⅛ B. u. 2 Kart.) Hersfeld 838, Schuster. *

Heller, Georg [pr. Arzt in Bischberg i. Oberfranken]: Ueber die Heilungsvorgänge nach dem Symphysenschnitt ... Würzburg, A. Boegler'sche Buchdr., 1894; 26 S. 8.

Würzburg, Med. Fak., Inaug.-Diss. v. 1894

Heller, Geo., die Weltanschauung A. v. Humboldts in ihren Beziehungen zu den Ideen des Klassizismus, s. a. Beiträge zur Kultur- u. Universalgeschichte. 12.

Heller, Georg: Die Weltanschauung A. v. Humboldts in ihren Beziehungen zu den Ideen des Klassizismus. Leipzig: Voigtländer 1910. VI, 273 S. 8° ¶(Ersch. auch als: Beiträge z. Kultur- u. Universalgesch. H. 12.)

Leipzig, Phil. Diss. v. 1. Juni 1910, Ref. Lamprecht, Des Coudres

[Geb. 13. März 84 Pegau; Wohnort: Mittweida; Staatsangeh.: Sachsen; Vorbildung: Sem. Stollberg bis O. 04. Wahlfähigk. 17. Nov. 06; Studium: Leipzig 6 S.; Rig. 22. Febr. 10.] [U 10. 3151

Heller, Gf., Betr. über die Sonn- u. Festtags-Evangel. 4. Lpz. Bresl. Korn d. jüng. 738.

Heller, Gustav [aus Rheydt]: Ueber die Einwirkung von Kohlenoxysulfid, Phosgen und Chlorkohlensäureester auf Phenylhydrazin ... Würzburg, Druck d. Ferdinand Röhrl'schen Buchdr., 1890, 23 S. 8°

Würzburg, Phil. Fak., Inaug.-Diss. v. 1890

Heller, Gustav, Dr.: Ueber das Verhalten von Anilin und seinen Homologen gegen Dihalogenessigsäure. Erlangen 1904: E. Th. Jacob. (58 S.) 8°

Leipzig, Phil. Fak., Hab.-Schr. v. 21. Dez. 1904

Heller, H., Anatomie e. menschlichen Körpers am Kreuze. Mit teilweiser Benützg. der lebensgrossen Wandtafeln des Jos. Penn entworfen. Ausgeführt von L. Frank. Hrsg. im Auftrage des k. k. Ministeriums f. Kultus u. Unterricht vom Lehrmittelbureau f. kunstgewerbl. Unterrichtsanstalten am österr. Museum f. Kunst u. Industrie. 2 Wandtaf. à 79×62 cm. Wien (905). Hof- u. Staatsdruckerei. à n. 1. 60

Heller, H., Epistola ad M. Dunkerum de particulis ἤδη et δή. S.-A. O. J. 54 S.

Heller, H., s. Maerzfeier.

Heller, H. F., Christophorus. Eine christl. Sage. Dichtung nebst Anh. (36 S.) 8. Hermannsburg 903. (Missionshandlung.) n. — 40

— Johannes der Täufer. Biblische Dichtg. (59 S.) 8. Ebd. 903. n. — 60

Heller, H. F., Wittekind. Sang u. Sage aus dem Wesergau. 8. (45 S. m. Titelbild.) Hermannsburg 902. (Missionshandlung.) n. — 40

Heller, H. J. Kritische Bemerkungen zu Caesar's Comment., s. XVIII. Bd. 2. Abthl. S. 300: Philologus. 5. Suppl.-Bd.

— Bericht üb. d. Litteratur zu Caesar 1883—1890. S. A. 1891. 64 S.

Heller, H. J., Schiller's Leben u. Werke, s.: Hempel's Klassiker-Bibliothek.

Heller, H. J., Real-Encyclopädie des französischen Staats- und Gesellschaftslebens. gr. 8. (XXVIII, 621 S.) Oppeln 888, Franck. *

Heller, Hans [aus Dresden]: Ueber die Einwirkung von Amidoacetal auf Anisaldehyd, Salicylaldehyd, Anisylchlorid und Salicylsäuremethylester . . . Berlin, A. W. Schade's Buchdr., 1894; 41 S., 1 Bl. 8.
Berlin, Phil. Fak., Inaug.-Diss. v. 25. Juli 1894

Heller, Hans, approb. Arzt aus Frankfurt a. M.: Über Sarkom des Rectums. *München 1901: C. Wolf & Sohn.* (60 S.) 8°
München, Med. Diss. v. 1901

Heller, Heinrich, a. Offenbach a. M.: Ueber zwei Reduktionsprodukte des 2·4-Dinitrophenylacetessigesters. Marburg 1904: Köster & Schell. (63 S.) 8°
Marburg, Phil. Fak., Ref. Zincke, Diss. v. 14. Okt. 1904
[Geb. 19. Nov. 80 Offenbach a. M.; Wohnort: Offenbach; Staatsangeh.: Hessen; Vorbildung: Oberrealschule Darmstadt Reife O. 01; Studium: München 4, Marburg 3 S.; Rig. 30. Juli 04.]

Heller, Heinr. Just. Gedichte. Leipzig 856. Herbig. 8. (X, 325 S.) 1 ℛ. 20 ngr.

Heller, Heinrich Wilhelm

– s. Geschichte d. Klosters Anhausen.

Heller, Hnr. Wlh., († d. 3. Febr. 1812.) über den Selbstmord in Deutschland. 8. Frankf. a. M. 787. Andreä. 4 gr.

– s.a. Strafe d. Ehebruchs.

§ — — die Strafe des Ehebruchs, nach den Begriffen und Gesetzen der alten und neuen Deutschen. Von *H**** (d. i. *Heinr. Wilh. Heller*). Mit hübscher Titelvignette. Ulm, Stettinsche Buchhdlg., 1773. 8°. 61 S. (Auch in der Bibl. des Reichsgerichts u. im British Museum.) (3 Mk. Ant. Creutzer, Aachen, 1909.)
Schöner Druck einer seltenen Schrift. — Anon.-Lex. IV. p. 228 vgl. Heller, G. W.

Heller, Hermann

Heller, H., die Absichtssätze bei Lucian. 1. Teil. Ἵνα ὡς ὅπως. [Aus: „Symbolae Joachimicae".] gr. 8. (49 S.) Berlin 880. (Calvary & Co.) n. 2. 40

Heller, Herm., s.: Aus der deutschen Literatur.

Heller, Herm., curae criticae in Platonis de republica libros. gr. 4. (48 S.) Berlin 874. Calvary & Co. n. 2. —

— Gerechtigkeit erhöhet ein Volk; aber die Sünde ist d. Leute Verderben. Predigt am Geburtstage Sr. Majestät d. deutschen Kaisers. 2. Aufl. gr. 8. (15 S.) Ebend. 873. — 30

Heller, Herm., Lehrbuch der französischen Sprache, s.: Boerner, Otto, u. R. Dinkler.

— Lehr- u. Lesebuch der französischen Sprache, s.: Boerner, Otto, u. R. Dinkler.

Heller, Herm., griechisches Lesebuch für Quarta und Untertertia. Im Anschluß an Carl Franke's Formenlehre bearb. gr. 8. (V, 394 S.) Berlin 878, Springer. *

— - griechisches Lesebuch für Untertertia. Im Anschluß an v. Bamberg's Schulgrammatik bearb. 2. gänzlich umgearb. Aufl. gr. 8. (VII, 260 S.) Berlin 883, Springer. *

Heller, H., griechisches Lesebuch f. Untertertia. Im Anschluß an v. Bamberg's Schulgrammatik I. (Franke's Formenlehre) bearb. 3. Aufl. gr. 8. (VIII, 264 S.) Berlin 889. J. Springer. n. 2. 40; geb. n.n. 2. 75

Heller, Hermann: Erzherzog Ludwig Victor. Huldigungsblätter. (Zum 60. Geburtstag.) (Mit 11 Abbildungen und 6 Porträts.) 8° Brünn 1902.

Heller, Herm. Mährens Männer der Gegenwart. Biographisches Lexikon. 1.—5. Thl. Lex.-8. Brünn, (Winkler). * 20 —
1. Gesetzgeber u. Politiker. (84 S.) 885. * 2 —.
2. Staats-, Landes- u. Gemeindefunctionäre. (II, 124 S.) 888. * 4 —.
3. Männer der Wissenschaft. [Schulmänner, Theologen, Juristen, Mediciner, Techniker etc.] (III, 236 S.) 889. * 4 —.
4. Großgrundbesitzer, Land- u. Forstwirthe, Commerzielle u. Industrielle. (X, 178 S.) 890. * 6 —.
5. Dichter, Schriftsteller, Journalisten, Musiker, Maler, Bildhauer, Schauspieler. (IV, 144; XII S.) 892. * 4 —.

HELLER, Hermann (Klein-Reubach): De obstructionibus. (Titel nach der Urkunde)
31.10.1862 - Urk; P 70
Diss. Ingolst.-Landsh.-Mchn.

— sechs Predigten. gr. 8. (81 S.) Ebend. 872. — 75

Heller, Herm., historiae casus contingentisque notionum specimen. Dissertatio inauguralis. gr. 8. (69 S.) Berlin 866, (Calvary und Comp.)

(Heller, Hermann.) Das Wirtschaftswesen im Kanton Luzern. Ein Beitrag zur Beurteilung der politischen Verhältnisse unseres Kantons. Separat-Abdruck aus dem «Luzerner Tagblatt», April-Mai 1907. 43 S. 8. Luzern, H. Keller, 1907.

Heller, Hermann (Hrsg.), s. Wochenschrift für klassische Philologie.

Heller, Hermann Gerhard

Heller, H. G., Rudolf Falb. Eine Lebens- u. Charakterskizze nach persönl. Erinnergn. (82 S. m. 1 Bildnis.) 8. Berlin 903. Charlottenburg, F. Gottheiner. n. — 60

Heller, Herm. Vincenz, Grundformen der Mimik des Antlitzes in freiem Anschlusse an Piderits „Mimik u. Physiognomik" mit besond. Berücksicht. der bildenden Kunst. Modelliert u. erläutert. Subventioniert vom k. k. Ministerium f. Cultus u. Unterricht. gr. 4. (XI, 179 S. m. 53 Taf.) Wien 902. A. Schroll & Co. In Mappe n. 12. 50

Heller, Hugo, s.: Jahrbuch d. deutschen Jugendfürsorge in Böhmen.

Heller, Hugo, österreich. Proletarierliederbuch. Lieder f. d. arbeit. Volk. Gesammelt v. H. 2., verm. Aufl. gr. 16. (126 S.) Wien (900). Wiener Volksbuchh. Kart. n. — 25

Heller, J.: Hat der Schulschluß einen statistisch nachweisbaren Einfluß auf die Morbidität an Masern, Scharlach u. Diphtherie in Berlin? Berlin 1902. 6 S. Sonderdr. aus: Deutsche Medicinal-Zeitung. 1902. Nr. 83.

Heller, J. K. Kr.

Heller, Alles, was Odem hat, lobe den Herrn! Predigt über Psalm 150, am III. Advent-Sonntage 1879 bei Einweihung der neuen Orgel in der Kirche zu St. Lorenzen geh. gr. 8. (7 S.) Nürnberg 879. Raw. n. — 12

Heller, J. K. Kr., Halte, was du hast, daß Niemand deine Krone nehme! Eine Gabe für Confirmirte, zur Erinnerung an die Stunden des Unterrichts u. zur Stärkung für die Tage der Zukunft. Nürnberg 862. Sebald. 16. (VII, 311 S.) 21 ngr.

Heller, (J. K. Kr.), die Sabbathsfeier. Predigt am XVII. Sonnt. nach Trinitatis üb. das Evangelium Luc. 14, 1—11 gehalten. 8. (14 S.) Nürnberg 851, Raw. 1 ngr.

Heller, wo der Herr nicht die Stadt behütet, so wachet der Wächter umsonst! Predigt am Palmsonntage den 9. April 1854 ꝛc. gehalten. Nürnberg 854. Riegel u. Wießner. gr. 8. (12 S.) 2 ngr.

—— Worte bei der Aufnahme der früheren Prediger an den freien Gemeinden dahier und in Fürth, J. G. Ruf und F. Dumhof nebst deren Frauen, in die evangelisch-luth. Kirche am 14. Septbr. 1851 gesprochen. 8. (8 S.) Nürnberg 851, Raw'sche Buchh.

Heller, J L [Hrsg.]

s. Didaskalia. Blätter für Geist, Gemüth und Publicität. 1859-61.

Heller, J. Leonh., Samml. von Merkwürdigk. der Landgrafschaft Thüringen. 10 Stck. 4. Jena. 731.

Heller, J. Th., s.: Bruderschaft, universale.

Heller, Jacob (Rockenberg)
Die pathologisch-anatomischen Veränderungen des sogenannten Malum coxae senile.
Giessen: Keller 1856. 50 S. (in Δ mit „Thesen")
Diss. med. 9.4.1856. vorh. 26. 7. 11.Δ.

HELLER, Johann (Obernzell): De basilicarum christianarum vera origine. (Titel nach der Urkunde.)
5.8.1854 - Urk: F 44
Diss. Ingolst.-Landsh.-MGhn.

Heller, Joh., Deutschland u. Frankreich in ihren politischen Beziehungen vom Ende d. Interegnums bis zum Tode Rudolfs v. Habsburg. Ein Beitrag zur Reichsgescichte d. 13. Jahrh. gr. 8. (160 S.) Göttingen 874. Peppmüller. n. 3 —

Heller, Joh. Ev.: Das Nestorianische Denkmal in Singan fu. SA. aus dem II. Bande des Werkes: „Wissenschaftliche Ergebnisse der Reise des Grafen B. Szechenyi in Ostasien (1870–1880)". Budapest 1897. 4°

Heller, Johann Florian

Heller, Joh. Flor., Archiv für physiologische und patholog. Chemie, s. Archiv.

Heller, Joh. Florian, *Dr., Vorstand d. k. k. pathol.-chem. Institutes etc.* Ueber das Haematin u. dessen Ausmittlung. *Wien* 1858. *C. Gerold's S.* 12 S. 4°.
Separatabdruck aus der Zeitschrift der k. k. Ges. der Aerzte zu Wien.

Heller, Joh. Florian, über das Haematin und dessen Ausmittlung. 4. (12 S.) Wien 858, (Tendler und Comp.) *
Aus: Zeitschrift der k. k. Gesellschaft der Aerzte zu Wien, besonders abgedruckt.

Heller, Joh. Flor., *Med. u. Chem. Dr. etc.* Ueber Harnfälschungen der Simulanten und Militärpflichtigen. Vortrag in d. Plenarversammlung d. mediz. Facult. am 17. Mai 1858. *Wien* 1858. Typ.-lit.-art. Anst. *(L. C. Zamarski, C. Dittmarsch & C.)* 12 S., 8°.
Separatabdruck aus der österreich. Zeitschrift für prakt. Heilkunde.

—— die Harnconcretionen, ihre Entstehung, Erkennung und Analyse mit besond. Rücksicht auf Diagnose und Therapie der Nieren- und Blasenerkrankung. Lex.-8. (X und 197 S. mit 12 Stnt. in Farbendr.) Wien 860, [Gerold's Sohn.] *

Heller, Dr. J. F., die Harnconcretionen, ihre Entstehung, Erkennung und Analyse mit besonderer Rücksicht auf Diagnose und Therapie der Nieren- und Blasenerkrankung. Mit 12 Taf. in Farbendr. Lex. 8. (X. u. 198 S.) Wien, Tendler & Comp. 1860. 5 fl.

Heller, Joh. Flor., über die Rhodizonsäure, eine neue Oxydationsstufe d. Kohlenstoffs, u. d. Krokonsäure, dann d. Salze beider. gr. 8. (7 B., 1 Tab., gr. ½ Fol., u. 1 Kpfrt.) Prag 837, Haase Söhne.

Heller, Joh(ann) Flor(ian): Die pathologisch-chemische und mikroskopische Untersuchung zur medicinischen Diagnose. 116 S. (S. 530 - 646), gbd.

Wien: Braumüller 1849
in: Gaal, Gustav von: Physikalische Diagnostik und deren Anwendung... 1849

JB 1.114

Heller, Joh. Friedr. Aug., sächsische Geschichte und Geographie. Ein Lehr- und Lesebuch für Stadt- und Landschulen. gr. 8. (VI und 138 S.) Leipzig und Magdeburg 856(57,) Gebr. Baensch.

—— des Kindes erstes Spruchbuch. gr. 8. (III und 40 S.) Leipzig und Magdeburg 856(57,) Gebr. Baensch.

Heller, Joh. Karl, s.: Still-Leben.

Heller, Johannes: Beleuchtung der Bemerkungen Kühnert's zu meinen Schriften über das nestorianische Denkmal zu Singan fu. [SA. aus der WZKM. 1895.]

Heller's, Jomtob Lippmann (Tosphoth Jomtob), Selbstbiographie. Geschichte der erlittenen Verfolggn. u. Gefangenschaft. Hebräischer Text nebst deutscher Übersetzg. (Anastat. Neudruck.) (46 S.) 8. Berlin [862] (907). L. Lamm. Kart. 2. —

— **M. Jonathan** (Chemnitz), Caussam sanctissimae religionis contra auctorem cogitationum rationalium de usu methodi scientificae in theologia revelata. Dissertat. theol. Präs. Joachim Samuel Weickhmann. Wittbg. (Johann Sam. Gerdes) 22. IX. 1755. 62 S. (7.—) 14185

— **Jonathan** (Noerdling.), De Judaeorum veterum saltationibus religiosis ad illustr. Exod. XV, 20 et XXXII, 6. 19. Präs. M. Jo. Sebastian Renz. Lpz. (Langenheim) 1738. 26 S. (6.50) 14184
Gew.: Gustav Philipp Moerl, Joachim Negelin, Johann Jacob Peizer, Nicolaus Haecker, Johann Herdegen, Conrad Friedrich Feuerlin.

Heller, Josef

Heller, Jos., die Altenburg bei Bamberg, Gesch. u. Beschreib. ders. M. 6 Abbild. (incl. 2 auf d. Umschlage). 8. (9 B.) Bamberg 828, Dresch.

Heller, Jos., die Altenburg bei Bamberg, Geschichte u. Beschreibung derselben. Mit 6 Abbildd. 8 Bamb. 829. Dresch. 1 ₰

Heller, Jos. (I.), Anleitung z. schnellen Aneignung d. Geschäftsformen u. e. zweckmäß. Geschäftstyls, nebst spec. Andeutungen üb. d. wesentlichsten Erfordernisse d. verschied. Gattungen ämtl. Aufsätze, mit besond. Rücksicht auf d. Bedürfniß d. Anfänger im Conceptfache bei öffentl. Behörden. gr. 12. (4¼ B.) Prag 839, Haase Söhne.

s. J. Ayrer, bamberg. Reimchronik.

— über die Bauart der altdeutschen Ritterburgen, in besond. Beziehung auf die Fränkischen, vorzügl. d. Altenburg bei Bamberg. gr. 8. Bamb. 829. Dresch. 3 ₰

— Beiträge z. Kunstgesch. 1s Bdchen. 2e Ausg. gr. 8. Bamb. 825, Kunz.

Heller: Beiträge zur Kunst- und Literaturgeschichte, s. Jäck.

— u. Jäck, Beiträge zur Literaturgeschichte. 1s Bdchn. 2e verb. Aufl. gr. 8. 1825. Jetzt Dresch in Bamberg. 5/6 ₰

Heller. Beschreibung u. Geschichte der Burg Lisberg in Franken. (11 B.) 8. M. 2 K. Bamberg 1837. 1,50.

(Heller, Joseph.): Beschreibung der bischöflichen Grabdenkmäler in der Domkirche zu Bamberg. Nürnberg 1827. 8°

Heller, Jos.: Ergebnisse der meteorologischen Beobachtungen im Jahre 1874 (–1876). Je 4 S. Leitmeritz, R., P 1875 (–1877)

Heller Jos.: Die thermoelektrischen Erscheinungen u. ihre Ableitung aus den Grundsätzen der mechanischen Wärmetheorie. 14. Leitmeritz R. 77. Progr.

die Gräfl. Schönborn'sche Gemälde-Sammlung zu Schloß Weißenstein in Pommersfelden. Mit geschichtl. Andeutungen. gr. 8. (3½ B.) Bamberg 845, literar.-artist. Institut. 6½ Ngr. Mit Stahlst.

Heller, (Jos.,) Gesch. d. Holzschneidekunst von den ältesten bis auf die neuesten Zeiten, nebst 2 Beil. enth. den Ursprung der Spielkarten u. e. Verzeichn. d. sämmtl. xylograph. Werke. Mit sehr vielen Holzschnitten. gr. 8. Bamb. 823, Kunz.

— Geschichte der Holzschneidekunst. 8. Bamberg ..., jetzt Fincke in Berlin. 5 ₰

Heller Josef: Gründungsfeier anläßlich des 80jährigen Bestandes der Anstalt am 4/10 903. 5. Pilsen R. C4. Progr.

Heller's, v., practisches Handbuch für Kupferstichsammler, s.a. Andresen, Andr.

— prakt. Handbuch f. Kupferstichsammler, od. Lexikon d. vorzügl. u. beliebtesten Kupferstecher, Formschneider u. Lithographen, nebst Angabe ihrer besten Blätter rc. 2 Bde. 8. Bamb. 824. Kunz. 3 ₰

—— prakt. Handbuch f. Kupferstichsammler, od. Lexicon d. vorzügl. u. beliebtesten Kupferstecher, Formschneider u. Lithographen etc. 3. (letzt.) Bdchn., Monogrammisten, Xylographieen, Niello, Galleriewerke, Berichtigungen z. I. u. II. Bdchn. etc. enth. 8. (14¾ B.) Bamberg 836, (838), Sickmüller. (Leipzig, T. O. Weigel.) *
1. u. 2. Bdchn. Bamberg 824. (Berlin, Rösc.) 3 Thlr.

Heller, Jos., praktisches Handbuch fur Kupferstichsammler oder Lexicon d. vorzuglichsten u. beliebtesten Kupferstecher, Formschneider, Lithographen etc. etc. Nebst Angabe ihrer besten u. gesuchtesten Blatter, der Verschiedenheit der Abdrücke, des Maasses, der Laden- u. antiquar. Preise, sowie der Versteigerungspreise ders. in den bedeutendsten Auctionen Deutschlands u. des Auslandes. 2. ganzlich umgearb. u. stark verm. Aufl. Nebst einem chronolog. Verzeichnisse der Kupferstecher etc. u. dem Portr. des Verf. (in Kupfrst.) 3 Abthlgn. gr. 8. (945 S.) Leipzig 848—50, T. O. Weigel. (1: n. 2 ₰ 2: n. 1⅔ ₰ 3: n. 1⅓ ₰) n. 5 ₰

— Handbuch für Reisende nach den Hauptstädten Frankens. Heidelberg 1828. gr. 8.

—, — Heidelberg o. J. 8. . . . . (D.)

—— Handbuch f. Reisende in d. ehemal. Fränkischen Kreise, od. in d. jetz. Bayer. Ober- u. Unter-Main- u. in d. Rezat-Kreise, in d. Würtemberg. Jaxt- u. in d. Bad. Main- u. Tauber-Kreise, in d. Hrzgth. Meinungen rc. Nebst e. Anh. enth.: Nachträgl. allgem. Bemerkn. üb. Franken. — Nützl. Notizen f. Reisende. — Reiserouten durch Franken. — A. u. d. T.: Handb. f. Reisende nach d. Hauptstädten Frankens. M. 1 Karte u. 1 Titkpfr. gr. 8. (26½ B.) Heidelberg 828, Engelmann.

Heller, Josef: Ueber Kaltwasserbehandlung des Typhus .. Jena, Frommann'sche Buchdr., 1891; 16 S. 8.
Jena, Med. Fak., Inaug.-Diss. v. [21. Sept.] 1891

Heller Jos.: Kegelschnittbüschel und Kegelschnittscharen, mit 1 Tafel. 47 Linz R. 86. Progr.

– s. Künstler-Almanach.

— wöchentl. Kunstnachrichten rc., f. d. J. 1825 compl. u. 26 1s Hft. gr. 8. Bamberg, Kunz.

— wöchentliche Kunstnachrichten für d. Jahr 1825. gr. 8. Jetzt Dresch in Bamberg. 2 ₰ — dies. für das Jahr 1826. 16 Hft. gr. 8. Ebd. ⅓ ₰

Heller, Joseph. Lucas Cranach's Leben und Werke. Bamberg 1821. 8°.

Heller, Jos., Lucas Cranach's Leben und Werke. 2., gänzlich umgearb. u. verm. Aufl. Nürnberg 854. Lotzbeck. gr. 8. (IV, 325 S., lith. Titel u. Bildniß Cranach's in Kpfrst., 1 lith. Facsimile in 4. u. 1 Tab. in Fol.) 2 ₰.

Heller, Jos. (II.), Leben Georg Erlinger's, Buchdruckers u. Formschneiders zu Bamberg, nebst e. vollständ. Aufzählung u. Beschreib. seiner sämmtl. gedr. Schriften u. Holzschnitte. Ein Beitr. z. Gesch. d. Typographie, u. als Ergänz. d. Werke v. Panzer, Sprenger u. Bartsch. 8. (2 B.) Bamberg 837, Sickmüller. (Leipzig, T. O. Weigel.) *

— das Leben u. die Werke Albrecht Dürers. 2r Bd. 1e u. 2e Abtheil. gr 8. Bamb. 826—27, Kunz.
(NB. Der 1e Band ist noch nicht erschienen.)

Heller, Jos., das Leben u. d. Werke Albrecht Dürer's. In 3 Bdn. — 2. Bd. (in 3 Abthln.) gr. 8. (69⅝ B., 2 Kpfrt. u. 1 Holzschn.) Leipzig (827—)831, Brockhaus. Zusammen genom.
Einzeln:
Abthl. 1. (Dürer's Zeichnungen, Gemälde u. plastische Arbeiten.) (19 B.) 1 Thlr. 14 Gr.
" 2. (Dess. Bildnisse, Kupferstiche, Holzschnitte u. die nach ihm gefertigten Blätter.) (44 B.) 4 Thlr.
" 3. (Dess. gedruckte Werke, Schriften mit Abbildn. von und nach Dürer, mit histor. u. bibliograph. Anmerkn., Medaillen auf Dürer u. nach Dürer.) (6⅓ B.) 16 Gr.
1. u. 3 Bd. werden noch erwartet.

—— der Burg Lisberg in Franken Beschreib. u. Geschichte. gr. 8. (11 B. incl. 2 Tab. u. 2 Abbild.) Bamberg 837, Sickmüller. (Leipzig, T. O. Weigel.) *

—— Monogrammen-Lexicon, enthalt. d. bekannten, zweifelhaften u. unbekannten Zeichen, so wie d. Abkürzungen d. Namen d. Zeichner, Maler, Formschneider, Kupferstecher, Lithographen rc. mit kurzen Nachrichten üb. dies. gr. 8. (28½ B.) Bamberg 831, Sickmüller.

— Monogrammenlexicon rc. 8. Bamberg.., jetzt Fincke in Berlin. 3 fl

—— Muggendorf u. seine Umgebungen, od. die fränk. Schweiz. Ein Handb. f. Wanderer in diese Gegend; mit d. Reiserouten u. nothwend. Notizen f. Reisende. M. 1 Charte u. 2 Abbild. 8. (15 B.) Bamberg 829, Dresch.

Heller, Jos., Muggendorf u. seine Umgebungen, od. die fränkische Schweiz. Ein Handb. f. Wanderer in diese Gegend; mit den Reiserouten u. nothwendigen Notizen f. Reisende. Neue, verm. Aufl. gr. 12. (10¼ B. u. 1 Karte.) Bamberg 842, Dresch.

—— die bamberg. Münzen, chronolog. geord. u. beschrieben. Mit Abbildn. 8. (10 B.) Bamberg 839, Sickmüller. (Leipzig, T. O. Weigel.) *

— Pantheon d. Deutschen, s. H. J. Jäck.

— Reformations-Geschichte des ehemaligen Bisthums Bamberg. 1r—3r Heft. gr. 8. Bamberg 825, Kunz.

— Reformationsgeschichte des ehemal. Bisthums Bamberg. gr. 8. 1825. Jetzt Dresch in Bamberg. ⅚ fl

— Reise nach Triest, Wien rc., s. H. J. Jäck.

— Reise nach Wien rc., s. Jäck.

— Skizze e. Geschichte d. Baukunst gr. 8. Bamb. Kunz.

—— Taschenbuch v. Bamberg. Eine topograph., statist., ethnograph. u. histor. Beschreib. d. Stadt u. ihrer Umgebungen. Als Führer f. Fremde u. Einheimische. M. 15 Ansichten (Kpfrst.,) u. d. Plane d. Stadt (Fol.). 8. (19 B.) Bamberg 831, Dresch.

— Versuch über das Leben u. die Werke Lucas Cranachs. Mit e. Vorrede v. Bibliothek. Jäck u. Cranachs Bildniß. gr. 8. Bamb. 821, Kunz. 2 fl 12 kr

Heller, Jos., Versuch über das Leben und die Werke Lucas Cranach's. 8. Bamberg ..., jetzt Fincke in Berlin. 2½ fl

— ... Vertheidigung d. Erasmus v. Rotterdam.

— Vertheidigung d. Erasmus v. Rotterdam, gegen ungegründete Beschuldigungen desselben durch die Anhänger Huttens. gr. 8. Bamb. 824, Kunz.

— Vertheidigung des großen Erasmus von Rotterdam gegen ungegründete Beschuldigungen desselben durch die Anhänger Hutten's. gr. 8. 1824. Jetzt Dresch in Bamberg. ⅓ fl

—— Verzeichniß v. bamberg. topograph.-histor. Abbildn. in Holzschn., Kupferstich, Lithographie rc. mit histor.-artist.-literar. Notizen. gr. 8. (12¾ B.) Bamberg 841, Sickmüller. (Leipzig, T. O. Weigel.) *

—— Zusätze zu Adam Bartsch's le peintre graveur. gr. 12. (IV und 136 S.) Nürnberg 854, Lotzbeck.

Heller, Jos. Cyrill., et Franc. Methud. Heller, de exophthalmiis. Dissert. inaug. 8maj. (3¾ B.) Vindobonae 841, (Beck.) *

Heller, Jos. F., Elemente der darstellenden Geometrie, s.: Smolik, F.

Heller, Jos. F., methodisch geordnete Sammlung von Aufgaben u. Beispielen aus der darstellenden Geometrie f. Realschulen. 1.—3. Thl. gr. 8. Wien, A. Hölder. n. 4. 12
1. Für die 5. Classe. Mit 4 Taf., enth. 117 Fig. (VIII, 116 S.) 892. n. 1. 80
2. Für die 6. Classe. Mit 1 Taf. (IV, 106 S.) 893. n. 1. 52
3. Für die 7. Classe. (III, 49 S.) 893. n. — 80

— methodisch geordnete Sammlung v. Aufgaben u. Beispielen aus der darstellenden Geometrie f. Realschulen. 1. Tl. Für die 5. Klasse. 2., nach dem Lehrplane vom J. 1899 umgearb. Aufl. Mit 5 Taf., enth. 127 Fig. (IV, 103 S.) gr. 8 Wien 903. A. Hölder. n. 1. 60; geb. in Leinw. n. 2. —

Heller, J. F.: Methodisch geordnete Sammlung von Aufgaben und Beispielen aus der darstellenden Geometrie für Realschulen. II. Teil, für die VI. und VII. Klasse. 2., nach dem Lehrplan vom Jahre 1899 umgearbeitete Auflage. Wien 1906. A. Hölder.

— Skizze, e. Geschichte d. Kirchen-Baukunst im Mittelalter. gr. 8. Bamb. (826). Kunz. 4 kr

Heller, Jos. F., d. Wasserversorgung d. Landeshauptstadt Linz. E. Denkschrift, anlässl. d. Vollendg. d. allgem. Wasserleitg. im Auftr. d. Gemeinderathes nach d. amtl. Protokollen zusammengest. Lex.-8. (93 S. m. 7 Taf.) Linz 894. (E. Marois.) n. 2. 40

Heller, Irenäus s. Lütolf, Johann, und Heller, Irenäus.

[Heller, Irenäus.] Die Schicksale der ersten Luzerner Schützenkompagnie am letzten Freischaarenzuge. Erzählt von einem Luzernerflüchtling der dabei war. 8. Bern 1845.

Heller, Isidor, die Alliirten der Reaction. Roman. 2 Bde. 8. (458 S.) Berlin 852, Allgemeine deutsche Verlagsanstalt.

— **Isidor** (Halberstadt), De helminthiasi. Dissert. med. Bln. (Nietack) 13. X. 1837. 32 S. mit Literatur u. Biogr. (6.50) 14186
Oppon.: G. Nettmann, J. Rohr, L. Mollheim.

Heller, Isid., Oesterreichs Lage und Hülfsmittel. Denkschrift. Leipzig 859. O. Wigand. 8. (80 S.) n. 10 ngr

— siehe: Sendschreiben eines Oesterreichers an die deutsche Nation.

Heller, Jul., die klin. Bedeutung d. glatten Atrophie des Zungengrundes (Virchow). gr. 8. (11 S.) Berlin 901. J. Goldschmidt. n. 1. —
Sonderabdruck aus: „Deutsche medicin. Presse".

— die Behandlung der Syphilis m. Sublimatinjectionen, s.a. Klinik, Berliner.

Die Behandlung der Syphilis mit Sublimatinjectionen. Mit besond. Berücks. d. modernen Technik d. Lewin'schen Kur. Von Dr. Julius Heller in Charlottenburg. *Berlin: Fischer 1900.* (27 S.) 8°
= Klinik Berliner. II. 150.

Heller, Jul., ein Beitrag zur Pathologie der bei akuter Gonorrhoe vorkommenden Exantheme (Dermatitis pyaemica). (8 S.) gr. 8. Berlin 903. J. Goldschmidt. n. 1. —
Sonderabdruck aus: „Deut. medizin. Presse".

Heller, Jul., Eignet sich die Frau gesundheitlich für den kaufmännischen Beruf? (Aus: „Hygienische Rundschau".) gr. 8°. Berlin, A. Hirschwald, 1904. 30 S.

Heller, Julius: Eignet sich die Frau gesundheitlich für den kaufmännischen Beruf? — Hamburg: Hanseat. Druck- u. Verl.-Anst. 1905. 31 S. 8°
Aus: Hygien. Rundschau. 14. 1904.

Heller, Julius [aus Berlin]: Die Histiogenese der elastischen Fasern im Netzknorpel und Ligamentum nuchae .... Berlin, Buchdr. v. Gustav Schade (Otto Francke) (1887); 30 S. + 1 Bl. 8°
Berlin, Med. Fak., Inaug.-Diss. v. 8. Okt. 1887

Heller, Julius, Ein Industrieller über das Programm für die Reform und den Ausbau der Arbeiterversicherung. 8°. Teplitz, A. Becker, 1905. 41 S.

Heller, Jul., über Jugend- u. Volksspiele. [Aus: „Jahresber. d. städt. Schulen Luzerns".] 8. (19 S.) Luzern 897. (Geschw. Doleschal Nachf.) n. — 40

— die Krankheiten der Nägel. gr. 8. (XV, 295 S. m. 65 Fig. u. 5 Lichtdr.-Taf.) Berlin 900. A. Hirschwald. n. 12. —

Heller, Jul., s.: Neisser, A., stereoscop. medicin. Atlas.

Heller, Jul., die vergleichende Pathologie der Haut. (XVI, 633 S. m. 170 Abbildgn. u. 17 Taf.) Lex. 8. Berlin 910. A. Hirschwald. 24. —

— d. Sclerodermie, s.: Lewin, Geo.

— Der Stand des kaufmännischen Unterrichtswesens für weibliche Angestellte. Im Auftr. d. Dtsch. Verbandes f. d. kaufmänn. Unterrichtswesen bearb. — Leipzig: Teubner [1905]. 161 S. 8° (Veröffentlichungen d. Dtsch. Verbandes f. d. kaufmänn. Unterrichtswesen. Bd 34.)

— zur Vorbereitung der Handelsverträge. (35 S.) Lex.-8. Ebd. (903). n. — 50

— Der richtige Weg. Ein Beitrag zur Reform und zum Ausbau der Arbeiterversicherung. 8°. Teplitz, A. Becker, 1906. 44 S.

Heller, K., Teplitz-Schönau vorwiegend medicinisch, zugleich geschichtlich u. topographisch abgehandelt. 8. (VII, 208 S.) Teplitz 880. Pörzler. n. 2. —

Heller, K. M., Aepyornis-Eier, s.: Meyer, A. B.

— Systemat. Aufzählung der Coleopteren, s.: Denkschriften der medic.-naturwiss. Gesellschaft zu Jena.

Heller, K. M., Beitrag zur papuanischen Käferfauna, s.a. Abhandlungen u. Berichte des kgl. zoologischen usw. Museums zu Dresden. XII, 1.

Heller, K. M., erster Beitrag zur papuanischen Käferfauna. [Aus: „Abhandlgn. u. Berichte d. k. zoolog. u. anthropolog.-ethnograph. Museums zu Dresden".] gr. 4. (17 S. m. 4 Fig.) Berlin 895. R. Friedländer & Sohn. n. 3. —

— dasselbe. 2. Beitrag. [Aus: „Abhandlgn. u. Berichte d. k. zoolog. u. anthropolog.-ethnograph. Museums zu Dresden."] gr. 4. (7 S.) Ebd. 897. n. 1. 50

— 3. Beitrag zur papuanischen Käferfauna, s.: Abhandlungen u. Berichte des königl. zoologischen etc. Museums zu Dresden. X. 2.

— zwei neue Beutelthiere aus Deutsch-Neu-Guinea, nebst e. Aufzählg. d. bekannten papuan. Säugethiere. [Aus: „Abhandlgn. u. Berichte d. k. zoolog. u. anthropolog.-ethnograph. Museums z. Dresden".] Imp.-4. (7 S. m. 2 Fig.) Ebd. 897. n. 2. —

— Dasyurus albopunctatus Schl. mas. Imp.-4. (3 S. m. 3 Abb.) Berlin (900). R. Friedländer & Sohn. n. 1. —

— neue Käfer v. Celébes, gesammelt v. P. u. F. Sarasin. [Aus: „Abhandlgn. u. Berichte d. k. zoolog. u. anthropolog.-ethnograph. Museums zu Dresden."] gr. 4. (26 S. m. 1 lith. Taf.) Ebd. 896. n. 5. —

— dasselbe. II. [Aus: „Abhandlgn. u. Berichte d. k. zoolog. u. anthropolog.-ethnograph. Museums zu Dresden".] gr. 4. (36 S.) Ebd. 897. n. 6. —

— dasselbe. III. [Aus: „Abhandlgn. u. Berichte d. k. zool. u. anthropol.-ethnogr. Museums zu Dresden".] gr. 4. (42 S. m. 1 Taf.) Ebd. 898. n. 7. —

— neue Käfer v. den Philippinen. Imp.-4. (8 S. m. 1 Fig.) Ebd. 899. n. 1. 50
2 Sonderabdrucke aus: „Abhandlgn. u. Berichte d. k. zoolog. u. anthropolog. Museums zu Dresden".

— neue u. wenig bekannte Lomapteron, s.: Abhandlungen u. Berichte des königl. zoologischen etc. Museums zu Dresden. 1899.

Heller, K. M. [aus Rappoltenkirchen in Niederösterreich]: Der Urbüffel von Celébes: Anoa depressicornis (H. Smith). Versuch einer Monographie ... Dresden, Druck v. H. Grünberg, 1889, 2 Bl.+ 39+1 S. u. 2 Taf. 4°
Rostock, Phil. Fak., Inaug.-Diss. v. 30. Nov. 1889

Heller, K. M., der Urbüffel v. Celébes. Anoa depressicornis [H. Smith]. Versuch e. Monographie. (Abhandlungen u. Berichte d. k. zoolog. u. anthropolog.-ethnograph. Museums zu Dresden 1890/91. Nr. 2.) Imp.-4. (40 S. m. 3 Lichtdr.-Taf.) Berlin 890. Friedländer & Sohn. n. 8. —

Heller, K. M., Zygopiden-Studien m. besond. Berücksicht. der Gattung Mecopus. [Aus: „Abhandlgn. u. Berichte d. Kgl. zool. u. anthropol.-ethnogr. Museums zu Dresden".] gr. 4. (48 S. m. 1 Lichtdr.-Taf.) Berlin 893. R. Friedländer & Sohn. n. 8. —

— Zygopiden-Studien II, m. bes. Berücksicht. d. Gattg. Copturus. [Aus: „Abhandlgn. u. Berichte d. kgl. zoolog. u. anthropolog.-ethnograph. Museums zu Dresden".] gr. 4. (70 S. m. 1 Taf.) Ebd. 895. n. 9. —
(I. u. II.: n. 17. —)

Heller, Kamill

Heller, Camil. Zur Anatomie von Argas Persicus. Mit 4 (lith.) Taf. (Aus den Sitzungsberichten d. k. Akad. d. W.) Wien 858. Gerold in Comm. gr. 8. (32 S.) n. 14 ngr.

— Beiträge zur österreichischen Grotten-Fauna. Mit 1 (lith.) Taf. (in 4.) (Aus den Sitzungsberichten d. k. Akad. d. W.) Wien 858. Gerold in Comm. gr. 8. (16 S.) n. 7 ngr.

Heller, C.: Carcinologische Beiträge zur Fauna des adriatischen Meeres. Wien 1866.

Heller, Camil, Beiträge zur näheren Kenntniss der Amphipoden des adriatischen Meeres. Als erste Fortsetzung der Untersuchungen über die Litoralfauna des adriat. Meeres. gr. 4. (64 S. mit 4 Stnt.) Wien 866, (Gerold's Sohn.) *
Aus: Denkschriften der k. Akad. der Wissenschaften, besonders abgedruckt.

—— Beiträge zur näheren Kenntniss der Macrouren. Lex.-8. (88 S. mit 2 Stnt.) Wien 862, (Gerold's Sohn.) *
Vorstehende zwei Schriften des Verf. wurden aus: Sitzungsberichte der k. Akademie der Wissenschaften, besonders abgedruckt.

Heller, Camil, Beiträge zur nähern Kenntniss der Tunicaten. Lex.-8. (28 S. mit 6 lithogr. Taf.) Wien 878, (Gerold's Sohn.) *
Aus: Sitzungsberichte der k. Akademie der Wissenschaften, besonders abgedruckt.

Heller Kamill, Dr.: Beiträge zur Kenntnis der Siphonostomen (mit 3 Taf.). S. 25. 89. vgr.
Separatabdruck

Heller, C. Kleine Beiträge zur Kenntniss der Süsswasser-Amphipoden. 1865.

Heller, Cam., Beiträge zur Crustaceen-Fauna des Rothen Meeres. 1. Thl. Mit 4 (lith.) Taf. (Aus den Sitzungsber. 1861 der k. Akad. der Wissensch.) Wien 861. Gerold in Comm. gr. 8. (80 S.) n. 20 ngr.

— — (2. Thl.) Mit 6 (lith.) Taf. (Aus den Sitzungsber. 1861 der k. Akad. der Wissensch.) Ebend. 861. gr. 8. (57 S.) n. 16 ngr.

—— die Bryozoën des adriatischen Meeres. Lex.-8. (60 S. mit 6 Stnt.) Wien 867. (Berlin, Friedländer und Sohn.) *
Aus: Verhandlungen der k. k. zool.-botan. Gesellschaft zu Wien, besonders abgedruckt.

— Merkwürdiger Fall vorderer Verwachsung an *Diplozoon paradoxum* (mit 1 Taf.). S. 25. 89 . . . . vgr
Separatabdruck

Heller, Cam., die Fische Tirols und Vorarlbergs. gr. 8. (77 S.) Innsbruck 872, (Wagner'sche Universitäts-Buchh.) *
Aus: Ferdinandeums-Zeitschrift, besonders abgedruckt.

—— Crustaceen, s. Reise der österreichischen Fregatte Novara.

—— die Crustaceen des südlichen Europa. Crustacea podophtalmia. Mit einer Übersicht über die horizontale Verbreitung sämmtl. europ. Arten. gr. 8. (XI und 356 S. mit 10 Stnt.) Wien 863, Braumüller. *

—— neue Crustaceen und Pycnogoniden. Gesammelt während der k. k. österreich.-ungar. Nordpol-Expedition. Vorläufige Mittheilung. Lex.-8. (4 S.) (Ebendas.) 875.
Aus: Sitzungsberichte der k. Akademie der Wissenschaften, besonders abgedruckt.

Heller, Camil, die Crustaceen, Pycnogoniden und Tunicaten der k. k. österreichisch-ungar. Nordpol-Expedition. Imp.-4. (22 S. mit 5 lithogr. Taf.) Wien 875, (Gerold's Sohn.) *
Aus: Denkschriften der k. Akademie der Wissenschaften, besonders abgedruckt.

—— über neue fossile Stelleriden. Lex.-8. (18 S. mit 5 Stnt.) Wien 858, (Gerold's Sohn.) *
Vorstehende vier Schriften des Verf. wurden aus: Sitzungsberichte der k. Akademie der Wissenschaften, Jahrg. 1857, 1858 und 1861, besonders abgedruckt.

Heller, C., das Süßwasser-Aquarium, s.: Bibliothek, naturwissenschaftliche, f. Jugend u. Volk.

—— Untersuchungen über die Litoralfauna des adriatischen Meeres. Lex.-8. (34 S. mit 3 Stnt.) Wien 863, (Gerold's Sohn.) *
Aus: Sitzungsberichte der k. Akademie der Wissenschaften, besonders abgedruckt.

—— Untersuchungen über die Tunicaten des Adriatischen Meeres. 1. und 2. Abthl. Imp.-4. (20; 21 S., mit je 6 lithogr. Taf. Abbild.) Wien 874,75, (Gerold's Sohn.) à Abthl. *ℳ 3,40. *
Aus: Denkschriften der k. Akademie der Wissenschaften, besonders abgedruckt.

—— Untersuchungen über die Tunicaten des adriatischen und Mittelmeeres. 3. Abthl. Imp.-4. (32 S. mit 7 lithogr. Taf. Abbild.) (Ebendas.) 877. *
Aus: Denkschriften der k. Akademie der Wissenschaften, besonders abgedruckt.
1. und 2. Abthl. (Ebendas.) 1874,75. *ℳ 6,80.

— Über die Verbreitung der Tierwelt im Tiroler Hochgebirge. 1. Abteilung. S. 83. I. 183 . . . . 1.—
Separatabdruck

Heller, Camil, über die Verbreitung der Thierwelt im Tiroler Hochgebirge. 1. Abthl. Lex.-8. (73 S.) Wien 881, (Gerold's Sohn.) *

—— und C. v. Dalla Torre, über die Verbreitung der Thierwelt im Tiroler Hochgebirge. 2. Abthl. Lex.-8. (16 S.) (Ebendas.) 882. **
Vorstehende zwei Schriften sind aus: Sitzungsberichte der k. Akademie der Wissenschaften, besonders abgedruckt.

—— die Zoophyten und Echinodermen des Adriatischen Meeres. gr. 8. (88 S. mit 3 Kpfrt.) Wien 868. (Berlin, Friedländer und Sohn.) *

Heller, Karel

Heller, K., deutsch-böhmische amtliche u. juridische Terminologie, s.: Kadlec, Karel

Heller, Karl [Oberl. Dr.]: Beitrag zum Unterrichte in der mathematischen Geographie. Halberstadt, Druck v. C. Doelle & Sohn (1890); S. 1–10; 4°
Halberstadt, RG, P 1890

Heller, Karl, Beiträge zur pathologischen Anatomie. Mit 4 lithogr. Abbildd. gr. 8. Stuttgart 835. Brodhag. 7/12 ℛ

Heller, Carl, Beiträge z. patholog. Anatomie. gr. 8. (5 B. u. 4 Stnt.) Stuttgart 835, [Scheible, Rieger u. Sattler.]

Heller, Karl, die Beitreibung v. Schuldforderungen in Österreich, s.a. Wie treibt man Schuldforderungen im Auslande ein?

Heller, Karl: Die Beitreibung von Schuldforderungen in Österreich. Zum prakt. Gebr. f. d. Geschäftswelt bearb. von Dr. jur. Karl Heller in Prag. Berlin: Union [1902]. (VIII, 164 S.) 8°
= Wie treibt man Schuldforderungen im Auslande ein? Bd 2.

Heller, Karl, approb. Arzt aus Dortmund: **Ueber einen Fall reiner Gonococcencystitis compliciert durch heftige Blasenblutungen.** *Leipzig 1901: B. Georgi.* (19 S.) 8°
Leipzig, Med. Diss. v. (4. Febr.) 1901

— Über den Staat von Chiapas und Soconusco in der Republik Mexiko. S. 1–255. vgr.
Separatabdruck

Heller Karl: Über den Staat Tabasco. S. 1–28 vgr.
Separatabdruck

Heller, Karl Bartholomäus

Heller, Karl B., aus dem tropischen Amerika, s. Hölder's geographische Jugend- und Volks-Bibliothek.

Heller, K. B., kleiner zootomischer Atlas zum Gebrauche beim Studium der Zoologie an höheren u. mittleren Lehranstalten. A. u. d. T.: Zwölf zootomische Tafeln zur Naturgeschichte des Thierreiches. Zum Gebrauche an den k. k. Gymnasien u. Realschulen. Olmütz 858. Hölzel. gr. 8. (14 S. u. 12 lith. Taf.) n. 1 ℛ.

Heller, Carl B.: Beiträge zur näheren Kenntniss von Mittelamerika. Yucatan. (Programm des k. k. Academischen Gymnasiums in Grätz [für 1853].) Grätz 1854. 12 S. 4°.

– Dass. s.a. Programm des k. k. akademischen Gymnasiums in Gratz.

Heller, Karl B., Darwin und der Darwinismus. Wien, Beck, 1869, gr. 8°, 39 S., 80 Pf. Progr. des Gymnas. der Theres.-Akad.

Heller, Karl B., Darwin und der Darwinismus. gr. 8. (39 S.) Wien 869, Hölder. *

Heller, Karl B. Gliedertiere als Feinde des Menschen. 38 S. 8.
Progr. Ther. Wien 1880

—— Leitfaden der Naturgeschichte. Für Bürgerschulen und die Oberklassen der erweiterten Volksschule bearb. 3 Thle. gr. 8. Wien, Hölder. *
Inhalt:
Thl. 1. Thierreich. 1. Aufl. (VIII, 107 S. mit 112 in den Text gedr. Abbild.) 1871, und 2. verm. und verb. Aufl. (VIII, 111 S. mit 127 in den Text gedr. Abbild.) 873. * 90 Pf.
Thl. 2. Pflanzenreich. 1. und 2. Aufl. (IV, 75 S. mit 62 in den Text gedr. Abbild.) 871,72. * 60 Pf.
„ 3. Mineralreich. 1. Aufl. 1871, und 2. verm. und verb. Aufl. (III, 48 S. mit 40 in den Text gedr. Abbild.) 872. * 40 Pf.

—— Leitfaden der Naturgeschichte. Für Bürgerschulen und die Oberklassen der erweiterten Volksschule. 3 Thle. gr. 8. Wien, Hölder. *
Inhalt:
Thl. 1. Somatologie und Gesundheitheitslehre des Menschen. Thierreich. Mit 152 in den Text gedr. Abbild. (Holzschn.). 3. Aufl. (128 S.) 1874, und 4. unveränd., mit vielen Abbild. und der Gesundheitslehre verm. Aufl. (XII, 137 S.) 875. * ℳ 1,20.
„ 2. Pflanzenreich. Mit 108 in den Text gedr. Abbild. (Holzschn.) 3. unveränd. mit vielen Abbild. verm. Aufl. (IV, 77 S.) 875. * 80 Pf.
„ 3. Mineralreich. 3. unveränd. Aufl. (48 S. mit 40 in den Text gedr. Abbild.) 875. * 50 Pf.

Heller, Karl B., Mexico. Andeutungen über Boden, Klima, Thier-, Pflanzen- und Mineralreich, Kultur und Kulturfähigkeit des Landes. Wien 864. Gerold. gr. 8. (VII, 32 S.) n. 16 ngr.

Heller, Carl B(arthol.), das dioptrische Mikroskop, dessen Einrichtung und Behandlung. Leicht fasslich dargestellt. gr. 8. (VIII und 56 S. mit 18 in dem Texte eingedr. Holzschn.) Wien 855(56,) Braumüller. *

—— Reisen in Mexiko in den J. 1845—1848. gr. 8. (XXIV und 432 S. mit 2 lithogr. Karten in gr. 8. und Fol., 6 eingedr. Holzschn. und 1 Stnt.) Leipzig 853, Engelmann. *

Heller, Karl B.: Kleine pflanzliche Studien
s.a. Jahresbericht über das k. k. Gymnasium zu Olmütz während des Schuljahres 1857.

Heller: Kleine pflanzenbiographische Studien. 17 S.– Olmütz, Progr. 1867.

Heller, Carl B., fünf (lithogr.) morphologische Tafeln zur Naturgeschichte des Pflanzenreiches für Gymnasien und Realschulen. Zeichnung und Erklärung. gr. 8. (8 S.) Olmütz 857, Hölzel. *
Vgl.: Schul-Atlas.

Heller, Carl B., zwölf zootomische Tafeln zur Naturgeschichte des Thierreiches. Zum Gebrauche an den k. k. Gymnasien und Realschulen. 1. und 2. Aufl. 1858. * 1 Thlr. und 2., wohlf. Schul-(Titel-)Ausg. gr. 8. (14 S. mit 12 Stnt.) Olmütz 859, Hölzel. Thlr. *
Dasselbe ist auch unter dem Titel: Kleiner zootomischer Atlas, zu demselben Preise erschienen.

— zwölf zootomische Tafeln zur Naturgeschichte des Thierreiches. Zum Gebrauche an den k. k. Gymnasien und Realschulen. 3. wohlfeile Schul-Ausg. Olmütz 860. Hölzel. gr. 8. (14 S. u. 12 lith. Taf.) n. 20 ngr.

Heller, Klem., das Terrainfechten als „österreichisches Fechtspiel". (34 S. m. 1 Taf.) gr. 8. Wien 909. L. W. Seidel & Sohn. 2.—

Heller, Kurt: Michel de Montaigne's Einfluß auf die Aerztestücke Molière's. Jena 1908: Neuenhahn. 48 S. 8°
Jena, Phil. Diss. v. 12. Dez. 1908, Ref. Cloëtta
[Geb. 4. Mai 84 Saalfeld; Wohnort: Lennep; Staatsangeh.: Preußen; Vorbildung: Realgymn. Saalfeld Reife O. 02; Studium: Leipzig 4, Jena 4 S.; Rig. 30. Mai 08.] [U 09. 2181

Heller, L., Gesetz betreffend die Pensionsversicherung der in privaten Diensten und einiger in öffentlichen Diensten Angestellten. [Österr. Gesetze. Einzelausgaben. Heft 77.] 8°. (98 S.) Wien: Perles 1907. K 1.20, geb. K 2.—

Heller, Leo, „Garben". Neue Gedichte. (88 S.) 8. Berlin (906). Harmonie. n. 1.50; geb. in Leinw. n. 2.50

Heller, Leo. Bunte Lieder. [Mit Umschlagzeichnung.] 72 S. 8. Zürich, Caesar Schmidt, 1903. [fr. 1.80]

HELLER, Leo. Die Photographien der Madame Pallon. Erzählung aus Cri-Cri! Verbotene Früchte für die Lebewelt. Berlin S 14, M. G. Gryzmisch (um 1900). 8°.
Verb. d. Ldg. I Berlin 2 C. M. 85/02.

Heller, Leo, Präludien der Liebe. Neue Gedichte u. Lieder. (81 S.) 8. Berlin (908). Harmonie. 1.50

Heller, Leo, Volkslieder in modernem Gewande, s.a. Brettl- u. Theaterbibliothek, bunte. VI.

Heller, Leo: Volkslieder in modernem Gewande. Berlin: Harmonie [1902]. (102 S.) 8°
= Brettl- u. Theater-Bibliothek, Bunte. 6.

Heller, L(eon), aus Wolkowisk (Russl.): Aus d. Frauenklinik d. Kgl. Charité zu Berlin. Über Stieltorsion bei Ovarialtumoren. *Berlin 1902: S. Scholem.* (32 S.) 8°
Berlin, Med. Diss. v. 14. März 1902

Heller, Leopold, Elend und Zufriedenheit. Ueber die Ursachen und Abhilfe der wirthschaftlichen Noth. gr. 8°. Dresden, Pierson, 1890. IV, 84 S.

Heller, Leopold, Selbsthilfe. Ein Roman der Sparsamkeit und Lebenskunst. Realsocialistisches Zukunftsbild. 8°. Leipzig, H. Hartung u. Sohn, 1894. IV, 196 S.

Heller, Ludwig (Hrsg.), s Bugenhagen, Johann: Die Travemünder Kirchenordnung.

Heller, Ludwig [aus Nürnberg]: Über zwei Fälle von medicinaler Mutterkornvergiftung und den gegenwärtigen Standpunkt betreffs Anwendung von Mutterkornpräparaten in der Geburtshülfe ... Erlangen, k. b. Hofbuchdr. v. A. Vollrath, 1896; 65 S. 8.
Erlangen, Med. Fak., Inaug.-Diss. v. 17. Dez. 1895

Heller, Ludw., Vincentius Ferrer nach seinem Leben u. Wirken dargestellt. gr. 8. (11 B.) Berlin 830, Hayn.

Heller, Ludw., Geschichte d. lübeckischen Gesellschaft z. Beförder. gemeinnütz. Thätigkeit während d. ersten funfzig Jahre ihres Bestehens. gr. 8. (13½ B.) Lübeck 839, v. Rohden'sche Buchh. *

Heller, Ludw., Geschichte der lübeckischen Gesellschaft zur Beförderung gemeinnütziger Thätigkeit und ihrer Gründung bis zum J. 1857. gr. 8. (VI und 266 S.) Lübeck 859, v. Rohden'sche Buchh. *

— de Hectore Homeri. Progr. I. II. 4. Augsb. 806, 7.

——, Hieronymus von Prag. gr. 8. (7¾ B.) Lübeck 835, Aschenfeldt.

Heller, Ludw., die v. Hochsattel, s.: Stein, Leo Walth.

Heller, Ludw., Nikolaus Hunnius. Sein Leben u. Wirken. Ein Beitrag z. Kirchengeschichte des 17. Jahrh., größenth. nach handschriftl. Quellen. gr. 8. (18⅝ B.) Lübeck 843, v. Rohden'sche Buchh.

Heller, Ludwig [aus Travemünde]: Halâyudha's Kavirahasya ... Einleitg. (Die vollst. Ausg. soll in Indien erscheinen.) Göttingen, Druck d. Dieterich'schen Univ.-Buchdr., 1894; 56 S., 1 Bl. 8.
Göttingen, Phil. Fak., Inaug.-Diss. v. [26. Juni] 1894

— — De regia majestate liberarum civitatum scriptoribus celebrata. (Sollemnia imperii ab Augustiss. Bavarorum rege Maximiliano Josepho quinque abhine lustris fauste feliciter prospereque suscepti indicit prorector Theoph. Ernst August Mehmel.) Erlangen (Junge) 17. II. 1824. 20 S. (5.50) 14189

— — Observationes Livianas. (Prorector Theoph. Ernst August Mehmel successorem suum civibus acad. commendat.) Erlang. (Junge) 3. V. 1824. 2 Bl. (4.—) 14190

Heller, L., Observationes in Sophoclis Oedipum Coloneum. Erlang. 820. f. (12 S.)

— Oratio funebris, quam inter exequias Aug. Bavariae nuper regis, Maxim. Josephi, recitavit. 4. Erlang. 825.

— — Oratio in memoriam imperii ab Augustiss. Bavarorum rege Maximiliano Josepho ante haec quinque lustra fausto sidere summisque omnium plausibus suscepti. Erlang. (Junge) 17. II. 1824. 20 S. (5.50) 14188

— Oratio in memoriam Lutheri. 4. Erlang. 818.

Heller, Ldw. I., († d. 28. Aug. 1826.) Diss. inaug. de Cyri morientis oratione in Xenophontis Cyropaedia memorata. 8. Erlang. 797.

— **Ludwig,** De pietatis et religionis sensu, quem poetarum Graecorum inprimisque Pindari carmina spirant. (Tertia saecularia in memor. faust. temporis quo christiana doctrina per Martinum Lutherum ad priscam et genuinam formam coepta est revocari . . indicit prorector Theoph. Ern. August Mehmel.) Erlang. (Adolph Ernst Junge) 3. XI. 1817. 16 S. (5.50) 14187

— s. Sophoclis Tragoedine VII.

Heller, Mario, das Submissionswesen in Deutschland. (V, 97 S.) gr. 8. Jena 907. G. Fischer. n. 2.40

Heller, Marie, der Wandel in der Frauenarbeit Deutschlands seit 1895, s.a. Kultur u. Fortschritt.

Heller, Marie: Der Wandel in der Frauenarbeit Deutschlands seit 1895. — Gautzsch b. Leipzig: Dietrich 1910. 10 S. 8° (Kultur u. Fortschritt. 300.) 10 S.

Heller, M., wie es den Arbeitern in der Großstadt ergeht, s.a. Handreichungen f. Volks- u. Familien-Abende. 3.

Wie es den Arbeitern in der Großstadt ergeht. Ein Bericht aus d. Großstadtleben von M[arie] **Heller**, Berlin. Berlin: Deutsche Landbuchh. 1905. (32 S.) 8° [F.]
— **Handreichungen** f. Volks- u. Familienabende. H. 3. [07. 8347

Wie es den Arbeitern in der Großstadt ergeht. Ein Bericht aus d. Großstadtleben von M[arie] **Heller**, Berlin. 3. Aufl. Berlin: Deutsche Landbuchhandl. 1905. (32 S.) 8° [F.] [07. 8170 11

Heller, Martinus S. F. [Berolinensis]: Quibus auctoribus Aristoteles in republica Atheniensium conscribenda et qua ratione usus sit ... Berolini, Mayer & Mueller, 1893; 2 Bl., 57 S., 1 Bl. 8.
Berlin, Phil. Fak., Inaug.-Diss. v. 12. Juli 1893

Heller, Max, a. Liboch in Böhmen: Über die Produkte der Einwirkung von β-Methylcyklohexanon auf Benzylidenacetophenon und auf Bernsteinsäurediäthylester. Weida i. Thür. 1905: Thomas & Hubert. (61 S.) 8°
Leipzig, Phil. Fak., Ref. Beckmann u. Ostwald, Diss. v. 1. Febr. 1905
[Geb. 21. März 75 Liboch i. Böhmen; Wohnort: Liboch; Staatsangeh.: Österreich; Vorbildung: Gymn. Prag Reife Juli 93; Studium: Halle 2, Leipzig 8 S.; Rig. 30. Nov. 04.]

Heller, Max Paul, Elementarlehre der Musik in kurzer u. leicht faßlicher Form. 16. (34 S.) Berlin 890. Raabe & Plothow. In Leinw. kart. n. — 50

Heller, Max Paul, Elementarlehre der Musik in kurzer u. leicht faßl. Form. 6. verm. Aufl. 16. (39 S. m. 1 Tab.) Berlin (899). H. R. Krentzlin. In Leinw. kart. — 60

Heller, Max Paul: Elementarlehre der Musik in kurzer u. leicht fasslicher Form von —. 7. verm. Aufl. Berlin: H. R. Krentzlin [1900]. (39 S.) 8°

Heller, Mich., u. Frz. Trenkwalder, die österreichische Executionsordnung in ihrer praktischen Anwendg. Dargest. an Beispielen v. Protokollen u. Beschlüssen. gr. 8. (XLVII, 878 S.) Wien 900—902. [C. Konegen.] Manz. n. 19.60; geb. n. 22. —
Erschien auch in 19 Lfgn. à n. 1.—.

Heller, Moritz: Experimenteller Beitrag zur Ätiologie des angeborenen musculären Schiefhalses. O. O. u. J. 38 S. 8°.
Bern. Med. Diss. 1898/99.

Heller, N., Getreidehandel, s. Studien, Wiener staatswiss.

Heller, Nikol., Festtags- u. Gelegenheitspredigten, s.: Fuhlrott, Jos.

Heller, O., und W. Glaubitz, stufenweis geordnete Aufgaben zum schriftlichen Rechnen. Für Schüler in Volksschulen hrsg. 1—7. Heft. 8. (à 16 S.) Glogau 853—54, Flemming's Verlag. à Heft 1 Ngr.
Inhalt:
Heft 1. Die vier Species in gleichbenannten Zahlen.
" 2. Resolviren, Reduciren, die vier Species in ungleichbenannten Zahlen und die Zeitrechnung.
" 3. Das Rechnen mit Brüchen.
" 4. Verhältnisse, Proportionen; oder einfache Regeldetri.
" 5. Zusammengesetzte Regeldetri, Zins-, Thara-, Disconto- und Rabatt-Rechnung.
" 6. Gesellschafts- und Mischungs-Rechnung.
" 7. Decimalbrüche, einige Aufgaben aus Flächen- und Körper-Rechnung und Algebra.

—— —— Auflösungen dazu. 1—7. Heft. 8. (56 S.) Ebds. 853—54. à Heft 1½ Ngr.

— stufenweis geordnete Aufgaben zum schriftlichen Rechnen. Nach den neuen Gewichtsbestimmungen bearb. Für Schüler in Volksschulen herausg. 1—5. Uebungsheft. 3. Aufl. Glogau 858. Flemming. 8. Jedes Heft (à 16 S.) 1 ngr.

— Vorwort und Auflösungen zum 1—5. Hefte ꝛc. 3. Aufl. Ebend. 858. 8. (8; 8; 8; 4 S.) Jedes Heft 1½ ngr.

Heller, O., und W. Glaubitz, stufenweis geordnete Aufgaben zum schriftlichen Rechnen. Nach den neuen Gewichtsbestimmungen bearb. Für Schüler in Volksschulen. 1—8. Uebungsheft. 3. Aufl. 8. (à Uebungsheft 16 S.) Glogau 858, Flemming's Verlag. à Uebungsheft 1 Ngr.
Inhalt:
Uebungsheft 1. Die 4 Species in gleich benannten Zahlen.
" 2. Resolviren, Reduciren, die 4 Species in ungleich benannten Zahlen und die Zeitrechnung.
" 3. Das Rechnen mit Brüchen.

—— —— Auflösungen dazu. 1—8. Heft. 3. Aufl. 8. (à Heft 8 S.) Ebendas. 858. à Heft 1½ Ngr.

Heller, O., und W. Glaubitz, stufenweis geordnete Aufgaben zum schriftlichen Rechnen. Nach der metr. Maß- und Gewichtsordnung und dem Reichsmünzsystem neu bearb. Für Schüler in Volksschulen. 7 Uebungshefte. 8. (à 16 S.) Glogau, Flemming. à Heft * 10 Pf. *
Inhalt:
Heft 1. Die vier Species in gleichbenannten Zahlen. 7. Aufl. 1870, und 8. verb. Aufl. 874.
" 2. Resolviren, Reduciren, die vier Species mit mehrfach benannten Zahlen, Zeitrechnung. 5. Aufl. 870.
" 3. Vorübungen, Resolution, Reduction und die vier Species in gemeinen Brüchen und Decimalbrüchen. 5. Aufl. 870.
" 4. Verhältnisse, einfache Regeldetri mit ganzen Zahlen, gemeinen Brüchen und Decimalbrüchen. 5. Aufl. 870.
" 5. Zusammengesetzte Regeldetri, Zins-, Tara-, Disconto- und Rabatt-Rechnung. 4. Aufl. 870.
" 6. Gesellschafts-Rechnung und Raum-Rechnung. 4. Aufl. 870.
" 7. Mischungsrechnung und vermischte Aufgaben. 4. Aufl. 870.

—— dass. — Facitbüchel. 8 Hefte. gr. 8. (à 8 S.) Ebendas. 874. à Heft 15 Pf.

Heller, O., und W. Glaubitz, stufenweis geordnete Aufgaben zum schriftlichen Rechnen. Nach der metrischen Maß- und Gewichtsordnung und dem Reichsmünzsystem neu bearb. Für Schüler in Volksschulen. 7 Uebungshefte. 8. (à Heft 16 S.) Glogau, Flemming. à Heft * 12 Pf. *
Inhalt:
Heft 1. Die vier Species in gleichbenannten Zahlen. 9. und 10. verb. Aufl. 874.
" 2. Resolviren, Reduciren, die vier Species mit mehrfach benannten Zahlen, Zeitrechnung. 5. Aufl. 870.
" 3. Resolution, Reduction und die vier Species in gemeinen Brüchen und Decimalbrüchen. 8. Aufl. 874.
" 4. Verhältnisse, einfache Regeldetri mit ganzen Zahlen, gemeinen Brüchen und Decimalbrüchen. 8. Aufl. 874.
" 5. Zusammengesetzte Regeldetri, Zins-, Tara-, Disconto- und Rabatt-Rechnung. 8. Aufl. 874.
" 6. Gesellschafts-Rechnung und Raum-Rechnung. 8. Aufl. 874.
" 7. Mischungsrechnung und vermischte Aufgaben. 8. Aufl. 874.

—— —— dass. — Facitbüchel. 7 Hefte. 8. Aufl. gr. 8. (à 8 S.) Ebendas. 874. à Heft 15 Pf.
S. Glaubitz, W.

Heller, Ottilie

Heller, O., Stephan Broda. Roman. 2 Bde. 8. (208; 195 S.) Leipzig 884, Friedrich. *M 8.; geb. *

Heller, [Frl.] O[ttilie] s. Familienbibliothek, Schweizer. No. 27.

Heller, O., die Frau des Virtuosen. Erzählung. (103 S.) 8. Berlin 905. A. Goldschmidt. n. — 50; geb. in Leinw. n. — 75
(Goldschmidts Bibliothek f. Haus u. Reise.)

— Gertruds Freund. Künstlerblut, s.a. Goldschmidt's Bibliothek f. Haus u. Reise. 115. Bd.

Gertruds Freund. Künstlerblut. 2 Novellen von O[ttilie] **Heller**. Berlin: A. Goldschmidt 1904. (101 S.) 8° [F.]
— **Bibliothek**, Goldschmidts, f. Haus u. Reise. Bd 115. [04. 3130

— Kathinka. Roman aus dem Berliner Leben. 2 Bde. 8. (213; 227 S.) Berlin 884, Eckstein Nachf. *

— Paul Lindau als Uebersetzer. 8. (21 S.) Leipzig 880, Friedrich. *
Aus: Magazin für die Literatur des Auslandes, besonders abgedruckt.

Heller, O., unter genialen Menschen. Roman. 8. (851 S.) Berlin 898. O. Janke. n. 5. —

— Luigia Merelli. Erzählung. — Köhler, Heinr., die schöne Wally. Novelle. — Meerheimb, Henriette v., Eine seltsame Hochzeit. (107 S.) 8. Berlin 906. A. Goldschmidt. n. — 50; geb. in Leinw. n. — 75

Heller, O., Paula, s.a. Weber's moderne Bibliothek.

Heller, O., Paula. Roman. 8. (142 S.) Berlin 888. Deubner. n. 2. —

— auf dem Pfade zum Ruhm. Roman. 8. (243 S.) Berlin 901. E. Ebering. n. 3. —

— auf dem Pfade zum Ruhm. Roman. 3. [Titel-]Aufl. (243 S.) 8. Berlin [901] 905. H. Steinitz. n. 2. —

— Primadonna, s.a. Goldschmidt's Bibliothek f. Haus u. Reise.

Primadonna. Erzählung von O[ttilie] Heller. Ein Feldpostbrief. Novelle von W. H. Geinborg. *Berlin: A. Goldschmidt 1903.* (100 S.) 8° [F.]
— Bibliothek, Goldschmidts, f. Haus u. Reise. Bd 111. [04. 3080

[F.] Baumeister Robert. Berliner Roman v. O[ttilie] Heller. *Berlin: A. Deubner 1897.* (2 Bl., 283 S.) 1 Bd 8. [93. 7338

Heller, O., Baumeister Robert. Berliner Roman. 8. (283 S.) Berlin 897. H. Steinitz. n. 2. 50

Heller, O., s.: Seifenfabrikant, der.

Heller, O., s.: Seifen-Industrie-Kalender.

— d. Weg z. Frieden. Roman. 8. (442 S.) Berlin 895. Bibliograph. Bureau. n. 5. —

Heller, Otto, approb. Arzt aus Gotha: Ueber den Gebrauch von Kampher bei Tuberkulose. *Freiburg i. B. 1901: E. Kuttruf.* (31 S.) 8°
Freiburg i. B., Med. Diss. v. 1902

Heller, Otto. Die Schutzimpfung gegen Lyssa. Versuche zur Herstellung eines nicht infektiösen Impfstoffes. Von Dr. med. O' H', Privatdozent ... an der Universität Bern.... *Kopftitel:* Aus dem Institut der Infektionskrankheiten. Direktor: Prof. Dr. [Ernest] Tavel. 142 S. gr.-8. Jena, Gustav Fischer, 1906. [M. 4. —]

-- Erste Stufe z Erlernung des Dten nach der natürlichen Methode. Phila. n. d.

Heller, Prokop Benedikt, über Vormundschaftsbehörden, insbesondere über den Familienrath. gr. 8. (19 S.) Wien 862, (Braumüller's Sort.-Cto.) *

Heller, Richard, Arzt a. Neurode i. Schl.: Die Bedeutung der Varizen für Schwangere und Gebärende und ihre Therapie. Greifswald 1905: H. Adler. (32 S.) 8°
Greifswald, Med. Fak., Ref. Martin, Diss. v. 30. März 1905
[Geb. 28. Juli 77 Neurode i. Schl.; Wohnort: Neurode; Staatsangeh.: Preußen; Vorbildung: Sophiengymn. Berlin Reife M. 97; Studium: Heidelberg 1, Berlin 9, Greifswald 1 S.; Coll. 14. Sept. 04; Approb. 1. März 05.]

Heller Richard, Dr., Mager Wilhelm, Dr., und Schrötter Hermann von, Dr.: Beobachtungen über physiologische Veränderungen der Stimme und des Gehörs bei Änderung des Luftdruckes. Aus den Untersuchungen über „Luftdruckerscheinungen" (mit 1 Textfigur). S. 106. III. 5 . . . .
Separatabdruck

Heller, Rich., Wilh. **Mager** u. Herm. **v. Schrötter,** Beobachtgn. üb. physiolog. Verändergn. d. Stimme u. d. Gehörs b. Änderg. d. Luftdruckes. Aus d. Untersuchgn. üb. „Luftdruckerkrankgn." [Aus: „Sitzungsber. d. k. Akad. d. Wiss."] gr. 8. (33 S. m. 1 Fig.) Wien 897. (C. Gerold's Sohn.) n. — 70

— und Schrötter Hermann von, Dr.: Die *Carina tracheae*, ein Beitrag zur Kenntnis der Bifurkation der Luftröhre nebst vergleichend anatomischen Bemerkungen über den Bau derselben (mit 5 Taf. und 38 Textfiguren). LXIV. 367 . . . .
Separatabdruck

— u. Herm. **v. Schrötter,** die Carina tracheae, e. Beitrag z. Kenntniss d. Bifurcation d. Luftröhre, nebst vergleich. anatom. Bemerkgn. üb. d. Bau derselben. [Aus: „Denkschr. d. k. Akad. d. Wiss."] gr. 4. (42 S. m. 38 Fig. u. 5 Taf.) Ebd. 897. n. 5. 60

Luftdruck-Erkrankungen mit bes. Berücks. d. sogenannten Caissonkrankheit von Dr. Richard Heller, Dr. Wilhelm Mager, Dr. phil. et med. Hermann v. Schrötter. Mit 219 Textfig. u. 11 Taf. (In 2 Hälften.) *Wien: A. Hölder 1900.* (IX, 1230 S.) 4°(8°) [...

Heller, Rich., Studie üb. die natürlichen Salzburger Moorbäder sowie üb. Moor-Eisenbäder u. deren physiologische Wirkung. gr. 8. (24 S.) Salzburg 901. (E. Höllrigl.) n. — 70
Sonderabdruck a.: „Zeitschr. f. diätet. u. physikal. Therapie".

Heller, Rich., Wilh. **Mager** u. Herm. **v. Schrötter,** Hygien. Vorschriften f. Arbeiten in comprim. Luft m. Ausschluss d. Taucherarbeiten. Auf Grund d. am Schleussenbau in Nussdorf aufgeführt. Untersuchgn. üb. „Luftdruckerkrankgn." (In deutscher, engl. u. französ. Sprache.) Lex.-8. (15 S.) Wien 898. A. Hölder. n. — 56

Heller, Rich. Clem., die Wasserkraftgewinnung und Vertheilung an der regulirten Donau bei Wien. Ein techn. Auszug des nächstens erscheinenden Werkes, der Socialismus und die Maschine. gr. 8. (VIII, 100 S.) Wien 875, (Lehmann und Wentzel.) *

Heller, Rob., Abenteuer einer Steppenreise und andere Erzählungen. 2. (Titel-)Aufl. 8. (447 S.) Norden (874)886, Fischer Nachf. *

Heller, Rob., Abenteuer e. Steppenreise u. andere Erzählungen. 2. Aufl. 8. (447 S.) Norden 886. Fischer Nachf. n. 4. —

Heller, Rob., der Albanese, s. Unterhaltungsbibliothek.

Heller, Robert: Brustbilder aus der Paulskirche, s. Heller, Wilhelm Robert

Heller, Rob., ausgewählte Erzählungen. 1. und 2. Bd. 8. Frankfurt a. M. 857. 59. [Berlin, Janke.]
Inhalt:
Bd. 1. Der Reichspostreiter in Ludwigsburg. Novelle auf geschichtlichem Hintergrunde. (302 S.) 1 Thlr. 15 Ngr.
„ 2. Das Geheimniß der Mutter. Novelle. (328 S.) 1 Thlr. 20 Ngr.

Heller, Rob., ausgewählte Erzählungen. 1. Bd. A. u. d. T.: Der Reichspostreiter in Ludwigsburg. Novelle auf geschichtlichem Hintergrunde. Frankfurt a. M. 857. Meidinger. 8. (302 S.) 1 ₰ 15 ngr.

Heller, Rob., ausgewählte Erzählungen. 2. Bd. A. u. d. T.: Das Geheimniß der Mutter. Novelle. Frankfurt a. M. 859. Meidinger & Co. 8. (328 S.) 1 ₰ 20 ngr.

— — 3. Bd. A. u. d. T.: Hohe Freunde. Novelle aus der Jugendzeit des klassischen Weimar. Leipzig 862. Thomas. 8. (304 S.) 1 ₰ 15 ngr.

Heller, Rob., humoristische Erzählungen, s. Hausschatz, humoristischer, für's deutsche Volk.

Heller, Rob., nachgelassene Erzählungen. Mit e. Vorwort v. Heinr. Laube. 5 Bde. 8. (VII, 450; 447; 564; 502 u. 562 S.) Bremen 874. Kühtmann & Co. n. 24. —

Heller, Rob., die Freunde, s.a. Verein f. Verbreitung guter Schriften, Zürich. Nr. 68.

Heller, Robert. Die Freunde. (Erzählung.) 70 S. 8. Zürich, Jacques Bollmann, Februar 1904. fr. —. 15
Verein für Verbreitung guter Schriften. (Zürich) No. 53. 1904.

—— die Freunde und andere Erzählungen. Mit einem Vorwort von Heinr. Laube. 2. (Titel-)Aufl. 8. (VII, 450 S.) Ebendas. (874)885. *

— die Freunde u. andere Erzählungen. Mit e. Vorwort v. Heinr. Laube. 2. Aufl. 8. (VII, 450 S.) Ebend. 885. n. 4. —

Perlen. Taschenbuch romantischer Erzählungen für... Von Robert Heller. Leipzig: Ph. Reclam 1842—1843. 16°
[Lith. Vort.]
2/1843: IX, 450 S., 1 Bl., 1 Titelbild, 5 Taf.
3/1844: 2 Bl., 451 S., 1 Titelbild, 5 Taf.
vgl. Heller, Wilhelm Robert

— Primadonna. Roman aus d. kursächs. Vergangenheit. 2 Bde. 8. (304 u. 284 S.) Berlin 871. Janke. 9. —
vgl. Heller, Wilhelm Robert

— der Reichspostreiter in Ludwigsburg, s.a. Erzählungen, klassische, der Weltliteratur. 18. Bd.

Heller, R., Der Reichspostreiter in Ludwigsburg. Novelle. Frankf. 1857. 8°. (2 Mk., geles. Expl., M. Edelmann, 1906.)
Betrifft die Grävenitz.

(F) Heller, R., Der Reichspostreiter in Ludwigsburg. [Klassische Erzählungen der Weltliteratur. Bd. 18. Sammlung Prochaska.] 8°. (174 S.) geb. K 1.—
Teschen: Prochaska 1906.

Heller, Rob., Vosenschrapers Thilde. Roman aus Hamburgs Vergangenheit. 8. (III und 344 S.) Leipzig 863, Thomas.

– (Red.), s. Zeitung, Deutsche.

Heller, Rudolf (Hrsg.), s. Heller, E.: Buchführung für Landwirte.

– (Hrsg.), s. Taschenbuch, Hellers, für Juristen und Staatswissenschaftler.

Heller, S.

— u. A. Chr. Jessen, Astern. Ein Büchlein zur Belehrg. u. Unterhaltg. der Jugend. [Aus „Oesterreich. Jugendblätter."] 16. (IV, 64 S. m. eingedr. Holzschn.) Wien 872. Pichler's Wwe. & Sohn. n. — 90

Heller, S., s.a. Bibliothek für die Jugend.

Heller, S., Bibliothek f. d. Jugend. Nach pädagog. Grundsätzen hrsg. 1. Stufe. 1. Bdchn. u. 4. Stufe 1. Bdchn. 16. (90 u. 110 S.) Wien 876. Hölder. à — 75

Heller, S., Bibliothek für die Jugend. Nach pädagog. Grundsätzen hrsg. 5—7. Bdchn. [3. Stufe. 2. u. 3. Bdchn. u. 4. Stufe. 2. Bdchn.] 16. (à ca. 100 S.) Wien 878—80. Hölder. cart. à — 75

— dasselbe. 1. u. 2. Bdchn. [2. Stufe, 1. Bdchn. u. 3. Stufe, 1. Bdchn.] 2. Aufl. 16. (99 u. 93 S.) Ebend. 879. cart. à — 75

Heller, S., Bibliothek f. d. Jugend. Nach pädagog. Grundsätzen hrsg. 3. u. 4. Bdchn. 2. Aufl. u. 8. Bdchn. Mit je 4 Orig.-Illustr. 12. (V, 88, 99 u. 99 S.) Wien 884—86. Hölder. cart. à — 75

Heller, S., Bibliothek f. die Jugend. Nach pädagog. Grundsätzen hrsg. 9. Bdchn. [3. Stufe. 5. Bdchn.] Mit 4 Orig.-Illustr. gr. 16. (97 S.) Wien 887. Hölder. cart. — 75; geb. n. 1. —

– und A. Chr. Jessen

— — bunte Blätter. Ein Büchlein zur Belehrg. u. Unterhaltg. der Jugend. [Aus „Oesterreich. Jugendblätter."] 16. (IV, 64 S. m. eingedr. Holzschn.) Ebend. 872. n. — 90

– und A. Chr. Jessen

—— —— Blütenkranz. Ein Büchlein zur Belehrung und Unterhaltung der Jugend. 16. (IV, 64 S. mit eingedr. Holzschn.) Ebendas. 871. *

– und A. Chr. Jessen

— — Blütenkranz. Ein Büchlein zur Belehrg. u. Unterhaltg. der Jugend. 16. (IV, 64 S. m. eingedr. Holzschn.) Ebend. 872. n. — 90

Heller, S., s.: Compass.

– und A. Chr. Jessen

— — Knospen. Ein Büchlein zur Belehrg. u. Unterhaltg. der Jugend. 16. (IV, 64 S. m. eingedr. Holzschn.) Ebend. 872. n. — 90

Heller, S. (Hrsg.), s. Tresor.

Heller, Samuel

Heller, S., kurzer Abriss der deutschen Literaturgesch. als Repetitorium u. zum Selbstunterricht. 4. Aufl., ergänzt v. E. Roszko. (VII, 122 S.) 8. Lemberg 910. St. Köhler. (Nur direkt.) 1.—

Heller, *Samuel*: Eichendorffs Einfluss auf Heines Lyrik. 8 (S. 3—41). Fortsetzung. B. Romantisches. 8 (S. 3—41, 1 S. unp.). K. k. zweites Oberg. *Lemberg* 1897. 1898.
Progr.

Heller, Seligmann

Ahasverus, ein Heldengedicht von S[eligmann] Heller. Leipzig: Weigand. [1866.] XVI, 559 S. 8°

— °[Dasselbe.] 2 Aufl. Ebendas. 1868. XVI, 559 S. 8°
cf. FZ. (Wien) 1 (1874) S. 51.
3. Wanderung, 29. Gesang handelt von Ahasver bei den Frmrn., abgedr. in: FZ. (Wien) 1 (1874) S. 52—53.

Heller, Seligmann, zur Charakteristik der Schriften und Schriftsteller des Neuen Testaments. 8. (52 S.) Prag 866, Steinhauser. *

Heller, S., die echten hebräischen Melodieen. Uebersetzgn. von S. H. Aus dem Nachlasse hrsg. von Dav. Kaufmann. gr. 8. (XXIV, 284 S.) Trier 893. S. Mayer. n. 4. —; geb. n. 5. —

Die echten Hebräischen Melodieen. Uebersetzungen von S(eligmann) Heller. Aus d. Nachlasse hrsg. von Prof. Dr. David Kaufmann. 2. Aufl. (Vorr.: Irma Kaufmann.) *Breslau: S. Schottlaender 1903.* (XXX, 284 S.) 8° [J.]

Heller, S., die echten hebräischen Melodieen. Uebersetzungen. Aus dem Nachlasse hrsg. v. Dav. Kaufmann. 3. Aufl. (XXX, 284 S.) 8. Frankfurt a/M. 908. J. Kauffmann. Geb. in Leinw. 3. 50

—— die Wanderungen des Ahasver. 8. (VI und 160 S.) Wien 865, Typographisch-literarisch-artistische Anstalt. *

Heller, Servace, die Fürstin Salomonida, s.a. **Kriminal-Romane „Continent". 8. Bd.**

Die Fürstin Salomonida. Roman von **Servace Heller**. Berlin: Continent [1907]. (223 S.) 8° [F.]
— Continent, Kriminal-Romane. 8. [08. 9794

Heller, Siegfried, aus Rohrbach (Lothr.): **Untersuchungen über die natürlichen Gleichungen krummer Flächen.** *Göttingen 1904: Dieterich.* (63 S.) 8°
Kiel, Phil. Diss. v. [13. Febr.] 1904

Heller, Stephen. Catalog der im Druck erschienenen Compositionen. Nach der Opus-Zahl geordnet, mit Angabe der Verleger, der Preise und der vorhandenen Arrangements. gr. 8. (12 S.) Leipzig 868, Senff.

Heller, Theodor

Grundriß der Heilpädagogik von Dr. phil. **Theodor Heller**. Dir., Wien-Grinzing. Mit 2 Abb. auf 1 Taf. *Leipzig: W. Engelmann 1904.* (IX, 366 S.) 8° [04. 6505

Heller, Th., s.a. **Handbuch, enzyklopädisches, des Kinderschutzes u. der Jugendfürsorge.**

Heller, Th., Schiller, Fr., u. Taube, M., Enzyklopädisches Handbuch des Kinderschutzes und der Jugendfürsorge. 2 Bde. 8°. Leipzig, W. Engelmann, 1911.

— **Psychasthenische Kinder,** s.a. **Beiträge zur Kinderforschg. u. Heilerziehung.**

Psychasthenische Kinder. Vortrag, geh. auf d. 1. Kongr. f. Kinderforschung, Berlin 1906. Von Dr. Theodor **Heller**, Dir. Langensalza: H. Beyer & Söhne 1907. (14 S.) 8°
— Beiträge z. Kinderforschung u. Heilerziehung. H. 29. [07. 13319

Heller, **Theodor**: Der einfachste Körper, welcher kinetische Symmetrie besitzt. 41 S. 8. **Progr.** K. Bayer. Realgymn. *Nürnberg* 1903.

Heller, Thdr., Lehrbuch der Arithmetik nebst Übungsaufgaben. 1. Tl. gr. 8. (IV, 127 S.) Kempten 902. J. Kösel. n. 1. —; geb. in Leinw. n.n. 1. 30

Heller, Thdr., Lehrbuch der Arithmetik nebst Uebungsaufgaben. 2. Tl. (IV, 76 S.) gr. 8. Kempten 902. J. Kösel. n. — 60; geb. in Leinw. n.n. — 90 (vollständig: n. 1.60; geb. in Leinw. n.n. 2. 20; in 1 Bd. geb. n.n. 2. —)

Psychopathische Mittelschüler. Von Dr. phil. Theodor **Heller**. Langensalza: Beyer 1910. 26 S. 8°
(Beiträge z. Kinderforschung u. Heilerziehung. H. 54 [*].) [11. 2275

Heller, Th(eodor), approb. Arzt aus Dessau: Prüfungen der Lage des Punctum proximum des Auges zu verschiedenen Tageszeiten, bei verschiedener Beleuchtung und nach Alkoholgenuß. *Halle a. S. 1904: H. Kreibohm.* **(59 S.) 8°**
Halle, Med. Diss. v. 12. Aug. 1904

— Schwachsinnigenforschung, Fürsorgeerziehung u. Heilpädagogik, s.a. **Sammlung zwangloser Abhandlungen aus dem Gebiete der Nerven- u. Geisteskrankheiten. VIII. 6.**

Heller, Theodor: Schwachsinnigenforschung, Fürsorgeerziehung und Heilpädagogik. Zwei Abhandlungen von Dr. Theodor Heller, Dir. Halle a. S.: Marhold 1909. 42 S. 8°
(Sammlung zwangloser Abhandlungen aus d. Geb. d. Nerven- u. Geisteskrankheiten. Bd 8, H. 6.)

— s.a. Stand, **der, der Schularztfrage in Österreich.**

Heller, Th. und **Pirquet** v., Der Stand der Schularztfrage in **Österreich. [Volksschriften der österr. Gesellschaft für Gesundheitspflege. Nr. 20.] 8°. (145 S.) K —.50**
Perles: Wien 1908.

Heller, Theodor: Studien zur Blinden-Psychologie ... **M. 3 Fig. im Text. (Aus: Wundt, Philos. Studien, Bd. XI Heft 2 u. 3.) Leipzig, W. Engelmann, 1895; 130 S., 1 Bl. 8.**
Leipzig, Phil. Fak., Inaug.-Diss. v. [1. Apr.] 1895

Studien zur Blindenpsychologie von Dr. Theodor **Heller**, Dir., Wien-Grinzing. Mit 3 Fig. *Leipzig: W. Engelmann 1904.* (136 S.) 8° [04. 11248

Heller, Viktor

Heller, Vict., die Förderungen der Handelsbeziehungen zwischen Österreich-Ungarn u. China. Vortrag, geh. am 14. III. 1906 im österreichisch-ungar. Export-Verein. (30 S.) gr. 8. Wien 906. H. Heller & Co. n. — 80

Heller, Vict., der Getreidehandel u. seine Technik in Wien, s.a. **Studien, Wiener staatswissensch. III. 2.**

Der Getreidehandel und seine Technik in Wien. Von Victor **Heller**. *Tübingen & Leipzig: J. C. B. Mohr 1901.* (VIII, 163 S.) 8°
— Studien, Wiener Staatswissenschaftliche. Bd 3, H. 2. [04. 10809

Heller, Carl Victor. Der Getreidehandel und seine Technik in Wien. Diss. Staatsw. Univ. Zürich von K' V' H'.... ([Sep.-Ausg. von:] Wiener [staatswissenschaftliche] Studien. Bd. 3, Heft 2, [1901].) VIII + 163 S. 8. Tübingen, Mohr, 1904. [W' St' 3, 2 *einzeln* M. 4. 80]

Heller, Vinz. Jos., apistische Briefe als Leitfaden zur rationellen Bienenzucht. Lex.-8. (20 S.) Wien 880. Frick. n. — 80

Heller, W. (Hrsg.), s. Anzeiger, Kirchlicher, für Württemberg.

Heller W, d. wirksamsten Mittel zur Verhinderg der Kesselsteinbildg. Prag 1857

Heller, Walther: Zur Lehre von der Ersitzung durch Dritte nach römischem und gemeinem Recht. *Greifswald 1897: J. Abel.* **(31 S.) 8° [F.]**
Greifswald, Jur. Diss. v. 1897

Heller, Wilhelm, a. Wiesbaden: Beiträge zur Theorie des Eisenhochofenprozesses und Untersuchungen über die gegenseitigen Beziehungen der verschiedenen Kohlenstoffmodifikationen. Marburg 1905: (R. Bechtold, Wiesbaden). (45 S.) 8°
Marburg, Phil. Fak., Ref. Zincke, Diss. v. 27. Sept. 1905
[Geb. 23. Mai 83 Wiesbaden; Wohnort: Wiesbaden; Staatsangeh.: Preußen; Vorbildung: Oberrealsch. Wiesbaden Reife O. 01; Studium: Marburg 4, München 1, Marburg 3 S.; Rig. 7. März 05.]

Heller, Wilh., das Märchen vom „süssen Mädel". Skizzen u. Novellen. (83 S.) 16. Leitmeritz 905. Theresienstadt, D. Katz. n. 1. —

(Heller, Wilhelm), Architekt, Breslau: Die historischen Merkmale der thüringischen und slavischen Holzarchitektur beim deutschen Bauernhaus. 1908. 56 S., 17 Taf. 8°
Berlin, Dr.-Ing.-Diss. v. 17. 7. 1908

Heller, Wilhelm Friedrich

s.a. Briefe d. ewig. Juden.

BRIEFE des ewigen Juden über die merkwürdigsten Begebenheiten seiner Zeit (von *Wilh. Friedr. Heller*, geb. 1756, † nach 1800). 2 Thle. Mit 1 illum. Kpfr. von Schweyer. Utopia (Offenbach) 1791. 8°. XVI, 274 + 288 S. (In Warmbrunn.) (6 Mk. Taussig, Prag, 1907.)

BRIEFE, Neue, des ewigen Juden .... (von Vorigem). Ebd. 1801. 8°. (Ebd.)
Complet rar!

— s. Fritz v. Elmenau.

Heller, Wlh. Fr., († ...) Geschichte d. Kreuzzüge nach dem heil. Lande. 3 Bde. 8. Frankenthal 784. Mit neuem T. Manh. 816. Löffler. 1 rß 4 K

— Das 18. Jahrhundert. Ibid. 1794. 8°.
Gradmann, gelehrtes Schwaben.

HELLER, Wilh. Friedr. (geb. 1756 zu Stuttgart, um 1800 Privatlehrer das.), Kayamorte, der grosse Stier unserer Zeiten; ein historisches Gemälde von den Vorzügen und Fehlern des achtzehnten Jahrhunderts. Frankfurt a. M., Eßlinger, 1792. 8°. (1 fl.) Selten!

— Kayamorte, d. große Stier unserer Zeiten. Ein historisches Gemälde des 18ten Jahrhunderts. 8. Frankf. a. M. 792. (Schäfer.) 16 K

— s.a. Leben Waldsteins.

Heller, W. F. Leben, Thaten und Schicksale des Grafen Albrecht v. Wallenstein, Herzogs von Friedland. 8. Frankenthal 1793 — 8. Mannheim 1814.

Heller, Wlh. Fr., Socrates, Sohn d. Sophroniscus. 2 Thle. 8. Frankf. 795. (Schäfer). 2 rß 8 K

— Kardonens Vermächtniß u. Lieder v. Sellma; zum Vorlesen f. Mütter u. Töchter. 8. Stuttg. 781.

Heller, (Wilh.) Rob., Alhambra. Spanische Novellen: Die Schlacht v. Tolosa. — La Miña. 8. (15¼ B.) Altenburg 838, Pierer.

—— das schwarze Bret. (Roman.) 2 Bde. 8. (32¾ B.) Altenburg 844, Pierer.

—— Bruchstück aus d. Papieren e. wandernden Schneidergesellen. gr. 12. (2¼ B.) Leipzig 830, (Drobisch.)

Heller, W(ilh.) R(ob.), Brustbilder aus der Paulskirche, s.a. Brustbilder.

(Heller, Robert.) Brustbilder aus der Paulskirche. 2. mehrfach berichtigte Auflage. Leipzig, G. Mayer 1849. VIII 192 S. 8.

—— das Erdbeben v. Carracas. Roman. 2. Aufl. 1. Bd.: Der Aufstand. 8. (18⅞ B.) Altenburg 846, Pierer.

—— dass. 2. Aufl. 2. Bd.: Die stille Woche. 8. (13⅞ B.) Ebds. 846.

Heller, Wilh. Rob., Florian Geyer. Roman. 3 Bde. 8. (398. 340 u. 376 S.) Leipzig 848, G. Wigand (jetzt: Schlicke). 5 rß

—— die Kaiserlichen in Sachsen. Roman aus d. Zeit des siebenjähr. Krieges. 2 Bde. 8. (42 B.) Leipzig 845, Gebr. Reichenbach. 2

Heller, Wilh. Rob., Novellen. 3 Bde. 8. Dresden u. Leipzig, Arnoldische Buchh. Thlr.

Bd. 1. Die Eroberung v. Jerusalem. (24¾ B.) 837. 2 Thlr.
" 2. Der Treulose. — Der Bettler. — Der Finkensteller. (15¾ B.) 838. 1 Thlr. 6 Gr.
" 3. Der Guerillahäuptling. — Die Liebe zweier Kinder. — Der Maulthiertreiber v. St. Pierre. — Die Fabrikarbeiter. (25 B.) 840. 2 Thlr.

—— Novellen aus dem Süden. 3 Bde. 8. (72 B.) Altenburg 841, 42, Pierer.

—— Perlen. Taschenbuch romant. Erzähln. f. 1842 u. 43. 1. u. 2. Jahrg. 16. Leipzig, Ph. Reclam jun. (O. A. Schulz.) [842. (28¾ B. u. 5 Stahlst.), 43. (29 B. u. 6 Stahlst.) à * 2⅓ Thlr.] *

—— Perlen. Taschenbuch romant. Erzählungen. 3—6. Jahrg. 1844—47. 16. Leipzig, Ph. Reclam jun. [3. (28½ B. u. 6 Stahlst.) 4. (25¾ B., 6 Stahlst. u. Ttl. in Golddr.) 5. (28⅛ B., 5 Stahlst. u. Ttl. in Golddr.)] à * 2 Thlr. 5 Ngr., geb. m. Goldschn. à *

1 u. 2. Jahrg. 1842, 43. Ebendas. [Hamburg, Engel.] Hrbges. Pr. à * 20 Ngr.

vgl. Heller, Robert

Heller, Wilhelm Robert

Primadonna. Roman. Aus der türkischen Vergangenheit. Berlin 1870.

In: Roman-Zeitung, Deutsche. Bd 4.

vgl. Heller, Robert

—— der Prinz von Oranien. Histor. Roman. 3 Bde. 8. (60¾ B.) Leipzig 843, Gebr. Reichenbach.

—— Rosen. Eine Zeitschrift, s. Rosen.

— s. Rußland, das enthüllte.

—— der Schleichhändler. 2 Bde. 8. (33 B.) Altenburg 839, Pierer.

—— eine Sommerreise. gr. 12. Leipzig 840. Reclam jun. 1¼ rß

—— Eine Steppenreise, s. Unterhaltungsbibliothek, wohlfeile, 28. Bdchn.

— s. Sue, E., Martin, der Findling.

—— eine neue Welt. 2 Bde. 8. Altenburg 842, Pierer. 2⅔ rß

—— eine neue Welt. 2 Bde. 8. (33 B.) Altenburg 844, Pierer.

—— der Wende. Erzähl. 8. (14½ B.) Leipzig 837, Drobisch.

—— sieben Winterabende. (Novellen.) 2 Bde. 8. Leipzig 846, O. Wigand. 3 rß

—— sieben Winterabende. (Novellen.) 2 Bde. 8. (326 S. und 286 S.) Leipzig 847, [Schlicke.]

— s. Zeitung, illustrirte, für die Jugend.

Heller, Yoschua. Einwirkung von Benzoylchlorid auf Xanthen. Diss. Phil. Bern. 36 S. 8. Bern, W. Wälchli, 1910.

Heller-Halberg, Frdr. Karl, Duft. Roman. (399 S.) 8. Berlin-Ch. (908). Vita. 4.—; geb. 5.—

Heller von Hellersberg, Karl Seb. v.

— kurzer Auszug aus den Jahrbüchern des baier. Volks. gr. 8. München 817. Lentner. 21 K

Heller v. Hellersberg, Edler Karl Seb., († d. 5. Juni 1818.) Beitrag zu e. Gesch. der Patrimonialgerichtsbarkeit in Baiern. gr. 8. Münch. 802. Fleischmann. 9 K

— Betrachtt. über den sogenannten Aufruhr der Bürger v. Landshut. 4. Landsh. 818. Weber in Münch. 8 K

Hellersberg, Carl v., Betrachtungen über den sogenannten Aufruhr der Bürger v. Landshut. 4. Landshut, Weber. 819.

— von dem Bojohemum der Alten, oder von den Bojern in dem heut. Böhmen. 4. Ebd. 819. 6 K

— das baierische Kulturgesetz, Vorlesungen, welche dieser ehedem hielt. 8. Landsh. 818. Thomann. 16 K

— über d. Regierungsverzicht d. baiermünchner Herzogs Sigismund. gr. 8. Regensb. 798. Montag u. W. 6 K

— über d. Verhältnisse zwischen der Gerichtsbarkeit u. Schärwerken in Baiern. gr. 8. Nürnb. 798. Stein. 12 K

Heller, K. Reichsedler von Hellersberg: „Ueber das Verhältniss zwischen Gerichtsbarkeit und Schaarwerken in Bayern; aus der Landesverfassung und den Gesetzen ausgezogen und mit Urkunden begleitet", Nürnberg 1798 (Stein).

Heller von Hellwald, Friedrich

Bianchi duca di Casalanza. — (Heller v. Hellwald, Friedrich k. k. FML.) Friedrich Freiherr v. ....., k. k. österr. Feldmarschall-Lieutenant. 8. Wien 1857.

Heller von Hellwald, Frdr., Erinnerungen aus den Freiheitskriegen. Nach dem Tode des Verf. herausg. von Ferd. v. Hellwald. Stuttgart 864. Cotta. gr. 8. (IV, 168 S.) 27 ngr.

Heller v. Hellwald, Friedrich, k. k. Feldmarschall-Lieut. Der Feldzug des Jahres 1809 in Süd-Deutschland. Nach österreichischen Originalquellen. (Aus der „Oesterr. milit. Zeitschrift", Jahrgang 1862—1864.) (2 Bde.) 8. Wien 1864.

Radetzky v. Radetz. Josef Graf. k. k. Feldmarschall. — Heller v. Hellwald. Friedrich, k. k. Feldmarschall-Lieutenant. Der k. k. österr. ..... Eine biographische Skizze nach den eigenen Dictaten und der Correspondenz des Feldmarschalls, von einem österr. Veteranen. Veröffentlicht von .... Mit 1 Facsimile. 8. Stuttgart und Augsburg 1858.

(Heller v. Hellwald.) Skizze des Feldzuges 1859 in Italien. Von einem süddeutschen Offizier. 2. Aufl. Wien 1859. 8°.

Hellerbeck, F. Der Staat u. seine Formen, s. Volksbibliothek, wissenschaftliche.

Heller-Blatt, Das, oder Magazin zur Verbreitung gemeinnütziger Kenntnisse. Breslau 1834—36. Red.: *Brand, Theodor*. (Kat. d. Drnckschr. üb. Breslau. Breslau 1903. S. 399.)

Heller-Blatt, das, od. Magazin z. Verbreitung gemeinnütz. Kenntnisse. Hrsg. v. e. Vereine Gelehrter u. redig. v. Theod. Brand. 1. u. 2. Jahrg. 1834 u. 35. à 52 Nrn. (Bog.) Mit vielen Abbildn. schmal gr. 4. Breslau. (Leipzig, Fort.)

Heller-Blatt, das, od. Magazin z. Verbreit. gemeinnütz. Kenntnisse. Redig. v. Theod. Brand. 3—6. Jahrg. 1836—39. à 52 Nrn. (Bog.) Mit vielen Holzschn. 4. Breslau, Richter. à *
1. u. 2. Jahrg. 1834 u. 35. Ebendas. à * 1 Thlr. 8 Gr.

Hellerer, Joseph [app. Arzt aus München]: Aus d. patholog. Institute zu München. Grosses Sarkoma colli ausgehend von der Parotis ... München, Buchdr. v. M. Ernst, 1893; 26 S. 8.
München, Med. Fak., Inaug.-Diss. v. 1893

Heller-Magazin, das, zur Verbreitung gemeinnütz. Kenntnisse, besorgt v. e. Gesellsch. Gelehrter. 1. Jahrg. 1833. Oct. — Dec. 13 Nrn., u. J. 1834 u. 35 à 52 Nrn. (Bog.) Mit vielen Abbildn. 4. Leipzig, Industrie-Comptoir. [833. 8 Gr., 34, 35. à 1 Thlr. 8 Gr.]

Heller-Magazin, das, z. Verbreit. gemeinnütz. Kenntnisse, besorgt von e. Gesellschaft Gelehrter. Redact.: F. A. Wiese. 4—10. Jahrg. 1836—42. à 52 Nrn. (Bog.) Mit vielen Abbild. 4. Leipzig, Baumgärtner's Buchh. [4—7. J. à * 1⅓ Thlr., 8—10. J. à * 1½ Thlr.] *
1—3. Jahrg. 1833—35. Ebendas. * 3 Thlr.

Heller-Magazin, das, begleitet von d. Schnellpost f. Moden. Zeitschrift z. Unterhalt. u. Belehrung. Unter besond. Rücksicht auf die Interessen der Gegenwart, redig. von F. A. Wiese. Neue Folge. 1—3. Jahrg. 1843—45. à 52 Nrn. (Bog.) mit Holzschn. 4. Leipzig, Baumgärtners Buchh. à J. * 1 Thlr. 15 Ngr.; — m. 52 col. Modekpfrn. *
Vgl. 9. Bd. 1. Abthl. S. 393. — Fortsetzung s. Magazin, illustrirtes.

Hellermann, üb. die heutige Ausbildung der Mediciner u. deren Wirkung auf die ärztlichen Verhältnisse. Aus den Verhandlgn. d. ärztl. Vereins München vom 5. Febr. u. 5. März 1890. Zusammengestellt vom derzeit. 1. Vorstand. [Aus: „Aerztl. Vereinsbl."] gr. 8. (24 S.) Leipzig 890. F. C. W. Vogel. n. — 40

v. Hellermann, G., die Rechte des Eigenthümers in Ansehung der auf seinem Grundstücke eingetragenen, bereits bezahlten, aber noch nicht gelöschten Hypotheken-Forderungen. Erläutert durch einen Rechtsfall. 8. (16 S.) Berlin 852, C. Heymann. 3 ngr

Hellermann, K.; Aufgaben f. das Rechnen in deutschen Schulen, s.a. Koch, W.

— u. L. Krämer, Aufgaben f. das Kopfrechnen zum Gebrauch für Lehrer. In 3 Hftn. (Unter-, Mittel u. Ober-Stufe) bearb. gr. 8. Berlin 894. L. Oehmigke's Verl. n. 5. 60
1. Zahlenraum von 1—100. (III, 86 S.) n. 1. —
2. Zahlenraum von 1—1000; unbegrenzter Zahlenraum; mehrfach benannte Zahlen. (S. 87 - 193.) n 1. —
3. Bruchrechnung; bürgerliche Rechnungsarten. (III u. S. 193 - 512 m. Abbildgn.) n. 3. 60
Erscheint an Stelle von W. Koch's Aufgaben zum Kopfrechnen.

— — Aufgaben f. d. Kopfrechnen z. Gebr. f. Lehrer. In 3 Hftn. (Unter-, Mittel- u. Ober-Stufe) bearb. 2. Aufl. gr. 8. Ebd. 898. n. 5. 60; Einbde. n.n.n. — 85
1. Zahlenraum v. 1—100. (III, 86 S.) n. 1. —; Einbd. n.n.n. — 25
2. Zahlenraum v. 1—1000; unbegrenzter Zahlenraum; mehrf. benannte Zahlen. (S. 87—192.) n. 1. —; Einbd. n.n.n. — 25
3. Bruchrechng.; bürgerl. Rechnungsarten. (S. 193—512.) n. 3.60; Einbd. n.n.n. — 35

Hellermann, K., u. L. Krämer, Aufgaben f. d. Rechnen in deutschen Schulen. Bearb. m. gleichmäß. Berücksicht. d. mündl. u. schriftl. Rechnens. Hft. 1—6, 6a u. 6b. gr. 8. Berlin 898. L. Oehmigke's Verl. n. 4. 05
1. D. Zahlenraum v. 1—10, v. 1—20 u. Zuzählen u. Abziehen d. Grundzahlen im Zahlenraum v. 1—100. 34.—47. Ster.-Aufl. (à 64 S. m. Abb.) n. — 25
2. D. Zahlenraum v. 1—100. 116.—125. Ster.-Aufl. (à 49 S. m. Abb.) n. — 30
3. D. Zahlenraum v. 1—1000 u. d. unbegrenzte Zahlenraum. 114.—122. Ster.-Aufl. (à 65 S. m. Abb.) n. — 35
4. D. 4 Spezies m. mehrf. benannten Zahlen in nichtdecim. u. decim. Währgn. Durchschnittsrechng., Regeldetri, Zeitrechng., Aufgaben aus d. Raumlehre u. d. bürgerl. Rechnungsarten 100.—106. Ster.-Aufl. (à 74 S. m. Abb.) n. — 40

5. Gemeine Brüche, Decimalbrüche, Durchschnittsrechng., Regeldetri, Aufgaben aus d. bürgerl. Rechnungsarten u. aus d. Unterrichtsgebieten. 83. 89. Ster.-Aufl. (à 82 S. m. Abb.) n. — 45

6. Ausgaben f. Knabenschulen. I. Kurs.: Bürgerl. Rechnungsarten, Flächen- u. Körperberechng. II. Kurs.: Bürgerl. Rechnungsarten, Quadrat- u. Kubikwurzel, Flächen- u. Körperberechng., Aufgaben aus d. Geographie u. Physik, algebraische Aufgaben. 49. 52. Ster.-Aufl. (à 128 S. m. Abb.) n. — 65

6a. Ausg. f. Mädchen-Volks- u. Mittelschulen. I. Kurs.: Wiederholg. u. Ergänzg. d. 4 Grundrechnungsarten in ganzen Zahlen u. Brüchen. Bürgerl. Rechnungsarten. Aufgaben z. Volkswirtschaftslehre, z. Kranken-, Unfall-, Invaliditäts- u. Alter-Versicherg. Algebraische Aufgaben. II. Kurs.: Bürgerl. Rechnungsarten. Hauswirtschaftl. Aufgaben. Flächen- u. Körperberechng. Aufgaben aus d. Geographie. Algebraische Aufgaben. 7. 10. Ster.-Aufl. (à II, 145 S.) n. — 65

6b. Ausg. f. höh. Töchterschulen. Auf Grund d. Ministerial-Erlasses v. 31. V. 1894, betr. Neuordng. d. höh. Mädchenschulwesens, vers. I. Kurs.: Wiederholg. u. Ergänzg. d. 4 Grundrechnungsarten i. ganzen Zahlen u. Brüchen. Bürgerl. Rechnungsarten. Aufgaben z. Volkswirtschaftslehre, z. Kranken-, Unfall-, Invaliditäts- u. Altersversicherg. Algebraische Aufgaben. II. Kurs.: Bürgerl. Rechnungsarten. Hauswirtschaftl. Aufgaben aus d. Geographie u. Physik. Algebraische Aufgaben. 3. Ster.-Aufl. (160 S. m. Abb.) n. 1. —

Hellermann, K., u. L. Krämer, Aufgaben f. das Rechnen in deutschen Schulen. Bearb. m. gleichmäßz. Berücksicht. des mündl. u. schriftl. Rechnens. Hft. 1—6, 6a u. 6b. gr. 8. Berlin 902. L. Oehmigke's Verl. n. 4. 05

1. Der Zahlenraum von 1 bis 10, v. 1 bis 20 u. Zuzählen u. Abziehen der Grundzahlen im Zahlenraum von 1 bis 100. 60. Ster.-Aufl. (54 S. m. Abb.) n. — 25
2. Der Zahlenraum v. 1 bis 100. 202. Ster.-Aufl. (49 S. m. Abb.) n. — 30
3. Der Zahlenraum v. 1 bis 1000 u. der unbegrenzte Zahlenraum. 200.—211. Ster.-Aufl. (65 S. m. Abb.) n. — 35
4. Die 4 Species m. mehrfach benannten Zahlen in nichtdecimal. u. decimal. Währungen. Durchschnittsrechnung, Regeldetri, Zeitrechng., Aufgaben aus der Raumlehre u. den bürgerl. Rechnungsarten. 172. Ster.-Aufl. (74 S. m. Abb.) n. — 40
5. Gemeine Brüche, Decimalbrüche, Durchschnittsrechnung, Regeldetri, Aufgaben aus den bürgerl. Rechnungsarten u. aus d. Unterrichtsgebieten. 144.—146. Ster.-Aufl. (82 S. m. Abb.) n. — 45
6. Ausg. f. Knabenschulen. I. Kurs.: Bürgerl. Rechnungsarten. Flächen- u. Körperberechnung. II. Kurs.: Bürgerl. Rechnungsarten, Quadrat- u. Kubikwurzel, Flächen- u. Körperberechnung, Aufgaben aus der Geographie u. Physik, algebr. Aufgaben. 73. Ster.-Aufl. (130 S. m. Abb.) n. — 65

6a. Ausg. f. Mädchen-Volks- u. Mittelschulen. I. Kurs.: Wiederholung u. Ergänzg. der 4 Grundrechnungsarten in ganzen Zahlen u. Brüchen. Bürgerliche Rechnungsarten. Aufgaben zur Volkswirtschaftslehre, zur Kranken-, Unfall-, Invaliditäts- u. Altersversicherg. Algebr. Aufgaben. II. Kurs.: Bürgerl. Rechnungsarten, Hauswirtsch. Aufgaben, Flächen- u. Körperberechng. Aufgaben a. d. Geographie. Algebr. Aufgaben. 23. u. 24. Ster.-Aufl. (II, 145 S.) n. — 65

6b. Ausg. f. höh. Töchterschulen. Auf Grund d. Ministerial-Erlasses vom 31. V. 1894, betr. Neuordng. des höh. Mädchenschulwesens, vers. I. Kurs.: Wiederholg. u. Ergänzg. der 4 Grundrechnungsarten in ganzen Zahlen u. Brüchen. Bürgerl. Rechnungsarten. Aufgaben zur Volkswirtschaftslehre, zur Kranken-, Unfall-, Invaliditäts- u. Altersversicherg. Algebr. Aufgaben. II. Kurs.: Bürgerl. Rechnungsarten. Hauswirtsch. Aufgaben. Flächen- u. Körperberechnung. Aufgaben a. d. Geographie u. Physik. Algebr. Aufgaben. 6. Ster.-Aufl. (161 S.) n. 1.

Hellermann, K., u. L. Krämer, Aufgaben f. das Rechnen in deutschen Schulen. Neu bearb. in 8 Hftn. u. 1 Ergänzungsheft. gr. 8. Berlin, L. Oehmigke's Verl. n. 3. 85

I. 1. Schulj. Der Zahlenraum v. 1—20. Vorbereitung der Dreisatzrechng.: Der Schluß von der Einheit auf die Vielheit u. von der Vielheit auf die Einheit. 66. Ster.-Aufl. (42 S. m. Abb.) 902. n. — 25

II. 2. Schulj. Der Zahlenraum von 1 bis 100. Vorbereitung der Bruchrechg.: In Verbindg. m. d. Einmaleins u. Einsineins, die Zerlegg. des Ganzen in seine Teile u. die Zusammenfassg. der Teile zu e. Ganzen. — Erste Einführg in die Währungsverhältnisse: Mark- u. Pfennigwährg. — Vorbereitg. der Dreisatzrechng.: Der Schluß von der Einheit auf die Vielheit u. von der Vielheit auf die Einheit. 213. Ster.-Aufl. (51 S. m. Abb.) 902. n. — 30

III. 3. Schulj. Der Zahlenraum von 1 bis 1000. Vorbereitung der Regeldetri: Schluß von der Einheit auf die Vielheit u. von der Vielheit auf die Einheit. — Vorbereitung der Bruchrechng.: Einführg. der abgeleiteten Brüche u. gemischten Zahlen im Anschluß an das kleine Einmaleins. — Erste Einführg. in die Währungsverhältnisse, hl, l; m, cm; km, m; m, mm; kg, g. 213. Ster.-Aufl. (74 S. m. Abbildgn.) 902. n. — 35

IV. 4. Schulj. Der unbegrenzte Zahlenraum. Vorbereitung der Bruchrechng.: Auflösen der Zahlen in zusammengesetzte u. einfache Faktoren. — Weitergehende Übgn. m. den bereits bekannten Währungsverhältnissen. — Vorbereitung d. Dreisatzrechng.: Schluß von der Vielheit auf e. Vielheit. 186. Ster.-Aufl. (82 S. m. Abb.) 902. n. — 40

V. 5. Schulj. Das Rechnen m. mehrfach benannten Zahlen dekad. u. nichtdekad. Währg. — Vorbereitung der Bruchrechnung im Anschluß an die Rechng. m. Dezimalbrüchen. — Vorbereitung der Regeldetri: Schluß von der Vielheit auf e. Vielheit. — Verwertung der realist. Stoffe. 155. Aufl. (90 S. m. Abb.) 902. n. — 45

VI. 6. Schulj. Das Rechnen m. gemeinen u. Zehnerbrüchen. — Dreisatz: Die Rechng. m. einfachen u. geraden Verhältnissen. — Verwertung der weltkundl. Stoffe. 81. Ster.-Aufl. (98 S. m. Abb.) 902. n. — 50

VII. 7. Schulj. Der Dreisatz: Rechnung m. ungeraden u. zusammengesetzten Verhältnissen. — Die Proportionen. — Die bürgerl. Rechnungsarten: Allgem. Prozentrechng.; Promillerechng.; Tararechng.; Gewinn- u. Verlustrechng.; Zinsrechng.; Rabattrechng. — Die Versicherungsrechngn. 80. Ster.-Aufl. (98 S. m. Abb.) 902. n. — 50

VIII. 8. Schulj. 1. Tl.: Wiederholungen u. Ergänzgn. — 2. Tl.: Die Kurs-, Diskont-, Gesellschafts- u. Mischungsrechng. — 3. Tl.: Umfassende u. abschließ. Verwertg. der weltkundl. Stoffe. 78. Ster.-Aufl. (114 S. m. Abb.) 902. n. — 60

Ergänzungsheft. 8. Schulj. Arithmetik u. Algebra. 1. Tl.: Die Lehre v. den absoluten Zahlen. — 2. Tl.: Die 4 Grundrechnungsarten m. algebr. Zahlen. — 3. Tl.: Die Lehre v. den Proportionen. — 4. Tl.: Die Gleichgn. 1. Grades m. 1 u. mehreren Unbekannten. (II, 96 S.) 903. n. — 50

Hellermann, K., u. L. Krämer, Aufgaben f. das Rechnen in deutschen Schulen. Bearb. m. gleichmäßz. Berücksicht. des mündl. u. schriftl. Rechnens. Neubearbeitung in 8 Heften. Heft 1—7, 7a, 8, 8a u. Ergänzungsheft. gr. 8. Berlin, L. Oehmigke's Verl. n. 4. 85

I. 1. Schulj. Der Zahlenraum von 1—20. Vorbereitung der Dreisatzrechng.: Der Schluß von der Einheit auf die Vielheit u. von der Vielheit auf die Einheit. 77. Ster.-Aufl. (41 S. m. Abbildgn.) 904. n. — 25

II. 2. Schulj. Der Zahlenraum von 1—100. Vorbereitung der Bruchrechng.: In Verbindung m. dem Einmaleins u. Einsineins, die Zerlegung des Ganzen in seine Teile u. die Zusammenfassung der Teile zu e. Ganzen. — Erste Einführg. in die Währungsverhältnisse: Mark- u. Pfennigwährg. — Vorbereitung der Dreisatzrechnung: Der Schluß von der Einheit auf die Vielheit u. von der Vielheit auf die Einheit. 242. Ster.-Aufl. (54 S. m. Abbildgn.) 904. n. — 30

III. 3. Schulj. Der Zahlraum von 1—1000. Vorbereitung der Regeldetri; Schluß von der Einheit auf die Vielheit u. v. der Vielheit auf die Einheit. — Vorbereitung der Bruchrechnung: Einführung der abgeleiteten Brüche u. gemischten Zahlen im Anschluß an das kleine Einmaleins. — Erste Einführung in die Währungsverhältnisse, hl, l; m, cm; km, m; m, mm; kg, g. 265. Ster.-Aufl. (74 S. m. Abbildgn.) 906. n. — 35

IV. 4. Schulj. Der unbegrenzte Zahlraum. Vorbereitung der Bruchrechnung: Auflösung der Zahlen in zusammengesetzte u. einfache Faktoren. — Weitergehende Uebungen m. den bereits bekannten Währungsverhältnissen. — Vorbereitung der Dreisatzrechnung: Schluß von der Vielheit auf e. Vielheit. 194—207. Ster.-Aufl. (Je 80 S. m. Abbildgn.) 903. n. — 40

V. 5. Schulj. Das Rechnen m. mehrfach benannten Zahlen dekad. u. nichtdekad. Währung. — Vorbereitung der Bruchrechnung im Anschluß an die Rechng. m. benannten Zahlen dekad. Währg. — Einführg. in die Rechng. m. Dezimalbrüchen. — Vorbereitung der Regeldetri: Schluß von der Vielheit auf eine Vielheit. — Verwertung der realist. Stoffe. 183. St.-Aufl. (90 S. m. Abbildgn.) 904. n. — 45

VI. 6. Schulj. Das Rechnen m. gemeinen u. Zehnerbrüchen. — Dreisatz: Die Rechnung m. einfachen u. geraden Verhältnissen. — Verwertung der weltkundl. Stoffe. 101. Ster.-Aufl. (98 S. m. Abbildgn.) 905. n. — 50

VII. 7. Schulj. Der Dreisatz: Rechnung m. ungeraden u. zusammengesetzten Verhältnissen. — Die Proportionen. — Die bürgerl. Rechnungsarten: Allgemeine Prozentrechng.; Promillerechng.; Tararechng.; Gewinn- u. Verlust-Rechng.; Zinsrechng.; Rabattrechng. — Die Versicherungsrechnungen. 92. Ster.-Aufl. (98 S. m. Abbildgn.) 906. n. — 50

VIIa. 7. Schulj. Ausg. für Mädchenschulen. Wiederholungen u. Ergänzungen. Der Dreisatz: Rechnung m. ungeraden u. zusammengesetzten Verhältnissen. — Die Proportionen. — Die bürgerl. Rechnungsarten: Allgemeine Prozentrechng.; Promillerechng.; Tararechng.; Gewinn- u. Verlustrechng.; Zinsrechng.; Rabattrechng. — Die Versicherungsrechngn. Aufgaben aus der Haushaltg.; Aufg. aus den weltkundl. Stoffen (Geographie, Geschichte, Naturgeschichte, Physik, Chemie). Algebraische Aufgaben. Anh.: Geometrische Formenlehre. 1. u. 2. Ster.-Aufl. (Je 96 S. m. Abbildgn.) 903. n. — 50

VIII. 8. Schulj. 1. Tl.: Wiederholungen u. Ergänzungen. 2. Tl.: Die Kurs-, Diskont-, Gesellschafts- u. Mischungsrechnung. 3. Tl.: Umfassende u. abschließ. Verwertung der weltkundl. Stoffe. 84. Ster.-Aufl. (114 S. m. Abbildgn.) 906. n. — 60

VIIIa. 8. Schulj. Ausg. für Mädchenschulen. Wiederholungen u. Ergänzungen. Kurs-, Diskont-, Gesellschafts- u. Mischungsrechnung. Umfassende u. abschließ. Verwertung der weltkundl. Stoffe. 2. Aufl. (96 S.) 903. n. — 50

Ergänzungsheft. 8. Schulj. Arithmetik u. Algebra. 1. Tl.: Die Lehre v. den absoluten Zahlen. — 2. Tl.: Die 4 Grundrechnungsarten m. algebr. Zahlen. — 3. Tl.: Die Lehre v. den Proportionen. — 4. Tl.: Die Gleichgn. 1. Grades m. 1 u. mehreren Unbekannten. 3. u. 4. Ster.-Aufl. (Je II, 96 S.) 903. n. — 50

— — dasselbe. Resultate zum 2.—8. Heft sowie zum Ergänzungsheft. gr. 8. Ebd. 908. n. 8. 70

2. (32 S.) n. — 50. — 3. (67 S.) n. — 50.
4. (116 S.) n. — 60. — 5. (85 S.) n. — 50.
6. (72 S.) n. — 60. — 7. (80 S.) n. 1. —.
7a. (93 S.) n. 1. —. — 8. (104 S.) n. 1. —.
8a. (112 S.) n. 1. —. — Ergänzungsheft. (116 S.) n. 2. —.

— — dasselbe. Neubearbeitung in 8 Heften. Ausg. f. Berliner Schulen. Heft I—VI, VIa, VII, VIIa, VIII u. VIIIa. 8. Ebd. 904. 4. 25

I. 1. Schulj. Die Zahlreihe von 1 bis 20. Vorbereitung der Dreisatzrechng.: Der Schluß von der Einheit auf die Vielheit u. von der Vielheit auf die Einheit. (32 S. m. Abbildgn.) n. — 20

II. 2. Schulj. Die Zahlreihe von 1 bis 100. Vorbereitung der Bruchrechng.: In Verbindg. m. dem Einmaleins u. Einsineins die Zerlegg. des Ganzen in seine Teile u. die Zusammenfassg. der Teile zu e. Ganzen. — Erste Einführg. in die Währungsverhältnisse: Mark- u. Pfennigwährg. — Vorbereitung der Dreisatzrechng.: Der Schluß von der Einheit auf die Vielheit u. von der Vielheit auf die Einheit. (48 S. m. Abbildgn.) n. — 30

III. 3. Schulj. Die Zahlreihe von 1 bis 1000. Vorbereitung der Bruchrechng.: Einführung der abgeleiteten Brüche u. gemischten Zahlen im Anschluß an das kleine Einmaleins. — Weitere Einführg. in die Währungsverhältnisse, hl, l; km, cm, mm; kg, g. Vorbereitung der Dreisatzrechng. Schluß von der Einheit auf die Vielheit u. von der Vielheit auf die Einheit. (52 S. m. Abbildgn.) n. — 30

IV. 4. Schulj. Die unbegrenzte Zahlreihe. Vorbereitung der Bruchrechng.: Auflösung der Zahlen in zusammengesetzte u. einfache Faktoren. — Weitergehende Uebgn. m. den bereits bekannten Währungsverhältnissen. — Vorbereitung der Dreisatzrechng.: Schluß von der Vielheit auf e. Vielheit. (52 S. m. Abbildgn.) n. — 30

V. 5. Schulj. Das Rechnen m. mehrfach benannten Zahlen zehnteil. u. anderer Währg. — Vorbereitung der Bruchrechng. im Anschluß an die Rechng. m. benannten Zahlen zehnteil. Währg. — Einführung in die Rechng. m. Zehnerbrüchen. — Vorbereitung der Regeldetri: Schluß von der Vielheit auf e. Vielheit. — Verwertung der weltkundl. Stoffe. (60 S. m. Abbildgn.) n. — 40

VI. 6. Schulj. Das Rechnen m. gemeinen u. Zehnerbrüchen. — Dreisatz: Die Rechng. mit einfachen u. geraden Verhältnissen. — Verwertung der weltkundl. Stoffe. Flächen- u. Körperberechng. (88 S. m. Abbildgn.) n. — 50

VIa. Ausg. f. Mädchenschulen. Dasselbe ohne Flächen- u. Körperberechng. (72 S. m. Abbildgn.) n. — 45

VII. 7. Schulj. Dreisatz: Rechnung m. ungeraden u. zusammengesetzten Verhältnissen. — Die Proportionen. — Versicherungsrechnungen. — Bürgerliche Rechnungsarten: Allgemeine Prozentrechng.; Promillerechng.; Tararechng.; Gewinn- u. Verlustrechng.; Zinsrechng.; Rabattrechng. (76 S. m. Abbildgn.) n. — 40

VIIa. 7. Schulj. Dasselbe. Ausg. f. Mädchenschulen. Wiederholungen u. Ergänzgn. nebst Aufgaben aus der Haushaltg.; Aufgaben aus den weltkundl. Stoffen (Geographie, Geschichte, Naturgeschichte, Physik, Chemie). Algebraische Aufgaben. (68 S. m. Abbildgn.) n. — 40

VIII. 8. Schulj. Wiederholungen u. Ergänzgn. — Kurs-, Diskont-, Gesellschafts- u. Mischungsrechng. Umfassende u. abschließ. Verwertg. der weltkundl. Stoffe. Arithmetik u. Algebra. (116 S. m. Abbildgn.) n. — 60

VIIIa. 8. Schulj. Dasselbe. Ausg. f. Mädchenschulen. (Ohne Arithmetik u. Algebra.) Nebst Flächen- u. Körperberechng. (72 S. m. Abbildgn.) n. — 40

Hellermann, K., u. L. Krämer, Aufgaben f. das Rechnen in deutschen Schulen. Bearb. m. gleichmäß. Berücksicht. des mündl. u. schriftl. Rechnens. Ausg. in 7 Heften. Heft I—VI, VIa, VII u. VIIa. 8. Berlin 904. L. Oehmigke's Verl. n. 3. 95

I. Der Zahlenraum von 1—20. Vorbereitung der Dreisatzrechnung: Der Schluß von der Einheit auf die Vielheit u. von der Vielheit auf die Einheit. (41 S. m. Abbildgn.) n. — 25

II. Der Zahlenraum von 1—100. Vorbereitung der Bruchrechng.: In Verbindg. m. dem Einmaleins u. Einsineins, die Zerlegung des Ganzen in seine Teile u. die Zusammenfassg. der Teile zu e. Ganzen. — Erste Einführg. in die Währungsverhältnisse: Mark- u. Pfennigwährung. — Vorbereitg. der Dreisatzrechng.: Der Schluß von der Einheit auf die Vielheit u. von der Vielheit auf die Einheit. (54 S. m. Abbildgn.) n. — 30

III. Der Zahlenraum von 1—1000 u. der unbegrenzte Zahlenraum. (66 S. m. Abbildgn.) n. — 35

IV. Das Rechnen m. mehrf. benannten Zahlen dekad. u. nichtdekad. Währg. — Vorbereitung der Bruchrechng. im Anschluß an die Rechnung m. benannten Zahlen dekad. Währg. — Einführung in die Rechnung m. Dezimalbrüchen. — Vorbereitung der Regeldetri: Schluß v. der Vielheit auf e. Vielheit. — Verwertung der realist. Stoffe. (90 S. m. Abbildgn.) n. — 45

V. Das Rechnen m. gemeinen u. Zehnerbrüchen. — Dreisatz: Die Rechnung m. einfachen u. geraden Verhältnissen. — Verwertg. der weltkundl. Stoffe. (98 S. m. Abbildgn.) n. — 50

VI. Der Dreisatz: Rechnung m. ungeraden u. zusammengesetzten Verhältnissen. — Die Proportionen. — Die bürgerlichen Rechnungsarten: Allgemeine Prozentrechng.; Promillerechng.; Tararechng.; Gewinn- u. Verlustrechnung; Zinsrechnung; Rabattrechnung. — Die Versicherungsrechnungen. (98 S. m. Abbildgn.) n. — 50

VIa. Ausg. f. Mädchenschulen. Wiederholungen u. Ergänzungen. Der Dreisatz: Rechnung m. ungeraden u. zusammengesetzten Verhältnissen. — Die Proportionen. — Die bürgerl. Rechnungsarten: Allgemeine Prozentrechng.; Promillerechng.; Tararechng.; Gewinn- u. Verlustrechnung; Zinsrechnung; Rabattrechng. — Die Versicherungsrechnungen. Aufgaben aus der Haushaltg.; Aufgaben aus den weltkundl. Stoffen (Geographie, Geschichte, Naturgeschichte, Physik, Chemie). Algebraische Aufgaben. Anh.: Geometrische Formenlehre. (98 S. m. Abbildgn.) n. — 50

VII. 1. Tl.: Wiederholungen u. Ergänzungen. — 2. Tl.: Die Kurs-, Diskont-, Gesellschafts- u. Mischungsrechng. 3. Tl.: Umfassende u. abschließ. Verwertung der weltkundl. Stoffe. (114 S. m. Abbildgn.) n. — 60

VIIa. Ausg. f. Mädchenschulen. Wiederholungen u. Ergänzungen. Kurs-, Diskont-, Gesellschafts- u. Mischungsrechnung. Umfassende u. abschließ. Verwertung der weltkundl. Stoffe. (88 S. m. Abbildgn.) n. — 50

Hellermann, K. u. L. Krämer, Aufgaben f. das Rechnen in deutschen Schulen. Bearb. m. gleichmäß. Berücksicht. des mündl. u schriftl. Rechnens. Neubearbeitung in 8 Heften. Ausg. f. Berliner Schulen. Resultate zu Heft II, VI, VIa, VII, VIIa, VIII u. VIIIa. 8. Berlin 905. L. Oehmigke's Verl. n. 7. 80

II. (34 S.) — 50. — III. (51 S.) — 50. — IV. (44 S.) — 50. — V. (44 S.) — 50. — VI. (71 S.) — 60. — VIa. (57 S.) — 60. — VII. (75 S.) 1. —. — VIIa. (72 S.) 1. —. — VIII. (164 S.) 1. 60. — VIIIa. (60 S.) 1. —.

— — dasselbe. Für 7stuf. Schulen bearb. v. K. Hellermann u. E. Schlegel. Heft I—VII u. VIIa. 8. Ebd. 906. n. 2. 90

I. 1. Schulj. Die Zahlenreihe von 1—20. (32 S. m. Abbildgn.) n. — 20

II. 2. Schulj. Die Zahlenreihe von 1—100. (48 S.) n. — 30

III. 3. Schulj. Die Zahlenreihe von 1—1000. (52 S.) n. — 30

IV. 4. Schulj. I. Die unbegrenzte Zahlenreihe. II. Das Rechnen m. mehrfach benannten Zahlen zehnteil. u. anderer Währg. (60 S.) n. — 35

V. 5. Schulj. I. Die gemeinen Brüche. — II. Die Zehnerbrüche. (64 S.) n. — 35

VI. 6. Schulj. I. Wiederholung u. Ergänzung. — II. Regeldetri. — III. Prozentrechnungen. — IV. Gesellschaftsrechng. — V. Versicherungsrechnung. — VI. Aus den weltkundl. Stoffen. (64 S.) n. — 40

VII. 7. u. 8. Schulj. Wiederholungen u. Ergänzungen. — Kursdiskont- u. Mischungsrechnung. — Aus den weltkundl. Gebieten. — Anh. (112 S. m. Fig.) n. — 60

VIIa. 7. u. 8. Schulj. Ausg. f. Mädchenschulen. Wiederholungen u. Ergänzungen. — Kurs-, Diskont- u. Mischungsrechnung. — Aus den weltkundl. Gebieten. (112 S. m. Fig.) n.n. — 60

— — dasselbe. Resultate zu Heft III—VII u. VIIa. (44, 41, 88, 83, 48 u. 45 S.) 8. Ebd. 906. à n. — 50

Hellermann, K., u. L. Krämer, Aufgaben f. das Rechnen in deutschen Schulen. Bearb. m. gleichmäß. Berücksicht. des mündl. u. schriftl. Rechnens. Heft I—VI, VIa u. VIb. 8. Berlin 906. L. Oehmigke's Verl. n. 4. 05

I. Der Zahlenraum von 1—10, von 1—20 u. Zuzählen u. Abziehen der Grundzahlen im Zahlenraum v. 1—100. 83. Ster.-Aufl. (50 S. m. Abbildgn.) n. — 25

II. Der Zahlenraum von 1—100. 258. Ster.-Aufl. (48 S. m. Abbildgn.) n. — 30

III. Der Zahlenraum von 1—1000 u. der unbegrenzte Zahlenraum. 264. Ster.-Aufl. (64 S. m. Abbildgn.) n. — 35

IV. Die 4 Species m. mehrfach benannten Zahlen in nichtdecimalen u. decimalen Währungen. Durchschnittsrechnung, Regeldetri, Zeitrechng., Aufgaben aus der Raumlehre u. den bürgerl. Rechnungsarten. 226. Ster.-Aufl. (72 S. m. Abbildgn.) n. — 40

V. Gemeine Brüche, Decimalbrüche, Durchschnittsrechnung, Regeldetri, Aufgaben aus den bürgerlichen Rechnungsarten u. aus den Unterrichtsgebieten. 192. Ster.-Aufl. (80 S. m. Abbildgn.) n. — 45

VI. Ausg. f. Knabenschulen. I. Kurs.: Bürgerliche Rechnungsarten. Flächen- u. Körperberechnung. II. Kurs.: Bürgerliche Rechnungsarten, Quadrat- u. Kubikwurzel, Flächen- u. Körperberechnung. Aufgaben aus der Geographie u. Physik, algebraische Aufgaben. 102. Ster.-Aufl. (128 S. m. Abbildgn.) n. — 65

VIa. Ausg. f. Mädchen-Volks- u. Mittelschulen. I. Kurs.: Wiederholung u. Ergänzg. der 4 Grundrechnungsarten in ganzen Zahlen u. Brüchen. Bürgerliche Rechnungsarten. Aufgaben zur Volkswirtschaftslehre, zur Kranken-, Unfall-, Invaliditäts- u. Altersversicherg. Algebraische Aufgaben. II. Kurs.: Bürgerliche Rechnungsarten. Hauswirtschaftliche Aufgaben. Flächen- u. Körperberechng. Aufgaben aus der Geographie. Algebraische Aufgaben. 27. Ster.-Aufl. (II, 146 S.) n. — 65

VIb. Ausg. f. höhere Töchterschulen. Auf Grund des Ministerial-Erlasses vom 18. V. 1894, betr. Neuordng. des höheren Mädchenschulwesens, verf. I. Kurs.: Wiederholg. u. Ergänzg. der 4 Grundrechnungsarten in ganzen Zahlen u. Brüchen. Bürgerliche Rechnungsarten. Aufgaben zur Volkswirtschaftslehre, zur Kranken-, Unfall-, Invaliditäts- u. Altersversicherg. Algebraische Aufgaben. II. Kurs.: Bürgerliche Rechnungsarten. Hauswirtschaftliche Aufgaben. Flächen- u. Körperberechnung. Aufgaben aus der Geographie u. Physik. Algebraische Aufgaben. Ster.-Aufl. (Neue Ausg.) (161 S.) n. 1. —

— u. L. **Krämer**, Aufgaben f. das Rechnen in deutschen Schulen. Bearb. m. gleichmäß. Berücksicht. des mündl. u. schriftl. Rechnens. Heft I—VI, VIa u. VIb. 8. Berlin (910). L. Oehmigke's Verl. nn 4. 05

I. Der Zahlenraum von 1 bis 10, von 1 bis 20 u. Zuzählen u. Abziehen der Grundzahlen im Zahlenraum von 1 bis 100. 98. Ster.-Aufl. (50 S. m. Abbildgn.) nn — 25

II. Der Zahlenraum von 1 bis 100. 285. Ster.-Aufl. (48 S. m. Abbildgn.) nn — 30

III. Der Zahlenraum von 1 bis 1000 u. der unbegrenzte Zahlenraum. 298. Ster.-Aufl. (64 S. m. Abbildgn.) nn — 35

IV. Die 4 Spezies m. mehrfach benannten Zahlen in nichtdezimalen u. dezimalen Währungen. Durchschnittsrechnung, Regeldetri, Zeitrechng., Aufgaben aus der Raumlehre u. den bürgerl. Rechnungsarten. 249. Ster.-Aufl. (72 S. m. Abbildgn.) — 40

V. Gemeine Brüche, Dezimalbrüche, Durchschnittsrechnung, Regeldetri, Aufgaben aus den bürgerlichen Rechnungsarten u. aus den Unterrichtsgebieten. 217. Ster.-Aufl. (80 S. m. Abbildgn.) nn — 45

VI. Ausg. f. Knabenschulen. I. Kurs.: Bürgerliche Rechnungsarten, Flächen- u. Körperberechnung. II. Kurs.: Bürgerliche Rechnungsarten, Quadrat- u. Kubikwurzel, Flächen- u. Körperberechnung. Aufgaben aus der Geographie u. Physik. algebraische Aufgaben. 114. Ster.-Aufl. (128 S. m. Abb.) nn — 65

VIa. Ausg. f. Mädchen-Volks- u. Mittelschulen. I. Kurs.: Wiederholung u. Ergänzg. d. 4 Grundrechnungsarten in ganzen Zahlen u. Brüchen. Bürgerliche Rechnungsarten. Aufgaben zur Volkswirtschaftslehre, zur Kranken-, Unfall-, Invaliditäts- u. Altersversicherg. Algebraische Aufgaben. II. Kurs.: Bürgerliche Rechnungsarten. Hauswirtschaftliche Aufgaben. Flächen- u. Körperberechng. Aufgaben aus der Geographie. Algebraische Aufgaben. 31. Ster.-Aufl. (144 S.) nn — 65

VIb. Ausg. f. höhere Töchterschulen. Auf Grund des Ministerial-Erlasses vom 31. V. 1894, betr. Neuordng. des höheren Mädchenschulwesens, verf. I. Kurs.: Wiederholung u. Ergänzg. der 4 Grundrechnungsarten in ganzen Zahlen u. Brüchen. Bürgerliche Rechnungsarten. Aufgaben zur Volkswirtschaftslehre, zur Kranken-, Unfall-, Invaliditäts- u. Altersversicherg. Algebraische Aufgaben. II. Kurs.: Bürgerliche Rechnungsarten. Hauswirtschaftliche Aufgaben. Flächen- u. Körperberechng. Aufgaben aus der Geographie u. Physik. Algebraische Aufgaben. 14. Ster.-Aufl. (160 S.) 1. —

Hellermann, K., u. L. Krämer, Aufgaben f. das Rechnen in deutschen Schulen. Neubearbeitung in 8 Heften. Heft I—VII, VIIa, VIII, VIIIa u. Ergänzungsheft. 8. Berlin, L. Oehmigke's Verl. nn 4.85

I. 1. Schulj. Der Zahlenraum von 1 bis 20. Vorbereitung der Dreisatzrechng.: Der Schluß von der Einheit auf die Vielheit u. von der Vielheit auf die Einheit. 82. Ster.-Aufl. (40 S. m. Abbildgn.) (910). nn — 25

II. 2. Schulj. Der Zahlenraum von 1 bis 100. Vorbereitung der Bruchrechng.: In Verbindg. m. dem Einmaleins u. Einsineins die Zerlegg. des Ganzen in seine Teile u. die Zusammenfassg. der Teile zu e. Ganzen. — Erste Einführg. in die Währungsverhältnisse: Mark- u. Pfennigwährg. — Vorbereitung der Dreisatzrechng.: Der Schluß von der Einheit auf die Vielheit u. von der Vielheit auf die Einheit. 278. Ster.-Aufl. (52 S. m. Abbildgn.) (910.) nn — 30

III. 3. Schulj. Der Zahlenraum von 1—1000. Vorbereitung der Regeldetri: Schluß von der Einheit auf die Vielheit und von der Vielheit auf die Einheit. — Vorbereitung der Bruchrechng.: Einführung der abgeleiteten Brüche u. gemischten Zahlen im Anschluß an das kleine Einmaleins. — Erste Einführg. in die Währungsverhältnisse hl, l; m, cm; km, m; m, mm; kg, g. 294. Ster.-Aufl. (72 S. m. Abbildgn.) (910.) nn — 35

IV. 4. Schulj. Der unbegrenzte Zahlraum. Vorbereitung der Bruchrechng.: Auflösung der Zahlen in zusammengesetzte u. einfache Faktoren. — Weitergehende Übgn. m. den bereits bekannten Währungsverhältnissen. — Vorbereitung der Dreisatzrechng.: Schluß von der Vielheit auf e. Vielheit. 250. Ster.-Aufl. (80 S. m. Abbildgn.) (910.) — 40

V. 5. Schulj. Das Rechnen m. mehrfach benannten Zahlen dekad. u. nichtdekad. Währg. Vorbereitung der Bruchrechng. im Anschluß an die Rechng. m. benannten Zahlen dekad. Währg. — Einführung in die Rechng. m. Dezimalbrüchen. — Vorbereitung der Regeldetri: Schluß von der Vielheit auf e. Vielheit. — Verwertung der realist. Stoffe. 216. Ster.-Aufl. (88 S. m. Abbildgn.) (910.) nn — 45

VI. 6. Schulj. Das Rechnen m. gemeinen u. Zehnerbrüchen. — Dreisatz: Die Rechng. m. einfachen u. geraden Verhältnissen. — Verwertung der weltkundl. Stoffe. 115. Ster.-Aufl. (96 S. m. Abbildgn.) (910.) nn — 50

VII. 7. Schulj. Der Dreisatz: Rechnung m. ungeraden u. zusammengesetzten Verhältnissen. — Die Proportionen. — Die bürgerl. Rechnungsarten: Allgemeine Prozentrechng.; Promillerechng.; Tararechng.; Gewinn- u. Verlustrechng.; Zinsrechng.; Rabattrechng. — Die Versicherungsrechngn. 95. Ster.-Aufl. (96 S. m. Abbildgn.) (910.) nn — 50

VIIa. 7. Schulj. Ausg. f. Mädchenschulen. Wiederholungen u. Ergänzgn. Der Dreisatz. Rechnung m. ungeraden u. zusammengesetzten Verhältnissen. — Die Proportionen. — Die bürgerl. Rechnungsarten: Allgemeine Prozentrechng.; Promillerechng.; Tararechng.; Gewinn- u. Verlustrechng.; Zinsrechng.; Rabattrechng. — Die Versicherungsrechngn. Aufgaben aus der Haushaltg.; Aufgaben aus den weltkundl. Stoffen (Geographie, Geschichte, Naturgeschichte, Physik, Chemie). Algebraische Aufgaben. Anh.: Geometrische Formenlehre. 5. Ster.-Aufl. (96 S. m. Abbildgn.) (910.) nn — 50

VIII. 8. Schulj. 1. Tl.: Wiederholungen u. Ergänzgn. 2. Tl.: Die Kurs-, Diskont-, Gesellschafts- u. Mischungsrechng. 3. Tl.: Umfassende u. abschließ. Verwertg. der weltkundl. Stoffe. 85. Ster.-Aufl. (114 S. m. Abbildgn.) (909.) — 60

VIIIa. 8. Schulj. Ausg. f. Mädchenschulen. Wiederholungen u. Ergänzgn. Kurs-, Diskont-, Gesellschafts- u. Mischungsrechng. Umfassende u. abschließ. Verwertg. der weltkundl. Stoffe. Flächen- u. Körperberechng. 4. Ster.-Aufl. (96 S. m. Abbildgn.) (910.) nn — 50

Ergänzungsheft. 8. Schulj. Arithmetik u. Algebra. 1. Tl.: Die Lehre v. den absoluten Zahlen. — 2. Tl.: Die 4 Grundrechnungsarten m. algebr. Zahlen. — 3. Tl.: Die Lehre v. den Proportionen. — 4. Tl.: Die Gleichgn. 1. Grades m. 1 u. mehreren Unbekannten. 5. Ster.-Aufl. (96 S.) 903. nn — 50

Hellermann, K., u. L. Krämer, Aufgaben f. das Rechnen in deutschen Schulen. Neubearbeitg. in 8 Heften. Ausg. f. Berliner Schulen. Heft I—VI, VIa, VII, VIIa, VIII u. VIIIa. 8. Berlin (910). L. Oehmigke's Verl. 4.80

I. 1. Schulj. Die Zahlenreihe von 1 bis 20. Vorbereitung der Dreisatzrechng.: Der Schluß von der Einheit auf die Vielheit u. von der Vielheit auf die Einheit. 12. Ster.-Aufl. (32 S. m. Abbildgn.) — 25

II. 2. Schulj. Die Zahlenreihe von 1 bis 100. Vorbereitung der Bruchrechng.: In Verbindg. m. dem Einmaleins u. Einsineins die Zerlegg. des Ganzen in seine Teile u. die Zusammenfassg. der Teile zu e. Ganzen. — Erste Einführg. in die Währungsverhältnisse: Mark- u. Pfennigwährg. — Vorbereitung der Dreisatzrechng.: Der Schluß von der Einheit auf die Vielheit u. von der Vielheit auf die Einheit. 35. Ster.-Aufl. (48 S.) — 35

III. 3. Schulj. Die Zahlreihe von 1—1000. Vorbereitung der Bruchrechng.: Einführung der abgeleiteten Brüche u. gemischten Zahlen im Anschluß an das kleine Einmaleins. — Weitere Einführg. in die Währungsverhältnisse hl, l; km, cm, mm; kg, g. — Vorbereitung der Dreisatzrechng.: Schluß von der Einheit auf die Vielheit und von der Vielheit auf die Einheit. 33. Ster.-Aufl. (56 S.) — 35

IV. 4. Schulj. Die unbegrenzte Zahlreihe. Vorbereitung der Bruchrechng.: Auflösen der Zahlen in zusammengesetzte u. einfache Faktoren. — Weitergehende Übgn. m. den bereits bekannten Währungsverhältnissen. — Vorbereitung der Dreisatzrechng.: Schluß von der Vielheft auf e. Vielheit. 30. Ster.-Aufl. (52 S.) — 35

V. 5. Schulj. Das Rechnen m. mehrfach benannten Zahlen zehnteil. u. anderer Währg. Vorbereitung der Bruchrechng. im Anschluß an die Rechng. m. benannten Zahlen zehnteil. Währg. — Einführung in die Rechng. m. Dezimalbrüchen. — Vorbereitung der Regeldetri: Schluß von der Vielheit auf e. Vielheit. — Verwertung der weltkundl. Stoffe. 28. Ster.-Aufl. (60 S.) — 45

VI. 6. Schulj. Das Rechnen m. gemeinen u. Zehnerbrüchen. — Dreisatz: Die Rechng. m. einfachen u. geraden Verhältnissen. — Verwertung der weltkundl. Stoffe. Flächen- u. Körperberechnung. 14. Ster.-Aufl. (88 S.) — 55

VIa. 6. Schulj. Ausg. f. Mädchenschulen. Das Rechnen m. gemeinen u. Zehnerbrüchen. Dreisatz: Die Rechng. m. einfachen u. geraden Verhältnissen. Verwertung der weltkundl. Stoffe. 11. Ster.-Aufl. (72 S.) — 50

VII. 7. Schulj. Dreisatz: Rechnung m. ungeraden u. zusammengesetzten Verhältnissen. — Proportionen. — Versicherungsrechnungen. — Bürgerliche Rechnungsarten: Allgemeine Prozentrechng.; Promillerechng.; Tararechng.; Gewinn- u. Verlustrechng.; Zinsrechng.; Rabattrechng. 11. Ster.-Aufl. (76 S.) — 45

VIIa. 7. Schulj. Ausg. f. Mädchenschulen. Wiederholungen u. Ergänzgn. Dreisatz-Rechnung m. ungeraden u. zusammengesetzten Verhältnissen. — Proportionen. — Versicherungsrechnungen. — Bürgerliche Rechnungsarten: Allgemeine Prozentrechng.; Promillerechng.; Tararechng.; Gewinn- u. Verlustrechng.; Zinsrechng.; Rabattrechng. — Aufgaben aus der Haushaltg.; Aufgaben aus den weltkundl. Stoffen (Geographie, Geschichte, Physik, Chemie). Algebraische Aufgaben. 11. Ster.-Aufl. (68 S.) — 45

VIII. 8. Schulj. Wiederholungen u. Ergänzgn. Kurs-, Diskont-, Gesellschafts- u. Mischungsrechng. Umfassende u. abschließ. Verwertg. der weltkundl. Stoffe. Arithmetik u. Algebra. 6. Ster.-Aufl. (116. S.) — 65

VIIIa. 8. Schulj. Ausg. f. Mädchenschulen. Wiederholungen u. Ergänzgn. Kurs-, Diskont-, Gesellschafts- u. Mischungsrechnung. Umfassende u. abschließ. Verwertg. der weltkundl. Stoffe. Flächen- u. Körperberechnung. 6. Ster.-Aufl. (72 S.) — 45

— — dasselbe. Neubearbeitung in 8 Heften. Für 7 stuf. Schulen bearb. v. K. Hellermann u. E. Schlegel. Heft II—VII u. VIIa. 8. Ebd. 2.70

II. 2. Schulj. Die Zahlenreihe von 1 bis 100. 4. Ster.-Aufl. (48 S.) (910.) — 30

III. 3. Schulj. Die Zahlenreihe von 1 bis 1000. 6. Ster.-Aufl. (52 S.) (910.) — 30

IV. 4. Schulj. I. Die unbegrenzte Zahlreihe. II. Das Rechnen m. mehrfach benannten Zahlen zehnteil. u. anderer Währg. 5. Ster.-Aufl. (60 S.) (910.) — 35

V. 5. Schulj. I. Die gemeinen Brüche. — II. Die Zehnerbrüche. 5. Ster.-Aufl. (64 S.) (910.) — 35

VI. 6. Schulj. I. Wiederholung u. Ergänzg. — II. Regeldetri. — III. Prozentrechnungen. — IV. Gesellschaftsrechnung. — V. Versicherungsrechnung. — VI. Aus den weltkundl. Stoffen. 5. Ster.-Aufl. (64 S.) (910.) — 40

VII. 7. u. 8. Schulj. Wiederholungen u. Ergänzgn. — Kurs-, Diskont- u. Mischungsrechnung. — Aus den weltkundl. Gebieten. — Anh. 4. Ster.-Aufl. (112 S. m. Fig.) (910.) — 50

VIIa. 7. u. 8. Schulj. Ausg. f. Mädchenschulen. Wiederholungen u. Ergänzgn. — Kurs-, Diskont- u. Mischungsrechnung. Aus den weltkundl. Gebieten. — Anh. (112 S. m. Fig.) (909.) — 50

Hellermann, K., s.: Übungsbuch f. Rechnen u. Mathematik.

*_Hellermann, M._ Die Lebensversicherung und ihr Verhältnis zu den Ärzten und der ärztlichen Wissenschaft. Vortrag. 1887.

Hellersberg, Carl v., s. H e l l e r von Hellersberg, Karl Seb. v.

Hellersberg, Franz (Ratingen/Rheinpreuss.), **De nonnullis musculorum morbis.** Diss. med.-chir. **Bln. (Nietack) 22. X. 1833. 44 S. mit Biogr. (M.: E. Lensch.) (6.50)** 14192
Oppon.: Conr. Baehren, Leop. Sticker, Th. Schwann. — Gew.: C. G. Wutzer.

Hellersberg, K. (H.) v. s. H e l l e r von Hellersberg, Karl Seb. v.

Hellersberg, K. Seb. v. s. H e l l e r von Hellersberg, Karl Seb. v.

Hellersperg, F. Anton, sel. enucleationes consilior. et responsor. juris. Herausg. u. mit d. nöthigen Addidamentis versehen v. Frz. Ign. Wolfg. v. Hellersperg. Fol. Augsb. 751. Veith. 1 ß 13 ℊ

v. Hellersperg, Frz. Ign. Wolfg., s. Fr. Ant. Hellersperg.

Hellert, Car. Armin. (geb. Pasewalk 24. 11. 1826). De hydrocephalo chronico. Berolini (1850). (32 S.) 8°
Berlin, Med. Diss. v. 23. Febr. 1850

Hellertown Telegraph: Apr. Dec. 1858. Hellertown, PA
Edited & published by Thomas R. Weber.

Hellerung, (Jh. Chr. Dan.), mathematische Beiträge. 1e Samml. 4. Rostock 823. Stiller. 1 ß

— Diss. inaug. de instrumentorum ad polypos narium, aurium, oesophagi et intestini recti exstirpandos usu chirurgico. 8. Halle 797.

Hellesen, C. W. v., Versuch e. prakt. Handbuches f. Ober- u. Unterofficiere d. Kopenhagener Bürger-Bewaffnung. Zum Gebr. f. d. Altonaer bürgerl. Infanterie-Corps, übers. v. H. C. Hyllested. 16. (5½ B.) Altona 828, [Aue.]

Hellevaart

Das niederländische Faustspiel des siebzehnten Jahrhunderts (De **Hellevaart** van Dr. Joan Faustus). Hrsg. von E[rnst] F. Kossmann. Mit e. Beil. über d. Haager Bühne 1660–1720. Haag: Nijhoff 1910. VI, 175 S. 8° Lit. 1050 9

Hellfarth's neue Bildergallerie, s. Bildergallerie.

Hellfarth, (C.,) Musterblätter zu verzierten Fenstern, Haus- u. Gartenthüren mit ihren Durchschnittsansichten ꝛc., dargestellt. 4. Gotha 827, Gläser.

Hellfarth, Reb., 80 Vorlegeblätter für Anfänger im Zeichnen. qu. 4. (80 lith. Bl.) Eisleben 846, Reichardt. n. 1⅓ ß

Hellfeld, Hauptm. v., theoretische und praktische Anleitung für die Ausbildung der älteren Mannschaften als Patrouillenführer bei der Infanterie und den Jäger-Bataillonen. gr. 8. (47 S. mit 5 in den Text gedr. Skizzen.) Berlin 883, Mittler und Sohn.

Hellfeld, v., die Infanterie-Patrouille. 2. Aufl. Mit 5 in den Text gedr. Skizzen. gr. 8. (48 S.) Berlin 888. Mittler & Sohn. n. 1. —

Hellfeld, v., die Infanterie-Patrouille. Anleitung f. die theoret. u. prakt. Ausbildg. der Infanterie u. Jäger im Patrouillendienst. 3. Aufl. gr. 8. (48 S. m. 5 Skizzen.) Berlin 892. E. S. Mittler & Sohn. n. 1. —

Hellfeld, v., die Cernirung u. Beschiessung v. Verdun im J. 1870. Im Auftrage der königl. General-Inspection der Artillerie, unter besond. Berücksicht. der artillerist. Verhältnisse u. m. Benutzg. dienstl. Quellen bearb. Mit 2 (lith.) Plänen (in qu. gr. Fol.) Lex.-8. (76 S.) Berlin 875. Voss. n. 3. 50

Hellfeld, Bernhard Gottlieb Huldrich von. Beyträge zum Staatsrechte und der Geschichte von Sachsen . . . Eisenach 1785—90. H (Th. 3): *Hellfeld, Ludwig Carl von.* (Ky) (Engl)

v. Hellfeld, Bhd. Gli. Huldr., († d. 14. Juli 1788.) Beiträge z. Staatsrecht u. d. Gesch. von Sachsen. 3 Thle. (3r Thl. v. L. K. Hellfeld herausg.) gr. 8. Eisen. 785—90. (Bärecke). 2 ß 16 ℊ
N. A. 3 Thle. gr. 8. Leipz. 798. Hinrichs. 2 ß 16 ß

Hellfeld, B. Gli. Hd., Beyträge z. Staatsr. u. d. Gesch. v. Sachs. 3 Thle. gr. 8. Eisen. Wittekind. 785–790.

— — De fideicommissis familiarum illustrium eorumque si alienata sunt revocatione. Dissert. jur. Jena (Mauk) 9. X. 1779. 90 S. (8.50) 14194

Hellfeld, Bernhard Gottlieb Huldreich (Jena), **De Friderico duce Brunovicensi et Luneburgensi ad imperatoriam dignitatem destinato.** Diss. histor. **Präs. Friedrich Aug. Wideburg. Jena (Strauss) 22. III. 1777. 28 S. (6.50)** 14193
Oppon.: Heinrich Erhard v. Eichelberg (Altenburger Adel), Johann Christoph Moelrath (Lübeck), Johann Christian Starke. — Gew.: Jo. Aug. Hellfeld (Vater).

v. **Hellfeld, H.** Leben Johann Ernst des Jüngeren, Herzogs zu Sachsen-Weimar. Ein Beitrag zur Geschichte des 30jährigen Krieges. (447) 8. Jena 1784. 3,50.

— Leben Johann Ernst des Jüngern, Herz. z. Sachs.-Weim. gr. 8. Jena, Cröcker. 784.

v. HELLFELD, Bernh. Gli. Huldr.: Versuch ein. Gesch. d. landesherrl. höchst. Gerichtsbark. u. d. Hofgerr. in Sachsen, besond. d. gesammt. Hofgerichts in Jena. *Jena*, Cröker. 781. gr. 8. (12 Gr.)

v. Hellfeld, Chr. Aug. Fr., kurz. Entwurf e. Lebensordnung für Gelehrte. 8. Jena 790. Cröker. 12 ℊ

— Diss. de origine icteri. 4. Jena 799.

Hellfeld, Chr. Gf., († d. 21. April 1808.) histor.-physische Bemerkk. über die ungeheure Körpergröße u. Stärke d. ältesten Bewohner Deutschlands, vorzüglich nach Tacitus. 4. Langensalza 804.

— de temeritate sectatorum Kantii, philosophiae criticae admodum perniciosa Commentatio. 4. Langensalza 801.

Hellfeld, Elise. Vorspiel. 8. Constanz 785. (Doll in Augsb.) 6 ℊ

— **Ernst August,** Felices anni 1759 natales viris Christian Gottlieb Buder et Jo. August Hellfeld (Vater) gratulaturus pauca quaedam de Romanis sub auspiciis novi anni oratoribus commentatur. Jena (Strauss). 4 Bl. (6.—) 14195

HELLFELD, F. A.: Historia juris Germanici et canonico-pontificii. *Jen.* 741. (*Lips.*, Cnobloch.) 8. (16 Gr.)
vgl. H e l l f e l d , Johann August

v. Hellfeld, Gust., prakt. Beiträge aus dem gemeinen u. Sächs. Civilrechte und Civilprozesse, mit Beziehung auf die, von der Großherzogl. Sächs. Landesregierung zu Weimar und dem Großherzogl. Sächs. Ober-Appellationsgericht zu Jena in dem Großherzogthum Weimar ertheilten Entscheidungen. Prakt. Ansichten, zunächst des Großherzogthums Weimar, gewidmet. 1s Hft. gr. 8. Weimar 835. Voigt. ¹/₃ ℛ

Hellfeld, Gust. v., Diarium d. Officinalarbeiten, welche im Großhrzgth. Weimar durch die Regierungsbl. v. 1817 — incl. 1831 angezeigt sind. Eine Erleichterung f. Juristen, Aerzte rc. 1. Samml. gr. 8. (1½ B.) Weimar 832, Hoffmann.
vgl. H e l l f e l d , H. v.

Hellfeld, Gust. v., interessante civilrechtliche Entscheidungen der höchsten deutschen u. andern Spruchbehörden. gr. 8. (14 B.) Weimar 843, Hoffmann.

v. HELLFELD, Gust.: Nachträge z. provisor. Gerichts-Ordn. d. Grossherz. u. Herz. Sächs. auch Fürstl. Reuss. Gesammt-Ober-App.-Gerichts zu Jena, enthalt. dess. Gemeinbesch. ingl. d. abänd. *Zuss.* u. authent. Interpretatt. d. einz. Paragrr. 1. Samml. Vom 1. Jan. 1817 b. 1. Jan. 1829. *Jena.* (Frommann.) 829. gr. 8. (8 Gr.)

Hellfeld, H., s.a. H e l l f e l d , Bernhard, Gottlieb Huldreich

v. Hellfeld, H., Diarium der Officialarbeiten, welche im Großh. Weimar durch die Regier.-Blätter von 1817 bis 1831 angezeigt sind. Eine Erleichterung f. Juristen, Aerzte, Geistliche, Justiz- u. Verwaltungsbeamte rc. 1e Samml. gr. 8. Weim. 832. Hoffmann. 3 ℊℊ
vgl. H e l l f e l d , Gustav v.

Hellfeld, Johann August

— — Solemnia inauguralia candidati Jacob Heinrich Franc v. Lichtenstein (Frankfurt/M.) simulque de bonis debitorum post eorum cessionem distrahendis brevibus disserit. Jena (Schill) 27. X. 1764. 8 S. mit Biogr. v. L.'s. (M.: M. E. v. Pertram.) (6.—) 14203

Hellfeldt, Jo. August (Gotha), De condictione mulieri intercedenti competente. Präs. Jo. Casp. Heimburg. Jena (Croeker) 27. V. 1739. 42 S. (7.—) 14197

— — Commentatio academ. de disputationibus fori. Disputationibus de elementis juris civilis secundum ordinem institutionum a perillustri Jo. Gottlieb Heineccio juriscons. celeb. concinne conscriptis. Jena (Jo. Christ. Croeker) 8. VIII. 1739. 15 S. (6.—) 14198

— — Solemnia inauguralia candidati Georg Wilhelm Hansen (Güstrow/Meckl.) simulque de divisione territoriorum Germanicor. quaedam disserit. Jena (Schill) 24. XI. 1764. 8 S. mit Biogr. Ha.'s. (M.: E. B. Schauenburg.) (6.—) 14204

Hellfeld, Jo. August (Präs.), s. D r e s s e r , Johann Philipp: De pactis evictionis causa initis secundum jus commune et statuta Hamburgensia.

Hellfeld, Jh. Aug., († d. 13. Mai 1782.) elementa juris feudalis ex schedis b. Burc. G. Struvii. Ed. I. 8. Jena 745. Ed. II. 750. Ed. III. 754. Ed. IV. 763. Ed. V. 775. (Cnobloch in Leipz.) 1 ℛ 16 ℊℊ Cröker in Jena. 20 ℊℊ

HELLFELD, Jo. Aug.: Elementa Juris feudalis, quibus doctrinae Juris prudentiae feudalis Struvianae multis locis auctae — proponuntur. Edit. IIa. auct. et emend. *Jenae.* 775. 8.

Hellfeld, Joh. Aug. (Präs.), s. E m m i n g h a u s , Theod. Georg Wilh.: De restricta illustrium alienandi facultate . . .

— s. J. R. E n g a u, elementa juris.

— — Candidati M. Jo. Christian Maier (Ludwigsburg/Württemberg) solemnia inauguralia et de eo quod in hypotheca tacita minoribus competente aequum videtur quaedam prefatur. Jena (Kirchner) 10. V. 1771. 6 Bl. mit Biogr. M.'s. (M.: E. Ch. Lang.) (6.—) 14206

Hellfeld, Jo. August (Präs.), s. E v e r s , Nicolaus Heinrich: De effectu poenae conventionalis sponsalibus adjectae.

Hellfeld, Jo. August (Präs.), s. G r a a p e , Johann Gottfried: De transmissione juris succedendi antecessoris morte non delati.

— — Programma de haerede allodiali debita feudalia a vasallo soluta repetente. — Candidati Georg Gottlieb Wagner (Sangerhausen) dissertat. inaug. de valore legis Mosaicae hodierno praemissum. Jena (Schill) 16. IX. 1755. 8 S. mit Biogr. W.'s. (M.: B. S. Stosnack.) (6.—) 14199

Hellfeld, Jo. August [Praes.], s. H i n t z e , Gottfried Heinrich: De jure creditorum vasalli in percipienda ex fructibus feudi solutione.

— H i s t o r i a juris germanici et canonico-pontificii. 8. ibid. 741.

H e l l f e l d , I. Aug., H i s t o r i a juris romani, accedunt leges regiae XII tabular. etc. 4. Ienae, Melchior. (Gabler.) 740.

— jurisprudentia forensis secundum pandectarum ordinem in usum auditorii proposita. 8maj. Jena 764. Ed. II. multis locis auct. et emend. 4. ibid. 766. Ed. III. 8maj. 771. Ed. IV. 775. Ed. V. 779. Ed. noviss. (I.) cura Glo. Eus. Oelze. 787. Ed. II. 792. Ed. III. 796. Ed. IV. 806. Cröker. 2 ℛ 8 ℊℊ

HELLFELD, J. H.: Jurisprud. for. sec. ord. Pandect. in usum auditorum proposita. *Jena*, Cröker. (Ed. 1—6. 764—83.) — cur. Glo. Eus. OELTZE. Ed. 1—4. 787—801. (4m ed., Ch. H. Gli. KÖCHY.) Ed. 5. cur. L. C. ab HELLFELD. 806. 8. (2 Thl. 8 Gr.)

Hellfeld, Jo. Aug.: Jurisprudentia forensis secundum Pandectarum ordinem in usum auditorii proposita. Ed. 3. T. 1. 2. Jenae 1771. 2 Bde

— Ed. 4. Cura Gottl. Euseb. O e l t z e. 1801.

— Ed. 6. [Ohne Hrsg.] 1783. 2 Bde

Hellfeldus, Jo. Aug.: Opera minora in duos tomos divisa, quorum prior opuscula iuris civilis privati complectitur . . ., posterior opuscula iuris canonici criminalis feudalis et publici cont. Collecta in unum corpus congesta et . . . conjunctim ed. a Jo. Chr. Fischero. Jenae 1789.

— — idem liber. 4. Lps. Compt. f. Lit. 789.

— opuscula et dissertationes juris civilis priv., ed. Jh. Chr. Fischer. 4. Jena 775. Dass. mit folg. neuen Titel: opera minora in II. Tom. divisa ed. Jh. Chr. Fischer. 4. ibid. 789. Cröker. 3 ℛ 8 ℊ

— — idem liber. 4. Ienae. (Pott, Lausanne.) 775.

— opuscula et dissert. juris civil. priv., ed. Fischer. 4. Ienae. (Compt. f. Lit. in Lps.) 782.

— opuscula juris canonici criminal. feudalis et publici, ed. Jh. Chr. Fischer. 4. Leipz. 789. (Cröker in Jena). 1 ℛ 8 ℊ

— — **Solemnia inauguralia candidati Georg Friedrich Starck (Ronneburg) simulque de probatione dividuitatis territoriorum per exempla quaedam disserit. Jena (Schill) 13. II. 1767. 8 S. mit Biogr. S.'s. (M.: R. Ch. Tittel.) (6.—)** 14205

— repertorium reale pract. juris priv. s.a. Repertorium reale.

Hellfeld, Joh. Aug.: Repertorium reale practicum iuris privati imperii Romano-Germanici. Oder Vollständige Sammlung aller üblichen u. brauchbaren Rechte im Heil. Röm. Reiche u. den benachbarten Landen. Nach alphab. Ordnung. Th. (1)-4. Jena 1753—62. 3 Bde

– s. B. G. Struvii jurisprudentia.

— — **Programma de successione in feuda imperii sub Carolingorum imperio filiis competente. — Candidati Jo. Wilhelm Nieper (Lüneburg) dissertat. inaug. de probatione per exempla seu copias documentorum praemissum. Jena (Schill) 26. IV. 1762. 8 S. mit Biogr. N.'s. (M.: A. M. Biehlen.) (1.50)** 14202

— — **Programma de successione ex jure communionis. — Candidati Christoph Ludwig Wideburg (Jena) dissertat. inaug. qua differentias quasdam inter S. R. I. principes et comites sistit praemissum. Jena (Marggraf) 31. I. 1758. 16 S. mit Biogr. W.'s. (M.: M. S. Schroeter.) (6.—)** 14200

— — **Dasselbe. II. — Candidati Gottfried Heinrich Hintze (Wismar) dissertat. inaug. de jure creditorum vasalli in percipienda ex fructibus feudi solutione praemissum. Jena (Schill) 10. II. 1762. 8 S. mit Biogr. Hi.'s. (M.: M. M. Sprengel.) (6.—)** 14201

— — **Solemnia inauguralia candidati Daniel Heinrich Hasentien (Lübeck) et de successione simultanee investitorum lineali praefatur. Jena (Mauk) 26. IX. 1774. 12 S. mit Biogr. Ha.'s. (M.: C. E. Backhusen.) (6.—)** 14207

Hellfeld, Johann August Christian von

v. Hellfeld, Jh. Aug. Chr., kurze Abhandl. bei den, von dem Durchl. Herzog Karl August zu Sachsen-Weimar-Eisenach geschehenen Annahme d. Würde eines Großherzogs. 8. Jena ... (Schmid). 3 ℊ

— populäre Darstellung d. vorzüglichsten Materien d. Rechtswissenschaft f. Nichtjuristen. 8. Eisenb. 814. Schöne. 16 ℊ

v. Hellfeld, J. A. Ch.: Allgem. Erläutt. verschied. Mat. a. d. bürgerl. u. peinl. Rechte. *Eisenb.*, Schöne. 820. 8. (20 Gr.)

— Erläuterung verschied. Materien des bürgerl. Rechts, sowie Bekanntmachung mit Handlungen der willkürl. Gerichtsbarkeit für Personen, welche d. Rechte unkundig sind. 8. Eisenb. 821. 2e A. 828. Schöne. 16 ℊ

— **Johann August Christian von (Jena), De furto fame dominante facto ad C. C. C. art. 166. Diss. jur. Präs. Carl Friedr. Walch. Jena (Goepferdt) 7. XI. 1789. 40 S. (6.—)** 14196

— Geschichte Bernhards des Großen, Herzogs z. Sachs.-Weimar. 8. Leipz. 797. (Brockhaus). 1 ℛ 4 ℊ

Hellfeld, Johann August Christian: Geschichte der erloschenen Herzoglich Jenaischen Linie Herzog Bernhards II zu Sachsen Jena etc. und dessen Sohn Johann Wilhelm, sammt einer kurzen Biographie der einzigen Prinzessin Herzog Bernhards, Charlotte Maria. Ein Beitrag zur Sächsischen Geschichte, bearb. v. Johann August Christian von Hellfeld. Jena. 1828. 8°

Hellfeld, Karl, George Stephenson, der Gründer des Eisenbahnwesens u. Erbauer der ersten Locomotive. Ein Werkmeister von seltener Einsicht, Genialität u. Ausdauer. Der deutschen Jugend als Vorbild dargestellt. Frankfurt a. M. 863. Hermann'sche Verlhdlg. 8. (VIII, 155 S.) 15 ngr.

Hellfeld, Karl, George Stephenson, der Gründer d. Eisenbahnwesens u. Erbauer d. ersten Locomotive. Ein Werkmeister v. seltener Einsicht, Genialität u. Ausdauer. Der deutschen Jugend als Vorbild dargestellt. 2. Ausg. gr. 8. (VIII, 155 S.) Prag 870. Tempsky. n. 1. 20

Hellfeld, Ludwig Karl

Hellfeld, L. C., Beyträge z. Staatsrecht Sachsens. 3 Thle. gr. 8. Leipz. Hinrichs. 798.

— s. B. G. H. Hellfeld, Beiträge.

v. Hellfeld, Ldw. Karl, Realrepertor. d. seit 1783 bis 1788 in Weimar u. Jena erlass. Landesgesetze u. Verordnn. gr. 8. Jena 789. Cröker. 4 ℊ

Hellfrieds Briefe und Fragmente an Carln, 8. Berlin, 785. Oehmigke jun. 7 sgl.

Hellfeldt, J. D., Repertorium der in politischer, socialer und religiöser Beziehung wissenswerthen Thatsachen der Gegenwart und Fragen unserer Zeit. 1. Bd. 10 Hefte. (à 2 Bog.) gr. 8. Berlin 863, (Uthemann und Müller.)
Einzelne Hefte *

Hellfeldt, Johann August, s. H e l l f e l d

Hellfrich, William A. Gesch verschiedener Gmden in Lecha und Berks Counties . . . Allentown, 1891.

--Lebensbild aus dem Pennsylvanisch-Deutschen Predigerstand; oder, Wahrheit in Licht und Schatten. Allentown, 1906.

Hellfried und Hulda, ein Mährchen . . . Hohenzollern [Wien] 1792. V: *Durach, Johann Baptist.* (Hr) (Kn) (Ky) (Wr) (MGT)

Hellfried und Hulda, ein Mährchen aus den gräuelvollen Tagen der Vorwelt, 8. Leipzig, 792. B. Fleischer. 20 sgl.

Hellfried u. Selene, Gespräche zweier Liebenden. 3 Thle. 8. Leipz. 780—82. Hilscher. 2 ℛ 12 gl.

Hellfried, C. F. v. Versuch einer politischen übersicht des Kriegszugs der Briten nach Seeland i. J. 1807. A. d. Dän. übs. v. J. A. Markussen. Mit Beil. Kopenhagen 1809. 308 S.

v. **Hellfried**, C. F., Versuch e. polit. Uebersicht d. Kriegszugs der Briten nach Seeland im Jahre 1807. Aus d. Dän. v. J. A. Markussen. 8. Kopenh. 809. Schubothe. 1 ℛ

Hellfritzsch, Franz

Anhang. (Zur Geschichte der Lateinschule.) Von Franz Hellfritzsch, Subr. Verw. — 1879, Zweibrücken, Aug. Kranzbühler. — S. 20—32⁸.
Progr. Blieskastel (Pfalz), Isol. lat. Schule

Hellge, Carl Ferd. Woldemar, s. H e l l g e , Karl Ferd. Woldemar

Hellge, Heinrich [pr. Arzt aus Hirschberg i. Schl.]: Ein seltener Fall von Cylinderepitheliom an der Cartilago cricoidea ... Würzburg, Druck d. Bonitas-Bauer'schen k. b. Hofbuchdr., 1891; 27 S. 8.
Würzburg, Med. Fak., Inaug.-Diss. v. 1891

Hellge, Karl Ferd. Woldemar

Hellge, Carl Ferd. Woldemar (Leipzig), De praecipuis hernias sanandi methodis. Diss. chirurg. Lpz. (Sturm & Koppe [A. Dennhardt]) 29. V. 1857. 20 S. mit Biogr. (M.: J. Kramer.) (6.—) 14208
Gew.: Ferdinand Hellge (Vater).

Hellge, Osk., s.: **Bauten, moderne kleine, f. Stadt u. Land.**

— **Theophil Friedrich Ferdinand** (Annaberg). De commotionibus e causis externis prodeuntibus. Diss. med. Präs. Ernst Heinrich Weber. Lpz. (Staritz) 24. XII. 1839. 48 S. mit Literatur. (6.50) 14209
Gew.: Ferdin. Eberh. Pflugk (Strehla), Carl Friedrich Haase (Dresden).

Die Insull Hellgeland im Prospect. [Hamburg.] 1713. 1 Bl. Fol., ca. 45/39,5 cm (Rand beschädigt). Darauf:
Ein kolorierter Kupferstich: Abriss der Insull Hellgeland wie solches von der Elbe Seiten anzusehen. Anno 1713. (36/37 cm) und darunter ein dreispaltiger Text.

Hellgren, Olof, aus den Memoiren e. Laubfrosches. 8. (320 S.) Glarus 896. Schweizer Verlags-Anstalt. n. 3. —; geb. n. 4. 50

Hellgren, Olof, aus d. Memoiren e. Laubfrosches. 2. [Titel-] Aufl. 8. (320 S.) Zürich [896.] 899. C. Schmidt. n. 3. —

Hellgrewe, Frid. Guil. (geb. Schönlanke in Posen 2. 3. 1814): Nonnulla ad diagnosin fluoris albi. Berolini (1843). (30 S.) 8°
Berlin, Med. Diss. v. 26. Juni 1843

Hellgrewe, Rudolf

Hellgrewe, R., aus Deutsch-Ost-Afrika. Wanderbilder. 20 Taf. u. e. Titelbild, nach den Orig.-Gouachebildern in Lichtdr. hergestellt von Alb. Frisch in Berlin. Fol. (3 S. Text.) Berlin 888. [Zenker.] Albert Frisch. In Leinw.-Mappe. n. 20. —

Hellgrewe, Rud., s.: **Kolonial-Bilderbuch, deutsches.**

— **Kolonial-Wandbilder**, s.: **Wünsche, A.**

Hellgrewe, Wilhelm [aus Hammerstein in Westpreussen]: Syntaktische Studien über Scarrons Le Roman Comique .... Jena, *Druck v. George Westermann in Braunschweig*, 1887; 46 S. 8°
Jena, Phil. Fak., Inaug.-Diss. v. 1887

H e l l g r e w e, **W i l h e l m**, syntaktische Studien über Scarrons Le Roman comique. Diss. Jena 1887, G. Neuenhahn. 8°. 46 S.

Hellhake, Friedrich: Ueber die in der Kgl. Universitäts-Frauenklinik zu Würzburg in den Jahren 1889-1898 zur Beobachtung gekommenen praecipitierten Geburten. *Würzburg 1898: A. Boegler.* (82 S.) 8°
Würzburg, Med. Diss. v. 1898

Hellhoff, A. Die Unteroffizierfrage als wichtigste Militärfrage der Gegenwart. Leipzig 1874. 119 S.

Hellhoff, Arnold, Kammergerichtsref. zu Berlin: **Besitz- und Eigentumsübergang im Falle der Versendung nach geltendem deutschem Rechte.** *Berlin 1903: L. Schumacher.* (32 S.) 8°
Freiburg i. B., Rechts- u. staatswiss. Diss. v. 1903

Hellich, B., die Cladoceren Böhmens, s.: **Archiv** der naturwissenschaftlichen Landesdurchforschung von Böhmen.

Hellich, Max: Das F l e i s c h b e s c h a u g e s e t z . . . , s. S c h r o e t e r , Arthur

Hellicher, Rob., Altes u. Neues aus d. Gebiete d. Naturkunde, besond. über Licht, Electricität, Magnetismus. Eine Volksschrift. gr. 8. (1 B.) Freiberg 840. (Craz u. Gerlach.)

Hellin, Dionys, Anleitg. z. Chloroformieren. 8. (III, 86 S.) Leipzig 898. F. C. W. Vogel. n. — 75

— d. Carcinom. Eine biolog. Skizze. gr. 8. (80 S.) Ebd. 898. n. 1. —

Hellin, Dionys [app. Arzt aus Warschau]: Struma sarcomatosa ... München, Buchdr. J. B. Grassl, 1893; 28 S. 8.
München. Med. Fak., Inaug.-Diss. v. 1893

Hellin, Dionys, Struma u. Schilddrüse. gr. 8. (105 S.) München 893. Dr. E. Wolff. n. 3. —

Die Ursache der Multiparität der uniparen Tiere überhaupt und der Zwillingsschwangerschaft beim Menschen insbesondere. Von Dr. Dionys **Hellin.** Mit 2 Taf. München: Seitz & Schauer 1895. IV, 70 S. 8° [11. 7843 II

Hellin, Heinr., der giftige Eiweisskörper Abrin u. seine Wirkung auf das Blut. Diss. gr. 8. (108 S.) Jurjew (Dorpat) 891. (E. J. Karow.) n. 2. 60

Hellinden, Mart. v., der Stern v. Halalat. Roman. Mit Buchschmuck v. J. van Taack. Hrsg. v. der deutschen Literatur-Gesellschaft. (486 S.) 8. München (903). [Allgemeine Verlags-Gesellschaft.] Regensburg, J. Habbel. n. 4.—; geb. n. 5.—

Hellinden, Mart., der Stern v. Halalat. Historischer Roman. Mit Buchschmuck v. J. van Taack. 2. Aufl. (463 S. m. Abbildgn.) kl. 8. Regensburg (908). J. Habbel. 4.—; geb. in Leinw. 5.—

Helling, A., die erste Hilfe für das erkrankte Kind. Für Eltern u. Erzieher populär dargestellt. 8. (56 S.) Hamburg 888. Mitau, E. Behre's Verl. n. — 80

Helling, A., die erste Hilfe für d. erkrankte Kind. Für Eltern u. Erzieher populär dargestellt. 8. (56 S.) Hamburg 888. Riga, E. J. Sichmann. n. — 80

Helling, Carl, s. Helling, Karl

Helling, Emma, d. versiegelte Buch d. Frau. (Geheimn. üb. Frauenblut. Kindererzeugungszeit. Zeit d. Töchterwerdg. Zeit d. Sohnwerdg. Unfruchtbarkeitszeit. Naturgem. Lebensweise. Wochenbett u. Kind. Frauenleiden u. Verhütg. Empfängnisschutz u. a. m.) gr. 8. (31 S.) Berlin 898. (Chemnitz, M. Winter.) n. 1.—

Helling, Georg Lebrecht Andreas

Helling, G. Lebr., über d. Augenkrankheiten d. preuß. Soldaten d. ehemal. 4ten ostpreuß. Reserve-, jetzt 16ten Linieninfanterie-Regiments, als Berichtigung d. vom Dr. Weinhold denselben Gegenstand betreffenden herausg. Schrift. gr. 8. Berl. 817. Verfasser. (Reimer). 4 gr.

Beobachtung über die im letzten Feldzuge 1813 u. 1814 bei den preußischen Soldaten gleichsam epidemisch gewordenen Augenkrankheit. Von G[eorg] L[ebrecht] A[ndreas] Helling. Berlin: Dieterici 1815. VIII, 69 S. 8

— Beobachtt. über d. im Feldzuge von 1813 u. 14. epidemisch gewordene Augenkrankheit. 8. Berl. 815. Dieterici. (Mittler.) 6 gr.

— Diss. inaug de fistula lacrymali. 8. Utrecht 801.

— prakt. Handwörterbuch der Augenkrankheiten, nach alphabet. Ordnung. Nebst Anhang üb. d. Bereitung u. Anwendung d. äußern Arzneimittel bei denselben. 2 Bde. Mit 2 Kupf. gr. 8. Berl. 821, 22. Dümmler. 4 rß 20 gr.

— guter Rath über die Beschaffenheit, Auswahl, den Gebrauch u. d. Erhaltung der Brillen für diejenigen, welche eine Brille nöthig haben. 8. Berl. 819. Mittler. 4 gr.

Helling, Hans, s. a.: Haek, Dav. — Helbing, Frz.

Helling, Hans, neuer Anekdotenschatz. E. Sammlg. v. ungefähr 600 d. besten Anekdoten, Scherze, Witze etc. 8. (III, 128 S.) Berlin 897. Neufeld & Henius. n. 1.—

Helling, Hans, neuer Anekdotenschatz. Eine Sammlg. v. ungefähr 600 d. besten Anekdoten, Scherze, Witze etc. 2. Aufl. 8. (III, 128 S.) Berlin (899). Neufeld & Henius. 1.—

Helling, Hans, neuer Anekdotenschatz. Eine Sammlg. v. ungefähr 600 der besten Anekdoten, Scherze, Witze etc. 3. Aufl. (III, 128 S.) 8. Berlin (904). Neufeld & Henius. 1.—

— Neuer Anekdotenschatz. Eine Sammlg. v. ungefähr 600 der besten Anekdoten, Scherze, Witze etc. 4. Aufl. 9.—11. Tausd. (III, 128 S.) 8. Berlin (908). Neufeld & Henius. 1.—

— das goldene Buch der Reden u. Toaste. Neue Orig.-Sammlg. v. ernsten u. heiteren Toasten, Reden u. Trinksprüchen f. alle Anlässe des gesell. u. öffentl. Lebens. Mit e. Einleitg.: Die Kunst der Rede u. m. e. Anh.: Bausteine zu selbständ. Toasten u. Tischreden. 12. (VII, 422 S.) Stuttgart (901). Schwabacher. n. 4.—; geb. in Leinw. n. 5.—

— Buch der Spiele. Gesellschaftsspiele im Zimmer u. im Freien f. Erwachsene u. Kinder. 8. (VIII, 128 S.) Berlin (900). Neufeld & Henius. 1.—

— **Buch der Spiele.** Gesellschaftsspiele im Zimmer u. im Freien f. Erwachsene u. Kinder. 2. Aufl. (VIII, 128 S.) 8. Ebd. (906). 1.—

Helling, Hans, Rätselbuch. (Eine Sammlg. d. besten Rätsel nebst Auflösgn. f. Jung u. Alt. Scherz- u. Rätselfragen, Umstellungsrätsel, geograph. Rätsel, Quadraträtsel, Zahlenrätsel, Palindrom, Rebus, poet. Rätsel, Rösselsprung, Geheimschrift u. a.) 8. (VIII, 118 S. m. Fig.) Berlin (900). Neufeld & Henius. 1.—

— **Reden u. Toaste.** 3 Bde. 8. Ebd. (901). à n. 1. 60
1. Verlobung, Polterabend, Hochzeit, Jubelfeiern, silberne Hochzeit, goldene Hochzeit, diamantene Hochzeit etc. Mit e. Einleitg.: Die Kunst der Rede u. m. e. Anh. Bausteine zu selbständ. Toasten u. Tischreden. (VII, 136 S.)
2. Geburtstag, Namenstag, Taufe, Konfirmation, Firmung, Sylvester, Neujahr, Fasching, Ostern, Pfingsten, Weihnachten, Einladungen, Gesellschaften, im Herrenkreis, etc. Mit e. Anh.: Bausteine zu selbständ. Toasten u. Tischreden. (VII, 143 S.)
3. Jubiläen, Vereinsfeiern, Stiftungsfeste, Fahnenweihen, Turner-, Sänger-, Schützen-, Feuerwehr-, Kriegerverein, Musikfest, Frauenverein, Wohlthätigkeitsverein, Sportverein, Kegelklub, Skatklub etc. Ferner: Patriot. Feste, öffentl. Feste u. Ehrentage, Wahlen etc. Mit e. Anh.: Bausteine zu selbständ. Toasten u. Tischreden. (VI, 136 S.)

— d. Tafelredner bei allen Festlichkeiten. E. Sammlg. heit. u. ernster Trinksprüche u. Tischreden in Poesie u. Prosa. 2. Aufl. 8. (VIII, 131 S.) Ebd. 898. 1.—

— der Tafelredner bei allen Festlichkeiten. Eine Sammlg. heiterer u. ernster Trinksprüche u. Tischreden in Poesie u. Prosa. 3. u. 4. Aufl. 8. (à VIII, 131 S.) Ebd. (901. 902). 1.—

— **Taschen-Lexikon d. Witzes, Humors u. d. Komik.** 8. (156 S.) Berlin 896. H. Steinitz. n. 1.—

— (Bearb.), s. Twain, Mark: Der junge Detektiv ...

Helling, Hans, Vorträge u. Aufführgn. f. Polterabend u. Hochzeit m. heit. u. ernsten Beiträgen. 8. (VII, 136 S.) Berlin 897. Neufeld & Henius. n. 1.—

— Vorträge u. Aufführungen f. Polterabend u. Hochzeit m. heiteren u. ernsten Beiträgen. 2. u. 3. Aufl. 8. (à VII, 136 S.) Ebd. (900. 901). 1.—

Helling, Heinrich

Geschichte der Johannis-Loge zu den drei Kleeblättern aus den Akten dargestellt. Eine Festgabe für die Brr. der Loge vom Br. H[einr.] **Helling.** Aschersleben, am 19. Okt. 1902. Mit 2 Bildern. Aschersleben: Selbstverl. d. Loge [1902]. 132 S. 8°
cf. BZC. 31 (1902) S. 567—568.
Nebst Verzeichn. der Ehrenmitgl. u. Beamten der Loge u. 5 Gedichten. 193. 358.

Helling, Hermann: Die Lentz-Steuerung an Schraubenschiffsmaschinen. 1911. 45 S. 4° ¶ Aus: Verhandlungen d. Vereins zur Beförderung d. Gewerbfleißes. Jg. 89. 90. 1910. 11.
Danzig, Dr.-Ing.-Diss. v. 15. 3. 1910

Helling, J. G. A. Ludw., geschichtl.-statist.-topograph. Taschenbuch v. Berlin u. seinen nächsten Umgebungen, enthalt. nach alphab. Folge in 2678 Artikeln in gedrängter Kürze die möglichst vollständ. Auskunft üb. Alles, was in Bezug auf Ortsbeschreibung, Wissenschaft, Kunst, Gewerbe, Handel, Staats-, Geschäfts-, Volks- u. Gemeinleben, überall mit genauer Berücksicht. d. geschichtl. Entwickelung d. Gegenstände, f. Einheimische u. Fremde wissens- u. sehenswerth ist. gr. 12. (21⅓ B. u. 1 Plan.) Berlin 830, Logier. Thlr.
Ohne Plan, 1 Thlr. 16 Gr.

Helling, Karl

Helling, Carl, wieder die Liebe. (Gedichte.) (68 S.) 8. Stuttgart (904). Strecker & Schröder. n. 1.50

Helling, Lothar., Messias Jacobi patriarchae vaticinio promissus post ablatum de tribu Juda sceptrum et ducem, quorum alterum inde a Davide penes tribum illam in singulari aliquo de illa nato quoad usum et exercitium fuerat, missus Jesus, Nazarenus B. M. V. filius, adversus gentilium calumniam veterum recentiorumque Judaeorum commentitias vaticinii Jacobi interpretationes vindicatus. Diss. Heidelberg, 1754, 4°, 16 S.

Helling, P., s. Lady Morgan, die Prinzessin.

Helling, Vict., der Fähnrich. gr. 8. (124 S.) Dresden 902. C. Reißner. n. 1.50

Helling, Wilh., das Verhältnis der Armenverbände zu den Versicherungsanstalten, s.: Olshausen.

Hellingen, Erika (Frl. Elsb. Montzheimer), Tropfen aus dem Märchenborn, s.: Jugendperlen. 21. Bd.

Hellinger, Ernst, Dr.: Neue Begründung der Theorie quadratischer Formen von unendlichvielen Veränderlichen. Berlin 1909: G. Reimer. 62 S. 4° ¶(Aus: Journal f. d. reine u. angewandte Math. Bd 136, H. 3/4.)
Marburg, Phil. Hab.-Schr. v. 1909 [U 10. 3413
(Nicht für den Austausch)

Hellinger, Ernst, a. Breslau: Die Orthogonalinvarianten quadratischer Formen von unendlichvielen Variabelen. Göttingen 1907: W. F. Kaestner. (84 S.) 8°
Göttingen, Phil. Fak., Ref. Hilbert, Diss. v. 7. Okt. 1907
[Geb. 30. Sept. 83 Striegau; Wohnort: Breslau; Staatsangeh.: Preußen; Vorbildung: Konig-Wilhelms-Gymn. Breslau Reife O. 02; Studium: Heidelberg 1, Breslau 4, Göttingen 6 S.; Rig. 17. Juli 07.]

Hellinger, J. Ph., das System d. allgem. Witterungskunde, u. meteor. Prospektus d. J. 1828 u. 29, nebst jenem d. merkwürd. Nachwinters v. 1829 in 1830. 8. (3 B.) Coblenz 830, Hergt.

Hellinger, Theod. (geb. Mülheim a. Rh. 7. 8. 1815): De morbis aliquot, qui, quum universales sint, falso locales nominantur. Berolini (1830). (20 S.) 8°
Berlin, Med. Diss. v. 18. Okt. 1839

Hellinghaus, J., Sedes sapientiae. Gebetbuch f. die gebildete weibl. Jugend, insbes. f. Schülerinnen höh. Bildungsanstalten. (XVI, 511 S. m. Titelbild.) 13,7×8,3 cm. Münster 910. Alphonsus-Buchh. Geb. v. 2.40 bis 6.40

Hellinghaus, K., St. Agnes. 12. (61 S. m. Abbildgn. u. 1 Farbdr.) Steyl 899. Missionsdruckerei. n. —50

Hellinghaus, O., De Vergilii ecloga IV. Diss. 1875. 30 S. 5.—

Hellinghaus, Otto, s.: Bibliothek wertvoller Novellen u. Erzählungen.

Hellinghaus, Otto, s.: Briefe Friedrich Leopolds Grafen zu Stolberg u. der Seinigen an Johann Heinr. Voß.

Hellinghaus, Otto, s.a. Bibliothek deutscher Klassiker.

Hellinghaus, Otto. Vom «jungen Deutschland» bis zur Gegenwart. Für Schule und Haus. Mit Lebensbeschreibungen, Einleitungen und Anmerkungen hrg. Mit einem Bildnis [Tafel] der Annette Freiin von Droste-Hülshoff. XXII + 563 S. 8. Freiburg im Breisgau, Herder, 1908. (geb. M. 3. —)
Bibliothek deutscher Klassiker für Schule und Haus. Mit Leb', Einl' und Anm'. Begründet von Dr Wilhelm Lindemann. 2., völlig neu bearbeitete Aufl., hrg. von Prof. Dr Otto Hellinghaus .... 12. (Schluss-) Band....
Darin S. 55—60. 76—87. 234—238. 266—279. 465—482. 499—519 Gedichte von: Georg Herwegh, Gottfried Kinkel, Heinrich Leuthold, Joseph Viktor von Scheffel, Gottfried Keller, Konrad Ferdinand Meyer; *s. dazu S. 4/6. 12/4. 21/3. 542 f. 550 f. 553. 560/2; ferner S. 17 f. 366 f. etc.*

Hellinghaus, Otto, Dir. Prof. Dr.: Die Einführung des neuen Direktors. *Wattenscheid 1900: C. Busch.* (S. 3—8.) 4° [F.]
Wattenscheid, PG, P 1900 (394)

— u. Jul. Treuge, aus allen Erdteilen, s.a. Sammlung illustr. Charakterbilder f. Schule u. Haus.

— und Jul. Treuge, aus allen Erdteilen. Neue geograph. Charakterbilder, für Schule und Haus zusammengestellt und hrsg. 20 Lfgn. gr. 8. (XII, 644 S. mit vielen Vollbildern und zahlreichen kleineren Holzschn. im Texte.) Münster 886, H. Schöningh. à Lfg. 45 Pf.
geb.

Hellinghaus, Otto, freudvoll und leidvoll. Neuere deutsche Lyrik, ausgewählt. 8. (IV, 620 S. mit 6 Holzschn.-Illustr. und chromolithogr. Widmungsblatt.) Paderborn 883, F. Schöningh. *M 5.; geb. *

Hellinghaus, Otto, freudvoll und leidvoll. Neuere deutsche Lyrik, ausgewählt. 2. Aufl. 8. (IV, 620 S. mit 6 Illustr., Holzschntaf., und chromolithogr. Widmungsblatt.) Paderborn 885, F. Schöningh. *
geb. mit Goldschn. *

Hellinghaus, Otto, s.: Meisterwerke unserer Dichter.

Hellinghaus, Otto: Die letzte Pestepidemie in Münster ⟨1666—1667⟩ und ihre Bekämpfung durch Bischof Christoph Bernard von Galen. *Münster 1898: Westfäl. Vereinsdr.* (3—16 S.) 4° ¶ (Vortrag, gehalten am 13. Januar 1898 in d. Vereine f. Geschichte u. Altertumskunde Westfalens.) [F.]
Münster i. W., RG, P 1898 (391)

Hellinghaus, Otto, deutsche Poesie von den Romantikern bis auf die Gegenwart. Proben zur Litteraturgeschichte. gr. 8. (XII, 463 S.) Freiburg i/Br. 882. Herder. n. 2.80

Hellinghaus, O., deutsche Poesie von den Romantikern bis auf die Gegenwart. Proben zur Litteraturgeschichte, ausgewählt unter besond. Berücksicht. v. Lindemann's Litteraturgeschichte. 2. (Titel-)Ausg. 8. (XII, 463 S.) Freiburg i. Br. 889. Herder. n. 2.—; geb. n. 2.50

— deutsche Poesie von den Romantikern bis auf die Gegenwart. Für Schule u. Haus ausgewählt u. m. kurzen Lebensbeschreibgn. der Dichter sowie zahlreichen Erläutergn. versehen. 3., sehr verb. u. erweit. Aufl. (XVI, 706 S.) gr. 8. Freiburg i/B. 903. Herder n. 4.80; geb. in Leinw. n. 6.—

Hellinghaus, O., Quellen u. Forschgn. z. Geschichte d. Stadt Münster i/W., s.: Veröffentlichungen d. histor. Komm. d. Prov. Westfalen.

— Robinson der Jüngere, s.: Campe, Joach. Heinr.

Hellinghaus, Otto F. L. Graf zu Stolberg und J. H. Voss. 26, 16 SS. Rg. *Münster* 1882. 1883. **Progr.**

— s.: Volks- u. Jugendschriften, ausgew.

Hellingrath, Friedrich Norbert von: Pindarübertragungen von Hölderlin. Prolegomena zu einer Erstausgabe. Leipzig (1910): Breitkopf & Härtel. VII, 83 S. 8° ¶ (Auch b. Diederichs, Jena 1911. Die Ausg. d. Pindar-Uebertr. ersch. im Verl. d. Blätter f. d. Kunst, Berlin 1910.)
München, Phil. Diss. v. 27. Juli 1910, Ref. Muncker
[Geb. 31. März 88 München; Wohnort: München; Staatsangeh.: Bayern; Vorbildung: Theresien-Gymn. München Reife Juli 06; Studium: München 8 S.; Rig. 27. Juli 10.] [U 11. 3798

– (Hrsg.), s. Pindarus.

Hellischer, Dr. H. Th., Sammlung von Vorträgen und Aufsätzen über Schlafgas. Lex.-8. (62 S.) Wien: Frick 1891. 1.—

Hellmann, ..., üb. d. leichteste Art u. Weise, Kindern die ersten Religionsbegriffe beizubringen. 8. Altenb. 801. Petersen. 1 Rthl 8 gGr

Hellmann A, Lehrbuch der allgemeinen technischen Chemie. Gotha 1852

Hellmann, A., die Petrefacten Thüringens nach dem Materiale des herzoglichen Naturalien-Kabinets in Gotha. 1—4. Liefg. Cassel 862, 63. Fischer. gr. 4. n. 8 Rthl 15 ngr
Inhalt: 1. Liefg.: Die Diluvialfauna von Tonna, Werningshausen u. Wandersleben. (2 Bl., S. 1—10 u. 6 lith. Taf.) n. 2 Rthl
2—4. Liefg.: Das Uebergangsgebirge. (S. 11—16 u. 13 lith. Taf.) n. 6 Rthl 15 ngr

Hellmann, A., die Petrefacten Thüringens nach dem Materiale des herzogl. Naturalien-Kabinets in Gotha 5. Liefg. Das Uebergangsgebirge. Cassel 860. Fischer gr. 4. (S. 17—48. mit 5 Steintaff.) n. 25 ngr

Hellmann, A., Salzburg. [Geograph. Charakterbilder aus Österreich-Ungarn.] 65 × 83 *cm* Wien: Pichler 1908. K 3.—

Hellmann, A., neue Toaste u. Festreden. Sammlung von ernsten u. heiteren Fest- u. Tischreden, Trinksprüchen rc. zu allen festl. Gelegenheiten. gr. 16. (96 S.) Reutlingen (900). R. Bardtenschlager. —25; auf stärkerem Papier m. farb. Umschlag —50

Hellmann, A. (Wickede/Westfal.), De urodialysi senili et infantili. Diss. med.-chir. Bln. (Nietack) 25. IX. 1833. 36 S. mit Biogr. (6.50) 14211
Oppon.: C. Vormann, G. Zimmermann, A. Beckhaus. — Gew.: F. L. Truestedt.

Hellmann, A., Vorlesungen der allgemein technischen Chemie. Gehalten an Herzogl. Gewerbschule. 1—3. Semester. 8. (1: IV u. 208 S. 2: 188 S. 3: 204 S. m. 1 lith. Taf.) Gotha 851. 52, Gläser in Comm. (à n. 1/2 Rthl) n. 1 1/2 Rthl

Hellmann, Albert, a. Frankfurt a. M.: Differentialdiagnose zwischen Arteriosclerotischer Geistesstörung und progressiver Paralyse. Freiburg i. Br. 1905: A. Mehlhase. (30 S.) 8°
Freiburg i. B., Med. Fak., Ref. Hoche, Diss. v. 1905
[Geb. 10. Jan. 81 Bayreuth; Wohnort: Frankfurt a. M.; Staatsangeh.: Preußen; Vorbildung: Lessinggymn. Frankfurt a. M.; Studium: Würzburg 1, München 4, Berlin 2, Freiburg i. B. 2 S.; Coll. 28. Juli 05.]

Hellmann, Alfr. v., Miß Anna-Belle. Roman. 8. (240 S.) Breslau 899. Schles. Buchdr. rc. n. 3.—; geb. n. 4.—

Hellmann, Alfred, approb. Arzt aus Siegen: **Aus d. Krankenhause d. Hrn Prof. Dr. Sticker zu Gießen. Die Bedeutung** der Schilddrüse in der Nosologie nebst einem Falle von infantilem Myxoedem. Mit Abbildungen. *Gießen 1903: v. Münchow.* (48 S.) 8°
Gießen, Med. Diss. v. 1903

Hellmann, Alois Phpp. (Hrsg.), s. Almanach, Pharmaceutischer.

Heller, Alois Philipp, s. Post, Pharmaceutische

Hellmann, Alois Phpp., Receptur-Taxe der wichtigsten nicht officinellen Arzneistoffe. gr. 8. (24 S.) Wien 877. Perles. n. — 60

Hellmann, Arnold, Meeresklänge. Lieder u. Gedichte e. Seefahrers. (103 S.) 8. Hamburg (904). Eckardt & Meßtorff. n. 1.50

Hellmann, Arnold, des Waldes u. des Meeres Rauschen. Lieder u. Gedichte e. Seefahrers. (VIII, 126 S.) 8. Hamburg 908. Verlags-Anstalt u. Druckerei-Ges. 2.—; geb. in Leinw. 3.—

Hellmann, August

Hellmann, A., über den Tastsinn der Schlangen, als Specimen einer Anatomie und Naturgeschichte der deutschen Amphibien. Mit 1 Kupfer. 8. Göttingen, Dieterich. 817.

HELLMANN, Dr. B., Ueber Geschlechtsfreiheit. Ein philosophischer Versuch zur Erhöhung des menschlichen Glückes. Berlin 1878. 8°. (10 Mk., schönes Expl., Fr. Waldau, Furstenwalde, 1908.)
Wurde confiscirt. Vorzügliches Werk von bleibendem culturgeschichtl. Werth. Selten u. gesucht!

Hellmann, Bernhard ⟨geb. am 6 Juli 1846 in Wickede a. d. Ruhr⟩: Ueber die Pachydermia lymphangiectatica ... Bonn, Druck v. J. F. Carthaus [1871]. 25 S., 1 Bl. 8.
Bonn, Med. Fak., nachträgl. erschienene Diss. v. 18 Juli 1870

Hellmann, Boris. Versuche zur Trennung von Wolframtrioxyd, Vanadinpentoxyd und Phosphorpentoxyd voneinander. Diss. Phil. Bern. 27 S. 8. Bern, W. Wälchli, 1909.

Hellmann, Emil, Kgl. Oberlehrer: Der magnetische Widerstand von Lufträumen zwischen parallelen quadratischen und rechteckigen Endflächen von Eisenkernen. 1910. 35 S. 4°
Aachen, Dr.-Ing.-Diss. v. 2. 9. 1910

Hellmann, Eugen

Hellmann, Eug. Erich, e. Sang aus Schlesiens Bergen. (49 S.) kl. 8. Jauer (906). Glogau, Hellmann. Geb. in Leinw. 2.—

Hellmann, F., Herodots-Kroisos-Logos. Diss. 1933. Teildr. 67 S. 2.—

Hellmann, Friedrich

Hellmann, Frdr., das gemeine Erbrecht d. Religiosen. Ein historisch-dogmat. Versuch. gr. 8. 112 S.) München 874. Th. Ackermann. n. 2.

HELLMANN, Friedrich (München): Die novatorischen Functionen der Wechselbegebung.- München: Ackermann 1874. 74 S.
26.7.1873 - Urk (Titel: An et quatenus cambio dato novatio fiat.); Chr 1873/74,13
Diss. Ingolst.-Landsh.-Mchn.

Hellmann, Frdr., zur Geschichte d. Konkursrechts d. Reichsstadt Ulm, s.a. **Beiträge,** deutsch-rechtl. IV, 1.

Zur Geschichte des Konkursrechts der Reichsstadt Ulm. Mit e. Anh. von z. T. ungedr. Quellen. Von Dr. Friedrich **Hellmann,** Prof. Heidelberg: Winter 1909. 46 S. 8°
(Deutschrechtliche Beiträge Bd. 4, H. 1.) [09. 15330

— Grundriß d. deutschen **Urheberrechts** u. Erfinderrechts f. Studierende. (VII, 66 S.) 8. München 909. J. Schweitzer Verl. nn 1.30

Hellmann, Frdr., das Konkursrecht der Reichsstadt Augsburg, s.a. **Untersuchungen zur deutschen Staats- u. Rechtsgeschichte. 76. Hft.**

Das Konkursrecht der Reichsstadt Augsburg von Dr. Friedrich **Hellmann,** Prof., München. Breslau: M. & H. Marcus 1905. (174 S.) 8°
= **Untersuchungen** z. Deutschen Staats- u. Rechtsgeschichte. H. 76. [05. 6909

— Konkursrecht in Ulm, s. Beiträge, deutschrechtl., IV. Bd. 1. Heft.

— Lehrbuch d. deutschen **Konkursrechts.** (XX, 707 S.) gr. 8. Berlin 907. O. Häring. 15.—; geb. in Halbfrz. 17.—

Hellmann, Friedr., Lehrbuch des deutschen **Civilprozeßrechts** für den akademischen und praktischen Gebrauch. 3 Abthlgn. gr. 8. (XV, 1060 S.) München 885—87, Th. Ackermann's Verlag. *

Hellmann, über Missio in possessionem im römischen und heutigen Rechte, s.a. **Festgabe zum Doktor-Jubiläum** von J. J. W. v. Planck.

Hellmann, Friedr.: Ueber Missio in possessionem im römischen und im heutigen Rechte. München 1887.
(in: Festgabe der Jur.-Fak. zu München f. v. Planck.)

Hellmann, Friedr., die Stellvertretung in Rechtsgeschäften. gr. 8. (IV, 168 S.) München 882, Th. Ackermann. *

— die **Subhastationsordnung,** s.a. **Gesetzgebung,** die, d. Königr. Bayern mit Erläuterungen.

—— die Subhastationsordnung für das Königr. Bayern. Textausg. mit Anmerkungen und Sachregister. 8. (XIV, 136 S.) Erlangen 886, Palm und Enke. cart. *

—— dass. — s. **Gesetzgebung,** die, des Königr. Bayern mit Erläuterungen.

Hellmann, F., s.: **Vierteljahrsschrift,** kritische, f. Gesetzgebung u. Rechtswissenschaft.

[F.] Vorträge über das bürgerliche Gesetzbuch für das deutsche Reich. Allgemeiner Tl. Von Friedrich **Hellmann,** ö. o. Prof. ... an d. Univ. München. *Freiburg i. B., Leipzig & Tübingen: J. C. B. Mohr 1897.* 8. [97. 5787

Hellmann, F., Civilproceßordnung für das Deutsche Reich nebst Einführungsgesetz erläutert, s.a. **Gesetzgebung, die, des Deutschen Reiches mit Erläuterungen.**

Hellmann F, die Zivilprozessordnung für das Deutsche Reich nebst Einführungs-Gesetz mit Erläuterungen. (Gesetzgebung d. Deutschen Reichs I, 3) Erlangen 1877-79

Hellmann. Friedr.: Civilprozeßordnung für das Deutsche Reich nebst Einf.-Ges. Abth. 1—3. (Erlangen 1878—79.)

(Die Gesetzgebung des Dt. Reiches mit Erl. hrsg. von Bezold. Th. 1, Bd 3.)

Hellmann, Friedr., Civilprozeßordnung für das Deutsche Reich nebst Einführungsgesetz, erläutert. Neue (Titel-)Ausg. 3 Abthlgn. gr. 8. Erlangen 880, Palm und Enke. [1. Abthl. (619 S.) ℳ 13,80.; 2. Abthl. (600 S.) ℳ 13,80.; 3. Abthl. (422 S.) ℳ 9.] *
Aus: Die Gesetzgebung des Deutschen Reiches mit Erläuterungen, besonders abgedruckt.

Hellmann, Frdr., Civilprozeßordnung für das Deutsche Reich nebst Einführungsgesetz, erläutert. [Aus: „Gesetzgebung des Deutschen Reiches m. Erläuterungen".] Neue (Titel-)Ausg. 1. Abth. gr. 8. (619 S.) Erlangen (1878) 881. Palm & Enke. n. 13. 80

Hellmann, Gustav

Hellmann, G., d. Anfänge d. **magnetischen Beobachtungen.** [Aus: „Ztschr. d. Gesellsch. f. Erdkunde zu Berlin".] Lex.-8. (27 S. m. 3 Fig.) Berlin 897. W. H. Kühl. n. 1. 60

GUSTAV HELLMANN, Kurze Anleitung zur Anstellung der einfachsten klimatologischen Beobachtungen. Beilage zum »Export«, Organ des Centralvereins für Handelsgeographie und Förderung deutscher Interessen im Auslande zu Berlin. Berlin 1891. Gedr. bei Julius Sittenfeld. 8°.

— Ein Beitrag zur Physik der höheren Luftschichten. Wien 1875.

Hellmann, G. Beobachtungen an Regenmessern. — **Das Klima** v. Berlin, s. **Abhandlungen** d. königl. preussischen meteorologischen Instituts.

Hellmann, G., Bericht üb. d. Tätigkeit d. königl. preuss. meteorolog. Instituts, s.: **Veröffentlichungen** d. königl. preuss. meteorolog. Instituts.

Wilhelm von Bezold. Gedächtnisrede geh. in e. gemeinschaftl. Sitzung d. Deutschen Physikal. Gesellsch., d. Deutschen Meteorol. Gesellsch. u. d. Berliner Vereins f. Luftschiffahrt 1907 von G[ustav] **Hellmann.** Braunschweig: Vieweg & Sohn 1907. (32 S.) 8°
— **Zeitschrift,** Meteorologische. Bd 24, H. 7, [Beil.] [07. 11973

— Ergebnisse der Niederschlags-Beobachtungen, s.: Veröffentlichungen des königl. preuss. meteorolog. Instituts.

Hellmann, Gustav: Ueber den jährlichen Gang der Temperatur in Norddeutschland. Mit 2 Tafeln graphischer Darstellungen. ([S.-A.] Zeitschrift des Königlich Preussischen Statistischen Büreau's. Jahrg. 1883.) Berlin 1883. 12 S. 4°.

Hellmann, G., Geschichte des königl. preussischen meteorologischen Instituts von seiner Gründung im J. 1847 bis zu seiner Reorganisation im J. 1885. gr. 4. (III, 50 S. mit 6 Taf. graph. Darstellungen und 14 Holzschn.) Berlin 887, Asher und Comp. **
Aus: Ergebnisse der meteorologischen Beobachtungen im J. 1885, besonders abgedruckt.

Hellmann, Gustav: Ueber gewisse Gesetzmässigkeiten im Wechsel der Witterung aufeinanderfolgender Jahreszeiten. (Sitzungsberichte der Königlich Preussischen Akademie der Wissenschaften zu Berlin. 1885. XIV.) Berlin 1885. 10 S. 8°.

— Magnetische Kartographie in histor.-krit. Darstellung, s.a. Veröffentlichungen d. königl. preuss. meteorolog. Inst.

Hellmann, Gustav: Magnetische Kartographie in historisch-kritischer Darstellung. Von –. Berlin: Behrend 1909. 61 S. 4°
(Veröffentlichungen d. Kgl. Preuß. Meteorolog. Instituts. Nr. 215. Abhandlungen. Bd 3, Nr 3.)

Hellmann, G., das Klima von Berlin, s.a. Abhandlungen d. kgl. preuss. meteorologischen Instituts.

— Das Klima v. Berlin, fortgef. v. G. v. Elsner u. G. Schwalbe, s.a. Veröffentlichungen d. kgl. preuss. meteorolog. Inst.

Hellmann, Gustav: Das Klima von Berlin. Von –. T. 1. Berlin: A. Asher & Co. 1891 (Umschl.: 1892). 4°
= Abhandlungen d. Kgl. Preuss. Meteorol. Instituts. Bd 1, No 4.

— u. H. H. Hildebrandsson, internationaler meteorologischer Kodex. Im Auftrage d. internat. meteorolog. Komitees bearb. Deutsche Ausg., besorgt v. d. königl. preuss.. meteorolog. Institut. (VIII, 81 S. m. 1 Tab.) Lex.8. Berlin 907. Behrend & Co. Geb. in Leinw. nn 4.—

Hellmann, G.: Der zweite internationale Meteorologen-congress Rom 1879. 4°

Hellmann, G., s.: Neudrucke v. Schriften u. Karten üb. Meteorologie u. Erdmagnetismus.

Die Niederschläge in den Norddeutschen Stromgebieten. In amtl. Auftr. bearb. v. Prof. Dr. G[ustav] **Hellmann**, Geh. Reg.R. In 3 Bden. Bd 1–3. Berlin: D. Reimer 1906. 3 Bde 4°(8°)
1. Text. Mit 48 Fig., 3 Taf. u. 1 Karte. 2. 3. Tabellen 1. 2. [04. 9038

Hellmann, Gustav: Grösste Niederschlagsmengen in Deutschland, mit besonderer Berücksichtigung Norddeutschlands. ([S.-A.] Zeitschrift des Königlich Preussischen Statistischen Büreaus. Jahrg. 1884. S. 251—261.) (Berlin 1884.) 11 S. 4°.

Hellmann, Gustav, Die Organisation des meteorologischen Dienstes in den Hauptstaaten Europas. Theil I und II. Berlin 1878 und 1880.

— Plan für ein meteorologisches Beobachtungsnetz im Dienste der Landwirthschaft des Königreichs Preussen. Berlin 1879.

– (Hrsg.), s. Rara Magnetica 1269–1599.

Hellmann, G., über die relative Regenarmuth der deutschen Flachküsten. (10 S.) Lex.-8. Berlin 904. G. Reimer. n. — 50
Sonderabdruck aus: „Sitzungsber. d. preuss. Akad. d. Wiss."

Hellmann, Gustav: Regenkarte der Provinzen Brandenburg und Pommern sowie des Grossherzogt. Mecklenburg-Schwerin u. Mecklenburg-Strelitz. Mit erl. Text u. Tab. In amtl. Auftr. bearb. von Prof. Dr. Gustav Hellmann, Abt.-Vorst. im Kgl. preuss. meteorol. Inst. Berlin: D. Reimer 1901. (39 S., 1 Kartenbl. 29x22 cm.) 8° [kol.]

Regenkarte von Deutschland auf Grund zehnjähriger Beobachtungen ⟨1893–1902⟩ von 3000 Stationen entworfen von (Prof. Dr.) G[ustav] **Hellmann**. Maßst. 1 : 1,800,000. (Mit erl. Bemerkungen.) (Berlin: D. Reimer 1906.) (1 Kartenbl. 65 × 55 cm). 4° [lith.] [kol.] [06. 9787

Regenkarte der Provinzen Hessen-Nassau u. Rheinland, sowie von Hohenzollern u. Oberhessen. Mit erl. Text u. Tab. In amtl. Auftr. bearb. von Prof. Dr. G[ustav] **Hellmann**. *Berlin: D. Reimer 1903.* (55 S.) 8° [03.

Hellmann, Gustav: Regenkarte der Provinz Ostpreussen. Mit erl. Text u. Tab. Im Amtl. Auftr. bearb. von Prof. Dr. –. Berlin: D. Reimer 1900. (25 S., 1 Kt.) 4° (8°)

Hellmann, Gustav: Regenkarte der Provinz Sachsen und der Thüringischen Staaten. Mit erl. Text u. Tab. In amtl. Auftr. bearb. von Prof. Dr. –. Berlin: D. Reimer 1902. (31 S., 1 Kartenbl. 26x22 cm.) 4° (8°) [kol.]

Hellmann (G.) Regenkarte der Provinz Schlesien. Mit erläuterndem Text und Tabellen. Berlin 1899. 8. — Desgl. der Provinzen Westpreussen und Posen. Berlin 1900. 8. — Desgl. der Provinz Ostpreussen. Berlin 1900. 8. — Desgl. der Provinzen Brandenburg und Pommern, sowie der Grossherzogthümer Mecklenburg-Schwerin und Mecklenburg-Strelitz. Berlin 1901. 8. — Desgl. der Provinz Sachsen und der Thüringischen Staaten. Berlin 1902. 8. — Desgl. der Provinzen Schleswig-Holstein und Hannover, sowie Oldenburg, Braunschweig, Hamburg, Bremen und Lübeck. Berlin 1902. 8. — Desgl. der Provinz Westfalen, sowie von Waldeck, Schaumburg-Lippe, Lippe-Detmold und vom Kreis Rinteln. Berlin 1903. 8.

Regenkarte der Provinz Schlesien. M. erläut. Text u. Tab. In amtl. Auftr. bearb. v. Prof. Dr. G[ustav] Hellmann, Abt.-Vorst. im K. Preuss. Meteorol. Inst. *Berlin: D. Reimer 1899.* (24 S., 1 kl. Bl., 1 Kt.) 1 Bd 1.8) [99. 7725

Regenkarte der Provinzen Schleswig-Holstein und Hannover sowie von Oldenburg, Braunschweig, Hamburg, Bremen u. Lübeck. Mit erl. Text u. Tabellen. In amtl. Auftr. bearb. von Prof. Dr. G[ustav] **Hellmann**. *Berlin: D. Reimer 1902.* (44 S., 1 Kartenbl. 26 × 36cm.) 4° [kol.] [02. 14648

Regenkarte der Provinz Westfalen sowie von Waldeck, Schaumburg-Lippe, Lippe-Detmold u. d. Kreis Rinteln. Mit erl. Text u. Tabellen. In amtl. Auftr. bearb. von Prof. Dr. G[ustav] Hellmann. *Berlin: D. Reimer 1903.* (29 S., 1 Kartenbl. 22 × 21 cm.) 4°(8°). [03. 4366

Hellmann, Gustav: Regenkarte der Provinz Westpreussen und Posen. Mit erl. Text u. Tab. In amtl. Auftr. bearb. von Prof. Dr. –. Berlin: D. Reimer 1900. (27 S.) 4° (8°)

Hellmann. Gustav: Neue Regen- und Schneemesser. ([S.-A.] Zeitschrift für Instrumentenkunde. 1885. Heft 3. März.) Berlin 1885. 2 S.
an: Hellmann: Ueber gewisse Gesetzmässigkeiten im Wechsel der Witterung aufeinanderfolgender Jahreszeiten. 8°.

Hellmann, Gustav: Die Regenverhältnisse der Iberischen Halbinsel. Mit acht Figuren im Text und einer Karte. ([S.-A.] Zeitschrift der Gesellschaft für Erdkunde zu Berlin. Bd 23. Heft 2, 3. S. 305–400.) Berlin 1888. 96 S. 8°

Hellmann, G., Dr., Die Regenverhältnisse vom 22. bis 24. Novbr. 1890 in Mittel- und West-Deutschland. (Sep.-Abdr.) Berlin 1891.

Hellmann, G., Repertorium der deutschen Meteorologie. Leistungen der Deutschen in Schriften, Erfindungen und Beobachtungen auf dem Gebiete der Meteorologie und des Erdmagnetismus von den ältesten Zeiten bis zum Schlusse des J. 1881. gr. 8. (XXIII, 996 Sp. mit 1 chromolithogr. Karte und 1 lithogr. Taf.) Leipzig 888, Engelmann. *

— Schneekrystalle. Beobachtungen u. Studien. Mit 11 Abbildgn. im Text u. 8 Taf. in Heliograv. u. Lichtdr. nach mikrophotograph. Aufnahmen von R. Neuhaus. gr. 8. (66 S.) Berlin 893. R. Mückenberger. Geb. n. 6.—

— u. W. **Meinardus, der grosse Staubfall vom 9.—12. III. 1901 in Nordafrika, Süd- u. Mitteleuropa,** s.a. **Abhandlungen d. königl. preuss. meteorolog. Instituts.**

Hellmann, Gustav: Der grosse Staubfall vom 9. bis 12. März 1901 in Nordafrika, Süd- und Mitteleuropa. Von Gustav Hellmann u. Wilhelm Meinardus. Mit 6 Taf. Berlin: A. Asher & Co. 1901. (93 S.) 4°
= Abhandlungen d. Kgl. Preuss. Meteorol. Instituts. Bd 2, No 1.

– (Hrsg.), s. Torricelli, Evangelista.

— Untersuchungen üb. d. Schwankungen d. Niederschläge, s.a. Veröffentlichungen d. königl. preuss. meteorolog. Inst.

Hellmann, Gustav: Untersuchungen über die Schwankungen der Niederschläge. Von –. Berlin: Behrend 1909. 81, XXVIII S. 4°
(Veröffentlichungen d. Kgl. Preuss. Meteorol Instituts. Nr 207. Abhandlungen. Bd 3, Nr 1.)

— Ueber die Veränderlichkeit der Luftwärme in Norddeutschland nach gleichzeitigen 25jähr. Beobachtungen. Berlin 1875.

Hellmann, Joh. Ge. Gust., Die täglichen Veränderungen der Temperatur der Atmosphäre in Nord-Deutschland. Meteorologische Untersuchung. Berlin 1875. 8. (KGA.)

— meteorologische Volksbücher, s.a. Sammlung populärer Schriften, hrsg. v. der Gesellschaft Urania zu Berlin.

Hellmann, Gustav: Meteorologische Volksbücher. Ein Beitrag zur Geschichte der Meteorologie und zur Kulturgeschichte. (Sammlung populärer Schriften. herausgegeben von der Gesellschaft Urania zu Berlin. No. 8.) Berlin 1891. 53 S. 8°

Hellmann, Gustav: Meteorologische Volksbücher. E. Beitr. z. Gesch. d. Meteorologie u. z. Kulturgesch. Von Prof. Dr. Gust. Hellmann, Mitgl. des Kgl. Meteorolog. Inst. in Berlin. 2., verm. u. verb. Aufl. Berlin: H. Paetel 1895. (68 S.) 1 Bd 4° (8°).
- Sammlung populärer Schriften hrsg. v. d. ... Urania. No 8.

Hellmann, Gust., die täglichen Veränderungen der Temperatur der Atmosphäre in Norddeutschland. Meteorologische Untersuchung. Lex.-8. (36 S.) Berlin 876, Mayer und Müller.

Hellmann, G.: Das älteste Berliner Wetter-Buch, 1700–1701, von Gottfried Kirch und seiner Frau Margaretha. Berlin 1893.

— s.: Zeitschrift, meteorologische.

Hellmann, H., die Quecksilberluftpumpe in ihren wichtigsten Formen. gr. 8. (IV, 34 S. mit 3 lithogr. Taf.) Riga 885, (Kymmel, Sortiment.) *

Hellmann, Hanna, Heinrich v. Kleist. Das Problem seines Lebens u. seiner Dichtg. Ein Versuch. (40 S.) 8. Heidelberg 908. C. Winter, Verl. — 80

Hellmann, Hanna. Heinrich von Kleist, das Problem seines Lebens und seiner Dichtung. Diss. Phil. I. Univ. Zürich. II + 71 S. 8. Heidelberg, Carl Winter, 1910.

Hellmann, Heinrich W.

Hellmann, H. W., der elektrische Kraftwagen. Theoretisch-prakt. Handbuch f. Konstruktion, Bau u. Betrieb elektrisch bewegter Fahrzeuge. gr. 8. (VIII, 328 S. m. 225 Abbildgn. u. 8 S. in schmal Fol.) Berlin 901. G. Siemens. Geb. in Leinw. n. 8.—

Hellmann, Joh., Betrachtungen über das wahre Verdienst des Einzelmenschen u. der Völker. In 3 Abthlgn. gr. 8. (XX u. 247 S.) Leipzig 852, Brockhaus. n. 1 Thlr.

Hellmann, Joh., Briefe üb. d. moral. Bildung des Menschen. 2 Bdchn. 8. (18½ B.) Wien 841, (Wallishausser.) *

Kurtz-verfasste Süder-Dithmarsische Kirchen-Historie: darinnen I. Von dem Heydenthum. II. Von dem Christenthum. III. Von der Reformation. IV. Von der Priesterschafft dieser Landschafft gehandelt wird: mit Fleiss colligiret, und aus bewährten schrifftlichen Documenten und andern Urkunden zusammen getragen v. Johann **Hellmann.** Hamburg. 1735. 4° k.

Hellmann, Joh., der Staat nach seinen innern und äußern Beziehungen. Volksthümlich dargestellt. Leipzig 851. Brockhaus. gr. 8. (VIII, 296 S.) n. 1 Thlr. 10 ngr.

Hellmann, Jh. Ksp., (†d. 20. März 1793.) d. graue Staar u. dessen Herausnehmung beschrieben. 8. Magdeb. 774. Scheidhauer. 14 gr.

Hellmann, Johannes. Der Vivisektionsstreit im Kanton Zürich vom Jahre 1895. Kritisch beleuchtet von Dr. med. J' H' an Hand der Streitschrift «Für die Vivisektion, Gegen die Initiative». Hrg. Namens des Weltbundes gegen die V', Abteilung Zürich, von L[udwig] Fliegel. [Illustriert.] 96 S. 8. Zürich, Buchdr. Conzett & Wirz (*Aufdruck:* Verlag von Emil Wirz, Aarau), 1904. [fr. 1. —]

Hellmann, Jos., Gedichte in altboarischer Mundart. 8. (III, 71 S.) München 877. (Kaiser.) n. 1. 65

Hellmann, Jos., komische Lieder, Gedichte ꝛc., gesammelt. Altboarische Gedichte, verf. und hrsg. 2. Bdchn. 12. (88 S.) München 881, (Kaiser.) *
1. Bdchn. Ebendas. 1877. *ℳ 1,65.

Hellmann, Jos., Sammlung v. Gattungsbegriffen. Ein Hand- u. Nachschlagebuch f. Taubstumme. 8. (152 S.) München 884. (Kaiser). n.n. — 80

Hellmann, Jul., Kolonial-Handbuch, s.: Heydt, v. der.

Hellmann, Jul. Aug., Anleitung zum schnellen Abteufen der Bohrlöcher wie zur leichten Fabrikation des Kochsalzes nach Erfahrung bearb. gr. 8. (76 S.) Karlsruhe 847, Groos.

Hellmann, Karl

— Ludwig, e. Gesch. zu Beherzigung f. d. Jugend. Bey der Gelegenheit, als sich einige Knaben in Leipzig heimlich verschworen hatten, nach Amerika zu gehen, 8. Lpz. Schneider. (Linke, a. Sommer.) 788.

Hellmann, Carl, das Opfer d. Priesterwuth, s.a. Opfer.

Hellmann, Karl, das Opfer der Priesterwuth. 8. Bresl. 788. J. F. Korn. 20 gr.

HELLMANN, Karl (ps.), Das Opfer der Priesterwuth. (Liederl. Kandidaten- u. Theater-Roman.) Mit figurenreicher TVign. Breßlau u. Hirschberg 1789. Bei Johann Friedrich Korn dem ältern, im Buchladen neben dem Kön. Ober-Zoll- und Accisamte auf dem großen Ringe. 8°. X—325 S. (2 Mk., Leihbibl.-Expl., Kühl, Berlin, c. 1883; jetzt theurer!)

—Tugend u. Laster im Streit. 2 Thle. 8. Bresl. 780. J: F. Korn. 1 ₰ 8 gr

Hellmann, Ludwig [aus Heidingsfeld (Bayern)] : Über den Ursprungsort der Weichteilsarcome der Regio inguinalis ... Würzburg, k. Universitätsdr. v. H. Stürtz, 1888, 62 S. u. 1 Taf. 8°
Würzburg, Med. Fak., Inaug.-Diss. v. 1888

Hellmann, Mor., Beiträge zur Kenntniss der physiologischen Wirkungen d. Hyoscyamins u. der Spaltungsproducte des Hyoscyamins u. d. Atropins. 8. (40 S.) Jena 873. (Deistung.) n. -- 60

Hellmann, Mor., Beiträge zur Kenntniss der physiologischen Wirkungen des Hyoscyamins und der Spaltungsproducte des Hyoscyamins und des Atropins. Inaugural-Dissertation. 8. (40 S.) Jena 873, Neuenhahn.

*Hellmann, M[oritz]: Katalog der Lehrerbibliothek der Realschule zu Barmen. Nach Fächern geordnet und zusammengestellt. 1 Bl., 78 S. 8. Progr. Realschule *Barmen* 1901.

Hellmann, Osk., s.: Janus. Studien u. Kritiken.

Hellmann, Osk., Joseph Christian Freiherr v. Zedlitz. Ein Dichterbild aus dem vormärzl. Oesterreich. (176 S. m. 1 Fksm. u. 11 Taf.) 8. Leipzig 910. (Glogau, Hellmann.) 4.—; geb. 5.—

Hellmann, Otto, Rechtsprakt. in München: Die staatsrechtliche Stellung des Reichslandes Elsaß-Lothringen nach seiner geschichtlichen Entwicklung und dem geltenden Recht. Freising 1907: A. Warmuth. (VI, 89 S.) 8° [F.]
Erlangen, Jur. Fak., Ref. Rieker, Diss. v. 3. Okt. 1907
[Geb. 23. Juli 81 Engelmannsreuth (Oberfranken); Wohnort: München; Staatsangeh.: Bayern; Vorbildung: Gymn. St. Stephan Augsburg Reife Juli 00; Studium: Lyzeum Augsburg 1, Univ. Würzburg 2, München 5 S.; Rig. 22. Jan. 07.]

Hellmann, Richard (geb. am 31 Jan. 1847 in Siegen): Ueber die Differentialdiagnose der thyphösen [!] und septischen Krankheiten ... Bonn, Druck v. J. F. Carthaus (1872). 34 S., 2 Bl. 8.
Bonn, Med. Fak., Diss. v. 12 März 1872

Hellmann, Roderich, über Geschlechtsfreiheit. Ein philosoph. Versuch zur Erhöhung des menschl. Glückes. gr. 8. (XVI, 287 S.) Berlin 878. Staude. n. 3.—; geb. n. 4.—

Hellmann, Siegm., s.: Elisabeth Charlotte v. Orléans, Herzogin, aus den Briefen an Étienne Polier de Bottens.

— s.: Festgabe, Karl Theodor v. Heigel gewidmet.

Die Grafen von Savoyon und das Reich bis zum Ende der staufischen Periode. Von S[iegmund] Hellmann. *Innsbruck: Wagner 1900.* (227 S.) 8° [oe. 8]

Hellmann, S., d. bayerische Oberst François de Lacolonie u. s. Memoiren, s.: Darstellungen a. d. bayer. Kriegs- u. Heeresgeschichte.

— d. sogen. Memoiren de Grand champs u. ihre Fortsetzungen u. d. sogen. Memoiren des Marquis de Sassenage, s.a. Abhandlungen, historische.

Hellmann, Siegmund: Die sogenannten Memoiren de Grandchamps und ihre Fortsetzungen und die sogenannten Memoiren des Marquis de Sassenage ... (Erschien vollst. als Heft x von: Histor. Abh. hrsg. v. Th. Heigel u. H. Grauert.) München, H. Lüneburg, 1896; 4 Bl., 64 S. 8.
München, Phil. Fak., Inaug.-Diss. v. 1896

Hellmann, Siegm., Pseudo-Cyprianus de XII abusivis saeculi, s.: Texte u. Untersuchungen zur Geschichte d. altchristl. Literatur. 3. IV, 1.

Hellmann, Siegmund, Dr. phil.: Das Reich und die Grafen von Savoyen bis zum Tode der Gräfin Adelheid (1091). *München 1899: Kastner & Lossen.* (40 S.) 8° ¶(Erscheint vollst. u. d. T.: Die Grafen von Savoyen u. d. Reich bis zum Ende d. staufischen Periode.)
München, Phil. Hab.-Schr. v. 1899
(Nicht für den Austausch)

— Sedulius Scottus, s.a. Quellen u. Untersuchungen zur lateinischen Philologie des Mittelalters. I. 1.

Sedulius Scottus von S[iegmund] Hellmann, Privatd. 1. Sedulius Scottus, Liber de rectoribus Christianis. 2. Das Kollektaneum d. Sedulius Scottus in d. Kodex Cusanus C 14 nunc 37. 3. Sedulius u. Pelagius. München: C. H. Beck 1906. (XV, 203 S.) 8°
— Quellen u. Untersuchungen z. lat. Philol. d. Mittelalters. Bd 1, H. 1. [o5 1956]

[F.] Hellmann, Wilhelm: Ueber die Anfänge des mathematischen Unterrichts an den Erfurter evangelischen Schulen im 16. und 17. Jahrhundert. Tl 1. Nebst e. Schulordng f. d. Erfurter Trivialschulen aus d. Anfang d. 17. Jhs. Erfurt, Ohlenroth'sche Buchdr., 1895; 16 S. 4.
Erfurt, st. R, OP 1895 (274)

[F.] Hellmann, Wilhelm: Über die Anfänge des mathematischen Unterrichts an den Erfurter evangelischen Schulen im 16. und 17. Jahrhundert und bis etwa 1774. Tl II. [Forts. d. P-Beil. 1895.] Erfurt, Ohlenroth'sche Buchdr., 1896; 16 S. 4.
Erfurt, st. R, OP 1896 (275)

Hellmann's Unterhaltt. mit seinen Kindern. 1r Thl. 8. Danz. 801. Troschel. 1 ₰

Hellmar, Georg

Aus dem Museum der Loge „Minerva-Rhenana" Cöln 1909. Von [Georg] Hellmar. [Berlin 1910: Denter & Nicolas.] 12 S. 8° [Kopftit.]
Aus: Bbl. 24 (1910) S. 8—19.
Erklärung der im Archiv der Loge befindlichen Bijoux mit erl. Abb. 3.

Verzeichnis der Büchersammlung der Loge Minerva-Rhenana im Or.·. Cöln a. Rh. [Zsgest. von Georg Hellmar.] Bonn 1906: Georgi. 112 S. 8° [Umschlagtit.]
cf. L. 30 (1907) S. 80.
Vorgedr. d. Geschäftsordn. 358.

Hellmar, Hans

Der Krieg und das Geld, Abschn. 1 von Friedrich der Große, Sieg-Erzwinger im Bereiche der Staats- und Volkswirtschaft. Ein Rückblick aus mächtiger Gegenwart in d. große Vergangenheit zu Nutz u. Frommen d. Zukunft von Hans Hellmar, Oberstlt. z. D. *(Metz): Selbstverl. [1903].* 8° [F.] [o3. 1910]

Hellmar, Hans, der Krieg u. das Geld. erster Abschn. v. Friedr. d. Große, Sieg-Erzwinger im Bereiche d. Staats- u. Volkswirtschaft. Ein Rückblick aus mächt. Gegenwart in die große Vergangenheit zu Nutz u. Frommen d. Zukunft. (112 S.) 8. Metz (904). (Berlin, Mittler's Sort.) n. 1.—

Hellmar, Hugo, Antwort auf die Frage des Prediger Uhlich: „Kann ich nach protestant. Grundsätzen Geistlicher der evang. Kirche bleiben?" Eine kirchenrechtliche Untersuchung. gr. 8. (31 S.) Halle 848, Schmidt. n. 4 ngr

— Beschreibung der wichtigsten Presbyterialverfassungen, s.: Miller u. Lorimer.

Hellmar, Hugo (Mittelmark), De natura constitutionis statuum territorialium et repraesentativae earumque differentia. Diss. jur. Halle (Semmler) o. J. (19. Jahrh.) 56 S. (6.50) 14212

— der Patronat nach Preuß. Landes- u. Provinzialrecht u. die Versuche seiner Aufhebung. gr. 8. (VIII u. 160 S.) Elberfeld 850, Hassel. 2/3 ₰

— — u. F. Caspari, Quae juris rationes e fundorum abalienatione principum comitumque inde ab anno 1806 alieno imperio subjectorum emanent. Dissertat. jur. Halle (Hendel) 24. IV. 1847. 56 S. (6.80) 14213
Oppon.: C. v. Kaltenborn, H. Vogel, L. Bertram.

— der Untergang der Civilisation eine Folge der Revolution. gr. 8. (20 S.) Halle 848, Schmidt. 3 ngl

— die norwegische Verfassung ein Vorbild für Preußen. — Gedanken über die indirekte Wahl, das Zweikammersystem und das suspensive Veto. gr. 8. (39 S.) Halle 848, Schmidt.

— die Zukunft der evangel. Kirche vom rechtl. Standpunkt aus beleuchtet. gr. 8. (IV und 71 S.) Halle 848, Schmidt. *

Hellmayr, C. E., ein Beitrag zur Ornis Südarabiens, s.: Lorenz-Liburnau, L. v.

— Paridae, Sittidae u. Certhiidae, s.a. Tierreich, das. 18. Lfg.

Paridae, Sittidae und Certhiidae bearb. von C. E. Hellmayr in München. Mit 76 Abb. *Berlin: R. Friedländer & Sohn 1903.* (XXXI, 255 S.) 4°(8)
— Tierreich. Das. Lfg 18. [09. 5784

— Revision d. Spyx'schen Typen brasilianischer Vögel. (S. 563—726 m. 2 farb. Taf.) Lex.-8. München 906. (G. Franz' Verl.) n. 5. —
Sonderabdruck aus: „Abhandlgn. d. bayer. Akad. d. Wiss."

H(ellme)r. Die preuß. Armee ohne Landwehr. Glogau 1853. 8°.

Hellmer, s. Siegfried, Louise, geb. Hellmer.

Hellmer, Edmund

Hellmer, Edmund. Hugo Wolf's Briefe an Emil Kauffmann. Berlin 1903.

Hellmer, Edm., Lehrjahre in der Plastik. 1. Thl. 4. (19 S.) Wien 900. A. Schroll & Co. n. — 50

Hellmer jr., Edm., ein Monumental-Brunnen u. seine Entstehung. Skizzen, Studien, Varianten und Details v. Edmund Hellmer's Marmorbrunnen an Sr. Maj. Hofburg am Michaelerplatz in Wien, darstellend „Die Herrschermacht Österreichs zu Lande". Mit 29 Autotyp. 4. (22 S.) Ebd. 900. n. 7. —

— s.: Wolf's, Hugo, Briefe an Emil Kauffmann.

Hellmer, Edm., s.: Wolf, Hugo, der Corregidor.

Hellmer, J., erläuternde Tabellen zu dem Alkalimeter des Mag. Tauber in Leipzig, nebst ein. Anh. über d. zweckmäßigste Benutzung der Laugen f. Seifenfabrikanten. gr. 8. (4 B.) Leipzig 845, Klinkhardt.

Hellmer, Karl, die Schuld der Mutter. Nach dem Französischen. — Der schwarze Diamant. Von Emile Herny. 8. (304 S.) Leipzig 887, Greßner und Schramm. *

Hellmer, Otto *Paul Hugo* [aus Berlin]: Über Wanderniere, ihre Behandlung durch Nephrorraphie und deren Dauererfolge .. Berlin, Buchdr. v. G. Schade, *1897;* 31 S. 8.
Berlin, Med. Fak., Inaug.-Diss. v. 10. Aug. 1897

Hellmers, Gerh., über die sprache Robert Mannyngs of Brunne und über die autorschaft der ihm zugeschriebenen „Meditations on the Supper of our Lord". gr. 8. (96 S.) Goslar 885, Koch. *

Hellmesberger, Josef: Das Licht. Ballet-Divertissement in 6 Bildern von Lucas Sunder. Mus. von J. Hellmesberger junior. Choreogr. Kompos. von Jean Golinelli. Leipzig: Breitkopf & Härtel [1893]. (8 S.) 8°
= Textbibliothek, Breitkopf & Härtels. No 327.

Hellmesberger, Josef: Meißner Porzellan. Pantomim. Ballet in 1 Akt nebst 1 Vorspiel von J. Golinelli. Musik von Josef Hellmesberger jun. [Textbuch.] Wien: G. Lewy [um 1908]. 13 S. 8°
(Breitkopf & Härtel's Textbibliothek. [Nr 326.])

– (Bearb.), s. Wolf, Hugo: Penthesilea.

Hellmessen, Ant., d. k. k. Kunstgewerbeschule in Prag u. ihre Lehrziele, s.: Sammlung gemeinnütziger Vorträge.

Hellmessen, A., d. Porzellan, } s.: Sammlung
— d. neue Stil im Kunsthandwerk, } gemeinnütz. Vorträge.

Hellmessen, A., moderne Wohnräume, s.: Sammlung gemeinnütziger Vorträge.

Hellmich, s.: Mitteilungen d. Schulkommission d. Verbandes sächs. Schumacher-Innungen.

Hellmich, Ernestus *(geb. Rosenthal bei Breslau 19. 10 1837)*: De hydrargyraethylo ejusque conjunctionibus. Vratislaviae (1864). (30 S.) 8°
Breslau, Phil. Diss. v 8. Aug. 1864

Hellmich, Gust., Aesthetik der Umgangsformen. Eine Schule d. guten Tons. 8. (185 S.) Breslau 894. (Trewendt & Granier.) 3. —

Hellmich, Joseph, approb. Arzt aus Bremen, ⟨Prov. Westf.⟩: Zur Kasuistik der Nierensarkome bei Kindern. *Kiel 1901: P. Peters.* (24 S.) 8°
Kiel, Med. Diss. v. [30. Mai] 1901

Hellmich, Walter Ludwig Ernst. Experimenteller Beitrag zur Genese des Epidermispigmentes. Diss. Vet.-Med. Bern. Mit einer Tafel. (Sonder-Abdruck aus Monatshefte für praktische Dermatologie, Band 45.) II + 25 S. 8. Hamburg und Leipzig, Leopold Voss, 1907.

Hellmont, Das Fräulein von; ein Lustspiel in fünf Handlungen. Prag 1773. V: *Nunn, Johann Joseph.* (WBI.) (MGT)

v. Hellmont, das Fräulein. Lstspl. (v. Jh. Jos. Nunn). 8. Prag 773. Widtmann. 4 gl

Hellmüller, Th[eodor]. Haftpflicht der Fabrikanten und Gewerbetreibenden. Sonderabdruck [aus:] Handwörterbuch der Schweizerischen Volkswirtschaft, Socialpolitik und Verwaltung. Hrg. von Dr. jur. N[aum] Reichesberg.... Band 2. II + 7 S. 8. Bern, Verlag Encyklopädie, 1904.

Hellmüller, T., Pfandrecht, s. Boos-Jegher.

Hellmüller, Th., das gesetzliche Pfandrecht f. die Forderungen der Bauhandwerker u. Unternehmer im Vorentwurf des schweiz. Civilgesetzbuches, s.a. Zeitfragen, gewerbliche. 19. Hft.

Hellmüller Th, das gesetzliche Pfandrecht für die Forderungen der Bauhandwerker und Unternehmer im Vorentwurf des schweizerischen Zivilgesetzbuches. (40 S) 4° (Gewerbliche Zeitfragen 19) Bern 1902

HELLMUND, Egid. Günther, Antwort auf die Fragen: ob Tanzen und Spielen Sünde sey. Büdingen 1720. 12°.
Cat. univ. d. Buchh. d. Waisenh. in Züllichau (174*). — Sehr selten!

ANTWORT, Theologische, auf die Frage: Ob das heutige weltliche Tantzen Sünde sey? (Vf.: *Aegidius Günther Hellmund.*) Halberstadt 1719. 8°.
Bibl. Breitenau. P. VII. p. 267. — Selten! Anon.-Lex. I. p. 86 (nach Mylius).

Christliches Bedencken von denen sogenannten Frey-Mäurern. Nebst einer Section vom allgemeinen Verderben in der Christenheit. Aus und nach dem Worte GOttes absonderlich dem Evangelio von Christo, nach der Aehnlichkeit des Glaubens u. Erforderung der gegenwärtigen Zeiten, zur Ehre GOttes und Erbauung des Nächsten, auf mehrmalige Veranlassung abgefasset und hrsg. Von Egid[ius] Günth[er] Hellmund. Wissbaden: Waysen-Haus [1741]. 71 S. 8°

[Dasselbe.] [Wiesbaden: Waisenhauss] 1872. 71 S. 8°
cf. Kurze histor. Nachricht v. d. Ursprung d. Frmrgesellschaft. Stück 2 1742.
Kl. 270. Selten. 1741 in 140; 1742 in 23.

Zugabe zu Egidii Güntheri Hellmunds Bedenken. Von denen sogenandten Frey-Mäurern. Ex consensu praesumto Ecclesiae universae, auf Gottseeliges Begehren guter Freunde zum Lobe Gottes und seiner Gemeine zum Besten abgef. und hrsg. Anno 1742. Francfurth a. M.: Buchner, Wissbaden: Waysen-Haus [1742]. 46 S. 8°
cf. Kurze histor. Nachricht von d. Ursprung d. Frmrgesellschaft. Stück 3 1742.
Kl. 271. Selten.

Vgl. W. 22974. — Sehr selten.
Der Titel der Zugabe heisst: Zugabe zu Egidii Güntheri Hellmunds Christlichem Bedencken von denen sogenandten Frey-Mäurern. Ex Consensu praesumto Ecclesiae universae, Auf Gottseeliges Begehren guter Freunde, zum Lobe Gottes und seiner Gemeine Zum Besten abgefasset und herausgegeben Anno 1742. Frankfurt a. M. [1742]: Waldow. Wiesbaden: Waisenhaus.

— dokimasia cantionalis, oder christliche Liederfragen. 8. Idstein. 714.

Hellmund, F. Günth., die unerkannten Gerichte Gottes über d. Böse u. Gute in der Welt rc. 2 Thle. 8. Wisb. 737.

— jura ecclesiae christ., oder christl. Lehre von den Rechten der christlichen Kirche. 8. Frankfurt, Stock. 747.

Lapis angularis oder christliches Bedencken von denen so genannten Frey-Mäurern. Nebst einer Section vom allgemeinen Verderben in der Christenheit, Und einer Zugabe. 2. Aufl. Zur Ehre Gottes und Erbauung Seiner Gemeine. Abgefasset und hrsg. von Egid. Günther Hellmund. Idstein 1742: Lyce. 20, 46 S. 8°.

— Leben Christi, oder Anmerkungen über das Evangel. 4. Hannov. Förster. 719.

Hellmund, E. G., Termagraphia paraenetica oder nützliches Baad. Buch in welchem vom Baade zu Wiesbaden, mit Baadlieder herausgeg. Mit 1 Kpfr. (Ansicht). — Mit Erster Fortsetzung. Wiesbaden, o. J. 8°.
So in Hugo Helbing's Münchner Mai-Auct.-Cat. 1907, no. 551. (Miltenberg. Schlossbibl.)

— Vorstellung des alten heidnisch. Wesens, wie sich dass. in d. Christenh. eingeschlich. rc. 8. Idstein. 744.

— christliche Zeichenlehre, von Zeichen und Wundern dieser Zeit, und von Freymaur. 8. Berleb. Haug. 742.

Hellmund, F. Günther, s. Hellmund, Egidius Günther

Hellmund, G., Anthari-Sage. 12. (317 S.) Leipzig 889. Artur Seemann. n. 5. —

Hellmund, H., Berechnung der Tages-Servis-Sätze f. die 4. u. 5. Servis-Klasse. gr. 8. (15 S.) Königsberg Nm. 893. F. G. Striese. n. — 60

Hellmund, Hermine W[ilhelmine] Bodenburg. Die Drumlin-Landschaft zwischen Pfäffiker- und Greifensee (Kanton Zürich). Diss. Phil. [II.] Univ. Zürich. ([Mit Figuren und 1 geologischen Karte. SA. aus:] Vierteljahrsschrift d. Naturf. Ges[ellschaft] Zürich. Jahrg. 54. 1909.) IV + 68 S. 8. Zürich, Zürcher & Furrer, 1909.

Hellmund, J. M., faßliche Anweisung für Mütter zur Heilung der unter dem Namen Croup oder häutige Bräune bekannten Kinderkrankheit, mit genauer Angabe ihrer Unterscheidung von andern, auch unter dem Namen Bräune vorkommenden Krankheiten. Nach Sam. Hahnemann u. andern homöopathischen Schriften bearb. 2. verb. Aufl. 16. (VI u. 25 S.) Gotha 848. (Gläser.) 1/4 ₰

—— gründliche Anweisung zur Heilung der gefährlichsten Kinderkrankheiten, als: des Scharlachs, der Masern, der Rötheln, des Keuchhustens, so wie der in der Zahnperiode vorkomm. Krankheiten. Nach homöopath. Grundsätzen bearb. gr. 12. (VI und 104 S.) Gotha 849, (Gläser.) *
Die 2. Aufl. erschien unter dem Titel:

— die gefährlichsten Kinderkrankheiten u. ihre homöopathische Heilung. Für Nichtärzte höherer Bildung, insbesondere für Eltern u. Erzieher, in 3 Abtheilungen dargestellt. 1. Abthlg. 2. verb. u. verm. Aufl. A. u. d. T.: Der Croup [Bräune], das Scharlach, der Purpurfriesel, die Rötheln, die Masern, der Keuchhusten u. die in der Zahnperiode vorkommenden Krankheiten u. Unregelmäßigkeiten. 2. verb. u. verm. Aufl. 8. (VIII u. 158 S.) Gotha 851, Glaeser in Comm. n. 1/2 ₰

— dass. 2. Abthlg. A. u. d. T.: Der Soor, die Aphthen, die Scropheln, die Wurmsucht, die englische Krankheit u. die hitzige Gehirnhöhlen-Wassersucht. gr. 12. (VI u. 161 S.) Ebd. 850. n. 1/2 ₰

— dass. 3. Abthlg. A. u. d. T.: Die Krämpfe, die Epilepsie, der Stickfluß, die natürlichen u. die Schutzpocken, die Windpocken rc. die Impfung u. die Augenentzündungen der Neugebornen. Mit einem Anh., welcher die Anwendung der Heilmittel gegen das Kindbettfieber u. medicin. Bemerkungen über das Wochenbett, das Stillen der Kinder u. die eigenthüml. Kinderkrankheiten der Neugebornen u. Säuglinge enthält. 8. (VIII u. 131 S.) Ebd. 851, in Comm. n. 1/2 ₰ (cplt. cart. n. 1 ₰ 18 ngr)

— Repertorium der Thierheilkunde nach homöopath. Grundsätzen, enth. alle bis jetzt bekannten homöopath. Krankheitsheilungen u. Beobachtungen an Hunden, Katzen, Pferden, Rindern rc. Ein Hülfsbuch für jeden Viehbesitzer. 16. (XXII u. 217 S.) Gotha 848, Gläser. 3/4 ₰

Hellmut, C., das Recht d. Sitte, s.a. Kürschner's Bücherschatz.

Das Recht der Sitte. Roman von C. Hellmut. Berlin, Leipzig: H. Hillger [1908]. (112 S.) 8° [F.]
= Bücherschatz, Kürschners. No 607.

Hellmut-Hell, gestern u. heute. Gedichte. 8. (78 S.) Berlin 902. M. Lilienthal. n. 1.50

Hellmuth, s.a. Helmuth.

Hellmuth, d. Vater, unter seinen Kindern; e. Bilderb. f. wißbegier. Knaben u. Mädchen (v. Fr. Wilh. Hempel). M. 8 ill. Kpf. 12. Leipz. (805.) 2e A. (806.) 3e A. (809.) 4e A. (812.) 5e A. (814.) Tauchnitz. 1 ₰

Hellmuth, Vater, unter seinen Kindern. Ein Bilderbuch für wißbegierige Knaben und Mädchen. 6. Aufl. Mit 8 illum. Bildern. 16. Hamburg 845, Heubel. geb. n. 1 ₰

Hellmuth, deutsche Hiebe. 12 Sonette wider die Schwarzen. 8. (14 S.) Leipzig 874. Koschny. n. — 50

Hellmuth, Volksnaturlehre zur Dämpfung des Aberglaubens. Braunschw. 8°.
1792

Hellmuth, Welten u. Vorsehung; e. Roman für Schulen und Erziehung. 8. Dessau, Gel. Handl. 782.

Hellmuth, A., Kaiser Joseph II. Ein Buch für's Volk. Mit 70—80 Illustr. von F. Laufberger und C. Swoboda. 1. Lfg. 1. und 2. Aufl. und 2—9. (Schluß-)Lfg. hoch 4. (VIII und 352 S. mit eingedr. Holzschn.) Prag 860. 61, Kober. à Lfg. * 10 Ngr. *

Hellmuth, Arnold

Hellmuth, Arn. Die Schlacht von Vionville u. Mars la Tour. — Die preuss. Garden am 18. Aug. 1870. (83) 8. Berlin 1873. 1.50.

Hellmuth, Arnold: Das Schlachtfeld von Gravelotte-St., s. Lüders, H.

Hellmuth, Arn. Sedan. (54) 8. M. 1 Krte. Berlin 1874. 1.00.

Hellmuth, Clemens, s. Hellmuth, Klemens

Hellmuth, Clement, s. Hellmuth, Klement

Hellmuth, E., Carrière. Roman. (208 S.) 8. Dresden 903. E. Pierson. n. 2.50; geb. n. 3.50

Hellmuth, E., deutsches Lesebuch, s.: Dietlein, Rud.

Hellmuth, Erndt [Pseud.]
s.a. Schmidt-Weißenfeld, Eduard [Wirkl. Name]

Hellmuth, Ernst, Apoll v. Byzanz, s.a. Album. Bibliothek deutscher Originalromane. 16. Jahrg.

Hellmuth, Ernst. Apoll von Byzanz. 4 Bde. 16. (163, 195, 172 143 S.) Wien, Markgraf & Comp. 1861 3 fl. 60 kr.
—— dasselbe s.: Album.

Hellmuth, Ernst: Beiträge zur lyrischen Technik Platens, gewonnen aus d. Umarbeitungen seiner Gedichte ... Crefeld, Druck v. G. A. Hohns, 1893; 3—40 S. 4.
Crefeld, RG, Festschr. 1893 = P 1893 (474)

— Císař Josef II. Kniha pro lid československý, vzdělana od J. St. Huštalského. S 80 vyobrazeními od V. Barvitiusa, B. Laufbergera, P. Maixnera etc. Prag 860—62. Kober. 4. (VIII, 336 S.) n. 2 ₰ 12 ngr

— — 2. vydání. Sešit 1—4. Ebend. 864. 4. (S. 1—128 m. Holzschn.) Jedes Heft n. 8 ngr

— Kaiser Joseph II. Ein Buch für's Volk. Mit 80 Illustr. (Holzschn.) von F. Laufberger u. K. Swoboda. Ebend. 861. 4. (VIII, 352 S.) n. 3 ₰

Hellmuth, Ernst, Oesterreichs Lehrjahre. 1848—60. 2 Bde. in 7 Lfgn. 8. (VIII und 326 S., VIII und 245 S.) Prag 862.63. (Hamburg, Richter.) à Lfg. * 8 Ngr. *

— mezi vzkříšením. 1848—1860. Kronika dvanáctiletí Rakouska. Vzdělal Vaclav Pravda. Ebend. 862. 8. (XII, 401 S.) n. 1 ₰ 8 ngr

Hellmuth, Fr., neue Entdeckungen in der Heilkunde, welche in der medicin. u. wundärztl. Praxis, sowie von verständigen Nichtärzten leicht anwendbar sind. 1e Mittheilung. A. u. d. T.: Die Seife, ein neu entdecktes Heilmittel gegen Erkaltung, Frostbeulen, Hautschwäche, Rheumatismus, Verbrennungen u. einige andere Beschwerden rc. Nebst e. Anhange über das Aqua Binelli, ein neues Blutstillungsmittel bei Körperverletzungen. 2e Aufl. gr. 12. Stuttgart 834. Neff. 1/3 ₰

Hellmuth, Fr. Aug., tabellarische Uebersicht der speciellen Osteologie des Menschen. Imp.-Fol. Berlin 840. Hirschwald. 1/3 ₰

Hellmuth, Friedrich, a. Würzburg: Die großen internationalen Kongresse, Konferenzen und Staatsverträge seit dem Wiener Kongresse und ihre Bedeutung für die Fortentwicklung des Völkerrechts. Würzburg 1907: Memminger. (X, 62 S.) 8°
Heidelberg, Jur. Fak., Ref. Anschütz, Diss. v. 18. April 1907
[Geb. 14. Nov. 83 Würzburg; Wohnort: Würzburg; Staatsangeh.: Bayern; Vorbildung: Neues Gymn. Würzburg Reife Juli 02; Studium: Würzburg 9 S.; Rig. 27. Febr. 07.]

Hellmuth, Fritz, aus dem Reiche der Leiden. Einakter-Zyklus. (V, 105 S.) 8. Ebd. 905. n. 1.50

Hellmuth, Frz., was wollen die Parteien in Deutschland? Eine Gewissensfrage im Novbr. 1849 erörtert. 8. (15 S.) Dresden 849, Gottschalck. *

HELLMUTH, H., u. Franke. Geheimnisse der Liebe und Ehe. Berlin, Verlag E. Wortmann (1886). 8°.

Hellmuth, Hermann, appr. Arzt a. Hof i. Bayern: Aus d. Kgl. Frauenklinik zu Marburg. Ein Fall von Foetus papyraceus. Marburg 1908: Köster & Schell. (23 S., 2 Taf.) 8°
Marburg, Med. Fak., Ref. Stoeckel, Diss. v. 4. April 1908
[Geb. 26. April 81 Mitwitz, Kr. Oberfranken (Bayern); Wohnort: Hof; Staatsangeh.: Bayern; Vorbildung: Gymn. Regensburg Reife Juli 00; Studium: Erlangen 6, Berlin 1, Marburg 4 S.; Coll. 12. März 08; Approb. 1. Okt. 06.]

Hellmuth, Herm., de sermonis proprietatibus, quae in prioribus Ciceronis orationibus inveniuntur. gr. 8. (74 S.) Erlangen 877. Deichert. n. 1. —

Über die Sprache der Epistolographen S. Sulpicius Galba und L. Cornelius Balbus. — Von Dr. Hermann Hellmuth, Stdl. — 1888, Würzburg, ebenda. — S. 3—59.
Progr. Würzburg, K. Altes Gymn.

Hellmuth, Herm., u. Frdr. **Gebhard,** lateinisches Übungsbuch f. die 8. Klasse des Gymnasiums, s.: **Buchner's** Sammlung latein. Übungsbücher. III.

Hellmuth, Hugo, a. Kitzingen a. M.: Die Missio canonica. Würzburg 1908: F. Staudenraus. (VII, 85 S.) 8°
Würzburg, Jur. Fak., Ref. Meurer, Diss. v. 5. Febr. 1908
[Geb. 16. Juli 84 Kitzingen; Wohnort: Würzburg; Staatsangeh.: Bayern; Vorbildung: Gymn. Aschaffenburg Reife Juli 03; Studium: Erlangen 3, Leipzig 1, München 1 S.; Rig. 15. Jan. 08.]

Hellmuth, Johann Heinrich

Hellmuth, Jh. Hnr., s. a. Helmuth.

Hellmuth, J. H., allgemeine Betrachtung üb. die wahre Beschaffenheit u. Größe d. Weltgebäudes. 8. Braunschw. Schulbuchh. (in Comm.) 812.

Hellmuth's, J. H., Elementar-Naturlehre für Lehrer an Seminarien und Volksschulen, sowie zum Schul- und Selbstunterrichte. 17. Aufl. Methodisch und durchaus neubearb. von E. Reichert. Mit zahlreichen in den Text eingedr. Holzst. 2 Hälften. gr. 8. (IV, S. 1—288; XX, 289—544 mit 1 Chromolithogr.) Braunschweig 869,70, Vieweg und Sohn. à Hälfte *ℳ 2. *

—— dass. — für den ersten wissenschaftl. Unterricht, insbesondere an Real- und höheren Bürgerschulen und Seminarien, sowie zum Selbstunterrichte bearb. von E. Reichert. 18. Aufl. 1. Hälfte. Mit 493 Aufg. und 296 in den Text eingedr. Holzst.) gr. 8. (XV, S. 1—304.) Ebendas. 875. *

Hellmuth's, J. H., Elementar-Naturlehre für den ersten wissenschaftlichen Unterricht, insbesondere an Real- und höheren Bürgerschulen und Seminarien, sowie zum Selbstunterrichte, bearb. von E. Reichert. 18. Aufl. 2. Hälfte. Mit Aufgaben und zahlreichen in den Text eingedr. Holzschn. 2 Lfgn. gr. 8. (XVII—XXIV, S. 305—696.) Braunschweig 876,77, Vieweg und Sohn. à Lfg. *ℳ 2. *
1. Hälfte. Ebendas. 1875. *ℳ 3.

Hellmuth, Joh. Heinr., Volks-Naturlehre. 8. Aufl. Nach e. ganz veränd., d. jetz. Standpunkte d. Physik angemess. Plane f. Lehrer an Seminarien u. gehob. Volksschulen, wie auch z. Schul- u. Selbstunterr. bearb. v. J. G. Fischer. 2 Bdchn. 8. (29¼ B. u. 2 Stnt. qu. Fol.) Braunschweig 834, [Vieweg.]

Hellmuth, Joh. Heinr., Volks-Naturlehre. 9. Aufl. Nach d. Tode d. Verf. z. 2. Male bearb. v. J. G. Fischer. 2 Thle. A. u. d. T.: Elementar-Naturlehre f. Lehrer an Seminarien u. gehob. Volksschulen, wie auch z. Schul- u. Selbstunterr. method. bearb. 2., vielfach verm. u. verb. Aufl. 2 Thle. 8. (28¼ B. u. 3 Stnt.) Braunschweig 839, [Vieweg u. Sohn.]

Hellmuth's, J. H., Volks-Naturlehre. 10. Aufl. Nach dem Tode des Verf. zum 3. Male bearb. von J. G. Fischer. Mit gegen 250 eingedr. Holzschn. — A. u. d. T.: Elementar-Naturlehre für Lehrer an Seminarien u. gehob. Volksschulen, wie auch zum Schul- und Selbstunterrichte bearb. von J. G. Fischer. 3. verm. u. verb. Aufl. gr. 8. Braunschweig 843, Vieweg u. Sohn. 1 ℛ — 11. Aufl. A. u. d. T.: Elementar Naturlehre ꝛc. 4. verm. Aufl. gr. 8. Ebend. 844. 1 ℛ — 12. Aufl. A. u. d. T.: Elementar-Naturlehre ꝛc. 5. Aufl. gr. 8. Ebend. 846. 1 ℛ

Hellmuth's, Joh. Heinr., Volks-Naturlehre. 13. Aufl. Nach dem Tode des Verf. zum 6. Male bearb. v. J. G. Fischer. Mit 267 in den Text eingedr. Holzschn. A. u. d. T.: Elementar-Naturlehre für Lehrer an Seminarien u. gehobenen Volksschulen, wie auch zum Schul- u. Selbstunterrichte methodisch bearb. v. J. G. Fischer. 6. Aufl. gr. 8. (XII u. 464 S.) Braunschweig 849, Vieweg & Sohn. — 14. Aufl. Nach dem Tode des Verf. zum 7. Male bearb. ꝛc. Mit 294 Holzschn. A. u. d. T.: Elementar-Naturlehre ꝛc. 7. Aufl. gr. 8. (XII u. 103 S.) Ebd. 852. 1 ℛ

Hellmuth's, J(oh.) H(einr.), Volks-Naturlehre. 15. Aufl. und 16. Aufl. Nach dem Tode des Verf. zum 9. Male bearb. von J. G. Fischer. Mit 294 in den Text eingedr. Holzschn. A. u. d. T.: Elementar-Naturlehre für Lehrer an Seminarien und gehobenen Volksschulen, wie auch zum Schul- und Selbstunterrichte methodisch bearb. von J. G. Fischer. 8. Aufl. 1853. und 9. Aufl. gr. 8. (XII und 403 S.) Braunschweig 855, Vieweg und Sohn. *

Hellmuth, Irene v., die Feuerliese, | s.: **Weber's** moderne
— die Perle v. Florenz, | Bibliothek.

Hellmuth, Karl, aus München: Kloake und Phallus der Schildkröten. *Leipzig: W. Engelmann 1902.* (34 S.) 8°
¶(Aus: Morphol. Jahrbuch, Bd 30, H. 4.)
Erlangen, Phil. Diss. v. 24. Juli 1902

Hellmuth, Katharina

Hellmuth, Kath., Christkindlein. E. Weihnachtssp. f. Schule u. Haus. 12. (28 S.) Münster 898. Alphonsus-Buchh. n. — 30

Hellmuth, Kath., Christkindlein. Ein Weihnachtsspiel für Schule u. Haus. 2. Aufl. (36 S.) 12. Münster (903). Alphonsus-Buchh. n. — 30

— das Sparkästchen, s. a. **Erzählungen f. Schulkinder.** I. 7.

Hellmuth, Katharina: Das Sparkästchen. Von –. M. Gladbach & New York: A. Riffarth [1898]. (16 S.) 8° [Umschlagt.]
= Erzählungen f. Schulkinder. [Ser. 1,] H. 7.

Hellmuth, Kath., Brüderleins Warnung, s.a. Erzählungen f. Schulkinder. II. 10.

Brüderleins Warnung. Von Kath[arina] Hellmuth. *Boppard: Marienheim [1899].* (16 S.) 8° [Umschlagt. F.]
= Erzählungen f. Schulkinder. Ser. 2, H. 10. [00. 7117 B

Hellmuth, Klemens

— Ueber Bruchstücke von Ovids Metam. in Handschriften zu Leipzig u. München. S.-A. 1883. 86 S. 1.20

Emendations-Versuche zu Ovids Metamorphosen. — Von Clemens Hellmuth, Stdl. — 1880, Kaiserslautern, ibid. — S. 3-36⁸.
Progr. Kaiserslautern, K. Gymn.

HELLMUTH, Klement (Haidhausen): Ueber die Gerichtsstände persönlicher Verbindlichkeiten. Ein Versuch.- München: Weber 1836. 3 Bl.,62 S.
17.8.1827 - Urk (Titel: De foris personalium obligationum.); f 4A
Diss.Ingolst.-Landsh.-Mchn.

Hellmuth, Klement, über d. Gerichtsstände persönl. Verbindlichkeiten. Ein Versuch. gr. 8. (4¼ B.) München 836, [Kgl. Hofbuchh. v. Weber.]

Hellmuth, Clem., über die Grundlagen der neuen Polizeistrafgesetzgebung in Bayern. München 862. Straub. gr. 8. (VI, 77 S.) n. 15 ngr.

Hellmuth, Clement, die königl. bayerischen Landgerichte diesseits des Rheins, vom 24. März 1802 bis zur Gegenwart, bezüglich ihrer Bezirksformation, Verfassung, amtl. Stellung, und der Personal-Verhältnisse ihrer Beamten. Mit einem Vorworte über den gegenwärtigen Stand der Neuorganisationsfrage dargestellt. Nördlingen 854. Beck. gr. 8. (XXII, 182 S., incl. 12 Tab. in 4.) n. 1 ₰. 5 ngr.

Hellmuth, Klement, der jetzige Lauf d. Civil-Processes bei den bayerischen Untergerichten. (Mit Ausschluß d. Concurs-Processes.) Als Beitrag z. Beförderung e. zweckmäß. u. möglichst gleichförmigen Praxis bei dies. Gerichten verfaßt. gr. 8. (20 B.) München 842, Literarisch-artistische Anstalt.

— f. Zuständigkeit über die, in standesherrlichen Vormundschaftssachen.

Hellmuth, Leonh., moderne Flachornamente. Neue Vorlagen über das Ornamentzeichnen. Motive f. das Kunstgewerbe. (60 farb. Taf. m. III S. Text.) Lex.-8. Leipzig (903). Seemann & Co. In Mappe n. 10. —

Hellmuth L, Moderne Flachornamente. (60 T) 4° Leipzig (1904)

— uralte Formen in hochmoderner Wiedergabe. Neue Vorlagen f. den Anfangsunterricht im Freihandzeichnen f. Volks-, Fortbildungs- u. Mittelschulen. (20 farb. Bl. m. III S. Text.) 4. Ebd. (904). In Mappe n. 7. 50

— neue Ornamente für die Industrie u. das Kunstgewerbe, für Fach- u. gewerbl. Fortbildungsschulen. (30 Taf.) qu. Lex.-8. Ebd. (906). In Mappe n. 7. 50

Hellmuth, Leonh., moderne Pflanzenornamente. Vorlagen f. das Freihandzeichnen an Volks-, Fortbildungs- u. Mittelschulen, Schullehrerseminarien, Töchter- u. Frauenarbeitsschulen. Motive f. Bildhauer, Dekorationsmaler, Graveure, Lackierer, Schreiner, Tüncher ꝛc. Fol. (27 farb. Taf. m. III S. Text.) Leipzig (901). Seemann & Co. In Mappe n. 10. 50; auch in 4 Lfgn. à n. 2. 50

— moderne Pflanzenornamente. Vorlagen f. d. Freihandzeichnen an Volks-, Fortbildungs- u. Mittelschulen, Schullehrerseminarien, Töchter- u. Frauenarbeitsschulen. Motive für Bildhauer, Dekorationsmaler, Graveure, Lackierer, Schreiner, Tüncher etc. 2. Aufl. (27 farb. Taf.) gr. 4. Ebd. (903.) In Mappe n. 10. 50

— neue Vorbilder f. den Anfangsunterricht im Freihandzeichnen. Ein Tribut an die neue Richtung im Zeichenunterrichte. (20 farb. Bl.) gr. 8. Nürnberg (905.) C. Koch. In Mappe n. 5. —

Hellmuth, M. (Marie Sommerfeld), Klapperstorch-Gespräche in d. Kinderstube. gr. 8. (34 S.) Leipzig 898. M. Spohr. n. 1. —

Hellmuth, Maria (Albrecht), ihre beste Idee. Fahnenflüchtig, s.a. Kürschner's Bücherschatz.

Ihre beste Idee. Eine heitere Reisegeschichte. Fahnenflüchtig. Erzählung. Von Maria Hellmuth (Albrecht). Mit Ill. von A. Lewin. Berlin, Leipzig: H. Hillger [1907]. (111 S.) 8° [F.]
= Bücherschatz, Kürschners. No 561. [07. 15377

Hellmuth, Martha, Gedichte. 8. (IV, 153 S.) Berlin 882. A. Duncker. 3. —; geb. m. Goldschn. n. 4. —

Hellmuth, Marta, Kirke. Das Spiel der Verwandlgn. In 1 Akt. (60 S.) 8. Berlin (905). Concordia. n. 1. —; geb. n. 1. 50

Hellmuth, Martha (Frau Martha Schlesinger), Wieland, der Schmied u. andere Gedichte. (227 S.) 8. Berlin 889. Stuttgart, Union. 2.50; erm. Pr. — 60

Hellmuth, Paul [Pseud.], s.a. Fischer, Joh. Heinrich Ludwig

† Hellmuth, Paul, (J. Heinr. L. Fischer,) Agathe, die junge Erzieherin. Eine Samml. v. Erzählungen, Parabeln, Mährchen, Fabeln u. Mythen, z. Beleb. d. relig. u. sittl. Gefühls, f. d. reif. Jugend. gr. 12. (12⅔ B. u. 6 Stahlst.) Hamburg 839, Berendsohn. In Aquarelle-Manier col.

Hellmuth, Paul, Anselmus, od. d. Früchte d. Wahnes. Roman. 2 Thle. 8. (35 B.) Leipzig 831, Wienbrack.

—— Augustin. 2 Thle. 8. (30 B.) Leipzig 829, Wienbrack.

† Hellmuth, Paul, (J. Heinr. L. Fischer,) Bilder aus d. Leben in Erzählungen u. Novellen. 3 Bde. 8. (39 B.) Leipzig 844, Wienbrack.

—— Caritas. Erhabene Beispiele v. Elternliebe, v. Kindes-, Freundes- u. Vaterlandsliebe, auf d. Felde d. Gesch. u. Erfahr. f. d. Jugend gesammelt. 8. (20½ B. u. 8 ill. Bild.) Berlin 837, Winckelmann u. Söhne.

—— Cyanen. Eine Samml. v. Erzähln., Mährchen u. kleinen Gedichten z. Lehre u. Erheiterung f. d. erste Jugendalter. br. 12. (9 B. u. 8 ill. Kpfr.) Berlin 835, Amelang.

—— Fresco-Gemälde. 8. (18 B.) Neuhaldensleben 835, Eyraud.

Hellmuth, Paul, Gedichte. 16. (IV und 134 S.) Stettin 862, Nagel. geb. mit Goldschn. *

—— die Herrlichkeit d. Liebe, in Beispielen, aus d. Gesch. u. d. Erfahr. f. d. reif. Jugend. 8. (20½ B.) Wismar 830, Schmidt u. v. Cossel's Rathsbuchh.

—— Kampf u. Frieden. Erzählungen. 8. (22½ B.) Altona 813, Hammerich.

—— Mährchenkranz f. Kinder. 2 Bde. M. 12 ill. Kpfrn. breit 16. (20½ B.) Neuhaldensleben 833, Eyraud.

Hellmuth, Paul, Märchenkranz für Kinder. 2 Bdchn. gr. 16. (VI und 281 S. mit 8 ill. Kpfrt.) Zerbst 853. [Leipzig,] Wallerstein. à Bdchn. 15 Ngr.

—— Mährchenkranz f. Kinder, ist Verl. v. Rubach in Berlin. (Vgl. 8. Bd.)

—— Sommerabende. Darstellungen aus d. Natur u. d. Menschenleben, f. d. reif. Jugend. gr. 12. (15 B. u. Titlvig.) Berlin 834, Amelang.
Vgl. Helmuth.

— Sommerabende. Darstellungen aus der Natur und dem Menschenleben, für die reifere Jugend. gr. 12. Berlin 835. Amelang. ⁵⁄₆ ℛ

—— Winterabende. Gesell. Spiele z. Belehr. u. Unterhalt. d. reif. Jugend. gr. 12. (14 B.) Berlin 835, Amelang.
Vgl. Helmuth.

Hellmuth, Thdr., a. d. Praxis d. Neo-Malthusianismus. D. neuesten u. einfachsten Mittel z. Verhütg. d. Empfängnis. gr. 8. (54 S. m. Abb.) Konstanz 895. R. Oschmann. n. 1.50

Hellmuth, Vict., der Mutter letztes Wort. Warnende Streiflichter f. unsere studier. Jugend. 8. (103 S.) Hann. Münden 899. R. Werther. n. 1.20

Hellmuth, Wolfg., der Staatsanwalt, s.: Weichert's Criminal-Bibliothek 9. Bd.

Hellmuth-Bräm, W., ein Bestrafter! Lustspiel in 1 Aufzug. (40 S.) kl. 8. Leipzig (906). R. Maeder. n. — 75

Hellmuth-Bräm, W., u. Philipp Wengerhoff, rehabilitiert. Schauspiel in 3 Akten. (78 S.) 8. Leipzig (910). G. Müller-Mann. 1. —

Hellner, Carl, s. H e l l n e r , Karl

Hellner, Clemens, s. H e l l n e r , Klemens

Hellner, Joh. Phil., Entwurf zu einem Organisationsplane für das städtische Bürgerschulwesen. gr. 8. (48 S.) Neusalza 847, Oeser. ¹⁄₁ ℛ

Hellner, (Joh.) Phil., pädagogisches Tagebuch, enthaltend einen Organisationsplan für das städtische Bürgerschulwesen, nebst Lehrgängen und einem dazu gehörigen vollständigen Lehrplane. 8. (218 S.) Löbau 854, Walde.

Hellner, Karl

Hellner, Carl [aus Sonderhausen] : Die B e h a n d l u n g s m e t h o d e n von Trichiasis und Entropium ...
Jena, Druck v. B. Engau, 1889, 85 S. 8°
Jena, Med. Fak., Inaug.-Diss. v. [1. Sept.] 1889

Hellner, Klemens

Hellner, Clemens: Aus d. Kgl. Frauenklinik zu Marburg. Erfahrungen mit Novokain in der Lumbalanästhesie. Marburg 1908: Köster & Schell. 30 S. 8°
Marburg, Med. Diss. v. 30. Okt. 1908, Ref. Opitz, Ahlfeld
[Geb. 30. Nov. 80 Oberneukirch i. S.; Wohnort: Bielefeld; Staatsangeh.: Sachsen; Vorbildung: Gymn. Zittau Reife O. 02; Studium: Leipzig 8, Marburg 2 S.; Coll. 15. Aug. 07; Approb. 3. Juni 08.] [U 09. 3135

Hellner, Paul, a. Sondershausen, Postinspektor in Berlin: Die Rechte des Empfängers einer Postsendung [Mit 1 Anl.]. Rostock 1907: C. Hinstorff. (VIII, 121 S.) 8°
Jena, Jur. Fak., Ref. Rosenthal, Diss. v. 6. Nov. 1907
[Geb. 7. Aug. 68 Sondershausen; Wohnort: Charlottenburg; Staatsangeh.: Preußen; Vorbildung: Gymn. Sondershausen Reife M. 88; Studium: Berlin 9 S.; Rig. 23 Juli 07.]

Hello, Kurt

Hello, Curt, Feuerwehrmanns Liebeswerben, s.a. Heidelmann's, A., Theaterbibliothek 149. Hft.

Feuerwehrmanns Liebeswerben. Lustspiel in 1 Aufzug von Curt **Hello**. Bonn: A. Heidelmann [1905]. (10 S.) 8° [F.]
— **Theaterbibliothek**, A. Heidelmann's. II. 149. [06. 2493

Hellos, Der, in den Jahren 1882—1900 Ein Beitrag zur Entwickelungsgeschichte der Elektrotechnik. Köln 1900

Hellot, Jean

— art. de la t e i n t u r e des laines et des toffes de laine en grand et petit teint. 12. Paris. (Levrault, Strasburg.) 786.

Hellot, Färbekunst, oder Unterricht, Wolle u. wollene Zeuge zu färben, nebst einer Anweisung zur Seidenfärberey, a. d. Französisch. 8. Altenburg. (Academ. Buchhandl. in Jena.) 790.

HELLOT, JEAN.
Färbekunst. . . . Zweite Auflage. Altenburg, 1765. 8vo.

Hellpach, Willy, die geist. Epidemien, s.a. G e s e l l s c h a f t , d.

Die geistigen Epidemien von Willy **Hellpach**. Frankfurt am M.: Rütten & Loening [1907]. (100 S.) 8°
— **Gesellschaft**, Die. Bd 11. [07. 11389

Hellpach, Willy: Die **Farbenwahrnehmung** im indirecten Sehen. Mit 1 Fig. im Text u. 2 Taf. *Leipzig: W. Engelmann 1900.* (36 S.) 8° ¶ (Aus: Wundts Philos. Studien, Bd 15.)
Leipzig, Phil. Diss. v. [23. Jan.] 1900

— Techn. Fortschritt u. seelische Gesundheit. Akad. Antrittsrede, geh. am 25. VI. 1906. Mit e. Geleitwort: Vom Bildungswert der Psychologie. (30 S.) gr. 8. Halle 907. C. Marhold. — 75

Hellpach, Willy (Ernst Gystrow), die Grenzwissenschaften der Psychologie. Anatomie des Nervensystems. — Animale Physiologie. — Neuropathologie. — Psychopathologie. — Entwickelungspsychologie. gr. 8. (X, 515 S. m. 20 Abbildgn.) Leipzig 902. Dürr'sche Buchh. n. 7. 60

Die Grenzwissenschaften der Psychologie. Die biol. u. soziol. Grundlagen d. Seelenforschung, vornehmlich f. d. Vertreter d. Geisteswissenschaften u. Pädagogik dargest. von Dr. Willy **Hellpach**. Mit 20 Abb. *Leipzig: Dürr 1902.* (X, 515 S.) 8° [02. 8071

Hellpach, Willy, Dr. phil. et med.: Grundgedanken zur Wissenschaftslehre der Psychopathologie. Leipzig: W. Engelmann 1906. 86 S. 8° ¶ Aus: Archiv f. d. gesamte Psychologie. Bd 7.
Karlsruhe Te. H., Hab.-Schr. v. 21. 2. 1906

Hellpach, Willy, Grundlinien e. Psychologie der Hysterie. (VIII, 502 S.) Lex.-8. Leipzig 904. W. Engelmann. n. 9. —; geb. in Leinw. n. 10. —

– Die Naturgesetze d. menschlichen Arbeit, s.: Volks-Schriften, Pforzheimer. 1.

— Nervenleben u. Weltanschauung, s.a. Grenzfragen d. Nerven- u. Seelenlebens. 41. Hft.

Nervenleben und Weltanschauung. Ihre Wechselbeziehungen im deutschen Leben von heute. Von Willy **Hellpach**, Nervenarzt. Wiesbaden: J. F. Bergmann 1906. (IX, 81 S.) 4°(8°) [Ant. u. F.]
— **Grenzfragen** d. Nerven- u. Seelenlebens. H. 41. [06. 2483

— Nervosität u. Kultur, s.: Kulturprobleme der Gegenwart. V.

Das Pathologische in der modernen Kunst. Vortrag geh. 1910 zu Berlin von Dr. Willy **Hellpach**, Privatd. Heidelberg: Winter 1910 (1911). 44 S. 8° [11. 16605

Hellpach, W., s. Problem, das sexuelle.

– Prostitution u. Prostituierte, s.a. Problem, das sexuelle.

— Prostitution u. Prostituierte, s.a. Zeitfragen, moderne Nr. 5.

Hellpach, Willy: Prostitution und Prostituierte. — Berlin: Pan-Verl. [1905]. 42 S. 8° (Moderne Zeitfragen. 5.)

Hellpach, Willy, Dr. phil., pr. Arzt: **Analytische Untersuchungen zur Psychologie der Hysterie.** *Dessau 1903: Buchdr. Gutenberg.* (33 S.) 8°
Heidelberg, Med. Diss. v. 1903

Studier i 1600-talets svenska. Anteckningar af Elof **Hellquist.** *Uppsala: Akad. Bokhandeln; Leipzig: O. Harrassowitz (1902).* (IV, 232, V S.) 8°
— **Skrifter** utg. af K. Humanist. Vetenskaps-Samfundet i Uppsala. Bd 7, 6. [03. 4860

Hellqvist, Karl Gustav

Hellqvist, Carl Gustav. Biographie, s. Wilke, Heinr.

Hellraeth, Franz (geb. Rees im Rheinl. 12. 8. 1848): Die Kaltwasserbehandlung des Abdominal-Typhus. Berlin (1871). (32 S.) 8°
Berlin, Med. Diss. v. 27. Juli 1871

Hellraeth, H., Inderbewegung u. Kulturgesellschaft, s.: Hombel, A. ten.

Hellrich, E., die neue Heimath in Amerika, s. Ruhl's Miniaturbibliothek.

Hellriegel, die Zeichen und Formeln der Chemie. Lex.-8. (11 S.) Berlin 861, [Wiegandt und Hempel.] *
Aus: Annalen der Landwirthschaft, besonders abgedruckt.

Hellriegel, Hermann

Hellriegel H.: Beitrag z. Keimungsgeschichte d. ölgebenden Samen. [Leipz. 1855]. (14) S. (Sartr.). P.

Hellriegel, Herm., Beiträge zu den naturwissenschaftlichen Grundlagen des Ackerbaus, mit besond. Rücksicht der agrikultur-chem. Methode der Sandkultur. Eine Auswahl von Versuchen, ausgeführt an der Versuchsstation Dahme. gr. 8. (X, 796 S. mit in den Text eingedr. Holzst.) Braunschweig 883, Vieweg und Sohn. 4

Beiträge z. Stickstofffrage. Vegetationsversuche über den Stickstoffbedarf der Gerste v. H. Hellriegel, H. Wilfarth, H. Römer ... referirt v. Prof. Dr. H[ermann] **Hellriegel**, weil. Dir. ... in Bernburg. M. 1 Taf. (Hrsg. v. Dr. H. Wilfarth.) *Berlin: P. Parey 1897.* (SA. aus: Zeitschr. d. Ver. f. d. Rübenzucker-Industr. d. Dts. Reichs.) (2 Bl., 77 S., 1 Taf.) 1 Bd 8. [97. 6369

[F.] Düngungsversuch und Vegetationsversuch. E. Plauderei üb. Forschgs-Methoden v. H[ermann] **Hellriegel** ... *Berlin: Dr. v. Gebr. Unger 1897.* (19 S.) 1 Bd 8.
— **Arbeiten** d. Deutschen Landwirtschafts-Gesellsch. H. 24. [97. 2565

– Dass., s.a. Arbeiten der Deutschen Landwirtschafts-Gesellschaft.

— d. Methode d. Landkultur, s.: Arbeiten der Deutschen Landwirthschafts-Gesellschaft.

Hellriegel, H., üb. Stickstoffnahrung landwirthschaftl. Culturgewächse. Bericht. 8. (16 S.) Wien 890. (Frick.) n. 1. —

— u. H. **Wilfarth,** Untersuchungen üb. die Stickstoffnahrung der Gramineen u. Leguminosen, unter Mitwirkung von H. Roemer, R. Günther, H. Moeller u. G. Wimmer. [Beilageheft zu der Zeitschrift d. Vereins f. die Rübenzucker-Industrie d. D. R. Novbr. 1888.] Lex.-8. (234 S. m. 6 Lichtdr.-Taf.) Berlin 888. (Friedländer & Sohn.) n.n. 7. —

Hellrigl, Hans v. (Hrsg.), s. Jahre, Die ersten fünfzig, der österreichischen Bahnposten.

Hellrigl, Hans v., die Entwicklung des Telephonwesens in Österreich 1881—1899. qu. gr. Fol. (1 farb. Bl.) Wien (899). G. Freytag & Berndt. n. — 90

Hellrigl, Hans v., die neue Fahrpost-Frankirung mittels Briefmarken (vom 1. Septbr. 1890 an) m. den postämtl. Vorschriften, Taxirungsbeispielen, Gewichts- u. Werthtaxen, Nachnahme-Provision u. e. Zonenweiser f. Laibach. gr. 16. (9 S.) Innsbruck 890. Wagner. n. — 20; Placatformat aufgez. n. — 40

Hellrigl, Hans, internationale Post-Tabellen. 1. und 2. Jahrg. 1887 und 1888. à Jahrg. 4 Nrn. (à Nr. 3 Tab.) qu. Fol. Innsbruck, (Wagner'sche Universitäts-Buchh.) à Jahrg. *
Fahrposttabelle allein à Jahrg. *
Postanweisungstabelle allein à Jahrg. *

Hellrigl, k. k. Postofficial Hans v., Internationale Taschen-Posttarife (bisher internationale Posttabellen.) III. Jahrg. 1889. Blatt 1—5. Pro complet Innsbruck: Rauch 1889. — .60

Hellrigl, Hans v.: Uebersichtstabelle über den internationalen Fahrpostverkehr. Ausgabe A. Frachtenverkehr mit 3 Nachträgen.
Innsbruck: Wagner 1887. Placatformat.

— Ausgabe B. Anweisungsverkehr mit 3 Nachträgen. Ebd. Placatformat. 6. —.20. 1887

—— Verzeichniss aller Postorte in Oesterreich-Ungarn u. der in diesen Orten befindlichen Staats-Telegraphen-Stationen, auf Grundlage d. vom Post-Cours-Bureau d. k. k. Handelsministeriums verf. amtl. Post- u. Telegraphenämter-Verzeichnisses bearb. u. hrsg. Mit e. postal. Zonenkarte, 41×54 cm. 12. (88 S.) (Ebd.) 890. * 3 60

Hellrigl, H. v., Vorschriften betreff der Fahrpost-Frankirung vom 1. September 1890 ab. 2 Blatt unaufgezogen. In Comm. —.10, auf Carton aufgezogen —.20

Hellrung, Carl Ludwig, s. Hellrung, Karl Ludwig

Hellrung, Carl Ludw., Atlas d. Weinländer in Europa, enth. in ein. Auswahl von Specialkarten alle berühmt. Weinberge mit ihren Gewächsen, geograph., statist., oekonom. u. mercantil. dargestellt. 1—3. Hft. Mit beigedr. Notizen. Lith. u. ill. Fol. Magdeburg 837, (Rubach'sche Buchh.) à Thlr. *

Hellrung, Karl Ldw., Atlas der vorzüglichsten Weinberge (Weinländer) in Europa. Karte. 1s—3s Hft. Mit beigedr. Notizen. Lithogr. u. illum. gr. Fol. Magdebug 837, 38. Rubach'sche Buchh. (Fabricius.) (I. 2 ₰ II. III. à 1⅔ ₰) 5⅓ ₰ (Erscheint auch mit franz. Text.)

Hellrung, Carl Ludw., Atlas d. Weinländer in Europa, enthalt. in e. Auswahl v. Specialkarten alle berühmten Weinberge mit ihren Gewächsen, geograph., statist., öconom. u. merkantil. dargestellt. 3 Hfte. (18 col. Karten mit Text.) Quer-Fol. Magdeburg, 1837—39. (Leipzig, Weigel). (5. —) 1. 10

Hellrung, Carl Ludw., d. vollkommene Büttner- od. Küferlehre od. die Kunst runde, ovale, ei- u. korbförmige Fässer zu machen. Nebst e. Anleitung z. Weinkeller-Wirthschaft. 5., verb. u. verm. Aufl. 12. (3 B. u. 38 Kpfrt.) Frankfurt a. M. 840, Jäger'sche Buchh.

—— der Champagner, ein Reise-Bericht z. Nutzen u. Frommen aller Weintrinker. gr. 8. (4 B.) Leipzig 840, B. Tauchnitz jun. *

— Der Dienst der Infanterie mit Bezug auf Stellung, Bewegung u. Felddienst für junge Militärs dargestellt durch Zeichn. u. Situationspl. Mit Taf. Magdeburg 1836. 1837. 304 S.

— der Dienst der Infanterie mit Bezug auf Stellung, Bewegung u. Felddienst, für junge Militairs dargestellt u. erläutert durch Zeichnungen und Situationsplane. 1e u. 2e Lfrg. (Auch Anhang zu d. Werk: Die preuß. Landwehr-Compagnie in 3 Theilen.) Mit 52 Steintaf. qu. 8. Magdeburg 836. Wagner u. Richter. 1 ₰ ill. 1⅓ ₰

—— der Dienst d. Infanterie mit Bezug auf Stellung, Bewegung u. Felddienst, f. junge Militairs dargest. durch Zeichnn. u. Situationsplaene u. erläutert. I. Thl. (4 Lfgn.) I. Aufl. 836. u. (Neue Ausg.) qu. gr. 12. (à 13¼ B. u. 96 lith. u. ill. Taf.) Magdeburg 842, Baensch. à *
Bildet zugleich einen Anhang zu: Dess., die preuss. Landwehr-Compagnie, s. unten.

—— die goldene Mark Duderstadt. Wahrheit u. Dichtung. 8. (10 B.) Duderstadt 845. (Hannover, Helwing'sche Hofbh.)*

Hellrung, Carl Ludw., Entwurf oder Anleitung zu einer Feuerordnung f. Deutschland nach Städte- u. Landes-Feuerkreisen. Enthaltend die Lösch-, Rett- u. Wachtordnung, die Bildung der Land-Feuerkreise, Stellung zu den Feuerversicherungs-Anstalten ꝛc. Erweitert dargestellt nach der vom Verf. bearb. Feuerordnung für Duderstadt. Mit 1 (lith.) Karte (in gr. 4.) u. 2 (lith.) Foliotaf. 8. (VIII u. 157 S.) Weimar 851, Voigt. ⅚ ₰

—— der preuß. Infanterist. Ein Lese- u. Instructionsb. f. Soldaten d. Linie u. Landwehr üb. alle Zweige d. Dienstes. 16. (8½ B.) Magdeburg 835, Creutz'sche Buchh.
Mit d. Bildn. d. Kronprinzen *
Ist ein Auszug aus: Dess., der Dienst d. Infanterie, u. dess., die preuss. Landwehr-Compagnie.

—— Karte des Weingebiets in den Zollvereinsstaaten. (Mit Randzeichnungen.) In Kpfr. gest. und ill. (Nebst 1 Bl. Text.) gr. Fol. Augsburg 847, Walch. *

—— Conversations-Lexikon f. Jäger, s.a. Conversations-Lexikon.

HELLRUNG, C. L.: Conversationslexikon für Jäger und Jagdfreunde. - Leipzig 1839. 288 S., 2 Portr.

— Conversationslexicon für Weintrinker u. Weinhändler. Unter Mitwirkung mehrer Weinhändler u. a. Wein-Autoritäten herausg. 1s u. 2s Heft. (A—Fab.) gr. 12. Magdeburg 838. Richter. (à ½ ₰) 1 ₰

—— Conversations-Lexikon f. Weintrinker u. Weinhändler. 1. u. 2. Hft. (A—Fab.) 1. Aufl. 838., u. 2. Ausg. gr. 12. (12 B.) Magdeburg 842, [Baensch.] à H.

Hellrung, C. L., die Preuss. Landwehr-Compagnie. Ein Taschenbuch f. Landwehr-Offiziere im Felde u. bei Zusammenziehungen auf längere Zeit nach d. Grundsätzen d. Linien-Compagnien. 1. Thl. 1. Aufl. 12. (11 B., d. Königs Bildn. u. 2 Stnt.) Halberstadt 833, (Helm.), 2. A. ...?, 3., umgearb. u. verm. A. gr. 12. (13½ B., 1 Tab. 4., d. Kön. B. u. 2 Stnt.) Magdeburg 835, Bühler. à

—— die preuss. Landwehr-Compagnie. Ein Taschenb. f. Landwehr-Officiere etc. 2. u. 3. Thl. gr. 12. Magdeburg, Creutz'sche Buchh. *
A. u. d. Ttln.:
Thl. 2. Der Garnison-Dienst in d. kgl. preuss. Infanterie. (5⅓ B. u. d. Kronprinzen v. Pr. Bildn.) 836. * 6 Gr.
- 3. Der Feld-Dienst in d. kgl. preuss. Infanterie. (12¼ B.) 836. * 18 Gr.
Anhang hierzu, s. dess., der Dienst d. Infanterie etc. — 1. Thl. Magdeburg 835, Buhler'sche Buchh. * 16 Gr.

— s. Noah.

—— Preußen als Militairstaat eine europäische Großmacht u. deutsche Hauptmacht. Zugleich ein berichtig. Verfolg d. preuß. Soldatenthums (französ. Ansicht) u. a. bezügl. Schriften. Lex.-8. (9¼ B.) Leipzig 842, Fest'sche Vrlgsbuchh.

—— die Schlacht d. Weine bei Château Hougomont am 18. Juni 1840. gr. 8. (4¼ B. u. 2 lith. Taf.) Mannheim 840, Hoff.
Aus der: Allgem. Gasthofs-Zeitung, besond. abgedruckt.

— gesammelte kleine Schriften. A. u. d. T.: Die goldene Mark Duderstadt. Wahrheit und Dichtung. 1. 2. 3. Heft. 16. Duderstadt 844, 45. (Hannover, Helwing'sche Hofbuchh.) à n. ⅓ ₰

—— die deutsche Volkswehr im Sinne des zu erwartenden Reichs-Wehrgesetzes durch die beispielsweise Formation des hannoverschen Contingents als 19. Armeecorps dargestellt. gr. 8. (V und 58 S.) Hannover 848, Gebr. Jänecke.

— s. Waidmann, der deutsche.

— die Weidmanns- oder Jagdkunstsprache. Imp.-Fol. (1 lith. Blatt.) Magdeburg 844, Mazzuchi. ½ ₰ — col. 1 ₰

—— die Weidmanns- od. Jagdkunstsprache. Imp.-Fol. (1 lith. Blatt.) Magdeburg 844. [Quednow.] 15 Ngr. — col.

--- Ders.: Der Weinbau und Weinhandel der deutschen Vereinsstaaten. Text. - Karte des Weingebiets in den Zollvereinsstaaten. Augsburg: Walch [1847].
-- 12°
Bl Hellrung, C. L.: Karte des Weingebiets in den Zollvereinsstaaten. Augsburg 1846 -- Heinsius u. Kayser: Hellrung, Carl Ludwig: Karte des Weingebiets in den Zollvereinsstaaten. Nebst 1 Bl. Text. Augsburg: Walch 1847.

Hellseherin [Somnambule], die, oder die Kunst mit verbundenen Augen anzugeben, was Jemand in der Hand hat und durch Berechnung den Taufnamen, das Alter, den Wohnort rc. zu errathen rc. 32. (56 S.) Leipzig 870, Matthes. *

Hellsten, A. F.: Über den Einfluß von Alkohol, Zucker und Thee auf die Leistungsfähigkeit des Muskels. Leipzig 1904. 85 pg. 810 + eine Tafel. Diss. Hels.

Hellström, F. E.

Ueber die Reactionsveränderungen und Vitalitätsverhältnisse des Bacillus Typhi abdominalis und Bacterium Coli commune in Bouillon mit einigen Mono- und Disacchariden. Experimentelle bio-chem. Untersuchgn v. F. E. **Hellström**, Dr. med. *Helsingfors: Buchdr.-A.-G. Weilin & Göös 1897.* (2 Bl., 86 S.) 1 Bd 8. [97. 6363]

Hellström P.: Ueber die Entstehung d. Elemente. (Leipz. 1901). (12) S. (Særtr.). P.

Hellwaag, Christoph Fr.

-- Abhandlung vom Gebr. des Storchschnabels. 4. Tüb. 776. 2e Aufl. unter d. T.: Beschreib. u. Gebrauch d. Storchschnabels rc. 8. (Ebd.) 777.

Hellwag C. F.: Bericht üb. die blauen Kuhblattern, einem in Holstein durch Zufall u. Gebrauch längst bewährten Vorbauungsmittel gegen die Kinderblattern ... Kopenh. 1801. (64) S. (Særtr.). P.

Hellwaag, Chph. Fr., Erfahrr. über d. Heilkräfte des Galvanismus, u. Betrachtt. über dessen chem. u. physiolog. Wirkungen; nebst Beobachtt. bei d. medicin. Anwendung d. Voltaischen Säule, v. Max. Jacobi. Mit 1 Kpft. 8. Hamb. 802. Fr. Perthes. 18 gr.

Hellwag, (C. Fr.) Physik des Unbelebten u. des Belebten, entwickelt unter Forschung nach d. Ursache der fortgesetzten Bewegung. 8. Hamburg 825, Campe.

Hellwag, Ch. F., dissertatio de formatione loquelae, s. Bibliothek, phonetische.

Hellwag, Christoph Friedrich

— s. Euclid's 1r Grundsatz. 4. Hamb. 810.

Erfahrungen über die Heilkräfte des Galvanismus, und Betrachtungen über desselben chemische und physiologische Wirkungen; mitgetheilt von Christoph Friedrich Hellwag, und Beobachtungen bey der medicinischen Anwendung der Voltaischen Säule, von Maximilian Jacobi. Hamburg: Perthes 1802. VIII, 184 S. 8°

Hellwag, Chrstph. Friedr., Newtons Farbenlehre aus ihren richtigen Principien berichtigt. gr. 8. (2 B., 2 Stnt. u. 2 Tab.) Lübeck 835, v. Rohdensche Buchh.

Hellwag, Christoph Friedrich (Calw), De formatione loquelae. Diss. physiol.-med. Präs. Gottlieb Conrad Christian Storr. Tübing. (Fues) 22. V. 1781. 38 S. (6.80) 14214

Hellwag, Eberh. Fr., († Mai 1780.), s. J. A. ***Bengel***, ordo temporum.

Hellwag, F. J., Predigt gehalten bei der Jahresversammlung der oldenburg. Gustav-Adolph-Vereine zu Jever, am 16. Juli 1856. gr. 8. (16 S.) Oldenburg 856, Schulze'sche Buchh.

Hellwag, Fritz (Hrsg.), s.a. Gesetz, betr. das Urheberrecht an Werken ...

Hellwag, Fritz, das neue Kunstschutzgesetz. Mit Erläutergn. z. Gebrauche f. Künstler: Architekten, Maler, Bildhauer, Photographen u. Kunstgewerbler. Das Reichsgesetz, betr. das Urheberrecht an Werken d. bild. Kunst u. d. Photographie v. 9. I. 1907, in Kraft getreten am 1. VII. 1907. (VIII, 124 S.) 8. Stuttgart 908. J. Hoffmann. 2.50

Hellwag, H. (Übers.), s. Twain, Mark: Die Abenteuer Huckleberry Finn.

Hellwag, H. (Übers.), s. Twain, Mark: Ausgewählte Skizzen.

— M. Johann (Güglingen), De imputatione divina lapsus adae. Diss. theol. Präs. Joh. Christoph Pfaff. Tübing. (Hiob Franck) Sept. 1711. 20 S. (6.50) 14215

Hellwag, Jul., Predigten. Aus dem Nachlasse. (Nebst Grabrede von Nielsen.) Jever 860. Mettcker & Söhne. 8. (VII, 159 S.) n. 24 ngr.

Hellwag, Otto (Guil. Frid.) (geb. Malente bei Eutin 31. 8. 1816): De euthanasia. Berolini (1841). (27 S.) 8°
Berlin, Med. Diss. v. 16. Aug. 1841

Hellwag, W., die Bahnachse u. das Längenprofil der Gotthardbahn, nebst approximativem Kostenvoranschlag u. die Ursachen der Ueberschreitg. d. Kostenvoranschlages der Tessinischen Bahnen. Bericht an die Direction. Fol. (VIII, III, 91, XXXV, 142, XXXI u. 40 S. m. 6 Steintaf. in Fol. u. qu. gr. Fol.) Zürich 876. Orell, Füssli & Co. Verl. n. 24. --

Hellwag, W. Bericht über die Ausmittlung der Bahnachse und des Längenprofils der Gotthardbahn und die Bearbeitung eines approx. Kostenvorschlags. Zürich 1876. 2 Thle. fol.

Hellwag, W.: Bericht über die Ursachen der Ueberschreitung des Kostenvoranschlags der Tessinischen Bahnen. Zürich 1876. fol.

Hellwag, W., Eisenbahnbau-Normalien für die k. k. privil. österr. Nordwestbahn in den Jahren 1868—75. Wien 1875. q. Fol. Gruppe A: Unterbau 1. 2. Gruppe B: Oberbau 1. 2. Gruppe C: Hochbau 1.

Hellwag, W., die Gotthardbahn. Mein Conflict m. der Verwaltung. gr. 4. (III, 45, 57, 96, 20, 120, 87, 47 u. 26 S.) Basel 882. Schwabe. n. 6. 40

— mein Gutachten über A. Thommen's „Gotthardbahn", s.: **Mittheilungen**, technische.

Hellwag, W.: Schiedsgerichtliches Urtheil in Sachen W. Hellwag gegen die Gotthardbahn-Gesellschaft. Basel 1880. 4°

Hellwag, W.: Technische und finanzielle Vorbedingungen zur Reconstruction der Gotthardbahn. Zürich 1878. 4°

Hellwag, Wilhelm

Zwei Gedächtnisreden am Sarge des Gutsbesitzers zu Knoop J. M. Clausen gehalten am 20. u. 21. Sept. 1902 v. Wilhelm Hellwag. Kiel. 1902. 8°.

Hellwag, Wilhelm: Der Prozeß Ofenheim. Wien: Lehmann & Wentzel 1875.

Hellwag, W.: Process Ofenheim: Vernehmung. Wien 1875.

Hellwald, Ferd. v., Geschichte der niederländischen Litteratur, s. Geschichte der Weltlitteratur in Einzeldarstellungen.

Hellwald, Ferd. v., Geschichte d. holländ. Theaters. Lex.-8. (VI, 150 S.) Rotterdam 874. van Baalen & Söhne. n. 5. ---
vgl. Hellwald, Friedrich v.

Hellwald, Ferdinand von: Maximilian I. Kaiser von Mexiko. Sein Leben, Wirken und sein Tod, nebst einem Abriß der Geschichte des Kaiserreichs. 2 Bände. 1869. gr. 8° (XVI, 300 u. 317 S.) Wien: Braumüller
vgl. Hellwald, Friedrich von

Hellwald, Ferdinand v.: Die holländische und die französische Phädra. Eine literarische Studie. kl. 8°. (40 S.) Wien: Dirnböck's Buchh. (G. Draudt.) 1868.

Hellwald, Ferdinand von [Übers.]
s. Snieders, August: Vielliebchen. 1868.

Hellwald, Friedr. v., Amerika in Wort und Bild. Eine Schilderung der Vereinigten Staaten. 65 Lfgn. oder 2 Bde. Fol. (VIII, X, 786 S. mit eingedr. Holzschn. und Holzschntaf.) Leipzig 883—85, Schmidt und Günther. à Lfg. ✱ geb. à Bd. ✱ ℳ 40. ✱

Hellwald, Frdr. v., Amerika in Wort u. Bild. Eine Schilderg. der Vereinigten Staaten. Mit ca. 700 Ansichten. Neue bill. Volks-Pracht-(Titel-)Ausg. 65 Lfgn. gr. 4. (X, 786 S.) Leipzig 892—894. H. Schmidt & C. Günther. à n. — 60
(kplt. in 2 Bde. geb.: à n. 20. —)

—— s. Baer, Wilh., der vorgeschichtliche Mensch.

Hellwald. Frdr. v., Briefwechsel, s.: Häckel, Ernst.

Hellwald, Frdr. v., Sebastian Cabot, s.a. Sammlung gemeinverständl. wissenschaftlicher Vorträge.

Hellwald Fr v, Sebastian Cabot. (Sammlung wissensch. Vortr. 124)
Berlin 1871

—— im ewigen Eis. Geschichte der Nordpol-Fahrten von den ältesten Zeiten bis auf die Gegenwart. (In ca. 30 Lfgn.) 1.—15. Lfg. gr. 8. (S. 1—360 mit eingedr. Holzschn., Holzschntaf. und Karten.) Stuttgart 879, Cotta'sche Buchh. à Lfg. ✱ 50 Pf. ✱

—— im ewigen Eis. Geschichte der Nordpol-Fahrten von den ältesten Zeiten bis auf die Gegenwart. 16.—40. (Schluß-)Lfg. gr. 8. (VIII, S. 361—968.) Stuttgart 881, Cotta'sche Buchh. à Lfg. ✱ 50 Pf. ✱
1.—15. Lfg. Ebendas. 1879. à ✱ 50 Pf.

Hellwald. Friedrich v[on]. Die Eiszeit der Alpen. SA. 8. Wien 1867.

— die Erde u. ihre Völker. Ein geograph. Hausbuch. (In ca. 50 Lfgn.) 1—18. Lfg. gr. 8. (S. 1—418 m. eingedr. Holzschn. u. Tondr.-Bildern.) Stuttgart 876. Spemann. à n. — 50

— die Erde u. ihre Völker. Ein geographisches Hausbuch. 19—56. (Schluß-)Lfg. gr. 8. (1. Bd. XVI u. S. 449—647 u. 2. Bd. 648 S. m. eingedr. Holzschn., Holzschntaf. u. Tab.) Stuttgart 877. Spemann. à n. — 50

— dasselbe. 1. Bd. 2. Aufl. gr. 8. (XVI, 647 S. m. eingedr. Holzschn., Holzschntaf. u. Tab.) Ebend. 877. n. 12.50; geb. n. 15. —

— dasselbe. 2., unveränd. Aufl. 56 Lfgn. oder 2 Bde. gr. 8. (647 u. 626 S. m. Tab., eingedr. Holzschn., 50 Holzschntaf. u. 19 chromolith. Karten.) Ebend. 878. à n. — 50

—— die Erde und ihre Völker. Ein geograph. Hausbuch. 3. gänzlich umgearb. Aufl. 29 Lfgn. gr. 8. (VIII, 914 S. mit eingedr. Holzschn., Holzschntaf. und Tab.) Stuttgart 883,84, Spemann. à Lfg. ✱ 50 Pf. ✱ geb. ✱

[F.] Die Erde und ihre Völker. E. geogr. Hausbuch v. Friedr. v. Hellwald. 4. Aufl. bearb. v. Dr. W[illi] Ule. Lfg 1—14. *Stuttgart, Berlin, Leipzig: Union [1896].* 8. [97 611]

[F.] Die Erde und ihre Völker. E. geogr. Hausb. v. Friedrich v. Hellwald. 4. Aufl. Durchges. v. Prof. Dr. W(illi) Ule. M. 397 Textill., 29 Extrabild. u. 20 Kartenseiten. *Stuttgart, Berlin, Leipzig: Union (1897).* (VIII, 915 S., 29 Taf., 12 Kt., 5 Ktnbl.) 1 Bd 8. [98 307]

Hellwald, Friedrich von: Die Erde und ihre Völker. Ein geographisches Hausbuch. 4. Auflage, durchgesehen von Willi Ule. Mit 397 Textillustrationen, 29 Extrabildern und 20 Kartenseiten. Stuttgart-Berlin-Leipzig 1898. 915 S. 8°

Die Erde und ihre Völker. Ein geogr. Hausbuch von Friedrich v. Hellwald. 5. Aufl. Neu bearb. von Ernst Waechter. Bd 1. 2 (in 40 Lfgen). Mit Abb., Einschaltbildern u. Karten. Stuttgart, Berlin, Leipzig: Union [1905—07.] 2 Bde 8° [F.] [08. 1405]

Hellwald, Friedrich von. Die Erde und ihre Völker. Ein geographisches Hausbuch. 5. Aufl. Neu bearb. von Ernst Waechter. 2 Bände. [40 Lieferungen.] 8. Stuttgart, Berlin, Leipzig, Union Deutsche Verlagsgesellschaft, (1906[—1907]). [pro Liefg. M. —.40; cpl. geb. M. 20. —]
Band 1. Mit 320 Abbildungen im Text, 17 Einschaltbildern und 9 farbigen Karten. VIII + 624 S. — Band 2. Mit 271 Abb' im Text, 23 Einschaltbildern und 8 farb' Karten. IV + 651 S.
Darin S. 166—179: Das Alpengebiet und die Schweiz; *s. auch S. 3. 8. 47 f. 50/2. 92. 179 f. 183 f. 189 f. 250 etc.*

Hellwald, Friedr. v., die menschliche Familie nach ihrer Entstehung und natürlichen Entwickelung, s.a. Schriften, Darwinistische, II. Folge.

Hellwald, F. v., Die menschliche Familie nach Entstehung und natürl. Entwickelung. (607 S.) Leipzig 1888. E. Günther.

von Hellwald, Friedrich: Die menschliche Familie nach ihrer Entstehung und natürlichen Entwickelung. Leipzig 1889. (II), 597 S. 8°.

Hellwald, F. v., Die archaeologischen Forschungen in Rom. S.-A. 1876. 12 S. 4°.

—— Frankreich. Das Land und seine Leute. Seine Geschichte, Geographie, Verwaltung, Handel, Industrie und Production. gr. 8. (X, 643 S.) Leipzig 887, Schmidt und Günther. ✱
Aus: Frankreich in Wort und Bild, besonders abgedruckt; ohne die Illustrationen.

—— Frankreich in Wort und Bild. Seine Geschichte, Geographie, Verwaltung, Handel, Industrie und Produktion, geschildert. Mit 455 Illustr. (In ca. 50 Heften.) 1.—6. Heft. gr. 4. (VIII, S. 1—104.) Leipzig 884, Schmidt und Günther. à Lfg. * 75 Pf. *

—— Frankreich in Wort und Bild. Seine Geschichte, Geographie, Verwaltung, Handel, Industrie und Production, geschildert. Mit 455 Illustr. 7.—57. (Schluß-)Heft. gr. 4. (1. Bd. S. 105—441; 2. Bd. VIII, 478 S.) Ebendas. 885—87. à Heft * 75 Pf. *
1.—6. Heft. Ebendas. 1884. à * 75 Pf.; compl. geb. 2 Bde. à * ℳ 25.—.

—— Geschichte des holländischen Theaters. Lex.-8. (VI, 150 S.) Rotterdam 874, van Baalen und Söhne. *
vgl. Hellwald, Ferdinand von

Hellwald, Friedrich von: Haus und Hof in ihrer Entwickelung mit Bezug auf die Wohnsitten der Völker v. –. Mit 222 Illustrationen. Leipzig. 1888. 8⁰

– s. Hölder's geograph. Jugend- und Volksbibliothek.

– der Islâm. Türken u. Slaven. Acht Capitel aus der Culturgeschichte in ihrer natürl. Entwicklung. gr. 8. (56 S.) Augsburg 877. Lampart & Co. n. 1. —

Hellwald, Frdr. v., über Colonien u. über die holländischen Niederlassungen in Ostindien insbesondere. Ein Beitrag zur niederländ. Colonialfrage. gr. 8. (56 S.) Wien 871. Seidel & Sohn. n. 1. —

— Kulturbilder, hrsg. v. Geo. Herm. Möller. I. II. 12. Ulm 894. H. Kerler. n. — 90
I. Rom in Vergangenheit u. Gegenwart. (IV, 52 S.) n. — 50
II. Werden u. Vergehen des Buddhismus. (IV, 48 S.) n. — 40

— Culturgeschichte in ihrer natürlichen Entwickelung bis zur Gegenwart gr. 8. (XV, 839 S.) Augsburg 874. Lampart & Co. n. 12. —

— dasselbe. 2., neu bearb. u. sehr verm. Aufl. (In ca. 20 Lfgn.) 1—19. Lfg. gr. 8. (1 Bd. XIV, 584 S. u. 2. Bd. S. 1—140 S.) Ebend. 876. à n. 1. —

— Culturgeschichte in ihrer natürlichen Entwickelung bis zur Gegenwart. 2., neu bearb. u. sehr verm. Aufl. 20—22. (Schluss-) Lfg. gr. 8. (2. Bd. VI u. S. 641—799.) Augsburg 876. Lampart & Co. à n. 1. —

—— Kulturgeschichte in ihrer natürlichen Entwicklung bis zur Gegenwart. 3. neu bearb. Aufl. 21 Lfgn. oder 2 Bde. (XVIII, 563; V, 760 S.) Augsburg 883, Lampart und Comp. à Lfg. * ℳ 1. * geb. *
Vgl.: Lichtstrahlen.

— Kulturgeschichte in ihrer natürlichen Entwicklung bis zur Gegenwart. 4. [billige Volks-(Titel-)]Ausg. 1.—16. Lfg. gr. 8. (1. Bd. S. 1—563 u. 2. Bd. S. 1—224.) Stuttgart 890. Waag. à n. — 60

— Kulturgeschichte in ihrer natürlichen Entwicklung bis zur Gegenwart. 4. [billige Volks-(Titel-)]Ausg. 17.—27. (Schluss-) Lfg. gr. 8. (1. Bd. XVIII S. u. 2. Bd. V u. S. 225—760.) Stuttgart 891. Waag. à n. — 60

Hellwald, Friedrich v. Kulturgeschichte in ihrer natürlichen Entwicklung bis zur Gegenwart. Bearb. von Brandt u. a. 4. Aufl. Leipzig. P. Friesenhahn 1896—1898.
4 Bde. 4°.
1. Die Urzeit. 496 + XXII S. m. zahlr. Abb.; 19 Taf.
2. Griechen & Römer. 594 S. mit zahlr. Abb.; 8 Taf.
3. Die Kulturgeschichte des Mittelalters. 797 S. m. zahlr. Abb.
4. Kulturgeschichte der Neueren Zeit. 672 S. m. zahlr. Abb.; 5 Taf.
Bd. : verloren. 1. Aufl. 1874

— Kulturgeschichte in ihrer natürl. Entwickelg. b. z. Gegenwart. 4. Aufl. Neu bearb. von M. v. Brandt, Ludw. Büchner, Aug. Conrady etc. 4 Bde. Lex.-8. Leipzig, G. Planken. n. 40. —; geb. n. 50. —
1. (XXIII, 496 S. m. Abb. u. 19 Taf.) 896.
2. (591 S. m. Abb. u. Taf.) 896.
3. (797 S. m. Abb. u. Taf.) 897.
4. (672 S. m. Abb. u. Taf.) 898.
Erschien auch in 11 Lfgn. à n. 1. —.

— illustrirte Kulturgeschichte. 1. Bd.: Haus u. Hof. Mit 222 Illustr. 18 Lfgn. gr. 8. (X, 581 S.) Ebd. 888. à n. — 50

— hinterindische Länder u. Völker. Reise in den Flußgebieten d. Irawaddy u. Mekong; in Annam, Kambodscha u. Siam. Unter Benutzg. der neuesten Quellen bearb. Mit 70 in den Text gedr. (Holzschn.-) Abbildgn. u. 4 Tonbildern. gr. 8. (VIII, 358 S.) Leipzig 876. Spamer. n. 6. —; geb. n. 7. 50

— hinterindische Länder u. Völker. Reisen in den Flußgebieten der Irawaddy u. Mekong; in Birma, Annam, Kambodscha u. Siam. Unter besonderer Berücksichtigung der neuesten Zustände in Birma bearb. 2., verm. Aufl. Mit 70 in den Text gedr. Abbildungen u. 4 Tonbildern. gr. 8. (VIII, 376 S.) Leipzig 880. Spamer. n. 6. —; geb. n. 7. 50

— die Magiker Indiens, s.: Schriften der Gesellschaft f. Experimental-Psychologie zu Berlin.

—— Maximilian I., Kaiser von Mexico. Sein Leben, Wirken und Tod, nebst einem Abriß der Geschichte des Kaiserreichs. 2 Thle. gr. 8. (XVI, 617 S.) Wien 869, Braumüller. *
vgl. Hellwald, Ferdinand v.

v. Hellwald, Frdr. Maximilian I, Kaiser von Mexiko. Sein Leben, Wirken und Tod, nebst einem Abriss der Geschichte des Kaiserreichs. 3 Bde. (284) 8. Wien 1872. 8,00.

— der vorgeschichtliche Mensch, s.a. Baer, W.

Hellwald Frv, der vorgeschichtliche Mensch. Ursprünglich herausgegeben von W Baer. 2. Auflage. (708 S) Leipzig 1879

Hellwald, Frdr. v., der vorgeschichtliche Mensch. Ursprung u. Entwicklg. d. Menschengeschlechtes. Für Gebildete aller Stände. Ursprünglich hrsg. v. Wilh. Baer. 2. Aufl., bearb. von F. v. H. Wohlf. (Titel-)Ausg. gr. 8. (X, 708 S. m. 500 Illustr. u. 6 Tonbildern.) Leipzig 894. O. Spamer. n. 4. —; geb. in Leinw. n. 5. —

— Naturgeschichte des Menschen. Illustrirt von F. Keller-Leuzinger. (In 2 Bdn. oder ca. 35 Lfgn.) 1—24. Lfg. gr. 8. (S. 1—500 m. eingedr. Holzschn. u. Holzschntaf.) Stuttgart 880—82. Spemann. à n. — 50

— Naturgeschichte d. Menschen. Illustrirt v. F. Keller-Leuzinger. 25—55. Lfg. gr. 8. (1. Bd. X S. u. 2. Bd. VI, 660 S. m. eingedr. Holzschn. u. Holzschntaf.) Stuttgart 883—85. Spemann. à n. — 50 (cplt.: n. 27. 50; geb. n. 33. 50)

Hellwald, Friedr. v. & Richard Oberländer. Nordland-Fahrten. Vierte Abth. Malerische Wanderungen durch Holland und Dänemark. Land und Leute mit besonderer Berücksichtigung von Sage u. Geschichte, Literatur und Kunst ... Leipzig, Ferdinand Hirt & Sohn [1884].
IV + 228 S. m. zahlr. Abb. 4°.

Hellwald, Fr. v., Paris u. seine Umgebung. Mit 46 Illustr. gr. 4. (VIII, 108 S.) Leipzig 889. Schmidt & Günther. n. 4. —

— Oscar Peschel. Sein Leben u. Schaffen. Mit dem photogr. Bildnisse Peschels. gr. 8. (72 S.) Augsburg 876. Lampart & Co. n. 2. —

Hellwald, Friedr. v., Oscar Peschel. Sein Leben und Schaffen. Mit dem photogr. Bildnisse Peschels. 2. Ausg. gr. 8. (72 S.) Augsburg 881, Lampart und Comp. *

—— Ethnographische Rösselsprünge. Kultur- u. volksgeschichtl. Bilder u. Skizzen. gr. 8. (416 S.) Lpz. 890, Reißner. * 6 —; geb. * 7 —

— ethnographische Rösselsprünge. Kultur- u. volksgeschichtl. Bilder u. Skizzen. gr. 8. (416 S.) Leipzig 891. Dresden, C. Reißner. n. 6. —; geb. n. 7. —

von Hellwald, Friedrich: Die Russen in Centralasien. Eine geographisch-historische Studie. Mit einer Uebersichtskarte. Wien 1869. 121 S. 8°.

Hellwald, F. v. Die Russen in Zentralasien. Eine Studie über die neueste Geographie und Geschichte Zentralasiens. Augsburg 1873. 233 S.

— die Russen in Centralasien. Eine Studie über die neuere Geographie u. Geschichte Centralasiens. Neue (Titel-)Ausg. gr. 8. (VII, 233 S.) Augsburg (1873) 878. Lampart & Co. n. 4. —

HELLWALD, Friedr. v., Der Tanz im Lichte der Völkerkunde. (S.-A.) Braunschweig, o. J. 8°. 5 S. (1 Kr. A. H. Huber, Salzburg, 1909.)

— u. L. C. Beck, die heutige Türkei. 2 Bde. gr. 8. Leipzig 878. 79. Spamer. à n. 7. 50; geb. à n. 9. —
1. Schilderung von Land u. Leuten des Osmanischen Reiches in Europa, vor u. nach dem Kriege von 1877/78. 2., vielfach verb. Aufl. Mit 120 Text-Abbildgn., 5 Tonbildern u. 1 (chromolith.) Karte. (VIII, 478 S.)
2. Schilderung von Land u. Leuten des Osmanischen Reiches in Asien, vor u. nach dem Kriege von 1877/78, mit Berücksichtigung der arabischen Halbinsel. Hrsg. von L. C. Beck. Mit gegen 100 Text-Abbildgn., 5 Tonbildern u. 1 (chromolith.) Karte. (VIII, 496 S.)

— dasselbe. 2 Bde. 2., wohlf. (Titel-)Ausg. Mit gegen 220 Text-Abbildgn., 10 Tonbildern u. 2 (chromolith.) Karten. gr. 8. (VIII, 478 u. VIII, 496 S.) Leipzig 882. Spamer. n. 9. —; geb. n. 12. —

v. Hellwald, Frdr. Die Türkei im Kampfe mit Russland. (115) 8. Augsburg 1877. 2.00.

— die Umgestaltung des Orients als Culturfrage. gr. 8. (III, 99 S.) Ebend. 878. n. 2. —

— aus d. Urzeit. Hrsg. v. Hippolyt Haas u. Ludw. Büchner. M. e. Vorwort v. O. Henne am Rhyn. gr. 8. (VIII, 211 S.) Ebd. (897). Kart. n. 3. —

Hellwald, Friedr. v., die americanische Völkerwanderung. Eine Studie. 8. (III und 54 S.) Wien 866, (Braumüller.) *

—— die weite Welt. Reisen und Forschungen in allen Teilen der Erde. Ein geograph. Jahrbuch. 1.—3. Jahrg. gr. 8. (VI, 408; IV, 377; IV, 380 S. mit Illustr.) Stuttgart 885—87, Spemann. geb. à Jahrg. *

— die Welt der Slawen. gr. 8. (III, 411 S.) Berlin 890. Allgem. Verein für deutsche Litteratur. n. 6. —; geb. n. 7. —

— Zauberei u. Magie. Kulturbilder. gr. 8. (IV, 55 S.) Ulm 901. H. Korlor. n. 1. 50

— Centralasien. Landschaften u. Völker in Kaschgar, Turkestan, Kaschmir u. Tibet. Mit besond. Rücksicht auf Rußlands Bestrebgn. u. seinen Kulturberuf. Mit 70 Text-Abbildgn., in den Text gedr. Karten, e. Tonbilde u. e. (lith.) Uebersichtskarte (in qu. 4.) gr. 8. (VIII, 446 S.) Leipzig 875. Spamer. n. 8. —; geb. n. 10. —

Hellwald, Frdr. v., Centralasien. Landschaften u. Völker in Kaschgar, Turkestan, Kaschmir u. Tibet. Unter Berücksichtigung der jüngsten Ereignisse in Afghanistan u. von Rußlands Bestrebungen u. Kulturberuf. 2., verm. u. verb. Ausg. Mit gegen 80 Text-Abbildungen &c., einem Tonbilde u. einer (chromolith.) Uebersichtskarte. gr. 8. (VIII, 506 S.) Leipzig 880. Spamer. n. 8. —; geb. n. 10. —

Hellweg, Gustav, oder das Opfer seiner Meinungen. Ein Roman in 2 Büchern. Schlesw. 1804. V: *Sengespeick, Friedrich von.* (I.S)

Hellweg, Gustav, od. d. Opfer s. Meinungen; e. Roman in 2 Büchern. 8. Schleswig, Röhs. (Christiani.) 804.

Hellweg, Gustav, od. d. Opfer seiner Meinungen, v. Fr. Bürger: (Fr. v. Sengespeik). 8. Schlesw. 804. (Hammerich in Altona). 1 ℳ 8 𝒦.

Hellweg, August

Hellweg, Gesetz, betr. die Erleichterung der Abveräusserung einzelner Theile v. Grundstücken in der Prov. Hannov., v. 25. März 1889. Berl. 890.

Hellweg, A., die preußischen Gesetze betr. das Notariat, s.: Sydow, R.

—— Der Reichs-Strafprozeß, s. a. Lehrbücher d. deutschen Rechts.

— der Reichs-Strafprozeß. Auf der Grundlage d. gleichnam. Werkes v. Dochow in Halle neu bearb. 4. Aufl. der ursprüngl. Bearbeitg. (Lehrbücher d. deutschen Reichsrechtes. II.) 8. (XVI, 431 S.) Berlin 890. Guttentag. n. 4. 50; geb. n. 5.

Hellweg, A., u. A. Arndt, die deutsche Strafgesetzgebung. Eine Sammlung aller gegenwärtig geltenden Strafprozeß u. Strafrecht betr. Gesetze des Deutschen Reichs. Text-Ausg. mit Anmerkungen, einem vollständig chronolog. u. Sachregister. gr. 8. (VI, 703 S.) Berlin 883. Guttentag. n. 12. —

— — dasselbe. Ausgabe für Preußen. Nebst einem Anh., enth.: sämmtliche wichtigeren, strafrechtlichen Gesetze u. Verordnungen Preußens. gr. 8. (XVI, 930 S.) Ebend. 883. n. 15. —

—— und A. Arndt, die deutsche und preußische Strafgesetzgebung. Eine Sammlung aller gegenwärtig geltenden Strafprozeß und Strafrecht betr. Gesetze des Deutschen Reichs, sowie sämmtl. wichtigeren strafrechtl. Gesetze und Verordnungen Preußens. Ergänzungsheft. 1883—1885. Text-Ausg. mit Anmerkungen. gr. 8. (IV, 160 S.) Ebendas. 886. *
1. Ausg. des Hauptwerkes. Ebendas. 1883. * ℳ 12.—.

—— —— dass. — 2. bis auf die neueste Zeit fortgeführte Ausg. gr. 8. (XVIII, 930; IV, 160 S.) Ebendas. 886. *

Hellweg, August (Bearb.), s. Strafprozeßordnung, Die, für das Deutsche Reich ...

— Strafprozeßordnung u. Gerichtsverfassungsgesetz; s.a. Guttentag's Sammlung deutscher Reichsgesetze.

Hellweg A, Strafprozessordnung und Gerichtsverfassungsgesetz mit Anmerkungen. 14. Aufl. (462 S) (Guttentagsche Sammlung 12) Berlin 1907

— Strafprozeßordnung u. Gerichtsverfassungsgesetz, nebst dem Gesetz, betr. die Entschädigg. der im Wiederaufnahmeverfahren freigesprochenen Personen, s.a. Guttentag's Sammlung deutscher Reichsgesetze.

Hellweg, August, Strafprozessordnung und Gerichtsverfassungsgesetz nebst d. Gesetzen, betr. d. Entschädig. der im Wiederaufnahmeverfahren freigesprochenen Personen u. d. Entschädig. fur unschuldig erlittene Untersuchungshaft. Text-Ausg. m. Einl., Anm. u. Sachreg. 13. Aufl. Berlin 1905. 8°.
(Guttentag'sche Sammlung Deutscher Reichsgesetze. Nr 12.)

Hellweg, A., Strafprozeßordnung und Gerichtsverfassungsgesetz nebst den Gesetzen, betreffend die Entschädigung der im Wiederaufnahmeverfahren freigesprochenen Personen und die Entschädigung für unschuldig erlittene Untersuchungshaft. Textausg. mit Einleitung, Anmerkungen und Sachregister. 14. Aufl. Berlin, 1907. 462 S.

—— Strafprozeßordnung nebst Gerichtsverfassungsgesetz für das Deutsche Reich, s.a. Guttentag's Sammlung deutscher Reichsgesetze.

Hellweg, A., Strafprozeßordnung nebst Gerichtsverfassungsgesetz für das Deutsche Reich. Text-Ausg. mit Einleitung, Anmerkungen und Sachregister. 4. Aufl. 16. (VIII, 421 S.) Berlin 888, Guttentag. cart. *

Hellweg, A., die Strafprozeßordnung f. das Deutsche Reich, s.: Löwe, E.

Hellweg, Fr., und Jos. Hellweg, Kirchen-Utensilien in Stylarten des Mittelalters. 1. Heft. Fol. (10 Stnt., wovon 7 in Buntdr.) Paderborn 863, Badorff. *

HELLWEG, Friedrich (Krimsebeck): Über Multiplizität primärer Geschwülste: Endotheliom der Lunge und Adenocarcinom der inneren Genitalien.- München: Wolf 1908. 31 S.
11.6.1909 - Chr 1908/09,271 U 09.3333 Diss. Ingolst.-Landsh.-Mchn.

Hellweg, O., Gesetz betr. die Erleichterung der Abveräußerung einzelner Theile v. Grundstücken in der Prov. Hannover, vom 25. März 1889. Unter Berücksicht. der Gesetzes-Begründg. u. der Landtagsverhandlgn., sowie der entsprech. Gesetze in den übrigen Theilen der preuß. Monarchie. 8. (IV, 60 S.) Berlin 890. Parey. cart. n. 1.50

Hellwege, Adolf. Gmde-Gesch d dten Ev-Luth Bethanien-Kirche ... zu Roxborough und Manayunk, Pa. Phila [?], 1899 [?].

Hellweger, Ferd., Denk wohl daran! oder: Beherzigungen über die ewigen Wahrheiten mit bewährten Geschichten beleuchtet. Nebst den gewöhnl. Andachtsübungen eines Christen und geeigneten Belehrungen begleitet. Nach dem Französ. bearb. 2. Aufl. 16. (VIII, 304 S. mit 1 Stahlst.) Innsbruck 869, Vereins-Buchh.

Hellweger, Ferd., die Lilie, oder die Vorzüge, Gefahren und Bewahrungsmittel der Unschuld. Ein kathol. Lehr- und Gebetbuch besond. für die reifere Jugend, nützlich allen Freunden Gottes und ihres Heiles. 8. (VIII und 439 S. mit 1 Stahlst.) Innsbruck 863. (Brixen, Weger's Buchh.)

—— dass. — 2., bedeutend verm. und verb. Aufl. 8. (X und 404 S. mit 1 Stahlst.) Brixen 866, Theologische Verlags-Anstalt. *

Hellweger, F., die Lilie, od. die Vorzüge, Gefahren u. Bewahrungsmittel der Unschuld. Ein kath. Lehr- u. Gebetbuch besonders f. die reifere Jugend. 3. Aufl. 16. (XII, 478 S. m. 1 Chromolith.) Brixen 890. Weger. n. 1. 60

Hellweger, Ferd., Schritte zu gutem Tode in den Fußstapfen der Heiligen. Ein Betrachtungs-, Lehr- und Gebetbuch, hrsg. für vielbeschäftigte Christen. 8. (IV, 560 S.) Brixen 884, Weger's Buchh. *

—— Schutzgeist der Jugend. Ein kathol. Unterrichts- und Andachts-Buch für christl. Söhne und Töchter zur Bewahrung der Taufunschuld. 6. verb. Aufl. 16. (320 S. mit 1 Stahlst.) Salzburg 878, Pustet.

—— dass. — Katholisches Unterrichts- und Andachtsbuch zur Bewahrung der Taufunschuld. 7. verb. Aufl. 16. (511 S. mit 1 Taf.) Ebendas. 884.
geb. von * M 1,50. bis *

Spionenfabrikation dess[!] preussischen Grossen Generalstabes. Bilder aus d. Gegenwart nach d. Memoiren e. polit. Flüchtlings aus Sibirien von R. Hellweger. Zürich: C.Schmidt 1900. (209 S.) 8° [F.] [... 8

Hellweger-Album. 10 Bilder in unveränderl. Lichtdr. nach den Cartons des Meisters. Hrsg. von Freunden des Verewigten. gr. Fol. (1 Bl. Text.) Innsbruck 881. C. Rauch in Comm. n. 10. —

Hellwerth, Edle von (Hrsg.), s. Radlerin, Die.

Hellwetter, Wilhelm, Referendar in Cöln: Die Beendigung des Handlungsgehilfenverhältnisses. Borna-Leipzig 1907: R. Noske. (VII, 88 S.) 8° [F.]
Leipzig, Jur. Fak., Diss. v. 6. Dez. 1907
[Geb. 6. Nov. 83 Cöln; Wohnort: Cöln; Staatsangeh.: Preußen; Vorbildung: Kaiser-Wilhelm-Gymn. Cöln Reife O. 03; Studium: Freiburg i. B. 1, München 2, Berlin 1, Bonn 2 S.; Rig. 7. Juli 06.]

Hellwich, F.

Persönliche Heiligung. Von F. Hellwich, Prediger. Kassel: Verlagshaus d. Baptisten [1905]. (16 S.) 8° [F. u. Ant.]
= Lehre u. Wehre. No 18. [... 4

Hellwig, Die Familie. Leipzig 1803 bis 1804. V: *Hoffmann, Carl Friedrich & Friedrich Wilhelm Hempel.* (BGE I³, 2419)

Hellwig, Die Familie. Leipz. 1806. V: *Hoffmann, Carl Friedrich & Friedr. Wilh. Hempel.* (GGr)

Hellwig, d. Familie, e. belehrendes u. unterhalt. Lesеb. für Deutschlands Söhne u. Töchter u. f. Freunde u. Bildner der Jugend, v. C. F. Felswangen u. F. W. Hempel, m. ill. K. 8. Lpz. Bruder u. Hoffmann. 811.

Hellwig, Familie, ein Lesebuch für Söhne und Töchter. 2te Aufl. Mit illum. Kupf. Elberfeld, Büschler. 817.

Hellwig, s.a. Helbig

Hellwig, s.a. Helwig.

Hellwig, s.: Jahrbuch d. schlesischen Forstvereins.

Hellwig, Albert

Hellwig, A., das Amt der Geschworenen nach den Reichsjustizgesetzen dargestellt. 16. (VIII, 77 S.) Berlin 881, Vahlen. cart. *

Hellwig, Alb., das Asylrecht d. Naturvölker, s.a. Beiträge, Berliner juristische. 1. Hft.

Hellwig, A[lbert]: Das Asylrecht der Naturvölker. Mit einem Vorwort von J. Kohler. *Berlin: B. v. Decker 1903.* (VIII, 122 S.) 8° [F.] ¶(— Berliner Jurist. Beiträge zum Civilrecht, Handelsrecht, Strafrecht u. Strafprozeß u. zur vergleich. Rechtswiss., H. 1.)
Rostock, Jur. Diss. v. [10. März] 1904
[Nicht für den Austausch]

Hellwig, A., Beiträge zum Asylrecht v. Ozeanien. [Aus: „Ztschr. f. vergleich. Rechtswiss."] (64 S.) gr. 8. Stuttgart, F. Enke. 1906. 2. —

Hellwig, Dr. A.* Gerichtliche Medizin und Feuerbestattung. Adler-Verlag, Berlin 1910. Druck von Carl Ringer u. Sohn, Berlin, Hasenheide.

— Verbrechen u. Aberglaube, s.a. Aus Natur u. Geisteswelt.

Verbrechen und Aberglaube. Skizzen aus d. volkskundl. Kriminalistik. Von Dr. Albert **Hellwig**, Kammerger.Ref. Leipzig: B. G. Teubner 1908. (VI, 139 S.) 8° [F.]
— Natur, Aus, u. Geisteswelt. Bdch. 212. [08. 10834

Hellwig, Alfred

Hellwig, der Stand der Irrenpflege in Mähren. Ein Nothstand. (32 S.) 8. Halle 903. C. Marhold. n. — 50

Hellwig, Amalie

— vergl. v. Imhof, Amalie.

— an Deutschlands Frauen ꝛc. 8. Leipz. 816. Wilh. Vogel. 8 ℊ

— s. Helfert, Jos., Anleitung zum geistl. Geschäftsstyle.

v. Hellwig, Amal., geb. Freiin v. Immhoff, die Sage v. Wölfsbrunn. 2e Aufl. 8. Heidelb., Engelmann. 16 ℊ

v. Hellwig, Amalie, geb. v. Imhof, († d. 17. Dec. 1831.) d. Schwestern auf Corcyra. Dramat. Idylle in 2 Abtheilg. mit 2 Kpf. u. Musik. 12. Leipz. 812. Brockhaus. 1 ℔ 8 ℊ color. 1 ℔ 12 ℊ

— die Tageszeiten. Ein Cyclus griech. Zeit u. Sitte. In 4 Idyllen. 12. Leipz. 812. Brockhaus. 1 ℔ 8 ℊ

— s. Taschenbuch d. Sagen ꝛc.

— s. Tegner, Frithiofs-Sage.

— Helene v. Tournon. Erzählung. Mit 1 Kpf. gr. 12. Berl. 824. Reimer. 2℔ ℊ

Hellwig, Armin, aus Coethen: Aneurysmen der Arteria tibialis anterior. *Greifswald 1904: H. Adler.* (30 S.) 8°
Greifswald, Med. Diss. v. 9. Febr. 1904

Hellwig, Bernh., der Alchimist, s. Bibliothek für die reifere christliche Jugend.

Hellwig (Bernh.), der Dom zu Nordhausen. Erinnerungsblätter f. Einheimische u. Fremde. (56 S. m. 1 Abb.) 8. Erfurt 894. (Nordhausen, G. Wimmer.) — 50

[F.] Geschichte der Familie v. Bila. Von Dechant [Bernhard] Hellwig. *Nordhausen: Selbstverl.: (Dr. v. F. Eberhardt) 1895.* (24 S.) 1 Bd 8. [96. 170

Hellwig, B., die vier Temperamente bei Erwachsenen. Eine Anleitg. zur Selbst- u. Menschenkenntniß und e. prakt. Führer u. Rathgeber im Umgange m. der Welt. 8. (74 S.) Paderborn 888. Esser. n. 1. —

Hellwig, Bernh. Die vier Temperamente bei Erwachsenen. Eine Anleitg. zur Selbst- u. Menschenkenntniß u. e. prakt. Führer u. Rathgeber im Umgange m. der Welt. 2. verm. u. verb. Aufl. 8. (97 S.) Paderb. 890, Esser. * 1 —; geb. * 1 60

Hellwig, Bernh., die vier Temperamente b. Erwachsenen. Eine Anleitg. z. Selbst- u. Menschenkenntnis u. e. prakt. Führer u. Ratgeber im Umgange m. d. Welt. 3. Aufl. 8. (99 S.) Paderborn 897. J. Esser. n. 1. —; geb. in Leinw. n. 1. 60

Hellwig, Bernh., die vier Temperamente bei Erwachsenen. Eine Anleitg. zur Selbst- u. Menschenkenntnis u. e. prakt. Führer u. Ratgeber im Umgange m. der Welt. 4. Aufl. 8. (99 S.) Paderborn 899. J. Esser. n. 1. —; geb. in Leinw. n. 1. 60

Die vier Temperamente bei Erwachsenen. Eine Anleitung z. Selbst- u. Menschenkenntnis u. e. prakt. Führer u. Ratgeber im Umgange mit d. Welt. Von Bernhard Hellwig. 5. Aufl. *Paderborn: J. Esser [1903].* (99 S.) 8° [F.] [04. 4476 6

Hellwig, Bernh., die vier Temperamente bei Erwachsenen. Eine Anleitung zur Selbst- u. Menschenkenntnis u. e. prakt. Führer u. Ratgeber im Umgange m. der Welt. 5. u. 6. Aufl. (à 99 S.) 8. Paderborn (904. 905.) J. Esser. n. 1. —; geb. in Leinw. n. 1. 60

Die vier Temperamente bei Erwachsenen. Eine Anleitung z. Selbst- u. Menschenkenntnis u. e. prakt. Führer u. Ratgeber im Umgange mit d. Welt. Von Bernhard **Hellwig**. 6. Aufl. Paderborn: J. Esser [1905]. (99 S.) 8° [F.] [06. 5617

Hellwig, Bernh., die 4 Temperamente bei Erwachsenen. Eine Anleitg. z. Selbst- u. Menschenkenntnis u. e. prakt. Führer u. Ratgeber im Umgange m. der Welt. 8. Aufl. (99 S.) 8. Paderborn (910). J. Esser. 1. —; geb. 1. 60

Hellwig, Bernh., die vier Temperamente bei Kindern. Ihre Aeußerg. u. ihre Behandlg. in Erziehg. u. Schule. Als Anh.: Das Temperament der Eltern, Lehrer u. Erzieher. gr. 8. (87 S.) Prag 872. André in Comm. n. — 90

Hellwig, Bernh., die vier Temperamente bei Kindern. Ihre Aeußerung und ihre Behandlung in Erziehung und Schule. Als Anhang: Das Temperament der Eltern, Lehrer und Erzieher. 2. verb. und verm. Aufl. 8. (71 S.) Paderborn 884, Schöningh's Sortimentsb. *

—— die vier Temperamente bei Kindern. Ihre Aeußerungen und ihre Behandlung in Erziehung und Schule. Als Anhang: Das Temperament der Eltern, Lehrer und Erzieher. 3. Aufl. 8. (71 S.) Ebendas. 888. *

— — Die vier Temperamente bei Kindern. Ihre Aeußerg. u. ihre Behandlg. in Erziehg. u. Schule. Als Anh.: Das Temperament der Eltern, Lehrer u. Erzieher. 4. Aufl. 8. (72 S.) Ebd. 889. * 1 —; geb. * 1 60

[F.] Die vier Temperamente bei Kindern. Ihre Aeusserg u. ihre Behandlg in Erziehg u. Schule. Als Anhang: Das Temperament d. Eltern, Lehrer u. Erzieher. Von Bernhard Hellwig. 5. Aufl. *Paderborn: J. Esser 1896.* (74 S.) 1 Bd 8. [96. 705

— die vier Temperamente bei Kindern. Ihre Aeußerg. u. ihre Behandlg. in Erziehg. u. Schule. Als Anh.: Das Temperament der Eltern, Lehrer u. Erzieher. 6. u. 7. Aufl. 8. (à 74 S.) Ebd. 897. 902. n. 1. —; geb. in Leinw. n. 1. 60

— dasselbe, bei Kindern. Ihre Aeußerg. u. ihre Behandlg. in Erziehg. u. Schule. Als Anh.: Das Temperament der Eltern, Lehrer u. Erzieher. 8. u. 9. Aufl. (à 74 S.) 8. Ebd. 902. n. 1. —; geb. n. 1. 60

Die vier Temperamente bei Kindern. Ihre Aeußerung u. ihre Behandlung in Erziehung u. Schule. Als Anh.: Das Temperament d. Eltern, Lehrer u. Erzieher. Von Bernhard **Hellwig**. 9. Aufl. Paderborn: J. Esser [1907]. (74 S.) 8° [F.]

— Die 4 Temperamente bei Kindern. Ihre Aeußerg. u. ihre Behandlg. in Erziehg. u. Schule. Als Anh.: Das Temperament d. Eltern, Lehrer u. Erzieher. 11. Aufl. (72 S.) 8. Ebd. (910). 1.—; geb. 1.60

Die vier Temperamente bei Kindern. Ihre Aeusserung u. ihre Behandlung in Erziehung u. Schule. Als Anh.: Das Temperament d. Eltern, Lehrer u. Erzieher. Von Bernhard **Hellwig**. 11. Aufl. Paderborn: Esser [1910]. 72 S. 8°

— the four temperaments in children. Their appearance and treatment in rearing and in the school. As appendix: the temperament of parents and teachers. 8. (79 S.) Ebd. 889. n. 1.—

Hellwig, C., Berechnung der Wurzeln kubischer u. biquadratischer Gleichungen, besond. auch der irrationalen Wurzeln der ersteren im irreducibeln Falle. gr. 8. (28 S.) Leipzig 893. G. Fock. n. 1.20

Hellwig, C., über harmonische und involutorische Beziehungen, ihre Anwendung auf die Einteilung der Kurven 2. Grades und ihr Vorkommen bei solchen Kurven im Falle besonderer Form und Lage. gr. 4. (29 S. mit 1 Stnt.) Erfurt 883, Villaret.

—— über die quadratischen und kubischen Gleichungen mit besond. Berücksicht. des irreducibeln Falles bei den letzteren. gr. 8. (41 S.) Ebendas. 884.

Hellwig, C., die durchgeschriebenen Kreise und die Kreisternionspunkte des Dreiecks, s. Studien, mathematische.

—— das Problem des Appollonius nebst den Theorien der Potenzörter, Potenzpunkte, Aehnlichkeitspunkte, Aehnlichkeitsgeraden, Potenzkreise, Pole und Polaren im Sinne der neueren Geometrie für alle Lagen der gegebenen Kreise leicht fasslich dargestellt. gr. 8. (IV und 43 S. mit 4 Stnt. in 4.) Halle 856, Schmidt.

Hellwig, C., die Schule der Geometrie und Trigonometrie der Ebene. 1. und 2. Cursus. gr. 8. Erfurt, Villaret.

Inhalt:

Cursus 1. Die einfachsten Betrachtungen über die ebenen geradlinigen Figuren und den Kreis. (IV und 38 S. mit eingedr. Holzschn.) 863. 7½ Ngr.

2. Die Gleichheit und Aehnlichkeit der ebenen geradlinigen und damit zusammenhängenden Betrachtungen; Kreisberechnung; Trigonometrie der Ebene. Zahlreiche Uebungsaufgaben. (VIII und 119 S. mit 84 Fig. auf 4 Stnt. in qu. gr. 4.) 866. 18 Ngr.

Hellwig, C., die Schule der Geometrie u. Trigonometrie der Ebene. 1. Curs.: Die einfachsten Betrachtungen über die ebenen geradlinigen Figuren u. den Kreis. 2. Aufl. gr. 8. (IV, 48 S. mit eingedr. Holzschn.) Erfurt 877. Villaret. cart. n. 1.20

Hellwig, C., die Tetraedrometrie u. Trigonometrie oder Darstellg. der Eigenschaften d. Tetraeders m. Berücksicht. der entsprech. Verhältnisse am Dreieck. gr. 4. (32 S. m. 1 Steintaf.) Erfurt 873. Villaret. n. 1.50

Hellwig, Christian, s. Hellwig, Christoph

Hellwig, Carl, s. Hellwig, Karl

Hellwig, Christoph

— Thüring., Meißner u. Niedersächs., deutsche u. lat. Apothekertaxe. 4. Lpz. Weber. 714.

Hellwig, Christoph von: Der sichere Augen- und Zahn-Arzt, oder accurate Beschreibung aller und ieden Augen- und Zahn-Gebrechen, nebst deutlichen Unterrichte, wie solchen bey Zeiten vorzukommen, oder auch glücklich zu curiren sind. 272 S., gbd., Abb.

Arnstadt u. Leipzig: Beumelburg 1737

JB 4.203

Hellwig, Chr., Philos. Briefe. Lpz. 8°. 1712

von **Hellwig**, Chr., De chlorosi, Von der Jungfernkrankheit, Liebesfieber 2c. Lps. 4°.
1702

Hellwig, C. Compendium medicinae renunciatoriae, od.: Curiöser u. nützl. Begriff v. d. tötl. Wunden, wie solche sollen berichtet werden. Franckfurt 1713.

(Hellwig, Christoph von) (Übers.):

s.: Franck von Franckenau, Georg: Flora Francica aucta oder vollständiges Kräuter-Lexicon. 5. Aufl. Leipzig: 1753

JB 27

— Geheimnisse d. Jungferschaft. 8. Erf. 718.

Hellwig, Christoph (von): Grund- und Lehr-Sätze der gantzen Edlen Medicin, oder kurtze und deutliche Anleitung, wie so wohl die Herren Studiosi Medicinae, als auch ein jedweder...zu seiner Gesundheit und Lehre, eine gute Wissenschaft...wohl und bald begreiffen möge. 748 S., gbd., Abb.

Leipzig: Groschuff 1715

JB 1.987

— Grund- und Lehrsätze der ganzen Medicin. 8. Lpz. Schuster. 715.

— Haus- Reise- Armen- Frauenz.- u. Kinder-Apothekchen. 8. Ebend. 730.

Hellwig, Ch. von (Herausgeber): „Wohleingerichteter hundertjähriger Haushaltungscalender, mit einem ökonomischen Anhang von allerhand Haus- und Wirthschaftsregeln", Erfurt 1701. (Anmerkung: Es handelt sich um einen ziemlich willkürlich veränderten Abdruck der von dem Abt Mauritius Knauer um das Jahr 1660 handschriftlich niedergelegten Untersuchungsergebnisse seiner Witterungsbeobachtungen, die er u. d. T.: „Oeconomicum practicum perpetuum, d. i. ständiger Hauskalender", seinem Kloster widmete. Diese Originalhandschrift Knauers ist kürzlich im Staatsarchiv Bamberg aufgefunden worden). Hellwigs „Hundertjähriger Kalender" erhielt viele Neuauflagen, bis in die heutige Zeit.

Hellwig, Chr. von (Hrsg.), s.a. Hauskalender, Hundertjähriger.

v. Hellwig, C., hundertjähriger Hauskalender. M. Kpf. 8. Chemn. 770. Mauke 3 K gr. 8. Bern 772. Haller 10 K

— — Anhang dazu. 8. Ebend. 770.

— hundertjähriger Hauskalender, m. K. 8. Lpz Müller. 787.

— arm. Leute Hausmedicus u. Landbarbier. 8. Arnst. 719.

Hellwig, Chr. von: „Hausverwalter; oder Garten-, Koch-, Arzney- und Bienenbüchlein", Frankfurt a. M. 1719.

— neuentdeckte Heimlichkeit. d. Frauenz. 8. Ebendaselbst. 745.

— — dass. 8. Freyb. Reinhold. 779.

Hellwig, Christoph von: Das ächzende Hüft- Rück- und Lenden-Wehe, wie solches gewiß, sicher und bald, durch particular und universal Artzneyen zu curiren. Nebst beygefügter Praeparation des Auri potabilis oder Trinck-Goldes und wahrhafften Tincturae Solis oder rechten und aufrichtigen Gold-Tinctur etc. 160 S., gbd.

Arnstadt: Beümelburg 1746

JB 2.016

— Kinder-Jungf.- u. Weiber-Spiegel. 8. Arnst. Beumelburg. 720.

— monatl. Kräuterlust. rc. 8. Zittau. 721.

— deutsch-lat.-physik-med. Lexikon. 4. Hannov. Helwing. 713.

HELLWIG, CHRISTOPH.

Neu eingerichtetes Lexicon medico-chymicum, Oder chymisches Lexicon worinnen nicht allein die Nahmen der nöthigsten Laborum chymicorum sondern auch die gebräuchlichsten Vasa, Oefen, Instrumenta, etc, benennet; nebst andern nützlichen Dingen. Worbey auch unterschiedliche Stücke, was for Composita daraus præpariret und laboriret werden, und von deren Tugenden, Kräfften, Dosibus, etc. zu finden. Lateinisch und Teutsch nach dem Alphabeth eingerichtet. Nebst einem Anhang etlicher Apotheker-Taxe als einer Zugabe. Franckfurt und Leipzig, 1711. pp. (vi)-488 12mo.

HELLWIG, L. CHRISTOPH VON.

Vermehrt und verbessertes neu eingerichtetes Lexicon medico-chymicum. . . . Franckfurth und Leipzig, 1718. 12mo.

Hellwig, Christoph (von): Vollkommenes Teutsch- und Lateinisches Physicalisch- und Medicinisches Lexikon, worinnen die Kunst-Wörter der Medicorum, Apothecker, Chirurgorum und Materialisten, ingleichen derer Gefäße und Arbeiten, Materialien, Stücke, Praeparata, Medicamenten...genennet und zubereitet werden. Nebst einem Register der Kranckheiten und bewehrten Recepten der berühmtesten alten und neuen Medicorum... 1040 S., gbd., Abb.

Hannover: Förster 1713

JB 504

Hellwig, Christoph von: Medicina renunciatoria et consultatoria, worinnen enthalten I.was sowol ein Medicus als Chirurgus, bey Besichtigungen vieler in Medicina vorfallenden Begebenheiten...zu beobachten, und...die darüber benöthigten Berichte und Wund-Zeddel...einzurichten. II.eine feine Anzahl rechtlicher Fragen, von gehauenen, gestochenen, geschossenen, geschlagenen etc.tödtlichen Wunden, ingleichen von verschiedenen Vergifftungen, wie auch Kindermordthaten... Und dann III.viele darüber eingeholte Consilia, Responsa und Sentenzen Hochlöblicher Universitäten, Facultäten und anderer gelehrter Männer. 1008 S., gbd., Abb.

Arnstadt u.Leipzig: Niedt 1726 JB 5.255

— medicus clinic. oder Haus- und Landarzt. 6 Thle. 8. Erf. (Crusius in Leipz.) 722.

Hellwig C. v.: Nosce te ipsum, vel anatomicum vivum, od. kurtz gefastes doch richtig gestelltes anatom. Werck ... Z. 2. mahl z. Druck befördert. Franckf. u. Leipz. (1720). 42 S. 3 Tvl. m. bevægelige Fig. Fol.
— — von neuem übersehen ... durch J. G. v. Hellwig. M. c. Vorr. Herrn J. H. Kniphoff. Sst. u. A. 87 S. 12 Tvl., til Dels m. bevægelige Fig. Fol.

Hellwig, Christoph (von): Neu-eingerichtetes Pest-Apothekchen, darinnen der Pest Ur = sprung, Eigenschafft und Zeichen genau beschrieben, samt einer deutlichen Anweisung, wie man sich...sowohl...praeserviren als auch glücklich curiren könne. 52 S., gbd.

Franckfurt und Leipzig: bey Hieronymo Phili. 1714

JB 4.859

HELLWIG, Christoph: Dissertatio de Quinquina Europaeorum. - Gryphiswaldiae 1712 6 Bg.

v. Hellwig, Christian: „Neue und curieuse Schatz-Kammer oeconomischer Wissenschafften", Franckfurt 1718.

— rare Schr. v. Stein d. Weisen. 8. Leipz. 719.

von Hellwig, Christ., Sendschreiben vom Opio. Lpz. 8°. 1703

Chph. Hellwig, Helvigius, (resp. Gli. v. Seelen) specimen pharmacologiae sacrae, de antimonio, cicuta et pisce magno Tobiae sive siluro, ex tribus naturae regnis desumtum. Gryphiswald. 1708. 4.

— medicin. Thiergarten. 8. Frankf. Keyser. 703.

Hellwig, C. v., kurzgef. anatom. Werk, m. K. Fol. Frkf. u. Lpz. Weber. 744.

Hellwig, Christoph von: Der curieuse und vernünftige Zauberarzt, welcher lehret und zeiget, wie man nicht alleine e triplici regno curieuse Artzneyen verfertigen, sondern auch...magiam naturalem oder vermeynte Hexerey die vornehmsten Kranckheiten des menschlichen Leibes glücklich curiren könne. 336 S., gbd.

Franckfurt u.Leipzig: Niedt 1726

Hellwig, Conrad, s. Hellwig, Konrad

Hellwig, Erdm. Benj., Kommuniongebete, nebst Morgen- u. Abendgebeten. 8. Bresl. 791. J. F. Korn. 3 gr.

Hellwig, Eva, werden Ehen im Himmel geschlossen? (VIII, 304 S.) 8. Dresden 909. E. Pierson. 2.50; geb. n 3.50

Hellwig, F., Rosodaceae, s.: Engler, A., u. K. Prantl, die natürlichen Pflanzenfamilien.

Hellwig, F., d. Unterleibsbrüche u. d. Bruchbänder. E. Lehr- u. Handbuch f. Bandagisten u. Bruchleidende. gr. 8. (VIII, 90 S. m. 16 Abb.) Weimar 897. Leipzig, B. F. Voigt. 2.—

Hellwig, F. W. H., Gedichte. (118 S.) kl. 8. Leipzig 907. Verlag f. Literatur, Kunst u. Musik. 1.50; geb. n 2.50

Hellwig, Franz [aus Danzig]: Über den Ursprung der Ackerunkräuter und der Ruderalflora Deutschlands. 1. . . . Leipzig, Wilh. Engelmann, 1886; VI + 41 S. 8°.
Breslau, Phil. Fak., Inaug. Diss. v. 12. März 1886.

Hellwig, Friedrich, appr. Arzt a. Cottbus: Wasserstoffsuperoxyd und seine Anwendung. Halle a. S. 1908: C. A. Kaemmerer & Co. (34 S.) 8°
Halle, Med. Fak., Ref. Schmidt, Diss. v. 15. Febr. 1908
[Geb. 19. Jan. 77 Cottbus; Wohnort: Halle a. S.; Staatsangeh.: Preußen; Vorbildung: Friedrich-Wilhelms-Gymn. Cottbus Reife M. 98; Studium: Würzburg 8, Halle 6 S.; Coll. 30. Jan. 08; Approb. 1. Mai 07.]

Hellwig, Georg, Oberzollinspektor u. Regierungsassessor zu Harburg a. d. Elbe: Geschichte und Kritik des Oktrois im Großherzogtum Hessen. *Stuttgart 1903: Union.* (168 S.) 8°
Gießen, Phil. Diss. v. 1903

Hellwig, Gotthilf: Beschreibung eines maennlichen Amelus von 66 Jahren. Halle (1867): Lipke. 30 S. 8°
Halle-Wittenberg, Med. Diss. v. 10. Okt. 1867
Geb. Leimbach (Gebirgskr. Mansfeld) [12. 7. 1841]. V.

Hellwig, Gustav [aus Wedlitz]: Über Complication von Gravidität mit submucösen u. intramuralen Fibromyomen des Uterus. . . . Halle a. S., Hofbuchdr. v. C. A. Kaemmerer & Co., 1890; 28 S. + 1 Bl. 8°
Halle, Med. Fak., Inaug.-Diss. v. 4. Jun. 1890

Hellwig, Gustavus (Henricus Ludovicus) *(geb. Minden in Westf. 1. 11. 1837)*: De musculis laevibus. Vratislaviae (1861). (22 S., 1 Taf.) 8°
Breslau, Med. Diss. v. 12. Juni 1861

Hellwig, Hans

Erbrechtsfeststellung und Rescission des Erbschaftserwerbes. Beiträge z. Lehre von d. querela inofficiosi testamenti des klass. röm. Rechtes von Dr. Hans **Hellwig**. Leipzig: Deichert 1908. XI, 108 S. 8°
Ein T. erschien als Inaug.-Diss. Marburg 1907 u. d. T.: Das Urteil im Inoffiziositätsprozess nach Form, Inhalt u. Wirkung. [illegible] 11

Hellwig, Hans, Referendar am Königlichen Amtsgericht Spandau: Das Urteil im Inoffiziositätsprozess nach Form, Inhalt und Wirkung. Leipzig [1907]: Greßner & Schramm. (91 S.) 8°
Marburg, Jur. Fak., Ref. Enneccerus, Diss. v. 30. Sept. 1907
[Geb. 19. März 85 Leipzig; Wohnort: Spandau; Staatsangeh.: Preußen; Vorbildung: Friedrichs-Werdersches Gymn. Berlin Reife M. 03; Studium: Marburg 3, Berlin 3 S.; Rig. 27. Juni 07.]

Hellwig, Heinr., Ratgeber f. Versicherte. Wegweiser f. alle Versicherten zur Erkenng. ihrer Pflichten u. Sicherg. ihrer Ansprüche aus der Kranken-, Unfall- u. Invaliden-Versicherg. 3. Aufl. (des „Arbeiterfreund"). (24 S.) 8. Altenburg (903). St. Geibel. n. — 15

Hellwig, Heinr., Ratgeber f. Versicherte. Wegweiser f. alle Versicherten zur Erkenng. ihrer Pflichten u. Sicherg. ihrer Ansprüche aus d. Kranken-, Unfall- u. Invaliden-Versicherg. 4. Aufl. (des „Arbeiterfreund"). (24 S.) 8. Altenburg (907). St. Geibel. — 15

Hellwig, Hermann [aus Friedeberg N. M.]: Untersuchungen über die Namen des nordhumbrischen Liber Vitae. I. ... Berlin, Buchdr. Knoll & Wölbling, 1888, 50 S. + 1 Bl. 8° Berlin, Phil. Fak., Inaug.-Diss. v. 22. Dez. 1888

Hellwig, Jakob: Die Stellung des attributiven Adjectivs im Deutschen. Ein Beitrag zur historischen Syntax. *Halle a. S. 1898: E. Karras.* (176 S.) 8°
Giessen, Phil. Diss. v. 1898

Hellwig, Johann

Hellwig, Jo., de cute humana. Dissert. inaug. med. 8maj. (2½ B.) Marburgi 838, Elwert. auch Garthe
Vgl. Helwig.

Hellwig, Johann Christian Ludwig

Hellwig, Jh. Chr. Ldw., († d. 10. Sept. 1831.) Anfangsgr. d. unbestimmten Analytik rc. gr. 8. Braunschw. 803. Reichard. 1 ₰

— Anfangsgründe d. allgem. Mathematik. 8. Helmst. 798. Fleckeisen. 6 gr.

Anfangsgründe der allgemeinen Mathematik und der Arithmetik zum Gebrauch seiner Zuhörer von Johann Christian Ludewig Hellwig. Braunschweig: Verf. 1777. 361 S. 8°

Beigeb.: Hypotheses arithmeticae et problemata. o.O. 1792.

— Anfangsgr. d. allgem. Mathematik u. Arithmetik. 8. Braunschw. 777. Schröder. (W. Nauck in Leipz.) 1 ₰ — Daraus apart, aber verändert abgedruckt: Anfangsgründe d. allgem. Mathematik oder d. allgem. Regellehre d. Arithmetik, mit e. Leitfaden z. Prüfung der Schüler rc. 8. Braunschw. 811. Vieweg. 14 gr.

— Kriegsspiel. Mit illum. Kpf. gr. 8. Braunschw. 803. (Vieweg). 2 ₰, Schreibpap. 2 ₰ 12 gr.

— s. P. de Rossi, Fauna.

Hellwig, D. J. C. L., tabellarische Uebersicht der Ordnungen, Familien und Gattungen der Säugthiere, nach Illiger prodromus system. mammalium. gr. 8. Helmstädt, Fleckeisen. 819.

Versuch eines aufs Schachspiel gebauten taktischen Spiels von zwey [und mehre]rn Personen. [Von] Joh[ann Christian Ludwig] Hellwig. Leipzig: Crusius 1780. XXXVIII, 164 S. 8°

[Titelbl. mit Textverlust beschädigt. 1 Taf. liegt lose bei.]

— Versuch eines aufs Schachspiel gegründ. taktischen Spiels. 2 Thle. Mit 23 Kpfrt. gr. 8. Leipz. 780, 82. W. Vogel. (1r theoret. Theil 2 ₰ 12 gr., 2r prakt. Theil 1 ₰ 12 gr.). 4 ₰

HELLWIG, JOHANN OTTO DE.
* Curiosa physica, oder gründliche Lehre von unterschiedlichen Natur-Geheimnissen, sonderlich das philosphische Meisterstück oder so genandten Lapidem Philosophorum betreffend, gleichsam als sein letztes Testament; zum andermal herausgegeben und mit unterschiedlichen curiösen Stücken vermehret von L. Christoph Hellwig, i. z. Pr. Erffurt. Franckfurt und Leipzig, verlegts Michael Käyser, Buchhändler. Mühlhausen, druckts Tob. Dav. Brückner, im Jahr 1714. pp. [x]–154–[x], 16mo. Portrait.

Hellwig, Johannes, a. Steglitz b. Berlin, Oberarzt im Culmer Inf.-Reg. Nr. 141: Über den syphilitischen Primäraffekt der Tonsille. Berlin (1907): Berliner Börsen-Zeitung. (45 S.) 8°
Berlin, Med. Fak., Ref. v. Bergmann, Diss. v. 28. Jan. 1907
[Geb. 15. Sept. 77 Hamburg; Wohnort: Hamburg; Staatsangeh.: Preußen; Vorbildung: Gymn. Steglitz Reife M. 97; Studium: Berlin K. W. A. 9 S.; Coll. 21. Jan. 07; Approb. 9. Juli 03.]

Hellwig, Johannes Friedrich

Bilder aus der Vergangenheit der Stadt Schmiedeberg [in Sachsen Bez. Halle]. Von [Johannes Friedrich] **Hellwig**, Oberpfarrer. Schmiedeberg: J. Baltz 1906. (103 S.) 8° [F.] [illegible]

Hellwig, Karl

[F.] **Hellwig,** Carl [Prof.]: Berechnung der Wurzeln kubischer und biquadratischer Gleichungen. (Ergänzung zu: Über die quadratischen u. kubischen Gleichungen ... = P.-Beil. 1884.) Erfurt, Druck v. F. Bartholomäus, *1893*; 28 S. 8.
Erfurt, k. RG, P 1893 (264)

Hellwig, Karl Über harmonische und involutorische Beziehungen. 29 S. u. Taf. Progr. Rg. *Erfurt* 1883.

Hellwig, Carl [Prof.]: Über den Dualismus in der Geometrie. Erfurt, Druck v. F. Bartholomäus, 1894; 1 Bl., 1 14 S. 8.
Erfurt, k. RG, Festschr. 1894 (262)

Hellwig, Karl Über die quadratischen und kubischen Gleichungen mit besonderer Berücksichtigung des irreduciblen Falles bei den letzteren. 30 S. Progr. Rg. *Erfurt* 1884

Hellwig, Carl [aus Büdesheim]: Über einige komplexe Silbersalze. Göttingen 1900. 52, 2 S. 8°.
Basel. Phil. Diss. 1899/1900.

Hellwig, Karl Paul, Handel u. Gewerbe d. deutschen Städte während der sächsischen Kaiserzeit. Göttingen 1882. 4.
Progr.

Hellwig, Karl Paul, Deutsches Städtewesen zur Zeit der Ottonen. Th. 1. (Ostrowo) Breslauer Diss. 1875. 8. . . . . (B.)

Hellwig, Konr., Anspruch u. Klagrecht, s.a. Abhandlungen zum Privatrecht u. Civilprozeß d. Deutschen Reiches. V. 1.

Anspruch und Klagrecht. Beiträge z. bürgerl. u. z. Prozessrecht. Von Dr. Konrad **Hellwig**, Prof. zu Erlangen. *Jena: G. Fischer 1900.* (XXI, 530 S.) 8° [F.]
— Abhandlungen z. Privatrecht u. Civilprozess d. Deutschen Reiches. Bd 5, H. 1. [00. 6078

Hellwig, Konr., Anspruch u. Klagrecht. Beiträge zum bürgerl. u. zum Prozeßrecht. 2. anastat. Neudr. (XXI, 530 S.) gr. 8. Leipzig [900] 910. A. Deichert Nachf. 13.—; geb. n 15. —

— Grenzen d. Rückwirkung, s.a. Festschrift f. die jurist. Fakultät in Giessen.

Hellwig, Konr.: Grenzen der Rückwirkung. Giessen 1907.
(in: Festschr. f. d. jur. Fak. in Giessen z. Univ.-Jub.)

Über die Grenzen der Vertragsmöglichkeit. Rede b. Antritt d. Prorektorats d. Kgl. Bayer. Friedrich-Alexanders-Universität Erlangen am 4. Nov. 1895 geh. v. Dr. Konrad **Hellwig**, K. o. Prof. d. Civilproz. u. d. röm. Civilr. Erlangen, k. B. Hof- u. Univ.-Buchdr. v. F. Junge, 1895; 21 S. 4.

Hellwig, Konr., üb. d. Grenzen d. Vertragsmöglichkeit. Rede, beim Antritt d. Prorektorats d. kgl. bayer. Friedrich-Alexanders-Universität Erlangen a. 4. Novbr. 1895 geh. gr. 4. (21 S.) Erlangen 895. (Th. Blaesing.) n. 1. 20

Hellwig, Conrad [Referendar zu Cassel]: Ueber die Haftung des veräussernden gutgläubigen Besitzers einer fremden Sache. Nach römischem Recht. Cassel, Friedr. Scheel'sche Buchdruckerei, 1878. 8° 85 S.

Hellwig, Conr., über die Haftung des veräussernden gutgläubigen Besitzers einer fremden Sache. Nach römischem Recht. Inauguraldissertation. gr. 8. (85 S.) Kassel 878. (Wigand.) 1. 50

— Justizreform. (56 S.) gr. 8. Berlin 908. J. Guttentag. 1. —

— Klagrecht u. Klagmöglichkeit. Eine Auseinandersetzg. über die Grundfragen des heut. Civilprozessrechtes. (III, 93 S.) gr. 8. Leipzig 905. A. Deichert Nachf. n. 2. —

— Lehrbuch des deutschen Civilprozeßrechts. 1. Bd. gr. 8. (XX, 400 S.) Leipzig 903. A. Deichert Nachf. n. 10. —; geb. n.n. 12. —

— Lehrbuch des deutschen Zivilprozeßrechts. 2. Bd. (XIV, 549 S.) Lex. 8. Ebd. 907. n. 14. —; geb. n.n. 16. —
Bd. 1. Ebd. 903. n. 10. —; geb. n.n. 12. —.

— Lehrbuch des deutschen Zivilprozeßrechts. III. Bd. 1. Abtlg. Lehre v. der Klage. (IX, 307 S.) Lex. 8. Leipzig 908. 09. A. Deichert Nachf. 8.60; geb. n 10. 60
I. u. II. Bd. Ebd. 903. 907. 24.—; geb. 28. —

— Prozessführungsrecht u. blosse Prozessführungsmacht. gr. 8. (19 S.) Hannover 902. Helwing. n. 1. —
Sonderabdruck aus: „Das Recht".

— Prozesshandlung u. Rechtsgeschäft, s.: Festgabe der Berliner jurist. Fakultät f. Otto Gierke.

Hellwig. Konr.: Prozesshandlung und Rechtsgeschäft. Breslau 1910.
(in: Festgabe d. Berliner jur. Fak. f. Gierke Bd 2.)

Die Stellung des Arztes im bürgerlichen Rechtsleben. Die zivilrechtl. Bedeutung d. Geschlechtskrankheiten. Ein Vortrag u. e. Gutachten von Dr. [Konrad] **Hellwig**, Prof., Berlin. *Leipzig: A. Deichert Nachf. 1905.* (VI, 86 S.) 8° [04. 14320

Hellwig, Konr.: System des Deutschen Zivilprozeßrechts. Leipzig.
T. 1. Ordentliches Verfahren, ausschließlich besondere Prozeßarten u. Zwangsvollstreckung. 1912.

Hellwig, Konr., die Verpfändung und Pfändung von Forderungen nach gemeinem Recht und der Reichs-Civilprozess-Ordnung, unter Berücksicht. des preuss. allgemeinen Landrechts und des sächs. bürgerl. Gesetzbuchs. gr. 8. (XIV, 249 S.) Leipzig 883, Duncker und Humblot.

— die Verträge auf Leistung an Dritte. Nach deutschem Reichsrecht unter Berücksicht. des Handelsgesetzbuchs. Mit e. Einleitg. (üb. das röm. Recht) u. m. e. Anh. (die Erbverträge zu Gunsten Dritter.) gr. 8. (XVIII, 682 S.) Leipzig 899. A. Deichert Nachf. n. 12. —

Wesen und subjektive Begrenzung der Rechtskraft. Eine prozessuale Abhandlung mit Beitr. z. bürg. Recht, insbes. z. Lehre von d. Rechtsnachfolge u. d. Verfügungsmacht d. Nichtberechtigten. Von Dr. Konrad **Hellwig**, Prof., Erlangen. *Leipzig: A. Deichert 1901.* (XVI, 527 S.) 8° [01. 3660

Hellwig, Konr., Civilrechtsfälle. Zum Gebrauch bei akadem. Uebgn. u. zum Selbststudium. 12. (IV, 157 S.) Freiburg i/B. 891. J. C. B. Mohr. Geb. in Leinw. n. 3. —

— Civilrechtsfälle. Zum Gebrauch bei akadem. Uebgn. u. zum Selbststudium. 2., völlig umgearb. Aufl. (XI, 162 S.) 8. Ebd. 904. n. 3. 20; geb. n. 4. —

— Zivilrechtsfälle z. Gebrauch bei akad. Uebungen u. zum Selbststudium. 3., umgearb. u. verm. Aufl. (III, 120 S.) kl. 8. Tübingen 910. J. C. B. Mohr. 3.—; geb. 3.80

Hellwig, K., Civilprozeßpraktikum. Zum Gebrauche bei civilprozessualen u. konkursrechtl. Uebgn. 8. (VII, 102 S.) Freiburg i/Br. 888. J. C. B. Mohr. geb. n. 2. —

— Civilprozeßpracticum. Zum Gebrauch f. Anfänger u. Vorgerücktere bei akadem. prozeßrechtl. Uebgn. u. zum Selbststudium. 2., m. Rücksicht auf das neue Reichsrecht umgarb. Aufl. gr. 8. (VIII, 236 S.) Tübingen 901. J. C. B. Mohr. n. 4. 50; geb. n.n. 5. 50

Civilprozeßpracticum. Zum Gebr. f. Anfänger u. Vorgerücktere bei akad. prozeßrechtl. Uebungen u. z. Selbststudium. Von Dr. Konrad **Hellwig**, Prof., Berlin. 3. umgearb. u. verm. Aufl. Tübingen: J. C. B. Mohr 1906. (XV, 264 S.) 8° [J.] [06. 8331

Hellwig, Ludwig

Hellwig, Ludwig *Wilhelm Otto* [aus Berlin]: Über den Axialstrom des Nerven und seine Beziehung zum Neuron ... Halle a. S., Hofbuchdr. v. C. A. Kaemmerer & C., 1896; 37 S., 1 Bl. 8.
Halle, Med. Fak., Inaug.-Diss. v. 28. März 1896

Hellwig, L., Chronik d. Stadt Ratzeburg. Mit Vorwort v. Fr. Bertheau. (V, 79 S.) 8. Ratzeburg 910. G. Schetelig. 1.—

Hellwig, L., De genuina Sallusti ad Caesarem epistula cum incerti alicuius suasoria iuncta dissertatio. 1873. 36 S. 3.—

Hellwig, L., Grundriß der Lauenburgischen Geschichte zum Haus- u. Schulgebrauch. gr. 8. (VI, 38 S.) Ratzeburg 889. (Schmidt.) n. — 40

Hellwig, L. Grundriß der lauenburgischen Geschichte zum Haus- u. Schulgebrauch. 1. Aufl. (VI, 38 S.) 890; 2. verm. Aufl. Lex.-8. (VIII, 45 S.) Ratzeburg 892, Schmidt. 1. Aufl. * — 40; 2. Aufl. * — 60

Hellwig, L., kleine Heimatkunde f. d. Kreis Herzogt. Lauenburg. gr. 8. (VI, 50 S.) Ratzeburg 898. M. Schmidt. n. — 50

— Hilfsbüchlein zum Gebrauch f. den geschichtlichen Unterricht in den unteren Klassen höherer Lehranstalten. gr. 8. (12 S.) Harburg 888. Danckwerts. geb. n. — 30

— Kanon der in den einzelnen Klassen der Realgymnasien zu lernenden Geschichtszahlen. gr. 8. (19 S.) Ebd. 888. geb. n. — 45

Hellwig, Ludw. Zur Syntax des Sallust. (Teil I.) 37 S. *Ratzeburg* 1877. Progr.

Hellwig, Ludwig Wilhelm Otto, s. Hellwig, Ludwig

Hellwig, M. Gli., (†...) Entwürfe über d. evangel. u. epistol. Texte, nach seinem Tode herausgegeben. 8. Liegn. 794. (Gerig in Leipz.) 18 gr.

Hellwig, Max, Referendar: Der Gegner bei Anfechtung wegen Willensmängel in bezug auf Abtretungen und auf Ansprüche aus Verträgen zugunsten Dritter. Breslau 1908: Breslauer Genossensch.-Buchdr. VII, 42 S. 8°
Breslau, Jur. Diss. v. 11. Nov. 1908, Ref. Leonhard-Schott
[Geb. 22. Juni 84 Culm a. W.; Wohnort: Breslau; Staatsangeh.: Preußen; Vorbildung: Gymn. Culm Reife O. 05; Studium: Tübingen 1, Berlin 1, Breslau 4 S.; Rig. 1. Aug. 08.] [U 09. 479

Hellwig, Max, Dipl. Ingenieur a. Bunzlau, Schlesien: Untersuchung über die Lage der Inzidenzpunkte bei Reflexion und Refraktion an Ebne, Kugel und Kreiszylinder für zwei feste Punkte im Raum ⟨Licht- und Augenpunkt). Rostock 1906: H. Winterberg. (30 S.) 8°
Rostock, Phil. Fak., Ref. Wachsmuth, Diss. v. 19. Febr. 1906
[Geb. 25. Nov. 79 Schwiebedawe i. Schl.; Wohnort: Berlin; Staatsangeh.: Preußen; Vorbildung: Elisabeth-Gymn. Breslau bis M. 99; Studium: Berlin T.H. 1, Bergakad. 6, Univ. Rostock 2 S.; Rig. 13. Febr. 06.]

Hellwig, O[tto]: Beiträge zum Streit um den Religionsunterricht. Hamburg 1908: Lütcke & Wulff. 31 S. 8°
Hamburg, R in St. Pauli OP 1908 (958) [S 08. 175

Hellwag, P.

— u. P. Hirt, Erläuterungen zu dem deutschen Lesebuche f. höh. Schulen v. Hellwig, Hirt u. Zernial. Quarta. Hrsg. v. A. Giese. (91 S.) 8. Dresden (906). L. Ehlermann. — 50

Hellwig, P., u. P. Hirt, Erläuterungen zu dem deutschen Lesebuche f. höh. Schulen v. Hellwig, Hirt u. Zernial. Tertia. Hrsg. v. Hellwig. (96 S.) 8. Dresden (906.) L. Ehlermann. — 50

Hellwig, P., Lehrb. d. Geschichte f. höh. Schulen. I. Abtlg. Unterstufe u. II. Abtlg. Mittelstufe. 2 Tle. gr. 8. Leipzig, A. Deichert Nachf. 6.—; geb. 6. 90
I. Geschichte des Altertums bis zum Tode des Augustus. Mit 2 Karten u. einzelnen Abbildgn. (VI, 119 S.) 909. 1.60; geb. n 1. 85
II. 1. Deutsche Geschichte bis zum Ausgange des Mittelalters. Mit 4 Karten u. einzelnen Abbildgn. (VI, 125 S.) 908. 1.60; geb. n 1. 85
II. 2. Vom Ausgange des Mittelalters bis zur Gegenwart. Mit 5 Schlachtplänen u. einzelnen Abbildgn. (V, 242 S.) 908. 2.80; geb. n 3. 20

Hellwig, P., P. Hirt, U. Zernial, deutsches Lesebuch f. höhere Schulen. 1.—4. Tl. gr. 8. Dresden, L. Ehlermann. n. 8. 10; geb. n. 9. 70
1. Für Sexta. Hrsg. v. P. Hellwig u. P. Hirt. (XII, 272 S.) 893. n. 1. 70; geb. n. 2. —
2. Für Quinta. Hrsg. v. P. Hellwig u. P. Hirt. (XII, 310 S.) 893. n. 1. 90; geb. n. 2. 20
3. Für Quarta. Hrsg. v. P. Hellwig. (VIII, 312 S.) 893. n. 2. —; geb. n. 2. 50
4. Für Tertia. Hrsg. v. P. Hellwig u. U. Zernial. (XII, 400 S. u. 8 S. Abbildgn.) 894. n. 2. 50; geb. n. 3. —

— P. Hirt, U. Zernial, deutsches Lesebuch f. höhere Schulen. Hrsg. unter Mitwirkg. v. H. Spieß. Vorschule. 2 Klassen. Hrsg. v. P. Hellwig u. A. Huth. gr. 8. Dresden 903. L. Ehlermann. Geb. n. 3. 30
1. Septima. (XI, 224 S.) n. 1. 80
2. Oktava. (XIV, 197 S.) n. 1. 50

— — — dasselbe. 1., 2. u. 5.—7. Tl. gr. 8. Ebd. Geb. in Halbldr. n.n. 12. —
1. Für Sexta. Hrsg. v. P. Hellwig u. P. Hirt. 2. Aufl. (XII, 272 S.) 899. n.n. 2. 10
2. Für Quinta. Hrsg. v. P. Hellwig u. P. Hirt. 2. Aufl. (XII, 316 S.) 899. n.n. 2. 30
5. Für Unter-Sekunda. Hrsg. v. P. Hellwig u. P. Hirt. 2. Aufl. (VIII, 154 S.) 903. n. 1. 80
6. Prosalesebuch f. Ober-Sekunda. Hrsg. v. H. Spieß. (X, 178 S.) 900. n. 1. 80
7. Prosalesebuch f. Prima. Hrsg. v. H. Spieß. (XII, 376 S.) 900. n. 4. —

— — U. Zernial, deutsches Lesebuch f. höhere Schulen. Hrsg. unter Mitwirkg. v. H. Spieß u. C. H. A. Huth. 1.—5. Tl. 8. Ebd. Geb. n. 13. 20
1. Für Sexta. Hrsg. v. P. Hellwig u. P. Hirt. 4. Aufl. (XVI, 276 S.) 905. Geb. n. 2. 40.
2. Für Quinta. Hrsg. v. P. Hellwig u. P. Hirt. 4. Aufl. (XII, 340 S.) 904. Geb. n. 2. 80
3. Für Quarta. Hrsg. v. P. Hellwig. 3. Aufl. (VIII, 314 S.) 904. Geb. n. 2. 60
4. Für Tertia. Hrsg. v. P. Hellwig u. U. Zernial. 4. Aufl. (XVI, 424 S. u. 7 S. Abbildgn.) 905. Geb. n. 3. 60
5. Für Unter-Sekunda. Hrsg. v. P. Hellwig u. P. Hirt. 3. Aufl. (VIII, 154 S.) 905. Geb. n. 1. 80

— — — dasselbe. Ausg. f. Schleswig-Holstein. Bearb. v. A. Gloy. 1.—4. Tl. 8. Ebd. Geb. n. 11. 20
1. Sexta. (XVI, 241 S.) 906. Geb. n. 2. 20
2. Quinta. (XII, 330 S.) 906. Geb. n. 2. 80
3. Quarta. (VIII, 307 S.) 906. Geb. n. 2. 60
4. Tertia. (XVI, 418 S. u. 7 S. Abbildgn.) 906. Geb. n. 3. 60
Fortsetzung u. d. T.:

— — — dasselbe. Ausg. für Schleswig-Holstein u. die Hansestädte. Bearb. von A. Gloy. 5. Tl. Untersekunda. (IX, 184 S.) 8. Ebd. 906. Geb. n. 2. —

— — U. Zernial, deutsches Lesebuch f. höh. Schulen. Hrsg. unter Mitwirkg. v. H. Spieß. Vorschule. 1. Klasse — Septima. Hrsg. v. P. Hellwig u. A. Huth. 2. Aufl. (XI, 224 S.) 8. Ebd. 908. Geb. 1.80

— — — dasselbe. Hrsg. unter Mitwirkg. v. H. Spieß u. E. H. A. Huth. 7 Tle. 8. Ebd. Geb. 18.20

1. Für Sexta. Hrsg. v. P. Hellwig u. P. Hirt. 6. Aufl. (XVI, 280 S.) 908. Geb. 2.40
2. Für Quinta. Hrsg. v. P. Hellwig u. P. Hirt. 6. Aufl. (XII, 340 S.) 907. Geb. 2.80
3. Für Quarta. Hrsg. v. P. Hellwig. 5. Aufl. (VIII, 314 S.) 907. Geb. 2.60
4. Für Tertia. Hrsg. v. P. Hellwig u. U. Zernial. 5. Aufl. (XVI, 432 S. m. Abbildgn.) 907. Geb. 3.60
5. Lesebuch f. Unter-Sekunda. Hrsg. v. P. Hellwig u. P. Hirt. 4. Aufl. (VIII, 160 S.) 907. Geb. 1.80
6. Prosalesebuch f. Ober-Sekunda. Hrsg. v. H. Spieß. 3. durchgeseh. Aufl. (XII, 204 S.) 909. Geb. 2.—
7. Prosalesebuch f. Prima. Hrsg. v. H. Spieß. 3. umgearb. Aufl. (VIII, 418 S.) 909. Geb. 3.—

— — — dasselbe. 4. Tl. Ausg. B. 2 Hälften. 8. Ebd. Geb. 4.—

1. Für Untertertia. Hrsg. v. P. Hellwig u. U. Zernial. (XIV, 239 S.) 909. Geb. 2.—
2. Für Obertertia. Hrsg. v. P. Hellwig u. U. Zernial. (XV, 220 S.) 909. Geb. 2.—

— lateinisches Übungsbuch für die unteren Klassen im Anschluß an das lateinische Lesebuch. gr. 8. (IV, 128 S.) Berlin 887. Herbig. n. 1.20

Hellwig, Paul

Hellwig, P[aul Martin Hermann]: [Ansprache anläßlich der Ereignisse in Sizilien.] S. 19—20. 4.
Fünfte Städt. Realschule (Höh. Bürgerschule) *Berlin* 1909 (157).
Progr.

Hellwig, Paul, Dir. Dr.: Die **Aufgaben zu den deutschen Aufsätzen in der ersten Klasse der Realschule.** *Cöthen 1902: P. Schettlers Erben.* (92 S.) 8°
Cöthen, herz. Friedrichs-R nebst VS, OP 1902 (761)

Hellwig, Paul, Prof. Dr.: Erklärende **Beiträge** zur Dichterlektüre. *Berlin: R. Gaertner 1899.* (21 S.) 4°
Berlin, Fünfte st. R ⟨HB⟩, OP 1899 (122)

Hellwig, Paul, erklärende Beiträge zur Dichterlektüre. Progr. 4. (21 S.) Berlin 899. [R. Gaertner.] Weidmann. n. 1.—

Hellwig, Paul [Dr., Dir.]: *Bericht über die Einweihung der neuen Turnhalle.* Cöthen, Druck v. P. Dünnhaupt, *1895;* 18—19 S. 4.
Cöthen, herz. Friedrichs-R nebst VS, OP 1895 (706)

Die Delagoa-Bai u. ihre Bedeutg f. d. Handel. Nach eigener Anschauung v. Paul **Hellwig**. 1.—5. Taus. M. 1 Abb. u. 1 Orientiergssk. der Bai u. d. nächsten Hinterlandes nebst e. Anh. enth. d. Fracht-Tarife d. Deutsch-Ost-Afrika-Linie u. d. Nederl. Zuid-Afrikaanschen-Spoorweg-Maatsch. nach Lorenzo-Marquez bez. Transvaal. *Berlin: P. Hellwig 1897.* (31 S.) 1 Bd 8. (97. 8213)

Hellwig, Paul [Dr., Dir.]: Gründung und Eröffnung der Höheren Bürgerschule. Cöthen, Druck v. P. Schettlers Erben (1890); S. 40 45; 4°
Cöthen, herz. HB nebst VS, OP 1890

Hellwig, Paul [Dr.]: Über den Pleonasmus bei Cäsar. Berlin, R. Gaertners Verlagsbuchh. H. Heyfelder, 1889; 26 S. 4°
Berlin, Sophien-G, OP 1889 (64)

Hellwig, Paul: Methode R u s t i n. Deutsche Selbstunterrichtsbriefe ... Hrsg. vom Rustinschen Lehrinstitut ... Bearb. von Dir. Prof. Dr. –. Lfg 1. Potsdam & Leipzig: Bonness & Hachfeld [1902]. 4⁰ (8⁰)
= Selbst-Unterrichts-Briefe. [7,] Lfg 1.

Methode Rustin. Aesthetik und Kunstgeschichte von Realschuldir. Prof. Dr. Paul **Hellwig**. Lfg 1. Potsdam & Leipzig: Bonneß & Hachfeld [um 1905]. 4°(8°) [F.]
= **Selbst-Unterrichts-Briefe.** [20.] (08. 327

Hellwig, Paul *(geb. Ostrowo in Pos. 21. 12. 1850)*: Deutsches Städtewesen zur Zeit der Ottonen. Th. 1. (Ostrowo 1875.) (52 S.) 8° [F. u. Ant.] *[Forts. ist d. Progr. d. Gymn. zu Göttingen v. 1882: „Handel und Gewerbe der deutschen Städte während der sächsischen Kaiserzeit“]*
Breslau, Phil. Diss. v. (24., übergeklebt:) 30. Apr. 1875

Hellwig, Paul [Prof. Dr.]: Die Technik des Elementarunterrichts in der deutschen Grammatik. Zugleich e. Beitr. z. Erörterg d. Frage betr. d. Beginn d. fremdsprachl. Unterrichts an d. Berliner Realschulen. Tl 1: Grundlegg. Die Formenlehre. Berlin, R. Gaertner, 1895; 39 S. 4.
Berlin, Fünfte St. R '(HB)', OP 1895 (121)

Hellwig, P., die Technik des Unterrichts in der deutschen Grammatik. Ein Hilfsbuch f. Lehrer. (VIII, 214 S.) 8. Dresden 905. L. Ehlermann. n. 4.50; geb. n. 5.50

Hellwig, Paulus: De Thucydidei operis libri octavi indole ac natura. Halae Saxonum 1876: (Schettler in Köthen). 53 S. 8°
Halle-Wittenberg, Phil. Diss. v. 23. März 1876
Geb. Sommerfeld (Mark) 29. 11. 1851. V.
Im Buchhandel Halae Sax. (Berlin: Kamlah) 1876.

Hellwig, Paul., de Thucydidei operis libri VIII. indole ac natura. Dissertatio inauguralis. gr. 8. (53 S.) Halae Sax. 876. (Berlin, Kamlah.) n. 1.—

Hellwig, Paul: Zur **Verständigung** über unsere Realschule und die mit ihr verbundene Vorschule. *Cöthen (1898): P. Schettlers Erben.* (3—7 S.) 4°
Cöthen, herz. Friedrichs-R nebst VS, OP 1898 (720)

— Wilhelm d. Große. Vaterländ. Festsp. f. Schulen u. Vereine. 12. (36 S.) Dresden 897. L. Ehlermann. n. —30

Hellwig, Samuel [aus Haddamar] : Ueber die bilaterale I n c i s s i o n [sic!] bei Behandlung der Dysmenorrhoe ... Würzburg, Druck d. Stahel'schen Buchdr., 1888, 20 S. 8⁰
Würzburg, Med. Fak., Inaug.-Diss. v. 1888

Sm. F. Hellwig's Anweisung zur leichten und gründlichen Erlernung der ital. Buchhaltung, wie auch dessen Beyträge und Berechnungsarten zur Erläuterung, Ergänzung und nützlichern Gebrauch dieser Wissenschaft. Stettin, auf Kosten des Verf. 2 Thle. 2te verm. und verb. Aufl. 38 und 14 Bog. 8. 1790.

H e l l w i g , S. F.: „Theoretischer Versuch, die Finanzberechnung eines Staates, wie auch eine jede landwirthschaftliche und häusliche Rechnung im Privatleben, nach dem Rechnungssystem der kaufmännischen doppelten Buchhaltung einzurichten“. Stettin 1799.

Hellwig, Theodor Andreas

HIATROPHILUS, T. A. v. (d. i. *Theod. Andreas v. Hellwig*), K l u g e r u n d l u s t i g e r M e d i c u s. Zittau, b. Joh. Jac. Schöps. 1721. 8⁰.
23 Bog. Einiges derb u. frei.

— — Dasselbe. Ibid. 1728. 8⁰.

(Hellwig, Theodor Andreas von): Kluger und lustiger Medicus, welcher durch anmuthige Historien, Gespräche und Fragen...den rechten Grund, zum wahrhafften Studio Medico zu kommen, anzeiget,...von Medicamenten und Recepten mittheilet. 360 S., gbd., Abb.

Zittau: Schöps 1721

JB 1.992

Hellwig, W.: Die politischen Beziehungen Clemens' VII. zu Karl V. im Jahre 1526. . . . Leipzig, Gustav Fock, 1889; 64 S. 8°
Leipzig, Phil. Fak., Inaug.-Diss. v. 29. Okt. 1889

Hellwig, W., die politischen Beziehungen Clemens' VII. zu Karl V. im J. 1526. gr. 8. (62 S.) Leipzig 889. Fock. n. 1. —

Hellwig, Wilhelm. [Abschiedsrede.] S. 22–23. 4
Vierklass. ev. Gymn. A. B. u. verb. Lehranstalten *Szászrégen* **Progr.** (*Sächsisch-Regen*) 1907.

Hellwig, Wilhelm: Dublettenverzeichnis zum Katalog der Bibliothek des ev. Gymnasiums A. B. in Szászrégen ⟨Sächsisch-Reen⟩. T. 2. Nagyszeben ⟨Hermannstadt⟩ '05. Sächsisch-Reen, ev. G., P. 1904/05.

Hellwig, Wilhelm Geschichte, Beschreibung und Einweihungsfeier des neuen Gymnasialgebäudes der evang. Kirchengemeinde A. B. in Sächsisch-Regen. 4 (S. 3—27, 3 Abb.).
Vierklass ev. G. A. B u damit verbund. Lehranstalten *Sächsisch-Regen* 1891.
Progr.

Hellwig, Wilh., d. deutsche Interpunktion u. d. Gebrauch d. m. ihr verwandten Hilfszeichen. 12. (III, 36 S.) Leipzig 896. Verlag d. Graph. Beobachter. n. — 80

†Hellwig, Wilhelm: Katalog der Bibliothek des evang. Gymnasiums A. B. in Szászrégen (Sächsisch-Reen). II. Teil. 78 S. 8.
Progr.

Hellwig, Wilh., der Satz u. die Behandlung fremder Sprachen, s.a. **Klimsch's graphische Bibliothek. 6. Bd.**

— d. Satz u. d. Behandlg. fremder Sprachen. E. Hilfsbuch f. Schriftsetzer u. Correctoren. Umfass. Griechisch, Lateinisch, Französisch, Italienisch, Spanisch, Englisch, Holländisch, Dänisch, Schwedisch, Russisch, sow. Hinweise auf mehrere and. Sprachen. Unt. Mitwirkg. tücht. Fachgenossen bearb. gr. 8. (VII, 114 S.) Frankfurt a/M. 897. Klimsch & Co.
Geb. in Leinw. n. 3. —

Hellwig, W: Der Satz und die **Behandlung fremder Sprachen. 2. Aufl. Frankfurt** a. M. 1901 **(Klimsch's graph. Bibl., Bd 6)**

Der Satz chemischer und mathematischer Formeln. Von Wilhelm **Hellwig**. Leipzig: Deutscher Buchgewerbeverein 1909. 52 S. 8°
(Monographien d. Buchgewerbes. Bd 3.) [11. 16159

Hellwig, Wilh., der englische Werksatz. 12. (16 S.) Leipzig-R. 893. R. Härtel. —. 25

Hellwig, Wilh. Die Witterungsverhältnisse von Sächsisch-Regen in den Jahren 1868—1877. 19 S. **Progr.** *Sächsisch-Regen* 1883.

Hellwig, Wolfgang [app. Arzt aus Berlin]: Die Behandlung der Magenerweiterung mit Gastroenterostomie . . . Halle a. S., Hofbuchdr. v. C. A. Kaemmerer & C., 1892; 54 S., 2 Bl. 8.
Halle, Med. Fak., Inaug.-Diss. v. 11. Aug. 1892

Hellwig, das unbedeckte Haupt. Predigt. gr. 8. (11 S.) Soest 847, (Nasse'sche Buchh.)

Hellwig, Levi Lazar., die Organisation der Israeliten in Deutschland, ein Versuch. gr. 8. Magdeb. 818. (Heinemann in Berl.) 12 K

Hellwig, L. L., die Organisation der Israeliten in Deutschland, ein Versuch. gr. 8. Magdeburg, Rubach. 818.

Hellwig, L. L., die Organisation d. Israeliten in Deutschland. Ein Versuch. 3. Aufl. gr. 12. (2⅓ B.) Arnsberg u. Soest 837, Ritter.

Helly Eduard. Über lineare Funktionaloperationen. S. 121. IIa. 95 . . . . —.60
Separatabdruck

— Über Reihenentwicklungen nach Funktionen eines Orthogonalsystems. S. 121. IIa. 1920 . . . . —.45
Separatabdruck

Helly, Konr., die haematopoetischen Organe in ihren Beziehungen zur Pathologie des Blutes, s.a. **Pathologie u. Therapie, spezielle. VIII.**

Die hämatopoetischen Organe in ihren Beziehungen zur Pathologie des Blutes. Von Dr. Konrad **Helly**, Wien. Mit 1 Abb. u. 1 Taf. Wien: A. Hölder 1906. (VI, 205 S.) 8° [06. 14360

Helly, Moritz (Red.), s. Blätter für Dilettanten.

Helm, Adolph von, od. d. vermeinte Bastard; e. Gemälde für gefühlvolle Leser. 8 Quedlinbg. Ernst. 801.

HELM, Adolph v., oder der vermeinte Bastard. Ein Gemälde für gefühlvolle Leser. (Pikanter Roman.) **Neue** Aufl. Quedlinburg, bey Frdr. Joseph Ernst. 1812. 8°. (3 **Mk.** H. Lesser, Breslau, 1875.)
Tit. u. 512 S. (2 Abthlgn.). — Zuerst gedr. c. 1800?

Helm, d. bezauberte. 8. Rözl. (Liebeskind, L. zu 16 gr.) 797.

Helm, von, der Freygeist, ein Heuchler. Trauersp. v. Weiss. 8. Mannheim, Löffler. 779.

Helm, Der Pranckher, aus Stift Seckau. Graz 1878. V: *Meran, Franz Graf von.* (JOANSTYRA)

Helm und Schild, Gespräche über d. Bürgerrecht d. Juden, s.a. C. L. Paalzow.

Helm und Schild. Gespräche . . . Berlin 1817. V: *Paalzow, Christian Ludwig.* (KY) (MGT)

Helm und Schild, Gespräche über das Bürgerrecht der Juden. 8. Berlin, Schöne. 817.

Helm, Der sogenannte Leobner, im Joanneum zu Graz. Graz 1878. V: *Meran, Franz Graf von.* (JOANSTYRA)

Helm, Abnahme d. Goldproduktion. Berlin 893.

Helm, A., Christus allein! Predigten. gr. 8. (VII, 227 S.) Arnstadt (902). E. Frotscher. n. 2. 25; geb. n. 3. —

Helm, Abraham (Jahnensis Misn.), Disputatio de causis dialectorum, speciatim Graecarum. Präs. M. Christian Gottlieb Schwartz (Leisnig). Wittbg. (Gerdes) 12. VIII. 1702. 10 Bl. (6.50) 14217
Gew.: Hermann v. Wolframsdorf (Mugelae, Saalhusii . .).

Helm, Alexander (Hrsg.), s. Fremdenführer von Dresden und der sächsischen Schweiz . . .

Helm, Alex., die österreichisch-ungarischen Militär- u. Civil- Pensions-, Provisions- u. Gnadengehalts-Vorschriften, sammt Schemata üb. das Ausmass der Pensionen, dann Formularien zu Urkunden, Reserven etc. in Versorgungs-Angelegenheiten. gr. 8. (IV, 352 S.) Wien 876. Gerold's Sohn. n. 6. 80

von der Helm, Andreas: Aus dem Pharmakolog. Institut der Univ. Bonn. Versuche über einige arzneiliche Erregungsmittel .... Köln, Druck v. Heinrich Theissing, 1887; 2 Bl. + 28 S. + 2 Bl. 8°.
Bonn, Med. Fak., Inaug.-Diss. v. 1. Aug. 1887.

Helm, Anton Zacharias, s. H e l m s

Helm, C: Die Accumulatoren für stationäre elektrische Beleuchtungsanlagen. Leipzig (1892)

Helm, C: Die Accumulatoren für stationäre elektrische Beleuchtungsanlagen. 2. Aufl. Leipzig 1897

Helm, C: Die Accumulatoren für stationäre elektrische Beleuchtungsanlagen. 3. Aufl. Leipzig 1899

Helm, C: Die Accumulatoren für stationäre elektrische Anlagen. 4. Aufl. Leipzig 1906

Helm, C. Biologie der Pflanzen. 35 S. 8. Progr. Ri. *Liegnitz* 1882.

Helm, C: Die Einrichtung elektrischer Beleuchtungsanlagen für Gleichstrombetrieb. Leipzig 1892
Helm, C: Die Einrichtung elektrischer Beleuchtungsanlagen für Gleichstrombetrieb. 2. Aufl. Leipzig 1896
Helm, C: Die Einrichtung elektrischer Beleuchtungsanlagen für Gleichstrombetrieb. 3. Aufl. Leipzig 1898
Helm, C: Die Einrichtung elektrischer Beleuchtungsanlagen für Gleichstrombetrieb. 4. Aufl. Leipzig 1903

Helm, G., Taschenbuch der Marine-Artillerie. 2 Aufl. 16. (IV, 104 S. mit 2 Tab. und 1 Stnt.) Kiel 877, Universitäts-Buchh. * 2 —
1. Aufl. vgl. Taschenbuch.

Helm, Carl, s. H e l m , Karl

Helm, Clementine, s. H e l m , Klementine

Helm, Ed., unter dem Sklavenjoch. Erzählung aus dem Sklavenleben der Vereinigten Staaten. 8. (64 S.) Reutlingen 884. Bardtenschlager. — 25

[F.] Die Deutsche Marine nach dem Flottengesetz v. 1898 m. Berücks. der bis z. Jahre 1903 erforderl. Neu- u. Ersatzbauten. In Tabellenform übersichtl. zsgest. v. [Ernst] **Helm**, Hauptm. à la suite d. 2. Ing.-Insp. ... *Berlin: E. S. Mittler & Sohn 1898.* (15 S.) 1 Bd 4. [98. 7319

[F.] Die Deutsche Marine nach dem Flottengesetz v. 1898 m. Berücks. der bis z. Jahre 1903 erforderl. Neu- u. Ersatzbauten. In Tabellenform übersichtl. zsgst. v. [Ernst] **Helm**, Hauptm. à la s. d. 2. Ing.-Insp. ... a. verm. u. verb. Aufl. *Berlin: E. S. Mittler & Sohn 1899.* (19 S.) 1 Bd 4. [98. 11883

— **Ernst David** (Hettstaedt/Mansfeld), De successione pactitia ad decision. electoral. XIII. de anno 1746. Präs. Heinr. Gottfried Bauer. Lpz. (Langenheim) 28. IX. 1771. 8 S. (5.—)

Helm, Erwin, Ueber den ungar. Forstverein. s.: Dimald, Zur ungar. Forstlitteratur.

Helm, F., s.: **Jahresbericht** der ornithologischen Beobachtungsstationen im Königr. Sachsen.

Helm, F., s. V e r z e i c h n i s s der im Königreich Sachsen beobachteten Vögel.

— die **Wanderungen d. Rosenstaares nach Europa**, s.: **Meyer, A. B.**

Helm, F. E., Geschichte der Methodik d. naturgeschichtl. Unterrichts, s.: Kehr, C., Geschichte der Methodik d. deutschen Volksschulunterrichtes.

Helm, F. E. Geschichte d. städtischen Volksschulwesens in Leipzig. Festschrift zum 100jähr. Jubiläum der Ratsfreischule. Mit Beigaben, die Geschichte der Ratsfreischule betr., u. 2 Holzschn. gr. 8. (III, 179 S. m. 2 Tab.) Lpz. 892, Brandstetter. • 3 —

Helm, F. E., Handbuch zu einem methodischen Unterrichte in der Anthropologie. Für Lehrer und Lehrerbildungsanstalten bearb. 2. Aufl. von A. Lübens „Tierkunde und Anthropologie, IV. Kursus". gr. 8. (VI, 200 S. mit zahlreichen Abbild.) Leipzig 887, Brandstetter. * 3 —
I.–III. Kursus, s. Lüben, Aug., Anweisung 2c.

Helm, F. E., Handbuch zu e. method. Unterrichte in der Anthropologie. Für Lehrer u. Lehrerbildungsanstalten bearb. 3. Aufl. v. A. Lübens „Tierkunde u. Anthropologie", IV. Kurs. gr. 8. (VIII, 204 S. m. Abbildgn.) Leipzig 899. F. Brandstetter. n. 3. —

Helm, F. E., s. Lüben's, Aug., Anweisung zu einem methodischen Unterricht in der Thierkunde und Anthropologie.

Helm, F. E., Pflanzen-Album zum Sammeln u. zweckmässigen Aufbewahren gepresster Pflanzen u. Pflanzenteile. Mit 143 in Tondr. hergestellten Abbildgn. der einzuklеb. Objekte. Unter Berücksicht. der im botan. Unterrichte der höheren u. niederen Schulen Deutschlands meist zur Besprechg. komm. Arten u. Gruppen. gr. 8. (8 S. m. 13 Bl. auf Carton.) Leipzig 884. G. Fritzsche. geb. n. 10. —

Helm, Feodor, sein Lieblingsgericht, s. Bloch's, E., Dilettanten-Bühne.

Helm, Franz, Prof. Dr.: **Materialien** zur Herodotlektüre mit Rücksicht auf verwandte Gebiete und im Sinne des erziehenden Unterrichts. T. 1. *Darmstadt 1900: C. F. Winter.* (86 S.) 8°
Darmstadt, grossh. Ludwig-Georgs-G u. VS, OP 1900 (679)

Helm, Franz, Prof. Dr.: **Materialien** zur Herodotlektüre mit Rücksicht auf verwandte Gebiete und im Sinne des erziehenden Unterrichts. T. 2. *Bingen a. Rh. 1903: W. Polex.* (87 S.) 8° ¶ [Forts. d. P-Beil. 1900.]
Bingen a. Rh., großh. hess. R u. PG, P 1903 (733)

Helm, Frz., Materialien zur Herodotlektüre m. Rücksicht auf verwandte Gebiete u. im Sinne d. erziehenden Unterrichts. (XV, 202 S.) gr. 8. Heidelberg 908. C. Winter, Verl. 5.—; geb. in Leinw. n 6. —

Helm, Franciscus (Bensheimensis)
Quaestiones syntacticae de participiorum usu tacitino, velleiano, sallustiano. Dissertatio inauguralis.
Lipsiae 1879. 48 S.
Diss. phil. 1879, 22. Juni. vorh. 26.7.

Helm, Franc., quaestiones syntacticae de participiorum usu Tacitino, Velleiano, Sallustiano. gr. 8. (IV, 139 S.) Leipzig 879. Teubner. n. 3. —

Helm, Frz. v., der kleine Rekrut. Instructionsbüchlein f. Deutschlands Jugend. 12. (64 S. m. 8 Farbendr.-Bild.) Berlin 896. A. Weichert. Kart. — 60

Helm, [Franz]: Von Schule und Haus. Ein Wort an die Eltern und Pfleger unserer Schüler. Mainz 1909: Prickarts. S. 3—7. 4°
Mainz, großh. Oster-G m. VS OP 1909 (860) [S 09. 175

Holm, Friedrich [aus Berlin]: Beiträge zur Kenntnis der Nieren-Topographie ... Berlin, gedr. bei L. Schumacher, 1895; 61 S., 1 Bl. 8.
Berlin, Med. Fak., Inaug.-Diss. v. 9. Aug. 1895

Helm, Friedr., der Erbfeind oder ein Wiedersehen auf dem Hochgericht. Volksroman. (In ca. 50 Heften.) 1.—34. Heft. gr. 8. (S. 1—816.) Berlin 879, Atzbach. à Heft 10 Pf. 3 40

Helm, Friedr., der Erbfeind oder ein Wiedersehen auf dem Hochgericht. Volksroman. 35.—60. (Schluß-)Heft. gr. 8. (S. 817—1140.) Berlin 880, Atzbach. à Heft 10 Pf.
1.—34. Heft. Ebendas. 1879. à 10 Pf.

— der Gaunerkönig von Paris oder das Geheimniß eines Fürstenhauses. 50 Hfte. gr. 8. (1200 S.) Ebend. 880. à — 10

— die Herzogs-Tochter oder der Henkerhof von Venedig Volks-Roman. 60 Hfte. gr. 8. (1400 S.) Ebend. 880 81. à — 10

Helm, Friedr., auf Leben und Tod oder die Geheimnisse des Ahnensaals. Berliner Sittenroman. 1.—17. Heft. gr. 8. (S. 1—544.) Berlin 887, Goldbach. à Heft — 10
Nicht weiter erschienen.

— der Spielmann oder die Nähterin vom Wedding Volks-Roman. 50 Hfte. gr. 8. (1200 S.) Ebend. 882 à — 10

— Sündengold oder im Testament verlobt. Volks-Roman. 50 Hfte. gr. 8. (1200 S.) Ebend. 881. 82. à — 10

Helm, Fritz, Landwehrleben 1849. Separatabdruck aus dem Volksvertreter mit Gott für Fürst u. Vaterland. gr. 12. (24 S.) Bernburg 850, Gröning. n. $^1/_{12}$ ℛ

Helm, G., die Hegelingen-Rose. Schauspiel in 3 Aufzügen. 8. (65 S.) Innsbruck 877. Wagner. n. 1. 20

Helm, G., über die preußische Hypotheken-Versicherungs-Aktien-Gesellschaft. Ein Vortrag gehalten im landwirthschaftlichen Vereine zu Zoppot am 7. Novbr. 1862. Danzig 862. Biemssen. gr. 8. (24 S.) n. 6 ngr

Helm, G., Olden-Barneveld. Trauerspiel in 5 Akten. 8. (99 S.) Innsbruck 868, Wagner'sche Universitäts-Buchh. *

Helm, Georg

Helm, G.: Beiträge zur geometrischen Behandlung der Mechanik.
Leipzig, Diss. 1881.

Helm, Geo, die Elemente der Mechanik u. mathematischen Physik. Ein Lehr- u. Uebungsbuch f. höhere Schulen. Mit Fig. im Text. gr. 8. (IV, 221 S.) Leipzig 884. Teubner. n. 3. 60

Helm, Geo., die Energetik nach ihrer geschichtl. Entwickelg. M. Fig. im Text. gr. 8. (XII, 370 S.) Leipzig 898. Veit & Co. n. 8. 60; geb. in Leinw. n. 9. 60

Helm, Georg [aus Emden]: Acht Fälle von Extrauterinschwangerschaft m. bes. Berücks. d. patholog.-anatom. Befunde ... Leipzig, Druck v. Hesse & Becker, 1894; 54 S., 1 Bl. 8.
Leipzig, Med. Fak., Inaug.-Diss. v. 21. Juli 1894

Helm, Geo., die Grundlehren der höheren Mathematik. Zum Gebrauch bei Anwendgn. u. Wiederholgn. zusammengestellt. (XV, 419 S. m. 387 Fig.) gr. 8. Leipzig 910. Akadem. Verlagsgesellschaft. 13.40; geb. in Leinw. 14. 20

Helm, Georg.
Grundzüge der mathematischen Chemie. Energetik der chemischen Erscheinungen. Leipzig, 1894. 8vo. Ill.

Helm, Geo., die Lehre von der Energie, historisch-krit. entwickelt. Nebst Beiträgen zu einer allgemeinen Energetik. gr. 8. (V, 104 S.) Leipzig 887, Felix. * 8 —

Helm, Geo., die Theorien der Elektrodynamik nach ihrer geschichtlichen Entwickelung. (VIII, 164 S. m. Fig.) gr. 8. Leipzig 904. Veit & Co. n. 5. 60; geb. in Leinw. n. 6. 60

Helm, Georg Der physikalische Unterricht auf dem Realgymnasium. 26 S. Progr. Ann. Rg. *Dresden* 1885.

Helm, Gust., s.a. Palatinus, Thdr.

[Umschlagt.:] Erinnerungen aus schwerer Zeit. Zugl. e. Beitr. z. Entwickelg d. Schulfrage in Preussen v. Theodor Palatinus (d. i. Gustav Helm). *Münster i. W.: Alphonsus-Buchh. 1897.* (51 S.) 1 Bd 8. [98. 93

Helm, Gust. Martin, Jakob Grimm u. seine Verdienste um die deutsche Sprache. gr. 8. (46 S.) Bensheim 874. Lehrmittelanstalt. n. — 60

— Hilfsbüchlein zum Religionsunterrichte in Volks- und Mittelschulen. Zum Gebrauche für Schüler bearb. 8. (32 S.) Nürnberg 872, Löhe. (* 30 Pf.) *

— Leitfaden zum Unterrichte in der Bibel- und Gesangbuchskunde. Für Volks- und Mittelschulen entworfen. Mit einem Anhang: Erklärung des Kirchenjahres. 8. (42 S.) Ebendas. 872. *

Helm, J. F., s. Helm, Johann Friedrich

Helm, J. J: Die Appreturen der Baumwollwaaren aller Gattungen. 2. Ausg. Stuttgart 1808

Helm, Jac., zwey Krankengesch. 1) ein Weib mit e. Loch im Magen; 2) ein in d. Magen gebr. u. geheilte Stichwunde. 8. Wien, Camesina. 803.

– Dass., s.a. Helm, Josef

Helm, geb. Clement, Jeannette, Frauenrath. Eine Anleitung gewöhnliche u. feine-Backwerke, feine eingemachte Früchte, Gelées, Blancmangées, Essige, Mostriche, so wie kalte u. warme Getränke anzufertigen. 8. (17 B.) Halberstadt 842, Helm.

Helm, Jeannette, Frauenrath. Eine Anleitung gewöhnliche und feine Backwerke, feine eingemachte Früchte, Gelées, Blancmangées, Essige, Mostrichte, sowie kalte und warme Getränke anzufertigen. 2. (Titel-)Ausg. Halberstadt (842.) 856. Helm. 8. (XVIII, 253 S.) 10 ngr

— der Hausfreund, od. unentbehrl. Rathgeber f. Jedermann. Eine Samml. bewährter Hausmittel u. untrügl. Recepte für solche, die, entfernt v. einem Arzte, sich bei vorkomm., sowohl innerl. als äußerl., Krankheiten auf eine wohlf. Art sichere Hülfe verschaffen wollen, nebst e. Anh., worin viele f. eine Hausfrau nothwend. u. wissenswerthe ökonom. Mittel enthalten sind. 8. (5½ B.) Halberstadt 842, Helm.
Beide Schriften sind Anhänge zu d. „Kochbuch" der Verfasserin.

— — neues ausführl. Kochbuch f. bürgerl. Haushaltungen, od. Anleitung f. junge Hausfrauen die bürgerl. auch theilw. höhere Kochkunst zu erlernen u. die Speisen schmackhaft zu bereiten. 8. (36¼ B.) Halberstadt 812, Helm.

— — neues ausführliches Kochbuch für bürgerliche Haushaltungen, oder Anleitung für junge Hausfrauen die bürgerliche auch theilweis höhere Kochkunst zu erlernen, und die Speisen schmackhaft zu bereiten. 2. (Titel-)Ausg. 8. (XXXIV und 544 S.) Halberstadt 856, Helm'sche Buchh.

Helm, Joh., die wichtigsten Erscheinungen und Gesetze des Seelenlebens. Für den Unterricht in Gymnasien und Schullehrer-Seminarien im Zusammenhang dargestellt. gr. 8. (VII, 48 S.) Bamberg 876, Buchner'sche Buchh. * 1 —

Helm, Joh., die Formen der musikalischen Composition in ihren Grundzügen systematisch u. leichtfasslich dargestellt. gr. 8. (IV, 116 S.) Erlangen 872. Deichert. 1. 50

Helm, Joh., die Formen der musikalischen Komposition, in ihren Grundzügen systematisch und leichtfasslich dargestellt. 2. verb. Aufl. gr. 8. (VI, 120 S.) Erlangen 882, Deichert. *

Helm, Joh. Die Formen der musikalischen Komposition, in ihren Grundzügen systematisch u. leichtfasslich dargestellt. 3. verb. Aufl. gr. 8. (VI, 128 S.) Lpz. 892, Deichert Nachf. * 1 80

Helm, Joh., die Formen der musikalischen Komposition, in ihren Grundzügen systematisch u. leichtfasslich dargestellt. 4., durchgeseh. Aufl. gr. 8. (VI, 128 S.) Leipzig 901. A. Deichert Nachf. n. 1. 80

Helm, Joh., die Formen der musikalischen Komposition, in ihren Grundzügen systematisch u. leichtfasslich dargestellt. 5., durchgeseh. Aufl. (VI, 128 S.) 8. Leipzig 908. A. Deichert Nachf. 1. 80

Helm, J., Geschichte d. Volksschulunterrichts in den technischen Fertigkeiten, s.: Kehr, C., Geschichte der Methodik d. Volksschulunterrichts.

— — Grundzüge der empirischen Psychologie und der Logik. Für die Hand des Schülers bearb. 2. veränd. Aufl. gr. 8. (VIII, 66 S. mit 10 eingedr. Fig. in Holzschn.) Bamberg 879, Buchner'sche Buchh. * 1 60
Die 1. Aufl. erschien u. d. T.: Die wichtigsten Erscheinungen und Gesetze des Seelenlebens.

— Grundzüge der empirischen Psychologie u. der Logik. Für die Hand d. Schülers bearb. 4., verb. Aufl. Mit 9 Fig. in Holzschn. gr. 8. (VIII, 78 S.) Bamberg 887. Buchner. n. 1. 60

— **Grundzüge der empirischen Psychologie u. der Logik. Für die Hand des Schülers bearb. 6., durchgeseh. Aufl. m. 9 Fig. in Holzschn. (VII, 120 S.) 8. Bamberg 906. C. C. Buchner's Verl. Geb. 2. —**

— **Handbuch der allgemeinen Pädagogik. gr. 8. (XI, 315 S.) Ebd. 894. n. 5. 25; geb. n. 6. —**

— Handbuch der allgemeinen Pädagogik. 2., verb. Aufl. gr. 8. (IX, 285 S.) Ebd. 900. n. 4. 60

Helm, Joh., Handbuch der allgemeinen Pädagogik. 3. verb. Aufl. (IX, 285 S.) gr. 8. Leipzig 905. A. Deichert Nachf. n. 4. 80; geb. n. 5. 80

— **Handbuch der allgemeinen Pädagogik. 4. durchgeseh. Aufl. (IX, 280 S.) gr. 8. Erlangen 909. Leipzig 909. A. Deichert Nachf. 4. 80**

— — allgemeine Musik- und Harmonielehre. Zunächst für Lehrerbildungs-Anstalten bearb. gr. 8. (IV, 320 S.) Nürnberg 870, Löhe. *

— allgemeine Musik- u. Harmonielehre. Zunächst f. Lehrerbildungs-Anstalten bearb. 2., verb. Aufl. Mit einer Tab. gr. 8. (VII, 296 S.) Gütersloh 879. Bertelsmann. n. 3. 60

— — allgemeine Musik- und Harmonielehre. Zunächst für Lehrerbildungs-Anstalten bearb. 3. verb. Aufl. gr. 8. (VIII, 304 S. mit 1 Tab.) Gütersloh 882, Bertelsmann. *

— allgemeine Musik- u. Harmonielehre. Zunächst f. Lehrerbildungs-Anstalten bearb. 4., verb. Aufl. Mit e. Tabelle. gr. 8. (VIII, 310 S.) Gütersloh 887. Bertelsmann. n. 3. 60; geb. n. 4. —

— **allgemeine Musik- u. Harmonielehre. Zunächst f. Lehrerbildungs-Anstalten bearb. 5., verm. Aufl. gr. 8. (VIII, 347 S. m. 1 Tab.) Gütersloh 893. C. Bertelsmann. n. 3. 60; geb. n. 4. —**

Allgemeine Musik- und Harmonielehre. Zunächst f. Lehrerbildungs-Anstalten bearb. von Johann **Helm**, Dir. in Schwabach. 6., durchges. Aufl. Mit 2 Tab. *Gütersloh: C. Bertelsmann 1901.* (VIII, 351 S.) 8° [J.]

Allgemeine Musik- und Harmonielehre. Zunächst f. Lehrerbildungs-Anst. bearb. von Johann **Helm**, Dir. in Schwabach. 7., durchges. Aufl. Mit 2 Tab. *Gütersloh: C. Bertelsmann 1905.* (352 S.) 8° [J.]

Allgemeine Musik- und Harmonielehre. Zunächst f. Lehrerbildungs-Anst. bearb. von Johann **Helm**. 8., durchges. Aufl. Mit 2 Tab. Gütersloh: C. Bertelsmann 1907. (VIII, 352 S.) 8° [J.]

Allgemeine Musik- und Harmonielehre. Zunächst f. Lehrerbildungs-Anst. bearb. von Johann **Helm**. Mit 2 Tab. 9., durchges. Aufl. Gütersloh: Bertelsmann 1910. VIII, 352 S. 8°

— die Praxis der Volksschule, s.: Kehr, C.

Helm, Johann Friedrich

Helm, I. F., repraesentatio juris universi. 8. Hildbgh. Hanisch. 774.

— **Johann Friedrich** (Hildburghausen), Repraesentatio juris universi et remediorum jus suum in judicio persequendi praelusoria. Pars I. sistens jus objectivum. Gotha (C. W. Ettinger) 1777. 92 Seiten. (6.80)

Helm, **Jh. Fr., († d. 19. Juli 1799.) repraesentatio juris universi. 8. Hildburgh. 777. Hanisch. 4 ℊ**

— **Jo. Anselm Joseph** (Bischoffstein), De feudi oppignoratione, non nisi ex consensu domini directi valida. Diss. jur. Rector Tobias Jac. Reinharth. Präs. Jo. Mich. Rotermundt. Erfurt (Hering) 8. X. 1734. 44 S. (6.80)
Widm. v.: Joh. Phil., Frz. Ern., Carl Heinr. u. Ferdin. Wilh. Strahl, J. G. Brickman, Nicolaus Meinong, Ferdinand Gottfried Helm (Bruder).

Helm, Jos., zwei Krankengeschichten: 1) ein Weib mit einem Loch im Magen; 2) eine in den Magen gedrungene u. geheilte Stichwunde. Mit 1 Kpf. 8. Wien 803. Camesina. (Heubner). 8 ℊ

— Dass., s.a. Helm, Jakob

Helm, Jul(ius) Ern. Frd. (geb. Berlin 1. 7. 1818): De haesitantia linguae Berolini (1842). (27 S.) 8°
Berlin, Med. Diss. v. 15. Aug. 1842

Helm, K: Das Weltbild der Zukunft. Berlin 1904

Helm, Karl

Helm, C., Anweis. z. Behandlung d. Pflanzen in Gewächshäusern, s. J. G. L. Wredow, Gartenfreund.

Helm, Karl. das gotisch-lateinische Bibelfragment der Universitätsbibliothek zu Giessen, s.: Glaue, Paul.

Helm, Karl, s.: Blätter, hessische, f. Volkskunde.

Helm, Karl, s.: Buch, das, der Maccabäer in mitteldeutscher Bearbeitung.

[F.] **Helm,** Carl [Prof.]: Determinationen zu Dreiecks-Aufgaben. Liegnitz, Druck v. O. Heinze, 1897; 63 S. 8.
Liegnitz, k. RAk, OP 1897 (202)

Der Landeserschließung nähere Erläuterung. Nachwort zu 'Ein Jahrhundert Arbeit' von Karl **Helm.** Stettin: L. Saunier 1898. (23 S.) 8° [F.] [05. 1729 8

Helm, Carolus: De Luciani scholiorum fontibus. Marpurgi 1908: (Muenchow, Gissae). 74 S. 8°
Marburg, Phil. Diss. v. 20. Okt. 1908, Ref. Maaß
[Geb. 22 Dez. 82 Schwalbach b. Wetzlar; Wohnort: Niedergirmes; Staatsangeh.: Preußen; Vorbildung: Gymn. Wetzlar Reife O. 03; Studium: Bonn 2, Berlin 2, Marburg 5 S.; Rig. 1 Juli 08.] [U 09. 3181

— s.: Heinrich's v. Hesler, Apokalypse.

Helm, Carl, die Krippe im Breitenfeld zu Wien. Eine Monographie sammt einer Statistik der Krippen (Crèches) Europas. gr. 8. (74 S.) Leipzig 851, G. Mayer.

Helm, Carl, die Krippe im Breitenfeld zu Wien. Eine Monographie sammt einer Statistik der Krippen (Crèches) Europas. 2., verm. und verb. Aufl. gr. 8. (V und 105 S.) Leipzig 855, G. Mayer.

Helm, Karl *Hermann Georg* [aus Karlsruhe]: Zur Rhythmik der kurzen Reimpaare des XVI. Jahrhunderts ... Karlsruhe, Druck d. G. Braun'schen Hofbuchdr., 1895; 2 Bl., 103 S., 1 Tab. 8.
Heidelberg, Phil. Fak., Inaug.-Diss. v. [20. Juli] 1895

Helm, Karl, Dr. phil.: Untersuchungen über Heinrich Heslers Evangelium Nicodemi. *Halle a. S. 1899: E. Karras.* (103 S.) 8°
Giessen, Phil. Hab.-Schr. v. 1899

Herrn Rechtsanwalt Vogel Königsberg i. Pr. (Verf.: Karl **Helm.**) (Stettin 1893.) (8 S.) [Kopft. F.]
[Inhalt: Über Wege f. Radfahrer.] [05. 1730 8

— einige Worte über Krippen (Säuglingsbewahr-Anstalten, Crèches.) gr. 8. (35 S.) Wien 851, (Sternickel und Sintenis.)

Helm, Karl, s. J. G. L. Wredow's Gartenfreund.

Helm, Klementine

— die Brieftaube. Zur Unterhaltung für die Jugend. br. 8. (IV, 252 S.) Ebendas. 871. cart. ℳ 2,40.; geb.

— die Brieftaube. Zur Unterhaltung für die Jugend. 2. Aufl. gr. 16. (256 S.) Ebendas. 878. *
geb. *

— unsere Dichter. Ein Liederstrauß, gesammelt. 8. (XIII, 561 S. mit vielen in den Text gedr. Orig.-Illustr. und 10 Vollbildern in Lichtdr. nach Originalen von Ludw. Dettmann.) [Berlin 885, Tonger und Greven. — Neufeld und Mehring.] Oranienburg, Freyhoff's Verlag. geb. mit Goldschn. 7 —

— Doris und Dora. Eine Erzählung für junge Mädchen. Freie Bearbeitung der französ. Erzählung: Chloris et Jeanneton von Josephine Colomb. Autoris. Ausg. gr. 8. (IV, 236 S. mit vielen eingedr. Holzschn.-Illustr.) Ebendas. 879. * 5 —
geb. * 7 —

— Doris u. Dora. E. Erzählg. f. junge Mädchen. Freie Bearbeitg. d. französ. Erzählg.: Chloris et Jeanneton v. Josephine Colomb. Autor. Ausg. M. vielen Abb. 4., unveränd. Aufl. gr. 8. (IV, 236 S.) Leipzig 895. F. Hirt & Sohn. 4. 50; geb. in Leinw. 6. —

— Dornröschen u. Schneewittchen. Eine Erzählg. f. junge Mädchen. 8. (354 S.) Bielefeld 877. Velhagen & Klasing. geb. n. 5. 50

— Dornröschen u. Schneewittchen. Eine Erzählung für junge Mädchen. 2. Aufl. gr. 8. (354 S.) Bielefeld 883. Velhagen & Klasing. geb. n. 5. 50

— Dornröschen u. Schneewittchen. Eine Erzählg. f. junge Mädchen. 3. Aufl. 8. (IV, 354 S.) Bielefeld 889. Velhagen & Klasing. Geb. in Leinw. n. 4. 50

Dornröschen und Schneewittchen. Eine Erzählung f. junge Mädchen von Clementine Helm. 4. Aufl. *Bielefeld & Leipzig: Velhagen & Klasing 1902.* (354 S.) 8° [F.] [05. ....

— Elfriede. Erzählung f. die Jugend. Freie Bearbeitg. v. L. Ulbach's „Le Parrain de Cendrillon". Mit 3 Farbdr.-Bildern v. F. Bergen und 17 Text-Vollbildern v. E. Bayard. 1. u. 2. Aufl. gr. 8. (V, 211 S.) Stuttgart 890. Loewe. geb. 5. —

— Elfriede. Erzählg. f. d. Jugend. Freie Bearbeitg. v. L. Ulbachs „Le Parrain de Cendrillon". M. 3 Farbdr.-Bild. v. F. Bergen u. 16 Text-Vollbild. v. E. Bayard. 3. Aufl. gr. 8. (VII, 176 S.) Stuttgart 895. F. Loewe. Geb. in Leinw. 5. —

— drei Erzählungen f. junge Mädchen. br. 8. (III, 299 S.) Leipzig 873. G. Wigand. 3. —; geb. 3. 75

Helm, Clementine, drei Erzählungen für junge Mädchen. 2. Aufl. gr. 16. (299 S.) Leipzig 874, G. Wigand. *
geb. *

— drei Erzählungen für junge Mädchen. 3. Aufl. 8. (299 S.) Leipzig 889. G. Wigand. n. 2. 75; geb. n. 3. 50

— Prinzeßchen Eva. Eine Erzählg. f. heranwachs. Mädchen. gr. 8. (299 S.) Bielefeld 875. Velhagen & Klasing. n. 4. 50; geb. n. 5. 50

— dasselbe. 2., illustr. Aufl., m. 8 Tonbildern. 8. (299 S.) Ebend. 877. geb. n. 5. 50

— Prinzeßchen Eva. Eine Erzählung für heranwachsende Mädchen. 3. und 4. illustr. Aufl., mit 8 Tonbildern. 8. (299 S.) Bielefeld 880,84, Velhagen und Klasing. geb. *

— Prinzeßchen Eva. Eine Erzählg. f. heranwachs. Mädchen. 6. illustr. Aufl., m. 8 Tonbildern. 8. (299 S.) Bielef. 891, Velhagen u. Klasing. geb. * 5 50

— Prinzeßchen Eva. Eine Erzählg. f. heranwachs. Mädchen. 7. Aufl. m. 8 Tonbildern. 8. (299 S.) Ebd. 895. Geb. in Leinw. n. 5. 50

— Prinzeßchen Eva. Eine Erzählg. f. heranwachs. Mädchen. 8. Aufl. m. 8 Tonbildern. 8. (299 S.) Bielefeld 900. Velhagen & Klasing. Geb. in Leinw. n. 5. 50

Helm, Clementine (Frau Cl. Beyrich), Prinzeßchen Eva. Eine Erzählung für heranwachs. Mädchen. 9. Aufl. m. 8 Tonbildern. (299 S.) 8. Bielefeld 906. Velhagen & Klasing. Geb. in Leinw. n. 5. 50

— die Glücksblume von Kapri. 16. (182 S.) München 886, Richter und Kappler. * 2 —
geb. mit Goldschn. * 3 —

— die Glücksblume v. Capri. Erzählung. 2. Aufl. 16. (182 S. m. Titelbild.) München 887. Richter & Kappler. geb. m. Goldschn. n. 3. —

— Elschen Goldhaar. Eine Erzählung für heranwachsende Mädchen. 1. und 2. Aufl. 8. (348 S.) Ebendas. 883,84. geb. *

— Elschen Goldhaar. Eine Erzählg. f. heranwachs. Mädchen. 3. Aufl. Mit 6 Tonbildern v. Friedr. Stahl. 8. (348 S.) Bielef. 891, Velhagen u. Klasing. geb. * 5 50

— Elschen Goldhaar. E. Erzählg. f. heranwachs. Mädchen. 4. Aufl. M. 6 Tonbild. v. Friedr. Stahl. 8. (348 S.) Bielefeld 898. Velhagen & Klasing. Geb. in Leinw. n. 5. 50

— Elschen Goldhaar. Eine Erzählg. f. heranwachs. Mädchen. 5. Aufl. Mit 6 Tonbildern v. Frdr. Stahl. (348 S.) 8. Ebd. 907. Geb. in Leinw. n. 5. 50

— Treu Hannchen u. andere Erzählungen. 8. (263 S.) Ebend. 883. geb. n. 5. 50

— Hans u. Hanna. Erzählung f. die heranwachsende Jugend. Mit 6 Tonbildern v. Aug. Mandlick. 8. (VI, 328 S.) Ebd. 895. Geb. in Leinw. n. 5. 50

— das Heimchen. Eine Erzählg. f. junge Mädchen. Mit e. Tonbilde v. Fritz Gehrke. 8. (III, 408 S.) Ebd. 894. Geb. in Leinw. n. 5. 50

— d. kleine Herrin. Erzählg. f. Mädchen. Freie Bearbeitg. v. „Prinzesse Rosalba" v. Mme. Chéron de la Bruyère. M. 11 Tonbild. v. Tofani. gr. 8. (III, 167 S.) Ebd. 895. Geb. in Leinw. 5. —

— Schloß Herzberg. Ein Harzgedicht. gr. 16. (VI, 251 S.) Berlin 869, Gaertner. geb. mit Goldschn. *

— Schloß Herzberg, e. Harzgedicht. 12. (251 S.) Berlin 883. Gaertner. geb. m. Goldschn. n. 4. —

— Auf Irrwegen u. andere Erzählungen f. junge Mädchen. 8. (III, 215 S.) Stuttg. 891, Krabbe. geb. in Leinw. * 3 —

— Lilli's Jugend. Eine Erzählung für junge Mädchen. 1.—3. Aufl. br. 8. (III, 300 S.) Leipzig 871—75, G. Wigand. ℳ 2,70.; geb.

— Lilli's Jugend. Eine Erzählung für junge Mädchen. 4.—6. Aufl. gr. 16. (300 S.) Ebendas. 876—82. * geb. *

— Lilli's Jugend. Eine Erzählg. f. junge Mädchen. 8. Aufl. 8. (III, 300 S.) Lpz. 891, G. Wigand. * 2 75; geb. * 3 50

Helm, Clementine (Cl. Beyrich), Lilli's Jugend. Eine Erzählg. f. junge Mädchen. 9. Aufl. 8. (III, 300 S.) Leipzig 896. G. Wigand. n. 2. 70; geb. in Leinw. n. 3. 50

— Lillis Jugend. Eine Erzählung für junge Mädchen. 10. Aufl. (304 S.) 8. Leipzig (903). G. Wigand. n. 2. 75; geb. in Leinw. n. 3. 50

— Kinder-Lieder, mit Illustrationen (in Holzschn.) von A. v. Heyden. Ebend. 861. Lex.-8. (VII, 46 S.) 18 ngr.

— das vierblättrige Kleeblatt. Eine Erzählung aus dem Freiheitskriege für junge Mädchen. 8. (351 S.) Ebendas. 878. geb. * 5 50

— das vierblättrige Kleeblatt. Eine Erzählung aus dem Freiheitskriege für junge Mädchen. 2. Aufl. gr. 8. (351 S.) Bielefeld 883, Velhagen und Klasing. geb. *

— das vierblättrige Kleeblatt. Eine Erzählg. aus den Freiheitskriegen f. junge Mädchen. 3. Aufl. 8. (IV, 351 S.) Bielefeld 889. Velhagen & Klasing. Geb. in Leinw. n. 5. 50

— dasselbe. 4. Aufl. 8. (343 S.) Ebd. 895. Geb. in Leinw. n. 5. 50

Helm, Clementine (Frau Cl. Beyrich), das vierblättrige Kleeblatt. Eine Erzählg. aus dem Freiheitskriege f. junge Mädchen. 5. Aufl. (343 S.) 8. Bielefeld 906. Velhagen & Klasing. Geb. in Leinw. n. 5. 50

Helm, Clementine, das Kränzchen. Eine Erzählung für junge Mädchen. 1. Aufl. 1873, und 2. illustr. Aufl. gr. 8. (347 S. mit 8 Bildern, Holzschntaf., von Eug. Klimsch.) Bielefeld 874, Velhagen und Klasing. *ℳ 4,50.; geb. *

— das Kränzchen. Eine Erzählg. f. junge Mädchen. 2. illustr. Aufl. Mit 8 Bildern (Holzschntaf.) v. Eug. Klimsch. gr. 8. (347 S.) Ebend. 875. n. 4. 50; geb. n. 5. 50

— das Kränzchen. Eine Erzählung für junge Mädchen. 3. illustr. Aufl. Mit 8 Bildern (Holzschntaf.) von Eug. Klimsch. 8. (347 S.) Ebendas. 878. geb. * 5 50

— das Kränzchen. Eine Erzählung für junge Mädchen. 4. und 5. illustr. Aufl. Mit 8 (Holzschn.) Bildern von Eug. Klimsch. 8. (347 S.) Ebendas. 881,84. geb. *

— das Kränzchen. Eine Erzählg. f. junge Mädchen. 6. u. 7. Aufl. 8. (IV, 347 S.) Ebd. 889. 895. Geb. in Leinw. n. 5. 50

Das Kränzchen. Eine Erzählung f. junge Madchen von Clementine Helm. Mit 5 Bildern von Erdm. Wagner. *Bielefeld & Leipzig: Velhagen & Klasing 1902.* (347 S.) 8° [S.]

— Kunst fürs Haus. Ein Leitfaden beim Zeichnen und Malen. 2 Hefte. Fol. (31 Stnt., wovon 2 in Tondr. und 10 in Buntdr., mit XII, 81 S. Text.) Leipzig 870, G. Wigand. In Mappe

Helm, Clementine, Klein Dina's Lehrjahr. Erzählung f. jüngere Mädchen. 8. (320 S.) Bielefeld 888. Velhagen & Klasing. geb. n. 5. 50

— klein Dinas Lehrjahr. Erzählg. f. jüngere Mädchen. 2. Aufl. 8. (III, 320 S.) Bielefeld 896. Velhagen & Klasing. Geb. in Leinw. n. 5. 50

Helm, Clementine, Backfischchen's Leiden und Freuden. Eine Erzählung für junge Mädchen. Leipzig 863. G. Wigand. gr. 16. (2 Bl., 232 S. u. 1 Holzschn.) 20 ngr

– – 2. Aufl. Ebd. 1868. V, 232 S. 8°

Helm. Backfischchen's Leiden und Freuden. 5. Aufl. Leipzig. G. Wigand, 1871. M. Frontispiz. Kl.-8°. Orlwd. Wenig stockfl. 7.—

Helm, Clementine, Backfischchen's Leiden u. Freuden. Eine Erzählg. f. junge Mädchen. 7. Aufl. 8. (232 S.) Leipzig 873. G. Wigand. 2. 40; geb. 3. 40

Helm, Clementine, Backfischchen's Leiden und Freuden. Eine Erzählung für junge Mädchen. 8. Aufl. 8. (232 S.) Leipzig 874, G. Wigand. ℳ 2,40.; geb.

Helm, Clementine, Backfischchen's Leiden und Freuden. Eine Erzählung für junge Mädchen. 9.–11. Aufl. 8. (III, 232 S. mit 1 Holzschn.) Leipzig 875—77, G. Wigand. geb.

—— dass. — 12.—24. Aufl. 8. (III, 232 S. mit 1 Holzschn.) Ebendas. 878—83. *ℳ 2,25.; geb.

—— dass. — Besonderer Abdr. der 25. Aufl. in 500 Exempl. Mit dem Portr. der Verf. in Photogr. gr. 8. (232 S.) Ebendas. 884. geb. in Leinw. mit Goldschn. geb. in Kalbldr.

†Helm, Clementine [Cl. Beyrich], Backfischchen's Leiden und Freuden. Eine Erzählung für junge Mädchen. 26.—30. Aufl. 8. (232 S.) Leipzig 885—88, G. Wigand. * 2 25 geb. * 3 —

—— Backfischchen's Leiden u. Freuden. Eine Erzählg. f. junge Mädchen. 31.—39. Aufl. 8. (III, 232 S. m. 1 Bild.) Lpz. 889—92, G. Wigand. * 2 25; geb. * 3 —

— Backfischchen's Leiden u. Freuden. Eine Erzählg. f. junge Mädchen. 35.—44. Aufl. 8. (III, 232 S. m. 1 Bild.) Leipzig 891—894. G. Wigand. n. 2. 25; geb. in Leinw. n. 3. —

Helm, Clementine (Cl. Beyrich), Backfischchens Leiden u. Freuden. E. Erzählg. f. junge Mädchen. 50. Aufl. M. d. Bildnis d. Verfasserin u. 6 Illustr. v. W. Zehme. 8. (V, 232 S.) Leipzig 897. G. Wigand. Geb. in Leinw. n. 3. – ; geh. 2. 25

Helm, Clementine (Cl. Beyrich), Backfischchens Leiden u. Freuden. Eine Erzählg. f. junge Mädchen. 59. Aufl. Mit dem Bildnis der Verfasserin u. 6 Illustr. v. W. Zehme. 8. (V, 232 S.) Leipzig (902). G. Wigand. Geb. in Leinw. n. 3. —

— Leni von Hohenschwangau. Erzählung. Mit einer (Holzschn.-)Illustr. 8. (222 S.) Stuttgart 882. Richter & Kappler. geb. n. 5. —

— Leni v. Hohenschwangau. Erzählung f. erwachsene junge Mädchen. 3. Aufl. 8. (III, 252 S. m. Titelbild.) München 894. Richter & Kappler. n. 4. —; geb. in Leinw. n. 5. —

— die Geschwister Leonhard. Eine Erzählg. f. junge Mädchen. Mit 6 Tonbildern v. Alex. Zick. 8. (V, 337 S.) Bielefeld 891. Velhagen & Klasing. geb. n. 5. 50

—— Licht- und Schattenbilder. gr. 8. (VII und 128 S.) Leipzig 864, G. Wigand.

— Licht- u. Schattenbilder. Skizzen u. Erzählungen. 2., verm. Aufl. 8. (VI, 229 S.) Leipzig 881. G. Wigand. n. 2. 50; geb. n. 3. 25

— s.: Mädchen, junge.

— Frieda's Mädchenjahre u. andere Erzählungen f. junge Mädchen. 8. (214 S.) Stuttgart 892. C. Krabbe. Geb. in Leinw. n. 3. —

— Frieda's Mädchenjahre u. andere Erzählungen f. junge Mädchen. 2. Aufl. (6.—8. Taus.) 8. (III, 214 S.) Stuttgart (901). C. Krabbe. Geb. in Leinw. n. 3. —

—— Märchen. Für Kinder von 10—15 Jahren. 8. (206 S. mit 8 lithogr. und ill. Bildern. Nach Zeichnung von Ant. Breith.) Stuttgart 860, Chelius.

—— Märchen. Für Kinder von 10 bis 15 Jahren. 2. Aufl. 8. (208 S. mit 8 lithogr. und illustr. Bildern.) Stuttgart 864, Chelius. [Leipzig, Berndt's Verlag.] cart. (ℳ 3,75.)

[J.] Märchenbuch v. Clementine Helm. 3. durchges. Aufl. M. 1 Titelb. in Tondr. v. A. Zick. Bielefeld & Leipzig: Velhagen & Klasing 1897. (2 Bl., 230 S., 1 Taf.) 1 Bd 8. [97. 9774]

Helm, Clementine, Vater Carlet's Pflegekind. Nach J. Colomb's Werk La fille de Carilès, gekrönt mit dem großen Monthyonpreise, für die deutsche Jugend bearb., besonders heranwachsenden Mädchen gewidmet. 1. und 2. unveränd. Aufl. gr. 8. (VIII, 204 S. mit vielen Holzschn.-Illustr.) Leipzig 876,78, Hirt und Sohn. *ℳ 5.; geb. 7 —

—— Vater Carlet's Pflegekind. Nach J. Colomb's Werk, La fille de Carilès, gekrönt m. dem großen Monthyonpreise, f. die deutsche Jugend bearb., besonders heranwachs. Mädchen gewidmet. Mit vielen Abbildgn. 5. durchgeseh. Aufl. gr. 8. (208 S.) Lpz. 889, Hirt u. Sohn. 4 50; geb. 6 —

— Vater Carlets Pflegekind. Eine Erzählg. f. heranwachs. Mädchen. Freie Bearbeitg. der französ. Erzählg.: La fille de Carilès v. Josephine Colomb. 7. Aufl. gr. 8. (223 S. m. Abbildgn.) Leipzig 903. F. Hirt & Sohn. 3. —; geb. in Leinw. 4. —

Helm, Clementine, Vater Carlets Pflegekind. Eine Erzählg. f. heranwachs. Mädchen. Freie Bearbeitg. der französ. Erzählg.: La fille de Carilès v. Josephine Colomb. 8. Aufl. (223 S. m. Abbildgn.) gr. 8. Leipzig (907). F. Hirt & Sohn. 3.—; geb. in Leinw. 4. —

—— Professorentöchter. Eine Erzählung für junge Mädchen. 8. (VI, 375 S.) Bielefeld 884, Velhagen und Klasing. geb.

— Professorentöchter. Eine Erzählg. f. junge Mädchen. 2. Aufl. 8. (VI, 375 S.) Ebend. 885. geb. n. 5. 50

—— Professorentöchter. Eine Erzählg. f. junge Mädchen. 3. Aufl. 8. (VI, 375 S.) Bielef. 891, Velhagen u. Klasing. geb. * 5 50

— Professorentöchter. E. Erzählg. f. junge Mädchen. 4. Aufl. Mit 6 Tonbild. v. W. Zehme. 8. (VI, 375 S.) Ebd. 898. Geb. in Leinw. n. 5. 50

†Helm, Clementine [Cl. Beyrich]. Tante Regine. Eine Erzählg. f. junge Mädchen. Mit 6 Tonbildern von Alex. Zick. 8. (III, 372 S.) Bielef. 892, Velhagen u. Klasing. geb. in Leinw. * 5 50

—— Röschen im Moose. Eine Erzählung für heranwachsende Mädchen. 8. (317 S.) Ebendas. 885. geb. * 5 50

– – 2. Aufl. Ebd. 1886. IV, 317 S. 8°

— Röschen im Moose. E. Erzählg. f. heranwachs. Mädchen. 3. Aufl. M. 6 Tonbild. v. A. Zick. 8. (317 S.) Ebd. 896. Geb. in Leinw. n. 5. 50

— seines Glückes Schmied. Erzählung f. junge Mädchen. 2. Aufl. 8. (IV, 347 S.) Bielefeld 890. Velhagen & Klasing. Geb. in Leinw. n. 5. 50

— unsere Selekta. Eine Erzählung für junge Mädchen. 2. Aufl. 8. (III, 336 S.) Bielefeld 882. Velhagen & Klasing. geb. n. 5. 50

– – 3. Aufl. Ebd. 1889. V, 336 S. 8°

– – 4. Aufl. Ebd. 1895. V, 336 S. 8°

— unsere Selekta. Eine Erzählung für junge Mädchen. 5. Aufl. (V, 336 S.) 8. Bielefeld 907. Velhagen & Klasing. Geb. in Leinw. n. 5. 50

— Siebenmeilenstiefeln, s.: Jugendbibliothek, neue illustrirte.

— unser Sonnenschein. Erzählg. f. junge Mädchen. M. 6 Tonbild. v. W. Zehme. 8. (III, 348 S.) Ebd. 897. Geb. in Leinw. n. 5. 50

—— die Stiefschwestern, Erzählung für junge Mädchen. 8. (III, 276 S.) Bielefeld 887, Velhagen und Klasing. geb. * 5 50

— die Stiefschwestern. Erzählung f. junge Mädchen. 2. Aufl. Mit 6 Tonbildern v. René Reinicke. 8. (V, 276 S.) Ebd. 891. geb. n. 5. 50

—— Frau Theodore. Ein Familienbild. gr. 8. (372 S.) Bielefeld 874, Velhagen und Klasing. *M 4,50.; geb. *

— Frau Theodore. Ein Familienbild. gr. 8. (372 S.) Bielefeld 875. Velhagen & Klasing. n. 4. 50; geb. n. 5. 50

— Frau Theodore. Ein Familienbild. 2. Aufl. 8. (372 S.) Bielefeld 880. Velhagen & Klasing. geb. n. 5. 50

– – 3. Aufl. Ebd. 1889. IV, 372 S. 8°

— unter'm Schnee erblüht. Erzählung. 16. (148 S.) Stuttgart 880. Richter & Kappler. n. 2. —; geb. n. 3. —

— unterm Schnee erblüht. Erzählung. 3. Aufl. 16. (144 S. m. 1 Holzschntaf.) Stuttgart 885. Richter & Kappler. geb. m. Goldschn. n. 3. —

—— Unterm Schnee erblüht. Erzählung. 4. Aufl. 16. (144 S. m. e. Abbildg.) Münch. 890, Richter u. Kappler. geb. m. Goldschn. * 3 —

Helm, Clementine, vom Backfisch zur Matrone. Erzählung für junge Mädchen. 8. (344 S.) Bielefeld 889. Velhagen & Klasing. geb. n. 5. 50

– – 2. Aufl. Ebd. 1889. V, 344 S. 8°

– – 3. Aufl. Ebd. 1895. V, 344 S. 8°

—— der Weg zum Glück. Nach J. Colomb's Werk: Deux mères. Für die deutsche Jugend frei bearb. Autoris. Ausg. gr. 8. (III, 240 S. mit Holzschn.) Leipzig 881, Hirt und Sohn. *M 5.; geb. *

Helm, L: Lehrbuch der Bakteriologie mit besonderer Berücksichtigung der Untersuchungsmethoden, Diagnostik und Immunitätslehre. 3. Aufl. Stuttgart 1906

Helm, Martin, s.a. Helm, Gustav Martin

Helm, Mart., Liederbuch für Mittelschulen. 1. Aufl. (IV, 92 S.) 1870. * 50 Pf.; 2. Aufl. (IV, 92 S.) 1875. * 70 Pf.; 3. verm. und verb. Aufl. 8. (IV, 120 S.) München 878, Expedition des k. Central-Schulbücherverlags. cart. ** — 80

Helm, Mart., Liederbuch f. Mittelschulen. 6., verm. u. verb. Aufl. 8. (IV, 120 S.) München 896. R. Oldenbourg, Abteilg. f. Schulbücher. Kart. n.n. — 80

Helm, Mart., Liederbuch f. Mittelschulen. 7. Aufl. 8. (IV, 120 S.) München (901). R. Oldenbourg. Geb. in Halbleinw. n.n. — 80

Helm, O., die preußische Preßgesetzgebung, s. Preßgesetzgebung.

Helm, Otto: Chemische Analyse des Abwassers der Danziger Rieselfelder, s. Schriften der naturforschenden Gesellschaft in Danzig.

Helm, Otto, einige auf die Danziger Canalisations-Anlagen bezügliche chemische Analysen. Vortrag. Lex.-8. (6 S.) Danzig 876, (Anhuth.) * — 40
Aus: Schriften der naturforschenden Gesellschaft in Danzig, besonders abgedruckt.

Helm, Otto: Über die Bestandtheile der Kanalflüssigkeit, s. Schriften der naturforschenden Gesellschaft in Danzig.

Helm, Otto: Mittheilungen über Bernstein, s.a. Schriften der naturforschenden Gesellschaft in Danzig.

Helm (O.), Mittheilungen über Bernstein. XIII. Ueber die Insecten des Bernsteins. (Schriften der naturforsch. Ges. zu Danzig. N. F., Band 6.) 8.

– Über Phosphoritknollen, s. Schriften der naturforschenden Gesellschaft in Danzig.

Helm, Otto, über e. neues Verfahren zur Enteisenung v. Grundwasser. 8. (8 S.) Leipzig 901. F. Leineweber. n. — 70
Sonderabdruck aus: „Gesundheit".

Helm, O., üb. die chem. Zusammensetzung d. Wassers der neuen Wasserleitg. etc. s.: Vorträge, gehalten in der naturforsch. Ges. zu Danzig.

Helm, R. Heimatkunde v. Leipzig. Ein Führer zu Schülerausflügen in Leipzig u. seiner Umgebg., nebst e. systemat. Heimatkunde. Mit 21 in den Text gedr. Abbildgn. u. e. Vogelschauansicht v. Groß-Leipzig, gezeichnet v. Adf. Eltzner. gr. 8. (VIII, 161 S.) Lpz. 891, J. J. Weber. geb. in Leinw. ** 1 50

Helm, R., Heimatkunde v. Leipzig. Ein Führer zu Schülerausflügen in Leipzig u. seiner Umgebg. nebst e. systemat. Heimatkunde. 2., verm. u. verb. Aufl. (XII, 160 u. 82 S. m. 25 Abbildgn.) gr. 8. Leipzig 908. Dürr'sche Buchh. Geb. in Leinw. n. 2. 40

Helm, Reiner von der: Untersuchungen im langwelligen Teil des Stickstoffbandenspektrums. Leipzig: J. A. Barth 1910. 32 S. 8°
Bonn, Phil. Diss. v. 15. März 1910, Ref. Kayser
[Geb. 7. Juni 84 Düsseldorf; Wohnort: Loevenich; Staatsangeh.: Preußen; Vorbildung: Gymn. Neuß Reife O. 05; Studium: Freiburg i. B. 1, München 1, Freiburg i. B. 1, Bonn 7 S.; Rig. 22. Dez. 09.] [U 10. 378

Helm, Richard Photochemische Prozesse und deren Verwendung. 4 (32 S.). Progr. Rg. mit höh. Handelssch. *Zittau* 1887 (519).

Helm, Richard, Tierarzt, aus Rossla: Aus dem physiologischen und histologischen Institut der Königl. tierärztlichen Hochschule zu Dresden. Direktor: Geh. Med.-Rat Prof. Dr. Ellenberger. Vergleichend anatomische und histologische Untersuchungen über den Oesophagus der Haussäugetiere. Mit 16 Abbildungen. Zürich 1907. 79 S. 8°. [24. VIII. 07.]
Zürich Vet.-med. Diss. 1906/1907

Helm, Robert, Gerichtsass. a. Cöln: Die positiven Vertragsverletzungen und ihre Rechtsfolgen. Borna-Leipzig 1910: Noske. VIII, 45 S. 8°
Heidelberg, Jur. Diss. v. 7. Aug. 1910, Ref. Endemann
[Geb. 7. Juli 79 St.-Johann a. Saar; Wohnort: Essen a. R.; Staatsangeh.: Preußen; Vorbildung: Gymn. Neustadt a. H. Reife 99; Studium: Würzburg 3, Greifswald 5 S.; Rig. 1. Aug. 10.] [U 11. 2012

Griechischer Anfangskursus. Übungsbuch z. ersten Einführung Erwachsener ins Griechische, bes. f. Universitätskurse, nebst Präparationen zu Xenophon An. I. u. Homer Od. IX. Zsgest. von Dr. R[udolf] Helm. *Leipzig & Berlin: B. G. Teubner 1902.* (IV, 80 S., 5 Tab.) 8° [F.] [03. 4776

Helm, R., griechischer Anfangskursus. Übungsbuch zur ersten Einführg. Erwachsener ins Griechische, besonders f. Universitätskurse, nebst Präparationen zu Xenophon An. I u. Homer Od. IX. 2. Aufl. (IV, 80 S. m. 5 Tab.) gr. 8. Leipzig 908. B. G. Teubner. 2. 40

Helm, Rudolf (Hrsg.), s. Apuleius Madaurensis: Opera quae supersunt.

Helm, R., Jahresbericht üb. Vergil 1892—1896. S.-A. 1898. 42 S. —.90

— u. G. Michaelis, Lateinbuch f. Oberrealschüler. (IV, 46, 93 u. 16 S. m. 5 Tab.) 8. Ebd. 910. Geb. in Leinw. 2. 20

Lucian und Menipp von Rudolf **Helm**. Leipzig & Berlin: B. G. Teubner 1906. (392 S.) 8° [06. 14693 B

Helm, R., De prooemio Apuleianae quae est de deo Socratis orationis. S.-A. s. a. 7 S.

Helm, Rudolphus (*W. O.*) [Berolinensis]: De P. Papinii Statii Thebaide. Particula prior ... Berolini, Mayer & Mueller, *1892*; 31 S., 1 Bl. 8.
Berlin, Phil. Fak., Inaug.-Diss. v. 5. Aug. 1892

Helm, Rud., de P. Papinii Statii Thebaide. gr. 8. (179 S.) Berlin 893. Mayer & Müller. n. 3. 60

Helm, Rud., s.: Vocabularium iurisprudentiae romanae.

Lateinisches Übungsbuch für die volkstümlichen Kurse von Hochschullehrern Winter 1900/1 zsgest. von Dr. R[udolf] **Helm**. *Berlin 1900: G. Reimer.* (24 S.) 8° [00. 3614

— Volkslatein. Lateinisches Übungsbuch zur ersten Einführg. Erwachsener, insbesondere f. volkstüml. Vortragskurse. Mit e. Vorrede v. H. Diels. 2. Bearbeitg. gr. 8. (41 S. m. 3 Tab.) Leipzig 901. B. G. Teubner. n. — 80

Volkslatein. Latein. Übungsbuch z. ersten Einführung Erwachsener insbes. f. volkstüml. Vortragskurse zsgest. von Dr. R[udolf] Helm, mit e. Vorr. von Prof. Dr. H[ermann] Diels. 3. Aufl. Leipzig & Berlin: B. G. Teubner 1905. (41 S.) 8° [F.]
1. Aufl. u. d. T.: Helm: Lat. Übungsbuch f. d. volkstüml. Kurse von Hochschullehrern. [05. 7555

Helm (T.). Diss. bot. sistens quaestionis de methodo physico historica . . . in botanicam applicanda. Vindob. 1835. 8°.

Ludwig van Beethoven, Siebente Symphonie '(in A-dur, Op. 92)'. Erläut. v. Prof. Dr. Theodor Helm. *Frankfurt a. M.: H. Bechhold [1896].* (25 S.) 1 Bd 8.
— **Musikführer**, Der. No 72. [97. 943

Helm, Thdr., s.: Beethoven's Symphonien.

Helm, Thdr., die Gewerbegesetzgebung f. Hessen unter besond. Berücksicht. des Handwerks, dargestellt u. der Handelskammer Darmstadt gewidmet. (VIII, 40 S.) gr. 8. Bensheim (904). Lehrmittelanstalt J. Ehrhard & Co. n.n. — 60

Helm, Theodor: Monographie der Puerperalkrankheiten. 155 S., gbd.

Zürich: Orell & Füssli 1839

JB 4.035

Helm, Theodor: Monographie der Puerperalkrankheiten. Neue Ausg. 155 S., gbd.

Wien: Braumüller & Seidel 1845

JB 4.037

Helm, Prof. Theodor — Ueber das Personale zur Krankenpflege, besonders in großen Heilanstalten. Von — —. (Separat-Abdruck aus der österreichischen Zeitschrift für praktische Heilkunde. Nr. 1, 1856.) Wien, 1855. Druck von L. C. Zamarski. (16 S. 8.)

Helm, Thdr., Beethoven's Streichquartette. Versuch einer techn. Analyse dieser Werke im Zusammenhange mit ihrem geist. Gehalt. gr. 8. (VII, 320 S. mit vielen in den Text gedr. Notenbeispielen.) Leipzig 885, E. W. Fritzsch. * 5 —

Helm, Thdr., Beethoven's Streichquartette. Versuch e. techn. Analyse dieser Werke im Zusammenhange m. ihrem geist. Gehalt. Mit vielen in den Text gedr. Notenbeispielen. 2., bis auf die Neuzeit verm. u. verb. Aufl. (VIII, 355 S.) gr. 8. Leipzig 910. C. F. W. Siegel. 4.50; geb. in Leinw. 6. —
120

— Ludwig van Beethoven's 7. Symphonie (in A-dur, Op. 92), s. Musikführer, der.

Helm, Dr. Theodor — Die Typhusepidemie zu Wien vom Nov. 1855 bis Ende März 1856. Berichtet aus dem k. k. allgem. Krankenhause durch dessen Direktor — —. Veröffentlicht in hohem Auftrage des Ministeriums des Innern vom 3. Jänner 1857, Z. 31635. Wien, 1857. Dr. von L. C. Zamarski, Universitäts-Buchdr. (23 S. 8.)

Helm, Thdr., s.: Welt, Fromme's musikalische.

Helm, Dr. und Prof. Theodor — Ueber das Wesen der Krippe. Von — —. Pichlers Druck. (7 S. 8.) 1856.

v. **Helm**, Vinc. Aug. Ritter, die Principien eines allgemeinen Civilrechtes vom rationellen Standpunkte. Dissertatio inauguralis. gr. 8. (VI u. 49 S.) Olmütz 852. (Hölzel.) n. 8 ngr

Helm, W., s. a. Petersen, Wilh.

Helm, W., der grollende Achill. Ein heroisches Drama, frei nach Homers Ilias. 8. (III, 116 S.) Schleswig 897. J. Bergas. n. 1. 60

Helm, W., ein Jahr an der Indianergrenze, s. Volksbücher, Reutlinger.

Helm, W., unter den Indianern der Pampas, s. a. Volksbücher, Reutlinger.

Unter den | Indianern des Pampas. | Erzählung für Volk und Jugend | von | W. Helm.
Kol.: Druck und Verlag von Rob. Bardtenschlager, Reutlingen.
o. J., 64 S., 164 × 109, kol. U.-Fig.: *Da sahen sie den Indianer, wie er sich mit seiner Beute auf | ein Pferd schwang* ..., 118 × 91.
LBS d. D. oct K 3457.

Der Korsar. | Erzählung für Jugend und Volk | Nach Lord Byron's Korsar erzählt | von | W. Helm.
Kol.: Druck und Verlag von R. Bardtenschlager in Reutlingen.
o. J., 64 S., 164 × 109, U.-Fig.: *An der rothen Flagge, welche stolz vom Maste wehte*, ..., 74 × 85.
LBS d. D. oct K.3513.
Kindlers Literatur Lexikon II, 1966, Sp. 281–282.

— der Korsar. Erzählung f. Jugend u. Volk. Nach Lord Byron's Korsar erzählt. 8. (64 S.) Reutlingen 884. Bardtenschlager. — 25

– Olitipa, die Blume der Prairie, s. Volksbücher, Reutlinger.

– Die Quadronen, s. Volksbücher, Reutlinger.

Helm, W. v. Das russische Schreckgespenst u. sein innerer Werth, od. haben wir in absehbarer Zeit e. russ. Angriff zu erwarten? Politisch-militär. Studie f. alle Stände. gr. 8. (V, 51 S.) Hannov. 892, Helwing. * 1 —

– Im Urwald, s. Volksbücher, Reutlinger.

Helm, W., des Widerspenstigen Zähmung. Roman. (147 S.) gr. 8. Leipzig (907). P. List. 2.50; geb. 3.50

Helm, W. M. (Wilh. Maria Kowarz), aus Odhins Zeit. Hrsg. vom Verband „Agilolf" des Bundes der Germanen zu Linz. 8. (100 S.) Linz 900. F. Steurer. n. 1. —

Helm, Wilh. Anleitung zur Buchführung u. gesetzlichen Revision in Molkerei-Genossenschaften m. besond. Berücksicht. d. Bücherabschlusses. gr. 8. (47 S. m. 2 Tab.) Prenzlau 891, Mieck. * 1 —

Helm, Wilh., s.: Bericht üb. den VI. ordentl. Verbandstag d. Verbandes hinterpomm. Molkerei-Genossenschaften.

Helm, W., Betriebs-Uebersicht f. Schleuder-Molkereien. Fol. (18½ B. m. 2 Schieferpergamenttaf. u. 1 Stift.) Prenzlau 888. Mieck. In Mappe. n.n. 3. —

— die Buchführung, Betriebsrevision u. Verwaltung in Genossenschafts-Molkereien. Ein Handbuch f. den Vorstand, Aufsichtsrath, Revisor, Betriebsleiter u. Meier, nach Maßgabe d. Gesetzes vom 1. Mai 1889 und nach Beispielen aus der Praxis bearb. gr. 8. (XV, 402 S. m. Abbildgn.) Ebd. 890. n. 10. —

Helm, Wilh., d. Butterkrieg u. s. soziale Bedeutg. 1. u. 2. Aufl. gr. 8. (IV, 59 S. m. 2 Abb.) Bremen 895. Leipzig, M. Heinsius Nachf. n. 1. —

— Erfahrungen im Molkereibetriebe, s.a. Blanckenburg-Zimmerhausen, v.

— Erfahrungen im Molkereibetriebe. 3. Hft. Mit 13 Abbildgn., 1 Bildnis u. Facsm.-Unterschrift des Hrn. v. Blanckenburg-Zimmerhausen. gr. 8. (VII, 87 S.) Leipzig 901. M. Heinsius Nachf. n. 2. —
1 u. 2 u. d. T.: Blanckenburg-Zimmerhausen, v., u. Wilh. Helm, Erfahrungen. Ebd. 893. 894. n. 2.60.

— Gewinnung u. Absatz frischer, tuberkelbacillenfreier Trinkmilch (Eismilch). gr. 8. (25 S. m. 2 Fig.) Braunschweig 900. F. Vieweg & Sohn. n. — 40
Sonderabdr. a.: „Vierteljahrsschr. f. öffentl. Gesundheitspflege".

Helm, Wilh., die Milchbehandlung. Praktische Erfahrgn. (64 S. m. Abbildgn.) gr. 8. Leipzig 903. M. Heinsius Nachf. n. 1. —

— die Milchbezahlung. Eine auf prakt. Ergebnisse gestützte Anleitg. zur gerechten Bezahlg. der Milch bei Genossenschaften u. Milchpachtgn., sowie zur Molkerei-Betriebs-Controle, nebst Anreggn. für rationelle Fütterung u. Viehzucht. gr. 8. (VII, 120 S.) Prenzlau 889. Mieck. n. 3. 50

Helm, Wilh., die Milchbezahlung. 2. vollständig neu bearb. Aufl., zugleich Anleitg. zur Ermittelg. der örtlich höchsten Milchverwertung. (V, 116 S. m. 1 Fig.) gr. 8. Prenzlau 909. A. Mieck. nn 3. 50

— d. Milchstaat. Nach d. prakt. Leben f. Jedermann geschildert. M. 37 Abb. u. Karten. Lex.-8. (X, 146 S.) Ebd. 898. n. 4. —

— d. Milchwirthschaft in ihren Beziehgn. z. Gewerbe u. Industrie. gr. 8. (VI, 72 S. m. 21 Abb.) Ebd. 896. 1. 50

— d. Rahmlieferung. Anleitg. z. Gewinng., Lieferg. u. Bezahlg. v. Rahm b. Molkerei-Genossenschaften. gr. 8. (III, 80 S. m. 1 Abb.) Ebd. 896. n. 1. —

Helm, Wilhelm: Tabellen für die Bezahlung von Milch und Rahm nach Gewicht und Fettgehalt für Genossenschaften und Milchpächter. Prenzlau: Mieck 1902.

— Uebersicht üb. den gegenwärtigen Stand der Molkereitechnik. Vortrag, geh. am 9. Dezbr. 1890 im Klub der Landwirthe zu Berlin. [Aus: „Landbote".] gr. 8. (26 S. m. Abbildgn.) Prenzlau 891. A. Mieck. n.n. — 50

— Wegweiser zu hoher Milchverwertung u. gesunder Milchversorgung (zugleich 2., vollständig neu bearb. u. stark verm. Aufl. der „Milchbehandlg."). (VII, 104 S. m. 32 Abb.) gr. 8. Leipzig 908. M. Heinsius Nachf. 2. 50

Helman, Christoph

Helmann C.: Ueber die Entwickelung d. Spermatozoen d. Wirbelthiere. Inaug.-Diss. Dorpat. 1879. 122 S. 2 Tvl.

Helman, Christoph: Über die Entwickelung der Spermatozoen der Wirbelthiere. Mit 2 lithogr. Taf. Dorpat 1879. 122 S.
Dorpat, Med. Hab.-Schr. v. 1879.

Helmann, Ludwig, eine Geschichte zur Beherzigung für die Jugend, 8. Leipzig, 788. Lincke. 7 gl.

Helmann, H. W., (Heinr. Wilh. Lehmann.) neue Charaden u. Räthsel im poet. Gewande. 8. Halle, 826. (Hendel). 8 gl.

Helmar, d. Patronat nach preuss. Recht. Elberfeld 850.

Helmar, Anica (Frl. Anna Knust), Elfriede Gersberg. (79 S.) kl. 8. Leipzig 907. Verlag f. Kunst, Literatur u. Musik. 2. —

Helmar, August, Das ungarische Millenarium. Ein Rückblick auf die 1000jähr. Geschichte Ungarns kl. 8. (2 Bgn.) Mit 19 Illustr. Pressburg, C. Stampfl. 20 kr.
1895.

Helmar, Paul Alb., d. Reform d. Gewerbebesteuerung in Elsass-Lothringen. gr. 8. (VIII, 108 S.) Strassburg 896. Strassburger Druckerei u. Verlagsanstalt. n.n. 2. 60

Helmar, W., Märchenschatz, s. a. Düms' Märchen-Biblioth.

Helmar, W., Märchenschatz. Neue Märchen. Mit 5 Farbendr.-Bildern v. W. Schäfer. 12. (71 S.) Wesel 893. W. Düms. Kart. n. — 50

Helmar, W., vom Urwald zur Kultur. Erlebnisse e. Mädchens. 2 Tle. in 1 Bde. 8. (212 u. 160 S.) Berlin 898. O. Janke. n. 5. —; geb. n. 6. —

Helmbach, Ottfried, die Cholera, ihr Auftreten, ihre Ursachen und die gegen sie nothwendigen Schutzmassregeln. gr. 8. (32 S.) [Brandenburg 887, Lunitz.] Berlin, Spamer. * 1 —

Helmberger, rechtm. u. rechtswidr. Handeln, s. Darstellung, vergleichende, des Strafrechts.

Helmberger, J., Das landesherrliche Abolitionsrecht. gr. 8. (V, 136 S.) Leipzig, A. Deichert Nachf. 2. 80.

Helmbold, Franz (Christian) (geb. Mühlhausen in Thür. 30. 11. 1857): Zur Geschichte des Kaiserschnitts. Berlin (1880). (45 S.) 8°
Berlin, Med. Diss. v. 7. Aug. 1880

Helmbold, Hermannus [Isenacensis]: Aristophanis Pax superstes utrum prior sit an retractata . . . Jenae, typ. G. Neuenhahni, 1880; 69 S. 8°
Jena, Phil. Fak., Inaug.-Diss. v. 1880

Helmbold, Herm., Straßennamen u. andere Ortsbezeichngn. Eisenachs, s. a. Beiträge zur Geschichte Eisenachs.

Straßennamen und andere Ortsbezeichnungen Eisenachs. Von Dr. Hermann Helmbold. Mit 2 Stadtpl. Eisenach: Kahle 1909. VIII, 88 S. 8°
(Beiträge z. Geschichte Eisenachs. 19.)

Helmbold, Julius: Der Atlasmythus und Verwandtes. 30 S., 1 Taf. 8. **Progr.** Gymn. *Mülhausen i. E.* 1906 (644).
I. Der homerische Atlas. Monodämonische Deutung des Zodiakallichtphänomens. II. Der hesperische Atlas. Dichodämonische Deutung . . . III. Sonstige Zodiakallichtmythen. Die Lichthöhle. Das Sonnentor. Der Lichtweg. Die Lichtbrücke.

Helmbold, Julius, Direktor Prof.: Der Atlasmythus und Verwandtes. Mülhausen i. E. 1906: Wenz & Peters. (30 S.) 8°
Mülhausen Els., G P 1906 (644)

Helmbold, *Julius* [Dir., Prof.]: *Direktor Dr. Wilhelm Deecke, gest. am 2. Jan. 1897.* Mülhausen i. E., Buchdr. v. Wenz & Peters, 1897; 19—20 S. 4.
Mülhausen i. E., G, MP 1897 (534)

Helmbold, Jul. Über die successive Entstehung des thucydideischen Geschichtswerkes. I. Der zehnjährige Krieg. Erster Teil: Untersuchung der Beweisstellen. 32 S. Zweiter Teil: Widerlegung der Annahme einer Redaktion von fremder Hand. 1. Hälfte. 42 S. **Progr.** *Gebweiler* 1876. G. *Mülhausen Els.* 1882.

Helmbold, Julius Das Gastmahl des Nasidienus (Horaz Sat. II 8). Erklärung, Übersetzung, Abhandlung über Zweck und Abfassungszeit. 4 (36 S.). **Progr.** G. *Mülhausen i. Els.* 1888 (481).

Helmbold, J[ulius]: [Nachruf am Grabe des verstorbenen Prof. Philipp Bottler.] S. 16—17. 4. Gymn. *Mülhausen i. E.* 1907 (651). **Progr.**

Helmbold, Julius:
Vergleichende Übersicht der Schülerzahl seit der Neubildung der Anstalt. 4 (S. 25). **Progr.** G. *Mülhausen im Els.* 1897

Helmbold, [Max]: Die Sprache in den Werken Richelieus. (Beitrag zur Syntax d. französ. Sprache im 17. Jahrh.) *Coburg (1900): A. Rossteutscher.* (S. 3—16.) 4° [J.]
Coburg, herz. OR (Ernestinum), OP 1900 (754)

Helmbold, Rudolf [app. Arzt aus Unterneubrunn in Thüring.]: Casuistischer Beitrag zur Lehre von der Aphasie ... Eisfeld, Druck v. W. Behling, *1893*; 19 S. 8.
Jena, Med. Fak., Inaug.-Diss. v. [7. Juni] 1893

Petsche, C. G. H.: [Lied?] Dem würdigen und geliebten Br C. G. Petsche zu seiner 25jährigen maurerischen Feier am 6. März 1846. Von J. A. W. **Helmboldt.** 2 S. 8°
[Menge, G. F.: Gesch. d. Frmrloge Pforte z. Tempel d. Lichts, Hildesheim. 1863 S. 344.]

Helmbrecht, Meier, s. a. Wernher.

Helmbrecht. Ein oberösterreich. Gedicht aus dem 13. Jahrh. Uebertr. v. Konr. Schiffmann. (69 S.) kl. 8. Linz (905). (Qu. Haslinger. — Zentraldruckerei vorm. E. Mareis.) n. 1. 50

Helmbrecht. Ein oberösterreich. Gedicht aus dem 13. Jahrh. (Von Wernher dem Gartner.) Übertr. v. Konr. Schiffmann. 2. Aufl. (69 S.) kl. 8. Linz (910). R. Pirngruber. 2. —

Helmbrecht, E. (Hrsg.), s. Zeitschrift, Allgemeine, für Militär-Ärzte.

Helmbrecht, F. M., u. J. G. Naumann, Charakteristik u. Geschichte d. vorzügl. Hengste u. Zuchtstuten d. kön. preuß. Hauptgestüte, nebst ihrer Abbild. nach d. Leben, als Beitrag z. Gestütkunde. 1r Bd. 1s — 3s Hft., jedes Heft mit 2 Kpfrt. gr. 8. Berl. 795 — 97. u. 813. (Sander). 21 ℔ Hbg. Pr. 7 ℔ Mit illum. Kpfrt. 39 ℔ Hbg. Pr. 19 ℔

Helmbrecht F. M. u. Naumann J. G.: Charakteristik u. Geschichte d. vorzüglichsten Hengste u. Zuchtstuten d. königl. preussischen Hauptgestüte ... H. 1-3. Berl. 1796-98. (283) S. 6 Tvl. mgl.

Helmbrecht, F. M., u. J. G. Naumann, Charakteristik u. Geschichte d. vorzügl. Hengste u. Zucht-Stuten d. kön. preuß. Haupt-Gestüte, nebst ihrer Abbild. nach d. Leben, als Beitrag z. Gestütkunde. 1r 1s—3s. jedes Heft mit 2 (schwarz. Kupfert. in gr. Folio. (à 7 Rthlr.) gr. 8 Berl. Neue Soc. Verlagsbuchh. 813. Mit illum. Kupfert. (à 13 Rthlr.)

Helmbrecht, Ferdinand Julius Ed.

Helmbrecht, F. J. E., s. Conversations-Blatt, medizinisches.

Helmbrecht, Ferd. Jul. Ed., der Führer in und um Harzburg. Mit 1 (lith. u. color.) Karte über die interessantesten Spaziergänge in der Umgebung von Harzburg (in Fol.). Braunschweig (858.) J. H. Meyer. 16. (IV, 84 S.) n. 8 ngr.

Helmbrecht, Ferd. Jul. Ed., das Soolbad Juliushall nebst dem Wellenbade und der Molken-Anstalt zu Harzburg. 16. (X und 162 S. mit 2 Ansichten in Steindr. und Holzschn.) Braunschweig 854, G. C. E. Meyer sen.

Helmbrecht, Günther, approb. Arzt aus Braunschweig: Aus d. Tübinger Universitäts-Augenklinik. Klinisch-statistischer Beitrag zu der Lehre von der Hyperopie. *Tübingen: F. Pietzcker 1902.* (20 S.) 8°
Tübingen, Med. Diss. v. 1902

Helmbrecht, Paul [aus Uefingen '(Herz. Braunschw.)']: Weitere Beiträge zur Kenntnis des Serumglobulin ... Würzburg: P. Scheiner's Buchdr., 1897; 21 S. 8.
Würzburg, Med. Fak., Inaug.-Diss. v. 1897

Helmbrechts [Schlagwort]

Helmbrechts, s.: Bayern. Karte.

Helmbusch, Der weisse, und das Huhn im Topfe, oder der neue Patriotismus. Frankfurt 1783. V: *Wollstadt, Johann Philipp.* (Ky) (MGT)

Helmbusch, d. weiße, u. d. Huhn, oder d. neue Patriotism. (v. J. P. Wollstadt). 8. Frankf. a. M. 784. (Schäfer). 4 gr.

Helmcke, C., s. Helmcke, Gustav

Helmcke, Gustav

Helmcke, G., Die Behandlung der verwahrlosten u. sittlich gefährdeten Jugend. (24 S.) Neuwied 1892. Heuser.

Die Behandlung der verwahrlosten und sittlich gefährdeten Jugend. Von G[ustav] Helmcke, Lehrer in Magdeburg. *Neuwied & Leipzig: Heuser 1893.* (23 S.) 8° [S.]
— [Schule, Für die, aus der Schule. II. 32.]

Helmcke, G. Die Behandlung jugendlicher Verwahrloster u. solcher Jugendlichen, welche in Gefahr sind, zu verwahrlosen. gr. 8. (III, 70 S.) Halle a. S. 892, Schroedel. 1 25

Helmcke, C., Karte der Prov. Sachsen für die Hand der Schüler gezeichnet. Fol. Magdeburg 878, Baensch' Verlag.

Helmcke, G., Karte der Prov. Sachsen für den heimathkundlichen Unterricht. Neue Bearbeitung. 2. und 3. Aufl. Chromolithogr. gr. Fol. Magdeburg 875,76, Baensch.

Helmcke, G., die Provinz Sachsen. Für den heimatkundlichen Unterricht bearb. 1. und 2. unveränd. Aufl. Fol. (IV, 44 S. mit 1 Chromolithogr.) Magdeburg 876, E. Baensch. * — 50
—— dass. — 3. umgearb. Aufl. 8. (IV, 52 S.) Ebendas. 877. cart. * — 60

Helmcke, G., die Prov. Sachsen. Für den heimatkundl. Unterricht bearb. 4. und 5. verb. Aufl. gr. 8. (IV, 52 S. mit 1 Karte in Farbendr.) [Leipzig 880,83, E. Baensch Verlag.] Bredow. ** 50 Pf.; geb. *

Helmcke, G., die Prov. Sachsen. Für den heimatkundl. Unterricht bearb. 6.—8. Aufl. gr. 8. (IV, 52 S. mit 1 Karte in Farbendr.) Leipzig 885—877, Bredow. ** cart. *

— die Prov. Sachsen. Für d. heimatkundl. Unterricht bearb. 10. Aufl. gr. 8. (48 S. m. 1 farb. Karte.) Leipzig 897. R. Bredow. Geb. n. — 60

Helmcke, G., der preußische Staat, s.: Dobert, W.

— u. W. Dobert, Uebungsstoffe f. den orthographischen Unterricht in Volks-, Bürger- u. Mittelschulen, sowie in den Unterklassen höherer Lehranstalten. Für die Hand der Schüler. [Größere Ausg.] gr. 8. (86 S.) Leipzig 889. Peter. n. — 50; geb. n. — 60; kleinere Ausg. f. Volksschulen (32 S.) n. — 20

— die Wehrpflicht der Lehrer, s.: Sammlung pädagogischer Vorträge.

Helmcke, Paul Bernhard (Hrsg.), s. Anzeigen, Schleswig-holsteinische. Repertorium f. d. Jge. 1837 - 1846.

Helmcke, P. B., die Belagerung Rendsburgs im Jahre 1645. Ein Denkmal der Vorzeit. Aus einer Urschrift, mit Anmerkungen hrsg. gr. 8. (46 S. m. 1 lith. Plan in Imp. 4.) Kiel 850, Schröder & Co. n. ⅓ ₰

Heimdall. Zeitschrift f. reines Deutschtum u. All-Deutschtum, zugleich Vereinsblatt des Alldeut. Sprach- u. Schriftvereins, des Allgemein. Deutschen Schriftvereins u. anderer Vereine. Hrsg. Reinecke. 6. Jahrg. 1901. 24 Nrn. gr. 4. Berlin (Eisenacherstr. 73), Reinecke. 4. —

Helmdörffer, F. X., Politik u. Wucher der Juden. Zu den Schriften W. Marr's. gr. 8. (34 S.) Freiburg i/Br. 879. Troemer in Comm. — 80

Helme, Elizabeth. Clara und Emmeline, oder der mütterliche Segen; a. d. Engl. Leipzig 1789. Ü: *Weisse, Christian Felix.* (Ky) (MGT)

v. Helme, Frau, Clara u. Emmeline, od. der mütterl. Segen; aus d. Engl. (v. Chr. Fel. Weiße). 8. Leipz. 789. Weidmann. 18 gr.

— Louisa, or the cottage on the moor. II Vol. VII. Ed. 8. Leipz. 816. (Wienbrack). 18 gr.

v. Helme, Frau, Louise, od. die Bauerhütte im Marschlande: aus d. Engl. 2 Thle. N. A. 8. Leipz. 817. (Wienbrack). 1 ₰

Helmecke, Franz, a. Stendal: Die Technik der Sprache in den Tragödien John Marston's. Halle a. S. 1907: C. A. Kaemmerer & Co. (148 S.) 8°
Halle, Phil. Fak., Ref. Wagner, Diss. v. 10. Juli 1907
[Geb. 9. Mai 82 Stendal (Altmark); Wohnort: Halle a. S.; Staatsangeh.: Preußen; Vorbildung: Gymn. Aschersleben Reife O. 03; Studium: Halle 8 S.; Rig. 7. März 07.]

Helmecke, H., u. Mellin, H., Vergleichende Zusammenstellung von Turnübungen an verschiedenen Geräten sowie der Befehle für die hauptsächlichsten Ordnungsübungen in Turnvereinen. Magdeburg 1891. 20 S., 16°.

Helmecke, Hans, Ref. in Magdeburg: Der Begriff des Minderkaufmanns. Magdeburg 1906: E. Baensch jun. (109 S.) 8°
Leipzig, Jur. Fak., Diss. v. 11. Juni 1906
[Geb. 25. Juni 82 Nienburg a. S.; Wohnort: Magdeburg; Staatsangeh.: Preußen; Vorbildung: König Wilh.-Gymn. Magdeburg Reife O. 01; Studium: Tübingen 3, Berlin 1, Halle 2 S., Rig. 14. Juli 04.]

Helmenrod, Veit von, und die Mönche von Schwinhain, oder Freundestreue und Pfaffentrug. Ritter-Geschichte aus dem 12. Jahrhundert. 2. Ausg. Leipzig 1824. V: *Falckh, J.* (Russell VII, 2, 1792)

Helmenstreit, F., s. Vorlesungen, akademische.

Helmentag, kurzer Auszug aus den Entscheidungen d. kgl. preuß. Oberverwaltungsgerichts in Staatssteuersachen, s.: Rohde.

Helmentag, Darstellung des neuen Verfahrens bei der Behandlung des Krätz-Ausschlags im Bürgerhospital zu Köln. Eingeleitet durch ein Vorwort von Fischer. 8. (VII und 25 S.) Köln 852(53,) J. G. Schmitz Sortimentsh.

Helmentag, (Franz Gml. Jos.) Julius (geb. Coln a. Rh 31 7 1824) Nonnulla de cacomonate. Berolini (1847). (48 S.) 8°
Berlin, Med. Diss. v. 18. Aug. 1847

Helmer, Seinem theuersten Lehrer und unvergesslichen Gönner s. t. Lucas Heinrich, Prof. der Moral am hamb. Gymnasium . . . O. O. [1760]. V: *Binder, Nicol.* (schr)

(Helmer.) Militairische Betrachtungen über die Vertheidigung von Sebastopol. Berlin 1856. 8°.

Helmer, Ed., Diss. inaug. med. chir. de usu cereolorum in blennorrhagia aliisque urethrae morbis. 8maj. Helmst. 806. Fleckeisen. 2 ₰

Helmer, Édouard [Pseud.], s.a. Koch, Ernest-Guillaume-Auguste-Pierre.

Helmer, Eduard (Ernst Koch), Prinz Rosa-Stramin u. andere Novellen, s.a. Bücher, die, des deutschen Hauses.

Helmer, Ed., Prinz Rosa-Stramin, s.a. Koch, E., gesammelte Schriften.

— dasselbe, s.a. Universal-Bibliothek.

†**Helmer, Ed., (Ed. Koch,)** Prinz Rosa-Stramin. 1. Bd. gr. 12. (11 B.) Kassel 854, (Luckhardt.)

Helmer, Ed., (Ernst Koch,) Prinz Rosa-Stramin. 2. Aufl. 16. (234 S.) Göttingen 856(57,) Wigand. Thlr. *

Helmer, Ed., (Ernest Koch), Prinz Rosa-Stramin. Translated from the latest german edition by A. v. Beresford. Gottingen 860. Wigand. 8. (VIII, 156 S.) n. 15 ngr.

Helmer, Ed. [Ernst Koch], Prinz Rosa-Stramin. Mit einem Geleitswort v. Karl Altmüller u. Gust. Wittmer. 4. Aufl. 8. (VIII, 220 S.) Kassel 881. Wigand. geb. m. Goldschn. n. 4. —

Helmer, Ed. [Ernst Koch], Prinz Rosa-Stramin. 5. Aufl. Mit e. Geleitswort. gr. 8. (XII, 155 S.) Cassel 890. Wigand. geb. n. 4. —

Helmer, Frz. Alfons, der Roman e. Strolches. Aus den hinterlassenen Papieren e. Arztes. Eine physiolog. u. psycholog. Studie. (VII, 369 S.) 8. Köstritz 909. C. Seifert. 4.—; geb. 5. —

Helmer, Gilbert, zur Syntax Hugo's v. Montfort. D. Verbum. Progr. gr. 8. (36 S.) Pilsen 897. (C. Maasch's Sort.) n. — 80

[F.] Das Symbolische in Gerhart Hauptmanns Märchendrama 'Die versunkene Glocke' v. Hans Helmer. *Breslau-Leipzig-Wien: L. Frankenstein 1897.* (1 Bl., 24 S.) 1 Bd 8. (97. 1776

Helmer, Hans, d. Symbolische in Gerhart **Hauptmanns** Märchendrama „Die versunk. Glocke". 2. Aufl. 8. (24 S.) Breslau 897. Oppeln, G. Maske. n. — 50

Helmer, Lucas Heinrich (Hamburg), De jure defensionis secundum principia jurisprudentiae universalis considerato. Halle (Jo. Jac. Curt) 27. III. 1751. 76 S. (7.50)
Gew.: Lucas Corthum, Johann Dieterich Lochau. — Widm. v.: Joh. Tob. u. Joh. Phil. Carrach, Gg. Sam. u. Jul. Joh. Madihn (Wolfenbüttel), Joh. Andr. Buchholtz (Hornburg/Halberstadt), J. Chr. F. Hennings.

Helmer, Paul Albert: Über den Begriff der fahrlässigen Thäterschaft . . . Strassburg, Strassb. Druckerei u. Verlagsanst., 1895; 3 Bl., 65 S. 8.
Strassburg, Rechts- u. staatswiss. Fak., Inaug.-Diss. v. 1895

Helmer, Paul-Albert, les généraux alsaciens pendant la révolution et le premier empire. Conférence faite au cercle catholique le 20. I. 1903. (30 S.) **gr. 8.** Colmar 903. H. Hüffel. n. — 50

— **la manufacture d'armes blanches d'Alsace, établie au Klingenthal. (83 S. m. 1 Taf.) gr. 8. Rixheim 903. (Colmar, H. Hüffel.)** n n. 2. —
Sonderabdruck aus: „Revue d'Alsace".

Helmer, Paul Albert [Dr. jur. utriusque]: Die Reform der Gewerbebesteuerung in Elsass-Lothringen . . . Strassburg, Strassb. Druckerei u. Verlagsanst., 1896; VIII, 108 S., 1 Bl. 8.
Strassburg, Rechts- u. staatswiss. Fak., Inaug.-Diss. v. 1896

WIRTH, Der redliche, zu Judenbach an dem Thüringer Wald, dessen herrliches Palatium und Belvedere. (Vf.: *Rudolph Johann Helmer.*) O. O. u. J. (c. 1700). 12°. (3 fl. 30 xr. Theod. Ackermann, München 1873; jetzt viel theurer!)

Helmerding. Humoristisch-satyrisches Wochenblatt. Redakt.: A. Hopf. 1. und 2. Jahrg. 1864 und 1865. à Jahrg. 52 Nrn. (½ Bog. mit eingedr. Holzschn.) gr. 4. Berlin, Lemke. à Jahrg. *

Helmerding und Salingré im Riesengebirge. Illustr. (in Holzschn.) von G. Heil. gr. 8. (43 S.) Berlin 869, Brigl. *

Helmerding, Karl. Ein Lebens- u. Künstlerbild, s. Kohut, Adph.

Helmerding, Karl

Helmerding, C., aus einer Verlegenheit in die andere, s.: Bloch's, E., Theater-Gartenlaube.

Helmerding, C., ein vergessener Ballgast, s. Bloch's, E., Theater-Gartenlaube.

Helmerding, C., so muß es kommen! } s.a. Bloch's, E., Theater-Gartenlaube.

[F.] So muss es kommen! Schwank m. Gesang in 1 Akt v. Carl **Helmerding**. Musik v. R. Bial. 2. Aufl. *Berlin: E. Bloch [1896?].* (19 S.) 1 Bd 8.
— **Theater-Gartenlaube**, Eduard Blochs. No 152. (96. 8967

— eine Weinprobe, s.: Bloch's, E., Theater-Correspondenz.

— drei Zeitungs-Annoncen, s.: Bloch's E., Dilettanten-Bühne.

Helmerich, A., Die jüngsten Vorgänge in der Turngemeinde Würzburg. E. Rechtfertigung. Würzburg 1879. 33 S., 8°.

Helmerich, Karl [aus Stadtlauringen]: Ueber Tuberkulose des Peritoneums. . . . Würzburg, Buchdr. d. „N. Bayer. Landeszeitung". 1888; 11 | 1 S. 8°
Würzburg, Med. Fak., Inaug.-Diss. v. 1888

Helmers, Heinr., das **Bild d. Kaisers**. Orig.-Lustspiel in 1 Act. Den Bühnen gegenüber Mscr. 8. (27 S.) Bremen 876. Kühtmann & Co. n. — 60

Helmers, Heinr., **das Bild des Kaisers**. Orig.-Lustspiel in 1 Act. 2., verb. Aufl. Als Anh.: Zwei Prologe zum Geburtsfeste des Kaisers. gr. 8. (31 S.) Norden 877. Fischer Nachf. n. — 80

— das **Buch der Prologe**. Gedichte. 8. (158 S.) Ebend. 876. n. 3. —; geb. m. Goldschn. n. 4. —

— **Hermann der Deutsche**. Gedicht zur Feier der Enthüllg. seines Standbildes auf der Grotenburg im Teutoburger Walde, am 16. Aug. 1875. 8. (4 S.) Ebend. 875. — 30

Helmers, Heinr., die Jubelfeier der vereinigten Norddeutschen Liedertafeln in Bremen am 16., 17. und 18. Juli 1881. gr. 8. (16 S.) [Bremen 881.] Norden, Fischer Nachf. *

Helmers, Heinr., das Liebhabertheater. Ein unentbehrl. Handbuch für alle Dilettanten der Schauspielkunst, sowie ein Rathgeber bei dramatischen Aufführungen im Familienkreise. gr. 8. (108 S.) Bremen 868, Tannen. *

Helmers, Heinr., das Liebhabertheater. Ein unentbehrl. Handbuch f. alle Dilettanten der Schauspielkunst, sowie e. Rathgeber bei dramat. Aufführgn. im Familienkreise. 2. Ausg. gr. 8. (101 S.) Bremen 886. Haake. n. 1. 50

Helmers, Heinr., unter'm Pantoffel, s.: **Barthel's**, Karl, Theater-Bühne. Nr. 4.

Helmers, H., Sammelbuch f. Zeitungsausschnitte. gr. 4. (VII, 112 S.) Wittenberg 889. R. Herrosé Verl. geb. n. 4. 50; Octav-Ausg. n. 2. 50

— **Sedan**. Vier Prologe zum deutschen National-Siegesfest am 2. Septbr. 8. (15 S.) Ebend. 877. n. — 40

— am **Tage v. Sedan**. Ein Festspiel zur deutschen National-Sieges-Feier am 2. Septbr. [Den Bühnen gegenüber Mscr.] 8. (16 S.) Ebend. 876. n.n. — 50

Helmers, Heinr., Wie und Was soll man declamiren? 32. (196 S.) Bremen 867, Tannen. *

— vergangene **Zeiten**. Historisches Schauspiel in 1 Aufzug, nebst Epilog, zum deutschen National-Siegesfest am 2. Septbr. 8. (36 S.) Ebend. 876. n. — 75

Helmers, Otto [aus Hamburg]: Zur Kenntnis der Halogen-Derivate aromatischer Senföle . . . . Berlin, Druck v. Julius Feiertag (1887); 50 S. + 1 Bl. 8°.
Berlin, Phil. Fak., Inaug.-Diss. v. 23. Jul. 1887.

Helmers, **Otto**, zur Kenntniss der Halogen-Derivate aromatischer Senföle. Diss. Berlin 1887, Mayer & Müller. 8°. 50 S.

Helmers, R. (Hrsg.), s. Siebmacher, Joh.: Erneuert und vermehrtes Wappenbuch.

Helmers, Walter, Referendar: Eine Erläuterung des § 952 des Bürgerlichen Gesetzbuches. Hamburg 1909: Berngruber & Henning. VIII, 65 S. 8°
Jena, Jur. Diss. v. 22. Juni 1909, Ref. Thon
[Geb. 30. Okt. 82 Hamburg; Wohnort: Hamburg; Staatsangeh.: Hamburg; Vorbildung: Gymn. Wertheim Reife M. 04; Studium: Lausanne 1, Freiburg i. B. 3, Berlin 1, Jena 3 S; Rig. 22. Juni 09.] [U 09. 2091

Helmersen, A. v., die Religionen, ihr Wesen, ihr Entstehen u. ihr Vergehen. Naturwissenschaftlich-philosoph. Excursionen. 8. (VIII, 249 S.) Graz 874. Verl. Leykam-Josefsthal. n. 6. —

Helmersen, A. v., die **Religionen**, ihr Wesen, ihr Entstehen u. ihr Vergehen. Naturwissenschaftlich-philosoph. Excursionen. 2. (Titel-)Aufl. 8. (VIII, 249 S.) Graz (1874) 882. Leykam-Josefsthal. n. 3. —

von **Helmersen**, Gregor: Beitrag zur Kenntniss der geologischen und physiko-geographischen Verhältnisse der Aralo-Kaspischen Niederung. (Mélanges physiques et chimiques tirés du Bulletin de l'Académie impériale des sciences de St-Pétersbourg. T. 11. p. 109–161.) St. Petersburg **1879**. 53 S. 8°.

v. Helmersen, Gr., s. **Beiträge** zur Kenntniß des Russ. Reiches.

Helmersen, G. v., geologische Bemerkungen auf einer Reise in Schweden und Norwegen. Mit 3 (lith.) Taf. (in 4. u. Fol.) (Aus d. Mémoires de l'Acad. Impér. des Sciences de St. Pétersbourg.) St. Petersburg 858. (Leipzig, Voss.) gr. 4. (1 Bl. 13 S.) nn. 25 *ngr.*

Helmersen, G. v., geologische u. physico-geographische **Beobachtungen** im Olonezer Bergrevier, s. a. **Beiträge** zur Kenntniss des russischen Reiches u. der angrenzenden Länder.

——— Geologische und physico-geographische Beobachtungen im Olonezer Bergrevier. St. Petersburg 1882. 8. Mit Atlas. kl. Fol.

Helmersen (G. v.). Das Olonezer Bergrevier geologisch dargestellt in den Jahren 1856—59. (Separat-Abdruck.) Petersburg 1860. 4.

——— Die geologische Beschaffenheit des untern Narovathals und die Versandung der Narovamündung. (Bulletin de l'Acad. Imp. des sciences, T. 3.) Petersburg 1860. 8.

von **Helmerssen**, Gregor: Zur Frage über das behauptete Seichterwerden des Asow'schen Meeres. (Mélanges physiques et chimiques tirés du Bulletin de l'Académie Impériale des Sciences de St-Pétersbourg. T. 7. p. 495–536.) St.-Pétersbourg 1867. 42 S., 1 Tf.

Helmersen, Gr. de, die **Geologie** in Russland, s. **Beiträge** zur Kenntniss des Russ. Reiches. 24. Bdchn.

——— des **gisements** de charbon de terre en Russie. gr. 8. (45 S. mit 1 lithogr. Karte in Fol.) St. Pétersbourg 866. (Leipzig, Voss.) * *

Helmersen, Gr. v., geologische Karte des europaeischen Russlands. Fol. (8 S. Text in 8.) St. Petersburg 873, Röttger. *

Nachrichten über Chiwa, Buchara, Chokand und den nordwestlichen Theil des chinesischen Staates, gesammelt von dem Präsidenten der asiatischen Grenz-Commission in Orenburg, General-Major Gens, bearbeitet und mit Anmerkungen versehen von Gregor von Helmersen. St. Petersburg 1839. VI, 122 S., 1 Krt. = Beiträge zur Kenntniss des russischen Reiches. Bdch. 2. 8°.

——— der **Peipus-See** und die obere Narova, s. **Beiträge** zur Kenntniss des Russ. Reiches. 24. Bdchn.

Reise nach dem Altai, im J. 1834 ausgeführt. Petersburg. 1848. 8.

– Alex. Lehmann's Reise nach Buchara und Samarkand, s. Beiträge zur Kenntniss des russ. Reichs.

Helmersen, Gr. v., Reise nach d. Ural etc., s. a. **Beiträge** z. Kenntn. d. russ. Reichs, 5. Bdchn.

Helmersen, Gr. v. Reise nach dem Ural und der Kirgisensteppe in den Jahren 1833 und 1835. 2 Abth. in 1 Vol. Petersburg. 1841 u. 1843. 8.

——— der **telezkische See** u. d. Teleuten im oestl. Altai. gr. 8. (7 B., 1 Karte u. 2 Ansichten.) St. Petersburg 838, (Eggers u. Comp.)

– Das Steinkohlenlager des Gouvernements Tula, s. Mémoires de l'Académie Imp. des Sciences de St.-Pétersbourg.

Helmersen, Gr. v., Studien über die Wanderblöcke, s.a. Mémoires de l'Académie des sciences de St. Pétersbourg.

Studien über die Wanderblöcke und die Diluvialgeschiebe Russlands. Lief. 1 u. 2. (Mém. de l'acad. Sér. VII, T. 14 et 30.) St. Petersburg 1869 und 1882. 4.

Helmersen, G. v., geogn. Untersuchung des Süd-Ural-Gebirges, s. Hofmann, E.

— Geognostische Untersuchungen in den mittleren Gouvernements Russlands zwischen der Düna und Wolga. Petersburg 1858. 8.

— und R. Pacht, geognostische Untersuchungen im mittleren Russland, s. Beiträge zur Kenntniss des russ. Reiches.

—— das Vorkommen und die Entstehung der Riesenkessel in Finnland, s.a Mémoires de l'acad. impér. des sciences de St. Pétersb. 7. Série, Tome XI. Nr. 12.

—— Das Vorkommen und die Entstehung der Riesenkessel in Finnland. (Mém. de l'acad. Sér. VII, T. 11.) St. Petersburg 1867. 4.

Helmersen, Reinhold von

Helmersen, R. v., Abhandlungen aus d. Gebiete d. Livländ. Adelsrechts. 1. u. 2. Lfg. gr. 8. (26 B.) Dorpat 832. (Riga, Frantzen.) à

Helmersen, Reinho. v., Geschichte d. livländ. Adelsrechts bis z. J. 1561. gr. 8. (24 B.) Dorpat 830. (Leipzig, Köhler.) *

Helmershausen [Schlagwort]

Helmershausen, s.: Preussen. Messtischblätter.

Helmershausen [Verfasser]

Helmershausen, Chr. Geo. Fr., (†...) Biographia piorum, d. i. Lebensbeschreib. u. letzte Stunden gottsel. Personen beiderlei Geschlechts. 16 Stck. 8. Gotha 756.

—nova collectio dissertatt. theologicarum, inprimis exegeticarum et histor. nobilior. excerptarum. Vol. I. (6 Stücke). 8. Weim. 755—59. Hofmann. 14 gr.

Helmershausen, I. G., nova Coll. dissertat. theol. VII Fasc. 8. Weim. Hofmann. 759.

—Fußtapfen d. Schaafe Jesu, in d. Lehre, im Leben, im Leiden u. Sterben, oder: Neue Samml. zum Bau d. Reiches Gottes, bes. steh. in erbaul. kurzen Abhandll., erweckt. Lebensbeschreibb. u. letzten Stunden etc. 18 Stck. 8. Weim. 756. (ohne s. Namen.)

—Rettung d. Ehre Jesu bei d. Auferweckung d. Lazari, wider die Einwürfe des Woolston. 4. Erfurt 755.

Helmershausen, Georg Franz Friedrich, De subjectione territoriali personarum inprimis illustrium. Diss. jur. Rector Tobias Jacob Reinharth. Erfurt (Hering) 26. XI. 1734. 32 S. (6.80)
Gew.: Gottlob Heinrich Heydenreich, Hieron. Friedrich Schorch.

Helmershausen, Ge. Franc. Frid.: Doctrina generalis de subiectione territoriali personarum . . . Acc. specimina 3 subiectionis territorialis controversae. Lipsiae 1737.

Helmershausen, I. G., s. Helmershausen, Chr. Georg Fr.

Helmershausen, Paul J. Fr., Observatio de motibus epilopticis vagis. Weim. 4°. 1766

Helmershausen, Siegmund Gottlob Friedrich: Brevis lustratio medicamentorum antiphtisicorum cum adversariis nonnullis physico-chemicis. 26 S., gbd.

Erlangae: (Walther) 1783
(Adversaria argumenti physico-medici, Fasc. 4,14)

JB 1.808

Helmerssen, Gregor von, s. Helmersen

Helmerstein, Karl, d. Buch d. Reden u. Toaste. Eine Sammlung von Fest- u. Tischreden, Toasten, Prologen, Trinksprüchen u. s. w. für alle festl. Gelegenheiten im öffentl., Familien- u. Vereinsleben, in gebund. u. ungebundener Rede. 8. (128 S.) Mülheim a/R. 898. J. Bagel. 1.—

Helmerstein, Karl, das Buch der Reden u. Toaste. Eine Sammlg. v. Fest- u. Tischreden, Toasten, Prologen, Trinksprüchen etc. f. alle festl. Gelegenheiten im öffentl., Familien- u. Vereinsleben, in gebundener u. ungebundener Rede. (3. [Umschlag-] Aufl. 12. (128 S.) Mülheim a/R. (900). J. Bagel. 1.—

— neue Damen-Vorträge f. Gesellschaftskreise. 12. (48 S.) Ebd. (899). — 30

Neue Damen-Vorträge für Gesellschaftskreise. Gesammelt von Karl **Helmerstein.** Mülheim a.d. Ruhr: J. Bagel [1905]. (47 S.) 8° [F.]

Fest-Prologe für Vereinsfeierlichkeiten von Karl **Helmerstein.** Mülheim a. d. Ruhr: J. Bagel [1900]. (70 S.) 8° [F.]

— Fest- u. Tafelreden f. alle Gelegenheiten. 8. (79 S.) Ebd. 898. n. — 50

— Fest- u. Tafelreden f. alle Gelegenheiten. (8. [Umschl.-] Aufl.) 12. (79 S.) Ebd. (900). n. — 50

Helmerstein, K., der Festredner. Sammlung v. üb. 200 Fest- u. Tischreden, Toasten, Trinksprüchen, Tafelliedern, Prologen u. s. w. in Poesie u. Prosa zum Vortrag bei vaterländ. Familien- u. Vereinsfesten, sowie zu vielen sonst. festl. Gelegenheiten. 8. (VIII, 199 S.) Mülheim a/R. 890. Bagel. 1.50

— d. Festredner. Sammlg. v. üb. 200 Fest- u. Tischreden, Toasten, Trinksprüchen, Tafelliedern, Prologen u. s. w. in Poesie u. Prosa z. Vortrag b. vaterländ., Familien- u. Vereinsfesten, sowie zu vielen sonst. festl. Gelegenheiten. 2. Aufl. gr. 8. (VIII, 199 S.) Ebd. 895. 1.50

— der Festredner. Sammlung v. üb. 200 Fest- u. Tischreden, Toasten, Trinksprüchen, Tafelliedern, Prologen etc. in Poesie u. Prosa z. Vortrag bei vaterländ., Familien- u. Vereinsfesten, sowie zu vielen sonst. festl. Gelegenheiten. 3. Aufl. 8. (VIII, 199 S.) Ebd. 899. 1.50

Helmerstein, Karl, der Festredner. Sammlung v. üb. 200 Fest- u. Tischreden, Toasten, Trinksprüchen, Tafelliedern, Prologen u. s. w. in Poesie u. Prosa zum Vortrag bei vaterländ., Familien- u. Vereinsfesten sowie zu vielen sonst. Gelegenheiten. (VIII, 199 S.) 8. Mülheim a/R. (905). J. Bagel. 1.50

Helmerstein, Karl, in heiterer Gesellschaft. Album neuer kom. Deklamationen, laun. Vorträge, Gedichte, Couplets u. Lieder f. heitere Familien- u. Gesellschaftskreise. 12. (IV, 188 S.) Mühlheim 885. Bagel. 1. —

— in heiterer Gesellschaft. Album neuer kom. Deklamationen, laun. Vorträge, Gedichte, Kouplets u. Lieder f. heit. Familien- u. Gesellschaftskreise. 2. Aufl. 12. (IV, 188 S.) Ebd. 898. 1. —

— neue Gesellschafts-Vorträge. 1.—4. Bdchn. 12. (47, 48, 47 u. 48 S.) Ebd. (899). à — 30

— Glück auf! Neues Bergmanns-Liederbuch. Gesammelt v. H. gr. 16. (78 S.) Ebd. (900). — 80; geb. — 40

Für silberne Hochzeiten. Kranzgedichte, Reden u. Aufführungen f. 1, 2 u. mehrere Personen von Karl **Helmerstein**. Mülheim a. d. Ruhr: J. Bagel [1902]. (78 S.) 8° [F.]

Helmerstein, Karl, Hochzeits-Lieder u. Aufführungen. 1. — 8. Hft. 12. (à 48 S.) Mühlheim a/R. 892. J. Bagel. à — 25

— Hochzeits-Lieder u. Aufführgn. 8 Hfte. 12. (à 48 S.) Ebd. 896. à — 25

— Humor u. Ernst. Sammlung der neuesten u. schönsten Vorträge f. gesell. Kreise. 1.—6. Bdchn. 8. (64 S.) Ebd. 888. à — 30

— Humor u. Ernst. Sammlg. der neuesten u. schönsten Vorträge f. gesell. Kreise. 1.—6. Bdchn. 2. Aufl. 12. (à 64 S.) Ebd. 897. à — 30

Helmerstein, Karl, Humor in Rede u. Lied, s.: Schlüter, Frz.

[F.] Kling hinaus! Westentaschen-Liederb. f. fröhliche Kreise v. Karl **Helmerstein**. *Mülheim a. d. R.: J. Bagel [1894].* (125 S., 1 Bl.) 1 Bd 8.

Helmerstein, Karl, für heitere Kreise. Album kom. Deklamationen, enthaltend: Launige Vorträge, humorist. Couplets, heitere Gedichte und Reden zur Belebung des Frohsinns. 12. (IV, 188 S.) Mülheim 883, Bagel's Verlagsh.

— f. heitere Kreise. Album kom. Deklamationen, enth.: Launige Vorträge, humorist. Kouplets, heit. Gedichte u. Reden zur Belebg. d. Frohsinns. 3. Aufl. 12. (192 S.) Ebd. 896. 1. —

—— lustige Lieder und Gedichte. Blüten deutschen Humors. Gesammelt. 16. (128 S.) Ebendas. 885. geb.

— Reden u. Toaste f. Jubiläums-Feiern. 12. (82 S.) Ebd. (900). — 80

Reden und Toaste für Jubiläums-Feiern. Von Karl **Helmerstein**. *Mülheim a. d. Ruhr: J. Bagel [1901].* (32 S.) 8° [F.]

— Reden u. Toaste f. Verlobungs- u. Hochzeitsfeierlichkeiten. 8. (78 S.) Ebd. 898. n. — 50

— dasselbe f. Verlobungs- u. Hochzeitsfeierlichkeiten. (3. [Umschlag-]Aufl. 12. (78 S.) Ebd. (900). n. — 50

— in froher Runde u. ernster Stunde. Eine neue Sammlg. der schönsten Vorträge, Gedichte, Balladen, Romanzen u. Lieder f. ernste u. heitere Stunden. 8. (IV, 144 S.) Ebend. 886. 1. 20

— in froher Runde u. ernster Stunde. Eine neue Sammlg. d. schönsten Vorträge, Gedichte, Balladen, Romanzen u. Lieder f. ernste u. heit. Stunden. 8. (IV, 144 S.) Ebd. 896. 1. 20

—— deutscher Sang und Klang. Die neuesten und beliebtesten Lieder für alle Gesellschaftskreise. 8. (IV, 124 S. mit 4 Holzschntaf.) Ebendas. 886. 80 Pf.; geb.

— deutscher Sang u. Klang. Die neuesten u. beliebtesten Lieder f. alle Gesellschaftskreise. 12. (IV, 124 S. mit 1 Titelbild.) Ebd. 887. geb. n. — 80

[F.] Deutscher Sang und Klang. Die neuesten u. beliebtesten Lieder f. alle Gesellschaftskreise. Ges. v. Karl **Helmerstein**. 2. Aufl. *Mülheim a. d. R.: J. Bagel [1894].* (2 Bl., 155 S.) 1 Bd 8.

Der Vereins-Festredner. Reden u. Toaste f. Vereinsfestlichkeiten aller Art von Karl **Helmerstein**. Mülheim a. d. Ruhr: J. Bagel 1900. (80 S.) 8° [F.]

— heitere u. ernste Vorträge f. Damen. 8. (128 S.) Ebd. 898. 1. —

— heitere u. ernste Vorträge f. Damen. (3. [Umschlag-] Aufl.) 12. (128 S.) Ebd. (900). 1. —

— neue Vorträge u. Couplets f. heitere Kreise. Mit vielen Orig.-Beiträgen v. F. C. Keller, Frz. de Paula u. a. 1.—3. Sammlg. 8. (à 80 S.) Ebd. (902). à — 50

— neue Vorträge u. Couplets, Fortsetzg., s.: Vorträge u. Couplets, neue.

— neue Vorträge f. Damen u. Herren. 12. (47 S.) Ebd. (899). — 30

Neue Vorträge für Damen und Herren gesammelt von Karl **Helmerstein**. Mülheim a. d. Ruhr: J. Bagel [1905]. (46 S.) 8° [F.]

— Weidmanns-Ruh. Neuestes Liederbuch für Jäger. gr. 16. (80 S.) Ebd. 898. — 30; kart. — 40

— Weidmanns-Ruh. Neuest. Liederbuch f. Jäger. gr. 16. (80 S.) Ebd. 899. — 30; kart. — 40

Helmert, Bruno [aus Chemnitz]: Beiträge zur Constitution der Azimide ... Marburg, Univ.-Buchdr. v. J. A. Koch, 1895; 63 S. 8.
Marburg, Phil. Fak., Inaug.-Diss. v. [15. März] 1895

Helmert, Friedrich Robert

Helmert, F. R., zur Ableitung der Formel v. C. F. Gauss für den mittleren Beobachtungsfehler u. ihrer Genauigkeit. (15 S.) Lex.-8. Berlin 904. (G. Reimer.) n. — 50
Sonderabdruck aus „Sitzungsberichte der preuß. Akad. d. W."

Helmert, F. R., die Ausgleichungsrechnung nach der Methode der kleinsten Quadrate m. Anwendgn. auf die Geodäsie u. die Theorie der Messinstrumente. gr. 8. (XI, 348 S. m. eingedr. Holzschn.) Leipzig 872. Teubner. n. 7. —

Die Ausgleichungsrechnung nach der Methode der kleinsten Quadrate. Mit Anwendungen auf d. Geodäsie, d. Physik u. d. Theorie d. Meßinstrumente von F[riedrich] R[obert] **Helmert**, Dir. d. geodät. Inst. 2. Aufl. Leipzig & Berlin: B. G. Teubner 1907. (XVIII, 578 S.) 8°

Helmert, F. R., Beiträge z. Theorie d. Reversionspendels, s. a. Veröffentlichungen d. kgl. preuss. geodät. Institutes etc.

Beiträge zur Theorie des Reversionspendels v. F[riedr.] R[obert] **Helmert.** Potsdam. M. 1 Taf. *Leipzig: B. G. Teubner 1898.* (2 Bl., 92 S., 1 Bl.) 1 Bd 4.
(Veröffentlichung d. Kgl. preuss. geodät. Institutes.) [98 8540

[Kopft.:] Kgl. Preuss. Geodät. Inst. u. Centralbureau d. Internation. Erdmessg. **Bemerkungen zu der Schrift: 'Die Erforschg d. Intensität der Schwere im Zshange m. d. Tektonik d. Erdrinde als Gegenstand gemeinsamer Arbeit d. Kulturvölker.** '(Kgl. Ges. d. Wiss. zu Göttingen. Juni 1894.)" (Unterz.: [Robert] **Helmert.**) *([Potsdam] 1894.)* (3 S.) 1 Bd 8. [96. 1031

Helmert, F. R. Die Bestimmung des Fehlergesetzes aus Beobachtungen auf graphischem Wege. 1877

Helmert, F. R., zur Bestimmung kleiner Flächenstücke des Geoids aus Lothabweichungen m. Rücksicht auf Lothkrümmung. 1. u. 2. Mittheilg. gr. 8. (19 u. 18 S.) Berlin 900. 901. (G. Reimer.) à n. 1. —
Sonderabdruck aus „Sitzungsberichte der preuß. Akad. d. W."

— Bestimmung der Höhenlage der Insel Wangeroog durch trigonometrische Messungen im J. 1888. (26 S.) Lex. 8. Berlin 907. (G. Reimer.) 1. —
Sonderabdruck aus „Sitzungsberichte der preuß. Akad. d. W."

Helmert, F. R. Der Einfluss der Lothablenkung bei einem Gebirgsrücken auf die Ergebnisse geometrischer Nivellements. Karlsruhe 1882.

Helmert, F. R.: Ergebnisse von Messungen der Intensität der Schwerkraft auf der Linie Kolberg—Schneekoppe ([S.-A.] Sitzungsberichte der Königlichen Akademie der Wissenschaften zu Berlin Phys.-math Classe. 1896 XVIII.) Berlin 1896 5 S. 8°.

Helmert, Friedrich Robert [Hrsg.]. s. Fischer, Amand: Zenitdistanzen zur Bestimmung der Höhenlage . . .

— über die Genauigkeit der Kriterien des Zufalls bei Beobachtungsreihen. (19 S.) Lex.-8. Ebd. 905. n. 1. —
Sonderabdruck aus „Sitzungsberichte der preuß. Akad. d. W."

— die Grösse der Erde. 1. Mittheilg. (13 S. m. 1 Fig.) Lex.-8. Ebd. 906. n. — 50
Sonderabdruck aus „Sitzungsberichte der preuß. Akad. d. W."

— Trigonometrische Höhenmessung u. Refraktionskoeffizienten in der Nähe des Meeresspiegels. (S. 492—511.) Lex. 8. Ebd. 908. 1. —
Sonderabdruck aus „Sitzungsberichte der preuß. Akad. d. W."

Helmert, F. R. Das königl. preussische geodätische Institut. Aus amtl. Anlass hrsg. Lex.-8. (46 S. m. Bildnis u. 4 Taf.) Berl. 890, Mayer u. Müller. * 2 —
Aus: Die königl. Observatorien f. Astrophysik, Meteorologie u. Geodäsie bei Potsdam, besonders abgedruckt.

Helmert, F. R. Die neunte Allgemeine Conferenz der internationalen Erdmessung vom 1. bis 12. October 1889 zu Paris. Berlin 1889.

– Die europäische Längengradmessung in 25 Grad Breite v. Greenwich bis Warschau, s. Veröffentlichung d. kgl. preuss. geodätischen Instituts etc.

— über die Reduction der auf der physischen Erdoberfläche beobachteten Schwerebeschleunigungen auf e. gemeinsames Niveau. gr. 8. (18 S.) Ebd. 902. n. — 50
Sonderabdruck aus „Sitzungsberichte der preuß. Akad. d. W."

— über die Reduction der auf der physischen Erdoberfläche beobachteten Schwerebeschleunigungen auf e. gemeinsames Niveau. 2. Mittheilg. (18 S.) gr. 8. Ebd. 903. n. 1. — (I u. II: n. 1. 50)
Sonderabdruck a.: „Sitzungsber. d. preuss. Akad. d. Wiss."

—— Die Schwerkraft im Hochgebirge, s. a. Veröffentlichung d. königl. preuss. geodät. Institutes.

Helmert, H Robert: Die Schwerkraft im Hochgebirge, insbesondere in den Tyroler Alpen in geodätischer und geologischer Beziehung. Berlin 1890. 52 S., 4 Tf.
= Veröffentlichungen des Königl. Preussischen Geodätischen Instituts und Centralbureaus der Internationalen Erdmessung. [1.] 4°.

— der Sternhaufen im Sternbilde d. Sobieski'schen Schildes, s.: Publicationen der Hamburger Sternwarte.

Helmert F. R. Studien über rationelle Vermessungen im Gebiete der höheren Geodäsie. 1868. 8.
Leipzig, Diss.

— der normale Theil der Schwerkraft im Meeresniveau. gr. 8. (9 S.) Ebd. 901. n. — 50
Sonderabdruck aus: „Sitzungsber. d. preuss. Akad. d. Wiss."

Helmert, F. R., die mathematischen und physikalischen Theorieen der höheren Geodäsie. 2 Tle. Lex.-8. Leipzig 880, Teubner. *
Inhalt:
Tl. 1. Die mathematischen Theorieen. (XIV, 631 S. mit eingedr. Holzschn.) * ℳ 18.
Tl. 2. Die physikalischen Theorieen, mit Untersuchungen über die mathematische Erdgestalt auf Grund der Beobachtungen. (XV, 610 S. mit in den Text gedr. Fig. und 2 lithogr. Taf.) * ℳ 20.

Helmert, F. R., die mathematisch u. physikalischen Theorieen der höheren Geodäsie. 2. Tl.: Die physikal. Theorieen, m. Untersuchgn. üb. die mathemat. Erdgestalt auf Grund der Beobachtgn. Mit in den Text gedr. Fig. u. 2 lith. Taf. gr. 8. (XV, 610 S.) Leipzig 884. Teubner. n. 20. — (cplt.: n. 38. —)

— Die Tiefe der Ausgleichsfläche bei der Prattschen Hypothese f. das Gleichgewicht der Erdkruste u. der Verlauf der Schwerestörg. vom Innern der Kontinente u. Ozeane nach den Küsten. (S. 1192—1198.) Lex. 8. Ebd. 909. — 50
Sonderabdruck aus „Sitzungsberichte der preuß. Akad. d. W."

— die Uebergangscurven f. Eisenbahn-Geleise, m. Rechnungs-Beispielen u. Tafeln f. den prakt. Gebrauch bearb. gr. 8. (VIII, 85 S. m. eingedr. Holzschn.) Aachen 873. Mayer. n. 2. 80

Helmert, F. R., die Uebergangscurven für Eisenbahn-Geleise, mit Rechnungs-Beispielen und Tafeln, für den prakt. Gebrauch bearb. 2. Abdr. gr. 8. Aachen 879. Leipzig, Baumgärtner's Buchh. *

Helmert, Uebersicht der Arbeiten des Königl. Geodätischen Instituts unter Generallieutenant z. D. Dr. Baeyer, nebst einem allgemeinen Arbeitsplane des Instituts für das nächste Decennium. Berlin 1886.

— Unvollkommenheiten im Gleichgewichtszustande der Erdkruste. (S. 1058—1068.) Lex. 8. Ebd. 908. — 50
Sonderabdr. a.: „Sitzungsber. d. preuss. Akad. d. Wiss."

Helmert, J. F., deutsche Vorlegeblätter f. Anfänger im Schönschreiben, als Wandtafeln. 14 Bogen. Fol. Frberg (Gräz u. G.; a. Barth in Leipz.) 16 K

Helmert, Joh. Adolph (Pirna), De eo quod justum est circa blasphemiam. Diss. jur. criminalis. Präs. Ernst Tenzel. Erfurt (Grosch) 10. XI. 1727. 28 S., tlws. dtsch. (6.80)

Helmert, M. G., Leitfaden z. Unterr. d. Confirmanden im christl. Glauben. 8. (3½ B.) Grimma 837, Gebhardt.

Helmert, Rich., s.: Anschauungsbilder, 20, f. den ersten Unterricht in der biblischen Geschichte.

Helmert, Robert, s. H e l m e r t , Friedrich Robert

Helmert, Wilhelm Otto

Helmert, W. O., und L. Rabenhorst, Elementarcursus der Kryptogamenkunde. Zum Gebrauch in Realschulen u. beim Selbststudium. 2., mit 79 Holzschn. verm. u. verb. Aufl. Dresden 862. (Burdach.) gr. 8. (VI, 126 S.) n. 15 ngr.

Helmert, Wilh. Otto, die kleinen Naturfreunde. Eine Sammlung von Erzählungen aus der Naturlehre für Kinder von 8 bis 11 Jahren. Mit 6 (lith. u color.) Bildern. 8. (125 S.) Berlin 847, Winckelmann & Söhne. 2/3 Thlr.

Helmert, Wilh. Otto, kleine Naturgeschichte, z. Gebr. in Schulen f. Kinder v. 7—9 Jahren. In Erzählungen dargestellt. 8. (7½ B.) Dresden 843. [Kori'sche Buchh.]

—— kleine Naturlehre, ein Leitfaden z. Unterr. in d. Physik in Bürger- u. Stadtschulen. 8. (9⅜ B. u. 4 Stnt.) Dresden u. Leipzig 845, Arnoldische Buchh.

Helmert, W(ilh.) O(tto), botanische Tabellen zur leichteren Bestimmung der Gewächse, bei Excursionen mit den oberen Classen höherer Unterrichts-Anstalten. 8. (VIII und 108 S. mit Papier durchschossen.) Dresden 852, Adler und Dietze. *

Helmes, A., drei Jahre Geschichte der österreichisch-ungarischen Zolltrennung 1907—1910. Eine Zukunftsvision. gr. 8. (56 S.) Wien (901). J. Eisenstein & Co. n. 1.—

Helmes, Hermann, Premierlieutenant im königl. Bayerischen 4. Inft.-Reg. Das fürstbischöfl. Würzburgische Dragoner-Regiment. 1688 1803. Beiträge zur älteren Geschichte des k. B. 6. Chevau-legers-Regiments (Lithographiert.) Fol. (ohne Ort) 1896.

Kurze Geschichte der fränkischen Kreistruppen 1714–1756 u. ihre Teilnahme am Feldzuge von Rossbach 1757. Von H. **Helmes**, Hauptm. z. D. (Mit 2 Gefechtsskizzen.) München: J. Lindauer 1907. (110 S.) 8° [F.]
— **Darstellungen** aus d. Bayer. Kriegs- u. Heeresgeschichte. H. 16, [1.]
[o7. 17371 4

— Aus der Geschichte der Würzburger Truppen (1628—1802), s. a. Neujahrsblätter. Hrsg. v. der Gesellschaft f. fränk. Geschichte. IV.

Aus der Geschichte der Würzburger Truppen (1628–1802) von Hermann Helmes. Würzburg: Stürtz 1909. VI, 109 S. 8°
(Neujahrsblätter, hrsg. von d. Gesellsch. f. Fränk. Geschichte. 4.) [o9. 2143

Die fränkischen Kreistruppen im Kriegsjahre 1758 und im Frühjahrsfeldzuge 1759 von Hermann **Helmes**, Hauptm. z. D. München: J. Lindauer 1908. (S. 137–216.) 8° [F.]
— **Darstellungen** a. d. Bayer. Kriegs- u. Heeresgeschichte. H. 17, [2.] [o8. 17491

Helmes, H., röm. Militärkolonisation, s. a. Beiheft zum Militär-Wochenblatt.

Römische **Militärkolonisation**. Einige Nachrichten über dieselbe, zsgest. von H. **Helmes**, Prem.Lt. im Bayer. 4. Inf.Reg. *Berlin: E. S. Mittler & Sohn 1898.* (S. 483–512.) 8° [F.]
— **Militär-Wochenblatt**. 1898. Beiheft 10, [1.] [ca. 11298

Helmes, H. Das Regiment Orff 1878—1903. Kurze Geschichte der Stamm-Abteilungen u. der ersten 25 Jahre. München 1903. 64 S.

Helmes, H. Das Regiment Orff. Mit Zeichn. u. Skz. Germersheim 1908. 148 S.

Übersicht zur Geschichte der fränkischen Kreistruppen 1664–1744. Von H. **Helmes**, Hauptm. München: J. Lindauer 1905. (VIII, 70 S.) 8° [F.]
— **Darstellungen** aus d. Bayerischen Kriegs- u. Heeresgeschichte. H. 14, [1.] [o5. 10600

Das Regiment Würzburg im Türkenkriege des Jahres 1739. Von Hermann **Helmes**, Hauptm. München: J. Lindauer 1904. (S. 60–93.) 8° [F.]
— **Darstellungen** aus d. Bayerischen Kriegs- u. Heeresgeschichte. H. 13, [2.] [o4. 10607 4

Helmes, J. G. C. F., der Zeitgeist m. besond. Rücksich[t] auf die Weltanschauung Schelling's in dessen letztem System. gr. 8. (VIII, 58 S.) München 874. Kaiser n. 1. 5(

Helmes, Josef

Helmes, J., die Elementar-Mathematik nach den Bedürfnissen des Unterrichts streng wissenschaftlich dargestellt. 3. Bde. Hannover 862—64. Hahn. gr. 8. n. 3 Thlr. 22 ngr.
1. Bd.: Die Arithmetik und Algebra. (XIV, 546 S.) n. 1 Thlr. 22 ngr.
2. Bd.: Die Planimetrie. 2 Thle. (1.: VIII, 180 S. m. Holzschn. n. 18 ngr. — 2.: VIII, 211 S. m. Holzschn. n. 20 ngr.) n. 1 Thlr. 8 ngr.
3. Bd.: Die ebene Trigonometrie. (XI, 228 S. m. Holzschnitten.) n. 22 ngr.

Helmes, J., die Elementar-Mathematik nach den Bedürfnissen des Unterrichts streng wissenschaftlich dargestellt. 1. Bd., 1. und 2. Thl.; 2. Bd., 1. Thl., und 4. Bd. gr. 8. Hannover, Hahn'sche Buchh. *

Inhalt:

Bd. 1. Die Arithmetik und Algebra. 1. Thl.: Die vier Species und die Gleichungen ersten Grades. 2. Aufl. (XII, 336 S.) 873. *ℳ 2,80.; 2. Thl.: Die Entwickelung des Potenzbegriffs; die Gleichungen, deren Auflösung auf ihnen beruht; die Reihen; die Combinationslehre. 2. Aufl. (VIII, 283 S.) 874. *ℳ 2,80.
„ 2. Die Planimetrie. 1. Thl.: Die Congruenz und die Gleichheit der Figuren. 2. Aufl. (VIII, 207 S.) 874. *ℳ 2.
„ 4. Die Stereometrie und sphärische Trigonometrie. (XII, 265 S. mit eingedr. Holzschn.) 870. *ℳ 2,60.

2. Bd. 2. Thl. 1862. *ℳ 2.; 3. Bd. 1864. *ℳ 2,20.

Helmes, J., die Elementar-Mathematik nach den Bedürfnissen des Unterrichts streng wissenschaftlich dargestellt. 2. Thl.: Die Planimetrie. 2. Abthl.: Das Verhältniß und die Aehnlichkeit der Figuren. gr. 8. (VIII, 232 S.) Hannover 876, Hahn'sche Buchh. * 2 —
1. Thl. (2 Abthlgn.), 2. Thl. 1. Abthl. und 3. und 4. Thl. Ebendas. 1864—74. *ℳ 12,40.

Helmes, J., die Elementar-Mathematik nach den Bedürfnissen des Unterrichts streng wissenschaftlich dargestellt. 3. Bd.: Die ebene Trigonometrie. 2. Aufl. gr. 8. (XIV, 249 S. mit eingedr. Holzschn.) Hannover 881, Hahn'sche Buchh. *
1., 2. und 4. Bd. Ebendas. 1870—76. *ℳ 12,20.

—— der physikalische Unterricht auf Gymnasien. gr. 8. (37 S.) Hannover 865, Hahn'sche Hofbuchh. -

Helmes, Jos., das Wetter und die Wetterprophezeiung. Ein Cyklus meteorolog. Vorträge für Gebildete. Hannover 858. Hahn. gr. 8. (XII, 252 S.) 1 Thlr. 5 ngr.

Helmes, Jos., üb. Zweck u. Methode des mathemat. Unterrichts auf Gymnasien nebst angeknüpftem Versuche einer einfachen begründeten Auflösung der sectio aurea. gr. 4. (4¼ B. u. 1 Stnt.) Hannover 844, Hahn'sche Hofbuchh. *

Helmes, Walt., s.: Kreuz u. Schwert.

Helmes, Walt., der ehrw. Diener Gottes Franz M. P. Libermann u. seine Stiftung: die in Deutsch-Ostafrika thätige Congregation vom hl. Geiste u. hl. Herzen Mariä. gr. 8. (30 S. m. Bildnis.) Münster 894. (H. Schöningh.) n. — 20

HELMESPERGER, Anita v., Die holde Sünderin. Roman. Pressburg. Herm. Hartleb. o. J. (c. 1909.) Angekündigt 1908.

Helmet, the old, s. Collection of British Authors.

HELMHACK, D. E. (ps.?). Der neu-vermehrte, lustige u. curieuse Fabel-Hannss, welcher gar lieblich und wohl zu lesen, worinnen die wichtigsten Begebenheiten derer Menschen . . . . vorgestellet werden, und als ein köstliches Mittel für Hunger u. Durst, auch einen guten Magen zu erhalten, mitgetheilt wird. Hall. O. J. (c. 1720). 12°. Selten!

— — Dasselbe. Ibid. 1729. 12°.
Nicht in Weller's Lex. Ps.

Helmhacker, s.: Kraft Edler v. Helmhacker.

Helmhacker, F., s. Helmhacker, Rudolf

Helmhacker, Rudolf

——— Ueber das Alter der Pilsner Cannelkohle. (Sep.-Abdr. Berg- und Hüttenmänn. Jahrb. 1875. Band 23.) 8.

Helmhacker, Rud., über Baryte des eisensteinführenden böhmischen Untersilur's sowie der Steinkohlenformation und über Baryt im Allgemeinen. gr. 4. (65 S. mit 3 lithogr. Taf.) Wien 872, (Gerold's Sohn.) *
Aus: Denkschriften der k. Akademie der Wissenschaften, besonders abgedruckt.

Helmhacker (R.), Einige Beiträge zur Kenntniss der Flora des Südrandes der oberschlesisch - polnischen Steinkohlenformation. (Jahrb. Leoben.) Wien 1874. 8.

Helmhacker, R., Erläuterungen zur geologischen Karte d. Eisengebirges u. der angrenzenden Gegenden im östlichen Böhmen, s.: Krejči, J.

Helmhacker, F., Erläuterungen zur geologischen Karte der Umgebungen von Prag, s.: Krejči, J.

Helmhacker, R., die Mineralogie u. Geognosie f. Bergarbeiter an Steigerschulen [Bergschulen]. gr. 8. (IV, 144 S. m. eingedr. Holzschn.) Wien 876. Gerold's Sohn. n. 2. 80

——— Die Permmulde bei Budweis. (Sep.-Abdr. Berg- u. Hüttenmänn. Jahrb. 1874.) Wien 1874. 8.

Helmhacker, R., üb. d. Steinkohlenvorkommen i. d. Permformation (u. in d. Steinkohlenformation) in Böhmen. [Aus: „Der Kohleninteressent".] gr. 8. (76 S. m. 2 Taf.) Teplitz 895. (A. Becker.) n. 1.—

——— Analytische Tabellen zum Bestimmen häufig vorkommender Mineralien mittelst der einfachsten Versuche. Zum Gebrauche in mineralog. Uebungsstunden besonders für Anfänger. 8. (66 S.) Wien 874, Hölder. *

— Tafeln zur Bestimmung häufig vorkommender Mineralien mittelst der einfachsten Versuche. Zum Gebrauche in mineralog. Uebungsstunden besonders f. Anfänger. 8. (66 S.) Wien 874. Hölder. n. — 80

Helmholtz, Armin. (Ludov. Ferd.) (geb. Potsdam 31. 8. 1821): De fabrica systematis nervosi evertebratorum. Berolini (1842). (29 S.) 8°
Berlin, Med. Diss. v. 2. Nov. 1842

Helmholtz, F. J.

Helmholz, F. J. Der Araber geschildert aus dem Hamasa. 34 S.
Potsdam, Progr. 1848

Helmholz, F. J. Ueber die erste Entwickelung der Hellenen. 41 S. . . .
Progr. Potsdam 1831

Helmholtz, F. J. Die Wichtigkeit der allg. Erziehung für das Schöne. 44 S.
Progr. Potsdam 1837

Helmholtz (Subrector), Die Wichtigkeit der allgemeinen Erziehung für das Schöne. (Zu d. öffentl. Prüfung d. Zöglinge d. hies. Kgl. Gymnasiums.) Potsdam (Decker) 21./22. III. 1837. 58 S. mit Jahresber. v. Director Rigler. (6.50)

Helmholtz, Hermann von

Helmholtz, H. v., s.: Abhandlungen zur Geschichte des Stereoskops.

— Abhandlungen zur Thermodynamik,
s.a. Ostwald's, W., Klassiker d. exakten Wissenschaften.

Abhandlungen zur Thermodynamik. Von H[ermann v.] Helmholtz. Hrsg. von Dr. Max Planck, Prof., Berlin. *Leipzig: W. Engelmann 1902.* (83 S.) 8°
= Klassiker, Ostwald's, d. exakten Wissenschaften. No 124.

Helmholtz, H., wissenschaftliche Abhandlungen. 1. Bd. gr. 8. (VIII, 938 S.) Leipzig 882. Barth. n. 20. —

Helmholtz, Herm. v., wissenschaftliche Abhandlungen. 2. Bd. 2. Abth. gr. 8. (VII u. S. 481—1021 m. 5 Steintaf.) Leipzig 883. Barth. n. 10. —
(I. u. II.: n. 40. —)

— wissenschaftliche Abhandlungen. 3. Bd. gr. 8. (XXXVIII, 654 S. m. 1 Bildn.) Leipzig 895. J. A. Barth. Geh. od. geb. n. 18. — (I.—III.: n. 58. —)

Helmholtz, H. v., 2 hydrodynam. Abhandlgn. (I. Ueb. Wirbelbewegn. II. Ueb. discontinuirl. Flüssigkeitsbewegn.), s.a. Ostwald's, W., Klassiker d. exakten Wissenschaften.

Zwei hydrodynamische Abhandlungen von H[ermann] v. Helmholtz. I. Ueber Wirbelbewegungen (1858). II. Ueber discontinuirliche Flüssigkeitsbewegungen (1868). Hrsg. von A[lbert] Wangerin. *Leipzig: W. Engelmann 1896.* (79 S.) 8°
= Klassiker, Ostwald's, d. exakten Wissenschaften. No 79.

— Ueber Herm. D. Brewster's neue Analyse des Sonnenlichts. (Aus: Poggendorff's Ann., Bd. LXXXVI.)

Helmholtz, H. v., Ansprachen u. Reden, geh. bei der am 2. Novbr. 1891 zu Ehren v. Herm. v. Helmholtz veranstalteten Feier, nebst e. Verzeichnisse der überreichten Diplome u. Ernenngn., sowie der Adressen u. Glückwunschschreiben. gr. 8. (III, 63 S. m. 1 Lichtdr.-Bildnis.) Berlin 892. A. Hirschwald. n. 1. 60

Helmholtz, H. v., s.: Augenleuchten, das, u. die Erfindung d. Augenspiegels.

Helmholtz, Herm. v., über die physikalische Bedeutung des Princips der kleinsten Wirkung. Aus H.'s hinterlassenen Papieren bearb. v. Leo. Koenigsberger. (21 S.) Lex. 8. Berlin 905. (G. Reimer). n. 1. —
Sonderabdruck aus „Sitzungsberichte der preuß. Akad. d. W."

Helmholtz, H., Beschreibung eines Augen-Spiegels zur Untersuchung der Netzhaut im lebenden Auge. gr. 8. (45 S. und 1 Kpfrt.) Berlin 851, Förstner'sche Buchh. *

— Beschreibung e. Augenspiegels zur Untersuchung d. Netzhaut im lebenden Auge, s.a. Klassiker der Medizin.

H[ermann] v. Helmholtz. Beschreibung eines Augenspiegels zur Untersuchung der Netzhaut im lebenden Auge. Eingeleitet von Hubert Sattler, Prof. Mit 3 Abb. Leipzig: J. A. Barth 1910. 36 S. 8° (Klassiker d. Medizin. Bd 4.)

Helmholtz, von, Bestimmungen über die Prüfung und Beglaubigung von Stimmgabeln. (Sonder-Abdr. aus der „Zeitschrift für Instrumenten-Kunde". 1889.) Berlin 1889.

Helmholtz, H., das Denken in der Medicin. Rede, gehalten zur Feier des Stiftungstages der militairärztl. Bildungs-Anstalten am 2. Aug. 1877. 1. Aufl. (36 S.) 1877; 2. Aufl., neu durchgearb. gr. 8. (39 S.) Berlin 878, Hirschwald. * 1 —

Dynamik continuirlich verbreiteter Massen von H[ermann] v. Helmholtz. Hrsg. von Otto Krigar-Menzel. Mit 9 Fig. *Leipzig: J. A. Barth 1902.* (VIII, 247 S.) 4°(8°)
= Helmholtz: Vorlesungen über theoret. Physik. Bd 2.

Einleitung zu den Vorlesungen über theoretische Physik von H[ermann] v. Helmholtz. Hrsg. von Arthur König u. Carl Runge. Mit 4 Fig. u. 1 Portr. *Leipzig: J. A. Barth 1903.* (50 S.) 4°(8°)
— Helmholtz: Vorlesungen über theoret. Physik. Bd 1, Abt. 1.

Helmholtz, Hermann: Eis und Gletscher. Vorlesung gehalten im Februar 1865 in Frankfurt a. M. und Heidelberg
in: Helmholtz: Populäre wissenschaftliche Vorträge. Heft 1. S. 93—134. Braunschweig 1876. 42 S. 8°.

— über die Erhaltung der Kraft, eine physikalische Abhandlung vorgetragen in der physikal. Gesellschaft zu Berlin am 23. Juli 1847. gr. 8. (76 S.) Berlin 847, G. Reimer. 1/3 ℛ

Helmholtz, H. v., üb. die Erhaltung der Kraft, s.a. Ostwald's Klassiker der exakten Wissenschaften.

Helmholtz, H., Dr., Ueber die Erhaltung der Kraft. (Ostwald's Klassiker, No. 1.) Leipzig 1889.

Über die Erhaltung der Kraft von Dr. H[ermann v.] Helmholtz (1847). 6. Taus. *Leipzig: W. Engelmann 1902.* (60 S.) 8°
— Klassiker, Ostwald's, d. exakten Wissenschaften. No 1.

— Festschrift zur Feier d. 70. Geburtstages v. Herm. v. Helmholtz. (Dargebracht v. der deutschen ophthalmolog. Gesellschaft.) qu. Fol. (VII, 91 S. m. Fig. u. 8 z. Thl. farb. Taf.) Hamburg 893. L. Voss. Kart. n. 30. —

Helmholtz, H. v. Ueber discontinuirliche Flüssigkeit-bewegungen. 1868.

Uber die akademische Freiheit der deutschen Universitäten. Rede beim Antritt des Rectorats an der Friedrich-Wilhelms-Universität zu Berlin gehalten am 15. Oct. 1877 von H[erm.] Helmholtz. Berlin 1877. (23 S.) 4° ¶ Erschien auch Berlin: A. Hirschwald 1878 8°. Wieder abgedr. in d. Verf. Vorträge u. Reden II 1884 S. 197-216.

Helmholtz, H., Ueber die Gesetze der inconstanten elektrischen Ströme in körperlich ausgedehnten Leitern. (Verhandl. des naturhistor.-medizin. Vereins zu Heidelberg am 21. Januar 1870.)

—— Handbuch der physiologischen Optik, s.a. Encyklopädie, allgemeine, der Physik.

Helmholtz H.: Handbuch d. physiologischen Optik. Leipz. 1867. 874 S. Fig. 11 Tvl.
(= Allgem. Encycl. d. Physik. Bd. 9). 25.

Helmholtz, H. v., Handbuch der physiologischen Optik. 2. umgearb. Aufl. (In ca. 10 Lfgn.) 1.—4. Lfg. gr. 8. (S. 1—320 mit zahlreichen in den Text eingedr. Holzschn.) Hamburg 886,87, Voss. à Lfg. * ℳ 3.—. *

—— Handbuch der physiologischen Optik. 2. umgearb. Aufl. Mit zahlreichen in den Text eingedr. Holzschn. 5.—7. Lfg. gr. 8. (S. 321—560.) Hamb. 889—92, Voss. à Lfg. * 3 —; * 9 —
1.-4. Lfg. Ebd. 1886,87. * 12 —.

— Handbuch d. physiolog. Optik. 2., umgearb. Aufl. M. 254 Abb. im Text u. 8 Taf. gr. 8. (XIX, 1384 S.) Hamburg 896. L. Voss. n. 51. —; geb. n. 54. —
Erschien auch in 17 Lfgn. à n. 3. —.

— Handbuch der physiolog. Optik. 3. Aufl., ergänzt u. hrsg. in Gemeinsch. m. A. Gullstrand u. J. v. Kries v. W. Nagel. I. u. III. Bd. Lex. 8. Hamburg, L. Voss. 38.—; geb. in Leinw. 42.50
I. Mit 146 Abb. im Text. Einleitg. hrsg. v. W. Nagel. Die Dioptrik d. Auges hrsg. v. A. Gullstrand. (XVI, 376 S.) 909. 14.—; geb. 16.
III. Mit 81 Abb. im Text, 6 Taf. u. 1 Portr. von H. v. Helmholtz. Die Lehre v. d. Gesichtswahrnehmgn., hrsg. v. J. v. Kries. (VIII, 564 S.) 910. 24.—; geb. 26.50

— Die Klangfarbe der Vokale. (Vortrag, gehalten in der allgemeinen Sitzung der k. bayer. Akad. der Wissensch. vom 2. April 1859.) (In No. 67—69 der „Gelehrte Anzeigen der k. bayer. Akad. der Wissensch." München 1859. XLVIII.)

Helmholtz, H. v. Ueber Combinationstöne. 1856.

Helmholtz, H., die Lehre von den Tonempfindungen als physiologische Grundlage für die Theorie der Musik. Mit in den Text gedr. Holzst. Braunschweig 863. Vieweg & Sohn. gr. 8. (XII, 600 S.) n. 3 ℛ 6 ℊ

Helmholtz, H., die Lehre von den Tonempfindungen als physiologische Grundlage für die Theorie der Musik. 1. Ausg. 1863. und 2. Ausg. gr. 8. (XI und 605 S. mit in den Text eingedr. Holzst.) Braunschweig 865, Vieweg und Sohn.

Helmholtz, H., die Lehre von den Tonempfindungen als physiologische Grundlage für die Theorie der Musik. 3. umgearb. Ausg. gr. 8. (XVI, 640 S. mit in den Text eingedr. Holzst.) Braunschweig 870, Vieweg und Sohn. *

—— die Lehre von den Tonempfindungen, als physiolog. Grundlage für die Theorie der Musik. 4. umgearb. Aufl. gr. 8. (XX, 675 S. mit in den Text eingedr. Holzschn.) Braunschweig 877, Vieweg und Sohn. *

— d. Lehre v. d. Tonempfindungen als physiolog. Grundlage für d. Theorie d. Musik. 5. Ausg. gr. 8. (XXII, 675 S. m. Bildnis u. 66 Holzst.) Braunschweig 896. F. Vieweg & Sohn. n. 12. —; geb. n.n. 14. —

—— die Mechanik der Gehörknöchelchen und des Trommelfells. Lex.-8. (60 S. mit 12 eingedr. Holzschn.) Bonn 869, Cohen und Sohn.
Aus: Pflüger's Archiv für Physiologie, besonders abgedruckt.

— Messungen über Fortpflanzungs-Geschwindigkeit der Reizung in den Nerven. Zweite Reihe. 1852.

Helmholtz, H., Messungen über den zeitlichen Verlauf der Zuckungen animalischer Muskeln und die Fortpflanzungs-Geschwindigkeit der Reizung in den Nerven. 1850.

—— über die Methoden, kleinste Zeittheile zu messen, s. Unterhaltungen, königsberger.

Helmholtz, H., über die Natur der menschlichen Sinnesempfindungen, s. Unterhaltungen, königsberger, naturwissenschaftliche.

Helmholtz, H., physiologische Optik, s. Encyclopädie der Physik.

—— Rede zum Gedächtniss an Gustav Magnus gehalten in der Leibnitzsitzung der Akademie der Wissenschaften am 6. Juli 1871. gr. 4. (17 S.) Berlin 871, (Dümmler's Verlag.) *
Aus: Abhandlungen der k. Akademie der Wissenschaften zu Berlin, besonders abgedruckt.

— und G. von **Piotrowski**, über Reibung tropfbarer Flüssigkeiten. Mit 2 (lith.) Taf. (Aus den Sitzungsber. 1860 der k. Akad. der Wissensch.) Wien 860. Gerold in Comm. gr. 8. (54 S.) n. 12 ngr.

— über das Sehen des Menschen; ein populär wissenschaftlicher Vortrag gehalten zu Königsberg in Pr. am 27. Febr. 1855. Leipzig 855. Voss. gr. 8. (1 Bl., 42 S.) 9 ngr.

— Ueber galvanische Ströme, verursacht durch Concentrations-Unterschiede. 8°. Berlin. 1878.

Helmholtz, H. v. Ueber die Thatsachen, die der Geometrie zu Grunde liegen. 1868.

Die Thatsachen in der Wahrnehmung. Rede zur Gedächtnissfeier der Stiftung der Friedrich-Wilhelms-Universität zu Berlin gehalten am 3. Aug. 1878 von Herm. **Helmholtz**, d. Z. Rector. Berlin 1878. (44 S.) 4° * Erschien überarbeitet und mit Zusätzen versehen Berlin: A. Hirschwald 1879; wieder abgedr. in d. Verf. Vorträge u. Reden II 1884 S. 219-271.

— Ueber musikalische Temperatur. (Vortrag am 23. Nov. 1860.)

— Zur Theorie der anomalen Dispersion. (Auszug aus dem Monatsber. der Königl. Akad. der Wissensch. zu Berlin. Gesammtsitzung vom 29. Okt. 1874.)

Helmholtz, H: Über die Theorie der zusammengesetzten Farben. Habilitationsschrift. Berlin 1852

— Theorie der Luftschwingungen in Röhren mit offenen Enden. (Besonders abgedruckt aus dem Journ. für die reine und angewandte Mathematik, Band 57.) Heidelberg 1859.

— Theorie der Luftschwinggn. in Röhren mit offenen Enden, s. a Ostwald's, W., Klassiker d. exakten Wissenschaften.

Theorie der Luftschwingungen in Röhren mit offenen Enden. Von H[ermann] **Helmholtz**. (1859.) Hrsg. v. A[lbert] Wangerin. *Leipzig: W. Engelmann 1896.* (131 S.) 1 Bd 8.
= Klassiker, Ostwald's, d. exakten Wissenschaften. No 80. [96 ...]

— Zur Theorie der Zungenpfeifen. (Vortrag am 26. Juli 1861.)

– (Hrsg.), s. Tyndall, John: Faraday und seine Entdeckungen.

– (Hrsg.), s. Tyndall, John: Der Schall.

– (Hrsg.), s. Tyndall, John: Die Wärme ...

— hydrodynamische Untersuchungen. Aus d. Nachlass zusammengestellt von W. Wien. (21 S.) gr. 8. Ebd. 904. n. 1.—
Sonderabdruck a.: „Sitzungsber. d. preuss. Akad. d. Wiss."

— Vergleichung des Ampère'schen u. Neumann'schen Gesetzes für die elektro-dynamischen Kräfte. 8°. Berlin. 1873.

Helmholtz, Herm. von. Goethe's Vorahnungen kommender naturwissenschaftlicher Ideen. Rede, geh. in d. Generalversammlg. d. Goethe-Gesellschaft zu Weimar, den 11. Juni 1892. 8. (55 S.) Berl. 892, Gebr. Paetel. * 1 50

Vorlesungen über die Dynamik discreter Massenpunkte v. H[erm.] v. **Helmholtz**. Hrsg. v. Otto Krigar-Menzel. M. 21 Fig. im Text. *Leipzig: J. A. Barth 1898.* (x, 380 S.) 4.(8.)
= **Helmholtz**, H. v.: Vorlesungen üb. theoret. Physik. Bd I. Abt. 2. [98. 6565]

Helmholtz, H. v: Vorlesungen über theoretische Physik. Leipzig. Bd 5: Hamburg und Leipzig
Bd 1. Abt. 1. Einleitung zu den Vorlesungen über theoretische Physik. Hrsg. von A. König und C. Runge. 1903
Ab 2. Die Dynamik discreter Massenpunkte. Hrsg. von O. Krigar-Menzel. 1898
Bd 2. Dynamik continuirlich verbreiteter Massen. Hrsg. von O. Krigar-Menzel. 1902
Bd 3. Vorlesungen über die mathematischen Principien der Akustik. Hrsg. von A. König und C. Runge. 1898
Bd 4. Vorlesungen über Elektrodynamik und Theorie des Magnetismus. Hrsg. von Otto Krigar-Menzel und Max Laue. 1907
Bd 5. Elektromagnetische Theorie des Lichts. Hrsg. von A. König und C. Runge. 1897
Bd 6. Vorlesungen über Theorie der Wärme. Hrsg. von F. Richarz. 1903

Vorlesungen über die mathematischen Principien der Akustik v. H[erm.] v. **Helmholtz**. Hrsg. v. Arthur König u. Carl Runge. M. 21 Fig. im Text. *Leipzig: J. A. Barth 1898.* (x, 250 S.) 1 Bd 4.(8.)
= **Helmholtz**, H. v.: Vorlesungen üb. theoret. Physik. Bd III. [98. 6566]

Vorlesungen über die elektromagnetische Theorie des Lichts v. H[erm.] v. **Helmholtz**. Hrsg. v. Arthur König u. Carl Runge. M. 54 Fig. im Text. *Hamburg & Leipzig: L. Voss 1897.* (XII, 370 S.) 1 Bd 4.(8.)
= **Helmholtz**, H. v.: Vorlesungen üb. theoret. Physik. Bd V. [97. 1777]

Vorlesungen über Theorie der Wärme von H[ermann] v. **Helmholtz**. Hrsg. von Franz Richarz. Mit 40 Fig. *Leipzig: J. A. Barth 1903.* (XII, 419 S.) 4°(8°)
= **Helmholtz**: Vorlesungen über theoretische Physik. Bd 6. [03. 3765]

— s.: Vorreden u. Einleitungen zu klassischen Werken der Mechanik.

—— populäre wissenschaftliche Vorträge. 1. Heft. gr. 8. (V und 134 S. mit 26 in den Text eingedr. Holzschn.) Braunschweig 865, Vieweg und Sohn.

—— populäre wissenschaftliche Vorträge. 2. Heft. gr. 8. (VII, 211 S. mit 25 in den Text eingedr. Holzst.) Braunschweig 870, Vieweg und Sohn. *
1. Heft. Ebendas. 1865. * ℳ 2,50.

— populäre wissenschaftliche Vorträge. 1—3. Hft. gr. 8. Braunschweig 870. Vieweg & Sohn. n. 8. 40
1. Mit 26 in den Text eingedr. Holzst. 2. neu durchgearb Aufl. (VII, 134 S.) n. 2. 50
2. Mit 25 in den Text eingedr. Holzst. 2. neu durchgearb. Aufl. (IX, 211 S.) n. 3. 50
3. Mit in den Text eingedr. Holzst. (VII, 139 S.) n. 2. 40

— Vorträge u. Reden. Zugleich 3. Aufl. der „Populären wissenschaftl. Vorträge" d. Verf. 2 Bde. Mit in den Text eingedr. Holzst. gr. 8. (XIII, 396 u. XII, 380 S.) Braunschweig 884. Vieweg & Sohn. n. 12.—

Helmholtz, H. v., Vorträge u. Reden. 4. Aufl. 1. u. 2. Bd. gr. 8. (XVI, 422 S. m. 51 Holzst. u. Bildn. u. XII, 434 S. m. 20 Holzst.) Braunschweig 896. F. Vieweg & Sohn. à n. 8.—; geb. à n.n. 9. 60

— Vorträge u. Reden. 5. Aufl. 2 Bde. (XVI, 422 S m. 51 Holzst. u. Bildnis u. XII, 434 S. m. 20 Holzst.) gr. 8. Braunschweig 903. F. Vieweg & Sohn. à n. 8.—; geb. in Halbfrz. à n.n. 9. 60

—— über die Wechselwirkung der Naturkräfte und die darauf bezüglichen neuesten Ermittelungen der Physik. Ein populär-wissenschaftlicher Vortrag gehalten am 7. Febr. 1854. 1. und 2. Abdr. gr. 8. (47 S.) Königsberg 854, Gräfe und Unzer. *

Helmholtz H, über die Wechselwirkung der Naturkräfte und die darauf bezüglichen neuesten Ermittelungen der Physik. Königsberg 1872

— Zählen u. Messen, s.: Aufsätze, philosophische.

Helmholtz, H. v. Ueber die Zusammensetzung von Spectralfarbe. 1855.

Helmholtz, Rob. v. Die Licht- u. Wärmestrahlung verbrennender Gase. Gekrönte Preisschrift d. Vereins zur Beförderg. d. Gewerbfleisses in Deutschland [Berlin]. 4. (VIII, 79 S. m. Fig.) Berl. 890, Simion. * 4 —

von Helmholtz, Robert [aus Berlin]: Untersuchungen über Dämpfe und Nebel besonders über solche von Lösungen .... Berlin, Carl Kopsel's Buchdr. (1885); 13 S. 8°.
Berlin, Phil. Fak., Inaug.-Diss. v. 23. Dez. 1885.

Helmholz, D. (Bearb.), s. Aufgaben zum schriftlichen Rechnen.

Helmholz, F. J., s. Helmholtz

Helmholz, Hans: Das deutsche Volkstum, s. Meyer, Hans H. J.

Helmholz, D. M., das Ganze d. Bleichkunst, mit Rücksicht auf d. Kunst- u. chem. Bleiche rc. M. 1 Stnt. qu. ½ Fol. 8. (6½ B.) Quedlinburg 834, Basse.

Helmholz, Otto, Gedichte. (VII, 86 S.) 8. Dresden (908). E. Pierson. 1.50; geb. n 2.50

Helmholz, Walther, appr. Arzt, Unterarzt im Inf.-Reg. No. 20: ⟨Aus d. Physiol. Laborat. der Ohrenklin. in d. Kgl. Charité zu Berlin⟩ Vergleich zwischen der Galtonpfeife und dem Schulzeschen Monochord zur Bestimmung der oberen Hörgrenze. Potsdam 1910: Müller. 10 S. 8°
Berlin, Med. Diss. v. 14. April 1910, Ref. Passow
[Geb. 31. Okt. 84 Potsdam; Wohnort: Wittenberg a. E.; Staatsangeh.: Preußen; Vorbildung: Gymn. Potsdam Reife O. 03; Studium: Berlin K. W. A. 10 S.; Coll. 28. Jan. 10; Approb. 11. April 10.] [U 10. 42

Helmhorst, Richard von

— s. a. neueste Blumensprache.

Helmhorst, Rich. v., neueste Blumensprache. Eine Gabe d. Liebe u. Freundschaft geweihet. 3. Aufl. 8. (8 B.) 829., 4., verb. u. verm. Aufl. kl. 12. (2 B.) Nordhausen 832, Landgraf (?).

v. Helmhorst, Richard, die Brautwerbung. 2 Thle. 8. Nordhaus. 825. (Dörffling in Leipz.) 2 ℛ 12 ℊ

v. Helmhorst, (R.,) die Brautwerbung. 3 Thle. 8. Nordh. 825, Landgraf.

v. Helmhorst, Rich., die Brautwerbung. 3 Thle. 8. Leipzig 826. jetzt Dörffling. 2½ ℛ

v. Helmhorst, Rich., allgem. Briefsteller f. d. bürgerl. Leben. 2e Aufl. 8. Nordhausen 828. Landgraf. 6 ℊ 3e Aufl. 8. Ebd. 829. Fürst. 6 ℊ

Helmhorst, Theodor

Helmhorst, Th., brieflicher Sprach- u. Sprechunterricht der russisch. Sprache, — russische Unterrichtsbriefe, } s.: Wasjemonoff, J.

Helmich's Fahrpläne. Winter 1894 u. Frühj. 1895. Post- u. Eisenbahnverbindgn. f. das Gebiet zwischen Bremen, Hannover, Göttingen, Soest, Unna, Hamm, Münster, Osnabrück, m. den schnellsten Verbindgn. nach dem Harze, nach Schleswig-Holstein, Berlin, Danzig rc. gr. 16. (26 S.) Bielefeld 894. A. Helmich. — 15

Helmich's Fahrpläne. Sommer 1898. Post- u. Eisenbahnverbindgn. f. d. Gebiet zwischen Bremen, Hannover, Göttingen, Soest, Unna, Hamm, Münster, Osnabrück, m. d. schnellsten Verbindgn. nach d. Harze, nach Schleswig-Holstein, Berlin rc. 12. (34 S.) Bielefeld 898. A. Helmich. — 15

— dasselbe. Winter 1898/99 u. Frühjahr 1899. 12. (34 S.) Ebd. 898. — 15

Helmich's Fahrpläne. Winter 1902/3 u. Frühj. 1903. Post- u. Eisenbahnverbindgn. f. das Gebiet zwischen Bremen, Hannover, Göttingen, Soest, Unna, Hamm, Münster, Osnabrück, m. den schnellsten Verbindgn. nach dem Harze, nach Schleswig-Holstein, Berlin, Danzig rc., den rechts- u. linksrhein. Eisenbahnen, d. Weser- u. der Rheindampfschifffahrt, sowie e. Verzeichnisse v. Sonntags-Rückfahrkarten rc. 12. (58 S.) Bielefeld, A. Helmich. n. — 20

Helmich's, Fahrpläne. Winter 1903 u. Frühjahr 1904. Post- u. Eisenbahnverbindungen f. das Gebiet zwischen Bremen, Hannover, Göttingen, Soest, Unna, Hamm, Münster, Osnabrück m. den schnellsten Verbindgn. nach dem Harze, nach Schleswig-Holstein, Berlin, Danzig usw., den rechts- u. links-rhein. Eisenbahnen, der Weser- u. der Rheindampfschiffahrt, sowie e. Verzeichnisse v. Sonntags-Rückfahrkarten u. s. w. (60 S.) 12. Bielefeld, A. Helmich n. — 20
Erscheint nicht mehr.

— Schul-Kalender f. Schulaufsichtsbeamte, Lehrer u. Lehrerinnen, Seminaristen u. Präparanden f. Westfalen, Rheinland, Hannover, Braunschweig, Lippe, Waldeck-Pyrmont auf d. J. 1905 - 1906. Hrsg. v. Jul. Rücker 1. Tl. (158 S. m. Abbildgn.) 16. Ebd. Geb. in Leinw. — 75
Ein 2. Tl. ist nicht erschienen. — Wird nicht fortgesetzt.

Helmich, Fritz. Die Abstammungsfrage des Hausrindes. Beiträge zur Kritik. II + 89 S. 8. Bern, Stämpfli & Cie., 1904. [fr. 3. —]
[Titel-Ausg. der Diss. Vet.-Med. Bern des gleichen Verf.]

Helmich, Fritz. Beiträge zur Kritik der Abstammungsfrage des Hausrindes, mit besonderer Rücksicht auf die heutigen Niederungsschläge. Diss. Vet.-Med. Bern. IV + 89 S. 8. Bern, Stämpfli & Cie., 1904.

Helmich, Samuel, Die gegenwärtige Gnadenzeit in ihrer unzertrennlichen Verbindung mit der zukunftigen Ewigkeit, in einer Gemachs-Predigt am 1. Sonnt. nach Trin. im Jahr 1759. Altona. P.

— Die Menschen-Stimme wurde am Sonnt. Oculi 1769 über das Evangelium Luc. XI. 14—28 bei feierlicher Einweihung der in der St. Petri Pauli Kirche zu Oldesloe neu erbauten Orgel zum Vorwurf der Betrachtung genommen. Hamburg. P.

— Die zarte Sünder-Liebe Jesu auf Erden, als ein zureichender Grund himmlischer Freude. In einer Gemachs-Predigt am 3. Sonnt. nach Trin. 1762. Glückstadt. P.

— Standrede bei Legung des Grundsteins zu der neuen St. Petri Pauli Kirche in Oldesloe am 19. Juli 1757 gehalten. Hamburg. 1766. P.

Helmin, Marg., Näh- u. Stickbuch. 5 Thle. m. K. gr. Fol. Nürnb. Schneider.

Helmina, ... (Wilh. Christiane v. Chezy, geb. v. Klenke). Leben u. romant. Dichtungen der Tochter der Karschin (v. Klenke); e. Denkm. kindl. Liebe. 8. Frankf. 805. Fr. Wilmans. 1 rthl 16 gl

Helming, Hermann: Ueber epileptische Amnesie. Halle a. S. 1883: Plötz. 41 S. 8°
Halle-Wittenberg, Med. Diss. v. 14. April 1883
Geb. Ahlde a. d. Ems 29. 5. 1858. V.

Helminger, Abhandlung über die Unzulässigkeit der Emigration. 8°. Prag 1789.

Helminger: Ueber die Unzulässigkeit der Emigration. Prag. 790. 8.

Helmkampf, Adolf

— u. Th. Krausbauer, d. Landwirts einfache u. praktische Buchführung. Vermögensnachweis, Wirtschaftsbuch, Hilfsbücher in 3 Schülerheften u. 1 Lehrerheft. Für den Gebrauch an ländl. Fortbildungsschulen hrsg. Leipzig 910. B. G. Teubner. nn 2.30
1. Schülerheft. Vermögensnachweis. (19 S.) 35,5×23,5 cm. nn —30
2. Schülerheft: Wirtschaftsbuch (Geldbuch). (27 S.) 35,5×23,5 cm. nn —35
3. Schülerheft. Hilfsbücher. (25 S.) 35,5×23,5 cm. nn —45. Lehrerheft. (69 S.) 8. 1.20

– Des Landwirts Hausfreund, s. Gehrig, Hermann

Helmkampf, A., Lehrbuch f. ländliche Fortbildungsschulen, s.: Gehrig, Herm.

Helmkampf, Lesebuch f. ländliche Fortbildungsschulen, s.: Gehrig, Herm.

— Lese- u. Lehrbuch für ländlich-gewerbliche Fortbildungsschulen, s.: Gehrig, Herm.

Rechenbuch für ländlich gewerbliche Fortbildungsschulen. Hrsg. von Dr. [Adolf] **Helmkampf** u. Dr. [Theodor] Krausbauer (Odo Twiehausen). H. 1. 2. Leipzig & Berlin: B. G. Teubner 1908. 2 Bde 8° [F.]
1. Die 4 Grundrechnungsarten in ganzen Zahlen. Die 4 Grundrechnungsarten in Brüchen. Dezimalzahlen. Flächen u. Körper.
2. Landmann u. Handwerker in ihrem Beruf, in ihrer Wirtschaft u. im Verkehr, in Familie, Gemeinde u. Staat. [08. 5900]

— u. Krausbauer, Rechenbuch f. ländliche Fortbildungsschulen, unter Mitwirkg. v. Herm. Gehrig hrsg. 2 Hefte. gr. 8. Leipzig 903. [Th. Hofmann.] B. G. Teubner. n. 1.30
1. (IV, 59 S.) n. —50. — 2. (IV, 99 S. m. Fig.) n. —80.

Rechenbuch für ländliche Fortbildungsschulen, unter Mitw. von Herm. Gehrig, Kreisschulinsp., hrsg. von Dr. [Adolf] **Helmkampf**, Oberl., u. Dr. [Theodor] Krausbauer, Kreisschulinsp. 2. verm. u. verb. Aufl. H. 1. Leipzig & Berlin: B. G. Teubner 1907. 8° [F.] [07. 16747]

— — Rechenbuch f. ländl. Fortbildungsschulen, unter Mitwirkg. v. Herm. Gehrig hrsg. 2 Hefte. 2. verm. u. verb. Aufl. 8. Ebd. 907. 1.30
1. (IV, 73 S. m. Fig.) —50. — 2. (IV, 100 S.) —80.

— — dasselbe. Lösungen. II. Heft. 2. Aufl. (IV, 23 S.) gr. 8. Ebd. 910. nnn 1.50
Wird nur direkt an Lehrer geliefert.

— — dasselbe. Ausg. B in 1 Heft. (VI, 111 S.) 8. Ebd. 909. —85

Helmkampf, Adolf *Louis Friedrich* [Assist. am landw. Inst. d. Univ. Göttingen]: Untersuchungen über die Feststellung des Düngungsbedürfnisses der Ackerböden durch die Pflanzenanalyse ... (Aus: Journal f. Landw., Bd. XL.) Merseburg, Buchdr. v. F. Stollberg, 1892; 103 S. 8.
Göttingen, Phil. Fak., Inaug.-Diss. v. [30. Mai] 1892

Helmkampf, Adf. Untersuchungen üb. d. Feststellung d. Düngungsbedürfnisses der Ackerböden durch die Pflanzenanalyse. Diss. gr. 8. (103 S.) Merseb. 892. (Gött., Vandenhoeck u. Ruprecht.) * 2 40
Aus: Journal f. Landwirtschaft, besonders abgedruckt.

Helmkampf, F. D. A., die Enthaltsamkeitssache u. das Princip der Alkoholgiftgegner in Anwendung auf Pädagogik u. allgemeine Gesundheitspflege. Ein ernstes Wort zu allgemeiner Beherzigung vorgelegt. gr. 8. (31 S.) Berlin 850, Wohlgemuth's B. in Comm. (W. Schultze.) baar n. 6½ ngr

Helmkampf, F. D. A., Festbüchlein, enthltd. die Beschreibung der am 3. S. n. Trin., 2. Juli 1854 zu Rohn etc. stattgehabten kirchl. Jubelfeier sammt Beilagen. Schreiberhau 854. (Breslau. Dülfer.) 12. (VI, 41 S.) 3 ngr

Helmkampf, Hermann, s. Helmkampff

Helmkampf, Max, die Recurrenz-Epidemie zu Jena 1879—1880. Inaugural-Dissertation. gr. 8. (41 S.) Jena 881. (Neuenhahn.) n. 1.—

Helmkampff, Herm., Diagnose u. Therapie der Erkrankungen d. Mundes u. Rachens, sowie der Krankheiten der Zähne. gr. 8. (VIII, 248 S.) Stuttgart 886. Enke. n. 5.—

Helmkampff, Herm., Bad Elster in Sachsen. Eine Darstellung alles Wissenswerthen für Kurgäste und Freunde des Bades. Neun Briefe an einen Freund. 8. (VI, 72 S.) Berlin 883, Grosser. *

Helmkampff, H., Führer durch Bad Elster u. Umgebung. Mit 1 Plane v. Bad Elster, sowie 1 Karte der Umgegend. 4., stark verm. Aufl. 12. (145 S. m. Abbildgn.) Bad Elster 893. (Leipzig, Verl. d. „Reichs-Medicinal-Anzeigers" B. Konegen.) n. 1.—

Helmkampf, Herm., Führer durch Bad Elster u. Umgebung. E. Freund u. Ratgeber f. Kranke u. Gesunde. 6., völl. umgearb. u. verm. Aufl. m. 11 Bild. u. 1 Karte d. Umgegend. 8. (V, 172 S.) Bad Elster 896. (A. Schaller.) n. 1.20

Helmkampff, H., Führer durch Bad Elster u. Umgebung. 8. völlig umgearb. Aufl. m. 28 Bildern u. 1 Karte der Umgegend. (VII, 94 S) 8. Bad Elster (905). (A. Schaller's Nf.) n. 1.20

— Moor u. Moorbäder. Theorie u. Praxis. (III, 108 S.) gr. 8. Leipzig 903. B. Konegen. n. 2.80

— d. Salzquelle u. d. Moorbäder v. Bad Elster b. d. Retardationen d. Stoffwechsels. [Aus: „Reichs-Medicinal-Anzeiger".] 8. (8 S.) Leipzig 895. Verlag des „Reichs-Medicinal-Anzeiger" B. Konegen. n. 1.—

Helmke's Buchführung f. ländl. Fortbildungsschulen. Bearb. v. A. Alves. (32 S. u. 16 S. in 8.) 36×23 cm. Hildesheim (909.) H. Helmke. In Mappe nn —65; Buchungsbeisp. u. Aufg. dazu. (14 S.) 8. 909. —20

— Formularmappe, zusammengestellt v. Alves. 36×25 cm. Ebd. 909. —80

Helmke, Bad Nauheim u. Friedberg in Hessen, s.: Beckmann-Führer. 1901

Helmke, A., über Messungen der Thoraxbewegungen. Jena 26 S. u. 1 Tafel 1865
Schul-/Univ.-Schrift

Helmke, A., Ed. Helmke's Reform der Orthopädie. Lehrbuch der gymnast. Orthopädie. Mit 13 Taf. Abbildgn. sämmtl. 31 v. Ed. Helmke erfundenen orthopäd. u. gymnastisch-orthopäd. Apparate u. 14 in den Text eingedr. Holzschn. gr. 8. (VI, 258 S. m. 15 Steintaf. wovon 5 in 4.) Helmstedt 871. Beyer. n. 6. —

Helmke, E. D., Almanach d. neuesten Pariser Modetänze f. d. J. 1830. Für Freunde u. Freundinnen d. höh. Tanzkunst. M. 4 Stndr. 12. (3⅔ B. u. 8 Bl. Tanztouren u. Musikbeil.) Naumburg, Zimmermann.

—— ders. der neuesten Modetänze f. d. J. 1831. Für Freunde rc. M. 9 Stndr. 12. (3⅔ B.) Quedlinburg, Basse.

—— ders. f. d. J. 1832. Für Freunde rc. M. 7 Stndr. 16. (14½ B., 1½ B. Tanz-Touren, 1 B. Musikbeil.) Merseburg, [Weidemann.]

—— ders. f. d. J. 1833. Für Freunde rc. M. 5 Stndr., Musikbeil. (1½ lith. B.) u. Tanz-Engagementskarten, ¼ lith. B. u. 1 lith. B. Tanztouren.) 16. (14½ gedr. B.) Ebds.

—— die Kunst sich durch Selbstunterr. in kurzer Zeit zum feinen Weltmann u. sehr geschickten Tänzer zu bilden, M. 5 Taf. Stndr. 16. (13 B.) Merseburg 831, [Weidemann.]

Helmke, E. D., die Kunst sich durch Selbstunterr. in kurzer Zeit z. feinen Weltmann u. sehr geschickten Tänzer zu bilden. Neue Ausg. 16. (13 B. u. 3 Stnt.) Leipzig 839, Drobisch.

Helmke, E. D., neue Tanz- u. Bildungsschule. Ein gründl. Leitfaden f. Eltern u. Lehrer bei d. Erzieh. d. Kinder u. f. d. erwachs. Jugend, um sich e. hohen Grad d. feinen Bildung zu verschaffen u. sich zu kunstfert. u. ausgezeichn. Tänzern zu bilden. M. 20 Stnt. u. 4 B. Musikbeil. 8. (18½ B.) Leipzig 829, Kollmann. Thlr.

Helmke, Ed., Bericht über die orthopädisch-gymnastische Heilanstalt in Jena. Leipzig 863. O. A. Schulz. 4. (79 S.) 7½ ngr.

Helmke, Fr.

Helmke, F., Hülfsbuch beim Unterricht in der Erdbeschreibung. Mit e. Vorworte v. Drecktrahe. 8. (106 S.) Rotenburg i/Hann. 887. Minden, Marowsky. cart. n. — 80

Helmke, Fr., Hilfsbuch beim Unterricht in der Erdbeschreibung. Für die Oberstufe mehrklass. Volksschulen bearb. 1. Hft.: Die außereurop. Erdteile. 2. Aufl. 8. (95 S.) Minden (902). C. Marowsky. n — 50

Helmke, Fr. Methodik d. geographischen Unterrichts. 8. (67 S.) Osterholz Scharmbeck 887. (Minden, Marowsky.) * — 60

[F.] Methodik des geographischen Unterrichts. [Von] Fr. Helmke, Lehrer in Rotenburg in Hann. 2. Aufl.... *Minden i. W.: C. Marowsky [1895].* (69 S.) 1 Bd 8. [pd. 7736

— Vorbereitungen auf den Unterricht in der Erdbeschreibung. Die außerdeutschen Länder Europas. gr. 8. (83 S.) Rotenburg i/Hann. 899. (Minden, C. Marowsky.) n. 1. 20

Vorbereitungen auf den Unterricht in der Erdbeschreibung. Die ausserdeutschen Länder Europas. Von Fr. Helmke. *Rotenburg i. Hann.: A. Temme 1899.* (83 S.) 8° [F.] [ca. 2330 6

Helmke, Ferdinand

Helmke, F. Mittheilungen üb. d. ersten Verse v. Soph. Ant. 22 S. .
Progr. Cleve 1837

Helmke: Die Parodos aus Sophokles Antigone v. 100 - 161 in lateinischer metrischer Übersetzung nebst deutschen Anmerkungen und die drei ersten Stasimen in deutscher metrischer Übersetzung. 36 S. – Cleve, Progr. 1858.

Helmke, F. Ueber sinesische Sprache und Literatur. 22 S. . . . .
Progr. Cleve 1840

Helmke, Ferdin. Lateinische Übersetzung des 1. 2. und 3. Stasimen aus Sophokles Antigone in den Versmaßen des Originals, nebst Anmerkungen. 29 S. . . . .
Cleve, Progr. 1847

[Helmke, Fridericus Ferdinandus Iacobus:] • De Constantini magni vitâ et legibus ex ipsis fontibus prorsus repetita disputatio. 33 S. 4° (2°)
Halle-Wittenberg, Phil. Diss. v. [10. Jan. 1823]
Geb. [Schwedt a. d. Oder 22. 7. 1801]
S. 1—18 des Ms. ersch. überarb. u. unter Weglassung der arab. od. syrischen Textstellen u. d. T.: De Constantini M. vita, moribus et legibus penitus ex fontibus repetita. P. 1. Stargard 1827: Hendeß. 20 S. 8° (4°) Gymn.-Progr.

Helmke, Fritz [aus Freienwalde a. O.]: Der Einfluss der Athembewegungen auf die Blutcirculation, insbesondere auf den arteriellen Blutdruck ... (Die ... Arbeit ist ... 1890 mit dem Preise gekrönt worden.) Halle a. S., Hofbuchdr. v. C. A. Kaemmerer & Co., 1891; 64 S., 1 Bl., 2 Taf. 8°
Halle, Med. Fak., Inaug.-Diss. v. 20. März 1891

Helmke, Fritz: Die Wohnsitze der Cherusker und Hermunduren. *Emden 1903: Th. Hahn Witwe.* (43 S.) 8° [F.]
Emden, k. Wilhelms-G, P 1903 (350)

Helmke, Ludwig Friedrich Johannes

Helmke, d. Begriff d. Gewalt im Reichsstrafrecht, s. a. Abhandlgn., strafrechtl., d. jurist. Seminars d. Universität Breslau.

Helmke, *Ludwig Friedrich Johannes* [Referendar]: Der Begriff der „Gewalt" im § 240 Reichsstrafgesetzbuch ... Breslau, Schletter'sche Buchh., 1894; 2 Bl., 40 S. 8.
Breslau, Jur. Fak., Inaug.-Diss. v. 1894

Helmke, Paul: Die Altertumssammlung des Friedberger Geschichtsvereins und ihre Verwertung in der Schule. 1. Die prähistorischen Altertümer. Mit 4 Taf., gez. von L. Roth. Friedberg i. H. 1904: C. Damm. (31 S.) 8°
Friedberg, großh. Augustinerschule ⟨G u. R⟩ OP 1904 (739)

Helmke, Guilelmus [Berolinensis]: De Demosthenis codicibus quaestiones selectae. Pars prior ... Berolini, Mayer & Mueller, *1896;* 2 Bl., 41 S., 1 Bl. 8.
Berlin, Phil. Fak., Inaug.-Diss. v. 13. Okt. 1896

Helmken, Frz. Thdr., the Cathedral of Cologne, its legends, history, architecture, decorations and art treasures. A guide for visitors, compiled from historical and descriptive records, as well as the official reports of the building committee. Translated from the German by J. W. Watkins. (88 S. mit eingedr. Holzschn.) 1881; 2d revised and enlarged edit. 8. (96 S. mit eingedr. Holzschn.) Köln 884, Boisserée. *

Helmken, F. Th., the Cathedral of Cologne, its history, architecture, decorations, art-treasures and legends. A guide for visitors, compiled from histor. and descr. records, as well as the official reports of the building committee. Transl. from the German by J. W. Watkins. 3., revised and enlarged ed. 8. (VI, 126 S. m. Illustr.) Köln 889. J. & W. Boisserée. n. 2.—

Helmken, Frz. Theod., the Cathedral of Cologne, its history, architecture, decorations, art-treasures and legends. A guide for visitors, compiled from historical and descriptive records, as well as the official reports of the building committee. Translated from the German by J. W. Watkins, R. A. 4., revised and enlarged ed. 8. (VI, 131 S. m. Abb.) Köln 895. J. & W. Boisserée. n. 2.—

— der Dom zu Coeln, seine Geschichte, Construction, bildliche Ausschmückung u. Kunstschätze. Aus der geschichtl. u. beschreib. Dom-Literatur, sowie den amtl. Bauberichten kurz zusammengetragen. Festbüchlein zur Vollendungsfeier des Domes 15. Oktbr. 1880 u. Führer für die Besucher. 8. (65 S. m. eingedr. Holzschn. u. 2 Holzschn.-Taf.) Ebend. 880. n. 1.50

— der Dom zu Coeln, seine Geschichte u. Bauweise, Bildwerke u. Kunstschätze. 2. Aufl. Ein Führer f. die Besucher m. Abbildgn. 8. (IV, 156 S.) Ebend. 887. n. 1.50; geb n. 2.—

Helmken, Frz. Theod., der Dom zu Coeln, seine Geschichte u. Bauweise, Bildwerke u. Kunstschätze. 3., erweit. Aufl. Ein Führer f. die Besucher. 8. (IV, 160 S. m. Abbildgn.) Köln 894. J. & W. Boisserée. n. 1.50

Helmken, Frz. Theod., der Dom zu Coeln, seine Geschichte u. Bauweise, Bildwerke u. Kunstschätze. 4. durchgeseh. u. ergänzte Aufl. Ein Führer f. die Besucher. 8. (VI, 164 S. m. Abbildgn.) Köln 899. J. & W. Boisserée. n. 1.50; geb. n. 2.—

Helmken, Frz. Theod., der Dom zu Coeln, seine Geschichte u. Bauweise, Bildwerke u. Kunstschätze. 5. durchgeseh. u. ergänzte Aufl. Ein Führer für die Besucher. (VIII, 176 S. m. Abbildgn.) 8. Köln 905. J. & W. Boisserée. n. 1.50

Helmken, Fr. Theod., Handbüchlein der katholischen Predigtlitteratur oder Verzeichnis der von 1800—1865 in Deutschland erschienenen Predigten. Köln, Boisserée, 1865, 8°, 76 S., 2 Mk.

Helmken, Fr. Thdr., Handbüchlein der katholischen Predigtliteratur. 2. Heft oder Verzeichniß der von 1865—1878 in Deutschland erschienenen Predigten. gr. 8. (22 S.) Köln 878, Boisserée. *
1. Heft. Ebendas. 1865. *ℳ 2.

— neue Integrations-Wege, s.: Mémoires de l'académie impériale des sciences de St.-Pétersbourg.

—— **Köln und seine Denkwürdigkeiten.** Ein Führer für Fremde und Einheimische. 3. umgearb. Aufl. 8. (XX, 182 S. mit lithogr. Plan und Abbild. [eingedr. Holzschn., 1 Holzschn.- und 10 Stnt.].) Ebendas. 883. geb. Ohne Stnt.

— Köln u. seine Sehenswürdigkeiten. Ein Führer. Mit Plan u. Abbildgn. 5., durchgeseh. Aufl. 12. (XXXII, 145 S.) Ebd. 889. cart. n. 1.—; kleine Ausg. (32 S.) n. —50

Köln und seine Sehenswürdigkeiten. M. Stadt-Pl., Kt. d. Umgegend u. vielen Abb. E. Führer f. Fremde u. Einheimische. Zsgest. v. Frz. Theod. **Helmken**. ([1.] Einl. Th.) 12. durchges. Aufl. [2.] Beschreibender Th. 4. durchges. u. erg. Aufl. *Köln: J. & W. Boisserée 1898.* (1 Bl., XL, 170 S., 2 Pl.) 1 Bd 8. [98. 3419

— Verzeichniß katholischer Bücher, welche vom J. 1861 bis 1864 erschienen sind. gr. 8. (75 S.) Köln 864, J. und W. Boisserée.

—— dass. — vom J. 1864 bis 1867. gr. 8. (94 S.) Ebendas. 868. *

Helmle, Adolf: Chateaubriand und Pierre Loti. Überlingen a. See [1909]: Ullersberger. 32 S. 8°
Heidelberg, Phil. Diss. v. 22. Febr. 1910, Ref. Neumann
[Geb. 26. Juli 82 Bruchsal; Wohnort: Ludwigshafen a. Bodensee; Staatsangeh.: Baden; Vorbildung: Gymn. Konstanz Reife Juli 03; Studium: Greifswald, Heidelberg; Rig. 17. Dez. 09.]

Helmling, Leander: Die Annalisten und Geschichtsschreiber des kgl. Stiftes Emaus in Prag und ihre Werke. (Eine bio-bibliographische Skizze.) S. 10—24. 8.
K. k. Staats-Gymn. mit deutsch. Unterrichtssprache in *Prag-Neustadt*, Graben 1903.
Progr.

Helmling, Leander, O. S. B., Emaus. Kurzgefaßte Geschichte u. Beschreibg. der Kirche u. des Klosters Unserer l. Frau v. Montserrat zu Emaus in Prag. (VI, 162 u. 8 S. m. Abbildgn.) gr. 8. Prag 903. J. G. Calve. n. 2.40; geb. n.n. 3.40

Helmling, L., O. S. B., s.: Jahresbericht, hagiograph.

— s. a. Registrum Slavorum, das vollständige.

Helmling, L. und **Horcicka**, A., Das vollständige Registrum Slavorum. [Die Urkunden des königl. Stiftes Emaus in Prag. Bd. I.] Gr.-8°. (XXV, 262 S. mit 1 Lichtdrucktafel und 6 Urkunden.) † K 5.—
Prag: Calve 1904.

Helmling Leander: Die Wandgemälde im Kreuzgange des königl. Stiftes Emaus in Prag. (Zur Kunstgeschichte des 14. Jahrh.) 14. Prag II. R. 02.
Progr.

— **Weihnachten.** Die kirchl. Feier des hl. Weihnachtsfestes nach dem Brevier des Benediktiner-Ordens. (Lateinisch u. deutsch.) (III, 131 S. m. 1 Farbdr.) 12. Prag 903. Abtei Emaus (Nur direkt.) Geb. in Leinw. n. 1.—

— s.: Zur Erinnerung an die feierliche Grundsteinlegung des Benediktinerinnen-Klosters St. Hildegard.

Helmling, P., über die Integration der allgemeinen Riccatischen Gleichung $\frac{dy}{dx} + y^2 = X$ und der von ihr abhängigen Differential-Gleichungen. gr. 4. (V, 48 S.) Dorpat 879. (Leipzig, C. A. Koch's Verlagsh.) *

—— neue Integrations-Wege, s. Mémoires de l'Académie impériale des sciences de St.-Pétersbourg.

Helmling, P., Studien zur Integralrechnung. hoch 4. (XI und 196 S.) Dorpat 866. Leipzig, Köhler. *

Helmling, Ph. P., Transformation und Ausmittelung bestimmter Integrale. Abhandlung zur Erlangung der Magisterwürde. gr. 4. (35 S.) Dorpat 851. (Mitau, Reyher.)

Helmling, Ph. P., Transformation und Ausmittelung bestimmter Integrale mit besond. Rücksicht auf grössere Werthe der Gränzen und implicirten Constanten. hoch 4. (IV und 147 S.) Mitau 854, Reyher'sche Vrlgsh. *

Helmold, s. Böhmer, Albert.

Helmoldt, C., s. Maurice, M., keine Zahnschmerzen mehr.

Helmoldus presb. Bosoviensis

Helmoldi Chronica Slavorum.

—, — rec. H. Bangert. Lubecae 1702. 4. . . . . (D.)

(Scriptores rerum Germanicarum in usum scholarum.)
Helmoldi presbyteri Chronica Slavorum ex recensione J. M. Lappenbergii in usum scholarum ex Monumentis Germaniae historicis recudi fecit Georgius Heinricus Pertz. Hannoverae. 1868. 8°

Helmoldi presbyteri Bosoviensis cronica Slavorum. Post Joh. M. Lappenberg recognovit Bernh. Schmeidler. Accedunt Versus de vita Vicelini et Sidonis epistola, s.a. Scriptores rerum germanicarum.

Helmoldi presbyteri Bozoviensis Cronica Slavorum. Ed. 2. Post Johannem M. Lappenberg recogn. Bernhardus Schmeidler. Acc. versus de vita Vicelini et Sidonis epistola. Hannoverae & Lipsiae: Hahn 1909. XXX, 273 S. 8°
(Scriptores rerum German ... ex Monumentis Germ. hist. separatim editi.) (09. 10928

Helmolds Chronik der Slaven, s.a. Geschichtschreiber der deutschen Vorzeit.

Helmold. Helmolds Chronik der Slaven. Nach der Ausgabe der Monumenta Germaniae übersetzt vom Dr. J C M Laurent. Mit einem Vorwort von J[ohann] M[artin] Lappenberg. 8. Berlin 1852.
Die Geschichtschreiber der deutschen Vorzeit. XII. Jahrhundert. Band 7.

— Chronik der Slaven, neu bearb. v. B. Schmeidler, s.a. Geschichtschreiber, die, der deutschen Vorzeit.

Helmolds [**Helmoldus** presb. Bosoviensis] Chronik der Slaven. Nach d. Ausg. d. Monumenta Germaniae übers von J[ohann] C[arl] M[auritz] Laurent u. W[ilhelm] Wattenbach. Mit e. Vorw. von J[ohann] M[artin] Lappenberg. 3. neubearb. Aufl. von B[ernhard] Schmeidler. Leipzig: Dyk 1910. XIV, 271 S. 8°
(Die Geschichtsschreiber d. deutschen Vorzeit. 2. Gesamtausg. Bd 56.) (10. 10695

Helmolt, August von (Giessen)
Ueber die reflectorischen Beziehungen des nervus vagus zu den motorischen Nerven der Athemmuskeln.
Giessen: Ricker 1856. 32 S. u. 1 Taf. + 2 Bl. Thesen.
Diss. med. 13.2.1856. vorh. 26. 7.△.

v. Helmolt, C. G., s. 1) Flüchtling, d. schöne. 2) Mercier der Essigmann, u. dess. Natalie.

von Helmolt, Hans [aus Berlin]: Über einige Doppelfluoride ... Forst i. L., E. Hoene's Buchdr., 1892; 38 S., 1 Bl. 8.
Berlin, Phil. Fak., Inaug.-Diss. v. 15. Febr. 1892

Helmolt, Hans Ferdinand

Helmolt, Hans F., s.: Elisabeth Charlotte Herzogin v. Orleans, Briefe.

— Deutsche Geschichte im Lichte deutschen Volkstums, s.: Meyer's Volksbücher.

Helmolt, Hans F., die Hohenzollern u. das Deutsche Vaterland, s.: Stillfried-Alcántara, R. Graf.

Ranke-Bibliographie. Von Hans F[erdinand] **Helmolt**. Mit e. Bildnis Rankes von W. Hensel aus d. J. 1839. Leipzig: Dyk 1910. 65 S. 8°
[Aus: Börsenblatt f. d. deutschen Buchhandel. 1910, Nr 132–134.] (10. 15067

— Der Treppenwitz der Weltgeschichte, s.: Hertslet, W. L.

— Kritisches Verzeichnis der Briefe der Herzogin Elisabeth Charlotte v. Orléans, nebst d. Versuch e. Liselotte-Bibliographie, s.a. Sammlung bibliothekswiss. Arbeiten.

Kritisches Verzeichnis der Briefe der Herzogin Elisabeth Charlotte von Orléans. Nebst d. Versuche e. Liselotte-Biographie von Hans F[erdinand] **Helmolt**. Leipzig: R. Haupt 1909. (227 S.) 8°
— Sammlung bibliothekswissenschaftl. Arbeiten. H. 24. (08. 14999

Helmolt, Hans F[erdinand] s. Weltgeschichte.

Helmolt, Hans *Ferdinand:* König Ruprechts Zug nach Italien ... Jena, Frommannsche Hof-Buchdr., 1892; IV, 181 S. 8.
Leipzig, Phil. Fak., Inaug.-Diss. v. [6. Aug.] 1892

Helmolt, Karl v., Tilemann Heßhus, zuletzt Doctor und erster Professor der Theologie zu Helmstedt und seine sieben Exilia. Ein Stück Leben aus den kirchlichen Bewegungen der zweiten Hälfte des 16. Jahrhunderts, aus Briefen jener Zeit zusammengestellt. Leipzig 859. Dörffling & Franke. gr. 8. (VIII, 148 S.) n. 16 ngr.

Helmolt, T(heod.) L(udw.) v., civilistische Abhandlungen. 1. Heft. A. u. d. T.: Das Accrescenzrecht und die successeo graduum der Novellen 118 und 127. gr. 8. (XII und 100 S.) Gießen 855, Ricker.

Helmolt, Thdr. Ludw. v., Beitrag zur Lehre des Unterschiedes zwischen Klagableugnung und Einrede. Habilitationsschrift. gr. 8. (III und 95 S.) Gießen 849, Ricker. Thlr. *

— die Correal-Obligationen. Gießen 857. Ferber. gr. 8. (XIV, 178 S.) n. 25 ngr.

— Verhältniß der Exceptionen zur Beweislast. Eine civilistisch-processualische Abhandlung. gr. 8. (VIII und 325 S.) Gießen 852, Ricker. *

Helmondus, Clarus Michael [Pseud.], s.a. Gleichmann, Johann Zacharias [wirkl. Name].

Gleichmannus alias Helmondus, Joh. Zach.: De penitus abrogando et tollendo jure pontificio, e foris et academiis regum et protestantium consultatio. Ed. 2. o. O. 1742.

Helmont, Cl. Mich., 8 Proben e. fürstl. Machtkunst. 8. Jena. 714.

Helmond, C. M. (i. e. Gleichmann, J. Z.): „Zwölf Proben einer Fürstlichen Machtkunst", Jena 1717.

Helmont, das Fräulein von. Lustsp. 8. Prag, Widtmann. 773.

Helmont, resp. M. **Strooth**, Diss. de auditu difficili. Hal. 4°. 1703

van **Helmont**, Fr. Merc., Das Geheimniß der Schöpfung aus dem göttl. magischen Central-Licht gezeiget. Mit 2 Tab. u. Holzschn. Amst. 8°. 1700

Helmont, Jean Baptiste van

— Anfg. d. Arzeneykunst rc. Fol. Nürnb. Endter.

Helmont, J. Bapt. v., Anweis. z. Arzeneykunst. Fol. Nürnb. Stein. 753.

HELMONT, JAN BAPTISTA VAN.
Opera omnia . . . Francofurti, 1682. 2 parts in 1 vol., 4to.
Opera omnia, novissima hac editione . . . repurgata . . . una cum introductione atque clavi M. B. Valentini . . . Francofurti, 1707. 4to.

Helmont, Jean Baptiste van: Opera omnia, novissima hac editione ab innumeris mendis repurgata...cum introductione atque clavi Michaelis Bernhardi Valentini. 765 S., gbd.

Francofurti: Paulli 1707

— opera omn. medica, a Valentino ed. 4. Hafn. 707.

Helmont, Jean Baptiste van: Opuscula medica inaudita. I.De lithiasi. II.De febribus. III.De humoribus Galeni. IV.De peste. 275 S., gbd.

Francofurti: Paulli 1707

Helmont, J. B. van, System d. Medicin, verglichen mit d. bedeutenderen Systemen ält. u. neuerer Zeit, e. Beitr. z. Entwickelungsgesch. medicin. Theorien; nebst d. Skizze e. Theorie d. Lebenserscheinungen im gesunden u. krankhaften Zustande v. G. A. Spieß. gr. 8. (34½ B.) Frankfurt a. M. 840, Schmerber.

Helmreich, Begründung der Motion über die Aufhebung der Zunftverfassung u. Einführung einer Gewerbeordnung. 4°. s. l. 1848.

Helmreich, Carl, s. Helmreich, Karl

Helmreich, Friedrich, a. Augsburg: Der Chor bei Sophokles und Euripides nach seinem ἦθος betrachtet. Erlangen 1905: E. Th. Jacob. (92 S.) 8°
Erlangen, Phil. Fak., Ref. Römer, Diss. v. 4. Sept. 1905
[Geb. 3. Sept. 81 Augsburg; Staatsangeh.: Bayern; Vorbildung: Gymn. Hof Reife 00; Studium: Erlangen 3, Berlin 1, München 2, Erlangen 2 S.; Rig. 19. Juli 05.]

Helmreich, G[eorg]: Zu Caelius Aurelianus. *Hof (1900): Mintzel.* (1 S.) 8°
Hof, k. humanist. G, P u. Festschr. 1900*

Helmreich, G[eorg], Rektor: Galen über die Kräfte der Nahrungsmittel. Erstes Buch Kap. 1–13 als Probe einer neuen Textrezension herausgegeben. Ansbach 1905: C. Brügel. (54 S.) 8°
Ansbach, k. human. G P 1905*

Helmreich, G[eorg], Rektor: Galen Über die Kräfte der Nahrungsmittel I. Buch Kap. 14 — II. Buch Kap. 20. Ansbach 1906: C. Brügel & S. (50 S.) 8°
Ansbach, k. G P 1906*

Helmreich, G[eorg], Rektor: Galen, Über die Kräfte der Nahrungsmittel. II. Buch Kap. 21—71. Ansbach 1907: C. Brügel & S. (46 S.) 8°
Ansbach, k. G P 1907*

Helmreich, G[eorg]: Galen Über die Kräfte der Nahrungsmittel [De alimentorum facultatibus]. 3. Buch. Kap. 1—20. Ansbach 1908: Brügel. 34 S. 8° ¶[Forts. d. P-Beil. 1905—07.]
Ansbach, k. G P 1908* [S 08. 176

Helmreich, G[eorg]: Galen Über die Kräfte der Nahrungsmittel. 3. Buch. Kap. 21—41. Ansbach 1909: Brügel. 36 S. 8° ¶[Forts. d. P-Beil. 1905-08.]
Ansbach, k. G P 1909* [S 09. 176

Helmreich, Georgius: Galeni de temperamentis liber I. Ad codices primum conlatos recensuit. Augsburg, Druck v. J. P. Himmer, 1897; 1 Bl., 62 S. 8.
Augsburg, k. hum. G bei St. Anna, P 1897*

ΓΑΛΗΝΟΥ ΠΕΡΙ ΧΡΕΙΑΣ ΜΟΡΙΩΝ ΒΙΒΛΙΟΝ ΤΕΤΑΡΤΟΝ.
Galeni de utilitate partium liber quartus. Ad codices primum conlatos recensuit Georgius Helmreich. 8 (53 S.).
Progr. Studienanst. St. Anna *Augsburg* 1886.

Γαληνοῦ περὶ τοῦ διὰ τῆς σμικρᾶς σφαίρας γυμνασίου.
Galeni libellus qui est de parvae pilae exercitio. Ad codices primum conlatos recensuit Dr. Georg Helmreich, Stdl — 1878. Augsburg, ibid. — S. 1—22*.
Progr. Augsburg bei St. Anna prot.Gymnasium

Helmreich, Georgius: Galenus de optima corporis constitutione. Idem de bono habitu. Ad codices primum collatos rec. Accedit corollarium variarum lectionum. *Hof 1901: (F. Junge in Erlangen).* (40 S.) 8°
Hof, k. humanist. G. P 1901*

Helmreich, Georg (Hrsg.), s. Galenus, Claudius: Über die Kräfte der Nahrungsmittel.

Helmreich, Geo., s. a. Jahresbericht üb. Tacitus.

Helmreich, G., Jahresber. üb. Tacitus 1880—84. S.-A. 1884. 80 S.
— — 1892—95. S.-A. 1896. 84 S.

Helmreich, Geo., observationes criticae in Galeni de elementis secundum Hippocratem libros. gr. 8. (30 S.) Erlangen 877. Deichert. n. — 60

Helmreich, G[eorg]: Handschriftliche Studien zu Galen. 34 S. 8.
Progr. K. hum. Gymn. *Ansbach* 1910.
I. Bruchstücke eines Kommentars zu Galens Schriften *Περὶ στοιχείων*. *Περὶ κράσεων* und *Περὶ φυσικῶν δυνάμεων*.

Helmreich, G[eorg]: Handschriftliche Studien zu Galen. Ansbach 1910: Brügel. 34 S. 8°
Ansbach, k. G P 1910*

— griechisches Vokabular, in grammatikalischer Ordnung für den ersten Unterricht zusammengestellt. 8. (IV, 66 S.) Augsburg 881. Rieger. cart. n. 1. —

Helmreich, Karl, Rechtsprakt.: Die geschichtliche Entwicklung der bayerischen Gemeindeverfassung vom Ende des 18. Jahrhunderts bis zum Jahre 1818. Ansbach 1909: Brügel. 46 S. 8°
Erlangen, Jur. Diss. v. 26. Mai 1909, Ref. Rieker
[Geb. 1. Dez. 85 Augsburg; Wohnort: Ansbach; Staatsangeh.: Bayern; Vorbildung: Gymn. Ansbach Reife 04; Studium: Erlangen 6, München 2 S.; Rig. 6. März 09.] [U 09. 693

Helmreich, Carl, aus Nürnberg: Über die spezifische Wärme von Flüssigkeitsgemischen und Lösungen. *Erlangen 1903: Junge & Sohn.* (45 S.) 8°
Erlangen, Phil. Diss. v. 27. Mai 1903

Helmreich, Matth., Beschreibung des Geizes und Wuchers, der im Leihen, Münzen und Wechseln getrieben wird. 4°. Nürnberg 1625.

Helmreich, W., Amtsbaumeister: Beschreibung des neuen Schulgebäudes. (Buer (Westf.): Vest 1908.) S. 37—45. 4°
Buer, R u. PG i. E., in Festschr. z. Erinn. an d. Einweih. d. Schulgebäudes, P 1908 (489) [S 08. 177

v. Helmreichen, Virgil, zu Brunfeld, über das geognostische Vorkommen der Diamanten und ihre Gewinnungsmethoden auf der Serra Do Grão-Mogór in d. Provinz Minas-Geraes in Brasilien. Mit e. Vorwort des k. k. Bergraths W. Haidinger. Mit 9 lith. Taf. gr. 8. Wien 846, Braumüller u. Seidel. n. 24 *ngl*

Helmrich, Carl, s. Helmrich, Karl

Versuche über die Verwendung von Kunstdünger in der Kultur des Kaffees. Von Gustav **Helmrich** in Finca Samac. Mit 12 Textabb. u. 1 Taf. (Berlin: Der Tropenpflanzer 1908.) (S. 187—220.) 8°
= **Tropenpflanzer,** Der. Beihefte. Bd 9, No 4. [08. 1170

Helmrich, K., Einrichtungs- und Lehrpläne des Seminars und der Seminarschule zu Sondershausen. Sondershausen. 1867
Schul-/Univ.-Schrift

Helmrich, K., Handfibel. Leselernbuch f. den verbund. Lese-, Schreib-, Anschauungs- u. Sprachunterricht. gr. 8. (63 S., wovon 8 lith. m. eingedr. Holzschn.) Sondershausen 872. Eupel. n. — 40

Helmrich, K., Handfibel. Lesebuch für den verbundenen Lese-, Schreib-, Anschauungs- und Sprachunterricht. 2. und 3. Aufl. gr. 8. (64 S. mit eingedr. Holzschn.) Sondershausen 876,77, Eupel. *

Helmrich, K., Handfibel. Lesebuch für den verbundenen Lese-, Schreib-, Anschauungs- und Sprachunterricht. 4. und 5. Aufl. gr. 8. (64 S. mit eingedr. Holzschn.) Sondershausen 880,82, Eupel. *

— schwarzburgische Landeskunde. Bilder aus der Geschichte u. Geographie d. Fürstenth. Schwarzburg-Sondershausen f. Schule u. Haus. gr. 8. (XVI, 152 S.) Ebend. 871. n. 2. –

—— Lesebuch für den verbundenen Sach- und Sprachunterricht im 2. und 3. Schuljahr. gr. 8. (VIII, 123 S.) Sondershausen 873, Eupel. **

—— Lesebuch für den verbundenen Sach- und Sprachunterricht im 2. und 3. Schuljahre. 2. und 3. Aufl. gr. 8. (VIII, 137 S.) Ebendas. 875,79. *

—— Lesebuch für den verbundenen Sach- und Sprachunterricht im zweiten und dritten Schuljahre. 4. Aufl. (VIII, 137 S.) 1881; 5. Aufl. gr. 8. (VIII, 138 S.) Ebendas. 883. *

—— vaterländisches Lesebuch für die mittleren und oberen Klassen evangelischer Volksschulen. (VIII, 424 S.) 1880; 2. Aufl. gr. 8. (VIII, 488 S.) Ebendas. 883. *

Helmrich, Karl

Helmrich, Carl, Geschichte des Großherzogth. Sachsen-Weimar-Eisenach für Schule und Haus. gr. 8. (XII und 139 S. mit 1 Holzschnt. und 1 Tab. in qu. gr. Fol.) Weimar 852, Albrecht'sche Hofbuchdr. * –

Helmrich, Car. (geb Schweidnitz 10. 3. 1833): Prodromus florae Suidniciensis. Berolini (1857). (31 S.) 8°
Berlin, Med. Diss. v. 17. Aug. 1857

Helmrich, L. v., psychologische Meditationen, s. Meditationen.

Helmrich, L. v., Reise-Fragmente, s. Reise-Fragmente.

Helmrich, Paul Arno, aus Leipzig: Über einige Derivate des β-Aethoxybutyronitrils und Über die Verseifungsprodukte desselben mit wässeriger Kalilauge. *Leipzig 1901: A. Th. Engelhardt.* (38 S.) 8°
Leipzig, Phil. Diss. v. [6. Juni] 1901

Geschichte der Bäcker-Innung zu Plauen von Richard **Helmrich.** Plauen: R. Kell 1906. (55 S.) 8° [Umschlagt. J.] [06. 10078

Helmrich, Rich., Julius Mosen, der Sänger d. Liedes: Zu Mantua in Banden. (In Gabelsberg. Stenographie.) (115 S. m. 1 Bildnis.) 8. Wolfenbüttel 907. Heckner. 1.80; geb. 2.50

— die Stiftungen in der Schule Gabelsbergers. (VI, 61 S. m. Bildnissen.) gr. 8. Wolfenbüttel 901. Heckner. n.n. 1.—

— Plauens Theatergeschichte bis zur Weihe des Stadttheaters im J. 1898. (S. 198—244 m. 2 Taf.) 8. Plauen (908). (R. Neupert jr.) — 75
Sonderabdr. a.: „Jahresschr. d. Altertumsver. zu Plauen"

— Eleonore Wallot. Eine Festgabe zum 80. Geburtstag. (44 S. m. 1 Bildnis.) gr. 8. Ebd. 902. n.n. 1.—

Helmrich, Volkmar, die Leibesübungen in alter u. neuer Zeit u. ihre Bedeutung f. Gesundheit u. Leben. Vortrag, der deutschen Turnerschaft zum Gedächtniß an den 10. Juni 1894, den Tag der Weihe der Erinnerungsturnhalle an Friedr. Ludw. Jahn in Freyburg a. d. U. gewidmet. gr. 8. (45 S.) Leipzig 894. E. Strauch. n. — 80

Helmrich, V., Mutter u. Kind. Leichtverständl. Anweisg., wie e. Kind leiblich u. geistig recht erzogen, gesund erhalten u. beziehentlich gesund gemacht werden kann u. soll. 8. (XVI, 416 S. m. 1 Taf.) Weimar 890. Jüngst & Co. n. 4.—; geb. n. 5. -

Helmrich, Volkmar, Mutter u. Kind. Leichtverständliche Anweisg., wie e. Kind leiblich u. geistig recht erzogen, gesund erhalten u. beziehentlich gesund gemacht werden kann u. soll. 8. (XVI, 416 S.) Weimar 891. Jüngst & Co. n. 4.—; geb. n. 5.—

Die Rose. Vortrag, gehalten in der Loge „Rupprecht zu den fünf Rosen" im Or.·. zu Heidelberg, am 1. Juni 1896. Von Volkmar Helmrich. [Frankfurt a. M. 1897: Mahlau & Waldschmidt.] 6 S. 4° [Kopftit.]
Aus: Bh. 40 (1897) S. 161—164, 170—173.
Die Rose als Symbol der Schönheit u. Liebe, Abbild des mrischen Geheimnisses.

Helmrich, V. Die therapeutischen Wandlungen in der Behandlung der Bauchfelltuberculose. (Innere Behandlung - Bauchschnitt - Impfung mit Koch'scher Lymphe). Mit 2 Fällen von Peritonitis tuberculosa aus der gynækologischen Klinik zu Basel. Gr. in-8°. I, 107 S. Basel, Carl Sallmann. 1892 3 75

Katalog der Bibliothek des gemeinschaftlichen Thüringischen Oberlandesgerichts zu Jena. [Nebst] Nachtrag. (Vf.: Wilh. Const. **Helmrich.**) *Jena: Frommannsche Hof-Buchdr.* **1885—96.** (2 Bl., XIV, 673 S.) 1 Bd 8. [96. 315

Helmrich, Wilh. Const., Ortsverzeichniß der bei dem gemeinschaftlichen Thüringischen Oberlandesgericht Jena betheiligten Thüringischen Staaten u. königl. Preußischen Kreise. Nach den einzelnen Staaten, Landgerichten, Verwaltungsbezirken, Amtsgerichten u. polit. Gemeinden geordnet, m. Angabe der Einwohnerzahl nach der Volkszählung vom 1. Dezbr. 1880 u. unter Angabe der Post- u. Telegraphen-Anstalten, nebst einem Anwalts- u. Gerichtsvollzieher-Verzeichniß u. einem alphabet. Register. 8. (VII, 101 S.) Jena 881. Deistung. n. 1. 20

Helmrich, Wilh. Const., Ortsverzeichniß der Thüringischen Staaten. Ortsverzeichniß für die zu dem Bezirk des gemeinschaftl. Thüring. Oberlandesgerichts Jena vereinigten Thüring. Staaten und königl. preuß. Kreise, sowie für das zum Oberlandesgericht Naumburg und bezw. Landgericht Erfurt gehör. Fürstenth. Schwarzburg-Sondershausen. In alphabet. Reihenfolge geordnet, nebst Angabe der Bevölkerung nach der Volkszählung vom 1. Dezbr. 1885, der Amtsgerichte, der Postbestellungs- und Gendarmeriestationsorte, der Garnisonen und Bezirksfeldwebel-Stationsorte, sowie eines Rechtsanwalts- und Gerichtsvollzieher-Verzeichnisses und 1 Karte der Landgerichtssprengel in graph. Darstellung. 2. veränd. Aufl. 8. (131 S.) Jena 888, Mauke. cart. *

Helmrich, Wilh. Constant., Ortsverzeichnis d. thüring. Staaten. Ortsverzeichnis f. die zum Bezirk des gemeinschaftl. thüring. Oberlandesgerichts Jena vereinigten thüring. Staaten u. kgl. preuß. Kreise, sowie f. das zum Oberlandesgericht Naumburg u. bezw. Landgericht Erfurt gehör. Fürstent. Schwarzburg-Sondershausen. In alphabet. Reihenfolge geordnet, nebst Angabe der Bevölkerungszahl nach der Volkszählg. v. 1. XII. 1905, der Amtsgerichte, d. Postbestellgs.- u. Gendarmeriestationsorte, der Garnisonen u. Landwehrbezirks-Kommandos u. Meldestellen, sowie e. Rechtsanwalts- u. Gerichtsvollzieher-Verzeichnis u. e. Karte der Landgerichtsbezirke in graph. Darstellg. 3. verb. Aufl. (VIII, 113 S.) 8. Jena 909. H. W. Schmidt. Geb. 2. —

Helmrich, Wilh. Const., Paragraphen-Schlüssel zu d. bürgerl. Gesetzbuch, d. Einführungsgesetz u. d. sämtl. Entwürfen. 8. (IV, 251 S.) Jena 898. O. Raßmann. n. 3. 50

— ausgesuchte Wanderbilder u. Waldpartieen aus d. Saalthale u. Jena's Umgegend. 8. (52 S.) Jena 898. G. Neuenhahn. n. — 75

Helmrich, Wilh. Const., Wanderbilder u. Waldparthieen aus Jena's Umgegend u. dem Saalthale. 2. verm. u. verb. Aufl. 8. (143 S.) Jena 902. G. Neuenhahn. n. 1. 40

Helmrich, Wilh. Constant., Wanderbilder u. Waldpartien aus Jena's Umgegend u. dem Saaltale. 3. verm. u. verb. Aufl. (206 S.) Il. 8. Jena (907). G. Neuenhahn. 1. 50

— d. Wohnungsmiethe. Zusammenstellg. der gemeinrechtl. u. sonst. im Großherzogth. S.-Weimar gelt. Bestimmgn. üb. Miethverhältnisse, unt. Verweisung auf d. einschläg., wörtl. abgedruckten Bestimmgn. d. Entwurfs e. bürgerl. Gesetzbuches f. d. Deutsche Reich. Für den Handgebrauch bearb. 8. (40 S.) Jena 895. Frommann's Sort. n. — 60

Helmricht, Tegtt. Lehr., Vorarbeiten zu Kanzelvorträgen über d. Leidensgeschichte nach den vier Evangelisten. gr. 8. Leipz. 816. Barth. 4 ₰

— Vorarbeiten zu Leichenpredigten, Standreden u. Abdankungen. 2 Bde. gr. 8. Leipz. 819 u. 21. Barth. 3 ₰

Helms' Führer durch Riga mit besonderer Berücksichtigung der Badeörter bei Riga. 2., vollständig umgearb. u. verb. Aufl. Mit (lith.) Plänen der inneren Stadt u. der Vorstädte. 8. (112 S.) Riga 881. Helms. n. 2. —

Helms' Wegweiser durch Riga, bestehend in 1 (lithogr.) Plane der inneren Stadt und 1 (lithogr.) Situationsplane der rigaschen Vorstädte, nebst Text und Adress-Anzeiger. 8. (100 S.) Riga 879, Helms. *

Helms, A., Arethusa, d. Sklavin v. Byzanz, s.: Crawford, Francis Marion.

Helms, A., Heinz Treuaug, wie er ein Ritter ward u. wie er den Freimut geschwungen hat, der reiferen Jugend geschildert. Mit 16 Thontaf. u. vielen Illustr. im Text. gr. 8. (IV, 228 S.) Leipzig 881. Hirt & Sohn. 4. 50; geb. 6. —

Helms, A., Heinz Treuaug, wie er e. Ritter ward, u. wie er den Freimut geschwungen hat, der reiferen Jugend geschildert. Mit 16 Tontaf. u. vielen Abbildgn. im Text. 3., durchgeseh. Aufl. gr. 8. (224 S.) Leipzig 889. Hirt & Sohn. 4. 50; geb. 6. —

Helms, A., Heinz Treuaug, wie er ein Ritter ward u. wie er d. Freimut geschwungen hat, d. reif. Jugend geschildert. Mit 16 Tontaf. u. viel. Abbildgn. i. Text. 4., unveränd. Aufl. gr. 8. (224 S.) Leipzig 891. Hirt & Sohn. Ermäß. Pr. 3. —; geb. 4. —

Helms, A., Heinz Treuaug, wie er e. Ritter ward, u. wie er den Freimut geschwungen hat, der reiferen Jugend geschildert. Mit 16 Vollbildern u. vielen Abbildgn. im Text. 5. Aufl. (254 S.) gr. 8. Leipzig 904. F. Hirt & Sohn. n. 3. —; geb. in Leinw. n. 4. —

— Heinz Treuaug wie er e. Ritter ward, u. wie er den Freimut geschwungen hat, d. reiferen Jugend geschildert. Mit 16 Vollbildern u. vielen Abb. im Text. 6. Aufl. (254 S.) gr. 8. Leipzig 908. F. Hirt & Sohn. Geb. in Leinw. 4. —

Helms, Alb., Chaos. Roman. (152 S.) 8. Hamburg 909. A. Janssen. Geb. in Leinw. 3. —

Helms, Alb., über einige Derivate der normalen Oenanthylsäure. Inaugural-Dissertation. gr. 8. (31 S.) Göttingen 875, (Vandenhoeck und Ruprecht's Verlag.) *

— s.: Zeitschrift, die.

Helms, Anton Zacharias, s.a. Helm

Helms, Anton Zacharias: Tagebuch einer Reise durch Peru, von Buenos-Ayres an dem grossen Plataflusse, über Potosi nach Lima, der Hauptstadt des Königreichs Peru. Dresden 1798. 300 S. 8°.

Helms, Ant. Zach., Tagebuch einer mineralog. Reise durch Peru, von Buenos-Ayres an d. großen Platafluß, über Potosi nach Lima. gr. 8. Dresd. 798. Walther. 1 ₰

Helms, Emil, die socialdemokratische u. gewerkschaftliche Bewegung in Dänemark. (VI, 200 S.) gr. 8. Leipzig 907. C. L. Hirschfeld. 4. —

Helms, Frdr., die Kartoffelkrankheit, ihre Ursachen und die möglichen Mittel gegen ihre Verheerung. Hamburg 861. (Celle, Schulze.) gr. 8. (82 S.) n. 10 ngr.

— der Obstbau in den Küstenländern der Nord- und Ostsee. Mit 2 (lith.) Plänen (in 4. u. Fol.). Stade 860. Steudel. 8. (XIX, 76 S.) 7½ ngr.

Helms, Friedr., zwölf geistliche Reden. gr. 8. (7 B.) Hannover 836, Hahn'sche Hofbuchh.

Helms, Georg

Helms, G. The English adjective in the language of Shakespere. Diss. Rostock 1868. 56 S.

Helms, Geo., the English Adjective in the Language of Shakspere. Inaugural-Dissertation. gr. 8. (III, 56 S.) Bremen 868, Kühtmann und Comp. *

Helms, Geo., seven Tales from the History of England and the United States. Ein Lesebuch für die mittlere Stufe des Unterrichts im Englischen, mit Wörterverzeichniss und Aufgaben zu schriftl. Uebungen. 1. Aufl. (IV, 116 S.) 1868. *ℳ 1,20.; und 2. Aufl. 8. (VI, 144 S.) Bremen 873, Kühtmann und Comp. *

Helms, Henr., s. Helms, Svenn Henrik

Helms, J. Andr. Warhaftige Vorstellung der Belagerung der Stadt Riga bis zu übergabe, d. 3. Juli 1710. 4. 1710.

Helms, Jacob, Dänische Tuffsteinkirchen. I. Die mit vulkanischem Tuff vom Rhein erbauten Kirchen in Deutschland, Holland und bes. in Dänemark. Text u. Atlas. Kopenhagen, Hagerup. gr. Fol.

Helms, Svenn Henrik

Helms, Henrik [Übers.]
s. Carlén, Rosa: Die Liebe eines Vagabunden. 1867.

—— die Eiswelt und der hohe Norden. Grönland, Lappland, Finnland, Island und deren Land und Leute. Neue Ausg. mit 2 Illustr. (Holzschn.) 8. (700 S.) Leipzig 873, Theile. [Moderne Antiquariatsbuchh.] (*M 3.) *

Helms, Svenn Henrik, Finnland und die Finnländer. Eine Skizze aus dem Lande der tausend Seen. 8. (IV, 159 S.) Leipzig 869, Fritsch. [Theile.]

Helms, Henr., Grönland und die Grönländer. Eine Skizze aus der Eiswelt. 8. (VIII und 185 S.) Leipzig 867, Fritsch. *

—— Island und die Isländer. Eine Skizze aus dem Lande der Wunder und Sagen. 8. (VI, 155 S.) Ebendas. 869.

—— Lappland und die Lappländer. Eine Skizze aus dem hohen Norden. 8. (VIII, 194 S.) Ebendas. 868. *
Vorstehende vier Werke wurden vereinigt u. d. T.:
—— die Eiswelt und der hohe Norden.

Helms, H., Aus Skandinavien, s. Aus Skandinavien.

Helms, Henrik [Übers.]
s. Thoresen, Anna Magdalene: Schön-Signe's Liebe. 1864.

Helms, S. Henrik, ny fuldstaendig Ordbog i det danske og det tydske Sprog. Tilligemed et kort Udtog af begge Sprogs Formlaere. Ster.-Udgave. — Neues vollständiges Wörterbuch der dänischen und der deutschen Sprache. Nebst einem kurzen Abrisse der Formenlehre beider Sprachen. Ster.-Ausg. 2 Thle. gr. 8. (LXVI und 1014 S.) Leipzig 858, C. Tauchnitz.

—— neues vollständiges Wörterbuch der dänischen und deutschen Sprache. Nebst einem kurzen Abrisse der Formenlehre beider Sprachen. Ster.-Ausg. 2. Aufl. 2 Thle. gr. 8. (XXXIII, 500; XXXIII, 514 S.) Leipzig 871, Holtze. (M 7,50.)

Helms, Svenn Henrik, neues vollständiges Wörterbuch der dänischen und der deutschen Sprache. Nebst einem kurzen Abrisse der Formenlehre beider Sprachen. 2 Tle. in 1 Bde. Ster.-Ausg. 3. Aufl. — Ny fuldstændig ordbog i det danske og det tydske sprog. Tilligemed et kort udtog af begge sprogs formlære. gr. 8. (XXXIII, 500; XXXIII, 514 S.) Leipzig 884, Holtze.

Helms, Svenn Henrik, neues vollständiges Wörterbuch der dänischen und der deutschen Sprache. Nebst einem kurzen Abrisse der Formenlehre beider Sprachen. 2 Tle. in 1 Bde. Ster.-Ausg. 4. und 5. Aufl. — Ny fuldstændig ordbog i det danske og det tydske sprog. Tilligemed et kort udtog af begge sprogs formlære. gr. 8. (XXXIII, 500; XXXIII, 514 S.) Leipzig 885—87, Holtze.

Neues vollständiges Wörterbuch der dänisch-norwegischen und deutschen Sprache. Nebst e. kurzen Abrisse d. Formenlehre beider Sprachen. Von Dr. Svenn Henrik **Helms**. Ster.Ausg. 6. verb. u. verm. Ausg. Th. 1. 2. Leipzig: Holtze 1895. 8°
[Nebent.:] Ny fuldstændig Ordbog i det dansk-norske og tydske Sprog. Af S. H. Helms.
1. Dänisch-Norw.-Deutsch. 2. Deutsch-Dän.-Norwegisch. [10. 5247]

Helms, Svenn Henrik: Neues vollständiges Wörterbuch der dänisch-norwegischen und deutschen Sprache. 7. Aufl. Leipzig 1904
T. 1. Dänisch-Norwegisch-Deutsch.
T. 2. Deutsch-Dänisch-Norwegisch

— neues vollständiges schwedisch-deutsches u. deutsch-schwedisches Wörterbuch nebst e. kurzen Abrisse der Formenlehre beider Sprachen. 2 Thle. gr. 8. (XXVI, 494 u. XXVIII, 456 S.) Ebend. 871. 9.

—— neues vollständiges schwedisch-deutsches und deutsch-schwedisches Wörterbuch nebst einem kurzen Abrisse der Formenlehre beider Sprachen. 2 Tle. in 1 Bde. — Ny fullständig svensk-tysk och tysk-svensk ordbok tillika med ett kort utdrag af båda språkens formlära. gr. 8. (XXVI, 494; XXVIII, 456 S.) Ebendas. 883.

— neues vollständiges schwedisch-deutsches u. deutsch schwedisches Wörterbuch. Nebst e. kurzen Abrisse der Formenlehre beider Sprachen. 3. Aufl. 2 Thle. in 1 Bd. Lex. 8. (XXVI, 494 u. XXVIII, 456 S.) Ebd. 887. 9. —

— neues vollständiges schwedisch-deutsches u. deutsch-schwed. Wörterbuch, nebst e. kurzen Abrisse d. Formenlehre beider Sprachen. 4. Aufl. 2 Tle. in 1 Bd. gr. 8. (XXVI, 494 u. XXVIII, 456 S.) Ebd. 893. 9. —; geb. n. 10. 25

Neues vollständiges schwedisch-deutsches und deutsch-schwedisches Wörterbuch nebst e. kurzen Abrisse d. Formenlehre beider Sprachen. Von Dr. Svenn Henrik **Helms**. 5. Ster.Aufl. Th. (1.) 2. Leipzig: Holtze 1904. 8°
[Nebent.:] Ny fullständig svensk-tysk och tysk-svensk Ordbok ... Af S. H. Helms.
(1.) Svensk-tysk. 2. Deutsch-Schwedisch. A 11. 13098

Helmsauer, August „Beiträge zur Kenntniss der naturhistorischen und landwirthschaftlichen Verhältnisse des Landgerichtsbezirkes Freysing". pg. 1—16. 4°. Franz Datterer.
Freising, Progr. 1845/46

Helmsauer, A. „Beiträge zu einer naturhistorischen Topographie des Landgerichtsbezirkes Kempten und seiner nächsten Umgebung". pg. 3—12. 8°. Jos. Kösel.
Kempten, Progr. 1861/62

Helmsauer, A. „Erste Fortsetzung der Beiträge" etc. pg. 13—28. 8°. J. Kösel. Kempten 1862.
Kempten, Progr. 1862/63

Helmsauer, A. „Zweite Fortsetzung der Beiträge zu einer naturhistorischen Topographie des Landgerichtsbezirkes Kempten und seiner nächsten Umgebung". pg. 29—42. 8°. Jos. Kösel.
Kempten, Progr. 1863/64

Helmsauer, A. „Uebersicht der während des Schuljahres 1853 54 beim Unterrichte in der Botanik vorgezeigten und zergliederten Pflanzen, welche theils in der nächsten Umgebung Kemptens wild wachsen, theils im Schulgarten gezogen werden". pg 3—16. 4°. J. Kösel.
Kempten, Progr. 1853/54

Helmsauer, C. A., s. 1) K. J. Schreyer. 2) Panorama des Rheins

Helmschrodt, J. C., histor. Bericht vom Frohnleichnamsfeste. Leipz. 1729. 4.

Helmschrott, Jos. Maria, Verzeichniß all. Druckdenkmale oder Bibliothek d. uralt. Benediktinerstifts, zum heil. Mang in Fuessen. 4. Ulm 790. Stettin. 2 ßß

Helmsdorf, F., elsässische Landschaften. 4 Orig.-Radiergn. Neue Ausg. Text v. A. Schricker. qu. gr. 4. (7 S.) Straßburg 886. Heitz. In Mappe. n. 6. —

Helmsdörfer, Adf., Forschungen zur Geschichte d. Abtes Wilhelm v. Hirschau. gr. 8. (IV, 118 S.) Göttingen 874. Peppmüller. n. 2. 80

Helmsdörfer, Adf., deutsche Sprachlehre f. höh. Lehranstalten. (85 S.) 8. Leipzig 908. G. Freytag. — Wien, F. Tempsky. Geb. 1. 20

Helmsdörfer, G., Karl Ferdinand Becker, der Grammatiker. Eine Skizze. Wiederholter Abdr. aus der allgem. Schulzeitung. Frankfurt a. M. 854. Hermann. gr. 8. (28 S.) n. 5 ngr.

Helmsdörfer, Geo., s. Abul-Hassan.

Helmsing, J. Th., Leitfaden der Kirchengeschichte für evangelische Schulen nebst einer übersichtl. Darstellung der wichtigsten Unterscheidungslehren. gr. 8. (VII, 138 S.) Riga 870, Bacmeister. *

—— dass. — für höhere evangelische Schulen, nebst einer übersichtl. Darstellung der wichtigsten Unterscheidungslehren und des Wichtigsten aus der Kirchengeschichte der russ. Ostseeprovinzen. 2. Aufl. gr. 8. (VIII, 157 S.) Eisenach 875, Bacmeister. *
Ohne kirchengeschichtl. Anh. (VIII, 144 S.) *
Anhang apart (18 S.) *

Helmsing, J. Th., Leitfaden der Kirchengeschichte f. höhere evangelische Schulen, nebst e. übersichtl. Darstellg. der wichtigsten Unterscheidungslehren. 3. Aufl. gr. 8. (VIII, 189 S.) Dresden 887. Bleyl & Kemmerer. n. 2. —

Helmsing, J. Th., Leitfaden d. Kirchengeschichte f. höh. evang. Schulen, nebst e. übersichtl. Darstellg. d. wichtigsten Unterscheidungslehren. 4., unveränd. Aufl. gr. 8. (VI, 176 u. 13 S.) Dresden 895. Bleyl & Kaemmerer. n. 2. —

Helmsing, J. Th., Paragraphen zum Religionsunterricht nach Luther's kleinem Katechismus. 2. Aufl. 12. (40 S.) Riga 887. Stieda's Verl. cart. n. — 60

—— die Reformationsgeschichte Livlands in ihren Grundzügen dargestellt. Eine Festgabe zur Feier der Enthüllung des Luther-Denkmals in Worms. 8. (IV, 78 S.) Riga [Eisenach] 868, Bacmeister. *

—— s. Wegweiser durch Bibel und Gesangbuch.

Helmsing, Leonhard, Ueber den Nachweis des Cocaïns im Thierkörper. Diss. Dorpat. 38 pp. 1886

Helmsing, L., üb. den Nachweis d. Cocaïns im Thierkörper. Inaug.-Diss. gr. 8. (38 S.) Dorpat 886. (Karow.) n. 1. —

Helmsmüller, Friedrich: Aus dem pathologischen Institute zu Kiel. Ein Fall von Axendrehung des gesammten Dünndarms und aufsteigenden Dickdarms. *Kiel 1898: P. Peters.* (14 S.) 8°
Kiel, Med. Diss. v. [12. Juli] 1898

Helmstaedt, A., Ferientage bei Tante Sophie. Soschas Briefe an Hildegard, s.: Jugend-Bücherei, farbig illustr.

Helmstaedt, Friedrich Emil, prakt. Arzt aus Tangerhütte: Die Behandlung der Epilepsie nach Toulouse und Richet. *Leipzig 1901: B. Georgi.* (24 S.) 8°
Leipzig, Med. Diss. v. (21. März) 1901

Helmstede, Leo v. Das Schwert des Damokles. Aus dem Holländischen. In-8°, 128 S. Einsiedeln, Gebr. Benziger. 1893 Geb. 1 50

Helmstedt [Schlagwort]

Helmstedt, s.: Preussen. Messtischblätter.

Helmstetter, Phil. Heinr. (Buxovilla [= Buchsweiler]-Hanoicus), Quaestion. an status ecclesiastici habuerint regalia tempore Francorum? Diss. jur. Strassburg 12. V. 1714. Bd. II. Jena (Jo. Bernh. Heller) 1737. 22 S. (6.50)

Helmut, Justus, s. Helmuth, Justus Heinrich Christian

Helmuth, Welten und Vorsehung; ein Roman für Schulen ... Dessau 1782. V: *Günther, Carl Ehrenfried.* (MGT) (OL)

Helmuth, s. unter Hellmuth.

— Uns ist bange; aber wir verzagen nicht! Eine Neujahrspredigt. gr. 8. Braunschw. 808.

Helmuth, ... (Prediger), (Sohn v. J. H.), Zuruf an die Landleute des Königr. Westphalen, über d. Rechtmäßigkeit d. neuen Landesobrigkeit, u. die Verpflichtung, ihr Liebe u. Gehorsam zu beweisen. 8. Stend. 808. Franzen u. Gr. 3 K

Helmuth, Arnold

—— Geist und Form. Ein Wort über Truppenleistung und Infanterie-Reglement. gr. 8. (47 S.) Berlin 874, Bath. *

—— Geschichte der letztvergangenen vier Jahre des 2. Magdeburgischen Infanterie-Regiments Nr. 27. gr. 8. (VI, 298 S. mit 3 lithogr. Plänen und 1 lithogr. Ansicht in Tondr. des Stwiep-Waldes in Fol.) Berlin 870, Mittler und Sohn. *

Helmuth, Arnold, die Schlacht v. Vionville u. Mars la Tour. — Die preußischen Garden am 18. August 1870. 2 Vorträge, geh. in dem wissenschaftl. Vereine zu Berlin am 3. Februar 1872 u. am 22. Februar 1873. gr. 8. (83 S.) Berlin 873. Mittler & Sohn. n. 1. 50

— das Schlachtfeld v. Gravelotte, St. Privat, s.: Lüders, H.

— Sedan. Ein Vortrag geh. in dem wissenschaftl. Verein v. Berlin am 28. März 1874. Nebst e. (lith.) Karte (in gr. 4.) gr. 8. (54 S.) Berlin 874. Mittler & Sohn. n. 1. —

Helmuth, Arnold, aus alten Tagen der Stadt Burg und militairische Traditionen der Garnison Burg; ein militairisch-bürgerl. Lebensbild aus dem vor. Jahrh. gr. 8. (57 S.) Burg 870, Hopfer. *

Helmuth, C., s. Helmuth, Karl

Helmuth, C. F., Vorsichtsmaßregeln gegen die asiat. Cholera, für Alle, welche sich vor dieser Seuche schützen wollen, auf Erfahrung gegründet. gr. 8. (14 S.) Berlin 848, Hayn.

Helmuth, Carl Friedrich, s. Helmuth, Karl Friedrich

HELMUTH, Fr. Wilh., Dr. philos. (geb. zu Volkmarsdorf 3. Sept. 1764), Blicke in den Guckkasten eines vielgewanderten Malers, zur scherzhaften Unterhaltung hrsg. von —. (Gedichte.) Helmstädt, in Commiss. d. C. G. Fleckeisenschen Buchh. 1820. 8°. (5 Mk. J. Halle, München, c. 1905.)
XVI (XIV ist Druckf.) u. 247 SS. Sammlung vermischter Poesien, darunter Pikantes: Die Wiedererkennung, od. das unvernünftige Thier ohne Sprache. — Es schmeckt nach d. Fasse, od. die wohl curirte Kranke. — Das merkwürdige Quid pro quo, od. d. erste Kuss d. Liebe in einem modernen Tempel der Venus. — Stax, der Hagestolz, od. d. Ueberraschung in d. Brautnacht &c. &c. Laut Vorr. erschien bereits ca. 20 Jahre vorher anonym eine kleine Sammlung von Gedichten desselben Verfassers.

Ueber den grossen Nutzen des Freimaurer-Ordens. Eine Rede am Johannis-Feste 1814 in der ger. u. vollk. St. Joh.-Loge Julia Carolina zu den 3 Helmen im Or. von Helmstådt, gehalten von F[riedr.] W[ilh.] Helmuth. [Helmstedt 1814]: Leuckart. 24 S. 8° [Umschlagtit.]
Kl. 581, 1180. Selten.

Zeit: Rede, bei dem Maurermahle am Sylvester-Abend gehalten vom Br F[riedr.] W[ilh.] Helmuth. Helmstådt 1815: Leuckart. 15 S. 8° [Umschlagtit.]
Üb. den schnellen Flug der Zeit u. den Glauben an Gott. Lehren daraus.

Helmuth, (... Günther), Welten u. Vorsehung; e. Roman f. Schulen u. Erziehung. 8. Dessau u. Leipz. 782. Gelehrten-Buchh. 16 gr

Helmuth, Hans (Braunschweig)
Die Himmelsrose oder Ludwig der Springer. Halle 1826.
Andachtsflammen, zur Belebung religiöser und moralischer Gefühle. (Handschriftlich)
[lt. Dekanatsbuch zur Promotion eingereicht.]
Dr. phil. Giessen 10.9.1827.

Helmuth, (H..) d. Himmelsrose, od. Ludwig d. Springer. Romant. Gedicht in 4 Gesängen. Mit Vorrede v. D. J. G. Gruber. gr 12. Halle 826, Fr. Ruff.

Helmuth, H., die Himmelsrose, od. Ludwig d. Springer. gr. 12. Halle 826. ist jezt Verlag von Grunert. 1/8 ℛ

Helmuth, H., Mixturen u. Heilpillen. — Ehrentempel, s. Mixturen.

—— (?) Opfer d. Andacht in Gesängen, f. d. Morgen u. Abend, an Sonn- u. Festtagen, in Leiden u. Trübsal, u. bei and. Lebensvorfällen. Für gebild. Christen. 8. (17 B.) Quedlinburg 830, Basse.

Johann Heinrich Helmuths [Helmuth] Anleitung zur Kenntniß des großen Weltbaues für Frauenzimmer in freundschaftlichen Briefen. Braunschweig: Schulbuchh. 1791. XX, 343 S. 8°

— Anleit. z. Kenntn. d. großen Weltbaues f. Frauenz. m. Kpf. 8. Ebend. 793.

Johann Heinrich Helmuths [Helmuth] Anleitung zur Kenntniß des großen Weltbaues für Frauenzimmer in freundschaftlichen Briefen. 2., verb. u. ansehnlich verm. Aufl. Braunschweig: Schulbuchh. 1794. XXXX, 581 S. 8°

Helmuth, Jh. Hnr., († 181..) allgem. Betrachtt. über die wahre Beschaffenheit u. Größe d. Weltgebäudes. 8. Braunschw. 812. (Schulbuchhdlg.) 8 gr

— Beurtheil. der Riemschen Meinung über d. Lehre v. d. Person Jesu. 8. Stendal 796. Franzen u. Gr. 12 gr

— Duplik gegen Hrn. Dr. Wötzel, die Ersch. seiner Gattin nach ihrem Tode betreffend. 8. Stendal, Franzen. 806.

— ausführl. Erklärung des Julianischen u. Gregorianischen Kalenders 2c. 8. Leipz. 809. E. Fleischer. 20 gr 2e Aufl. unt. d. T.: d. neue Kalendermann; oder: ausführl. Erklär. des Julian. u. Gregorian. Kalenders 2c. 16. Ebd. 826. 12 gr

— s. Etwas über Erscheinungen 2c.

Helmuth, Jh. Hnr., Gestirnbeschreibung. 8. Braunschw. 774. Schulbuchhdlg. 16 gr

Gestirnbeschreibung nach den von dem Bayer gebrauchten griechischen Buchstaben u. den seit seiner Zeit an der scheinbaren Grosse der Sterne geschehenen Veranderungen von Johann Heinrich Helmuth. Braunschweig: Waisenhausbuchh. 1774. 366 S. 8°

— die ersten Gründe d. Sternwissenschaft. Mit K. 8. Braunschw. 776. Schulbuchhdlg. 20 gr

Die ersten Gründe der Sternwissenschaft, in Beziehung auf die Gestirnbeschreibung entworfen von Johann Heinrich Helmuth. Braunschweig: Waisenhausbuchh. 1776. 514 S. 8°

Helmuth, (J. H.,) d. neue Kalendermann; oder: ausführl. Erklärung des Julian. u. Gregorian. Kalenders, f. d. d. Mathematik unkund. Leser. Ein populärer Beitrag z. Kenntniß d. Weltgebäudes u. d. Zeitrechnung. 2e Aufl. 16. Leipz. 826, Gerh. Fleischer.

— gemeinnütz. Naturgeschichte 2c., s. a. unten: Volksnaturgeschichte.

Helmuth, Joh. Heinr., gemeinnützige Naturgeschichte 2c. 9 Bde. mit 400 Kpf. 8. Lpz. G. Fleischer. 808. Rthlr. illum. 1

— die Säugethiere, ein unterhalt. Leseb. für Kinder. Mit K. 8. Stendal 808. (Franzen u. Gr.) 1 ℛ

*Helmuth, Joh. Heinr., Schreiben an den Herrn D. J. K. W. über die wirkliche Erscheinung seiner Gattin nach ihrem Tode. Braunschw. 805. 8.

— Sendschreib. v. Entsteh. des Nordlichts. 4. Braunschw. 777. Schulbuchhdlg. 3 gr

— Sendschreiben v. J. K. W. (Wötzel) über d. Erscheinung seiner Gattin 2c. 8. Braunschw. 805. Schulbuchhandl. 16 gr

— gemeinnütz. Unterhaltungen über verschied. Gegenstände aus d. Naturkunde. 1r Thl. e. Forts. d. Volksnaturlehre. 8. Braunschw. 790. Schulbuchhdlg. 10 gr

— Volksnaturgeschichte. 9 Bde. Mit Holzschnitten. 8. Leipz. 797—805. Gr. Fleischer. 10 ℛ 20 gr illum. 19 ℛ 12 gr Neue wohlf. Ausg. unter d. T.: gemeinnütz. Naturgeschichte d. In- u. Auslandes. 9 Bde. Mit 400 Kpf. 8. Ebd. 809. 5 ℛ ill. 10 ℛ — Daraus apart: Beschreib. d. Fische. (3r Bd.) Mit 49 Abbildd. 16 gr Beschreib. der Amphibien. (4r Bd.) Mit 36 Abbildd. 16 gr Das Pflanzenreich. 2r Bd. (8r Bd.) Mit 31 Abbildd. 16 gr Das Mineralreich. (9r Bd.) 16 gr

— Volksnaturlehre zur Dämpfung d. Aberglaubens. Mit 1 Kpf. 8. Braunschw. 786. 2te A. 788. 7e A. 822. 8e A. 833, Schulbuchhdlg. 16 gr

— Volksnaturlehre 2c. m. K. 8. Braunschw. Schulbhdl. 810.

Helmuth, Jh. Hnr., Volks-Naturlehre. 8e Aufl. Nach einem ganz veränderten, dem jetzigen Standpunkte der Physik angemessenen Plane für Lehrer und Seminarien und gehobenen Volksschulen, wie auch zum Schul- und Selbstunterrichte bearbeitet v. J. G. Fischer. 2 Bdchn. Mit 2 Steintaf. 8. Braunschweig 834. Schulbuchh. ¾ ℛ — 9e Aufl. Nach d. Tode d. Verf. zum 2ten Male bearb. v. J. G. Fischer. 2 Thle. Mit 3 Steintaf. 8. Ebd. 839. ¾ ℛ

— Zuruf an d. lieben Landsleute d. Königr. Westphalen über d. Rechtmäßigkeit d. neuen Landesobrigkeit u. Verfassung ihres Vaterlandes rc. 8. Stendal 808. Franzen u. Gr. 3 K

Helmuth, Justus Heinrich Christian

Helmuth, J. Heinrich C.: Bericht von dem sogenannten gelben Fieber in Philadelphia für den nachdenkenden Christen. *Philadelphia, Pa.: Steiner & Kämmerer 1793. 104 S.* Todten Liste von den Monaten August, September und October in Philadelphia, 1793. *10 S.*

Helmuth, Just Heinrich Christian: Denkmal der Liebe und Achtung welches Seiner Hochwürden dem Herrn D. Heinrich Melchior Mühlenberg, verdienstvollsten Senior des Evangelisch Lutherischen Ministeriums in Nord-America, und treueifrigsten ersten Lehrers an der St. Michaels- und Zions-Gemeinde in Philadelphia ist gesetzet worden. *Samt desselben Lebenslaufe. Philadelphia, Pa.: Melchior Steiner 1788. 60 S., ill.*

Helmuth, Justus. Empfindungen des Herzens in einigen Liedern. Philadelphia: Steiner, 1781. AAS

______. Empfindungen am Heiligen Todes und Auferstehungs-Tage des Herrn Jesu. Philadelphia: Geyer, 1805. PPLT

Helmuth, Justus. Am Feste d. Heil. Dreyeinigkeit 1801 in der Deutsch-Evangelischen Lutherischen Zions-Kirche. Philadelphia: Helmbold & Geyer, 1801. LTS-Gettysburg

Helmuth, Justus. Auf das Fest der Geburt und Menschwerdung Jesu Christi, 1808, und auf das Neue Jahr, 1809. Philadelphia Zentler, 1808. PPLT

Helmuth, Justus. Gesänge bey der Confirmation am Palmsonntage, 1824. Philadelphia: Zentler, 1824. PPLT

______. Charfreytags-Gesänge, und Osterlieder. Philadelphia: Steiner, 1785. PPLT

Helmuth, Justus. Lieder gesungen in der Zions-Kirche den 27sten November 1796. Philadelphia: Steiner & Kämmerer, 1796. PPLT

HELMUTH, Justus Heinrich Christian 1745 - 1825
Kurze Nachricht von dem sogenannten gelben Fieber in Philadelphia für den nachdenkenden Christen von J. Heinrich C. Helmuth ...
Philadelphia: Steiner und Kämmerer. 1793. 121 S. 8°.
Yale University Library New Haven, Conn.
Übers. v. A Short Account of the Yellow Fever in Philadelphia, Philadelphia 1794.
Sabin 31267. Evans 25595.

Helmuth, Justus. Auf das heilige Pfingstfest. Philadelphia: Zentler, 1807. PPLT

Helmuth, Justus. Auf den Tod einer liebenswürdigen jungen Freundin. Philadelphia: Zentler, 1811. PPLT

Helmut, Justus. Die frohe Weihnachtsfreude, 1784. Und Neujahrs-Andacht, 1785. Philadelphia: Steiner, 1784. PPLT

Helmuth, Joh. Ludw. Chrn., Erinnerungen und Bemerkungen die Haupt-Versammlung der Gustav-Adolph-Vereine und den evangel. Kirchencongreß zu Berlin betreffend. gr. 8. (47 S.) Braunschweig 847, G. C. E. Meyer sen.

—— noch ein Wort über die Ausschließung des Dr. Rupp vom Gustav-Adolph-Vereine durch die 5. Generalversammlung zu Berlin. gr. 8. (V und 42 S.) Braunschweig 847, G. C. E. Meyer sen.

Helmuth, Karl

Helmuth, C., Aphorismen aus dem Gebiete d. physischen Geographie, Statistik u. vaterländ. Geschichte (m. Atlas in 5 Bl. Imp.-Fol.) 1. Lfg. gr. 4. (3½ B.) Magdeburg 846, Baensch. *

Helmuth, C., physikalisch-topographischer Atlas in V Blätt. mit erläut. Text (u. d. T.: Aphorismen aus dem Gebiete der physischen Geographie, Statistik und vaterländ. Geschichte.) bearb. u. in Stein gestochen. 1. Liefg. Imp.-Fol. Magdeburg 846, Baensch. n. 2 ℛ

Helmuth, C., physikalisch-topographischer Atlas in 5 Blättern mit erläut. Text (Aphorismen aus dem Gebiete der physikal. Geographie, Statistik und vaterländ. Geschichte), bearb. und in Stein gestochen. 2. (letzte) Lfg. Imp.-Fol. (2 ill. Bl. und 32 S. Text in gr. 4.) Magdeburg 847, Baensch. *
1. Lfg. Ebendas. 1846. * 2 Thlr.

—— die Distanze-Messungen der Artillerie und das militairische Croquiren mit Hülfe des Romershausen'schen Längenmessers. gr. 16. (VIII und 62 S. mit 2 Stnt. in qu. gr. 4.) Halle 848, Knapp, Vrlgsh. *

Helmuth, C., Flußnetze d. europ. Hauptländer, mit erläut. Profilen. 1. Hft. enth.: Deutschland u. die Schweiz, Preußen u. Polen, Spanien u. Portugal, Frankreich. Imp.-Fol. (4 lith. Bl. u. ¼ B. Text.) Halle 841, Knapp. Thlr.

Helmuth, Karl, die sexuelle Frage u. ihre Bedeutung f. das geistige u. körperliche Leben des Menschen, s.: Minerva-Bücherei.

— Gymnastik des Willens, s.: Minerva-Bücherei.

—— topische Hydrographie, bearb. als Namensverzeichniss d. Flüsse u. der an ihnen liegenden Oerter zu d. Netzkarten. Lex.-8. (2¾ B. u. 1 Karte, Fol.) Halle 841, Knapp. *
Vgl. Hellmuth.

— Karte von Palästina nach Robinson, Ely Smith und v. Schubert bearb. In Stein gestoch. Maaßstab 1,600000. gr. Fol. Halle 843, Anton. In Etui. n. 1 ℛ

Helmuth, Carl, der kleine Krieg, sein Wesen und seine Bedeutung. Mit erläuternden Zeichnungen und Beispielen aus der Kriegsgeschichte. Magdeburg 854. Baensch. (Leipzig, Gräbner.) gr. 8. (X, 282 S. u. 3 lith. Taf. in Fol.) n. 1 ℛ. 18 ngr.

Helmuth, C., preußische Kriegschronik. Kurzgefaßte Darstellung der Feldzüge von 1640—1850. 2 Hälften. gr. 8. (IV und 837 S. mit einer lithogr. Uebersichtskarte in 4 Blättern in gr. Fol.) Leipzig 862, Hörnecke. à Hälfte * 1 Thlr. 20 Ngr. *

—— dass. — 2. (Titel-)Aufl. 4 Lfgn. gr. 8. (IV und 837 S. mit 1 lithogr. Uebersichtskarte in 4 Blättern in gr. Fol.) Leipzig (862)64. [Berlin, Mode's Verlag.] à Lfg. * 15 Ngr. *

— Die Kunst des Atmens, s.: Minerva-Bücherei.

— Plan von Jerusalem. Nach Robinson u. Ely Smith entworfen u. lith. gr. 4. col. Ebend. 843. In Etui. ¼ ℛ

—— die Theilnahme des Besatzungs-Bataillons Aschersleben 2. Magdeb. Landwehr-Regiment Nr. 27 an dem 8tagigen Feldzuge gegen das Hannöversche Armee-Corps im Juni 1866. gr. 8. (29 S. mit 1 Stnt. in 4.) Aschersleben 866, [Schnock's Buchh.)

Helmuth, C., Uebersichts-Karte zu den Feldzügen der brandenburgisch-preussischen Kriegsheere. Leipzig, Hörnecke. 1862. gr. Fol. 1 Bll. Lith. (2/3 ℳ) . . . . . (D)

Uebersichts Karte der Freimaurer Logen und des Verbandes derselben in der preussischen Monarchie und den deutschen Bundesstaaten entworfen und gezeichnet von C. Helmuth. [Halle: Kümmel 1840.] 42,5×30 cm [Lithogr., kol.]
Kl. 2907, Tt. 382. Die einzelnen Systeme sind durch Farben bezeichnet.

-- Wie werde ich e. neuer Mensch? Der beste Weg (Umschlag: Ein Weg) zur geist. u. körperl. Wiedergeburt. Ein Handb. f. Lebenskünstler. (160 S.) 8. Leipzig (910). H. Tränker. 4.—; geb. 5.—

Helmuth, Carl Friedrich (Posen), De hysteria. Diss. med.-pathol. Bln. (Nietack) 1. IX. 1835. 40 S. mit Biogr. (M.: H. Reissiger.) (6.50)
Oppon.: C. Troschel, C. Schlecht, E. Antz. — Gew.: Carl Helmuth (Vater). Adolph Helmuth (Bruder).

Helmuth, (Edw.), Katechismus über die wichtigsten Glaubenslehrehren d. christlichen Religion. Für Landschulen bearbeitet. 8. Braunschw. 814. Schulbuchhandl. 4 ℛ

Helmuth, (Ludw.,) Katechismus über die wichtigsten Glaubenslehren d. christl. Religion. Für Landschulen bearbeitet. 8. Braunschw. 824, Schulbuchh. Rthlr.

Helmuth, Ludw., über d. Mysticismus. Mit Bezug auf e. Schrift d. Hrn. D. Freudentheil üb. denselb. Gegenstand. gr. 12. (3½ B.) Braunschweig 834, J. H. Meyer.

— über die Versicherung der Getraidefelder gegen Hagelschaden. 8 Braunschw. 820. Meyer. 8 ℛ

— über d. Zweck u. d. Nothwendigkeit, Hagelschäden-Versicherungsanstalten für jedes Land eigenthümlich zu errichten. 8. Braunschw. 823. Meyer. 8 ℛ

Helmuth, Mathilde v., die Sommer-Ferien. Eine Erzählung für Knaben u. Mädchen. 8. (162 S.) Basel 880. Spittler. cart. n. 1. 20

Helmuth, O. H. Ghold. v., das deutsche Volk u. Bismarck vor dem höchsten Gericht. Eine patriot. Denkschrift. gr. 4. (11 S. m. 1 Abbildg.) Berlin 899. M. Schildberger. n. 1.—

Helmuth, Paul, Herbstblüthen. Erzählungen u. Novellen. 2 Bde. 8. (31½ B.) Altona 842, Hammerich.

Heloise, od. d. Belagerung v. Rhodus; e. Rittergesch. 8. Lpz. Barth. 789.

HELOISE, oder die Belagerung von Rhodus. Eine (zahme) Rittergeschichte aus dem mittlern Zeitalter. In 2 Bdchn. (1 vol.) Aus d. Engl. frei übers. Leipzig, bei J. P. Haugs Wwe. 1789. 8°.
VIII u. 171 fortl. gez. SS. Die mitübersetzte Vorr. ist dat.: Oxford 21. Dec. 1787.

Heloise, ein kleiner Roman; hsg. von Karl Ludw. Woltmann. Berlin 1809. V: *Woltmann, Carol. von geb. von Stosch.* (NN) (MGT) (Schl)

Heloise, ein kleiner Roman, von C. L. Woltmann. 8. Berlin, Unger. 809. (Reimer.)

Heloise, von Fanny Tarnow. Leipzig 1826. III. V: *Miss Owenson* (nachmals Lady *Morgan*), »The Novice of St. Domingo«. (London 1806, IV.) Vgl. Bl. f. lit. Unt. 1835, Nr. 154, S. 636. Bereits früher (Jen. Allg. Lit.-Ztg. 1832, Nr. 7, Sp. 51 f.) hatte ein Rez. an dem deutschen Ursprunge des Tarnow'schen Romans gezweifelt. (DARP)

Heloise und Adele, oder die Stiefschwestern. Roman in Briefen v. Charlotte Haselich. 8. Liegnitz, Kulmey. 815. Rthlr. Schreibp.

— d. neue, od. Briefe zweyer Liebenden, v. Rousseau. 6 Thle. u. Anhang. 8. Lpz. Weidmann. 775.

— — dasselbe v. K. Fr. Cramer übers. m. K. 4 Thle. 8. Berl. Rellstab. (Mauck.) 785.
Schreibp.
Holl. Pap.

— übers. v. le Picque, s. Julie.

— d. neueste, od. Briefe v. Junie Salisbury, a. d. Frz. b. Dauphin. 2 Thle. 8. Lpz. Böhme. 798.

— noch eine, od. Religion u. Liebe im Streit. 8. Lpz. Hilscher. (Compt. f. Lit.) 786.

— la nouvelle, p. Rousseau. 4 T. gr. 12. Lpz. Gerh. Fleischer. 796.

— — le même, nouv. Edit. voyez Julie.

— — le même livre. gr. 12. Bâle, J. J. Thurneison. 796.

— la nouvelle, ou lettres de deux amans, habitans d'une petite ville aux pieds des Alpes, recueillies et publ. par J. J. Rousseau. 6 Vol. 12. Lpz. Rein. 799.

— — le même liv. 6 Vol. 12. Lpz. Hinrichs.

Heloise, Die Schwedische, oder, Briefe der Julie an *** . . . Berlin u. Leipzig 1776. V: *Brahm, Moritz von.* (Ky) (MGT) (BrMm)

— die schwedische, od. Briefe d. Julie v. **. (angebl. v. Moritz Brahm). 8. Berl. 776. Rottmann. 12 ℛ

Helons Wallfahrt nach Jerusalem, 109 Jahre vor der Geburt uns. Herrn. Vom Verf. der Glockentöne (Fr. Strauß). 4 Bdchen. 8. Elberfeld, Büschler. 820. 821. (1s 2s Bdch. 1 Thlr. 20 Gr. 3s 4s Bdch. 1 Thlr. 20 Gr.)

HELPACH, Willy, Prostitution und Prostituirte. (190*.) (Mk. 0.50.)
Willy Schindler, Pressburg, 1910, ohne Orts- u. Jahrsangabe.

HELPENSTEIN, JOSEF. Ueber die Einwirkung von Ammoniak auf Bibrombernsteinsäure und über Diamidobernsteinsäure. Freiburg i. B., 1880.

Helperici sive ut alii arbitrantur Angilberti Karolus Magnus et Leo Papa. E Cod. Turicensi sec. IX. emend. Io. Casp. Orellius. Lex.-8. (3 B.) Turici 832, Orellii, Fuesslini et Soc. 12 Gr., Engl. Vlnp.

Helpup, Albrecht [Assistenzarzt d. Augenklinik]: **Aus d. pharmakolog. Institut d. Univ. Greifswald. Ueber die toxischen Eigenschaften des Zinks. . . . Greifswald, Druck v. Julius Abel, 1890;** 70 S. 8°
Greifswald, Med. Fak., Inaug.-Diss. v. 2. Jul. 1890

Helps, A., friends in council, | s.: Collection of
— Ivan de Biron, | brit. authors.

Helrung, Karl Ludw., Karte des Weingebietes in den Zollvereinsstaaten. (Mit Randzeichnungen.) In Kpfr. gest. u. ill. Augsburg 1847. gr.-Fol.

Helrut, C. J., das Meer, s.: Dilettantenbühne, katholische.

Helsam, D., physica experim. Newtoniana in lat. transl. a C. Mezburg, c. fig. 4. maj. Vien. Trattner. 769.

Helsham, D., physica **experim. Newtoniana in latin. transl. a Geo. J. v. Mezburg. C. fig. 4maj. Wien 769.** Trattner. **1 ℔ 16 ℛ**

Helsig, Johannnes [aus Zwickau]: **Metrik und Stilistik im** Meier Helmbreht [!] ... Leipzig-Reudnitz, **Druck v. O.** Schmidt, 1892; 99 S., 2 Bl. 8.
Leipzig, Phil. Fak., Inaug.-Diss. v. [26. Febr.] 1892

Helson, Nitsigua. Frage: Ist das wirkliche Unternehmen der Schweizernation eine billige und gerechte Sache? Und: Mag Bonaparte dieß Unternehmen mit Recht zernichten? Beantwortet von N' H'. 8. *o. O.* 1802.

Helssig, R., Katalog der lateinischen u. deutschen Handschriften der Universitäts-Bibliothek zu Leipzig, s.: Katalog der Handschriften der Universitäts-Bibliothek zu Leipzig. VI.

Helssig, R., zur Lehre v. der Konkurrenz der Klagen nach römischem Rechte. gr. 8. (V, 79 S.) Stuttgart 887. F. Frommann. n. 2. —

Max Klingers Aula-Bild. Von Dr. Rudolf **Helßig.** Leipzig: Wörner 1910. 22 S. 8° [11. 1535

[Helssig, Rudolf.] Zum Dona nobis pacem in Beethoven's Missa solemnis. [Leipzig 1903.]

Helt's, Geo., **Briefwechsel, hrsg. v. Otto Clemen, s.a Archiv f. Reformationsgeschichte. II. Erg.-Bd.**

Georg **Helts** Briefwechsel. Hrsg. von Lic. Dr. Otto Clemen, Gymn. Oberl. Leipzig: M. Heinsius Nachf. 1907. (VI, 150 S.) 8°
— **Archiv** f. Reformationsgeschichte. Erg.Bd 2. [07. 368]

Helten, Willem Lodewijk van

Helten, W. L. van, fünfzig Bemerkungen zum Grimm'schen **Wörterbuche.** 8. (VIII, 86 S.) Leipzig 874. Harrassowitz. n. 2. —

Helten, W. L. van. **Altostfriesische Grammatik. Hrsg.** im Auftrag der friesch **genootschap voor Geschied-, Oudheid- en Taalkunde te Leeuwarden. gr. 8. (XII, 255 S.) Leeuwarden 890, Kuipers u. Wester.** ** 8 50

Helten, W. L. van, zur lexicologie d. altostfriesischen. (Verhandelingen der koninkl. akademie van wetenschappen te Amsterdam. Afdeelg. letterkunde. Nieuwe reeks. Deel IX.) (397 S.) Lex. 8. Amsterdam 907. J. Müller. 10. —

Zur lexicologie des altwestfriesischen v. W[illem] L[odewijk] van Helten. *Amsterdam: J. Müller 1896.* (74 S.) 4.(8.)
= Verhandelingen d. Kkl. Akademie v. Wetenschappen te Amsterdam. Afd. Letterkunde. D. 1. No 5. [96. 7116

— über die Wurzel lu im Germanischen. 8. (55 S.) Rotterdam 873, Dunk. — Leipzig, Harrassowitz. *

Helten, W. L. van, die altostniederfränkischen Psalmenfragmente, die Lipsius'schen Glossen u. die altsüdmittelfränkischen Psalmenfragmente, mit Einleitg., Noten, Indices u. Grammatiken hrsg. 1. Tl.: Texte, Glossen u. Indices. gr. 8. (VII, 115 S.) Groningen 902. J. B. Wolters. n. 3. 50

Helten, W. L. van, die altostniederfränkischen Psalmenfragmente, die Lipsius'schen Glossen u. die altsüdmittelfränkischen Psalmenfragmente, mit Einleitung, Noten, Indices u. Grammatiken hrsg. 2. Tl.: Die Grammatiken. (IV u. S. 117—222.) gr. 8. Groningen 902. J. B. Wolters. n. 3. 50

Heltman, W., Demokracya polska na emigracyi, s. Biblioteka pisarzy polskich.

HELTZEL, ALEXANDER VON. Beiträge zur Lehre vom Verdauungsferment des Magensaftes. Dorpat, 1864.

von Heltzl, Alexander, aus Kiew, Beiträge zur Lehre vom Verdauungsferment des Magensaftes. Diss. Dorpat. 8°. 43 pp. 1864

Heluan [Schlagwort]

Heluan, Umgegend, s.a Aegypten.

Heluan. Schweinfurth, G., die Umgegend v. Heluan als Beispiel der Wüsten-Denudation. 1 : 30,000. 54 × 76 cm. Farbdr. Berlin 897. D. Reimer. n. 8. —

Helves, Das kleine Krankenhaus. 8°. (94 S.)
Wien. Urban & Schwarzenberg 1909. K 3.—, geb. K 3.60

Helvetia [Sachl. Ordnungswort]

Helvetia
s.a. Schweizer Handels-Courier.

Helvetia (Zh—Ag)
① Denkwürdigkeiten für die XXII Freistaaten der Schweizerischen Eidgenossenschaft ⑤ Februar (?) 1822—Ende 1833 ⑥ 8° ⑦ Quartalschrift ⑧ Zürich: Gessner (1823); Aarau: J. J. Christen (1824—1833) ⑩ Joseph Anton Balthasar (1823—1827); Al. Vock und Kasimir Pfyffer (1828—1833) ⑪ die Herausgeber ⑫ die Abteilungen Landeskunde und Jahreschronik haben die Ereignisse der Gegenwart zum Gegenstande; liberale Tendenzen ⑬ Georg v. Wyß: Geschichte der Historiographie der Schweiz (Zürich 1895), p. 326; Egloff in »Argovia« 55 (1943) ⑭ Bs: U; Be: L; Zh: Z.

Helvetia. Zürich 1823. Aarau 1826-33. H: *Balthasar, Jos. Ant.* (Tübz 1, 16)

Helvetia. Denkwürdigkeiten f. die 22 Freistaaten der schweizer. Eidgenossenschaft, gesammelt u. herausg. v. J A. Balthasar. Jahrg. 1823. 4 Hfte. gr. 8. Zürich 824, Geßner.

— dessen Jahrg. 1826. 4 Hefte. gr. 8. Aarau (Bern, Jenny.)

Helvetia. Denkwürdigkeiten f. d. 22 Freystaaten d. schweizerischen Eidgenossenschaft. Gesammelt u. hrsg. v. J. A. Balthasar. Jahrg. 1827—30, 32 u. 33. à 4 Hftc. (à ca. 10 B.) 8. Aarau, Christen. à J.
Jahrg. 1823. Zürich, (Siegfried.) 8 Thlr., J. 1826. Aarau, Christen. 2 Thlr. 12 Gr. — J. 1826—30 u. 32., hrbgf. Pr. à 2 Thlr.

—— ein Gedicht auf d. gegenwärt. Zeit. Von e. Freunde d. Eintracht u. gesetzl. Ordn. gr. 8. (1 B.) Zürich 831, Schultheß.

—— Natur, Geschichte, Sage im Spiegel deutscher Dichtung. Hrsg. von L. Schücking. Neue wohlf. (Titel-)Ausg. gr. 12. (X und 509 S.) Frankfurt a. M. (851)57, Jügel's Verlag. - geb.

—— schweizerischer Volkskalender für 1852. Hrsg. von J. J. Reithard. Mit Holzschn. von Bachmann und Staub, gezeichnet von Werdmüller. 2. Jahrg. 8. (IV und 204 S. mit 6 Holzschnt. und 1 Stahlst.) Zürich 851, Meyer und Hanisch.
1. Jahrg. Ebendas. 14 Ngr. Vgl.: Volkskalender.

— Zeitschrift für Unterhaltung u. Belehrung. Hrsg. v. Wilh. Zimmermann. 1. Jahrg. 1852. 2 Bde. à 6 Hfte. gr. 4. Zürich, Höhr in Comm. n. 3 ℛ

Helvetia. Zeitschrift für Unterhaltung u. Belehrung Herausg. von Aug. Hitzschold. 2. Jahrg. 1853. 12 Hefte (à 3½—4 Bgn.). Zürich, Meyer u. Zeller in Comm. gr. 4. n. 3 ℛ.

Helvetia: Feb. 25, 1857 - Feb. 24, 1859.
Weekly. Published in interests of Swiss-Americans. Sub-title: Organ für Fortschritt, Freiheit und Vaterland. Continued as HELVETIA (Tell City, Ind.). Edited by J. H. Walser, & published by Walser & Schellenbaum.
Cincinnati, OH

— Musen-Almanach auf das Jahr 1859 u. 1860. Herausg. vom schweizerischen literarischen Vereine. Glarus. (Zürich, Meyer & Zeller.) 16. (VII, 204 S.; 143 S.) 59.: n. 28 ngr.; 60.: n. 20 ngr.

— — auf das Jahr 1862 u. 1863. St. Gallen, Sonderegger & Buff. 16. (VIII, 237 S.; VIII, 184 S.) Jeder Jahrg. n. 16 ngr.

— — auf das Jahr 1864. Bern, Heuberger. 16. (XVI, 240 S.) n. 20 ngr.

Helvetia: Mar. 1859 - 1865?
Weekly, published in interests of Swiss-Americans. Sub-title: Tell City Volksblatt. Continued from HELVETIA (Cincinnati, Ohio). Edited by J. H. Walser, Mar.—Nov. 1859; by N. Sorg, Nov. 1859 - 1865?
Tell City, IN

Helvetia. Central-Organ der Schweizer-Vereine im Ausland. Jahrg. 1864. 4 Hefte. gr. 8. (1. Heft 28 S.) Leipzig, Weber. *

Helvetia (Be I)
① Politisch-literarisches Monatsheft der Studentenverbindung Helvetia ④ Helvetia (Be IV) ⑤ Oktober 1866—Oktober 1870 ⑥ 8° ⑦ Monatsblatt ⑧ Bern: Rudolf Jenni ⑩ Studentenverbindung Helvetia ⑪ J. Ritschard, stud. jur. Bern; R. Niggler, stud. jur. Bern ⑬ Helvetia (Be IV) 1907, Heft 1/2 ⑭ Be: L; Lu: Z.

Helvetia. Die Schweizer-Alpen aus der Vogelschau mit Orientirungs-Karte. Fol. Weimar 869, Geogr. Institut. *

Helvetia (Be II)
⑤ 1870—1872 ⑦ Monatsblatt ⑧ Bern ⑬ BGSZ: 12, p. 44.

Helvetia: Apr. 1870 - 1878? Newark, NJ
Weekly. Independent, but supported Tilden. Sub-title: Schweizerisch-Amerikanisches Wochenblatt. Place of publication varies: Paterson, N.J., 1877—78. Circulation: 1875, 1000 (est.). Edited & published by Johann Schläpfer, 1870 - 78.

Helvetia (BS—Be)
① Monatsschrift für Literatur, Kunst und Leben (1878—1882). Illustrierte Monatsschrift zur Unterhaltung und Belehrung des Volkes (1883—1901). Illustrierte Monatsschrift, gegründet von Robert Weber (1902—1911) ⑤ 1. 10. 1878—1911 ⑥ 8° ⑦ Monatsschrift ⑧ Basel: Vereinsbuchdruckerei (1. 10. 1878—1894). R. G. Zbinden (1895—1899); Buchdruckerei des Schweizerischen Typographenbundes (1900—1907); Bern: Stalder & Sieber (1908—1911) ⑩ Robert Weber (Basel) (1. 10. 1878—Dezember 1896). P. Weber (Basel) (Januar 1897—1905); A. Wenger-Kocher (Lyß) (1906—1911) ⑪ die Herausgeber ⑫ freisinnig; enthält unter der Leitung Robert Webers auch politische Abhandlungen und Reden ⑬ BGSZ: 71 (p. 267, 410—411) ⑭ Bs: U; Lu: Z.

Helvetia. Monatsschrift f. Literatur, Kunst u. Leben. Unter Mitwirkung schweiz. Dichter u. Schriftsteller hrsg. v. *Rob. Weber*. I. Jahrg. complet in 12 Hftn. In-8°, 609 S. Basel, (Selbstverlag). — Idem. II. Jahrg. 1878/79. Ebendaselbst. Per Jahr 6 50

Helvetia. Monatschrift f. Literatur, Kunst u. Leben. Unter Mitwirkung schweiz. Dichter u. Schriftsteller hrsg. v. *Rob. Weber*. II. Jahrg. 1878/79. Monatlich 1 Heft vom October beginnend. Gr. in-8°. Basel, Selbstverlag, — (H. Georg). Per Jahr 6 50

—— Monatsschrift zur Unterhaltung und Belehrung des Volkes. Unter Mitwirkung schweizer. und deutscher Dichter und Schriftsteller hrsg. von Rob. Weber. 3. Jahrg. Octbr. 1879—Septbr. 1880. 12 Hefte. Nebst Gratis-Beilage: Die Schweiz im Spiegel der Dichtung. gr. 8. (à Heft 48 S. und Beilage à Heft 16 S.) Basel. (Leipzig, Volz.) *

Helvetia. Monatsschrift für Unterhaltung und Belehrung des Volkes. Unter Mitwirkung schweiz. Dichter u. Schriftsteller, herausgeg. v. Robert Weber. IV. Jahrg. 1881. 12 Hefte in-8°. Basel, (Selbstverlag) H. Georg. 1880 Pro Jahr 6 50

Helvetia. Illustrirte Monatsschrift zur Unterhaltung und Belehrung des Volkes, hrsg. von *Robert Weber*. In-8°. 12 Hefte mit 12 Stahlstichen. IX. Jahrg. Basel, R. Weber. 1885 7 —

Helvetia. Illustrirte Monatsschrift zur Unterhaltung und Belehrung des Volkes. Unter Mitwirkung schweizerischer Dichter und Schriftsteller hrsg. von *Robert Weber*. Mit 12 feinen Stahlstichen. X. Jahrg. (12 Hefte.) In-8°. Basel, Rob. Weber. 1886 à Heft — 50

Helvetia. Illustrirte Monatsschrift zur Unterhaltung und Belehrung des Volkes. Unter Mitwirkung schweizerischer Dichter und Schriftsteller herausgegeben von *Robert Weber*. Mit 12 feinen Stahlstichen. XII. Jahrg. 12 Hefte in-8°. Basel, Robert Weber. 1888 — 50

Helvetia. Illustr. Monatsschrift zur Unterhaltung und Belehrung des Volkes. Unter Mitwirkung schweizer. Dichter und Schriftsteller hrsg. von *R. Weber*. XIII. Jahrg. Mit 12 feinen Stahlstichen. Heft 1. Lex. in-8°. 48 S. Basel, R. Weber. 1889 Jährlich 7 —

Helvetia. Illustrirte Monatsschrift zur Unterhaltung und Belehrung des Volkes. Unter Mitwirkung schweizer. Dichter und Schriftsteller hrsg. von *R. Weber*. 14. Jahrg. 1890/91. (12 Hefte.) Mit 12 Stahlstichen. Heft 1. Lex. in-8°. 48 S. Basel, R. Weber. 1890 Jährlich 7 —

Helvetia. Illustrirte Monatsschrift zur Unterhaltung und Belehrung des Volkes. Unter Mitwirkung schweizer. Dichter und Schriftsteller hrsg. von *R. Weber*. 15. Jahrg. 1891/92. (12 Hefte.) Mit 12 Stahlstichen. Heft 1. Lex. in-8°. 48 S. Basel, R. Weber. 1891 Jährlich 7 —

Helvetia. Illustrirte Monatsschrift zur Unterhaltung u. Belehrung des Volkes. Unter Mitwirkung schweizer. Dichter u. Schriftsteller hrsg. von *R. Weber*. 16. Jahrg. 1892/93. (12 Hefte.) Mit 12 Stahlstichen. Heft 1. Lex. in-8°. 48 S. Basel, R. Weber. 1892 Jährlich 7 —

Helvetia. Illustr. Monatsschrift zur Unterhaltung u. Belehrg. des Volkes. Unter Mitwirkg. schweizer. Dichter u. Schriftsteller hrsg. v. Rob. Weber. Mit 12 Stahlst. 17. Jahrg. Oktbr. 1893—Septbr. 1894. 12 Hfte. gr. 8. (3 Bog.) Basel, R. Weber. Postfrei n.n. 6. 60

Helvetia. Illustr. Monatsschrift z. Unterhaltg. u. Belehrg. d. Volkes. Unt. Mitwirkg. schweizer. Dichter u. Schriftsteller hrsg. von Rob. Weber. M. 12 Stahlst. 18.—20. Jahrg. Oktbr. 1894 Septbr. 1897. à 12 Hfte. (à 3 Bog.) gr. 8. Basel (Müllerweg 124), Verlag d. Helvetia (P. Weber). à Jahrg. postfrei n.n. 6. 40

— dasselbe. Gegründet v. Rob. Weber. Red.: P. Weber. Mit 12 Phototyp. 21. u. 22. Jahrg. Oktbr. 1897—Septbr. 1899. à 12 Hfte. (à 3 Bog.) gr. 8. Ebd. à Jahrg. postfrei n.n. 6. 40

Helvetia. Illustr. Monatsschrift zur Unterhaltg. u. Belehrg. des Volkes. Hrsg. unter Mitwirkg. schweizer. Dichter u. Schriftsteller. Gegründet v. Rob. Weber. Mit 12 Phototyp. 23.—26. Jahrg. Oktbr. 1899—Septbr. 1903. à 12 Hfte. gr. 8. (à ca. 48 S.) Basel (Spalenring 136). Verlag der Helvetia (P. Weber). Postfrei à Jahrg. n.n. 6. 75

Helvetia. Illustrierte Monatsschrift zur Unterhaltg. u. Belehrg. des Volkes. Hrsg. unter Mitwirkg. schweizerischer Dichter u. Schriftsteller. Gegründet v. Rob. Weber. Mit 12 Phototyp. 27.—30. Jahrg. Oktbr. 1903—Septbr. 1907. à 12 Hefte. (à ca. 48 S.) gr. 8. Lyß, Verlag der Helvetia (A. Wenger-Kocher). (Nur direkt.) Postfrei à Jhrg. n.n. 6. 75

Die Jhrgge. 27. 28. erschienen noch in Basel.

Helvetia. Illustrierte Monatsschrift, gegründet v. Rob. Weber. Mit 12 Phototyp. 31.—33. Jahrg. 1908—1910. Oktbr. 1907—Septbr. 1910. à 12 Hefte. (VIII, 568; VIII, 576 u. VIII, 576 S.) gr. 8. Lyß, A. Wenger-Kocher. à Jhrg. nn 5. 60

Helvetia (Be III)
⑤ 1879 ⑦ Wochenblatt ⑧ Burgdorf ⑬ BGSZ: 12, p. 46.

Helvetia (Be IV)
① Politisch-lit[t]erarisches Monatsheft der Studentenverbindung Helvetia ③ Helvetia (Be I) ⑤ Januar 1882 (cont.) ⑥ 8° ⑦ Monatsblatt ⑧ Biel: Albert Schüler (1882—1885); Bern: E. W. Krebs (Januar—April 1886), W. Büchler (Mai 1886—1889), Michel & Büchler (1890—Februar 1899), Büchler & Co. (März 1899 ff) ⑨ Studentenverbindung Helvetia ⑪ erste Redaktoren: Karl Jahn, Staatsanwalt; Ed. Niggeler, cand. jur.; Ernst Petzold, stud. jur. ⑬ Helvetia 1907, Heft 1/2; Brand Max: Das Helveterblatt (Helvetia 1832—1932; Festschrift z. Jahrhundertfeier der Schweiz. Studentenverbindung Helvetia; Bern 1932) ⑭ Be: L ⑮ Artikel in deutscher u. französischer Sprache.

Helvetia. Organ der schweizer. Odd-Fellows. Redact.: C. Imfeld. 1.—3. Jahrg. 1882—1884. à Jahrg. 12 Nrn. (Bog.) gr. 4. [St. Gallen, Wirth.] Luzern, Bucher. à Jahrg. 4-

Helvetia: 1883?—1884?
Semi-monthly. Published in interests of German-Swiss. Edited & published by H. Meyer.
Bloomington, IL

Helvetia (Zh)
① Organ für die Interessen schweizerischer Auswanderer ④ Schweizer Chronik und Helvetia ⑤ 1890—September 1891 ⑥ 2° ⑦ Wochenblatt ⑧ Zürich ⑨ Illustriertes Unterhaltungungsblatt ⑬ BGSZ: 12, p. 101.

Helvetia. Schweizer. Wochenblatt. 1. Jahrg. 1890/91 (52 N°). Red. von *Schäppi*. N° 1. Imp. in-fol. 4 S. Zürich, Frick-Vogel. Jährlich 4 —
1890 Fürs Ausland Mk. 5 50

Helvetia. Die malerische Schweiz. — La Suisse pittoresque. Ansichten-Album nach photograph. Aufnahmen. Serie I. 12 Bl. Illustrat. u. 1 Bl. Text. In-8° obl. Basel, Carl Pfaltz. — 60
1896

Helvetia. Neues allgemeines schweizerisches Kochbuch. [Mit Vignetten.] 64 S. 8. Spiez, G. Maurer, 1906. (fr. 1. —)

Helvetia, Auffnemmende, das ist: Kurtzer Entwurff, welcher gestalten ein hochlobliche Eydgenossschafft an Freyheit, Macht und Herrlichkeit zugenommen ... Zug 1702. V: *Weissenbach, Joh. Casp.* (BrMm)

Helvetia und Borussia. Ein vaterländisches Gespräch in Versen. St. Gallen 1857. V: *Zehnder*. (Cat. der Stadtbibl. Zürich, Zürich 1864—97.)

Helvetia: Neue Helvetia
① Eine schweizerische Monatsschrift ③ Der Pfeil des Tellen ④ Eidgenössische Monatsschrift ⑤ Januar 1843—1844 ⑥ 8° ⑦ Monatsblatt ⑧ Zürich: Zürcher & Furrer ⑩ Meyer & Zeller. Zürich ⑫ national, parteilos ⑭ Zh: Z; Be: L; Lu: Z.

Helvetia Tredecim Statibus Liberis quos Cantones vocant composita Una cum foederatis etc. geographice delineata per Dm. Tobiam Mayerum etc. Luci publicae tradita ab Homannianis Heredibus Norimbergae A: 1751. 1 : 670,000. 1 Bl.

Helvetia [Schlagwort]

Helvetiae Descriptio, Aegidio Tschudo auct. 1 : 1,200,000. 1 Bl.

Helvetiae — Tabula Geographica — Vorstellend den Salzhandel in denen XIII Cantons und zugewandten-dann benachbarten Orthen der Eydgenossenschaft, wie derselbe anjetzo gegen vormahligen Zeiten beschaffen ist, Von einer Churbayerischen eigents abgeordneten Commission allenthalben in Loco mit Zuverlässigkeit erkundigt. Anno 1756. Verfertigt durch Friedrich Gradmann v. Ravenspurg. 1757. 1 : 250,000. 1 Bl. Handzg.

Helvetia-Heft der Mitteilungen der Gesellschaft für deutsche Erziehungs- u. Schulgeschichte. Jahrg. IX. Heft 4. Veröffentlicht von der Gruppe Schweiz. Berlin, A. Hofmann & Co. 1900 2 70

Helveticon. Helvetikon. Eine Auswahl vorzüglicher..., zum Theil noch ungedruckter Anekdoten, Charakterzüge und Denkwürdigkeiten aus der ältern und neuern Geschichte der Schweiz. 8. Lichtensteig 1827.

Helvétie: L'Helvétie (Be I)

(1) 3. 7. 1832—décembre 1832 et 15. 12. 1848—25. 11. 1850: Journal politique, industriel et littéraire (2) L'Helvétie fédérale (numéro spécimen 15. 12. 1848; 2. 1. 1849—25. 11. 1849) (3) Leberbergisches Wochenblatt - Journal du Jura, Canton de Berne (4) Le Patriote, La Tribune Suisse (5) 3. 7. 1832—21. 12. 1850 (6) in-2° (7) 3. 7. 1832—29. 12. 1846: bihebdomadaire; 2. 1. 1847—décembre 1848 et décembre 1849—21. 12. 1850 trihebdomadaire; 2. 1. 1849—25. 11. 1849: 6× par semaine (8) Porrentury: Imprimerie de l'Helvétie (3. 7. 1832—29. 10. 1833; J. Choffat (1. 11. 1833—21. 2. 1834); Victor Michel (25. 2. 1834—1840; 1846—1848 et 26. 11. 1849—21. 12. 1850); Delémont: Succursale de l'imprimerie V. Michel (1840—1845, selon BGSZ 962: 1842—1843); Berne: Victor Michel (2. 1. 1849—25. 11. 1849) (9) La feuille d'annonces, commerciale, industrielle et agricole. Journal hebdomadaire (décembre 1842—mars 1846) (10) Xavier Stockmar, Vict. Michel (11) Eusèbe-Henri Gaullieur (rédacteur du Nouvelliste vaudois 1837—1845, à l'Helvétie 1832—1836; selon BGSZ 962: jusqu'à 1837); J.-F. Bassy (rédacteur en chef de la Suisse, à l'Helvétie 1837—1840); Gonsalve Petitpierre (Conseiller d'Etat, fondateur du Journal de Neuchâtel, correspondant du Constitutionnel de Paris 1835—1848, correspondant de l'Helvétie à Berne et peut-être rédacteur de cette feuille pour quelque temps). Collaborateurs: Morel, Charles Neuhaus, Péquinot, Seuret, Xavier Stockmar, Jules Thurmann, Vautrey, Zschokke (12) la feuille poursuit la régénération politique des Républiques helvétiques (13) BGSZ: 1 (no. 6286 et 6388), 289, 287a, 962, 973, 1040. Münch: Studien zur Bernischen Presse 1830—1840, 1945 (14) Be: L, S, St.

Helvétie: L'Helvétie de 1840

(1) Journal de la Suisse française (octobre 1841) (3) L'Observateur du Jura (4) Union suisse (Fr) (5) 2. 1. 1840—septembre 1841 (6) in-2° (7) bihebdomadaire (8) Porrentruy, Germain Porte, Georges Fallot, Victor L'Hoste (10) les imprimeurs (11) Xavier Stockmar, Jean-François Lachat (12) journal oppositionnel au gouvernement bernois (13) BGSZ: 1 (no. 6387), 962, 973. Münch: Studien zur Bernischen Presse 1830—1840, p. 159 ss.; L'Helvétie de 1840, no. 1, 2. 1. 1840 ss. et no. 47 du 11. 6. 1840 (14) Be: L; Fr: C.

Helvétie: L'Helvétie (Be II)

(1) Journal politique et littéraire (5) 1. 1. 1871—1873 (6) in-2° (7) 6× par semaine (8) Berne: Allemann (9) Supplément quotidien contenant le compte-rendu détaillé des délibérations des deux conseils - ce supplément apparait durant la session de l'Assemblée fédérale (10) Jent & Gaßmann (11) Elie Ducommun, Grand-Conseiller; A. Schneegans (plut tôt rédacteur du Courrier du Bas-Rhin) (12) radical (13) BGSZ: 593, 973 - Berner Zeitung (V) no. 2 du 3. 1. 1871 (14) Be: L.

Helvétie: L'Helvétie (Ge)

(1) Organe des Suisses à l'étranger, Bulletin mensuel des sociététs philanthropiques (13. 11. 1894) (5) 15. 11. 1893—15. 12. 1900 (6) in-4° (7) mensuel (8) Genève: I. Soullier (10) Isaac-Louis Soullier (11) Victor-Louis Segund (1849—1915) (14) Ge: P.

Helvétie: L'Helvétie fédérale
v. L'Helvétie (Be I)

Helvetien [Sachl. Ordnungswort]

Helvetien s. [Hammerdörfer, Carl, und Kosche, Christian Traugott].

Helvetien zu (*Aufl. 2:* im) Anfang des Jahres 1800. Bern 1800 s. a [Ith, Johann].

Helvetien zu Anfang des Jahres 1800 . . . Bern 1800. V: *Ith, Johannes.* (MGT) (AarK) »Winterthur« (Ky)

Helvetien im Anfange d. J. 1800. (v. J. Ith.) gr. 8. Winterth. 800. Steiner. 6 gr

Helvetien, Das gerettete, oder Orgetorix. Ein Staats-Trauerspiel. [St. Gallen 1779.] V: *Müller von Friedberg, Carl Ritter.* (AarK) S. a. Nr. 9216.

Helvetien [Schlagwort]

Helvetien — General-Karte von — Nach den Karten von Weiss etc. entworfen und gezeichnet von J. N. Diewald. Nürnberg bey Homanns Erben 1810. Stadelmann sculp. 1 : 600,000. 1 Bl.

Helvetien — Charte von — und Wallis. Nach etc. entworfen von F. Götze. Weimar im Verlage des geograph. Instituts. Revid. im Sept. 1809. 1 : 600,000. 1 Bl.

Helvetien — Neue Karte von — Zürich bey Fuessli et Comp. 1801. 1 : 520,000. 1 Bl.

Helvetiens Naturschönheiten, oder das Schweizerland, mit seinen berühmtesten Bergen, Thälern, See'n, Flüssen, Wasserfällen u. Heilquellen, nebst Anh. über Städte, Schlösser, Denkmale rc. In poetischen Schilderungen mit 2 (lith.) Titel-Bildern u. Anmerkungen. (Herausg. von Joh. Kirchhofer.) Aarau 856. Martin. gr. 8. (XV, 512 S.) 1 $. 15 ngr.

Helvetier: Der Helvetier

(5) 6. 1. 1856—? (7) Wochenblatt (8) Zunzgen: H. Pfister (10) H. Pfister (11) H. Pfister (12) extremer Zentralismus (Abschaffung der Kantone) (13) Charakteristik in der Basellandschaftlichen Zeitung vom 10. 1. 1856 (Nr. 5, p. 2); H. Joneli: Zur Geschichte des Basellandschaftlichen Zeitungswesens »Der Rauracher« 18 (1945), p. 1—6 (16) Li: SA (2 Nummern in den staatlichen Akten über Druckaufträge) (15) Lt. Regierungsratsbeschluß vom 19. 12. 1856 ist die Herausgabe des Blattes so lange zu untersagen, bis genugende Sicherheit durch Personalkaution geleistet worden ist.

Helvetier, Die, zu Cäsars Zeiten; ein Staatstrauerspiel in fünf Aufzügen. St. Gallen 1782. V: *Müller von Friedberg, Carl Ritter.* (Ky) (Adel) (MGT)

Helvetier, die, zu Cäsars Zeiten; ein Staats-Trspl. in 5 Aufz. (v. Karl Müller v. Friedberg). 8. St. Gallen 782. Reutiner. 6 gr

Helvetikon s. Helveticon.

Helvetikus, s. a Frage, die, der schweizerischen Nationalbühne.

Die **Frage der schweizer. Nationalbühne.** Mit Berücksichtigung der in Deutschland auf dem Gebiete der Volksbühne gemachten Anregungen und Erfahrungen und der Geschichte der schweizer. Volksbühne, von *Helvetikus.* Gr. in-8°. 64 S. Bern, K. J. Wyss. 1892 1 —

Helvetiorum, de juribus, circa sacra, d. i., kurzerhistor. Entwurf d. Freiheiten u. Gerichtsbarkeit d. Eidgenossen in geistl. Dingen (v. J. A. F. v. Balthasar). 8. Zürich 769. Orell, Füssli u. Co. 3 gr

Helvetius, Adriaan

Helvetius, (Jean) Adrien: Abhandlung von den am meisten vorfallenden Krankheiten und der Art und Weise, solche glücklich zu curieren. (Recueil des méthodes pour la guérison de diverses maladies. Dt.) Übers. von Johann Gottfried Essich. 316 S., gbd.

Augsburg: Rieger 1778

JB 1.989

Helvetius, (Jean Adrien): Tractat von den gemeiniglichst aufstossenden Kranckheiten... (Recueil des méthodes pour la guérison de diverses maladies. Dt.) 342 S., gbd.

Stadt am Hof: Gastl 1744

Helvetius, Claude Adrien

— le Bonheur, poëme, av. la vie de l'auteur. 8. Bern, Soc. Typogr.

— le bonheur, poëme en 6 chants. gr. 8. Lond. 772. (Varrentrapp in Frankf.) 1 $

Helvetius, Jh. Cld. Adr., le bonheur, poëme. III. T. 8. Berl. 779. Rottmann. 16 gr

Helvetius, I. Cld. Ar., le Bonheur, poëme. III T. gr. 12. Lond. (Esslinger à Frcf.) 779.

HELVETIUS, CL. A. Discurs über den Geist des Menschen, ... Aus dem Französischen [von Joh. Gabr. Forkert] ... Mit einer Vorrede Herrn JOH. CHRISTOPH GOTTSCHEDS. Leipzig & Liegnitz, D. Siegert, 1760. 8°. 40 Bl. 646 S. Leicht berieb. hübscher grammarmor. Pbd. d. Z. m. Rsch. 75.—

Fromm III. 315. Erste deutsche Ausgabe des sensationellen, von der französ. Regierung verbotenen, von Jesuiten und Jansenisten gemeinsam als ein „oeuvre satanique" bezeichneten Helvetiusschen Hauptwerkes „De l'Esprit" (erstmals 1758 erschienen).

Helvetius, Claude Adrien. Discurs über den Geist des Menschen, a. d. Franz. Liegn. u. Leipz. 1787. Ü: *Forkert, Joh. Gabr.* (ErschDl.) (Ebert) »1760« (MGT)

Helvetius, C. A., De l'esprit. 2 Vol. Amst. 4°. Engl. v. W. *Mudford.* Lond. 1807. 8°. Deutsch v. *Forkert.* Mit Vorr. v. Chr. Gottsched. Lpz. 1760. 8°.

1759

— — 5 Vol. 8. Paris. (Esslinger à Frft.) 768.

— de l'esprit. II. Tom. 12. Bern 791. Seizer (Typogr. Soc.) 2 ℛ

— über den Geist der Menschen. gr. 8. Liegn. Siegert. 787.

— l'homme et le bonheur. III. Vols. 12. Berl. 778. Rottmann. 3 ℛ

Helvetius, C. H., De l'homme, de ses facultés intellectuelles et de son éducation. 2 Vol. Berl. 8°. 1774

— de l'homme et de ses facultés intellect. et de son éducation. II Tom. 12. Bern, Typ. 791.

— v. Menschen, von dessen Geisteskräften etc. Aus d. Französ. (v. Chr. A. Wichmann), 2 Bde. gr. 8. Bresl. 785. (Gosohorsky). 1 ℛ 12 gℛ

Helvetius, Claude Adrien, vom Menschen, seinen Geisteskräften u. seiner Erziehung, s. a. Klassiker, pädagogische.

Helvetius CA, vom Menschen, seinen Geisteskräften und seiner Erziehung etc. Herausgegeben von GA Lindner. (Pädagogische Klassiker II) Wien 1877

— Oeuvres compl. 5 Vol. gr. 12. Bas. Flick. 778.

— oeuvres compl. V. Vols. gr. 12. Basel 778. (Neukirch). 4 ℛ

— -- 5 Vol. gr. 12. Berlin, Rottmann. 777.

— der wahre Sinn d. Natursystems. 8. Bamb. 784. Göbhardt. 6 gℛ

†**Helvetius, Claude Adrien [Baron v. Holbach], 29 Thesen des Materialismus. Nach dem Französ. des vrai sens du système de la nature von Ed. Griesebach. gr. 8. (X, 64 S.) Halle 873, Erlecke. [Zürich, Literaturbureau.]** *

— 29 Thesen d. Materialismus. Nach dem Franz. d. vrai sens du système de la nature. gr. 8. (X, 64 S.) London 873. Erlecke. n. 2. —

(Cl. Adr.) **Helvetius:** Werk v. Menschen, von dessen Geisteskräften u. d. Erzieh. dess.; a. d. Franz. (v. Ch. A. Wichmann). *Bresl.*, Meyer. (774.) 785. 2 Bde. gr 8° 1 ℛ 12 gℛ

Helvetius, C. A. Werk vom Menschen ... Breslau 1775. Ü: *Wichmann, Chn Aug.* (ErGr) (MGT) (Ky) (Ebert)

Helvetius, J. F., Vitulus aureus, quem mundus adorat et orat. 8. Frankf. a. M. 767. Schäfer. 2 gℛ

Helvetius, Jean Adrien, s. Helvetius, Adriaan

Helvetius, Jean Claude Adrien

— principia physico-medica in tironum medicinae gratiam conscripta, praef. est J. P. Burggrav. 2 Tmi. 4. Frankf. 754. (Brönner). 1 ℛ 8 gℛ

— principia phys. medica. 4. Francof. Stock. (a. Pott in Laus. Brönner in Frankf.) 754.

Helvetius, Jean Claude Adrien: Principia physico-medica. Tom. 1 - 2, gbd., Abb.

Francofurti ad Moenum: Stock, Schilling & Weber 1754

JB 136

Helvetius, Johann Claudius Hadrian, s. Helvetius, Claude Adrien

Helvetius, Max. Rud., observat. de imperatore mortuo. etc. 4. Altorf. 712.

Helvetius, Theodorus, zwölf Schweizersonette. 16. (26 S.) Magdeburg 848. Falckenberg & Co. 3 ngℛ

Helvetus [Pseudon.] s. La Harpe, Frédéric-César de.

Helvici, C., Famil. colloquia, germ. redd. etc. 12. Nrnb. 715.

— et Probi, de monarchia regni Israelis c. notis Crenii. 8. Leid. 702.

Helvig's, Amalie v., Leben, s. Bissing, Henriette v.

Helvig, Hugo von

— taktische Beispiele. I. u. II. gr. 8. Berlin 874. 75. Mittler & Sohn. n. 9. —

I. Das Bataillon. Mit 108 Taf. lith. Zeichnungen. (VI, 108 S.) n. 4. —

II. Das Regiment u. die Brigade. Mit 105 Taf. lith. Zeichngn. (VII u. S. 105—231.) n. 5. —

Helvig, Hugo v., taktische Beispiele. I. Das Bataillon. Mit 78 Taf. Zeichnungen in Steindr. 2., neu bearb. Aufl. gr. 8. (VII, 91 S.) Berlin 880. Mittler & Sohn. n. 4. —

Helvig, Hugo, Hauptm. im Generalstab. Das I. bayerische Armee-Corps von der Tann im Kriege 1870/71. Nach den Kriegsacten bearbeitet. Mit 5 grossen Karten in Albertotypie im Maassstabe von 1 : 40.000, gefertigt von dem topographischen Bureau des Generalstabes. Text 8., Atlas Fol. (2 Bde.) München 1872.

Helvig, Hugo, das 1. bayerische Armee-Corps v. der Tann im Kriege 1870/71. Nach den Kriegsacten bearb. Mit 5 großen Karten in Albertotypie im Maßstabe v. 1:40,000, gefertigt v. dem topograph. Büreau d. Generalstabes. gr. 8. (410 S.) München 874. Oldenbourg. n. 9. 60

— Ludwig Frhr. v. der Tann-Rathsamhausen, kgl. bayer. General der Infanterie, s.a. Beiheft zum Militär-Wochenblatt.

Ludwig Freiherr v. d. Tann-Rathsamhausen, Königl. Bayerischer General der Infanterie und Kommandierender General des Königl. Bayerischen 1. Armeekorps. Eine Lebensskizze v. Hugo von **Helvig**. Berlin 1882. 8°

Helvig, Joachim Andreas (Präs.), s. Gröning, Karl Christoph: De Jure manus sinistrae.

Helvig, Joach. Andreas, Commentatio de sententiis tribus conformibus. Greifswald (Löfler) o. J. 44. S. (6.50)
Vgl. a. Corswanten, C. E. v. (Nr. 5673).

Helvig, Louis, s. Scenen aus dem Leben eines Vicars.

Helvigius, A., de vulgaris aerae christ. veritate. Rost. (s. a.) 4.

HELVIGIUS, CHR. NIC. (aut.), Diss. inaug. jur. differentiarum juris Pomoranici et provincialis Rugiani specimen exponens. Kiliæ. 1730. 4. (M. Univprogr. af Praeses Joh. Zach. Hartmann).

Helving, Carl Friedrich (Angerburg/Preussen), De statu animae humanae post mortem corporis sui vel beato vel damnato ex principiis sanioris philosophiae deducto. Diss. philos. Präs. Joachim Friedrich Braun. Halle (Joh. Christian Hilliger) 27. IV. 1726. 40 S. (7.—)
Gew. (v. Präs.): Johann Reinhard v. Dalvigk (Viermunden, Vohra).

Der Herzog unsrer Seligkeit. Wahlpredigt gehalten am 15. Dec. dieses Jahres vor der Mariengemeinde in Flensburg v. Friedrich **Helweg**. Flensburg. 1852. 8°.

Helwes, F[riedrich]. Der Kampf gegen die Tuberkulose. Gemeinverständliche Darstellung nebst einer Übersicht über die Lungenheilstätten in Deutschland und der Schweiz. IV + 56 S. 8. Leipzig, Benno Konegen, 1901. (M. 1. —)

Das kleine Krankenhaus. Von Dr. [Friedrich August] **Helwes**. Berlin-Wien: Urban & Schwarzenberg 1909. 94 S. 8° [10. 3234]

Helwic von Waldirstet

Helwig's Märe vom heiligen Kreuz, hrsg. v. Paul Heymann, s.a. Palaestra. LXXV.

Helwigs (**Helwic** v. Waldirstet) Märe vom heiligen Kreuz (Des heiligen cruzes mer), nach d. einzigen Hs. z. ersten Male hrsg. von Paul Heymann. Berlin: Mayer & Müller 1908. (VI, 170 S.) 8°
— **Palaestra**. 75. [05. 1988] 4

Helwich, G., Vorzug und Hoheit des Kolbischen Wartenbergischen Hauses. Kölln an der Spree 1704. — Berlin 1718.

Helwich, H. R., etymologisch-identische Wörter mit verschiedener Bedeutung im Deutschen u. Englischen. gr. 8. (52 S.) Wien 877. (Kubasta & Voigt.) n. 1. 60

Helwig, s.a. Hellwig.

Helwig, A., Beiträge zur Mortalitäts-Statistik der Stadt Mainz von Anfang dieses Jahrh. bis incl. 1872. gr. 4. (12 S. m. 7 Tab.) Mainz 873. v. Zabern. n. 1. 50

— dasselbe. II. Die Sterblichkeit in den Jahren 1869 bis incl. 1873 nach Todesursachen. gr. 4. (14 S. m. 7 Tabellen.) Ebend. 874. n. 1. 50

Helwig, A., das Mikroskop in der Toxikologie. Beiträge zur mikroskop. und mikrochem. Diagnostik der wichtigsten Metall- und Pflanzengifte, für Gerichtsärzte, gerichtl. Chemiker und Pharmaceuten mit einem Atlas photogr. mikroskop. Präparate. 2 Lfgn. Lex.-8. (VI und 106 S. mit 64 Photogr. auf 16 Taf.) Mainz 865, v. Zabern. cart. à Lfg. * 3 Thlr.

Helwig, A., die Raumlehre in der Volksschule. Ein Hülfsbüchlein f. Lehrer u. Schüler. 2. verm. u. verb. Aufl. m. üb. 150 in den Text gedr. Fig. (Holzschn.) 8. (82 S.) Leipzig 874. Peter. n. — 60

Helwig, A., die Raumlehre in der Volksschule. 3. Aufl. verm. durch Rechenaufgaben. 8. (83 S. m. eingedr. Fig.) Leipzig 879. Peter. n. — 50; cart. n. — 60

Helwig, A., die Raumlehre in der Volksschule. 4. Aufl. Mit 143 Fig. 8. (83 S.) Leipzig 885. Peter. n. — 50; geb. n. — 60

Helwig, A., die Raumlehre in der Volksschule. 5. Aufl. 8. (87 S. m. Fig.) Leipzig 893. E. Peter. Kart. n. — 60

Helwig, A., die Raumlehre in der Volksschule. 6. Aufl., bearb. v. R. Brückmann. (96 S. m. 147 Fig.) kl. 8. Leipzig 905. Dürr'sche Buchh. — 50; kart. — 60

Helwig, die Typhus-Epidemie in Mainz im Sommer 1884. Bericht an großherzogl. Ministerium d. Innern u. der Justiz, Abthlg. f. öffentl. Gesundheitspflege. gr. 4. (III, 40 S. m. 1 chromolith. Plan.) Mainz 885. (v. Zabern.) n. 3. —

MODE, Die (von *Amalie v. Helwig*, geb. Freiin *v. Jmhoff*). (Tübingen 1798.)
Anon.-Lex. III. p. 154 (nach dem Neuen Nekrolog).

– (Hrsg.), s. Taschenbuch der Sagen und Legenden.

v. Helwig, Amalie, geb. Freiin v. Imhof, s. Tegnér, J., die Frithjofs-Sage.

v. Helwig, (Amalie, geb. Freiin v. Imhoff.) Helene v. Tournon. Erzählung. Mit 1 Kupf. gr. 12. Berl. 824, Reimer.

Helwig, Anton Richard, s. Helwig, Richard

Helwig, Christoph von, s.a. Hellwig

Christoph von Helwig
1663 - 1721

Christoph Hellwigs [von Helwig] Dreyfacher als thüringisch- meißnischer, und niedersächsischer teutsch- und lateinischer Apothecker- Tax [Apothekertaxe], darinne der Werth aller u. jeder, sowohl einfachen als zusammen gesetzten Artzneyen zu finde... Franckfurt & Leipzig: Ritschel 1714. 127 S. 8°

Helwig, Christ., compendieuses Blumen- u. Kräuterbuch. 8. Frankfurt (1723). Arnstadt, 1751. — 7½

Der curieuse und wohl-erfahrne Chymist, welcher nicht alleine die... chymische Processe ...lehret, sondern auch anweiset, wie solche nach denen gehörigen Kunst-Griffen geschicklich zu bereiten... Aus berühmter chymicorum Schrifften theils auch aus eigener Praxi zusammen getragen, mit...Reg. versehen, von Valentino Kräutermann [d.i. Christoph von Helwig]. 2.Aufl. Leipzig & Arnstadt: Beumelburg 1738. 480 S. 8°

– Curiosa physica, s. Helwig, Johann Otto von

Christoph de Hellwig [Helwig] Armer Leute sicherer und geschwinder Hauß-Medicus [Haus-Medicus] oder Getreuer Rath u. Unterricht, wie Krancke u. wenig Vermögende... in allen vorfallenden Kranckheiten... sich...helffen konnen. Deme anjetzo beygefüget Der allzeit fertige Land-Barbier oder Wund-Artzt. Nebst ... Reg. 2.,verm.Aufl. Franckfurt & Leipzig: Riedt 1719. 388 S. 8°

Christoph von Helwig's hundertjähriger Kalender worin 1. Die Zeitrechnung oder der Kalender für die Jahre 1785 bis 1800 befindlich ist 2. Die Kentnis der Gestirne u. Einrichtung des Weltgebäudes gezeigt 3. Von der Erde insbes. gehandelt, und 4. Von der Bebauung der Erde nach richtigen ökonomischen Grundsäzen, das Wichtigste was dem Landmanne ... zu verrichten obliegt, beigebracht wird. Neue ganz veränderte Aufl. Mit 39 Kupfern. Leipzig: J.G. Müllersche Buchh. 1786. 442, XXVIII S. 8°

Curiöser Calender [Kalender], welcher uf das 1700 de Seculum nach Christi Geburt, biß 1800 gestellet so wohl nach dem alten als neuem Stylo...Nebst e. kurzen Vorr. Christoph Hellwig [von Helwig].Erffurdt: Starck 1700. 74 S. 8°

Vermehrter, auf hundert Jahr gestellter curioser Calender [Kalender], nemlich von 1701 biß 1801. ...Zum 5.mahl in Druck gegeben von Christoph [von] Hellwig [Helwig]. Franckfurt & Leipzig:Stossel 1715. 184 S. 8°

Valentini Kräutermanns [d.i. Christoph von Helwig] aufrichtig getreuer, sorgfältiger und geschwinder Kinder- Artzt [Kinderarzt], welcher die...Artzney- u. Hauß- Mittel, vor alle u. iede Kranckheiten junger u. erwachsener Kinder an die Hand giebet,... Nebst nöthigen Reg. ... Franckfurth & Leipzig: Beumelburg 1740. 448 S. 8°

Monatliche Kräuter-Lust, oder Neu angelegter Nutz- und Lust-Garten,worinnen der Saamen,Wurtzeln, Kräuter...zufinden benebst...Discurs von Urin... von C[hristoph] v.Hellwig [Helwig]. Zittau:Schöps 1721. 440 S. 8°

Neu eingerichtetes Lexicon [Lexikon] medico-chymicum, oder Chymisches Lexikon... Lat.u.teutsch nach dem Alphabeth eingerichtet. Nebst e. Anh. etlicher Apothecker-Taxe [Apotheker-Taxen], (nemlich der Wiener, Franckfurter, Leipziger u. Rindeler..) Von Christoph [von] Helwig. Franckfurth & Leipzig; Jena: Stößel 1711. 488 S. 8°

Medicus clinicus, oder: Getreuer und wohlerfahrner Leib-u.Land-Artzt, welcher offt probirte Mittel wider allerhand inn-u.äusserliche Kranckheiten mittheilet; nebst e.Unterweisung von Pulsen u. Urin zu urtheilen. Darbey auch e.umständliche Information von denen Fontanellen. Nicht weniger, wie sich Gesunde u. Krancke in der Diät verhalten sollen...u. mit e. Reg. versehen von Christoph Hellwigen [Christoph von Helwig].Franckfurth & Leipzig: Ritschel 1716. 320 S. 8°

Chr. Helwig de ortu, initio et progressu scientiae botanicae ejusdemque scriptoribus. Gryphiswald. 1707. 4.

Christophorus Helvigius [Helwig]: De Quinquina Europaeorum. [Resp.:] Carolus Helvigius [Helwig]. Gryphiswaldiae(1712:)Starck. 48 S. 8°

Greifswald, Med. Diss. v. März 1712

Helwig, Conrad Heinrich, s. Helwig, Konrad Heinrich

Helwig, C. B., Communionsgebete nebst Morgen= und Abendgebeten. rc. 8. Breslau, Korn d. ält. 791.

Helwig, Geo., hist. et origo familiae Colbionum a Wartenberg. 8. Arnst. 719.

Helwig, Hermann [aus Gross-Vahlberg (Braunschweig)]: Ueber einige tetrahydrirte Amine der Naphtalinreihe. . . . Göttingen, Druck d. Dieterich'schen Univ.-Buchdr. (W. Fr. Kästner), 1888; 40 S. 8°
München, Phil. Fak., Inaug.-Diss. v. 1889

Helwig, J. A., de Simone Mago, primo N. T. haeresiarcha. Viteb. 1711. 4.

Helwig, J. J., s. K. Langhans, d. ruff. Gesetze.

Johann Otto [B^n] von Helwig

Joh[ann] Ott[o] Lib. B^n de Helwig. Curiosa Physica oder Lehre von unterschiedlichen Natur-Geheimnissen welche unter etliche Capitel gesetzet, und auf der ander Seite, befindlich sind, in etwas verm. u. ausgefertigt von Christoph [von] Helwig [1663-1721]. Sondershausen: Kayser 1701. 105 S. 8°

Helwig, Jos., († d. 11. Nov. 1799.) Zeitrechn. z. Erörter. d. Daten in Urkunden für Deutschland. Mit e. Vorr. v. Mch. Ign. Schmidt. Fol. Wien 787. (Heubner). 1 ß

Helwig, K., Klagrecht u. Klagmöglichkeit. Eine Auseinandersetzg. üb. die Grundfragen des heut. Civilprozessrechtes (III, 93 S.) gr. 8. Leipzig, A. Deichert Nachf. 1905 2. —

Helwig, Karl Gtthlf., († d. 6. Febr. 1795.), s. Predigt=Auszüge.

Helwig, Konrad Heinrich

HELWIG, Conr. Henr.: Dissertatio de iure venandi Romano-Germanico. - Duisburg 1729

Helwig, Louis, Scenen aus d. Leben e. jungen Geistlichen, Gegenstück zu „Glockentöne aus d. Leben e. jungen Geistlichen." In 12 lith. Blätt. qu. 4. (1⅓ B. Text.) Stuttgart 835, (Becher u. Müller.) *

Helwig, Ludwig [pr. Arzt aus Zweibrücken]: Über Dysmenorrhoe m. bes. Berücks. d. Dysmenorrhoea mechanica ... *Zweibrücken, Druck v. P. & L. Hallanzy, 1897;* 48 S. 8.
Heidelberg, Med. Fak., Inaug.-Diss. v. [24. Juli] 1896

Helwig, Otto, approb. Arzt aus Obertopfstedt: Aus d. pathol. Institut zu Giessen. Über einen Fall von Osteogenesis imperfecta. Mit 1 Taf. *Giessen 1902: Heppeler & Meyer.* (33 S.) 8°
Giessen, Med. Diss. v. 1902

Das kranke Kind und das Seeklima. Eine biolog. Betrachtung f. Ärzte u. Eltern von Dr [Otto] Helwig. Wolgast: Christiansen (1910). 103 S. · 8° [11. 1195]

Helwig, das kranke Kind u. das Seeklima. Eine biolog. Betrachtg. f. Ärzte u. Eltern. (108 S.) gr. 8. Wolgast (910). (F. Cleppien). 1.50

Helwig, Paul Iwan, eine Theorie d. Schönen. Mathematisch-psycholog. Studie. gr. 8. (VII, 87 S.) Amsterdam 897. Dolsmann & Nolthenius. n. 3. —

Helwig, *Anton* Richard [Referendar]: Die Entwicklungsgeschichte der Lehre vom unvollständigen Besitz nach preussischem Recht ... Danzig, Druck v. F. Raczkiewicz, 1897; 46 S., 1 Bl. 8.
Breslau, Jur. Fak., Inaug.-Diss. v. 1897

Helwig, Rich., die Entwicklungsgeschichte der Lehre v. unvollständ. Besitz nach preuss. Recht. Diss. gr. 8. (46 S.) Breslau 897. (Schletter.) n. 1. —

Helwig, Samuel Friedrich: „Anweisung zur leichten und gründlichen Erlernung der italienischen doppelten Buchhaltung", Berlin 1774. — Dasselbe, 2. verm. und verb. Auflage, 2 Teile in zwei Bänden; 2. Band u. d. T.: „Beyträge und Berechnungs-Arten zur Erläuterung, Ergänzung und nützlicherm Gebrauch der im ersten Theile befindlichen Anweisung", Stettin 1790. — Alle vorh.: Büch. der Industrie- und Handelskammer Leipzig.

— Beitrr. u. Berechnungsarten zur Erläuter. u. Ergänzung seiner Anweis. &c. z. Buchhalten. 8. Berl. 778. 2e A. 790.

— die Finanzberechnung eines Staats &c. gr. 8. Berl. Lange. 799.

— Geheimnisse d. Rauch- u. Schnupftabaks-Fabrikation. gr. 8. Berl., Lange. 1 Rthlr. 12 gl.

— Versuch, die Finanzberechnung eines Staats nach ital. doppelten Buchhaltung einzurichten. gr. 8. Berl. 799. (Reimer). 1 Rthlr.

Helwig, Wilhelm [aus Mannheim]: Beiträge zur Kenntnis der Azoniumverbindungen. Mannheim 1899. 21, 1 S. 8°.
Basel. Phil. Diss. 1899/1900.

Helwigen, Jh., Reductionstabellen z. Vergleichung d. Clevischen oder Kölnischen Rthlr. zu 60 Stüber, so wie d. preuß. Geldes nach d. 24. Gr. Fuß gegen preuß. Geld nach d. neuen Eintheil. in Thalern, Silbergr. u. Pfennigen, nach d. Münzgesetze vom 30. Sept. 1820. 4. Crefeld 823. Schüller. 20 gl.

Helwigk, Im Nihilistenstaate Neu-Sodom, oder Historia von der schönen Dinah. 8°. Leipzig s. a.

— Poetisches Skizzenbuch. Mit einem Vorworte von Heinrich Hart. 8°. Minden, Bruns, 1885.

Helwing, Chr. Fr.

— Abhandl. von d. Vergessenheit. 8. Lemgo 750.

— s. Bemühungen z. Aufnahme &c.

— s. [illegible] d. [illegible] Herodot.

Helwing, Chr. Fr., († d. 2. Jan. 1800.) dicta in ordinem salutis. 8. Lemgo 758. Meyer. 12 gl.

— Grenzen d. philosoph. u. theolog. Moral. 8. Halle 753. (Hahn in Hannov.) 6 gl.

— s. Imp. Justiniani, vier Bücher.

— Versuch e. Einleitung in die gesammte Moral. 8. Halle 751. (Hannov. Hahn). 2 gl.

Helwing, Ernst, über die Abnahme der Kriegs-Tüchtigkeit der ausgehobenen Mannschaften namentlich in der Mark Brandenburg. Ein statistisches Votum, auf Grundlage grossentheils amtlicher Nachrichten abgefasst. Berlin 860. Mittler & Sohn. gr. 8. (VII, 54 S.) n. 10 ngr.

Helwing, Ernst, über Friedrich Wilhelm's, des großen Kurfürsten von Brandenburg, religiöse Ansichten und kirchl. Politik. Ein im wissenschaftl. Vereine zu Berlin gehalt. Vortrag. gr. 8. (16 S.) Lemgo 847, Meyer'sche Hofbuchh.

Helwing, Ernst, die Erb-Ansprüche des kgl. preuß. Hauses an die Herzogthümer Schleswig-Holstein. Ein histor.-staatsrechtl. Versuch. Beigefügt ist e. Samml. belegender Urkunden, u. e. genealog. Tabelle nebst Erläuterungen. gr. 8. (19¼ B.) Lemgo u. Detmold 846, Meyer'sche Hof-Buchh. *

Helwing, Ernst, Geschichte d. achäischen Bundes, nach d. Quellen dargest. gr. 8. (23¼ B.) Lemgo 829, Meyer.

—— Geschichte d. preuss. Staats. 1. Bd. 1. u. 2. Abthl. (od. 3 Lfgn.) — A. u. d. T.: Geschichte d. brandenburg. Staats, v. d. Entstehung desselben bis z. Anfange d. 30jähr. Krieges. 1. u. 2. Abthl. gr. 8. Lemgo 833, Meyer.
Abthl. 1. Die Gesch. d. Mark Brandenburg v. Begründung derselb. b. zum Aussterben d. ballenstädt. Dynastie. (22¾ B. u. Tabellen.) 1 Thlr. 8 Gr.
" 2. Die Gesch. d. Mark Brandenburg v. Tode d. Markgrafen Waldemar b. zum Regierungsantritte d. Kurfürsten Georg Wilhelm. (49¾ B. u. 2 Tabellen.) 3 Thlr. 6 Gr.

—— Geschichte d. preuss. Staats. II. Bd. I. Abthl. (Des ganz. Werkes 3. Thl.) A. u. d. T.: Die Geschichte d. brandenburg-preuss. Staats unter d. Regierung der Kurfürsten Georg Wilhelm u. Friedrich Wilhelm. gr. 8. (52¾ B. u. 1 Tab.) Lemgo 846, Meyer'sche Hofbuchh. *
I. Bd. (2 Abthl.) Ebendas. 1833. 4 Thlr. 17½ Ngr.

Helwing, E. Grundriss zu Vorlesungen über Finanzwissenschaft. 8°. Detmold 1852.

—— Handbüchlein für preuß. Urwähler und Wahlmänner. Enth.: Außer der Verfassung sämmtl. Verordnungen, Wahlgesetze und Reglements erläut. und verglichen &c. gr. 8. (VIII und 48 S.) Berlin 849, G. Bethge.

Helwing, Ernst, Jahresbericht über die staatswissenschaftliche u. cameralistische Literatur des Jahres 1853, mit Einschluß der Statistik und der technischen Cameral-Wissenschaften, namentlich der Landwirthschaftslehre, Forst- und Jagd-Wissenschaft, Bergbaulehre, Technologie und Handels-Wissenschaft. Berlin 854. Mittler u. Sohn. gr. 8. (VIII, 87 S.) n. 20 ngr.

Helwing, Henr. Christ. Car. Ern.: De politiae apud populos recentiores origine et notione commentationis specimen. Lemgoviae & Detmoldiae 1852. (12 S.) 4°
Berlin, Phil. Fak., Antrittsprogr. v. 26. Apr. 1853

— de politiae apud populos recentiores origine et notione. [Ueber Entstehung u. Begriff der modernen Polizei.] Commentatio historico-politica. gr. 4. (15 S.) Lemgoviae 852, Meyer. n. ⅙ Rthlr.

Helwing, Ernst. Preußen und die schleswig-holsteinische Staats-Erbfolge. Eine polemische Erörterung als zweites Wort in der Angelegenheit. Mit Urkunden-Anhang. Berlin, Bath 1865. XX 215 S. 8.

Helwing, Henr. Christ. Carol. Ern. (geb. Lemgo; † 10. 1803) De Pii II Pontificis Maximi rebus gestis et moribus. Berolini (1825) (25 S.) 8°
Berlin, Phil. Diss. v. 3. Sept. 1825

Helwing, (H. Ch. C. E.,) de Pii II. Pontif. maximi rebus gestis et moribus Commentatio. 4 maj. Berol. 825, (Lemgo, Meyer.)

Helwing, Ernst, Urwähler des 37sten Bezirks, Wer ist der beste Volksvertreter? Ansprache an die Urwähler und Wahlmänner. Berlin, G. Bethge, 1848. 8 S. 8°.

—— das preußische Wahlgesetz vom 8. April 1848, die Wahl-Verordnung vom 11. April, und die Vertheilung der Abgeordneten zur preuß. Verfassungsversammlung über die kleineren und größeren Verwaltungsbezirke des Staates. 8. (39 S.) Berlin 848, G. Bethge.

—— wer ist der beste Volksvertreter? Ansprache an die Urwähler und Wahlmänner. gr. 8. (8 S.) Berlin 848, G. Bethge. *

Georg Andreas Helwing

Georgii Andreae Helwings [Helwing] Lithographia Angerburgica, sive Lapidum et fossilium, in districtu Angerburgensi & ejus vicinia...collectorum brevis & succincta consideratio. P. 1.2. Regiomonti 1717; Stelter(2: Lipsiae 1720: Titius). 1 Bd 8°

P. 1: 1717.

P. 2: In qua de lapidibus figuratis ad triplex regnum minerale, vegetabile et animale redactis aliisque fossilibus in districtu Angerburgensi ejusque vicinia noviter detectis...1720.

Helwing, Heinrich Christ. Karl Ernst, s. Helwing, Ernst

Helwing, Leop. (geb. Detmold 25.9.1846). Ueber Aetiologie von Gelbsucht. Berlin (1874). (38 S.) 8°
Berlin, Med. Diss. v. 7. Aug. 1874

Helwing, M[ax], aus Dühof (Baden): Über das Eindringen eines kleinzelligen Spindelzellensarkoms in spongiöse Knochensubstanz. *Würzburg 1899: P. Scheiner.* (23 S.) 8°
Würzburg, Med. Diss. v. 189[illegible]

Helwitz, Geo. v. d., die Kunst des Schachspiels nach der neuesten und besten Theorie wie Praxis. Ein gründl. Leitfaden für Anfänger und Geübtere. 16. (IV und 98 S.) Berlin 865, Grothe. *

Helyot, Hippolyte. Ausführliche Geschichte aller christlichen und weltlichen Klöster und Ritterorden. A. d. Franz. Leipzig 1756. Ü: *Schwabe, Johann Joachim.* (ML) (Ky) 1753—56. (Kat. d. Lipperheideschen Kostümbibl. I. Berl. 1896 ff.)

Helyot, P. Hippolyt. P. Hippolyt Helyots ausführliche Geschichte aller geistlichen und weltlichen Kloster- und Ritterorden für beyderley Geschlecht, in welcher deren Ursprung, Stiftung, Regeln, Anwachs, und merkwürdigste Begebenheiten ... vorgestellt, und die besondern Kleidungen eines jeden Ordens nebst den Ordenszeichen der Ritter ... abgebildet werden. Aus dem Französischen übersetzet [von J. J. Schwabe]. Leipzig, verlegts Arkstee und Merkus 1753[—1756]
8 Bde. 4°
I 1753: Tit., 11 Bl., LXXXVIII + 486 S., 15 Bl., 102 Taf.
II 1753: XXIV + 516 S., 10 Bl.; 119 Taf.
III 1754: Tit., 5 Bl., 542 S., 15 Bl.; 121 Taf.
IV 1754: Tit., 5 Bl., 542 S., 9 Bl., 113 Taf.
V 1755: Tit., 3 Bl., 566 S., 13 Bl., 87 Taf.
VI 1755: Tit., 3 Bl., 522 S., 11 Bl.; 100 Taf.
VII 1756: Tit., 3 Bl., 572 S., 14 Bl.; 71 Taf.
VIII 1756: Tit., 3 Bl., 530 S., 13 Bl.; 99 Taf.
Die Tafeln in Kupferst.
Deutsche Übersetzung des vorhergehenden Werkes

Helyot, Hippolyt, ausführl. Gesch. aller geistl. u. weltl. Klöster u. Ritterorden 2c. Aus d. Französ. (von J. J. Schwabe). 8 Bde. 4. Leipz. 753—56. Gleditsch'sche Buchh. 24 ₰ Mit Kpf. 32 ₰

— Geschichte d. geistl. Orden u. d. weltl. Congregation beider Geschlechter, seit ihrer Entstehung bis auf unsere Zeiten. Umgearb. u. verbess. durch d. Baron v. Roujoux u. e. Gesellschaft v. Geistlichen. Aus d. Französ. übers. v. Bouillon. 1r Thl. 1e Liefrg. Mit 12 Abbildd. 8. Frankf. 830. Wesché. 8 ℳ

Hemacandra

Hemakandra's Abhidhânakintâmani, ein systematisch angeordnetes synonymisches Lexicon, hrsg., übersetzt und mit Anmerkungen begleitet von O. Boehtlingk und Charles Rieu. gr. 8. (XII und 443 S.) St. Petersburg 847. Leipzig, Voss. **

Hemachandra, Anekarthasamgraha, hrsg. v. Th. Zachariae, s.: Quellenwerke der altindischen Lexikographie.

Hemachandra, der Dhātupāṭha, hrsg. v. Joh. Kirste, s. a. Quellenwerke der altindischen Lexicographie. IV.

[Sanskr.] Atha Haimadhātupārâyaṇam. [Ant.] Der Dhātupāṭha des Hemachandra [**Hemacandra**] mit d. selbstverfassten Commentare d. Autors. Hrsg. von Joh. Kirste. *Wien: A. Hölder 1899* [übergekl.: *1901*]. (Getr. Pag.) 8°
— **Quellenwerke** d. Altindischen Lexikographie. Bd 4. [illegible]

Hēmacandra's ausgewählte Erzählungen aus Pariśiṣṭaparvan, deutsch v. Johs. Hertel, s. a. Bibliothek morgenländischer Erzähler.

Ausgewählte Erzählungen aus **Hēmacandras** Pariśiṣṭaparvan. Deutsch mit Einl. u. Anm. von Johannes Hertel. Leipzig: W. Heims 1908. (XI, 271 S.) 8°
— **Bibliothek** morgenländischer Erzähler. Bd 1. 108. 10745 2

Hemacandra's Grammatik der Prâkritsprachen [Siddhahemacandram adhyâya VIII,] m. krit. u. erläut. Anmerkgn. hrsg. v. Rich. Pischel. 1. Thl. Text u. Wortverzeichniss. gr. 8. (XIV, 235 S.) Halle 877. Buchh. d. Waisenh. n. 8. —

Hemacandra's Grammatik der Prâkritsprachen [Siddhahemacandram Adhyâya VIII], hrsg., übers. u. erläutert von Rich. Pischel. 2. Thl. Uebersetzungen u. Erläuterungen. gr. 8. (VII, 247 S.) Halle 880. Buchh. d. Waisenh. n. 8. — (I. u. II.: n. 16. —)

Hemacandra's Lingânuçâsana, m. Comment. u. Uebersetzg. hrsg. v. R. Otto Franke. gr. 8. (XVII, 23 u. 74 S.) Göttingen 886. Berlin, Gose & Tetzlaff. n. 4. —

Hemacandra's Lingânuçâsana, m. Commentar u. Uebersetzg. hrsg. v. R. Otto Franke. gr. 8. (XVII, 23 u. 74 S.) Göttingen 886. Vandenhoeck & Ruprecht's Verl. n. 4. —

Ⓑ — Lingânuçâsana. 886. (KBL 23.) Jetzt: Berlin-Rixdorf, M. Umlauf.

Hemachandra, d. Unadiganasutra, hrsg. v. Joh. Kirste, s. a. Quellenwerke d. altind. Lexicographie.

— Das Unadiganasutra des Hemachandra mit dem selbstverfassten Commentare des Autors. Herausgegeben von Joh. Kirste. Nebst einem Appendix, enthaltend den Index zum Anekārthasaṁgraha, von Th. Zachariae. [= Quellenwerke der Altindischen Lexicographie. Bd. II.] Wien, Bombay 1895. 4°

Hemachandra, s. Hemacandra

Hemakandra, s. Hemacandra

Hemala, Frz., s.: Studien zur christlichen Sozialreform.

Hemala, Richard [aus Wischau]: Experimentelle Beiträge zur Muskelchemie und zur Kenntniss der klinisch verwertheten Nitroprussidreactionen. ... Jena, Gustav Fischer, 1888; 2 Bl. + 35 + 1 S. u. 1 Tab. + 1 Taf. 8°
Jena, Med. Fak., Inaug.-Diss. v. [27. Aug.] 1888

Heman über die Unsterblichkeit der Seele . . . Leipzig 1773. V: *Wichmann, Gottfried Joachim.* (ML)

– dass., s.a. Hemann

Heman, C. F., die Bildungsideale der Deutschen im Schulwesen seit der Renaissance. Eine histor. Skizze zu prakt. Zwecken. 8. (VII, 88 S.) Basel 892. R. Reich. n. 1. 20

Heman, C. F., die Erscheinung der Dingo in der Wahrnehmung. Eine analytische Untersuchung. gr. 8. (VI, 170 S.) Leipzig 881. Hinrichs' Verl. n. 3. —

Heman, C. F., zur Geschichte der Lehre v. der Freiheit d. menschlichen Willens. 1. Hft. Des Aristoteles Lehre v. der Freiheit d. menschlichen Willens. gr. 8. (XVIII, 194 S.) Leipzig 887. Reisland. n. 4. —

—— der Ursprung der Religion. 8. (64 S.) Basel 886, Detloff's Verlag. *

—— über wissenschaftliche Versuche neuer Religionsbildungen. Habilitations-Vorlesung. gr. 8. (26 S.) Basel 884, Detloff's Verlag. *

Heman, Carl Friedrich, s. Heman, Karl Friedrich

Heman, Erwin. Altes und Neues aus Basel. 12 Zeichnungen. 12 Bl., *in Umschlag.* fol. Basel, Basler Buch- & Antiquariatshandlung; Lith. Gebr. Lips, [1903]. [fr. 5. —]

[F.] Das Erwachen der jüdischen Nation. D. Weg z. endgült. Lösg d. Judenfrage v. F[riedr.] Heman. *Basel: P. Kober 1897.* (2 Bl., 114 S.) 1 Bd 8. 97. 6907

Heman, Frdr., Geschichte des neueren Pädagogik, s.a. Bücherschatz, der, des Lehrers. 10. Bd.

Heman, Friedrich. Geschichte der neueren Pädagogik. Eine Darstellung der Bildungsideale der Deutschen seit der Renaissance und Reformation, zum Unterricht für Lehrerseminare und zum Selbststudium, von F' H' (Prof., Basel). VIII + 436 S. 8. Osterwieck/Harz, A. W. Zickfeldt, 1904. [M. 3. 40, geb. 4. 20]
Der Bücherschatz des Lehrers. Wissenschaftliches Sammelwerk zur intellektuellen und materiellen Hebung des Lehrerstandes. Unter Mitwirkung ... hrg. von K[arl] O[tto] Beetz.... Band 10....

Heman, F[riedrich]. Geschichte des jüdischen Volkes seit der Zerstörung Jerusalems. Von (Prof.) F. H' (Basel). XII + 608 S. 8. Calw und Stuttgart, Verlag der Vereinsbuchh., 1908. [M. 8. —]

Heman, Karl Friedrich

Heman, Carl Friedr., Eduard v. Hartmann's Religion der Zukunft in ihrer Selbstzersetzung nachgewiesen. gr. 8. (68 S.) Leipzig 875. Hinrichs' Verl. 1. 20

Heman, C. F., die historische Weltstellung der Juden und die moderne Judenfrage. 1. und 2. unveränd. Abdr. gr. 8. (IV, 76 S.) Leipzig 881, Hinrichs'sche Buchh. *
Aus: Conservative Monatsschrift, besonders abgedruckt.

– d. histor. Weltstellg. d. Juden. 2. Abdr. Leipz. 882.

—— die historische und religiöse Weltstellung der Juden und die moderne Judenfrage. Gesammt-Ausg. gr. 8. (VI, 76; X, 180 S.) Leipzig 885, Hinrichs'sche Buchh., Verlag. *

— die religiöse Weltstellung des jüdischen Volkes. gr. 8. (X, 180 S.) Ebend. 882. n. 1. 60

—— die Zukunft der Welt im Lichte der Geschichte und Offenbarung. Vortrag. gr. 8. (29 S.) Basel 878, Bahnmaier's Verlag. *
Aus: Kirchenfreund, besonders abgedruckt.

Hemann, üb. d. Unsterblichk. d. Seele. 8. Leipz. Breitkopf. 775.

– dass., s.a. Heman

Hemans, F., select poetical works, s. Collection of British authors.

Hemans, Felicia, the birds of passage, and the voice of spring, hrsg. v. Heinr. Saure, s.: Authors, modern English. Vol. I.

Hemans, Felicia, ausgewählte Gedichte. Deutsch von C. Schlüter und A. Jüngst. 16. (VIII, 182 S.) Münster 877, Russell's Verlag.

Hemans, Felicia, ausgewählte Gedichte. Deutsch von C. Schlüter u. A. Jüngst. 16. (VIII, 182 S.) Münster 878. Russell. 1. 50

— The landing of the pilgrim fathers, hrsg. v. William Wright, s.: Rauch's English readings.

Hemans, Felicia, das Waldheiligthum. Uebersetzt v. Ferd. Freiligrath. 16. (98 S.) Stuttgart 871. Cotta. geb. m. Goldschn. n. 2. 40

Hemans, G. Willoughby. Alpenbahnen. 1871. Brief an die Times.

Hemauer, Johann Nep. (kath. Religionslehrer) „Worte über die Angelegenheit der Religion bei der Jugend in und ausser der Schule". pg. 3—10. 4°. Stadtamhof, Joseph Mayr.
Regensburg, Progr. 1843/44

Hemberger, A., wenn Gewitter niedergehen . . . Eine Sommergeschichte. Zeichnungen v. C. Guentherodt. (248 S.) 8. Berlin 907. C. Hause. 2. —

Hemberger, Josef, Rechtspraktikant, aus Mannheim: Zur Lehre vom Neutralitätsrecht. *(Staufen 1901: G. A. Geisel.)* (86 S.) 8° [F.]
Freiburg i. B., Rechts- u. staatswiss. Diss. v. 1901

Hemberger, Jul., der erste Religionsunterricht in katholischen Schulen. Nach G. Mey. 12. (32 S.) Stuttgart 886, (Wildt'sche Buchh.) **

Hembo, A. (Hrsg.), s. Rendez-Vous, Das.

Hembyze, Geo. Ghilain v., Lehrbuch der Geometrie für den 4. Jahrg. der k. k. Cadeten-Institute und für die k. k. techn. Schul-Compagnien. Wien 856. (Seidel.) gr. 8. (V, 299 S. m. Holzschn. im Text.) n. 27 ngr.
Vgl. auch: Ghilain v. Hembyze.

Hemdenmatz, der. Drollige Geschichten u. Bilder. 4. (IV S. u. 24 color. Bl. in Holzschn. m. Text.) Leipzig 849, Schmaltz. — 2. Aufl. 4. (26 in Holzschn. u. color. Bl. m. Text.) Ebd. 850. 3/4 β

Hemdenmatz, der. Drollige Geschichten und Bilder. 3. Aufl. Leipzig 860. (Hartmann.) 4. (24 S. m. color. Holzschn.) n. 10 ngr.

Hemdenmatz, der. Drollige Geschichten u. Bilder. 4. (24 S. m. eingedr. u. color. Holzschn.) Leipzig 872. Hartmann. n. 1. 50

Hembenmatz, der. Drollige Geschichten und Bilder. 5. Aufl. 4. (24 S. mit eingedr. lithogr. und color. Illustr.) [Leipzig 877, Krätzschmer Nachf.] Dresden, Kaufmann's Verlag. cart.

Hemdenmatz, der. Drollige Geschichten m. (farb.) Bildern v. Paul Haase. (36 S.) 30,5×23 cm. Leipzig (909). F. Ohme. Kart. 3. —

Hémecht, ons. Organ d. Vereins f. Luxemburger Geschichte, Litteratur u. Kunst. Hrsg. v. d. Vorstande des Vereins. 1. Jahrg. 1895. 12 Nrn. Lex.-8. (IV, 376 S.) Luxemburg, Selbstverl. d Vereins. n.n. 6. —

— dasselbe. 2.—3. Jahrg. 1896—1897. à 12 Nrn. (à ca. 4 Bog.) Lex.-8. Ebd. à Jahrg. n.n. 6. —

— dasselbe. 4. Jahrg. 1898. 12 Nrn. (à ca. 4 Bog.) gr. 8. Ebd. n.n. 8. —

Hémecht, ons. Organ des Vereines f. Luxemburger Geschichte, Litteratur u. Kunst. 5.—8. Jahrg. 1899—1902. à 12 Hfte. gr. 8. (à ca. 48 S. m. Abbildgn.) Luxemburg, Selbstverlag des Vereins. à Jahrg. n.n. 8. —

Hémecht, ons. Organ des Vereines für Luxemburger Geschichte, Literatur u. Kunst. 9.—12. Jahrg. 1903—1906. à 12 Hefte. (IV, 676 S. m. 3 Abbildgn. u. 2 Kart., IV, 616 S. m. 4 Abbildgn. u. 1 Taf.; IV, 581 u. IV, 503 S. m. 11 u. 7 Abbildgn.) gr. 8. Luxemburg, Selbstverlag des Vereins. à Jhrg. n.n. 8. —

Hémecht, ons. Organ des Vereins f. Luxemburger Geschichte, Litteratur u. Kunst. 13.—16. Jahrg. 1907—1910. à 12 Hefte. (VIII, 526; VI, 480; IV, 498 u. XXXI S. u. IV, 480 S. m. Abb.) gr. 8. Luxemburg, Selbstverlag des Vereins. à Jahrg. nn 8. —

Hemed. „Us üsere Hemed". (Bilder aus dem Appenzeller-Land. [Illustrierter Führer.]) 8. (St. Gallen [1895].)

Hemel, J. B. van, das Buch für Alle, oder der kathol. Katechismus in leichtfaßl. Erklärungen für alle Stände. Nach der 2. Aufl. mit Autorisation des Verf. übersetzt von Heinrich Perpeet. gr. 8. (IV und 496 S.) Regensburg 866, Manz.

Hemel, J. B. van, Handbuch der geistlichen Beredsamkeit. Mit Genehmigung des Verf. nach dem Französ. bearb. u. herausg. von Frz. Xav. Kraus. Regensburg 860. Manz. gr. 8. (XXVIII, 714 S.) 2 ₰ 9 ngr.

Hemelarius. Siehe *Numismata*.

Hemeling, G. Die englischen Humoristen des 18. Jahrhunderts. I. Komik, Humor, Satire. Leer, Rg., 1879. 12 S. 4. Progr.

Johann Hemeling's Hanöverisch Arithmetischer Anfang, oder kleines Rechenbuch. Goslar. 10 Bog. 1655.
— Gotha. 8. 1698.
— — 8. 1700.
— vermehrt von *Strobeln*. 8. 1707.
— vermehrt von seinem Sohne *Ephraim Reiher*. 8. 1707.
— mit einem Anhange von der Regel Falsi. 1713.
— 8. 1714.

Hemeling, J., kleines Rechenbuch. 8. Brem. Förster. 781.

Johann Hemelings [Hemeling] kleines Rechenbuch, oder kurzer, doch gründlicher Unterricht in allen vorkommenden Rechnungsarten mit den nöthigen Exempeln erl. Neue verb. Aufl. Hannover: Telgener 1821. 228 S. 8°

Hemeling, Joh., kleines Rechenbuch f. Bürger- u. Landschulen. Nebst e. kurzen Einleit. in d. ersten Elemente d. reinen u. prakt. Geometrie. Neue verb. u. verm. Aufl. gr. 8. (13 B. u. 1 Figtaf.) Hannover 836, (Hahn'sche Hofbuchh.) *

Johann Hemelings [Hemeling] kleines Rechenbuch, das ist kurzer, doch gründlicher Unterricht in allen vorkommenden Rechnungsarten mit den nöthigen Exempeln erl. 4. Aufl. Hildesheim: Tuchtfeld 1776. 332 S. 8°

Johann Hemelings [Hemeling] kleines Rechenbuch, das ist: kurzer, doch gründlicher Unterricht in allen vorkommenden Rechnungsarten mit den nöthigen Exempeln erl. Neue verb. Aufl. Hildesheim: Tuchtfeld 1800. 332 S. 8°

Johann Hemeling's Neuvermehrter und vollkommner Rechenmeister, oder selbstlehrendes Rechenbuch. Hann. und Wolffenb. 1705.
— Frft. und Leipzig, 8. 3 Alph. 16 Bog. 1726.
— Wolffenb. 1726.
— 1736.
— 1737.
* — Leipz. gr. 8. 3 Alph. 18 Bog. (1 Rthlr. 4 gr.) 1753.

— Rechenmeister, oder selbstlehrende Rechenschule. gr. 8. Wolfb. Albrecht. 753.

Johann Hemeling's selbstlehrende Rechenschule. Hanov. 8. 1665.
— Wolffenbüttel. 8. 1705.

* *Johann Hemeling's* Arithmetischer Trichter, das ist: Die Edle Rechenkunst mit kurz doch gründlichen Anweisungen, derogestalt abgefaßet und beschrieben, daß selbig in möglichster Eile, gleichsam als durch einen Trichter eingegossen, angelehrt und erlernet werden kann, der lieben Jugend, und allen Begierigen der Kunst, zu Nuz und Dienste, wohlmeinentlich aufgesetzt. Hannover. 10 Bog. 8. 1677.
— Wolffenb. 1705.
* — Hanov. u. Wolf. verlegts Ludolph Heinrich Hanenstein. 152 Seiten. 8. 1711.
— Wolffenb. Meisner. (5 gr.) 1712.
— neu vermehrt Wolffenb. durch *J. C. Meißner*. 8. 10 Bogen. 1747.

Johannis Hemelingii [Hemeling] Neu vermehrter arithmetischer Trichter, das ist: Die edle Rechenkunst, mit kurz doch gründlichen Anweisungen... zum 4. Mal übers. ... aufs neue durchges., und mit nötigen Anm. u. Erkl. verm. von J.F.H. Wolfenbüttel [usw.]: Meißner 1772. 206 S. 8°

— arithmetischer Trichter. 8. Wolfenb. 784. Umgearb. v. D. X. Bollimhauß. 8. Ebd. 804. Albrecht. B.K.

— Vorschriften. 5 Thle. Fol. Hannov. Helwing.

Hemeling, K(arl): Die Nanking Kuanhua. Göttingen 1907: Dieterich. (107 S.) 8°
Leipzig, Phil. Fak., Ref. Conrady-Sievers, Diss. v. 15. März 1907
[Geb. 27. Juli 78 Leer in Ostfriesland; Wohnort: Shanghai; Staatsangeh.: Preußen; Vorbildung: Gymn. Göttingen Reife O. 96; Studium: Göttingen 4, Berlin 1, Leipzig 1 S.; Rig. 19. Dez. 06.]

Hemeling, K., the Nanking Kuan Hua. (Diss.) (VII, 107 u. 2 S.) gr. 8. Leipzig 907. O. Harrassowitz. 4. —

Hemensperger, Heinrich Dr. „Passau's Handelsverhältnisse im Zeitraume von seiner Einverleibung an die Krone Bayern bis zur Gegenwart (1803 bis 1865)". pg. 3—24. 4°. J. Bucher.
Passau, Progr. 1864/65

Hemensperger, Heinrich Dr. „Rede, gehalten bei der feierlichen Preisevertheilung der K. Kreisgewerbsschule Passau am 16. August 1869". (Wert der Gewerbsschulen.) pg. 1—8. kl. 8°. Ohne Ort und Druck.
Passau, Progr. 1868/69

[Hemer, Matthäus]. Vita, et Gesta Gloriosissimi Martyri Sancti Sebastiani ... Das ist: Leben und Thaten Deß Heiligen und Glorwürdigen Martyrers Sebastiani, Sonderbahren Patronen wider die Pest, In Kupffer-Stichen mit Latein- und Teutschen Lob-Sprüchen öffentlich vorgestellet. Augspurg, zu finden bey Wilhelm Panegger, Buchbindern, 1702. 4°. 106 Bl. einschließlich *Titelkupfer, 50 Kupfertafeln und 29 Seiten mit Musiknoten in Typendruck*. Defekter HPgtbd. d. Z. (Rücken fehlt).
Eitner V. 105. Seltene einzige Ausgabe.

Hemerohistor, ein [historisches] Taschenbuch für 1813. H: *Arnstein, J. Freih. von.* (MGT)

Hemerohistor; e. (histor.) Taschenbuch f. 1813. (v. J. v. Arnstein). Wien 813.

Hemert, Paul van. Über Accomodationen im Neuen Testamente ... A. d. Holl. ... Dortmund u. Leipzig 1797. Ü: *Dethmar, Frdr. Wilh.* (Ky) (Winer)

Hemert, P. v., üb. Accommodation im N. Test. a. d. Holl. gr. 8. Dortm. Mallinkrodt. 797.

van Hemert, Paul, üb. Accommodationen im Neuen Testamente oder: Beantwort. d. Frage: hat Christus in seinen Predigten, haben die Evangelisten u. Apostel in ihren Schriften sich zuweilen nach den zu ihrer Zeit herrsch. Volksbegriffen bequemt? Aus d. Holländ. u. mit e. Vorr. (v. F. W. Dethmar). gr. 8. Dortmund u. Leipz. 797. (Schulz in Hamm). 14 gl.

Hemert, P. v., de prudenti Christi app. et evangg. consilio, sermones suos ac scripta ad captum vulgi accommodantium. Amst. 1791. 4; deutsch (üb. Accommodatt. im N. T.) von F. W. D[ethmar]. Leipz. 1797. 8.

— tres epistolae ad Dn. Wyttenbach, virum clariss. 8. Amsterd. 810. Sülpke. 22 gl.

Hemert, P. v. Über die Existenz der Principien eines reinen uneigennützigen Wohlwollens im Menschen. A. d. Holl. Dortmund 1798. Ü: *Dethmar, Frdr. Wilh.* (Winer) (Ky)

— über die Existenz d. Principien e. reinen uneigennütz. Wohlwollens im Menschen. Aus d. Holländ. (v. F. W. Dethmar.) 8. Dortmund 798. (Wundermann in Hamm.) 8 gl.

P. v. **Hemert** üb. d. Existenz d. Principien e. reinen uneigennützigen Wohlwollens im Menschen — veranl. durch e. Teyler. Preisfr. — a. d. Holl.; nebst e. Vorr. u. kurzen Gesch. d. Kant. Philos. in Holland, von F. W. **Dethmar.** *Dortm.*, Blothe. 799. 8° 12 gl

— d. Recht u. Pflicht z. eigen. Unterr. in d. Religion. gr. 8. Ebend. 798.

Hemert, P. v. Über das Recht und die Verpflichtung zum eigenen Urtheil in der Religion ... A. d. Holl. Dortmund 1798. Ü: *Dethmar, Frdr. Wilh.* (Ky)

van Hemert, Paul, über d. Recht u. die Verpflichtung zum eignen Urtheil in d. Religion, oder Beantwort. d. Frage: Wie kann man d. Grundsätzen, daß e. junger Christ, der seines Verstandes mächtig ist, das Recht und die Pflicht habe, in Religionssachen für sich selbst zu urtheilen 2c. Ein gekrönte Preisschr. Aus d. Holländ. (v. F. W. Dethmar). 8. Dortmund 798. (Wundermann in Hamm). 10 gl.

Hommert, P. v., Trias epistolarum ad, D. Wyttenbach. 8maj Amsterd. Buder et S. 811.

Hemert-Engert, Adolph van
s. Engert.

Hemessen, Gerhard von

— s. Gebete u. Lieder f. Seefahrer, u. setze hinzu: (v. G. v. Hemessen u. Pred. Blumenbach).

v. Hemessen, Grhrd., († d. 29. April 1783.) Predigten wegen d. heftigen Erderschütterung. 8. Frankf. 756.

Hemetsberger Gustav: De Plauti et Terentii personarum notatione.
H. 1894 PN 888 Diss. Wien. Univ 1526

Hemisphären [Schlagwort]

Hemisphären, s.: Erdkarten.

Hemisphaerium coeli australe et boreale, in quo Fixarum loca secundum Eclipticae ductum ad annum 1730 completum exhibentur a J. G. Doppelmajero Math. P. P. etc. Opera J. B. Homanni. Norimbergae 1725? 2 Bl.

Hemisphaerium coeli boreale et australe, in quo loca Stellarum fixarum, secundum Aequatorem, per Ascensiones nempe rectas et Delinationes ad annum Christi 1730 completum sistuntur a J. G. Doppelmajero. Opera J. B. Homanni Sac. Caes. Maj. Geogr. Norimbergae 1725? 2 Bl.

Hemken, Emil, a. Moorsee ⟨in Oldenburg⟩: **Das Aussterben alter Substantiva im Verlaufe der englischen Sprachgeschichte.** Kiel 1906: H. Fiencke. (63 S.) 8°
Kiel, Phil. Fak., Ref. Holthausen, Diss. v. 7. Aug. 1906
[Geb. 3. Aug. 82 Moorsee in Oldenburg; Wohnort: Hekeln b. Berne in Oldenburg; Staatsangeh.: Oldenburg; Vorbildung: Oberrealsch. Oldenburg O. 02; Realgymn. Hannover Reife O. 05; Studium: Freiburg i. B. 1, Marburg 3, Berlin 2, Kiel 3 S.; Rig. 28. Juli 06.]

Hemken, J., und M. v. Wedderkop, Handbuch für die Strafrechtspflege, insbesond. die polizeiliche, im Herzogth. Oldenburg, s. Wedderkop, M. v.

Hemleben, Heinrich Johann (Greiz), De contractu rato manente, poena conventionali quoque soluta. Diss. jur. Präs. Johann Tobias Richter. Lpz. (Langenheim) 13. VII. 1751. 24 S. (6.20) 14242

Hemman, J. A., s. Hemmann, Johann Alexander

Hemmann, A., unsere Ernährung. Ein Familien-Büchlein, insbesondere f. die Landbevölkerg. gr. 8. (66 S.) Zürich 888. Schröter & Meyer. n. 1. —

Hemmann, A., siehe: *Monin, E.*

Hemmann, Albert Richard (in d. Vita: Albert): **Die Mischung** von Fichte ⟨Picea excelsa Lk.⟩ und Kiefer ⟨Pinus silvestris L.⟩ in Deutschland. Eine waldbauliche Studie. *Köstritz 1903: C. Seifert.* (48 S.) 8° [F. u. Ant.]
Gießen, Phil. Diss. v. 1903

Hemmann, Schutzholz, Treibholz, Füllholz. Eine weitere waldbauliche Studie. (48 S.) 8. Köstritz 904. C. Seifert. n. 1. 50

Hemmann, A[ugust]. Das Mülliger Bitterwasser. Aerztliche Notiz von Dr. A. H'.... Hrg. von Gebrüder Rauber in Windisch. 8. Lenzburg 1876.

Hemmann, A., Etudes sur les eaux minerales de Schinznach et de Wildegg en Suisse. gr. 16. (IV und 79 S.) Zürich 858, Schulthess. *

Hemmann, A., notices cliniques relativement à l'action curative des eaux thermales de Schinznach. Aarau 862. (Sauerlander.) gr. 8. (35 S.) n. 12 ngr.

Hemmann, A., Studien über Bad Schinznach u. Wildegg im Aarau, Schweiz. Zürich 858. Schulthess. 16. (IV, 79 S.) 10 ngr.

Hemmann, Aug., die Uterussonde als diagnostisches und therapeutisches Instrument. Ein Beitrag zur Lehre der Frauenkrankheiten. gr. 8. (VIII und 32 S. mit 1 Stnt.) Zürich 850, Schulthess.

Hemmann, Augustin Ernst Romanus, Quaestionem controversam: an poena capitalis in attentato furto qualificato locum habeat. Diss. jur. Erfurt (Heinr. Rudolph Nonne) 16. VIII. 1775. 30 Seiten. (6.50) 14243

Hemmann, D., Materialien zur Förderung d. prakt. Unterr. in d. deutschen Sprache. Für Landschullehrer gesamm. gr. 8. (6 B.) Aarau 830, [Sauerländer, Brlsh.]

Hemmann, (D.,) Predigten, gehalten vor einer Landgemeinde u. herausgeg. zum Besten der Schulen derselben. gr. 8. Aarau 825. Sauerländer.

HEMMANN, Ernst, Leutnant im 2. Thür. Inf.-Regt. Nr. 32. Caries Briefe an ihren Freund. Erfahrungen einer Amerikanerin in einer kleinen preußischen Garnisonstadt. Braunschweig, Richard Sattler Verlag (1904). 8°.
Verb. d. Kriegsger. der 22. Div. in Kassel (IIIa. 4228) IIIa 73/04.

Hemmann, Ernst, s. a. Carie's Briefe an ihren Freund.

Hemmann, F., siehe: *Protestantenblatt.*

Hemmann, Fr., Erzählungen, s. Schriften des Schweizerischen Vereins für freies Christenthum.

Hemmann, Franz [aus Porstendorf]: Consonantismus des Gascognischen bis zum Ende des dreizehnten Jahrhunderts. . . . Cöthen, Druck v. Paul Schettler's Erben, 1888; VII + 54 S + 1 Bl. 8°
Jena, Phil. Fak., Inaug.-Diss. v. 1888

Hemmann, F., Consonantismus d. Gascognischen bis z. Ende d. 13. Jahrh. Inaug.-Diss. gr. 8. (VII, 55 S.) Cöthon 888. (Leipzig, Fock.) n. 1. —

Hemmann, Frdr., ausgewählte Erzählungen, s. a. Verein f. Verbreitung guter Schriften, Bern.

Hemmann, Friedrich. Ausgewählte Erzählungen. 63 S. 8. Bern, Haller, (März) 1908. fr. —. 10 R
Verein für Verbreitung guter Schriften (Verein Bern). Nr. 68.

Hemmann, Frdr., u. Emil Faller, der Flüchtling, s.: Verein f. Verbreitung guter Schriften, Zürich. Nr. 31.

Hemmann, Friedrich. Die reformirte Gemeinde in Solothurn zur Zeit der Reformation und seit ihrer Neustiftung im Jahre 1834. 8. Solothurn 1863.

Hemmann, Georg, Tierarzt: Aus d. Inst. f. Hufkunde d. Tierärztl. Hochsch. zu Dresden. Untersuchungen über den Bau des Strahlkissens des Pferdehufes, insbesondere über die Anordnung des fibrösen und elastischen Gewebes. Mit 12 Abb. Dresden 1910: Schönfeld. 56 S. 8°
Leipzig, Veterinär-Med. Diss. v. 10. Mai 1910, Ref. Lungwitz
[Geb. 3. Mai 85 Schönau b. Chemnitz; Wohnort: Dresden; Staatsangeh.: Sachsen; Vorbildung: Gymn. Chemnitz Reife O. 05; Studium: Tierärztl. Hochschulen München 1, Dresden 6 S.; Coll. 15. Juni 10; Approb. 29. März 10.] [U 10. 2978

Hemmann, Johann Alexander

Medicinisch-chirurgische Aufsätze historisch-practischen Inhalts von J[ohann] A[lexander] Hemman [Hemmann]. Berlin: Stahlbaum 1778. 227 S. 8°

Hemmann, J. A., medicin.-chirurgische Aufsätze. 8. Berl. 791. Schöne. 14 K

Hemmann, O., Festrede, z. Vorfeier d. 80. Geburtstages d. Fürsten Bismarck am 31. März 1895 b. Festcommers in Limbach geh. 8. (12 S.) Limbach 895. (M. Stoll) n. — 20

— Predigt, am 1. Weihnachtsfeiertage 1894 i. d. Kirche z. Limbach geh. gr. 8. (15 S.) Ebd. 895. n. — 20

— **Paul Andreas** (Gera), De aestimatione judicis, Von Richterlicher Ermäßigung. Disp. jur. Präs. Peter Müller. Jena Febr. 1690. 92 S. (8.50) 14244
Gew.: Tobias Heubler (Schwandt, Droschkau), Johann Gruvius, Hieronymus Gottfried Pelsker, Christoph Heinrich v. Stein (Mistitz), M. Heinrich Scherff. — Widm. v.: Präs., Jo. Christoph Hartung, Johann Mart. Schrümpff, Joh. Melchior Schenck (Wislb. Th.), Christian Wilh. Schindler (Sondershausen/Thür.), David Gottfried Haeppen (Königsberg/Pr.), J. A. Schegkius, Joh. Friedrich Freiesleben (Eisenb. Misn.), Johann Christoph Siegel.

— — Dasselbe. Jena (Paul Ehrich) 1712. 112 S. (8.50) 14245
Widm. v.: Präs., Joh. Christoph Hartung, Johann Mart. Schrümpff, Jo. Melch. Schenck (Wislb. Th.).

Hemme, A. Ueber die Anwendung des Artikels in der französischen Sprache. Diss. Göttingen 1869. 113 S.

Hemme, A. Jean de Joinville, sein Leben und seine Memoiren. Hannover, R., 1872. 16 S. 4. Progr

Hemme, Adolf

Hemme, Ad., Abriß der griechischen u. römischen Mythologie m. besond. Berücksicht. der Kunst u. Litteratur. 1. u. 2. Aufl. 8. (à VIII, 51 S.) Hannover 901. 902. Norddeutsche Verlagsanstalt O. Goedel. Kart. n. — 60

Hemme, Ad., Abriß der griechischen u. römischen Mythologie u. Kunstgeschichte. 4. verb. u. verm. Aufl. (VIII, 87 S.) 8. Hannover 910. Norddeutsche Verlagsanstalt O. Goedel. Geb. 1. —

[F.] **Hemme,** *Adolf* [Prof. Dr., Dir.]: *Über die Änderungen in dem Berechtigungswesen der höheren preussischen Lehranstalten.* Hannover, Druck v. W. Riemschneider, 1893; 28--29 S. 4.
Hannover, R. L., P. 1893 (344)

Hemme, Ad., Auswahl aus Horaz und den römischen Elegikern, für den Gebrauch auf Realgymnasien hrsg. und erklärt. 2 Tle. gr. 8. Berlin 886, Weidmann'sche Buchh. *
Inhalt:
Tl. 1. Text und Einleitung. (VIII, 123 S.) * M 1.—.
» 2. Kommentar. [Erklärende Anmerkungen für Schüler.] (131 S.) * M 1.20.

—— ausgewählte Lesestücke für die erste Stufe des französischen Unterrichts. 8. (54 S.) Einbeck 888, (Ehlers.) cart. *

Das lateinische Sprachmaterial im Wortschatze der deutschen, französischen und englischen Sprache. Von Prof. Dr. Adolf Hemme, Dir., Hannover. *Leipzig: E. Avenarius 1904.* (XVIII S., 1235 Sp.) 4°(8°) [F.]
[04. 1379

— kleines Verzeichnis griechisch-deutscher Fremd- u. Lehnwörter. gr. 8. (V, 45 S.) Leipzig 901. E. Avenarius. n. 1.—

Was muss der Gebildete vom Griechischen wissen? Eine allgem. Erörterung d. Frage nebst e. ausführl. Verz. der aus d. Griech. entlehnten Fremd- u. Lehnwörter d. deutschen Sprache hrsg. von Prof. Dr. Adolf Hemme, Dir. zu Hannover. *Leipzig: E. Avenarius 1900.* (XXXVI, 104 S.) 8° [F.]
[00. 8438

Hemme, Adf., was muß der Gebildete vom Griechischen wissen? Eine allgemeine Erörterung der Frage, nebst e. ausführl. Verzeichnis der aus dem Griechischen entlehnten Fremd- u. Lehnwörter der deutschen Sprache. 2. verb. u. verm. Aufl. (XXXII, 156 S.) Lex.-8. Leipzig 905. E. Avenarius. n. 3.—; geb. n.n. 3. 75

Hemme, Friedrich, appr. Arzt a. Hannover, Unterarzt beim Inf.-Reg. Herzog Ferdinand v. Braunschweig (8. Westfälisches) No 57: Über das Steckenbleiben und Einheilen von direkten und indirekten Geschossen im menschlichen Körper. Berlin (1906): G. Schade. (53 S.) 8°

Berlin, Med. Fak., Ref. Hildebrand, Diss. v. 12. Mai 1906

[Geb. 26 Apr 80 Hannover; Wohnort: Wesel; Staatsangeh.: Preußen; Vorbildung: Lyzeum I Hannover Reife O. 00; Studium: Berlin Kaiser Wilh.-Akad. 10 S.; Coll. 8. Mai 06; Approb. 28. Apr. 06.]

Hemme, H. A., die Bienenwirthschaft. Kurze Anweisg in populairer Fassg. zum Betriebe der Bienenzucht in Körben u. in Kasten m. besond. Berüsicht. der Wanderzucht. gr. 8. (IV, 72 S.) Nienburg 872. (Bösendahl.) n.n. 1. 25

Hemme, H. A., die Bienenwirthschaft. Kurze Anweisung in populärer Fassung zum Betriebe der Bienenzucht in Körben und in Kasten mit besond. Berücksicht. der Wanderzucht. Gekrönte Preisschrift. 3. Aufl. gr. 8. (77 S.) Nienburg a. W. 882, (Bösendahl.)

Hemme, H. Iw., das Project der kurländischen Zufuhrbahn, übersichtlich dargest. m. Berechnungen, Plänen, Profilen. gr. 4. (14 S.) Riga (902). (N. Kymmel's Sort.) n. 1. 20

Hemme, Mich., deutsche Gedichte. 8. Bautzen, Drachstädt. 741.

HEMME, MICH. Teutsche Gedichte. Budißin [= Bautzen] D. Richter, 1741. 208 S.

Hemmeler, [Johann Jacob]. Versuch über die Aufhebung der Feudalbeschwerden... s. Gapany. [Rodolphe-Martin]. Rede des B. G' von Marsens, gehalten... den 29 May 1798. [Basel 1798.]

Hemmelingen [Schlagwort]

Hemmelingen, s.: Preussen. Messtischblätter.

Hemmelmann, L., Posthülfsbuch für das Königreich Hannover. Zusammenstellungen und Auszüge aller für das correspondirende Publicum wissenswerthen postalischen Verordnungen. Mit Zugrundelegung des neuen Posttax-Gesetzes vom 28. Aug. 1858. gr. 8. (VI und 84 S.) Celle 858, (Schulze'sche Buchh.) *

Hemmelmann, L., Posthülfsbuch für das Königreich Hannover. Zusammenstellungen und Auszüge aller für das correspondirende Publikum wissenswerthen postalischen Verordnungen. Mit Zugrundelegung des neuen Posttax-Gesetzes vom 28. Aug. 1858 u. des vom 1. Jan. 1861 gültigen Postvereins-Vertrages vom 18. Aug. 1860. 2. Aufl. 859. (VI, 34 S.) n. 5 ngr. — 3. Aufl., bedeutend verm. u. verb. Hildesheim 861. Gerstenberg. 8. (IV, 44 S.) n. 6 ngr.

Hemmelmayr Edler von Augustenfeld, Franz

Hemmelmayr Franz von: Über eine neue, aus dem Pyridin erhaltene Base. S. 100. IIb. 89 . . . . vgr.
Separatabdruck

Hemmelmayr, Frz. v., Chemie u. Mineralogie. Für die 4. Klasse der Gymnasien u. Realgymnasien. (103 S. m. 69 Abbildgn.) 8. Wien 910. F. Tempsky. Geb. in Leinw. 1. 60

— dasselbe. Für die 4. Klasse der Realschulen. 4., nach dem neuen Lehrplane umgearb. Aufl. (142 S. m. 98 Abb. u. 2 farb. Taf.) 8. Ebd. 910. Geb. in Leinw. 2. 50

– Über einige neue Derivate der Dioxybenzoesäuren. S. 121. IIb. 65 . . . . vgr.
Separatabdruck

– Über einige neue Derivate von Di- und Trioxybenzoesäuren. S. 122. IIb. 129 . . vgr.
Separatabdruck

– Über den Einfluß der Art und Stellung der Substituenten auf die Festigkeit der Bindung der Carboxylgruppe in den substituierten Benzoesäuren. S. 121. IIb. 169 vgr.
Separatabdruck

– Über die Einwirkung von Phosphorpentasulfid auf Harnstoff und Thioharnstoff. S. 114. IIb. 35 . . . . vgr.
Separatabdruck

– Über die Einwirkung von Salpetersäure auf die Dioxybenzoesäuren. S. 122. IIb. 157 . vgr.
Separatabdruck

– Über die Einwirkung von Salpetersäure auf β-Resorzylsäure und einige Derivate der letzteren. S. 112. IIb. 83 . . . . vgr.
Separatabdruck

– Über das Elaterin. 1. Mitteilung. S. 115. IIb. 971 . . . . vgr.
Separatabdruck

– Über die Elektrolyse des Brechweinsteins. S. 111. IIb. 58 . . . . vgr.
Separatabdruck

— Über die Ermittlung der Zusammensetzung organischer Verbindungen. 16. ibd. 96.
Progr.

—: Über die Gewinnung von Energie durch chemische Prozesse. S. 3–25. 8. Progr. Steierm. Landes-Oberrealschule *Graz* 1910.

— Hilfsbuch f. den Unterricht in den praktischen chemischen Übungen an höh. Lehranstalten, insbesondere Oberrealschulen. (V, 111 S. m. 30 Abbildgn.) gr. 8. Wien 908. A. Hölder. 1.60; geb. 2.—

– Zur Kenntnis der Gentisinsäure (2. 5-Dioxybenzenkarbonsäure [1]) und einiger ihrer Derivate. S. 118. IIb. 27 . . . . vgr.
Separatabdruck

– Zur Kenntnis der Trioxybenzoesäuren. S. 120. IIb. 85 . . . . vgr.
Separatabdruck

Hemmelmayr, Frz. v., Lehrbuch der anorganischen Chemie f. die 5. Classe der Realschulen. Mit 40 Abbildgn. u. 1 Spectraltaf. in Farbendr. gr. 8. (IV, 244 S.) Wien 899. F. Tempsky. — Leipzig, G. Freytag. Geb. in Leinw. n. 3.—

Hemmelmayr, Frz. v., Lehrbuch der anorganischen Chemie f. höhere Lehranstalten. Mit 40 Abbildgn. u. 1 Spektraltaf. in Farbendr. 2., durchgeseh. Aufl. (IV, 224 S.) gr. 8. Leipzig 903. G. Freytag.
Geb. in Leinw. n. 3.—

— Lehrbuch der anorganischen Chemie f. die 5. Klasse der Realschulen. Mit 40 Abbildgn. u. 1 Spektraltaf. in Farbendr. 3. verb. Aufl. (237 S.) 8. Wien 906. F. Tempsky. Geb. 3.—

Hemmelmayr, Dr. Franz von, Lehrbuch der anorganischen Chemie für die V. Klasse der Realschulen. 4., dem neuen Lehrplan entsprechend umgearbeitete Auflage. Wien 1909. F. Tempsky. Geh. K 2.75, geb. K 3.25.

Hemmelmayr, Franz von, Lehrbuch der Chemie und Mineralogie für die IV. Klasse der Mädchen-Lyzeen. Der mineralogische Teil von Heinrich Leitenberger. Wien 1902. F. Tempsky. Preis, geheftet 2 K, gebunden 2 K 50 h.

— Lehrbuch der Chemie u. Mineralogie f. die IV. Klasse der Mädchenlyzeen. (Der mineralogische Tl. v. Heinr. Leitenberger.) Mit 92 Abbildgn. u. 1 Farbendr.-Taf.: Nährwert der Nahrungsmittel. (III, 167 S.) gr. 8. Ebd. 903. Geb. in Leinw. n. 2. 50

Hemmelmayr F. v., Lehrbuch der Chemie und Mineralogie für die IV. Klasse der Mädchenlyzeen. (Der mineralogische Teil von H. Leitenberger) 2., durchgesehene Auflage. Wien 1906. F. Tempsky. Geh. K 2.—, geb. K 2 50.

— Lehrbuch der Chemie u. Mineralogie f. die IV. Klasse der Mädchenlyzeen. (Der mineralog. Tl. v. Heinr. Leitenberger.) Mit 92 Abbildgn. u. 1 Farbendr.-Taf.: Nährwert der Nahrungsmittel. 3., durchgeseh. Aufl. (III, 167 S.) 8. Wien 910. F. Tempsky.
Geb. in Leinw. 2. 50

— u. Karl Brunner, Lehrbuch der Chemie u. Mineralogie f. die 4. Classe der Realschulen. (Der mineralog. Thl. bearb. v. Heinr. Leitenberger.) gr. 8. (IV, 182 S. m. 73 Abbildgn.) Wien 900. F. Tempsky.
Geb. in Leinw. n. 2. 40

— u. Karl Brunner, Lehrbuch der Chemie u. Mineralogie f. die IV. Klasse der Realschulen. (Der mineralog. Tl. bearb. von Heinr. Leitenberger.) 2., verb. Aufl. (IV, 180 S. m. 76 Abbildgn. u. 2 farb. Taf.) gr. 8. Wien 902. F. Tempsky. Geb. in Leinw. n. 2. 60

— u. Karl Brunner, Lehrbuch der Chemie u. Mineralogie f. die IV. Klasse der Realschulen. (Der mineralog. Tl. bearb. v. Heinr. Leitenberger.) 3. Aufl. (IV, 180 S. m. 76 Abbildgn. u. 2 farb. Taf.) 8. Wien 906. F. Tempsky. Geb. 2. 60

Hemmelmayr, Frz. v., Lehrbuch d. organ. Chemie f. d. 6. Classe d. Oberrealschulen. gr. 8. (IV, 153 S. mit 9 Abb. u. 1 Farbdr.-Taf.) Wien u. Prag 899. F. Tempsky. — Leipzig, G. Freytag.
Geb. in Leinw. n.n. 2. 30

— dasselbe, f. die 6. Klasse der Oberrealschulen. 2., durchgeseh. Aufl. Inhaltlich unveränd., nach der neuen Rechtschreibg. hergestellter Abdr. der 2. Aufl. (IV, 150 S. m. 11 Abbildgn. u. 1 farb. Taf.) gr. 8. Wien 902. F. Tempsky. Geb. in Leinw. n. 2. 30

Hemmelmayr Franz von, Lehrbuch der organischen Chemie für die VI. Klasse der Oberrealschulen. Mit 11 Abbildungen und einer Farbendrucktafel. 3., durchgesehene Auflage. Wien 1906. F. Tempsky. Geh. K 1.80, geb. K 2.30.

— Lehrbuch der organischen Chemie f. die 6. Klasse der Oberrealschulen. Mit 11 Abbildgn. u. 1 Farbendr.-Taf. 4. Aufl. Im wesentlichen unveränd. Abdr. der 3. Aufl. (IV, 150 S.) 8. Wien 908. F. Tempsky. — Leipzig, G. Freytag. Geb. 2. 30

Hemmelmayr, Dr. F. von, Lehrbuch der organischen Chemie für die VI. Klasse der Oberrealschulen. 5., unveränderte Auflage. Wien 1910. F. Tempsky. Geh. K 1.80, geb. K 2.30.

— Lehrbuch der organischen Chemie f. höhere Lehranstalten. Mit 11 Abb. u. 1 Farbendr.-Taf. 2., durchgeseh. Aufl. (150 S.) gr. 8. Leipzig 903. G. Freytag.
Geb. in Leinw. n. 2. 30

— Leitfaden der Chemie f. die 7. Klasse der Gymnasien. Als Ergänzg. zum Lehrbuche der Physik f. Obergymnasien v. Karl Rosenberg. (III, 65 S. m. 21 Fig.) gr. 8. Wien 908. A. Hölder. Geb. 1. —

— Über das Mekonindimethylketon und Dimekonindimethylketon. S. 102. IIb. 604 . vgr.
Separatabdruck

— Über das Mekoninmethylphenylketon (mit 1 Textfigur). S. 101. IIb. 542 . . . . vgr.
Separatabdruck

Hemmelmayr Franz von. Über die Methylenderivate des Harnstoffes und Thiokarnstoffes. S. 100. IIb. 98 . . . . vgr.
Separatabdruck

Hemmelmayr, Edler von Augustenfeld, Franz: Über die Natur der chemischen Elemente und ihre gegenseitige Umwandelbarkeit. 1 Bl. 8. Progr. Steierm. Landes-Oberrealschule *Graz* 1904.

— Naturlehre f. Lehrer- u. Lehrerinnen-Bildungsanstalten, s.: Schušcik, E.

— Über Nitroderivate der β-Resorzylsäure (2, 4-Dioxybenzenkarbonsäure [1]). S. 113. IIb. 1127 . . . . vgr.
Separatabdruck

— Über das Ononin. 1. Mitteilung. S. 110. IIb. 1157 . . . . . . vgr.
Separatabdruck

— Über das Ononin. 2. Mitteilung. S. 111. IIb. 1180 . . . . . . vgr.
Separatabdruck

— Über das Ononin. 3. Mitteilung. S. 113. IIb. 215 . . . . . . vgr.
Separatabdruck

— Über das Onozerin (Onokol). 1. Mitteilung. S. 115. IIb. 3 . . . . . . vgr.
Separatabdruck

— Über das Onozerin (Onokol). 2. Mitteilung. S. 116. IIb. 1225 . . . . . . vgr.
Separatabdruck

— Über die Oxydation der Natriumalkoholate durch den Sauerstoff der Luft. S. 100. IIb. 175 . . . . vgr.
Separatabdruck

— Physik u. Chemie f. Lehrerbildungsanstalten, s.: Schušcik, E.

Hemmelmayr Edler von Augustenfeld, Franz: [Regierungsrat Direktor Dr. Franz Martin Mayer tritt in den Ruhestand.] S. 41 bis 42. 8. Progr. Steiermärkische Landes-Oberrealschule *Graz* 1910.

HEMMELMAYR VON AUGUSTENFELD, F. Die modernen Theorien der Lösungen nebst einigen ihrer wichtigsten Anwendungen. Linz, 1895.

v. Hemmelmayr, Franz: Über das Zeitalter der Alchemie. 16 S. 8. Progr. Steierm. Landes-Oberrealschule *Graz* 1904.

Hemmen, Heinrich, Referendar: Über den Begriff, die Arten und den Beweis des Dolus. Nach d. strafrechtl. Literatur von Feuerbach bis zum Reichsstrafgesetzbuch. Breslau: Schletter 1909. 89 S. 8° ¶(Ersch. auch als: Strafrechtl. Abhandlungen. H. 104.)

Göttingen, Jur. Diss. v. 21. Juli 1909, Ref. v. Hippel

[Geb. 16. Nov. 84 Danzig; Wohnort: Danzig; Staatsangeh.: Preußen; Vorbildung: Gymn. Danzig Reife O. 05; Studium: Freiburg i. B. 3, Berlin 1, Göttingen 2 S.; Rig. 17. März 09.] [U 09. 1276

Hemmen, Heinr., über den Begriff, die Arten u. den Beweis des Dolus, s.a. **Abhandlungen**, strafrechtliche.

Über den Begriff, die Arten und den Beweis des Dolus. Nach d. strafrechtl. Literatur von Feuerbach bis z. Reichsstrafgesetzbuch. Von Dr. jur. Heinrich **Hemmen**. Breslau: Schletter 1909. 80 S. 8°

(Strafrechtliche Abhandlungen. H. 104.) [09. 11831 2

Hemmen, Nicolas: Zur Errichtung einer Blindenanstalt. Einige Beiträge nach den Erfahrungen hervorragender Fachmänner bearbeitet. Luxemburg: St. Paul.-Ges. [1895]. 79 S. 8°

Hemmen, Nicolas: Freiübungen zum Schulturnen. Zusammengestellt und bearbeitet. (Separatabdruck aus dem „Pädagogischen Sprechsaal".) Luxemburg: Bück 1894. 30 S. 4°

Hemmen, Nicolas: Zur Fürsorge für unsere Blinden. Separatabdruck aus dem Luxemburger Wort vom 9. und 10. August 1895. Luxemburg: St. Paul.-Ges. 1895. 17 S. 8°

Hemmen, Nicolas: Zur Fürsorge für die Idioten. Vortrag gehalten in den Haupt-Lehrerconferenzen des Jahres 1897. Separat-Abdruck aus „Luxemburger Schulbote". Luxemburg: Bück 1898. IV, 90 S. 8°

Hemmen, Nicolas: Resultate der Erhebung, welche im Monat Januar 1899 über die abnormen und sittlich verwahrlosten Kinder stattgefunden hat. Zusammengestellt und bearbeitet. (Auszug aus dem „Luxemburger Schulbote".) Luxemburg: Bück 1899. 25 S. 8°

Hemmen, Nicolas: Die Sprachgebrechen und deren Heilung. Unter besonderer Berücksichtigung der sprach-hygienischen Aufgabe der Schule. Mit einem Anhange über die Bildung der Laute. (Auszug aus dem „Luxemburger Schulbote"). Luxemburg: Bück 1896. 4, 104 S. 8°

Hemmen, Nicolas: Statistik der körperlich und geistig belasteten Kinder. [Luxemburg: Bück 1899.] 3 S. fol.

Hemmen, Nicolas: Das Stottern. Statistik, Folgen, Abhilfe. Ein Beitrag zur Heilpädagogik. Luxemburg: St. Paul-Ges. 1890. 56 S. 8°

Hemmen, Nicolas: Verhütung der Blindheit und Behandlung des blinden Kindes im elterlichen Hause und in der Volksschule. Nach den Ansichten hervorragender Fachmänner bearbeitet. Auszug aus dem (Luxemburger) „Schulbote". Luxemburg: Bück 1896. 36 S. 8°

Hemmen, Nicolas: Vorurtheile und Hindernisse, welche der Entwicklung unseres Schulturnens entgegenstehen. Separatabdruck aus „Luxemburger Schulbote". Luxemburg: Bück 1892. 40 S. 8°

Hemmendorf [Schlagwort]

Hemmendorf, s.: **Sachsen**, **Karte.**

Hemmendorf, s.: Sachsen. Messtischblätter.

Hemmendorff, Ernst, über die vegetative Vermehrung in der floralen Region bei Epidendrum elongatum Jacq. (S. 515–520 m. 2 Taf.) gr. 8. Stockholm 904. (Berlin, R. Friedländer & Sohn.) n. 1.—
Sonderabdruck aus: „Arkiv f. botanik".

Hemmens, Mich.

— — Teutsche Gedichte. Budißin 1741. 8°. (45 xr.)
Krieger's in Giessen Cat. univ., 11. Forts., 1742. — Mit vorigem identisch?

HEMMENS, Mich., Teutsche Gedichte von besondern Gattungen. Leipzig, b. Dav. Richtern. 8°.
O. M. V. 1741. F 2b.

— — Martis Vermahlung mit der Fortuna. Ebd. 1741. 8°. 4½ Bogen.
Cat. Meissner II. — Wohl in Versen.

Hemmer, Gebr.: Prospekte über Maschinen zur Holzstofffabrikation. Neidenfels b. Lambrecht (Rheinpf.) (1897?)

Hemmer, F. W., de veneficio per inspirationem. 8. Marb. 817. Krieger. 2 gl

Hemmer, Heinrich: Die Anfänge L. Tiecks. Mit bes. Berücks. des Dämonisch-Schauerlichen. (Teildruck.) Berlin: Mayer & Müller 1909. 63 S. 8° ¶(Ersch. vollst. als: Acta Germanica. Bd 6, H. 3.)

Straßburg, Phil. Diss. v. 21. Nov. 1908, Ref. Henning

[Geb. 14. April 86 Devant-les-Ponts, Kr. Metz; Wohnort: Ban-St. Martin; Staatsangeh.: Elsaß-Lothringen; Vorbildung: Lyz. Metz Reife M. 04; Studium: Straßburg 8 S.] [U 09. 3832

Die Anfänge L. Tiecks und seiner dämonisch-schauerlichen Dichtung. Von Dr. Heinrich **Hemmer**. Berlin: Mayer & Müller 1910. XIII, 212 S. 8°

(Acta Germanica. Bd 6, H. 3.) [10. 10915 3

Hemmer, Jakob, s.a. Domitor, Joh.

— Abhandl. über d. deutsche Sprache. Zum Nutzen d. Pfalz. 8. Mannh. 769. Löffler. 8 gl (Franz in Münch.) 4 gl

— Abhandl. üb. d. deutsche Sprache. 8. Ebend. 770.

— Kern d. deutsch. Sprache u. Rechtschr. gr. 8. Mannheim, Schwan u. G. 780.

— Kern d. deutsch. Sprachkunst. 8. Mannheim, Löffler. (Schwan.) 779.

— Kern d. deutschen Sprachkunst u. Rechtschreibung. (Ein Ausz. aus d. Sprachlehre.) 8. Mannh. 780. (Schwan u. G.) 10 gl

Hemmer, Jak., († d. 3. Mai 1790.) deutsche Rechtschreibung, z. Gebr. der Kurpfälzischen Lande. gr. 8. Mannh. 775. Löffler. 9 gl

— deutsche Sprachlehre zum Gebr. d. Kurpfälz. Lande. gr. 8. Mannh. 775. Löffler. 1 ₰ 20 gl (Franz in Münch.) 1 ₰

— Vertheid. d. Abhandl. über d. deutsche Sprache. 8 Mannh. 771. Löffler. 12 gl (Franz in Münch.) 4 gl

Hemmer, (Jh.) Jakob

Hemmer, Jh. Jak., Anleit., Wetterableiter an allen Gattungen von Gebäuden auf die sicherste Art anzulegen. Mit Kpf. 8. Offenbach 786. Brede. 12 gl 2e verm. Aufl. 788. (Mannh. Löffler). 18 gl

— kurzer Begriff u. Nutzen der Wetterableiter, bei Gelegenheit derjenigen, die auf d. Schlosse rc. zu Düsseldorf errichtet sind. 8. Düsseld. 782.

— Erläuterte Beobachtung einer Wettersäule. gr. 4. Münch. 787. (Franz). 1 Gr.

— kurze Beschreibung e. außerordentlich fruchtbaren Kornhalmes. gr. 4. Münch. 787. (G. Franz). 1 Gr.

— Variae curationes electricae, c. 1 icon. gr. 4. Münch. 782. (G. Franz). 5 Gr.

— Descriptio instrumentorum Societatis Meteorologicae Palatinae tam eorum, quae observatoribus suis distribuit, quam quibus praeter haec Manhemii utitur. 4. Manh. 782. (München, Franz). 8 Gr.

— Doctrinae Haenkianae, de generatione hominis, disquisitio. gr. 4. Münch. 787. (G. Franz). 4 Gr.

— Dissertatio de electricitate animali, ubi in spontaneam praecipue inquiritur. gr. 4. Münch. 787. (G. Franz). 2 Gr.

— Dissertatio de electricitate flammae. C. 8 icon. gr. 4. Münch. (G. Franz). 6 Gr.

— Enarratio conductorum fulminis superiore quinquennio variis in locis a se positorum. C. 1 icon. gr. 4. Münch. 782. (G. Franz). 5 Gr.

— merkwürdige Erscheinung an einer vorüberziehenden Wolke, mit Anmerkungen begleitet, mit 1 Kupfertafel. gr. 4. Münch. 787. (G. Franz). 2 Gr.

— Gutta serena electricitate feliciter sublata. gr. 4. Münch. (G. Franz). 1 Gr.

— De fulminis ictibus in campanas quae pulsantur. C. 5 tabb. gr. 4. Münch. 782. (G. Franz). 12 Gr.

— de solis in barometrum influxu. 4 maj. Münch. 787. (Franz) 1 Gr.

— Nachricht von den in Kurpfalz angelegten Wetterleitern. Mit 1 Kupfertaf. gr. 4. Münch. 776. (G. Franz). 10 Gr.

— Nachricht vor einigen merkwürdigen Wetterschlägen. gr. 4. Münch. 787. (G. Franz). 2 Gr.

Der Rathgeber, wie man sich vor Gewitter in unbewaffneten Gebäuden verwahren soll. Von Jakob Hemmer. Mannheim: Loeffler 1809. 53 S. 8°

Hemmer, Joh. Jac., Unterr. z. sicherst. Anleg. d. Wetterableiter, m. K. 8. Mannh. Kaufmann. 808.

— — dasselbe. gr. 8. Offenbach, Brede. 786.

Hemmer, Jh. Jak., De variatione acus magneticae tempore aurorae borealis. gr. 4. Münch. 787. (G. Franz). 1 Gr.

Hemmer, Jac., Verhaltungsreg. b. Gewitter in kein. bewaffnet. Gebäude. 8. Mannh. Akad. 789.

— Verhaltungsregeln zur Gewitterzeit. 8. Offenb. 789. (Manh., Löffler). 6 Gr.

— elektrische Versuche mit belegten Thieren. gr. 4. Münch. 782. (G. Franz). 2 Gr.

— De conductorum fulminerorum vi egregia tribus recentioribus exemplis comprobata. gr. 4. Münch. 787. (G. Franz). 2 Gr.

— einige merkwürdige Wetterschläge. gr. 4. Münch. 776. (G. Franz). 2 Gr.

— von Wetterstrahlen, welche Thiere treffen, aber nicht tödten. Mit 1 Kpf. Münch. 782. (G. Franz.) 2 Gr.

— glückliche Wirkung des elektrischen Feuers bei einer vieljährigen Lähmung. gr. 4. Münch. 776. (G. Franz). 3 Gr.

— Zergliederung des beständigen Elektricitätsträgers. gr. 4. Münch. 776. (G. Franz). 2 Gr.
(Jh. Jak. ist wohl mit Jak. identisch; wer giebt mir darüber genaue Auskunft?)

Hemmer, Johann Sebastian Bernhard

Hemmer, Joh. Seb. Bernh., Geschichte d. schädlichen Blüthenwicklers od. d. Blüthenraupe d. Frostschmetterlings, Phalaena brumata, etc. Baum- u. Blumengärten vortheilhaft anlegen könne etc. 2 Bde. Mit Kpf. gr. 8. Leipzig, 1803 u. 4. (Mittler.) 2. 15

Hemmer, Jh. Sebast. Brhd., († 1818.) die Gesch. d. schädl. Blüthraupe d. Frostschmetterlings (Phalaena brumata) von ihrer Entstehung, Verwandlung rc. Mit 2 Kpf. 4. Cob. 811. (Riemann.) 12 Gr.

— Raupen- u. Papillons-Kalender, oder prakt. Handb. f. Anfänger u. Liebhaber der Insektenkunde. Mit 1 Kpf. 8. Cob. 814. Sinner. 12 Gr.

[F.] **Hemmer,** Clemens [Dr. jur., Rechtspraktikant in München]: Die rechtliche Stellung des Gastwirts zum Publikum ... Weilheim, Druck v. Gebr. Bögler, *1895*; 2 Bl., 34 S. 8.
Erlangen, Jur. Fak., Inaug.-Diss. v. 1895

Hemmer, Lud. de, Tenedior. respubl. 8. Hafniae. 735.

Hemmer, M., Münchens Sanitätskarten, bearb. nach 1. der allgemeinen Sterblichkeit, 2. der Sterblichkeit der Kinder im 1. Lebensjahre, 3. der Sterblichkeit der Personen über dem 1. Lebensjahre, 4. der Sterblichkeit an zymot. Krankheiten. Lex.-8. (80 S. m. 6 chromolith. Karten u. einer autogr. Uebersichtstabelle.) München 877. Ad. Ackermann. n. 6. —

Hemmer, M., hygienische Studien, s.: Mittheilungen u. Auszüge aus dem ärztl. Intelligenzblatt.

HEMMER, Moritz (München): Experimentelle Studien über die Wirkung faulender Stoffe auf den thierischen Organismus.- München: Franz 1866. VI,170 S.
9.6.1866 - Urk (Titel: De infectione putrida.); F 71
Diss. Ingolst.-Landsh.-Mchn.

Hemmer, Mor., experimentelle Studien über die Wirkung faulender Stoffe auf den thierischen Organismus. (Gekrönte Preisschrift.) gr. 8. (VI und 170 S.) München 867, Franz'sche Buchh. *

Hemmer, Th., drei Lieder-Reigen, s.: Reigen für das Turnen. 11. Hft.

Hemmer, Walther, Kgl. Assistenzarzt: **Aus d. chir. Klinik in München. Ein Fall von Hemiplegie nach Unterbindung der Carotis communis bei Aneurysma.** München 1908: Kastner & Callwey. 35 S. 8°
München, Med. Diss. v. 17. Juli 1908, Ref. v. Angerer
[Geb. 25. Jan. 78 München; Wohnort: Nürnberg; Staatsangeh.: Bayern; Vorbildung: Wilhelms-Gymn. München Reife Juli 98; Studium: München 4, Heidelberg 1, Kiel 1, München 6 S.; Coll. 17. Juli 08; Approb. 26. Jan. 07.]
[U 09. 3334

Hemmerde, Karl Herm.

— s. Briefe über Augsburg.

Hemmerde, Karl Herm., s. Gedichte zur Probe, nebst e. Epistel an Menschenfreunde. 8. Augsb. 787.

JAHRBUCH zur Beförderung der Glückseligkeit der Liebenden vor und in der Ehe .... (von *Carl Herm. Hemmerde*). Leipzig 1799.
Anon.-Lex. II. p. 311 (nach Meusel u. Schröder). — Rar!

– s. Inconnu.

Hemmerde, Karl Herrm., s. Ottokar.

Hemmerdinger, Karl, approb. Arzt aus Freiburg i. B.: Ueber die **Hernia** inguinalis und Hydrocele muliebris. *Freiburg i. B. 1902: K. Kuß.* (27 S.) 8°
Freiburg i. B., Med. Diss. v. 1902

Hemmerich, Karl, Gymnasialassistent: **Aktionsarten im Griechischen, Lateinischen und Germanischen.** *Nördlingen (1903): C. H. Beck.* (36 S.) 8°
Günzburg, k. humanist. G, P 1903*

Hemmerle, P., der Weise v. Nazareth od. Was ist Christus? Eine Antwort auf die sozialdemokrat. Angriffe gegen die Gottheit Jesu Christi mit besond. Berücksicht. der Broschüren v. E. Losinsky: „War Jesus Gott, Mensch od. Uebermensch". Berlin 1901. G. Lommel: „Jesus v. Nazareth". Nürnberg 1899. D. Nieuwenhuis: „Das Leben Jesu". Bielefeld 1903. Zur Aufklärg. des vorurteilsfreien arbeitenden Volkes nach seinen Vorträgen dargelegt. (IV, 160 S.) 8. Frankfurt a/M. 904. P. Kreuer. n. 1.50

Hemmerle, S. Th., kurze Altarreden unter der heil. Messe auf alle Sonn- u. Festtage des Kirchenjahrs z. liturg. Gebrauche, sowie zur häusl. Erbauung. 4 Abtheil. (In 1 Bde.) gr. 8. Nördlingen 846, Beck'sche Buchh. 1 ₰ Jede Abtheilung ist auch einzeln zu haben.

Hemmerle, S. Th., kleiner sokratisch erotematischer Katechismus d. christkathol. Religionslehre für die untern Klassen der Elementarschulen. 2. Heft: die katechetische Wiederholung. gr. 8. Nördlingen 842. (Beck'sche Buchh.) 1/12 ₰

— s. Liturgie der kathol. Kirche.

Hemmerle, gemeinschaftl. Volks-Andacht bei d. heil. Messe, auf d. Grund d. röm. Missale, zunächst z. wöchentl. einmalig. öffentl. Gebr. in d. Stadtpfarr-Kirche Lauchheim; dann z. beliebig stillen Privat-Erbau., wohl auch e. geeign. Christenlehr-Schankung. 8. (1 B.) Ellwangen 833, Schönbrod.

Hemmerle, (S. Th.,) christkathol. Volks-Liturgie, d. i. Gebets-Formularien u. Gesänge z. gemeinschaftl. lauten Gebr. d. christl. Volkes, bei d. häusl. Gottesverehr. in Familien u. beim öffentl. Gottesdienste in Kirchen. Mit e. Vorw. von Joh. Bapt. v. Hirscher. gr. 8. (25 1/4 B. incl. Anh.) Nördlingen 840, Beck'sche Buchh. *

Auch einzeln in 12 Abthln. u. d. Tiln.:
Abthl. 1. Hausandachten. 1 Gr.
" 2—9. Gemeinschaftl. Volks-Andacht. 8 Abthl. à 1 Gr.
" 10. Das Hochamt an hohen Festtagen. 1 Gr.
" 11. Nachmittags-Andachten. 2 Gr.
" 12. Auswahl d. vorzügl. Gesänge u. Lieder aus d. rottenburger, konstanzer u. a. ältern u. neuern religiösen Gesangbüchern, mit eigenen Zugaben d. Sammlers. 5 Gr.

—— dass. — Zugabe hierzu, zu großer Erleichter. u. Bequemlichkeit f. Priester u. Intonatoren 2c., das ist Samml. d. Kirchengebete mit Bezeichn. d. bibl. Lesestücke u. d. sogen. Kapitelchen in Vespern 2c. 8. (3 3/4 B.) Ebds. 840.

Hemmerli, Mag. Felix, s. Schneider, A.

Hemmerlin, A., Gedichte aus dem Elsaß. 8. (XII, 340 S.) Freiburg i/Br. 881. Herder. 2. —

Hemmerlin. Félix H. [E.] s. [Secretan, Eugène].

Hemmerlin, Felix, eine Suspensionsgeschichte aus der alten Schweiz; als Seitenstück zur Suspensionsgeschichte des Alois Fuchs. Rapperswyl 1833. V: *Müller, Joh.* (Cat. d. Stadtbibl. Zürich. Zürich 1864—97.)

Hemmerling: Sophokles, quo iure Homeri imitator dicatur. 21 S. – Köln kath., Progr. 1869.

Hemmerling. Welcher Mittel bedient sich Homer zur Darstellung seiner Charaktere? 19 S.
Neuß, Progr. 1857

Hemmerling, Hans, appr. Arzt a. Düsseldorf: **Die Spaltung einiger unlöslicher Jodverbindungen im tierischen Organismus.** Bonn 1906: W. Müller. (34 S.) 8°
Bonn, Med. Fak., Ref. Binz, Diss. v. 26. Sept. 1906
[Geb. 30. Jan. 82 Langerwehe, Kr. Düren; Wohnort: Düsseldorf; Staatsangeh.: Preußen; Vorbildung: Gymn. Vechta Reife O. 01; Studium: Jena 2, Bonn 7 S.; Coll. 23. Juli 06; Approb. 19. Aug. 06.]

Hemmerling. Hermann ⟨geb. am 2 Mai 1852 in Neuss⟩: Ueber die Hautfarbe der Insecten ... Bonn, Druck v. P. Neusser (1878). 26 S., 1 Bl. 8.
Bonn, Med. Fak., Diss. v. 27 Juli 1878

Hemmerling, Ioh., De Theoclymone vate. Köln 1882. 4°, 15 S., Progr. d. Marzellen-Gymn.

Hemmerling, Johannes

Hemmerling, J., Uebungsbuch zum Uebersetzen aus dem Deutschen ins Lateinische für obere Gymnasialclassen mit besond. Rücksicht auf die latein. Lectüre der Schüler u. mit Hinweisgn. auf die Grammatiken von Zumpt u. Meiring. 1. Thl. Aufgaben für Secunda. Köln 870. DuMont-Schauberg. gr. 8. (X, 338 S.) n. 1 ₰

Hemmerling, J., Uebungsbuch zum Uebersetzen aus dem Deutschen ins Lateinische für obere Gymnasialclassen mit besonderer Rücksicht auf die latein. Lectüre der Schüler und mit Hinweisungen auf die Grammatiken von Zumpt und Meiring. 1. und 2. Thl. gr. 8. Köln, DuMont-Schauberg'sche Buchh. *
Inhalt:
Thl. 1. Aufgaben für Secunda. 1. Aufl. 1870, und 2. Aufl. (X, 338 S.) 874. *ℳ 3.
" 2. Aufgaben für Prima. (X, 288 S.) 873. *ℳ 3,50.

Hemmerling, J., Uebungsbuch zum Uebersetzen aus dem Deutschen ins Lateinische für obere Gymnasialclassen, mit besonderer Rücksicht auf die lateinische Lectüre der Schüler u. mit Hinweisungen auf die Grammatiken von Zumpt, Meiring, Berger, Ellendt-Seyffert u. F. Schultz. 1. u. 2. Thl. gr. 8. Köln 879. Du Mont-Schauberg. n. 6. 50
1. Aufgaben für Secunda. 3., verb. Aufl. (X, 322 S.) n. 3. —
2. Aufgaben für Prima. 2., verb. Aufl. (X, 293 S.) n. 3. 50

Hemmerling, J., Übungsbuch zum Übersetzen aus dem Deutschen ins Lateinische für obere Gymnasialklassen, mit besond. Rücksicht auf die latein. Lektüre der Schüler und mit Hinweisungen auf die Grammatiken von Zumpt, Meiring, Berger, Ellendt-Seyffert und F. Schultz. 1. Tl.: Aufgaben für Sekunda. 4. verb. Aufl. gr. 8. (X, 322 S.) Köln 883, DuMont-Schauberg'sche Buchh. *
2. Tl. Ebendas. 1879. * ℳ 3,50.

Hemmerling, J., Übungsbuch zum Übersetzen aus dem Deutschen ins Lateinische f. obere Gymnasialklassen, mit besond. Rücksicht auf die latein. Lektüre der Schüler u. mit Hinweisgn. auf die Grammatiken von Zumpt, Meiring, Berger, Ellendt-Seyffert u. Schultz. 2 Tle. gr. 8. Köln 887. Du Mont-Schauberg. n. 6. 50
1. Aufgaben f. Sekunda. 5., verb. Aufl. (X, 322 S.) n. 3. —
2. Aufgaben f. Prima. 3., verb. Aufl. (X, 293 S.) n. 3. 50

Hemmerling, J., Übungsbuch zum Übersetzen aus dem Deutschen ins Lateinische f. obere Gymnasialklassen, m. besond Rücksicht auf die latein. Lektüre der Schüler u. m. Hinweisgn. auf die Grammatiken v. Zumpt, Meiring, Berger, Ellendt-Seyffert u. Schultz. 1. Tl. Aufgaben f. Sekunda. 6., verb. Aufl. gr. 8. (X, 322 S.) Köln 893. M. Du Mont-Schauberg. n. 3. 50

Hemmerling, J., Übungsbuch zum Übersetzen aus dem Deutschen ins Latein. für d. ob. Gymnasialklassen, nach d. Bestimmgn. d. neuen Lehrpläne im Anschl. an die Klassenlektüre einger. 1. Tl.: Aufgaben für Sekunda. 7., verb. Aufl. gr. 8. (X, 287 S.) Köln 897. M. Du Mont-Schauberg. n. 3. 20

Heimatkunde des Saarkohlengebiets, des Regierungsbezirks Trier und der Rheinprovinz. Mit 18 Abb. Bearb. von M[ich.] Hemmerling, Rektor. Saarbrücken: Raueiser [1909]. 47 S. 8° [09. 1113]

Hemmerling, M., Heimatkunde des Saarkohlengebiets des Reg.-Bez. Trier u. der Rheinprovinz. (47 S. m. 18 Abb.) 8. St.-Johann (909). K. Conrath Nachf. — 40

Die Kultur der Korbweide, der thatsächlich aus derselben zu erzielende Ertrag u. ihr Wert f. d. Landmann u. Forstmann. Von Wilhelm Hemmerling, Wriezen a. O. Mit 6 Taf. u. 30 Abb. *Neudamm: J. Neumann 1901.* (VI, 139 S.) 8° [F.] [01. 5394 9

Die Kultur der Korbweide, der thatsächlich aus derselben zu erzielende Ertrag, und ihr Wert f. d. Landwirt u. Forstmann. Von Wilhelm Hemmerling. Mit 6 Taf. u. 30 Abb. *Neudamm: J. Neumann 1901.* (VI, 139 S.) 8° [F.]
(J. Neumanns Landwirtschaftl. Büchersammlung.) [01. 9903

Hemmersbach, Thdr., Bilder aus der Geschichte der Frauen. Zum Gebrauche für die weibl. Jugend in Schule und Haus. 8. (IV, 63 S.) Düsseldorf 883, Schwann'sche Verlagsh. *

—— der Schreiblese-Unterricht in der Volksschule. Eine Anleitung zur Erteilung desselben nach der analytisch-synthet. Methode. 8. (31 S.) Düsseldorf 883, A. Bagel's Verlagsh. *

Hemmersbach, Thdr., Wesen, Bedeutg. u. Eigenschaften d. Arbeit im christl. Sinne u. die Erziehg. zur Arbeit u. Fleiß, s.: Vorträge u. Abhandlungen, pädagog.

Hemmert, s. Hemert

Hemmes, Wilh., „Ephete." Gebetbüchlein f. kathol. Taubstumme. 16. (IV, 112 S. m. 1 Stahlst.) Bensheim 892. Lehrmittelanstalt J. Ehrhard & Co. Geb. in Leinw. n. — 60

— dasselbe. 2. Aufl. 16. (IV, 126 S. m. farb. Titelbild.) Ebd. 894. Geb. n.n. — 35

—— Katholisches Gebetbüchlein. 16. (IV, 110 S. m. 1 Stahlst.) Ebd. 892. geb. in Leinw. * — 60

— dasselbe. 2. Aufl. 16. (IV, 123 S. m. 1 Stahlst.) Ebd. 894. Geb. n.n. — 35

— biblische Geschichte f. taubstumme Kinder, nebst kurzen Erläutergn. u. einfachen Fragen zu den einzelnen Geschichten. 2 Tle. 12. Ebd. 894. Kart. à n.n. — 75
1. Biblische Geschichten. (X, 116 S.)
2. Erläuterungen u. einfache Fragen. (VI, 75 S.)

Hemmes, W., Biblische Geschichte f. taubstumme Kinder, nebst kurzen Erläutergn. u. einf. Fragen zu d. einz. Geschichten. Mit 40 Bild. 1. Tl. Biblische Geschichten. 2. Aufl. 8. (X, 138 S.) Bensheim 897. Lehrmittelanstalt J. Ehrhard & Co. Kart. n.n. — 85

Hemmes, W., biblische Geschichte f. taubstumme Kinder, nebst kurzen Erläutergn. u. einfachen Fragen zu den einzelnen Geschichten. Mit 40 Bildern. 1. Tl. Biblische Geschichten. 3. Aufl. (X, 138 S.) kl. 8. Bensheim (908). Lehrmittelanstalt J. Ehrhard & Co. Kart. nn — 85

Hemmes, W., Lehrplan f. e. Taubstummen-Anstalt mit 6 Jahreskursen u. Grundsätze d. Lehrverfahrens bei den einzelnen Unterrichtsgegenständen. gr. 8. (V, 73 S.) Bensheim 888. Lehrmittelanstalt, Ehrhard & Co. n. 1. 40

— katholisches Religionsbuch zunächst f. Taubstumme. gr. 8. (VIII, 104 S.) Ebd. 888. 1. 20; geb. n.n. 1. 70

—— Katholisches Religionsbuch zunächst f. Taubstumme. 2. gänzlich umgearb. Aufl. gr. 8. (VIII, 93 S.) Ebd. 891. * 1 20; geb. * 1 60

Hemmes, W., kathol. Religionsbuch, zunächst f. Taubstumme, nebst e. Anh. m. Wiederholungsfragen. 3. Aufl. gr. 8. (XI, 128 S.) Bensheim 901. Lehrmittelanstalt J. Ehrhard & Co. Geb. in Leinw. n.n. 1. 60

Hemmeter, Carl [aus München]: Ein Fall von rechtsseitiger Hemiplegie mit linksseitiger Oculomotoriuslähmung. . . . Erlangen. Druck d. Univ.-Buchdr. v. E. Th. Jacob, 1889; 16 S. 8°
Erlangen, Med. Fak., Inaug.-Diss. v. 26 Jul. 1888

Hemmi, C[hristian]. Benedikt Fontana. Historischer Roman. 163 S. 8. Chur, Buchdr. Sprecher & Valer [Selbstverlag des Verf., Salez-Churwalden], 1905. [fr. 3. —, geb. 3. 50]

Hemmi, Hans, med. prakt. von Chur, Kanton Graubünden: Aus der ophthalmologischen Klinik in Zürich. Klinische Beobachtungen über die Folgen der Glaskörperverletzungen des Auges. Zür. F. Lohbauer Dr. 1897. 28 S. 8°.
Zürich, Med. Diss. [v. 3. Juli 1897].

Hemmi, J. Fidei-jus utilitas et necessitas in societate humana, una cum caritate christiana ac spe in appendice. — *Respini, Joach.* Oratio perpetua quæ vere philippica nominari potest, habita sermone vernaculo italico in Senatu Helvetico Bernæ; posthac autem in latinum versa per J. Hemmi. In-8°. Curiæ Rhætorum, Selbstverlag. 1893.

Hemmigs (O.). Engler's Diagrammentafeln . . . Kiel, 1879. 4°.

Hemmin, M., Bordir- u. Stickbuch, m. K. qr. Fol. Nrnb. Schneider.

Hemming, Carl, kunstgewerbliche Zeitfragen u. unsere Wohnungen, ein populärer Vortrag. (20 S.) 8. Düsseldorf (905). F. Wolfrum. n. — 50

Hemminger, G. H. (Hrsg.), s. Zeitung, Neue Deutsche.

Hemmleb, Herm.

Hemmleb, H., 25 Anschauungsbilder zur alten u. neuen Geschichte. 39×50,5 cm. Farbendr. Mit Erläutergn. v. B. Wiener. gr. 8. (IV, 47 S.) Weimar 893. H. Hemmleb. n. 21. —; Erläutergn. allein n. 1. —

Hemmleb, Herm., 50 Anschauungsbilder, enth. die 5 Menschenracen und 150 Thiere. Chromolithogr. qu. gr. Fol. Weimar 886, Hemmleb. 15 —

Hemmleb, H., 20 (lith.) Anschauungsbilder zur Geschichte d. Befreiungskriege. à 52×42 cm. Weimar 895. H. Hemmleb. n. 10. — ; einzelne Blätter — 60

1. Friedrich Wilhelm III., König v. Preussen.
2. Luise, Königin v. Preussen.
3. Napoleon I., Kaiser d. Franzosen.
4. Alexander I., Kaiser v. Russland.
5. Franz I., Kaiser v. Oesterreich.
6. Joachim Nettelbeck.
7. Feldmarschall Fürst Blücher v. Wahlstatt.
8. Graf Neithard v. Gneisenau.
9. Gerhard v. Scharnhorst.
10. Graf York v. Wartenburg.
11. Kleist v. Nollendorf.
12. W. v. Bülow.
13. Erzherzog Karl v. Oesterreich.
14. Fürst Schwarzenberg.
15. Fürst v. Metternich, österr. Staatskanzler.
16. Freiherr Heinrich Friedrich Karl vom u. zum Stein.
17. Friedrich Wilhelm, Herzog zu Braunschweig-Lüneburg etc.
18. Major v. Schill.
19. Theodor Körner.
20. Andreas Hofer.

Hemmleb, H., Neueste Reisekarte von Deutschland und den angrenzenden Ländern. Bahnen, Posten, Dampfer nebst Telegraphenkabel. Mit Ortschaftsverzeichniss. Weimar, Daum, 1879, 80, 87. gr. Fol. Chromolith. (M. 0,50.)

—— Schriften-Vorlagen etc., über 100 verschiedene in- und ausländ. Schriften, für Lithographen, Bildhauer etc. 16. (32 lithogr. S.) Ebendas. 886. * — 50

Hemmleb, H., Schriften-Vorlagen etc., üb. 100 verschied. in- u. ausländ. Schriften, f. Lithographen, Bildhauer u. s. w. (9. Aufl.) 16. (32 lith. S.) Weimar 895. H. Hemmleb. n. — 50

Hemmleb, H., Schulwandkarte von Deutschland. 1 : 1000000. 3. Aufl. Physikalische Ausgabe. Weimar, Hemmleb. 1886. gr. qu.-Fol. 12 Bll. Chromolith. (M. 12.)

Hemmleb, H., Verkehrskarte von Mittel-Europa. Zur Übersicht sämmtlicher Bahnen, Telegraphenkabel, Fluss- und Seedampfer. Für Hôtels, Comptoire, Bahnhöfe etc. 1 : 1000000. Weimar, Hemmleb, 1886. gr. qu.-Fol. 9 Bll. Politische Ausgabe. (M. 6,50.)

Hemmleb, Herm., neueste Zeichnenschule in 84 Blättern oder 210 Vorlagen. 7 Hefte. Für Schulen und zum Selbstunterricht bearb. 1.—3. Aufl. qu. 4. (à Heft 12 Stnt.) Weimar 878,79, Weissbach. à Heft * ℳ 1. *

—— dass. — 14 Hefte. Für Schulen und zum Selbstunterricht bearb. 4. Aufl. qu. 4. (à Heft 6 Stnt.) Potsdam 879, Rentel's Buchh. à Heft * 50 Pf. *
Auf Pappe gezogen à Heft * 75 Pf. *

—— neueste Zeichnenschule in 84 Blättern oder 210 Vorlagen. 14 Hefte. Für Schulen und zum Selbstunterricht bearb. 6. Aufl. qu. 4. (à Heft 6 Bl.) Leipzig 887, Gust. Weigel. 7 —
Einzeln à Heft — 50

Inhalt:

Heft		
Heft	1.	Geradlinige Figuren.
»	2.	Ornamente.
»	3. 4.	Blätter, Blumen und Früchte.
»	5.	Landschaften.
»	6.	Baumschlag.
»	7. 8.	Vögel.
»	9. 10.	Säugethiere.
»	11. 12.	Menschliche Glieder, anatomisch dargestellt in Fleisch und Skelet.
»	13. 14.	Köpfe.

Hemmleb, Rud, Liederbuch, s.: Marr, Karl.

Hemmler, F.: Liedersammlung ..., s. Müller, F.

Hemmrich, Ludwig [app. Arzt aus Gerlachsheim in Baden]: Aus d. Ambulatorium f. Nasen-, Rachen- u. Kehlkopfkranke v. Hrn Dr. Seifert in Würzburg. Ueber Eosinophile Zellen in Schleimpolypen '(Fibroma oedematosum)' ... Würzburg, Buchdr. d. „Neuen Bayer. Landeszeitg", 1895; 41 S. 8.
Würzburg, Med. Fak., Inaug.-Diss. v. 1895

Hemmschuh, der. (4 S.) 8. Basel (907). Kober.
10 Stück — 16

Hempel, s.a. Hampel

Hempel — Der erfolglose Besuch des Gymn., sofern er von Vorurtheilen gegen dasselbe abhängt. 30 S.
Progr. Bromberg 1836

Hempel — Censura commentarii Döringiani ad Hor Epist. libr. II. init. ep. X. 26 S. . . . .
Progr. Bromberg 1828

Hempel, Helden-, Staats- und Lebens-Geschichte Friedrichs des Andern, jetzt regierenden Königs in Preussen, bis zu Ostern 1746 beschrieben, auch hin und wieder mit Anmerkungen erläutert, — — — mit genealogischen Tabellen und Kupfern. (Buch 1—4.) Franckfurth und Leipzig 1746. 8.

— Helden-, Staats- und Lebens-Geschichte Friedrichs des Andern, jetzt Königs in Preussen — Mit genealogischen Tabellen und Kupfern. Auflage 2. Theil (1) bis zu Ostern 1746. Theil 2—4 bis auf heutige Zeit. Theil 5—9 1758 bis zu Ende 1769. Franckfurth und Leipzig 1758—1770. 8.

Hempel — Interpret. familiaris Horat. Sat. 1. 1. II. ad explendum commentar. Heindorf. 19 S. . . . .
Progr. Bromberg 1833

Hempel. Merkwürdiges Leben des Herzogs Ernst Johann von Curland. 8. Braunschweig, Bremen 1772.

Hempel — De N. T. Graeci studio in gymnasia revocando. 30 S.
Progr. Bromberg 1826

Hempel — Wie Horaz zum Herolde des monarchischen Princips geworden? 17 S.
Progr. Bromberg 1840

Hempel, A.: Die Pflanze der Heimat ..., s. Seydel, R.

Hempel, Adolf Friedrich

Hempel, Ad. Fr., († d. 28. Febr. 1834.) Anfangsgründe d. Anatomie des gesunden menschl. Körpers. 2 Thle. gr. 8. Götting. 801. 2e A. 812. 3e A. 818. 4e A. 823. 4 ℛ 5e A. 825. Vandenhöck u. R. 3 ℛ 18 gl

Anfangsgründe der Anatomie des gesunden menschlichen Körpers von Adolph Friedrich Hempel. 3., verb. Ausg. Th. 1.2. Göttingen: Schneider 1818. 8°

Hempel, Adolph Friedrich: Anfangsgründe der Anatomie des gesunden menschlichen Körpers. 4. verbess. Ausg. Th. 1, 526 S., gbd.

Göttingen: Vandenhöck & Ruprecht 1823

JB 727

Hempel, Adolph Friedrich: Anfangsgründe der Anatomie des gesunden menschlichen Körpers. 5.verbess.Ausg. Th.1 - 2, gbd.

Göttingen: Vandenhoeck & Ruprecht 1827

JB 728

Hempel, Adolph Friedrich: Anfangsgründe der Anatomie des gesunden menschlichen Körpers. 5.verbess.Ausg. Th.1 - 2, gbd.

Wien: v.Haykul 1830

JB 729

Hempel, Ad. Friedr., Anfangsgründe d. Anatomie d. gesunden menschl. Körpers. 2 Thle. 6., verbess. Ausg. gr. 8. (70¼ B.) Göttingen 832, Vandenhoeck u. Ruprecht.

Antwort auf das Sendschreiben des Herrn Doktors Ludwig Orth. ([Verf.:] A[dolf] F[riedrich] Hempel) o.O. 1793. 11 S. 8°

— Diss. inaug. med. sistens disquisitionem, quatenus cacochylia causa sit febrium. 4. Götting. 789. Dieterich. 2 gl.

— Einleitung in die Physiologie u. Pathologie des menschl. Organismus. gr. 8. Gött. 818. 2e verb. Aufl. 823. 3e verb. Aufl. 828. Vandenhöck u. R. 2 ₰ 16 gl.

Hempel, Adolph Friedrich: Einleitung in die Physiologie und Pathologie des menschlichen Organismus. 2.verbess.u.verm.Ausg. 539 S., gbd.

Göttingen: Vandenhoeck & Ruprecht 1823

JB 1.053

Hempel, Adolph Friedrich: Einleitung in die Physiologie und Pathologie des menschlichen Organismus. 3.verbess.u.verm.Ausg. 692 S., gbd.

Göttingen: Vandenhoeck & Ruprecht 1828

JB 1.054

—— Elementa anatomiae corporis humani sani. Juxta 5, Edit. in lat. vert. Sigism. Saphir. II Ti. 8 maj. ... Pesti 831, [Heckenast.]

Hempel, Adolph Hilmar (Pulsnitz) De arthrophlogosi. Comment. anatom.-pathol. Dissert. med. Lpz. (Staritz) 18. XII. 1838. 29 S. u. 2 Tfl. Abb. (6.50) Gew.: Julius Adolph Rietschel. 14246

Hempel, Alb., das Kastanienblatt. 12 Doppeltaf. in mehrfach. Farbendr. (Vom Vereine deutscher Zeichenlehrer 1898 m. dem I. Preise gekrönt.) Fol. Mit begleit. Texte. gr. 8. (12 S.) Stade 899. (A. Pockwitz.) Kart. n. 4. —

— Spitzen u. Spitzen-Motive. (12 Lichtdr.-Taf.) Fol. Plauen (902). Ch. Stoll. n. 8. —

Hempel, Albert: Ueber Alkyl-o-Phenylendiamine und daraus hervorgehende Verbindungen. . . . Leipzig, Johann Ambrosius Barth, 1890; 20 S + 1 Bl. 8°
Leipzig, Phil. Fak., Inaug.-Diss. v. 27. Febr. 1890

Hempel, Alfred, städtischer Amtstierarzt in Meissen (Sachsen): Über Altersveränderungen an der Fundusdrüsenregion des Pferdemagens. Bern 1908. 41 S. und vier Tafeln. 8°. [18. XII. 08.]
Bern, Vet.-med. Diss. 1908 (?)

Hempel, Alfred. Über Altersveränderungen an der Fundusdrüsenregion des Pferdemagens. Diss. Vet.-Med. Bern. Mit 4 Tafeln. II + 41 S. 8. Bern (Wilh. Klemich & Co, Dresden,) 1908.

Hempel, Arno, in den Fesseln Rom's. [Aus: „Deutsche Familien-Zeitung."] 8. (XII, 152 S.) Leipzig 875. Krüger & Roskoschny. n. 2. —

Hempel, August [aus Harmuthsachsen]: Ueber die Indikationen zur Castration der Frauen .... Göttingen, Druck d. Dieterich'schen Univ.-Buchdr. W. Fr. Kaestner, 1885; 27 S. 8°.
Göttingen, Med. Fak., Inaug. Diss. v. 1885.

Hempel, Aug., über die Indikationen zur Castration der Frauen. Inaugural-Dissertation. gr. 8. (27 S.) Göttingen 885, (Vandenhoeck und Ruprecht.) * — 80

— **Aug. Fried. Christ.** (Neu-Brandenburg/Mecklenburg), Terrarum atque lapidum partitio. Disp. med. Präs. Rudolf Augustin Vogel. Göttingen (Schulz / F. A. Rosenbusch) 6. III. 1762. 51 Seiten. (7.—) 14247

Hempel, Aurel, über elektrische Induktion. gr. 4. (18 S. mit 7 Holzschn.) Berlin 888, Gaertner's Verlag. * 1 —

Hempel, B., Für Rosenfreunde! Neu erfundene sicherste und leichteste Methode Rosen zu veredeln. gr. 8. (8 S. mit 1 lithogr. Abbild.) Plauen 865, Neupert. *

Hempel, Bernh., malerische Architectur der Vorzeit vom 15. bis mit 18. Jahrh. 1. Lfg. Imp.-4. (4 Stnt. in Tondr.) Dresden 849, (Adler und Dietze.) *

Hempel, C., Abschiedspredigt über 1. Corinther 3, 11, gehalten am 17. Sonntage nach Trin., den 18. Septbr. 1864, in der Kirche zu Ottensen. gr. 8. (22 S.) Altona 864, Mentzel.

Hempel, C., „Entziehe dich nicht von deinem Fleisch!" Predigt über Jesaias cap. 58, v. 7. und 8, gehalten auf dem Propstei-Missionsfest zu Hennstedt, den 2. Juni 1869. 8. (16 S.) Heide 869, Clausen. *

—— Grabrede über Jes. 55, V. 8 und 9, gehalten den 2. Aug. 1864 bei der Beerdigung der in der Nacht vom 28. auf den 29. Juli im Feuer umgekommenen Familie Christiansen. gr. 8. (13 S.) Altona 864, Mentzel.

Hempel, C. F., s. Hempel, Karl Friedrich

Hempel, C. G., Pestalozzis Religionslehre rc. 8. Lpz. Steinacker. 803.

— geistl. Volkslieder. 2 Samml. 8. Lpz. Grieshammer. 795.

Hempel, C. J., homöopathischer Wegweiser mit einer einleitenden Erklärung des homöopath. Heilprincips und einer ausführlichen Beschreibung der Arzneimittel, die in allen gewöhnlichen Krankheiten der Männer, Frauen und Kinder zu gebrauchen, und einer genauen Angabe der Gaben, die in jedem vorkommenden Falle nöthig sind. gr. 12. (133 S.) New-York 853. (Philadelphia, Schäfer und Koradi.) *

Hempel, Carl, s. Hempel, Karl

— Christian Ehrenreich (Altenb.), De pecunia hereditaria. Disp. jur. Präs. Jo. Bernhard Friesen. Jena (Werther) Jan. 1708. 24 S. (0.50) 14249

Hempel, Christian Friedrich

Hempel, C. Fr.(Hrsg.), s. A b b i l d u n g merkwürdiger Menschen, mit Rücksicht auf die Trachten verschiedener Völker in versch. Zeitaltern.

Hempel, Chr. Fr. H., († ...) u. C. G. H. Geisler, Abbildd. u. Beschreibb. d. Völker unter d. Russ. Kaisers Alexander menschenfreundl. Regierung. Französ. u. Deutsch. Mit 66 ill. Kpf. 4. Leipz. 803. Magazin f. Industrie. 6 ℛ

– dass., s.a. H e m p e l , Friedrich

– s. D a r s t e l l u n g , Malerische, der Sitten der Russen ...

— allgem. Preuß. Haupt-Proceßual-Lexicon. 2 Thle. 4. Halle 749. 50. (W. G. Korn in Bresl.) 3 ℛ 8 gr

Hempel, F., Industrie-Magazin, s. Magazin z. Beförder. d. Industrie rc.

(Hempel, Christian Friedrich): Leben, Thaten und betrübter Fall des weltberufenen Russischen Grafen Burchards Christophs von Münnich . . . Andere, verm., und durchaus verb. Aufl. — Bremen: Saurmann 1743. 517 S. mit Stammtaf. [1. Aufl. 1742 von C. F. Phleme.]

(Hempel, C. F.) Leben, Thaten und betrübter Fall des Grafen Burchard Christ. von Münnich, gewes. Kays. Ersten Ministers und General-Feld-Marschalls, in Russland Von Plehme. 8. Brehmen 1742 -- 2. verm. Aufl. 8. ib. 1743.

(Hempel, Chr. Frdr.) Denkwürdige Lebensbeschreibung Seiner jetzt regierenden Königlichen Majestät von Gross-Britannien, Georgs II, von D H. v. Finsterwald. 8. Frankfurt u. Leipzig 1749.

Hempel, Chr. Friedr.: Allgemeines Lexicon juridico-consultatorium, oder Repertorium der nützlichsten Responsorum, Decisionum u. Decisio-Rescripten, auch Theologischer Bedencken u. Medicinischer Gutachten [usw.] in Alphab. Ordnung gebracht. Th. 1—10. Franckfurt u. Leipzig, (Th. 9. 10:) Leipzig 1751—56.
10 Bde fol.

Hempel, Chr. Fr. I., († d. 19. Sept. 1757.) allgem. Lexicon juridico-consultatorium oder Repertor. d. nützl. Rechtsaussprüche. 10 Thle. (A bis Edelsteine). Fol. Frankf. a. M. 751—55. Brönner. 33 ℛ 8 gr Hermann. 26 ℛ 16 gr

– s. M a g a z i n zur Beförderung der Industrie.

– Merkwürdigkeiten aus d. Geographie. 8. Leipz. 804.

Hempel, Chrn. Frdr., de monstris acephalis disquisitio anatomica, quam pro gradu doctoris medicinae scripsit et publico examini submittit. 8maj. (IV und 63 S. mit 6 Stnt.) Hafniae 850, Reitzel. **

Hempel, Chr. Fr.: Preuss. allgem. Processual-Lexikon, od. möglichst vollst. Repertorium aller in sämmtl. preuss. Reichen u. Landen noch gültigen Constitutionen, Edicten u. General-Rescripten, so den Process reguliren. 2 Thle. *Halle.* 749. 50. (Korn in *Breslau.*) 4. (3 Thl. 8 Gr.)

— Preuß. allgem. Proceßual-Lexicon. 4. Halle, (Eßlinger, Frankf.) 749.

— Rechtsstrafen d. Chinesen, s. Strafen d. Chinesen.

Hempel, C. F., d. Repetent, oder Bemerk. üb. d. Vorbereit. u. Wiederhol. f. angeh. Gerechtsgelehrte. gr. 8. Leipz. Beygang. 799.

Chr. F. Hempel Sendschreiben von den berühmten Familien der Aerzte. Halle 1742. 4.

Hempel, Christian Friedrich. Erleichterte Hoch-Teutsche Sprach-Lehre, worinnen ... gewiesen wird, wie man diese Sprache nicht nur recht und zierlich reden, sondern auch richtig schreiben solle. *Nebst einem Kupfer* der Teutschen Hand-Schriften und verschiedenen Tabellen ... Frankfurt & Leipzig, J. G. Garbe, 1754. 8°. 16 Bl. 1301 S. 29 Bl. Berieb. und am Rücken etwas beschäd. Ld. d. Z.

Das Werk wird am Ende der 2. Vorrede und am Ende des Textes als „erster Teil" bezeichnet, ist aber eine in sich abgeschlossene, wohl als Ergänzung der Gottschedschen Sprachkunst gedachte Sprachlehre, zu der wahrscheinlich gar kein 2. Teil erschienen ist.

— erleichterte hochdeutsche Sprachlehre. 8. Frankf. a. M. 754. Hermann (a. Brönner). 1 ℛ 8 gr

— hochdeutsche Sprachlehre. 8. Frankf. Hermann. (auch Brönner.) 754.

Hempel, Chr. Fr.: Allgem. Europ. Staatsrechts-Lexicon, od. Repertor. aller sonderlich in d. 5 letzt. Säcul. bis auf d. heut. T., zwisch. d. hoh. Mächten in ganz Europa geschlossen. Friedens-, Allianz-, Freundsch.-, Commercien- u. a. Haupt-Tractaten, auch der eigen. Fundamentalgesetze ein. Staates, so unter ihre gehör. Titel, u. diese in alphab. Ordn. gebr. worden. 9 Bde. *Frankf.*, Brönner. 751—56. 4. (18 Thl.)

Hempel, Chr. F.: „Allgemeines Europäisches Staatsrechts-Lexicon, oder Repertorium aller sonderlich in den 5 letzten Saeculis bis auf den heutigen Tag zwischen den hohen Mächten in ganz Europa geschlossenen Friedens-, Allianz-, Freundschafts-, Commercien- und anderen Haupt-Tractaten, auch der eigenen Fundamental-Gesetze eines Staats, so unter ihre gehörigen Titel und diese in alphabet. Ordnung gebracht worden", 9 Teile, Frankfurt a. M. 1751 bis 1758 (Garbe).

— europ. Staatsrechtslexicon. 9 Bde. 4. Frankf. Hermann. 750–58.

— geogr.-geneal. Tabellen d. chursächs. Lande. Fol. Ebend. 752.

— wie man die deutschen Hauptwörter abändern soll. 8. Frankf. a. M. 753.

Hempel, Christian Gottlob, s.a. A b r i ß , Kurzer, der neuesten europäischen Denkwürdigkeiten.

Abriss, Kurzer, der neuesten europäischen Denkwürdigkeiten, ... Berlin 1788. V: *Hempel, Christian Gottlob.* (BrMm) (GGr) (MGT) (Ky)

[HEMPEL, Christian Gottlob] 1748 - 1824
Kurzer Abriß der neuesten europäischen Denkwürdigkeiten, Politick, Religion, Sitten, Geschmack und Litteratur betreffend.
Erster [- Zweyter] Theil.
Berlin: Maurer. 1788 [- 1789]. 8°.
Bayerische Staatsbibliothek München
Kayser, I, 19: mit Verfasserangabe.

– s. B e i t r ä g e zur Cryptopelagianism.

Hempel, Chr. Gl. († d. 11. Febr. 1824.) Napoleon Bonaparte, oder Lebens- u. Heldengeschichte des vormal. Kaisers von Frankreich u. König von Italien, poetisch beschrieben in einer Reihe von Bardengesängen. Mit Napol. Portr. gr. 8. Leipz. 815. (Andrä). 20 gr

Hempel, C. G., Napoleon Bonaparte, ein Heldengedicht. gr. 8. Leipz. Cnobloch. 815.

Hempels, C. G., Napoleon **Bonaparte**, oder Lebens- und Helvengeschichte des vormaligen Kaisers von Frankreich und Königs von Italien, poetisch beschrieben in einer Reihe von Bardengesängen. gr. 8. (Leipzig, Andrä.) 817. Nthlr.

– s. D e r o d o n : Grab der Messe.

– G e d i c h t e

— —, E p i g r a m m a t i s c h e, von M. *C. G. H. (Chrn. Gottlob Hempel)* .... Leipzig, in der J. C. Müllerischen Buch- u. Kunsthandlung 1776. 8°.
W. v. Maltzahn p. 445 no. 1047. — Anon.-Lex. II. p. 162 (nach Goedeke).

VON d e n b ö s e n G e i s t e r n und d e r Z a u b e r e y, an d e n H e r r n M. H a u b o l d. Ein Sendschreiben (von *Christian Gottlob Hempel*). Sorau 1783. 8°.
Goedeke VII, 267, 10, 5; Anon.-Lex. IV. p. 71 (nach Kayser u. p. 342 (nach Goedeke, Meusel, Callisen).

— üb. den sogenannten Hundeschlag. gr. 8. Leipz. 819. Andrä. 3 𝔎

— s. L e h r m e i s t e r, der.

— — neue geistliche **Lieder**, 2 Sammlungen. 2te wohlf. Ausgabe. 817.

– s. P e s t a l o z z i, H.: Menschenlehre u. dess. Religionslehre.

Hempel, Chr. Glo., Peter der Große. Musikal. Drama. 8. Leipz. 780. Hand.

— Rechte eines deutschen Kaisers oder Königs von Italien über den Papst u. über Rom, aus authent. Urkunden u. den unverwerfl. Zeugnissen des Alterthums. 8. Leipz. 789, 2e A. 818. Andrä. 10 𝔎

H e m p e l, C. Glo., Rechte eines deutsch. Kaisers üb. d. Pabst u. üb. Rom. 8. Lpz. Verfasser. 789.

SAMMLUNG e p i g r a m m a t i s c h e r G e d i c h t e (verfasst von *Christian Gottlob Hempel*). Wismar 1777.
Anon.-Lex. IV. p. 13 (nach Meusel).

– s. S e n d s c h r e i b e n an Haubold.

– s.a. T h o r h e i t e n, Über die, meiner Zeitgenossen ...

– Über

— — die T h o r h e i t e n m e i n e r Z e i t g e n o s s e n oder V e r s u c h e i n e r n e u e n C h a r a k t e r i s t i k d e r M e n s c h e n, v o r n e h m l i c h d e r D e u t s c h e n (von *Christian Gottlob Hempel*, geb. im Novbr. 1748 zu Horburg bei Merseburg, promovirte 1770 in Leipzig zum Magister, † daselbst als Privatgelehrter am 11. Febr. 1824). Hamburg, 1792. bey F. Bachmann und J. H. Gundermann. 8°. 260 S. (2 Mk. Max Weg, Lpz., 1897; 4 Mk., unbeschn., Max Jaeckel, Potsdam, 1910.)
Anon.-Lex. IV. p. 229 (nach Meusel, Kayser, Goedeke).

– s. U n t e r r e d u n g e n im Reiche der Geister.

– s. W a s versteht man unter dem Glauben an Christum?

HEMPEL, EL. THEOPH., De phthisi adversaria quaedam. Diss. inaug. med. Kiliae. 1818. 4. P.

Hempel, E[mil], appr. Arzt a. Mönchröden: Beitrag zur Kenntnis des Stoffwechsels bei unzureichender Ernährung. Jena 1906: A. Kämpfe. (31 S.) 8°
Jena, Med. Fak., Ref. Schulz, Diss. v. 22. Aug. 1906
[Geb. 18. Okt. 80 Mönchröden; Wohnort: Mönchröden; Staatsangeh.: Sachsen-Coburg; Vorbildung: Gymn. Coburg Reife O. 00; Studium: Jena 4, Rostock 1, München 3, Jena 3 S.; Coll. 31. Juli 06; Approb. 1. März 06.]

Hempel, Er. Wlh.

— kurze u. treue Beschreib. d. Kennicot. Bibelausgabe. 8. Leipz. 777.

Hempel, Er. Wlh., († d. 12. April 1799.) prima linguae Ebraicae elementa. 4. Leipz. 776. Ed. II. 789. Compt. f. Lit. 8 𝔎

— Samml. geistl. Oden u. Lieder. 8. Dess. Gel. Hdl. 785.

Hempel, Erich, Referendar a. Toeppendorf: Die Konzentration der alternativen Obligation. Historisch und dogmatisch dargestellt. Berlin 1906: W. Pilz. (76 S.) 8° [F.]
Würzburg, Jur. Fak., Ref. Burckhard, Diss. v. 20. März 1906
[Geb. 25. Jan. 79 Toppendorf; Wohnort: Breslau; Staatsangeh.: Preußen; Vorbildung: Evang. Gymn. Glogau Reife O. 98; Studium: Leipzig 1, München 2, Breslau 3 S.; Rig. 26 Febr. 06.]

Stückle aus Stollwerich. Gedichte in westerzgebirg. Mundart von Ernst **Hempel**. (Vorr.: Friedrich Herm. Löscher.) *Leipzig: Sächs. Volksschriftenverl. [1902].* (38 S.) 8° [F.]

Hempel, Ernst, Stückle aus Stollwerich. Gedichte in westerzgebirg. Mundart. (38 S.) gr. 8. Leipzig (903). Sächs. Volksschriften-Verlag. n. — 30

Hempel, Ernst August Ludwig

Handbuch der Kriegs- Hygieine. Von E[rnst] A[ugust] L[udwig] Hempel. Mit e. Vorr. von C[onrad] J[ohann] M[artin] Langenbeck. Göttingen: Vandenhoeck & Ruprecht 1822. XV, 336 S. 8

— Diss. inaug. med. sistens momenta quaedam circa aetiologiam ischuriae vesicalis. 4. Götting. 817.

— **Ernst Wilhelm,** Viro Johann Jacob Bose nuptias cum ornat. matrona Christiana Sophia, vidua viri M. Joh. Gottfried Baumanni (Pastor zu Neustaedtel) nomine collegii philobiblici gratul. — Cuinam SS. Trinitatis Personae, Primae an Secundae, promulgatio legis praecipue tribuenda sit, ad explicanda quaedam Sc. S. loca, disseritur. Lpz. (Langenheim) 17. I. 1771. 16 S. (5.50) 14250

— — De prima indole telluris ad explicandum locum vexatum Gen. II. 4 seqq. Leipzig (Langenheim) 11. XII. 1776. 16 S. (4.50) 14253

— — Solennia disputationis candidati doct. summorum in theologia honorum ejusdemque theologiae doctoris rite creandi. Lpz. (Saalbach) 28./29. XI. 1792. 23 S. mit Biogr. v. Carl August Theophil Keil (Hayna [=Grossenhain]; M.: J. R. Berringer). (6.—) 14258
Disseritur de loco Gal. III. 20.

— — Viris Christian Friedrich Pezold professionem ordinariam logices capessenti et Joh. Christian Gottlieb Ernesti philosophiae professionem extraordinariam adeunti haecce munera gratulatur quaedam amicorum sodalitas. — Disseritur de loco 2. Petr. I, 20. Lpz. (Klaubarth) 22. II. 1783. 19 S. (5.50) 14254

— — u. **Christoph Heinrich Nestler,** De bonae voluntatis ad veritatem recte cognoscendam necessitate. Diss. philos. Lpz. (Langenheim) 20. XI. 1771. 34 S. (6.—) 14251
Gew.: Johann Gotthelf v. Globig (Zehist), Peter Frh. v. Hohenthal (Doebernitz . .), Johann Gottfried Hermann, Johann Gottlieb v. Leyser (Gersdorf), Johann Joachim Gottlob Amende (Dresden), Caspar Friedrich Gottschalck, Rupert Traugott Sulzberger, Johann Georg Spillner, Gottfried Sigismund Seyfrid, Johann Gottfried Strauss.

— — Viro Friedrich Wilhelm Dresde (Profess. zu Wittenberg) felicissimum conjugium cum ornat. virgine Dorothea Christiana, viri Johannis Friderici Uhlichii (Wittenberg) unica filia gratul. societas philobiblica Lipsiensis. — Disseritur de sapientia Dei, quae e multiplici hominum conjunctione, per conjugia in primis oriunda, apparet. Lpz. (Langenheim) 21. X. 1773. 19 S. (6.—) 14252

— — De vera significatione vocabuli semen ubi de prole Abrahami et Davidis nec non mulieris Gen. III, 15 dicitur ad explicandas illas promissiones. Pars I. De prole Abrahami. Disp. theol. Leipzig (Klaubarth) 29./30. VIII. 1787. 48 S. (6.—) 14255

— — u. (Respond.) **Gottlieb Lebrecht Spohn,** Dasselbe. II. De prole Davidis. Disp. theol. Lpz. (Klaubarth) 20. IX. 1787. 54 S. (6.—) 14256

— — Dasselbe. III. De prole mulieris Gen. III, 15. Lpz. (Klaubarth) 27. IX. 1787. 14 S. (3.—) 14257

Hempel, F., & Co., Fabrik und Lager landwirthschaftlicher Maschinen und Geräthe. Jll. Haupt-Katalog. Hannover (1897?)

Hempel, Ferd., und F. G. Fritsche, zum Andenken an die Einfahrt des ersten Erndtewagens in Altenburgs Mauern am 28. Juli 1847. gr. 8. (16 S.) Altenburg 847, Helbig.

Hempel, Friedrich & C[hristian] G[ottfried] H[einrich] Geissler. Abbildung und Beschreibung der Völkerstämme und Völker unter des Russischen Kaisers Alexander .. Regierung .. dargestellt von Friedrich Hempel ... und C. G. H. Geißler ... Leipzig, im Industrie-Comptoir [1803].
VI + 3—138 S.; 66 Taf. in kol. Kupferst. 8°.
Gleichzeitig franz. Ausg.

– dass., s.a. H e m p e l , Christian Friedrich

Hempel, Friedr., kurzer Bericht üb. d. öffentl. u. privaten Schutz-Maaßregeln, welche in d. J. 1812—1814 in d. Türkei u. in Rußland geg. Ansteckung durch d. Oriental. Pest mit unzweifelhaftem Erfolge angewendet worden sind, in Rücksicht auf d. Hemmung d. Cholera z. Besten d. Hospitäler zu Danzig, erstattet. gr. 8. (1 B.) Hamburg 831. (Berlin, Mittler.)

—— über Chlor u. Chlorkalk, deren Nutzen, Bereitung u. Anwendung in Bezieh. auf d. Cholera, f. Jedermann faßl. dargest. gr. 8. (1 B. u. 1 Stndr.) Berlin 831, Mittler.

—— das weingeistige Dampf-Bad, ganz besond. in Bezieh. auf d. Cholera, d. Städter u. Landmann empfohlen. (4. Aufl.) M. 13 Abbild. gr. 8. (1¼ B.) Berlin 831, (Mittler.)

— Descriptions de tous les p e u p l e s russes, avec pl. enl. 4. Leips. Industrie-Compt.

Hempel, Frdr., Geschichtliche Entwickelungsform, Ursprung und Bedeutung der Sigfritsange. Ehingen 1851. 4.

— die neuesten Erfahrungen über die Wirksamkeit des weingeistigen Dampfbades, besonders in Beziehung auf Wassersucht. (1 Tabelle in gr. Fol.) Berl. 832. (Posen u. Bromberg.) Mittler. 4 K

— R e c u e i l des habillements etc. de différentes nations, franç. et allem. avec pl. enlum. 4. ibid.

Hempel, Georgius **Friedericus** Albertus [KB: ... Albrecht]: De siphonibus. Halle-Wittenberg. Phil. Diss. v. 14. Mai 1821
Geb. [Helmstedt 1. 5. 1790]
Ms. fehlt. — Im Buchhandel u. d. T.: Physica et chemica-technica dissert. de Siphonibus. (Berolini): Petri 1822. 4° — Ein Exemplar nicht nachweisbar.

H e m p e l, (G. F. A.,) physica et chemica-technica dissert. de Siphonibus. 4. (Berolini, Petri.) 822.

Hempel, Frdr., s.: T a s c h e n k a l e n d e r f. den Forstwirt.

— u. C. G. H. Geißler, russische V ö l k e r s t ä m m e unt. Alexander d. I. franz. u. deutsch, m. 66 illum. K. Ebendaselbst.

Hempel, Friedr. Ferd.

– s.a. Spiritus A s p e r.

— d. Allerleihaus; e. Beitr. zur allgem. Topographie d. Jungfern-Aue. (Aus d. Osterländ. Blättern abgedr.) 8. Leipz. 819. (2 Bog.)

ASPER, Spiritus (d. i. *Friedr. Ferd. Hempel,* Hof-Advokat u. Aktuar zu Altenburg, Erfinder des Skatspiels, geb. 1776 od. 1778, † 4. März 1836 zu Pesth), s.a. A p h o r i s m e n ü b e r d e n K u ß.

APHORISMEN ü b e r d e n K u s s. Ein Weihnachtsgeschenk für die küsslustige und kussgerechte Welt von einem Spiritus Asper *(Frdr. Ferd. Hempel).* Mit 10 herzlichen (color.) Kpfrn. Leipzig, C. A. Solbrig, 1808. 16°.
(In Darmstadt.) XXIV—192 SS. Saubere Ex. sind rar. (2 Mk. Koebner, Breslau; jetzt theurer!)

— — Dasselbe. Neue Aufl. Mit 10 symbol. Kpfrn. Stuttgart, Scheible, 1865. 12°.
(In Stuttgart.) (70 Pf. Scheible.) Curiosa et Jocosa .... Bdchn. 4.

Hempel, Fr. Fd., Herzog August von Sachsen-Altenburg und seine Bauern. Mit Kpf, 4. Zwickau 819. (Schnuphase in Altenb.) 12 K (a. Weber in Ronneb.) 20 K

H e m p e l, (F. F.,) Herzog August von Sachsen-Altenburg u. seine Bauern. M. Kupf. 4. Zwickau, Lit-Compt.

[Lied.] Dem hochverehrten Br. v. Blücher zu Ehren abgesungen in der Loge zur Wahrheit und Freundschaft zu Fürth am Johannesfeste [ ], verf. von [Friedr. Ferd.] Hempel, dargebracht von vier treuen Brüdern den 20. Juli 1816. Fürth 1816. 2 Bl. 8° [Umschlagtit.]
Mit Chor ohne Noten: „Brüder, lasset mit Vergnügen .. " Vgl. auch Nr 12156.

TIMOLEON, Frater (d. i. *Friedr. Ferd. Hempel*), N ü s s e, Gesammelt von —. Cöln; bei Peter Hammer (Leipzig: F. A. Brockhaus). Gedruckt im Jahre 1722 (d. i. 1818). 8°. 28 S. (4 Mk. 75 Pfg. H. Streisand, Berlin, 1908.)
Goedeke VI, 395, 34, 7.

– s. Peregr. S y n t a x' Reimlexicon.

– s.a. Taschenbuch ohne Titel.

CEBES, Frater, Artium Liberalium et Ludi Magister (d. i. *Friedrich Ferdinand Hempel*, Hofadvocat und Actuar in Altenburg, geb. a . . . . 1778 zu Meuselwitz im Altenburgischen, angebl. Erfinder des Skatspiels, † am 4. März 1836 zu Pesth). Taschenbuch ohne Titel auf das Jahr 1832. Leipzig, Brockhaus. Gr. 12°. 10 Bogen.

– s. M. A. v. Thümmel, d. heil. Kilian.

Hempel, Friedr. Jul., Hülfsbuch f. Lehrer bei d. Gebr. d. Volksschulenfreundes u. ähnl. Bücher. Nebst e. Vorr. v. Carl Friedr. Hempel. 8. (19½ B.) Leipzig 840, Dürr.

Hempel, Friedr. Jul., Predigt am 3. Advent-Sonnt. 1853 bei der Einweihung neuer Glocken gehalten zu Stünzhayn. Nebst einer kurzen Nachricht über die Anschaffung der neuen Glocken. gr. 8. (16 S.) Altenburg 853, Schnuphase'sche Buchh.

Hempel, F. J., seid fleißig zu halten die Einigkeit im Geiste, durch das Band des Friedens! Predigt bei der allgem. Versammlung des altenburger Hauptvereins für die Gustav-Adolph-Stiftung, gehalten am 9. Aug. 1847. gr. 8. (16 S.) Altenburg 847, Schnuphase'sche Buchh.

— **Friedrich Moritz** (Zwickau), De privilegiis collegiorum fabrorum ferrariorum Zwiccauienium et Werdauiensium lithantraces et puteis metallicis vicinis percipiendi. Diss. jur. Präs. Georg Stephan Wiesand. Wittbg. (Christian Heinrich Graessler) 22. VIII. 1805. 20 S. (5.—) 14259

Hempel, Frdr. Wilh., s.a. Hempel, Wilhelm

Hempel, Fr. Wlh., neuest. ABC-, Buchstabir- u. Lesebuch rc. Mit ill. Kpf. 8. Leipz. 805. Hinrichs. 12 gr.

— s. Bilderbuch z. Weihnachtsfest.

– s. Hellmuth, Vater, unter seinen Kindern.

— die Familie Hellwig, s. Felswangen.

— alphabet. Kinderfreund, s. Felswangen.

— Mythologie f. d. Jugend, oder, Götter- u. Heldengeschichte, zum Gebrauch f. d. Schulen. Mit Kpf. 8. Leipz. 802. Hinrichs. 1 Rthlr, illum. 1 Rthlr 16 gr. (Auch u. d. T.: Griech. u. Röm. Mythologie. Ebd. 803.)

— Mythologie f. d. Jug. (od. griech. u. röm. Mythologie) m. K. 8. Ebend. 805.
illum.

– s.a. Reisen der Menschen auf Erden und am Himmel.

REISEN, Die, des Menschen auf Erden und am Himmel; ein . . . . unterhaltendes Bilderbuch . . . . (von *Frdr. Wilh. Hempel*). Halle 1811.
Anon.-Lex. III. p. 366 (nach Meusel).

– s. Rosalia u. Emma.
(NB. der Mensch von Anbeginn rc., welcher K. F. Hoffmann zugeschrieben ist, soll auch von ihm seyn.)

Hempel, F. W., Unterricht f. d. aufkeim. Jugend, e. Buchstabir- u. Lesebuch, dem ersten Alter gewidmet. 2te Aufl. 8. Leipz. Bruder u. H. 811.

Hempel, F. W., Unterricht für die aufkeimende Jugend, ein Buchstabier- und Lesebuch rc. 8. Leipzig, 811. Ist Verl. von Büschler in Elberfeld.

— faßlich. Unterr. f. d. keimende Jug., ein Buchstab.- u. Lesebuch. 8. Lpz. Bruder u. Hoffm. 804.

— faßl. Unterricht f. d. keimende Jugend; e. Buchstab.- u. Lesebuch. 8. Leipz. 804. 2e A. 811. (Schönian in Elberf.) 8 gr.

Hempel, Fritz (Hrsg.), s. Dittmar, Franz: Gesänge der Grossen Landesloge.

Hempel, G., geograph. Beschreibung d. Großhrzgth. Mecklenburg-Schwerin u. Mecklenburg-Strelitz. 8. (10½ B.) Neu-Brandenburg 829, Dümmler.

Hempel, G., graphische Registrierapparate, besonders zur Untersuchg. v. Ausdrucksbewegungen nach Prof. R. Sommer. (8 S. m. 22 Abbildgn) Lex.-8. Berlin 905. Administration der Fachzeitschrift „Der Mechaniker". n. 1.—
Sonderabdruck aus: „Der Mechaniker".

Hempel, G. E. F., diss. inaug. med.-chirurg. de Haemorrhagiis etc. 4. Helmstädt, Fleckeisen, 808.

Hempel, G. F. A., s. Hempel, Friedrich

Hempel, Geo. Carl Ludw., das Abhülfsbüchlein d. Raupennoth. Ein Beitr. z. Erhaltung d. Obsternten u. Fruchtbäume im Lande. 1. Aufl. (3½ B.) 829. 6 Gr., 2., verb. u. verm. A. (4⅔ B. u. ill. Kpfrt.) gr. 12. Leipzig 832, Cnobloch.

Hempel, Geo. Carl Ldw., Anweisung wie die Wände der Wohnhäuser und überhaupt aller Gebäude mit dem größten Vortheil zum fruchtbarsten Obstbau besonders mit Hülfe des Hochspaliers zu benutzen sind rc. gr. 8. Leipzig 845, Engelmann. ¾ Rthlr

— d. einträgl. Baumgarten im Hofe, oder die Kunst, wie Gutsherrn, Pfarrer u. Bauern ihre Wirthschaftshöfe zu e. gewinnreichen Obstbau benutzen können. 8. Leipz. 822. Engelmann. 20 gr.

Hempel, Geo. Carl Ludw., der Fruchtgewinn beim Obstbau über das Doppelte erhöht. Eine Anweisung zur Erreichung dieses Zweckes durch geeignete, mit pomologisch-wissenschaftl. Kenntniß eingerichtete Anpflanzungen der schmackhaftesten und tragbarsten Obstsorten rc. 8. (XI und 290 S.) Leipzig 847, Baumgärtners Buchh.

— ein freundliches, wohlgemeintes Wort, zur Beförderung der Kuhpockenimpfung, zu den Gebildeten auf d. Lande gesprochen. 8. Leipz. 817. Müller. 4 gr.

Hempel, G. C. L., ein freundliches, wohlgemeintes Wort, zur Beförderung der Kuhpockenimpfung, zu den Gebildeten auf dem Lande gesprochen. 8. Leipzig, Müller. 818.

— der pomologische Zauberring, oder das sicherste Kunstmittel, die Obstbäume zum Fruchttragen zu zwingen. 8. Ronneb. 816. 2e, sehr verm. u. verstärkte Aufl. 8. Leipz. 822. Engelmann. 12 gr.

Hempel G. C. L.: Der pomologische Zauber-Ring, od. das sicherste Kunstmittel die Obstbäume z. Fruchttragen zu zwingen. 2. sehr verm. u. verstärkte Aufl. Leipz. (1820). 132 S.

— — der pomologische Zauberring, oder das sicherste Kunstmittel, die Obstbäume zum Fruchttragen zu zwingen. 2te sehr verm. und verstärkte Aufl. 8. Leipzig, Engelmann. 820.

Gottfried Eberhard Theodor Hempel

De Aneurysmate. Helmstadii (1808:) Typis academicis. XXXIV S. 8

Helmstedt, Med. Diss. v. 11. Mai 1808

Hempel, G. E. T., Diss. inaug. med.-chirurgica de aneurysmate. 4. Helmst. 808. Fleckeisen. 5 𝒦

Hempel, Policp. Gli., († d. 16. Dec. 1799.) inventarium diplomaticum oder Verzeichniß d. Urkunden d. Historie von Niedersachsen ꝛc. in chronolog. Ordn. v. 786 bis 1778. Nebst Registern. 4 Thle. Fol. Hannov. 785—98. (Vandenhöck u. R. in Gött.) 11 ℛ 9 g

Hempel, Pp. Gli., inventar. diplomat. oder Verz. d. Urkund. v. Niedersachs. ꝛc. 4 Thle. Fol. Hannov. (Vandenhök in Gött.) 786 - 98.

Hempel, Gottlob Ludwig, s.a. Altmann, Carl, eine vaterländische Geschichte.

ALTMANN, Carl, eine vaterländische Geschichte (von *Gottlob Ludwig Hempel*, geb. 1736, † 23. Juli 1786). Mit 2 Kpfrn. Leipzig, 1782, bey Fr. Gotth. Jacobäern u. Sohn. 8⁰. (In Glogau, Stahn's Bibl.)
Das Anon.-Lex. I. p. 44 hat „1787" (nach Kayser).

FREUNDLICH, Nettchen. Ein Pendant zu Joseph Houdry (von *Gottlob Ludw. Hempel*, 1736—86). 2 Bde. Mit 2 Titelvign. u. 3 weiteren Vignetten. Leipzig, C. F. Schneider, 1786 bis 87. 8⁰. 312+270 S. (5 Mk. Taussig, Prag, 1906.)

—s.a. Hans kommt durch seine Dummheit fort.

HANNS kömmt durch seine Dummheit fort. Ein komischer Roman mit tragischer Einfassung (von *Gottlob Ludw. Hempel*, 1736—86). 2 Teile. Mit 2 orig. Titelkupfern v. Rosmäßler. Leipzig, Jacobäer, 1783. 8⁰. (12 Mk. Edm. Meyer, Berlin, 1908.)

— — Dasselbe, titulo: Zwey ungleiche Brüder, oder Hanns kommt durch seine Dummheit fort. Ein satyrischer Roman. — Portrait, unterschrieben: Hans Dummdusel. — Mit Kupfern. Schilda (Leipzig), 1798. 8⁰. IV—320 S. (12 Sgr. Scheible, vor 1875; jetzt theurer!)
Neubearbeitung des Vorigen, nach dem Tode des Verfassers von einem anderen Herausgeber besorgt.

— — Dasselbe (Nachdruck). Mit Titelkpfr. u. Vign. Hohenzollern (Wien) 1799. 8⁰. (1 Mk., geles. Expl., Jul. Neumann, Magdeb., 1906.)

— die Inkas. Schspl. 8. Leipz. 786. Linke. 3 𝒦

Hempel, Glo. Ldw., Karl u. Louise, od. einen Monat zu spät. 8. Hamb. 785. Hoffmann. (Campe). 4 𝒦

— Schwärmerei des Hasses u. der Liebe. 2 Thle. Trspl. 8. Leipz. 785. (Wienbrack). 6 𝒦 (Löffler in Manh). 5 𝒦

Hempel, Glo. Ldw., († d. 23. Juli 1786.) Spielwerk d. Glücks. 2 Thle. 8. Leipz. 785. (Aue in Altona). 2 ℛ

HEMPEL, Gottlob Ludw. („Schauspieler der Bondinischen deutschen Gesellschaft" in Dresden, geb. 1736 in Merseburg, † 13. Juli 1786), Spielwerk des Glücks in der Geschichte des Joseph Houdry. 2 Thle. Mit 1 figurenreichen TKpf. u. 1 TVign. (nach Penzel von Grünler gest.). Leipzig, bey Frdr. Gotthold Jacobäer, 1785. 8⁰.
Ziemlich zahmer Familienroman.
1: 4 Bll. Vorst. u. 286 S. 2: 296 S. Am Schluss d. Vorrede zu Th. 1 wird d. baldige Erscheinen d. Romans „Nettchen Freundlich" (s. d.) in Aussicht gestellt.

Hempel, Gust., d. Ästung d. Laubholzes insbes. d. Eiche, s.a. Mitteilungen aus d. forstl. Versuchswesen Österreichs.

HEMPEL, Gustav: Die Ästung des Laubholzes, insbesondere der Eiche. - Wien 1895. V, 128 S., 59 Abb. - (Mitt. forstl. Versuchswes. Österreich H. 18)

Hempel, G., u. K. **Wilhelm**, die Bäume u. Sträucher des Waldes. In botan. u. forstwirthschaftl. Beziehg. geschildert. 1.—4. Lfg. Imp.-4. (S. 1—104 m. 53 Textfig. u. 12 Farbendr.-Taf.) Wien 890. Hölzel. à n. 2. 70

Hempel, Gust., u. Karl **Wilhelm**, die Bäume u. Sträucher d. Waldes. In botan. u. forstwirthschaftl. Beziehg. geschildert. 5.—10. Lfg. Imp.-4. (I. Abth. VII u. S. 105—200; II. Abth. S. 1—40, m. Textfig. u. 18 Farbendr.-Taf.) Wien 891—894. E. Hölzel. à n. 2. 70

— dasselbe. I. Abth. (I. Allgemeiner Thl.: Der Baum u. seine Glieder. II. Specieller Thl.: Die Nadelhölzer.) Mit 11 Farbendr.-Taf. nach Orig.-Aquarellen d. Malers W. Liepoldt u. 118 Textfig. gr. 4. (IV, 3, 203 S.) Ebd. 893. In Mappe n. 17. 10; geb. in Leinw. n. 19. 80

— u. Karl **Wilhelm**, die Bäume u. Sträucher d. Waldes. In botan. u. forstwirthschaftl. Beziehg. geschild. 11.—17. Lfg. gr. 4. (2. Thl. 2. Abth. VII u. S. 41—148 m. Abb. u. 21 farb. Taf. u. 3. Abth S. 1—48 m. Abb u. 6 Farbdr.) Wien 895—898. E. Hölzel. à n. 2. 70

— dasselbe. II. Abth. Die Laubhölzer. 1. Thl. D. Kätzchenträger. M. 25 Farbendr.-Taf. n. Orig.-Aquarellen v. W. Liepoldt u. 106 Textfig. gr. 4. (VII, 148 S.) Ebd. 897. n. 20. 70; geb. in Leinw. n. 24. 30 (I u. II., 1.: n. 37. 80; geb. n. 45. —)

— u. Karl **Wilhelm**, die Bäume u. Sträucher des Waldes. In botan. u. forstwirthschaftl. Beziehg. geschildert. 18.—20. Lfg. gr. 4. (2. Thl. 3. Abth. Die Laubhölzer, 2. Thl. Die nicht Kätzchen trag. Laubhölzer. VIII u. S. 49—140 m. Abbildgn. u. 9 Farbdr.) Wien 899. E. Hölzel. n. 10. 10

— — dasselbe. III. Abth. Die Laubhölzer. 2. Thl. Die nicht Kätzchen trag. Laubhölzer. Mit 24 Farbendr.-Taf. nach Orig.-Aquarellen v. W. Liepoldt u. 118 Textfig. gr. 4. (VIII, 140 S.) Ebd. (899). n. 20. 20; geb. in Leinw. n. 24. —; (kplt. n. 58. —; geb. n. 69. —)

Hempel, Gust., geograph.-statist.-histor. Handbuch d. mecklenburg. Landes. 1. Thl. (4 Lfgn.) gr. 8. (32¼ B.) Güstrow 837, [Opitz u. Comp.] à L. ½ Thlr.

Hempel. Geographisch-statistisches Handbuch des Meklenburger Landes. (2 Bde.) Parchim und Ludwigslust 1842—1843.

Hempel, Gust., geograph.-statist.-histor. Handbuch des meklenburger Landes. 5—7. Hft. gr. 8. (23½ B.) Parchim 843, Hinstorff'sche Hofbuchh. à
1—4. Hft. (1. Thl.) Güstrow 1837. [Opitz u. Comp.]

HEMPEL, Gustav: Eine nothwendige Reform auf dem Gebiet der Zuwachs-Untersuchungen. - Wien 1880. 18 S., 4 Taf. - (Mitt. forstl. Versuchswes. Österreich Bd. 2)

Hempel, Gust., Reise- und Eisenbahn-Buch, s.a. Reise- und Eisenbahn-Buch.

Hempel, Gust., u. J. V. **Kutscheit**, Reise- u. Eisenbahn-Buch. Enthaltend d. Eisenbahn-, Post- u. Dampfschifffahrtsverbindungen in Deutschland sowie von da nach dem Auslande. — Abgangszeiten. Fahrtdauer. Entfernungen. Fahrpreise. — Nebst 1 Verkehrskarte v. Mittel-Europa (in 4.) u. 20 Karten. 16. (VIII u. 80 S.) Berlin 847, Hempel. — 3. (Aufl.) März 1848. 16. (VIII u. 79 S.) Ebd. — 4. (Aufl.) August 1848. 16. (VIII u. 82 S.) Als Anh.: Die Sehenswürdigkeiten der Städte v. Mittel-Europa. (16 S.) Ebd. In Engl. Einband à n. ⅓ ℛ (Fortsetzung s: Reise- u. Eisenbahn-Buch.)

—— und J. V. Kutscheit, Reise- und Eisenbahn-Buch. Enth. die Eisenbahn-, Post- und Dampfschifffahrts-Verbindungen in Deutschland, sowie von da nach dem Auslande. — Abgangszeiten, Fahrtdauer, Entfernungen, Fahrpreise. 1. bis 3. Aufl. 1817—48. und 4. (Aufl.) März 1818. 16. (VIII und 82 S. mit 20 lithogr. Karten und einer lithogr. Verkehrskarte von Mittel-Europa in 4.) Berlin 848, Hempel. *

Hempel, Gust., s. Taschenkalender f d. Forstwirth.

Hempel, Gust. Ado. Herold: Grundriss u. Literatur zu Vorlesungen üb. deutsche Staats- u. Rechtsgeschichte, nach K. F. Eichhorn u. mit steter Beziehung auf dessen deut. Staats- u. Rechtsgeschichte. *Breslau*, Grass, Barth u. Comp. 832. gr. 8. (12 Gr.)

Hempel, H., Die Ethik des Lucrez. Versuch eines Beitrags zur epicureischen Philosophie. Pr. 1872. 38 S. 4°. 3.—

Hempel, H.: Die Ethik des Lucrez. Beitrag zur epicureischen Philosophie. 38 S.– Salzwedel, Progr. 1872.

Hempel, H. F., u. Ch. F. A. Sachse, Reden bei der Beerdigung des Herrn Frdr. Ghlf. Fritsche, siehe: Sachse, Ch. F. A.

Hempel, Hans [aus Stralsund]: Ueber 4-Alkylthiosemicarbazide und einige Condensationsprodukte derselben ... Berlin, C. Vogts Buchdr., *1894*; 44 S., 2 Bl. 8.
Berlin, Phil Fak., Inaug.-Diss. v. 15 Dez. 1894

[H.] ... Berlin zu Ende des 20. Jahrhunderts. Gesammelte Berichte e. Zeitgs-Correspondenten z. Zeit d. grossen Berliner Weltausstellg v. J. 1997. E. Zukunftsbild v. F. W. Heinz [d. i. Heinrich Hempel], Ingenieur. *Berlin: Dr. v. E. Billig Nachf. [1896?].* (1 Bl., 64 S.) 1 Bd 8.

Hempel, Heinr., industrielle Feuerungsanlagen u. ihre Behandlg. Handb. z. Selbstinstruction f. Fabrikherren, Werkführer, sow. Heizer v. Dampfkesseln u. industriellen Feuergn. aller Art. 16. (46 S. m. 1 Taf.) Berlin 894. (Polytechn. Buchh.) n. 1. —

Industrielle Feuerungsanlagen und ihre Behandlung. Handbuch z. Selbstinstruction f. Fabrikherren, Werkführer sowie Heizer von Dampfkesseln u. industriellen Feuergn aller Art. M. Ill. Von Heinrich Hempel, Civilingen. ... *Berlin: Selbstv.; ([Dr. v.] Imberg & Lefson) 1894.* (46 S., 1 Taf.) 1 Bd 8. [96. 3:3

Hempel, Herm., Anleitung zum lateinischen Aufsatz. gr. 8. (XII, 143 S.) Salzwedel 884, Klingenstein.

Hempel, Hermannus: De substantivorum Graecorum formatione, praecipue Homerica. Part. 1. Halae (1865): Ploetz. 49 S. 8°
Halle-Wittenberg, Phil. Diss v. 21. Okt. 1865
Geb. [Halle a. d. S. 8. 4. 1843]
Im Buchhandel Halae (Berlin: Calvary) 1866.

Hempel, Herm. Die Handschriften und alten Drucke der Gymnasialbibliothek zu Salzwedel. 15 S. Progr. *Salzwedel* 1878.

—— lateinischer Sentenzen- und Sprichwörter-Schatz. gr. 8. (VIII, 237 S.) Bremen 884, Heinsius.

Hempel, Hermann Johannes, Referendar: Die Anfechtung von Generalversammlungsbeschlüssen im Genossenschaftsrechte. Leipzig: Wigand 1910. 80 S. 8°
Leipzig, Jur. Diss. v. 17. Jan. 1910
[Geb. 10 Dez. 84 Annaberg, Erzgeb.; Wohnort: Leipzig; Staatsangeh.: Sachsen; Vorbildung: Gymn. Schneeberg Reife 0 03; Studium: Kiel 1, München 3, Leipzig 5 S.; Rig. 18. Febr. 07.] [U 10. 2730

Hempel, Hubert: Über Gasöle und Ölgas. 1909. 91 S., 1 Taf., 14 Bl. Tab. 8°
¶ Aus: Journal f. Gasbeleuchtung. Jg. 53. 1910.
Karlsruhe, Dr.-Ing.-Diss. v. 16. 6. 1909

Hempel, Hugo, approb. Arzt aus Zschoppach: ⟨Aus d. hygien. Institut d. Universität Leipzig. Direktor: Geh. Med.-Rat Prof. Dr. Franz Hofmann.⟩ Untersuchungen über den Nachweis von Tuberkelbacillen und ihre Zählung im Sputum. *Leipzig 1902: B. Georgi.* (46 S.) 8°
Leipzig, Med. Diss. v. (26. Juli) 1902

Hempel, J., die Pflanze im Ornament. Vorbilder f. das Komponieren u. f. die sinngemäße Anwendg. vegetabiler Naturformen. 40 Taf. m. zahlreichen Orig.-Entwürfen zu Friesen, Füllgn., Eckbildgn., Umrahmungen u. vielen anderen Flächenbegrenzgn. (IV S. Text.) gr. Fol. Dresden (904). G. Kühtmann. In Mappe n. 28. —

Hempel, J. P., Anfangsg. d. Anatomie. gr. 8. Götting. Schneider. 801.

Hempel, J. P., Anfangsgründe d. Anatomie. are aufl. gr. 8. Götting. Schneider. 811.

Hempel, Jacobus (Praes.: B. L. Schwendendörffer): „De privilegiis mercatorum", Lipsiae 1684. — Denuo recusa 1713. — Vorh.: Com. Bibl. Hamburg und Bücherei der Industrie- und Handelskammer Leipzig.

— — De privilegiis mercatorum, von der Kauff= Leute Privilegien. Präs. Bartholomäus Leonhard Schwendendörffer (Leipzig). Lpz. (Krüger) 4. VI. 1685. 16 Bl. (6.50) 14262
Gew.: Theodor Oerthel (Wehlitz, Leipzig), Gottfried Hennig, Georg Schubert, Johann Heinrich v. Söhlen, Mich. Balduin Brummer, Caspar Schamberger, Christoph Andr. Gulten, Jacob Jäger.

— — Dasselbe. Ohne Widm. 1692. (6.30) 14263

— — Dasselbe. Ohne Widmung. 1713. 32 Seiten. (6.20) 14264

— — Dasselbe. Ohne Widm. Wittbg. (Hake) 1753. 38 S. (5.50) 14265

— Jacob (Leipzig), De recognitione documentorum. Disp. jur. Präs. Friedrich Philipp (Leipzig). Lpz. (Krüger) 29. XII. 1682. 46 S. (6.50) 14260

— — Dasselbe. Lpz. (Schede) 1720. 46 S. (6.50) 14261

Hempel, Jo. G., Etwas v. d. Kriebelkrankheit. App. ad Erfahr. von Scherbok ꝛc. Kopenh. 8°.
1778

Hempel, Joh. Aug., der sichere Fischschütze, od. neu erfund. Weise, Fische mittelst Schießgewehr sicher zu treffen u. ohne daß sie untertauchen in Gewalt zu bekommen; ersonnen u. beschrieben. gr. 8. (3/4 B. u. 1 Stnt.) Altenburg 837, Pierer.

Hempel, Jh. Chr., Specimen novae Xenophonteorum Hellenicorum editionis. 8. Sondersh. 819. (Voigt in Ilmenau). 6 gr.

Hempel, Jh. Chr. Fr., († d. 29. Aug. 1809.), s. 1) Gedichte v. einem Mecklenburger. 2) Chr. Fr. Schneiders Wörterbuch. 3) Spukgeschichte, Walkendorfer.

WALKENDORF (Mecklenburg). — Nächstenfreund, Menschenlieb (d. i. *Joh. Chrn. Frdr. Hempel*, 1767—1809), Die Walkendorfer Spuckgeschichte, den lieben Bürger- und Bauersleuten in Mecklenburg zur Lehre und Warnung beschrieben. Schwerin 1794. 8°.
Goedeke VII, 381, 55, 2: Vgl. Neue Monatsschrift v. u. f. Mecklenburg 1794. St. 2. Daselbst auch Gedichte von Hempel.

— **Johann Christoph** (Lengenfeld/Vogtl.), Quomodo legatum nuda voluntate adimatur ad L. III. §. XI. D. de adimend. vel transf. legat. Präs. Christoph Ludw. Crell. Wittbg. (Scheffler) Juli 1742. 32 S. (6.—) 14266

An den Frieden. [Von Joh. Friedr. Hempel.] Gesungen in der Loge Archimedes zu den drey Reissbretern in Altenburg, den 1sten Febr. 1807. [Altenburg 1807.] 2 Bl. 8⁰ [Umschlagtit.]
Lied mit Chor. Ohne Noten.

Hempel, J(oh.) F(riedr.) L(udw.) († d. 15. Mai 1840), die Adverbien u. Adverbiallocutionen d. französ. Sprache erklärt. Aus dessen Nachlaß hrsg. v. Ed. Hempel. 2 Thle. in 7 Hftn. 8. (1: 216 S. 2: XVI u. 212 S.) Altenburg 851. (Jacob). (1—6 à n. 1/6 ℛ 7. n. 1/3 ℛ) u. 1 1/3 ℛ

Hempel, J. F. L., die Präpositionen u. Präpositiolocutionen der franz. Sprache erklärt. (1r Bd.) 1s—4s Hft. gr. 8. Altenburg 838, 39. Helbig. (à 1/4 ℛ) 1 ℛ

Hempel, J. F. L., die Präpositionen der französ. Sprache. 2. verb. Ausg. 1. Bd. 8. Altenburg 846, Helbig. 1 ℛ

— dass. 2. Bd. gr. 8. Ebend. 846. 1 ℛ

HEMPEL, Johann Gottfried: Pharmazeutisch-chemische Abhandlung über die Natur der Pflanzensäuren und die Modifikationen, denen sie unterworfen sind nebst einer chemischen Abhandlung der Winter- und Sommereiche. - Berlin 1794. 176 S.

I[ohann] G[ottfried] Hezpel pharmaceutisch-chemische Abhandlung über die Natur der Pflanzensäuren und die Mortificationen denen sie unterworfen sind nebst e. Chemischen Abhandlung der Winter-und Sommerreiche[!]. Berlin: Felisch 1794. 176 S. 8⁰

[Die beigefügte Schrift behandelt die Winter-u. Sommereiche.]

Hempel, J. G., über die Natur der Pflanzensäuren und der Modification ꝛc. Berlin, Felisch. (a. Gräff in Lpz.) 794.

Hempel, Jh. Gf., († ...) pharm.-chemische Abhandl. über die Natur der Pflanzensäure u. die Modificationen, deren sie unterworfen sind. 8. Berl. 794. Felisch. (Wienbrack in Leipz.) 10 ℊ

— **Johann Gottfried** (Bautzen), Dissertationem super Saxon. decis. VII. de anno 1746. Präs. Heinr. Gottfried Bauer. Lpz. (Langenheim) 24. IV. 1770. 8 S. (4.50) 14267

Hempel, Jh. Gtl., eigene Erfahr. u. Wahrnehmm. vom Scharbocke ꝛc. 8. Kopenhag. u. Leipz. 778. (Brummer). 2 ℊ

— **Johann Ludwig** (Tennstad/Thür.), De jure debitoris circa electionem in causis alternativis. Diss. jur. Präs. Justus Georg Chladen. Wittbg. (Jo. Ludolph Fincel) Aug. 1725. 24 S. (6.20) 14269

Hempel, Johs., Beitrag zur ansteckenden Anämie der Pferde, s. a. Arbeiten aus dem hygien. Institut der königl. tierärztl. Hochschule zu Berlin. XV.

Hempel, Johannes, Tierarzt: Arbeiten aus d. Hygien. Inst. d. Tierärztl. Hochsch. zu Berlin. No 15. Beitrag zur ansteckenden Anämie der Pferde. Berlin: Schoetz 1909. 58 S. 8°
Gießen, Veterinär-Med. Diss. v. 27. März 1909, Ref. Olt
[Geb. 27. Jan. 78 Lübeck; Wohnort: Berlin; Staatsangeh.: Lübeck; Vorbildung: Realgymn. d. Catharineums Lübeck Reife O. 98; Studium: Berlin Tierärztl. Hochsch. 7 S.; Rig. 6. März 08.] [U 09. 1148

Schattenkonstruktionen. Für d. Gebr. an Baugewerkschulen, Gewerbeschulen u. ähnl. Lehranst. sowie z. Selbstunterr. bearb. von J[ohannes] **Hempel**, Lehrer zu Hamburg. Mit 51 Textfig. u. 20 Taf. Leipzig & Berlin: B. G. Teubner 1906. (60 S.) quer-4° [6 [illegible]

Hempel, Jos. Ritter v., der Schwur. Historisch-romantisches Schauspiel in 5 Aufzügen. 8. (83 S.) Graz 870, Moser. *

Hempel, Jul., s.: Werkmeister-Kalender, illustr.

Hempel, Karl, die Bedeutung der Schule Gabelsberger. Geschichtlicher Rückblick auf die am weitesten in Deutschland verbreitete Einheitsstenographie Gabelsberger. Den Freunden der stenograph. Sache gewidmet. Mit den Portr. v. Hugo Haepe, Robert Fischer, J. W. Zeibig, Graf v. Wedel. gr. 8. (46 S.) Giessen 900. E. Roth. n. 1. ; ermäss. Preis n. — 60

Hempel, Karl, approb. Arzt aus Zschoppach: Ein Beitrag zur Pathologie der Glandula pinealis. *Leipzig 1901: B. Georgi.* (30 S.) 8°
Leipzig, Med. Diss. v. (10. Jan.) 1901

Hempel, Karl (Hrsg.), s. Debatte, Die.

Hempel, Karl, Debattenschrift, s.: Heinrich, Ant.

— die Kaiserstenographie. Kurzer Lehrgang der Gabelsberger'schen Debattenschrift. 12. (46 S.) Oldenburg 900. G. Stalling's Verl. n. — 50

— Lehrbuch der Gabelsberger'schen Stenographie, s.: Heinrich, Ant.

Hempel, Karl, Liebe, Leid u. Leidenschaft. Gedichtsammlung. (59 S.) 8. Eveking 908. (Werdohl, R. Dößeler.) 1.—; geb. in Leinw. 1. 75

Liebe, Leid und Leidenschaft (u. verschiedenes). Gedichtsammlung von Karl Hempel. Eveking: Selbstverl. 1908. 59 S. 8° [09. [illegible]

Hempel, Karl, die deutsche stenographische Presse m. e. kurzen Vergleichung der stenographischen Presse in Frankreich. — Die Universitäten u. die Stenographie, s.: Zeit- u. Streitfragen, stenographische.

Hempel, Karl, Hilfsarzt an d. Grh. Meckl. Irrenanstalt Sachsenberg: Ueber einen Selbstmordversuch mit Cocain. (Ein Beitrag zur Kenntnis d. Cocainismus.) *Leipzig 1904: B. Georgi.* (31 S.) 8°
Leipzig, Med. Diss. v. (19. Febr.) 1904

— Uebungsbuch f. angehende Praktiker der Einheitsstenographie Gabelsberger. gr. 8. (48 S.) Oldenburg 901. G. Stalling's Verl. n. — 50

– Die Universitäten und die Stenographie, s. Zeit- und Streitfragen, Stenographische.

HEMPEL, CARL. Untersuchungen über Oxydationsproducte des Terpins. Tübingen, 1875.

— Welche Kurzschrift ist die beste? Einige beherzigenswerte Worte vor der Erlorng. irgend eines Stenographiesystems. Als Anh.: Gesammelte Beiträge üb. interessante stenograph. Tagesfragen, sowie Kaiser Wilhelm II. als Redner. gr. 8. (22 S.) Berlin 898. J. Harrwitz Nachf. n. — 60

Hempel, Karl, die Zwecke u. Ziele d. Stenographie, s.: Selle, Max.

Hempel, Karl Aug., († d. 25. Aug. 1812), 1) s. S. F. N. *Morus*, commentarius. 2) K. A. G. Keil, histor. Erörterungsart ꝛc.

Hempel, Karl Chrn., über das Wiederkäuen der Menschen. Eine medizinische Monographie. Jena 859. Frommann. gr. 8. (36 S.) 7½ ngr.

— **Carl Christian Friedrich,** De vulgari aetiologia apoplexiae valde ambigua et fallaci. Diss. med. Präs. Christian Friedrich Nürnberger. Wittbg. (Tzschiedrich) 19. IV. 1794. 19 S. (6.20) 14248

SINCERUS, Christianus (d. i. *Carl Friedr. Hempel*), Antiromanus oder die Kirchengeschichte; eine Warnungstafel fur Fursten und Völker vor Begünstigung des romischen Katholicismus. Leipzig 1823. 8⁰. (2 Mk. 50 Pfg., unaufgeschn. Expl., Max Jaeckel, Potsdam, 1910.)
Anon.-Lex. I. p. 82 (nach Meusel).

Hempel, Karl Fr., der Bauernfreund. Eine Samml. moral. Erzähl. mit Hinsicht auf biblische Aussprüche. Mit e. Vorrede v. H. G. G. Demme. 8. Leipz. 808. Dürr. 6 gl. 2e Aufl. neu bearb. unt. d. Tit.: der christl. Tugendfreund, oder moral. Erzählungen, gegründet auf bibl. Ansprüche; e. Lesebuch. 8. Ebd. 823. 8 gl.

Hempel, K. Fr., der Bauernfreund, e. Sammlung moralischer Erzählungen mit Hinsicht auf biblische Aussprüche, mit H. G. Demme's Vorrede. 8. Leipzig, Dürr, 809.

— kurze Beschreib. d. jüdischen Landes u. seiner Merkwürdigkeiten z. Zeit Jesu. Für Kinder. Mit 1 Karte. 8. Leipz. 825. Herbig. 10 gl. (Ohne die Karte). 8 gl.

Hempel, Carl Friedr., kurze Beschreibung d. jüd. Landes u. seiner Merkwürdigkeiten, besond. zur Zeit Jesu. Für Kinder in Bürger- u. Landschulen. 2., verb. u. verm. Aufl. 8. (4 B.) Leipzig 835, Herbig.
Mit 1 gest. u. ill. Karte

— religiose Betrachtt. über d. Krieg, zur Belehrung u. Beruhigung, besonders f. d. nachdenkenden Bürger u. Landmann. gr. 8. Leipz. 809. Dürr. 8 gl.

— Erinnerungen an d. Jubelfeier d. protestant. Kirche den 31sten Octbr. 1817. Bearb. für den Bürger u. Landmann. gr. 8. Leipz. 818. Dürr. 18 gl. Schrbp. 1 rh.

Hempel, C. F., Erinnerungsbuch an die protestantische Kirche den 31sten Octbr. 1817. Bearbeitet fur den Bürger und Landmann. gr. 8. Leipzig, Dürr. 818.
Schreibpap.

— kurze Erzählung der Reformationsgeschichte zu einer auf das Jubelfest vorbereitenden Vorlesung in protestantischen Kirchen, auch zum Privatgebrauch. 8. Neustadt a. d. O. 817. Wagner. 2 gl.

Hempel, Carl Friedr., Geschichte d. Reformation f. protestant. Bürger u. Landleute, ihre Schullehrer u. höh. Schulklassen; mit e. Uebersicht d. Gesch. d. christl. Kirche seit ihrem Ursprunge. 3., sehr verm. u. bis in d. J. 1834 fortges. Aufl. gr. 8. (22 B. u. Titkpfr.) Leipzig, Dürr.

— Geschichte d. Reformation, für den protestantischen Bürger und Landmann, mit einer Uebersicht der Geschichte der christlichen Kirche von ihrem Ursprunge bis auf unsere Zeiten. 2e Aufl. Mit 1 Titelkupfer u. dem Facsimile v. Luthers Handschrift. 8. Leipz. 817. Dürr. 12 gl. Schreibp. 20 gl.

—— Gesch. d. christl. Religion f. d. Gebildeten unt. ihren Bekennern. 2 Bde. Von ihrer Stiftung bis z. J. 1830. gr. 8. (80 B.) Leipzig 830, Dürr. 3 Thlr., Schrbp.

—— der Jugendfreund. Eine Mitgabe f. christl. gebild. Jünglinge bei ihrer Confirmation, Abendmahlsfeier u. weitern Lebensweise. gr. 8. (17¾ B. u. 1 Stnt.) Leipzig 836, Dürr. ⅚ Thlr., Schrbp.

Hempel, Carl Friedr., Lebensbeschreibung d. D. Geo. Chrstn. Brendel, Rectors an d. Lyceum in Eisenberg. gr. 8. (7 B.) Eisenberg 831, Schöne. Thlr.

— der kleine Schulfreund, ein Lesebuch für Anfänger im Lesen, u. Denken. 8. Leipz. 825. 2e A. 826. 3e A. 827. 8e A. 832. Dürr. 3 gl.

—— der kleine Schulfreund, e. Lesebuch f. Anfänger im Lesen u. Denken; z. Vorbereit. auf d. Volksschulenfreund u. ähnl. Bücher. 8—10., verb. Aufl. (à 11¼ B.) 8. Leipzig 832—34, Dürr. à

—— der kleine Schulfreund, e. Lesebuch f. Anfänger im Lesen u. Denken rc. 13. u. 14. Aufl. (à 11½ B.) 836, 37. 15. u. 16., verm. u. verb. Aufl. 8. (à 11¼ B.) Leipzig 838, 39, Dürr. à

Hempel, Carl Friedr., der kleine Schulfreund, ein Lesebuch f. Anfänger im Lesen u. Denken, zur Vorbereitung auf d. Volksschulenfreund u. ähnliche Bücher. 21. u. 22., verb. Aufl. 8. (à 11¼ B.) Leipzig 844, 45, Dürr'sche Buchh. à

Hempel, Carl Frdr., der kleine Schulfreund, ein Lesebuch für Anfänger im Lesen u. Denken, zur Vorbereitung auf den Volksschulenfreund u. ähnl. Bücher. 27. verb. Aufl. 8. (IV u. 184 S.) Leipzig 850. Dürr. — 28. verb. Aufl. 8. (IV u. 184 S.) Ebd. 851. — 29. verb. Aufl. 8. (IV u. 184 S.) Ebd. 852. 4 ngr

Hempel, Carl Friedr., der kleine Schulfreund, ein Lesebuch für Anfänger im Lesen und Denken, zur Vorbereitung auf den Volksschulenfreund und ähnliche Bücher. 30. Aufl. (IV und 184 S.) 1853. und 31., verb. Aufl. Mit Ster. 8. (II und 170 S.) Leipzig 854, Dürr'sche Buchh.

—— Sitten, Gebräuche, Trachten, Mundart, häusl. u. landwirthschaftl. Einrichtn. d. altenburg. Bauern. 3., gänzl. umgearb. Aufl. d. Kronbiegel'schen Schrift. Mit e. Fürw. von d. Bauer u. Anspanner Zacharias Kresse in Dobraschütz an seine Stammgenossen. gr. 8. (9¼ B. u. 10 lith. Gruppen.) Altenburg 839, Schnuphase'sche Buchh.
Mit color. Stnt. *

— s. C. G. Steinbeck, Kalendermann.

— — neues Taschenbuch für lernende und wandernde Professionisten, oder Meister Hülfreich an Lehrlinge und Gesellen. 12. Pirna. (Leipzig, Kollmann in Comm.) 821.

— der christl. Tugendfreund, oder moral. Erzählungen, gegründet auf bibl. Ansprüche; e. Lesebuch. 2e verb. Aufl. 8. Leipz. 823. Dürr.

— der Volksschulfreund, ein Hülfsbuch zum Lesen, Denken u. Lernen. Mit 4 color. Abbildb. von Giftpflanzen, 8. Leipz. 2e u. 3e A. 817. 4e A. 818. 7e, verb. u. verm. Aufl. Mit 4 Abbildb. 822. 17e A. 8. Leipz. 832. Dürr. 6 gl. Schrbp. 12 gl.

— — der Volsschulfreund, ein Hülfsbuch zum Lesen, Denken und Lernen. Mit color. Abbildungen von Giftpflanzen. 6te verb. und verm. Aufl. 8. Leipzig, Dürr. 820.
Schreibpap.

— d. Volksschulfreund, e. Hülfsb. z. Lesen, Denken u. Lernen. 12e verb. Aufl. Nebst 4 Abbild. v. Giftpflanzen. 8. Leipz. 826. Dürr. 6 gr. Schreibpap.

—— der Volksschulenfreund, e. Hülfsb. z. Lesen, Denken u. Lernen. 13—19., verb. u. verm. Aufl. Nebst 4 (ill.) Abbild. v. Giftpflanzen. Mit stehenden Schriften. (à 24 B.) 8. Leipzig 828—34, Dürr. à

— der Volksschulfreund, ein Hülfsbuch zum Lesen, Denken und Lernen. 18e verb. u. verm. Aufl. Nebst 4 ill. Abbildd. von Giftpflanzen. 8. Leipzig 833. Dürr. 1/4 ℳ — 19e verb. Aufl. 8. Ebd. 834. 1/4 ℳ — 20e Aufl. ... — 21e verb. u. verm. Aufl. 8. Ebd. 836. 1/4 ℳ — 22e, 23e u. 24e Aufl. 8. Ebd. 837, 38 u. 39. à 1/4 ℳ, Schrbp. 1/2 ℳ

—— d. Volksschulenfreund, ein Hülfsb. zum Lesen, Denken u. Lernen. 29. u. 30., verb. u. verm. Aufl. 8. (à 24 B. u. 4 Abbild. von Giftpflanzen.) Leipzig 844, 45, Dürr'sche Bh. à

— der Volksschulenfreund, ein Hülfsbuch zum Lesen, Denken und Lernen. 36. verm. u. verb. Aufl. 855. — 37. verm. rc. Aufl. Nebst Abbildgn. von Giftpflanzen. Mit stehenden Schriften. Leipzig 856. Dürr'sche Buchhdlg. 8. (X, 374 S. u. 1 color. Holzschn.) 7½ ngr.

Hempel, Carl Friedr., der Volksschulenfreund, ein Hülfsbuch zum Lesen, Denken und Lernen. 46., verm. und verb. Aufl. 8. (VIII und 375 S. nebst 4 lithogr. und ill. Abbild. von Giftpflanzen.) Leipzig 866, Dürr'sche Buchh.

— religiöse Vorträge bei besondern Fällen. gr. 8. Leipz. 824. Dürr. 18 ℳ

Hempel, Karl Otto Friedrich, s. Hempel, Otto

Hempel, Karl W (Dortmund)
Ueber die Produkte des Oxydation des ätherischen Fenchelöls durch Chromsäure.
Ueber die Produkte, welche bei der trockenen Destillation des zimmtsauren Kupferoxyds gebildet werden.
[Sonderdr. aus: Annalen d. Chemie u. Pharmacie, Bd 59, S. 104 ff. und 316 ff.]
Dr. phil. Giessen 29.2.1848.
Thesen, welche zur Erlangung der philosophischen Doktorwürde ... den 29. Februar 1848 öffentlich vertheidigen wird C. W. Hempel.
vorh. BR Brüssel.

Hempel, Frau Karol. Louise, geb. Karsch, s. Schweizer, der ehrliche.

Hempel, Lorenz, des Kunstfreundes Reiseabenteuer. 8. (157 S.) Hamburg 847, Hoffmann und Campe.

Hempel, Ludwig, Festschrift des Turnvereins „Jahn", E. V., zu Minden, hrsg. z. 25jähr. Fest., 1887—1912, 25 S., Kl.-8°.

Hempel, M. L. G., das Grab der Messe. s. Derodon.

HEMPEL, MARC. JUL., Diss. inaug. historiam continens medicinae et chirurgiae quum conjunctae, tum sejunctae, nec non causas illustrans, quae ad chirurgiam a medicina divellendam duxisse videntur. Kiliae. 1831. 4. P.

Hempel, Max. Gedichte. St. Louis: Co-Operative Printing, 1909. GSP, UC

Hempel, Max. 1850-1900. Geschl Mitteilungen ü d Dten Schulverein und d Freie Gmde v StL ... z 50 jhr Stiftungsfeste des Vereins. StL. 1900.

--Turnerleben. Turnerlieder. StL. 1884.

--Was sind die Freien Gemeinden. 3d rev ed. Milwaukee, 1906.

Hempel, Oscarus: De Varronis rerum rusticarum auctoribus quaestiones selectae. Lipsiae 1908: Noske Bornensis. 93 S. 8°
Leipzig, Phil. Diss. v. 14. Mai 1908, Ref. R. Heinze, Lipsius
[Geb. 4. Jan. 84 Tannenbergsthal; Wohnort: Bennewitz b. Wurzen; Staatsangeh.: Sachsen; Vorbildung: Gymn. Wurzen Reife O. 04; Studium: Leipzig 8 S.; Rig. 31. Juli 08.] [U 09. 2984

[F.] Hempel, *Otto:* Zum Andenken *Seminardirektor Prof. August* Gleichmanns. Eisenach, Hofbuchdr., 1896; 5—9 S. 8.
Eisenach, Schullehrer-Sm, OP 1896**

Hempel, Otto [Dr., Dir.]: Feier der Vervollständigung des Gymnasiums zu Gross-Lichterfelde am 8. Juli 1893. Berlin, Hofbuchdr. Gebr. Radetzki, *1894;* 3—21 S. 4.
Gross-Lichterfelde, G, P 1894 (78)

Hempel, Otto Die Feierlichkeiten bei Eröffnung des Progymnasiums am 20. April 1885. 4 (XIV S.). Prg. *Gross-Lichterfelde* 1886 (76).
Progr.

[F.] Hempel, *Otto:* Zum Geschichtsunterricht in der Volksschule. '(E. Wort an d. abgehenden Seminaristen)'. Eisenach, Hofbuchdr., 1894; 3—26 S. 8.
Eisenach, Schullehrer-Sm, OP 1894**

Hempel, Otto, d. Herbarium. Prakt. Anleitg. zum Sammeln, Präparieren u. Konservieren v. Pflanzen f. e. Herbarium v. wissenschaftl. Werte. Nach eig. bewährter Methode. 12. (V, 95 S. m. 32 Fig.) Berlin 895. Gust. Schmidt. Geb. in Leinw. n. 1.50

Hempel, Otto [Rekt. Dr.]: Jahrbuch der höheren Lehranstalt während des ersten Jahrzehnts ihres Bestehens (1881—1891). Berlin, Hofbuchdr. Gebr. Radetzki, *1891;* S. 24—31; 4°
Gross-Lichterfelde, PG, P 1891 (78)

[Ant. u. F.] Hempel, Otto [Dr., Dir.]: Dr. Gustav Adolf Klix, Königl. Provinzial-Schulrat und Geheimer Regierungsrat, geb. am 5. Okt. 1822 in Libbenichen im Kreise Lebus '(Oderland)', gest. am 5. Febr. 1894, abends 8½ Uhr, in Berlin. Berlin, Hofbuchdr. Gebr. Radetzki, *1894;* 2 Bl. 4.
Gross-Lichterfelde, G, P 1894 (78)

Hempel, Otto [Rekt. Dr.]: Die Ostern 1892 in Kraft tretende neue Lehrverfassung der Anstalt. Berlin, Hofbuchdr. Gebr. Radetzki, *1892;* III—XXXVIII S. 4.
Gross-Lichterfelde, PG, OP 1892 (78)

Hempel, Otto [Dr.]: De Agesilao qui fertur Xenophontis quaestiones. Berlin, Druck v. A. W. Hayns Erben, *1894;* 3—18 S. 4.
Berlin, k. Friedrich-Wilhelms-G u. k. VS, OP 1894 (56)

Hempel, Otto: Quaestiones de Xenophontis qui fertur libello de republica Atheniensium. Halis Saxonum 1882: (Trowitzsch in Berlin). 34 S. 8°
Halle-Wittenberg, Phil. Diss. v. [5. Dez.] 1882
Geb. Ottweiler (Bez. Trier) 23.5.1856. V.

Hempel, Otto, quaestiones Theocriteae. Dissertatio philologica. gr. 8. (98 S.) Kiel 881. Lipsius & Tischer. n. 2. —

Hempel, Otto [theol. stud.]: Qui factum sit, ut neque pauci neque deterrimi eorum, qui priori Luthero toto animo se adjunxerant, a posteriore se secernerent, G. Vicelii exemplo maximeque velata rixa, quae illi ad ecclesiam refugienti cum Justo Jona exardescebat, brevi ostendatur. Oratio quam in memoriam Confessionis Augustanae ex lege beneficii Lynckeriani d. XXX m. mai a. 1888 habuit. . . . Ienae, *Druck v. F. W. Gadow u. Sohn, Hildburghausen,* 1888; 30 S. 8°
(Nicht für den Austausch)

Hempel, (O[tto]): Die Stadttöchterschulen vor und nach der Neuordnung des höheren Mädchenschulwesens vom 18. August 1908. Hannover 1910: Riemschneider. S. 1—5. 4°
Hannover, Stadt-T 3 OP 1910 [128] [S 10. 171

Kaiser Wilhelm der Grosse. Festrede geh. bei d. Grundsteinlegung z. Denkmal d. Kaisers u. Königs im alten Lichterfelde 1897, von Dr. Otto Hempel, Gymn.-Dir. *(Gr.-Lichterfelde 1897: J. Unverdorben.)* (4 Bl.) 8° [F.] [01. 1133

Hempel, Otto Zwei Kaiser tot! Die Gedächtnis-Feier am 30. Juni 1888 in der Aula des Progymnasiums. Ein Erinnerungsblatt für die Angehörigen und Freunde der Anstalt. gr. 8 (17 S.).
Progr. Prg. *Gross-Lichterfelde* 1889.
Nicht im Tauschverkehr.

Hempel, Paul *Franz Georg* [aus Pasewalk]: **Aus d. geburtshilfl. Poliklinik d. kgl. Charité. Über vorzeitige Placentarlösung m. bes. Berücks. d. Prolapsus placentae ... Berlin, L. Schuelers Buchdr.,** *1895;* 29 S., 1 Bl. 8.
Berlin, Med. Fak., Inaug.-Diss. v. 8. Febr. 1895

Hempel, R. F., im Feuerregen, s. Spamer's, O., neue Volksbilder.

Hempel, Robert, Referendar, a. Mönchröden: **Das Schuldanerkenntnis nach B.G.B.** Jena 1906: A. Kämpfe. (58 S.) 8°
Jena, Jur. Fak., Ref. Danz, Diss. v. 9. März 1906
[Geb. 4. März 79 Mönchröden; Wohnort: Mönchröden; Staatsangeh.: Sachsen-Coburg; Vorbildung: Gymn. Coburg Reife O. 00; Studium: Jena 3, Berlin 4, Jena 1 S.; Rig. 9. März 06.]

Hempel, Rudolf

Hempel, Rud., pädagogische Anregungen aus Schiller und Pestalozzi. Zwei Festreden, bei der Bezirks-Konferenz, 9. Novbr. 1882, und zur Pestalozzi-Feier, 12. Jan. 1883, gehalten. gr. 8. (22 S.) Leipzig 883, Brandstetter.

Hempel, R., zur Behandlg. d. Apostelgeschichte in der Schule. Erläutergn. u. method. Winke. gr. 8. (III, 110 S.) Leipzig 896. F. Brandstetter. n. 1. 20

Hempel [R.], über Belebung des Religionsunterrichts in der Volksschule, s. Vorträge, gehalten in der Pädagogischen Gesellschaft zu Leipzig.

Hempel, R., Geschichte der evangelischen Gemeinde zu Werden an der Ruhr. 2. gänzlich umgearb. und sehr verm. Aufl. 8. (96 S.) Langenberg 883, (Joost.) ℳ 1,40.; geb.
1. Aufl. erschien im Selbstverlage des Verfassers.

Hempel, Rud., zum Katechismus-Unterrichte. Methob. Winke. (IV, 184 S.) 1885 und 2. Aufl. gr. 8. (VI, 185 S.) Leipzig 888, Brandstetter. * 1 80

Hempel, R., zum Katechismus-Unterrichte. Methodische Winke. 3. Aufl. gr. 8. (VII, 187 S.) Leipzig 894. F. Brandstetter. n. 1. 80

Hempel, R., zum Katechismus-Unterrichte. Method. Winke. 4. Aufl. gr. 8. (VIII, 187 S.) Leipzig 900. F. Brandstetter. n. 1. 80

Hempel, R., zum Katechismus-Unterrichte. Methodische Winke. 5. Aufl. (VIII, 187 S.) 8. Leipzig 907. F. Brandstetter. 1.80; geb. n 2. 25

Hempel, R. Die Kirchengeschichte in der Volksschule. gr. 8. (82 S.) Lpz. 892, Brandstetter. * — 40
Aus: Pratt. Schulmann, besonders abgedruckt.

Hempel, R., die evangelischen theologischen Prüfungen in Preußen. [Aus: „Halte was Du hast".] gr. 8. (42 S.) Berlin 891. Reuther & Reichard. n. — 75

Hempel, R., der Religionsunterricht an höheren Lehranstalten, speciell an Gymnasien. Jena. 50 p. 1867.
Schul-/Univ.-Schrift

Hempel, Rud., der Religions-Unterricht an höheren Lehranstalten speciell an Gymnasien. 8. (116 S.) Dresden 867, Ehlermann. *

Hempel, Rud., Schulreden. gr. 8. (VI, 170 S.) Meuselwitz 881. Hempel. n. 2. —

— Schulreden. 2. (Titel-)Ausg. gr. 8. (VI, 170 S.) Ebendas. (881)888. * 2 —

Hempel, R., Schulreden. 2. (Titel-)Ausg. gr. 8. (VI, 170 S.) Leipzig 889. Brandstetter. n. 2. —

Hempel, Sigismund Theophil: De C u l t u r a historiae universalis, s. G r u b e r , Johann Daniel.

Hempel, Thekla, an Gottes Statt, s.: Immergrün.

Hempel, Thekla, der Frauen Beruf. Erzählungen. 8. (III, 246 S.) Stuttgart 891. Greiner & Pfeiffer. Geb. in Leinw. n. 3. —

— der Herr unser Halt. Erzählungen. 8. (III, 297 S.) Ebd. 891. Geb. n. 3. —

Hempel, Th., nach drei Jahren, s. Bibliothek, rothe.

Hempel, Thekla, der Liebe Kraft. Drei Erzählgn. fürs Volk. (185 S.) 16. Eisleben 897. Christlicher Verein im nördl. Deutschland. Geb. — 75; in Leinw. 1. —

[F.] Der Liebe Kraft. Drei Erzählgn für's Volk v. Thekla **Hempel.** Hrsg. v. christl. Ver. im nördl Deutschland. *Eisleben: P. Klöppel; Leipzig: G. E. Schulze 1897.* (2 Bl., 185 S.) 1 Bd 8. [98. 11100

— W a s aus der bösen Grete geworden ist, s. I m m e r g r ü n .

Hempel, Tobias

— — nonnulla consensionis historiae sacrae cum profanis exempla. 8. Ibid. 817.

Hempel, Tob., († d. 29. Oct. 1820.) de Diis Laribus. 8. Zwickau 797. 2e A. 8. Leipz. 817. Fr. Fleischer. 7 ℊℊ.

— — suam matrem vindicat. 8. Ibid. 817.

— s. Visionen e. alten Erzgebirgers.

Hempel'sche Entfernungskarte des Deutschen Reichs. Zur Ermittelung d. Schienenwegentfernungen zw. sämtlichen Standorten u. Eisenbahnschnittpunkten. Unter Benutzung d. Reichskursbuches... bearb. von W. **Hempel**, Militär-Intend.-Sekr. Bl. 1–9. Schwerin i. M.: Selbstverl. 1906. (9 Kartenbl. je 55 × 42 cm mit Legende.) [lith.] [06. 11336

Hempel, W., Entfernungskarte des Deutschen Reichs. Zur Ermittlung der Schienenwegentfernungen zwischen sämtlichen Standorten und Eisenbahnschnittpunkten. Unter Benutzung des Reichskursbuches und anderer amtlicher Quellen bearb. 1:725 000. 2. Aufl. Berlin, 1907. 9 Bl.

Hempel, W. J., Quantum religio apud Graecos ad virtutis studium moderandum valuerit. Pr. 1898. 23 S. 4°. 1.20

Hempel, Walther

Ueber den Einfluss der chemischen Technik auf Leben und Sitte. Dresden, 1891.

Hempel, Walth., über die Erziehung der jungen Männer. Rede, zur Feier des Geburtstages Sr. Maj. des Königs geh. am 23. IV. 1902 in der Aula der königl. techn. Hochschule. gr. 8. (28 S) Dresden 902. v. Zahn & Jaensch. n. 1. —

Hempel, Walther, Dr.: Über technische Gasanalyse. 1878. 50 S. 8⁰ ¶ Erw. u. d. T.: Neue Methoden zur Analyse der Gase. Braunschweig: Vieweg 1880. *Dr*
Dresden Te. H., Hab.-Schr. v. S.-S. 1878

Hempel, Walther. Gasanalytische Methoden. 2. Aufl. gr. 8. (XIII, 367 S. m. 101 eingedr. Holzst.) Braunschw. 890, Vieweg u. Sohn. * 11 —

— gasanalytische **Methoden.** 3. Aufl. gr. 8. (XVI, 440 S. m. 127 Abbildgn.) Braunschweig 900. F. Vieweg & Sohn. n. 8.—

HEMPEL, WALTHER.
Neue Methoden zur Analyse der Gase. Braunschweig, 1880. 8vo.
Gasanalytische Methoden. Zweite Auflage. Braunschweig, 1890. 8vo. 100 ill.
Methods of Gas-Analysis. Translated from the second German edition by L. M. Dennis. London and New York, 1892. pp. xv–384, 12mo. Ill.

Hempel, Walther, neue Methoden zur Analyse der Gase. Mit in den Text eingedr. Holzst. gr. 8. (X, 129 S.) Braunschweig 880. Vieweg & Sohn. n. 5. —

[F.] **Hempel,** *Friedrich* Wilhelm: Über das apologetische Element im Religionsunterrichte. (1. Tl.) Freiberg, Gerlach'sche Buchdr., *1893;* 24 S. 4.
Freiberg, st. RG, OP 1893 (553)

[F.] **Hempel,** *Friedrich* Wilhelm: Über das apologetische Element im Religionsunterrichte. '(Schluss vom vorigen Jahresbericht [1893].)' Freiberg, Gerlach'sche Buchdr., *1894;* 20 S. 4.
Freiberg, st. RG, OP 1894 (550)

Hempel-Kürsinger, Johann Nepomuk Franz von

v. Hempel-Kürsinger, J. M., Chronik der österreich. polit. und Justizgesetze. Chronologisch geordnet. Jahrg. 1832. 1s Quartal: Heft. Jänner — März 1832. gr. 8. Grätz 834. Kienreich. 5/12 ℳ

v. Hempel-Kürsinger, J. Nep. Fr., Exemtion von Salzburg von R. B. gr. 4. Salzb. 794. Mayr. 3 ℊ.

— vergl. Goutta, Samml d. Gesetze 2c.

Hempel-Kürsinger, Joh(ann) Nep(omuk) Fr(anz) von: Handbuch der Gesetzkunde im Sanitäts- und Medicinal-Gebiethe in alphabetisch-chronologisch und materienweiser Zusammenstellung für Sanitäts- und Polizeybeamte im Allgemeinen, und insbesondere für Aerzte, Wundärzte, Geburtshelfer, Hebammen und Apotheker.
Bd 1 - 4/1-2, gbd., Tab.
Wien: kaiserl.königl.Hof- und Staats-Aerarial-Druckerey 1830 - 1832

JB 5.461
K 3.347

v. Hempel-Kürsinger, (J. N. Fr.,) alphabetisch-chronolog. Uebersicht d. k. k. Gesetze u. Verordnungen v. Jahre 1740 bis 821, als Haupt-Repertorium üb. d. in 79 Bänden erschienenen politischen Gesetzsamml. 1r—9r Bd. Mit d. Bildn. Kaiser Franz I. gr. 8. Wien 825—27, v. Mösle. à 3 Rthl. 27 Rthl: Schrbp. à 4 Rthl.

Hempel-Kürsinger, J. Nep. Fr. v., alphabet.-chronolog. Uebersicht d. k. k. Gesetze u. Verordn. v. J. 1740 b. 1821, als Haupt-Repertorium üb. d. in 79 Bdn. erschien. polit. Gesetzsammlungen. 10. Bd. U—Z. gr. 8. (32 B.) Wien 827, (v. Mösle sel. Wtwe. u. Braumüller.]

—— dass. 11. u. 12. Bd. — A. u. d. T.: Fortsetz. d. alphab.-chronolog. Uebersicht 2c. 1. u. 2. Fortsetzungsbd., enthält d. Gesetze u. Verordn. v. d. J. 1821 b. 1830. gr. 8. (31½ B. u. ...) Ebds. 829, 31. à
1–9. Bd. Ebendas. 1825, 26. à 8 Thlr.

Hempell, Heinrich, approb. Arzt aus Petershagen (Weser): Aus d. chirurg. Klinik zu Kiel. Ein **Fall** von Luxation der Sehne des Extensor digiti v. proprius nach Trauma. *Kiel 1903: Schmidt & Klaunig.* (32 S.) 8°
Kiel, Med. Diss. v. [1. Juli] 1903

Hempelmann, August: Versuche über Torsion rechteckig-prismatischer Stäbe. Berlin: Dietze 1907. 13 S., 36 Taf. 4⁰ ¶ Ohne Taf. in: Dinglers Polytechn. Journal. Jg. 88. Bd 322.
Karlsruhe, Dr.-Ing.-Diss. v. 16. 7. 1907

Hempelmann, Ernst, a. Lemgo in Lippe: Ueber Monoketochloride und Diketochloride des α-Methylnaphtalins. Marburg 1908: Köster & Schell. (60 S.) 8°
Marburg, Phil. Fak., Ref. Zincke, Diss. v. 11. Aug. 1908
[Geb. 13. Sept. 81 Lemgo; Wohnort: Aachen; Staatsangeh.: Lippe; Vorbildung: Gymn. Lemgo Reife O. 01; Studium: Techn. Hochsch. Dresden 7, Univ. Marburg 5 S.; Rig. 13. Mai 08.]

Hempelmann, Frdr., der Frosch, s. a. Monographien einheimischer Tiere. I.

Der Frosch. Zugleich e. Einführung in d. prakt. Studium d. Wirbeltier-Körpers. Von Dr. Friedrich **Hempelmann.** Mit 1 Taf. u. 90 Abb. Leipzig: W. Klinkhardt 1908. (V, 201 S.) 8°
= **Monographien** einheimischer Tiere. Bd 1. [c8. 10]04

Hempelmann, Friedrich, Leutnant a. D.: Zur Morphologie von Polygordius lacteus Schn. und Polygordius triestinus Woltereck nov. spec. Mit 5 Tafeln und 22 Figuren im Text. Leipzig: W. Engelmann 1906. (94 S.) 8° ¶ (Aus: Zeitschrift f. wissensch. Zoologie Bd 84 H. 4.)
Leipzig, Phil. Fak., Ref. Chun-Pfeffer, Diss. v. 19. Okt. 1906
[Geb. 26. Jan. 78 Halle a. S.; Wohnort: Leipzig; Staatsangeh.: Württemberg; Vorbildung: Stadtgymn. Halle Reife M. 98; Studium: München 1, Halle 2, Leipzig 4 S.; Rig. 5. März 06.]

Hempelmann, Friedrich, Dr. phil.: Zur Naturgeschichte von Nereis Dumerilii Aud. et Edw. 14 Textfig. 3 Taf. (Stuttgart: Schweizerbart [1911].) 135 S., 3 Taf. 4° ¶ (Auch als: Zoologica. H. 62.)
Leipzig, Phil. Hab.-Schr. v. 26. Nov. 1910

Hempel's Klassiker-Bibliothek. Neue Ausg. s. a. Klassiker-Bibliothek, goldene.

Hempel's Klassiker-Bibliothek. Einzelausgaben m. Anmerkgn. Nr. 1—1198. (Neue [Umschlag-]Ausg. 12. Leipzig, Verlag v. Hempel's Klassiker-Ausgaben. à n. —25

Inhaltsübersicht in alphabetischer Ordnung:
Arnim, Ludw. Achim v., u. Clem. Brentano, des Knaben Wunderhorn. Alte deutsche Lieder. (Vollständ. Ausg.) 1. Thl. Mit Einleitg. u. Anmerkgn. v. Rob. Boxberger. (XXIV, 575 S.) [879. 880.] (901.) (Nr. 1—7.)
— dasselbe. 2. Thl. Mit Einleitg. u. Anmerkgn. v. Rob. Boxberger. (XV, 624 S.) [879, 880.] (901.) (Nr. 8—15.)
Boxberger, Rob., Immermann's Leben u. Werke. (LXXXVIII S.) [883.] (901.) (Nr. 565. 566.)
— Klopstock's Leben u. Werke. (LVI S.) [879.] (901.) (Nr. 674.)
— Lenau's Leben u. Werke. (S. 137—216.) [883.] (902.) (Nr. 714.)
Briefe an Ewald von Kleist. Hrsg. u. m. Anmerkgn. begleitet v. Aug. Sauer. (XXIV, 333 S.) [883.] (901.) (Nr. 656—660.)
— an Lessing. Hrsg. u. m. Anmerkgn. begleitet v. Carl Chrn. Redlich. (VIII, 1084 S.) [879.] (902.) (Nr. 853—865.)
Bürger, G. A., sämmtliche Gedichte. (VII, 272 S.) [879.] (901.) (Nr. 16—18.)
Chamisso, Adb. v., Gedichte. (543 S.) [879.] (901.) (Nr. 19—24.)
— Reise um die Welt. 1. Thl. Tagebuch. (295 S.) [876—879.] (901.) (Nr. 26—29.)
— dasselbe. 2. Thl. Bemerkungen u. Ansichten. (392 S.) [879.] (901.) (Nr. 30—34.)
— Peter Schlemihls wundersame Geschichte. Nebst Anh.: Adelberts Fabel. (96 S.) [879.] (901.) (Nr. 25.)

Düntzer, Heinr., Anmerkungen zu Goethe's „Italiänische Reise". (S. 577—1032.) (901.) (Nr. 168—171.)
— Herder's Leben u. Wirken. (CXXXVI S.) [879.] (901.) (Nr. 280. 281.)
Förster, Frdr., Goethe's Leben u. seine Werke. (CLXXXI S.) [868—70.] (901.) (Nr. 39. 40.)
Gellert, Chr. F., Fabeln u. Erzählungen. (208 S.) [879.] (901.) (Nr. 35, 36.)
— geistliche Oden u. Lieder. — Moralische Gedichte. (144 S.) [879.] (901.) (Nr. 37. 38.)
Goethe, J. W. v., Achilleis. Nachlese der Gedichte. Fragment „Der Hausball". (S. 181—288.) [879.] (901.) (Nr. 63.)
— Aufsätze zur Literatur. Hrsg. u. m. Anmerkgn. begleitet von W. Frhr. v. Biedermann. (XXXII, 806 S.) [873.] (901.) (Nr. 202—212.)

Goethe, J. W. v., Beiträge zur Optik. — Versuch, die Elemente der Farbenlehre zu entdecken. — Zur Farbenlehre: Didaktischer u. polem. Theil. Mit Einleitg. u. Anmerkgn. hrsg. v. S. Kalischer. (LXIV, 616 S.) [878.] (901.) (Nr. 239—247.)
— Campagne in Frankreich 1792. — Belagerung v. Mainz. Hrsg. u. m. Anmerkgn. begleitet v. Fr. Strehlke. (304 S.) [879.] (901.) (Nr. 172—175.)
— Benvenuto Cellini. Nach den vorzüglichsten Quellen rev. Ausg. Hrsg. u. m. Anmerkgn. begleitet v. Fr. Strehlke. (XVI, 512 S.) [879.] (901.) (Nr. 213—219.)
— Clavigo. Ein Trauerspiel. Nach den vorzüglichsten Quellen rev. Ausg. Hrsg. u. m. Anmerkgn. begleitet v. Fr. Strehlke. Die Geschwister. Ein Schauspiel. (S. 113—126.) [879.] (901.) (Nr. 66.)

— Dichtung u. Wahrheit. Nach den vorzüglichsten Quellen rev. Ausg. Mit Einleitg. u. Anmerkgn. v. G. v. Loeper. 1. Thl. (368 S.) [879.] (901.) (Nr. 132—135.)
— dasselbe. 2. Thl. (412 S.) [879.] (901.) (Nr. 136—140.)
— dasselbe. 3. Thl. (468 S.) [879.] (901.) (Nr. 141—145.)
— dasselbe. 4. Thl. (360 S.) [879.] (901.) (Nr. 146—149.)
— dasselbe. (Textausg.) (200, 215, 204 u. 112 S.) [879.] (901.) (Nr. 150—159.)
— west-östlicher Divan. Nach den vorzüglichsten Quellen rev. Ausg. Hrsg. u. m. Anmerkgn. begleitet von G. v. Loeper. (XLVIII, 397 S.) [879.] (901.) (Nr. 56—60.)
— Egmont. Ein Trauerspiel in 5 Aufzügen. Hrsg. v. Fr. Strehlke. (92 S.) (900.) (Nr. 67.)
— des Epimenides Erwachen. Ein Festspiel. Hrsg. von G. v. Loeper. (S. 101—203.) [879.] (901.) (Nr. 90.)
— Erwin u. Elmire. Klaudine v. Villa Bella. Hrsg. v. Fr. Strehlke. (98 S.) [879.] (901.) (Nr. 78.)
— Faust. Eine Tragödie. 1. Thl. Hrsg. von G. v. Loeper. (LXIV, 174 S.) (900.) (Nr. 99—101.)
— dasselbe. 2. Thl. (LXXX, 272 S.) [870.] (901.) (Nr. 102—105.)
— die Fischerin. Scherz, List u. Rache. Die ungleichen Hausgenossen. Der Zauberflöte. 2. Thl. Die Wette. (S. 167—322.) [879.] (901.) (Nr. 80. 81.)
— Geschichte der Farbenlehre. — Die entoptischen Farben. — Nachträge zur Farbenlehre. — Register rc. Mit Einleitg. u. Anmerkgn. hrsg. v. S. Kalischer. (XIX, 670 S.) [879.] (901.) (Nr. 248—256.)
— sämmtliche Gedichte. Nach den vorzüglichsten Quellen rev. Ausg. 1. Thl. Lyrische Gedichte. 1. Thl. Hrsg. u. m. Anmerkgn. begleitet v. Fr. Strehlke. (X, 304 S. m. eingedr. Flsm.) [879.] (901.) (Nr. 41—43.)
— lyrische Gedichte. Nach den vorzüglichsten Quellen rev. Ausg. 2. Thl. Hrsg. u. m. Anmerkgn. begleitet v. Fr. Strehlke. (XII, 496 S.) [879.] (901.) (Nr. 44—48.)
— dasselbe. 3. Thl. Hrsg. u. m. Anmerkgn. begleitet von G. v. Loeper u. Fr. Strehlke. (XX, 460 S.) [879.] (901.) (Nr. 49—55.)
— Erste Gestalt v.: Götz v. Berlichingen. Erwin u. Elmire (Prosa). Klaudine v. Villa Bella (Prosa). Iphigenie auf Tauris (Prosa). Nebst den Verändergn. des Götz v. Berlichingen in der Bühnenbearbeitg. Hrsg. u. m. Anmerkgn. begleitet v. Fr. Strehlke. (255 S.) [879.] (901.) (Nr. 94—96.)
— Götter, Helden u. Wieland. Prometheus. Proserpina. Hrsg. v. Fr. Strehlke. (S. 253—318.) [879.] 901. (Nr. 75.)
— Götz v. Berlichingen m. der eisernen Hand. Hrsg. v. Fr. Strehlke. (112 S.) [879.] (901.) (Nr. 65.)
— dasselbe. Bühnenbearbeitung. Hrsg. v. Fr. Strehlke. (S. 257—384.) [879.] (901.) (Nr. 97. 98.)
— der Großkophta. Der Bürgergeneral. Die Aufgeregten. Hrsg. v. Fr. Strehlke. (S. 117—290.) [879.] (901.) (Nr. 83. 84.)
— Philipp Hackert. Nach den vorzügl. Quellen rev. Ausg. Hrsg. u. m. Anmerkgn. begleitet v. Fr. Strehlke. (208 S.) [879.] (901.) (Nr. 222—224.)
— Hermann u. Dorothea. Hrsg. v. Frz. Strehlke. (S. 57—126.) (900.) (Nr. 64.)
— Iphigenie auf Tauris. Ein Schauspiel. Hrsg. v. Fr. Strehlke. (S. 93—180.) (900.) (Nr. 68.)
— die Laune des Verliebten. Die Mitschuldigen. Hrsg. v. Fr. Strehlke. (78 S.) [879.] 901. (Nr. 71.)
— Leiden des jungen Werther's. Hrsg. v. Fr. Strehlke. (134 S.) (901.) (Nr. 106. 107.)

— Lila. Jery u. Bätely. Hrsg. v. Fr. Strehlke. (S. 99—165.) [879.] (901.) (Nr. 79.)
— Mahomet. Tankred. Hrsg. v. Fr. Strehlke. (S. 385—509.) [879.] (901.) (Nr. 86. 87.)
— Wilhelm Meister. Nach den vorzüglichsten Quellen rev. Ausg. 1. Thl. Lehrjahre. Hrsg. u. m. Anmerkgn. begleitet v. Heinr. Düntzer. (600 S.) [879.] (901.) (Nr. 115—121.)
— dasselbe. 2. Thl. Wanderjahre. Hrsg. u. m. Anmerkgn. begleitet v. Heinr. Düntzer. (452 S.) [879.] (901.) (Nr. 122—127.)
— zur Meteorologie. — Zur Naturwissenschaft im Allgemeinen. — Naturwissenschaftliche Einzelnheiten. Mit Einleitg. u. Anmerkgn. hrsg. v. S. Kalischer. (XVI, 296 S.) [877.] (901.) (Nr. 235—238.)
— zur Morphologie. — Zur Mineralogie u. Geologie. Hrsg. u. eingeleitet v. S. Kalischer. (CLXXXIV, 567 S.) [877.] (901.) (Nr. 225—234.)
— Paläophron u. Neoterpe. Was wir bringen, 1802. Vorspiel, 1807. Hrsg. von G. v. Loeper. (100 S.) [879.] (901.) (Nr. 89.)
— Pandora. Ein Festspiel. Hrsg. v. Fr. Strehlke. (S. 291—384.) [879.] (901.) (Nr. 85.)
— moralisch-politisches Puppenspiel. Künstlers Apotheose. Das Neueste v. Plundersweilern. Satyros. Hanswursts Hochzeit. (S. 133—252.) [879.] (901.) (Nr. 73. 74.)
— Rameau's Neffe. Ein Dialog v. Diderot. Nach den vorzüglichsten Quellen rev. Ausg. Hrsg. u. m. Anmerkgn. begleitet v. Fr. Strehlke. (168 S.) [879.] (901.) (Nr. 220. 221.)
Goethe, J. W. v., Reineke Fuchs. In 12 Gesängen. Nach den vorzüglichsten Quellen rev. Ausg. Hrsg. u. m. Anmerkgn. begleitet v. Fr. Strehlke. (180 S.) [879.] (901.) (Nr. 61. 62.)
— italiänische Reise. Nach den vorzüglichsten Quellen rev. Ausg. Hrsg. u. m. Anmerkgn. begleitet v. Heinr. Düntzer. (XXXII, 574 S.) [877.] (901.) (Nr. 160—165.)
— Reise in die Schweiz 1797. — Reise am Rhein 1814 u. 1815. Hrsg. u. m. Anmerkgn. begleitet v. Fr. Strehlke. (415 S.) (901.) (Nr. 176—180.)
— Schriften u. Aufsätze zur Kunst. Nach den vorzüglichsten Quellen rev. Ausg. Hrsg. u. m. Anmerkgn. begleitet v. Fr. Strehlke. (XVI, 944 S.) [879.] (901.) (Nr. 191—201.)
— Sprüche in Prosa. Nach den vorzüglichsten Quellen rev. Ausg. Hrsg. u. m. Anmerkgn. begleitet von G. v. Loeper. (259 S.) [870.] (901.) (Nr. 128—131.)
— Stella. Ein Trauerspiel. Hrsg. v. Fr. Strehlke. (S. 79—132.) [879.] (901.) (Nr. 72.)
— Szene aus Corneilles „Lügner". Nausikaa. Trauerspiel in der Christenheit. Chor zu Romeo u. Julia. Hrsg. v. Fr. Strehlke. (S. 511—599.) [879.] (901.) (Nr. 88.)
— Tag- u. Jahres-Hefte. — Biographische Einzelheiten. Hrsg. u. m. Anmerkgn. begleitet von W. Frhr. v. Biedermann. (XVI, 655 S.) [879.] (901.) (Nr. 181—188.)
— Torquato Tasso. Ein Schauspiel. Nach den vorzüglichsten Quellen rev. Ausg. Hrsg. u. m. Anmerkgn. begleitet v. Fr. Strehlke. (S. 181—304.) [879.] (901.) (Nr. 69. 70.)
— Theaterszenen u. Theaterreden. Maskenzüge. Was wir bringen, 1814. Nachspiel zu den „Hagestolzen". Hrsg. von G. v. Loeper. (S. 265—432.) [879.] (901.) (Nr. 91—93.)
— die natürliche Tochter. Ein Trauerspiel. Hrsg. v. Fr. Strehlke. (116 S.) [879.] (901.) (Nr. 82.)
— der Triumph der Empfindsamkeit. Die Vögel. Elpenor. Hrsg. v. Fr. Strehlke. (S. 319—434.) [879.] (901.) (Nr. 76. 77.)
— Unterhaltungen deutscher Ausgewanderten. Novelle. — Die guten Weiber. — Reise der Söhne Megaprazon's. — Briefe a. d. Schweiz. — Das röm. Karneval. Hrsg. u. m. Anmerkgn. begleitet v. Fr. Strehlke. (351 S.) [879.] (901.) (Nr. 111—114.)
— amtliche u. gesellschaftliche Vorträge. — Geistliche Briefe. Hrsg. u. m. Anmerkgn. begleitet von W. Frh. v. Biedermann. (112 S.) (901.) (Nr. 189. 190.)
— die Wahlverwandtschaften. Ein Roman. Nach den vorzüglichsten Quellen rev. Ausg. Hrsg. u. m. Anmerkgn. begleitet v. Fr. Strehlke. (254 S.) [879.] (901.) (Nr. 108—110.)
Hauff, W., Gedichte. (Nebst e. Biographie des Dichters v. A. Lindner.) (68 S.) [879.] (901.) (Nr. 257.)
— Lichtenstein. Romantische Sage aus der württemberg. Geschichte. (107 u. 126 S.) (901.) (Nr. 262—266.)
— der Mann im Mond od. der Zug des Herzens ist des Schicksals Stimme. Nebst der Controverspredigt üb. H. Clauren u. den Mann im Mond. (214 S.) [879.] (901.) (Nr. 277—279.)
— Märchen f. Söhne u. Töchter gebildeter Stände. 1. Bdchn. (178 S.) [879.] (901.) (Nr. 258. 259.)
— dasselbe. 2. Bdchn. (188 S.) [879.] (901.) (Nr. 260. 261.)
— Mittheilungen aus den Memoiren des Satan. (228 S.) [879.] (901.) (Nr. 267—269.)
— Novellen. 1. Bdchn. Die Bettlerin vom Pont des Arts. — Othello. — Jud Süß. (208 S.) [879.] (901.) (Nr. 271—273.)
— dasselbe. 2. Bdchn. Die Sängerin. — Die letzten Ritter v. Marienburg. — Das Bild d. Kaisers. (183 S.) [879.] (901.) (Nr. 274—276.)
— Phantasien im Bremer Rathskeller u. Skizzen. (107 S.) [879.] (901.) (Nr. 270.)
Heller, H. J., Schiller's Leben u. Werke. (S. XVII—XCVI.) (902.) (Nr. 903.)
Herder, J. G. v., gesammelte Abhandlungen, Aufsätze, Beurtheilungen u. Vorreden aus der Weimarer Zeit. Hrsg. u. m. Anmerkgn. begleitet v. Heinr. Düntzer. (XXXII, 736 S.) [876.] (901.) (Nr. 352—361.)
— Adrastea. Nach den besten Quellen rev. Ausg. Hrsg. u. m. Anmerkgn. begleitet v. Heinr. Düntzer. (XXXIX, 824 S.) [879.] (901.) (Nr. 331—340.)
— aus Zeitschriften u. Sammelwerken vor der Weimarer Zeit. Hrsg. u. m. Anmerkgn. begleitet v. Heinr. Düntzer. 1. Abth. (XV, 112 S.) [878.] (901.) (Nr. 388. 389.)
— dasselbe. 2. Abth. (XXXII, 336 S.) [879.] (901.) (Nr. 390—394.)
— zerstreute Blätter. Nach den besten Quellen rev. Ausg. Hrsg. u. m. Anmerkgn. begleitet v. Heinr. Düntzer. (XXXII, 446 S.) [879.] (901.) (Nr. 341—346.)

— Briefe zur Beförderung der Humanität. Nach den besten Quellen rev. Ausg. Hrsg. u. m. Anmerkgn. begleitet v. Heinr. Düntzer. (XXXI, 640 S.) [879.] (901.) (Nr. 323—330.)
— der Cid. Hrsg. v. Wollheim da Fonseca. (148 S.) (901.) (Nr. 298. 299.)
— Fragmente üb. die neuere deutsche Literatur. Nach den besten Quellen rev. Ausg. Hrsg. u. m. Anmerkgn. begleitet v. Heinr. Düntzer. (XVI, 416 S.) [879.] (901.) (Nr. 372—376.)
— Gedichte. Nach den besten Quellen rev. Ausg. Hrsg. u. m. Anmerkgn. begleitet v. Heinr. Düntzer. (XV, 590 S.) [879.] (901.) (Nr. 282—288.)

— Gott. — Metakritik. — Kalligone. Hrsg. u. m. Anmerkgn. begleitet v. Heinr. Düntzer. (LXIV, 720 S.) [879.] (901.) (Nr. 362—371.)
— Griechische Literatur. Hrsg. u. m. Anmerkgn. begleitet v. Heinr. Düntzer. (368 S.) [879.] (901.) (Nr. 308—312.)
— Ideen zur Philosophie der Geschichte der Menschheit. Hrsg. u. m. Anmerkgn. begleitet v. Heinr. Düntzer. 1. Thl. (200 S.) [879.] (901.) (Nr. 315. 316.)
— dasselbe. 2. Thl. (182 S.) [879.] (901.) (Nr. 317. 318.)
— dasselbe. 3. Thl. (208 S.) [879.] (901.) (Nr. 319. 320.)
— dasselbe. 4. Thl. (191 S.) [879.] (901.) (Nr. 321. 322.)
— Legenden. Dramatische Stücke. Neuien. Prosaische Dichtgn. Hrsg. u. m. Anmerkgn. begleitet v. Heinr. Düntzer. (302 S.) [879.] (901.) (Nr. 289—292.)

Herder, J. G. v., Morgenländische Literatur. Hrsg. u. m. Anmerkgn. begleitet v. Heinr. Düntzer. (264 S.) [879.] (901.) (Nr. 305—307.)
— Nachlaß der Vor-Weimarer Zeit. — Nachträge. Hrsg. u. m. Anmerkgn. begleitet v. Heinr. Düntzer. (XVI, 638 S.) [879.] (901.) (Nr. 395—403.)
— Römische Literatur. Hrsg. u. m. Anmerkgn. begleitet v. Heinr. Düntzer. (144 S.) [879.] (901.) (Nr. 313. 314.)
— kleinere Schriften aus der Vor-Weimarer Zeit. Hrsg. u. m. Anmerkgn. begleitet v. Heinr. Düntzer. (XXVII, 276 S.) [878.] (901.) (Nr. 384—387.)
— Schulreden, nebst hodegetischen Vorträgen u. pädagogischen Aufsätzen. Nach den besten Quellen rev. Ausg. Hrsg. u. m. Anmerkgn. begleitet v. Heinr. Düntzer. (LXXIX, 304 S.) [879.] (901.) (Nr. 347—351.)
— Stimmen der Völker. („Volkslieder".) Nach den besten Quellen rev. Ausg. Hrsg. u. m. Anmerkgn. begleitet v. Wollheim da Fonseca. (XXXII, 384 S.) [879.] (901.) (Nr. 300—304.)
— Terpsichore. Nebst Uebersetzgn. aus Campanella, Sarbievius, Faustina Zappi, Swift u. Young. Hrsg. u. m. Anmerkgn. begleitet v. Heinr. Düntzer. (376 S.) [879.] (901.) (Nr. 293—297.)
— kritische Wälder. (Ueber Thomas Abbt's Schriften.) Nach den besten Quellen rev. Ausg. Hrsg. u. m. Anmerkgn. begleitet v. Heinr. Düntzer. (XXXII, 590 S.) [879.] (901.) (Nr. 377—383.)

Hoffmann, E. T. A., die Elixiere des Teufels. Nachgelassene Papiere des Bruders Medardus, e. Kapuziners. 2 Thle. in 1 Bde. (171 u. 168 S.) [883.] (901.) (Nr. 430—434.)
— kleinere Erzählungen. (III, 592 S.) [883.] (901.) (Nr. 450—456.)
— Meister Floh. — Die Doppelgänger. — Leiden e. Theater-directors. (342 S.) [883.] (901.) (Nr. 445—449.)
— Klein-Zaches, genannt Zinnober. — Prinzessin Brambilla. (268 S.) [883.] (901.) (Nr. 441—444.)
— Lebens-Ansichten des Kater Murr. 2 Thle. in 1 Bde. (224 u. 223 S.) [883.] (901.) (Nr. 435—440.)
— Nachtstücke in Callot's Manier. 2 Thle. (III, 152 u. 188 S.) [883.] (901.) (Nr. 425—429.)
— Phantasiestücke in Callot's Manier. 2 Thle. (VIII, 157 u. 232 S.) [883.] (901.) (Nr. 420—424.)
— die Serapions-Brüder. Gesammelte Erzählgn. u. Märchen. 4 Thle. (III, 291, 300, 286 u. 288 S.) [883.] (901.) (Nr. 404—419.)

Homer's Ilias v. Joh. Heinr. Voß. (390 S.) [879.] (902.) (Nr. 1006—1008.)
— Odyssee v. Joh. Heinr. Voß. (298 S.) [879.] (902.) (Nr. 1009—1011.)

Jean Paul, komischer Anhang zum Titan, nebst Clavis Fichtiana. (VII. 196 S.) [879.] (901.) (Nr. 494—496.)
— vermischte Aufsätze u. Dichtungen aus Zeitschriften, Taschenbüchern 2c. u. J. P.'s handschriftlichem Nachlaß. (XXII, 464 S.) [879.] (901.) (Nr. 539—544.)
— Auswahl aus des Teufels Papieren. Nebst e. nöth. Aviso vom Juden Mendel. (VIII, 301 S.) [879.] (901.) (Nr. 466—469.)
— biographische Belustigungen unter der Gehirnschale e. Riesin. Eine Geistergeschichte. 1. Bdchn. (127 S.) (901.) (Nr. 470. 471.)
— Blumen-, Frucht- u. Dornenstücke; od. Ehestand, Tod u. Hochzeit des Armenadvokaten F. St. Siebenkäs. 4 Thle. in 1 Bde. (494 S.) [879.] (901.) (Nr. 481—485.)
— Briefe u. bevorstehender Lebenslauf. (144 S.) [879.] (901.) (Nr. 521. 522.)
— kleine Bücherschau. Gesammelte Vorreden u. Rezensionen, nebst e. kleinen Nachschule zur ästhet. Vorschule. Mit Anmerkgn. u. erläut. Anh. (VIII, 215 S.) [879.] (901.) (Nr. 553—556.)
— Dämmerungen f. Deutschland. (111 S.) [879.] (901.) (Nr. 517. 518.)
— über die deutschen Doppelwörter; e. grammat. Untersuchg. in 12 alten Briefen u. 12 neuen Postskripten. (XVI, 96 S.) [879.] (901.) (Nr. 557. 558.)
— politische Fastenpredigten während Deutschlands Marterwoche. (128 S.) [879.] (901.) (Nr. 520.)
— Flegeljahre. Eine Biographie. 4 Thle. in 1 Bde. (VIII, 424 S.) [879.] (901.) (Nr. 497—502.)
— Freiheits-Büchlein; od. dessen verbotene Zueigng. an den regier. Herzog August v. Sachsen-Gotha; dessen Briefwechsel m. ihm; — u. die Abhandlg. üb. die Preßfreiheit. (63 S.) [879.] (901.) (Nr. 515.)
— Friedens-Predigt an Deutschland. (40 S.) [879.] (901.) (Nr. 516.)
— grönländische Prozesse, od. satir. Skizzen. 2 Thle. in 1 Bde. (200 S.) [879.] (901.) (Nr. 525—527.)
— Herbst-Blumine, od. gesammelte Werkchen aus Zeitschriften. 3 Thle. in 1 Bde. (480 S.) [879.] (901.) (Nr. 533—538.)
— Hesperus od. 45 Hundsposttage. Eine Lebensbeschreibg. 4 Thle. in 1 Bde. (VIII, 652 S.) [879.] (901.) (Nr. 474—480.)
— der Jubelsenior. Ein Appendix. (182 S.) (901.) (Nr. 472. 473.)
— das Kampaner Thal od. üb. die Unsterblichkeit der Seele; nebst e. Erklärg. der Holzschnitte unter den 10 Geboten des Katechismus. (144 S.) [879.] (901.) (Nr. 523. 524.)
— Dr. Katzenberger's Badereise. Nebst e. Auswahl verb. Werkchen. 3 Thle. in 1 Bde. (248 S.) [879.] (901.) (Nr. 503—505.)
— das heimliche Klaglied der jetzigen Männer, e. Stadtgeschichte; — u. die wunderbare Gesellschaft in d. Neujahrsnacht. (51 S.) [879.] (901.) (Nr. 511.)
— der Komet, od. Nikolaus Marggraf. Eine kom. Geschichte. 3 Thle. in 1 Bde. (415 S.) [879.] (901.) (Nr. 506—510.)
— Leben Fibel's, des Verfassers d. Bienrodischen Fibel. (174 S.) [879.] (901.) (Nr. 513. 514.)
— Leben des Quintus Fixlein, aus funfzehn Zettelkästen gezogen; nebst e. Mußtheil u. einigen Jus de tablette. (223 S.) [879.] (901.) (Nr. 463—465.)
— Levana od. Erzieh(ungs)lehre. 3 Thle. in 1 Bde. (XXIV, 336 S.) [879.] (901.) (Nr. 559—561.)
— die unsichtbare Loge. Eine Lebensbeschreibg. Nebst e. Biographie Jean Pauls von Rud. v. Gottschall. 2 Thle. in 1 Bde. (XLVII, 392 S.) [879.] (901.) (Nr. 457—462.)
— Mars' u. Phöbus' Thronwechsel im J. 1814. Eine scherzhafte Flugschrift. (32 S.) [879.] (901.) (Nr. 519.)

Jean Paul, Museum. (152 S.) [879.] (901.) (Nr. 531. 532.)
— Palingenesia. Fata u. Werke vor u. in Nürnberg. (Umschlag: Palingenesia.) 2 Tle. in 1 Bde. (192 S.) [879.] (901.) (Nr. 528—530.)
— des Feldpredigers Schmelzle Reise nach Flätz; m. fortgeh. Noten; nebst der Beichte des Teufels bei e. Staatsmanne. (64 S.) [879.] (901.) (Nr. 512.)
— Selina od. Ueber die Unsterblichkeit der Seele. 2 Thle. in 1 Bde. (VIII, 232 S.) [879.] (901.) (Nr. 562—564.)
— Titan. 4 Thle. in 1 Bde. (VIII, 712 S.) [879.] (901.) (Nr. 486—493.)
— Vorschule der Aesthetik, nebst einigen Vorlesgn. in Leipzig üb. die Parteien der Zeit. Mit Anmerkgn. u. erläut. Anh. (XV, 495 S.) [879.] (901.) (Nr. 545—552.)

Immermann's, K. L., Dramen. Die Nachbarn. Merlin. Alexis. Mit Einleitgn. v. Rob. Boxberger. (392 S.) [883.] (901.) (Nr. 611—615.)
— die Epigonen. Familienmemoiren in 9 Büchern. Mit e. Einleitg. v. Rob. Boxberger. 3 Thle. in 1 Bde. (XVI, 223, 192 u. 259 S.) [883.] (901.) (Nr. 578—585.)
— Gedichte. Mit Einleitg. u. Anmerkgn. v. Rob. Boxberger. (XVI, 368 S.) [883.] (901.) (Nr. 594—599.)
— Andreas Hofer, der Sandwirth v. Passeyer. Trauerspiel. Mit e. Einleitg. v. Rob. Boxberger. (S. 465—555.) [883.] (901.) (Nr. 630.)
— Lustspiele. Mit Einleitgn. v. Rob. Boxberger. 2 Thle. (364 S.) [883.] (901.) (Nr. 606—610.)
— Memorabilien. Mit e. Einleitg. v. Rob. Boxberger. 3 Thle. in 1 Bde. (222, 267 u. 215 S.) [883.] (901.) (Nr. 631—640.)
— Miscellen. (Der neue Pygmalion. — Der Carneval u. die Somnambule.) Mit e. Einleitg. v. Rob. Boxberger. (152 S.) [883.] (901.) (Nr. 586. 587.)
— Münchhausen. Eine Geschichte in Arabesken. 4 Thle. in 1 Bde. (219, 172, 210 u. 153 S.) [883.] (901.) (Nr. 567—575.)
— die Papierfenster e. Eremiten. Mit e. Einleitg. v. Rob. Boxberger. (155 S.) [883.] (901.) (Nr. 588. 589.)
— Reisejournal. — Blick ins Tirol. — Ahr u. Lahn. Mit e. Einleitg. v. Rob. Boxberger. (272 S.) [883.] (901.) (Nr. 590—593.)
— Trauerspiele. Mit Einleitgn. v. Rob. Boxberger. 1. Thl. Das Thal v. Ronceval. Edwin. Petrarca. König Periander. Cardenio u. Celinde. Andreas Hofer. (555 S.) [883.] (901.) (Nr. 616—622.)
— dasselbe. 2. Thl. das Trauerspiel in Tyrol. Kaiser Friedrich der Zweite. Ghismonda. Die Verschollene. (531 S.) [883.] (901.) (Nr. 623—629.)
— Tristan u. Isolde. Ein Gedicht in Romanzen. Mit e. Einleitg. v. Rob. Boxberger. (287 S.) [883.] (901.) (Nr. 602—605.)
— Tulifäntchen. Mit e. Einleitg. v. Rob. Boxberger. (116 S.) [883.] (901.) (Nr. 600. 601.)

Kleist's, Ewald v., Briefe. Hrsg. v. Aug. Sauer. (VI, 576 S.) [883.] (901.) (Nr. 649—655.)
— Gedichte. — Seneca. — Prosaische Schriften. Hrsg. u. m. Anmerkgn. begleitet v. Aug. Sauer. (CIV, 384 S.) [883.] (901.) (Nr. 641—648.)

Kleist, Heinr. v., Amphitryon. Ein Lustspiel nach Molière. (S. 197—268.) [879.] (901.) (Nr. 664.)
— Erzählungen. (240 S.) [879.] (901.) (Nr. 669—671.)
— die Familie Schroffenstein. Ein Trauerspiel in 5 Aufzügen. (98 S.) [879.] (901.) (Nr. 662.)
— die Herrmannsschlacht. Ein Drama. (S. 71—160.) [879.] (901.) (Nr. 666.)
— das Kätychen von Heilbronn od. die Feuerprobe. Ein großes histor. Ritterschauspiel. (93 S.) (901.) (Nr. 667.)
— der zerbrochene Krug. Ein Lustspiel. (S. 93—159.) (901.) (Nr. 668.)
— Penthesilea. Ein Trauerspiel. (S. 97—197.) [879.] (901.) (Nr. 663.)
— Prinz Friedrich v. Homburg. Ein Schauspiel. (72 S.) (901.) (Nr. 665.)
— Vermischte Schriften. (116 S.) [879.] (901.) (Nr. 672. 673.)

Klopstock's, F. G., Dramen. Nach den besten Quellen rev. Ausg. Hrsg. u. m. Anmerkgn. begleitet v. Rob. Boxberger. (575 S.) [879.] (902.) (Nr. 693—701.)
— Messias. Nach den besten Quellen rev. Ausg. Hrsg. u. m. Anmerkgn. begleitet v. Rob. Boxberger. 4 Thle. in 1 Bde. (XVI, 196, 130, 196 u. 152 S.) [879.] (902.) (Nr. 675—683.)
— Oden u. Epigramme. Nach den besten Quellen rev. Ausg. Mit Einleitg. u. Anmerkgn. v. Rob. Boxberger. (XXXII, 640 S.) [879.] (902.) (Nr. 684—692.)

Körner, Thdr., der grüne Domino. Ein Lustspiel in Alexandrinern, in 1 Aufzuge. — Die Braut. Ein Lustspiel in Alexandrinern, in 1 Aufzuge. — Der Nachtwächter. Eine Posse in Versen u. 1 Aufzug. — Die Gouvernante. Eine Posse in 1 Aufzuge. — Der Vetter aus Bremen. Ein Spiel in Versen u. 1 Aufzuge. — Der vierjährige Posten. Ein Singspiel in 1 Aufzuge. (S. 5—112.) [879.] (902.) (Nr. 710.)
— Erzählungen. Nebst e. Anh. bisher ungedruckter Gedichte. (S. 197—304.) [879.] (902.) (Nr. 712. 713.)
— Gedichte. 2. Thl. Vermischte Gedichte. (264 S.) [879.] (902.) (Nr. 703—705.)

— Hedwig. Ein Drama in 3 Aufzügen. — Joseph Heyderich, od.: Deutsche Treue. Eine wahre Anekdote, als Drama in 1 Aufzuge. (S. 201—264.) [879.] (902.) (Nr. 709.)
— der Kampf m. dem Drachen. Ein Singspiel in 1 Aufzuge. — Das Fischermädchen, od.: Haß u. Liebe. Lyrisches Drama in 1 Abtheilg. — Die Bergknappen. Eine romant. Oper in 2 Abtheilgn. — Alfred der Große. Oper in 2 Aufzügen. (S. 113—196.) [879.] (902.) (Nr. 711.)
— Leyer u. Schwert. (Gedichte, 1. Thl.) Nebst e. Biographie des Dichters v. Fr. Förster. (144 S.) [879.] (902.) (Nr. 702.)
— Rosamunde. Ein Trauerspiel in 5 Aufzügen. (S. 131—200.) [879.] (902.) (Nr. 708.)

Körner, Thdr., die Sühne. Ein Trauerspiel in 1 Aufzuge. — Toni. Ein Drama in 3 Aufzügen. (S. 81—130.) [879.] (902.) (Nr. 707.)
— Zriny. Ein Trauerspiel in 5 Aufzügen. (S. 5—80.) [879.] (902.) (Nr. 706.)
Lenau, Nik., die Albigenser. Freie Dichtgn. (135 S.) [883.] (902.) (Nr. 729. 730.)
— größere lyrisch-epische Dichtungen. (III, 135 S.) [883.] (902.) (Nr. 723. 724.)
— Faust. Ein Gedicht. (108 S.) [883.] (902.) (Nr. 725. 726.)
— Gedichte. (VIII, 200 S.) [883.] (902.) (Nr. 715. 716.)
— dasselbe. Vollständige Sammlg. (XVI, 416 S.) [883.] (902.) (Nr. 717—722.)
— Savonarola. (151 S.) [883.] (902.) (Nr. 727. 728.)
Lessing, G. E., Abhandlungen üb. die Fabel. Anmerkungen üb. das Epigramm. Hrsg. u. m. Anmerkgn. begleitet v. Carl Chrn. Redlich. (200 S.) [879.] (902.) (Nr. 762—764.)
— Minna v. Barnhelm od. Das Soldatenglück. Ein Lustspiel in 5 Aufzügen. (89 S.) [879.] (902.) (Nr. 735.)
— Briefe. Hrsg. u. m. Anmerkgn. begleitet v. Carl Chrn. Redlich. (LV, 896 S.) [879.] (902.) (Nr. 842—852.)
— Briefe, die neueste Litteratur betreffend. Hrsg. u. m. Anmerkgn. begleitet v. Carl Chr. Redlich. (359 S.) [879.] (902.) (Nr. 757—761.)
— Hamburgische Dramaturgie. Hrsg. u. m. Einleitg. begleitet v. Geo. Zimmermann. (575 S.) [879.] (902.) (Nr. 748—752.)
— der Freigeist. Ein Lustspiel in 5 Aufzügen. (S. 3—75.) [879.] (902.) (Nr. 742.)
— Emilia Galotti. Ein Trauerspiel in 5 Aufzügen. (71 S.) (902.) (Nr. 738.)
— Gedichte u. Fabeln. Nebst Biographie des Dichters. (256 S.) [879.] (902.) (Nr. 731—734.)
— der junge Gelehrte. Ein Lustspiel in 3 Aufzügen. (S. 2—90.) [879.] (902.) (Nr. 740.)
— zur Geschichte u. Gelehrtengeschichte. Vermischtes. Nachträge. Lessing-Bibliothek. Register. Hrsg. u. m. Anmerkgn. begleitet v. Carl Chrn. Redlich. (VII, 783 S.) [879.] (902.) (Nr. 832—841.)
— die Juden. Ein Lustspiel in 1 Aufzuge. — Ein Misogyn. Ein Lustspiel in 3 Aufzügen. (S. 91—108.) [879.] (902.) (Nr. 741.)
— bildende Künste. Hrsg. u. m. Anmerkgn. begleitet v. Alfr. Schöne. (LXXI, 568 S.) [879.] (902.) (Nr. 804—810.)
— Laokoon od. Ueber die Grenzen der Malerei u. Poesie. Mit Anh., die Materialien, Entwürfe u. Notizen aus dem handschriftl. Nachlaß enth. (327 S. m. 1 Abbildg.) [879.] (902.) (Nr. 744—747.)
— Classische Literatur. Hrsg. u. m. Anmerkgn. begleitet v. Emil Grosse. (IV, 316 S.) [879.] (902.) (Nr. 800—803.)
— Nathan der Weise. Ein dramat. Gedicht in 5 Aufzügen. (S. 71—199.) (902.) (Nr. 739.)
— das Neueste aus dem Reiche des Witzes. Die kritischen Briefe v. 1753. Hrsg. u. m. Anmerkgn. begleitet v. Rob. Pilger. (312 S.) [879.] (902.) (Nr. 753—756.)
— Philotas. Ein Trauerspiel. (S. 173—199.) [879.] (902.) (Nr. 737.)
— Miß Sara Sampson. Ein Trauerspiel in 5 Aufzügen. (S. 89—173.) [879.] (902.) (Nr. 736.)
— der Schatz. Ein Lustspiel in 1 Aufzuge. — Damon od. die wahre Freundschaft. Ein Lustspiel in 1 Aufzuge. — Die alte Jungfer. Ein Lustspiel in 3 Aufzügen. (S. 77—176 S.) [879.] (902.) (Nr. 743.)
— kleinere Schriften zur modernen Literatur u. Sprache. Hrsg. u. m. Anmerkgn. begleitet v. Carl Chrn. Redlich. (XVI, 847 S.) [879.] (902.) (Nr. 790—799.)
— dasselbe zur dramatischen Poesie u. Fabel. 2 Tle. (XXIV, 952 u. XV, 1044 S.) [879.] (902.) (Nr. 765—789.)
— philosophische Schriften. Hrsg. u. m. Anmerkgn. begleitet v. Chrn. Groß. (384 S.) [879.] (902.) (Nr. 825—831.)
— theologische Schriften. 4 Thle. Hrsg. u. m. Anmerkgn. begleitet v. Chrn. Groß. (239; III, 439, 232 u. 271 S.) [879.] (902.) (Nr. 811—824.)
Musäus, J. K. A., Volksmärchen der Deutschen. 1. Thl. Legenden v. Rübezahl. — Melechsala. (131 S.) [879.] (902.) (Nr. 866. 867.)
— dasselbe. 2. Thl. Der geraubte Schleier. — Stumme Liebe. — Der Schatzgräber. (132 S.) [879.] (902.) (Nr. 868. 869.)
— dasselbe. 3. Thl. Die Bücher der Chronika der drei Schwestern. — Richilde. — Roland's Knappen. — Liebestreue. (124 S.) [879.] (902.) (Nr. 870. 871.)
— dasselbe. 4. Thl. Ulrich m. dem Bühel. — Die Nymphe des Brunnens. — Libussa. — Die Entführung. — Dämon Amor. Nachrichten üb. Musäus' Leben. (164 S.) [879.] (902.) (Nr. 872. 873.)
Platen, Aug. Graf v., Dramen. Hrsg. v. Carl Chrn. Redlich. (IV, 568 S.) [888.] (902.) (Nr. 886—893.)
— Gedichte. Hrsg. v. Carl Chrn. Redlich. (VIII, 784 S.) [883.] (902.) (Nr. 874—885.)
— Geschichte des Königr. Neapel. Kleine polit. Schriften. Hrsg. v. Carl Chrn. Redlich. (VII, 396 S.) [883.] (902.) (Nr. 894—899.)
Reineke der Fuchs. Aus dem Urtexte übertr. v. D. W. Soltau. (208 S.) [879.] (902.) (Nr. 900—902.)
Schiller, Frdr. v., die Braut v. Messina od. die feindl. Brüder. Ein Trauerspiel m. Chören. Nach den vorzüglichsten Quellen rev. Ausg. Hrsg. von Wendelin v. Maltzahn. (S. 245—344.) Berlin [879.] (902.) (Nr. 927.)
— dramatische Entwürfe. — Bühnenbearbeitungen. (VII, 688 S.) [879.] (902.) (Nr. 966—974.)
— sämmtliche Gedichte. Hrsg. v. R. Boxberger. (XVI, 640 S.) [879.] (902.) (Nr. 904—911.)
— Gedichte. Schulausg. Hrsg. v. Rob. Boxberger. (XVI, 317 S.) [879.] (902.) (Nr. 912—915.)
— der Geisterseher. Aus den Memoires des Grafen v. O***. Nach den vorzüglichsten Quellen rev. Ausg. Hrsg. von Wendelin v. Maltzahn. (132 S.) [879.] (902.) (Nr. 936. 937.)
Schiller, Frdr. v., Geschichte des Abfalls der vereinigten Niederlande v. der spanischen Regierung. Nach den vorzüglichsten Quellen rev. Ausg. Hrsg. von Wendelin v. Maltzahn. 2 Tle. in 1 Bd. (196 u. 163 S.) [879.] (902.) (Nr. 938—942.)
— Geschichte des 30jährigen Krieges. Nach den vorzüglichsten Quellen rev. Ausg. Hrsg. von Wendelin v. Maltzahn. 2 Tle. in 1 Bde. (175 u. 196 S.) [879.] (902.) (Nr. 943—947.)
— Iphigenie in Aulis. Uebers. aus dem Euripides. Nebst Anh.: Scenen aus den Phönicierinnen. Nach den vorzüglichsten Quellen rev. Ausg. Hrsg. von Wendelin v. Maltzahn. (96 S.) [879.] (902.) (Nr. 930.)
— die Jungfrau v. Orleans. Eine romant. Tragödie. Hrsg. von Fr. v. Maltzahn. (S. 127—216.) (902.) (Nr. 926.)
— Kabale u. Liebe. Ein bürgerl. Trauerspiel. Nach den vorzüglichsten Quellen rev. Ausg. Hrsg. von Wendelin v. Maltzahn. (111 S.) [879.] (902.) (Nr. 918.)
— Don Karlos, Infant v. Spanien. Ein dramat. Gedicht. Nach den vorzüglichsten Quellen rev. Ausg. Hrsg. von Wendelin v. Maltzahn. (S. 111—336.) [879.] (902.) (Nr. 919. 920.)
— der Neffe als Onkel. Ein Lustspiel in 3 Aufzügen. Aus dem Franz. des Picard. Hrsg. von Wendelin v. Maltzahn. (S. 157—199.) [879.] (902.) (Nr. 935.)
— der Parasit od. Die Kunst, sein Glück zu machen. Ein Lustspiel. Nach dem Franz. Hrsg. von Wendelin v. Maltzahn. (S. 93—156.) [879.] (902.) (Nr. 934.)
— Phädra. Trauerspiel v. Racine. Nach den vorzüglichsten Quellen rev. Ausg. Hrsg. von Wendelin v. Maltzahn. (S. 167—224.) [879.] (902.) (Nr. 932.)
— die Räuber. Ein Schauspiel. Nach den vorzüglichsten Quellen rev. Ausg. Hrsg. von Wendelin v. Maltzahn. (139 S.) [879.] (902.) (Nr. 916.)
— kleinere prosaische Schriften. Hrsg. von Wendelin v. Maltzahn. 1. Abth. (784 S.) [879.] (902.) (Nr. 948—956.)
— dasselbe. 2. Abth. (832 S.) (902.) (Nr. 957—965.)
— Semele. — Huldigung der Künste. Ein lyr. Spiel. — Der Menschenfeind. Ein Fragment. Hrsg. von Wendelin v. Maltzahn. (S. 113—177.) [879.] (902.) (Nr. 929.)
— Maria Stuart. Ein Trauerspiel. Nach den vorzüglichsten Quellen rev. Ausg. Hrsg. von Wendelin v. Maltzahn. (128 S.) [879.] (902.) (Nr. 924. 925.)
— Wilhelm Tell. Ein Schauspiel in 5 Aufzügen. Nach den vorzüglichsten Quellen rev. Ausg. Hrsg. von Wendelin v. Maltzahn. (112 S.) (902.) (Nr. 928.)
— Turandot, Prinzessin v. China. Ein tragikom. Märchen nach Gozzi. Nach den vorzüglichsten Quellen rev. Ausg. Hrsg. von Wendelin v. Maltzahn. (88 S.) [879.] (902.) (Nr. 933.)
— die Verschwörung des Fiesko zu Genua. Ein republikan. Trauerspiel. Nach den vorzüglichsten Quellen rev. Ausg. Hrsg. von Wendelin v. Maltzahn. (S. 139—253.) [879.] (902.) (Nr. 917.)
— Wallenstein. Ein dramat. Gedicht. Hrsg. von Wendelin v. Maltzahn. (244 S.) (902.) (Nr. 921—923.)
Seume, J. G., sämmtliche Gedichte. (252 S.) [879.] (902.) (Nr. 984—987.)
— mein Leben. Als Anh.: Fortsetzung v. Seume Mein Leben, mitgetheilt v. C. A. H. Clodius. (106 S.) [879.] (902.) (Nr. 975. 976.)
— kleinere Schriften. 5 Thle. (168, 263, 127, 207 u. 230 S.) (902.) (Nr. 988—1001.)
— mein Sommer 1805. (160 S.) [879.] (902.) (Nr. 982. 983.)
— Spaziergang nach Syrakus im J. 1802. 2 Thle. (Von Leipzig nach Syrakus. — Von Syrakus nach Leipzig.) (166 u. 176 S.) [879.] (902.) (Nr. 977—981.)
Shakespeare, William, Titus Andronicus. Übers. v. Ludw. Tieck. (S. 161—227.) (902.) (Nr. 1189.)
— Antonius u. Kleopatra. Übers. v. Ludw. Tieck. (S. 1—98.) (902.) (Nr. 1190.)
— Julius Cäsar. Übers. von A. W. v. Schlegel. (S. 1—72.) (902.) (Nr. 1175.)
— Coriolanus. Übers. v. Dorothea Tieck. (S. 1—101.) (902.) (Nr. 1184.)
— Cymbelin. Übers. v. Dorothea Tieck. (S. 101—256.) (902.) (Nr. 1198.)
— Ende gut, alles gut. Übers. v. Ludw. Tieck. (S. 189—266.) (902.) (Nr. 1195.)

— Hamlet, Prinz v. Dänemark. Übers. v. A. W. v. Schlegel. (S. 1—107.) (902.) (Nr. 1178.)
— König Heinrich der Vierte. Übers. von A. W. v. Schlegel. 2 Tle. (S. 143—220 u. S. 1—88.) (902.) (Nr. 1165. 1166.)
— König Heinrich der Fünfte. Übers. von A. W. v. Schlegel. (S. 89—173.) (902.) (Nr. 1167.)
— König Heinrich der Sechste. Übers. von A. W. v. Schlegel. 3 Tle. (S. 175—248 u. S. 1—165.) (902.) (Nr. 1168—1170.)
— König Heinrich der Achte. Übers. v. Ludw. Tieck. (S. 1—88.) (902.) (Nr. 1172.)
— König Johann. Übers. von A. W. v. Schlegel. Mit e. biograph. Einleitg. von Rud. Genée. (XXIV, 68 S.) (902.) (Nr. 1163.)
— der Kaufmann v. Venedig. Übers. von A. W. v. Schlegel. (S. 109—178.) (902.) (Nr. 1179.)
— die Komödie der Irrungen. Übers. v. Ludw. Tieck. (S. 103—151.) (902.) (Nr. 1185.)
— König Lear. Übers. von Ludw. Tieck. (S. 1—95.) (902.) (Nr. 1193.)
— Liebes-Leid u. Lust. Übers. v. Ludw. Tieck. (S. 145—210.) (902.) (Nr. 1183.)
— Macbeth. Ein Trauerspiel, zur Vorstellg. auf dem Hoftheater zu Weimar eingerichtet von Frdr. v. Schiller. Nach den vorzüglichsten Quellen rev. Ausg. Hrsg. von Wendelin v. Maltzahn. (S. 91—168.) (902.) (Nr. 931.)
— dasselbe. Übers. von Dorothea Tieck. (S. 95—160.) (902.) (Nr. 1197.)
Shakespeare, William, Maß f. Maß. Übers. v. Ludw. Tieck. (S. 99—172.) (902.) (Nr. 1191.)
— Othello. Übers. v. Ludw. Tieck. (S. 1—94.) (902.) (Nr. 1196.)
— König Richard der Zweite. Übers. von A. W. v. Schlegel. (S. 69—142.) (902.) (Nr. 1164.)
— König Richard der Dritte. Übers. von A. W. v. Schlegel. (S. 167—261.) (902.) (Nr. 1171.)
— Romeo u. Julia. Übers. von A. W. v. Schlegel. (S. 89—160.) (902.) (Nr. 1173.)
— ein Sommernachtstraum. Übers. von A. W. v. Schlegel. (S. 171—227.) (902.) (Nr. 1174.)
— der Sturm. Übers. von A. W. v. Schlegel. (S. 141—200.) (902.) (Nr. 1177.)
— Timon v. Athen. Übers. v. Dorothea Tieck. (S. 173—238.) (902.) (Nr. 1192.)
— Troilus u. Kressida. Übers. v. Ludw. Tieck. (S. 97—187.) (902.) (Nr. 1194.)
— die beiden Veroneser. Übers. v. Ludw. Tieck. (S. 153—211.) (902.) (Nr. 1186.)
— viel Lärmen um Nichts. Übers. v. Ludw. Tieck. (S. 75—143.) (902.) (Nr. 1182.)
— was ihr wollt. Übers. von A. W. v. Schlegel. (S. 73—139.) (902.) (Nr. 1176.)
— die lustigen Weiber v. Windsor. Übers. von Ludw. Tieck. (S. 1—76.) (902.) (Nr. 1187.)
— der Widerspenstigen Zähmung. Übers. v. Ludw. Tieck. (S. 1—73.) (902.) (Nr. 1181.)
— wie es euch gefällt. Übers. von A. W. v. Schlegel. (S. 179—249.) (902.) (Nr. 1180.)
— das Wintermärchen. Übers. v. Dorothea Tieck. (S. 77—160.) (902.) (Nr. 1188.)
Voß, Joh. Heinr., Idyllen. (112 S.) [879.] (902.) (Nr. 1003. 1004.)
— Lieder. Nebst e. Biographie des Dichters u. Anmerkgn. zur Luise, zu den Idyllen u. Liedern. (120 S.) [879.] (902.) (Nr. 1005.)
— Luise. Ein ländl. Gedicht in 3 Idyllen. (100 S.) [879.] (902.) (Nr. 1002.)
Wieland, Chr. M., die Abenteuer des Don Sylvio v. Rosalva. 2 Thle. in 1 Bde. (176 u. 176 S.) [879.] (902.) (Nr. 1041—1046.)
— Agathodämon. (243 S.) [879.] (902.) (Nr. 1064—1067.)
— der neue Amadis. (212 S.) [879.] (902.) (Nr. 1049—1052.)
— Aristipp u. einige seiner Zeitgenossen. 4 Thle. in 1 Bde. (192, 196, 180 u. 207 S.) [879.] (902.) (Nr. 1070—1079.)
— Aufsätze üb. die französische Revolution u. Wieland's Stellung zu derselben. (384 S.) [879.] (902.) (Nr. 1106—1111.)
— Beiträge zur geheimen Geschichte der Menschheit. (208 S.) [879.] (902.) (Nr. 1088—1090.)
— kleinere Dichtungen. 1. Thl.: Nadine. — Erdenglück. — Celia an Damon. — Komische Erzählgn. — Bruchstücke v. Psyche. — Aspasia. — Kombabus. — Das Leben e. Traum. — Die Grazien. — Der verklagte Amor. (256 S.) [879.] (902.) (Nr. 1032—1034.)
— dasselbe. 2. Tl. Die 1. Liebe. — Sixt u. Clärchen. — Schach Lolo. — Pervonte. — Der Vogelsang. — Clelia u. Sinibald. — Hann u. Gulpenheh. — Die Wasserkufe. — Gedichte an Olympia. (267 S.) [879.] (902.) (Nr. 1035—1038.)
— Feen- u. Geistermärchen. (839 S.) [879.] (902.) (Nr. 1084—1087.)
— Gandalin od. Liebe um Liebe. Ein Gedicht in 8 Büchern. (S. 149—231.) [879.] (902.) (Nr. 1020.)
— Geschichte der Abderiten. 2 Thle. in 1 Bde. (172 u. 148 S.) [879.] (902.) (Nr. 1024—1027.)
— Geschichte des Agathon. Nebst Biographie Wieland's. 3 Thle. (216, 173 u. 224 S.) [879.] (902.) (Nr. 1012—1017.)
— Geschichte des weisen Danischmend u. der drei Kalender. Ein Anh. zur Geschichte v. Scheschian. (215 S.) [879.] (902.) (Nr. 1057—1059.)
— zur Geschichte, Literatur u. Kunst der Griechen u. Römer. (XVI, 656 S.) [879.] (902.) (Nr. 1123—1131.)
— Göttergespräche. Nebst Anh.: Gespräche im Elysium. (160 S.) [879.] (902.) (Nr. 1028. 1029.)
— das Hexameron v. Rosenhain. (142 S.) [879.] (902.) (Nr. 1039. 1040.)
— Idris u. Zenide. Ein romant. Gedicht. (120 S.) [879.] (902.) (Nr. 1047. 1048.)
— kleinere Jugenddichtungen, welche in den bisherigen Gesammtausgaben fehlen. (100 S.) [879.] (902.) (Nr. 1023.)
— z. ausländ. Literatur. (336 S.) [879.] (902.) (Nr. 1118—1122.)
— Menander u. Glycerion. Nebst Anh.: Krates u. Hipparchia. (168 S.) [879.] (902.) (Nr. 1030. 1031.)
— Musarion. Das Wintermärchen. (80 S.) [879.] (902.) (Nr. 1018.)
— Nachlaß des Diogenes v. Sinope. (120 S.) [879.] (902.) (Nr. 1068. 1069.)
— Oberon. (196 S.) [879.] (902.) (Nr. 1021. 1022.)
— Peregrinus Proteus. 2 Thle. in 1 Bde. (168 u. 108 S.) [879.] (902.) (Nr. 1060—1063.)
— kleinere Schriften zur Culturgeschichte. (430 S.) [879.] (902.) (Nr. 1112—1117.)
— kleinere philosophische Schriften. (573 S.) [879.] (902.) (Nr. 1091—1098.)
— kleinere politische Schriften. (480 S.) [897.] (902.) (Nr. 1099—1105.)
— vermischte Schriften. 2 Thle. (703 u. IV, 860 S.) [879.] (902.) (Nr. 1142—1162.)
— Singspiele. — Lustspiele. — Cantaten. — Kleinere Gedichte. (265 S.) [879.] (902.) (Nr. 1080—1083.)
— das Sommermärchen. Geron der Adelige. (S. 81—148.) [879.] (902.) (Nr. 1019.)
— der goldne Spiegel od. die Könige v. Scheschian. 2 Thle. in 1 Bde. (162 u. 188 S.) [879.] (902.) (Nr. 1053—1056.)
— zur deutschen Sprache, Dichtung u. Literatur. (XVI, 719 S.) [879.] (902.) (Nr. 1132—1141.)
Wilbrandt, Adf., Heinrich v. Kleist's Leben. (LXIV S.) (902.) (Nr. 661.)

Hempels, C. G., s. H e m p e l , Christian Gottlob

Hempen, Bernhard, Referendar am Landgericht in Duisburg: Die Anfechtung von Erfüllungs- und Sicherungsgeschäften wegen betrügerischer Gläubigerbenachteiligung. Duisburg 1905: Dietrich & Hermann. (60 S.) 8° [J.]
Rostock, Jur. Fak., Ref. Wachenfeld, Diss. v. 10. Apr. 1905
[Geb. 24. Jan. 81 Meppen, Prov. Hannover; Wohnort: Duisburg; Staatsangeh.: Preußen; Vorbildung: Gymn. Meppen Reife O. 00; Studium: Freiburg i. B. 1, Leipzig 2, Halle 1, Göttingen 2 S.; Rig. 23. Nov. 04.]

Hempfing, Gegenzeugniß gegen Pfr. Hein in Wiesbaden, s.: B r u n n.

Hempfing, Verzeichnis einheimischer, zum Unterricht in den Klassen Sexta — Tertia höherer Lehranstalten geeigneter Pflanzen, nach der Blüthezeit geordnet. gr. 8. (26 S.) Marburg i/H. 890. Ehrhardt. n. — 30

H e m p f i n g, O. Lehrplan des französischen Unterrichts. Marburg, Rpg., 1889. 14 S. 4. Progr.

H e m p f i n g, Chr., über Gasbeleuchtung. gr. 8. (36 S. mit 1 lithogr. Fig.-Taf. in qu. Fol.) Marburg 865, (Ehrhardt's Universitäts-Buchh.)

Hempfing, Christoph Jakob [Dir. Dr.]: *Der Abschied des Oberlehrers Prof. August Dute.* Marburg, Univ.-Buchdr. '(C. L. Pfeil)', *1897;* 6—8 S. 4.
Marburg, RPG, OP 1897 (424)

Hempfing, Christoph Jakob [Dir. Dr.]: *Der Abschied des Oberlehrers Heinrich Leimbach.* Marburg, R. Friedrichs Univ.-Buchdr., *1896;* 10—13 S. 4.
Marburg, RPG, OP 1896 (417)

[J.] **Hempfing,** Christoph Jak. [Dir. Dr.]: *Die Feier seines 50jährigen Amtsjubiläums.* Marburg, Univ.-Buchdr. '(C. L. Pfeil)', *1893;* 14—24 S. 4.
Marburg, RPG m. d. in Entwickelg begriff. R, OP 1893 (400)

[J.] **Hempfing,** Christoph Jak. [Dir. Dr.]: *Die Feier des 25jährigen Bestehens der Anstalt.* Marburg, Univ.-Buchdr. '(C. L. Pfeil)', *1893;* 3—12 S. 4.
Marburg, RPG m. d. in Entwickelg begriff. R, OP 1893 (400)

Hempfing, Christoph Jakob: Die F e i e r des 25-jährigen Bestehens des Realprogymnasiums. S. 3-12. Rprg. mit Rsch. Marburg 1893. Progr.

Hempfing, Christoph Jakob *Das fünfzigjährige Jubiläum des ordentl. Lehrers Leimbach.* 4 (S. 7—11 der Schuln.).
Progr. Rprg (Rg ohne Prima) *Marburg* 1891 (414)

[J.] **Hempfing,** Chr*istoph Jakob* [Rekt. Dr.]: Rückblick auf das 25jährige Bestehen des Realprogymnasiums zu Marburg, welchem eine Geschichte der früheren Realschule vorausgeht. Marburg, Univ.-Buchdr., *1892;* 1—40 S. 4.
Marburg, RPG, Festschr. 1892 (417)

Hempfing, Chr*istoph Jakob* [Dir. Dr.]: *Die Umwandlung des Realprogymnasiums in eine lateinlose Realschule.* Marburg, Univ.-Buchdr. '(C. L. Pfeil)', *1897;* 12—14 S. 4.
Marburg, RPG, OP 1897 (424)

Hempfing, Chr[istoph]: [Über die Umwandlung der Realschule in eine Oberrealschule.] *Marburg (1898): J. A. Koch.* (17—19 S.) 4°
Marburg, R, OP 1898 (440)

Hempfing, Christoph Jakob: *Worte des Abschieds an den scheidenden Oberlehrer Prof. August Dute.* 4 (S. 6—8)
J. d. Umwandlung zur Rsch. (Kl. VI—III A) begriff Rprg. *Marburg* 1897
Progr.

Hempfing, Chri*stoph Jakob* Die grofse Zahl der Abiturienten der höberen Lehranstalten und die viel gröfsere Zahl Schüler, welche den Kursus nicht vollenden, nötigen bei den gegenwärtigen wirtschaftlichen Verhältnissen unseres Volkes zu einer anderen, auch pädagogisch zweckmäfsigeren Folge der fremden Sprachen im Unterricht. 4 (28 S.). **Progr.** Rprg. *Marburg* 1886 (384).

Hempfing J. C. Tabellen zum Auffinden der verschiedenen Classificationsstufen, in welche eine beliebige Gestalt nach dem von dem Herrn Prof Hessel aufgestellten System der sämtlichen denkbaren Gestalten gehört. 1851. 4.
Diss. Marburg

Hempfing, K., ich weiß, daß mein Erlöser lebt! Leichenrede üb. Hiob 19, 25—27, geh. am Sarge der gottsel. Jungfrau, Frl. Henriette Eikmeier, in der Kirche zu Steeden am 25. Apr. 1892. 12. (16 S.) Zwickau 892. J. Herrmann. — 10

— des Menschen Sohn ist gekommen, zu suchen u. selig zu machen, was verloren ist. Predigt am 3. Sonntage nach Trinitatis 1886, geh. in der evangelisch-luther. Trinitatiskapelle zu Dresden 12. (24 S.) Zwickau 886. (Schriften-Verein.) n. — 10

Hempfing, C., d. Menschensohn ist gekommen, zu suchen u. selig zu machen, was verloren ist. Predigt am 3. Sonntage nach Trinitatis 1886, geh. in der evangelisch-luth. Trinitatiskapelle zu Dresden. 8. (24 S.) Zwickau 887. (Dresden, H. J. Naumann.) — 15

—— wider Wangemann. Zum Zeugnis gegen die Schrift „Una sancta" des Missionsdirektors Wangemann. gr. 8. (III, 73 S.) (Ebendas.) 885. * — 70
Aus: Evangelisch-lutherische Freikirche, besonders abgedruckt.

Hempfing, Karl Fr. E., der Flüchtling. Eine Erzählung aus der westfäl. Zeit. (345 S.) 8. Herborn 906. Buchh. des nass. Colportagevereins. n. 1. 60; geb. in Bibliotheksbd. n. 2. —; in Leinw. n. 2. 40

Hempfing, Karl F. E., Gnadenwege im Dunkeln, s.: Familienbibliothek, Calwer.

Hempfing, Karl Fr. E., der schwarze Graf. Eine Erzählg. aus dem 30jähr. Kriege. Mit 8 Bildern von Hans W. Schmidt. 1.—3. Aufl. (271 S.) gr. 8. Leipzig 910. F. Hirt & Sohn. 3.50; geb. in Leinw. 5. —

— der Müllerhans. Eine Erzählg. aus d. 30jähr. Krieg. [Aus: „H., aus stürm. Zeit".] 12. (173 S.) Herborn 898. Buchh. d. Nass. Colportagevereins. n. — 60; in Bibliotheksbd. n. — 90; eleg. geb. n. 1. —

— Weihnachten in schwerer Zeit. Martha. 2 Erzählgn. aus dem 30jähr. Krieg. [Aus: „H., aus stürm. Zeit".] 12. (103 S.) Ebd. 898. n. — 40; in Bibliotheksbd. n. — 60

— aus stürmischer Zeit. 3 Erzählgn. a. d. 30jähr. Kriege. 12. (III, 275 S.) Ebd. 898. n. 1. —; in Bibliotheksbd. n. 1. 40; eleg. geb. n. 1. 60

Hempfing, Karl Fr. E., Zigeunerliese. Eine Dorfgeschichte. 8. (88 S.) Herborn 901. Buchh. des nass. Colportagevereins. n. — 40

— dasselbe. Ein treuer Knecht. — Um e. himml. Krone. 3 Erzählgn. 8. (162 S.) Ebd. 901. n. — 75; in Bibliotheksbd. n. 1. —; eleg. geb. n. 1. 20

Hempfling, Rudolf, Die Armeeleitung mit besonderer Rücksicht auf den Generalstab. Vortrag, gehalten im militärwissenschaftlichen Verein zu Wien, am 12. Februar. Separat-Abdruck aus der „Neuen Militär-Zeitung". 8. (39 S.) Wien, Seitler. 1869. 20 kr.

Hempke, H, Studien zu Thucydides. Pr. 1876. 35 S. 4°.

Hempowicz, Franz, Referendar am Landgericht Schweidnitz: Merkmale und Bedeutung des Eigenbesitzes dargelegt unter Berücksichtigung der Entwickelung des römischen und des deutschen Rechts. Posen 1907: St. Adalbert-Druckerei. (57 S.) 8°
Breslau, Jur. Fak., Ref. Leonhard-Fischer, Diss. v. 14. Juni 1907
[Geb. 29. Nov. 78 Sulmierzyce, Kr. Adelnau (Posen); Wohnort: Schweidnitz; Staatsangeh.: Preußen; Vorbildung: Wilhelms-Gymn. Krotoschin Reife O. 01; Studium: Breslau 5, Berlin 2 S.; Rig. 7. Febr. 06.]

Hemprich, Carl, s. H e m p r i c h , Karl

Hemprich, Friedrich Wilhelm, s.a. H e m p r i c h , Wilhelm Friedrich

— s. C. G. E h r e n b e r g Reisen, et Symbolae physicae.

Hemprich, Fr. Wlh., († 30. Juni 1825.) Grundriß der Naturgeschichte für höhere Lehranstalten. 8. Berl. 820. Rücker. 1 ₰
2te Aufl. Nach d. Tode d. Verf. umgearb. v. H. G. Ludw. Reichenbach. 8. Ebd. 829. 1 ₰ 8 gr

Hemprich, Friedr. Wilh., Grundriß d. Naturgeschichte f. höh. Lehranstalten. 2. Aufl. Nach d. Tode d. Verf. umgearb. v. H. G. Ludw. Reichenbach. 8. (35 B.) Berlin 829, Rücker.

— Diss. inaug. de inflammationis notione. Berl. 818.

—— naturgeschichtl. Reisen etc., s. **E h r e n b e r g**, Chrstn. Gtfr.

Hemprich, Fr. Wlh., Symbolae physicae, s.a. C. G. Ehrenberg.

Hemprich, Fr. G., Symbolae physicae, s.a. S y m b o l a e.

Hemprich, Frider. Guilelm., et Chrn. Godofr. **Ehrenberg**, Symbolae physicae seu icones adhuc ineditae corporum naturalium novorum aut minus cognitorum, quae ex itineribus per Libyam, Aegyptum, Nubiam, Dongalam, Syriam, Arabiam et Habessiniam publico institutis sumpto H. et E. studio annis MDCCCXX—MDCCCXXV redierunt. Botanica. Publico usui obtulit C. Schumann. gr. Fol. (III, 65 S. m. 24 z. Tl. farb. Taf.) Berlin 900. G. Reimer. In Mappe n. 40. —

— dasselbe. Zoologica. (Nachtrag.) Publico usui obtulerunt O. Carlgron, F. Hilgendorf, E. v. Martens, P. Matschie, G. Tornier, W. Weltner. gr. Fol. (III, 17 S. m. 32 z. Tl. farb. Taf.) Ebd. 899. In Mappe n. 30.—

Hemprich, K., Lebens- u. Charakterbild des Turnvaters Friedrich Ludwig Jahn, 2. Aufl., m. e. Anh.: Jahns Schwanenrede u. Jahns Erinnerung, Freyburg a. U. 1902, 44 S., 8°.

Hemprich, K., Die militärische Vorbereitung der Jugend in ihrem Zusammenhange mit der Jugendpflege, Merseburg, 8 S., 8°.

Hemprich, Karl, Beiträge zur Verwertung der Heimat im Unterricht in der Erziehungsschule, insbesondere in der vaterländischen Geschichte u. in der Erdkunde. (VIII, 70 S. m. 8 Abbildgn. u. 1 Karte.) gr. 8. Langensalza 903. H. Beyer & Söhne. n. 1.—

Hemprich, Carl, die Eisenquellen zu Cudowa in d. Grafschaft Glatz, in physikal. u. medizin. Hinsicht dargest. 2., durchaus umgearb. Aufl. gr. 8. (10¼ B. u. 1 Ansicht.) Breslau 839, Aderholz. Thlr.

Hemprich, Carl (geb. Essen 1. 11. 1849): Ein Fall von Insufficienz der Aortenklappen. Berlin (1871). (32 S.) 8°
Berlin, Med. Diss. v. 22. Dez. 1871

Hemprich, K., Grundzüge e. Lehrplanes f. d. evang. Erziehungsschule, s.a. Bausteine, pädagog.

Grundzüge eines Lehrplanes für die evangelische Erziehungsschule. Von K[arl] Hemprich, Hauptlehrer in Bennstedt. Dessau-Leipzig: R. Kahle [1898]. (39 S.) 8°
— Bausteine, Pädagogische. H. 5.

— Handbuch u. Wegweiser f. die Arbeit in Jugendvereinigungen. 2. verb. u. verm. Aufl. der „Winke zur Gründung u. Leitung v. Jugendvereinigungen". (X, 355 S.) gr. 8. Osterwieck 910. A. W. Zickfeldt. 4.—; geb. n 4. 50

— In welcher Weise kann der Heidenmissionsstoff in den Unterrichtsstoff der Volksschule eingegliedert werden, s.a. Zur Volksschulpädagogik.

In welcher Weise kann der Heidenmissionsstoff in den Unterrichtsstoff der Volksschule eingegliedert werden? Von Rektor [Karl] Hemprich. Langensalza: Beltz 1910. 18 S. 8°
(Zur Volksschulpädagogik. H. 16.)

Hemprich, Karl, die Kinderpsychologie u. ihre Bedeutung f. Unterricht u. Erziehung, s.a. Bausteine, pädagog. 8. Hft.

Die Kinderpsychologie und ihre Bedeutung für Unterricht und Erziehung. Von K[arl] Hemprich, Rektor in Freyburg a. U. Dessau: Oesterwitz & Voigtländer [1899]. (42 S.) 8°
— Bausteine, Pädagogische. H. 8.

Hemprich, Karl, Otto Flügels Leben u. Schriften, s.a. Magazin, pädagogisches.

Otto Flügels Leben und Schriften. Von Karl Hemprich. Langensalza: Beyer 1908. 60 S. 8°
(Pädagogisches Magazin. H. 354.)

— Lehrplan f. d. evang. Erziehungsschule auf d. Lande. gr. 8. (146 S.) Osterwieck 897. A. W. Zickfeldt. n. 1. 20

— Lehrplan f. die evangelische Erziehungsschule auf dem Lande. 2. Tl. gr. 8. (VI, 205 S.) Osterwieck 900. A. W. Zickfeldt. n. 1.—
1. Ebd. 897. n. 1. 20.

— Zur Literatur üb. Jugendfürsorge u. Jugendrettung, s.a. Beiträge zur Kinderforschung u. Heilerziehung.

Zur Literatur über Jugendfürsorge und Jugendrettung. Von K[arl] Hemprich. Langensalza: Beyer 1908. 27 S. 8°
(Beiträge z. Kinderforschung u. Heilerziehung. H. 51.)

— Livingstone-Lesebüchlein. Mit 1 Bilde Livingstones u. 1 Kärtchen. (III, 56 S.) 8. Halle 909. H. Gesenius. — 60

— Präparationen f. d. kirchengeschichtl. Unterr., s.: Reiniger, Max.

— s.: Ratgeber f. deutsche Lehrer u. Erzieher.

— u. Th. Franke, Rechtschreibungen f. Volks- u. Bürgerschulen. Mit besond. Berücksicht. der Wortbildg. bearb. 2 Hefte. 8. Langensalza 910. J. Beltz. à — 50
1. Unterstufe. (68 S.) — 2. Mittel- u. Oberstufe. (100 S.)

Hemprich, Karl, Sage u. Geschichte der Heimat. Ein Lesebuch f. Schule u. Haus im untern Unstrutthal. 2 Tle. gr. 8. (121 S. m. 1 Taf.) Berlin 901. R. Eisenschmidt. à n. — 35; in 1 Hfte. n. — 65

— Sage u. Geschichte der Heimat. Ein Lesebuch f. Schule u. Haus im unteren Unstruttal. 2. Aufl. 2 Tle. 8. Berlin 909. R. Eisenschmidt. — 90
1. (60 S.) — 40. — 2. (S. 61—127 m. 3 Taf. u. 1 Karte.) — 50

— s.: Volksschule, die.

Hemprich, Karl (Hrsg.), s. Volksschulpädagogik, Zur.

— Ein Vorschlag, wie das religiöse Interesse bei der schulentlassenen Jugend zu pflegen ist, s.a. Zur Volksschulpädagogik. 6. Hft.

Ein Vorschlag, wie das religiöse Interesse bei der schulentlassenen Jugend zu pflegen ist. Von Rektor [Karl] Hemprich. Langensalza: Beltz 1910. 14 S. 8°
(Zur Volksschulpädagogik. H. 6.)

Winke zur Gründung und Leitung von Jugendvereinigungen. Von K[arl] Hemprich, Rektor. Osterwieck/H.: A. W. Zickfeldt 1906. (VI, 135 S.) 8° [3.]

Hemprich, Karl: Winke zur Gründung u. Leitung von Jugendvereinigungen. 2. Aufl. 1910
s. Hemprich: Handbuch u. Wegweiser f. d. Arbeit in Jugendvereinigungen.

Hemprich, Carolus Fridericus (geb. Glatz 9. 8. 1798): De absorptione et secretione venosa. Vratislaviae (1822). (28 S.) 8°
Breslau, Med. Diss. v. 12. Okt. 1822

Hemprich, Max, die Erziehung unserer männlichen schulentlassenen Jugend. Unter Berücksicht. der neuesten Verhandlgn. vom wirtschaftl., nationalen u. sittl. Standpunkt aus entwickelt. gr. 8. (66 S.) Berlin 902. Herm. Walther. n. 1.—

Hemprich, W., einige allgemeine Erläuterungen üb. die Aufsuchung, Gewinnung u. Förderung unserer Braunkohle. Mit 2 (lith.) Fig.-Taf. (in gr. Fol.) u. e. Anh. üb. die mannichfalt. Lagerstörgn. d. nordwestböhm. Braunkohlenbeckens. Für Fachleute, angeh. Berggenossen u. Bergbautreibende. gr. 8. (32 S.) Teplitz 875. (Prag, Dominicus.) n. — 80

Hemprich, W., Grundriß der Naturgeschichte für höhere Lehranstalten. 8. Berlin, Rücker. 820.

— die verschiedenen u mannichfaltigen Lagerungs-störungen in dem nord-westböhmischen Braunkohlenbecken, nebst Anh. üb. die wichtigsten Arten der Kohlengewinng. beim Anbau. [Hierzu 2 (chromolith.) Profilblätter in qu. Fol. u. Imp.-Fol.] gr. 8. (10 S.) Ebend. 875. n. 2. —

Hemprich, W., Wahrheit, Rettung u. Segen im Schooße der Familie. gr. 8. (44 S.) Helmstedt 871. Osterwieck, Zickfeld & Jörn. n. — 25

Hemprich, Wilhelm Friedrich, s.a. Hemprich, Friedrich Wilhelm

Hemprich, Guil. Frid. (geb. Glatz 24. 6 1796): De inflammationis notione. Berolini (1818) (34 S.) 8°
Berlin, Med. Diss. v. 8. Aug. 1818

Hemptenmacher, Ernst, approb. Arzt aus Stettin: **Cystenchondrome des kleinen Beckens als Geburtshindernis.** *Leipzig (1898): A. Edelmann.* (53 S.) 8°
Leipzig, Med. Diss. v. 4. Nov. 1898
(Nur in beschränkter Zahl für den Austausch)

Hemptenmacher, Georg, Referendar im Oberlandesgerichtsbezirk Stettin: Die Rechtsfolgen der Teilbarkeit einer Verbindlichkeit nach dem Bürgerlichen Gesetzbuche und deren Abweichung von den gemeinrechtlichen. Borna-Leipzig 1905: R. Noske. (X, 41 S.) 8°
Rostock, Jur. Fak., Ref. Matthiass, Diss. v. 5. Febr. 1905
[Geb. 22. Mai 81 Stettin; Wohnort: Stettin; Staatsangeh.: Preußen; Vorbildung: Gymn. Stettin Reife M. 00; Studium: Freiburg i. B. 3, Bonn 1, Berlin 2, Kiel 2 S.; Rig. 26. Sept 04.]

Hemptenmacher, (Guil. Gust.) Car. (geb. Stendal 15. 6. 1838): De aetiologia atrophiae muscularis progressivae. Berolini (1862). (31 S.) 8°
Berlin, Med. Diss. v. 11. März 1862

Hemptenmacher, Theod.

Hemptenmacher, Th., Börsengesetz, s. a. Guttentag's Sammlung deutscher Reichsgesetze.

Hemptenmacher, Th[eod]., Börsengesetz. Nebst Ausführungsbestimm. Text-Ausg. m. Anmerk. u. Sachreg. Ursprüngl. hrsg. von A. *Wermuth* u. H. *Brendel.* 2. Aufl. Berlin 1908. 8°. *[1. Aufl. 1897.]*
(Guttentag'sche Sammlung Deutscher Reichsgesetze. Nr 41.)

Hemptenmacher, Th, Börsengesetz. Nebst Ausführungsbestimmungen. Textausg. mit Anmerkungen und Sachregister. Ursprünglich hrsg. von A. Wermuth und H. Brendel. 2. Aufl. Berlin, 1908. 293 S.

Hemptinne, Graf, politische Fragen. Autoris. Uebersetzung v. Ed. Marcour. 16. (82 S.) Mainz 878. Faber. — 40

de Hemptinne, die Homöopathie und ihre unendlich kleinen Dosen. Aus dem Französ. übers. von Heinr. Boehnke-Reich. Jena 863. Deistung. gr. 8. (15 S.) n. 4 ngr

de Hemptinne, Alexandre: Über die elektrische Leitfähigkeit der Flamme und der Gase ... (Aus: Zeitschr. f. physik. Chem., Bd XII Heft 2. 1893.) Leipzig, W. Engelmann, 1893; 33 S. 8.
Leipzig, Phil. Fak., Inaug.-Diss. v. [18. Sept.] 1893

Hems, *Jann* Kurt [app. Arzt aus Totenbüll]: Ueber angeborenen, knöchernen Choanenverschluss ... Marburg, Univ.-Buchdr. '(R. Friedrich)', 1893; 30 S., 1 Bl. 8.
Marburg, Med. Fak., Inaug.-Diss. v. [21. Juni] 1893

v. Hemsbach, Heinr., s.: Meckel v. Hemsbach.

HEMSEN, J[OHS.] T[YCHSEN]

Hemsen, J. T., Anaxagoras Clazomenius, sive de vita ejus atque philosophia. Disquis. histor.-philos. Götting. (J. C. Baier) 1821. 106 S. (7.—) 14271
Gew.: Friedrich Bouterwek.

J.. T.. **Hemsen**: Anaxagoras Clazomenius, s. de vita ejus atq. philos.; dissert. hist.-philos. *Gött.*, (Vandenhoeck & R. in C.) 822. gr8° 8gl

— die Authentie des Evangelisten Johannis. 8. Schleswig 823, Taubstummen-Inst.

— die Authentie der Schriften des Evangelisten Johannes, untersucht. 8. Schleswig 823, Taubst. Institut. 1 ₰ 16 gl

— zur Erinnerung an C. Fr. Stäudlin, weil. Consistorialrath u. Prof. d. Theologie zu Göttingen; seine Selbstbiographie, nebst einer Gedächtnißpredigt v. Hrn. Dr. Ruperti. gr. 8. Göttingen 826, Vandenhöck u. R.

Hemsen, J. T., nonnulla de christologia J. Baptistae. Gotting. 1824. 4.

Hemsen, J. Tychs., der Apostel Paulus. Sein Leben, Wirken u. seine Schriften. Vier Bücher. Nach d. Tode d. Verf. hrsg. u. mit e. Vorr. begl. v. Fr. Lücke. gr. 8. (48 B.) Göttingen 830, Dieterich.

— s. C. Fr. Stäudlin, Gesch. u. Litt. d. Kirchengeschichte.

Hemsen, Thdr., des Königs Beichtvater. Historischer Roman. (In 8—9 Liefgn.) 1—6. Liefg. Wien 863. Typogr.-literar.-artist. Anstalt. 8. (1. Bd.: 258 S.; 2. Bd.; S. 1—126.) Jede Liefg. n. 3 ngr

Hemsen, Thdr., des Königs Beichtvater. Histor. Roman. 2 Bde. 8. (258 und 340 S.) Wien 863, Typographisch-literarisch-artistische Anstalt. *

Hemsen, Thdr., die Prinzessin von Ahlden. Historischer Roman. 6 Bde. 8. (VII, 215; III, 282; V, 220; III, 195; V, 202; 207 S.) Hannover 869, Rümpler. (ℳ 18.)

Hemsen, Theod., Des Ministers Sündenbuch. 3 Bde. Brünn, o. J. 8°. (4 Kr., Expl. in Liefrgn., A. H. Huber, Salzburg. 1909:)
Dieser historische Roman behandelt die Schicksale des verworfenen Ministers Brühl, der unter dem Schattenkönig August III. in Sachsen sein Unwesen trieb. Das 18. Jahrh. mit seiner bodenlosen Corruption spiegelt sich in diesem Roman trefflich wieder.

—— des Ministers Sündenbuch. Roman. 3 Bde. 8. (224, 264 und 332 S.) Brünn 863, Karafiat.

— des Ministers Sündenbuch. Roman. 3 Bde. Brünn 864. Karafiat. gr. 8. (820 S.) 2 ₰

Hemsen, Thdr., Venus in Versailles. Geschichtlicher Roman. 4 Bde. 8. (261, 311, 290 u. 349 S.) Hannover 874. Rümpler. 18. —

—— die Czarentochter. Histor. Roman. 1. Aufl. 1866. 4 Thlr. 20 Ngr. und 2. (Titel-)Aufl. 4 Bde. 8. (XII und 1016 S.) Leipzig 868, Grunow.

Hemskerk: De animi pathematum efficacia..., s. Albinus, Th. (Praes.)

Hemskerk, Heinz v., Adele u. Adolar. Eine traur. Liebesgeschichte. (46 S. m. Abbildgn.) gr. 8. Heidelberg 904. O. Petters. n. 1. 50

Hemskerk, Heinz v., die Gewittertante. Eine amüsante Heiratsgeschichte. Illustr. v. F. v. Reznicek. gr. 8. (108 S.) Leipzig (902). E. Keils Nachf. 1. —; geb. in Leinw. 2. —

Hemskirchen, Jak., Reise nach Nova Zembla. 8. Erl. 794. (Heyder). 8 gr.

Hemsterhuis Tiberius und Runken's Abriß ihres Lebens, s. J. T. Runken.

– dass., s.a. Rink

Katalog einer Sammlung von Gemälden älterer und neuerer Meister, sowie einer Sammlung von Antiquitäten ... aus d. Nachl. der Herren van **Hemsterhuis** in Amsterdam, Frau Latz geb. de Hall in Zülpich, u. a. Kunstgegenstände. Versteigerung zu Bonn ... durch M. Lempertz' Antiquariat in Bonn ⟨P. Hanstein⟩. *(Bonn 1901: J. Trapp.)* (43 S.) 4° (m.,788,6

Hemsterhuis, Frans

— (Alexis oder vom Weltalter,

— (*Eb.*): Alexis, od. v. goldnen Weltalter, a. d. Franz. (v. F. H. Jacobi.) *Riga*, Hartknoch. 787. 8° 16 gr.

Hemsterhuis, François, († 1790), oeuvres philosophiques. Nouv. éd., augmentée de plusieurs pièces inédites, de notes et d'une étude sur l'auteur et sa philosophie, par L. S. P. Meyboom. Avec planches, vignettes et le portrait de l'auteur. 3 tomes. 8. (1: 224 S. m. 2 lith. Taf. in 4. 2: IV u. 236 S. 3: VIII u. 227 S. m. lith. Portr.) Leuwarde 846—51, Eckhoff. (Utrecht, Kemink & Sohn.) n. 4 2/3 Thlr

— dies. tom. 3. apart u. d. T.: Supplement aux oeuvres philosophiques. 8. (VIII u. 227 S. mit lith. Portr.) Ebd. 850. n. 1 Thlr 18 Ngr

— verm. philosophische Schriften; a. d. Französ. Mit 1 Kpf. u. 2 Zugaben d. Uebersetzers. 3 Thle. 8. Leipz. 782. 97. Weidmann 2 Thlr 6 gr.

Hemsterhuis, Tiberius

Hemsterhusii, (Tib.,) Animadversionum in Lucianum appendix. Ex schedis M. S. S. in bibl. Lugd. Bat. servatis edid. J. Geel. 4 maj. Lugd. Bat. 824, Luchtmanns (Lips., Weigel.)

Hemsterhuisius, et I. M. Gesneri Elogia Tiberii, auctorib. D. Runkenio et I. A. Ernestino. Halae, Ruff. 787.

Hemsterhuisius, H., et Valkenar. orationes. 8. Leid. Luchtmann, 784.

Hemsterhusius, Tobias. Orationes . . . Viteb. 1822. H: *Friedemann, Friedrich Traugott.* (MGT)

— orationes separatim editae. Praefixa auctoris vita a Dav. Ruhnkenio scripta. 8 maj. (Wittenberg., Zimmermann.) 822.

Hemsterhusii, Tib., Orationes et Epistolae. Collegit et Dav. Ruhnkenii elogium Hemsterhusii suasque et alior. annotationes addidit atque epistolam ad Jac. Geelium a se scriptam praemisit Frid. Traug. Friedemann. Edit. II. multis partibus aucta. 8maj. (10 B.) Weilburgi 830, Lanz.

Hemsterhuisius, s. Hemsterhuis

Hemsterhusius, Tobias, s. Hemsterhuis, Tiberius

Hemsterhuys, s. Hemsterhuis

Hena, Salomo

— — Qôntres Qûrê 'akkâbîsch [und] Qôntres Qôrôt arâzîm. Fürth (504 =) 1744.

Hena, Salomo, Sēfer Binjan Schelōmō. Frankfurt a. M. (484 =) 1724.

— — Sēfer Sōhar hat-tēbā. Berlin 1750.

Richterliche Urteile ([Syr.] Dinē) des Patriarchen Chenânischô (Ḥenân-Ješu'). Gesetzbuch (Ṭeksē) des Patriarchen Timotheos (Bagdadensis). Gesetzbuch (Qânûnē) des Patriarchen Jesubarnun (Ješu' Bar-Nun). Aus d. röm. Hs. hrsg. u. übers. von Eduard Sachau. ([Darin:] Sachindex. Von Dr. Lorenz Brütt.) Berlin: G. Reimer 1908. (XXXIV, 212 S.) 4°(8°)
— Rechtsbücher, Syrische. Bd 2. [o8, 17333

Henatsch, Wilhelm *(geb. Breslau 25. 12. 1856)*: Ueber Bauxite und ihre Verarbeitung. Breslau 1879. (28 S.) 8°
[Im Buchhandel 1879 bei Koebner in Breslau.]
Breslau, Phil. Diss. v. 22. Dez. 1879

Henau, Ed[uard] O. von. Knospen und Blüten. Schlichte Lieder. [Mit Buchschmuck und illustriertem Umschlag.] 48 S. 8. Aarau, Eduard Erwin Meyer, 1903. [cart. fr. 1. —]
Verf.-Name ist Pseudonym.

Henault, ... chronolog. Auszug aus d. Geschichte v. Frankreich; mit Nachträgen. 4. Bamb. 759—61. ...

Henault, H., s. Hainault, H. v.

Henaux, Ferd., histoire du pays de Liège. 3. éd. Tome. 1. (XIII, 666 S.) gr. 8. Liège 872. Leipzig, Brockhaus' Sort. n. 12. —

Hench, G. A., the Monsee fragments. Newly collated text with introduction, notes, grammatical treatise and exhaustive glossary and a photo-lithographic Fcsm. gr. 8. (XXV, 212 S.) Strassburg i/E. 890. Trübner, Verl. n. 5. —

Hench, George H., der althochdeutsche Isidor, s.: Quellen u. Forschungen zur Sprach- u. Culturgeschichte der germanischen Völker.

Henck, Jo. Christian (Nassau), De praedio urbano et rustico. Diss. jur. Präs. Jo. Christoph Koch. Jena (Schill) 12. III. 1757. 24 S. (6.—) 14272
Gew.: Heinrich Christian Henck (Vater). — Widm. v.: Präs., Johann Christian Gruner (Osnabrück), Bernh. Ludw. Klick (Zweibrücken).

— Martin (Neustettin/Pommern), De eo quod justum est circa vota novi anni. Vom Recht der Neu=Jahrs=Wünsche. Diss. jur. Königsberg Jan. 1721. Wittbg. (Joh. Gottfr. Schlomach) 1754. 32 S. (6.50) 14273

Henck, W.

— u. V. Traudt, Handbücher d. Unterrichtspraxis. Entwickelnd-darstell. Methode. I.—IV. gr. 8. W.-Jena. Chemnitz-Gablenz, Thüringer Verlagsanstalt. à 2.50; geb. à 3. —
I. Deutsch. Ausgewählte Gedichte f. Unter-, Mittel- u. Oberstufe. (108 S.) (907.)
II. Naturkunde. Magnetismus u. Elektrizität. Mit vielen Illustr. u. Handzeichngn. (108 S.) (907.)
III. Deutsch. Märchen u. Geschichten. (Unterstufe.) (109 S.) (908.)
IV. Naturkunde. Aus der Chemie d. Hauses. Mit vielen Illustr. (134 S.) (909.)

— u. S. Schlitzberger, Hilfsbücher f. den naturkundlichen Unterricht. I. Zoologie. Ausg. A f. gehobene Schulen. gr. 8. (VIII, 100 S.) Cassel 899. [Baier & Co.] Hess. Schulbuchhdlg. Geb. n. — 80

— — dasselbe. Ausg. B f. Volksschulen. gr. 8. (IV, 80 S.) Ebd. 899. Geb. n. — 60

— — dasselbe. II. Botanik. — Mineralogie. Mit zahlr. Abbildgn. u. einem Bilder-Anh. Ausg. A (f. gehobene Schulen). gr. 8. (IV, 160 S.) Ebd. 900. n. 1. —; geb. n.n. 1. 30

— — dasselbe. Ausg. B (f. Volksschulen). gr. 8. (IV, 124 S.) Ebd. 900. n. — 70; geb. n. 1. —

Kleine Naturgeschichte in kurzer, übersichtlicher Darstellung. Bearb. von W. Henck u. S. Schlitzberger. Mit zahlr. Abb. u. e. Bilder-Anh. *Cassel: Baier & Co. 1900.* (IV, 128 S.) 8° [F.]

Henck, Wilhelm (Hrsg.), s. Bahnen, Neue, im Elementarunterrichte.

— u. A. Ruperti, d. Buch v. d. Hauswirtschaftskunde. Ein Wegweiser f. d. reifere weibl. Jugend z. hauswirtschaftl. Selbständigkeit. M. zahlr. Abb. gr. 8. (VIII, 230 S.) Hannover 898. C. Meyer. n. 1.50; geb. n. 2. —

— u. V. Traudt, praktische Formen- u. Raumlehre f. Volksschulen. Ergänzungsheft zu jedem Rechenwerk. (48 S. m. Fig.) Lex.-8. Ebd. (905). n.n. — 45

Henck, W., biblische Geschichten f. kleine Leute. Eine Auswahl neutestamentl. Erzählgn. f. d. erste religiöse Unterweisg. in Haus, Kindergarten, Schule. Zugleich e. Lesebuch f. die Jugend. (79 S. m. Abb.) gr. 8. Kahla (910). Chemnitz-Gablenz, Thüringer Verlagsanstalt. 1. —

– u. Valentin Traudt

— — fröhliches Lernen. Die ersten Wege, durch die deutsche Kunst in Verbindg. m. der heimatl. Natur die Jugend harmonisch zu bilden. Mit Originalen in Dreifarbendr. v. Brünner, zahlreichen Illustr. v. L. Richter, O. Pletsch u. a., mehreren Rechen- u. Zeichentaf. (III, 64 S.) Lex.-8. Ebd. 904. Geb. n. — 85 u. n. 1. —

– u. A. Ruperti

— — Lesebuch f. Hauswirtschaftskunde. E. Ergänzg. zu d. in Mädchenschulen gebräuchl. Lesebüchern. F. d. Unterrichtsgebr. bearb. u. hrsg. M. zahlr. Abb. gr. 8. (VIII, 230 S.) Ebd. 898. n. 1. 20; geb. n. 1. 50

Henck, W., los v. der Fibel, s.: Bahnen, neue, im Elementarunterricht.

[F.] Unsere Nahrungs- u. Genussmittel. Für d. reifere weibl. Jugend dargest. v. Wilhelm Henck ... [Zugleich Begleitwort zu des Vfs 8 Wandtaf. in Farbendr.: 'Unsere Nahrungsmittel nach ihren wesentl. Nährstoffen f. d. hauswirtschaftl. u. Rechenunterr. ...']' M. 3 Abb. im Text. *Kassel: Th. G. Fisher & C. 1896.* (IV, 72 S.) 1 Bd 8.

Henck, Wilh., uns. Nahrungsmittel, nach ihren wesentl. Nährstoffen für d. hauswirtschaftl. u. Rechen-Unterricht dargest. 8 (farb.) Taf. à 64×52,5 cm. Nebst Textheft. gr. 8. (IV, 72 S. m. 3 Abb.) Cassel 896. Th. G. Fisher & Co. n. 5. —; einz. Taf. n. — 60; auf Leinw. od. Pappe n.n. 1. 60; Textheft allein n. — 20

Rechenbuch für die ländliche Fortbildungsschule von W[ilhelm] Henck, Rektor, [&] V[alentin] Traudt, Lehrer. Cassel: F. Scheel [1908]. (72 S.) 8° [Umschlagt. F.]

Hauswirtschaftliches Rechenbuch für die Oberklassen von Mädchenschulen sowie f. alle Mädchen-Fortbildungsanstalten, von W[ilhelm] Henck, Rektor, V[alentin] Traudt, Lehrer. Erg.H. zu jedem Rechenwerk. *Cassel: F. Scheel [1904].* (64 S.) 8° [Umschlagt. F.]

Hauswirtschaftliches Rechenbuch für die Oberklassen von Mädchenschulen, sowie für alle Mädchen-Fortbildungsanstalten, von W[ilhelm] Henck, Rektor, V[alentin] Traudt, Lehrer. Erg.H. zu jedem Rechenwerk. 2. Aufl. Cassel: F. Scheel [1905]. (64 S.) 8° [Umschlagt. F.]

— — Hauswirtschaftliches Rechenbuch f. d. Oberklassen v. Mädchenschulen, sowie f. alle Mädchen-Fortbildungsanstalten. Ergänzungsheft z. jedem Rechenwerk. 3. Aufl. (64 S. m. Abb.) 8. Ebd. (910.) — 40

— Reform des Lese-, Schreib- u. Sprachunterrichtes in der Elementarklasse. (Preisarbeit.) Eine Beantwortg. der Preisfrage des evang. Diakonievereins: „Wie lässt der erste Sprachunterricht (einschliesslich des Anschauungs-, Schreib- u. Leseunterrichts) durch das Verfahren des Selbstfindenlassens sich weiter bilden?" gr. 8. (63 S.) Berlin 900. L. Oehmigke's Verlag. n. 1. —

Schaffen und Wirken. Moderner Arbeits-Unterricht unter besond. Berücks. d. Elementarklasse. Von W[ilhelm] Henck, Rektor, V[alentin] Traudt, Lehrer. Mit vielen Ill. Kahla-Jena: Thüringer Verl.-Anst. [1910]. 356 S. 8°

Henck, W., u. V. Traudt, schafft frohe Jugend! Zur Reform des Elementarunterrichts. (VII, 157 S. m. Abb.) Lex.-8. W.-Jena 904. Thüringer Verlagsanstalt. n. 3. —; geb. n. 3. 50

— das erste Schuljahr. Ein Lehrgang im Sinne moderner Bestrebungen. Mit Originalen in Dreifarbendr. v. Brünner, zahlr. Illustr., method. Hinweisen u. prakt. Beispielen. Allen Lehrern der Kleinen gewidmet. (142 S.) Lex.-8. Ebd. 905. n. 2. 50; geb. n. 3. —

— das zweite Schuljahr. Ein Lehrgang im Sinne moderner Bestrebgn. Mit zahlreichen Illustr., Zeichentafeln, method. Hinweisen u. prakt. Beispielen. Allen Lehrern der Kleinen gewidmet. (93 S.) Lex.-8. Ebd. 906. n. 2. —; geb. n. 2. 50

Henck, W., wie ich m. meinen Kleinen rechne. Eine prakt. Anweisung f. den Rechenunterricht im Zahlenkreise von 1–100. Mit zahlreichen Illustr. (58 S.) Lex.-8. W.-Jena (906). Thüringer Verlagsanstalt. n. 1. —

Hencke, Henckel, s. Henke, Henkel.

Hencke, homöopathische Behandlung der Cholera, s. Behandlung.

Hencke, Verzeichniss der v. Bradley etc. beobachteten Sterne etc., s.: Sternkarten, akadem.

Hencke, Ad., Lehrbuch der gerichtlichen Medicin. Zum Behuf akadem. Vorlesungen und zum Gebrauch für gerichtl. Aerzte u. Rechtsgelehrte entworfen. 10. neu durchgesehene u. verm. Ausg. gr. 8. Berlin 841, Dümmler. 2 ₰ — 11. neu durchgeseh. u. verm. Aufl. gr. 8. Ebend. 845. 2 ₰

— s. Zeitschrift für die Staatsarzneikunde.

Hencke, Ado.: Revision der Lehre von der Lungen- u. Athemprobe zur näheren Bestimmung der Beweiskraft derselben in medizinisch-gerichtl. Untersuchungen über todtgefundne neugeborne Kinder. (Aus *Horn's* Arch. besond. abgedr.) *Berlin*, Hitzig 811. gr. 8. (8 Gr.)

Hencke, C. J., s. Hencke, K. Jos.

Hencke, C. L., kleine Gedichte f. Kinder zur Uebung im Auswendiglernen. 1s Bdch. 12. Berl. 810. (Schöne). 8 gr

— kl. Sittenspiegel in Versen, 1r Th. 12. Berl. 810. (Schöne). 3 gr

Hencke, Carl, s. Hencke, Karl

Hencke, F. Schultz-
s. Schultz-Hencke.

Hencke, Georg Jo. (Ülzen/Lüneburg), De textu N. Testamenti Graeco. Präs. Jo. Heinrich Michaelis. Halle (Chr. Henckel) 19. X. 1707. 60 S. (6.80) 14274
Gew.: Johann Ascan v. Rhoeden (Naumburg. Closter-Zscheiplitz ..), Otto Christian v. Merquelbach (Dittersdorff).

— — Dasselbe. Ed. II. Halle (Christian Henckel) Okt. 1710. 76 S. (6.80) 14275

Hencke, Johann Christoph: Völlig entdecktes Geheimnis der Natur, sowol in der Erzeugung des Menschen als auch in der willkührlichen Wahl des Geschlechts der Kinder. 224 S., gbd.

Braunschweig: Selbstverlag 1786

JB 949

Hencke, Jo. Chr., (✝ d. 27. Jan. 1805.) neuentdeckte Geheimnisse in Erzeugung d. Menschen, als auch in d. willkürl. Wahl d. Geschlechts d. Kinder. 8. Braunschw. 786. (Coppenrath in Münster). 1 ₰ (Braun in Karlsr.) 8 gr (Krieger in Cassel). 8 gr (Heubner in Wien). 14 gr ((Jo. H. Firnhaber soll der wirkliche Verfasser sein.)

Hencke, K. Jos.

— s. Anekdote, [illegible]

— nuova Grammatica metodica della lingua italiana, oder neue method. Grammatik d. italien. Sprache. gr. 8. Lpz. 831. Volckmar. 12 gr

Hencke, C. J., nuova Grammatica metodica della lingua italiana, od.: Neue method. Grammatik d. italien. Sprache. gr. 8. (15 B.) Leipzig 830, (Volckmar.)

Hencke, K. Jos., neue engl. Sprachlehre nach Johnson's u. Murray's Grundsätzen, mit e. vollständ. Chrestomathie rc. 2 Thle. gr. 8. Hamb. 825. Kessler. 1 ₰ 12 gr 2r Thl. A. u. d. T.: engl. Chrestomathie; oder Aehrenlese auf d. Felde d. engl. Literatur. 20 gr)

Hencke, K. L.

—— Daguerreotypen u. Chaussee-Gestalten. 2 Bde. 8. (31 B. u. Titlvign.) Leipzig 841, Weber.

—— die freien Steinmetzen, od. Architektur u. Moral. Maurerischer Roman. 8. (14 3/4 B.) Leipzig 840, Weber.

Hencke, K. L., die Citabelle v. Antwerpen. Kriegsroman aus d. J. 1832. 8. (22 1/2 B.) Leipzig 841. [Hamburg, Engel.]

Hencke, Carl, die Homöopathik Hahnemann's oder die Heilkunde der Erfahrung. Aus Hahnemann's Schriften kurz zusammengestellt. Lex.-8. (75 S.) Riga 861. (Eisleben, Kuhnt'sche Buchh.)

Henckel, Otto: Otto **Henckel**, geboren am 30. April 1842, zum Vater gegangen am 7. Aug. 1908. [Rostock 1908: Boldt.] 2 Bl. 2° [Umschlagtit.]
Aus: ML. 37 (1908—1909) S. 2—5.
Enth. eine Rede am Sarge u. eine solche am Grabe des Verstorbenen von Pastor Henckel.

Henckel, s.a. Henkel

Henckel, Carl, s. Henckel, Karl

Henckel, Charles, Karte v. Europa. (In 4 Bl.) 1. Blatt. Imp. Fol. Kpfrst. u. color. (Copenhagen 851, Schwartz.) n. 1 1/2 ₰

Henckel, F. Von der Bergsucht und Hütten-Katze. Freiberg. 1728.

– dass., s.a. Henckel, V.

Henckel, Fr., die Stiefschwestern. Roman. 8. (196 S.) Breslau 880, Schottländer.

Henckel, Friedrich: Aus dem Anatomischen Institut zu Giessen. Beiträge zur Entwickelungsgeschichte des menschlichen Auges. *Wiesbaden: J. F. Bergmann 1898.* (24 S.) 8°
Giessen, Med. Diss. v. 1898

Henckel, Herm., üb. d. Möglichkeit e. semit. Ursprungs d. Dithyrambus. Progr. gr. 8. (42 S.) St. Petersburg 895. (R. Hoenniger.) n. 3. —

Henckel, J., und W. Hesse, zwei Predigten bei der Kirchenvisitation der Diöcese Hirschberg gehalten. gr. 8. (28 S.) Breslau 854, Korn.

Henckel, Jo. Ph., praes. Jo. Fr. du **Pré,** De usu et abusu spiritus vini. 32 pp. Erf. 4°. (Verbrauch und Mißbrauch des Brandtweins.)
1720

Henkel, Joa. Fr., Epistola de nonnullis singularibus circa nervos opticos. Hal. 4°. *Haller,* Bibl. anat. II, 814.

1738

Henckel, Joachim Friedrich

— Abhandl. von Beinbrüchen u. Verrenkungen, mit Kpf. 8. Berl. 759. Lange. 8 gr

— Abhandl. von Fußgeburten, worin eine Hebamme große Geschicklichkeit besitzen muß. 8. Berl. 778. Schöne. 5 gr

— Abhandl. von d. Geburtshülfe, mit Kpf. 8. Berl. 761. 2e A. 770. 3e A. 774. (Horvath in Potsd.) 20 gr

Joachim Friedrich Henckel

Joachim Friederich Henckels [Henckel] Abhandlung der chirurgischen Operationen. St. 1-8. Berlin: Decker & Winter (4 ff. Winter) 1770-76. 3 Bde 8°

St. 1: Vom grauen Staar. 1770.
St. 2: Von der Thränenfistel u. Durchbohrung der Knochen. 1771.
St. 3: Vom Steinschneiden, Mastdarmfistel, phimosi, paraphimosi, cancro u. sphacelo colis. 1771.
St. 4: Von den Bruchen. 1772.
St. 5: Von allen Nathen u. einigen dazu gehörenden Krankheiten. 1773.
St. 6: Von Abnehmung der Glieder, dem Nasengewächse, der Oefnung der Luftröhre u. dem Krebs an der Brust. 1774.
St. 7: Von der Oefnung der Brust, der Oefnung des Unterleibes, dem sog. Wurm am Finger u. von dem einwärts gekehrten Augenliede. 1775.
St. 8: Von allen noch übrig gebliebenen chirurgischen Operationen. 1776.

— Abhandl. von d. Wirkung d. äußern Arzneien an u. in d. menschl. Körper. 2 Stücke. 8. Berl. 761—65. Birnstiel. 12 gr

Henckel, Joachim Friedrich: Abhandlung von der Wirckung der äusserlichen Artzneyen an und in dem menschlichen Cörper. Mit Anhang. 160 S., gbd.

Berlin: Winter 1761 - 1765

JB 1.360

Henckel, J(oachim) F(riedrich): Anleitung zum chirurgischen Verbande, umgearb. und mit vielen Zusätzen versehen von J(ohann) C(hristian) Stark (junior). Von neuem bearb. und mit Zusätzen vermehrt von J(ohann) F(riedrich) Dieffenbach. (Nebst) Abbildungen, gbd., Abb.

Berlin: Reimer 1829

JB 3.475

Joachim Friedrich Henckels [Henckel] Anmerckungen [Anmerkungen] von wiedernatürlichen Geburthen zur Verbesserung der Hebammen-Kunst. Berlin: Haude & Spener (1751). 16 S. 8°

Angeb. an: Henckel: Sammlung medicinischer und chirurgischer Anmerckungen. Berlin 1747-50.

— Anmerkk. von widernatürl. Geburten, zur Verbesserung d. Hebammenkunst. 4. Berl. 751. Lange. 3 gr

Henkel, Jh. Fr., († d. 1. Juli 1779.) medicin. u. chirurg. Anmerkungen. 8 Sammll. 4. Berl. 747—63. Haude u. Sp. 1 rℓ 16 gr

Henckel, Joachim Friedrich: Medicinische und chirurgische Anmerkungen. Sammlung 1 - 6, gbd., Abb.

Berlin: Haude & Spener 1747 - 1751

JB 1.799

Henckel, Joachim Friedrich: Neue medicinische und chirurgische Anmerkungen. Erste Sammlung. 146 S., gbd., 2 Taf.

Berlin u. Stralsund: Lange 1760

Joachim Friederich Henckels [Henckel] Neue medicinische und chirurgische Anmerckungen [Anmerkungen] Samml. 1.2. Berlin & Stralsund: Lange (2: Berlin: Himburg) 1769-72. 8°

— Anweis. zum verbess. chirurg. Verbande. Mit 14 Kpf. 8. Berl. 755. 2e verb. Aufl. 767. 3e A. 779. 6e A. unt. d. T.: Anleit. zum chirurg. Verbande, herausg. von Jh. Chr. Stark II. Mit 25 Kpft. gr. 8. Ebd. 801. (Reimer). 2 rℓ 12 gr Von Neuem umgearb. u. mit Zusätzen verm. von J. F. Dieffenbach. Mit 40 Kpft. gr. 8. Ebd. 829. Ebd. 3 rℓ 18 gr

Henckel, Joachim Friedrich: Anweisung zum verbesserten chirurgischen Verbande. 242 S., gbd., 14 Taf.

Berlin: Lange 1756

JB 3.471

Henckel, Joachim Friedrich: Anweisung zum verbesserten chirurgischen Verbande. 3. verbess. Aufl. 244 S., gbd., 14 Taf.

Berlin u. Stralsund: Lange 1779

JB 3.472

Henckel, Joachim Friedrich: Anweisung zum verbesserten chirurgischen Verbande. Verbess. Aufl. 244 S., gbd., Abb.

Berlin u. Stralsund: Lange 1790

JB 3.473

— Anw. z. Verbess. chirurg. Verbande. gr. 8. Berlin, Lange. 801. (auch unter dem Titel: Anweisung z. chirurg. Verb.)

Henkel, J. Friedr., Anweisung zum verbess. chirurg. Verbande, durchaus umgearb. u. mit vielen Zusätzen versehen v. Joh. Chr. Stark:
Auch unt. d. Titel:
Stark, Joh. Chr., Anleitung z. chirur. Verbande. Mit 24 Kupf. gr. 8. Berl. Lange. 802.

Henckel, Joachim Friedrich: Anweisung zum verbesserten chirurgischen Verbande, durchaus umgearb. und mit vielen Zusätzen versehen von Johann Christian Stark junior. 2. Aufl. 476 S., gbd., 25 Taf.

Wien: mit Pichler'schen Schriften 1809

JB 3.474

Medicinsche und chirurgische Beobachtungen und Abhandlungen, welche grösteutheils der Königl. Academie der Wissenschaften und schönen Künste zu Berlin vorgelesen worden von Joachim Friedrich Henckel. Mit [2] Kupfern. Berlin: Wever 1779. 116 S. 8°

Beigeb.: Cellai, Alexander: Betrachtungen über das Verfahren den Urin aus der Blase zu ziehen ... Breslau 1776.

— med. und chirurg. Beobacht. und Abhandlungen. m. K. 8. Berl. Weber. (Sander) 779.

... Sammlung medicinischer und chirurgischer Anmerckungen (2 ff. seiner medicinischen u. chirurgischen Anmerckungen) von Joachim Friedrich Henckel. Samml. (1)-5. Berlin: Haude & Spener 1747-50. 1 Bd 8°

Samml. 1.2: 1747.
Samml. 3: 1748.
Samml. 4: 1749.
Samml. 5: Nebst... (Henckel:) Bescheidene Wiederlegung [Widerlegung] der Vertheidigung, so der Hr. A. G. Marggraff wieder denselben (sich) ausgestellet hat. 1750.
Beigeb.: Henckel: Anmerckungen von widernatürlichen Geburthen zur Verbesserung der Hebammen-Kunst. Berlin 1751.

... Sammlung medicinischer und chirurgischer Anmerckungen (2 ff. seiner medicinischen u. chirurgischen Anmerckungen) von Joachim Friedrich Henckel. Samml. (1)-8. Berlin: Haude & Spener 1747-63. 1 Bd 8°

Samml. 1.2: 1747.
Samml. 3: 1748.
Samml. 4: 1749.
Samml. 5: Nebst... (Henckel:) Bescheidene Wiederlegung [Widerlegung] der Vertheidigung, so der Hr. A. G. Marggraff wieder denselben (sich) ausgestellet hat. 1750.
Samml. 6: (1751.)
Samml. 7: 1760.
Samml. 8: 1763.

Henkel, Ioa. Fr., Neue med. u. chir. Wahrnehmungen. Brl. 1769 bis 1772. 8°. *Haller*, Bibl. chir. II, 263.

1769

Henckel, Jh. Cph., († d. 5. Mai 1806.) Anzeige eines Experimentalbeweises seiner neu erfund. spirituösen Stahltinktur, 8. Leipz. 778.

— Beschreib. von d. Beschaffenheit u. d. Nutzen d. neuen Stahltinktur. 8. Leipz. 794.

— s. Ehrenrettung d. hermet. Kunst.

— einige neu entdeckte chymisch-physikal. Wahrheiten. 8. Leipz. 760.

Johann Christoph Henckel

Einige neuentdeckte chemisch-physicalische Wahrheiten, denen Kennern der Natur-Lehre... hingegeben von Johann Christoph Henckel. Leipzig: Hilscher 1769. 30 S. 8°

Henckel, Johann Friedrich, s. Henkel

Henckel, Jul., deutsche Aufsatzschule für Volks- und Bürgerschulen. Unter Mitwirkung von mehreren Schulmännern bearb. und hrsg. 4 Hefte. gr. 8. (à Heft 48 S.) Hannover 881, Helwing'sche Verlagsb. à Heft * 30 Pf.

Henckel, Jul. Deutsche Aufsatzschule f. Volks- u. Bürgerschulen. Unter Mitwirkg. v. K. Dorenwell bearb. u. hrsg. 4 Hefte. 2. verb. Aufl. gr. 8. (44; 52; 48; 48 S.) Hannov. 889, Helwing. à Heft ** — 25; ** 1 —

— s.: Lesebuch, hannoversches.

Henckel, J., hannoversches Lesebuch, s.: Schlepper, H.

— s. Lesebuch für Volksschulen.

— s. Lesebuch für mehrklassige Volks- und Bürgerschulen.

Henckel, J., Muster und Aufgaben zu deutschen Aufsätzen, s. Dorenwell, K.

Henckel, Karl

Henckel, Carl, Atlas des deutschen Reichsheeres u. der kaiserl. Marine einschliesslich kaiserl. Schutztruppen in Afrika u. des ostasiatischen Expeditionscorps, in ihrer Uniformirung u. Eintheilung dargestellt. (30 farb. Taf. m. VIII S. Text.) gr. Fol. Dresden (901). Militär-Kunst-Verl. „Mars". Geb. in Halbleinw. nn. 65. —; Vorzugspreis f. aktive Militärs n.n. 50.—

Henckel, Carl, Buffalo Bill u. sein wilder Westen. Zeichnungen nach dem Leben. Fol. (14 Taf. m. 2 S. Text.) München 891. Leipzig, A. Twietmeyer. In Leinw.-Mappe. n. 10. —

Henckel, Karl: Gipfel und Gründe, s. Henkell, Karl

— Militär-Informations-Tafeln, auf Grund der besteh. Vorschriften zusammengestellt u. gezeichnet. Nr. 1—26 u. 28—32. à 49×69 cm. Farbdr. Ebd. (901). à 2. 50
1—19. I—XIX. Armeekorps. — 20—22. I—III. bayer. Armeekorps. — 23. Garde-Korps. — 24. Offiziere der Bundesstaaten, Taf. A. — 25. Sanitäts-Offiziere u. zu grüssende Beamte der Armee, Taf. A. — 26. Militär-Schulen etc. — 28. Marine. A. — 29. Marine. B. — 30. Marine. C. — 31. Marine. D. — 32. Kaiserl. Schutztruppe in Afrika.
Nr. 27 ist noch nicht erschienen.

Henckel, Carl Adam (Erfurt), De protestationibus injuriosis. Von Schmähehafften Vorklagen. Trigam conclusionum juridicarum. Präs. Johann Philipp Treiber. Erfurt (Grosch) 16. VI. 1708. 12 Bl. (6.50) 14276

Henckel, Marie, Lolotte, s.: Universal-Bibliothek.

Henckel, Marie, Anna Sophie Reventlow, s. a. Universal-Bibliothek.

(Universal-Bibliothek. 4312. 4313.)
Anna Sophie Reventlow. Roman aus der Zeit Friedrichs IV. von Dänemark v. Marie Henckel. Autorisierte Übersetzung aus dem Dänischen v. Mathilde Mann. Leipzig. [1902.] 8°.

Henckel, Mary, auf welchen psychologischen Thatsachen beruhen die fünf formalen Stufen Herbarts? s. a. Abhandlungen, pädagog. III. 8.

Auf welchen psychologischen Thatsachen beruhen die fünf formalen Stufen Herbarts? Von Mary Henckel, in Hamburg. *Bielefeld: A. Helmich [1899].* (24 S.) 8° [F.]
= Abhandlungen, Pädagogische. N. F. Bd 3, H. 8.

Henckel, O., Beiträge zur Schulaufsichtsfrage. Zur Abwehr gegen die Angriffe des Herrn Past. Westerwick-Boizenburg. gr. 8. (28 S.) Wismar 879. Hinstorff's Verl. — 40

Henckel, P., die Rache. Eine Erzählung aus der Zeit d. nordamerikan. Freiheitskrieges. Für die reifere Jugend bearb. gr. 8. (307 S. m. 4 Farbendr. u. 1 Karte.) Stolp i/P. 889. Rahn. geb. 5. —

Henckel, Paul: Schillers Bedeutung für die höhere Schule und das Volk. Festrede, gehalten am 9. Mai 1905. Lauenburg Pomm. 1906: H. Badengoth. (S. 9—12.) 4°
Lauenburg Pomm. G i. E. P 1906 (170)

Henckel, W. d. Bergsucht u. Hüttenkatze. Dresden. 8°.
1745.

– dass., s.a. Henckel, F.

Henckel, W. (Hrsg.), s. Tolstoj, L.: Reife Aehren.

Henckel, W. Ludwig, s.a. Henkel

Henckel's, Herrn W. Ludwigs Grafen, *Schatz-Küstlein*, bestehend in auserles. Göttl. Verheissungen, deren gläubiger Zueignung, und beygefügten Reimen, nebst e. *Vorrede* von dem kindlichen Wesen der Kinder Gottes (von *Joh. Adam Steinmetz*, Abt zu Berga, Consistorial-Rath u. Gen.-Superint. im Herzogth. Magdeb., de dato: Closter Berga, d. 28. Dec. 1734). Halle u. Leipzig (o. A. d. V. u. D.). Alter Ldrb., gebr.
Seltenes Erbauungsbüchlein. 1 Kpf., Tit. (roth u. schwarz gedr.), 300 nur einseitig bedruckte, nicht num. Bll.

Henckel, Wilhelm

Henckel, W., die Deutschen in Rußland, s.a. Sammlung gemeinnütziger Vorträge.

Henkel, W., Die Deutschen in Rußland. 15 S. Prag 1885 STBM

Henckel, Wilhelm, Die Deutschen in Russland. (Sammlg. gemeinnütziger Vorträge. Nr. 102.) 8. (16 S.) Prag, Gustav Neugebauer. 10 kr. 1885.

Henckel, Wilh., Rußlands wirthschaftliche Lage im J. 1891, s.a. Zeit- u. Streitfragen, deutsche.

Henckel W, Russlands wirtschaftliche Lage im Jahre 1891. (Zeit- und Streitfragen, Deutsche, Neue Folge 98) Hamburg 1892

Henckel, Wilh., wider Militarismus u. Krieg. Beiträge zur Abrüstungsfrage u. zur Herbeiführg. des Weltfriedens nach der Lehre v. Leo Tolstoj. Nebst e. prakt. Vorschlag, die allgemeine Entwaffng. betr. 8. (65 S.) München 899. A. Schupp. n. — 60

— s.a. Sbornik.

Sbornik. Russische Geschichten u. Satiren. Uebers. u. hrsg. von Wilhelm Henckel. Bd 1-4. Berlin: Räde [1899-1902]. 8°
1. 2. [1899.] 3. Mit Ssaltykow-Schtschedrins Bildn. u. e. biogr. u. litterarhist. Studie. [1899.] 4. Mit Potapenkos Bildn. [1902.] A 12.5016

Henckel von Donnersmarck

(Henckel-Donnersmarck, Graf.) Jesuitenmoral. Ein Album für Freunde der frommen Väter. Zusammengestellt nach Stellen aus jesuitischen Kasuisten. Leipzig 1845. 104 S. 8.

(Henckel v. Donnersmark,) Renn-Kalender, s. Taschen-Renn-Kalender.

Henckel von Donnersmarck, J. C., s. Henckel von Donnersmarck, Leo Viktor Felix

Henckel v. Donnersmark, L. A. Graf, Stammtafel der Reichsgrafen Henckel, Freiherren von Donnersmark. 1883. 8.

Henckel-Donnersmarck, Leo Graf, aus der Gegenwart. Vorschläge zur Verbesserung des preuss. Invalidenwesens mit besond. Berücksichtigung der Invaliden aus der ländl. Bevölkerung. gr. 8. (16 S.) Anclam 866, (Dietze.) *

— Reform des Adels überhaupt des Erbganges im ländlichen Grundbesitz, skizzirt unter Mittheilung zweier fideicommissar. Stiftungen. Berlin 868. Stilke & van Muyden. gr. 8. (III, 120 S.) n. 25 ngr

Henkel Donnersmarck, Leo Amadeus Graf, Briefe der Brüder Friedrichs des Grossen. Mit Portr. u. Fcsm. (in Lichtdr.) eines Briefes des Prinzen Heinrich von Preussen. gr. 8. (120 S.) Berlin 877. Schneider & Co. n. 3. 60

Leo Viktor Felix Henckel von Donnersmarck

Adumbrationes plantarum nonnullarum horti Halensis academici selectarum. Auctor Leo Victor Felix Henckel a Donnersmarck. Halae 1806: Grunert. 36 S. 8°

* Henkel a Donnersmarck, J. C., adumbrationes plantarum nonnullarum horti Halensis academici selectarum. 4maj. Halae, Grunert. (Hendel.) 806.

Henkel v. Donnersmark, Leo Fel. Vikt.: Darstellung der bürgerl. Verhältnisse der Juden im Preuss. Staate, unmittelbar vor dem Edict vom 11. März 1812. *Leipzig*. Cnobloch. 814. 8. (18 Gr.)

— s. Enumeratio plantarum.

Henkel v. Donnersmark, Comes Leo Felix Vikt., nomencl. botanicus sistens plantas omnes in C. a Linné speciebus plantarum a C. L. Willdenowio enumeratas. 8maj. Halle 803. Edit. altera 821. Hendel. 2 ₰ Schrbp. 2 ₰ 16 gr

Henkel a Donnersmark, L. F. V., Nomenclator botanicus sistens omnes plantas in C. a Linné speciebus plantarum a C. L. Wildenowio enumeratas, editio altera. 8maj. Halae, Hendel. 820.

Henckel von Donnersmarck, Viktor Amadeus

Henckel v. Donnersmark, V. A. Feldzug der Russen gegen die Türken 1769. — Feldzug von 1778. [Militär. Nachlass, hrsg. v. K. Zabeler. II, 2.] (XXII. 230) 8. Zerbst 1846. 3,50.

Henckel v. Donnersmark, V. A. Die Feldzüge in den Jahren 1756—1762. [Militärischer Nachlass, hrsg. von K. Zabeler. I, 2. II, 1] 2 Bd. (XX. 700) 8. m. 3 Taf. Zerbst 1846. 10,00.

Henckel v. Donnersmark, Vict. A. Die Feldzüge von 1744 u. 1745. [Militär. Nachlass, hrsg. von K. Zabeler. I., 1.] (VIII. 206) 8. M. 6 Pl. Zerbst 1846. 4,00.

Henckel v. Donnersmarck, militairischer Nachlaß, s.a. Zabeler, C.

Henkel von Donnersmark, Vict. Amad., Graf. k. preuss. Generallieut. etc. Militärischer Nachlass. Herausgegeben von Carl Zabeler. I. Th. 1. Abth. Enthaltend die Feldzüge der zwei schlesischen Kriege 1744 und 1745. Mit 6 Plänen. 2. Abth. Enthaltend die Feldzüge 1756—1757. II. Th. 1. Abth. Kriegsjahre 1758—1762. (Mit 2 Taf.) 2. Abth. Feldzüge 1769 und 1778. (2 Bde.) Zerbst 1846.

Henckel v. Donnersmarck, Vikt. Amad., Graf., militair. Nachlaß. Herausgeg. von Karl Zabeler. 1. Thl. 2. Abthl. Mit 1 Plan. gr. 8. Zerbst 846, Kummer. n. $2^1/_3$ ₰ I. 1. II. 1. sind noch nicht erschienen.

Henckel von Donnersmarck, Viktor Amadäus Graf, militärischer Nachlaß. Herausgeg. v. Karl Zabeler. 2 Thle in 4 Abthlgn. gr. 8. (I. 1: VIII u. 206 S. m. 6 lith. Plänen in gr. 4. u. 1 Stahlst. I. 2: VIII u. 483 S. nebst 1 Plan in gr. 4. II. 1: XII u. 217 S. m. 2 lith. Taf. II. 2: XXII u. 230 S.) Zerbst 847—49, Kummer. (I. 1: n. $1^1/_3$ ₰ I. 2: n. $2^1/_3$ ₰ II. 1: n. 1 ₰ II. 2: n. $1^1/_6$ ₰) n. $5^5/_6$ ₰

Henckel v. Donnersmarck, Vict. Amad., militärischer Nachlaß. Herausg. v. K. Zabler. 2 Thle. 2. (Titel-)Ausg. Leipzig (849.) 858. Violet. gr. 8. (VIII, 206, VIII, 483 S.; XIII, 217, XXV, 231 S., 7 lith. Pläne in 4. u. Portrait in Kpfrst.) 4 ₰.

Henckel v. Donnersmarck, Wilh. Ludw. Vict. Graf, im Dienste König Friedrich Wilhelms III., s.a. Aus vergilbten Pergamenten.

Henckel v. Donnersmarck, Wilh. Ludw. Vict. Grf, Im Dienste König Friedrich Wilhelms des Dritten. Erinnerungen a. d. Leben. Leipzig [1910]. 8°.
(A. vergilbten Pergamenten, hrsg. von Theod. Rehtwisch. Bd 4.)

Henckel von Donnersmarck, Wilhelm Ludwig Victor Graf, k. preuss. Generallieut. a. D. Erinnerungen aus meinem Leben. 1775—1845. Zerbst 1846.

Henckel von Donnersmarck, Wilh. Ludw. Vict., Erinnerungen aus meinem Leben. gr. 8. (XII und 675 S.) Zerbst 847, Kummer'sche Buchh. *

Henckell, Georgius Gustavus: De quaestione: num et quatenus fratres sororesque se invicem alere debeant? Halae (1819): Hendel. 46 S. 8°
Halle-Wittenberg, Jur. Diss. v. [13.] Dez. 1819
Geb. [Hamburg 5. 6. 1796]

Henckell, Karl

Henckell, K., Amselrufe. Neue Strophen. 8. (XII, 151 S.) Zürich 888. Verlags-Magazin. n. 2. —

— dasselbe. 2. Aufl. 8. (XII, 139 S.) Ebd. 890. n. 2. —

Henckell, Karl, Buch der Freiheit. Gesammelt u. hrsg. v. K. H. 2 Bde. gr. 8. (XVI, 603 S.) Berlin 893. Buchhdlg. des „Vorwärts". n. 3. 50; geb. in 1 Leinw.-Bd. m. Goldschn. n. 5. —

Henckell, Karl, deutsche Dichter seit Heinrich Heine, s.a. Literatur, die, 37. u. 38. Bd.

Henckell, Carl. Deutsche Dichter (*Umschlag:* Dichtung) seit Heinrich Heine. Ein Streifzug durch fünfzig Jahre Lyrik, von K' H'. (*Umschlagband:* Mit einer Heliogravüre nach Arnold Böcklin, dreiundzwanzig Porträts und acht Faksimiles [= 32 Tafeln].) VI + 178 S. 8. Berlin, Bard, Marquardt & Co., (1906). (cart. M. 3. —, [geb. 5. —])
Die Literatur. (Sammlung illustrierter Einzeldarstellungen.) Hrg. von Georg Brandes. (Band 37 bis 38.)

Henckell, Karl, moderne Dichterabende. Zwanglose Zitatenplaudereien. 8. (V, 115 S.) Zürich 895. Th. Schröter. n. 1. 60

— Diorama. 8. (XVI, 266 S.) Ebd. 890. n. 3. 60

Henckell, Karl, Gedichte. Bildschmuck v. Fidus. gr. 8. (VIII, 519 S.) Zürich (898). Berlin, K. Henckell & Co. n. 7. —; geb. 8. —

— Gedichte f. das Volk. Eine Auswahl. gr. 8. (78 S. m. Abbildgn.) Ebd. (901). n. — 80

Karl Henckell. Gedichte für das Volk. Eine Auswahl. Buchschmuck von Fidus. *(Zürich, Leipzig & Berlin: K. Henckell & Co.) [1902.]* (76 S.) 8° [F.]

Karl Henckell. Gedichte für das Volk. Eine Auswahl. (Buchschmuck von Fidus.) 6.–8. Taus. *Zürich, Leipzig, Berlin: K. Henckell & Co. 1902.* (76 S.) 8° [Umschlagt. F.] 11

Henckell, Carl. Aus meinen Gedichten. [Von] Karl Henckell. Buchschmuck von Fidus. (*Umschlag:* 4. und 5. Tausend.) 80 S. 8. Zürich-Leipzig-Berlin, Karl Henckell & Co., [1902]. ([br.] M. 1. —, [geb. M. 2. —])

— Gipfel u. Gründe. Neue Gedichte (1901—1904). (175 S.) 8. Berlin 904. (E. Goldschmidt.) n. 2. 60; geb. n. 4. —

Gipfel und Gründe. Neue Gedichte ⟨1901–1904⟩ von Karl Henckell. Leipzig & Berlin: K. Henckell & Co. 1904. (175 S.) 8° [F.] 11

Henckel, Karl, Gipfel u. Gründe.
Jetzt: Berlin, Marquardt & Co.

Neues Leben. Dichtungen ⟨1899–1900⟩ von Karl Henckell. Bildschmuck von Fidus. Zürich & Leipzig: Henckell 1900. 148 S. 8°
A 12.2345

Henckell, Karl, neues Leben. Dichtungen (1899—1900). Bildschmuck v. Fidus. (144 S.) 8. Zürich 900. [Berlin, Marquardt & Co.] München, Die Lese. 2.50; geb. 4. —
Auch die übrigen Schriften dessel. Verf. aus dem Verlage v. Marquardt & Co. gingen an obige Firma über.

Henckell, Carl. Mein Lied. [Von] K' H'. Mit [musikalischen] Beiträgen von Rich(ard) Strauss und Buchschmuck von Fidus [wobei das Porträt des Dichters, sowie mit dessen Faksimile]. IV + 181 S. 8. Berlin, Bard, Marquardt & Co., 1906. [geb. M. 5. —]
Bibliograph. Bulletin 1906.

Henckell, Carl. Mein Liederbuch. Ausgewählte Gedichte [von] Karl Henckell. [Folge] 1. Mit Bild des Dichters [Tafel, sowie Titelrahmen, Vignetten und 1 Facsimile-Tafel]. IV + VIII + 200 S. 8. Leipzig und Berlin, K. Henckell & Co., [1903]. [M. 1. —, geb. M. 2. —]

! – Mein Liederbuch. Jetzt: Berlin: Marquardt & Co.

— aus meinem Liederbuch. gr. 8. (VIII, 203 S.) München 892. Dr. E. Albert & Co., Sep.-Cto. Geb. in Leinw. n. 7. —

Ada Negri. Ein Vortrag von Karl Henckell. Mit d. Portr. d. Dichterin. Zürich & Leipzig: K. Henckell & Co. 1890. (35 S.) 8° [Aut. u. F.]

Henckell, Carl. Neuland. Ausgewählte Gedichte [von] K' H'. [Folge] 2. (Titelrahmen und Schlusskranz von Fidus.) 2. [Titel-]Aufl. IV + VIII + 162 S. 8. Leipzig und Berlin, K. Henckell & Co., [1903]. [M. 1. —, geb. 2. —]
1. Aufl. (1903): N 2306

! – Neuland. Jetzt: Berlin: Marquardt & Co.

— Quartett. Dichtungen. Unter Mitwirkung von Arth. Gutheil, Erich Hartleben, Alfr. Hugenberg hrsg. 8. (151 S.) Hamburg 886, O. Meißner's Verlag. geb. * 3 —

Henckell, Carl. Schwingungen. Neue Gedichte von K' H', 1905/1906. Buchschmuck von Fidus. VIII + 119 S. 8. Berlin, Bard, Marquardt & Co., Weihnachten 1906. (M. 3. —, geb. 4. —)

— poetisches Skizzenbuch. Mit einem Vorwort von Heinr. Hart. 8. (XII, 188 S.) Minden 885, Bruns. * 2 25

— s.: Sonnenblumen.

— Strophen. 8. (VIII, 158 S.) Zürich 887, Verlags-Magazin. * 1 60

— Trutznachtigall. 8. (112 S.) Stuttg. 891, Dietz. * 1 50; geb. * 2 —

—— Umsonst. Ein sociales Nachtstück. 8. (8 S.) Berlin 884, (Ißleib.) * — 20

Henckell, Carl. Weltlyrik. Ein Lebenskreis in Nachdichtungen von K' H'. [Umschlag illustriert.] VIII + 160 S. 8. München, Die Lese, Verlag. 1910. [M. 4. 50, geb. 6. —]

— Widmungsblatt an Arnold Böcklin. gr. 4. (12 S. m Bildnis.) Zürich 897. K. Henckell & Co.
Auf Büttenpap. n. 2 50; auf Japan-Pap. n. 4. —

Henckell. Poetisches Widmungsblatt zu Arnold Böcklins 70. Geburtstag. Gr. in-4⁰. 16 S. Zürich, Karl Henckell & Co. Auf Büttenpapier 3 —
— Dass. Auf Japan-Papier. 5 —

— Zwischenspiel. 12. (XI, 182 S. m. Bildnis.) Zürich 894. Verlags-Magazin. n. 1. 60

Henckels, J. A., s.a. Henkels

Henckels, J. A: Waarenverzeichniß mit Musterzeichnungen der Stahlwaaren-Fabrik in Solingen. Berlin (1894?)

Henckels, J. A., Zwillingswerk: Muster-Buch über Stahlwaren. Solingen und Berlin (1890?) 1905

Henckels, Jean-Baptiste: Grammaire française pratique, spécialement destinée à l'usage des écoles allemandes de la province de Luxembourg. Arlon 1865. 144 S. 12⁰

– Dass. Dixième édition. Arlon 1877. 2, II, 156 S. 12⁰

Henckels, Jean-Baptiste: Erstes Lesebuch für den Schreiblese-Unterricht eingerichtet. Erstes Heftchen. Siebenzehnte Auflage. Arlon 1868. 16 S. 8⁰

– Dass. Zweites Heftchen. Ebd. 32 S. 8⁰

Henckels, Jean-Baptiste: Zweites Lesebuch. 1. Theil. Ebd. 64 S. 8⁰

– Dass. 2. Theil. Ebd. 80 S. 8⁰

Henckels, Jean-Baptiste: Drittes Lesebuch für die obere Klasse in Primärschulen. Arlon 1845. 132 S. 12⁰

– Dass. Vierte Auflage. Ebd. 1875. 2, II, 132 S. 12⁰

Henckels, Jean-Baptiste: Premier livre de lecture pour apprendre à lire et à écrire simultanément. 1re et 2me partie. Arlon: Auteur 1858. 18⁰

– Dass. Première partie. 5me édition. Arlon 1863. 16 S. 18⁰

– Dass. Deuxième partie. 5me édition. Ebd. 1864. 16 S. 18⁰

Henckels, Jean-Baptiste: Deutsche Sprachlehre mit Uebungs-Aufgaben für Primärschulen. Arlon 1842. 120 S. 12⁰

– Dass. 2. Auflage. Ebd. 1847. 136 S. 12⁰

– Dass. 12. Auflage. Ebd. 1877. 2, 120 S. 12⁰

Henckenius (Übers.):

s.: Röderer, J(ohann) G(eorg): Anfangsgründe der Geburtshülfe (Elementa artis obstetriciae... Dt.) mit...Anmerkungen und Zusätzen von (Johann Christian) Stark (senior). Jena: 1793

JB 3.931

Henczynski, Ausflüge nach der Oberspree u. Dahme, s.: Grieben's Reiseführer.

Henczynski, Adolf [Assistenzarzt d. med. Klinik]: Über den Einfluss der Genussmittel auf die Magenverdauung .... Rostock, Univ.-Buchdr. v. Adler's Erben, 1886; 38 S. 8⁰.
Rostock. Med. Fak., Inaug.-Diss. v. 5. Jul. 1886.

Henczynski, Adolf, über den Einfluss der Genussmittel auf die Magenverdauung. Diss. Rostock 1886, G. B. Leopolds Univ.-Buchh. 8⁰. 38 S.

Henczynski, Adf., üb. Entleerg. v. Echinococcen a. d. Harnblase. [Aus: „Beiträge z. wissenschaftl. Med., Th. Thierfelder gewidmet".] gr. 8. (22 S.) Leipzig 895. A. Langkammer. n. — 80

Henczynski, Rich., s.: Konrad v. Würzburg, das Leben d. hl. Alexius.

Henczynski, Richard: Das Leben des heiligen Alexius von Konrad von Würzburg. *Berlin: Mayer & Müller 1898.* (83 S.) 8⁰ ¶ (Erscheint vollständig in: Acta Germanica, Organ für deutsche Philologie, Bd 6 H. 1.)
Strassburg, Phil. Diss. v. 1898

Hendecasyllaben. Amsterdam [Berlin] 1773. V: *Schmidt*, *Clamer Eberhard Carl.* (Mn) (Wr)

Aus gärender Zeit. Polit. u. unpolit. Ereignisse auf d. Inseln Usedom u. Wollin im J. 1848. Von Benno Hendel. *Swinemünde: W. Fritzsche 1903.* (56 S.) 8⁰ [ ]
[04. 66

Hendel, Friedrich [aus Speyer (Rheinpfalz)]: Das Quecksilber in der Syphilistherapie .... Würzburg, Druck d. Kohl & Hecker'schen Buchdr., 1896; 36 S. 8⁰
Würzburg, Med. Fak., Inaug.-Diss. v. 1896

Hendel, Frdr., Revision des paläarktischen Sciomyciden (Dipteren-Subfamilie), s. a. Abhandlungen der k. k. zool.-botan. Gesellschaft in Wien. II. 1.

Revision der paläarktischen Sciomyziden (Dipteren-Subfamilie). Von Friedrich Hendel (Wien). Mit 1 Taf. *Wien: A. Hölder 1902.* (92 S.) 8⁰ = Abhandlungen d. k. k. zool.-botan. Gesellschaft in Wien. Bd 2, H. 1.
[02. 12,85

Hendel, Friedr. Wilhelm (Adorf/Vogtl.), Judicem pedaneum. Specim. acad. jur. civil. Präs. Jo. Wilhelm Dietmar. Jena (Jo. Friedrich Ritter) 21. XII. 1743. 40 S. (6.50) 14278
Gew.: Johann Heinrich Hendel (Vater).

Hendel, Henriette, s. Hendel-Schütz, Johanne Henriette Sophie

Hendel, Johann Christian, s. Abbildung und Beschreibung einer Ruder-Maschine.

– s. Adreß-Verzeichniß, Hallisches, aller jetzt lebenden ... Personen ...

Heudel, Joh. Christian, vortragendes Mitglied der naturforschenden Gesellschaft in Halle. Angabe zu einem neu verbesserten Gewehr oder Flintenschloss. Mit 1 Abbild. des Flintenschlosses.
4. Halle 1808.

Hendel, Jh. Chr., († d. 7. Oct. 1823.) Angabe zu e. neuen verbesserten Gewehr= oder Flintenschlosse. Mit 1 Abbild. 4. Halle 808. Hendel. 8 gr

– s. Anleitung zur Kenntniß der Edelsteine und Perlen.

– s. Anweisung zur Wappenkenntnis.

– s.a. Archiv für deutsche Schützengesellschaften.

Hendel, Johann Christian. Archiv für deutsche Schutzengesellschaften ... Gesammlet und herausgegeben von Johann Christian Hendel ... Halle, in J. C. Hendels Verlage 1802 [1801—1803].
3 Bde. 8°
I Versuch einer historischen Beschreibung aller ehemaligen und jetzt üblichen Wehr- und Waffenarten ... 1802: 2 Tit., 1 Bl., XIV + 339 S., 2 Tabellen m. 28 Holzschn.; 11 Taf. in Rad
II Beschreibung der Schützengesellschaften von 40 Städten ... 1801: III—IX S., 4 Bl., 204 S. (S. 149—150 in der Zählung ausgelassen, S. 137 sechsmal, 138 doppelt gezählt), 32 Bl., 33—48 S., 1 Bl. Musikbeilage m. 64 Abb., davon 63 in Holzschn., 1 in Kupferst.
III Beschreibung der Schützengesellschaften von 38 Städten ... 1803: III—VIII S., 5 Bl., 355 S.; 1 Taf. in Kupferst.

– s.a. Beschreibung der Hendelschen Gemäldesammlung.

— Beschreibung seiner Gemäldesammlung in Halle ꝛc. 8. Ebend. 805.

— histor. Beschreib. d. hohen Petersberges im Saalkreise u. d. auf demselben ehedem berühmten Augustinerklosters ꝛc. Mit 3 Abbildd. 8. Halle 808. Hendel. 12 gr

— kurze Beschreib. d. Geschichte d. Hallischen Salzwerks u. dessen jetzigen Betriebes. 8. Halle 801. Hendel. 2 gr

— Beschreibung aller Wehr= und Waffenarten, s. Archiv d. Schützenges.

– s. Bünting, H.: Beschreibung.

— Chronik v. Gibichenstein, Ludwig d. Springer, Halle u. d. Umgegend; nach ihren ältern u. neuern Begebenheiten chronologisch entworfen ꝛc. Mit Anmerkk., 3 Kpf. u. 1 Notenbl. 8. Halle 818. Hendel. 1 ꝶ 12 gr

Hendel (J. C.), and C. L. Willdenow. Index generum. . . . C. L. Willdenow citatarum. Halae, 1806. 8°.

Hendel, Joh. Christian. Versuch einer historischen Beschreibung aller ehemaligen und jetzt üblichen Wehr- und Waffenarten. Nebst einer Abhandlung: über die aus Volksfesten, Volksbewaffnungen und Waffenübungen der Alten nach und nach entstandenen Waffenarten in Deutschland. Mit 11 Kupfern, mehreren Holzschn. und 2 Tabellen. 8. Halle 1802.

Hendel, J. Ch. Versuch einer historischen Beschreibung aller ehemaligen u. jetzt üblichen Wehr- u. Waffenarten. Mit Kpf. ꝛc. Halle 1802. 339 S.

Hendel, J. Ch. Versuch einer historischen Beschreibung aller ... Wehr- und Waffenarten. Halle 1802. 8°. (Archiv f. deutsche Schützengesellsch. 1.) (Verm. Jähns.)

Hendel, Justus: Die Kennzeichen des Erb-Bestandes bei Bauergütern. . . . Halle a. d. S., Druck v. Otto Hendel, 1888; 50 S. 8°
Göttingen, Jur. Fak., Inaug.-Diss. v. 24. Dez. 1888

Hendel, J., die Kennzeichen d. Erb-Bestandes bei Bauergütern. Inaug.-Diss. gr. 8. (50 S.) Halle 888. (Göttingen, Vandenhoeck & Ruprecht's Verl.) n. 1.20

Hendel, Karl, Schiller, die Jungfrau v. Orleans, s.: Walther's, Emil, Erläuterungen zu den Klassikern.

Hendel, Otto, s.: Bibliothek der Gesamtliteratur.

– s.a. Operntexte ...

— Operntexte m. Notenbeispielen. Nr. 1—40. 8. Halle, O. Hendel. à — 20
Adam, Adph. Karl, der Postillion v. Lonjumeau. Komische Oper in 3 Akten v. de Leuven u. Brunswick. (51 S.) 909. (Nr. 1.)
Auber, D. François Esprit, Fra Diavolo od. Das Gasthaus zu Terracina. Komische Oper in 3 Akten v. Aug. Scribe. (40 S.) 909. (Nr. 2.)
— Maurer u. Schlosser. Komische Oper in 3 Akten v. Eugène Scribe u. Germain Delavigne. (43 S.) 910. (Nr. 28.)
— Die Stumme v. Portici. Große Oper in 5 Akten v. Eugène Scribe u. Germain Delavigne. (40 S.) 910. (Nr. 29.)
Beethoven, Ludw. v., Fidelio. Oper in 2 Aufzügen. Text frei nach dem Franz. des J. N. Bouilly v. J. Sonnleithner u. Fr. Treitschke. (35 S.) 909. (Nr. 3.)
Boieldieu, François Adrien, die weiße Dame. Komische Oper in 3 Akten v. Eug. Scribe. (63 S.) 909. (Nr. 4.)
— Johann v. Paris. Komische Oper in 2 Akten v. Saint-Just. (38 S.) 909. (Nr. 30.)
Donizetti, Gaetano, Marie od. Die Tochter des Regiments. Komische Oper in 2 Akten v. Saint-Georges u. Bayard. (32 S.) 909. (Nr. 5.)
Flotow, Frdr. v., Alessandro Stradella. Romantisch-kom. Oper in 3 Akten v. W. Friedrich. (39 S.) 909. (N. 6.)
— Martha od. Der Markt zu Richmond. Oper in 4 Akten v. W. Friedrich. (59 S.) 909. (Nr. 7.)
Gluck, Christoph W., Orpheus u. Eurydice. Oper in 3 Akten v. Raniero de' Calsabigi. (31 S.) 909. (Nr. 31.)
Halévy, Jacques Fromental, die Jüdin. Oper in 5 Akten v. Eug. Scribe. (75 S.) 909. (Nr. 32.)
Kreutzer, Conradin, d. Nachtlager in Granada. Romantische Oper in 2 Akten. Dichtung nach Friedrich Kinds gleichnam. Schauspiele v. Karl Joh. Braun. (35 S.) 909. (Nr. 8)
Lortzing, Gust. Alb., die Opernprobe. Komische Oper in 1 Aufzug. Text nach Joh. Frdr. Jünger. Dichtung u. Musik v. L. (36 S.) 909. (Nr. 33.)
— Die beiden Schützen. Komische Oper in 3 Akten. (47 S.) 909. (Nr. 9.)
Undine. Romantische Zauberoper in 4 Aufzügen. Nach Fouqués Erzählg. frei bearb. (XI, 44 S.) 909. (Nr. 12.)
— Der Waffenschmied. Komische Oper in 3 Akten. (42 S.) 909. (Nr. 10.)
— Der Wildschütz od. Die Stimme der Natur. Komische Oper in 3 Akten. (56 S.) 909. (Nr. 11.)
— Zar u. Zimmermann. Komische Oper in 3 Akten. (35 S.) 909. (Nr. 13.)
Marschner, Heinr. Aug., Hans Heiling. Romantische Oper in 3 Akten u. 1 Vorspiele v. Eduard Devrient. (44 S.) 909. (Nr. 34.)
— Der Vampir. Romant. Oper in 4 Akten v. Wilh. Aug. Wohlbrück. (67 S.) 909. (Nr. 35.)
Méhul, E. Nikol., Joseph in Ägypten. Oper in 3 Akten v. Alex. Vincent Pineux Duval. (42 S.) 909. (Nr. 36.)
Meyerbeer, Giacomo, die Hugenotten od. Die St. Bartholomäusnacht. Große Oper in 5 Akten v. Eug. Scribe. (77 S.) 909. (Nr. 14.)
— Der Prophet. Oper in 5 Akten v. Eug. Scribe. (60 S.) 909. (Nr. 15.)
— Robert der Teufel. Oper in 5 Akten v. Eug. Scribe. (51 S.) 909. (Nr. 16.)
Mozart, Wolfg. Amadeus, Bastien u. Bastienne. Komische Oper in 1 Akt. Text nach d. Franz. v. F. W. Weiskern. (23 S.) 909. (Nr. 17.)
— Cosi fan tutte (So machen es alle). Kom. Oper in 2 Akten v. Lorenzo da Ponte. (47 S.) 909. (Nr. 18.)
— Don Juan. (Don Giovanni od. „Der bestrafte Wüstling".) Oper in 2 Akten. Dichtung v. Lorenzo da Ponte. (50 S.) 909. (Nr. 19.)
— Die Entführung aus d. Serail od. Belmonte u. Konstanze. Oper in 3 Akten nach dem gleichnam. Text v. F. C. Bretzner bearb. v. G. Stephanie. (30 S.) 909. (Nr. 20.)
— Die Hochzeit des Figaro. Komische Oper in 4 Akten, nach dem gleichnam. französ. Lustspiel v. Beaumarchais v. Abbate Lorenzo da Ponte. (50 S.) 909. (Nr. 21.)
— Die Zauberflöte. Oper in 2 Akten v. Eman. Schikaneder. (38 S.) 909. (Nr. 22.)
Nicolai, Otto, die lustigen Weiber v. Windsor. Komisch-phantast. Oper in 3 Akten nach Shakespeares gleichnam. Lustspiel v. H. S. Mosenthal. (42 S.) 909. (Nr. 23.)

Rossini, Gioachino, der Barbier v. Sevilla. Komische Oper in 2 Akten. (VIII, 24 S.) 909. (Nr. 24.)
Verdi, Gius., Amelia od. Ein Maskenball. Oper in 5 Akten v. Antonio Somma u. Francesco Maria Piave. (67 S.) 909. (Nr. 37.)
— La Traviata. (Violetta.) Oper in 4 Akten v. Francesco Maria Piave. Dichtung nach Dumas des Jüngeren Roman La dame aux camélias. (59 S.) 909. (Nr. 39.)
— Rigoletto. Oper in 4 Akten v. Francesco Maria Piave. (48 S.) 909. (Nr. 38.)
— Der Troubadour. Oper in 4 Akten v. Salvatore Cammarano. (59 S.) 909. (Nr. 40.)
Weber, Karl Maria v., Euryanthe. Romantische Oper in 3 Akten. Dichtung von Helmina v. Chezy. (42 S.) 909. (Nr. 28.)
— Der Freischütz. Romantische Oper in 3 Akten v. Frdr. Kind. (VIII, 20 S.) 909. (Nr. 25.)
— Oberon, König der Elfen. Romantische Oper in 3 Akten. Dichtung v. James Robinson Planché. Aus dem Engl. übertr. v. Thdr. Hell. (32 S.) 909. (Nr. 27.)

Hendel, Otto, Reisebibliothek. I. Serie, Nr. 1—20. kl. 8. Halle (908.) O. Hendel. à — 50
Amicis, de, Skizzen aus dem Soldatenleben. Auswahl. Deutsch v. Helene Katz. (IV, 109 S.) (Nr. 1.)
Björnson, Björnstjerne, Absalons Haar. Novelle. Deutsch v. Wilh. Reinhardt. (111 S.) (Nr. 2.)
Brinckman, John, Kasper-Ohm un ick. Mit dem Bilde des Dichters u. e. Vorbemerkg. (VI, 174 S.) (Nr. 4.)
Buning, Weruméus, Marinebilder. Aus d. Holl. (176 S.)(Nr. 5.)
Eeden, Frederik van, der kleine Johannes. Autorisierte Übersetzg. aus dem Holl. v. Anna Fles. (Umschlag: Fels). Mit e. Vorwort v. Paul Rachés. (X, 127 S.) (Nr. 6.)
Gerstäcker, Frdr., Curtis Brautfahrt u. andere Hinterwäldler-Geschichten. (120 S.) (Nr. 7.)
— Die Menagerie im Urwalde u. andere Hinterwäldler-Geschichten. (S. 121—279.) (Nr. 8.)
Greinz, Rud., der Gsöllherr. Eine Geschichte aus den Tiroler Bergen. (103 S.) (Nr. 9.)
Habberton, John, Helenens Kinderchen. Deutsch v. Rich. George. (132 S.) (Nr. 10.)
Harte, Bret., der Pflegling der goldenen Pforte. Roman. Deutsch v. Paul Heichen. (160 S.) (Nr. 3.)
Hedenstjerna, A. v., Jonas Durmans Testament. Aus dem Schwed. übers. v. M. Hellbusch. (IV, 104 S.) (Nr. 11.)
— Was der Kondukteur erzählte. — Herrn Petterssons Gardinenpredigten. Aus dem Schwed. übers. v. M. Hellbusch. (IV, 56 u. IV, 48 S.) (Nr. 12.)
Loti, Pierre, Islandfischer. Roman. Aus dem Franz. v. Fr. Dobbert. (III, 173 S.) (Nr. 13.)
Ludwig, Otto, zwischen Himmel u. Erde. Novelle. (IV, 191 S.) (Nr. 14.)
Stifter, Adalb., Abdias. — Der Condor. Zwei Erzählgn. Mit Einleitg. v. Carl Müller-Rastatt u. e. Bildnisse des Verf. (VI, 107 S.) (Nr. 18.)
— Der Hochwald. — Das Haidedorf. Erzählungen. Mit Einleitg. v. Carl Müller-Rastatt u. e. Bildnisse des Verf. (VI, 115 S.) (Nr. 17.)
Stilgebauer, Edward, Neidhart v. Reuenthal. Der Roman e. Minnesängers. Mit e. Vorwort des Verf. u. e. Abb. (VIII, 191 S.) (Nr. 19.)
Tschechow, Ant., ein Zweikampf. Novelle. Aus dem Russ. übers. u. m. e. Vorbemerkg. versehen v. Theo Kroczek. Mit dem Bilde des Dichters. (III, 96 S.) (Nr. 20.)
Weiß, Alb., polnisches Novellenbuch in deutschem Gewande. 2 Bde. (IV, 192 u. V, 136 S.) (Nr. 15, 16.)

Hendel, Paul: Ueber die Impfschädigungen des Auges. Rostock 1909: Adler. 37 S. 8°
Rostock, Med. Diss. v. 9. Juni 1910, Ref. Peters
[Geb. 15 Juli 84 Ölsnitz i. V.; Wohnort: Rostock; Staatsangeh.: Preußen; Vorbildung: Gymn. Plauen i. V. Reife O. 04; Studium: Jena 3, Leipzig 5, Rostock 2 S.; Coll. 20. Sept. 09; Approb. 31. Mai 10.] [U 10. 3903

Hendel-Schütz, Henriette, s. Erinnerungen.

Hendel-Schütz, Johanne Henriette Sophie, geb. Schüler, über d. mimische Darstellung u. Declamatorien derselben zu Leipzig. 8. Leipz. 810. Dyk. 6 gr.

Hendel's Bibliothek, s.: Bibliothek der Gesamtlitteratur.

Hendelsohn, Martin [Arzt]: Aus d. Breslauer chirurg. Klinik. Ueber spastische Oesophagusstricturen ... Breslau, Druck v. Grass, Barth & C., 1896; 2 Bl., 30 S., 1 Bl. 8.
Breslau, Med. Fak., Inaug.-Diss. v. 31. Okt. 1896

Hendelsohn, Mart., über, spastische Oesophagusstricturen. Diss. gr. 8. (30 S.) Breslau 896. Oppeln (G. Maske). n. — 70

Henderichs, *Robert Anton* [Baurat, Kgl. Kreisbauinspektor]: Beschreibung des neuen Schulgebäudes. Coblenz, Krabben'sche Buchdr., 1895; 1—3 S., 1 Pl. 4.
Coblenz, Kaiserin Augusta-G, P 1895 (440)

Hendersohn George: The Jionn-Ossian Saga.
1895 PN 933 Diss. Wien, Univ. 2232

Henderson, Jacob, der Missionsarzt in China. Eine Biographie für Missions-Aspiranten. 8. (20 S.) Basel 879. Missionsbuchhandlung. — 15

[Henderson, Alexander:] Geschichte der Weine der alten und neuen Zeiten. Aus d. Engl. Mit 2 Tab. Weimar: Landes-Industrie-Comptoir 1833. XII, 448 S. -- 12.14.21*.31.Frei 100*.Gei 1

***Henderson,* B. A., Diss. on Hans Mikkelsens translation of the new Testament.** 4. Copenh. 813. Bonnier. 6 gr.

Henderson, C. Hanford, [von] Philadelphia: The first cretaceous fold of the Alps between the Linth and the Sihl. Philadelphia Univ. of Pennsylv. Press 1893. 22 S., 1 Tafel. 8°.
Zürich, Phil. Diss. [v. 21. Febr. 1893].

Henderson, Charles Richmond, die Arbeiter-Versicherung in den Vereinigten Staaten v. Nord-Amerika, s.: Zacher, die Arbeiter-Versicherung im Auslande. 17.

Henderson, Charles Richmond: Die ökonomische Lage der Collegien im Staate Illinois, Nord-Amerika. *Lucka S.-A. 1902: Berger & Behrend.* (59 S.) 8°
Leipzig, Phil. Diss. v. [28. Apr.] 1902

Henderson, D. B. Schutz f die Farmer .. Rede geh im Representantenhaus des Cong am 30. April 1888. Wash, 1888.

Henderson, David. Landmanns Advokat ... Auszug aus solchen Gesetzen von Pennsylvanien u England welche ... auf dem Lande ... nötig und nützlich zu wissen sind ... von einem Rechtsgelehrten. Philadelphia, 1761.

Henderson, E.: Verbrechen und Strafen in England während der Zeit von Wilhelm I. (1066—1087) bis Edward I. (1272—1307). Ein Beitrag zur Kulturgeschichte Englands im Mittelalter. . . . Berlin, Druck v. H. S. Hermann, 1890; 1 Bl. | 74 S. + 1 Bl. 8°
Berlin, Phil Fak., Inaug.-Diss. v. 15. Febr. 1890

Henderson, Ebenezer

Henderson, Eb., Island, oder Tagebuch seines Aufenthalts daselbst in den Jahren 1814 — 15. s. Magazin von merkwürdigen neuen Reisebeschreibungen rc. 10r Bd.

Henderson, Ebenezer, Island, oder Tagebuch seines Aufenthalts daselbst in d. J. 1814—15. Aus d. Engl. v. K. F. Franceson, s. Magazin von merkwürdigen neuen Reisebeschreibungen rc. 34r, 35r Bd.

Henderson, James [B. Sc. aus Dundee, Schottl.]: Zur Kenntnis der Dextrine ... München, Druck v. V. Höfling, 1897; 56 S. 8.
München, Phil. Fak., Inaug.-Diss. v. 1897

Henderson, J(ames) A(lexander) Leo, M. E. ⟨Freiberg⟩, M. A. I. M. E., Johannesburg, Transvaal: Petrographical and geological investigations of certain Transvaal norites, gabbros, and pyroxenites and other South African Rocks. *London: Dulau & Co. 1898.* (56 S.) 8°
Leipzig, Phil. Diss. v. [1. Nov.] 1898

Henderson, John, Neu-Süd-Wales, dessen Klima, Erzeugnisse und Naturgeschichte, sowie Sitten und Gewohnheiten der Eingebornen nebst Anweisungen für Auswanderer. Aus dem Engl. von C. Mai. gr. 8. (IV und 171 S. mit einer lithogr. Karte von Neu-Süd-Wales.) Frankfurt a/O. 851(52,) Kobcky und Comp. **

Henderson, *John* M^c C. [aus Johannesburg S. A. R.]: Der Glimmersyenit von Rothschönberg bei Deutschenbora im Königreich Sachsen . . . (Aus: Zeitschr. d. Deutsch. geol. Ges., XLVII. 3.) Jena, Druck v. J. F. Starcke in Berlin, 1895; 1 Bl., 534—547 S. 8.
Jena, Phil. Fak., Inaug.-Diss. v. [26. Juli] 1895

Henderson, K., begraben in der Tiefe, s.: Reiselectüre.

Henderson, L. J., s.: **Analyse des Harns.**

Henderson, Percival, a. Huddersfield: Zur Thermodynamik der Flüssigkeitsketten. Göttingen 1907: Dieterich. (50 S.) 8°
Göttingen, Phil. Fak., Ref. Tammann, Diss. v. 6. Dez. 1907
[Geb. 17. Sept. 84 Honley (Yorkshire); Wohnort: Honley; Staatsangeh.: England; Vorbildung: Cambridge B. A. 21. Juni 04; Studium: Techn. Coll. Glasgow 2, Univ. Göttingen 4 S.; Rig. 6. Nov. 06.]

Henderson, William Dawson, M. A., B. Sc., a. Aberdeen, Schottland: Zur Kenntnis der Spermatogenese von Dytiscus marginalis L. nebst einigen Bemerkungen über den Nucleolus. Leipzig: W. Engelmann 1907. (45 S., 2 Taf.) 8° ¶ (Aus: Zeitschrift für wissenschaftl. Zoologie Bd 87 H. 4.)
Freiburg i. B., Phil. Fak., Ref. Weismann, Diss. v. 1907
[Geb. 25. März 76 Huntly, Grafsch. Aberdeen; Wohnort: Freiburg i. B.; Staatsangeh.: England; Vorbildung: Fordyce Acad. Aberdeen M. A. April 02, B. Sc. Juli 03; Studium: Aberdeen 10, Freiburg i. B. 5 S.; Rig. 1. Febr. 07.]

Henderson, William Hope [aus Johannesburg, Transvaal, South Africa]: Über Silicovanadinwolframate, eine neue Klasse von chemischen Verbindungen. (Mit 3 Tabellen.) Bern 1902. 31 S. 8°.
Bern. Phil. Diss. 1901/1902.

Henderson, William Hope. Ueber Silicovanadinwolframate, eine neue Klasse von chemischen Verbindungen. Diss. Phil. Bern. [Mit 1 doppelten Tabelle.] 31 S. 8. Bern, Neukomm & Zimmermann, 1902.

Hendess, Herm., naturwissenschaftliche Encyklopädie der Kochkunst. Alphabetische Aufzählung der in der bürgerl. u. feinen Küche u. Backkunst zu Speisen u. Getränken benutzten Natur- u. Kunstproducte, mit Angabe ihrer französ., engl. u. italien. Benennung, deren Naturgeschichte, Zubereitung für die Küche, Gesundheitswerth u. Verfälschung. Volksbuch u. Suppl. zu jedem guten Kochbuche zur Belehrung u. Unterhaltung für Hausfrauen, Conditoren, Hôteliers etc. 8. (X, 446 S.) Winterthur 883. Westfehling. n. 3. 60

— allgemeine Giftlehre. Uebersichtliche Darstellung der gewöhnlichsten Giftstoffe in ihrer chem. Zusammensetzung, ihrem Verhalten gegen Reagentien, ihren Wirkungen u. ihren Gegengiften, sowie der besten Methoden zur Ausmittelung derselben. Mit einem Anh., enth. die neuesten gesetzl. Bestimmungen über den Verkehr mit Giften. Ein pract. Handbuch für Aerzte, Apotheker u. Juristen, wie für Gebildete aller Stände. gr. 8. (IV, 107 S.) Berlin 880. Horrwitz. n. 2. —

Hendess, H., allgemeine Giftlehre. Uebersichtliche Darstellg. der gewöhnlichsten Giftstoffe in ihrer chem. Zusammensetzg., ihrem Verhalten gegen Reagentien, ihren Wirkgn. u. ihren Gegengiften, sowie der besten Methoden zur Ausmittelung derselben. Mit e. Anh., enth. die neuesten gesetzl. Bestimmgn. üb. den Verkehr m. Giften. 2. (Titel-)Abdr. gr. 8. (IV, 107 S.) Berlin 889. Cronbach. n. 2. —

Hendess, H., Oracula graeca, s. **Dissertationes philologicae Halenses.**

— die gebräuchlichsten Volks-Arzneimittel aus dem Pflanzenreiche. Gemeinverständliche Belehrung über 200 Volks-Arzneimittel, deren Abstammung, Einsammlung, Zubereitung u. Wirkung, nebst genauen Vorschriften zur richt. Anwendung derselben. Ein Volksbuch, nach eigenen Erfahrungen zusammengestellt. 8. (IV, 135 S.) Winterthur 879. Westfehling. n. 1. 60

Hendess, Hermann. Die gebräuchlichsten Volksarzneimittel aus dem Thierreiche, dem Mineralreiche und der Reihe der chemischen und pharmaceutischen Präparate. Ein Volksbuch für Gebildete aller Stände. In-8°, 160 S. Winterthur, J. Westfehling. 1881.

— Waaren-Lexikon für den Droguen-, Specerei- u. Farbwaaren-Handel, sowie der chem. u. techn. Präparate für Apotheker. Vollständiges Verzeichniß der latein. u. deutschen älteren Namen dieser Waaren mit ihren Synonymen, nebst genauer Angabe über Abstammung, Classification, Vaterland oder Standort, Bereitung, Charakteristik, Verwechselung u. Verfälschungen, Bezugsquellen, Art der Verpackung u. Verwendung derselben. Lehr- u. Hilfsbuch für Apotheker u. Droguisten. 7 Lfgn. Lex.-8. (297 S.) Berlin 881. Horrwitz. à n. — 75

— Waaren-Lexikon f. den Droguen-, Specerei- u. Farbwaaren-Handel, sowie der chem. u. techn. Präparate f. Apotheker. Lehr- u. Hilfsbuch f. Apotheker u. Droguisten. 2. (Titel-)Ausg. Lex.-8. (297 S.) Ebd. 889. n. 4. —

Hendess, Richardus: Observationes in oraculorum fragmenta. Halis Saxonum (1877): Kurras. 23 S. 8°
Halle-Wittenberg, Phil. Diss. v. 24. März 1877
Geb. Prenzlau [3. 11.] 1856. V.
Ersch. vollst. im Buchhandel u. d. T.: Oracula graeca, quae apud scriptores Graecos Romanosque exstant, collegit paucasque observationes selectas praemisit. Halis Sax.: Niemeyer 1877. 107 S. In: Dissertationes philologicae Halenses. Vol. 4. Halis Sax. 1880. S. 1—107. Vom Verf. ersch. ferner: Untersuchungen über die Echtheit einiger Delphischer Orakel. Guben (1882): Fechner. 16 S. 4° Gymn.-Progr.

Hendess, R., Oracula graeca quae apud scriptores graecos romanosque extant, s. a. **Dissertationes philologicae Halenses.**

Hendess, Rich., oracula graeca, quae apud scriptores graecos romanosque exstant, collegit paucasque observationes selectas praemisit. gr. 8. (107 S.) Halle 877. Niemeyer. n. 2. 40

Hendess, Rich. Untersuchungen über die Echtheit einiger delphischen Orakel. 16 S. **Progr.** *Guben* 1882.

[F.] **Hendewerk,** *Eugen* [Prof.]: *Direktor* Dr. Karl Heinrich Liersemann † *am 19. März 1896.* Rawitsch, Druck v. R. F. Frank, 1896; 1 S. 4.
Rawitsch, k. RG, OP 1896 (175)

Hendewerk, F. L., die biblische Metaphysik u. der Realismus d. Christenthums in kurzen Umrissen. gr. 8. (40 S.) Königsberg i. P. 872. Koch. n. — 75

Hendewerk, K. L., Herbart und die Bibel. Mittheilungen u. Andeutungen. 1. Heft. Königsberg 858. Koch. gr. 8. (VII, 96 S.) n. 20 ngr.

Hendewerk, der Idealismus des Christenthums. Königsberg 862. Koch. gr. 8. (20 S.) n. 5 ngr.

— Orthodoxie und Philosophie. Ebend. 863. gr. 8. (IV, 38 S.) n. 6 ngr.

Hendewerk, Carl Ludw., über d. Altar-Liturgie. Andeutungen. gr. 8. (2 B.) Königsberg 841, (Gebr. Bornträger.) *

—— Obadiae Prophetae Oraculum in Idumaeos, hujus populi historia perscripta, et versionibus antiquiss. commentariisque tam patrum eccl. quam interpretum recentium adhibitis, in ling. lat. translat. et enucleatum. 8maj. (11 B.) Regiomonti 836, Fratr. Borntraeger. *

—— christl. Predigten. In Wittenberg, Königsberg u. Danzig gehalten. gr. 8. (8¼ B.) Königsberg 838, (Gebr. Bornträger.) *

Hendewerk, Car. Lud., Principia ethica, a priori reperta, in libris S. V. et N. T. obvia. 8maj. (5½ B.) Regiomonti Pruss. 833, (Fratr. Borntraeger.)

—— de Seraphim a Cherubim in Bibliis non diversis. 8maj. (1¾ B.) Regiomonti 836, Fratr. Borntraeger. *

— des Propheten Jesaia Weissagungen. Chronolog. geordnet, übersetzt u. erklärt. 1r Thl Die protojesajanischen Weissagungen. gr. 8. Königsberg 838. Gebr. Bornträger. 3⅚ ℛ

Hendewerk, Carl Ludw., d. Propheten Jesaja Weissagungen. Chronologisch geordnet, übersetzt u. erklärt. 2. Thl. Die deuterojosajanischen Weissagungen. gr. 8. (15¼ B.) Königsberg 843, Gebr. Bornträger.
1. Thl. Ebendas. 1838. 3 Thlr. 25 Ngr.

Hendle, J., O. S. B., die Sprache der Wapogoro (Deutsch-Ostafrika) nebst e. deutsch-chipogoro- u. chipogoro-deutschen Wörterbuche, s. a. Archiv f. das Studium deutscher Kolonialsprachen. 6.

Die Sprache der Wapogoro ⟨Deutsch-Ostafrika⟩ nebst e. deutsch-chipogoro u. chipogoro-deutschen Wörterbuche von P. J. **Hendle** O. S. B. Berlin: G. Reimer in Komm. 1907. (VII, 171 S.) 8°
— **Archiv** f. d. Studium deutscher Kolonialsprachen. Bd 6. 107. 17089

ABENTHEUER, Merkwürdige, und Liebschaften im Kriege. Von einem Officier. (Vf. *v. Hendorf.*) Marburg, Krieger, 1823. 8°. Gestoch. Titel, 246 S. (5 Mk., Taussig, 1904; 4 Mk., schönes Expl., O. Rauthe, Berlin, 1908.)

Hendreich, Otto: * Fabulosa quae de diis narrat Cicero in libris de natura deorum, quibus auctoribus accepta referat. 1876. 108 S. 2°
Halle-Wittenberg, Phil. Diss. v. 11. Aug. 1883
Geb. [Tultewitz (Sachs.-Mein., Kr. Saalfeld) 26. 7. 1850]
Des Verf. Rigorosum war am 25. 6. 1876, am 7. 8. 1883 wurde ihm der Druck erlassen, da inzwischen der wissenschaftliche Wert seiner Arbeit durch Neuerscheinungen z. T. überholt war.

Hendreich, Otto, Dr.: Alfred de Musset ein Vertreter des 'Esprit gaulois'. *Berlin: R. Gaertner 1899.* (25 S.) 4°
Berlin, Luisenstädt. OR. OP 1899 (117)

Hendreich, Otto, Alfred de Musset, e. Vertreter des „Esprit gaulois". Progr. 4. (25 S.) Berlin 899. [R. Gaertner.] Weidmann. n. 1. —

Hendrich, Christoph Sigismund von (Fränkischer Adel), Divisionem operarum in determinatas et indeterminatas earumque exactionem. Diss. jur. Präs. Johann Georg Pertsch. Jena (Horn) Aug. 1731. 48 S. (6.50) 14280
Gew.: Georg Paul von Hendrich (Ahorn, Stein . .; Vater).

— — Dasselbe. Von gemessenen und ungemessenen Diensten der Unterthanen. Frankfurt u. Leipzig 1752. 38 S. (6.—) 14281

v. Hendrich, Fr. Edw., († d. 18. Sept. 1828.) s. Magazin, Weimar.

v. Hendrich, Frz. Josias, († d. 8. Oct. 1819.) s. 1) Betrachtt. üb. d. wicht. Angel. 2) Versuch üb. d. Gleichgewicht d. Macht.

(v. Hendrich, Frz. Jos.:) Histor. Versuch üb. d. Gleichgewicht d. Macht bei d. alten u. neuen Staaten. *Leipz.* 796. 8. (1 Thl)

Hendrich, Herm., mein Leben u. Schaffen, s.: Hendrichsaal, der, in Kiel.

Hendrich, Herm., der Ring des Nibelungen in Bildern. (14 farb. Taf. m. VI S. Text.) 42,5×30,5 cm. Leipzig (909). J. J. Weber. Geb 15 —

Hendrich, Joh.

Hendrich, J., die wichtigsten landwirthschaftlichen Culturpflanzen, zum praktischen Gebrauche für Landwirthe, Taxatoren, Ackerbauschüler etc. bearb. gr. 8. (13 S.) Prag 878. Calve. n. 2. —

Hendrich, Joh., specieller Pflanzenbau. Kurze Anleitung zum Anbau der landwirthschaftl. Kulturpflanzen. Zum Gebrauche für den prakt. Landwirth, sowie für Ackerbau- und Fortbildungsschulen. gr. 8. (271 S.) Prag 880, (Calve'sche Universitäts-Buchh.) *

Hendrich, Joh., die Burg Zleb in Ostböhmen. Ihre Besitzer, Geschichte und Sehenswürdigkeiten. Nebst einer Beschreibung der Kirche, Gruft und Stadt Zleb, sowie der Filialkirchen in Markovic. gr. 8. (73 S. mit 22 Abbild.) Prag 888, Calve'sche Hof- und Universitäts-Buchh. * 1 60

— **Johann Christian Fried. Emil** (Zeitz), De oleosis pinguibus rancidis. Disp. med. Präs. Johann Carl Gehler. Lpz. (Langenheim) 21. II. 1777. 32 S. (6.—) 14286
Gew.: Theodor August Frh. v. Hohenthal (Altenhayn, Grostewitz).

Hendrich, Mich., die Schule des Fleischers oder Belehrung über das Tariren und Schlachten des Viehes, über die Erkennung des Gesundheitszustandes desselben, das Pökeln u. Räuchern des Fleisches u. die Verfertigung der verschiedensten Arten von Würsten. Nebst Anleitung, die Abfälle der Schlächterei, als das nicht verkaufte Fleisch, Knochen u. Blut möglichst vortheilhaft zu verwerthen. Unter Benutzung aller neuen Erfahrungen. Leipzig (858.) Hennings. 8. (VIII, 197 S.) 25 ngr.

Hendrichs, die Zahnschmerzen u. deren homöopath. Heilg. 2., verb. Aufl. 12. (13 S.) Leipzig 888. A. Marggraf. n. — 30; in holländ. Sprache (7 S.) n. — 50

Hendrichs, A. H., die Homöopathie und der ärztl. Verein des Regierungsbezirks Düsseldorf. Ein Sendschreiben an den ärztl. Verein des Regierungs-Bezirks Düsseldorf. 12. (22 S.) Cöln 847, (Lengfeldt.) *

Hendrichs, Anton. Hubert. (geb. Münstereifel 5. 5. 1815): De chorea St. Viti. Berolini (1841). (27 S.) 8°
Berlin, Med. Diss. v. 18. Jan. 1841

Hendrichs, Franz, a. Hückeswagen, Referendar am Kgl. Amtsgericht zu Burgsteinfurt: Die Ansprüche des Dritteigentümers nach beendigter Zwangsvollstreckung in bewegliche Sachen. Borna-Leipzig 1908: R. Noske. (IX, 47 S.) 8° [F.]
Erlangen, Jur. Fak., Ref. Oertmann, Diss. v. 16. März 1908
[Geb. 7. Jan. 84 Hückeswagen; Wohnort: Burgsteinfurt; Staatsangeh.: Preußen; Vorbildung: Gymn. Recklinghausen Reife O. 03; Studium: Freiburg i. B. 8, München 1, Münster 6 S.; Rig. 6. Febr. 08.]

Hendrichs, Max: Ueber die physiologischen Wirkungen und die therapeutische Verwendung des Atropins. Halle 1873: Lipke. 31 S. 8°
Halle-Wittenberg, Med. Diss. v. 26. Juni 1873
Geb. Köln am Rhein 8. 10. 1851. V.

Hendrichs, W. v., Prinz Wilhelm v. Preußen. Ein Fürstenbild. Mit Portr. 8. (159 S.) Berlin 888. Eckstein Nachf. n. 2. —; geb. n.n. 3. —

Hendrichs, Willy, Gerichts-Ref. aus Solingen: **Die rechtliche Natur** des Gemeinschaftlichen Testamentes **nach dem** Rechte des Bürgerlichen Gesetzbuches. *Solingen 1901: A. Pfeiffer.* (36 S.) 8°
Rostock, Jur. Diss. v. [20. Juni] 1901

Der Hendrichsaal in Kiel. (Hannover. 1906.) 4° [Umschlagt.]

Hendrichsaal, der, in Kiel. (Von Wilh. Schölermann.) — Mein Leben u. Schaffen. (Skizze.) Von Herm. Hendrich. (18 S. m. 11 [1 farb.] Taf.) Lex.-8. Kiel (906). (W. G. Mühlau.) n. 1. 50

Hendricks, Karl, a. Homberg a. Rh.: Aus d. anatom. u. zoolog. Institut d. Königl. Westf. Wilhelms-Universität zu Münster i. W. Zur Kenntnis des gröberen und feineren Baues des Reusenapparates an den Kiemenbögen von Selache maxima Cuvier. Mit Taf. 18, 19 u. 5 Fig. im Text. Leipzig: W. Engelmann 1908. (87 S.) 8° ¶(Aus: Zeitschrift f. wiss. Zoologie Bd 91 H. 3.)
Münster, Phil. Fak., Ref. Ballowitz, Diss. v. 30. Juni 1908
[Geb. 2. Sept 81 Hochfeld; Wohnort: Münster; Staatsangeh.: Preußen; Vorbildung: Realgymn. Ruhrort Reife M. 02; Studium: Münster 2, Marburg 1, Berlin 1, Munster 4 S.; Rig. 21. Dez. 07.]

Hendrickson, G. L., The de Analogia of Julius Caesar; its Occasion, Nature, and Date, with additional fragments. S.-A. 1906. 24 S. 1.20

Hendrickson, G. L., **The commentariolum petitionis attributed to Quintus Cicero.** S. A. 1908. 25 S. 4°. 1.20

Hendrickx, männliche Geschlechts- u. Harnorgane inkl. Kastration, s.: Handbuch der tierärztlichen Chirurgie u. Geburtshilfe. III, 2.

Hendrickx, Krankheiten der männlichen Geschlechts- und Harnorgane inkl. Kastration, s.: Hdb. d. th. Ch. u. G.

Hendriksen, Hans, aus Xanten a. Rh.: **Ueber einen Fall von mal perforant du pied.** *Kiel 1904: H. H. Peters.* (15 S.) 8°
Kiel, Med. Diss. v. [21. Apr.] 1904

Hendriksen, Heinrich [app. Arzt aus Xanten]: **Aus d. medicin. Klinik zu Kiel. Ein Fall von acuter Myelitis ... Kiel, Druck v. H. Fiencke, 1896; 19 S. 8.**
Kiel, Med. Fak., Inaug.-Diss. v. [20. Okt.] 1896

Hendriksz, M. A., Dissert. med.-chirurg. inaug. de perforatione membranae tympani. 4 maj. (17 B.) Groningae 828. (Lipsiae, Barth.)

Hendriksz, P.: Beobachtungen über die Heilkraft des thierischen Magnetismus, s. Bakker, Gerbrand

Hendriksz, Wybrandus (geb. Gröningen in Holland 1814): Dissertatio exhibens descriptionem historicam atque criticam variarum uteri prolapsum curandi methodorum. Berolini (1838). (XII, 70 S.) 4°
¶ Vollst. ersch. u. d. T.: Descriptio historica atque critica ... Berlin: Hirschwald 1838.
Berlin, Med. Diss. v. 30. Juli 1838

Hendriksz, Wybrando, Descriptio historica atque critica variar. uteri prolapsum curandi methodor. Comment. med.-chirurg. Adjectis tribus tab. aen. 4maj. (10½ B.) Berolini 838, (A. Hirschwald.) *

Hendrych Josef: Beiträge zur Geschichte der III. Periode des Konzils von Trient unter Papst Pius IV. H. 1906 PN 2000 Diss. Wien, Univ. 925

Hendrych, Just., Stellung des französischen Adjektivs. Progr. gr. 8. (60 S.) Görz 894. (Leipzig, G. Fock.) n. 2. —

Hendrych, Justus, die aus der lateinischen Wurzel „fac" entstandenen französischen Wörter. Etymologische Abhandlung. gr. 8. (83 S.) Görz 882. Pallich. n. 1. 25

Hendschel, Albert

Hendschel, A., s. **Allerlei aus A. Hs'. Skizzenmappen.**

Hendschel. *Allerlei* aus A. Hendschel's Skizzenmappen. Lichtdruck von Martin Rommel & Co. in Stuttgart. Frankfurt a. M., M. Hendschel [c. 1877]. 2 Bl. 40 Bl. Gr.-4°. Orlwd. — Reizende Kinderszenen etc. 8.—

Hendschel, A., Allerlei aus A. H's. Skizzenmappen. Lichtdruck v. **Mart. Rommel & Co. in Stuttgart.** gr. 4. (40 Bl. u. Portr.) **Frankfurt a/M.** 890. **Hendschel.** geb. n. 15. —

Hendschel, A., Allerlei aus A. Hs'. Skizzenmappen. (2. Bd.) Lichtdruck v. Mart. Rommel & Co. in Stuttgart. gr. 4. (40 Bl. u. 1 Bl. Fksm.) Frankfurt a/M. 891. M. Hendschel. Geb. in Leinw. 15. — (1. 2.: n. 30. —)

—— lose Blätter. 25 Photogr. gr. 4. Ebendas. 884.
In Cambr.-Mappe * 40 —
Einzelne Bl. (Nr. 1—25.) à * 1 50

—— s. **Blätter aus A. H.'s Skizzenbuch** (Photogr.-Ausg.) und **Aus A. H.'s Skizzenbuch** (Lichtdr.-Ausg.).

Hendschel. — **Blätter aus A. Hendschel's Skizzenbuch.** 1. Thl. Nr. 1—50. Frankfurt a. M. 872—75, Prestel.
In Mappe
In Cambric-Mappe

Inhalt:
Nr. 1. Schaukelnde Oberhessin. 2. Mädchen und Handwerksbursche am Brunnen. ℳ 2. 3. Mädchen, Rosen pflückend. ℳ 2. 4. Schlittenfahrt. ℳ 2. 5. Auf der Jagd. ℳ 2. 6. Die Malerei. ℳ 2. 7. und 10. Kind, Puppe flickend. Zwei Kinder an der Schaukel. ℳ 1,20. 8. Abschied. 9. und 46. Junge mit Schmetterlingsnetz, Bäckerjunge mit Mahne auf dem Kopf. ℳ 1,20. 11. Bauer aus Oberhessen (Kopf). 12. Heimkehr. 13. Cichorienkaffee. 14. Café. 15. Kuchenmädchen im Sturm. 16. Der Mann im Regen. 17. Bäcker und Schornsteinfeger (schwarz und weiss). 18. Oberhessischer Mädchenkopf. 19. Lord Lump. 20. Lesendes Mädchen. 21. Liebespaar am Brunnen. ℳ 2. 22. Die Musik. ℳ 2. 23. Die Baukunst. ℳ 2. 24. Der Schneeballen im Genick. 25. Trauerndes Mädchen. 26. Die Bildhauerei. ℳ 2. 27. Schuster und Vogel. 28. Die Schauspielkunst. ℳ 2. 29. Schusterjungen und Kesselflicker. ℳ 2. 30. An dehn Muhsgodiehr. 31. Am Clavier. 32. Kleeblättchen. 33. Schlüppchen. 34. Malstunde. ℳ 2. 35. Augenarzt. 36. Hühner und Tauben fütterndes Mädchen. ℳ 2. 37. Kinder am Brunnen (Glück). ℳ 2. 38. Kinder am Brunnen (Unglück). ℳ 2. 39. Orgelleute. 40. Schneewittchen im Sarge. 41. Schneewittchen bei den Zwergen. 42. Das Lesen. ℳ 2. 43. Botanikus. 44. Seifenmännchen. 45. Rabbiner. 47. Kranker Mann am Altar. ℳ 2. 48. Balgende Buben. 49. Die Poesie. ℳ 2. 50. Rundtanz. ℳ 2.

—— dass. — 2. Thl. in 2 Folgen. Nr. 51—100. Ebendas. 873.
à Folge ℳ 36,40.; in Mappe
Vollständ. in Mappe
à Folge in Cambric-Mappe
Vollständ. in Cambric-Mappe

Inhalt:
Nr. 51. Naschende Kinder. 52. Unterm Schirm. 53. Mädchen am Grab. ℳ 2. 54. Zankduett. 55. Kleiner Italiener. 56. Train de plaisir. ℳ 2. 57. Geduldsprobe. 58. Wallfahrt nach Kevlaar. 59. Conditorjunge. 60. Kellner. 61. Alphorn. 62. Am Fenster. ℳ 2. 63. Samstag. 64. Italienerin. ℳ 2. 65. Blauer Montag. 66. Mädchen mit Ziege. 67. Quartett. 68. Herzhaft. 69. Das Frühstück. 70. Auf dem Schaukelpferd. 71. Im Klosterkeller. ℳ 2. 72. Auf der Spur. 73. Letzter Dank. ℳ 2. 74. Zeitungsmädchen. 75. Auf der Zeil. ℳ 2. 76. Studium mit Hindernissen. 77. Jagdbeute. ℳ 2. 78. Stellvertretung. 79. Morgentoilette. 80. Kegelbub. ℳ 2. 81. Gefährliche Fahrt. 82. Kunststück. 83. Seifenblasen. ℳ 2. 84. Noble Passion. 85. Wichtige Mittheilung. 86. Der kleine Virtuos. 87. Zu weit, zu eng. 88. Fussfall. 89. Frisch angestrichen. 90. Aschenbrödel am Heerd. 91. Aschenbrödel schmückt sich auf dem Grabe der Mutter. 92. Die jugendlichen Reisenden. ℳ 2. 93. Beim Gewitter. 94. Stelzenbub. 95. Im Walde. ℳ 2. 96. Der ertappte Missethäter. ℳ 2. 97. Leichte Bürde. 98. Spröde Leckerbissen. ℳ 2. 99. Ueberstandene Arbeit. 100. Servitour. ℳ 2.
Diejenigen Blätter, bei denen kein Preis angegeben, kosten à Blatt ℳ 1,20.

Hendschel, A., Ernst und Scherz. 24 Photogr. gr. Fol. Frankfurt a. M. 884, M. Hendschel. In Cambr.-Mappe * 53 —
Einzelne Bl. (Nr. 1—24.) à * 2 —

Hendschel, A. L. U. *Aus A. Hendschel's Skizzenbuch.* 3 Bde. Frankf. a. M., M. Hendschel [1871/74]. Mit insgesamt 90 auf starken Karton aufgezogenen Bildern in Lichtdruck. Kl.-Fol. Schöne rote Or.Leinenbde. mit Gold- und Schwarzdruck, und Goldschnitt. 30.—

Die ★ erste seltene Ausgabe des Skizzenbuches, welches die besten Zeichnungen Hendschels vereinigt. 1891 erschien noch ein Nachtragsband. Tadelloses Ex.

Hendschel A, Skizzenbuch. 13 Blatt Photogr. 4° [VS] Frankfurt a. M 1874

— Aus A. H.'s Skizzenbuch. Lichtdr.-Ausg. 3 Bde. gr. 4. (à Bd. 30 Bl. m. 1 Bl. Text.) Ebd. 886—888. geb. à Bd. n. 20.—

— Aus A. H.'s Skizzenbuch. 4. Bd. gr. 4. (30 Lichtdr.-Taf.) Ebd. 894. Geb. in Leinw. m. Goldschn. n. 20.—

Hendschel, Rich., Gesetzeskunde. Kurze Darstellg. f. bayer. Schulen, Gemeindeschreiber u. Landwirte. (IV, 98 S.) 8. Stuttgart 904. E. Ulmer. Kart. n. 1.—

Hendschel, U., s.a. Hendschel's Telegraph

Hendschel, U., Atlas des chemins de fer de l'Allemagne, de la Belgique et de l'Alsace. Contenant le service complet de toute l'année, ainsi que les tarifs, réglements et ordonnances, qui y ont rapport. Avec les cartes spéciales des principaux chemins de fer en exploitation jusqu'à ce jour. Édit. augmentée d'une carte générale de l'Allemagne. 16. (15½ B., 17 col. Kart. u. 7 Tab.) Francfort a. M. 844, Jugel. *

— Eisenbahn-Atlas von Deutschland, Belgien und dem Elsaß. Mit allen Fahrplänen, Tarifen, Betriebs-Verordnungen, sowie den speciellen Karten der bedeutenderen bis jetzt vollendeten Eisenbahnen. Ein Handbuch für Reisende rc. Neu revidirt u. mit allen Veränderungen u. Nachträgen vervollständigt. 16. (Mit 10 Tab. u. 16 lith. u. col. Karten.) Ebend. 844. In Leinw. geb. n. 1⅚ ß

Hendschel, U., neuester Eisenbahn-Atlas von Deutschland etc. Nachtrag I. Aufl. 16. (2½ B.) Frankfurt a. M. 844, Jügel.

—— neuester Eisenbahn-Atlas von Deutschland, Belgien, Holland u. d. Elsass. M. allen Fahrplänen, Tarifen u. sonst dahin gehörigen Nachweisungen nebst d. speciell. Karten d. bis jetzt vollendeten u. in Bau begriff. Eisenbahnen. Ein Handb. f. Reisende etc. 2. Aufl. (20⅝ B., 10 Tab. u. 16 lith. Kart.) 844. * 1 Thlr. 25 Ngr. u. 3., revid. u. verb. Aufl. Mit e. neuen Eisenbahn- u Postrouten-Karte v. Central-Europa. gr. 16. (9⅞ B. u. 26 Kart., worunter 12 Fahrpläne.) Frankfurt a. M. 846, Jügel. *

—— dass. Nachtrag z. 2. Aufl. gr. 16. (1 B. u. 1 Tab.) Ebds. 846.

Hendschel, U., Nachtrag zur 3. Aufl. des Eisenbahn-Atlas. Die seit Erscheinen dieses Werkes in dem Dienste der älteren Eisenbahnen eingetretenen Veränderungen sowohl, als die neu eröffneten Bahnen und sämmtl. Fahrpläne des gegenwärt. Dienstes enthaltend. Ergänzendes Supplement zu den früheren Aufl. des Eisenbahn-Atlas. gr. 16. (115 S.) Frankfurt a. M. 847, Jügel's Verlag. Thlr. *

Hendschel, U., neuester Eisenbahnatlas von Deutschland, Belgien, Holland u. dem Elsass. Mit allen Fahrplänen, Tarifen etc. nebst 16 speciellen (lith.) Karten (in gr. 8.) u. e. neuen (lith.) Eisenbahn- u. Postrouten-Karte von Central-Europa (in Fol.) Ein Handbuch f. Reisende u. Geschäftsleute. Nach d. neuesten u. officiell. Quellen bearb. 4. durchaus revid. Aufl., m. e. Nachtrage aller seit 1846 eingetretenen Veranderungen. gr. 16. (VI u. 255 S.) Frankfurt a. M. 847, Jugels Verl. n. 1⅔ ß

— neueste Eisenbahn-Karte v. Central-Europa m. genauer Angabe aller Stationen u. der influirenden Post-Verbindungen. Nach den neuesten u. zuverlässigsten Quellen bearb. Imp. Fol. Lith. u. col. (Mit 15 S Text in 8.) Ebd. 852. 1 ß; auf Leinw. 1½ ß

Hendschel, U., Neueste Eisenbahnkarte von Central-Europa mit genauer Angabe aller Stationen und der influirenden Post-Verbindungen. Nach den neuesten und zuverlässigsten Quellen bearbeit. Frankfurt a. M., Jügel's Verl. 1853—80. Imp.-Fol. Lith. u. kolor. Mit Übersicht der frequentesten Eisenbahn-Routen zwischen den Hauptplätzen Central-Europas etc. 8. [Fast jährlich 1 neue Ausg.] (Br. Mus. z. T.; RPA.)

Hendschel, U., neueste Eisenbahn-Karte von Central-Europa mit genauer Angabe aller Stationen und den influirenden Post-Verbindungen. Nach den neuesten und zuverlässigsten Quellen bearb. Lithogr. und ill. Imp.-Fol. Mit: Uebersicht der frequentesten Eisenbahn-Routen zwischen den Hauptplätzen Central-Europa's etc. (16 S. in 8.) Frankfurt a. M. 855(56,) Jügel's Verlag. auf Leinw.

Hendschel, U., neueste Eisenbahn-Karte von Central-Europa mit genauer Angabe aller Stationen und der influirenden Post-Verbindungen. Nach den neuesten und zuverlässigsten Quellen bearb. 1 : 1,900,000. (Neue Ausg.) 1868—74. Fol. Frankfurt a. M., Jügel's Verlag. In Carton aufgez.

—— dass. — Nach den zuverlässigsten Quellen neu bearb. Ausg. 1875. Fol. Ebendas. In Carton aufgez.

Hendschel, U., neueste Eisenbahn-Karte von Central-Europa mit genauer Angabe der Stationen und den influir. Post-Verbindungen. Nach den neuesten und zuverlässigsten Quellen bearb. 1 : 1,900,000. 4 Bl. Ausg. 1876—1878. Lithogr. und color. qu. gr. Fol. Frankfurt a. M., Jügel's Verlag. Zusammengesetzt in Etui ℳ 8,30.; auf Leinw. in Etui

— Eisenbahn- u. Poststrassen-Karte v. Central-Europa. Carte des chemins de fer et des routes de poste de l'Europe central. Fol. Lith. Ebd. 847. n. ⅓ ß

Hendschel, U., General-Post- und Reise-Karte von Mittel-Europa, mit Autorisation der Fürstl. Thurn und Taxis'schen General-Post-Direction entworfen. Frankfurt a. M. 1835. . . . . (Br. Mus.)

Hendschel, U., s. Jügel, Carl, Post- und Reise-Karte von Deutschland.

Hendschel, U., Neueste Karte von Central-Europa. Neue Ausg. Lith. u. kolor. Frankfurt a. M., Jügel's Verl., 1865. Imp.-Fol.

—— neuestes Post- u. Eisenbahn-Handbuch v. Deutschland u. den angrenzenden Ländern. Enthalt. die Abgangs- u. Ankunftszeiten der Posten u. Eisenbahnzüge aus u. in mehr als 500 Städten u. Orten nebst Angabe der Entfernungen u. des Personengeldes, sowie Notizen üb. Dampfschifffahrten. 1. Aufl. (10⅞ B.) 845. ** 17½ Ngr. u. 2. Aufl. 8. (11¼ B.) Frankfurt a. M. 846. (Jügel.) Thlr. * -

— Post- u. Eisenbahn-Karte v. Deutschland u. den Nachbarstaaten bis London, Paris, Montpellier, Nizza, Florenz, Pesth, Warschau u. Kopenhagen, m. genauer Angabe aller befahrenen u. im Bau begriff. Eisenbahnen nach den neuesten u. zuverlässigsten Quellen bearb. u. unter seiner Leitung gez. u. gest. v. Jos. Back, C. Sauter u. Wm. Haase. Mit e. Anh. üb. die Extrapost-Taxen, Postillons-Trinkgelder etc. Neue sorgfältig revid. u. verb. Ausg. Ergänzt u. nachgetragen bis 1849. Imp. Fol. Color. Ebd. 849. Auf Leinw. u. in Etui. n. 3 ß — Neue sorgf. revid. u. verb. Ausg. Imp. Fol. Color. Ebd. 850. Auf Leinw. u. Etui 3 ß — Neue sorgf. revid. u. verb. Ausg. Color. 6 Bl. in gr. Fol. Ebd. 852. n. 2⅔ ß; auf Leinw. u. in Etui n. 3 ß

Hendschel, Post- und Eisenbahn-Karte von Deutschland und den Nachbarstaaten bis London, Paris, Montpellier, Nizza, Florenz, Pesth, Warschau und Kopenhagen, mit genauer Angabe aller befahrenen und im Bau begriffenen Eisenbahnen nach den neuesten und zuverlässigsten Quellen bearbeitet u. unter seiner Leitung gezeichnet und gestochen von Jos. Back, C. Sauter u. Wilh. Haase. Mit einem Anhange über die Extrapost-Taxen, Postillons-Trinkgelder etc. Neue sorgfältig rev. u. verb. Ausg. Frankfurt a. M., Jügel, 1854. Kol. 6 Bll. in gr. Fol.

Hendschel, U. Jügel's Post- und Reise-Karte von Deutschland und den Nachbar-Staaten. Frankfurt a M. 1843, 1847 und 1854. Je 1 Bl. c. L. Ff.

Hendschel's Luginsland. 1.—15., 17. u. 19. Heft. 8. Frankfnrt a/M., Expedition v. Hendschels Telegraph. 15. 75

Biendl, Hans, Innsbruck—Bozen—Verona. Bozen—Meran. Mori—Arco—Riva. Brennerbahn. (52 S. m. 17 Abb. u. 3 farb. Karten.) 910. (Heft 8.) 1. —

— Innsbruck—Landeck—Bregonz—Lindau—Friedrichshafen—Konstanz. Arlbergbahn. Bodensee. (43 S. m. 14 Abbildgn. u. 3 farb. Karten.) 910. (Heft 15.) 1. —

Guggenheim, Ernst, Berlin—Hannover—Dortmund—Duisburg—Düsseldorf—Cöln üb. Gelsenkirchen—Oberhausen od. Essen. (52 S. m. 17 Abbild., 5 farb. Karten u. 1 Streckenprofil.) 910. (Heft 12.) — 75

Heer, J. C., Landquart—Davos—Filisur. Chur—St. Moritz—Pontresina. Chur—Reichenau—Ilanz. Rhätische Bahn. (37 S. m. 25 Abb. u. 3 [2 farb.] Karten.) 910. (Heft 11.) 1. —

— Luzern—Bellinzona—Lugano—Mailand. Zürich—Mailand. Gotthardbahn. (40 S. m. 27 Abbild. u. 4 [3 farb.] Karten.) 910. (Heft 9.) 1. —

Höfer, Aug., Frankfurt a. M.—Mainz—Bingerbrück—Metz—Nancy. (45 S. m. 18 Abbildgn., 3 farb. Karten u. 1 Streckenprofil.) 910. (Heft 19.) — 75

Köhne, Wilh., Frankfurt a. M.—Würzburg—Ansbach—München üb. Ingolstadt od. Augsburg. (34 S. m. 14 Abbildgn. u. 4 farb. Karten.) 910. (Heft 2.) — 75

Kuhl, F., Frankfurt a. M.—Heidelberg—Karlsruhe—Freiburg—Basel. (47 S. m. 13 Abbild., 4 farb. Karten u. 1 Streckenprofil.) 910. (Heft 17.) — 75

Lindenberg, Paul, Cöln—Aachen—Lüttich—Brüssel—Ostende—Blankenberghe. Cöln—Mecheln—Antwerpen. (46 S. m. 18 Abbildgn. u. 4 Karten.) 910. (Heft 10.) 1. —

Lux, Jos. Aug., Berlin—Leipzig—Hof—Regensburg—München—Lindau. (42 S. m. 15 Abb. u. 6 farb. Karten.) 910. (Heft 3.) — 75

— Salzburg—Bad Gastein—Villach—Triest. Tauernbahn. (39 S. m. 13 Abb. u. 3 farb. Karten.) 910. (Heft 6.) 1. —

Mühlstädt, Genfer See—Chamonix—Mont Blanc. 2 (farb.) Karten u. 22 teilweise eigenen Aufnahmen des Verf. (78 S.) 910. (Heft 14.) 1. 50

— München — Kufstein — Innsbruck — Bozen — Meran. Brennerbahn. (56 S. m. 23 Abbildgn. u. 3 farb. Karten.) 910. (Heft 4.) 1. —

— Toblach—Cortina—Bozen. Predazzo—San Martino. Dolomitenstrasse. (68 S. m. 30 Abbild. u. 3 farb. Karten.) 910. (Heft 5.) 1. 25

Oestreich, K., Frankfurt a. M.—Mainz—Coblenz—Cöln. Frankfurt a. M.—Wiesbaden—Cöln. (45 S. m. 19 Abb. u. 4 farb. Karten.) 910. (Heft 13.) — 75

Sack, Jos., Frankfurt a. M. — Bebra — Halle — Berlin. Frankfurt a. M.—Leipzig üb. Eisenach od. Nordhausen. (54 S. m. 20 Abb. u. 6 farb. Karten.) 910. (Heft 1.) — 75

Schwarzlose, Karl, Berlin—Halle—Bebra—Frankfurt a. M. Leipzig—Frankfurt a. M. üb. Eisenach od. Nordhausen. (78 S. m. 24 Abb. u. 5 Karten.) 910. (Heft 7.) — 75

Heft 16 u. 18 erscheinen später.

— topographical panorama of the Rhine from Schaffhausen to the Nord Sea. Laid down on a large Seale with special Maps of the greater part of Holland and Belgium at also of the environs of the lake of Constance, of the Moselle, Ahr, Nahe etc. and 27 accurate Plans of towns. Engraved by W. Haase. Together with an historical introduction by Edw. Duller and explanatory Notices for Travellers on the most interesting Towns of the above countries. (4 Karten, 27 Pläne u. Text. mit 1 Titelkupfer.) Frankfurt a. M. 845, Jugel geb. n. 2½ ₰.

Hendschel's Reisemanual. 1887 und 1888. Ein Rathgeber für Eisenbahn-Reisende in Verkehrs-, Betriebs- und Tarif-Angelegenheiten, zugl. Ergänzungsheft zu Hendschel's Telegraph kleine Ausg. Nach officiellen Quellen bearb. 12. (VIII, 143; 144 S.) Frankfurt a. M., Exped. von Hendschel's Telegraph. à Jahrg. * — 80

Hendschel's Reisemanual 1890. Ein Rathgeber f. Eisenbahn-Reisende in Verkehrs-, Betriebs- u. Tarif-Angelegenheiten, zugleich Ergänzungsheft zu Hendschel's Telegraph kleine Ausg. Nach offiziellen Quellen bearb. 12. (VII, 153 S.) Frankfurt a/M. 890. Exped. v. Hendschel's Telegraph. n. — 80

— Topograph. Rhein-Panorama von Schaffhausen bis zur Nordsee. In großem Maaßstabe entworfen und mit den speciellen Karten des größten Theiles von Holland u. Belgien sowie den Umgegenden des Bodensee's, der Mosel, der Ahr, Nahe etc. und 27 genauen Städteplänen. Gestochen von W. Haase. Nebst einer histor. Einleitung von Ed. Duller und erläuternden Notizen für Reisende über die interessantesten Städte obiger Gegenden. (4 Karten, 27 Pläne u. Text.) Ebend. 845. n. 2½ ₰

Hendschel's Telegraph.

Hendschel, U.:., Telegraph. Monatliche nach Notizen des Coursbureau's der Fürstl. Thurn und Taxis'schen General-Post-Direction u. andern officiellen Quellen bearbeitete Uebersicht über Abgang u. Ankunft der Eisenbahnen, Posten u. Dampfschiffe in Deutschland u. den angrenzenden Ländern, nebst Angabe der Entfernungen etc. Jhg. 1—10. 1847—56. Jhg. 11—28. 1858—74: Hendschel's Telegraph. Übersicht der Eisenbahn-, Post-, Dampfschiff- und Telegraphen-Verbindungen Deutschlands und der angrenzenden Länder. Frankfurt a. M., Hendschel. gr. 16. Mit lith. Karten.

—— Telegraph. (Grosse Ausgabe). Uebersicht der Eisenbahn-, Post-, Dampfschiff- und Telegraphen-Verbindungen. Nach officiellen Quellen bearb. Mit Eisenbahnkarte von Deutschland, von Europa und 1 Weltkärtchen. Jhg. 29—49. Frankfurt a. M. 1875—95. 12.

—— Telegraph. (Kleine Ausgabe). Zusammenstellung der Eisenbahn-Fahrpläne Deutschlands u. Oesterreichs. Nach offic. Quellen bearb. Mit 1 Karte von Deutschland und 1 Eisenbahn-Routen-Netze. Jhg. (1.) Frankfurt a. M. 1879—95. 12.

—— Telegraph. Monatliche nach Notizen des Curs-Bureau's der fürstl. Thurn und Taxis'schen General-Post-Direction und andern officiellen Quellen bearbeitete Uebersicht über Abgang und Ankunft der Posten, Eisenbahnen in Deutschland und den angrenz. Ländern nebst der Angabe der Entfernungen etc. 1—3. Jahrg. April 1847 bis dahin 1850. gr. 16. Frankfurt a. M., Hendschel. Leipzig, Grosse. [1. und 2. Jahrg. à 9 Nrn. und 3. Jahrg. 10 Nrn. à Jahrg. * 1 Thlr. 12 Ngr.] *

—— dass. — 4—6. Jahrg. April 1850 bis Ende 1853. gr. 16. Ebds. [4. Jahrg. 8 Nrn. * 1 Thlr. 15 Ngr., 5. und 6. Jahrg. à 10 Nrn. à * 1 Thlr. 12 Ngr.] *

Hendschel's Telegraph. Uebersicht der Eisenbahn-, Post-, Dampfschiff- und Telegraphen-Verbindungen Deutschlands und der angrenzenden Länder etc. 7—12. Jahrg. 1853—1858 à 10 Nrn. (mit 1 lith. Karte in Fol.) Frankfurt a. M., Expedition. Jeder Jahrg. nn. 1 ₰. 12 ngr; mit jährlich 10 Karten nn. 1 ₰. 20 ngr; einzelne Nrn. à n. 10 ngr

—— Telegraph. Monatliche nach Notizen des Coursbureau's der fürstl. thurn- und taxis'schen General-Post-Direction und aus officiellen Quellen bearb. Uebersicht über Abgang und Ankunft der Eisenbahnen, Posten und Dampfschiffe in Deutschland und den angrenzenden Ländern. VIII. Jahrg. 1854. In 10 Nrn. (à 144 S. mit 1 lithogr. Karte in Fol.) gr. 16. Frankfurt a. M., Hendschel's Expedition.

—— dass. — IX. Jahrg. 1855. 10 Nrn. gr. 16. Ebds. **

—— dass. — X. Jahrg. 1856. 10 Nrn. (Nr. 1—3. à XII und 153 S. mit 1 lithogr. Karte in Fol.) Frankfurt a. M., Expedition. **
mit jährlich 10 Karten **
Einzelne Nrn.

1—6. Jahrg. 1847—53. Ebendas. * 8 Thlr. 15 Ngr.

Hendschels Telegraph. Uebersicht der Eisenbahn-, Post-, Dampfschiff- und Telegraphen-Verbindungen Deutschlands und der angrenzenden Länder. Nach Notizen des Coursbureau's der fürstl. Thurn und Taxis'schen General-Post-Direction etc. bearb. (XI. Jahrg.) 1857. 10 Nrn. gr. 16. (Nr. 1. XII und 161 S. mit 1 lithogr. Karte in Fol.) Frankfurt a. M. 857, Expedition von Hendschel's Telegraph. **
Mit jährlich 10 Karten. **
Einzelne Nrn. *

—— dass. — XII. Jahrg. 1858. 10 Nrn. gr. 16. (Nr. 1. XII und 176 S. mit 1 lithogr. Karte in Fol.) Ebendas. 858. **
Mit jährlich 10 Karten. **
Einzelne Nrn. *

—— dass. — XIII. Jahrg. 1859. 10 Nrn. gr. 16. (Nr. 1. XII und 173 S. mit 1 lithogr. Karte in Fol.) Ebendas. 859. * *
Mit jährlich 10 Karten. * *
Einzelne Nrn. *

—— dass. — XIV. Jahrg. 1860. 10 Nrn. gr. 16.. (Nr. 1. XII und 185 S. mit 1 lithogr. Karte in Fol.) Ebendas. 859. * *
Mit jährlich 10 Karten. *
Einzelne Nrn. *

—— dass. — XV. Jahrg. 1861. 10 Nrn. gr. 16. (Nr. 1. XII und 188 S. mit 1 lithogr. Karte in Imp.-Fol.) Ebendas. 861.
à Nr. *

Hendschel's Telegraph. Uebersicht der Eisenbahn-, Post-, Dampfschiff- und Telegraphen-Verbindungen Deutschlands und der ungrenzenden Länder. Nach Notizen des Coursbureau's der fürstl. Thurn- und Taxis'schen General-Post-Direction und andern officiellen Quellen bearb. 16.—18. Jahrg. 1862—64. à Jahrg. 10 Nrn. gr. 16. (à Nr. ca. 200 S. mit 1 lithogr. Karte in Imp.-Fol.) Frankfurt a. M., Expedition.
à Nr. *

—— dass. — 19.—21. Jahrg. 1865—67. à Jahrg. 10 Nrn. gr. 16. (à Nr. ca. 300 S. mit 1 lithogr. Karte in Imp.-Fol.) Ebendas.
à Nr. *

Hendschel's Telegraph. Uebersicht der Eisenbahn-, Post-, Dampfschiff- und Telegraphen-Verbindungen. Nach officiellen Quellen bearb. 22.—28. Jahrg. 1868—1874. à Jahrg. 10 Nrn. gr. 16. (à Nr. 300—500 S. mit 1 lithogr. Karte in gr. Fol.) Frankfurt a. M., Expedition.
22.—26. Jahrg. à Nr. *
27. Jahrg. à Nr. *
28. Jahrg. à Nr. *

Hendschel's Telegraph. Uebersicht der Eisenbahn-, Post-, Dampfschiff- und Telegraphen-Verbindungen. Nach officiellen Quellen bearb. 29.—33. Jahrg. 1875—1879. à Jahrg. 10 Nrn. 8. (à Nr. 400—600 S. mit 1 lithogr. Karte in gr. Fol.) Frankfurt a. M., Expedition.
à Nr. * 2 —

—— —— Kleine Ausg. Sommerdienst. 1879. (1. Jahrg.) 4 Nrn. Zusammenstellung der Eisenbahn-Fahrpläne Deutschlands und Oesterreich-Ungarns. Nach officiellen Quellen bearb. Mit 1 (lithogr.) Karte von Deutschland und 1 (lithogr.) Eisenbahn-Routen-Netze, sowie in den Text gedr. Kartenskizze des Ruhrgebiets. gr. 16. (à Nr. XLVIII, 312 S.) Ebendas.
à Nr. * 1 —

Hendschel's Telegraph. [Grosse Ausg.] Uebersicht der Eisenbahn-, Post-, Dampfschiff- und Telegraphen-Verbindungen. Nach officiellen Quellen bearb. 34.—38. Jahrg. 1880—1884. à Jahrg. 10 Nrn. 8. (à Nr. ca. 700 S. mit 2 lithogr. Karten in Imp.-Fol.) Frankfurt a. M., Expedition.
à Nr. *

—— dass. — [Kleine Ausg.] Jahrg. 1880—1884. à Jahrg. ca. 10 Hefte. Zusammenstellung der Eisenbahn-Fahrpläne Deutschlands und Oesterreich-Ungarns. Nach officiellen Quellen bearb. Mit je 1 (lithogr.) Karte von Deutschland und 1 (lithogr.) Eisenbahn-Routen-Netze. 12. (à Heft ca. XLVIII, 312 S.) Ebendas.
à Heft *

—— Telegraph (grosse Ausg.). Uebersicht der Eisenbahn-, Post-, Dampfschiff- und Telegraphen-Verbindungen. Nach officiellen Quellen bearb. Mit Eisenbahnkarte von Deutschland, von Europa und 1 Weltkärtchen. 39.—42. Jahrg. 1885—1888. à Jahrg. 8 Nrn. 12. (à Nr. ca. 1000 S.) Frankfurt a. M., Expedition.
à Nr. * 2 —

—— dass. — (kleine Ausg.). Zusammenstellung der Eisenbahn-Fahrpläne Deutschlands und Oesterreichs. Nach officiellen Quellen bearb. Mit 1 Karte von Deutschland und 1 Eisenbahn-Routen-Netze. Jahrg. 1885—1888. à Jahrg. 7 Nrn. 12. (à Nr. ca. 400 S.) Ebendas.
à Nr. * 1 —

— Telegraph. [Grosse Ausg.] Eisenbahn-, Post- u. Dampfschiff-Coursbuch. Nach officiellen Quellen bearb. 44. Jahrg. 1890. 10 Nrn. 8. (Nr. 1. XL, 685 S. m. 2 lith. Karten in Imp.-Fol.) Ebd.
à Nr. n. 2. —

— dasselbe. [Kleine Ausg.] Jahrg. 1890. ca. 10 Hfte. Zusammenstellung der Eisenbahn-Fahrpläne Deutschlands u. Oesterreichs. Mit e. (lith.) Karte v. Deutschland u. e. (lith.) Eisenbahn-Routen-Netze. 12. (1. Hft. LVIII, 320 S.) Ebd.
à Hft. n. 1. —

—— Telegraph. [Grosse Ausg.] Eisenbahn-, Post- u. Dampfschiff-Coursbuch. Nach officiellen Quellen bearb. 46. Jahrg. 1892. 8 Nrn. 12. (à Nr. ca. 1000 S. m. 2 lithogr. Karten in Imp.-Fol.) Ebd.
à Nr. * 2 —

—— dass. — [Kleine Ausg.] Jahrg. 1892. 8 Hefte. Zusammenstellung der Eisenbahn-Fahrpläne Deutschlands u. Oesterreichs. Nach officiellen Quellen bearb. Mit e. (lithogr.) Karte v. Deutschland u. e. (lithogr.) Eisenbahn-Routen-Netze. 12. (à Heft ca. 450 S.) Ebd.
à Heft * 1 —

Hendschel's Telegraph. [Grosse Ausg.] Eisenbahn-, Post- u. Dampfschiff-Coursbuch. Nach officiellen Quellen bearb. 48. Jahrg. 1894. 10 Nrn. 12. (Nr. 1. CIV, 682 S. m. 2 lith. Karten in Imp.-Fol.) Frankfurt a/M., Exped.
à Nr. n. 2. —

— dasselbe. [Kleine Ausg.] Jahrg. 1894. ca. 10 Nrn. Zusammenstellung der Eisenbahn-Fahrpläne Deutschlands u. Oesterreichs. Nach officiellen Quellen bearb. Mit e. (lith.) Karte v. Deutschland u. e. (lith.) Eisenbahn-Routen-Netze. 12. (1. Hft. LXII, 321 S.) Ebd.
à Nr. n. 1. —

Hendschel's Telegraph. (Grosse Ausg.) Eisenbahn-, Post- u. Dampfschiff-Coursbuch. Nach officiellen Quellen bearb. 52. Jahrg. 1898. 8 Nrn. (à ca. CIV, 883 S. m. 2 Karten.) 12. Frankfurt a/M., Expedition.
n. 18. —; einz. Nrn. n. 2. —

— dasselbe. (Kleine Ausg.) Jahrg. 1898. 8 Nrn. (à ca. LXXII, 455 S. m. 2 Karten.) Zusammenstellg. d. Eisenbahnfahrpläne Deutschlands u. Oesterreichs. 12. Ebd.
à n. 1. —

Hendschel's Telegraph. (Grosse Ausg.) Eisenbahn-, Post- u. Dampfschiff-Coursbuch. Nach officiellen Quellen bearb. 56. Jahrg. 1902. 8 Nrn. (Nr. 1. CVIII, 864 S. m. 2 Karten.) 12. Frankfurt a/M., Expedition.
n. 13. —; einzelne Nrn. 2. —

— dasselbe. (Kleine Ausg.) Jahrg. 1902. 8 Nrn. Zusammenstellung der Eisenbahn-Fahrpläne Deutschlands u. Oesterreichs. Nach officiellen Quellen bearb. 12. (1. Hft. LXXX, 513 S. m. 2 Kart.) Ebd. à Nr. n. 1. —

Hendschel's Telegraph. (Grosse Ausg.) Eisenbahn-, Post- u. Dampfschiff-Coursbuch. Nach offiziellen Quellen bearb. 60. Jahrg. 1906. 8 Nrn. (Nr. 1. CXII, 1008 S. m. 2 Karten.) 8. Frankfurt a/M., Expedition.
n. 13. —; einzelne Nrn. 2. —

— dasselbe. (Kleine Ausg.) Jahrg. 1906. 8 Nrn. Zusammenstellung der Eisenbahn-Fahrpläne Deutschlands u. Oesterreichs. Nach offiziellen Quellen bearb. (Nr. 1. LXXX, 659 S. m. 2 Karten.) 8. Ebd. à 1. —

Hendschel's Telegraph. (Grosse Ausg.) Eisenbahn-, Post- u. Dampfschiff-Kursbuch. Nach offiz. Quellen bearb. 64. Jahrg. 1910. 8 Nrn. (à ca. CXII, 1062 S. m. 2 Kart.) 8. Frankfurt a/M., Expedition v. Hendschel's Telegraph.
17.50; einz. Nrn. 2. 50

— dasselbe. (Kleine Ausg.) Jahrg. 1910. 8 Nrn. Zusammenstellg. d. Eisenbahn-Fahrpläne Deutschlands u. Oesterreichs. Nach offiziellen Quellen bearb. (à ca. LXXX, 678 S. m. 2 Karten.) 8. Ebd.
à Nr. 1. —

Hendtschel, U., s. Hendschel

Hendungen [Schlagwort]

Hendungen, s.: Bayern. Karte.

James Hendy und John Rollo über die Drüsenkrankheit in Barbados oder über Wilhelm Hillary's [† 1763] elephantiasis. Aus d. Engl. übers. von A[ugust] F[riedrich] A[drian] D[iel]. Frankfurt a.M.: Andreae 1788. 254 S. 8°

[Darin 1:] Hendy, James: (A Treatise on the glandulardisease of the Barbadoes [Deutsch:]) Von der Drusenkrankheit in Barbados.
[Darin 2:] Rollo, John: (Remarks on the diseases lately described by Dr. Hendy under the appellation of the glandular disease of Barbadoes [Deutsch:]) Bemerkungen über Hendy's Drüsenkrankheit.

Hené, Frz. Xav., Beiträge zur dacischen Geschichte. 8. (13 B. u. 10 Stnt.) Hermannstadt 836, v. Hochmeister'sche Buchh.

Hene, Fr. Xav., Beitrage zur Dacischen Geschichte. Nebst lith. Abbildung einiger merkwürd. Monumente des Alterthums auf 9 Taf. 8. Wien 836. v. Hochmeister's Buchh. 1 ℳ

Hené, Leon, in Fa. Drexler & Co., Lohn-Tabelle (10stünd. Arbeitszeit). qu. Fol. Pirmasens 894. (Braun & Kohlermann.) n. 1. —

Hené, Leon, Lohn-Tabelle (11- u. 12stünd. Arbeitszeit). qu. Fol. Pirmasens 896. (Braun & Kohlermann.) n. 1. —

Hené, Leon, Lohn-Tabelle. 2 Blatt je 29,5×54 cm. u. 2 Blatt je 30×60,5 cm. Pirmasens (906). (Braun & Kohlermann.) — 50

Hené, Th. F., die Gasbeleuchtung in Wien. 8. Wien 833, Sollinger. Vgl. Henne.

Henebry, Ricardus: A contribution to the phonology of Desi-Irish to serve as an introduction to the metrical system of Munster poetry. *Gryphiswaldiae 1898: I. Abel.* (VI, 77 S.) 8°
Greifswald, Phil. Diss. v. 3. Aug. 1898

Henel, A. J., florirendes Schweden im Jahre 1729. 4. Lüb.

Henel, E., die sämmtlichen Jagdgesetze des preuß. Staates, s.a. Jagdgesetze.

E. Henel, Die sämmtl. Jagdgesetze des Preuß. Staates. 2. Aufl. Arnsb. 1851. gr. 16. (66 S.)

Henel von Hennenfeld, N. Silesiographia Renovata . . . Wratislaviae et Lipsiae 1704. H: *Fibiger, Mich. Jos.* (Nent) (BrMm)

Henel ab Henneféld, Nic., Silesiographia renovata. 4. Bresl. Seidel. 704.

Henericus von Uri, s. Bauernpractica.

Henes, Carl, a. Santiago de Chile: Das pathologische Lügen der Hysterischen. Freiburg i. B. 1906: K. Kuss. (39 S.) 8°
Freiburg i. B., Med. Fak., Ref. Hoche, Diss. v. 1907
[Geb. 17. Sept. 81 Santiago, Chile; Wohnort: Stuttgart; Staatsangeh.: Württemberg; Vorbildung: Realgymn. Schwäb. Gmünd Reife Juli 00; Studium: Tübingen 4, Kiel 1, Berlin 3, Freiburg i. B. 1 S.; Coll. 9. März 06.]

Henfeler, Ewald [Hrsg.], s. Apostel, Der, des heiligsten Herzens.

Henfling, Franz: Anatomie und Physiologie der Pflanzen, sowie Kryptogamen und Pflanzenkrankheiten als Pensum der Untertertia des Gymnasiums. *Friedeberg Nm. (1898): E. Eisermann.* (19 S.) 4° [F.]
Friedeberg Nm., k. G, P 1898 (76 [viellm. 75])

Hengehold, H[einrich] F[elix], Kgl. Preuß. Gerichts-Ref.: Die Lebensversicherung zu Gunsten Dritter nach bürgerlichem Recht. *Papenburg 1903: Ems-Zeitung.* (XII, 63 S.) 8°
Leipzig, Jur. Diss. v. 1903

Hengel, J. van, Lehrbuch der Algebra. Theoretisch-prakt. Anleitg. zum Studium der Arithmetik u. Algebra. Zum Gebrauche an höheren Lehranstalten, insbes. an Gymnasien. gr. 8. (VIII, 489 S.) Freiburg i/Br. 887. Herder. n. 5. —

Hengel, J. v.: Ueber Cycloiden. 1870. 4°
Diss. Rostock

Hengel, Jac. van, Specimen histor.-literar. inaug. de Majoriano. 8maj. (5 B.) Lugduni Batav. 833, v. d. Hoek. (Lipsiae, Weidmann.)

Hengel, Jacob van (Driehuisiano/Holland), De tribus Majoriani novellis. Specim. jurid. Rector Jacob Nieuwenhuis. Leyden (C. C. van der Hoek) 20. II. 1833. 90 S. (7.—) 14288

Hengel, Johann van a) Eine Auswahl aus der analytischen Geometrie der Ebene; b) Beweis des Satzes, dafs unter allen reellen positiven ganzen Zahlen nur das Zahlenpaar 4 und 2 für a und b der Gleichung $a^b = b^a$ genügt. 4 (12 S.)
Progr. G. *Emmerich* 1888 (411)

Hengel, Karl

Hengel, Carl. Demokratisches ABC- und Lesebuch. Ein Geschenk für große und kleine Demokraten. Mit Bildern und erbaulichen Versen. Berlin, L. Weyl u. Comp. 1850. 64 S. 8.

Hengel, Wessel Albert van

van Hengel, (W. A.,) Annotatio in loca nonnulla novi testamenti. 8maj. Amsterdamm 824, (Leipz., Weigel.)

—— Meritorum Ioannis Henrici van der Palm commemoratio brevis. 8maj. (2 B.) Lugduni Bat. 840, S. et I. Luchtmans. *

Hengel, Wessel Albert van, Commentarius perpetuus in prioris Pauli ad Corinthios epistolae caput XV. Cum epistola ad Winerum theol. Lips. 8maj. (XII und 259 S.) Sylvae Ducis 851. (Rotterodami, Baedeker.) **

Hengel, Wessel Alb. van, Commentarius perpetuus in epistolam Pauli ad Philippenses. 8maj. (22½ B.) Lugduni Bat. et Amstelodami 838, Müller. *

Hengel, Wess. Alb. van, Institutio oratoris sacri. 8maj. (21½ B.) Lugduni Batav. 829, Luchtmans. (Lipsiae, Weidmann; Weigel.) Thlr.

Hengel, W. A. van, interpretatio epistolae Pauli ad Romanos primum in lectionibus academicis proposita nunc novis curis ad editionem parata. Fasc. I—V. Silvae Ducis 854—58. (Leipzig, T. O. Weigel.) gr. 8. (Tom. I.: VIII, 623 S.; II.: S. 1—580.) n. 7 ℛℬ. 18 ngr.

Hengel, W. A. van, interpretatio epistolae Pauli ad Romanos primum in lectionibus academicis proposita nunc novis curis ad editionem parata. Fasc. VI. Silvae Ducis 859. — Leipzig, T. O. Weigel. gr. 8. (Tom. II.: XII, S. 581—865.) n. 1 ℛℬ 22 ngr.

—— Oratio de religionis christian. efficacitate in bellum, cum plane singulari, tum maxime salutari. 4maj. (2½ B.) Lugduni Batav. 832, Luchtmans. (Lipsiae, Weidmann; Weigel.)

Hengeler, A. (16 Bl. Heliograv.) gr. Fol. Berlin (903). Photograph. Gesellschaft. In Mappe 40. —; einzelne Blatt 5. —

Hengeler, Adf., s.: Fibel, Münchener.

Hengeler, Paul, Gedichte humorist. Inhalts in hochdeutscher Sprache u. im schwyzer Dialect. 8. (13½ B.) Zürich 836, Siegfried.

A. **Hengeler-Album.** (72 Bl. m. Abbildgn. u. Text.) 4. München (904). Braun & Schneider. Geb. in Leinw. n. 8. —

Hengen, Entwicklungsgeschichte des Glan-Donnersberger Rindviehschlages in der Pfalz. Verf. Zuchtinspektor des Zuchtverbandes für Glan-Donnersberger Vieh, später Bez.-Tierarzt in Bergzabern. Speyer ca. 1898

Hengerle, Aug., die schulpraktische Arbeit an der Genussgiftbekämpfung, s.: Zeitfragen, pädagogische. IV, 3.

Hengesbach, Anton [aus Bremke]: Über Leberabscess ... Berlin, C. Vogt's Buchdr., *1894*; 30 S., 1 Bl. 8.
Berlin, Med. Fak., Inaug.-Diss. v. 6. März 1894

Vademecum für Prof. Bier als Pfadfinder von Dr. med. A[nton] **Hengesbach**, Neuenfelde. Neuenfelde: Selbstverl.; (Leipzig: W. Opetz in Komm.) [1908]. (41 S.) 8°

Hengesbach, J., Beitrag zur Lehre von der Inclination im Provenzalischen, s. a. Ausgaben und Abhandlungen aus dem Gebiete der romanischen Philologie, Lfg. 37.

Hengesbach, J. Beitrag zur Lehre von der Inclination im Provenzalischen. Diss. Marburg 1885. 83 S.

Hengesbach, Joh., Rippräppe van der Düsseldunrper Jutstellung imme Johr nigentaihnhunderttwäl. Geschrieben in sauerländ. Mundart. (164 S.) 8. Berlin (905). Harmonie. n. 2. —

Hengesbach, Josef

Hengesbach, J., Conteurs contemporains, s. a. Schulbibliothek französischer u. englischer Prosaschriften.

Conteurs contemporains. Neun Erzählungen von André Theuriet, Anatole France, Pierre Loti, Victorien Sardou, Émile Zola. Für d. Schule ausgew., bearb. u. erkl. von Dr. J[osef] **Hengesbach**, Oberl. Mit 1 Pl. [Nebst] Wörterbuch. *Berlin: R. Gaertner 1900.* 2 Bde 8°
— Schulbibliothek französ. u. engl. Prosaschriften aus d. neueren Zeit. Abt. 1, Bdch. 40.

Conteurs contemporains. 9 Erzählungen von André Theuriet, Anatole France, Pierre Loti, Victorien Sardou, Émile Zola. Für d. Schule ausgewählt, bearb. u. erkl. von Dr. J[osef] **Hengesbach**, Oberl. [Text.] 2., sorgfältig durchges. Aufl. Berlin: Weidmann 1905. 8°
— Schulbibliothek franz. u. engl. Prosaschriften aus d. neueren Zeit. Abt. 1, Bdch. 40.

La guerre 1870–71. Mit Anm. f. d. Schulgebr. hrsg. v. Dr. J[osef] Hengesbach, Oberl. Mit 4 Kärtchen. *Berlin: R. Gaertner 1901.* (VI, 147 S.) 8°
= Schulbibliothek franz. u. engl. Prosaschriften aus d. neueren Zeit. Abt. 1, Bdch. 42.

– dass., s.a. Schulbibliothek, Franz., und engl. Prosaschriften.

Hengesbach, J., s. a. Maîtres conteurs.

— Maîtres conteurs, s. a. Schulbibliothek französischer u. englischer Prosaschriften.

Maîtres conteurs. Neun Erzählgn v. Alphonse Daudet, Jules Claretie, Guy de Maupassant, François Coppée, Jules Lemaître, f. d. Schule ausgew., bearb. u. erkl. v. Dr. J[oseph] **Hengesbach**, Oberl. ... [Nebst] Wörterb. ... *Berlin: R. Gaertner 1898.* 2 Bde 8.
Maîtres. (XI, 109 S.)
Wörterbuch. Zsgest. v. W[ilhelm] Peters. (52 S.)
= Schulbibliothek französ. u. engl. Prosaschriften aus d. neueren Zeit. Abt. 1, Bdch. 33.

Maîtres conteurs. 9 Erzählungen von Alphonse Daudet [u. a.] ... Für d. Schule ausgewählt, bearb. u. erkl. von Dr. J[osef] **Hengesbach**, Oberl. 3. Aufl. Berlin: Weidmann 1906. (XI, 110 S.) 8°
= Schulbibliothek franz. u. engl. Prosaschriften aus d. neueren Zeit. Abt. 1. Bdch. 33.

Hengesbach, *Josef* Educational Reading. In particular: Shall we read Byron in our classes, and which of his works? (Umschlagtitel: Shall we read Lord Byron ... works?). 4 (18 S.).
Progr. Rprg. *Fulda* 1888 (391).

Readings on Shakespeare, Illustrative of the Poet's Art, Plots, and Characters. Ein Leseb. f. höhere Schulen, insbes. Gymnasien, u. z. Selbststud. [Nebst] Wörterbuch. Von Dr. J[os.] Hengesbach, Oberl., Kiel. *Berlin: R. Gaertner 1901.* 2 Bde 8°

— **readings on Shakespeare. Illustrative of the poet's art, plots, and characters. Ein Lesebuch f. höhere Schulen, insbesondere Gymnasien, u. zum Selbststudium. gr. 8. (X, 208 S.) Berlin 901. [R. Gaertner.] Weidmann. Geb. in Leinw. n. 2. 40; Wörterbuch (88 S.) n. — 90**

— s.: Schulbibliothek französ. u. engl. Prosaschriften aus d. neueren Zeit.

Hengesbach. Shall we read Lord Byron in our classes, and which of his works? Fulda, Rpg., 1888. 18 S. 4.
Progr.

Hengesbach, O., kurzgefaßte Anleitung zur Aussprache u. Schreibung der gebräuchlichsten Fremdwörter. Für Fortbildungs- u. landwirtschaftl. Winterschulen, sowie f. die Oberklasse mehrklass. Volksschulen. Mit e. Wörterverzeichnis. 8. (76 S.) Paderborn 892. J. Esser. Kart. n. — 60

Hengesch, Dominique: Caeremoniale Collegii germanici et hungarici Urbis (Romae). Ratisbonae [1869]. XVI, 166, 2, 24 S. 16°

Hengge, Ant., Eklampsie, die derzeitigen Forschungen üb. die Pathogenese dieser Erkrankung u. ihre Therapie, s. a. Sammlung klinischer Vorträge Nr. 346.

Eklampsie, die derzeitigen Forschungen über d. Pathogenese dieser Erkrankung u. ihre Therapie von Anton **Hengge**, Greifswald. *Leipzig: Breitkopf & Härtel 1903.* (22 S.) 8°
— Sammlung klinischer Vorträge. N. F. No 346.

Hengge, Anton, approb. Arzt: Ueber den distalen Teil der Wolff'schen Gänge beim menschlichen Weibe. *München 1900: G. Franz.* (29 S.) 8°
München, Med. Diss. v. 1900

Henggeler, A., schulhygienische Streifzüge. (29 S.) gr. 8. Rorschach 909. P. J. Kober. 1. —
Sonderabdr. a.: „Jahrb. d. schweiz. Gesellschaft f. Schulgesundheitspfl."

Henggeler, Adelrich [med. pract. in Zürich]: Beiträge zur Kenntnis der Beckenstellung. Stuttgart 1898. 25 S. 8°.
Zürich. Med. Diss. 1897/98.

Henggeler, Alois, Priester der Diözese Basel-Lugano: Das bischöfliche Kommissariat Luzern von 1605—1800. Stans, i. d. Schweiz, 1906: A. & P. von Matt. (VI, 160 S.) 8°
¶ (Erscheint vollst. u. d. T.: „Die bischöflichen Kommissariate der Innerschweiz ..." in den Kirchenrechtl. Abhandlungen von Ulrich Stutz, Stuttgart, F. Enke.)
Bonn, Jur. Fak., Diss. v. 4. Aug. 1906
[Geb. 12. Juni 74 Neu-Aegeri, Kanton Zug, Schweiz; Wohnort: Neu-Aegeri; Staatsangeh.: Schweiz; Vorbildung: Kantonssch. Zug bis O. 93; Studium: Freiburg i. B. 6, Bonn 4, Basel 2, Bonn 2 S.]

Henggeler, Alois, die Wiedereinführung des kanonischen Rechts in Luzern zur Zeit der Gegenreformation. (Das Kommissariat v. Luzern von 1605—1798), s.a. Aus Recht u. Geschichte der kath. Kirche in der Innerschweiz. 1. Heft.

Die Wiedereinführung des kanonischen Rechts in Luzern zur Zeit der Gegenreformation. (Das Kommissariat Luzern von 1605–1798.) Von Dr. Alois **Henggeler**, Priester. Luzern 1909: Räber. 224 S. 8°
[Ein T. erschien u. d. T.: Das bischöfl. Kommissariat Luzern von 1605–1800 als Inaug.-Diss. Bonn 1906.]
(Aus Recht u. Geschichte d. kath. Kirche in d. Innerschweiz. 1.) 09. 12519

Henggeler, Josef, aus Unter-Aegeri: Beiträge zur Lehre vom Börsenstrafrecht. (Abschlussverbote, Verleitung und Ausbeutung). Zürich-Selnau 1909. XIV + 126 S. 8°. [23. VII. 09.]
Zürich, Staatswiss. Diss. 1908/09.

Henggeler, Jos., Beiträge zur Lehre vom Börsenstrafrecht (Abschlussverbote, Verleitung u. Ausbeutung), s.a. Beiträge, zürcher. zur Rechtswissenschaft. XXIII.

Beiträge zur Lehre vom Börsenstrafrecht (Abschlussverbote, Verleitung u. Ausbeutung) von Dr. jur. Jos. **Henggeler.** Aarau: Sauerländer 1909. VII, 126 S. 8°
(Zürcher Beiträge z. Rechtswissenschaft. 23.) 09. 14339

Henggeler, Oscar, prakt. Arzt [von Unterägeri, Kt. Zug]: Statistische Ergebnisse von 276 incarcerirten Hernien, welche von 1881—94 in der chirurgischen Klinik zu Zürich behandelt resp. operirt worden sind. (S. A. aus: Beiträge z. klin. Chirurgie [—Bruns]. Bd 15 [S. 1—95]). Tüb. H. Laupp 1895. 2 Bl., 98 S. 8°.
Zürich, Med. Diss. [v. 26. Nov. 1895].

Henggeler, Oscar. Über einige Tropenkrankheiten der Haut. Von Dr. med. O' H' (*Teil 1:* Dr. med. H')…. Aus dem Laboratorium von Dr. E[rnst] Heuss … in Zürich. Sonder-Abdruck aus «Monatshefte für praktische Dermatologie»…. 2 [Teile]. 8. Hamburg u. Leipzig, Leopold Voss.
[Teil] 1: Framboesia tropicalis. Mit sechs Tafeln. Sond' aus… Band 40. 1904. 11 S. + S. 235—277.
[Teil] 2: Tinea imbricata. Mit 2 Tafeln. Sond' aus … Band 43. 1906. 11 S. + S. 325—341.

Hengherr, Aug[ust]. Augustin Keller. Ein Gedenkblatt zu seinem hundertsten Geburtstag. [Mit 1 Porträt-Tafel.] 31 S. 8.
Bericht über die Städtischen Schulen in Aarau. Schuljahr 1905-06. Aarau, Emil Wirz, 1906. (Beilagen: [2].)

Hengherr, Aug., Ueber die Unentgeltlichkeit der Lehrmittel und Schreibmaterialien. Aarau, städt. Schulen 1887.
Progr.

Hengist Horsa, s.: Geheimnis, das, des Sitzes.

Henglein, Martin: Über Kristallformen des Anatas. Mit 3 Taf. u. 1 Textfig. Heidelberg: Winter 1909. 49 S. 8°
Erlangen, Phil. Diss. v. 14. Juni 1909, Ref. Lenk
[Geb. 20. Dez. 82 Sonderrieth b. Wertheim; Wohnort: Freiberg i. S.; Staatsangeh.: Baden; Vorbildung: Realgymn. Mannheim Reife Juli 02; Studium: Darmstadt Techn. Hochsch. 3, Heidelberg 8, Freiburg i. B. 1 S.; Rig. 7. Jan. 08.] [U 09. 826

Henglein, Mart., Lötrohrprobierkunde, s.a. Sammlung Göschen.

Lötrohrprobierkunde. Qualitative Analyse m. Hilfe d. Lötrohres von Dr. Martin **Henglein.** Mit 10 Fig. Leipzig: Göschen 1910. 83 S. 8°
(Sammlung Göschen. 483.) A 12 1332 II

Hengler, L., Anleitung zur Regel de Tri. 8. Wiesensteig 842, Schmid. (Leipzig, Melzer.) 1/12 ₰

Hengler, L., neues Instrument zu sehr wichtigen physikal. Untersuchungen, namentl. z. Bestimmung d. mittl. Dichtigkeit d. Erde z. direkten Beweisführung ihrer Rotation &c. Gründl. dargest. gr. 8. (2 B. u. 1 Stnt.) Rottenburg 835, Bäuerle'sche Buchh.

Henglin, M. Th. von

— — Reise in das Gebiet des Weissen Nil und seiner westlichen Zuflüsse in den Jahren 1862—1864 Mit einem Vorworte von Aug. Petermann. Leipzig und Heidelberg 1869.

Hengsbach, Arno [wirkl. Name]
s. **Hach,** Arno [Pseud.] A 12 9041

Hengsberger, August, approb. Arzt aus Hanau a. Main: **Nephritis nach Varicellen. Beobachtung d. Tübinger Poliklinik.** *Tübingen: F. Pietzcker 1898.* (23 S.) 8°
Tübingen, Med. Diss. v. 1898

Hengst: Situations-Plan …, s. Weinbrenner, Fr.

Hengst, Ferd. [aus Meiningsen in Westfalen]: Ueber Fractur des processus coronoideus ulnae …. Soest, Buchdr. v. Wilh. Tappen, 1886; 28 S. 8°
Würzburg, Med. Fak., Inaug.-Diss. v. 1886

Hengst, Herm., Friedrich Wilhelm, Kronprinz des Deutschen Reiches und von Preußen. Ein Fürstenbild aus dem 19. Jahrh. gr. 8. (VIII, 255 S.) Berlin 883, Gebr. Paetel.
geb.

Hengst, Herm., Friedrich Wilhelm, Kronprinz des Deutschen Reiches und von Preußen. Ein Fürsten- und Heldenbild. Festschrift, erschienen zur silbernen Hochzeit Sr. Kaiserl. Hoheit und fortgeführt bis zum Regierungsantritt Kaiser Friedrich III. gr. 8. (VIII, 266 S.) Berlin 888, Nagel. 3 —

Hengst, Herm., die Ritter des Schwarzen Adlerordens. Biographisches Verzeichnis sämtl. Ritter des Hohen Ordens d. Schwarzen Adler von 1701—1900. Festschrift zur Feier des 200jähr. Bestehens d. Hohen Ordens. gr. 8. (IV, 376 S.) Berlin 901. A. Duncker. n. 10. —; geb. in Leinw. n.n. 13. —

—— an Kaiser Wilhelms Sterbebett. Ein Gedenkblatt an die letzten Stunden, den Tod und die feierl. Beisetzung des großen Kaisers, die Huldigungen der Volksvertretungen und die Stimmen der Presse des In- und Auslandes. gr. 4. (40 S.) Ebendas. 888. 1 —

Hengst, Herm., unser Kaiser Wilhelm 25 Jahre Soldat. 8. (79 S. m. Bildnis.) Berlin 894. E. S. Mittler & Sohn. n. — 40

Hengst, W., s. Katechismus des Gemeindeerechts.

Hengst, Wilh., u. Rud. Schmidt, das Fleisch unserer Schlachttiere. Die Bedeutg. der Fleischnahrg., sowie die sachgemäße Beurteilg. u. die Verwendg. des Fleisches der Schlachttiere im Haushalte. 16 nach der Natur aufgenommene Farbendr.-Taf. u. 3 schemat. Darstellgn., nebst ausführl. Erläuterg. Ausgeführt v. der lithograph. Kunstanstalt v. Aug. Kürth in Leipzig. gr. 4. (27 S.) Leipzig 894. Th. Grieben. In Mappe. n. 7. 50

Hengstebeck, über Säuglings- u. Kindes-Ernährung, s.: Haus-Bibliothek, homöopathische. Nr. 36.

Hengstebeck, Theodor [cand. med. aus Rehringhausen (Westf.)']: Beitrag zur Statistik der Chloroform-Narkosen .. Würzburg, J. M. Richter's Buch- u. Kunstdr., 1892; 74 S. 8.
Erlangen, Med. Fak., Inaug.-Diss. v. 1892

Hengstebeck, Th., Handbuch d. homöopathischen Arzneiwirkungslehre, s.: Heinigke, Carl.

Hengstebeck, Thdr., Handbuch d. homöopathischen Praxis, s.: Puhlmann.

Hengstebeck, Th., d Pflege d. Ohres in ihren wichtigsten Grundzügen f. Haus u. Familie. gr. 8. (60 S. m. 4 Abb.) Aplerbeck 895. (Leipzig, W. Schwabe.) n. 1. —

— Die Rachen- od. Kopfmandel, ihre homöopathische u. chirurgische Behandlung. (8 S.) 8. Leipzig 896. Dr. W. Schwabe. — 20
Sonderabdruck aus: „Leipz. popul. Ztschr. f. Homöopathie".

Hengstenberg's, E. W., Biographie, s.: Bachmann, J.

Hengstenberg, Ernst Wilh., sein Leben und Wirken, s. a. Bachmann, Johs.

Hengstenberg, Ernst Wilhelm. Sein Leben u. Wirken nach gedr. u. ungedr. Quellen dargestellt. 3. Bd. Nach J. Bachmanns Tode dargestellt v. Th. Schmalenbach. gr. 8. (VIII, 500 S.) Gütersl. 892, Bertelsmann. * 7 —; geb. * 8 50
1. u. 2. Bd. u. d. T.: Bachmann, Johs. E. W. H. Ebd. 1876—80. [* 14 —] * 9 —; compl. * 16 —; geb. * 20 —.

Hengstenberg, C. F., alte und neue Alphabete und Schriften, deutsche, englische, französische, griechische, russische, hebräische, sarazenische, rabbinische, samaritanische, arabische, syrische und indianische. qu. 8. (28 lithogr. Bl.) Werdohl 850. (Siegen, Schulz.) *

Hengstenberg, (E. W.,) Kirchenzeitung, s. Kirchenzeitung.

Hengstenberg, Ernst, Hindustan. Indische Reiseeindrücke. Mit 46 Abb. nach Photographien u. 16 Kopfleisten u. Vignetten nach Zeichngn. (XII, 191 S.) gr. 8. Berlin 908. D. Reimer. Geb. in Leinw. 8. —

— Geographische Schachtelhalme. Mit Lebenserinnerungen durchrankte Reiseskizzen üb. Gebiete des Mittelmeeres u. des südöstl. Europa. Mit 9 Lichtdr.-Bildern auf 8 Taf. (VIII, 146 S.) gr. 8. Ebd. 909. Geb. 5. —

Weltreisen von Ernst Hengstenberg. Mit 27 Taf., 107 Abb. u. 1 Übersichtskarte. *Berlin: D. Reimer 1903.* (245 S.) 8° [03. 13656

Hengstenberg, Ern. Wanefriedus (geb. Essen 4. 9. 1817) De genesi morbi scrofulosi. Berolini (1839). (32 S.) 8°
Berlin, Med. Diss. v. 10. Juli 1839

Hengstenberg, Ernst Wilhelm (Mitarb.), s. Abdruck zweier im Jahre 1837 u. 1839 in der Evang. Kirchenzeitung erschienenen Aufsätze, betr. den Irvingismus.

Hengstenberg, E. W., die wichtigsten u. schwierigsten Abschnitte des Pentateuches. Erläutert. 1. Thl. A. u. d. Ttl.: Die Geschichte Bileams u. seine Weissagungen. gr. 8. (18½ B.) Berlin 842, Oehmigke, Verl.

– s. a. Amrulkeisi.

Hengstenberg, Ern. Guil. (geb. am 20 Okt. 1802 in Fröndenberg Kr. Hamm Westf.): Amrulkeisi Moallakah cum scholiis Zuzenii e codicibus Parisiensibus ed., latine vertit et illustravit . . . Bonnae, typ. regiis in off. Thormanniana 1823. 2 Bl., 40, 63 S. 4. ¶ Preisgekrönte Arbeit. — In Komm. bei Weber in Bonn.
[Bonn, Phil. Fak., Diss. v. 18 Jan. 1823]

– s. Aristoteles: Metaphysik.

Hengstenberg, Ernst Wilh., Beiträge zur Einleit. ins Alte-Testament. 1. Bd. — A. u. d. T.: Die Authentie d. Daniel u. d. Integrität d. Sacharjah; erwiesen. gr. 8. (25½ B.) Berlin 831, Oehmigke.

Hengstenberg, Ernst Wilh., Beiträge z. Einleit. ins alte Testament, 2. u. 3. Bd. — A. u. d. T.: Die Authentie d. Pentateuches. Erwiesen. 2 Bde. gr. 8. Berlin, L. Oehmigke. [2. (36 B.) 836. 2⅓ Thlr., 3. (41¾ B.) 839. 2⅚ Thlr.]
1. Bd. Ebendas. 1831. 1 Thlr. 18 Gr.

Hengstenberg, E. W., die Bücher Mose's und Aegypten, nebst einer Beilage: Manatho und die Hyksos. gr. 8. Berlin 841, L. Oehmigke. 1½ ℛ

— s. Calvin, J., in librum Geneseos.

— Christologie d. Alten Testaments, u. Commentar üb. d. Messian. Weissagungen d. Propheten. 3 Thle. gr. 8. Berlin, Oehmigke.
Thl. 1. Die allgem. Einleitung u. d. Messian. Weissagungen d. Jesaias. 2 Abthln. (49 B.) 829. 2 Thlr. 20 Gr.
- 2. Sacharjah u. Daniel. 2 Abthln. (37 B.) 832. 2 Thlr. 8 Gr.
- 3. Jeremias. Ezechiel. Hoseas. Joel Amos. Micha. Haggai. Maleachi. (42½ B.) 836. 2 Thlr. 12 Gr.

Hengstenberg, E(rnst) W(ilh.), Christologie des alten Testamentes und Commentar über die messianischen Weissagungen. 3 Bde. 2. Ausg. gr. 8. Berlin, L. Oehmigke's Verlag. [1. (VI und 603 S.) 854., 2. (616 S.) 855. à Bd. 2 Thlr. 12 Ngr. 3. (2 Abthlgn.) (1. Abthl. 677 S.) 858. 3 Thlr. 6 Ngr.]

Hengstenberg, Ernst Wilh., Christologie des Alten Testamentes und Commentar über die Messianischen Weissagungen. 3. Bd. 2. Abthl. 2. Ausg. gr. 8. (III und 228 S.) Berlin 857, Oehmigke's Verlag. Nachberechnung
1—3. Bd. 1. Abthl. Ebendas. 1854—56. 8 Thlr.

— das Duell und die christliche Kirche. gr. 8. (38 S.) Berlin 856, Schlawitz. *
Aus: Evangelische Kirchenzeitung, besonders abgedruckt.

Hengstenberg, E. W., über den Eingang des Evangeliums St. Johannis. Ein Vortrag gehalten auf der Berliner Pastoral-Conferenz. Berlin 859. Schlawitz. gr. 8. (35 S.) n. 5 ngr.

— über die Entlassung des Prof. Dr. Baumgarten in Rostock. (Abdr. aus der Evangel. Kirchenzeitg.) Schwerin 859. Stiller. gr. 8. (16 S.) n. 2½ ngr.

— gegen die Erklärung vom 15. Aug., s. Herausgeber.

— das Evangelium des heil. Johannes erläutert. 3 Bde. Berlin 861—63. Schlawitz. gr. 8. (1.: VI, 420 S. n. 1 ℛ 20 ngr.; 2.: 394 S. n. 1 ℛ 25 ngr.; 3.: 2 Bl., 409 S. n. 1 ℛ 25 ngr.) n. 5 ℛ 10 ngr.

Hengstenberg, Ernst Wilh., das Evangelium des heil. Johannes erläutert. 3 Bde. gr. 8. Berlin, Schlawitz. [1. Bd. 2. Ausg. (IV und 420 S.) 867. * 1 Thlr. 20 Ngr., 2. Bd. (394 S.) 862. * 1 Thlr. 25 Ngr., 3. Bd. (III und 409 S.) 863. * 1 Thlr. 25 Ngr.] *

Hengstenberg, Ernst Wilh., das Evangelium des heiligen Johannes erläutert. 2. und 3. Bd. 2. Ausg. gr. 8. (394; III, 409 S.) Berlin 869,71, Schlawitz. [Leipzig, Hinrichs' Verlag.] à Bd. * ℳ 5,50. * 3 Bde. geb. *
1. Bd. 2. Ausg. Ebendas. 1867. * ℳ 5.

— die Freimaurei u. das evang. Pfarramt, s. a. Freimaurei.

Die Freimaurerei und das evangelische Pfarramt. [Von Ernst Wilhelm v. Hengstenberg.] [T. 1]—3. Berlin: Schlawitz 1854—1855. 8°
1. 56 S. 1854; 2. 62 S. 1854; 3. 41 S. 1855.
Aus: Evang. Kirchenztg. (Berlin) 54 (1854) Sp. 193—209, 625—648, 649—656, 657—664.

[Dasselbe.] 2. Abdr. [T. 1]—3. Ebendas. 1854. 8°
Recens: FZ. 8 (1854) S. 156—157.
cf. FZ. 8 (1854) S. 310—311, 323—326; PtkF. 31 (1854) S. 5—8 (J. Fester); 35 (1855) S. 4 bis 9 (J. Fester); Frmr-Kalender 1855 bis 1856 S. 76—90.
Tt. 1615. Die Frmrei soll dem Naturalismus, Deismus u. Rationalismus huldigen u. daher Gegnerin des spezifischen positiven Christentums sein. 1. Abdr. in 23. 25; 2. in 193.

— Geschichte des Reiches Gottes unter dem Alten Bunde. 1. und 2. Periode. gr. 8. Berlin, Schlawitz. [Leipzig, Hinrich's Verlag.] *
Inhalt:
Periode 1. Von Abraham bis auf Moses. (IV, 268 S.) 869. *M 4.
" 2. Von Moses bis zu Christi Geburt. 1. Hälfte. (III, 270 S.) 870. *M 4.; 2. Hälfte. (IV, 416 S.) 871. *M 6.

— s. Herausgeber, der, der evangel. Kirchenzeitung.

Hengstenberg, E(rnst) W(ilh.), über das Buch Hiob. Ein Vortrag gehalten im Auftrage des evangel. Vereins in Berlin. gr. 8. (36 S.) Berlin 856, Schlawitz. Thlr. *

— das Buch Hiob erläutert. 2 Thle. gr. 8. Ebendas. [1. Thl. (311 S.) 870. *M 5.; 2. Thl. (376 S.) 875. *M 6,50.] *

— das Hohelied Salomonis ausgelegt. gr. 8. (VIII und 264 S.) Berlin 853, L. Oehmigke's Verlag. *

— der Prophet Jesaias. Ein Vortrag auf Veranstaltung des Evangel. Vereins für kirchliche Zwecke gehalten am 12. März 1854. Berlin 854. W. Schultze. gr. 8. (28 S.) 5 ngr.

— der Prophet Jesaias. Ein Vortrag auf Veranstaltung des evangel. Vereins für kirchl. Zwecke gehalten am 12. März 1854. gr. 8. (28 S.) Berlin 855, W. Schultze. *

Hengstenberg, E. W., s.: Kirchen-Zeitung, evangelische.

— Commentar üb. die Psalmen. 1—4. Bd. 1. Abthl. gr. 8. Berlin, Ludw. Oehmigke. [1. (30 B.) 842., 2. (30½ B.) 43. à 1 Thlr. 20 Ngr., 3. (34½ B.) 44. 2 Thlr., 4. 1. Abthl. (21 B.) 45. 1 Thlr. 5 Ngr.]

Hengstenberg, E(rnst) W(ilh.), Commentar über die Psalmen. 4. Bd. 2. Abthl. (Schluß.) gr. 8. (326 S.) Berlin 847, L. Oehmigke, Vrlgsh.

— dass. — 4 Bde. 2. Aufl. gr. 8. Ebds. [1. (IV und 450 S.) 849, 2. (482 S.) 850. à 1 Thlr. 20 Ngr., 3. (549 S.) 851. 2 Thlr., 4. (665 S.) 852. 2 Thlr. 10 Ngr.]

– s. Ministerial-Verfügung, Die königlich Preußische.

— die Offenbarung des heil. Johannes für solche die in der Schrift forschen erläutert. 2 Bde. gr. 8. Berlin, L. Oehmigke, Vrlgsh. [1. Bd. (VIII und 632 S.) 849. 2 Thlr. 20 Ngr., 2. Bd. 1. Abthl. (405 S.) 850. 1 Thlr. 22½ Ngr., 2. Abthl. (230 S.) 851. 1 Thlr. 2½ Ngr.]

— die Offenbarung des heiligen Johannes für solche die in der Schrift forschen erläutert. 2. Ausg. 12 Lfgn. gr. 8. Berlin 861,62, Oehmigke's Verlag. [1. Bd (VIII und 421 S.) 2. Bd. (471 S.) à Lfg. * 10 Ngr.] *

— die Opfer der heiligen Schrift. Ein Vortrag, auf Veranlassg. d. evang. Vereins in Berlin gehalten. [Aus der Evangel. Kirchenzeitung abgedr.] gr. 8. (47 S.) Berlin 852, Thome in Comm. n. ¼ ngr

— die Opfer der heiligen Schrift. Die Juden und die christliche Kirche. 2. Aufl. Berlin 859. Schlawitz. gr. 8. (122 S.) n. 17½ ngr

Hengstenberg, v., Predigt vor der Eröffnung des Landtages der Monarchie, am 12. Jan. 1859, gehalten in der Dom-Kirche zu Berlin. gr. 8. (15 S.) Berlin 859, W. Schultze.

Hengstenberg, Ern. Guil.: De rebus Tyriorum commentatio academica. Berolini: L. Oehmigke 1832. (98 S.) 8°
[Berlin, Theol. Fak., Antrittsprogr. v. 1832]

— der Prediger Salomo. Ein Vortrag gehalten im Auftrage des Evang. Vereins in Berlin. Berlin 858. Schlawitz. gr. 8. (38 S.) n. 5 ngr

— der Prediger Salomo ausgelegt. Berlin 859. Oehmigke's Verlag. gr. 8. (272 S.) n. 1 ng

– s. Scott, Th.: Die Kraft der Wahrheit.

Hengstenberg, Ernst Wilh., über den Tag des Herrn. gr. 8. (178 S.) Berlin 852, L. Oehmigke. n. ⅔ ng

Hengstenberg, Ern. Guil. (geb. am 20 [nicht 18] Okt. 1802 in Fröndenberg [nicht in Wetter] Westf.): Vitae suae curriculum scripsit. Accedunt theses controversae . . . Bonnae, typ. C. F. Thormanni (1823). 8 S. 4.
Bonn, Phil. Fak., Thes. v. 18 Jan. 1823

Hengstenberg, Ern. Guil.: Theses theologicae. Berolini (1825). (2 Bl.) 4°

— Vorlesungen üb. die Leidensgeschichte. gr. 8. (304 S.) Ebend. 875. n. 5. —

— die Weissagungen des Propheten Ezechiel für solche die in der Schrift forschen erläutert. 2 Thle. gr. 8. Berlin 867.68, Schlawitz. [1. Thl. (IV und 296 S.) * 1 Thlr. 10 Ngr., 2. Thl. (344 S.) * 1 Thlr. 20 Ngr.] *

Hengstenberg, Fr.: Geschichte des Dtm in der Provinz Posen vor ihrem ersten Anfall an Preußen. — Rawitsch 1894: Frank. V, 91 S. mit 1 Pl. (Beilage zum 21. Jahresbericht des Königl. Realgymnasiums zu Rawitsch.)

Hengstenberg, Fr., Geschichte d. Deutschtums i. d. Prov. Posen vor ihrem ersten Anfall an Preußen. Für d. deutsche Jugend d. Provinz dargest. Progr. gr. 8. (VII, 91 S. m. 1 Plan.) Rawitsch 894. (R. F. Frank.) n. 1. 35

Hengstenberg, Fr. Der spezielle Lehrplan der Schule. (Forts.) 4 S. u. S. 5—10. Progr. *Solingen* 1877. 1879

Geschichte der evangelischen Gemeinde Delling im ehemaligen Herzogtum Berg nebst Übersicht über d. bergische Landes- u. Reformationsgeschichte. Von Friedrich **Hengstenberg.** Lissa i. P.: Ebbecke 1907. VIII, 134 S. 8° (09. 13396

Hengstenberg, Frdr., Geschichte der evangel. Gemeinde Delling im ehem. Herzogt. Berg nebst Übersicht üb. die Bergische Landes- u. Reformationsgeschichte. (VIII, 134 S. m. 1 Taf.) 8. Lissa 907. O. Eulitz. 2.—; geb. n 2. 60

Hengstenberg, H., Bilder aus d. Leben d. Evangelisten Hermann Hengstenberg, nebst e. Anh. s. Gedichte. gr. 8. (IV, 176 S. m. 1 Bildn.) Witten 897, Buchh. d. Stadtmission. 1. 50

[F.] **Hengstenberg,** Hermann [Prof.]: Das ehemalige Herzogtum Berg. Elberfeld, Druck v. S. Lucas, *1896;* 127 S. 8.
Elberfeld, RG, OP 1896 (487)

Hengstenberg, Herm., d. ehem. Herzogt. Berg u. s. nächste Umgebung. Beschreib. u. geschichtl. Übersicht. 2., durchgeseh. u. verm. Aufl. gr. 8. (IV, 137 S.) Elberfeld 897. B. Hartmann. n. 1. —; geb. in Leinw. n. 1. 60

Hengstenberg, Herm., Gedichte, s.: Hengstenberg, H., Bilder a. d. Leben d. Evangelisten Hermann Hengstenberg.

Hengstenberg, Hermann, Gerichtsass.: Rechtsnatur des Kontokorrentverhältnisses. Borna-Leipzig 1910: Noske. 47 S. 8°
Heidelberg, Jur. Diss. v. 5. Mai 1910, Ref. Schröder
[Geb. 8. Nov. 80 Solingen; Wohnort: Siegburg; Staatsangeh.: Preußen; Vorbildung: Gymn. Trarbach Reife O. 00; Studium: Marburg 1, Bonn 2, Berlin 2, Göttingen 2 S.; Rig. 3. März 10.] [U 10. 1887

Hengstenberg, J., Vesper-Gottesdienste. 1. und 2. Abdr. gr. 16. (IV und 116 S.) Berlin 861, Schlawitz. *

Hengstenberg, J., Vesper-Gottesdienste. 3. und 4. Abdr. gr. 16. (IV und 116 S.) Berlin 864, Schlawitz. *

Hengstenberg, J., Vesper-Gottesdienste. 5. Abdr. gr. 16. (116 S.) Berlin 871, Schlawitz. [Leipzig, Hinrichs' Verlag.] *

[J.] **Hengstenberg,** Johann Friedrich Heinrich [Prof.]: Geschichte des Deutschtums in der Provinz Posen vor ihrem ersten Anfall an Preussen. Für d. deutsche Jugend d. Provinz dargest. Rawitsch, Druck v. R. F. Frank, 1894; V S., 1 Bl., 91 S., 1 Pl. 8.
Rawitsch, K. RG. OP 1894 (172)

Hengstenberg, Karl

— u. Mohn, gemeinschaftl. Feier des Dankfestes, d. 6. Dec. 1801. gr. 8. Düsseld. 802. Schreiner. 6 gr.

Hengstenberg u. Mohn (Prediger d. beiden protestant. Gemeinden zu Ratingen, Stadt im Reg.-Bez. Dusseldorf), gemeinschaftl. Feier des *Dank- u. Freudenfestes*, am 6. Dec. 1801, veranlasst durch die glückliche *Entbindung der Durchlauchtigsten Kuhrfurstinn (!) von Pfalz-Baiern.* Begangen in d. reformirten Kirche zu Ratingen. Düsseldorf, J. H. C. Schreiner, 1802. 8°. VII—54 S. Cart. m. Goldschn.

Hengstenberg, Carl, Jesus Christus, oder die welterlösende Liebe und Treue. 8. Essen, Bädeker in Comm. 820.

— Psalterion, oder Erhebung u. Trost in heil. Gesängen. 8. Essen 825. Bädeker. 20 gr. fein Pap. 1 Thlr. 6 gr.

— — geographisch-poetische Schilderung sämmtlicher deutschen Lande, mit beständiger Rücksicht auf Geschichte und mit erläuternden Anmerkungen. gr. 8. Ebend. 819.

Hengstenberg, Th.

— Eintheilung u. Zergliederung d. deutschen Sprache. Nebst Erläuterungen dazu. 8. Heidelb. 827. Groos. 16 gr.

Hengstenberg, Th., tabellar. Cursen-Berechnung auf d. bedeut. Handelsstädte, nach d. Wechselpreisen in Frankfurt a. M. im 24 Guldenfuss, nebst e. kurzen Erklär. d. Decimalbrüche u. ihr. Anwend., mehr. Geldreductionen, e. Anleit. z. kürzesten u. leicht. Berechn. d. Provision, Courtage u. Zinsen, e. Zeitraumstab. f. Zins- u. Conti-Courrenten-Rechnungen u. e. Gewicht- u. Ellenvergleichungstabelle. 2., gänzl. durchges., verb. u. verm. Aufl. 4. (8½ lith. B.) Heidelberg 829, (A. Oswald.)

Hengstenberg, Th. tabellar. Cursen-Berechnung auf die bedeutendsten Handelsstädte, nach den Wechselpreisen in Frankfurt a. M. im 24 Guldenfuße, nebst e. kurzen Erklärung der Decimalbrüche u. ihrer Anwendung, mehreren Geldreductionen rc. 4. Heidelb.... 2e Aufl. 830. (Oswald). 1 Thlr. 8 gr.

— Vorschriften zur Uebung f. Anfänger d. griechischen Sprache. 4. Heidelb. 826. Groos. 3 gr.

—— Zergliederung u. Eintheilung d. deutschen Sprachlehre. 1 Tab. Imp.-Fol. Nebst Erläutern. (1 B.) kl. 8. Lith. Heidelberg 827, (Groos.)

Hengstenberg, W. v., Predigt über Jesaias 30, Vers 15 am 5. Sonntage nach Trinit. dem 17. Juli 1870, vor dem drohenden Ausbruch des Krieges mit Frankreich zu Berlin gehalten. gr. 8. (16 S.) Berlin 870, W. Schultze. **

Hengstenberg, Willy: Das griechische Januar-Menologium. Freising 1910: Datterer. V, 71 S. 8°
München, Phil. Diss. v. 15. Juli 1909, Ref. Krumbacher
[Geb. 9. April 85 Stuttgart; Wohnort: Possenhofen; Staatsangeh.: Württemberg; Vorbildung: Karls-Gymn. Stuttgart Reife Juli 04; Studium: München 5, Paris 1, München 4 S.; Rig. 15. Juli 09.] [U 10. 3654

Henhöfer, Aloys, s. Frommel, Emil.

Henhöfer, Aloys, das Abendmahl des Herrn. Ein Geschenk für Konfirmanden. Karlsruhe 859. Gutsch. 8. (44 S.) 3 ngr.

Henhöfer, das Abendmahl des Herrn und sein Endzweck nebst den Unterscheidungslehren der verschied. Kirchen. gr. 16. (74 S.) Bremen 868. (Barmen, Buchh. der evangel. Gesellschaft.) *

Henhöfer, A., die Bekehrung des Apostels Paulus. Eine Predigt. gr. 8. Heidelberg 845, K. Winter. n. 1/12 Thlr.

Henhöfer's, Aloys (Pfarr. zu Mühlhausen), christl. Glaubensbekenntniß. 8. Tübing. u. Heidelb. 821. 2e Aufl., vermehrt mit e. geschichtl. Rechtfertigung d. Rückkehr z. evangel. Kirche, u. v. Gemmingen's Worte d. christl. Liebe rc. gr. 8. Heidelb. 824. Winter. 11 gr. D. Rechtfertigung apart. 4 gr.

Henhöfer, Aloys, Christliches Glaubensbekenntnis, seiner ehemaligen Gemeinde gewidmet. Tübingen, Fues, u. Heidelberg, Winter, 1822, 8°; 2. Aufl., verm. mit einer geschichtlichen Rechtfertigung der Rückkehr zur evangelischen Kirche u. von Gemmingens „Worte der christl. Liebe x." Heidelberg, Winter, 1824, gr. 8°.
Katholik 1824, Bd. 14 S. 61—76. Über den Verf. s. die Darstellungen der Kirchgeschichte u. den Artikel „Henhöfer" im Kirchenlex. (2. Aufl.).

— dasselbe nach d. Unterlage d. Supernaturalismus, d. Henhöfer selbst annimmt, unparteiisch geprüft v. G. S. Rotweil 825. Herder. 9 gr.

Henhöfer, Aloys, von dem Heilswege. Predigten. Nebst dessen Lebenslauf von Karl Friedr. Ledderhose. gr. 8. (IV und 412 S.) Heidelberg 863, C. Winter's Universitäts-Buchh. *

— der Kampf des Unglaubens mit Aberglauben u. Glauben, ein Zeichen unserer Zeit. Ebend. 861. gr. 8. (58 S.) n. 6 ngr.

— s. Käß, ... [illegible]

— die christliche Kirche und die Concordate. Karlsruhe 860. Gutsch. gr. 8. (76 S.) 9 ngr.

—— die wahre kathol. Kirche u. ihr Oberhaupt. Ein Zeugniß für Priester u. Volk. gr. 8. (3¾ B.) Heidelberg 845, K. Winter.

Henhöfer, Konfirmanden-Unterricht für die evangelische Jugend unsrer Zeit. Licht u. Schatten. Stuttgart 858. Quack. 8. (VIII, 144 S.) 6 ngr.

Henhöfer, Al., s. Ledderhose, K. F.

Henhöfer, A., die bibl. Lehre vom Heilswege u. von d. Kirche; veranlaßt durch d. kraftvollen Nachruf d. kathol. Pfarrer Riesterer, aufs deutlichste auseinandergesetzt. 8. (8½ B.) Speyer 832. [Heidelberg, K. Winter.]

— religiöse Schwärmereien u. Schicksale. 8. Gmünd 823. Grabmann in Ravensb. 10 gr.

Henhöfer, Alois, s. Volksbücher.

Henboldt, (H. L.) Brandwehr- u. Rettungs-Anstalt für Dörfer. 12. Hildburgh. 827, Kesselring.

Henich

— **Martin Albert** (Helmstedt), De origine patriciorum Germaniae. Observ. diplomat.-histor. Präs. Polycarp Leyser. Helmstedt (Paul Dietrich Schnorr) 30. VIII. 1727. 8 S. (4.20) 14290

Henicke, Frid. Ferd. (geb. Niemegk in d. Mark 3. 11. 1815): De hydropericardia. Berolini (1841). (35 S.) 8°
Berlin, Med. Diss. v. 15. März 1841

Henjes, Frdr., ein Beitrag zur Morphologie d. Meeresbodens im südwestlichen Pazifischen Ozean. (43 S. m. Fig. u. 5 [2 farb.] Taf.) Lex. 8. Hamburg 909. (L. Friederichsen & Co.) nn 5. 50
Sonderabdr. aus: „Aus d. Archiv der deutschen Seewarte".

Ein Beitrag zur Morphologie des Meeresbodens im südwestlichen Pazifischen Ozean. Von Dr. Friedrich **Henjes**. ⟨Mit 5 Taf.⟩ Hamburg 1909: (Altenburg: Pierer). 42 S. 4°
(Aus dem Archiv d. Deutschen Seewarte. Jg. 32, Nr 3.) [10. 8613 4

Henjes, Friedrich: Ein Beitrag zur Morphographie des Meeresbodens im südwestlichen Pazifischen Ozean. ⟨Mit Karten u. Profilen.⟩ (Altenburg) 1910: (Pierer). 42 S. 4°
¶(Aus: Aus d. Archiv d. dtsch. Seewarte. Jg. 32, Nr 3. Ersch. auch als Buch b. Friederichsen, Hamburg.)
Münster, Phil. Diss. v. 15. Mai 1910, Ref. Meinardus
[Geb. 12. Sept. 84 Gütersloh; Wohnort: Münster i. W.; Staatsangeh.: Preußen; Vorbildung: Oberrealsch. am Klevertor Hannover Reife O. 04; Studium: Göttingen 1, Berlin 1, Göttingen 1, Münster 4 S.; Rig. 4. Aug. 09.] [U 10. 3774

Henjes, Friedrich: Untersuchungen über Menthonensäure, Me[n]thonitril und analoge Nitrile. Göttingen 1910: Dieterich. 48 S. 8°
Göttingen, Phil. Diss. v. 30. Okt. 1910, Ref. Wallach
[Geb. 29. Okt. 85 Winninghausen; Wohnort: Winninghausen; Staatsangeh.: Preußen; Vorbildung: Oberrealsch. II Hannover Reife O. 06; Studium: Tübingen 1, Leipzig 3, Göttingen 5 S.; Rig. 20. Juli 10.] [U 11. 1498

Henig. De itineribus religiosis quorundam principum guelphicorum in Palaestinam. Helmstad. 1724.

Henin, A. (Red.), s. Centralblatt für Jagd- und Hundeliebhaber.

Henisch, Johann: Abhandlung von den Faulfiebern überhaupt. 121 S., gbd.
Wien: typ. Hörling o.J.
JB 4.905

Henisch, J., Abhandlung von dem Faulfieber. 8. Wien, Kaulfuß.

Henisch, Karl Frz., († d. 13. Dec. 1776.) d. Bassa v. Tunis; e. kom. Operette. 8. Berl. 774.

— d. Schnupftuch; e. kom. Oper in 1 A. 8. Prag 773, Gerle. 3 gr.

— der Zauberer; e. kom. Oper. 8. Prag 772.

Henitz, J., Sypharikuto, der weiße Indianerhäuptling. Erzählung. 8. (64 S.) Reutlingen 884, Bardtenschlager.

Henius, Kurt: Über die Abhängigkeit der Empfindlichkeit der Netzhaut von der Flächengrösse des Reizobjektes. Leipzig: Barth 1908. 24 S. 8°
Freiburg i. B., Med. Diss. v. 1908, Ref. v. Kries
[Geb. 30. Apr. 82 Thorn; Wohnort: Berlin; Staatsangeh.: Preußen; Vorbildung: Askan. Gymn. Berlin Reife O. 02; Studium: Freiburg i. B. 5, Berlin 5 S.; Coll. 1. Mai 08.] [U 09. 915

Samariter- und Rettungswesen. Von Dr. L[eopold] **Henius**, San R. in Berlin. Jena: G. Fischer 1905. (116 S.) 4°(8°)
= **Handbuch** d. sozialen Medizin. Bd 5, [1.] [illegible]

Henius, Leop. (geb. Thorn 10. 12. 1846): Thesen. Berlin (1870) (2 Bl.) 8°
Berlin, Med. Thes. v. 2. Aug. 1870

HENIUS, MAX. Ueber Ammoniakderivate des Benzils. Marburg, 1881

Henius, Max, Referendar in Berlin: Die **Ausgleichung** unter den Miterben und die Anrechnung auf den Pflichtteil nach dem B.G.B. *Berlin 1903: A. Seydel & Co.* (VIII, (98 S.) 8°
Leipzig, Jur. Diss. v. 1903

Henius, Max, approb. Arzt aus Schönfließ i. d. Nm.: **Aus d. inneren Abt. d. städt. Krankenhauses zu Frankfurt a. M.** ⟨Oberarzt Prof. v. Noorden.⟩ **Beiträge** zur Arsenbehandlung der Chlorose. *Gießen 1902: v. Münchow.* (32 S.) 8°
Gießen, Med. Diss. v. 1902

Henk, Frz., Barmen, s.: Miniatur-Bibliothek.

— Elberfeld, s.: Miniatur-Bibliothek.

Henk, L. v., die Kriegführung zur See in ihren wichtigsten Epochen. gr. 8. (XII, 376 S.) Berlin 881, Jaute. *
— — dass. — 2. Aufl. gr. 8. (VII, 376 S.) Ebendas. 884. *

Henk, v., Organisation der kaiserl. deutschen Marine und Carrièren in der Kriegs- u. Handels-Marine. Zusammengestellt u. erläutert. [Suppl. zu dem Marine-Prachtwerk „Zur See".] gr. 8. (16 S.) Berlin 887. Hofmann & Co. — 50; f. die Abonnenten d. Werkes „Zur See" gratis

— Schiffspanzer u. Schiffsartillerie, deren historische Entwickelung u. ihr Werth für die Marine der Gegenwart. gr. 8. (48 S.) Berlin 882. Hempel. n. 1. 20

— u. Niethe, zur See. Hrsg. unter Mitwirkg. v. Werner, v. Wedell, Baron Wedel-Jarsberg u. mehreren deutschen u. engl. See-Offizieren. Illustrirt von A. v. Werner, Niethe, Lindner, Barth, Krickel u. A. Mit ca. 300 Orig.-Illustr. u. 12 Kpfrdr.-Kunstblättern. (In 12 Lfgn.) 1. u. 2. Lfg. Fol. (S. 1—64.) Berlin 885. Hofmann & Co. à n. 5. —

—— und Niethe, zur See. Hrsg. unter Mitwirkung von Contre-Adm. a. D. Werner, v. Wedell, Baron Wedel-Jarsberg und mehreren deutschen und engl. See-Offizieren. Illustrirt von A. v. Werner, Niethe, Lindner, Barth, Krickel u. A. 12 Lfgn. Fol. (394 S. mit ca. 300 Orig.-Illustr. und 12 Kpfrdr.-Kunstblättern.) Ebendas. 885—87. à Lfg. *M 5.—. * 60 —
geb. * 75. —

— — dasselbe. 2., durchgeseh., verb. u. ergänzte Aufl. Volks-Ausg. Mit üb. 400 Orig.-Illustr. in Holzschn., Kupfer- u. Lichtdr., 2 Karten u. 1 farb. Flaggentaf. (In 50 Lfgn.) 1. u. 2. Lfg. Fol. (24 S.) Hamburg 890. Verlagsanstalt u. Druckerei, A.-G. à n. — 60

Henk, v., zur See. Hrsg. unter Mitwirkg. v. Niethe, Werner, v. Wedell, Baron Wedel-Jarlsberg u. mehreren deutschen u. engl. Seeoffizieren. Illustr. von A. v. Werner, Niethe, Lindner, Krickel u. A. Red. von v. Wedell. Mit 876 Textabbildgn. u. 14 ganzseit. Kunstbeilagen in Holzschn., Autotypie, Chromolith., Kpfr.- u. Lichtdr. 2., durchgeseh. u. verm. Aufl. 3.—60. Lfg. Fol. (IV u. S. 125—419.) Hamburg 891. Verlagsanstalt u. Druckerei, A.-G. à n. —60 (kplt. geb.: n. 40. —)

Henk, Otto, aus Hamburg: Die frage in der altenglischen dichtung. Eine syntakt. studie. *Heidelberg: C. Winter 1903.* (39 S.) 8° ¶(Erscheint vollst. als: Kieler Studien zur engl. Philol., H. 5.)
Kiel, Phil. Diss. v. [31. Okt.] 1903

Henk, Otto, die Frage in der altenglischen Dichtung, s.a. Studien, Kieler, zur englischen Philologie. 5. Hft.

Die Frage in der altenglischen Dichtung. Eine syntakt. Studie von Otto Henk. *Heidelberg: C. Winter 1904.* (IV, 110 S.) 8°
— Studien, Kieler, z. engl. Philologie. H. 5. [04. 1410]

Henk, O[tto]: Zur Methode und Philosophie des französischen Physikers Poincaré. Hamburg 1910: Lütcke & Wulff. 32 S. 8°
Hamburg, R in Barmbeck P 1010 (1015) [S 10. 172

Henk, Paul, Grund- u. Gewerbesteuern! Ein Beitrag zur hess. Gemeindesteuerreform. (64 S.) kl.8. Worms 910. Wormser Verlags- u. Druckerei-Gesellschaft. —60

Henke. – Heinrich Philipp Konrad Henke, Denkwürdigkeiten aus seinem Leben, s. Bollmann, K. G.

Henke, s.a. Hencke

Henke d. J. [Pseud.], s. Heinse, Gottlieb Heinrich

Henke, gerichtl. Medicin. 13. Aufl. Berlin 859. (6. —)

Henke, juristischer Ratgeber f. Jedermann, unter besond. Rücksicht auf den kaufmänn. Verkehr im Gebiete d. Oberlandsgerichte zu Frankfurt a/M. u. Cassel, nebst e. Abdruck der Vorschriften d. Handelsgesetzbuches üb. Handelsgeschäfte, der neueren Verjährungsgesetze, d. Wuchergesetzes, d. Gesetzes üb. Aufhebg. der weibl. Rechtswohlthaten u. Formularen zur Abfassung v. Schuldscheinen. In gemeinverständl. Weise dargestellt u. an Beispielen erläutert. 12. (IV, 91 S.) Neuwied 890. Heuser's Verl. n. 1. —

Henke: Tabellarische Uebersicht betr. die in Gemäßheit der Preußischen landes- u. Deutschen reichsgesetzlichen Bestimmungen an öffentliche Beamte u. Militär-Personen zu zahlenden Reisekosten, Tagegelder u. Umzugskosten. 2. Aufl. Charlottenburg 1888.

Henke: Die Verordnung vom 27. Jan. 1862 betr. die Gerichtskosten in Handels-Registersachen mit Berücks. des Actiengesetzes vom 18. 7. 1884 [usw.]. [Nebst] Anh. Charlottenburg 1889.

Henke, Adolph (Christian Heinrich)

— Abhandlungen aus d. Gebiete d. gerichtl. Medizin, zu seinem Lehrbuche. 2 Bde. gr. 8. Bamb. Kunz. 815 u. 16. (1r 1 Rthlr. 8 gr. 2r 1 Rthlr. 16 gr.)

— Abhandl. aus d. Gebiete d. gerichtl. Medicin. Als Erläuterungen zu d. Lehrbuche d. gerichtl. Medicin. 4 Bde. gr. 8. Bamb. 818—20. 2e verm. Aufl. in 4 Bdn. gr. 8. Leipz. 822—30. Brockhaus. 6 ₰ 12 gl

— — Abhandlungen aus dem Gebiete der gerichtl. Medizin. Als Erläuterungen zu dem Lehrbuche der gerichtlichen Medicin. 3r und 4r Bd. gr. 8. Bamberg, Kunz. 818 — 820. à 1 Rthlr. 16 Gr.

Henke, (Ad.) Abhandlungen aus dem Gebiete der gerichtl. Medicin. 1r—3r Bd. 2e verb. Ausg. gr. 8. Bamb. 822—24, Leipz., Brockhaus (1r, 1 Rthl. 12 gr., 2r, 1 Rthl. 16 gr., 3r, 1 Rthl. 12 gr.) 4 Rthl. 16 gr. Alle 4 Bände.

Henke, Ado. (Chrstn. Heinr.), Abhandlungen aus d. Gebiete d. gerichtl. Medicin. Als Erläutern. zu d. „Lehrbuche d. gerichtl. Medicin.“ 2., verm. u. verb. Aufl. 4. u. 5. Bd. gr. 8. Leipzig, Brockhaus. [4. (22½ B.) 830., 5. (21 B.) 834. à 1 Thlr. 20 Gr.]
1—3. Bd. 2. Aufl. Ebendas. 1822—24. 4 Thlr. 16 Gr.

—— Archiv f. medicin. Erfahrung J. 1828., s. Archiv etc.

Henke, Ad. Chr. Hnr., Beiträge z. theoret. u. prakt. Heilkunde. 1s Bdch. gr. 8. Berl. 805. Oehmigke d. J. (Campe in Nürnb.) 1 ₰ 12 gl (Auch u. d. T.: Darstell. u. Kritik d. Lehre von den Krisen ꝛc.)

Henke, Ad., Beyträge zur theoret. und prakt. Heilkunde 1r Bd.

Auch unter dem Titel:

Darstellung und Kritik der Lehre von den Krisen. gr. 8. Nürnberg, ist Verlag von Campe. 806.

— s. Darstell. d. Feldzugs d. Verbündeten gegen Napoleon im J. 1813. — u. Darstell. d. Feldzugs d. Verbünd. gegen Napoleon im J. 1814. 3 Abthl.

Henke, Adolph: Ueber die Entwicklungen und Entwicklungs-Krankheiten des menschlichen Organismus. In sechs Vorlesungen. 280 S., gbd.

Nürnberg: Schrag 1814

JB 2.409

— Handbuch z. Erkenntniß und Heilung d. Kinderkrankheiten. gr. 8. Ebend. 809.

Henke, Adolph: Handbuch zur Erkenntniß und Heilung der Kinderkrankheiten. 2.verm.und verbess.Aufl. Bd 1 - 2, gbd.

Frankfurt am Mayn: Wilmans 1818

JB 4.096

Henke, Adolph: Handbuch der Erkenntniß und Heilung der Kinderkrankheiten. 2...verm.und verbess.Ausg. Th.1 - 2, 455 S., gbd.

Frankfurt am Mayn: 1820

JB 4.097

— — Handbuch zur Erkenntniß und Heilung der Kinderkrankheiten. 2 Bde. 3te verb. Aufl. gr. 8. Frankfurt a. M., Wilmanns. 821.

Henke, Ado. (Chrstn. Heinr.), Handbuch z. Erkenntniss u. Heilung d. Kinderkrankheiten. 2 Bde. 4., neu durchges. u. verb. Ausg. gr. 8. (30⅓ B.) Frankfurt a. M. 837. [Leipzig, Gebhardt u. Reisland.]

Henke, Adolph: Handbuch zur Erkenntniss und Heilung der Kinderkrankheiten. 4., neu durchgesehene und verbess...Ausg. Bd 1 - 2, gbd.

Frankfurt am Main: Wilmans 1837

JB 4.098

— Handbuch d. Pathologie. 1r und 2r Bd. (1r Bd. Allgem. Pathologie, 2r Bd. Specielle Pathologie) gr. 8. Berl. Braun. 806 - 808. (1r Bd. 1 Rthlr 12 gr. 2r Bd. 5 Rthlr. 12 gr.)

— Handb. d. Pathologie. 1r u. 2r Bd. (1r Bd. allgem. Pathologie, 2r Bd. Handbuch der speciellen Pathologie.) gr. 8. Berl. 806—8. (Rücker). 7 ꝛß Hbg. Pr. 5 ꝛß 12 ℊ

— — Handbuch der allgemeinen und speziellen Pathologie. 2 Bände. gr. 8. Ebend. 806 — 808. Jetzt Verlag von Rücker.

— Handbuch der Pathologie z. Gebrauch beym Vorlesen. 1r Bd. gr. 8. Berl. W. Oehmigke. 806.

* — Handbuch d. Pathologie zum Gebrauch d. Vorlesungen. 1r B. gr. 8. Berl. Neue Soc. Buchh. 806.

— Handb. d. Pathologie, z. Gebrauche bei akadem. Vorlesungen. 1r Bd. gr. 8. Berl. 806. (Sander) (a. Rücker). 1 ꝛß 12 ℊ

Henke, Adolph: De inflammationibus internis Infantum commentatio. 28 S., gbd.

Erlangae: Palm & Enke 1817

JB 4.095

— Lehrbuch d. gerichtl. Medizin. Zum Behuf akadem. Vorles. u. zum Gebrauch f. gerichtl. Aerzte u. Rechtsgelehrte. gr. 8. Berl. Hitzig. 812.

— — Lehrbuch der gerichtl. Medizin, zum Behuf akademischer Vorlesungen rc. 2te Aufl. gr. 8. Berlin, Dümmler. 819.

Henke, Adolph: Lehrbuch der gerichtlichen Medicin. Zum Behuf academischer Vorlesungen und zum Gebrauch für gerichtliche Aerzte und Rechtsgelehrte entworfen. 3.verm.und verbess. Ausg. 466 S., gbd.

Berlin: Dümmler 1821

JB 5.327

Lehrbuch der gerichtlichen Medicin. ... entworfen von Adolph Henke. 4., verm. u. verb. Ausg. Berlin: Dümmler 1824. XXIV, 471 S. 8°

— Lehrbuch der gerichtl. Medizin. 5e verb. Ausg. gr. 8. Berl. 826, Dümmler.

Lehrbuch der gerichtlichen Medicin. ... entworfen von Adolph Henke. 6., neu durchges. u. verm. Ausg. Berlin: Dümmler 1829. XXIV, 471 S. 8°

—— Lehrbuch d. gerichtl. Medicin. Zum Behuf akadem. Vorlesn. u. z. Gebr. f. gerichtl. Aerzte u. Rechtsgelehrte entworfen. 6—8., neu durchgeseh. u. verm. Aufl. (à 31 B.) gr. 8. Berlin 829, 32, 35, Dümmler. à

—— Lehrbuch d. gerichtl. Medicin. Zum Behuf akadem. Vorlesn. u. z. Gebr. f. gerichtl. Aerzte u. Rechtsgelehrte entworfen. 9., verm. Ausg. (31 $\frac{1}{2}$ B.) 838., 10., neu durchges. u. verm. A. gr. 8. (32 $\frac{1}{2}$ B.) Berlin 841, Dümmler. à

Henke, Adolph: Lehrbuch der gerichtlichen Medicin. Zum Behuf academischer Vorlesungen und zum Gebrauch für gerichtliche Ärzte und Rechtsgelehrte entworfen. 10.neu durchgesehene und verm.Ausg. 508 S., gbd.

Berlin: Dümmler 1841

JB 5.328

Henke, Adolph, Lehrbuch d. gerichtl. Medicin. Zum Behuf academ. Vorlesungen u. zum Gebr. f. gerichtl. Aerzte u. Rechtsgelehrte. 11., durchges. u. verm. Ausg. gr. 8. (33 B.) Berlin 845, Dümmler.

Henke's, Adph., Lehrbuch der gerichtlichen Medicin. Zum Behufe akadem. Vorlesungen und zum Gebrauche für gerichtl. Aerzte und Rechtsgelehrte entworfen. 12. Aufl. mit Nachträgen von Carl Bergmann. gr. 8. (XVI und 443 S.) Berlin 851, Dümmler's Vrlgsh. *

Henke's, Adph., Lehrbuch der gerichtlichen Medicin. Zum Behufe akadem. Vorlesungen und zum Gebrauche für gerichtl. Aerzte und Rechtsgelehrte entworfen. 13. Aufl. mit Nachträgen von Carl Bergmann. gr. 8. (XVI und 505 S.) Berlin 859, Dümmler's Verlagsh. *

— Revision d. Lehre von d. Lungen- u. Athmenprobe zur nähern Bestimmung d. Beweislast derselben in medicinisch-gerichtl. Untersuchungen üb. todtgefund. neugeborne Kinder. gr. 8. Berl. 811. (Dümmler). 8 ℊ

— Revision d. Lehre von d. Lungen- u. Athmenprobe z. nähern Bestimmung d. Beweislast derselben in medizinisch-gerichtl. Untersuchungen üb. todtgefund. neugeborene Kinder. gr. 8. Berl. Hitzig. 812.

Henke, A., Spiele zur Uebung des Augenmaaßes u. d. Auffassung d. Grundlinien. Als Vorübung für d. Unterricht im Zeichnen. Mit 1 Kpf. gr. 8. Berl. 811. 2e Aufl. mit 6 Kpft. 817. Maurer's B. 1 ꝛß

— klin. Taschenbuch f. Aerzte, s. Er. Horn.

— Taschenbuch f. Mütter ub. die physische Erziehung ihrer Kinder. 8. Frkft. Willmanns. 810.

Velinpap. m. K.

—— Taschenbuch f. Mütter üb. d. phys. Erziehung d. Kinder in d. ersten Lebensjahren u. üb. d. Verhütung, Erkenntniß u. Behandl. d. gewöhnl. Kinderkrankheiten. 2 Bdchn. 2., neu durchgeseh. u. verm. Aufl. 8. (30 $\frac{1}{2}$ B.) Frankfurt a. M. 832, Fr. Wilmans.

— Unters. üb. d. Lehre v. d. Krisen und Metastasen. gr. 8. Ebend. 805.

Adolf Henke

Adolphus Christianus Henricus Henke [Adolf Henke]: De opii Vi medicatrice et usu medico. Helmstadii (1799:) Fleckeisen. XXII S. 8°

Helmstedt, Med. Diss. v. 16. Okt. 1799

— Disquisition. pathologicae de vi vitati etc. 8. Berlin, Braun. 806. —

— disquisition. pathologicae de vi vitali sanguinis et humorum idiopathia. 8maj. Berl. 806. (Rücker). 8 ℊ

* — üb. die Vitalität des Blutes. 8. Berl. N. Soc. Buchh. 806.

— — dass. lateinisch. gr. 8. Berl. W. Oehmigke. 806.

— üb. d. Vitalität d. Blutes u. primäre Säftekrankheiten. gr. 8. Berl. 806. (Sander) (a. Rücker). 6 ggr

Henke, Adolph (Hrsg.):

s.a. Zeitschrift für die Staatsarzneikunde. Jg. 1-44. Erg.h. 1-25, 27-31, 33-47. Reg. 1831-38, 1844-53, zu Erg.h. 14-25, 33-44. Erlangen: 1821-64.

JB 6.144

— Zeitschrift für die Staatsarzneikunde. 1r—13 Jahrg. 1821—33. à 4 Hfte. gr. 8. Erlang., Palm u. E. à 3 Thlr. 12 ggr 45 Thlr. 12 ggr 1s—19s Ergänzungshft. gr. 8. Ebd. 823—33. 28 Thlr. 8 ggr Namen u. Sachregister über die ersten 10 Jahrgg. u. d. dazu gehörig. 13ten Ergänz. Hfte. gr. 8. Ebd. 831. 20 ggr

— Zeitschrift f. d. Staatsarzneikunde, fortgesetzt v. A. Siebert. 27—29. Jahrg. 1847—1849. — Fortgesetzt von Fr. J. Behrend. 30—32. Jahrg. 1850—1852. à 4 Hefte. gr. 8. (d. Hft. à cca. 230 S.) Erlangen, Palm & Enke. à Jahrg. n. 4⅙ Thlr.

— dies. 36—42. Ergänzungsheft. [Zum 27—31. Jahrgge. gehörend.] gr. 8. (36: IV u. 336 S. 37: IV u. 332 S. 38: 316 S. 39: IV u. 312 S. 40: IV u. 316 S. 41: IV u. 312 S. mit eingedr. Holzschn. 42: IV u. 316 S. mit eingedr. Holzschn.) Ebd. 847—52. 36—39: à n. 1½ Thlr. 40—42. à n. 1 Thlr. 10 ngr

Henke's, Adph., Zeitschrift für die Staatsarzneikunde, fortgesetzt von Fr. J. Behrend. 33—38. Jahrg. 1853—1858. (65—76. Bd. à 4 Hefte à ca. 16 Bgn.). Erlangen, Palm u. Enke. gr. 8. Jeder Jahrg. n. 4 Thlr. 5 ngr

— — 38. Jahrg. 1858. Ergänzungsheft. Mit 2 lith. Taf. (in 4.) Ebend. gr. 8. (IV, 283 S.) n. 1 Thlr. 16 ngr

— Zeitschrift für die Staatsarzneikunde, fortgesetzt von Fr. J. Behrend. 39—44. Jahrg. 1859—64. à 4 Hefte (à 10—15 Bgn.). Erlangen, Palm & Enke. gr. 8. Jeder Jahrg. n. 4 Thlr. 5 ngr

— — 44. Ergänzungsheft. (Zum 33. Jahrg. gehörend.) Mit Holzschn. (im Text.) Ebend. 853. gr. 8. (IV, 282 S.) n. 1 Thlr. 16 ngr

— — 45. Ergänzungsheft. (Zum 34. Jahrg. gehörig.) Mit 2 lith. Taf. (in 4.) Ebend. 854. gr. 8. (IV, 311 S.) n. 1 Thlr. 16 ngr

— — 46. Ergänzungsheft. (Zum 35. Jahrg. gehörig.) Ebend. 855. gr. 8. (IV, 316 S.) n. 1 Thlr. 16 ngr

—— dass. — 47. Ergänzungsheft. (Zum 38. Jahrg. gehörig.) gr. 8. (IV und 283 S. mit 2 Stat. in gr. 4.) Ebendas. 858. *

(—) Vollständiges Namen- und Sachregister über die Jahrgänge 1849—1853 oder Band LVII—LXVI sowie über die dazu gehörigen Ergänzungshefte XXXVIII—XLIV. Ebend. 854. gr. 8. (59 S.) n. 8 ngr

— — Vollständiges Namen- und Sachregister über die Jahrgänge 1854—1858 oder Bd. 67—76 so wie über die dazu gehörigen Ergänzungshefte 45—47. Ebend. 859. gr. 8. (80 S.) n. 12 ngr

Henke, E., die kathol. Lehre üb. die Consecrationsworte der h. h. Eucharistie, gerechtfertigt durch die Zeugnisse der Kirchenväter u. der Liturgien. Eine dogmatisch-liturg. Abhandlung. gr. 8. (86 S.) Trier 850, Lintz. n. 12 ngr

Henke, C. J.

— s. Murray, L., the engl. reader.

Henke, (C. J.,) neue engl. Sprachlehre, nach Johnsohn's u. Murray's Grundsätzen, mit e. vollständ. Chrestomathie rc. 2 Thle. gr. 8. Hamb 825, Nestler.

— der 2e Thl. A. u. d. T.: engl. Chrestomathie; od. Aehrenlese auf den Felde d. engl. Litt.

Henke, C. J., neue engl. Sprachlehre, nach d. 28. Aufl. v. Lindley Murrays engl. Grammatik bearb. z. Gebr. f. Deutsche. (1. Thl.) 2., verm. u. verb. Aufl. gr. 8. (21½ B.) Hamburg 837, Nestler u. Melle. Thlr.
2. Thl. Ebendas. 1825. 20 Gr. — Beide Thle. zusamm. nur 1 Thlr. 12 Gr.

Henke, C. L., kleine Gedichte für Kinder zur Uebung im Auswendiglernen. 1stes Bändchen. 12. Berlin, Schöne. 810.

— kleiner Sittenspiegel in Versen. 1s Hft. 12. Ebend. 810.

Henke, Ed., s. Henke, Hermann Wilhelm Eduard

Henke, Emil

Henke, *Gustav* Emil [aus Saupsdorf, Kgr. Sachsen]: Über Tuberkulose im Sternum nebst Mittheilg v. 10 Fällen aus d. Kgl. Univ.-Klinik zu Greifswald ... Greifswald, Druck v. J. Abel, 1895; 39 S. 8.
Greifswald, Med. Fak., Inaug.-Diss. v. 20. Apr. 1895

Henke, Ernst Ludwig Theodor

Henke, Ernest. Ludov. Theod. (Hrsg.), s. Abailard, Pierre: Sic et Non.

Henke, Ernst (Helmstedt), De epistolae quae Barnabae tribuitur authentia commentatio. Jena (Croeker) 15. IX. 1827. 74 S. (6.50) 14291

—— Calixtus' Briefwechsel, s. Calixtus, Geo.

Henke, Ernst Ludw. Theod., Georg Calixtus u. seine Zeit. 1. Abthl., die Einleitung enthalt. — A. u. d. T.: Die Universität Helmstädt im 16. Jahrh. Ein Beitr. z. Kirchen- u. Literär-Gesch. gr. 8. (6 B.) Halle 833, Buchh. d. Waisenhauses.

Henke, Ernst Ludw. Thdr., Georg Calixtus und seine Zeit. 1. Bd. und 2. Bd. 1. Abthl. gr. 8. Halle, Buchhandlung des Waisenhauses. [1. (XIV und 540 S.) 853. 2 Thlr. 25 Ngr., 2. 1. Abthl. (IV und 236 S.) 856. 1 Thlr.]

Henke, Ernst Ludw. Thdr., Georg Calixtus und seine Zeit. 2. Bd. 2. Abth. Halle 860. Buchhdlg. des Waisenhauses. gr. 8. (X, 320 S.) 1 Thlr. 5 ngr

Henkel, Er. Ldw. Thdr., Commercii literarii Calixtini ex autographis editi fasc. III. 8maj. Marburgi 840, Elwert. n. ¼ Thlr.

Henke, Ern. Lud. Theod., Consensus repetitus fidei vere Lutheranae MDCLV. Librorum ecclesiae evangelicae symbolicorum supplementum. 4. (VIII u. 70 S.) Marburgi 847, Elwert. ⅔ Thlr.

— **Ernst Ludwig Theodor,** Theologorum Saxonicorum consensus repetitus fidei vere Lutheranae. (Ad novi prorectoris inaugurat.) Marburg (Elwert) 18. X. 1846. 72 S. (6.50) 14292

—— Spener's pia desideria und ihre Erfüllung. Festrede am 20. Aug. 1862, dem Geburtstage Sr. Königl. Hoh. des Kurfürsten von Hessen. gr. 8. (27 S.) Marburg 862, Elwert'sche Universitäts-Buchh.

Henke, E. L. T., zur Einleitung in das theologische Studium. Grundriß für Vorlesgn. Marburg 869. Elwert'sche Univ.-Buchh. gr. 8. (24 S.) 5 ngr

Henke, Ernst Ludw. Thdr., Ergebnisse und Gleichnisse. Aus dem literar. Nachlasse desselben hrsg. von Joh. Gg. Dreydorff. gr. 8. (IX, 182 S.) Leipzig 874, Barth. *
—— dass. — 2. Abdr. 8. (X, 182 S. mit Portr. des Verf. in Stndr.) Ebendas. 874. geb. *

Henke, Ernst Ludw. Theod., die Eröffnung der Universität Marburg im J. 1653. gr. 12. (48 S.) Marburg 862, Elwert'sche Universitäts-Buchh.

Henke, Ernst Ludwig Theodor. Jakob Friedrich Fries (1773–1843). Aus seinem handschriftlichen Nachlasse dargestellt. ([Mit] Beilagen.) 8. Leipzig 1867.

—— Jakob Friedrich Fries. Aus seinem handschriftl. Nachlasse dargestellt. gr. 8. (X und 383 S.) Leipzig 867, Brockhaus. *

—— Johann Hus, s. a. Sammlung gemeinverständl. wissenschaftl. Vorträge.

Henke. E[rnst] L[udwig] Th[eodor]. Johann Hus und die Synode von Constanz 8. Berlin 1869.
(Sammlung gemeinverstandlicher wissenschaftlicher Vorträge, hrg. von Rud[olf] Virchow und Fr[anz] v[on] Holtzendorff. Serie 4. Heft 81.)

— eine deutsche Kirche. Festrede am 22. März 1872, dem Geburtstage S. Majestät d. Kaisers u. Königs Wilhelm I. gr. 8. (23 S.) Marburg 872 Elwert's Verl. — 30

— neuere Kirchengeschichte. Nachgelassene Vorlesgn. f. den Druck bearb. u. hrsg. v. W. Gass. 1. Bd. Geschichte der Reformation. gr. 8. (XVI, 448 S.) Halle 874. Lippert'sche Buchh. n 8. —

Henke's, Ernst Ludw. Thdr., neuere Kirchengeschichte. Nachgelassene Vorlesungen, für den Druck bearb. und hrsg. von W. Gass. 2. (Schluss-)Bd.: Geschichte der getrennten Kirchen bis zur Mitte des XVIII. Jahrh. gr. 8. (X, 496 S.) Halle 878, Niemeyer. * 10 —
1. Bd. Ebendas. 1874. * ℳ 8.

Henke's, E. L. Th., neuere Kirchengeschichte. Nachgelassene Vorlesungen, für den Druck bearb. u. hrsg. von W. Gass. 2. u. 3. Bd. gr. 8. Halle 878. 80. Niemeyer. n. 14. 50 (cplt.: n. 22. 50)
2. Geschichte der getrennten Kirchen bis zur Mitte des XVIII. Jahrh. (X, 996 S.) n. 10. —
3. Geschichte der Kirche von der Mitte des XVIII. Jahrh. bis 1870, für den Druck bearb. von Alex. Vial. (XV, 214 S.) n. 4. 50

—— zur neuern Kirchengeschichte. Akadem. Reden und Vorlesungen. gr. 8. (IV und 879 S.) Marburg 867, Elwert'sche Universitäts-Buchh.

— Konrad von Marburg, Beichtvater der heil. Elisabeth und Inquisitor. Ebend. 861. 12. (66 S.) 6 ngr

— — Memoriam viri Carl Wilhelm Justi. Marburg (Elwert) 1847. 37 S. mit Biogr. J's. (M.: Engelschall.) (7.—) 14293

—— Memoriam viri summe venerabilis et perillustris Car. Guil. Justi, philos. ac theol. Dr. Prof. etc., academiae Marburgensis nomine et auctoritate civibus commendat. 4. (37 S.) Marburgi 848, (libr. univers. Elwert.)

— Memoriam viri summe venerabilis et perillustris Car. Guil. Justi, philos. ac theol. Dr. Prof. etc., academiae Marburgensis nomine et auctoritate civibus commendat. 4. (37 S.) Marburgi 850. (Elwert.) 8 ngr

—— Caspar Peucer und Nicolaus Krell. Zur Geschichte des Lutherthums und der Union am Ende des 16. Jahrh. gr. 8. (90 S.) Marburg 865, Elwert'sche Universitäts-Buchh.

—— Papst Pius VII., s. a. Vorträge, öffentliche.

Henke, Ernst Ludw. Thdr., Papst Pius VII. Eine Vorlesung. gr. 12. (39 S.) Marburg 860, Elwert'sche Universitäts-Buchh. Thlr.

— Eduard Platner. Festrede am 20. August 1860, dem Geburtstage Sr. Königl. Hoheit des Kurfürsten von Hessen. Marburg 860. Elwert. 12. (24 S.) 3 ngr

—— Rationalismus und Traditionalismus im 19. Jahrhundert. Festrede am 20. Aug. 1864, dem Geburtstage Sr. Königl. Hoh. des Kurfürsten von Hessen. gr. 8. (31 S.) Marburg 864, Elwert'sche Universitäts-Buchh.

—— Rede am Grabe August Friedrich Christian Vilmar's, s. Kolbe, W.

—— Schleiermacher und die Union. Festrede am 21. Novbr. 1868 in der Aula zu Marburg. gr. 8. (38 S.) Marburg 869, Elwert'sche Verlagsh.

—— das Unionscolloquium zu Cassel im Juli 1661. Festrede am 20. Aug. 1861, dem Geburtstage Sr. königl. Hoh. des Kurfürsten von Hessen. gr. 12. (26 S.) Marburg 861, Elwert'sche Universitäts-Buchh.

—— das Verhältniß Luthers und Melanchthons zu einander. Festrede am 19. April 1860 in der Aula zu Marburg. gr. 12. (28 S.) Marburg 860, Elwert'sche Universitäts-Buchh.

—— das Verhältniß Luthers und Melanchthons zu einander. Festrede am 19. April 1860 in der Aula zu Marburg gehalten. 2. Aufl. gr. 8. (28 S.) Marburg 867, Elwert'sche Universitäts-Buchh.

— nachgelassene Vorlesungen über Liturgik und Homiletik. Für den Druck bearb. und hrsg. von W. Zschimmer. Mit einem Vorwort von Gust. Baur. gr. 8. (XVI, 572 S.) Ebendas. 876. * 10 —

— s. Vorträge, öffentliche.

Henke, F. Aug., Geheimn. d. Gottseligkeit v. Jesu C. 8. Halle, Waisenh 721.

— Nothwendigkeit die Religionswahrheit. ordentl. und deutlich vorzutragen. 8. Wolfb. Meißner 737.

Henke, Ferdinand Karl August

— — Cur philologiae studium plerumque contemtim habeatur. Disquisitio qua simul viris Franz Heinr. Theoph. Oehns (Braunschweig), itemque Jo. Ludolph Heinrich Woller (Lauenburg) academiam Julio-Carolinam relinquentibus nomine collegii quod sub praesidio viri Jo. Carl Christoph Ferber linguae latinae excolendae operam navat largos studiorum fructus gratul. Helmstedt (Michael Gunther Leuckart) 10. VI. 1770. 20 S. (5.50) 14295

— cur philologiae studium plerumque contemtim habeatur. 4. Helmst. 771.

Henke, Fd. Karl Aug., († d. 1. Jan. 1786.) Predigten beim Antritte d. Lehramts. 8. Braunschw. 781. Schulbuchh. 5 gr

— Predigten auf alle Sonn- u. Festtage im Jahre, nach bess. Tode herausg. v. A. Chr. Bartels u. J. Chr. Weland. 3 Thle. gr. 8. Braunschw. 787. 89. 2e A. 792. Schulbuchh. 4 Rthlr

— Ferdinand Carl August (Braunschweig), Scholia Graeca in Homerum quae Didymo vulgo tribuuntur generatim lustrans. Dissertat. philol. Präs. August Wilhelm Ferber. Helmstedt (Michael Gunther Leuckart) 6. I. 1770. 24 S. (2.—) 14294
Gew.: Johann Friedrich Eisenhart.

Henke, Fr., s.: Archiv. medizinisch-naturwissenschaftl.

Henke, Friedrich [app. Arzt aus Tübingen]: Ueber die Desinfection inficirter Hände und die Nothwendigkeit der geburtshilflichen Abstinenz ... Braunschweig, Druck v. Appelhans & Pfenningstorff, *1893*; 41 S. 8.
Tübingen, Med. Fak., Inaug.-Diss. v. 1893

Henke, Friedrich: Die experimentelle Erzeugung von Diphtherie bei Thieren durch die Löffler'schen Diphtheriebacillen. *Rudolstadt 1897: F. Mitzlaff.* (17 S. mit Taf.) 8°
[Separatabdruck.] [Umschlagt.]
Tübingen, Med. Hab.-Schr. v. 1897
(Nicht für den Austausch)

Mikroskopische Geschwulstdiagnostik. Prakt. Anleitung z. Untersuchung u. Beurteilung der in Tumorform auftretenden Gewebswucherungen. Für Studierende u. Aerzte ... Von Prof. Dr. Friedrich **Henke**, Charlottenburg. Mit 106 Abb. Jena: G. Fischer 1906. (XII, 355 S.) 4°(8°)

Henke, Fritz [aus Benkendorf]: Über die Einwirkung von Benzaldehyd auf Lävulinsäure. ... Halle a. S., Hofbuchdr. v. C. A. Kaemmerer & Co., 1891; 38 S., 1 Bl. 8°
Halle, Phil. Fak., Inaug.-Diss. v. [29. Apr.] 1891

Henke, G., u. Tietz, G., Turn- u. Wanderlieder f. Schüler höh. Lehranstalten. Barmen 1886, 81 S., 8°.

Henke, G. F. F., Andeutungen f. d. verbreit. Unterricht in d. allgem. Geschichte 2c. 8. 826. (Stendal, Franzen u. Gr.). 6 gr

Henke, G. J., de usu librorum apocryphorum V. T. in N. Test. Hal 1711 4.

Henke, Georg, Referendar in Adorf i. V.: Bestandteil und Zubehör nach dem Deutschen Bürgerlichen Gesetzbuch. Borna-Leipzig 1905: R. Noske. (63 S.) 8°
Leipzig, Jur. Fak., Diss. v. 10. Mai 1905
[Geb. 30. Nov. 78 Plohn i. V.; Wohnort: Schwarzenberg i. E.; Staatsangeh.: Sachsen; Vorbildung: Fürstensch. Grimma Reife O. 98; Studium: Leipzig 7 S.; Rig. 6. Febr. 02.]

Henke, Gustav Emil, s. Henke, Emil

Henke, H., die Frequenz der Universität Zürich in den ersten 40 Jahren ihres Bestehens von Ostern 1833 bis Ostern 1873. Lex.-8. (16 S.) Zürich 874. Orell, Füssli u. Co. n. 1. —

Henke, H. Statistik der Universität Zürich von 1833—83. Zürich 1883. 4

Henke, H. B. C., — Bibliotheca Henkii. Helmst. 810. 2 P. 8.

Henke, H. C. H., s. Henke, Adolf

Henke, H. F., die renitente Theologie ist die Theologie der Thatsachen. Vortrag, gehalten in der niederhess. Pastoral-Conferenz zu Melsungen am 16. Juli 1879. gr. 8. (32 S.) Melsungen 879. (Hannover, Schulbuchh.) — 75

Henke, H. G. E., s. Henke, Hermann Wilhelm Eduard

Heinrich Ludwig Henke

Berichtigung und Erläuterung der von dem Herrn Dr. Wilhelm Elvert entwickelten Geschichte einer merkwürdigen Krankheit, von H[einrich] L[udwig] Henke. Hannover 1818: Schirmer. 30 S. 8°

Henke, Dr. H. L., Berichtigung u. Erläuterung d. von dem Herrn Dr. W. Elwert entwickelten Geschichte e. merkwürdigen Krankheit. gr. 8. Hannov. 819. (Hahn). 3 gr

— Heinrich Ludwig (Hildesheim), De haemorrhagiis uterinis novicis. Diss. med. Erfurt (Jo. Christ. Goerling) 26. VII. 1791. 23 S. (5.50) 14296

Henke, Heinrich Philipp Konrad

Henke, H. P. C., de Pontii Pilati actis, in causa Jesu Christi ad imp. Tiberium missis probabilia. Helmst. 1784. 4; rep. in ejsd. opusc. p. 199—228.

Henke, Hnr. Ph. Konr., († d. 2. Mai 1809.) das fröhl. Alter, e. Rede. gr. 8. Helmst, 798. Fleckeisen. 2 gr

– s. Amphilochius, Episcopus Iconiensis: In Sabbatum ...

– s. Annales literarii Helmstadienses ...

— Archiv f. d. neueste Kirchengeschichte. 6 Bde. à 4 Stücke. 8. Weimar 794—99. Hoffmann. (à 2 Rthlr) 12 Rthlr

— frohe Aussichten f. die Religion in die Zukunft. Eine Predigt. gr. 8. Helmst. ... N. A. 801. Fleckeisen. 4 gr

— frohe Aussichten für d. Religion in d. Zukunft. gr. 8. Helmst. Fleckeisen. 802.

— Auswahl bibl. Erzählungen f. d. erste Jugend. 8. Leipz. 788. 2e A. 789. 3e A. ... 4e A. 803. 5e A. 809. 6e Aufl. mit einer Vorrede von Dolz. 817. W. Vogel. 6 gr

— Beyträge zur neuesten Geschichte der Religion 2c. 1r u. 2r Beytrag. gr. 8. Berlin, Dunker u. Humblot. 806.

– s. Bell, W.: Untersuchung ...

— Beurtheilung der Klagen über Geringschätzung des Predigerstandes. gr. 8. Helmst. Fleckeisen. 790.

— Beurtheil. aller Schriften, welche durch d. k. preuß. Religionsedict veranlaßt sind. gr. 8. Hamb. 793. Bohn. 1 Rthlr 12 gr

— Beurtheil. aller Schriften, d. d. Preuß. Relig. Edict. veranl. (oder A. deutsche Bibl. 114r Bd. 2s und 115r Bd. 1s) gr. 8. Hamb. Bohn. 793.

– s. Burigny v.: Leben Erasmus von Rotterdam.

– s. Calixtus, Georg: De conjugio Clericorum liber, ...

— Codex Uffenbachianus, qui epist. ad Hebraeor. fragmenta cont. 4. Helmst. 799. Fleckeisen. 4 gr

— — Virum Anton August Heinrich Lichtenstein (Helmstedt; Hamburg) sacrae scripturae et theologiae doctorem rite creatum renunciat. — Inest Codicis Uffenbachiani, qui epistolae ad Hebraeos fragmenta continet, recensus et specimen aere exsculptum. Helmstedt (C. G. Fleckeisen) 1800. 30 S. mit Faksimile u. Biogr. L.'s. (6.50) 14303
Hdschriftl. Widm. v. Verfasser.

— — Virum Johann Gottlob Marezoll (Plauen i. V.; Kopenhagen) doctorem theologiae rite creatum renunciat. — Insunt: Georgii Blandratae confessio Antitrinitaria, ejusque confutatio, auctore Matthia Flacio, e MS. primum editae. Helmstedt (C. G. Fleckeisen) 5. V. 1794. 40 S. mit Biogr. M.'s. (M.: J. Ch. Koehler.) (6.50) 14300

— s. Cramer, H. M. A.: Hinterlass. Schriften.

— Discours prononcé à la fête anniversaire du couronnement de Napoléon le Grand, le 2. Dec. 1806. Trad. de l'Allemand par Villers. gr. 8. Braunschw. 807.

— elogium A. F. Com. de Veltheim. 4maj. Helmst. 802. Fleckeisen. 8 gr

Henke, H. P. C., de eo, quod inprimis ignominiosum fuit in supplicio Jesu Christi. Helmst. 1785. 4; rep. in ejsd. opusc. p. 137—64.

— s. Ephemerides literarii Helmstad.

— Eusebia. 3 Bde. zu 4 Stck. gr. 8. Helmst. 796—800. Fleckeisen. 6 rß

— Fragm. üb. Fragen, d. Ankündigung d. Eusebia betr. 8. Helmst. 796. Fleckeisen. 1 gr

— Gedächtnißpredigt auf den Herzog Karl v. Braunschweig. 4. Helmst. 780. Fleckeisen. 3 gr.

Henke, H. P. C., de figurato dicendi genere, fonte multarum in hist. christ. fabularum. Helmst. 1788. 4; rep. in ejsd. opusc. p. 229—44.

— s.a. Geschichte, Aktenmäßige, einer Würtembergischen neuen Prophetin.

— aktenmäßige Geschichte einer Würtembergischen neuen Prophetin und ihres ersten Zeugen. 8. Hamburg, Hoffmann 808.

— allgem. Geschichte d. christl. Kirche, 6 Thle. gr. 8. Braunschw. 1r—4r Thl. 788—95 2e A. 793—801. 5r u. 6r Thl. 802. 4. Schulbuchh. 8 rß 4 gr 5e verb. Aufl., herausg. v. Jh. Sev. Vater. 1r u. 2r Thl. 818—20. 3 rß 5r, 7r, 8r Thl., herausg. u. fortges. v. J. S. Vater. 818. 20. 23. 2 rß 20 gr (5r—8r Thl. A. u. d. T.: J. S. Vater, Kirchengesch. d. 18. u. 19. Jahrh. 4 Thle. 3 rß 20 gr) 9r Thl. A. u. d. T.: Vater, allgem. Gesch. d. christl. Kirche nach d. Zeitfolge seit d. Anfange d. Reform. bis auf d. neueste Zeit. Zur Ergänzung d. beiden ersten Bände des Henke'schen Werks. gr. 8. Ebd. 825. 1 rß 18 gr Alle 9 Thle. neue Aufl. 804—25. 11 rß 18 gr

— allgem. Geschichte der christlichen Kirche. 6 Thle. gr. 8. Braunschw. Schulbchhdl. 795—804. (1r und 2r à 1 Rthlr. 8 gr. 3r 1 Rthlr 16 gr. 4r 1 Rthlr. 16 gr. 5r und 6r à 1 Rthlr.)

— dasselbe, neue Aufl. Herausgeg. v. J. S. Vater. gr. 8. 3 Thle. Brschwg. 827. Schulbuchh.

— zur neuesten Geschichte d. Religion, d. Kirchenwesens u. d. öffentl. Erziehung, 1r u. 2r Beitrag. gr. 8. Berl. 806. Dunker u. H. 1 rß Hbg. Pr. 12 gr

— Geschichte d. jüd. u. christl. Religion für d. ersten Unterricht. 8. Leipz. 788. 2e A. 789. 3e A. 806. (W. Vogel). 8 gr

— Grundriß d. Kirchengeschichte, beendigt v. J. S. Vater. gr. 8. Braunschw. 810. Schulbuchh. 14 gr

— Grundr. e. histor. kritischen Untersuchung in d. christl. Glaubenslehre. A. d. Latein. 8. Helmst. 802. Fleckeisen. 18 gr

— Grundr. einer histor. kritischen Untersuchung in der christl. Glaubenslehre. a. d. Lat. 8. Helmstädt, Fleckeisen 803.

— Handbuch d. allgem. Gesch. d. christl. Kirche ꝛc. (Auszug aus d. größern Werke). Herausg. v. J. S. Vater. 3 Thle. gr. 8. Braunschw. 825. Schulbuchh. 4 rß 12 gr

— diss. historia antiquior. dogmatis de unitate ecclesiae. 4. Helmst. 781. Kühnlin. 4 gr

— — De famae variis apud veteres Latii poetas imaginibus. — Viro Johann Friedrich Eisenhart honores summi magistratus academici tertio capessendos gratul. Helmstedt (Michael Gunther Leuckart) 25. VI. 1774. 16 S. (4.80) 14298

Henke, Hnr. Ph. Konr., Pr. narratio critica de interpretat. Jobi c. XIX. v. 25—27. in antiqua ecclesia. 4. Dessau 783. Gel. Hand. 5 gr

— — Virum Ludw. Christoph Schmahling (Kehrnstad/Hohenstein; Osterau), doctorem theologiae rite creatum renunciat. — Illustratur simul Joannes Apostolus, nonnullorum Jesu apophthegmatum in evaneglio suo et ipse interpres. Helmstedt (Fleckeisen) 24. VI. 1798. 24 S. mit Biogr. S.'s. (M.: A. E. Schubart.) (7.—) 14302

— s. Josephi Fl. de vita.

— s. Klein, E. F.: Erkenntniß und Gutachten.

— lineamenta instit. crit. de fide Christiana. 8. Helmst. 793. Ed II. 795. Fleckeisen. 14 gr

— Magazin für Religionsphilosophie, Exegese u. Kirchengesch. 6 Bde. zu 3 Stck. gr. 8. Helmst. 793—97. Fleckeisen. 10 rß 12 gr 7r—12r Bd. oder: neues Magazin ꝛc. 1r—6r. gr. 8. Ebd. 798—802. 10 rß 12 gr Fortsetzung, s. unten Museum.

— — De academiarum migrationibus ac translationibus recitatio. Helmstedt (C. G. Fleckeisen) 29. XII. 1795. 30 S. (6.—) 14301
Gew.: Johann Paul Mahner.

— de academiar. migration. et translat. 4. Helmst. 796. Fleckeisen. 4 gr

— s. Mosheim, J. A.: Institutiones.

— Museum für Religionswissenschaft. 3 Bde. z. 4 Stck. gr. 8. Magdeb. 803—9. Heinrichshofen. (à 16 gr) 8 rß

— narratio crit. loci Iob. XIX. 25—27. in antiq. eccles. 4 Dessau, Gel. Hdl. 783.

— — Instituti disputatorii a se stabiliti rationem reddit. — Praemitt. nonnihil de methodo docendi Socratica. Helmstedt (Schnorr) 26. IX. 1777. 8 S. (—.50) 14299

Henke, H. P. C., Observationes variae de philosophia mythica, Platonis praecipue. Helmst. 776. 4. (20 B.)

– opuscula academica theologici potissimum argumenti. 8maj. Leipz. 802. W. Vogel. 1 Rthlr. 12 Gr.

– s. W. Paulen, Authentie.

Henke, H. P. C., de philosophia mythica Platonis praecipue. Helmst. 776. 4

— **Heinrich Philipp Conrad** (Braunschweig), Super poeseos Romanae praesidiis quibusdam. Scripsit nomine societ. latinae quae sub viri Johann Carl Christoph Ferber auctoritate Helmstadi viget amicis nonnullis ab academia Julia Carolina discedentibus. Helmstedt (Michael Gunther Leuckart) 8. VI. 1774. 20 S. mit Namen. (5.50) 14297

– Predigt vom Aberglauben. 8. Braunschw. 801. Schulbuchh. 4 Gr.

— Predigt z. Dankfeier bei Vermählung des Herzogs Wilhelm von Braunschweig. 8. Braunschw. 802. Schulbuchh. 1 Gr.

— Predigt bei Gelegenheit eines Dankfestes. gr. 8. Helmst. 804. Fleckeisen. 4 Gr.

— Predigt zu Einweih. d. neuen Kirche zu Räpke. 8. Braunschw. 801. Schulbuchh. 1 Gr.

— Predigt: Wider die Fehler der Jugend, besonders auf Universitäten. gr. 8. Helmst. 781. Fleckeisen. 2 Gr.

– Predigt vom guten Herzen; u. d. Erinnerung an d. Tod Herz. Jul. Leopolds v. Braunschweig. gr. 8. Helmst. 785. Fleckeisen. 3 Gr.

— Predigt am Krönungstage Napoleons. gr. 8. Helmst. 806. 2e Aufl. 807. Fleckeisen, 4 Gr.

— Predigt am Tage d. neuen Jahrhunderts. gr. 8. Helmst. 801.

— Predigt: Ueber die Weisheit, sich in die Zeit zu schicken. gr. 8. Helmst. 794. Fleckeisen. 2 Gr.

— Predigt, wie sich d. Sünde mit Sünde bestraft, 8. Braunschw. 801. Schulbuchh. 4 Gr.

— Predigten, größtentheils an Bußtagen u. bei feierlichen Gelegenheiten. 2 Thle. 8. Braunschw. 801 u. 803. Schulbuchh. 2 Rthlr. 8 Gr.

— — Predigten auf alle Sonn- und Festtage durchs ganze Jahr. Neue Aufl. 3 Thle. gr. 8. Ebend. 792. (1r Thl. 1 Rthlr. 12 Gr. 2r 1 Rthlr. 4 Gr. 3r 1 Rthlr. 8 Gr.)

– s. P r e d i g t e n am ersten Tage des 19. Jahrhunderts.

– s. Q u i n t i l i a n u s , Marcus Fabius: Lehrbuch, u. de institutione l. x.

– s. R e c h t s g u t a c h t e n .

— Rede bei d. Einführung des Dr. Lichtenstein. gr. 8. Helmst. 799. Fleckeisen. 2 Gr.

— einige Reden u. Predigten bei verschied. Gelegenheiten. gr. 8. Helmst. 801. Fleckeisen. 10 Gr.

— Religionsannalen. 1s—12s Stck. gr. 8. Braunschw. 800—5. Vieweg. 5 Rthlr.

– s. R o s c o e : Leben Leo's X.

Henke, H. P. C., de theologia Juliani, imperatoris philosophi. Helmst. 1777. 4; rep. in ejsd. opusc. p. 353—79.

— über die Veränderlichkeit des Nationalgeschmacks. 4. Helmst. 777. Kühnlin. 4 Gr.

– s. V i l l e r s : Über den Geist und Einfluß.

Henke, Hermann Wilhelm Eduard

Henke, Herm. Wilh. Ed.: Beiträge zur Criminalgesetzgebung, in einer vergleichenden Uebersicht der neusten Strafgesetzbücher und Entwürfe. *Regensburg*, (Montag u. Weise.) Manz. 813. gr. 8. (2 Thl. 8 Gr.)

Henke, Hm. W. Ed.: Darst. d. gerichtl. Verfahr. in Strafsachen. *Zür.*, Orell. 817. gr. 8. (2 Thl. 12 Gr.)

Henke, Herm. Wilh. Er.: Geist des allgem. Gesetzbuches üb. Verbrechen u. Strafen für d. Königr. Baiern. *Regensburg*, Manz. 811. gr. 8.

— Geist d. allgem. Gesetzbuchs üb. Verbrechen u. Strafen für das Königr. Baiern, gr. 8. Regensb. 811. Montag u. W.

Glückwunsch der Universität für Hermann Wilhelm Eduard Henke in Halle zum 50jährigen Jubiläum seiner juristischen Promotion in Helmstedt am 24. Sept. 1856. Halle-Wittenberg. 1 Bl.

— Grundriß e. Geschichte d. deutschen peinlichen Rechts u. d. peinl. Rechtswissenschaft, 2 Thle. gr. 8. Sulzb. 809. v. Seidel. 3 Rthlr. 16 Gr.

Henke, Herm. W. Ed.: Grundriss. e. Geschichte d. deutsch. peinl. Rechts u. d. Rechtswissensch.; e. Versuch. *Sulzb.*, Seidel. 809—10. 2 Thle. gr. 8. (3 Thl. 16 Gr.)

Henke, Ed., Handbuch des Criminalrechts und der Criminalpolitik in 4 Bden. 1r Bd. gr. 8. Berlin, Nicolai. 821. Rthlr.

– Handbuch des Criminalrechts u. der Criminalpolitik. 3 Thle. gr. 8. Berl. 822—30. Nicolai. 8 Rthlr. 18 Gr.

Henke, (Ed.,) Handbuch d. Criminalrechts u. d. Criminalpolitik. 2 Thle gr. 8. Berlin 823 u. 26, Nicolai. (1r Thl. 823 3 Rthl. 2r Thl. 2 Rthl. 6 gr.)

Henke, (Herm. Wilh.) Ed., Handbuch d. Criminalrechts u. d. Criminalpolitik. 3. (letzt.) Thl. gr. 8. (47 B.) Berlin 830, Nicolai. 1. u. 2. Thl. Ebendas. 1823 u. 26. 5 Thlr. 6 Gr.

Henke, Ed., Handbuch d. Criminalrechts u. d. Criminalpolitik. 4. Thl. gr. 8. (50½ B.) Berlin u. Stettin 838, Nicolaische Bh. 1—3. Thl. Ebendas. 1823—30. 8 Thlr. 18 Gr. — Die Bemerk.: (letzt.) Thl. beim 3. Thle. im 8. Bde. dies. Werkes, ist zu streichen.

Henke, H. G. E., Dissert. de vera criminis laesae majest. secundum leges positivas indole atque poena. 4. Helmst. Fleckeisen. 806.

Henke, Herm. Guil. Er.: Diss. inaug. jur. de vera criminis laesae majestatis secundum leges positivas indole atque poena. *Helmst.*, Fleckeisen. 816. 8. (4 Gr.)

– s. L a t o c n a y e : Fußreise.

— Lehrbuch d. Strafrechtswissenschaft. 1e u. 2e Abtheil. gr. 8. Zürich 815. Orell. 2 rß 12 gl

— s. P a r i s wie es ist.

— öffentl. Recht d. schweiz. Eidgenossenschaft u. d. Kantone d. Schweiz. Nebst Grundzügen d. allgem. Staatsrechts. gr. 8. Aarau 824. Sauerländer. 1 rß 20 gl

Henke, Ed.: Ueb. d. Streit d. Strafrechtstheorieen; e. Versuch zu ihrer Versöhnung. *Regensb.*, Montag u. Weiss. 811. 8. (9 Gr.)

Henke, Herm. Wilh. Ed.: Criminalistische Versuche. 1. B. *Berlin*, (Braunes.) Reimer. 807. 8. (16 Gr.)

— — criminalistische Versuche. 1r Bd. 8. Berlin. 808. Ist jetzt Verlag von Reimer.

— üb. das Wesen d. Rechtswissenschaft u. d. Studium derselben in Deutschland. 8. Regensb. 814. Montag u. W. 1 rß 8 gl

Eb.: Ueb. den gegenwärt. Zustand d. Criminalrechtswissenschaft; als Anh. z. dessen Geschichte u. s. w. *Landsh.*, Thomann. 809. 8. (12 Gr.)

— üb. d. gegenwärt. Zustand d. Criminalrechtswissenschaft, als Anh. zu dessen Geschichte d. deutschen peinlichen Rechts rc. 8. Landsh. 810. Thomann. 12 gl

Henke, Herm. Wilh. Er., s. H e n k e , Hermann Wilhelm Eduard

Henke, J. Ch. neu entdeckte Geheimnisse in Erzeugung der Menschen. 8. Marb. Krieger. 786.

— — dass. 8. Augsb. Gaffert. 786.

Henke, J. Hch. Ph. Cd., s. H e n k e , Heinrich Philipp Konrad

Henke, I. I., Dizionario novissimo Italiano-Tedesco e Tedesco-Italiano. II Tom. gr. 8. Augsb. Rieger. 806.

Henke, Ida, Glaubensblüten. Lieder u. Gedichte. 3. Aufl. 12. (X, 176 S.) Gernsbach 894. (Frankfurt a/M., J. Schergens.) Geb. in Leinw. 2. 50

Henke, Ida, ein Jahr aus einer Förster-Familie. Christliches Familiengemälde für die Jugend. 12. (130 S.) [Bonn 882, Schergens.] Gernsbach, Buchh. des christl. Colportage-Vereins. * geb. *

Henke, Ioannes Fridericus: De tumoribus foetuum cysticis. Halae (1819): Grunert. 28 S. 8°
Halle-Wittenberg, Med. Diss. v. 31. Aug. 1819
Geb. Unna (Westf., Kr. Hamm) 24. 7. 1797. V.

Henke, Josef

Henke, Jos., kurzgefasste Anleitung f. den Unterricht im Säbelfechten. gr. 8. (40 S.) Wr.-Neustadt 893. (Wien, L. W. Seidel & Sohn.) n. 1. 60

Henke, Jos., Leitfaden f. Militär-Radfahrer. (VI, 50 S. m. Abbildgn. u. 1 Tab.) kl. 8. Wr.-Neustadt 904. (A. Folk.) n. — 80

Henke, Julius Ferdinand Oskar, s. H e n k e , Oskar

Henke, Karl

Henke, Carl, Davout u. die Festung Hamburg-Harburg, s. a. Beiträge zur Geschichte der Befreiungskriege. 2. Heft.

Davout und die Festung Hamburg-Harburg 1813–1814. Von Carl **Henke**, Oberlt. Mit 3 Bildertaf. u. 1 Pl. Berlin: Mittler 1911. XI, 181 S. 8°
(Beiträge z. Geschichte d. Befreiungskriege. H. 2.) [10. 13469

HENKE, Carl (Kreuznach): Die katholische Lehre über die Consecrationsworte der h.h. Eucharistie, gerechtfertigt durch die Zeugnisse der Kirchenväter und der Liturgien. Eine dogmatisch-liturgische Abhandlung.- Trier: Lintz 1850. 85 S.,1 Bl.
31.1.1850 - Urk (Titel: De verbis ss. eucharistiae consecratoriis.); F 44
Diss.Ingolst.-Landsh.-Mchn.

Henke, Kurt, a. Marburg: Ueber die Einwirkung von Brom und von Salpetersäure auf das as-p-Diphenolaethan. Marburg 1905: Köster & Schell. (50 S.) 8°
Marburg, Phil. Fak., Ref. Zincke, Diss. v. 15. Sept. 1905
[Geb. 10. März 78 Höchst; Wohnort: Marburg; Staatsangeh.: Preußen; Vorbildung: Gymn. Marburg Reife O. 99; Studium: Marburg 5, Braunschweig T.H. 1, Marburg 5 S.; Rig. 5. Juni 05.]

Henke, M., der elektr. Betrieb e. Kaliwerkes. (Dampf- od. elektr. Fördermaschine?) (28 S. m. 4 Fig.) 8. Halle 909. W. Knapp. 1. 50

Henke, Margarete, Briefe an eine junge Freundin. Allen herzigen Backfischchen gewidmet. 8. (IV, 201 S.) Erfurt 887, Bartholomäus. geb. *

Henke, Margarete, Briefe an eine junge Freundin. 8. (201 S. m. 1 Chromolith.) Erfurt 889. Bartholomäus. geb. n. 4. 50

— zwei Mädchenknospen. Eine Erzählung f. junge Mädchen. 8. (219 S.) Ebd. 889. geb. n. 4. 50

Henke, Max [Dr., app. Arzt aus Landau i/Pfalz]: Die Phagocytenlehre Metschnikoffs und der Gonococcus Neisseri. . . . Würzburg, J. M. Richter's Buchdr., 1889; 27 S. 8°
Würzburg, Med. Fak., Inaug.-Diss. v. 1889

Henke, O. Die Lessingfeier der Realschule am 15. Februar 1881, dem 100jährigen Todestage des grofsen Denkers und Dichters. 21 S. **Progr.** *Mülheim a. d. Ruhr* 1882.

Henke, O. Zum deutschen Unterricht. A. Goethes Iphigenie auf Tauris. B. Tabellen zur Erklärung von Lessings Laokoon. 24 S. **Progr.** *Mülheim a. d. Ruhr* 1880.

Henke, Oskar *Ansprache bei der Fahnenweihe des Gymnasiums am 3. August 1886.* 4 (S. 3—6 der Schuln.). G. *Barmen* 1887 (393). **Progr.**

—, Ansprache, gehalten beim Festkommers am 21. April 1890. 4 (S. 18—21). **Progr.** G. *Barmen* 1891 (420).

Henke, Osc., Beiträge zur Geschichte der Lehre v. der Sonntagsfeier. [I—XVIII. Jahrh.] 4. (26 S.) Stendal 873. Franzen & Grosse. n. 1. —

Henke, Oskar, Dir.: Beiträge zum Unterricht in der Philosophischen Propädeutik. Bremen 1904: A. Guthe. (27 S.) 8°
Bremen, G P 1904 (841)

Henke, Osk., die Bergrede Jesu. F. Schüler höh. Lehranst. erkl. gr. 8. (VIII, 77 S.) Gotha 895. F. A. Perthes. n. 1. —

Henke, O., Des Horaz Brief an die Pisonen über die Dichtkunst. Einleitung und [...] phrase. Pr. 1896. 19 S. 4°.

Bruno, Giordano: Giordano **Bruno.** Zur Feier seines 300jährigen Todestages († 17. Febr. 1600) in der Aufnahme- und Unterrichtsloge am 8. Febr. 1900. — Gotthold Ephr. Lessing. Schwesternfest am 18. Febr. 1900. Zwei Logenreden, gehalten in der Loge Friedrich Wilhelm zur Eintracht in Bremen, von Osk. **Henke.** Bremen 1900: Schünemann. 33 S. 8⁰ [Umschlagtit.]
Üb. Bruno s. Überweg-Heinze: Grundriss d. Gesch. d. Philosophie 10. Aufl. Bd 3 1907 S. 45—46; Stein: Manuel de bibl. générale 1807 S. 514.

Giordano Bruno ... Gotthold Ephr. Lessing. Schwesternfest am 18. Febr. 1900 Zwei Logenreden, gehalten in der Loge Friedrich Wilhelm zur Eintracht in Bremen von Osk. **Henke.** Bremen 1900: Schünemann. 33 S. 8⁰ [Umschlagtit.]

Henke, Oskar Chronik des Gymnasiums zu Barmen. Eine Festschrift zur Feier der Einweihung des neuen Gymnasialgebäudes und des 25jährigen Bestehens des Gymnasiums in seiner jetzigen Gestalt. 1. Teil. Geschichte und Entwicklung der Schule. 8 (140 S.).
Progr. G. *Barmen* 1890 (zu 117)

Henke, Oskar [Dr., Dir.]: Chronik des Gymnasiums zu Barmen. Eine Festschrift ... 1. Teil. Geschichte und Entwicklung der Schule. Barmen, Steinborn & Co., 1890; 140 S. 8⁰
Barmen, G, Festschr. 1890

Henke, Osk., Chronik d. Gymnasiums zu Barmen. Eine Festschrift, zur Feier der Einweihung d. neuen Gymnasialgebäudes u. d. 25jähr. Bestehens d. Gymnasiums in seiner jetz. Gestalt veröffentlicht. 1. Tl. Geschichte u. Entwicklg. der Schule. gr. 8 (140 S.) Barmen 890. (Klein.) n.n. 1. 20

Henke, Oscar: *Benedicti de Spinoza de attributis doctrina 28 Bl 4⁰ (?)
Halle-Wittenberg, Phil. Diss. v. 14. Juli 1870
Geb. [Küstrin 30. 7. 1843]

— Einführg in d. Metrik der Horazischen Gedichte. Ein Anh. z. Horazausgabe v. O. Henke u. C. Wagener. gr. 8. (22 S.) Bremen 898. Leipzig, M. Heinsius Nachf. n. — 60

Henke, Osk., die Einführung des Stenografie-Unterrichts in die höheren Lehranstalten mit Rücksicht auf die sogen. Überbürdungsfrage und auf die Methodik des Unterrichts. Vortrag, gehalten auf dem 21. Rheinisch-Westfäl. Stenografentage am 14. Juni 1886 in Koblenz. [Nach stenograf. Aufnahme.] gr. 8. (16 S.) Barmen 886, Klein. *

Henke, *Oskar* [Dir. Dr.]: Einweihungsfeier des neuen Gymnasialgebäudes. Barmen, Druck v. Steinborn & Co., 1891; S. 30—39; 4⁰
Barmen, G, P 1891 (420)

Henke, *Julius Ferdinand* Oskar Festrede, gehalten am 21. April 1890. 4 (S. 6—18).
Progr.

Henke, *Oskar* [Dir. Dr.]: *Festrede zur Feier des Sedantages 1892.* Barmen, Druck v. Steinborn & C., 1893; 3—7 S. 4.
Barmen, G, P 1893 (425)

Henke, *Oskar* [Dir. Dr.]: Vorwort. — Festreden zur Einweihung des neuen Gymnasiums. Barmen, Druck v. Steinborn & Co., 1891; S. 3—21; 4⁰
Barmen, G, P 1891 (420)

— u. Bernh. Lehmann, die neueren Forschungen üb. die Varusschlacht, s.: Gymnasial-Bibliothek. 52. Heft.

Henke, Osk., die Freimaurerei in Deutschland, s.a. Bücherei f. Freimaurer. 1.

Die Freimaurerei in Deutschland, mit e. Abriß d. allgem. Geschichte d. Freimaurerei. Von Prof. Dr. Oskar **Henke,** Bremen. Berlin: F. Wunder (1906). (VIII, 92 S.) 8⁰ [F.]
= **Bücherei** f. Freimaurer. 1. [o8. 1104

Die Freimaurerei in Deutschland mit einem Abriss der allgemeinen Geschichte der Freimaurerei. Von Osk. **Henke.** Berlin: Wunder [1907]. VIII, 92 S. 8⁰ (Bücherei f. Frmr. 1.)
Recens: V. 1 (1906—1907) S. 192—193 (W. H. Denier v. d. Gon); Brh. 4 (1907) S. 55 (W. Kunis); FZ. 61 (1907) S. 87 (R. Bachmann); H. 18 (1907) No 10 (W. Begemann); L. 30 (1907) S. 47—48 (P. Fischer); S. 14 (1907) S. 26—27 (F. Rackhorst).
cf. DrL. 37 (1906—1907) S. 141 (J. H. Papsdorf); ML. 35 (1906—1907) S. 116 (O. Henckel); BstF. 16 (1907) S. 63 (A. Feld); BZC. 36 (1907) S. 201—207 (K. Frey), abgedr. in: BrL. 24 (1906—1907) S. 84—86; Bk. 26 (1907—1908) No 94 (S. Lichtenstein).

Freimaurerei und Dogma. Ein Beitrag zur Entscheidung der Frage: Ob christliche oder ob humanitäre Freimaurerei? in elf Vorträgen, gehalten von Osk. **Henke.** Leipzig: Hesse 1906. VII, 135 S. 8⁰
Recens: DrL. 36 (1905—1906) S. 290—291 (A. Denecke); H. 17 (1906) Nr 21 (F. Zimmer); BZC. 35 (1906) S. 308—309; Bifrost. 2 (1907) S. 119—120 (A. J. Lange).
cf. BstF. 15 (1906) S. 198 (A. Feld); Bbl. 20 (1906) S. 324 (G. Diercks); L. 29 (1906) S. 160 (P. Fischer); MW. 55 (1906) S. 668; Bh. 50 (1907) S. 239 (C. Gotthold); R. 31 (1907) S. 56 (G. Schauerhammer); Bk. 26 (1907—1908) No 95 (J. Feiner); Brh. 5 (1908) S. 235 (W. Kunis).

Das Geheimnis der Freimaurerei. Rede, gehalten in der Aufnahme- und Unterrichtsloge am 10. Mai 1900 [in der Loge „Friedrich Wilhelm zur Eintracht" in Bremen] von Osk. **Henke.** Bremen 1902: Schünemann. 16 S. 8⁰ [Umschlagtit.]
Auch in: FZ. 54 (1900) S. 361—365, 369—373; Henke, O.: Aus d. Werkstatt d. Frmrei. 1906 S. 12—29; H. 17 (1906) No 33, 35.

— evang. Gesangbuch f. höh. Lehranst. 2. Aufl. d. Barmer Schulgesangbuchs. Bearb. v. M. Evers u. Otto Tietz. 8. (XVI, 128 S.) Barmen 897. H. Klein. n. 1. 20; kart. n.n. 1. 50

Henke, Oskar, Otto Tietz

—— —— und Emil Wevelmeyer, Gesangbuch für evangelische Gymnasien. 120 Lieder, eine Übersicht der Geschichte des Kirchenliedes und eine Tafel für Schulandachten enth. 8. (X, 165 S.) Ebendas. 885. cart. *

Henke, Oskar Der Gespensterglaube der Gegenwart. Eine Darstellung und Widerlegung des Spiritismus. 1. Teil. 30 S. 8. Progr. *Mülheim a. Ruhr* 1881.

Henke, Oskar [Dir. Dr.]: Dr. Karl Gillert, gest. den 8. Dezember 1889. Barmen, Druck v. Steinborn & Co., 1890; S. 5-6; 4°
Barmen, G, P 1890

Henke, Oskar, Dir.: Professor Heinrich Heidelberg, geb. am 18. Juli 1828, gest. am 20. April 1900. *Bremen 1900: A. Guthe.* (S. 3.) 4°
Bremen, G, P 1900 (777)

Hochmittag. Festrede zum 25jährigen Stiftungsfeste der Loge Friedrich Wilhelm zur Eintracht in Bremen gehalten von Osk. Henke. Bremen: Schünemann 1900. 20 S. 8° [Umschlagtit.]
Abgedr. in: FZ. 56 (1902) S. 305—309, 313—317, 321—323; Henke, O.: Aus d. Werkstatt d. Frmrei. 1906 S. 167—187.
Recens: FZ. 54 (1900) S. 72 (K. Pilz).
Christliche Maurerei u. Humanitätsmaurerei fordern, bedingen, ergänzen einander. Aufgabe in der Zukunft.

Unser Br. Benjamin. Instruktionsrede für einen neu Aufgenommenen. Gehalten am 16. Nov. 1899 von Osk. Henke. Bremen [1899]: Schünemann. 12 S. 8° [Umschlagtit.].

[Dasselbe.] 2. Aufl. Ebendas. 1902. 12 S. 8°
Abgedr. in: Henke, O.: Aus d. Werkstatt d. Frmrei. 1906 S. 1—11.
Wesen, Zweck d. Frmrei, Bedeutung d. Aufnahme, nach dem Ritual von R. Y.
1. Aufl. in 25; 2. Aufl. in 193.

Henke, Oskar, Karte der öffentlichen höheren Unterrichtsanstalten in Deutschland. 1 : 3100000. Gotha 1876. Buchdruck. (KPA.)

Henke, Oskar [Dir. Prof. Dr.]: Dr. Friedrich Wilhelm Klemm, *gest. am 14. Febr. 1895.* Bremen, A. Guthe, Buchdr., 1895; 1 Bl. 4.
Bremen, G, P 1895 (748)

Henke, Oskar [Dir. Dr.]: Oberlehrer Dr. Wolfgang Koerber, gest. am 2. Februar 1890. Barmen, Druck v. Steinborn & Co., 1890; S. 3—4; 4°
Barmen, G, P 1890

Henke, Osk., Lehrbuch der vereinfachten deutschen Kurzschrift, insbesondere f. höhere Lehranstalten. 2. Aufl. d. „method. Lehrbuchs der deutschen Kurzschrift". gr. 8. 40 S. m. 51 stenogr. Taf.) Barmen 893. H. Klein. n. 2. —

Henke, Oskar [Dir. Prof. Dr.]: Lehrplan für die Lektüre des Horaz nebst e. kurzgefaßten Metrik f. Primaner. (And. Tit.: Aus den Lehrplänen des Gymnasiums in Bremen. 1. Heft . . .) Bremen, A. Guthe, Buchdr., 1894; 16 S. 4.
Bremen, G, P 1894 (726)

— d. Lehrpläne d. Gymnasiums in Barmen. Allgem. Abtlg.: Gedrängte Uebersicht d. Lehrverfassg. gr. 8. (32 S.) Barmen 892. (Steinborn & Co.) n. — 25

Henke, Oskar [Dr., Dir.]: Die Lehrpläne des Gymnasiums in Barmen, hrsg. 1. Tl. Homer. Barmen, Steinborn & C., 1892; 43 S. 8.
Barmen, G, P 1892 (423)

Henke, Oskar [Dr., Dir.]: Die Lehrpläne des Gymnasiums in Barmen, hrsg. Besondere Abt.: Die Einzelpläne. II. Tl. Syntax der griechischen Grammatik für die Oberklassen, auf Grund d. Unterrichtserfahrg u. der U. P. O. vom 6. Jan. 1892 bearb. (Forts. d. P-Beil. 1892.) Barmen, Steinborn & C., 1893; VIII, 31 S. 8.
Barmen, G, P 1893 (425)

Henke, *Oskar* [Dir. Dr.]: Die Lehrpläne und Prüfungsordnungen vom 6. Januar 1892. Barmen, Druck v. Steinborn & C., 1892; 3—9 S. 4.
Barmen, G, P 1892 (423)

Aus den Lehrplänen des Gymnasiums in Bremen. I. Heft: Henke, *Julius Ferdinand Oskar* Lehrplan für die Lektüre des Horaz nebst einer kurzgefaßten Metrik für Primaner. 4 (16 S.). II. Heft: 1. Lehrplan für den Unterricht in der Physik. 2. Lehrplan für den Unterricht in der Geographie. 4 (14 S.). Progr. G. *Bremen* 1894 (726). 1895 (748).

Henke, Oskar [Prof. Dr., Dir.]: Aus den Lehrplänen des Gymnasiums in Bremen. II. Heft: 1. Lehrplan f. d. Unterricht in d. Physik. 2. Lehrplan f. d. Unterricht in d. Geographie. [Forts. d. P-Beil. 1894.] Bremen, A. Guthe, Buchdr., 1895; 14 S. 4.
Bremen, G, P 1895 (748)

Henke, Oskar [Prof. Dr., Dir.]: Aus den Lehrplänen des Gymnasiums in Bremen. III. Heft: Des Horaz Brief an d. Pisonen über d. Dichtkunst. Einteilg u. Paraphrase. [Forts. d. P-Beil. 1894. 95.] Bremen, Buchdr. v. A. Guthe, 1896; 19 S. 4.
Bremen, G, P 1896 (730)

Henke, Oskar [Prof. Dr., Dir.]: Aus den Lehrplänen des Gymnasiums in Bremen. IV. Heft: Der Unterricht in d. Stenografie auf höheren Lehranstalten. M. e. Schrifttaf. [Forts. d. P-Beil. 1894. 95. 96.] Bremen, Buchdr. v. A. Guthe, 1897; 16 S., 1 Bl. Taf. 4.
Bremen, G, P 1897 (751)

(**Henke,** Oskar): Aus den Lehrplänen des Gymnasiums in Bremen. V. Heft: Die Lehrpläne vom 1. Oktober 1897. *Bremen 1898: A. Guthe.* (10 S.) 4° ¶[Fortsetzung d. P-Beilagen 1894—97.]
Bremen, G, P 1898 (762)

Henke, Oskar, Dir.: Aus den Lehrplänen des Gymnasiums in Bremen. Heft 6: Zum Unterricht in der philosophischen Propädeutik. T. 1. *Bremen 1899: A. Guthe.* (S. 27—31.) 4° ¶[Forts. d. P-Beil. 1894—98.]
Bremen, G, P 1899 (770)

Henke, Oskar, Dir.: Aus den Lehrplänen des Gymnasiums in Bremen. H. 7. Zur Geschichte und Statistik der Reifeprüfung am Gymnasium in Bremen. *Bremen 1900: A. Guthe.* (S. 23—30.) 4° ¶[Forts. d. P-Beil. 1894—99.]
Bremen, G, P 1900 (777)

Henke, Oskar, Dir.: Aus den Lehrplänen des Gymnasiums in Bremen. H. 8. Zum deutschen Unterricht. 1. Zur Änderung der Rechtschreibung vom Jahre 1902. *Bremen 1903: A. Guthe.* (S. 33—40.) 4° ¶[Forts. d. P-Beil. 1896—1900].
Bremen, G, P 1903 (826)

Henke, Osk., die Lehrplanübersichten des Gymnasiums zu Barmen. Nach Konferenzberatungen veröffentlicht. 2 Hefte. 8. Barmen, (Klein.) **

Inhalt:
Heft 1. Allgemeine Einleitung. Evangel. Religion. Kathol. Religion. Deutsche Sprache. (S. 1—62.) 884. **ℳ 1,30.
„ 2. Alte Sprachen. Neuere Sprachen. Geschichte. Geographie. Mathematik. Naturwissenschaften. Technische Fächer. Vorschulklassen. Anhang 1—4. (II, S. 63—137 mit 1 Tab.) 885. ** 75 Pf.

—— die Lehrplanübersichten des Gymnasiums zu Barmen. Nach Konferenzberatungen veröffentlicht. 2. Aufl. gr. 8. (137 S. mit 1 Tab.) (Ebendas.) 885. **

Lesebuch für Debattenschrift nach der Vereinfachten deutschen Stenographie (System Stolze-Schrey) enth. d. Übertragung der ersten vier der 'Fünf Reden eingerichtet' als Diktierbuch von Prof. Dr. O[skar] **Henke**, Gymn.Dir. in Bremen. Hrsg. von Ferdinand Schrey. [Neue Ausg.] *Berlin: F. Schrey 1898.* (36 S.) 8° [Text lith.] [illegible]

-- Losobuch zur Einführung in die vereinfachto deutsche Stenographio, insbesondere f. den Unterricht an höheron Lehranstalten. 1.—3. Hft. gr. 8. Ebd 888. à n. 1. —
1. Unter-Tertia. (53 autogr. S.) — 2. Ober-Tertia. (54 autogr. S.) — 3. Diktat-Stenographie. (46 autogr. S.)

—— Lesebuch zur Einführung in die vereinfachte deutsche Stenographie insbesondere f. den Unterricht an höheren Lehranstalten. 3. Heft. Diktat-Stenographie. gr. 8. (46 autogr. S.) Ebd. 890. ** 1 —
1. u. 2. Heft. Ebd. 1888. à * 1 —.

Henke, Osk.. Losobuch z. Einführg. i. d. voreinfachto doutscho Kurzschrift, insbos. f. d. Untorr. an höh. Lohranst. 1. Hft.: Untor-Tortia. 2. Aufl. gr. 8. (58 S.) Barmon 894. H. Kloin. n. 1. —

— Losobuch z. Einführung i. d. voreinfachto Stenographio (System Schrey) z. Gobr. boim Untorr. in Stenographonvoroinon. gr. 8. (77 autogr. S.) Borlin 894. F. Schroy. n. 1. 20

— dassolbe, insbos. f. d. Untorr. an höh. Lohranst. 3. Hoft. Diktat-Stonographio. 2. Aufl. gr. 8. (45 z. Tl. autogr. S.) Ebd. 894. n. 1. —

Lesebuch zur Einführung in die Vereinfachte Stenographie' (Einiggssystem Stolze-Schrey)' hrsg. v. Prof. Dr. Oscar **Henke**, Dir. d. Gymn. in Bremen. *Berlin: F. Schrey 1898.* (79 S.) 1 Bd 8. (98.12419)

Unser erstes grosses Licht. Vortrag, gehalten in der Unterrichtsloge im I. Grade am 12. Okt. 1899 von Oskar Henke. [Bremen: Schünemann 1899.]
Abgedr. in: FZ. 54 (1900) S. 313—318; Henke, O.: Aus d. Werkstatt d. Frmrei. 1906 S. 29 bis 56.

Henke, Oskar, Dir.: Gymnasiallehrer Diedrich **Lonke**, geb. am 29. Juli 1838, gest. am 10. Juni 1900. *Bremen 1901: A. Guthe.* (S. 3.) 4°
Bremen, G, P 1901 (790)

Die Mysterien von Eleusis. Festvortrag zur Feier des Andreasfestes, am 29. Nov. 1903 in dem mit der Johannisloge Friedrich Wilhelm zur Eintracht in Bremen verbundenen Inneren Orient gehalten von Osk. Henke. Bremen 1903: Schünemann. 22 S. 8° [Umschlagtit.]
Abgedr. in: Henke, O.: Aus d. Werkstatt d. Frmrei. 1906 S. 249—272.

— s. a. Nibelungenlied, das.

Henke, O., Das Nibelungenlied. (Übersetzung nach der Handschrift A.) 3. Aufl. (Freytags Schulausgaben und Hilfsbücher für den deutschen Unterricht.] 8°. (182 S.) geb. K 1.20
Wien: Tempsky 1905.

Vom Pessimismus. Vortrag, gehalten in der Unterrichts- und Aufnahmeloge [der Loge Friedrich Wilhelm zur Eintracht in Bremen] am 14. Mai 1903 von Osk. Henke. Bremen 1903: Schünemann. 16 S. 8° [Umschlagtit.]
Abgedr. in: FZ. 57 (1903) S. 170—173, 177 bis 181.

— zum Problemstreit. Ein Wort zur Klärg. u. zum Frieden. (21 S.) 8. Bremen 906. Kühle & Schlenker. n. — 60

Das gute alte Recht der Humanitätsmaurerei. Festrede, gehalten bei der Feier des Andreasfestes am 1. Dez. 1901 im Inneren Orient der Loge Friedrich Wilhelm zur Eintracht in Bremen vom Br. Osk. Henke. Bremen 1901: Schünemann. 19 S. 8° [Umschlagtit.]
Abgedr. in: Henke, O.: Aus d. Werkstatt d. Frmrei. 1906 S. 217—237.

— fünf Reden d. bedeutendsten Redner aller Zeiten u. Kulturvölker, einger. als Diktierbuch f. Stenographen aller Systeme, z. Gebrauche in Vereins-Fortbildungskursen, insbes. bei d. Unterr. an höh. Lehranst. gr. 8. (48 S.) Berlin 892. F. Schrey. Kart. n. 1. 20

— dasselbe als Losobuch eingerichtet, s.: Sohrey, Ferd.

—— Der Sabbatismus. Eine judaist. Reliquie in der christl. Kirche. 8. Aufl. 12. (XX, 119 S.) Ebd. 892. * 1 60

Henke, *Julius Ferdinand* Oskar: † Ordentl. Lehrer Robert Schirmer, geb. am 10. Oktober 1837, gest. am 9. August 1898. — † Ordentl. Lehrer Peter Willatzen, geb. am 12. September 1824, gest. am 14. Dezember 1898. 4 (S. 3). **Progr.** G. *Bremen* 1899

Henke, Osk., Schulreform u. Stenographie. Mit 4 stenograph. Beilagen. gr. 8. (78 S.) Berlin 899. Reuther & Reichard. n. 1. 60

Henke, Oskar Drei altdeutsche Schwänke. Übersetzt. 8 (40 S.). **Progr.** G. *Barmen* 1888 (396).
I Der Kobold und der Wasserbär. II. Der Weinschwelg. III. Die beiden Kaufleute und die treue Hausfrau.

—— und Otto Tietz, Turn- und Wanderlieder für Schüler höherer Lehranstalten. 16. (IV, 88 S.) Ebendas. 886. cart. *

Vademekum für die Homerlektüre. Von Prof. Dr. Oskar **Henke**, Dir. Mit 4 Kärtchen. Leipzig & Berlin: B. G. Teubner 1906. (80 S.) 8° [illegible]

Henke, Oskar Versuch eines methodischen Lehrbuches der deutschen Kurzschrift nebst einer Einleitung betreffend die Entwickelung der Kurzschrift in Deutschland, ihre heutige Gestaltung und die Anforderungen der Schule an dieselbe. 8 (60 S. u. 25 S. stenogr. Tafeln). **Progr.** G. *Barmen* 1889 (398).
2. Aufl. u. d. T.: Lehrbuch der vereinfachten Kurzschrift, insbesondere für höhere Lehranstalten. 8 (40 S. mit 51 stenogr. Taf.). Ebenda 1893, H. Klein. ℳ. 2. —.

Henke, Oskar [Dir. Dr.]: Versuch eines methodischen Lehrbuches der deutschen Kurzschrift nebst einer Einleitung betreffend die Entwickelung der Kurzschrift in Deutschland, ihre heutige Gestaltung und die Anforderungen der Schule an dieselbe. Barmen, Steinborn & Co., 1880; 60, 25 S. 8°
Barmen, G, OP 1880 (398)

— die Vorschulen der höheren Lehr-Anstalten. Ein Gutachten. 8. (47 S.) Ebd. 887. n. — 60

Aus der Werkstatt der Freimaurerei. Reden und Vorträge von Osk. **Henke.** Berlin: Wunder 1906. 272 S. 8°
Recens: BayrBbl. 6 (1905—1906) S. 327; H. 17 (1906) No 21 (P. Henckel); FZ. 60 (1906) S. 191; ArSt. 3 (1906) S. 168—169; V. 1 (1906—1907) S. 53 (W. H. Denier v. d. Gon); Z. 37 (1906—1907) S. 32 (H. Glücksmann); BZC. 35 (1906) S. 285—286; R. 34 (1907) S. 56 (G. Schauerhammer).
cf. DrL. 30 (1905—1906) S. 257—258 (A. Denecke); ML. 34 (1905—1906) S. 177 bis 178 (O. Henckel); BstF. 15 (1906) S. 198—200 (A. Feld); Bbl. 20 (1906) S. 264 (G. Diercks); L. 29 (1906) S. 208 (P. Fischer); Bifrøst. 3 (1908) S. 77 (A. J. Lange).

Henke, Oskar *Worte bei der Weihnachtsfeier des Gymnasiums am 21. Dezember 1885.* 4 (S. 3—6 der Schuln.). G. *Barmen* 1886 (387).
Progr.

Henke, Otto, approb. Arzt aus Tübingen: **Aus d. Tübinger Universitäts-Augenklinik. Ein Beitrag zur Casuistik der sympathischen Ophthalmie.** *Tübingen: F. Pietzcker 1901.* (15 S.) 8°
Tübingen, Med. Diss. v. 1901

Henke, Otto, ist die Alkohol-Abstinenz e. Krücke f. charakterlose Schwächlinge u. Fragen an Hrn. Prof. Dr. Hueppe, Prag. (Die Alkoholfrage geht e. Jeden an! Hrsg. vom Gau Deutschland Nr. 118 des unabhängigen Ordens der Rechabiten.) (10 S.) gr. 8. Hamburg 904. (J. Kriebel.) n. — 10

Henke, Paul, u. Rich. Müller, zum Rechtschreiben in der Volksschule. Begleitwort z. Schulwörterbuch, nach psycholog. Gesichtspunkten bearb. (16 S.) 8. Leipzig 907. A. Hahn. — 25

Henke, Paul, u. Rich. Müller, Schulwörterbuch, nach psycholog. Gesichtspunkten bearb. (116 S.) 8. Leipzig 907. A. Hahn. — 50; kart. n — 65

Henke, Phil. Jak. Wilh.

Henke, Ph. Jak. W., **Atlas** der topographischen Anatomie des Menschen mit ergänzenden Erklärungen. (In 5 Heften.) Leipzig 864. C. F. Winter. Fol. (15 lith. Taf. u. 48 S. Text in Lex.-8. m. Holzschn.) 2 ℳ

Henke, Ph. Jak. Wilh., **Atlas** der topographischen Anatomie des Menschen mit ergänzenden Erklärungen. 5 Hefte. Fol. (73 Stnt. mit 196 S. Text in Lex.-8. und eingedr. Holzschn.) Leipzig 864—67, C. F. Winter'sche Verlagsh. à Heft 2 Thlr.

Henke, Ph. Jak. Wilh., **Atlas** der topographischen Anatomie des Menschen mit ergänzenden Erklärungen. 2—5. Heft. Leipzig 865—67. C. F. Winter'sche Verlagsh. Fol. (58 Steintaff. u. S. 149—196 Text in Lex.-8. u. eingedr. Holzschn.) Jedes Heft 2 ℳ

Henke, Phil. Jak. Wilh., Beiträge zur Anatomie d. Menschen m. Beziehung auf Bewegung. 1. Hft. gr. 4. (IV, 44 S. m. 9 Steintaf. in gr. qu. Fol. Leipzig 872. C. F. Winter. n. 4. 50

—— die Gruppe des Laokoon oder über den kritischen Stillstand tragischer Erschütterung. gr. 8. (80 S. mit 1 Stahlst.) Leipzig 862, C. F. Winter'sche Verlagsh.

—— Handbuch der Anatomie und Mechanik der Gelenke mit Rücksicht auf Luxationen und Contracturen. gr. 8. (X und 292 S. mit 9 Kpfrt. in gr. 4. und qu. Fol. und 66 eingedr. Holzschn.) Leipzig 863, C. F. Winter'sche Verlagsh.

Henke, W., Sophocles Oedipus in Kolonus neu dargestellt von Dawison in Dresden. Leipz 48 S. 1965.
Schul-/Univ.-Schrift

—— Sophokles Oedipus in Kolonus neu dargestellt von Dawison in Dresden. Vorlesung. gr. 8. (48 S.) Stuttgart 865, Cotta'sche Buchh.

— die Quelle der Kräfte des Lebens im Körper der Menschen und Thiere, s. Vorträge, öffentliche.

Henke, R. **Dresden** mit nächster Umgebung. 1:35000. Dresden (1889). 1 Bl. c. L.

Zur Morphologie der Epiglottis. Ihre Varietäten u. Anomalien im Spiegelbilde. Von Dr. med. R[einhold] **Henke** in Clausthal. *Berlin: O. Coblentz 1899.* (52 S.) 8°

Henke, (Richard): [**Bau und Einrichtung der neuen Räume des physikalisch-chemischen Kabinets.**] *Dresden 1898: B. G. Teubner.* (39—40 S.) 4°
Dresden-Altstadt, Annen-S (RG), OP 1898 (577)

Henke, Richard: [**Bericht über seine Einführung als Direktor der Anstalt.**] S. 15—18. 4.
Progr. Annenschule (Realgymn.) *Dresden-Altstadt* 1908 (726).

Henke, *Richard: Bericht über die Räume für den Unterricht in Physik und Chemie.* 4 (S. 39—40 d. Schuln.).
Progr. Annensch. (Rg.) *Dresden-Altstadt* 1898 (577).

Henke, R.: Über die Methode der kleinsten Quadrate. 1868. 8°
Diss. Leipzig.

Über die Methode der kleinsten Quadrate von Prof. Dr. Richard **Henke.** 2. unveränd. Aufl. nebst Zusätzen. Leipzig: Teubner 1894. IV, 77 S. 8°

Henke, Richard (Hrsg.), s. Schloemilch, Oskar: Handbuch der Mathematik.

Henke, Richard, approb. Arzt aus Ebersbach i. S.: **Ueber die sekundäre Sehnennaht** und die Sehnennaht bei **Sehnendefekten.** *Leipzig 1902: B. Georgi.* (39 S.) 8°
Leipzig, Med. Diss. v. (28. Apr.) 1902

Henke, R., Übungsbuch zum Studium der höh. Analysis, s.: Schlömilch, Osk.

Henke, Rud., neuestes Fremdwörterbuch oder Erklärung aller in der deutschen Sprache gebräuchl. fremden Wörter, Ausdrücke u. Redensarten, nebst richt. Bezeichnung der Aussprache u. Betonung der Wörter. Berlin 869. Schlesier. 16. (256 S.) 7½ ngr

Henke, Rudolf

Henke, Rud., Rumänien. Land u. Volk. In geograph., histor., statist. u. ethnograph. Beziehung, sowie in Reiseerinnerungen nach dreijähr. eigenen Beobachtungen u. mit Benutzung authent. Quellen, unter bevorzugter Berücksichtigung der gegenwärtigen Lage geschildert. Mit e. (autogr.) Karte (in gr. 4.) u. einer Schrifttaf. gr. 8. (XVI, 358 S.) Leipzig 877. O. Wigand. n. 5. —

Henke, T. H., unpartheiische Prüfungen d. neuesten preuß. Anordnungen in Kirchensachen. 8. Altona 796. (J. G. Herold). 16 g. (A. u. d. T.: d. Peripatetiker. 3r Thl.)

Henke, T. H., unpartheyische Prüfungen d. neuesten preußischen Anordnungen in Kirchensachen. 8. Hamburg, Vollmer. 796. Rthlr.

HENKE, T. H., Abenteuerliche Wanderungen durch die preussischen Staaten in Bezug auf die neuesten religiösen und politischen Vorfälle. (Bildet auch Th. 2—3 des anonym ersch. Romans von *Henke:* „Die Peripatetiker des 18. Jahrhunderts, oder Wanderungen zweier Aufklärer.) Athen, bei Aristotelis Erben, im letzten Jahr der 642. Olympiade. (Altona, Verlagsgesellschaft, 1794.) 8°. (1 1/6 Rthl. Theod. Bertling, Danzig, vor 1875.)
Fehlt im Anon.-Lex. — Cplt. rar! (Schlesinger's Leihbibl.-Cat. 1825 hat S. 194 die Jahrzahl „1793".)

— — Dasselbe. Altona 1795—96. 8°.
Weller, fing. Dr., wo auch die erste Ausgabe sub „1794".

Henke, Thdr., Maienblätter. Gedichte. gr. 16. (VIII und 113 S.) Löbau 865, (Walde.) *

Henke, W., das Auge u. der Blick. Vortrag geh. in Schwerin 1869. Mit 4 Bildern (auf Holzschntaf.) 8. (IV, 63 S.) Rostock 871. Werther. n. 1. 20

Henke W.: Beitrag zur Behandlung der Lehre der Brechung des Lichtes in Linsen. 29. St. Pölten 77. Progr.

Henke W.: Kritik der verschiedenen Maße der Stabilität der Körper. 8. St.-Pölten 78. Progr.

Henke, W., die Menschen d. Michel-Angelo im Vergleich m. der Antike. Vortrag geh. in Rostock 1871. Mit 3 (lith.) Taf. (in qu. Fol.) gr. 8. (20 S.) Rostock 871. Werther. n. 1. 50

Henke, W.: Sophocles Oedipus ..., s. Henke, Phil. Jak. Wilh.

Henke, W., Zeichnen u. Sehen, s. a Sammlung gemeinverständlicher wissenschaftlicher Vorträge.

Henke W. Zeichnen und Sehen. (Samml. wissenschaftl. Vorträge 115) Berlin 1871

Henke, Wilh., Anatomie d. Kindesalters, s.: Handbuch der Kinderkrankheiten.

Henke, Wilh., topographische Anatomie des Menschen in Abbildung und Beschreibung. Atlas nach Zeichnungen des Verf. lithogr. von A. Gatternicht in Stuttgart. 2 Hälften. Fol. Berlin, Hirschwald. In Mappe * 42 —
Inhalt:
Hälfte 1. Vom Kopf bis zum Zwerchfell. (Taf. I—XXXVIII und 4 S. Text.) 878. * ℳ 20.
» 2. Vom Zwerchfell bis zu den Füssen. (Taf. XXXIX—LXXX und 4 S. Text.) 879. * ℳ 22.

Henke, Wilh., topographische Anatomie des Menschen in Abbildung und Beschreibung. Lehrbuch mit fortlaufender Verweisung auf den Atlas und mit (eingedr.) Holzschn. 2 Hälften. gr. 8. Berlin, Hirschwald. à Hälfte * ℳ 8. *
Inhalt:
Hälfte 1. Kopf, Hals, Brust und Bauch. (S. 1—352.) 883.
» 2. Becken und Extremitäten. (XV, S. 353—656.) 884.

— — Geschichte der Kinderkrankheiten, s. Handbuch der Kinderkrankheiten.

Henke, W., Handatlas u. Anleitung zum Studium d. Anatomie des Menschen im Präpariersaale. Text, m. Holzschn. nach Zeichngn. d. Verf. v. H. Weber. 1. u. 2. Cursus. Lex.-8. Berlin 888. Hirschwald. geb. à Cursus n. 16. —
1. Muskeln. Knochen u. Gelenke. Nebst Atlas v. 80 chromolith. Taf., nach Zeichngn. d. Verf. lith. v. A. Gatternicht. (VIII, 192 S.)
2. Eingeweide, Gefässe u. Nerven. Nebst Atlas v. 80 chromolith. Tafeln, nach Zeichngn. d. Verf. lith. v. Gatternicht. (IX, 201 S.)

— Construction der Lage des Herzens in der Leiche aus einer Serie von Horizontalschnitten. gr. 4. (47 S.) Tübingen 883, (Fues.) *

Henke, Wilhelm, a. Wiesbaden: Zur Stratigraphie des südwestlichen Teiles der Attendorn-Elsper Doppelmulde. Göttingen 1907: E. A. Huth. (39 S., 3 Taf.) 8°
Göttingen, Phil. Fak., Ref. v. Koenen, Diss. v. 20. März 1907
[Geb. 20. Juli 80 Wiesbaden; Wohnort: Wiesbaden; Staatsangeh.: Preußen; Vorbildung: Realgymn. Wiesbaden Reife O 01; Studium: Genf 1, München 3, Göttingen 6 S.; Rig. 23. Jan 07.]

— und Carl Reyher, Studien über die Entwickelung der Extremitäten des Menschen, insbesondere der Gelenkflächen. Lex.-8. (57 S. mit 4 lithogr. Taf. in qu. 4.) Wien 874, (Gerold's Sohn.) * 3 —
Aus: Sitzungsberichte der k. Akademie der Wissenschaften, besonders abgedruckt.

Henke, Wilh., d. Typus d. germanischen Menschen u. s. Verbreitg. im deutschen Volke. Festrede, geh. i. d. Universität Tübingen am Geburtstage d. Königs, den 25. Febr. 1894. Nebst 3 Beilagen z. Anatomie d. Schädels. gr. 8. (50 S. m. 16 Abb.) Tübingen 895. H. Laupp. n. 1. —

Henke, Wilh., Vorträge üb. Plastik, Mimik u. Drama. gr. 8. (VII, 248 S. m. 40 Bildern.) Rostock 892. W. Werther. n. 5. 60; geb. n. 7. —

Henke, William, über die Einwirkung des Phosphorsuperchlorids auf einige Amide. Inaug.-Dissert. Göttingen 858. Vandenhoeck u. Ruprecht. gr. 8. (44 S.) n. 8 ngr.

Märchen, die für Dich geschrieben von Helene **Henke**-Falcke, mit bunten Bild. von Franz Müller-Münster. (Berlin-Steglitz: Steglitzer Werkstatt [1905].) (55 S.) 8° [J.] [geb. 1906]

Henkel, s.a. Henckel

— The German influence on the poetry of England and America in the course of the 19. century. Eschwege, R. u. Pg., 1869. 16 S. 4. Progr.

Henkel: Die griechische Lehre von den Staatsformen. Platon's Gesetze und die Politik des Aristoteles. – Seehausen i/A., Progr. 1869.

Henkel, d. Naturprod. u Industrieerzeugnisse im Welthandel. 2 Bde Erlangen 1868. 69

Henkel, Rückblick auf das J. 1813 mit seinen Helden, Thaten und Liedern. Ein Scherflein zu dem jetzigen Kampfe der Deutschen mit den Franzosen. 8. (72 S.) Cassel 870, Freyschmidt. *

Henkel. The English translations of Homer. Hersfeld, R., 1868. 16 S. 4. Progr.

Henkel, A., die Feier der patriotischen Feste in der Schule. Eine Gabe aus der Schule für die Schule. gr. 8. (123 S.) Berlin 887, [Parrisius.] *

Henkel, A., die patriotischen Feste in der Schule. Eine Gabe aus der Schule f. die Schule. 3 Hfte. gr. 8. Breslau 889. F. Hirt. n. 1. 35; in 1 Bd. geb. n.n. 1. 75
1. Das Kaiserfest. (48 S.) n. — 50
2. Kaiser Wilhelm- u. Kaiser Friedrich-Tage. (48 S.) n. — 50
3. Das Sedanfest. (32 S.) n. — 35

Henkel, A., d. patriotischen Feste i. d. Schule. Eine Gabe aus d. Schule f. d. Schule. (In 3 Hftn.) 1. Hft.: Das Kaiserfest. 2., erweit. Aufl. gr. 8. (56 S.) Breslau 895. F. Hirt. n. — 50

— dasselbe. 3. Hft.: Das Sedanfest. 2. Aufl. gr. 8. (32 S.) Ebd. 895. n. — 35

Henkel, A., u. A. Witte, wie frisiere, pflege u. erhalte ich mein Haar? Anleitg. zum Selbstanfertigen v. Damen- u. Kinderfrisuren fürs Haus u. f. Gesellschaften nebst ärztl. Ratschlägen f. Haarpflege u. Haarkuren. Neue erweit. Aufl. 16. Taus. (IV, 60 S. m. Abbildgn.) Lex. 8. Berlin (910). W. Bobach & Co. 1. 50

Henkel, Adolf, a. Witzenhausen: Die Saline Sooden a. d. Werra unter den Landgrafen Philipp dem Grossmütigen und Wilhelm IV. Marburg 1908: Gebr. Schönhoven, Cassel. (67 S.) 8° ¶ (Erscheint in: Zeitschrift d. Vereins f. hessische Gesch. u. Landeskunde Bd 41.)
Marburg, Phil. Fak., Ref. von der Ropp, Diss. v. 26. Febr. 1908
[Geb. 26. April 80 Ziegenhain, Reg.-Bez. Kassel; Wohnort: Vacha a. d. Werra; Staatsangeh.: Preußen; Vorbildung: Progymn. Hann. Münden Reife O. 01; Studium: Göttingen 1, Marburg 9 S.; Rig. 5. März 07.]

Henkel, Adf., die Saline Sooden a. d. Werra unter den Landgrafen Philipp dem Grossmütigen u. Wilhelm IV. (68 S.) 8. Cassel 908. (G. Dufayel.) 1. —
Sonderabdr. a.: „Ztschr. d. Ver. f. hess. Gesch. u. Landeskde."

Henkel, Ambrose. Kurzer Zeitvertreib. Dayton, Ohio, 1851.
GSP

Henkel, Ambrosius. Das kleine A B C Buch; oder, Erste Anfangs-Büchlein. 2d ed. New Market, Va, 1819.

Henkel, Andreas: Beiträge zur Geschichte der Erbmänner in der Stadt Münster. Borna-Leipzig 1910: Noske. IX, 57 S. 8°
Münster, Phil. Diss. v. 20. Febr. 1910, Ref. Spannagel
[Geb. 30. Aug 84 Hilkerode; Wohnort: Munster i. W.; Staatsangeh.: Preußen; Vorbildung: Gymn. Josephinum Hildesheim Reife O. 05; Studium: Freiburg i. B, Munchen, Halle, Munster zus. 9 S.; Rig. 20. Nov. 09.] [U 10. 3775

Henkel, August [approb. Arzt aus Lenderscheid]: Zur Differenzialdiagnose von Krebs und Syphilis nebst einem Beitrag über den praktischen Werth der mikroskopischen Untersuchung .... München, Druck v. M. Ernst (vorm. G. Pollner), 1886; 19 S. 8°.
München, Med. Fak., Inaug.-Diss. v. 1886.

Henkel, C. A., Versuch, einige in dem Stammbaume der hochadel. Familie von Ketelhodt vorkommende alte Würden zu erläutern. Mit Kpfr. Frankenhausen 1770. 4.

Henkel, Caesar C., History, resources and productions of the country between Cape Colony and Natal, or Kaffraria Proper, now called the Native- or Transkeian Territories, with large map. Compiled and illustrated. (IX, 124 S.) Lex.-8. Hamburg 903. [Verlagsanstalt u. Druckerei.] Berlin, K. W. Mecklenburg. Geb. n. 12. 50

Henkel, Subdiacon. Chr. Hnr., s.a. Fr. Ansarius.

ANSARIUS, Friedr. (d. i. *Chrn. Heinr. Henkel*), Der rothe Bund. Romantische Scenen aus dem Leben Benedicts. (Zahmer Roman.) 2. Ausgabe der Nebel und Lichtstreifen. Mit Titelkpf. Coburg, Riemann, 1823. 8°. (2 Mk. 80 Pfg. Beck, Nördlingen, 1892.)
5 Bll., 326 S. Vorb. unterz.: Ansarius. — Zuerst gedr. m. d. Titel: Nebel und Lichtstreifen. Hrsg. von von Friedr. Ansarius. Ebd. 1820. 8°. Mit 1 Kupfer, gez. von C. Heideloff, gestoch. v. Esslinger.

Henkel, Chrstn. Heinr., das Christenthum n. Luthers klein. Katechismus, in kurzen Sätzen, Begriffsbestimmn. u. Andeutn., z. Gebr. zunächst bei d. Confirmandenunterr. 8. (6 B.) Leipzig 839, Barth.

Henkel, Chr. Hnr., christl. Vorträge nach Anleit. verschied. Texte. gr. 8. Coburg 826. Meusel u. S. 1 Thlr.

Henkel, Chrstn. Heinr., christl. Vorträge, nach Anleitung verschiedener Texte, nach d. epistolischen Pericopen gehalten. 2. Bd. gr. 8. (21 B.) Coburg 827, [Industrie-Comtoir.]

Henkel Chr. Hnr., christliche Vorträge, nach Anleitung verschiedener Texte, auch der epistolischen Pericopen. 2r Bd. gr. 8. Coburg 827. Meusel u. Sohn. 1 Thlr. (1r u. 2r Bd. 2 Thlr.) — 3r Bd. gr. 8. Ebd 836. Sinner. 1 1/8 Thlr.

Henkel, Christ. Heinr., christliche Vorträge. gr. 8. (18 B.) Coburg 842. [Leipzig, Brauns.] *

Henkel, Chr. Hnr., christliche Vorträge. gr. 8. Coburg 842, Sinner'sche Hofbuchh. n. 5/6 Thlr.

Henkel, E. F. K., Heidenthum u. Christenthum. Fünf Missionsvorträge. gr. 8. (110 S.) Jena 875. F. Frommann. n 2. —

Henkel, E. F. K., christlicher Rath für jedes Haus, in drei geistreichen Büchlein aus alter Zeit, auf's Neue herausgegeben. Nürnberg 855. Raw. 16. (IV, 163 S.) n. 8 ngr.

Henkel, Ernst Ludwig Theodor, s. Henke

Henkel, Erdm. H. Graf, die letzten Stunden einiger selig verstorbenen Personen. 4 Thle. 8. Halle, Waisenh. 729–33.

Honkel, Ernst, approb. Arzt aus Ujest O.-S.: **Beiträge zur Behandlung des Carcinoms der weiblichen Brustdrüse.** Aus d. Augusta-Hospital in Breslau. *Leipzig 1904: B. Georgi.* (44 S.) 8°
Leipzig, Med. Diss. v. (18. Jan.) 1904

Henkel, F. J.: Pyritologia ..., s. Henkel, Johann Friedrich

Henkel, Fr., Hermann der Cherusker. Ein deutsches Trauerspiel in 5 Aufzügen. (151 S.) 8. Leipzig 906. Modernes Verlagsbureau. 2. —

Henkel, Fr., die Herrin von Ibichstein. Roman. 2 Bde. 8. (227; 234 S.) Stuttgart 879, Hallberger. * ℳ 6.; geb. * 7 —

Henkel, Fr., aus Langeweile. Roman. 2 Bde. 8. (à 188 S.) Stuttgart 875. Hallberger. 6. —

Henkel, Fr., aus Langeweile. Roman. 2. Aufl. 2 Bde. 8. Stuttgart 877, Deutsche Verlags-Anstalt. (* ℳ 6.) *

Henkel, Fr., der Liebe Licht u. Schatten. Roman. 2., (Titel-)Aufl. 8. (205 S.) Stuttgart (1878) 880. Deutsche Verlags-Anstalt. n. 3. —

Henkel, Fr. [geb. Arnold], Sommermärchen. Mit 4 (lithogr.) Buntdruck-Bildern nach Orig. von Carl Arnold. br. 8. (187 S.) Neu-Ruppin [Leipzig] 869, Oehmigke's Verlag. cart.

— die Stiefschwestern. Roman. 8. (196 S.) Breslau 880. Schottländer. n. 3. 50

Henkel, Fr., wenn Frauen hassen. Roman. 2 Bde. 8. (203 u. 204 S.) Stuttgart 880. Deutsche Verlags-Anstalt. n. 6. —

Henkel, Frz., s.a. Aus dem Burenkriege.

Aus dem Burenkriege. Erlebnisse u. Beobachtungen e. deutschen Mitkämpfers. ⟨Franz **Henkel**.⟩ *Schulke: E. Kannengiesser 1901.* (112 S.) 8° [F.] [01. 3887

Henkel, Frz., der Kampf um Südwestafrika, s.a. Sammlung belehrender Unterhaltungsschriften f. die deutsche Jugend.

Der Kampf um Südwestafrika. Von Franz **Henkel**. Mit 11 Ill. u. 1 Karte. 1.–5. Taus. Berlin: H. Paetel 1908. (XIV, 182 S.) 8° [F.]
— **Sammlung** belehrender Unterhaltungsschriften f. d. deutsche Jugend. Bd 24. [08. 12671

Henkel, Friedrich [aus Tomaszow (Russ.-Polen)]: Ueber die Gewinnung von Tetrathionaten aus Wackenroder's Lösung . . . . Erlangen, Druck d. Univ.-Buchdr. v. E. Th Jacob, 1887; 24 S. 8°
Erlangen, Phil. Fak., Inaug.-Diss. v. 1887

Henkel, Friedrich, approb. Arzt aus Neustadt i. Oberschles.: Ueber **Polioencephalitis** mit Ausgang in Porencephalie. *München 1898 [vielm. 1899]: Kastner & Lossen* (auf d. Umschl.: *Verl. v. J. F. Lehmann*). (18 S.) 8°
München, Med. Diss. v. 1899

Henkel, Friedrich [aus Darmstadt]: Der Lorscher Ring. E. kunstarchaeolog. Studie als Beitr. z. Entwickelungsgeschichte d. Goldschmiedekunst im Mittelalter . . . Trier, F. Lintz'sche Buchdr., 1896; 2 Bl., 36 S., 1 Bl., 1 Taf. 8.
Heidelberg, Phil. Fak., Inaug.-Diss. v. [10. Juni] 1896

Henkel, Fritz, aus Berlin: Über einige **Derivate** des Monoäthyl-Acetal- und Diacetalamins. *Rostock 1899: C. Hinstorff.* (36 S.) 8°
Rostock, Phil. Diss. v. [24. Juli] 1899

Henkel, G. Ueber d. sog. confessionslosen Religionsunterricht. 1 Tractat. Fundament u. Grundriss der ächt religiösen Erziehung aller Einzelnen durch d. Gesellschaft, als ersten Schrittes zur Lösung der socialen Frage. Zürich, Eigenthum des Autors. In-8°, 16 S. 1879. — 30

Henkel, H., Obergerichtsanwalt zu Cassel, dermalen Mitglied der deutschen Nationalversammlung. Ansichten über die Aufgaben der deutschen Nationalversammlung. Frankfurt a. M., 1848. 14 S. 8°.

Henkel, z. Gesch. d. griech. Staatswissensch. Salzw. 1863.
Schul-/Univ.-Schrift

Henkel, H., zur Geschichte der griechischen Staatswissenschaft 1) die politische Litteratur der Griechen 2) die griechische Lehre von den Staatsformen. Stendal. 4. *20 p.* 1867.
Schul-/Univ.-Schrift

Henkel, H., Zur Politik des Aristoteles. Pr. 1875. 17 S. 4°.

Henkel, H. L. M.

Henkel, (Obergerichtsanwalt), die neue und die alte Kirche, oder der Phönix u. die Asche. gr. 8. Cassel 839. Luckhardt. n. 1 ℛ

Henkel, (Obergerichtsanwalt,) H. L. M., die Kirchenreform. 8. Cassel 845. (Appel.) 1 ℛ

— bemerkenswerthe Rechtsfälle, Entscheidungen und andere Mittheilungen aus der kurhess. Rechtspflege. 1. Bd. 1.—3. Heft. gr. 8. Ebend. 841. Luckhardt. 1. 2. 3. n. 2/3 ℛ

– dass., s.a. Henkel, Heinr.

—— erste protestant. Versammlung wider d. Feinde d. Lichts. Gehalt. zu Cassel am 14. Aug. 1839. gr. 8. (1 B.) Cassel, Luckhardt'sche Hofbuchh. *

— erste protestant. Versammlung wider die Feinde des Lichts. Gehalten zu Cassel am 14. Aug. 1839. gr. 8. Ebd. 839. n. 1 ℛ

— deutsche Worte an das deutsche Volk zur Erhaltung und Beförderung des vernünftigen Glaubens und der Glaubensfreiheit. 1. Rede, gehalt. in der 2. protestant. Versammlung zu Cassel, am 11. Januar 1841. gr. 8. Ebend. 841. 4 ngℛ

—— einige Worte wider d. Feinde d. Vernunft u. d. Glaubensfreiheit. gr. 8. (1 B.) Cassel 839, Luckhardt'sche Hofbuchh. *

Henkel, Heinrich, approb. Arzt aus Augsburg: Die **Beckenendlagen** der Kgl. Universitäts-Frauen-Klinik München in den Jahren 1896—1900. *München 1902: C. Wolf & Sohn.* (64 S.) 8°
München, Med. Diss. v. 1902

Henkel, H., Grundzüge der Methodik d. Klavierunterrichts. Für Lehrer, wie f. Solche, welche dem Lehrberuf sich widmen wollen, dargestellt. gr. 8. (58 S.) Frankfurt a/M. 890. Steyl & Thomas. n. 1. 20

Henkel, Heinr., Leben u. Wirken v. Dr. Aloys Schmitt. Mit Portrait u. Fcsm (in Kpfrst.) 8. (IV, 92 S.) Frankfurt a. M. 873. Sauerländer. 2 —

Henkel, Heinr., Mittheilungen aus der musikalischen Vorgangenheit Fuldas. Nach Quellen u. Erinnerungen bearb. gr. 8. (39 S.) Fulda 882. Maier in Comm. n. 1. -

Henkel, [Heinr.]: Bemerkenswerthe Rechtsfälle, Entscheidungen und andere Mittheilungen aus der kurhessischen Rechtspflege. Bd 1. [einz.] Cassel 1838—40.

– dass., s.a. Henkel, H. L. M.

Henkel, Heinrich: Vertheidigung des Obergerichtsanwalts Heinrich Henkel zu Kassel als Mitglied des bleibenden landständischen Ausschusses, Mitangeklagten, vor dem kurfürstlich hessischen permanenten Kriegsgericht . . . Kassel 1851.

Henkel, Herm. Das Goethesche Gleichnis. 25, 24 SS.
Progr. *Seehausen* 1883. 1885.

Henkel, Herm., das Goethe'sche Gleichnis. 8. (III, 147 S.) Halle 886, Buchh. des Waisenhauses. *

Henkel, H., Goethe u. die Bibel. 12. (III, 84 S.) Leipzig 890. v. Biedermann. n. 2. —; geb. 2. 50

Neueste größere Karte des Eulengebirges u. angrenzender Gebirge (in 7 Farben). Von H[ermann] **Henkel**, Lehrer. Massst. 1 : 30,000. (Ober-Langenbielau: Selbstverl. [1907].) (1 Kartenbl. 60×76 cm.) 8° [lith.] [07. 13666

Henkel, Herm. (geb. Burg 24. 10. 1821): Lineamenta artis Graecorum politicae inde a bello Peloponnesiaco ad Aristotelem usque excultae. Berolini (1847). (22 S.) 8°
Berlin, Phil. Diss. v. 14. Okt. 1847

Henkel, Herm., Studien zur Geschichte der griechischen Lehre vom Staat. gr. 8. (IV, 168 S.) Leipzig 872 Teubner. n. 3. 60

Henkel, Hugo, a. Düsseldorf: Beiträge zur Kenntnis der physikalisch-chemischen Eigenschaften verdünnter Glycerinlösungen und zur Analyse derselben. (Berlin 1905: F. Ebering.) (46 S.) 8°
Berlin, Phil. Fak., Ref. Landolt, Fischer, Diss. v. 4. März 1905
[Geb. 21. Jan. 81 Düsseldorf; Heimatsort: Düsseldorf; Staatsangeh.: Preußen; Vorbildung: Städt. Oberrealsch. Düsseldorf Reife O. 00; Studium: Stuttgart T. H. 4, Berlin 5 S.; Rig. 20. Febr. 05.]

Henkel, J. B., Atlas zur medizinisch-pharmaceutischen Botanik, die Analysen der wichtigsten Pflanzenfamilien enth. Tübingen 863. Laupp. Lex.-8. (54 lith. Taf. u. 21 S. Text.) n. 4 ₰

Henkel, J. B., Atlas zur medicinisch-pharmazeutischen Botanik, die Analysen der wichtigsten Pflanzenfamilien enth. 2. Aufl. 54 (lith.) Taf. nebst Erklärg. der Abbildgn. gr. 8. (21 S.) Tübingen 873. Laupp. In Mappe. n. 6.

Henkel (J. B.). Medicinisch-pharmaceutische Botanik. Tuebingen, 1862. 8°. Atlas, 1863. Ed. 2. 1873.

Henkel, J. B., medizinisch-pharmaceutische Botanik nebst Atlas enth. die Analysen der wichtigsten Pflanzenfamilien. Lex.-8. (XXXIII und 319 S.) Tübingen 863, Laupp'sche Buchh. *

— medizinisch-pharmazeutische Botanik. 2. Ausg. gr. 8 (XXXIII, 303 S.) Ebend. 873. n. 3. —

Henkel, J. B., systematische Charakteristik der medicinisch-wichtigen Pflanzenfamilien nebst Angabe der Abstammung sämmtlicher Arzneistoffe des Pflanzenreichs. Nach den neuesten Angaben zusammengestellt. Würzburg 856. Stahel. 16. (62 S.) n. 10 ngr.

Henkel, J. B., die Elemente der Pharmacie. Unter Mitwirkung von Prof. Dr. G. Jäger u. Doc. Dr. W. Städel herag. Mit zahlreichen (eingedr.) Holzschn. (In ca. 12 Liefgn.) 1. Thl. Chemie, Physik, Mineralogie. Bearbeitet von Dr. Städel. 1. Liefg. Leipzig 870. E. Günther's Verl. gr. 8. (S. 1—96.) 15 ngr.

— die Elemente der Pharmacie. Unter Mitwirkg. von G. Jäger u. W. Städel hrsg. Mit zahlreichen (eingedr.) Holzschn. 2—20. Lfg. gr. 8. Leipzig 871. 72. E. Günther's Verl. à 1. 50
1. Thl. Chemie, Physik, Mineralogie. Bearb. v. Städel. 2—10. Lfg. (S. 97—927.)
2. Thl. Allgemeine u. medicinische Botanik. Bearb. v. Henkel. 1—6. Lfg. (S. 1—486.)
3. Thl. Zoologie. Bearb. v. G. Jäger. 1—4. Lfg. nebst systemat. Inhalts-Verzeichniss zu allen 3 Abthlgn. (VIII, 297 S.)

—— die Elemente der Pharmacie. Unter Mitwirkung von G. Jäger und W. Städel hrsg. Mit zahlreichen (eingedr.) Holzschn. 8 Thle. in 20 Lfgn. gr. 8. Leipzig 870—74, E. Günther's Verlag. à Lfg. *M* 1,50.
Inhalt:
Thl. 1. (Lfg. 1. 4. 5. 8—12. 16. 17.) Städel, W., Lehrbuch der reinen und angewandten Chemie, der Physik und Mineralogie. 10 Lfgn. (VIII, 927 S.) *M* 15.
» 2. (Lfg. 2. 6. 7. 13—15.) Henkel, J. B., Lehrbuch der allgemeinen und medicinisch-pharmaceutischen Botanik. 6 Lfgn. (VIII, 486 S.) *M* 9.
» 3. (Lfg. 3. 18—20.) Jäger, G., allgemeine und specielle medicinisch-pharmaceutische Zoologie. 4 Lfgn. nebst systemat. Inhalts-Verzeichniss zu allen 3 Abthlgn. (VIII, 297 S.) *M* 6.

— Grundriss der Pharmacognosie und Pharmacologie des Pflanzen- und Thierreichs zum Gebrauch für Studirende der Medicin, practische Aerzte, Apotheker etc. Leipzig 859. O. Wigand. gr. 8. (XVI, 476 S.) n. 2 ₰ 10 ngr.

—— Grundriß der allgemeinen Waarenkunde für das Selbststudium wie für den Unterricht an Lehranstalten. 1. Aufl. 1870. *M 8., und 2. (Titel-)Aufl. gr. 8. (XIV, 898 S.) Stuttgart 871, Maier. *
Aus: Kaufmännische Unterrichtsstunden, besonders abgedruckt.

— — Grundriss d. allgem. Waarenkde. 2. Aufl. 1873.

Henkel's Grundriß der allgemeinen Warenkunde für das Selbststudium wie für den Unterricht an Lehranstalten, zugleich Hand- u. Nachschlagebuch f. Kaufleute jeder Branche. 3., durchaus umgearb. Aufl. v. Feichtinger. Mit 7 (eingedr.) Holzschn. gr. 8. (XII, 460 S.) Stuttgart 882. Maier. n. 5. —

—— Handbuch der Pharmacognosie des Pflanzen- und Thierreichs nach dem neuesten Standpunkt bearb. gr. 8. (XV und 629 S.) Tübingen 867, Laupp'sche Buchh. *

— — Hdbch. d. Pharmacognosie d. Pflanzen- und Thierreiches. 2 Aufl. 1867. 2.40

—— und Schwarzenbach, Commentar zur Pharmakopoe, s. Schwarzenbach.

— die Merkmale der Aechtheit und Güte der Arzneistoffe des Pflanzen- und Thierreichs nebst Anleitung zur Prüfung derselben auf ihren Gehalt an wirksamen Bestandtheilen. Zugleich ein Leitfaden bei Apothekenvisitationen. Mit zahlreichen mikroskopischen Abbildgn. in Orig.-Holzschn. Tübingen 864. Laupp. gr. 8. (VI, 320 S.) n. 2 ₰

—— die Naturprodukte und Industrieerzeugnisse im Welthandel. Eine populäre Handelsgeographie. 2 Bde. gr. 8. Erlangen [Stuttgart], Enke. *
Inhalt:
Bd. 1. Die Produkte der drei Naturreiche als Handelsartikel. (X, 454 S.) 868. *M 6,40.
» 2. Spezielle Handelsgeographie mit Berücksicht. der wichtigsten Industrien der einzelnen Länder. (XII, 868 S.) 869. *M 12.

— Repetitorium der Phytochemie u. pharmazeutischen Botanik für Studirende der Medizin u. Pharmazie. Leipzig 860. O. Wigand. 16. (126 S.) n. 10 ngr.

—— und W. Hochstetter, Synopsis der Nadelhölzer, deren charakteristischen Merkmale nebst Andeutungen über ihre Cultur und Ausdauer in Deutschlands Klima. gr. 8. (XXIX und 447 S.) Stuttgart 865, Cotta'sche Buchh.

—— allgemeine Waarenkunde. Eine systemat. Darstellung der wichtigsten im Handel erscheinenden Natur- und Kunstproducte. 1.—8. Lfg. gr. 8. (S. 1—288.) Erlangen [Stuttgart] 870,71, Enke. à Lfg. (*M 1,50.) *M 1,60. *
Erscheint nicht weiter.

—— Waaren-Lexikon für Droguisten, Apotheker und Kaufleute, enth. eine specielle Charakteristik der gangbaren Droguen, Colonialwaaren, Chemikalien und Farbwaaren, nebst Anleitung zur Prüfung derselben und zur Bestimmung ihrer Güte etc. 6 Lfgn. gr. 8. (VI, 478 S.) Stuttgart 868, G. Weise. à Lfg. M 1.

—— dass. — 2. Ausg. 1871. M 6., und 3. (Titel-)Ausg. gr. 8. (VI, 478 S.) Berlin 873, Simion. [Gera, F. E. Köhler.] (*M 3.) M 1,50.; geb.

Henkel, J. F., de missa privata. Mogunt. 1790. 8.

Henkel, J. F., De nonnullis singularibus circa nervos opticos. Hal. 4°.

1735

Henkel, J(oachim) F(riedrich)

s.: Henckel, Joachim Friedrich

Henkel, Johann August (Kempen/Posen), De pericardio deficiente. Diss. anatom.-pathol. Berlin (Johann Friedrich Starck) 12. XII. 1818. 20 S. mit Biogr. (5.50) 14304
Gew.: Daniel Fried. Freter (Posen).

Henkel, Johann Friedrich

— mediorum chymicor. appropriatio etc. 8. Dresd. Walther, 724.

HENKEL, JOHANN FRIEDRICH.
De mediorum chymicorum appropriatione, in argenti cum acido salis communis communicatione. Dresden, 1727.

Medicinischer Uffstand [Aufstand] und Schmeltz-Bogen, insonderheit von der Bergsucht und Hütten-Katze, u. einigen andern, denen Bergleuthen und Hütten- Arbeitern zustossenden Kranckheiten, vor dieselben u. so sonst in Stein, Ertz, Metall u. im Feuer arbeiten, ausgestellet. Von Johann Friedrich Henckel [Henkel]. Freyberg [1728]. 174 S. 8°
[stark beschnittenes Ex., Drucker u. Jahr nicht mehr ersichtlich.]

Joh[ann] Friedrich Henkels [Henkel]Medicinischer Aufstand und Schmelz- Bogen von der Bergsucht und Hütten- Katze, auch einigen andern, denen Bergleuten u. Hütten- Arbeitern zustoßenden Kranckheiten, vor dieselben u. diejenigen so in Stein, Erz, Metall u. Feuer arbeiten, ausgestellet. Dreßden & Leipzig: Hekel 1745. 208 S. 8°

— Berggiesbubel in d. Friedrichsbrunn u. Joh. Georgenbad bei Pirna. 3 Stck. Lpz. 729.

Johann Friedrich Henkel

Bethesda portuosa, das hülffreiche Wasser zum langen Leben insonderheit in dem Lauchstadter Brunnen bey Merseburg, und in dem Schlacken-Bade zu Freyberg, mit neuen Entdeckungen nach der Historie, Chymie und Medicin, angewiesen von Johann Friedrich Henckel (Henkel). Freyberg & Leipzig: Zedler 1726. 174 S. 8°

— Bethesda portuosa, d. Wasser z. langen Leben rc. 8. Lpz. 746.

HENKEL, JOHANN FRIEDRICH.
*Mineralogische, chemische und alchymistische Briefe von reisenden und andern Gelehrten an den ehemaligen chursächsischen Bergrath J. F. Henkel. Drei Theile. Dresden, 1794. 8vo. Part I, pp. 397-[vi]. Part II, pp. 384-[vii]. Part III, pp. 291-[ix].
The letters are written to Henkel by a great number of persons, and chiefly in reply to questions addressed to them. The lack of an index makes the collection less important than otherwise.

— flora saturnizans, oder Verwandlung der Pflanzen mit dem Mineralreich. m. K. 8. Berl. Haude. (a. Frommann in Jena) 722.

Flora saturnizans, die Verwandschafft des Pflanzen mit dem Mineral-Reich, nach der Natural-Historie und Chymie aus vielen Anmerckungen und Proben nebst (Historisch-chymische Beschreibung des Saltz-Krauts oder kali geniculati.) Vom Kali geniculato germanorum oder gegliederten Saltz-Kraut ... angegeben von Johann Friedrich Henckel [Henkel]. Leipzig: Martini 1722. 671 S. 8°

— flora saturnizans, d. Verwandtschaft d. Pflanzen mit d. Mineralreich, nach d. Natural-Historie u. Chemie. Mit Kpf. 8. Leipz. ... N. A. 755. Frommann in Jena. 14 gr.

Gießhübelium redivivum, der wiederlebenden Berg-Gießhübel, in dem allda neuerfundenen Friedrichs-Brunnen und dem Joh. Georgen-Bade, unweit Pirna in Meissen gelegen, nebst e. Anh. von kalten Bädern der Alten. Beschrieben von Johann Friedrich Henckel [Henkel] [Nebst] Forts. [1.]2. Dresden: Heckel; Leipzig: Boetius (Forts.: Dresden: Hekel) 1729-31. 2 Bde 8°
Forts. [1.u.d.T.:] Henkel: Fortsetzung von Berg-Gießhübelischen zweyen Gesund-Brunnen. 1730.
Forts.2[u.d.T.]: Henkel: Fortsetzung von Berg-Gießhübelischen Brunnen. 1731.

Henkel, Johann Friedrich
Henkelius in Mineralogia redivivus . . .
Dressden 1747. H: *Stephani, Joh. Eman.* (BrMm)

— in mineralogia redivivus, od. Helkelscher Unterr. von d. Mineral. 8. Dresd. Gerlach. 759.

Johann Friedrich Henkel

Joh[annis] Friderici Henkelii [Henkel] Idea generalis de lapidum origine per observationes experimenta & consectaria succincte adumbrata. Dresdae & Lipsiae: Verf. 1734. 108 S. 8°

Henkel (J. Fr.), Pyritologia oder Kiess-Historie als des vornehmsten Minerals etc. Leipzig 1725. 8.

— Pyritologia od. Kieshistorie ... M. e. Vorr. v. Nutzen d. Bergwerks. Neue verb. Ausg. Leipz. 1754. 904 S. 12 Tvl.
[1. Udg. 1725].

— pyritologia, oder Kießhistorie. 8. Leipz. ... N. A. 754. Frommann in Jena. 21 gr.

Henkel, Johann Friedrich (Übers.):

s.: Respur, P.M.de: Besondere Versuche vom Mineral-Geist zur Auflösung und Verwandlung derer Metallen, auch von der Bewegung der Welt und ihrer Theile. Übers. aus dem Französischen, hrsg. von Johann Gottlob Lehmann. Leipzig: 1772

JB 261

(Henkel, Johann Friedrich): „Kleine mineralogische und chymische Schriften". Nebst einer Vorrede von den Bergwerks-Wissenschaften zur Vermehrung der Cameral-Nutzungen und mit Anmerkungen herausgegeben von Carl Friedrich Zimmermann, Dresden und Leipzig 1744.

-Kleine mineralogische und chemische Schriften, herausgegeben von Ch. F. Zimmermann. Dresden und Leipzig, 1744, 1747 [and] Wien, 1769. 8vo.

[Teils.] Johann Friedrich Henkels [Henkel] Kleine mineralogische und chymische Schriften, nebst e. Vorr. Von den Bergwercks-Wissenschaften zu Vermehrung der Cammeral-Nutzungen, u.a. Anm. hrsg. von Carl Friedrich Zimmermann [1713-1747]. 2. Aufl. Dreßden & Leipzig: Hekel 1756. 619 S. 8°

— kl. miner. und chymische Schriften, herausg. von Zimmermann. 8. Dresd. (Böhme in Lpz.) 779.

— kleine mineralog. u. chymische Schriften, herausg. von Zimmermann. 8. Dresd. 779. (Gnobloch in Leipz.). 16 gr.

— Unterricht von der Mineralogie und Chymia metallurgica. 8. Ebend. 759.

— **Johann Gottfried** (Wittenberg), Utrum delictorum poenae praescriptione in foro recte tollantur nec ne? Diss. philos.-jurid. Präs. Christoph Carl Stuebel. Wittbg. (Tzschiedrich) 9. IX. 1793. 32 Seiten. (6.20) 14305
Gew.: Gottlieb Wernsdorf. — Widm. v. Präs.

— **Johann Salomo** (Rector), De meritis maximis sereniss. ac celsiss. domus Saxonicae in scholam Merseburgensem constantibus, in gymnasio episcopatus regio cum animi gratiss. et off. submiss. signific. declamab. invitat et de antiquitate et appellatione Merseburgi disserit. Merseburg (Gottschick) 16. IV. 1739. 4 Bl. mit Namen. (5.—) 14306

— — Quaestionem quis optimus Romanorum imperatorum inter deorum cultores fuerit? Comparatio et concertatio instituta in gymnasio Merseburgensi invitat, et de quaestione an C. Julius Caesar tyrannus fuerit necne? praefatur. Merseburg (Gottschick) 20. IV. 1741. 4 Bl. (1.50) 14307

Henkel, Johannes, Referendar in Dresden: Die gesetzliche Regelung und juristische Konstruktion der Stellung des Empfängers im Frachtgeschäft nach dem 6. Abschnitt des 3. Buches des Handelsgesetzbuches vom 10. Mai 1897. Borna-Leipzig 1907: R. Noske. (VIII, 66 S.) 8° [J.]
Leipzig, Jur. Fak., Diss. v. 8. Jan. 1907
[Geb. 5. März 83 Dresden; Wohnort: Dresden; Staatsangeh.: Sachsen; Vorbildung: Gymn. z. heil. Kreuz Dresden Reife O. 02; Studium: Leipzig 7 S.; Rig. 21. Febr. 06.]

Henkel, Jos., die Geburtshülfe bey d. Kühen. Ein Buch f. jed. Wirthschaftsstand. 2., verm. Aufl. 8. (6 B.) Wien 834, Mayer u. Comp.

Henkel, Jos., die Geburtshülfe bei d. Kühen. Ein Buch f. jeden Wirthschaftsstand. 2., unveränd. Aufl. 8. (5¼ B.) Wien 840, Mayer u. Comp.

Henkel, Karl, der zweite Brief des Apostelfürsten Petrus, geprüft auf seine Echtheit, s. a. Studien, biblische. IX. 5.

Der zweite Brief des Apostelfürsten Petrus, geprüft auf seine Echtheit. Von Dr. theol. Karl Henkel. *Freiburg i. Br.: Herder 1904.* (89 S.) 8°
— **Studien,** Biblische. Bd 9, H. 5. [04 14876

Henkel, Karl, deutsches Lesebuch. 2. Schuljahr. 8. (VIII, 88 S.) Prenzlau 885, Biller. *

Henkel, Carl, aus Frankfurt a. M.: Herbarts Polemik gegen die Begründung der Ethik Kants. Frankfurt a. M. 1907. IV + 124 S. 8°. [11. II. 07.]
Zürich. Phil. Diss. I. S. 1906/1907.

Henkel, Carl. Herbarts Polemik gegen die Begründung der Ethik Kants. Diss. Phil. I. Univ. Zürich. IV + 124 S. 8. Frankfurt a. M., Aug. Weisbrod, [1907].

— deutsche Sprachschule. 2. Schuljahr. 8. (62 S.) Ebendas. 885. *

— die Stellung des Lesebuchs zum deutschen Unterricht und zu dem erziehenden Gesammtunterricht. Ein Beitrag zur Lehre vom erziehenden Unterricht. 8. (46 S.) Ebendas. 885. *

Henkel, K., u. P. Rodenbusch, Übungsbuch f. die deutsche Sprachlehre u. Rechtschreibung. (In 8 Heften.) I. Heft. 2. u. 3. Schulj. (72 S.) 8. Frankfurt a/M. 910. Kesselring. — 55

Henkel, Karl, a. Hanau: Syntaktische Untersuchungen zu Guillaume Bouchets „Serées". Marburg 1908: J. A. Koch. (162 S.) 8°
Marburg, Phil. Fak., Ref. Wechßler, Diss. v. 5. März 1908
[Geb. 11. Nov. 83 Hanau; Wohnort: Hanau; Staatsangeh.: Preußen; Vorbildung: Gymn. Hanau Reife O. 02; Studium: Marburg 2, Heidelberg 1, Berlin 1, Akad. f. Sozial- u. Handelswissenschaften Frankfurt a. M. 2, Univ. Marburg 4 S.; Rig. 1. Mai 07.]

Henkel L. Ueber die aus einer Curve $y = f(x)$ abgeleiteten Curven $y_1 = x\frac{dy}{dx} = x f'(x)$ (Tangentencurve) und $y_2 = -x\frac{dx}{dy} = -\frac{x}{f'(x)}$ (Normalcurve), mit specieller Anwendung auf die Parabel. 1882. 8
Diss. Marburg.

Henkel, L[udwig]: Die Abhängigkeit der menschlichen Siedelungen von der geographischen Lage. *Naumburg a. S. 1898: H. Sieling.* (17—23 S.) 4°
Pforta, k. Landes-S, P 1898 (255)

[J.] Anleitung zur Behandlung planimetrischer Konstruktionsaufgaben. Von Dr. Ludwig Henkel. *Bielefeld & Leipzig: Velhagen & Klasing 1898.* (IV, 19 S.) 1 Bd 8. [98. 7738

Henkel, Ludwig: Beiträge zur Geologie des nordöstlichen Thüringens. Mit vier Figuren, zwei Profiltafeln und einer Karte. 26 S. 8.
Progr. Kgl. Landesschule *Pforta* 1903 (287).
I. Alte Ablagerungen der Saale zwischen den Mündungen der Ilm und der Unstrut. II. Zur Kenntnis der Störungszone der Finne.

Henkel, Ludwig, Dr., **Beiträge zur Geologie des nordöstlichen Thüringens.** Mit 4 Fig., 2 Profiltaf. u. 1 Karte ... *Naumburg a. S. 1903: H. Sieling.* (26 S.) 8°
Pforta, k. Landes-S, P 1903 (287)

Henkel, *Ludwig:* Über die Beziehungen zwischen der Gröfse zweier Dreieckswinkel und ihrer Halbierungslinien. Naumburg a. S., Druck v. H. Sieling, 1893; 29—33 S. 4.
Pforta, k. Landes-S, Festschr. 1893 (248)

Henkel, [Ludwig], Dr.: [Das allgemeine Ecce der Landesschule Pforta am 19. Nov. 1898.] *Naumburg a. S. 1899: H. Sieling.* (S. XXII—XXIII.) 4°
Pforta, k. Landes-S, P 1899 (257)

Henkel, L[udwig]: Geologische Spaziergänge in Pfortas Umgebung. *Naumburg a. S. 1898: H. Sieling.* (3—16 S.) 4°
Pforta, k. Landes-S, P 1898 (255)

Henkel, L.: Geologische Spaziergänge in Pfortas Umgebung. (Programm der Landesschule zu Pforta. No. 255. Abhandlung 2. 1898.) Naumburg 1898. 16 S. 4°.

— **Ludwig Gottfried** (Hessen), De effectu possessionis nondum vacuae a statu imperii adprehensae. Diss. jur. Präs. Friedrich Ulrich Pestel. Rinteln (I. G. Enax) Juli 1752. 40 S. (6.50) 14308

Henkel, M., der gegenwärtige Stand der Eklampsiefrage. (Aus der königl. Universitäts-Frauenklinik in Greifswald.) (12 S.) gr. 8. Leipzig 910. B. Konegen. 1. —
Sonderabdruck aus: „Der Frauenarzt".

Henkel, Max *Karl August* [aus Berlin]: Aus d. pathol. Institute d. kgl. Univ. Greifswald. Beitrag zur Histiogenese der Parotisgeschwülste ... Greifswald, Druck v. J. Abel, 1896; 32 S. 8.
Greifswald, Med. Fak., Inaug.-Diss. v. 24. März 1896

Gynäkologische Diagnostik. In zwanglosen Vorträgen f. Studierende u. Ärzte. Von Dr. Max **Henkel**, Oberarzt. Mit 66 Abb. Berlin: S. Karger 1905. (256 S.) 4°(8°) [05. 9456

Henkel, Mich., u. Dronke, Gesang- u. Gebetbuch rc., siehe: Dronke, Ernst Fr. Joh.

Henkel, M., kurze elementar. Gesanglehre f. öffentl. Schulen, mit prakt. Beispielen. 4. (6 B.) Fulda 828, Müller.

Henkel, Mich., christl. Lieder, s. Lieder.

Henkel, (Wilh.,) Lieder f. Elementarschulen, s. Lieder.

HENKEL, Nikolaus (Bamberg): De radice ipecacuanhae.- Bonnschlis: Giesser 1835. 16 S.
4.4.1835 - Urk; F 62
Diss. Ingolst.-Landsh.-Mchn.

HENKEL, Dr. Oskar. Ehe und Liebe ohne Kinder. Eine Kritik der Vorbeugungsmittel unter Berücksichtigung eines neuen Mittels. (um 1906.) 8°.
Verb. d. Ldg. Breslau 7. J. 1014/07.

— — Ehe und Liebe ohne Kinder. Ein neues Mittel!? Vierte und verbesserte Auflage. Berlin-Pankow, O. Linser-Verlag (um 1910). 8°.
Verb. d. Ldg. I Berlin 38 J. 741/11.

Henkel, O., Ehe u. Liebe ohne Kinder. Ein neues Mittel? 4. u. verb. Aufl. (32 S.) 8. Pankow b/Berlin, O. Linser Verl. — 75

Henkel, Otto, approb. Arzt aus Göttingen: Ein Beitrag zur Statistik der Chorea auf Grund der in den Jahren 1890—1902 in der medizinischen Klinik zu Göttingen beobachteten Fälle. *Gottingen 1904: E. A. Huth.* (76 S.) 8°
Gottingen, Med. Diss. v. [15. Febr.] 1904

Henkel, Otto, ein Beitrag zur Statistik der Chorea auf Grund der in den J. 1890—1902 in der medizinischen Klinik zu Göttingen beobachteten Fälle. Diss. (76 S.) 8. Göttingen 904. (Vandenhoeck & Ruprecht.) n. 1. 60

Henkel, Otto, Referendar: Die rechtliche Stellung des Geschäftsführers in der Gesellschaft mit beschränkter Haftung. Wiesbaden 1910: Ritter. 74 S. 8°
Leipzig, Jur. Diss. v. 23. Mai 1910
[Geb. 28. Jan. 85 Frankfurt a. M.; Wohnort: Wiesbaden; Staatsangeh.: Preußen; Vorbildung: Ostergymn. Mainz Reife O. 03; Studium: Heidelberg 4, Marburg 2 S.; Rig. 29. Juli 07.] [U 10. 2731

Henkel, Paulus. Der Christliche Cathechismus. New Market, Va, 1819.

Henkel, Paul: Ueber die Oxydation von 1,4- und 3,4-Dimethyluracil. 1910. 26 S. 8° ¶ Vgl. J. Liebig's Annalen d. Chemie. Bd 378. 1911.
Hannover, Dr.-Ing.-Diss. v. 18. 7. 1910

Henkel, Ph., geordnete Auswahl von Bibelstellen und Denkversen für die christliche Jugend. 3 Heftchen. 4. Aufl. 16. Leipzig 843, Voigt u. Fernau. 3 ngl

— 200 Sprüchwörter f. d. Jugend. 4. Aufl. 16. (1⅞ B.) Leipzig 843, Voigt u. Fernau.

Henkel, Phil., und Karl Henkel, Taschenbuch f. deutsche Volksschullehrer, s. Taschenbuch.

Th. Henkel, Bericht über eine in der Zeit vom 22. 4. mit 8. 5. 1903 ausgeführten Studienreise nach Dänemark und Hamburg.
Vergleiche mit den Allgäuer Verhältnissen, bes. bezügl. des Melkens.
München 1906

Henkel, Th., *Θεοδώρου Ἀγκυλίωνος τῶν περὶ Ἰσοκράτη ζητήσεων βιβλίον α'.* Untersuchungen über Isocrates. I. Pr. 1877. 84 S. 4°. 1.20

Henkel, Theod. (*Ἀγκυλίων*) *Τῶν περὶ Ἰσοκράτη ζητήσεων βιβλίον α'. ιδ'* S. Progr. *Rudolstadt* 1877.

Henkel, Thdr., über die Bestimmung des Zuckers u. der Säure in Most u. Wein. (12 S. m. Abbildgn.) 8. Stuttgart 904. E. Ulmer. n. — 20

Th. Henkel, Katechismus der Milchwirtschaft.
2. Aufl. 1909. — Verf. seit 1902 Professor und Vorstand der Molkereischule in W.
Stuttgart 1903

— Katechismus der Milchwirtschaft, e. kurzgefaßter Leitfaden f. den Unterricht an Molkereischulen u. landwirtschaftlichen Lehranstalten sowie zum Selbstunterricht. Mit 12 Orig.-Abbildgn. der Hegelund'schen Melkgriffe. (IV, 164 S.) 8. Ebd. 904. Geb. in Leinw. n. 2. —

Henkel, Thdr., Katechismus der Milchwirtschaft. Ein Leitf. f. den Unterricht an Molkereischulen u. landwirtschaftl. Lehranstalten sowie zum Selbstunterricht. 2. neu bearb. Aufl. (IV, 274 S. m. 137 Abb.) 8. Stuttgart 909. E. Ulmer. Geb. in Leinw. 3. —

— Melkbüchlein, s.: Ostertag, R.

Henkel, Theodor [aus Wolfetschwenden]: Citronensäure als normaler Bestandteil der Kuhmilch ... (Aus: Landw. Versuchs-Stationen, Bd XXXIX.) Merseburg, Buchdr. v. F. Stollberg, 1891; 1 Bl., 9 S. 8.
Erlangen, Phil. Fak., Inaug.-Diss. v. 1891

Henkel, Theodor Alfred, Referendar: Die Verpachtung eines Handelsgeschäftes. Dresden 1908: Schiller. VIII, 50 S. 8°
Leipzig, Jur. Diss. v. 10. Dez. 1908
[Geb. 28. Juni 81 Dresden; Wohnort: Dresden; Staatsangeh.: Sachsen; Vorbildung: Kreuz-Gymn. Dresden Reife O. 01; Studium: Leipzig 8 S.; Rig. 10. Dez. 08.] [U 09. 2511

Henkel, W.: Die Deutschen in Rußland, s. Henckel, Wilhelm

Henkel, W., der Frachturkunden-Stempel u. die Nebengebühren im Eisenbahn-Güterverkehr. (30 S.) kl. 8. Offenbach (907). J. P. Strauß. — 40

Diplomatische Geschichte der Lande Stolp und Schlawe bis zum Jahre 1317 von W. Henkel. (Festgabe d. Magistrats d. Stadt Stolp i. P. z. 600jähr. Stadtjubiläum 1910.) Stolp i. P. (1910): Feige. 29 S. 8° [Umschlagt.] [10. 14813

Henkel, W., diplomatische Geschichte der Lande Stolp u. Schlawe bis zum J. 1317. (29 S.) gr. 8. Stolp (910). (C. Schrader.) — 60

Henkel, W., Preistafeln der Eisenbahn-Güterfrachten (allgemeine Kilometer-Tariftabelle) u. die deutschen Expreßgut- u. Packettarife. Ein Hülfsbuch z. Fracht- u. Portoberechng. u. Belehrg. f. Jedermann. schmal Lex.-8. (1, 62 S.) Frankfurt a/M. 902. Offenbach, J. P. Strauß. n.n. — 60

— Preistafeln der Eisenbahn-Güter-Frachten (Allgem. Kilometer-Tariftabelle) u. die deutschen Expreßgut- u. Pakettarife. Ein Hilfsbuch zur Fracht- u. Portoberechng. u. Belehrg. f. Jederm. (62 S.) Lex. 8. Ebd. (907). — 60

Henkel, W. Ludwig, s.a. Henckel

Henkel, W. Lud. Graf, d. hohe Lied Salomonis. 8. Halle, Waisenh. 735.

Henkel, Graf W. Edw., (†...) Schatzkästlein, besteh. in göttl. Verheißungen ꝛc. Nebst e. Vorr. v. Abt Steinmetz. 16. Halle, Kümmel. 3 gl Schrbp. 6 gl

— Schatzkästlein. 16. Ebend. 745.

Henkel, Wilhelm, Medizinalprakt.: Aus d. Ohren- u. Kehlkopfkl. d. Univ. Rostock. Beiträge zur Kenntnis des Kehlkopfes der Marsupialier. Rostock 1909: Adler. 40 S. 8°
Rostock, Med. Diss. v. 24. Juni 1910, Ref. Körner
[Geb. 6. Febr. 84 Hanau; Wohnort: Hohenwiese, Riesengeb.; Staatsangeh.: Preußen; Vorbildung: Gymn. Hanau Reife O. 04; Studium: München 1, Erlangen 1, Gießen 3, Berlin 1, Rostock 4 S.; Coll. 21. Juli 09; Approb. 1. Juni 10.] [U 10. 3904

Henkel, Wilh. De Catullo Alexandrinorum imitatore. 17 S. *Jena* 1883. Progr.

Henkel, Wilh., Ilias und Odyssee und ihre Übersetzer in England. Von Chapman bis auf Lord Derby. gr. 8. (47 S.) Hersfeld 867, Maier's Buchh.

Henkel, Guilelm., Petrus Lotichius Secundus Solitariensis, academiae Heidelbergensis, olim decus. 4. (24 S.) Hersfeld 873. Hoehl. n. 1. —

Henkel, Wilh., Sidney Whitman u. seine Verdienste um Deutschland. Mit Whitman's Bildnis von Frz. v. Lenbach. 4. (14 S.) Marburg 899. N. G. Elwert's Verlag. n. 2. —

Henkel, Wilh. Otto Über den historischen Wert der Gedichte des Ermoldus Nigellus. 22, 22 SS. **Progr.** *Eilenburg* 1876. 1877

Henkel von Donnersmar(c)k, s. Henckel von Donnersmarck

Henkell, Karl, s. Henckell

A. Henkelmann historischer Ueberblick der Transfusion u. Infusion. Inaug. Abhandl. Würzburg 1833. 8.

Henkelmann, Franz (Cleve/Westfal.), De superfoetatione in foro dijudicanda. Diss. med. Bln. (C. F. Brettschneider) 2. IV. 1831. 31 S. mit Biogr. (M.: M. A. Gerling.) (6.—) 14309
Oppon.: H. Henseler, Fr. Jütting, L. Gescher.

Henkelmann, Karl

Henkelmann, K., das Bauernhaus des Odenwaldes u. des südwestl. Deutschlands. Mit 20 Hausabb., zahlr. Grundrissen u. Einzelheiten. (58 S. m. 18 Taf.) Lex. 8. Darmstadt 908. Zedler & Vogel. 4.50; geb. in Leinw. 5. 50

Henkelmann, K[arl]: Das Odenwälder Bauernhaus. Mit 8 Abbildungen und 8 Grundrissen. 31 S. 4.
Progr. Großh. Hess. Gymn. *Bensheim* 1906 (788).
I. Die Besiedelung des Odenwaldes. II. Die Ortsnamen. III. Geschichte des Odenwälder Bauernhauses. IV. Typen des Odenwälder Bauernhauses.
Erweitert u. d. T.: Das Bauernhaus des Odenwaldes und des südwestlichen Deutschlands. Mit 20 Hausabbildungen, zahlreichen Grundrissen und Einzelheiten. *Darmstadt: Zedler u. Vogel* 1908. 58 S. 8. M. 4,50.

Henkelmann, K[arl], Prof.: Das Odenwälder Bauernhaus. Bensheim (1906): G. Begers. (31 S.) 4°
Bensheim, großh. G OP 1906 (788)

Henkelmann, K., die einfache landwirthschaftliche Buchführung für Besitzer von kleinen u. mittelgroßen Gütern, zunächst aber für seine Schüler in der landwirthschaftl. Schule zu Schzell bearbeitet. Friedberg 856. Scriba. 16. (IV, 44 S.) n. 5 *ngr.*

Henkelmann, Karl, Helden vom Stegreif. Die letzten Tage der Burg Tannenberg. Mit 8 Bild. v. Hans W. Schmidt. 1. u. 2. Aufl. (168 S.) gr. 8. Leipzig 911. F. Hirt & Sohn. Geb. in Leinw. 4. —

Henkelmann, Paul, Referendar in Güstrow: Haftung der Gastwirte nach dem Bürgerlichen Gesetzbuch. B.G.B. § 701—703. Rostock 1907: Adlers Erben. (86 S.) 8°
Rostock, Jur. Fak., Ref. Bernhöft, Diss. v. 25. Juli 1907
[Geb. 30. Jan. 81 Güstrow; Wohnort: Güstrow; Staatsangeh.: Mecklenburg-Schwerin; Vorbildung: Gymn. Güstrow Reife O. 02; Studium: Heidelberg 1, Leipzig 2, Rostock 4 S.; Rig. 29. Apr. 07.]

Henkelmann, *Peter* [aus Aachen]: Aus d. med. Klinik in Bonn. Ueber 2 Fälle von Gehirntumoren. . . . Bonn, Buchdr. J. Bach Wwe., 1890; 37 S. 8°
Bonn, Med. Fak., Inaug. Diss. v. [12. Dez.] 1890

Henkels, J. A., s.a. Henckels

Henkels, J. A., Zwillingswerk: Preisbuch über Stahlwaren. Solingen und Berlin 1905

Henkemeier, Thdr., die Cultur der Ananas im engl. Treibkasten ohne Heizung. Nach eigener prakt. Erfahrung bearb. 8. (VIII und 21 S. mit eingedr. Holzschn.) Natlo 867. (Oppeln, Reisewitz.) *

Henkemeyer. Leop., 30 neue zweistimmige Lieder für Kinder. 1. Hft. 3. Aufl. Paderborn 856. Schöningh. 8. (34 lith. S.) n. 2 *ngr.*

Henkemeyer, Leop., 30 neue zweistimmige Lieder für Kinder. 1. Heft. 3. Aufl. 8. (34 lithogr. S.) Paderborn 857, Schöningh. *

Henkemeyer, Leop., 40 neue Lieder in Tonziffern für katholische Schulen. 2 Hefte. Paderborn 863. Schöningh. 8. n. 4½ *ngr.*
1. Heft 4. Aufl. (44 S.) n. 2 *ngr.* — 2. Heft (56 S.) n. 2½ *ngr.*

Henken, ..., otaheit. Gemälde. (A. u. d. T.: Marhanna u. Aurea, od. die Liebe auf Otaheita). 8. Bremen 803. (Müller). 1 ℛ 4 gl

MARHANNA und Aurea oder die Liebe auf Otaheiti unter den guten und glücklichen Kindern der Natur (von *Henken*). Mit Titelkpf. (unsign.). Bremen 1808, bei Johann Heinrich Müller. — *A. E.:* Berlin, gedr. bei Joh. Friedr. Unger. 8°.

Protokoll des maurerischen Maifestes am 16ten und 17ten Mai 5857 zu Heidelberg den gel.·. Br.·. aller Logen, vor allem aber denjenigen, welche bei demselben anwesend waren zur Erinnerung überreicht von der ger.·. u.·. vollk.·. St.·. Joh.·.-Loge „Ruprecht zu den fünf Rosen" im Or. zu Heidelberg. [Unterz.: Bernh.] **Henkenius.** Heidelberg [1857]: Groos. 19 S. 8° [Umschlagtit.]
Tt. 2158. Nebst Verzeichn. der Festteilnehmer.

Henkenius, Ferd. Jos. (geb. Munster in Westf. 1802): De carbonis natura et usu. Berolini (1825). (32 S.) 8°
Berlin, Med. Diss. v. 4. Jan. 1825

Henkenius, H., s.: Guide through Heidelberg.

— s.a. Wegweiser durch Heidelberg.

Henkenius, H., Wegweiser durch Heidelberg u. s. Umgebg., d. Neckarthal u. d. Bergstrasse. Neu bearb. v. H. 8. Aufl. 12. (80 S. m. 36 Abb. u. 2 Plänen.) Heidelberg 894. E. v. König. n. — 50

Wegweiser durch Heidelberg und seine Umgebung, das Neckartal und die Bergstrasse. Neu bearb. von H. **Henkenius**, Stabsarzt a. D. Mit 2 Pl. u. 38 Abb. 11. Aufl. Heidelberg: v. König 1903. 88 S. 8° (01. 15-4: 7

Henkens, Th., das Leonhardtskloster zu Aachen im Wandel der Zeiten. (VII, 20 S. m. 1 Taf.) 8. Aachen 910. A. Jacobi & Co. — 50

Henker, Karl Rich., s.: **Grabmalskunst.**

Henker, Kurt, Führer auf Wandergn. durch die nähere u. weit. Umgebg. Freibergs i. Sa. Hrsg. v. Erzgebirgsverein Freiberg. (55 S.) kl. 8. Freiberg (909). H. Irmler. — 60

Henker, Otto: Über die **Anomalie,** die der longitudinale Elastizitätsmodul einiger Borosilikatgläser bei wachsender Temperatur zeigt. *Jena 1903: B. Vopelius* (63 S.) 8°
Jena, Phil. Diss. v. (29. Mai) 1903

Henker, P. G., Gedichte. gr. 12. Altona. 782. Ist jetzt Verl. von Petersen in Altenburg. -

— — Geschichte der Lustseuche. 8. Hamburg. 794. Ist jetzt Verl. von Hoffmann und Campe und der Preis -

— — allgemeine Therapie. Zum Druck befördert von C. G. Kuhn. gr. 8. Leipzig, F. C. W. Vogel. 817.

Henking, H., s.: Abhandlungen, zoologische, August Weismann gewidmet.

Henking, H., Anleitung z. Seidenzucht in d. Schweiz. Mit Stntafn. u. Tabn. 8. St. Gallen 835, Scheitlin u. Zollikofer.

Henking. H.: Die Befischung der Nordsee durch deutsche Fischdampfer. Nach einer von dem Kgl. Hafenmeister Duge in Geestemünde geführten Statistik. Mit einer Karte. ([S.-A.] Mittheilungen des Deutschen Seefischerei-Vereins. No. 1. 1901.) Berlin 1901. 12 S. 8°.

Henking. H.: Die Expedition nach der Bären-Insel im Jahre 1900. Bericht erstattet von dem Leiter der Expedition. ([S.-A.] Mittheilungen des Deutschen Seefischerei-Vereins. No. 2. 1901.) Berlin 1901. 48 S., 4 Tf., 1 Krt. 8°.

Henking, H., s. Seidenwurm, der 4400jähr. Meister.

Ueber die Versicherungskassen im Gebiete der Nord- und Ostsee. Von H. **Henking.** Mit 1 Karte. Berlin. 1893. Siehe in: Mittheilungen der Section für Küsten- und Hochsee-Fischerei. Jg. 10. Beilage. 8°.

Henking, Hermann

Henking, H., **Austernkultur u. Austernfischerei in Nord-Amerika,** s.a. **Abhandlungen des deutschen Seefischerei-Vereins. X.**

Austernkultur und Austernfischerei in Nord-Amerika. Ergebnisse e. Studienreise nach d. Vereinigten Staaten von Prof. Dr. H[ermann] **Henking.** Mit 50 Abb., 16 Separattaf. u. 3 Karten. Berlin: O. Salle 1907. (XVII, 186 S.) 4°(8°)
— **Abhandlungen** d. Deutschen Seefischerei-Vereins. Bd 10. (08. 1906

— s.a. **Festschrift. 25 Jahre im Dienste der deutschen Seefischerei.**

Festschrift. 25 Jahre im Dienste der deutschen Seefischerei. Ein Rückblick auf die Tätigkeit d. Deutschen Seefischerei-Vereins von Prof. Dr. H[ermann] **Henking,** Gen.Sekr.... Mit 1 Kt. Berlin: Salle 1910. VIII, 216 S. 4°
(Abhandlungen d. Deutschen Seefischerei-Vereins. Bd 11.) (10. 1449) 9

Henking, H., s.: Garneelenfischerei, die, an der oldenburg. u. preuss. Küste.

Henking, Herm., die Ostsee-Fischerei in ihrer jetzigen Lage, s.: Fischer, Erich.

Henking, Hermann: Ein Rückblick auf d. Tätigkeit d. Deutsch. Seefischerei-Vereins, s. Jahre, 25, im Dienste der deutschen Seefischerei. Festschrift.

Henking, Hermann: Die Samariterkurse d. Deutsch. Seefischerei-Vereins, s. Jahre, 25, im Dienste der deutschen Seefischerei. Festschrift.

— **die Seefischerei Norwegens, s.: Decker, W.**

Henking, Karl

Henking, K., das Kloster Allerheiligen zu Schaffhausen, s.a. Neujahrsblatt des historisch-antiquarischen Vereins u. d. Kunstvereins in Schaffhausen.

Henking. C[arl]. Das Kloster Allerheiligen zu Schaffhausen, von Dr. K. H'. Schaffhauser Neujahrsblätter 1889, 1890 und 1891. Mit 10 Tafeln in Lichtdruck und einer Anzahl Text-Illustrationen in Zinkographie. (3 [Hefte].) 4. Schaffhausen 1889–1891.
[Heft] 1. Die Entwicklung und Baugeschichte von A' bis zur Uebergabe des Klosters an die Stadt. Mit vier Tafeln in L'.
[Heft] 2. Baugeschichte (Schluss) Umbauten seit der Reformation. Beschreibung der ältesten baulichen Anlagen. Mit drei Tafeln in L' und mehreren Text-Ill'.
[Heft] 3. Baubeschreibung (Schluss). Mit drei Tafeln in L' und mehreren Text-Ill'.

Henking, C[arl]. 1. Das Kloster Allerheiligen in Schaffhausen; 2. Die Stadt Sch' bis 1524; 3. Die Landschaft im spätern Mittelalter, von Dr. K' H'. [Mit Illustrationen, 3 Tafeln und 2 Karten.] Separatabdruck aus der Festschrift des Kantons Sch' zur Bundesfeier, 10. August 1901. II + 223 S. gr.-8. Schaffhausen, H. Meier & Cie., 1901.

(Henking. Carl.) Die annalistischen Aufzeichnungen des Klosters St. Gallen. (Hrg. von Dr. C' H'. Mitteil. Vaterl. Gesch. St. Gallen. Neue Folge. Heft 9.) 8. St. Gallen 1884.

Henking, Carl. Johannes Büel von Stein am Rhein und seine Freundschaft mit Johann Georg und Johannes Müller von Schaffhausen (von) Dr. K' H'. (Vortrag gehalten im Schosse des Hohenklingenvereins in St' a. Rh. Separatabdruck aus dem «Grenzbote». [Jahrg. 1907, Nr. 37–61. Mit 1 Porträt.]) 49 S. 8. Stein a. Rh., Fr. Büzberger, (1908). [fr. —. 60]

Henking, Carl, aus St. Gallen. Gebhard III., Bischof von Constanz 1084—1110. Stuttg. Hammer u. Liebich Dr. 1880. 4 Bl., 118 S., 1 Bl. 8°.
Zürich. Phil. Diss. [v. 30. Oct. 1880].

Henking, C[arl]. Die Korrespondenz Johannes v. Müllers mit Schultheiss (Nicolaus Friedrich v.) Steiger, Generallieut. (Friedrich) v. Hotze und Oberst (Ferdinand) v. Rovéréa 1798 und 1799. Von Dr. K. H'. (2 Teile. Beilage zum Jahresbericht 1903/04 u. 1904/05 der Kantonsschule in Schaffhausen.) 8. Schaffhausen, Joh. Bachmann, 1904–1905.
(Teil 1: Bis zur Katastrophe von Nidwalden.) IV + 83 S. 1904.
(Teil 2: Bis zum Tode Steigers.) IV + 141 S. 1905.

Henking, K., die Korrespondenz Joh. v. Müllers m. Schultheiss Steiger, Generallieut. v. Hotze u. Oberst v. Rovéréa 1798 u. 1799. I. u. II. Tl. gr. 8. Schaffhausen (C. Schoch.) n. 3. 10
I. Bis zur Katastrophe v. Nidwalden. Progr. (83 S.) 904. n. 1. 50
II. Bis zum Tode Steigers. Progr. (141 S.) 905. n. 1. 60

Henking, Karl, Johannes v. Müller 1752—1809. Auf den 100. Gedenktag seines Todes im Auftrage des historisch-antiquar. Vereins des Kantons Schaffhausen hrsg. I. Bd. 1752—1780. (VII, 252 S. m. 6 Taf.) gr. 8. Stuttgart 909. J. G. Cotta Nachf. 5.—; geb. in Leinw. 6. —

Henking, C[arl]. Aus Johannes von Müller's handschriftlichem Nachlasse. Von Dr. K. H'. Progr. 8. Zürich (1884).

Henking, K. (Dr.) Aus J. v. Müllers handschriftlichem Nachlasse. Beilage zum Osterprogramm des Gymnasiums Schaffhausen. In-8°, 86 S. Zürich, Ulrich. 1893.

Henking, K., siehe: *Neujahrsblatt.*

Henking, C[arl]. Schaffhausen und die Eidgenossenschaft bis zum ewigen Bunde von 1501. Von Dr. K. H'. [Mit 3 Tafeln.] Separatabzug aus der Geschichte der Stadt Sch' zur Centenarfeier 1901. II + 61 S. gr.-8. (Schaffhausen, Kühn & Comp., 1901.) N 9571

Henking, Rudolf, aus Höchst a./M., Volontärassist. an d. chirurg. Universitätsklinik: Aus d. Marburger chirurg. Universitäts-Klinik. Ueber Carcinom der ektopierten Blase nebst Urinuntersuchungen in zwei Fällen von Blasenektopie. *Marburg 1904: Koster & Schell.* (42 S.) 8°
Marburg, Med. Diss. v. 30. März 1904

Henkis, Fritz: Der Einfluß der Verteilung des Grundbesitzes auf die ländlichen Wanderungsverluste in Ostpreußen. Ein Beitr. z. Landarbeiterfrage. Königsberg i. P. 1908: Leupold. 85 S. 8°
Königsberg, Phil. Diss. v. 19. Dez. 1908, Ref. Gerlach, Albert
[Geb. 5. Sept. 78 Gerwischken; Wohnort: Marggrabowa; Staatsangeh.: Preußen; Vorbildung: Gymn. Gumbinnen Reife M. 98; Studium: Königsberg 8, Halle 1 S.; Rig. 29. Mai 07.] [U 09. 1397

Henkis, Fritz, Der Einfluss der Verteilung des Grundbesitzes auf die ländlichen Wanderverluste in Ostpreussen. Ein Beitrag zur Landarbeiterfrage. Diss. 8°. Königsberg i. Pr., Buchdr. R. Leupold, 1909.

Henkler, Paul, der Lehrplan f. den Unterricht in Naturkunde, s.a. Sammlung naturwiss.-pädagog. Abhandlungen. II. 7.

Der Lehrplan für den Unterricht in Naturkunde. Hist. u. krit. betrachtet von Paul Henkler, Lehrer, Jena. Leipzig & Berlin: B. G. Teubner 1906. (IV, 44 S.) 4°(8°)
— Sammlung naturwissenschaftlich-pädagogischer Abhandlungen. Bd 2, H. 7. [o6. 1080]

Aus der Physik. Unterricht in der Volksschule. Von Paul Henkler. Langensalza: Beyer 1908. 19 S. 8°
(Pädagogisches Magazin. H. 347.) [o8. 5100]

Henkler, Paul, aus dem Physik-Unterricht in der Volksschule, s.a. Magazin, pädagogisches.

Henko, Albert, Rigenser, Zur Lehre von den perforirenden Bauchschüssen. Diss. Dorpat. 8°. 35 pp. 1879.

Henko, H. K., Beiträge zur Statistik der Forsten d. Europäischen Rußland. Aus dem Russ., m. e. Vorwort v. Guse. gr. 8. (48 S.) Gießen 889. Becker & Laris. n. 1.60

Henkys, Ernst: Jugendirresein eines Negers. Königsberg i. P. 1910: Kümmel. 30 S. 8°
Göttingen, Med. Diss. v. 17. Aug. 1910, Ref. Weber, Cramer
[Geb. 18. Febr. 83 Insterburg; Wohnort: Göttingen; Staatsangeh.: Preußen; Vorbildung: Gymn. Insterburg Reife O. 04; Studium: Königsberg 5, Kiel 2, Göttingen 3 S.; Coll. 28. Mai 10; Approb. 17. Aug. 10.] [U 11. 1461

Henlau, A. A., s.a. Justus Feminis.

JUSTUS Feminis (d. i. *A. H. Henlau*), Ambisexia, das Land der entjochten Frauen. Lustspiel. Leipzig 1848. 16°. 195 S. (1 Rthl.) (1 Mk. R. Bertling, Dresden, 1888.)

Henle, Jacob. Ein deutsches Gelehrtenleben, s. Merkel, Fr.

Henle, (Spectator), s.: Bülow, Fürst, als Angeklagter.

Henle, A., s.: Chirurgie des Halses usw.

— s.: Neisser, A., stereoscop.-medicin. Atlas.

Henle, *Adolf* [Dr., Oberarzt der chir. Klinik]: Die Behandlung der tuberkulösen Gelenkerkrankungen und der kalten Abscesse in der Kgl. chirurgischen Klinik zu Breslau in den Jahren 1890—1896 ... Breslau, Druck d. Bresl. Gen.-Buchdr., 1897; 2 Bl., 114 S., 1 Bl. 8.
Breslau, Med. Fak., Hab.-Schr. v. 27. Juli 1897

Henle, A., d. Behandlung d. tuberkulösen Gelenkerkrankungen u. d. kalten Abscesse in d. kgl. chirurg. Klinik zu Breslau in d. J. 1890—1896. Habilitationsschrift. gr. 8. (115 S.) Breslau 897. (Schletter.) n. 2.20

Henle, Adolf [aus Göttingen]: Ueber Creolin und seine wirksamen Bestandtheile. . . . München, Druck v. R. Oldenbourg, 1889; 37 S. 8°
Göttingen, Med. Fak., Inaug.-Diss. v. 24. Jul. 1889

Henle, (B.,) über d. Kompetenz d. königl. Wechsel- u. Merkantil-Gerichts zu München. gr. 8. Münch 822, Finsterlin.

Henle, Bened., geographisch-chronometrische Ideen. Mit 1 Kpfrtaf. u. 1 Lith. (in Fol.) gr. 8. (IV u. 52 S.) München 850, Franz. n. 14 ngr

Henle, Benedict [aus München]: Über die Oxydationen von α-Aethylchinolin mit Kaliumpermanganat und von α-β, o-p-Tetramethylchinolin mit Chromsäuremischung ... München, kgl. Hof- u. Univ.-Buchdr. v. Dr. C. Wolf & Sohn, 1892; 35 S. 8.
München, Phil. Fak., Inaug.-Diss. v. [18. März] 1892

Henle, Elise: Das Blumenkörbchen, s. Jugendbühne.

Henle, E., entehrt, s.a. Universal-Bibliothek.

Henle, E., Entehrt. Schauspiel in 5 Akten. 8. (132 S.) Stuttgart 879, Greiner'sche Verlagsh. * 1 —

—— der Erbonkel, s. Universal-Bibliothek Nr. 2325.

Henle, E., guat is's. Kochrecepte in oberbayer. Mundart. Eine Gabe für Bräute und junge Frauen oder Jungfrauen, welche beides werden wollen. 8. (68 S.) München 884, Braun und Schneider. geb *

—— guat is's. Kochrecepte in oberbayerischer Mundart. Eine Gabe für Bräute und junge Frauen, oder Jungfrauen, welche beides werden wollen. 2.—6. Aufl. 8. (72 S.) München 885—88, Braun und Schneider. geb. *

—— Guat is's. Kochrecepte in oberbayr. Mundart. Eine Gabe f. Bräute u. junge Frauen od. Jungfrauen, welche beides werden wollen.

6. unveränd. Aufl. 12. (72 S.) Münch. 892, Braun u. Schneider. geb. in Leinw. * 1 50

Guat is's. Kochrecepte in oberbayrischer Mundart von E[lise] Henle. Eine Gabe f. Bräute u. junge Frauen oder Jungfrauen, welche beides werden wollen. 2. unveränd. Aufl. *München: Braun & Schneider [1900?].* (68 S.) 8° [J.] [o1. 3180]

Henle, E. [E. Levi]. Durch die Intendanz, s. Universal-Bibliothek Nr. 2884.

— durch die Intendanz. Orig.=Lustspiel in 5 Akten. 8. (112 S.) Stuttgart 878. Levy & Müller. n. 1. 50

– Das Johanniskäferchen, s. Jugendbühne.

— das Johanniskäferchen, s.: Schauspiele, kleine, f. die Jugend.

— der Ring, s.: Schauspiele, kleine, f. die Jugend.

– Rosa von Tannenburg, s. Jugendbühne.

—— Rosa v. Tannenburg, s. Schauspiele, kleine, f. die Jugend.

— so mag i's. Kochrecepte in schwäb. Mundart. Eine Gabe f. Bräute u. junge Frauen od. Jungfrauen, welche Beides werden wollen. 8. (79 S.) München 892. Braun & Schneider. Geb. in Leinw. n. 1. 50

—— Aus Goethe's lustigen Tagen, s. a. Universal-Bibliothek Nr. 2998.

— aus Göthes lustigen Tagen. Orig.=Lustspiel in 4 Akten. 8. (109 S.) Stuttgart 878. Levi. n. 1. 50

Henle, Elise, Backfischchens Theaterfreuden. Ein Geschenk f. kleine u. große Fräulein. Lustspiele. 12. (124 S.) Stuttgart 887. Levy & Müller. geb. n. 2. 50

—— Was soll ich deklamieren? Unter Mitwirkung und Förderung der ersten deutschen Bühnengrößen gesammelt und hrsg. Den deutschen Mädchen und Frauen gewidmet. 8. (XI, 300 S. mit 1 Lichtdr.-Taf.) Stuttgart 885, Levy und Müller. * geb. mit Goldschn. *

†Henle, Elise (E. Levi), was soll ich deklamiren? Eine Auslese der besten älteren und neuesten Deklamationsstücke ernsten und heiteren Inhalts. Unter Mitwirkung und Förderung der ersten deutschen Bühnengrößen gesammelt und hrsg. Neue Folge. 8. (XII, 339 S.) Ebendas. 887. *ℳ 3.—.; geb. mit Goldschn. *

—— dass. — 3. Bd.: Dialekt-Dichtungen. 8. (XVI, 296 S.) Ebendas. 888. *ℳ 3.—.; geb. mit Goldschn. *

—— Was soll ich deklamieren? Unter Mitwirkg. u. Förderg. der ersten deutschen Bühnengrößen gesammelt u. hrsg. (1. Bd.) 3. unveränd. Aufl. 8. (XI, 300 S.) Stuttg. 889, [Levy u. Müller]. Schwabacher. * 3 —; geb. m. Goldschn. * 4 50

—— dass. — Neue Folge. (2. Aufl.) 8. (XII, 339 S.) Ebd. 889. * 3 —; geb. m. Goldschn. * 4 50

3. Bd. Ebd. 1888. * 3 —; geb. m. Goldschn. * 4 50.

Henle, Elise, was soll ich deklamieren? Eine Auslese d. besten Deklamationsstücke ernsten u. heit. Inhalts. Unt. Mitwirkg. d. ersten deutschen Bühnengrößen ges. u. hrsg. 5., verm. Aufl. 8. (XI, 327 S. m. 1 Portr.-Taf.) Stuttgart (895). Schwabacher'sche Verlagsbuchhandlg. n. 3.—; geb. in Leinw. m. Goldschn. n. 4. 50

Henle, Elise, was soll ich deklamieren? Eine Auslese der besten Deklamationsstücke ernsten u. heiteren Inhalts. Unter Mitwirkg. der ersten deutschen Bühnengrößen gesammelt u. hrsg. 6., verm. u. verb. Aufl. Durchgesehen v. der Tochter der Herausgeberin. (X, 344 S. m. 1 Portr.-Taf.) 8. Stuttgart 908. Schwabacher. n. 3. —; geb. in Leinw. m. Goldschn. n. 4. 50

— dasselbe. Neue Folge. 3., verm. u. verb. Aufl. Durchgesehen v. der Tochter der Herausgeberin. (X, 346 S. m. 1 Bildnis-Taf.) 8. Ebd. (904). n. 3. —; geb. n. 4. 50

— Wer will französisch lernen? Eine Gabe f. unsere Kleinen. Illustr. v. Pet. Schnorr. 12. (62 S.) Stuttgart 893. Schwabacher. Geb. in Leinw. n. 1. 80

— die Wiener in Stuttgart. Lustspiel in 5 Akten. gr. 8. (134 S.) Stuttgart 879. Levi in Comm. n. 1. —

— Zeitgemäß. Excentrisch. Ruhbedürftig. Drei Bühnenwerke. 8. (116 S.) Leipzig 890. Ellischer Nachf. n. 3. —

—— Zeitgemäß. Trauerspiel in 1 Aufzug. — Excentrisch. Lustspiel in 3 Aufzügen. — Ruhebedürftig. Schwank in 1 Aufzug. gr. 8. (IV, 116 S.) Lpz. 891, (Elischer Nachf.). * 3 —

Henle, Elkan, die Stimme der Wahrheit. In Beziehung auf den Kultus der Israeliten u. der diesfalls eingeleiteten Umstaltung (!) mittelst Religionslehre, Konsistoriums u. hohen Talmud-Schule etc. 3 Abth. (in 1 Bdchn.). Fürth, im Aug. 1827. 8°. Cart.*)
119 S. (incl. XII S. Vorst.).

Henle, Elkan, d. Stimme d. Wahrheit. In Beziehung auf den Kultus d. Israeliten u. d. diesfalls eingeleiteten Umgestaltung mittels Religionslehre, Consistorium u. hoher Talmud=Schule. 3 Abtheill. gr. 8. Münch. 827. (Finsterlin). 1 rf

— s. Verbesserung d. Judenthums.

Henle, Franz [aus Oberdorf '(Württ.)']: Ueber hysterische Blutungen und über einen Fall von Haematemesis bei Hysterie ... Berlin, Buchdr. v. G. Schade, *1892*; 28 S., 2 Bl. 8.
Berlin, Med. Fak., Inaug.-Diss. v. 10. Aug. 1892

Henle, Frz. Ant. v.

Henle, F. A., der Epheserbrief d. hl. Apostels Paulus, erklärt. gr. 8. (VIII, 299 S.) Augsburg 890. Literar. Institut v. Dr. M. Huttler. n. 5. —

Henle, Frz. Ant. v., der Epheserbrief des hl. Apostels Paulus, erklärt. 2., verb. u. verm. Aufl. (XII, 380 S.) gr. 8. Augsburg 908. Liter. Institut v. Dr. M. Huttler. 6. 80

HENLE, Franz Anton (Weissenhorn): Der Evangelist Johannes und die Antichristen seiner Zeit. Eine historisch-exegetische Abhandlung.- München: Stahl 1884. VI S.,1 Bl.,155 S.,1 Bl. 12.7.1884 - Urk (Titel: De Sancto Joanne Evangelista eiusdemque temporis antichristis.); Chr 1884/85,18
Diss. Ingolst.-Landsh.-Mchn.

Henle, Fr. Anton, Kolossä und der Brief des hl. Apostels Paulus an die Kolosser. Ein Beitrag zur Einleitung in den Kolosserbrief. München, Stahl, 1887, 8°, VI u. 93 S., 2,50 Mk.
Recens. von Keppler, (Tüb.) Theol. Quartalschr. 1887, S. 696—698; von Zimmermann, Laacher Stimmen 1887, Heft 7. (Linzer) Th.-prakt. Quartalschrift 1888, S. 105.

Henle, Frz. Wilh., Anleitung zur organischen Elementaranalyse, rev. von Karl Pfister. Zum Gebrauche im chem. Laboratorium des Staates zu München. (III, 40 S.) 8. München 909. (M. Rieger.) 2. —

Anleitung für das organisch präparative Praktikum. Von Dr. Franz Wilh. Henle. Mit e. Vorr. von Dr. Johannes Thiele, Prof. Mit zahlr. Skizzen. Leipzig: Akad. Verl.-Gesellsch. 1909. XIV, 176 S. 8°
[illegible] 11

Henle, Franz Wilh., aus München: Über die Reaktionen der Methylengruppe im Fluoren und über die Reduktion von Äthylendoppelbindung mit Aluminiumamalgam. *München (1902): C. Wolf & Sohn.* (157 S.) 8°
München, Phil. Diss. v. 1902

Henle, Friedrich Gustav Jakob, s. Henle, Jakob

HENLE, Friedrich Julius (Regensburg): Andeutungen über die vorzüglichsten Krankheiten des schönen Geschlechtes.- 1837. 2 Bl., 48 S.
12.7.1835 - Urk; F 61
Diss. Ingolst.-Landsh.-Mchn.

Henle, J. (Bearb.), s. Entscheidungen der Gerichte und Verwaltungsbehörden ...

Henle, Jakob

Henle, J., allgem. Anatomie, s. Sömmerring, S. Th. v.

Henle, (Friedrich Gustav) J(akob): Allgemeine Anatomie. Lehre von den Mischungs- und Formbestandtheilen des menschlichen Körpers. 1050 S., gbd., Abb., Tab.

Leipzig: Voß 1841
(Samuel Thomas von Sömmerring: Vom Baue des menschlichen Körpers. Neue umgearb.und vervollst.Original-Ausg. Bd 6)

JB 707/6

Henle, J., zur Anatomie der Crystallinse. [Aus: „Abhandlungen d. k. Ges. d. Wiss. zu Göttingen".] Imp.-4. (62 S. m. 10 Kpfrtaf.) Göttingen 878. Dieterich's Verl. n. 18. —

Henle, J., zur Anatomie der Niere. Mit 3 Steintaf. (Aus den Abhdlgn. der k. Ges. d. Wiss. zu Göttingen.) Göttingen 862. Dieterich. gr. 4. (34 S.) n. 1 Thlr

Henle, J. (Hrsg.), s. Bericht üb. die Fortschritte d. Anatomie u. Physiologie.

—— Beschreibung d. Plagiostomen, s. Müller, J.

—— vergleich.-anatom. Beschreibung d. Kehlkopfs, mit besond. Berücksichtigung d. Kehlkopfs d. Reptilien. gr. 4. (11 B. u. 5 Kpfrt.) Leipzig 839, Voss. *

— über das Erröthen, s.: Bücherei, deutsche.

Glückwunsch der medizinischen Fakultät für Friedrich Gustav Jakob Henle in Göttingen zum 50jährigen Dr.-Jubiläum am 4. April 1882. Abgedr.: Chronik 1882. S. 12. Halle-Wittenberg. 1 Bl.

Henle, J., Grundriss der Anatomie des Menschen. Nebst einem Atlas von 286 Taf., zum Theil in Farbendr. 2 Lfgn. gr. 8. Braunschweig 880, Vieweg und Sohn. *

Inhalt:
Lfg. 1. Knochen-, Bänder- und Muskellehre. (S. 1—128 und Atlas S. 1—176, enthaltend 101 Taf.) * M 6.
" 2. Eingeweide-, Gefäss- und Nervenlehre. (XXII, S. 129—394 und Atlas S. 177—526, enthaltend 185 Taf.) * M 14.

—— dass. — Nebst einem Atlas von 286 (Holzschn.)Taf., zum Theil in Farbendr. 2. verb. Aufl. gr. 8. (XXII, 394; 526 S.) Ebendas. 883. *

Henle's, J., Grundriss der Anatomie d. Menschen, hrsg. v. Fr. Merkel. Mit Holzst. u. e. Atlas, zum Theil in Farbendr. 3., umgearb. Aufl. gr. 8. (XXII, 440 S. nebst Atlas 441 S. m. eingedr. Holzst.) Braunschweig 888. Vieweg & Sohn. n. 20. —

J[acob] Henle's Grundriss der Anatomie des Menschen. Neu bearb. von Dr. Fr[iedrich] Merkel, Prof. in Göttingen. 4. Aufl. Mit zahlr. Abb. u. e. Atlas. Text. Atlas. *Braunschweig: F. Vieweg & Sohn 1901.* 2 Bde 8° (01. 1338

Henle's, J., Grundriss d. Anatomie des Menschen. Neu bearb. v. Fr. Merkel. 4. Aufl. Mit zahlr., z. Thl. farb. Abbildgn. u. e. Atlas. gr. 8. (XIII, 802 S. u. Atlas V, 498 S.) Braunschweig 901. F. Vieweg & Sohn. n. 28.—; geb. n. 32.—; Text u. Atlas einz. à n. 14.—; geb. à n. 16. —

Henle, J., anatomischer Handatlas zum Gebrauche im Secirsaal. 1. Hft. Knochen, Bänder u. Muskeln. gr. 8. (IV, 172 S. m. eingedr. Holzschn. theils in Farbendr.) Braunschweig 871. Vieweg & Sohn. n. 6. —
— dasselbe. 1—5. Hft. Mit Holzst. (in Buntdr.) gr. 8. Ebend. 874—76. n. 13. 60

1. Knochen. 2. Aufl. (56 S.) n. 2. —
2. Bänder. 2. Aufl. (S. 57—96.) n. 1. 60
3. Muskeln. 2. Aufl. (S. 97—172.) n. 3. —
4. Gefässe. (79 S.) n. 3. —
5. Nerven. (118 S.) n. 4. —

Hft. 4 u. 5 bildet zugleich das 2. u. 3. Hft. der ersten Aufl.

— anatomischer Hand-Atlas zum Gebrauch im Secirsaal. 6. (Schluss-)Hft. Eingeweide. gr. 8. (155 S. m. eingedr. zum Thl. farb. Holzst.) Ebend. 877. n. 5. 20 (cplt.: n. 18. 80)

Henle, J., anatomischer Hand-Atlas z. Gebrauch im Secirsaal. 6 Hfte. gr. 8. (Mit Holzst.) Braunschweig. F. Vieweg & Sohn. n. 18. 80

1. Knochen. 3. Aufl. (51 S.) 895. n. 2. —
2. Bänder. 3. Aufl. (S. 53—87.) 895. n. 1. 60
3. Muskeln. 3. Aufl. (S. 89—147.) 895. n. 3. —
4. Eingeweide. 3. Aufl. (S. 149—271.) 896. n. 6. 20
5. Gefässe. 2. Aufl. (S. 273—331.) 896. n. 3. —
6. Nerven. 2. Aufl. (S. 333—441.) 896. n. 4. —

Henle, J., Handbuch der systematischen Anatomie des Menschen. In 3 Bdn. 1. Bd. 1. Abthl. A. u. d. T.: Handbuch der Knochenlehre des Menschen. Lex.-8. (XVI und 283 S. mit 290 in den Text eingedr. Holzschn.) Braunschweig 855, Vieweg und Sohn. *

—— dass. — 1. Bd. 2. Abthl. A. u. d. T.: Handbuch der Bänderlehre des Menschen. Lex.-8. (VIII und 183 S. mit 161 in den Text eingedr. Holzschn.) Ebds. 856. *

Henle, J., Handbuch der systematischen Anatomie des Menschen. 1. Bd. 3. Abthl. A. u. d. T.: Handbuch der Muskellehre des Menschen. Lex.-8. (X und 315 S. mit 159 mehrfarbigen in den Text gedr. Holzschn.) Braunschweig 858, Vieweg und Sohn. *

— Handbuch der systematischen Anatomie des Menschen. 2. Bd. A. u. d. T.: Handbuch der Eingeweidelehre des Menschen. Mit zahlreichen mehrfarbigen in den Text gedr. Holzschn. 1. u. 2. Liefg. Braunschweig 862, 64. Vieweg & Sohn. Lex.-8. (S. 1—534.) Jede Liefg. n. 2 Thlr 10 ngr.

—— Handbuch der systematischen Anatomie des Menschen. 2. Bd. 2. und 3. Lfg. A. u. d. T.: Handbuch der Eingeweidelehre des Menschen. Lex.-8. (X und S. 287—836 mit zahlreichen mehrfarbigen in den Text gedr. Holzst.) Braunschweig 866, Vieweg und Sohn. à Lfg. * 2 Thlr. 10 Ngr. *

—— dass. — 3. Bd. 1. Abthl. A. u. d. T.: Handbuch der Gefässlehre des Menschen. Lex.-8. (XII und 440 S. mit 180 mehrfarbigen in den Text eingedr. Holzst.) Ebendas. 868. *

1. und 2. Bd. 1. Lfg. Ebendas. 1855—62. * 7 Thlr. 15 Ngr.

—— Handbuch der systematischen Anatomie des Menschen. In 3 Bdn. 1. Bd. 3 Abthlgn., 2. Bd. 3 Lfgn., 3. Bd. 2 Abthlgn. gr. 8. Braunschweig, Vieweg und Sohn. *

Inhalt:
Bd. 1. 1. Abthl.: Handbuch der Knochenlehre. 3. Aufl. (XII, 310 S. mit zahlreichen in den Text eingedr. Holzst.) 871. * M 4,50.; 2. Abthl.: Handbuch der Bänderlehre des Menschen. 2. Aufl. (X, 187 S. mit 158 mehrfarb. in den Text eingedr. Holzst.) 872. * M 4.; 3. Abthl.: Handbuch der Muskellehre des Menschen. 2. Aufl. (X, 338 S. mit 61 mehrfarb. in den Text eingedr. Holzst.) 871. * M 7.

Henle, J., Handbuch der systematischen Anatomie des Menschen etc.
Bd. 2. Handbuch der Eingeweidelehre des Menschen. 2. Aufl. Mit zahlreichen in den Text eingedr. Holzst. [1. Lfg. (S. 1—336.) 873. *ℳ 9.; 2. Lfg. (S. 337—608.) 874. *ℳ 8.; 3. Lfg. (XXII, S. 609—926.) 875. *ℳ 10.
" 3. 1. Abthl.: Handbuch der Gefässlehre des Menschen. (XII, 440 S. mit 180 mehrfarb. in den Text eingedr. Holzst.) 867. *ℳ 12.; 2. Abthl.: Handbuch der Nervenlehre des Menschen. Mit zahlreichen in den Text eingedr. Holzst. 1. Lfg. (VIII, S. 1—324.) 871. *ℳ 14.; 2. Lfg. (XII, S. 325—596.) 873. *ℳ 9.

— Handbuch der systematischen Anatomie des Menschen. 3 Bde. gr. 8. Braunschweig 871—75. Vieweg & Sohn. n. 78. 50
1 Bd. 1. Abth. Handbuch der Knochenlehre. 3. Aufl. Mit zahlreichen in den Text eingedr. Holzst. (XII, 310 S.) n. 4. 50
2. Abth. A. u. d. T.: Handbuch der Bänderlehre d. Menschen. Mit 158 mehrfarb. in den Text eingedr. Holzst. 2. Aufl. (X, 187 S.) n. 4. —
3. Abth. Handbuch d. Muskellehre d. Menschen. 2. Aufl. Mit 61 mehrfarb. in den Text eingedr. Holzst. (X, 338 S.) n. 7. —
2. Bd. Handbuch der Eingeweidelehre d. Menschen. Mit zahlreichen mehrfarb. in den Text eingedr. Holzst. 2. Aufl. (XXII, 926 S.) n. 27. —
3. Bd. 1. Abth. A. u. d. T.: Handbuch der Gefässlehre d. Menschen. Mit zahlreichen mehrfarb. in den Text eingedr. Holzst. 2. verb. Aufl. (XII, 484 S.) n. 13. —
2. u. 3. Abth. A. u. d. T.: Handbuch der Nervenlehre d. Menschen. Mit zahlreichen in den Text gedr. Holzst. (VIII, 596 S.) n. 23. —

—— Handbuch der systematischen Anatomie des Menschen. In 3 Bdn. 3. Bd. 2 Abthlgn. gr. 8. Ebendas. * 36 —
Inhalt:
Abthl. 1. Handbuch der Gefässlehre des Menschen. 2. verb. Aufl. (XII, 484 S. mit zahlreichen mehrfarb. in den Text eingedr. Holzst.) 876. *ℳ 13.
" 2. Handbuch der Nervenlehre des Menschen. 2. verb. Aufl. (XII, 666 S. mit zahlreichen in den Text eingedr. Holzst.) 879. *ℳ 23.
1. und 2. Bd. 1871—75. *ℳ 42,50.

Henle, J., Handbuch d. rationellen Pathologie. 1. Bd. Einleitung u. allgem. Thl. gr. 8. (23 B.) Braunschweig 846, Vieweg u. Sohn. *

Henle, J., Handbuch der rationellen Pathologie. 2. Bd.: Specieller Theil. 1. Abthl.: Pathogenie. 1—3. Lfg. und 4. Lfg. oder 2. Abthl. 1. Lfg. gr. 8. Braunschweig, Vieweg und Sohn. [1. Abthl. (VI und 835 S.) 847—50. * 4 Thlr. 25 Ngr., 2. Abthl. 1. Lfg. (S. 1—216.) 851. * 1 Thlr. 10 Ngr.] Thlr. *
1. Bd. Ebendas. 1846. * 2 Thlr.

Henle, J., Handbuch der rationellen Pathologie. 2. Bd.: Specieller Theil. 1—3. Lfg. [od. 1. Abth. Pathogenie. 3 Lfgn.] gr. 8. (VI u. 835 S. m. 3 Kupfertaf.) — 4 u. 5. Lfg. [od. 2. Abth. Symptomatologie u. Aetiologie. 1 u. 2. Lfg.] gr. 8. (IV u. 493 S.) Braunschweig 847—53, Vieweg & Sohn. 1. Lfg. n. 1 1/3 ₰ 2. n. 2 ₰ 3. n. 1 1/2 ₰ 4 u. 5. à n. 1 1/3 ₰ (cmplt. n. 9 1/2 ₰)

— Handbuch der rationellen Pathologie. 1. Bd. Einleitung u. allgem. Theil. 3. Aufl. — 2. Bd. Spezieller Theil. 1. Abth. Pathogenie. 2. Aufl. — 2. Abth. Symptomatologie u. Aetiologie. Braunschweig 854, 55. Vieweg. gr. 8. (X, 357; VIII, 835 S. u. 3 Kpfrtaf.; VI, 493 S.) n. 9 ₰. 15 ngr.

Henle, J. u. A[lbert] Kölliker: Über die pacinischen Körperchen an den Nerven des Menschen und der Säugethiere. Mit 3 Taf. Zürich 1844. 40 S. 4⁰

—— u. A. Kölliker, über die pacinischen Körperchen an den Nerven des Menschen u. der Säugethiere. gr. 4. (5 1/2 B. u. 3 Taf.) Zürich 844, Meyer u. Zeller.

Henle, Frid. Gust. Iac. (geb. am 19 Juli 1809 in Fürth bei Nürnberg): De membrana pupillari aliisque oculi membranis pellucentibus observationes anatomicae ... Bonnae, typ. C. Georgii (1832). 3 Bl., 66 [vielm. 58] S., 2 Bl., 1 Taf. 4. ¶ Erschien zugleich selbständig bei Weber in Bonn.
Bonn, Med. Fak., Diss. v. 4 Apr. 1832

Henle, Fried(rich) Gust(av) Jak(ob): De membrana pupillari aliisque oculi membranis pellucentibus. Commentatio anatomica. 66 S., gbd., Abb.

Bonnae: Weber 1832

—— s. Merkel, Fr.

Henle, Jak., von den Miasmen u. Kontagien und von den miasmatisch-kontagiösen Krankheiten, s. a. Klassiker der Medizin. III. Bd.

Jakob Henle. Von den Miasmen und Kontagien und von den miasmatisch-kontagiösen Krankheiten. (1840.) Einl. von Felix Marchand, Leipzig. Leipzig: J. A. Barth 1910. 88 S. 8°
(Klassiker d. Medizin. Bd 3.) [10. 10770

—— über Narcine, e. neue Gattung electr. Rochen, nebst e. Synopsis d. electr. Rochen. M. 4 Stnt. gr. 4. (5 3/4 B.) Berlin 834, Eichler.

— über Schleim- u. Eiterbildung und ihr Verhältniß zur Oberhaut. Vorgelesen in der Sitzung der Hufeland. medic.-chirurg. Gesellschaft den 16. Febr. 1838. Mit 1 Kupfertaf. (Aus Hufeland's Journal besond. abgedruckt.) 8. Berlin 838. Reimer. 1/3 ₰

— Theodor Schwann. Nachruf. [Aus: „Archiv für mikroskop. Anat."] gr. 8. (49 S.) Bonn 882. Cohen & Sohn. n. 1. —

— s. South, J., Knochenlehre.

Henle, Fr[id.] G[ust.] J[ac.]: Symbolae ad anatomiam villorum intestinalium imprimis eorum epithelii et vasorum lacteorum. Berolini: A. Hirschwald 1837. (vi, 37 S.) 4°
Berlin, Med. Fak., Hab.-Schr. v. 5. Dez. 1837

Henle, [J.]: Pathologische Untersuchungen. Berlin 1840. VI, 274 S.

—— patholog. Untersuchungen. gr. 8. (17 3/4 B.) Berlin 840, A. Hirschwald.

Henle, J., anthropologische Vorträge. 1. Hft. gr. 8. (VII, 130 S.) Braunschweig 876. Vieweg & Sohn. n. 2. 40

—— anthropologische Vorträge. 2. Heft. gr. 8. (189 S. mit in den Text eingedr. Holzst.) Braunschweig 880, Vieweg und Sohn. *
1. Heft. Ebendas. 1876. *ℳ 2,40.

—— das Wachsthum des menschlichen Nagels und des Pferdehufs. gr. 4. (48 S. mit 5 lithogr. Taf. in Farbendr.) Göttingen 884, Dieterich'sche Verlagsh. b
Aus: Abhandlungen der k. Gesellschaft der Wissenschaften zu Göttingen, besonders abgedruckt.

– s. Zeitschrift für rationelle Medicin.

Henle, Jul., das bayerische Gesetz, die öffentliche Armen- u. Krankenpflege betr., vom 29. IV. 1869 in der v. 1. I. 1900 an geltenden Fassung. Handausg., m. Einleitung, Erläutergn. u. Vollzugsvorschriften. 8. (VIII, 154 S.) München 900. C. H. Beck. Geb. in Leinw. n. 2. —

Henle, Jul., das bayerische Gesetz, die öffentliche Armen- u. Krankenpflege betr., vom 29. IV. 1869 in der gegenwärtig gültigen Fassung. Handausg. m. Einleitg., Erläutergn. u. Vollzugsvorschriften. 2., durchgeseh. u. ergänzte Aufl. (VIII, 167 S.) 8. München 904. C. H. Beck. Geb. in Leinw. n. 2.—

— das bayerische Gesetz, die Wahl der Landtags-Abgeordneten betr., vom 4. VI. 1848/21. III. 1881. Erläutert u. m. den Vollzugsvorschriften, sowie e. Ueberblicke üb. die Zusammensetzg. sämmtl. Volksvertretgn. Europas hrsg. 8. (VII, 162 S.) Ansbach 899. C. Brügel & Sohn. Kart. n. 2.—

Henle, Jul., Handausgabe d. Krankenversicherungsgesetzes, s.: Reger, A.

Henle, Jul., über d. Heerwesen d. Hochstifts Würzburg im 18. Jahrh., s.: Darstellungen aus d. bayer. Kriegs- u. Heeresgeschichte.

— Kommentar z. bayer. Gesetze, d. öffentl. Armen- u. Krankenpflege betr., s.: Riedel, Frhr. v.

Henle, Karl, aus Trier: Ueber Cholin- und Neurinartige Abkömmlinge einiger cyklischer Basen. *Hildesheim 1899: A. Lax.* (45 S.) 8°
Göttingen, Phil. Diss. v. [30. Juni] 1899

Henle, Karl, üb. cholin- u. neurinartige Abkömmlinge einiger cyklischer Basen. Diss. gr. 8. (45 S.) Hildesheim 899. (Göttingen, Vandenhoeck & Ruprecht.) n. 1.20

Henle, M., a sein's Benehma. An A'leitong f. Backfischla. 12. (63 S.) München 895. Braun & Schneider. Geb. in Leinw. n. 1.50

Henle, Matthilde, humoristisches Künstler-Deklamatorium f. Dilettanten. Eine Auslese der besten Deklamationsstücke heiteren Inhalts. Unter Mitwirkg. der ersten deutschen Bühnengrößen gesammelt u. hrsg. 8. (XV, 311 S.) Stuttgart 894. Schwabacher. n. 3.— geb. in Leinw. n. 4.50

Henle, Mor.: Rituelle Gesänge mit Harmonium-Begleitung. o. O. u. J.
Für die rituellen Gesänge der Grloge von Hamburg.
[HL. 37 (1903—1904) S. 223.]

Henle, Rudolf, Referendar: Grenzbestimmung zwischen Kauf und Werkvertrag nach allgemeinen Grundsätzen und nach gemeinem Rechte. *Trier 1902: J. Lintz.* (96 S.) 8° [J. u. Ant.] ¶ (Soll fortgesetzt werden.)
Bonn, Jur. Diss. v. [7. Nov.] 1902

Henle, Rud., Vorstellungs- u. Willenstheorie in d. Lehre von der juristischen Willenserklärung. (X, 580 S.) Lex. 8. Leipzig 910. A. Deichert Nachf. 18.50

— Ausdrückliche u. stillschweigende Willenserklärung nach dem bürgerlichen Gesetzbuche. Öffentliche Antritts-Vorlesg., geh. am 5. VII. 1909 in der Aula der rhein. Friedrich-Wilhelms-Universität zu Bonn. (33 S.) gr. 8. Ebd. 910. —80

Henle, Sebast., das heilige Blut unseres Herrn Jesu Christi in der Pfarrkirche zu Weingarten. Ein Gebet- u. Erbauungsbuch für Christen, welche getreue Kinder der katholischen Kirche sein und bleiben wollen. Mit Titelkpfr. 2e Aufl. 8. Reutlingen ... Kurz. 3/8 ₰

HENLE, Sigmund (München): De jure quoad embryones.- München: Hübschmann 1845. 24 S.
1.7.1845 - Urk; F 49
Diss. Ingolst.-Landsh.-Mchn.

Henle, Wilh., die Anlegung des Grundbuchs in d. Landesteilen rechts des Rheins. Bayerisches Gesetz vom 18. VI. 1898 u. die hiezu erlassenen Vollzugsvorschriften, eingeleitet u. erläutert. 12. (XIV, 316 S.) München 899. C. H. Beck. Geb. in Leinw. n. 3.50

— dasselbe. 2., unter Mitwirkung v. Otto Dandl bearb., verb. u. ergänzte Aufl. 8. (XVI, 439 S.) Ebd. 902. Geb. in Leinw. n. 5.50

— u. Heinr. Schneider, die bayer. Ausführungs-Gesetze z. bürgerl. Gesetzbuche v. 9. VI. 1899. I. Ausführungsgesetz z. B.G.B. — II. Gesetz, Übergangsvorschriften, betr. Handausg. m. Einleitg., erläut. Anmerkungen u. Sachregister. 8. (XXXV, 741 S.) Ebd. 900. Geb. in Leinw. n. 8.—

— u. Heinr. v. Schneider, die bayerischen Ausführungs-Gesetze zum bürgerl. Gesetzbuche v. 9. VI. 1899. I. Ausführungsgesetz z. BGB. — II. Gesetz, Übergangsvorschriften betr. Handausg. m. Einleitg., erläut. Anmerkgn. u. Sachregister, unter Mitwirkg. v. Gottfr. Schmitt u. Karl Unzner hrsg. 2., durchgearb. u. ergänzte Aufl. (XXXVII, 728 S.) 8. Ebd. 909. Geb. in Leinw. 8.—

Henle, W., das Gerichtsgefängniswesen in Bayern. Ein Hand- u. Hilfsbuch f. alle m. dem Gefängniswesen befaßten Stellen, Behörden u. Personen. gr. 8. (XV, 302 S.) Nördlingen 887. München, Beck. n. 3.60

— Gesetz zur Ausführung der Reichs-Civilprozeßordnung u. Konkursordnung vom 13. Febr. 1879. Textausg. m. Einleitg., Erläutergn. u. Sachregister. 16. (XVI, 175 S.) Nördlingen 889. München, Beck. cart. n. 2.—

— das bayerische Gesetz z. Ausführung der Reichs-Civilprozeßordnung u. Konkursordnung, s.: Habel, Eman.

Henle, Wilh., d. kgl. bayer. Gesetz v. 18. März 1896 üb. d. Inhaberpapiere, m. sämmtl. Vollzugsvorschriften u. Nebengesetzen, sow. d. auf d. Inhaberpapiere bezügl. Vorschriften des bürgerl. Gesetzbuchs, d. Einführungsgesetzes zum bürgerl. Gesetzbuche u. d. Civilprozeßordng. (letzterer n. d. Vorschlägen d. Kommission f. d. II. Lesg. d. bürgerl. Gesetzbuchs). [Aus: „Gesetzgebg. des Königr. Bayern".] gr. 8. (IX, 258 S.) Erlangen 896. Palm & Enke. n. 4.60

Henle, bayer. Gesetz betr. Abänderung d. Hypothekengesetz. Gesetz d. Schwarzenberg'sche Verordng. m. Gesetz betr. Pfändg. Erlangen 889.

— Gesetz vom 29. Mai 1886, die Abänderung einiger Bestimmungen d. Hypothekengesetzes betr. &c., m. Erläuterungen, s.: Gesetzgebung, die, d. Königr. Bayern seit Maximilian II. m. Erläuterungen.

— Gesetz über die Zwangsversteigerung u. Zwangsverwaltung vom 24. III. 1897 (Fassung vom 20. V. 1898), nebst dem zugehör. Einführungsgesetze u. den Ausführungsvorschriften der größ. Bundesstaaten. Textausg. m. Einleitg., erläut. Anmerkgn. u. Sachregister. 2., verm. u. verb. Aufl. 12. (XXVI, 370 S.) München 901. C. H. Beck. Geb. in Leinw. n. 2.80

— Gesetz über die Zwangsversteigerung u. Zwangsverwaltung vom 24. III. 1897 (Fassung vom 20. V. 1898), nebst dem zugehör. Einführungsgesetze u. den Ausführungsvorschriften der größeren Bundesstaaten. Textausg. m. Einleitg., erläut. Anmerkgn. u. Sachregister. 3., verm. u. verb. Aufl. (VIII, 405 S.) kl. 8. München 907. C. H. Beck. Geb. in Leinw. 2.80

— bürgerliches Gesetzbuch, s.: Fischer, Otto.

Henle, Wilh., s.: Gesetzgebung, die, d. Königr. Bayern.

Das Grundbuchwesen in Bayern. Die Grundbuchordnung vom [illegible] u. d. bayerischen Ausführungsvorschriften dazu. Handausg. mit Erl. von Dr. Wilhelm v. **Henle**, Staatsrat, u. Hermann Schmitt, Oberstlandes-Ger.R. München: C. H. Beck 1910. XXXII, 911 S. 8°
Ito. 5246

— u. Herm. **Schmitt**, das Grundbuchwesen in Bayern. (Die Grundbuchordng. v. 24. III. 1897/20. V. 1898 u. die bayer. Ausführungsvorschriften dazu.) Handausg. m. Erläutergn. (XXXII, 911 S.) 8. Ebd. 910.
Geb. in Leinw. 10. —

— das Hypothekengesetz f. das Königr. Bayern, s.: Göttl, Karl.

— d. bayerische Hypothekenrecht, s.: Regelsberger, Ferd.

— Kommentar zur Subhastationsordnung f. d. Königr. Bayern, s.: Ortenau, Ign.

— s.: Notariats-Zeitung, bayerische.

— Reichsgesetz üb. d. Zwangsversteigerung u. die Zwangsverwaltg. v. 24. III. 1897 m. d. Einführungsgesetze v. gleichen Tage. Textausg. m. Einleitg., erläut. Anmerkgn. u. Sachreg. gr. 16. (XVII, 222 S.) München 897. C. H. Beck. Geb. in Leinw. n. 2. —

— u. Frz. **Schierlinger**, d. Strafgesetzbuch f. d. Deutsche Reich in s. gegenwärt. Gestalt. Handausg. m. Erläutergn. unt. bes. Rücksichtnahme auf d. bayer. Gesetzgebg. u. Rechtspflege. 8. (XVIII, 524 S.) Ebd. 895.
Geb. in Leinw. n. 4. 50

— u. Frz. **Schierlinger**, das Strafgesetzbuch f. d. Deutsche Reich in seiner gegenwärtigen Gestalt. Handausg. m. Erläutergn. aus der Rechtsprechung des Reichsgerichts, sowie aus Gesetzgebg. u. Rechtspflege der größ. Bundesstaaten. 2. neu bearb. Aufl., hrsg. v. Fr. Schierlinger. 8. (XVI, 444 S.) München 903. C. H. Beck.
Geb. in Leinw. n. 4. —

— u. Fr. **Schierlinger**, Strafgesetzbuch f. d. Deutsche Reich. Handausg. Suppl. Umfassend Rechtsprechg. u. Gesetzgebg. von Ende 1902 bis Mitte 1907. Hrsg. v. Fr. Schierlinger. (68 S.) 8. Ebd. 907. — 60
Hauptwerk. Ebd. 903. Geb. (m. Suppl.) 4. —

—— Subhastationsordnung für das Königr. Bayern. I. Gesetz, die Zwangsvollstreckung in das unbewegl. Vermögen wegen Geldforderungen betr., vom 23. Febr. 1879. — II. Gesetz, Änderungen der Bestimmungen über die Zwangsvollstreckung in das unbewegl. Vermögen betr., vom 29. Mai 1886. Text-Ausg. mit Einleitung, Erläuterungen und Sachregister. 16. (XXIV, 321 S.) Ebendas. 886. cart. *

Henle, Wilh., Subhastationsordnung f. das Königr Bayern. I. Gesetz, die Zwangsvollstreckg. in das unbewegl. Vermögen wegen Geldforderngn. betr., vom 23. Febr. 1879. II. Gesetz, Aenderngn. der Bestimmngn. üb. die Zwangsvollstreckg. in das unbewegl. Vermögen betr., vom 29. Mai 1886. Text-Ausg. m. Einleitg., Erläutergn. u. Sachregister. 2., verb. u. ergänzte Aufl. gr. 16. (XXIV, 297 S.) München 891. C. H. Beck. Kart. n. 2. 80

— Subhastationsordnung f. das Königr. Bayern. I. Gesetz, d. Zwangsvollstreckg. in d. unbewegl. Vermögen weg. Geldforderngn. betr., v. 23. II. 1879. II. Gesetz, Anderngn. d. Bestimmngn. üb. d. Zwangsvollstreckg. in d. unbewegl. Vermögen betr., v. 29. V. 1886. Textausg. m. Einleitg., Erläutergn. u. Sachregister. 3., verb. u. ergänzte Aufl. gr. 16. (XI, 319 S.) Ebd. 897.
Kart. n. 2. 80

— die preußische u. bayerische Subhastationsordnung. Vergleichende Darstellg. u. Erläuterg. beider Gesetze zum Gebrauche f. den Praktiker beider Rechte, f. Interessenten [Landwirthe, Kapitalisten] u. insbesondere auch f. den Parlamentarier. gr. 8. (XIV, 453 S.) Kissingen 884. Hailmann. n. 5. 50

Henle, Die Wuchergesetze vom 24. Mai 1880 u. 19. Juni 1893. 8°. München 1893.

— die Wuchergesetze vom 24. Mai 1880 u. 19. Juni 1893, nebst dem Reichs- u. bayer. Landes-Gesetze üb. die vertragsmäß. Zinsen u. den Vorschriften des preuß. u. bayer. Rechts üb. den Gewerbebetrieb der Pfandleiher u. Rückkaufshändler erläutert u. m. eingeh. Einleitg., sowie e. alphabet. Sachregister versehen. 16. (VIII, 187 S.) München 894. C. H. Beck. Kart. n. 1. 80

— s.: Zeitschrift f. das Notariat 2c. in Bayern.

— die Zwangsenteignung v. Grundeigentum in Bayern. Gesetz vom 17. Novbr. 1837, die Zwangsabtretg. d. Grundeigentums f. öffentl. Zwecke betr., nebst den Abändergn. d. Gesetzes durch die spätere Gesetzgebg. u. den sonst. einschläg. Bestimmngn. der Gesetze u. Verordngn., erläutert. 8. (VIII, 208 S.) München 890. Beck. cart.
n. 2. 80

— Die Zwangsenteignung von Grundeigentum in Bayern. Gesetz v. 17. XI. 1837, die Zwangsabtretg. des Grundeigentums f. öffentl. Zwecke betr., nebst den Abändergn. des Gesetzes durch die spätere Gesetzgebg. insbes. die Novelle vom 18. VIII. 1910 u. den sonst. einschläg. Vorschriften erläutert. 2., neubearb. Aufl. (XIII, 268 S.) 8. Ebd. 911. Geb. in Leinw. 8. 50

Henlichs, Fr. E., Hülfsbuch für Lehrer beim Unterricht d. böhm. Jugend in d. deutschen Sprache 2c. 8. Prag 800. Barth. 12 K

Henn, Gustavus *(geb Sagan 18.8 1813)*: De Amperi principiis in phaenomenorum electromagneticorum doctrina propositis. Vratislaviae [1841]. (62 S., 1 Taf.) 8°
Breslau, Phil. Diss. v. [9. Juni 1841]

Henn, Karl Frdr., das Kaiser-Franz-Josefs-Bad bei Markt Tüffer in Steiermark. Laibach 862. (Cilli, Tarmon.) 8. (32 S.) 7½ ngr.

Henn, C. F., das Kaiser-Franz-Josefsbad bei Markt Tüffer in Steiermark. 2. Aufl. 8. (28 S.) Wien 871. Braumüller. n. — 60

— der Sauerbrunnen zu Radein in Steiermark. Therapeutisch beschrieben. 8. (68 S.) Ebend. 871. n. — 80

Henn, Pet., das schwarze Buch. Beiträge zur Moral der Jesuiten. 8. (V und 187 S. mit 1 Fars. Tholucks.) Paderborn 865, Schöningh.

Henn, Petrus: De Isocrate rhetore. Coloniae Agrippinae (1861): DuMont-Schauberg. 46 S. 8°
Halle-Wittenberg, Phil. Diss. v. 12. Aug. 1861
Geb. Köln [3. 7.] 1837. V.

Henn, Walther, Tierarzt: Arbeiten aus d. med. Veterinärklinik d. Univ. Gießen. (Dir.: Gmeiner.) Die Albuminurie und ihr klinischer Nachweis bei den Haustieren. Jena: Fischer 1909. 44 S. 8° ¶(Aus: Zeitschrift f. Tiermed. 1909.)
Gießen, Veterinär-Med. Diss. v. 23. Okt. 1909, Ref Frank
[Geb. 4. Dez. 84 Braunfels; Wohnort: Heisterberg b. Leun; Staatsangeh.: Preußen; Vorbildung: Gymn. Weilburg Reife O. 04; Studium: Gießen 1, Tierärztl. Hochschulen Hannover 3, München 1, Berlin 2 S.; Rig. 30. Juli 08.]
[U 10. 1208

HENNCKENGRYPER, Monsieur, gewesener Kammerdiener des Herrn von Münchhausen (ps.), Lustiges Post- und Reise-Vademecum. 3 Hfte. Polkwitz (Berlin, Oehmigke) 1795. Sehr selten!
Weller, Lex. Ps. u. fing. Dr.

Henne, Jeremias, od. Geschichte e. Combabus. 3 Thle. 8. Bayreuth 794—97. (Grau in Hof; auch Hinrichs in Leipz.) 3 Rthlr. 16 gr

HENNE, Jeremias, oder Geschichte eines Combabus. (Frivoler Roman.) 3 Thle. Mit TKpfrn. u. TVignn. Baireuth, bey Joh. Andr. Lübeck's Erben, 1794, 96, 97. 8°. (3²/₃ Rthl.) (1—2: 3 Mk. 50 Pfg., Leihbibl.-Expl., W. H. Kühl, Berlin. c. 1883.) Cplt. sehr selten!
Nur Th. 1—2 (VII—493 u. 417 S.), 1794—96, lag vor.

* Henne, Jeremias, oder Geschichte eines Combabus (v. Jean Paul.) 3 Bde. m. K. 8. Bayreuth. 796. (Ist jetzt Verlag v. Hinrichs in Leipz.)

Henne, s.a. Henke

Henne, Geschäftsgänge zum Unterricht in der gewerblichen Buchführg. f. Bäcker, s.: Rollen, Thdr. u. Zwiesele.

Henne, Alex. Histoire du règne de Charles-Quint en Belgique. 4 v. 8. Bruxelles, Leipzig 1858—60.

Henne, Alex., Histoire du regne de Charles V. en Belgique. Tome I. gr. 8. (849 S. mit Portr. in Stahlst.) Brüssel 858. Leipzig, Brockhaus' Sortiment und Antiquarium. *

Henne, Anton

Ansichten eines Obskuranten über Katholicismus u. Protestantismus. Ein Wort über die Interessen unserer Zeit an jeden unter uns, der Mensch ist. Vom Verfasser der „neuen Schweizerchronik fürs Volk“ (Dr. A. Henne). St. Gallen, Huber, 1829, 8°.

Henne, A[nton]. Offener Brief an Herrn Forst- und Kirchenrath [Heinrich] Zschokke.... 8. St. Gallen 1830.

Henne, Anton. Die Klingenberger Chronik, wie sie [Wernher] Schodoler, [Aegidius] Tschudi, [Johannes] Stumpf, [Franz] Guilliman und andere benützten, nach der von Tschudi besessenen und vier anderen Handschriften zum erstenmal ganz, und mit Parallelen aus gleichzeitigen ungedruckten Chroniken hrg. von Dr. A' H' von Sargans.... [Mit 3 Tafeln.] 4. Gotha 1861.

— die Klingenberger Chronik, wie sie Schodoler, Tschudi, Stumpf, Guilliman und Andere benützten, nach der von Tschudi besessenen und vier anderen Handschriften zum erstenmal ganz, und mit Parallelen aus gleichzeitigen ungedruckten Chroniken herausg. Gotha 861. F. A. Perthes. Lex.-8. (XXIII, 376 S. u. 3 lith. Taf.) n. 4 Rthlr

Henne, Anton s. Darstellung. Geschichtliche D' der kirchlichen Verhältnisse der katholischen Schweiz. Band 3. Mannheim 1854.

Henne, A., geschichtliche Darstellung der kirchl. Vorgänge und Zustände in der kathol. Schweiz, s. Snell, Glück und Henne.

Henne, (Jos.) Anton, das Dasein alteuropäischer eigenthüml. Bevölkerung und Kultur, eigener Geschichte, Müthen und Chronologie, und ihr Verhältniß zur ägüptischen, bibl., assür. und pers., oder die endl. Herstellung Manethons gegenüber den Forschungen von Champollion-Figeac, Böckh, und Bunsen mit einer Tabelle der ältesten Chronologie und der ältesten Stamm- und Königsregister. gr. 8. (20 S. und 1 Tab. in Imp.-Fol.) Schaffhausen 847, Brodtmann'sche Buchh.

— Diviko u. d. Wunderhorn, oder d. Lemanschlacht. Ein deutsches National-Heldengedicht. 2 Bde. gr. 8. Stuttg. 826. v. Cotta. 2 Rthlr 8 gr

Henne, Ant., der letzte Dominikaner in Bern. Novelle aus dem J. 1528. Schaffhausen 863. Brodtmann. 8. (IV, 356 S.) n. 1 Rthlr 10 ngr.

Henne, Jos. Ant., das Duell auf schweiz. Schulen, u. d. am 1. Juli 1846 in Bern beschlossene schweizer. Verein. gr. 8. (1 B.) Bern 846, Huber u. Comp. *

– Pragmatische Erzählung der kirchl. Ereignisse in der kathol. Schweiz,
s. Snell, Glück und Henne.

Henne, Jos. Ant., die Faraone Aegüptens, nach d. ägüptischen, assürischen, sikúonischen, argischen, attischen, kretischen, ilischen, thebischen u. küprischen Kanon neu dargest. Ein histor. Versuch. gr. 8. (3³/₄ B. u. 1 Tab.) St. Gallen 837, (Huber u. Comp.) *

– s. Freimüthige, Der.

— d. Gärtner. Eine Schweizer. Schul- u. Kirchenzeitung für d. Volk. St. Gallen 832. Bureau d. Freimüth. Alle 14 Tage ein Bogen, d. Jahrg. 1 Rthlr 8 gr

—— der Gärtner. Eine allgem. schweizer. Schul- u. Kirchenzeitung. 1. Jahrg. 1834. 52 Nrn. (½ B.) 4. St. Gallen, [Wartmann u. Scheitlin.] 1 Thlr. 12 Gr., hrbgs. Pr.

Henne, Anton. Allgemeine Geschichte von der Urzeit bis auf die heutigen Tage. 1. [einziger] Band. 2 Bücher. 8. Schaffhausen 1845–1846.
Buch 1. (Vorgeschichte, bis zum ersten Perserzuge wider Europa, 513 vor Christus. [Mit 8 Tabellen.]) — Buch 2. Hellenengeschichte.

—— allgemeine Geschichte von der Urzeit bis auf die heutigen Tage. (In 9 Büchern od. 3 Bdn.) 1. Bd. 1. u. 2. Buch. gr. 8. Schaffhausen, Brodtmann. 1. Buch (23⅝ B., 1 Stnt. u. 7 Tab.) 845. 3 Thlr., 2. (54 B., 1 Kpfr. u. 4 Tab.) 46. 2 Thlr. 18³/₄ Ngr.]
2. Buch a. u. d. Ttl.:
Hellenengeschichte.

— Lieder u. Sagen aus d. Schweiz. gr. 8. Basel 824. Schweighäuser. 1 Rthlr 6 gr 2e verb. A. gr. 8. Basel 827. Schweighäuser. 20 gr

[Henne, Anton.] Die Maikäfer. Ein offener Brief an's Berner Volk. 8. (Bern [1850].)
Ausg. A. 16 S. — *Ausg. B.* 24 S.

Henne v. Sargans, Ant., Manethós, die Origines unserer Geschichte und Chronologie. Lex.-8. (IX und 276 S. mit 1 synopt. Taf. der alten Chronologie in Imp.-Fol.) Gotha 865, F. A. Perthes. *
Die synopt. Taf. apart *

Henne, Ant., die geschriebene Offenbarung und der Menschengeist. Gewidmet den kirchl. Reformvereinen. gr. 8. (IV, 87 S.) Zürich 870, Verlags-Magazin. *

—— die Rache in Gonten. Volksgemälde aus den Appenzeller Bergen. Nach einer wahren Begebenheit vom J. 1849. 8. (122 S.) St. Gallen 867, Altwegg-Weber.

—— die Reformation u. d. Revolution in d. Schweiz 1519—1834. Ein histor. Umriß. 8. ... St. Gallen 834, [Wartmann u. Scheitlin.]
Bildet auch d. 3. Bd. v. dess. „neue Schweizerchronik" ꝛc.

—— die schweizerische Revolution, 1798—1834. Ein histor. Versuch. 8. (17 B.) St. Gallen 834, [Wartmann u. Scheitlin.]
Aus dess. „die Reformation ꝛc." besond. abgedruckt.

Henne v. Sargans, Dr. Anton. Die schweizerische Revolution 1798—1834. Ein historischer Umriss. 8. St. Gallen 1835.

—— die schweizer. Revolution 1798—1814. Ein histor. Umriß. 8. (18 B.) St. Gallen 835, [Scheitlin u. Zollikofer.]

– s. Schweizerblätter, e. Monatschrift.

—— Schweizerblätter ꝛc., s. Schweizerblätter.

Henne, Anton. Schweizerchronik, in vier Büchern, aus den Quellen untersucht und dargestellt durch Josef A' H' von Sargans. 2., völlig umgearbeitete und vermehrte Aufl. [Mit 5 Tafeln.] 8. St. Gallen und Bern.
Ausg. A. 1840(–1843). — *Ausg. B* 1843.

—— Schweizerchronik, in vier Büchern, aus d. Quellen untersucht u. dargest. 2., völlig umgearb. u. verm. Aufl. (1. Buch.) gr. 8. (21 B.) St. Gallen u. Bern 840, Huber u. Cp.

— Schweizerchronik in 4 Büchern, aus den Quellen untersucht u. dargestellt. 2.—4. Buch. 2. umgearb. u. verm. Aufl. Mit 1 Kpfr. u. 4 Tab. gr. 8. St. Gallen 841—43, Huber u. Comp. 2 5/8 Thlr. 1.—4. Buch 3 1/2 Thlr.

—— Schweizerchronik in 4 Büchern, aus den Quellen untersucht u. dargestellt. 4 Bücher. 2., umgearb. u. verm. Aufl. gr. 8. (75 B., 1 Kpfrt. u. 4 Tab.) St. Gallen 843, Huber u. Comp.

—— neue Schweizerchronik für's Volk. Aus d. Quellen untersucht u. dargestellt. 3 Bde. 8. (77 B.) St. Gallen 828, 33, 34, [Wartmann u. Scheitlin.]
Bd. 1. Bis zum J. 1400. 15 Gr.
" 2. Vom J. 1400—1519. 18 Gr.
" 3. Vom J. 1519—1834. 20 Gr.

— neue Schweizerchronik für's Volk. Aus den Quellen untersucht u. dargestellt. 3 Bde. 8. St. Gallen ... Scheitlin u. Zollikofer. Herabges. Pr. 1 1/6 Thlr. — 3r Bd. A. u. d. T.: Die schweizer. Revolution, 1798—1834. gr. 8. Ebd. 834. 1/2 Thlr.

– dass. s.a. Schweizerchronik, neue.

Henne, A., Schweizergeschichte für Volk und Schule, bis zur völligen Freiwerdung Neuenburgs 1857, in vier Büchern. 4., völlig neue Bearbeitung. (In 5 Liefgn.) 1. u. 2. Liefg. St. Gallen 857. Bureau des „Freimütigen." gr. 8. (S. 1—144.) Jede Liefg. n. 8 ngr.

— Schweizergeschichte für Volk und Schule, bis zur völligen Freiwerdung Neuenburgs 1857, in 4 Büchern. 4., völlig neue Bearbeitung. 3—7. Liefg. St. Gallen 857, 58. Büreau d. „Freimütigen." gr. 8. (S. 145—616.) n. 24 ngr.

— — 4., völlig neue, Bearbeitung, fortgesetzt bis zum Juni 1862. Schaffhausen 862. Brodtmann in Comm. gr. 8. (VII, 642 S.) n. 1 Thlr. 10 ngr.

—— Sendschreiben an d. Großen Rath d. Kantons Zürich. gr. 8. (1 B.) St. Gallen 839, (Scheitlin u. Zollikofer.)

— s.: Snell, Glück u. Henne.

Henne. Anton. Der Sonderbund und dessen Auflösung durch die Tagsatzung im November 1847. Mit dem Schauplaze des Krieges [Tafel] und den Bildnissen von (W[ilhelm] H[einrich]) Düfour und (U[lrich]) Ochsenbein [Tafeln]. 8. Schaffhausen 1848.

— der Sonderbund u. seine Auflösung durch die Tagsatzung im Novbr. 1847. Mit 4 (lith.) Bildnissen. 2. Aufl. 2 Hfte. gr. 8. (12 1/2 S.) Ebd. 848. 1/2 Thlr.

– s. Verhandlungen in St. Gall. außerordentl. Rathe.

– s. Verhandlungen des Verfassungsrathes von St. Gallen.

Henne, (Anton). Dr. Henne's Versuch einer Herstellung der 375 Faraonen des alten Aegyptens und der ältesten Chronologie, vertheidigt gegen eine blinde Verunglimpfung von Seiten des Professors K[arl] W[ilhelm] Müller.... 8. Bern 1844.

Henne's, J. A., Vertreibung von der kathol. Kantonsschule durch den Greithischen Erziehungsrath. Mit den betreff. Aktenstücken. gr. 8. St. Gallen 841, Huber u. Comp. 1/6 Thlr.

– s. Volkswünsche.

Henne, Anton. Zuschrift an das Zürcherische Volk. Hrg. von dem Verein für Volksbildung. (St. Gallen am 19. des Hornung 1839.) 8. *o. O.*

Henne, Armin Ludov. (geb. Königsberg i. Pr. 1820): De metrorrhagiis. Berolini (1844). (31 S.) 8°
Berlin, Med. Diss. v. 30. Dez. 1844

Henne, August

Henne, A., Hilfstafeln f. forstl. Zuwachs-Untersuchgn. gr. 16. (16 S.) Chur 901. (J. Rich.) n. 1.—

Henne, Erh. Ludw.

Henne, E. L., Entwurf einer Lehrart, die Anfangsgründe der latein. Sprache der Jugend beizubringen. Ausgabe 2. Leipzig 767. 8. 3 gr.

Henne, Erh. L., Entwürfe einer Lehrart, die Anfangsgr. d. lateinischen Sprache der Jugend beyzubringen. 8. Leipzig, Hilscher. 768.

— M. Erhardt Ludewig (Rector), Gedanken von Vorurtheilen insonderheit beym Schulwesen, womit zugleich zum Schul=Examen . . einladet. Waldenburg (Harnisch) 2. IV. 1769. 6 Bl. (5.—) 14312

— Nelkenkalender, oder monatl. Verrichtung mit den Grasblumen in einer Gegend von 51 Grad, nach 24jähr. Erfahrung aufgesezt. 8. Halle 785. Hendel. 2 gr.

— Erhard Ludwig (Oberohna/Meiningen), Dissertatio de ornatu orationis speciatim Romanae. Präs. M. Jo. Friedrich Eckhard. Jena (Fickelscherr) 14. X. 1747. 44 S. (6.50) 14311
Widm. v.: Jo. Georg Walch, Präs.

Ernst Ludwig August Henne

De Hysterorrhagia gravidarum, parturientium et puerperarum. p. 1. 2. [Resp.:] Julius Conradus Werger. Regiomonti (1823:) Hartung.. 8
Königsberg, Med. Disp. v. 11. u. 12. März 1823

HENNE, Franz Xaver (Buchenberg): De cancro.- Landishuti 1825.
13.9.1825 - Pe 414; F 58
Diss. Ingolst.-Landsh.-Mchn.

Henne, G., Liedersammlung für höhere Töchterschulen und Frauenchöre. gr. 8. (IV und 52 S.) Leipzig 865, Merseburger.

Henne, Gust. Ad., das Unterrichton. Eine zeitgeschichtl. Betrachtg. Progr. gr. 8. (38 S.) Schneeberg 893. (B. F. Goedsche.) n. — 60

Henne, H.

Die wichtigsten Abfälle der Textilindustrie vom Standpunkt der Feuerversicherung. Magdeburg 1902.

Henne, Heinr., Berechnungsbeispiele üb. Wasserräder u. Turbinen. Ergänzungsheft zu dem Werke Die Wasserräder u. Turbinen, deren Berechng. u. Konstruktion. gr. 8. (V, 72 S. m. 8 Taf.) Leipzig 900. B. F. Voigt. 3. —
Hauptwerk Ebd. 898. n. 10. —.

Henne, Heinr., Einführung in die Beurteilung der Gefahren bei der Feuerversicherung v. Fabriken und gewerblichen Anlagen, s.a. Veröffentlichungen des deutschen Vereins f. Versicherungs-Wissenschaft.

Einführung in die Beurteilung der Gefahren bei der Feuerversicherung von Fabriken u. gewerbl. Anlagen. Von Heinrich Henne. Berlin: Mittler 1910. IX, 350 S. 8°
(Veröffentlichungen d. Deutschen Vereins f. Versicherungs-Wissenschaft. H. 19.)
[10. 10 11

— Die Wasserräder und Turbinen. 2. Auflage. (208 S 17 T) Mit Atlas fol (Schauplatz der Künste und Handwerke 286) Weimar 1898

Henne, Heinr., die Wasserräder u. Turbinen, ihre Berechng. u. Konstruktion. Elementares Lehr- u. Handbuch f. Techniker, Mühlenbauer, Fabrikanten, Maschinenbaufachschulen u. s. w. 2. Aufl. v. Fr. Neumanns „hydraul. Motoren", in gänzl. Neubearbtg. hrsg. Mit 63 in den Text gedr. Fig. u. 1 bes. Atlas m. 17 Taf. in Plano in qu. gr. Fol. m. 4 S. Text (in Mappe). gr. 8. (XII, 208 S.) Weimar 898. Leipzig, B. F. Voigt. 10. —

Henne, Heinr., die Wasserräder u. Turbinen, ihre Berechnung u. Konstruktion. Elementares Lehr- u. Handbuch f. Techniker, Mühlenbauer, Fabrikanten u. zum Gebrauch in Maschinenbau-Fachschulen. 3. verb. u. erweit. Aufl. Mit 65 Textabbildgn. u. 1 Atlas v. 18 Taf. (in gr. 4 in Mappe). (XII, 228 S.) gr. 8. Leipzig 903. B. F. Voigt. n. 10. —

Henne, Hugo

Henne, H. Experimentelle Beiträge zur Therapie der Magenkrankheiten. Dissertation. Gr. in-8⁰. 40 S. Bern, [Huber & Co. (Hans Koerber)] 1 25
1891.

Henne, Hugo, experimentelle Beiträge zur Therapie der Magenkrankheiten. Diss. [Aus: „Zeitschr. f. klin. Medicin".] gr. 8. (40 S.) Berlin 891. (Bern, H. Koerber.) n. 1. —

Henne, Hugo, über Geistesstörungen und Irrenanstalten. Zur Aufklärung für Aerzte und gebildete Laien. 8. (VIII und 128 S.) St. Gallen 865, Scheitlin und Zollikofer.

Henne, Hugo, Ortsverzeichniß f. die thüringischen Staaten. In alphabet. Reihenfolge, nebst Angabe der Einwohnerzahl, der Amtsgerichtsbezirke u. der Postbestellorte geordnet u. nach amtl. Material bearb. gr. 8. (97 S.) Weimar 902. H. Böhlau's Nachf. Kart. n. 2. —

— M. Johann Friedrich (Sonnenwalde/Laus.), Curiae Romanae sententia de pace Augustana. Präs. Friedrich Immanuel Schwarz. Wittbg. (Ephraim Gottlob Eichsfeld) Okt. [1755]. 48 S. mit Widm. v. Präs. (6.20) 14313

— Johann Justus (Hedemünden/Hannover), Notitiam rerum publicarum academiis vindicatam. Präs. Gottfried Achenwall. Göttingen (Johann Friedr. Hager) 7. IX. 1748. 32 S. (6.20) 14314

– dass., s.a. Achenwall, Gottfried (Präs.)

Henne, Josef Anton s. Henne, Anton.

Henne, K. H. L., meine Erfahrungen üb. d. Seidenbau in Bayern. 8. (2 B.) Erlangen 829, (Heyder.)

Henne, Karl

Henne, C., pharmakologische Studien üb. die Einwirkg. d. parakreotinsauren Natriums auf den Kalt- u. Warmblüter. Inaug.-Diss. gr. 8. (71 S. m. 2 Taf.) Wyl 890. (Bern, Huber & Co.) n. 1. 40

Henne, Carl. Pharmakologische Studien üb. die Einwirkung d. parakreotinsauren Natriums auf den Kalt- u. Warmblüter. Diss. gr. 8. (71 S. m. 2 Taf.) Wyl 890. (Bern, Körber.) 1 40

Henne, Kråhhahn

Henne, K., s. a. Buch, das kleine, voll Witz über Witz.

HENNE, Krähhahn (ps.), Das kleine Buch, voll Witz über Witz und Possen über Possen, oder Witzpumpe für Hypochondristen und Leute, die gern lachen. Ausgebrütet und zusammengegluckt von —. Mit dessen Bildn. in Lebensgröße. Erfurt, Saalfeld, Niese, 1839. Kl. 16⁰. 7 Bogen.
A. G. Schmidt, Gallerie etc.; fehlt in Weller's Lex. Ps. — Selten!

Henne, Otto, prakt. Arzt a. Owingen in Hohenzollern: Beitrag zur operativen Behandlung der angeborenen Gaumenspalte, mit besonderer Berücksichtigung der operativen und funktionellen Resultate. Leipzig 1904: B. Georgi. (46 S.) 8°
Leipzig, Med. Fak., Ref. Trendelenburg, Diss. v. 9. Sept. 1904
[Geb. 13. Jan. 66 Owingen, Hohenzollern; Wohnort: Leipzig; Staatsangeh.: Preußen; Vorbildung: Gymn. Sigmaringen Reife M. 88; Studium: München 1, Tübingen 4, Berlin 3, Straßburg 5 S.; Coll. 30. Sept. 04; Approb. Jan. 95.]

Henne, Rudolf Christoph

Henne, Rud. Christ. (Präs.), s. Bader, Rudolf Christoph: De legitime confecti rerum haereditariarum inventarii praecipuis effectibus.

— — Solemnia inaug. candidati Christian Friedrich Germann (Hamburg), simulque de juramenti delatione in omni parte judicii licita quaedam praefatur. Erfurt (Heinr. Rud. Nonne) 10. IX. 1767. 8 S. mit Biogr. G.'s. (M.: S. Graumann.) (5.50) 14318

Henne, Rudolf Christoph (Präs.), s. Eberhard, Johann Jacob: De Jure fisci . . .

Henne, Rudolph Christoph (Präs.), s. Engelhardt, Friedrich Wilhelm: De raptu sponsae.

Henne, Rud. Christoph (Präs.), s. Engelschall, Friedr. Christian Franz: Quaestion.: an creditores orto concursu . . .

— — Solemnia inauguralia candidati Carl Christian Lohde (Iehser/Laus.; Neustadt a./Orla), simulque de fidejussore, liberato licet debitore principali, ad solvendum obligato quaedam praefatur. Erfurt (Heinr. Rud. Nonne) 23. III. 1768. 11 S. mit Biogr. L's. (M.: J. Ch. Halpitius.) (5.—) 14319

Henne, Rudolph Christoph (Präs.), s. G e r m a n n , Christian Friedrich: De testamento publico per repetitionem ab actis vel scriniis principis rupto.

Henne, Rudolph Christoph [Präs.], s. G e r s t - a e (c) k e r , Johann August: De forensibus . . .

Henne, Rudolph Christoph (Präs.), s. H a m m a n n , Johann Friedrich: De senatusconsultorum vi et auctoritate.

— M. **Rudolph Christoph** (Vallisleben/Erfurt), De jure cognoscendi in feudis regalibus imperatori soli reservato. Dissert. jurispubl. Rector Tobias Jacob Reinharth. Erfurt (Hering) 22. VI. 1734. 40 S. (6.50) 14315
Gew.: Anselm Franz Ernst Frh. v. Warsberg.

— — Solemnia inauguralia candidati Carl Dienemann (Loesnitz/Schoenburg/Sax.), simulque nonnulla de conditionibus emtionis venditionis suspensivis et resolutivis praemittit. Erfurt (Heinrich Rudolph Nonne) 20. VII. 1778. 8 S. mit Biogr. D.'s. (M.: J. F. v. Siegheim.) (5.50) 14332

— — Solemnia inauguralia candidati Johann Adam Birnich (Bautzen), simulque nonnulla de mutuo a collegiis et corporibus contracto praemittit. Erfurt (Heinrich Rudolph Nonne) 17. V. 1774. 12 S. mit Biogr. B.'s. (5.50) 14329

— — Solemnia inauguralia candidati August Heinrich Schroeter (Erfurt), simulque nonnulla de creditore ad particularem solutionem acceptandam, in nonnullis casibus obligato praemittit. Erfurt (Heinrich Rudolph Nonne) 14. VII. 1773. 8 S. mit Biograph. S.'. (M.: R. S. Streckerodt.) (5.50) 14324

— — Solemnia inauguralia candidati Friedrich Wilhelm Engelhardt (Schweinfurt), simulque nonnulla de haereditatis divisione emtionis vicem sustinente praemittit. Erfurt (Heinrich Rudolph Nonne) 16. X. 1776. 12 S. mit genealog. Biogr. E.'s. (M.: R. M. Gampert.) (6.20) 14330

— — Solemnia inaug. candidati Joseph Christian Merten (Duderstad), simulque nonnulla de dominio pignoris Germanici in creditorem translato praemitt. Erfurt (Heinrich Rudolph Nonne) 26. VIII. 1773. 12 S. mit Biograph. M.'s. (M.: A. R. Lehne.) (5.50) 14325

— — Solemnia inauguralia candidati Rudolph Christoph Bader (Erfurt), simulque nonnulla de inventariis praediorum praemittit. Erfurt (Heinrich Rudolph Nonne) 30. IV. 1779. 8 S. mit Biogr. B.'s. (M.: Ch. J. Bruckner.) (5.—) 14333

— — Solemnia inauguralia candidati Carl Emanuel Bader (Erfurt), simulque nonnulla de locatione conductione praediorum dotalium praemittit. Erfurt (Heinrich Rudolph Nonne) 27. V. 1779. 8 S. mit Biogr. B.'s. (M.: Ch. J. Bruckner.) (5.—) 14334

— — Solemnia inauguralia candidati Fried. Christ. Franz Engelschall (Saalfeld), simulque nonnulla de patre, sumtus studiorum collationi subjiciente praemittit. Efrurt (Heinrich Rudolph Nonne) 28. I. 1774. 8 S. mit Biogr. E.'s. (M.: Ch. S. Schemel.) (5.50) 14328

— — Solemnia inauguralia candidati Georg Maurus Ulrich (Mainz), simulque nonnulla de praescriptione immemoriali praesumtionem solum pro praescribente operante praemittit. Erfurt (Heinrich Rudolph Nonne) 4. II. 1771. 12 S. mit Biogr. U.'s. (M.: E. Victorin.) (6.—) 14323

— — Solemnia inauguralia candidati Johann Friedrich Hammann (Bautzen), simulque nonnulla de solutione triennali praemittit. Erfurt (Heinrich Rudolph Nonne) 4. X. 1773. 12 S. mit Biogr. Ha.'s. (M.: J. Ch. Koenig [Pitzschwitz]). (5.50) 14327

— — Solemnia inaug. candidati Johann Justin Schneider gen. Weismantel (Erfurt), simulque nonnulla de spolio a judice commisso praemitit. Erfurt (Heinr. Rudol. Nonne) 30. V. 1768. 12 S. mit Biogr. S.'s. (M.: M. J. Ch. Ziegler.) (6.—) 14321

— — Solemnia inauguralia candidati Friedrich Carl Dieterich (Erfurt), simulque nonnulla de usu et abusu artis criticae in jurisprudentia. Erfurt (Heinrich Rudolph Nonne) 22. IX. 1773. 12 S. mit Biogr. D.'s. (M.: M. D. Müller.) (6.—) 14326

— — Solemnia inauguralia candidati Ernst August Ziegler (Erfurt), simulque nonnulla de venia poenarum in delicta statutarum praemittit. Erfurt (Heinrich Rudolph Nonne) 21. IV. 1777. 8 S. mit Biogr. Z.'s. (M.: M. B. J. Juch.) (5.50) 14331

— — Solemnia inauguralia candidati Johann August Gerstaecker (Lommatzsch), simulque nonnulla de vi conventionum et legum tacita praemittit. Erfurt (Heinrich Rudolph Nonne) 10. IX. 1770. 8 S. mit Biogr. G.'s. (M.: J. M. Liege.) (6.—) 14322

— — Solemnia inauguralia candidati Rudolph Heinrich Wilhelm Ziegler, simulque de oppignoratione personarum ejusque convenientia cum oppignoratione rerum quaedam praefatur. Erfurt (Heinr. Rud. Nonne) 23. VIII. 1764. 12 S. mit Biogr. Z.'s. (M.: S. W. Soemmering.) (6.40) 14317

— — Solemnia inauguralia candidati Johann Friedrich Scholze (Zittau), simulque de solutione in graviorum causam imputanda quaedam praefatur. Erfurt (Heinr. Rud. Nonne) 6. IV. 1768. 10 S. mit Biogr. S.'s. (M.: A. R. Scheler.) (5.50) 14320

— — De usurarum centesimarum usu hodierno, in casibus jure Romano expressis, von Interessen zu 12. pro Cent. ad fori usum accomodata. Comment. jur. succincta. Erfurt (C. F. Jungnicol / Johann Heinrich Nonne) 1742. 56 S. (6.50) 14316
Gew.: Conrad Wilhelm Strecker.

Henne, Rud. Chr., De usurarum centesimarum usu hodierno. 4⁰. Erff., Weber, 1742.

HENNE, R. C.: de vi legum in praeteritum. *Erf.* 737.

— **Rudolph Gottfried** (Mega-Sömmerda/Thüring.), De privilegiis agriculturae apud Germanos. Diss. jur. Präs. Jo. Paul Kress. Jena (Gollner) Sept. 1712. 88 S. (2.50) 14335

— — Dasselbe. Von Freyheiten und andern Gerechtigkeiten des Ackerbaues in Teutschland. Jena (Jo. Bernh. Heller) 1719. (8.—) 14336

Henne, Sam. Dav. Ldw., († 1782.) Anweis., wie man eine Baumschule von Obstbäumen im Großen anlegen soll. Mit Kpf. gr. 8. Halle 770. 2e A. 773. 3e A. 776. 4e A. 791. 5e A. 796. Hendel. 1 ℛ ill. 1 ℛ 8 gr. Vergl. Samml. d. besten Schriften über Oekonomie.

Henne S. D. L.: Anweisung wie man eine Baumschule v. Obstbäumen im Grossen anlegen u. gehörig unterhalten solle. . . . 4. vollst. verm. Aufl. Halle 1791. 426 S. 5 kol. Tvl.

Henne, S. D. L., Anweisung wie eine Obstbaumschule im Großen angelegt und unterhalten werden soll. 6. Aufl., nach dem gegenwärt. Stande der Baumzucht neu bearb. von Friedr. Jak. Dochnahl. gr. 8. (VIII und 432 S. mit in den Text gedr. Abbildungen in Holzschn. und 1 Holzschntaf.) Halle 868, Hendel.

Henne, Walter [prakt. Arzt von Sargans, Assistenzarzt an der chirurg. Abteilung der kantonalen Krankenanstalt in Aarau]: Die Schussverletzungen durch die schweizerischen Militärgewehre. Zusammengestellt aus den Jahren 1880—1900. Aarau 1900. 123 S. 2 Taf. 8⁰.
Basel. Med. Diss. 1900/1901.

Henne am Rhyn, Otto, Anti-Zarathustra. Gedanken über Friedrich Nietzsches Hauptwerke. gr. 8. (XV, 160 S.) Altenburg 899. A. Tittel. n. 3. —

Henne am Rhyn, Otto. Anti-Zarathustra. Gedanken über Friedrich Nietzsches Hauptwerke. Von Dr. Otto Henne am Rhyn [St. Gallen]. 2., unveränderte Aufl. XVI + 164 S. 8. Altenburg, S.-A., Alfred Tittel, [1903]. (M. 2.—)
Neu: Titel, Umschlag u. S. 161—164: Pressstimmen; *alles übrige: 1. Aufl. [1899].*

Henne am Rhyn, Otto. Antwort auf die Kritik des „Bund“ über Die Kultur der Vergangenheit, Gegenwart und Zukunft. 8. Danzig, Leipzig, Wien 1890.

Henne am Rhyn, Otto, Antwort auf die Kritik des „Bund“ üb. die Kultur der Vergangenheit, Gegenwart u. Zukunft v. O. H. a. Rh. 8. (16 S.) Danzig 890. Hinstorff. n. — 25

Henne am Rhyn, Otto. Das Appenzellerland. Mit 25 Ansichten. 3. durchgesehene und ergänzte Aufl. Städtebilder und Landschaften aus aller Welt. (No. 43.) 8. Linz a. d. Donau [1894].

Henne am Rhyn, Otto, **Aria**, d. Reich d. ewigen Friedens im 20. Jahrh. Ein Zukunftsbild auf d. Grundlage d. Geschichte. 1.–8. Taus. gr. 8. (IX, 153 S.) Pforzheim 895. E. Haug. n. 2. —

— **Autobiographie**, s. a. Denker, deutsche, u. ihre Geistesschöpfungen.

Henne am Rhyn, Otto. Otto Henne am Rhyn. Eine Autobiographie. [Mit Porträt-Tafel.] 8. Danzig, Leipzig, Wien [1890].
Deutsche Denker und ihre Geistesschöpfungen, hrg von Dr Oskar Wilda. Heft 8.

Henne Am-Rhyn, Otto, Berthelier, s. Bibliothek vaterländischer Schauspiele.

Das Buch der Mysterien. Leben und Treiben der geheimen Gesellschaften aller Zeiten und Völker. Von Otto **Henne-Am Rhyn.** St. Gallen: Altwegg-Weber zur Treuburg 1869. II, 320 S. 8⁰

[Dasselbe.] 2. Ausg. Leipzig: Ziegenhirt [ca. 1885]. 320 S. 8⁰
Auszug in: FZ. 31 (1877) S. 118—119, 123—126.
Recens: Bh. 12 (1869) S. 85—86 (J. G. Findel).
[3. Ausg. u. d. Tit.:]

— das Buch der Mysterien. Leben u. Treiben der geheimen Gesellschaften aller Zeiten u. Völker. 2., wohlf. (Titel-)Aufl. 8. (III, 320 S.) Leipzig 888. Ziegenhirt. 1. 25

Das Buch der Mysterien. Geschichte der geheimen Lehren, Gebräuche und Gesellschaften aller Zeiten und Völker. Von Otto Henne am Rhyn. 3. bis auf die Gegenwart fortgef. Aufl. Leipzig: Ziegenhirt 1890. VIII, 373 S. 8⁰

[Dasselbe.] Leipzig: Spohr 1891. VIII, 373 S. 8⁰
Tt. 2714. Verschiedene Abschnitte handeln von der Frmrei. 1. Ausg. in 23; 2. in 25; 3. Ausg. (1890) in 13; (1891) in 140.

— Das Buch der Mysterien u. geheimen Gesellschaften. 3. bis auf die Gegenwart fortgeführte Aufl. 10 Lfgn. 8. (VIII, 373 S.) Lpz. 890. Ziegenhirt. u Lfg. — 40; 4 —; geb. 5 —

— **das Christentum** u. der Fortschritt. Zur Versöhng. v. Religion u. Forschg. gr. 8. (III, 121 S.) Leipzig 892. M. Spohr. n. 1. 80

— s.: Clarissa. Aus dunkeln Häusern Belgiens.

— die nationale Einigung der Deutschen, die Entwickelg. u. die Aufgaben d. Reiches. Lex.-8. (IV, 92 S.) Hannover 891. C. Meyer. n. 1. 50; geb. n. 2. 25

— die nationale Einigung d. Deutschen u. d. Entwickelg. d. Reiches. Festschrift z. 25 jähr. Jubelfeier d. neuerstand. Deutschen Reiches. Neue [Titel-]Ausg. Lex. 8. (IV, 67 S.) Hannover (891) 895. C. Meyer. n. 1. —

Fiat lux! Vertheidigung der wahren Freimaurerei gegen innere und äussere Feinde, nebst Gedanken zur Reform des Bundes. Vom Verf. der Schrift: „Adhuc stat“ [d. i. Otto **Henne-Am Rhyn**]. Leipzig: Wigand 1866. X, 147 S. 8⁰

Recens: OF. 7 (1883) S. 82—83.
cf. Bh. 9 (1866) S. 185—188, 201—204 (R. Seydel); 393—395 (O. Henne-Am Rhyn); L. 25 (1866) S. 151—157; Z. 27 (1897) S. 43 bis 44, abgedr. in: O. 22 (1897) S. 176.
Tt. 1620.

Adhuc stat! La Franc-Maçonnerie en dix demandes et réponses. Pour l'édification du peuple et de ses amis. [Von Otto Henne-Am Rhyn.] St. Gallen: Scheitlin & Zollikofer 1865. 78 S. 8⁰

— die Frau in der Kulturgeschichte. gr. 8. (VII, 369 S.) Berlin 892. Allgemeiner Verein f. deutsche Litteratur. n. 6.—; geb. n. 6.--

Henne am Rhyn, Otto: Die Frau in der Kulturgeschichte. 2. Aufl. — Berlin: Allg. Verein f. Deutsche Lit. 1892. VII, 369 S. 8⁰ (Allg. Verein für Deutsche Literatur. Ser. 17. [No 2.])

Die Freimaurer, deren Ursprung, Geschichte, Verfassung, Religion und Politik, von Otto **Henne am Rhyn.** Leipzig: Ziegenhirt 1889. 85 S. 8⁰

[Dasselbe.] 2. Aufl. Ebendas. 1889. 85 S. 8⁰

[Dasselbe.] 3. Aufl. Ebendas. 1889. 85 S. 8⁰

[Dasselbe.] 4. durchges. Aufl. Leipzig: Spohr 1894. 99 S. 8⁰

Recens: BrL. 6 (1888—1889) S. 78—79; Bh. 32 (1889) S. 62—63 (J. G. Findel).
cf. Al. 15 (1889) S. 111—112 (H. Hagen); f. 4. Aufl.: V. 1 (1906—1907) S. 55 (W. H. Denier van der Gon).
Veranl. durch Angriffe auf d. Frmr.
1. Aufl. in 23. 25; 2. in 65; 3. in 430; 4. in 25a.

— die Freimaurer, deren Ursprung, Geschichte, Verfassung, Religion u. Politik. 4., durchgesch. Aufl. gr. 8. (99 S.) Leipzig 894. M. Spohr. n. 1. 50

Henne am Rhyn, Otto, die Freimaurer, deren Ursprung, Geschichte, Verfassung, Religion u. Politik. 5. durchgesch. Aufl. (99 S.) 8. Leipzig 909. M. Spohr. 1. 50

Adhuc stat! Die Freimaurerei in zehn [6. Aufl.:] zwölf Fragen und Antworten. Zur Aufklärung für das Volk und dessen Freunde. [Von Otto **Henne-Am Rhyn.**] St. Gallen: Scheitlin & Zollikofer 1863. 56 S. 8⁰

[Dasselbe.] 2. Aufl. Ebendas. 1863. 58 S. 8⁰

[Dasselbe.] 3. Aufl. Ebendas. 1865. 72 S. 8⁰

[Dasselbe.] 4. Aufl. Ebendas. 1870. 56 S. 8⁰

[Dasselbe.] 5. neubearb. Aufl. Ebendas. 1882. 54 S. 8⁰

[Dasselbe.] 5. [!] neubearb. Aufl. St. Gallen: Huber & Co. 1890. 54 S. 8⁰

[Dasselbe.] 6. neu bearb. Aufl. Ebendas. 1906. V, 98 S. 8⁰

Abgedr. in: M. 1 (1882—1883) S. 1—2, 5—6, 9—10, 13—14, 17—18, 21—22, 25—26, 29—30, 33—34, 37—38, 41—42, 45, 49.
Auszug in: FZ. 17 (1863) S. 363—365; T. 14 (1868) S. 27—29; T. 16 (1870) S. 179—181; Trentowski, F. B. v.: D. Frmrei in ihrem Wesen u. Unwesen. 1873 S. 245—265.
Recens z. 2. Aufl.: Bh. 6 (1863) S. 197 (J. G. Findel); FZ. 17 (1863) S. 238—239 (H. W. Sausse); L. 22 (1863) S. 345; KfF. 4 (1864) S. 184; z. 3. Aufl.: Bh. 8 (1865) S. 38 (J. G. Findel); z. 4. Aufl.: FZ. 26 (1872) S. 97 bis 99; z. 5. Aufl.: Al. 8 (1882) S. 29; z. 6. Aufl.: Al. 32 (1906) S. 149; V. 1 (1906 bis 1907) S. 54-55 (W. H. Denier v. d. Gon); Bh. 50 (1907) S. 264 (C. Gotthold).
cf. f. 6. Aufl.: DrL. 36 (1905—1906) S. 328 (A. Denecke); Z. 36 (1905—1906) S. 536 (A. Glücksmann); BstF. 15 (1906) S. 180—181 (A. Feld); Bbl. 20 (1906) S. 356 (G. Diercks); S. 13 (1906) S. 68—69 (E. Findel).
Tt. 1616—1619. Wesen, Zweck, Geschichte u. Einrichtung d. Bundes. 1., 4., 5. Aufl. in 23; 2. u. 3. Aufl. in 25; 6. Aufl. in KB. 193.

Henne am Rhyn, Otto. Die Freimaurerei in zwölf Fragen und Antworten. Zur Aufklärung für das Volk und dessen Freunde. 6., neu bearbeitete Aufl. VI + 98 S. 8. Berlin, Franz Wunder, 1906. [M. 1. –]
Motto (und Bogensignaturen): Adhuc stat!

— die Gebrechen u. Sünden der Sittenpolizei aller Zeiten, vorzüglich der Gegenwart. gr. 8. (III, 178 S.) Ebd. 893. n. 3. —

— d. Gebrechen u. Sünden d. Sittenpolizei all. Zeiten, vorzügl. d. Gegenwart. 2., verb. Aufl. 8. (III, 169 S.) Leipzig 897. M. Spohr. n. 3. —

— Geschichte des Rittertums, s. a. Bibliothek, illustrierte, der Kunst- u. Kulturgeschichte.

Geschichte des Rittertums von Dr. Otto **Henne** am Rhyn. Leipzig: P. Friesenhahn [1893]. (248 S.) 8°
— **Bibliothek**, Illustrierte, d. Kunst- u. Kulturgeschichte. Bd 3. [97. 178 21

[K.] Geschichte des Kantons St. Gallen seit Annahme der Verfassung von 1861 (bis auf die Gegenwart). Von Otto Henne am Rhyn, Staatsarchivar. *St. Gallen: K. Kugel 1896.* (VIII, 194 S.) 1 Bd 8. [96 9137

— Geschichte d. Kantons St. Gallen seit Annahme d. Verfassg. v. 1861. gr. 8. (VIII, 194 S.) St. Gallen 896. Scheitlin. n. 3. —

Henne-Amrhyn, Otto, Geschichte des Kantons St. Gallen von seiner Entstehung bis zur Gegenwart. 6 Lfgn. gr. 8. (VII und 439 S.) St. Gallen 853, Scheitlin und Zollikofer. à Lfg. 9 Ngr.

Henne-Amrhyn, Otto, Geschichte des Kantons St. Gallen von seiner Entstehung bis zur Gegenwart. (In 6 Liefgn.) 1. Liefg. St. Gallen 863. Scheitlin & Zollikofer. gr. 8. (S. 1—80.) 9 ngr.

—— Geschichte des Schweizervolkes und seiner Kultur von den ältesten Zeiten bis zur Gegenwart. 3 Bde. gr. 8. Leipzig 865,66, O. Wigand. à Bd. 2 Thlr. 20 Ngr.

Inhalt:

Bd. 1. Herkunft des Schweizervolkes, Entstehung und Ausbreitung der Eidgenossenschaft, Heldenkämpfe der Schweizer um Freiheit und um Ruhm. Von den ältesten Zeiten bis zur Losreißung der Schweiz vom deutschen Reiche (1499). (VIII und 568 S.)

„ 2. Spaltung der Eidgenossen durch die Glaubensänderung und durch fremde Kriegsdienste, Bedrückung ihrer Unterthanen und Zerrüttung ihrer alten Bünde. Von der Losreißung der Schweiz vom deutschen Reiche (1499) bis zum Ausbruche der europ. (französ.) Revolution 1789. (IV und 573 S.)

„ 3. Die Befreiung der Schweiz von der Herrschaft der Vorrechte, ihre Abhängigkeit vom Auslande und die endliche Wiedererkämpfung ihrer Freiheit und Einheit. Vom Ausbruche der europ. (französ.) Revolution, 1789, bis zur Gegenwart. Nebst der schweizer. Bundesverfassung von 1848, und einem Register über das ganze Werk. (IV und 609 S.)

Henne-AmRhyn, Otto, Geschichte d. Schweizervolks u. seiner Kultur von den ältesten Zeiten bis zur Gegenwart. 2. wohlfeile Ausg. 3 Bde. gr. 8. Leipzig 871. O. Wigand. 12. —

1. Herkunft d. Schweizervolkes, Entstehg. u. Ausbreitg. der Eidgenossenschaft. Heldenkämpfe der Schweizer um Freiheit u. um Ruhm. Von den ältesten Zeiten bis zu der Losreißg. der Schweiz vom deutschen Reiche [1499]. (VIII, 569 S.)
2. Spaltung der Eidgenossenschaft durch die Glaubensänderg. u. durch fremde Kriegsdienste, Bedrückg. ihrer Unterthanen u. Zerrüttg. ihrer alten Bünde. Von der Losreißg. der Schweiz vom deutschen Reiche [1499] bis zum Ausbruch der europäisch. [französ.] Revolution 1789. (IV, 572 S.)
3. Die Befreig. der Schweiz v. der Herrschaft der Vorrechte, ihre Abhängigkeit vom Auslande u. die endl. Wiedererkämpfg. ihrer Freiheit u. Einheit. Vom Ausbruche der europäisch. [französ.] Revolution 1789, bis zur Gegenwart. Nebst der schweizer. Bundesverfassg. v. 1848, u. e. Register üb. das ganze Werk. (IV, 611 S.)

Henne-Am Rhyn, Otto, Geschichte des Schweizervolkes und seiner Kultur von der ältesten Zeit bis zur Gegenwart. 3. verb. und ergänzte Aufl. 3 Bde. gr. 8. Leipzig 878, O. Wigand. 12 —

Inhalt:

Bd. 1. Herkunft des Schweizervolkes, Entstehung und Ausbreitung der Eidgenossenschaft. Heldenkämpfe der Schweizer um Freiheit und um Ruhm. Von den ältesten Zeiten bis zu der Losreißung der Schweiz vom deutschen Reiche [1499]. (VIII, 567 S.)

„ 2. Spaltung der Eidgenossenschaft durch die Glaubensänderung und durch fremde Kriegsdienste, Bedrückung ihrer Unterthanen und Zerrüttung ihrer alten Bünde. Von der Losreißung der Schweiz vom deutschen Reiche [1499] bis zum Ausbruch der europäischen [französ.] Revolution 1789. (IV, 571 S.)

„ 3. Die Befreiung der Schweiz von der Herrschaft der Vorrechte, ihre Abhängigkeit vom Auslande und die endliche Wiedererkämpfung ihrer Freiheit und Einheit. Vom Ausbruche der europäischen [französ.] Revolution 1789, bis zur Gegenwart. Nebst der schweizer. Bundesverfassung von 1848, und einem Register über das ganze Werk. (IV, 636 S.)

—— s. **Handbuch, allgemeines der Freimaurerei.**

Handbuch der **Kulturgeschichte** in zusammenhängender und gemeinfasslicher Darstellung von Otto **Henne am Rhyn**. Leipzig: Wigand 1900. X, 662 S.
Kommt auch auf die Frmrei zu sprechen.

—— das Jenseits. Kulturgeschichtliche Darstellung der Ansichten über Schöpfung und Weltuntergang, die andere Welt und das Geisterreich. gr. 8. (VIII, 302 S.) Leipzig 881, O. Wigand. *

Jesuiten oder Freimaurer? Roman von **Leberecht Maurer** [d. i. Otto **Henne-Am-Rhyn**]. Leipzig: Krüger & Roskoschny 1876. 344 S. 8°
Abgedr. in: FZ. 29 (1876) S. 6—8, 14—16, 22 bis 24, 30—32, 38—40, 46—48, 54—56, 62—63, 71—72, 79—80, 85—87, 94—95, 102—104, 110 bis 111, 118—119, 126—127, 142—144, 149 bis 152, 158—160, 166—167, 175—176, 183 bis 184, 190—191, 197—199, 206—208, 214 bis 216, 223—224, 229—230, 239—240, 247 bis 248, 254—256, 262—264, 271—272, 277 bis 279, 285—287, 293—296, 302—304, 310 bis 312, 317—320, 326—327, 333—336, 342 bis 344, 350—352, 357—360, 365—368, 374 bis 376, 382—383, 391—392, 398—399, 406 bis 407, 413—415.
Tt. 2652, TB. 380, 382. Auch u. d. Tit. „Die Geheimbündler" 1873 im „West-ungar. Grenzboten" (Pressburg) u. in der „Abwehr" (Warnsdorf, Böhmen) u. d. Tit.: „Neutempler u. Rosenkreuzer" erschienen.

—— die Jesuiten, deren Geschichte, Verfassung, Moral, Politik, Religion und Wissenschaft. 1. und 2. Aufl. 8. (VII, 92 S.) Ebendas. 888. *

— die Jesuiten, deren Geschichte, Verfassung, Moral, Politik, Religion u. Wissenschaft. 1. u. 2. Aufl. 8. (VIII, 92 S.) Ebd. 889. n. 1. 50

— **die Jesuiten, deren Geschichte, Verfassung, Moral, Politik, Religion u. Wissenschaft. 3., neubearb. Aufl. gr. 8. (107 S.) Leipzig 894. M. Spohr. n. 1. 50**

Henne am Rhyn, Otto *s.* Isenring, J[ohann] B[aptist]. Malerische Ansichten der interessantesten Gegenden ... auf der St. Gallisch-Appenzellischen Eisenbahn. St. Gallen [1856]

—— Gottfried Kinkel. Ein Lebensbild. Mit 1 Portr. Kinkels in Kpfrst. gr. 8. (IV, 104 S.) Zürich 883, Schmidt. *
Portr. allein in 4. * *M* 1.; auf chines. Pap. *

—— die Kreuzzüge und die Kultur ihrer Zeit. Prachtausg. mit 100 ganzseit. Illustr. von Gust. Doré und verschiedenen ganzseit. Illustr. deutscher Künstler und über 100 Text-Illustr. (in Holzschn.). 30 Lfgn. Fol. (XII, 498 S.) Leipzig 880,84, Bach. à Lfg. * *M* 2.; geb. *

—— die Kreuzzüge und die Kultur ihrer Zeit. 2. Aufl. Volksausg. 15 Lfgn. gr. 4. (XII, 416 S. mit 100 ganzseit. Illustr. von Gust. Doré, verschiedenen ganzseit. Illustr. deutscher Künstler und über 100 Text-Illustr.) Leipzig 885,86, Bach. à Lfg. * *M* 1.—. *
geb. *

Henne-am Rhyn. Die Kreuzzüge u. die Kultur ihrer Zeit. Mit Illustrationen von G. Doré etc. XXI. u. XXII. Lief. In-Fol. Leipzig, Bach. à 2 70
1893.

Henne am Rhyn, Otto. Die Kreuzzüge und die Kultur ihrer Zeit. Illustriert von Gustav Doré. (3. durchgesehene Aufl.) XVIII + 614 S. 4. Leipzig, Friedrich Zecher, (1903). [geb. M. 24. —, Reiseausg. 26. —]

Die Kultur im Übergange vom neunzehnten zum zwanzigsten Jahrhundert. Von Otto Henne-am Rhyn. Leipzig: O. Wigand 1908. (IX, 324 S.) 8° [F.]
= Henne-am Rhyn: Allgemeine Kulturgeschichte. Bd 8. 108. 1388

—— Die Kultur der Vergangenheit, Gegenwart u. Zukunft in vergleichender Darstellung. 1. u. 2. Aufl. 2 Bde. gr. 8. (VII, 412; VII, 596 S.) Danzig 890, Hinstorff. * 9 —
—— dass. — 2 Bde. Wohlf. (Titel-) Ausg. gr. 8. (VII, 412; V, 596 S.) Königsb. i. Pr. 890, Hartung. * 5 —; in 1 Hlbfr.-Bd. geb. ** 6 —

— die Kultur der Vergangenheit, Gegenwart u. Zukunft in vergleichender Darstellung. 2 Bde. Wohlf. (Titel-)Ausg. gr. 8. (VII, 412 u. V, 596 S.) Königsberg i/Pr. 892. Hartung. n. 5.—; in 1 Halbfrz.-Bd. geb. n.n. 6.—

— allgemeine Kulturgeschichte von der Urzeit bis auf die Gegenwart. 6 Bde. gr. 8. Ebend. 877. 78. à n. 9. —
1. Die Urzeit u. die morgenländischen Völker bis zum Verluste ihrer Selbstständigkeit. (XVIII, 570 S.)
2. Die Hellenen u. Römer u. ihr Machtgebiet bis zum Siege d. Christentums. (XV, 571 S.)
3. Kulturgeschichte des Mittelalters. Vom Auftreten der nordeurop. Völker bis zum Wiederaufleben der Wissenschaften. (XX, 585 S.)
4. Das Zeitalter der Reformation. (XIII, 598 S.)
5. Das Zeitalter der Aufklärung. (XXII, 631 S.)
6. Die neueste Zeit. (XVI, 684 S.)

Henne am Rhyn, Otto. Allgemeine Kulturgeschichte von der Urzeit bis auf die Gegenwart. Von O' H'-Am (**Band 7 u. 8:* am) Rhyn. 8 Bände [mit Beiheft:] Generalregister.... 8. Leipzig, Otto Wigand, 1877—1908.

Band 1: Die Urzeit und die morgenländischen Völker bis zum Verluste ihrer Selbständigkeit. — *A. u. d. T.:* Kulturgeschichte der U' und der m' Völker bis zum Verl' ihrer S'. XXIV + 571 S. 1877. [M. 9. —]
Band 2: Die Hellenen und Römer und ihr Machtgebiet. — *A. u. d. T.:* Kulturgeschichte der H' und R' und ihres Machtgebietes bis zum Siege des Christentums. XVI + 572 S 1877. [M. 9. —]
Band 3: Das Mittelalter. — *A. u. d. T.:* Kulturgeschichte des Mittelalters. Vom Auftreten der nordeuropäischen Völker bis zum Wiederaufleben der Wissenschaften. XX + 586 S. 1877. [M 9. —]
Band 4: Das Zeitalter der Reformation. 2. umgearbeitete Aufl. — *A. u. d. T.:* Kulturgeschichte des Zeitalters der R'. Vom Wiederaufleben der Wissenschaften bis zum Ende der Religionskriege. XIV + 598 S. 1878 (**Umschlag:* 1879). [M. 9. —]
Band 5: Das Zeitalter der Aufklärung. 2. umgearbeitete Aufl. — *A. u. d. T.:* Kulturgeschichte des Zeitalters der A'. Vom Ende der Religionskriege bis zum Ausbruche des Revolutionsgeistes.... XIV + 632 S. 1878 (**Umschlag:* 1879). [M. 9. —]
Band 6: Die neueste Zeit. 2 umgearbeitete Aufl. — *A. u. d. T.:* Kulturgeschichte der neuesten Z'. Vom Ausbruche des Revolutionsgeistes ... bis auf die Gegenwart. XVI + 686 S. 1879. [M. 9. —]
[Beiheft] *u. d. T.:* Generalregister über alle sechs Bände. 103 S. 1879. [M 2. —]
Band 7: Die jüngste Zeit. — *A. u. d. T.:* Kulturgeschichte der jüngsten Z'. Von der Errichtung des Deutschen Reiches bis auf die Gegenwart. XII + 612 S. 1897. [M. 9. —]
Band 8: Die Kultur im Übergange vom 19. zum 20. Jahrhundert. — *A. u. d. T.:* Die K' im Üb' vom neunzehnten zum zwanzigsten Jahrh'. XII + 324 S. 1908. [M. 10. —]

(Henne am Rhyn, Otto.) Deutsche Kulturgeschichte. 3. Aufl. Mit ... Abbildungen.... (Band 1.) Halbband 2. [Mit 34 Tafeln.] II S. + S. 273—500 [+ *Erläuterungen zu Tafeln etc.* 23 S.]. 4. Berlin, Baumgärtel, 1903. Ausgabe in 4 Halbbänden à M. 5. —

Henne-Am-Rhyn, Dr. Otto, Kulturgeschichte des Judenthums von den ältesten Zeiten bis zur Gegenwart. Lfrg. 1 (einz.?). Bern, Rud. Costenoble, 1880. Gr. 8°. 96 S. Beibl.*)

Henne-Am Rhyn, Otto. Kulturgeschichte des Judenthums, von den ältesten Zeiten bis zur Gegenwart. 2. Lief., In-8°. Bern, R. Costenoble 2 50

Henne-AmRhyn, Otto. Kulturgeschichte des Judenthums von den ältesten Zeiten bis zur Gegenwart. 3.—5. (Schluss-)Lieferung. In-8°. Bern, R. Costenoble. 1880. à 2 50

— Kulturgeschichte des Judentums von den ältesten Zeiten bis zur Gegenwart. gr. 8. (XIV, 527 S.) Jena 880. Costenoble. n. 10. —

— Kulturgeschichte der Kreuzzüge, s. a. Bibliothek, illustr., der Kunst- u. Kulturgeschichte.

Henne am Rhyn, Otto. Kulturgeschichte der Kreuzzüge. [Illustriert.] 8. Leipzig [1894].
Illustrierte Bibliothek der Kunst- und Kulturgeschichte.

—— die Kulturgeschichte im Lichte des Fortschritts. Einleitung zu einer Kulturgeschichte der neuern Zeit. gr. 8. (IV, 178 S.) Ebendas. 869.

— s.: Kulturgeschichte d. Mittelalters.

—— Kulturgeschichte des deutschen Volkes. In 5 Abtlgn. oder 2 Bdn. gr. Lex.-8. (375; 412 S. mit vielen Abbild. im Text, Taf. und Farbendr.) Berlin 886,87, Grote'sche Buchh. Subscr.-Pr. à Abtl. **M* 4.—.; compl. geb. *

Henne am Rhyn, O: Kulturgeschichte des deutschen Volkes. 2. Aufl. Bd 1. 2. Berlin 1892—1893
Suppl.: Geschichte der deutschen Kunst. (1. Aufl.) Berlin
[Bd] 1. Dohme: Geschichte der deutschen Baukunst. 1887
[Bd] 2. Bode: Geschichte der deutschen Plastik. 1887
[Bd] 3. Janitschek: Geschichte der deutschen Malerei. 1890
[Bd] 4. Lützow, v: Geschichte des deutschen Kupferstiches und Holzschnittes. 1891
[Bd] 5. Falke, v: Geschichte des deutschen Kunstgewerbes. 1888

— Kulturgeschichte d. deutschen Volkes. Mit 1049 Abbildgn. im Text u. 184 Taf. u. Farbendr. 2., neu bearb. u. verm. Aufl. 6 Abtlgn. gr. Lex.-8. (1. Bd. X, 500 S.; 2. Bd. IV, 528 S.) Berlin 892. 893. G. Grote, Sep.-Cto. à Abtlg. n. 4. —; auch in 48 Lfgn. à n. — 50 (kplt. geb.: n. 30. —)

— Kulturgeschichte d. deutschen Volkes. M. 1049 Abb. im Text u. 134 Taf. u. Farbendr. 20.—24. Tausd. 2 Bde. in 8 Abtlgn. gr. Lex.-8. (500 u. 528 S.) Berlin 897. Historischer Verlag Baumgärtel. à Abtlg. 3. —

Henne am Rhyn, Otto. Kulturgeschichte des Deutschen Volkes (**Umschlag:* Deutsche Kulturgeschichte). Von Dr. Otto Henne am Rhyn, Staatsarchivar in St. Gallen. Mit 1822 authentischen Abbildungen im Text und auf 135 Tafeln. 2 Bände. 3. Aufl. 4. Berlin, Baumgärtel, (1903). (Ausgabe in 4 Halbbänden à M. 5. —)
Band 1. X + 500 [+ *Erläuterungen zu Tafeln etc.* 64] S.
Band 2. VI + 528 [+ *Erläuterungen zu Tafeln etc.* 9] S.

Henne am Rhyn, Otto. Kulturgeschichte des Deutschen Volkes (**Umschlag:* Deutsche K'). Von Dr. O' H' am Rhyn, Staatsarchivar in St. Gallen. Mit 1822 authentischen Abbildungen im Text und auf 135 Tafeln. 3. Aufl. (Volks-Ausgabe in 12 Lieferungen.) Band 1. (Liefg. 1.) [Mit 9 Tafeln.] VIII S. + S. 1—96 [+ *Erläuterungen zu Tafeln etc.* 12 S.]. 4. Berlin, Baumgärtel, (1907). (*pro Liefg.* à M. 1. —, *cpl.* 12. —)
3. Aufl. (Ausgabe in 4 Halbbänden.) (1903): Nr 2412

—— Kulturgeschichte d. jüdischen Volkes von den ältesten Zeiten bis zur Gegenwart. 2. wesentlich verb. Aufl. der Kulturgeschichte d. Judentums. gr. 8. (XV, 523 S.) Jena 892, Costenoble. * 10 —

[F.] Kulturgeschichte der jüngsten Zeit. Von d. Errichtg d. Deutsch. Reiches bis auf d. Gegenw. Von Otto Henne-am Rhyn ... *Leipzig: O. Wigand 1897.* (X S., 1 Bl., 609 S., 1 Bl.) 1 Bd 8.
= Henne-am Rhyn, O.: Allg. Kulturgeschichte. Bd 7. 98 1031

—— Kulturgeschichte der neueren Zeit. Vom Wiederaufleben der Wissenschaften bis auf die Gegenwart. 3 Bde. gr. 8. Ebendas. à Bd. *M 10. *

Inhalt:

Bd. 1. Kulturgeschichte des Zeitalters der Reformation. Vom Wiederaufleben der Wissenschaften bis zur Zeit des dreißigjährigen Krieges. (XXI, 604 S.) 870.

" 2. Kulturgeschichte des Zeitalters der Aufklärung. Von der Zeit des dreißigjährigen Krieges bis zur französ. Revolution. (XV, 624 S.) 871.

" 3. Kulturgeschichte der neuesten Zeit. Von der französ. Revolution bis auf die Gegenwart. (XX, 691 S.) 872.

Henne am Rhyn, Otto, das Appenzeller Land, s.: Städtebilder u. Landschaften aus aller Welt.

Henne am Rhyn, Otto, Merkwürdige Lebensgeschichte (Auszug) des Friedrich Freiherrn von der Trenck, Stuttgart, Spemann (1883). 8°. Collection Spemann No. 44.

— Paul v. Lilienfeld, s.: Denker, deutsche, u. ihre Geistesschöpfungen.

Aus Loge und Welt. Freimaurerische und kulturgeschichtliche Aufsätze von Otto Henne am Rhyn. Mit d. Bildn. d. Verf. Berlin u. Leipzig: Wunder 1905. IV, 280 S. 8°

Recens: Al. 31 (1905) S. 103; Bbl. 19 (1905) S. 628 (G. Diercks); ArSt. 2 (1906) S. 332 bis 333; HL. 39 (1905—1906) S. 62 (K. Wahlstedt); H. 17 (1906) Nr 15 (F. Scholz); SL. 26 (1906) S. 9 (H. Speck); Nord u. Süd. 118 (1906) S. 435.

cf. Brh. 2 (1905) S. 98—99 (W. Kunis); Bk. 24 (1905) No 86 (J. Feiner); L. 28 (1905) S. 168 (P. Fischer); S. 12 (1905) S. 79 (J. G. Findel); DrL. 36 (1905—1906) S. 112—113 (A. Denecke); ML. 34 (1905 bis 1906) S. 27—28 (O. Henckel); Z. 36 (1905—1906) S. 16 (H. Glücksmann).

5 frmrische, 9 nicht-mrische Abhandl. Verfs. frmr. u. schriftstellerische Laufbahn.

— Namen- u. Sachregister, s.: Geschichte, allgemeine, in Einzeldarstellungen.

Henne am Rhyn, Otto. Orts-Lexikon der Kantone St. Gallen und Appenzell.... Nach den besten Quellen bearb. von O'H'-Am Rhyn.... (2 Hälften.) 8. St. Gallen 1868.

Henne am Rhyn, Otto. Prostitution und Mädchenhandel. Neue Enthüllungen aus dem Sklavenleben weisser Frauen und Mädchen. (Erstes Tausend.) 87 S. 8. Leipzig, Hans Hedewig's Nachfolger, [1903]. [M. 1.20]

— Prostitution u. Mädchenhandel. Neue Enthüllgn. aus dem Sklavenleben weißer Frauen u. Mädchen. 2. verm. Aufl. (5. u. 6. Tauf.) (96 S.) 8. Leipzig 907. H. Hedewig's Nachf. 1.20; geb. n 1.50

— eine Reise durch das Reich d. Aberglaubens. gr. 8. (IV, 175 S.) Leipzig 893. M. Spohr. n. 2.80

Henne am Rhyn, Otto. Illustrierte Religions- und Sittengeschichte aller Zeiten und Völker; mit [1 Porträt-Tafel,] 10 Tafeln und 154 Textbildern. 1.—5. Tausend. VIII + 263 S. 8. Stuttgart, Strecker & Schröder, (1911). [M. 3.—, geb. 4.—]

Ritual der Freimaurerloge Concordia im Or.·. St. Gallen. Angenommen 1868. Erster — dritter Grad. [Bearb. von Otto Henne-Am Rhyn.] St. Gallen [1868]: Kälin. [3. Grad:] Zürich 1868: Orell, Füssli & Co. 8°

Erster Grad. 18 S.
Zweiter Grad. 14 S.
Dritter Grad. 18 S.
Tt. 1394.

—— das vorchristliche Rom, s.a. Wanderbilder, europäische.

Henne am Rhyn. O[tto]. Das Vorchristliche Rom. Von Dr. O. H'-am Rhyn (°*Umschlag:* H'-Amrhyn). Mit 23 Illustrationen [wovon 4 Tafeln] und einer Vogelschaukarte. (Europäische Wanderbilder. N° 42. 43.) 8. Zürich [1883].

— St. Gallen, s.: Geuter's Führer. Nr. 220.

— St. Gallen, s.: Städtebilder u. Landschaften aus aller Welt.

— St. Gallen u. seine Umgebung, s.a. Städtebilder u. Landschaften aus aller Welt.

Henne am Rhyn, Otto. St. Gallen und seine Umgebung. Mit 22 Ansichten und einem Stadtplan. 2. Aufl. Städtebilder und Landschaften aus aller Welt. (No. 24.) 8. Linz a. d. Donau (1894).

Henne am Rhyn, Otto. St. Gallen und seine Umgebung. Mit zahlreichen Ansichten und einem Stadtplan. 3. Aufl. 64 S. 8. Darmstadt und Leipzig, Karl P. Geuter, 1904. (M. —. 50)
Geuters Führer. Neue Folge der «Städtebilder und Landschaften aus aller Welt». (Nr. 220.)

Henne, O., und J. B. Isenring. Die St. Galler-Appenzeller Bahn. Festschrift zur Eröffnung. 1856.

—— die Schmach der modernen Kultur. 12. (III, 142 S.) Leipzig 885, Lemme. *

— kulturgeschichtliche Skizzen. 2. Aufl. 8. (III, 327 S.) Berlin 889. Verein f. deutsche Litteratur. n. 5.—; geb. n 6.—

Henne am Rhyn, siehe: *Städtebilder*.

— Kurzgefaßte Symbolik der Freimaurerei, s.a. Bücherei f. Freimaurer.

Kurzgefaßte Symbolik der Freimaurerei. Von Dr. Otto **Henne** am Rhyn. Berlin: F. Wunder (1900). (VIII, 144 S.) 8° [F.]
— Bücherei f. Freimaurer. 11/12. [illegible]

Kurzgefasste Symbolik der Freimaurerei. Von Otto Henne am Rhyn. Berlin: Wunder [1907]. VIII, 144 S. 8⁰ (Bücherei f. Frmr. 11. 12.)
Auszug in: ArSt. 4 (1907) S. 319—328.
Recens: Bh. 50 (1907) S. 399 (Ch. Gotthold); Bbl. 21 (1907) S. 634 (G. Diercks); FZ. 61 (1907) S. 369 (O. Neumann); L. 30 (1907) S. 355 (P. Fischer); BZC. 36 (1907) S. 603 bis 604; ML. 36 (1907—1908) S. 46 (O. Henckel).
cf. S. 14 (1907) S. 101 (F. Rackhorst); DrL. 38 (1907—1908) S. 65—66 (J. H. Papsdorf); V. 2 (1907—1908) S. 156—158 (W. H. Denier v. d. Gon); Brh. 5 (1908) S. 17 (W. Kunis); H. 19 (1908) No 1 (R. Bartolomäus).
Grundlagen (Stärke), Bestandteile (Schönheit), Höhen (Weisheit) der Symbolik.

— der Teufels- u. Hexenglaube, seine Entwicklung, seine Herrschaft u. sein Sturz. gr 8. (VII, 159 S.) Leipzig 892. M. Spohr. n. 2. 40

— Uebermenschen u. Edelmenschen. Erzählg. aus der modernen Welt. 1. u. 2. Aufl. gr. 8. (à 107 S.) Altenburg 900. A. Tittel. n. 2. —

— Versuch e. Darstellung d. positiven, inneren Freimaurer-Rechts, s.: Groddeck, v.

— die deutsche Volkssage. Beitrag zur vergleich. Mythologie m. eingeschalteten 1000 Original-Sagen. gr. 8. (XXII, 538 S.) Leipzig 874. Krüger u. Roskoschny. n. 7. 50

— die deutsche Volkssage im Verhältniß zu den Mythen aller Zeiten u. Völker, mit über 1000 eingeschalteten Orig.-Sagen. 2., völlig umgearb. Aufl. gr. 8. (XVI, 720 S.) Wien 879. Hartleben. 9. —

Kulturgeschichtliche Vorträge für Freimaurer [2. Aufl.:] und für Solche, die es werden wollen. Von Otto Henne am Rhyn. Leipzig: Hesse 1884. 137 S. 8⁰
[Dasselbe.] 2. Aufl. Leipzig: Hesse 1905. 111 S. 8⁰
Recens f. 1. Aufl.: FZ. 38 (1884) S. 379—380 (K. Pilz); DrL. 14 (1884—1885) S. 1038 (E. A. F. Rumpelt gen. Walther); ML. 13 (1884—1885) S. 88; f. 2. Aufl.: Al. 31 (1905) S. 45; H. 16 (1905) No 12 (K. Pistorius); BZC. 34 (1905) S. 173—174.
cf. f. 1. Aufl.: Z. 14 (1884) S. 96; Brh. 2 (1905) S. 25, 119 (W. Kunis).
f. 2. Aufl.: BayrBbl. 5 (1904—1905) S. 244 (G. Niehrenheim); DrL. 35 (1904—1905) S. 184 bis 185 (A. Denecke); ML. 33 (1904—1905) S. 163 (O. Henckel); Z. 35 (1904—1905) S. 375 (H. Glücksmann); Bbl. 19 (1905) S. 213 (G. Diercks); BstF. 14 (1905) S. 139 bis 140 (A. Feld); L. 28 (1905) S. 56 (P. Fischer); SL. 25 (1905) S. 85—86 (B. Hirsch); R. 32 (1905) S. 56 (G. Schauerhammer); L'Acacia. (Paris) [7] (1906) S. 101 bis 108 (O. Wirth); Bh. 25 (1906) No 87 (M. Corens).
Tt. 1871a. 6 Vorträge. Führt in d. Gebiet d. Kulturgeschichte ein u. zeigt d. Bedeutung derselben für die Frmr.
1. Aufl. in 25; 2. in 23.

Henne-Am-Rhyn, O. Siehe: „Europäische Wanderbilder".

– s. W e b e r , Henry: Neues vollständiges Ortslexikon der Schweiz. St. Gallen 1887.

Hennebach [Schlagwort]

Hennebach, s.: Sachsen. Messtischblätter.

Henneberg [Schlagwort]

Henneberg — S. R. I. Comitatvs — secundum Praefecturas et modernas Dynastias, una cum confini Pr. Coburgensi geographice consignatus et in hac Tabula editus. Nürnberg bey Homanns Erben. 1804. 1 : 150,000. 1 Bl.

Henneberg [Verfasser]

— s a. Hennenberg.

Henneberg: Offizieller F ü h r e r durch die Allg. dtsche Ausstellung auf dem Gebiet der Hyg. u. d. Rettungswesens, s. B ö r n e r

v. Henneberg, die schöne Werlinde; e. Geschichte aus d. 11n Jahrhund. 8. Riga 798. Meinshausen. 22 gr.

Henneberg, Frhr. v., die Gesellschaft f. innere Kolonisation. Ihre Ziele u. Bestrebgn., erläutert. Hierzu e. Plan zu e. Ansiedlg. gr. 8. (39 S.) Leipzig 887. Duncker & Humblot. n. 1. 20

Henneberg, Confirmationsrede. Erfurt, Beyer und Maring.

Henneberg, Albert, approb. Arzt aus Poppenbüttel: Ueber das Vorkommen und die Behandlung von Gelenkfracturen. *Kiel 1902: H. Fiencke.* (20 S.) 8°
Kiel, Med. Diss. v. [8. März] 1902

Henneberg, (Georg. Frid.) Armin. (geb. Wasserleben in d. Prov. Sachs. 10. 2. 1828): De encephalomalacia rubra. Berolini (1852). (30 S.) 8°
Berlin, Med. Diss. v. 9. Okt. 1852

Henneberg, Bruno

Henneberg, *Paul Eduard* Bruno [aus Magdeburg]: Beiträge zur Entwicklungsgeschichte des Unterkiefers beim Menschen ... Berlin, Buchdr. v. G. Schade, *1894;* 31 S. 8.
Berlin, Med. Fak., Inaug.-Diss. v. 14. Aug. 1894

Henneberg, Brunno[!], Dr., Prosektor am anat. Institut d. Universität Giessen: (Aus d. anat. Institut zu Giessen.) Die erste Entwickelung der Mammarorgane bei der Ratte. Mit 17 Fig. *Wiesbaden: J. F. Bergmann 1899.* (67 S.) 8° ¶(Aus: Anat. Hefte, Abth. 1, H. 41.)
Giessen, Med. Hab.-Schr. v. 1899

Wodurch wird das Geschlechtsverhältnis beim Menschen und den höheren Tieren beeinflusst? Von B[runo] Henneberg, Giessen. SA. aus: Ergebnisse d. Anatomie u. Entwickelungsgesch. hrsg. v. Fr. Merkel u. R. Bonnet. Bd VII. 1897. *Wiesbaden: J. F. Bergmann 1898.* (23 S.) 1 Bd 8.
[illegible]

Henneberg, Carl, s. H e n n e b e r g , Karl

Henneberg, Christoph Ludwig

Henneberg, Chr. Lud., Diss. sistens historiam morbi convulsivi infantis, ejusdem sanandi methodum. 12 pp. Erf. 4°.

Henneberg, Christoph Ludwig (Arnstadt), Historiam morbi convulsivi infantis ejusdemque sanandi methodum. Diss. med. Erfurt (Joh. Christ. Goerling) o. J. (ca. 1800). (5.—) 14337

Geschichte des Verein [!] deutscher Fabriken feuerfester Produkte E. V., zsgest. aus Veranlassung d. 25jähr. Bestehens im Auftr. d Vorstandes von Ernst **Henneberg**, Freienwalde a. O. 1881–1906. Freienwalde a. O. 1906: E. Pilger. (64 S.) 4° 06. 3119

Henneberg, (Ernst): Die quellenmässigen Rechtsgrundlagen für den territorialen Bestand der preussischen Monarchie in ihrem gegenwärtigen Umfange. *Danzig 1898: A. W. Kafemann.* (48 S.) 8° [F.]
Greifswald, Jur. Diss. v. 1898

Henneberg, Ernst, was muß man von d. Malerei wissen? Die geschichtl. Entwickelg. der Malerei. Die Gattgn. der Malerei. Technik. Die Vervielfältigungskünste. Gemeinverständlich dargestellt. gr. 8. (87 S.) Berlin (900). H. Steinitz. n. 1.—

Henneberg, Freimund, Vorlagen f. den gewerblichen Fachunterricht an technischen Lehranstalten, s.: Kircher, Phpp.

Henneberg, Friedrich

Henneberg, Fr., Anleitung zum Gebrauch und zur Pflege der Feuerspritzen, Wasserzubringer u. d. übrigen Löschwerkzeuge, auf 20jähr. Erfahrung gegründet. 8. Arnstadt 841. (Meinhardt.) n. 5/12 ₰ — 2. verm. Aufl. 8. Ebend. 842. 5/12 ₰

Henneberg, Frdr., die Militärconvention zwischen Preußen und Coburg-Gotha. Bericht des Militärausschusses des gemeinschaftlichen Landtages der beiden Herzogthümer Coburg-Gotha. Coburg 861. Streit. gr. 8. (51 S.) 7½ ngr.

Henneberg, Frdr., der erfahrene Spritzenmeister od. Anleitung zum Gebrauch u. zur Pflege d. Feuerspritzen, Wasserzubringer u. übrigen Löschwerkzeuge. 3. verm. Aufl. m. 8 (lith.) Quer-Foliotaf. gr. 8. (XLIV u. 95 S.) Arnstadt 847, Meinhardt. 1 ₰

— ein Thüringer Vogelschießen, s. Schneider, H. J.

Die Rechtsstellung des Verlegers nach modernem Recht. Von Dr. jur. Heinrich **Henneberg**. Berlin: J. Guttentag 1908. (X, 127 S.) 8° [J.] 08. 3090

Henneberg, Henr. Guil. [!] (geb. Mühlhausen in Thür. 23. 8. 1813): De aneurysmate aortae thoracicae. Berolini (1836). (56 S.) 8°
Berlin, Med. Diss. v. 2. Apr. 1836

— **Heinr. Wilhelm** (Mühlhausen/Thür.), De aneurysmate aortae thoracicae. Diss. med. Berlin (Nietack) 2. IV. 1836. 56 S. mit Biogr. (M.: M. J. Schreiber.) (7.—) 14339
Oppon.: Max. Friedr. Bruch, Friedr. Laufs, Gustav Hartmann. — Gew.: E. D. A. Bartels. — Krankengeschichte v. L. Angely.

Henneberg, Hermann

Henneberg, *Max* Hermann [aus Magdeburg]: Arthrodesen im Talo-crural-Gelenk bei paralytischen Contracturen und Lähmungen ... Berlin, Buchdr. v. G. Schade, *1896;* 29 S., 1 Bl. 8.
Berlin, Med. Fak., Inaug.-Diss. v. 11. Aug. 1896

Henneberg, Hermann: Die politischen Beziehungen zwischen Deutschland und Frankreich unter König Albrecht I. 1289–1308 ... Strassburg, J. H. E. Heitz, 1891; 164 S. 8.
Strassburg, Phil. Fak., Inaug.-Diss. v. 1891

Henneberg, Herm., Einiges üb. doppelte Buchführung in Anwendung auf Landwirthschaftsbetrieb unter besond. Berücksicht. der Preisansätze f. nichtmarktpreishab. Futtermittel. gr. 8. (IV, 212 S.) Berlin 875. Wiegandt, Hempel & Parey. n. 3. —

Henneberg, Hugo [aus Wien]: Ueber das Wärmeleitungsvermögen der Mischungen von Aethylalkohol und Wasser .... Wien, Druck u. Verl. v. Carl Gerold's Sohn, 1888; 51 S. u. 4 Taf. 8°
Jena, Phil. Fak., Inaug.-Diss. v. 1888

Henneberg, Joh. Val.

— Erasmus v. Rotterdam, für Prediger seiner u. unserer Zeit, s. Erasmus Desid.

— Homilie über d. Leidensgeschichte Jesu nach Matthäus. gr. 8. Gotha 810. Steudel. 16 gr.

— philolog., histor. u. krit. Commentar über d. Geschichte d. Leiden u. d. Todes Jesu, nach d. Evangelien d. Matthäus, Markus u. Lukas. gr. 8. Leipz. 822. Engelmann. 1 ₰ 12 gr.

Henneberg, (J. V.,) philolog.-histor. u. krit. Kommentar üb. d. Geschichte d. Begräbnisses, d. Auferstehung u. Himmelfahrt Jesu, nach d. Evangelien d. Mathäus, Markus u. Lucas; nebst e. Beil. gr. 8. Lpz. 826, Hartmann.

— philolog., histor. u. krit. Commentar über d. Geschichte d. Begräbnisses, d. Auferstehung u. Himmelfahrt Jesu, nach d. Evangelien d. Matthäus, Markus u. Lukas; nebst e. Beilage. gr. 8. Leipz. 826. Lehnhold. 16 gr.

Henneberg, Jh. Val., († d. 18. März 1831.) philolog., histor. u. krit. Commentar über d. Schriften d. N. Testaments. 1r Thl. gr. 8. Gotha 829. Hennings. 2 ₰ 12 gr.

Henneberg, J. V., Schriften d. N. Testaments. s. Testament.

— Vorlesungen über d. Leidensgeschichte Jesu, nach den Evangelien d. Matthäus, Markus u. Lukas, zum Gebrauche bei d. öffentl. Gottesdienste u. zur Beförder. christl. Erbauung im häusl. Kreise. gr. 8. Gotha 820. Gläser. 12 gr.

HENNEBERG, JOHANN WILHELM JULIUS. Ueber einige Zersetzungsproducte des Mellonkaliums. Braunschweig, 1849.

Henneberg, Karl

Henneberg, Carl, Anweisung zur einfachen, wohlf. und leichten Entsäuerung des sauren Bieres, nicht durch einen alkalischen Zusatz, sondern durch einen Pflanzenkörper, wodurch die Säure zersetzt, und das Bier besser wird rc. 8. (28 S.) Quedlinburg 847, Basse.

Henneberg, Dr. L., Ueber solche Minimalflächen, welche eine vorgeschriebene ebene Curve zur geodätischen Linie haben. (Inaug.-Dissert.) Zürich 1875. 8°. brosch. (68 S.)

Henneberg, Dr. L., über Minimalflächen, welche eine vorgeschriebene ebene Curve zur geodätischen Linie haben. Inaugural-Dissertation. Zürich, Druck von Zürcher & Furrer. 1876.

Henneberg, Lebrecht, eine Aufgabe der graphischen Statik, s. Festschrift zur Jubelfeier des 50jähr. Bestehens der Grossh. Techn. Hochschule zu Darmstadt.

Henneberg, L[ebrecht]: Ueber die Entwickelung u. d. Hauptaufgaben d. Theorie d. einfachen Fachwerke. *Berlin 1893.*
in: Jahresbericht d. Deutschen Mathematiker-Vereinigung. Bd 3.
98. 6411

—— und Osc. Smreker, Lehrbuch der technischen Mechanik. 1. Tl.: Statik der starren Systeme von Lebrecht Henneberg. 8. (X, 374 S. mit 131 Fig. und 12 Taf.) Darmstadt 886, Bergsträsser. *

Henneberg, Leop., Jesus der Auferstandene. Predigt. gr. 8. (14 S.) Worms 848, Rahke. *

Henneberg, Ludwig [cand. med. aus Leipzig]: Aus d. kgl. pharmakolog. Institut d. Univ. Greifswald. Beiträge zur Kenntnis der Santoninwirkung . . . Greifswald, Druck v. Julius Abel, 1888; 46 S. u. 1 Taf. 8°
Greifswald, Med. Fak., Inaug.-Diss. v. 14. Dez. 1888

Henneberg, Max Hermann, s. Henneberg, Hermann

Henneberg, O., der Bau der Telegraphenlinien, s.: Zetzsche, K. E., Handbuch der elektrischen Telegraphie.

Die Erfordernisse zum Telegraphiren. Bearb. von O. **Henneberg,** Dr. O[tto] Frölich u. Dr. [Karl] E[duard] Zetzsche. Mit 701 Holzschn. u. 1 Karte. Berlin: J. Springer 1887. (XVII, 822 S.) 8°
= Telegraphie, Die elektr., im engeren Sinne. Hälfte 1.
= **Handbuch** d. elektr. Telegraphie. Bd 3, Hälfte 1. [08. 9833

Henneberg, Paul Eduard Bruno, s. Henneberg, Bruno

Henneberg, R., E. Ewald u. A. v. Heyden, Bilder aus dem deutschen Studentenleben. 8. (6 Photogr.) Kassel 879. Freyschmidt. cart. n. 6. —; einzelne Blätter à n. 1. —

Henneberg, Richard *Max Wilhelm* [aus Magdeburg]: Beitrag zur Kenntnis der Polyneuritis alcoholica . . . Berlin, Buchdr. v. G. Schade, *1893;* 30 S., 1 Bl. 8.
Berlin, Med. Fak., Inaug.-Diss. v. 8. Aug. 1893

Über die Beziehungen zwischen Spiritismus und Geistesstörung. Von Dr. R[ichard] Henneberg, Privatd., (Berlin), 2. erw. Abdr. *Berlin: A. Hirschwald 1902.* (52 S.) 8°
Aus: Archiv f. Psychiatrie u. Nervenkrankh. Bd 34. [02. 4185

Henneberg, Rud., der Kafill-Desinfektor. Apparat zum Sterilisiren u. Austrocknen v. Thierleichen, Fleischabfällen u. dergl. unter Gewinng. v. Fett, Leim u. Dungpulver. D. R.-P. No. 57349. gr. 8. (28 S. m. 2 Fig.-Taf.) Berlin 892. J. Springer. n. 1. —

Henneberg, Rud. Der Kafill-Desinfektor. Apparat zum Sterilisiren u. Austrocknen v. Thierleichen, Fleischabfällen u. dergl. unter Gewinng. v. Fett, Leim u. Düngpulver. D. R.-P. No. 59349. gr. 8. (28 S. m. 2 Fig.-Taf.) Berl. 892, Springer. * 1 —

Henneberg, R., das Beckersche Verfahren zum Kochen von Speisen im Dampf- und Wasserbad, sowie die dazu erforderlichen Apparate. Becker's Patent: Deutsches Reichspatent Nr. 21270. K. K. österr.-ungar. Privilegium Nr. 34571 und 49208. Mit einem Anhang: Beitrag zur Theorie und Praxis des Kochens von Carl Becker. gr. 8. (47 S. mit eingedr. Holzschn.) Berlin 883, Springer. *

Dritte Ausstellung der Königl. National-Galerie. Werke von Rudolf Henneberg, Wilhelm Schirmer und Hugo Harrer. Berlin 1877. 8°.

Henneberg, W.

—— und F. Stohmann, Beiträge zur Begründung einer rationellen Fütterung der Wiederkäuer. Praktisch-landwirthschaftl. und chemisch-physiolog. Untersuchungen. Für Landwirthe und Physiologen. 1. Heft: Das Erhaltungsfutter volljährigen Rindviehes und über Fütterung mit Rübenmelasse. Lex.-8. (XV und 316 S. mit 1 Stnt. in qu. Imp.-Fol.) Braunschweig 860, Schwetschke und Sohn.

Henneberg, W., und F. Stohmann, Beiträge zur Begründung einer rationellen Fütterung der Wiederkäuer. Praktisch-landwirthschaftl. und chemisch-physiolog. Untersuchungen, auf der landwirthschaftl. Versuchsstation zu Weende in Verbindung mit F. Rautenberg ausgeführt. 2. Heft: Ueber die Ausnutzung der Futterstoffe durch das volljährige Rind und über Fleischbildung im Körper desselben. Lex.-8. (VIII und 456 S. mit eingedr. Holzschn. und 1 Tab. in gr. 4.) Braunschweig 864, Schwetschke und Sohn. *
1. Heft. Ebendas. 1860. 1 Thlr. 12 Ngr.

Henneberg, W., neue Beiträge zur Begründung einer rationellen Fütterung der Wiederkäuer. Physiologisch-chemische Untersuchungen, mit besond. Berücksicht. der Bedürfnisse der Landwirthschaft, ausgeführt auf der Versuchsstation Weende-Göttingen. 1. Heft: Untersuchungen über die Respiration des Rindes und Schafs nebst einer methodolog. Einleitung. Mit 3 lithogr. Taf., den Pettenkofer'schen Respirationsapparat darstellend ɪc. (in qu. 4. und qu. Fol.). 2 Lfgn. gr. 8. Göttingen, Deuerlich'sche Buchh. [1. Lfg. (LXXVIII, S. 1—188.) 870; 2. Lfg. (IV, S. 189 457 mit 2 Tab. in gr. Fol.) 872.] à Lfg. *ℳ 4. *

Henneberg W, d. Salzmünd. Füttergsversuche. Ein krit. Referat. 1864

Henneberg, W., Jahresbericht über die Untersuchungen und Erfahrungen auf dem Gebiete der Landwirthschaft, s. Jahresbericht.

Henneberg, W., s. Jahresbericht über die Untersuchungen auf dem Gebiete der landwirthschaftlichen Pflanzenproduction.

– (Hrsg.), s. Journal für Landwirthschaft.

Henneberg, W., zur Kenntnis der Milchsäurebakterien der Brennereimaische, der Milch, des Bieres, der Preßhefe, der Melasse, des Sauerkohls, der sauren Gurken u. des Sauerteigs, sowie einige Bemerkgn. üb. die Milchsäurebakterien des menschlichen Magens. Aus dem botan. Laboratorium des Instituts f. Gärungsgewerbe zu Berlin. (IV, 47 S. m. Abbildgn. u. 2 Taf.) gr. 4. Berlin 903. P. Parey. n. 8. —
Sonderabdruck aus: „Ztschr. f. Spiritusindustrie".

—— über den Viehstand und die Viehzucht im Herzogth. Braunschweig. Ein statist. Beitrag. gr. 8. (56 S.) Braunschweig 852, (Leibrock.) *
Aus: Mittheilungen des landwirthschaftl. Vereins für das J. 1851, besonders abgedruckt.

Henneberg W.: Ueber Werthschätzung d. Futterstoffe. (Hannover 1882). 33 S. (Sertr.). P.

—— systematische Zusammenstellung der neueren Untersuchungen und Erfahrungen auf dem Gebiete der Landwirthschaft. Landwirthschaftlicher Jahrsbericht für 1853. I. Abthl.: Die Pflanzenproduction. gr. 8. (XVI und 223 S.) Celle 854, Capaun-Karlowa'sche Buchh. **

—— dass. — 2. Abthlg. Landwirthschaftliche Thierproduction; Hauswirthschaftliche und landwirthschaftliche Gewerbe; die landwirthschaftlichen Maschinen und Geräthe. gr. 8. (XII und 153 S.) Ebds. 855. **
Aus: Journal für Landwirthschaft. Landwirthschaftliches Centralblatt für das Königr. Hannover, besonders abgedruckt.

Henneberg, Wilhelm [aus Magdeburg]: Über die Einwirkung von Formaldehyd auf Glykonsäure und Zuckersäure . . . Berlin, Buchdr. v. G. Schade, 1896; 43 S. 8.
Rostock, Phil. Fak., Inaug.-Diss. v. [7. Febr.] 1896

Henneberg, Wilh., gärungsbakteriologisches Praktikum, Betriebsuntersuchgn. u. Pilzkunde. Unter besond. Berücksicht. der Spiritus-, Hefe-, Essig- u. Milchsäurefabrikation bearb. (XV, 670 S. m. 220 Abbildgn.) gr. 8. Berlin 909. P. Parey. Geb. in Leinw. 21. —

Henneberger, A., Adnotationes ad Senecae Medeam et Troades maximam partem criticae. Pr. 1862. 26 S. 4°.

Henneberger, A., Ovidii Metamorphoseon continuationem seriemque indicavit, adnotationes criticas adjecit. Pr. 1846. 22 S. 4°. 2.–

Henneberger, Aug.

— **Jean Pauls Aufenthalt** in Meiningen. Ein Erinnerungsblatt zu seinem 100jährigen Geburtstag. Meiningen 863. v. Eye. gr. 4. (22 S.) n. 4 ngr.

——, Ad. **Schaubach** und **Ernst Bernhardt**, Charakterbilder aus der **Alten Welt**. Nach den Quellen entworfen. gr. 8. (XIV und 687 S.) Hildburghausen 865, Nonne. cart.

Henneberger, Aug., das deutsche Drama der Gegenwart. Greifswald 853. Koch. gr. 8. (93 S.) 15 ngr.

Henneberger, Aug., lateinisches Elementarbuch. 8. (III und 92 S.) Meiningen 851, Blum.

Henneberger, Aug., lateinisches **Elementarbuch**. Lesestücke, Formenlehre und Wörterbuch. 3. Aufl. 1862. und 4., verb. und verm. Aufl. 8. (IV und 116 S.) Hildburghausen 866, Kesselring'sche Hofbuchh.

Henneberger, Aug., lateinisches Elementarbuch. Lesestücke, Formenlehre und Wörterbuch. 6. verb. und verm. Aufl. 8. (IV, 116 S.) Hildburghausen 873, Kesselring'sche Hofbuchh. *

Henneberger, Aug., lateinisches Elementarbuch. Lesestücke, Formenlehre u. Wörterbuch. 7. verb. u. verm. Aufl. 8. (IV, 116 S.) Hildburghausen 876. Kesselring. n. 1. 20

Henneberger, A., lateinisches Elementarbuch. Lesestücke, Formenlehre u. Wörterbuch. 8., verb. Aufl. 8. (IV, 118 S.) Hildburghausen 888. Kesselring. n. 1. 20

— **griechische Geschichte** in Biographien. Nach den Quellen bearb. Hildburghausen 864. Nonne. gr. 8. (VI, 316 S.) n. 1 ℳ

—— altdeutsches Lesebuch, s.a. **Lesebuch.**

— altdeutsches Lesebuch für höhere Lehranstalten. Herausg. und mit den nöthigen Worterklärungen versehen. 2. verb. u. verm. Aufl. Halle 854. Buchhdlg. des Waisenhauses. gr. 8. (VIII, 168 S.) 20 ngr.

Henneberger, Franz X.

De vero linquae latinae pretio rectaque eam et docendi et discendi ratione. Conscripsit F. X. Henneberger, O. P. — 1839. Amberg, mit Wichele'schen Schriften. — S. 3—12.
Progr. Amberg

Henneberger, Jh. Mch., Leitfaden d. ersten Unterrichts im Rechnen für d. Jugend in Franken, zunächst für mein Lehrinstitut. 8. Meiningen 808.

Henneberger, Casp. Grosse Landtafel von Preussen, nach der ersten Ausgabe von 1576, herausgegeben von der phys. ökonomischen Gesellschaft in Königsberg. Königsberg. 1863. Folio.

Henneberger, M., J. Juchli's Schachprobleme, s.: **Withe**, Alain C.

Henneberger, Moritz [von Guggisberg, Kt. Bern]: Beiträge zur Theorie der Integrale der Bernoullischen Funktion. Bern 1902. 66 S. 8°.
Bern. Phil. Diss. 1902/1903.

Henneberger, Moritz. Beiträge zur Theorie der Integrale der Bernoullischen Funktion. Diss. Phil. Bern. 67 S. 8. Bern, K. J. Wyss, 1902.

Le droit commercial, le droit du change, le droit des faillites et le droit maritime de la Belgique et de l'État du Congo. Das Handelsrecht, Wechselrecht, Konkursrecht und Seerecht Belgiens und des Congostaates. Bearb. u. übers. von Léon **Hennebicq**, Rechtsanw., u. Wilhelm Coermann, Amtsger.R. [1.] Berlin: R. v. Decker 1907. 4°(8°)
= **Handelsgesetze**, Die, d. Erdballs. Ausg. D. Belgien. 1. 1907. 1370

Le Droit commercial, le droit du change, le droit des faillites et le droit maritime de la Belgique et de l'État du Congo. Das Handelsrecht, Wechselrecht, Konkursrecht und Seerecht Belgiens und des Congostaates. Bearb. u. übers. von Léon **Hennebicq**, Rechtsanw., u. Wilhelm Coermann, Amtsger.R. [Nebst] Anhang. Berlin: v. Decker 1907(–08). 4°(8°)
(Die Handelsgesetze d. Erdballs. Ausg. D. Bd 12, Abt. 1, 1 u. 2) A 12. 4418

Hennebicq, Léon, Gesetz über die See- u. Binnenschiffahrt in Belgien, s.: **Handelsgesetze, die, des Erdballs.**

– Wilh. **Coermann,** u. **Felix Wieland,** das Handelsrecht, Wechselrecht, Konkursrecht u. Seerecht Belgiens u. des Kongostaates, s.: **Handelsgesetze, die, des Erdballs.**

Hennebicq, L., Principes de Droit Maritime. 1. Teil. Gr.-8°. (LXX, 566 S.) Triest: Schimpff 1904. K 15.–

Hennecke, Knecht, s.a. Henneke, Knecht

HENNECKE Knecht. Ein altes niederdeutsches Volkslied, hrsg. mit der alten latein. Uebersetzung u. Anmerkungen v. Hoffmann v. Fallersleben. Berlin 1872. Gr. 4°. 24 S. (1 Mk. Stuber, Würzb., 1877.)

Hennecke, Knecht. Göttingen 1878). H: *Frensdorf, Ferd.* (Tübz 26, 14)

Hennecke, Justizrat. Zur Gesetzgebung über das Schankstättenwesen. Referat. Hildesheim 1895. 19 S. 8°.

Hennecke, Justizrat. Die Mässigkeitsbestrebungen und die öffentliche Meinung. Hamm 1895. Mk. -.20.

Hennecke, Edgar (Hrsg.), s. Apokryphen, Neutestamentliche.

Hennecke, Edgar, die Apologie des Aristides, s.: **Texte u. Untersuchungen** zur Geschichte der altchristlichen Litoratur.

Hennecke, Edgar (Hrsg.), s. Aristides: Die Apologie.

— zur Gestaltung der Ordination m. besond. Rücksicht auf die Entwickelung der lutherischen Kirche Hannovers, s.a. **Forschungen** zur Geschichte Niedersachsens. I. 1.

Zur Gestaltung der Ordination mit besond. Rücks. auf d. Entwickelung innerhalb d. luth. Kirche Hannovers von Edgar **Hennecke**. Hannover & Leipzig: Hahn 1906. (58 S.) 8° [Fr.]
= **Forschungen** z. Geschichte Niedersachsens. Bd 1, H. 1. 1906. 9760 G

— s.: **Handbuch** zu den neutestamentlichen Apokryphen.

Hennecke, Edgar *Ludwig Theodor* [Lic. theol.]: Altchristliche Malerei und altkirchliche Literatur. Tl 1 '(III. IV)' ... (Erscheint vollst. im gl. Verl.) Leipzig, Veit & C., 1895; 47 S. 8.
Leipzig, Phil. Fak., Inaug.-Diss. v. [26. Apr.] 1895

Hennecke, Edg., altchristliche Malerei u. altkirchl. Literatur. Eine Untersuchg. üb. d. bibl. Cyklus d. Gemälde in d. röm. Katakomben. gr. 8. (XI, 299 S. m. 85 Abb.) Leipzig 896. Veit & Co. n. 10. —

Hennecke, Edgarus [Hanoveranus]: Theses theologicae ... pro gradu licentiati in sacrosancta theologia rite obtinendo ... Berolini, typ. expr. G. Schade, *1892*; 2 Bl. 4.
Berlin, Theol. Fak., Thes. v. 21. Juli 1892

Hennecke, Franz

Hennecke, Fr., Aufgabenheft f. den Rechenunterricht in der Oberklasse u. den Seminarklassen an höheren Mädchenschulen. Mit e. ausführl. Tabelle zur Zinseszins- u. Rentenrechng. 8. (63 S.) Arnsberg 894. J. Stahl. n. – 60

Hennecke, Fr., Aufgabenheft f. d. Rechenunterr. in d. Oberklasse u. d. Seminarklassen an höh. Mädchenschulen. Antworten. 8. (11 S.) Arnsberg 894. J. Stahl. n. — 20 (Hauptwerk u. Antworten: n. — 80)

Aufgabenheft für den Rechenunterricht in den Oberklassen und den Seminarklassen an den höheren Mädchenschulen. Von Fr[anz] **Hennecke**, Lehrer. [Nebst] Antworten. 2., verb. u. verm. Aufl. Arnsberg: J. Stahl 1902. 2 Bde 8° [F.] [03. 10660

Hennecke, Fr., Aufgabenheft f. den Rechenunterricht in den Oberklassen u. Seminarklassen an höh. Mädchenschulen. 2., verb. u. verm. Aufl. gr. 8. (IV, 75 S.) Arnsberg 902. J. Stahl. n. 1. 20; Antworten. (15 S.) n. — 50

— Hilfsbuch f. d. naturkundl. Unterr. in Lehrerinnen-Bildungsanst. gr. 8. (VI, 192 S.) Cöthen 899. O. Schulze Verl. n. 2. —; geb. n. 2. 40

Hennecke, Fr., Lehr- u. Aufgabenbuch für den mathemat. Unterricht in höh. Mädchenschulen. Nach den neuen in den „Ausführungsbestimmgn." vom 12. XII. 1908 vorgeschrieb. Lehrplänen bearb. 3. Aufl. des „Aufgabenhefts f. den Rechenunterricht in den Oberklassen höh. Mädchenschulen". (233 S. m. Fig.) 8. Arnsberg 910. J. Stahl. Geb. in Leinw. 3. 60

Hennecke, Frz. Otto, Antrittspredigt über Lukas 12, Vers 49, bei der Einführg. zweier Pastoren zu St. Catharinen in Hamburg, geh. am 21. VIII. 1907. (11 S.) 8. Hamburg 907. H. Seippel. — 40

— Die Freiheit vom Bekenntniszwang in der hamburg. Landeskirche. Vortrag, geh. im Protestantenverein (Versammlung v. Mitgliedern u. Gesinnungsgenossen 13. XI. 1908). (22 S.) 8. Hamburg 909. C. Boysen. — 40

Hennecke, Friedr(ich), a. Dortmund: Aus d. Psychiatrischen u. Nervenklinik zu Kiel. Ein Fall von Schüttelbewegung des Kopfes bei Hysterie. Kiel 1906: Schmidt & Klaunig. (15 S.) 8°
Kiel, Med. Fak., Ref. Siemerling, Diss. v. 18. April 1907
[Geb. 17. Juli 82 Badingen; Wohnort: Badingen; Staatsangeh.: Preußen; Vorbildung: Städt. Gymn. Dortmund Reife O. 00; Studium: Göttingen 1, Erlangen 1. Bonn 2. Kiel 6 S.; Coll. 9. Febr. 06; Approb. 1. Apr. 07.]

Hennecke, Georg Heinr. Carl (Goslar), De functionibus omentorum in corpore humano. Comment. anatom.-physiol. Götting. (Dieterich) 4. VI. 1836. 76 S. mit Literatur u. 6 Tfln. Abbild. (H. Grape del. & sc., C. Hennecke del.) (8.50) 14341
Gew.: I. Fr. Blumenbach, K. Himly.

Hennecke, Gerhard: Das Recht des Dreißigsten. Leipzig 1909: Hoffmann. 57 S. 8°
Heidelberg, Jur. Diss. v. 28. Jan. 1910, Ref. Schröder
[Geb. 27. Febr. 84 Tanne i. Harz; Wohnort: Trautenstein; Staatsangeh.: Braunschweig; Vorbildung: Gymn. Blankenburg a. H. Reife O. 03; Studium: Göttingen 2, München 1, Berlin 1, Greifswald 2 S.; Rig. 11. Mai 09.] [U 10. 1888

Hennecke, J. A. G., d. Gelübde, e. ethisch-romant. Gedicht in 3 Gesängen. 8. Dortmund 825.

Wille Diuwen. Föddere Snürekes, Glossen, Satyrekes, Witz' un Histürekes... von Jost **Hennecke**. Essen-Ruhr: Fredebeul & Koenen (1910). 203 S. 8° [11. 13147

Hennecke, Ludw., Haus, Hof u. Garten, s. a. Miniatur-Bibliothek.

Hennecke L.: Haus, Hof und Garten. Ein Beitrag z. Frage d. Anlegung ländlicher Anwesen. Leipz. U. A. 48 S. P.
(Miniatur-Bibliothek. Nr. 641).

Henneke, Knecht, s.a. H e n n e c k e , Knecht

Henneke Knecht. Ein altes niederdeutsches Volkslied. Hrsg. m. der alten latein. Uebersetzg. u. Anmerkgn. v. Hoffmann v. Fallersleben. gr. 4. (24 S.) Berlin 872. Lipperheide. n. 2. —

Henneke, Karl, appr. Arzt a. Hunzen in Braunschweig: Ein Fall von Carcinoma recti et linguae. Erlangen 1907: E. Th. Jacob. (19 S.) 8°
Erlangen, Med. Fak., Ref. Hauser, Diss. v. 7. Sept. 1907
[Geb. 22. Dez. 69 Hunzen; Wohnort: Vogelsang b. Gommern; Staatsangeh.: Braunschweig; Vorbildung: Gymn. Holzminden Reife M. 89; Studium: Leipzig 2, Erlangen 15 S.; Coll. 8. Juli 07; Approb. 3. Jan. 03.]

Hennell's, C. C., Untersuchung über den Ursprung des Christenthums. Aus d. Engl. Eingeführt von Dr. Dav. Fr. Strauß. gr. 8. Stuttgart 840. Hallberger. $2^5/_8$ ₰

Henneman, John Bell [aus Amerika]: Untersuchungen über das mittelenglische Gedicht „Wars of Alexander" . . . Berlin, Druck v. G. Bernstein, 1889; 87 + 1 S. 8°
Berlin, Phil. Fak., Inaug.-Diss. v. 30. Jul. 1889

Hennemann, Vater Dwin. 16. (16 S.) Barmen 874. Wiemann in Comm. n. — 10

Hennemann, Aegid., a Manual of Prayer. 16. München 869. Regensburg, Coppenrath. * M 1,50.; geb. *

Hennemann, Aegid., a manual of prayer. Compiled from various books of catholic devotion. München 869. Manz. 16. (VII, 300 S.) 21 ngr.; mit 5 Stahlst. 24 ngr.; in engl. Einb. 1 ₰ 15 ngr.; in Ledergeb. 2 ₰

Hennemann, Aegid., a manual of prayer. Compiled from various books of catholic devotion. 2. ed. (Ausg. Nr. I.) 16. (VII, 300 S.) Regensburg 880. Coppenrath. n. 1. 50

Hennemann, August: Die differentielle medizinische Diagnostik, mit Einschluß der Hautkrankheiten, nach den bewährtesten Autoren... bearbeitet und in alphabetischer Ordnung zusammengestellt. 911 S., gbd.

Berlin: Amelang 1845

JB 1.113

Hennemann, Chr. Ulr. Ludw.

HENNEMANN, (Ch. U. L.): Beytr. z. d. Rechtslehre v. Erstatt. d. Processkosten. *Schwerin*, Bödner. 788. 8. 2r Beytr. 793. 8. (zus. 20 Gr.)

Hennemann, Chr. Ulr. Ldw., († d. 26. Mai 1806.) Beitrr. zur Rechtstheorie von Erstattung d. Proceßkosten. 2 Thle. 8. Schwerin 789—93. Bödner. 10 gl.

— Bemerkk. über d. Unzulässigkeit d. Appellation von Urtheln. 4. Schwerin 785. Bödner. 3 gl.

Hennemann, Chr. Ulr. Ludew.: Betrachtung der Frage: Ob Personen, welche im Zustande der Unwissenheit oder des Wahnsinnes, binnen einem Jahre von Zeit ihnen immitelst angefallener Erbschaft mit Tode abgehen, nach Röm. Rechten, ihren Erben ein Deliberations-Recht verlassen. Schwerin 1782.

Hennemann, Chr. Ulr. Ldw., Betracht. d. Frage: ob wahnsinnige Personen ihren Erben ein Deliberationsrecht verlassen? 4. Schwerin 782. Bödner. 4 gGr.

— — Ueber II. f. 45. und die Descendenten=Folge in Lehne nach Longobardischen Rechten. Schwerin u. Wismar (Bödner) 1804. 175 S. (9.—) 14343

Hennemann (Ch. U. L.): Ueb. d. Gültigk. d. ohne lehnsherrl. Bewill. im Lehen erricht. Fideicommiss. u. Primogenitur-Verordnn. nach Mecklenburg. Rechten. *Schwerin*, Bärensprung. 795. 4.

— über die Gültigkeit der ohne lehnherrl. Bewill. im Leben erricht. Fideicommiss. und Primogenitur-Verordn. n. Mecklenb. Recht. 4. Ebend. (auch Gräff in Lpz.) 795.

— über d. Gültigkeit d. ohne lehnherrl. Bewilligung im Lehen erricht. Fideicommissen u. Primogenitur=Verordnn. nach Mecklenburg. Rechte. gr. 4. Schwerin 795. (Wienbrack in Lpz.) 8 gGr.

Hennemann (Post-Director in Schwerin), Ueber die bevorzugte Hypothek des Fiskus in den nach dem Contracte erworbenen Gütern des Schuldners nach der L. 28. D. de jure fisci. — Noch ein Versuch. Schwerin u. Wismar (Bödner) 1800. 48 Seiten. (6.50) 14342

— über die bevorzugte Hypothek d. Fiscus in d. nach d. Contracte erworb. Güt. d. Schuldners. gr. 8. Ebend. 801.

— ob wahnsinnige Personen ihren Erben ein Deliberationsrecht verlaff. 4. Ebend. 782.

— Untersuchung zweier Rechtsfragen in Erbsachen, 8. Schwerin 790. Bödner. 3 gGr.

Hennemann, [Chr. Ulr. Ludw.]: Untersuchung zweier verwandter Rechtsfragen: 1. Ob ein in gewisser Sache eingesezter Erbe neben einem ohne gleiche Beschränkung eingesezten als Legatarius anzusehen sey? 2. Was Rechtens sey in dem Falle, da ein Erblasser jemand im Geniesbrauch zum Erben einsezt, zugleich aber verordnet, daß nach dessen Tode ein anderer sein (des Testirers) Erbe seyn solle? Schwerin u. Wismar 1790.

— noch ein Versuch über d. bevorzugte Hypothek d. Fiscus in d. durch Contrakte erworb. Gütern des Schuldners nach d. L. 28. D. de jure fisci. gr. 8. Schwerin 801. Bödner. 4 gGr.

HENNEMANN, F. A.: Über das Torfstechen in dem Kinzigkreise. Offenburg 1829. 52 S.

Hennemann, Friedrich, appr. Arzt a. Pirmasens: Ueber Recidive bei croupöser Pneumonie. Straßburg i. E. 1907: C. & J. Goeller. (25 S., 1 Taf.) 8°
Straßburg, Med. Fak., Ref. v. Krehl, Diss. v. 10. Juli 1907
[Geb. 31. März 80 Pirmasens, Rheinpfalz; Wohnort: Schwarzach, Amt Bühl, Baden; Staatsangeh.: Bayern; Vorbildung: Lateinsch. Pirmasens, Gymn. Landau (Pfalz), Neustadt a. Hardt, Konstanz Reife M. 00; Studium: Straßburg 4, München 2, Straßburg 3 S.; Coll. 19. März 07; Approb. 4. Jan. 06.]

Hennemann, H. (Pseud.) s. a. Hahn, Theodor

[F.] Franziska Eppners 'Badereise'. E. krit. Betrachtg v. H. **Hennemann**. *Delitzsch: A. Beckert 1893.* (29 S.) 1 Bd 8. 96. 171

Hennemann, H., die schlimmsten Jesuiten d. deutschen Reichs u. d. deutschen Reichstages. Die Pillenjesuiten od. das Sündenregister der Medicinheilkunde. Eine öffentl. Denunciation an Se. Durchlaucht den Fürsten Reichskanzler v. Bismark. (2. Aufl.) gr. 8. (XVI, 210 S.) St. Gallen 875. Altwegg-Weber. 3. —

Hennemann, H., die Impfvergiftung der Jugend des deutschen Reiches. Freibearb. Abdruck der 5. Todsünde aus: Die schlimmsten Jesuiten d. deutschen Reiches u. d. deutschen Reichstages. Eine öffentliche Denunciation an Se. Durchlaucht den Fürsten Reichskanzler v. Bismarck. Als Mscr. gedr. gr. 8. (39 S.) Trogen 877. (Leipzig, Grieben.) n. — 50

— die Menschenpocken od. Blattern, ihre Geschichte u. Wesen, ihre Verhütg. u. Vernichtg. u. ihre sichere Heilg. Ein offenes Wort in dringender Noth f. Aerzte u. Publikum. gr. 8. (44 S.) Berlin 871. Grieben. n. — 40

Hennemann, H., Dr. med., das Sündenregister der **Medicinheilkunde. 2. stark vermehrte Aufl.** 210 **Stn. 8. St. Gallen, Altwegg-Weber.** 1876 3. 50

Hennemann, das Sündenregister der Medicinheilkunde. Eine öffentl. Denunciation an Se. Durchlaucht den Fürsten Reichskanzler v. Bismarck. 2. Aufl. 8. (XVI, 210 S.) Mülheim 886. Riegenhirt. n. 2. 50

†Hennemann [Th. Hahn], das Sündenregister der Medicinheilkunde. Eine öffentl. Denunciation an Se. Durchlaucht den Fürsten Reichskanzler von Bismarck. 2. stark verm. Aufl. 8. (XVI, 210 S.) St. Gallen 886, Hasselbrinck. [*ℳ 2.50.] *

Hennemann, H., Dr. med. (Pseudonym für *Theodor Hahn*). **Das Sündenregister d. Medizinheilkunde. Eine öffentliche Denunciation an Se. Durchlaucht den Fürsten Reichskanzler v. Bismarck. 2. stark vermehrte Aufl. In-8°, XVI u. 210 S. St. Gallen, F. Hasselbrink.** 1888. 3 50

Hennemann, Hermann: Die **Mundart** der sogenannten Grunddörfer in der Grafschaft Mansfeld. T. 1. Lautlehre. *Heidelberg 1901: C. Winter.* (50 S.) 8° ¶ (Aus: Zeitschrift f. hochdeutsche Mundarten, 1901, Heft 4—5. — T. 2 erscheint in H. 6.) Heidelberg, Phil. Diss. v. 1901

Hennemann, J. B. Untersuchungen über das mittelenglische Gedicht „Wars of Alexander". Diss. Berlin 1889. 87 S.

Hennemann, Jos., die Nebenbezüge d. Maschinen-Personals der Eisenbahnen. Zusammengestellt aus den Vorschriften der Eisenbahn-Verwaltgn. gr. 8. (III, 99 S.) Innsbruck 891. (Wien, C. Helf's Sort.) n. 2. 40

Hennemann, Josef Hans: Über eine noch nicht beschriebene Myocoptesräude. Wien 1910. 20 S.
Wien, Vet.-med. Diss. v. 1910.
Aus: Österr. Monatsschrift für Tierheilkunde. 1910, No 8.

HENNEMANN, Julius (München): Ueber das Empyem. - München: Mühlthaler 1872. 27 S.
19.7.1871 - Urk (Titel: De fistulis recto-vesicalibus traumaticis.); F 73; Chr 1871/72,19
Diss. Ingolst.-Landsh.-Mchn.

Hennemann, Karl

Hennemann, Carl, s.: Commer's, Ernst, Briefe an Herm. Schell.

Hennemann, Carl: Die Heiligkeit Jesu als Beweis seiner Gottheit. *Würzburg: A. Göbel 1898.* (VI, 152 S.) 8°
Würzburg, Theol. Diss. v. 1898

Hennemann, Carl [aus Pirmasens]: Die Niederkünfte Kreissender über 40 Jahre im Hinblick auf ihre Unregelmässigkeiten in d. Jahren 1892, 1893, 1894 in d. kgl. Frauenklinik zu München ... Hassloch (Rheinpfalz), L. Lavale, Buchdr. u. Stereotypie, 1896; 32 S. 8.
München, Med. Fak., Inaug.-Diss. v. 1896

Herman Schell im Lichte zeitgenössischer Urteile bei seinem Tode. Hrsg. von Dr. Karl Hennemann. Mit e. biograph. u. bibliograph. Anhang. Unveränd. Abdr. d. Ms.Ausg. Paderborn: Schöningh 1909. X, 267 S. 8°

? Widerrufe Herman Schells? Eine aktenmäss. Darstellung. Mit Benützung ungedr. Materials. Von Karl Hennemann. Mit e. Anh. Würzburg: Goebel & Scherer in Komm. 1908. (VIII, 80 S.) 8°

Hennemann, Wilhelm

— s. Beitr. Mecklenburg. Aerzte.

Hennemann, W., Epiglottitis chronica exsudatoria als bisher übersch. Passion d. Respirationsorgane, in d. am 3. u. 4. Jul. 1838 in Schwerin gehalt. 2. Versamml. d. wissenschaftl. Vereins f. Aerzte u. Apotheker Mecklenburgs aufgestellt v. dess. p. t. erst. Vorstande. gr. 8. (1½ B. u. 1 Stnt.) Rostock u. Schwerin 839, Stillersche Hofbuchh. *

Hennemann, W., Mittheilungen üb. d. asiat. Cholera, s. Mittheilungen.

— s. Mittheilungen, wöchentliche.

Guilielmus Hennemann [Wilhelm Hennemann]: De Corneae Morbis. Gottingae (1810:) Röwer. 31 S. 8°
Gottingen, Med. Diss. v. 19. März 1810

Hennemann, Wilhelm. Über eine neue Reihe subcutaner Operationen. Rostock 1843. H: *Bartels, Chn Aug.* (EngM)

Hennemann, W., über eine neue Reihe subcutaner Operationen. Mit 1 Steindrucktaf. u. dem Bildn. des Verf. (Herausgeg. v. C. F. Bartels.) gr. 8. Rostock 843, Stiller. 1⅙ ₰

—— Wand-Tafel z. leicht. Uebersicht d. geg. d. Cholera bewährt. Vorsichtsmaaßregeln u. Hülfsmittel. Zunächst f. seinen prakt. Wirkungskreis entworfen. (2. Aufl.) 1 Bl. (gr. Fol.) Rostock (831), Stiller.

Hennemann, Wlh. Jh. Konr., († d. 23. Sept. 1822.)

Hennemann, Wilh. Joh., Primae lineae nosologiae morborum animalium. (Progr. 23 S.) 4 to. Göttingen 778. W. Bossiegel.

Hennemann W. J. C.: Sammlung d. neueren Schriften üb. die Vieharzneykunst in vollständigen Auszügen u. Uebersetzungen. Bd. 1 (Stück 1-2, 2 Vol.). Stendal 1783-85. 158, 94 S.
(Stück 1 kun Erxleben: Practischer Unterricht in der Vieharzneykunst. 158 S.).

— — Sammlung der neueren Schriften über die Vieharzneikunst, in vollständig. Auszügen u. Übersetzungen. 1. Bd. 2 Stcke. 8. Stendal 783. 85. Franzen & Grosse. M. 1.65

Hennemann, Wilh. Jos. Konr., Unterr. i. d. Vieharzneikunst, s.: Vitet, I..

Hennen, die Buchdruckerei in Trier im 16. Jahrh. Fol. (4 Sp.) Düsseldorf 888. Trier, Dr. Hennen's Selbstverlag. n. — 60

—— Trierische Liturgica des 16. Jahrh. [die 4 Breviere des 16. Jahrh., die 2 Ordinarien und die Statuta von 1506, sowie die Agende von 1574—76], beschrieben. gr. 8. (35 S.) Ebendas 888. * 2 —

— unbekannte u. unzulänglich gewürdigte Marienthaler, nebst Beiträgen zur Zeitfolge der Marienthaler Presserzeugnisse. [Aus: „Centralbl. f. Bibliothekswesen".] gr. 8. (11 S.) Leipzig 887. Ebd. n. 1. —

—— das Missale der Trierischen Erzdiöcese im 15. und 16. Jahrh., nebst Beiträgen zur Geschichte des Buchdrucks und Buchhandels im damal. Trier. gr. 8. (12 S.) Ebendas. 887. * 1 50
Vorstehende zwei Schriften sind aus: Centralblatt für Bibliothekswesen, besonders abgedruckt.

— eine Prüfung d. Unterrichts in der alten Philologie an Deutschlands Hochschulen. gr. 8. (16 S.) Ebd. 888. n. 1. —

— Urkundliches zur Buchdruckergeschichte Triers im 16. Jahrh. 8. (4 S.) Düsseldorf 887. Trier, Dr. Hennen's Selbstverlag. n. — 40

— Triers Wiegendrucke, nebst Beiträgen zur Kölnischen Buchdruckergeschichte im 15. Jahrh. 2., veränd. Ausg. gr. 8. (16 S.) Ebd. 887. n. 1. 50

—— eine bibliographische Zusammenstellung der Trierer Heiligtumsbücher, deren Drucklegung durch die Ausstellung des heil. Rockes vom J. 1512 veranlasst wurde. 8. (70 S.) Ebendas. 887. * 1 50
Aus: Centralblatt für Bibliothekswesen, besonders abgedruckt.

Hennen, G.

— e. Hexenprozeß aus der Umgegend v. Trier aus dem J. 1572. Ein Beitrag zur Kulturgeschichte des Mosellandes. gr. 8. (24 S.) St. Wendel 887. Köln a/Rh., P. Neubner. n. 1. 50

Hennen, Gerh., de Hannonis in poenulo Plautina precationis quae fertur recensione altera punica. gr. 8. (48 S.) Marburg 882, (Ehrhardt's Universitäts-Buchh.) *

Hennen, John: Bemerkungen über einige wichtige Gegenstände aus der Feldwundarzney, und über die Einrichtung und Verwaltung der Lazarethe. (Observations on some important points in the practice of military surgery and in the arrangement and police of hospitals. Dt.) Übers. von Wilhelm Sprengel. 491 S., gbd.

Halle: Renger 1820

JB 3.602

Hennen, (J.) Grundf. d. Militär-Chirurgie 2c., s. Handbibliothek, chirurg., IIIr Bd.

Hennen, J. Grundsätze d. Militär-Chirurgie. A. d. Engl. Weimar 1822.

Hennenberg

— s. a. Henneberg.

Hennenberg, Franz Heinrich (Strassburg), De decreto alienandi. Dissert. jur. Strassburg (Georg Adam Piescker) 4. X. 1736. 32 S. (6.50) 14344

— M. Joh. Christian (Quedlinburg) u. (Respond.) Johann Caspar Schaller (Oschatz), De quaestione: an mulier violentum pudicitiae invasorem salva conscientia possit occidere? Diss. moralis. Lpz. (Brandenburger) 18. III. 1704. 8 Bl. (6.—) 14345
Gew.: Georg Heinrich v. Thümmel (Schönefeld, Volckmardorf).

CASPAR HENNENBERGER's Grosse Landtafel von Preussen. In 9 Blättern. (Erste Ausgabe vom Jahre 1576.) Von Neuem in der Grösse des Originals herausgegeben durch die königlich physikalisch-ökonomische Gesellschaft zu Königsberg i. Pr. im Jahre 1863. Photolithographirt und gedruckt im photolithographischen Institut von A. Burchard in Berlin. Königsberg i. Pr. in Commission bei W. Koch. qu. fol.

Hennensperger, Passau's Handelsverhältnisse im Zeitalter von seiner Einverleibung an die Krone Bayern bis zur Gegenwart (1803–65). Passau. 1865.
Schul-/Univ.-Schrift

Hennepe, B. J. C. te: Die Immunisierung von Rindern gegen Tuberkulose. Rotterdam 1909. 89 S.
Bern, Vet.-med. Diss. v. 1909.

Hennepin, Louis. Beschreibung d Landschaft Louisiana ... Nürnberg, 1869.

Hennepin, Ludw., Reisen, od. n. Entdeck. vieler Länder in Amerika. m. K. 12. Bremen, Sauermann. 742.

Hennequin, A., durchgebrannt, s.: Theater-Repertoir, Wiener.

Hennequin, A., die Rosa-Dominos, s.: Delacour, A.

Hennequin, Amand, la civilité. — Das Sittenbuch. 32. (103 S.) Frankfurt a. M. 849, (Auffarth.) *

Henner. La Vignette. Tome I. Gr. in-8⁰. 80 p. Zürich, Art. Inst. Orell Füssli. 1893. 1 80

Henner, Blas., conat. phys. experiment. de affectionib. p. 1. 8. Würzb. Zeh. 756.

— — de corporum affection. tum gener. tum special. 8. Würzb. Stahel. 756-61.

Henner, C., Beiträge zur Organisation u. Competenz der päpstlichen Ketzergerichte. gr. 8. (XII, 383 S.) Leipzig 890. Duncker & Humblot. n. 8. 80

Henner, C. F., Kinds-Leichen-Reden. 2. Aufl. Ulm 853. (Sailer.) gr. 8. (16 S.) n. 5 ngr.

Henner, C. F., Kinds-Leichen-Reden. 2. Liefg. Ulm 855. (Sailer.) gr. 8. (16 S.) n. 5 ngr.

Henner, C. F., Predigten f. alle Fest-, Sonn-, Feier- u. Bußtage des Jahres 1841, nach dem 2. Jahrg. der in Württemberg eingeführten Evangelien. 1. u. 2. Liefg. gr. 8. Ulm 841, Rübling. 1/3 ₰

Henner, Camillo. Beiträge zur Organisation u. Competenz der päpstlichen Ketzergerichte. gr. 8. (XII, 383 S.) Lpz. 890, Duncker u. Humblot. * 8 80

Henner, Georg (Mitarb.), s. Jahres - Bericht des Historischen Vereins von Unterfranken und Aschaffenburg.

Henner, Geo., die katholische Kirchen-Frage in Bayern. Ein kirchenstaatsrechtlicher Versuch. Würzburg 854. Stahel. gr. 8. (V, 151 S.) n. 16 ngr.

Henner, Richard, appr. Arzt aus Reutlingen: Klinischer Beitrag zur reflektorischen Erregung der Gefäßmuskeln. *München 1904: Kastner & Callwey.* (21 S.) 8°
München, Med. Diss. v. 1904

Henner, Thdr., s.: Bilder, altfränkische.

Henner, Thdr., die herzogliche Gewalt der Bischöfe v. Würzburg. Lex.-8. (150 S.) Würzburg 874. Stuber. n. 3. —

— Bischof Hermann I. v. Lobdeburg u. die Befestigg. der Landesherrlichkeit im Hochstift Wirzburg. [1225—1254.] gr. 8. (IV, 52 S.) Ebend. 875. n. 1. 40

— s.: Jahres-Bericht d. histor. Vereins v. Unterfranken u. Aschaffenburg.

⊙ Der Historische Verein von Unterfranken und Aschaffenburg in seinem 60 jährigen Wirken v. Theodor Henner. Würzburg. 1893. 8° Bei: Archiv des Historischen Vereins von Unterfranken. Bd. 36.

— d. historische Verein v. Unterfranken u. Aschaffenburg in s. 60jährigen Wirken. gr. 8. (V, 106 S.) Würzburg 893. (Stahel'sche Verlagsanstalt.) n.n. 2. —

Hennerici, Joannes: De urethrae stricturis. Halis Saxonum (1867): Ploetz. 29 S. 8°
Halle-Wittenberg, Med. Diss. v. 23. Febr. 1867
Geb. Mayen (Rheinprov.) 9. 9. 1839. V.

Hennerici, Karl, die Zwangsvollstreckung in Wertpapiere, s.a. Forschungen, zivilprozessrechtliche. 3.

Hennerici, Karl: Die Zwangsvollstreckung in Wertpapiere T. 1. Berlin u. Leipzig: W. Rothschild 1908. (35 S.) 8° [F. u. Ant.] ¶[Erscheint vollst. in: Zivilprozeßrechtl. Forschungen, hrsg. v. R. Schmidt, H. 3.]
Freiburg i. B., Rechts- u. staatsw. Fak., Ref. Schultze, Diss. v. 1908
[Geb. 6. Aug. 84 Crefeld; Wohnort: Crefeld; Staatsangeh.: Preußen; Vorbildung: Gymn. Crefeld Reife O. 03; Studium: Bonn 2, Freiburg i. B. 2, Bonn 2 S.; Rig. 3. Febr. 08.]

Die Zwangsvollstreckung in Wertpapiere. Von Dr. Karl Hennerici. Berlin & Leipzig: W. Rothschild 1908. (95 S.) 8° [F. u. Ant.]
[Ein T. erschien als Inaug.-Diss. Freiburg im Br. 1908.]
— Forschungen. Zivilprozeßrechtl. H. 3. [08. 13540

Hennersdorf, A. E., Handbuch der Conditorei. Mit vielen Holzschn. u. Taf. 1—3. Hft. gr. 8. (S. 1—187.) Halle 881. 82. Knapp. à n. 1. 50

Hennersdorf, A. E., Handbuch der Conditorei. 4. u. 5. (Schluß-)Hft. gr. 8. (S. 189—336.) Halle 883. Knapp. à n. 1. 50 (cplt.: n. 6. —)

Hennersdorf, E., s.a. Fabrikation, die, der Grundessenzen comp. äther. Oele etc.

Hennersdorf, E., die Fabrikation der Grundessenzen, comp. äther. Oele, Farben u. sonstiger Hilfsmittel. Recepttaschenbuch für Destillateure, äther. Oele- u. Essenzenfabrikanten, Drogisten u. verwandte Fächer. 12. (XXII, 96 S.) Leipzig 888. F. Schneider. 2. 50

Hennersson, B. H., die erprobtesten u. bewährtesten Rezepte der berühmtesten Aerzte älterer und neuerer Zeit, als J. P. Frank, Hufeland, Störk, Schönlein u. A., nebst eigenen vielfach bewährten Arzneiformeln mit deutlicher Gebrauchsanweisung. Zum Troste u. Heile der armen leidenden Menschheit auf vielseit. dringendes Verlangen herausgeg. Für Aerzte, Nichtärzte u. Pharmaceuten. 1. Bdchn. 8. Glarus 842. (Schaffhausen, Hurter'sche Buchh.) n. 1/2 ₰

(Hennert.) Carte Chorographique et Militaire de la partie de la Saxe et de la Bohême, par où les Armées combinées de Prusse et de Saxe sont entrées en Bohême aux ordres du Prince Henry de Prusse (24. f.). Leipsic 1779.

Differtation fur les moyens de donner la plus grande perfection poffible aux lunettes, dont les objectifs font compofés de deux matières, qui a remporté le prix propofé par l'acad roy. de Berlin, pour 1771. adjugé en 1772, par Mr. *Hennert*. à Berlin 4. 1773.

Hennert, dissert. sur les Moyens de donner la plus grande perfection possible etc. 4. Berl. Voss. 773.

Solutio problematis geometrici, ejusdemque ufus in aftronomia. Auctore *J. T. Hennert*, geometra Berolinenfi. 1760.

Hennert, Jh. Fr., mathemat. Abhandll., nebst e. Verzeichniß seiner Schriften, herausg. v. K. F. Hindenburg. Mit 1 Kpf. gr. 8. Leipz. 803. G. Fleischer. (Frohberger). 10 gl.

Hennert, J. F., mathematische Abhandlungen herausgeg. v. Hindenburg. gr. 8. Leipz. Fleischer d. jüng. 805.

— cursus matheseos applicatae. P. I. II. Traj. ad Rhen. 768. 69.

Hennert, Diss. sur la Fortificat. permanente etc. gr. 8. Utrecht, Wild. 795.

— Dissert. physiques et mathématiques. 8. Utrecht 778.

Hennert et Frise dissertationes de uniformitate diurna terrae. 4. Petersb. (Hartknoch in Lpz.)

— et Fries, dissertationes de uniformitate diurna terrae. 4. Petersb. 787. (Academ. B.) 1 Rthl. 16 gl.

Hennert, J. Fr., et P. Frisi Dissertationes de uniformitate motus diurni terrae. Petropoli 1783. 4.

— de altitudinum mensuratione ope barometri. 8maj. Traj. ad Rhen. 786. (Weidmann in Leipz.) 14 gl.

— traité de thermomètres. 8. Haag 758.

— Diss. sur la vie d'Archimède. 4. Berl. 766.

Hennert, Karl Wilhelm

— s.a. Abhandl. von d. Cavallerie.

Hennert. Abhandlung von der Beschaffenheit und dem Gebrauche der Cavallerie in den ältesten Zeiten, nach Homer. 8 Berlin 1774.

— Anw. z. geometr. Hülfsmitt., f. Forstbed. m. K. gr. 8. Ebend. 788.

— Anweis. zu geometr. Hülfsmitteln für Forstbediente. Mit Kpf. gr. 8. Berl. 789. Nicolai. 12 gl.

HENNERT, Carl Wilhelm: Kurze Anweisung zu einigen geometrischen Hülfsmitteln, welche den Forstbedienten in solchen Forsten, die in Schläge eingetheilt sind, bey verschiedenen Fällen nützlich und nothwendig seyn können. - Berlin, Stettin 1789. 119 S., 2 Taf.

— Anweisung zu Taxation d. Forsten nach den hierüber ergangenen u. bereits bey vielen Forsten in Ausübung gebrachten königl. preuss. Verordnungen. 2 Th. Berl. u. Stett. 1791-95. 692 S. 2 Kt. 22 Tab.

HENNERT, Carl Wilhelm: Anweisung zur Taxation der Forsten nach den hierüber ergangenen und bereits bey vielen Forsten in Ausübung gebrachten Kgl.-Preussischen Verordnungen. - Berlin, Stettin 1791 u. 1795. 2 Tl. - Tl. 1: XII, 321 S. - Tl. 2: VIII, 369 S. - 2. Ausg. ebd. 1803

Hennert, Carl Wilhelm: „Anweisung zur Taxation der Forsten nach den hierüber ergangenen preussischen Verordnungen", 1. Teil Berlin 1791, 2. Teil Berlin 1795 (Nicolai). 2. Teil 2. Auflage 1803. — Vorh.: 1. u. 2. Teil, 1. Aufl., UB Würzburg.

— Beyträge zur Forstwissenschaft, s.a. Beyträge.

HENNERT, Carl Wilhelm: Beyträge zur Forstwissenschaft aus der practischen Geometrie. - Leipzig 1783. 287 S., 11 Taf.

Hennert, K. W. Beyträge zur brandenburgischen Kriegsgeschichte unter Kurfürst Friedrich III. nachher. erstem König von Preußen. Mit 1 Krt. der Belag. von Bonn. Berlin 1790. 175 S. 4°

Hennert, Karl Wlh., (†d. 21. April 1800.) Beitr. zur Brandenburg. Kriegsgeschichte unter Kurfürst Friedrich III. Mit 1 Karte. gr. 4. Berl. 790. Nicolai. 1 Rthl. 6 gl.

Hennert, Carl Wilh., s.a. Bemerkungen auf. e. Reise.

HENNERT, Carl Wilhelm: Bemerkungen auf einer Reise nach Harbke, ein Beytrag zur Forstwissenschaft und Gartenkunst. - Berlin, Stettin 1792. 88 S.

— Bemerkk. auf einer Reise nach Harbke, e. Beitr. zur Forstwissenschaft u. Gartenkunst. gr. 8. Berl. 792. Nicolai. 8 gl.

— s.a. Beschreibung d. Lustschlosses.

— Beschreib. d. Lustschlosses u. Gartens des Prinzen Heinrich von Preußen zu Rheinsberg. 8. Berl. 778. Nicolai. 8 gl.

Hennert, C. Wl. Denkwürdigkeiten zur Geschichte des Brandenburgischen Hauses unter Kurfürst Friedrich III. 4. Berlin 1790.

— s. Fragmente aus dem österreichischen Kriegsreglement.

HENNERT, Carl Wilhelm: Ueber den Raupenfrass und Windbruch in den Kgl. Preuss. Forsten in den Jahren 1791-1794. - Berlin 1797. 197 S., 8 Taf. - 2. Aufl. ebd. 1798 VIII, 197, 24 S., 8 Taf.

— über Raupenfraß u. Windbruch in den preuß. Forsten in d. J. 1791—94, mit ill. Kpf. gr. 4. Leipz, 1e u. 2e Aufl. 798. Rein. 4 Rthl. Zusätze u. Verbess. zur ersten Aufl. gr. 4. Ebd. 798. 6 gl.

— s. Zanthier, H. D. v.: Sammlungen vermischter Abhandlungen ...

Hennes, Aloys, Anleitung zum Studium der vorzüglichsten Klavier-Etüden v. Bertini, Czerny, St. Heller u. Cramer &c. als einziges Mittel zur gründl. Ausbildg. der Fingerfertigkeit u. als Vorschule zum Studium der klass. Klavier-Compositionen in stufenmäß. Reihenfolge. Ein Leitfaden f. Lehrer u. Lernende. qu. 8. (VIII, 171 S.) Wiesbaden 871. Leipzig, Haendel. 3. —

Hennes, Aloys, Anleitung zum Studium der vorzüglichsten Klavier-Compositionen von Mozart, Haydn, Clementi und Beethoven in stufenmäßiger Reihenfolge. Ein Leitfaden für Lehrer und Lernende. qu. 4. (IV, 167 S.) Leipzig 870, Händel.

Hennes, Aloys, 100 Ausflüge in die Umgegend von Berlin (ganze und halbe Tagestouren). Mit Bezeichnung der Wege und mit Hinweis auf die jetzigen Verkehrsmittel. kl. 8. (VIII, 220 S. mit 4 color. Specialkarten.) Berlin 888, F. und P. Lehmann. * 2 —

— 150 Ausflüge in die Umgegend von Berlin. Kleine Ausg. aus dessen beiden größeren Werken: „100 Ausflüge in die Umgegend von Berlin", „32 Ausflüge in die weitere Umgegend von Berlin". 12. (85 S. mit 1 Spezialkarte.) Ebendas. 888. 1 —

Hennes, A., 200 Ausflüge in die Umgebung v. Berlin, s.a. Straube's, Jul., märkisches Wanderbuch.

Hennes, Aloys, 200 Ausflüge in d. Umgegend v. Berlin, s.a. Union-Führer.

200 Ausflüge in die Umgegend von Berlin. Von Aloys Hennes. Reisehandb. hrsg. v. d. Redaktion d. Union-Führer. 20. Aufl. (Bearb. v. Reinh. Heere.) *Stuttgart, Berlin, Leipzig: Union (1896).* (V, 224 S., 6 Kt.) 1 Bd 8.
(Union-Führer.) [97. 1778

Hennes, Aloys, 32 Ausflüge in die weitere Umgegend v. Berlin. Für volle Tagestouren u. als Seitenstück der „100 Nachmittags-Ausflüge". 12. (VIII, 120 S.) Berlin 880. (Leipzig, Haendel.) cart. 1. 50

— nouveaux cours de piano d'après les Klavier-Unterrichtsbriefe. Méthode complète, pratique et facile, divisée en 5 cours pour guider les jeunes élèves depuis les premiers éléments de l'art du piano jusqu' aux études de Bertini et de Cramer, et jusqu' aux sonates de Haydn, de Mozart et de Clementi. Edition française par Ant. Schmoll. 1—5. cours. qu. 4. (VIII, 586 S.) Berlin 873—75. Ebend. à 4. —

— s.a. Erfahrungen, pädagogische, beim Klavierunterrichte.

— pädagogische Erfahrungen beim Klavierunterrichte. Eine Darstellung des Unterrichts bei 62 Schülern, mit Hinweis auf bestimmten Übungsstoff in den ersten 4—5 Jahren als Spiegelbild für Eltern und Lehrer in 3 Bdn. 2. (Titel-) Ausg. gr. 8. (VI, 196; IV, 388; IV, 580 S.) Leipzig 887, Breitkopf und Härtel. à Bd. *M 3.—; geb. à Bd. * 4 —
Die 1. Aufl. erschien als Zeitschrift in Monatsheften, 1.—3. Jahrg. 1882—84. — Vgl. XVII. Bd. 1. Abthl. S. 393: Erfahrungen, pädagogische.

Hennes, Aloys, Klavier-Unterrichts-Briefe. 1. Cursus. 10 Briefe (à 16 S.). Mit Notenbeispielen. Wiesbaden 863. Expedition. gr. 8. 2 ₰

Hennes, Aloys, Klavier-Unterrichts-Briefe. Eine neue und praktisch bewährte Lehrmethode von den ersten Anfangsgründen bis zum Studium der größeren Etüden von Bertini, Czerny und der leichteren Sonaden von Haydn, Mozart und Clementi. 5 Curse. à 10 Briefe. (à 16 S.) qu. gr. 8. Wiesbaden 863—68, Expedition. (Leipzig, Haendel.) [1. Curs. 1.—6., vielfach verb. Aufl. 1 Thlr., 2.—5. Curs. 1. und 2., vielfach verb. Aufl. à 1 Thlr. 10 Ngr.] 6 Thlr 10 Ngr.; geb.

— Klavier-Unterrichts-Briefe. Eine neue u. praktisch bewährte Lehrmethode von den ersten Anfangsgründen bis zum Studium der größeren Etüden von Bertini, Czerny u. der leichteren Sonaten von Haydn, Mozart u. Clementi. 5 Curse. à 10 Briefe. (à 16 S.) Wiesbaden 865—68. (Leipzig, Händel.) qu. gr. 8. [1. Curs. 2—14., vielfach verb. Aufl. 1 ₰; 2. Curs. 1—9., vielfach verb. Aufl. 1 ₰ 10 ngr; 3. Curs. 1—7., vielfach verb. Aufl. 1 ₰ 10 ngr; 4. Curs. 1—6., vielfach verb. Aufl. 1 ₰ 10 ngr, 5. Curs. 1—5. Aufl. 1 ₰ 10 ngr] 6 ₰ 10 ngr; geb. 8 ₰

— Klavier-Unterrichts-Briefe. Eine neue und prakt. bewährte Lehrmethode in 5 Cursen von den ersten Anfangsgründen bis zum Studium der größeren Etüden von Bertini, Czerny und der leichteren Sonaten von Haydn, Mozart und Clementi. 5 Curse. qu. 8. Berlin 868—75. (Leipzig, Händel.)
Inhalt:
Cursus 1. Brief 1—10. Lection 1—50. 7.—25. Aufl. (VIII, S. 1—159.) M. 3.
„ 2. Brief 11—20. Lection 51—100. 3.—21. Aufl. (S. 160—325.) M. 4.
„ 3. Brief 21—30. Lection 101—150. 3.—14. Aufl. (S. 326—504.) M. 4.
„ 4. Brief 31—40. Lection 151—200. 3.—12. Aufl. (S. 505—680.) M. 4.
„ 5. Brief 41—50. Lection 201—250. 3.—9. Aufl. (S. 681—875.) M. 4.

Hennes, Aloys, Klavier-Unterrichts-Briefe. Eine neue und praktisch bewährte Lehrmethode in 5 Coursen von den ersten Anfangsgründen bis zum Studium der größeren Etüden von Bertini, Czerny und der leichteren Sonaten von Haydn, Mozart und Clementi. 5 Course. qu. gr. 8. Berlin. (Leipzig, Haendel.)
Inhalt:
Cours 1. Brief 1—10. — Lection 1—50. 26. und 27. Aufl. (XI, S. 1—159.) 1876,77; 28. und 29. Aufl. (XII, S. 1—159 u. Nachtrag 7 S.) 877,78. M. 3.
„ 2. Brief 11—20. Lection 51—100. 22. und 23. Aufl. (S. 160—325.) 876,77. M. 4.
„ 3. Brief 21—30. Lection 101—150. 15.—18. Aufl. (S. 326—504.) 876—79. M. 4.
„ 4. Brief 31—40. Lection 151—200. 13.—15. Aufl. (S. 505—680.) 876—78. M. 4.
„ 5. Brief 41—50. Lection 201—250. 10.—12. Aufl. (S. 681—875.) 876,77. M. 4.

— Klavier-Unterrichts-Briefe. Eine neue und praktisch bewährte Lehrmethode in 5 Kursen von den ersten Anfangsgründen bis zum Studium der größeren Etüden von Bertini, Czerny und der leichteren Sonaten von Haydn, Mozart und Clementi. qu. gr. 8. (Ebendas.)
Inhalt:
Kursus 1. Brief 1—10. — Lection 1—50. 30.—32. Aufl. (IV, S. 1—159; Nachtrag 7 S.) 879—83. M 3.
„ 2. Brief 11—20. Lection 51—100. 24.—27. Aufl. (S. 161—326.) 880—83. M 4.
„ 3. Brief 21—30. Lection 101—150. 19. Aufl. (S. 327—504.) 882. M 4.
„ 4. Brief 31—40. Lection 151—200. 16. Aufl. (S. 505—680.) 881. M 4.
„ 5. Brief 41—50. Lection 201—250. 13. und 14. Aufl. (S. 681—875.) 880,82. M 4.

Hennes, Aloys, Klavier-Unterrichts-Briefe. E. neue u. prakt. bewährte Lehrmethode in 5 Cursen v. d. ersten Anfangsgründen bis z. Studium d. größ. Etüden v. Bertini, Czerny u. d. leicht. Sonaten v. Haydn, Mozart u. Clementi. qu. gr. 8. Leipzig, Breitkopf & Härtel. 19. —
1. Brief 1—10. Lection 1—50. 38. Aufl. (159 u. 7 S.) 893. 3. —
2. Brief 11—20. Lection 51—100. 31 Aufl. (S. 161—325.) 893. 4. —
3. Brief 21—30. Lection 101—150. 23. Aufl. (S. 327—504.) 895. 4. —
4. Brief 31—40. Lection 151—200. 19. Aufl. (S. 505—680.) 893. 4. —
5. Brief 41—50. Lection 201—250. 15. Aufl. (S. 681—807.) 891. 4. —

— a new Method for the Piano after the „Klavier-Unterrichts-Briefe" [Letters on piano-instruction]. A complete, practical, easy and approved system divided into 5 courses, being a guide for young beginners from the very commencement to the etudes of Bertini and Cramer, and the sonatas of Haydn, Mozart and Clementi. Translated from the 25th German edit. by H. Mannheimer. 1st Course. qu. 4. (XII, 106 S.) Ebendas. 875.

— a new Method for the Piano after the „Klavier-Unterrichts-Briefe". [Letters on piano-instruction.] A complete, practical, easy and approved system divided into 5 courses, being a guide for young beginners from the very commencement to the Etudes of Bertini and Cramer, and the sonatas of Haydn, Mozart and Clementi. Translated from the 25th German edition by H. Mannheimer. 2d course. qu. 4. (S. 107—215.) Leipzig 876, Haendel.
1st course. Ebendas. 1875. M 3.

— die Musik in der Familie u. die musikalische Erziehung der Jugend. Ein Buch für Eltern u. Lehrer. 8. (V, 50 S.) Ebend. 878. cart. 1. —

— hundert Nachmittags-Ausflüge in die Umgegend von Berlin. Mit Bezeichnung der Wege und mit Hinweis auf die jetzigen Verkehrsmittel. 8. (XII, 179 S.) Berlin 879, (Winckelmann. — Leipzig, Haendel.) cart. *

— 100 Nachmittags-Ausflüge in der Umgegend von Berlin. Mit Bezeichnung der Wege und mit Hinweis auf die neuesten Verkehrsmittel. 2. gänzlich umgearb. Aufl. mit 4 Karten. 8. (XVI, 184 S.) Berlin 884, F. und P. Lehmann. cart. *

Hennes, Anton [approb. Arzt aus Viersen (Rheinprovinz)]: Ueber Angeborene Auswüchse am Halse .... Stuttgart, Druck v. Gabr. Kröner, 1888; 20 S. 8°
München, Med. Fak., Inaug.-Diss. v. 1888

Hennes, Anton, über angeborene Auswüchse am Halse. Diss. München 1888, A. Buchholz. 8°. 20 S.

Hennes, Davides (*geb. Lissa in Pos. 28. 10. 1835*): Extensus et semiflexus in cura situs membri fracti inter se comparati et dijudicati, singulari habita ratione apparatus Hagedorn-Dzondici et trianguli brachialis Middeldorpfici. Vratislaviae (1855). (41 S., 2 Taf.) 8°
Breslau, Med. Diss. v. 31. Juli 1855

Hennes, Edmund: Die Volkserziehungslehre bei Herder und bei Vertretern des gebildeten Mittelstandes in der 2. Hälfte des 18. Jahrhunderts. Bonn 1910: Foppen. 115 S. 8°
Bonn, Phil. Diss. v. 28. Juni 1910, Ref. Dyroff
[Geb. 29 Aug. 82 Cöln; Wohnort: Berlin; Staatsangeh.: Preußen; Vorbildung: Kaiser-Wilhelm-Gymn. Cöln Reife O. 03; Studium: Bonn 4, Freiburg i. B. 2, Bonn 6 S.; Rig. 2. März 10.] [U 10. 379

Hennes, Ernst, Vegetarismus u. vegetarische Gedanken. (VII, 43 S.) gr. 8. Dresden (909). E. Pierson. — 75

Hennes, Ernst, was bedeutet der Vegetarismus, u. wie läßt sich derselbe einführen? (16 S.) gr. 8. Dresden 904. E. Pierson. n. — 25

Hennes, Gerh., die Kreuzzüge. Für die Jugend bearb. gr. 8. (III, 114 S. m. Abbildgn. u. 1 Karte.) Münster 894. A. Russell. n. 1. 80; geb. n. 2. 30

Hennes, Gerh., berühmte Seefahrer u. Entdecker, s. a. Für Mußestunden.

— berühmte Seefahrer u. Entdecker. gr. 8. (III, 89 S. m. Abbildgn. u. 1 Karte.) Ebd. 894. n. 1. 50; geb. n. 2. —

— Der Sieger, s.: Aus allen Zeiten u. Ländern.

— In bösen Tagen (Arbeiterversicherungen), s. a. Hefte, bunte (für die männliche Jugend).

Hennes, Gerhard, In bösen Tagen. Etwas über die Arbeiterversicherungen. 16°. Kevelaer, Butzon u. Bercker, 1909.

Hennes, Hans: Aus d. Psychiatr. Universitätsklin. zu Bonn. Die epileptischen Dämmerzustände, ihre klinische u. forensische Bedeutung. ⟨Mit 14 kasuist. Beitr.⟩ Bonn: Eisele 1910. 121 S. 8°
Bonn, Med. Diss. v. 22. Jan. 1910, Ref. Westphal
[Geb. 20. Okt. 83 Roisdorf; Wohnort: Bonn; Staatsangeh.: Preußen; Vorbildung: Kgl. Gymn. Bonn Reife O. 03; Studium: Bonn 1, Würzburg 1, Gießen 1, Würzburg 2, Bonn 5 S.; Coll. 22. Jan. 10; Approb. 25. April 09.] [U 10. 312

Hennes, Johann Das dritte valerisch-horazische Gesetz und seine Wiederholungen. 26 S. Progr. G. *Bonn* 1880.

Hennes, Joh. Heinr.

Hennes, J. H., Albrecht von Brandenburg, Erzbischof von Mainz und von Magdeburg. Mainz 858. Kirchheim. 8. (VIII, 336 S.) n. 1 ℛ. 5 ngr.

Hennes, Jh. Hnr., Andenken an Bartholomäus Fischenich. Meist aus Briefen Fr. v. Schiller u. Charlottens v. Schiller. 8. Stuttgart u. Tübingen 841, Cotta'scher Verl. 2/3 ℛ

Hennes, J. H., Martin Luther's Aufenthalt in Worms, 16. bis 26. April 1521. gr. 8. (27 S.) Mainz 868, Kirchheim. *

Hennes, J. H., die Belagerung von Mainz im Jahre 1689. Mainz 864. v. Zabern. gr. 8. (62 S.) n. 10 ngr.

— Bilder aus der Mainzer Geschichte. Aneinandergereiht in einem Ueberblick der Geschichte der Erzbischöfe von Mainz. Mainz 857. Kirchheim. 16. (VIII, 384 S.) n. 1 ℛ.

— Codex diplomaticus ordinis Sanctae Mariae Theutonicorum, s. Codex.

— die Erzbischöfe v. Mainz. Nebst der polit. u. militär. Geschichte der Stadt. 3., verm. Aufl. gr. 8. (IV, 348 S.) Mainz 879. Diemer. n. 6. —

Hennes, J. H., Fischenich u. Charlotte v. Schiller. Aus ihren Briefen u. andern Aufzeichngn. gr. 8. (167 S.) Frankfurt a/M. 875. Sauerländer. 2. 70

— Geschichte der Erzbischöfe von Mainz. Nebst der polit. und militär. Geschichte der Stadt. 2. Ausg. gr. 16. (VIII und 402 S.) Mainz 867, Kirchheim. *

— Geschichte der Grafen von Nassau. 1. Thl. Bis zum Jahr 1255. (Mit Urkunden.) gr. 12. Köln 842, J. G. Schmitz. n. 3/4 ℛ — 2. verb. Aufl. 12. Ebend. 843. n. 3/4 ℛ

Hennes, J. H., Geschichte der Stiftung und des Aufblühens des Klosters der Karmeliterinnen in der Schnurgasse zu Köln. gr. 8. (IV und 56 S.) Mainz 850, [Kirchheim.] *

Hennes, J. Die Grafen v. Nassau im 12. u. 13. Jahrh. (wird fortgesetzt werden). 18 S.
Progr. Cöln e. 1839

Hennes, J. H., Hermann II., Erzbischof v. Köln. gr. 8. (XVI u. 55 S.) Mainz 851, Kirchheim & Schott. 12 ngr

— aus Friedrich Leopold v. Stolberg's Jugendjahren. Nach Briefen der Familie und andern handschriftlichen Nachrichten. gr. 8. (VIII, 184 S.) Frankfurt a. M. 876, Sauerländer's Verlag.

— der Kampf um das Erzstift Köln zur Zeit der Kurfürsten Gebhardt Truchsess u. Ernst v. Baiern. gr. 8. (185 S.) Köln 878. Du Mont-Schauberg. n. 3. —

— das Kloster der Karmeliterinnen in der Schnurrgasse zu Köln. 2., verm. Aufl. 8. (IV und 236 S.) Mainz 867, Kirchheim. *

Hennes, Joh. Heinr., Commenden d. deutschen Ordens in den Balleien Coblenz, Altenbiesen, Westphalen, Lothringen, Oesterreich u. Hessen. gr. 8. (235 S.) Mainz 878. Kirchheim. n. 4. —

— das Leben der heiligen Theresa. 2., verm. Aufl. 8. (VIII und 240 S. mit Portr. in Holzschn.) Frankfurt a. M. 866, Hamacher. *

— Friedrich Leopold Graf zu Stolberg und Herzog Peter Friedrich Ludwig von Oldenburg. Aus ihren Briefen und anderen archival. Quellen. 8 Abthlgn. gr. 8. (III, 524 S.) Mainz 870, Kirchheim. à Abthl. *ℳ 2,70. *

— Stolberg in den zwei letzten Jahrzehnten seines Lebens. gr. 8. (IV, 192 S.) Mainz 875. Kirchheim. n. 3. —

— Urkundenbuch des deutschen Ordens, s. a. Codex diplomaticus ordinis Sanctae Mariae Theutonicorum.

Hennes, Urkundenbuch d. deut. Ordens. 2 Bde. Mainz 861.

Hennes, Ioannes (geb. am 25 Febr. 1841 in Bonn): De fide, quae Bonizonis libro ad amicum tribuenda sit ... Bonnae, typ. expr. P. Neusser 1865. 2 Bl., 38 S., 1 Bl. 8.
Bonn, Phil. Fak., Diss. v. 24 Juli 1865

Hennes, Wilhelm: 125 Fälle von Perforation aus der geburtshülflichen Klinik und Poliklinik zu Halle a. S. *Halle a. S. 1898: C. A. Kaemmerer & C.* (26 S. mit Tab.) 8°
Halle, Med. Diss. v. 8. Juni 1898

Hennessy, Rede über die italienische Frage, s. Stimmen der Wahrheit.

Hennessy, J., De deo Platonis. Diss. 1872. 62 S.

Hennet, Arnold Frhr. v., die landwirtschaftlichen Berufsgenossenschaften in Frankreich, s.: Ertl, Mor.

Hennet, Ludwig (geb. Breslau 17.2.1820): Ueber den Ileus. Breslau 1868. (39 S.) 8°
Breslau, Med. Diss. v. 8. [vielmehr 11.] Apr. 1868

Henneth, Castle, od. der glückl. Kauf. 2 Thle. 8. Leipz. 783. Schwickert. 1 ₰ 16 ℋ

Hennewig, Anton [aus Lippramsdorf in Westfalen]: Über die Bedeutung der Wundbehandlung unter dem feuchten Blutschorf nach Schede für die Fälle von necrosis ossium .... Greifswald, Druck v. Julius Abel, 1888; 29 S. 8°
Greifswald, Med. Fak., Inaug.-Diss. v. 2. Aug. 1888

de Hennezel, Burdon, Pernolet, Rivot, über die mechanische Aufbereitung der silberhaltigen Bleierze am Oberharze in ihrem jetzigen Zustande; nebst Einleitung in das Studium der Aufbereitung. Ein Supplement zu Karsten's Metallurgie, Villefosse Mineralreichthum etc. Deutsch bearb. u. mit Zusätzen von Kerl, Osann und Wimmer, sowie mit vielen eigenen herausg. von Carl Hartmann. Mit 12 lith. Foliotaf. Weimar 853. Voigt. gr. 8. (VIII, 303 S.) 2 ₰.

Henni, John Martin. Ein Blick in's Tal des Ohio; oder Briefe über den Kampf und das Wiederaufleben der Kath Kirche im fernen Westen ... Munich, 1836.

Hennick, Andreas (Welsa/Torg./Misnicus), De licito judicis favore. Disput. jur. Rector Jo. Joachim Hahn. Präs. Jo. Philipp Streit. Erfurt (Grosch) 14. IV. 1723. 32 S. (6.20) 14346

Hennicke, ..., Anweis. für deutsche Jünglinge u. Mädchen, in kurzer Zeit richtig zeichnen u. malen zu lernen. 4. Lpz. 795. Schwickert. 2 ₰ 8 ℋ

Hennicke, Dr. ..., (Divisionsprediger), Begräbnißrede an d. Gruft d. Fürsten Blücher v. Wahlstatt. 8. Bresl. 820. Max u. Comp. 2 ℋ

Hennike, Druck- u. Tafelfarben ꝛc. Leipzig, Schwickert. 802.

— d. Kunst des Farbenfabrikanten, oder Anweis., mehrere Mineral-, Lack- u. Waschfarben zu fertigen. Verfaßt von e. Praktiker, herausg. u. mit Zusätzen verm. von e. Theoretiker. 8. Leipz. 806. Schwickert. 1 ₰

— d. elegante Wäschzeichnerin. 4. Leipz. 805. (Brockhaus). 1 ₰ 12 ℋ

Hennicke, d. elegante Wäschzeichnerin. 4. Leipzig, Junius. 805.

* Hennicke, die elegante Wäschzeichnerin. 4. Leipzig, Gleditsch. 806.

Hennicke, Alfred: Die Entwicklung der spanischen Währung von 1868—1898. Stuttgart 1907: Union. (62 S.) 8° ¶(Erschien vollst. als: Münchener volkswirtsch. Studien St. 83. 1907.)
München, Staatswirtsch. Fak., Ref. Lotz, Diss. v. 28. Jan. 1907
[Geb. 25. Dez. 81 Annaberg; Wohnort: Annaberg; Staatsangeh.: Sachsen; Vorbildung: Realgymn. Annaberg Reife O. 02; Studium: Leipzig 2, Genf 1, Leipzig 1, München 2, Studienaufenthalt in Spanien 1, München 3 S.; Rig. 28. Jan. 07.]

Hennicke, Alfr., die Entwicklung der spanischen Währg. von 1868—1908, s. a. Studien, Münchener volkswirtschaftl.

Die Entwicklung der Spanischen Währung von 1868–1906 von Alfred Hennicke. Stuttgart & Berlin: J. G. Cotta Nachf. 1907. (VI, 128 S.) 8°
— Studien, Münchener volkswirtschaftliche. Stück 83. [07. 11348 3

Hennicke, Arnold Werner, s. Hennicke, Werner

Hennicke, Carl ..., s. Hennicke, Karl ...

Hennicke, C., Bibelsprüche für den Catechismus-Unterricht gesammelt. 8. (IV u. 71 S.) Halle 848, Anton. 1/6 ₰

Hennicke, C., Bibelsprüche für den Catechismus-Unterricht gesammelt. 2. unveränd. Aufl. Halle 860. Anton. 8. (IV, 71 S.) 5 ngr

Hennicke, F., technisches Wörterbuch f. Telegraphie u. Post. Deutsch-englisch u. englisch-deutsch. 8. (XII, 311 S.) Berlin 889. Springer. n. 3. —; geb. 3. 80

Hennicke, F. A., der Markthelfer. Leitfaden zur Markrechng. u. dem neuen Maaß u. Gewicht m. Vergleichg. d. bisherigen. 16. (26 S. m. 2 eingedr. Holzschn.) Berlin 874. E. Mecklenburg in Comm. — 30

Hennicke, F. A. C., Christus als Vorbild f. die spezielle Seelsorge. Ein Versuch. gr. 8. Leipzig 841, Köhler. 1/4 ₰

—, Anna Judson, die Dienerin d. Herrn in Burmah. Eine biograph. Skizze. 8. (8½ B.) Leipzig 840, C. H. Reclam.

— Kirchengebete, z. Vorlesen nach d. Predigt u. in Betstunden, nebst einigen Morgen- u. Abendgebeten f. den häusl. Gebrauch. gr. 8. (24¼ B.) Leipzig 839, Vogel.

— s. Ph. J. Spener's deutsche und latein. theolog. Bedenken.

— Warnung an die, welche versucht sind, sich v. d. evangel. Landeskirche Preußens zu trennen. 8. (3 B.) Naumburg 835. (Zeitz, Webel.)

Hennicke, F. G. De alpha intensivo. 28 S.
Cöslin, Progr. 1846

Hennicke, F. H., De Ranarum Aristophaneae fabulae indole atque proposito. Pr. 1855. 14 S. 4°. 2.—

Hennicke, F. H. Etymologische Skizzen. Abth. I. (Alpha privativ. et intensiv., ἄν und κιν, οὐ und μή.) 24 S.
Progr. Cöslin 1838

Hennicke, Friedrich Karl Ludwig, s. Hennicke, Ludwig

Hennicke, H. De Ranarum Aristophaneae indole atque proposito. 14 S.
Cöslin, Progr. 1855

Hennicke, Hans: Über die Einwirkung von Senfölen auf Aminocrotonsäureester. 1904. 32 S. 8° ¶ Vgl. J. Liebig's Annalen d. Chemie. Bd 344. 1906.
Hannover, Dr.-Ing.-Diss. v. 15. 12. 1904

Hennicke, Hermann, pract. Arzt aus Potschappel: Über einen Fall von Sarcoma uteri mit ausgedehnter sarcomatöser Thrombose der Venae uterinae und der Vena spermatica. *Halle a. S. 1902: C. A. Kaemmerer & Co.* (23 S.) 8°
Halle, Med. Diss. v. 9. Juni 1902

Hennicke, Johann August Philipp

— Etwas üb. J. Aug. Wagener. 8. Merseburg. (Böhme in Lpz.) 810.
Schreibp.

— Etwas über J. Aug. Wagner. 8. Merseb. 810. (Central-Cpt. in Leipz.) 6 ℊ Schrbp. 8 ℊ

Hennicke, J. A. P., Progr. de fabulae Aesopiae indole et usu. Merseb. 792. 4.

— — **De fabulae Aesopicae indole ac usu ad vitam et mores. Prolusio oratiunculis in gymnasio Merseburgensi April 1792. Weissenfels (Friedrich Severin). 10 S. (4.—) 14350**

— — **De loco Aeliani var. histor. L. III. c. 26. pauca disserit ad aud. orat. scholast. 22. IV. 1800. Halle (Michaelis). 14 S. (4.20) 14351**

— **M. Johann August Philipp** (Rector zu Donndorf), De nexu loci Paulini ad Galat. VI, 1—10. Coniecturae exegeticae. Lpz. (Jacobaeer) 8. IV. 1788. 16 S. (4.80) 14348

— — **(Rector d. Merseburger Gymnasiums), Dissertatiuncula de studiis puerorum ac juvenum sapienter regendis. Merseburg (Laitenberger) 11. IV. 1791. 9 S. (4.—) 14349**

— — **De veterum linguarum studio accuratiore, mentem pueri et juvenis ad veri cognitionem acuente ad orat. in gymnasio Merseburg. 19. IV. 1803. Halle (Michaelis). 19 S. (3.50) 14352**

HENNICKE, Johann August Philipp 1751 - 1828
Synchronistische Tabellen über Schröckhs Lehrbuch der allgemeinen Weltgeschichte, zum Gebrauch der niedern Classen in den Schulen.
Von M. Johann August Philipp Hennicke ...
Leipzig: Crusius. 1797. 4°.
Leopold-Sophien-Bibliothek Überlingen
Johann Matthias Schroeckh, 1733-1808

Hennicke, Jh. Aug. Ph., († d. 13. Nov. 1828.) synchronist. Tabellen zu Schröckhs Lehrbuch d. Weltgeschichte. gr. 4. Leipz. 797. (W. Vogel). 10 ℊ

— — **De ΘΑΛΑΣΣΟΚΡΑΤΙΑ veterum, inprimis Atheniensium. (Ad aud. oratiunculas a VII. candidatis academicis in gymnasio Merseburgensi 9. V. 1806.) Halle (Friedr. Aug. Grunert, Vater). 20 S. (3.—) 14353**

— von den Ursachen d. jugendl. Undanks, in Absicht auf Erziehung. 8. Leipz. 786. (W. Vogel). 2 ℊ

Hennicke, Joh. Friedr., allgem. Anzeiger d. Deutschen, s. Anzeiger.

Hennicke, J. Fr., s. Anzeiger, allgem., und Nationalzeitung.

— **Johann Friedrich** (Göttingen), Geographicorum Strabonis fides ex fontium, unde is hausit, auctoritate aestimanda et auctorum recensus ordine alphabetico dispositus cum fragmentorum indice secundum Strabonis librorum seriem concinnato. Comment. philos. Gotting. (Johann Georg Rosenbusch) 15. I. 1791. 24 S. (4.20) 14354

Hennicke, Joh. Frid.: Commentatio de geographia Africae Herodotea. In concertatione civium Academiae Georgiae Augustae die IV. Junii 1788 praemio ... ornata. Gottingae (1788). 102 S. 8°.

Hennicke, Jh. Fr. I., Commentatio de geographia Africae Herodotea, d. 4. Jan. 1788 praemio a philos. ord. ornata. 4 maj. Gött. 788. Dieterich; a. Vandenhöck u. R. 12 ℊ

Hennicke, Jul., Bericht über Schlachthäuser u. Viehmärkte in Deutschland, Frankreich, Belgien, Italien, England u. der Schweiz. Im Auftrage des Magistrats der königl. Haupt- u. Residenzstadt Berlin erstattet. Berlin 866. Ernst & Korn. gr. Fol. (23 S. mit 20 Kpfrtaff. u. 70 eingedr. Holzschn.) n. 6 ℛ 20 ngr

Hennicke, J., der Kaiserhof in Berlin, s. Hude, H. v. der.

Hennicke, J., das Lessing-Theater in Berlin, s.: Hude, H. v. der.

— Mittheilungen über Markthallen in Deutschland, England, Frankreich, Belgien u. Italien. Auf Veranlassung d. Magistrats der königl. Haupt- u. Residenzstadt Berlin bearb. u. hrsg. Mit 22 Kpfr.-Taf. Fol. (VIII, 15 S. m. eingedr. Holzschn.) Berlin 881. Ernst & Korn. cart. n. 30. —

Hennicke, J., u. H. v. d. **Hude,** öffentliches Schlachthaus u. Viehmarkt in Buda-Pest. Mit 13 Kpfrtaf. (wovon 1 chromolith., in Fol. u. gr. Fol.) Fol. (10 S.) Berlin 876. Ernst & Korn. n. 20. —

—— der Umbau der Neuen Kirche in Berlin, s. Hude, Herm. v. der.

Hennicke, Jul., das Central-Hôtel in Berlin, s. Hude, Herm. v. der.

Hennicke, Karl August

Hennicke, K. A., Beitrr. zur Ergänzung u. Berichtigung des Jöcherschen allgem. Gelehrten-Lexikons u. d. Meuselschen Lexikons d. von 1750 bis 1800 verstorb. deutschen Schriftsteller. 1s, 2s u. 3s Stück. gr. 8. Leipz. 811 u. 12. P. Vogel. 1 ℛ 18 ℊ

Hennicke, Carl August (Leipzig), Papirii Justi ICti Romani fragmenta observatiunculis illustrata. Präs. August Cornelius Stockmann. Lpz. (Büschel) 8. IX. 1792. 26 S. (6.—) 14347

Hennicke, K. A., principia juris civilis Roman.-German. s. K. C. L. *Senf*, synopsis.

Hennicke, Car. Bernard. (geb. Spergau bei Merseburg 23. 2. 1829). De nervi facialis paralysi. Berolini (1854). (26 S.) 8°
Berlin, Med. Diss. v. 13. Okt. 1854

Hennicke, Carl R., die Fänge der in Mitteleuropa vorkommenden Raubvögel. 83 photolith. Taf. m. Beschreibg. u. e. Bestimmungstabelle. (66 S. m. Abbildgn.) gr. 8. Dresden 905. H. Schultze. Geb. n. 4. —

Hennicke, Carl R., d. Fänge der Raubvögel. Jetzt: Leipzig, Antiquariat C. Köhler.

Hennicke, Carl R., s.: Flugbilder der wichtigsten in Mitteleuropa vorkommenden Raubvögel.

Hennicke, Carl R., d. Graupapagei in d. Freiheit u. in d. Gefangenschaft, s. a. Schriften, ornitholog.

Der Graupapagei in der Freiheit und in der Gefangenschaft. Geschildert von Dr. Carl R. **Hennicke.** Mit 1 Buntbild von Prof. A. Goering. Gera: E. M. Köhler (a. d. Umschl. übergekl.: Magdeburg: Creutz) 1895. (64 S.) 8° [F.] 06. 1901

Hennicke, Karl R. (Hrsg.), s. Liebe, Karl Theodor: Ornithologische Schriften.

Hennicke, Carl R., s.: Monatsschrift, ornithologische.

— Naturgeschichte d. Vögel Mitteleurop., s. Naumann, Johann Andreas

— Notwendigkeit u. Mittel des Vogelschutzes, sowie gegenwärt. Stand der Vogelschutzgesetzgebg. in d. deutsch. u. europ. Staaten, m. e. Ausblick auf e. internationales Vogelschutzgesetz. 8. (30 S.) Leipzig 901. H. Seemann Nachf. n. — 75
Sonderabdruck aus: „Deutscher Tierfreund".

(B) — Notwendigkeit u. Mittel d. Vogelschutzes. 901. (KVB 31.) Jetzt: Leipzig, Carl Köhler.

Hennicke, Carl R . Die Raubvögel Mitteleuropas. 53 Tafeln in feinem Chromo- und 8 Tafeln in Schwarzdruck, nebst Abbildungen im Text, nach Originalen der Maler (A[nton]) Goering, (F) Keulemans, Kleinschmidt, (E) de Maes, v. Nécsey und (J) Rhamm; mit erklärendem Text von Dr. Carl R. Hennicke. Zweites Tausend. VIII + 230 S. 8. Gera-Untermhaus, Fr. Eugen Köhler, 1903. [geb. M. 5. —]

— die Raubvögel Mitteleuropas. 53 Taf. in feinem Chromo- u. 8 Taf. in Schwarzdr. nebst Abbildgn. im Text nach Originalen der Maler Goering, Keulemans, Kleinschmidt, de Maes, v. Nécsey u. Rhamm, m. erklär. Text v. H. (Neue [Titel-]Ausg.) 9 Lfgn. (VIII, 230 S.) 8. Halle [903] (905). H. Gesenius. à n. — 50; in 1 Leinw.-Bd. n. 5. —

— Vogelschutz durch Anpflanzgn. Unt. Benutzg. d. Arbeit v. Dieck: „Vogelschutzgehölze u. ihre Verwendg." 1.—3. Taus. gr. 8. (15 S.) Gera 896. Fr. E. Köhler. n. — 20

Hennicke, E. A. W., s. M. Luther, wider d. Schleich- u. Winkelprediger.

Hennicke, *Friedrich Carl* Ludwig [app. Arzt aus Strenz-Naundorf (Prov. Sachsen.)]: Ein Fall von primärer Tubentuberculose ... Cönnern, Druck v. B. Knauff, *1894;* 20 S. 8.
Leipzig, Med. Fak., Inaug.-Diss. v. 25. März 1890

Hennicke, Osk., der Conjunctiv im Altenglischen u. seine Umschreibung durch modale Hilfsverba. Inaugural-Dissertation. gr. 8. (60 S.) Göttingen 878. (Peppmüller.) n. 1. —

Hennicke, Osk., s.: Mistral, Frédéric, Mirèio.

Hennicke, Otto, Neuendorfensis: **Observationes** criticae in Cl. Galeni Pergameni commentarios περὶ ψυχῆς παθῶν καὶ ἁμαρτημάτων. *Berolini 1902: E. Ebering.* (61 S.) 8°
Erlangen, Phil. Diss. v. 28. Mai 1902

Hennicke, Otto, observationes criticae in Cl. Galeni Pergameni commentarios *περὶ ψυχῆς παθῶν καὶ ἁμαρτημάτων.* gr. 8. (61 S.) Potsdam 902. M. Jaeckel. n. 1.25

Hennicke, Rudolf, a. Annaberg i. Erzgeb.: Über drei α, δ-Bisdiphenylenfulgide und ihr Verhalten gegen Licht und Wärme. Weida i. Thür. 1906: Thomas & Hubert. (57 S.) 8°
Leipzig, Phil. Fak., Ref. Hantzsch, Beckmann, Diss. v. 9. Juli 1906
[Geb. 4. Jan. 81 Annaberg; Wohnort: Annaberg; Staatsangeh.: Sachsen; Vorbildung: Realgymn. Annaberg Reife O. 00; Studium: Leipzig 10 S.; Rig. 19. März 06.]

HENNICKE, Theodor: Schöne Waldbäume des Forstreviers Lampersdorf, Kreis Frankenstein, Reg.-Bez. Breslau. - Berlin 1863. 8 Bl. Hrsg. v. Friedrich v. Thielau

Hennicke, *Arnold* Werner [aus Berlin]: Aus d. pharmakolog. Institut zu Bonn. Vergleichende Untersuchungen über die Gefährlichkeit der gebräuchlichen Inhalationsanästhetica ... Berlin, Druck v. H. S. Hermann, *1895;* 46 S., 1 Bl. 8.
Bonn, Med. Fak., Inaug.-Diss. v. [8. Mai] 1895

Hennicky, Johann Gottlob (Bautzen), Utrum ille, qui sub praetextu alicujus juris bona quaedam a defuncto hactenus possessa jacente haereditate occupat, in judicio possessorio sit praeferendus haeredi possessoris defuncti? Resolut. quaestion. jurid. Präs. Christoph Schreiter. Lpz. (Immanuel Titius) 5. VIII. 1700. 36 S. (6.30) 14355

Hennico, Franz, a. Roost (Luxemburg): Über neuere beckenerweiternde Operationen. Straßburg i. E. 1905: C. Müh & Cie. (49 S.) 8°
Straßburg, Med. Fak., Ref. Fehling, Diss. v. 5. Aug. 1905
[Geb. 2. Juni 75 Roost, Luxemburg; Wohnort: Roost; Staatsangeh.: Luxemburg; Vorbildung: Gymn. Diekirch Reife M. 97; Studium: Straßburg 15 S.; Rig. 20. Juli 05.]

Hennies, Ernst [prakt. Arzt aus Schlesien]: Zur Kenntnis der Fälle von tuberkulöser Caries der Symphyse auf Grund klinischer Beobachtung .... Greifswald, Druck v. Julius Abel, 1888; 23 S. 8°
Greifswald, Med. Fak., Inaug.-Diss. v. 31. März 1888

Die ortspolizeilichen Bestimmungen der Stadt Göttingen nebst e. Anh. der gebräuchlicheren landespolizeilichen Verordnungen. Zsgest. von H[einrich] **Hennies,** Polizei-Insp. Göttingen: Haensch 1906. VIII, 261 S. 8° 11. 7793 7

Soldaten-Katechismus. Dienst-Anweisung f. d. deutschen Infanteristen. Nach d. neuesten Bestimmungen in Fragen u. Antworten bearb. von Heinrich **Hennies.** 2. Aufl. Hildesheim: M. v. Witzleben [1904]. (249, III S.) 8° [F.] 05. 8448 7

Hennig

— Paul, eine wahre Geschichte. Mit e. Vorrede herausgg. v. G. E. Dippold. 8. Grätz 792. Zaunried.

Hennig, Paul. Eine wahre Geschichte. Nebst einer merkantilischen Beschreibung von Holland und Surinam. Grätz 1793. H: *Dippold, G. E.* (KY 8/62) (BIBLPORT)

Hennig, Paul, eine wahre Geschichte, 8. Leipzig. (Salzburg) 793. (Mayrs) 8 sgl.

Hennig, s.a. Henning

Hennig, ..., Alme, od. so liebt man auf d. Lande. 8. Berl. 818. Rücker. 1 ß

Hennig, Christus mein Leben!, s.: Hoppe, L. A.

Hennig, Denkwürdigk. f. Preußen a. d. 18ten Jahrh. 8. Berlin, Schöne. 805.

v. Hennig, Prof. ..., s. Jahrbücher f. wissenschaftl. Kritik.

Hennig, ..., (Pastor,) die Somnambule in Nebelin in d. West-Priegnitz. Kurzer Bericht u. Anleitung z. richtigen Beurtheilung derselben. 3. verb. u. verm. Aufl. 12. Potsdam 845, Horvath'sche Buchh. 1/12 ß — 4. verb. u. verm. Aufl. 8. Perleberg 846, Horvath. 1/6 ß

Hennig, Die römische Ueberlieferung, betreffend das Grab und die Kathedra Petri mit Rücksicht auf die monumentalen Zeugnisse der römischen Coemeterien beurteilt. Pr. 1875. 16 S. u. 1 Tafel. 1.—

Hennig, A., Lehrbuch d. vereinf. deutschen Stenographie, s.: Grossjohann, H.

Hennig, A.: Wegweiser durch das Märkische Sauerland, s. Grossjohann, H.

Hennig, A. B., mein Rechengeheimnis, welches bei colossaler Zeitersparnis jeden Rechenfehler verhütet. gr. 16. (3 S.) Ilmenau (900). (Berlin, Berolina-Versand-Buchh.) n. 1.—

—dasselbe. 4. Aufl. gr. 16. (3 S.) Neustrelitz (901). Ebd. —60

— Temperaments-Lehre. Ergründung d. Character, Gesundheit, Vergangenheit u. Zukunft aus der Gestalt u. den Linien der Hand. 8. (7 S. m. 1 Fig.) Strelitz (902). Ebd. 1.—

Der Königlichen Deutschen Gesellschaft in Königsberg am Jubelfeste Ihrer Stiftung gesungen von Derselben Mitgliede A. E. H....G (HENNIG). Papplakken in Kurland, am 21. des Wintermonats 1793. ib., — 4°.

Hennig, Alfred [Referendar am Kgl. Amtsger. in Winzig]: Die Anfechtbarkeit der Datio in solutum nach gemeinem und deutschem Reichsrecht ... Breslau, Druck v. F. W. Jungfer, *1897*; XIV, 78 S., 2 Bl. 8.
Breslau, Jur. Fak., Inaug.-Diss. v. 22. Mai 1897

Hennig, Alfr., die Anfechtbarkeit der Datio in solutum nach gemeinem u. deutschem Reichsrecht. Diss. gr. 8. (XIV, 78 S.) Breslau 897. (Schlotter.) n. 1. 20

Hennig, Alfr., die da hungern nach Glück u. Liebe. Roman aus dem Hochgebirge. Illustr. v. M. Kammer, H. Kreyßig u. H. Volkert. 8. (106 S.) Weinheim (902). F. Ackermann. n. 1. 60

Hennig, Alfr., Münchner Humor! (45 S.) 8. München (905). Seitz & Schauer. n. —20

— Leute vom roten Kreuz. (83 S.) Lex.-8. Ebd. (906). n. 2.—

(B) Hennig, Alfr., Leute v. roten Kreuz. 906. (KBL 33.) Jetzt: Heidelberg, J. Hörning.

— Liebesfrühling v. heutzutage. schmal 12. (V, 64 S.) Berlin (900). Berlinische Verlagsanst. n. 1.—

Hennig, Alfr., Nitokris. Roman aus dem alten Aegypten. 8. (179 S.) Weinheim 898. F. Ackermann. n. 2. 40; geb. m. Goldschn. 3.—

– Die Schwester. München: Seitz & Schauer 1904. 164 S. 8°

— die Schwester vom roten Kreuz. 2. Aufl. (119 S.) gr. 8. Ebd. (905). Geb. in Leinw. n. 5.—

(B) — Die Schwester. 905. (KBL 33.) Jetzt: Heidelberg, J. Hörning.

— um e. blonde Sünderin. Novelle a. Isarathen. Mit Buchschmuck v. Hans Volkert. schmal 8. (76 S.) München (901). A. Schupp. 3.—

— Timopht. Erzählg. aus d. alten Aegypten. 8. (82 S.) Ebd. 896. n. 1.—

Hennig, Anders, geologischer Führer durch Schonen, s.a. Sammlung geologischer Führer. VII.

Geologischer Führer durch Schonen von Dr. Anders Hennig. Doc., Lund. Hierzu 1 Uebersichtskarte u. 35 Fig. *Berlin: Gebr. Borntraeger 1900.* (VII, 182 S.) 8°
= Sammlung geologischer Führer. 7.

Hennig, Anna, d. Schule Walten, s.a. Mädchen-Bühne.

Der Schule Walten. Festspiel z. Aufführung bei Schulfeiern von Anna Hennig. *Berlin: E. Bloch (1898).* (14 S.) 8° [S.]
= Mädchen-Bühne. H. 44.

Hennig, Arno, appr. Arzt a. Schleiz: Ein Fall von Geburtshindernis infolge von beiderseitiger kongenitaler Cystenniere. Halle a. S. 1907: C. A. Kaemmerer & Co. (41 S.) 8°
Halle, Med. Fak., Ref. Veit, Diss. v. 11. Dez. 1907
[Geb. 29. Jan. 80 Schleiz, Reuß j. L.; Wohnort: Schleiz; Staatsangeh.: Reuß j. L.; Vorbildung: Gymn. Rutheneum Schleiz Reife O. 99; Studium: Leipzig 4, Marburg 1, Berlin 2, Halle 2 S.; Coll. 4. Dez. 07; Approb. 26. April 04.]

Hennig, Artur

Hennig, Art., die wissenschaftliche u. praktische Bedeutung der Ostseebäder. Eine balneolog. Studie f. Ärzte u. Laien. 2. Taus. (Neue [Titel-]Ausg.) (III, 84 S. m. 1 Tab.) 8. Leipzig [906] 907. A. Langkammer. 2.—

Hennig, Art., üb. chron. Diphtherie, s.a. Sammlung klin. Vorträge.

Über chronische Diphtherie v. Arthur Hennig, Königsberg i. P. *Leipzig: Breitkopf & Härtel 1897.* (20 S.) 8.
= Sammlung Klinischer Vorträge. N. F. No 187.

[Umschlagt.:] Über Diphtherie und Kroup in Ostpreussen. (Vortr. geh. auf d. 8. internat. Kongr. f. Hygiene ... zu Budapest) v. Dr. Artur Hennig-Königsberg i. Pr. *Königsberg i. Pr. [1895.]* (6 S.) 1 Bd 8.

— Der Einfluss der deutschen Meere (Ost- u. Nordsee) auf die Tuberkulose der oberen Luftwege. Vortrag, geh. auf dem I. internat. laryngorhinolog. Kongress zu Wien. (16 S.) 8. Leipzig 908. B. Konegen. 1.—
Sonderabdruck aus: „Reichs-Medizinal-Anzeiger".

— über gonorrhoische Epididymitis. (28 S.) gr. 8. Leipzig 906. Verlag der Monatsschrift f. Harnkrankh. n. 1. 20

— **Der Heilwert des Ostseebades Cranz bei Frauenkrankheiten. Vortrag, geh. a. d. LV. internat. Kongress f. Thalassotherapie, Abbazia 1908.** (5 S.) Lex. 8. Ebd. 909. 1. —
Sonderabdruck aus: „Der Frauenarzt".

Hennig, Art., üb. epidemischen Ikterus, s.: Sammlung klinischer Vorträge.

— über **Massage** der Prostata u. der Samenblasen. (17 S.) gr. 8. Ebd. 905. n. — 80
2 Sonderabdrucke aus: „Monatsschr. f. Harnkrankh. u. sex. Hygiene".

— **Kalte Seebäder m. besond. Berücksicht. der Ost- u. Nordseebäder. Eine balneolog. Anleitg. f. Ärzte u. Laien.** (X, 72 S.) kl. 8. Leipzig (907). A. Langkammer. 1.50

Welchen Werth hat der Diphtheriebacillus in der Praxis? Von Artur **Hennig**, (Königsberg i./Pr.) *Leipzig: Breitkopf & Härtel 1896.* (34 S.) 8.
— **Sammlung** Klinischer Vorträge. N. F. No 157. [96. 3807

– dass., s.a. Sammlung klinischer Vorträge.

Hennig, Art., Wesen u. Wert der Liebreichschen Serumtherapie. Eine klin. Abhandlg. f. Ärzte. Mit 9 Holzschn., 2 Temperaturkurven u. 1 Eiweisskurve. gr. 8. (VII, 96 S.) Leipzig 892. A. Langkammer. n. 3.60

Hennig, Balthasar Gottlob

— — (Beucha/Misnicus) u. **Conrad Gottlob Anton** (Lauban/Laus.), De collectione canonum et decretorum Dionysiana dominationis pontificiae fautrice. Lpz. (Langenheim) 15. III. 1769. 34 S. (6.50) 14359

— — De Ὀρθοτομιᾳ τȣ λόγυ τῆς ἀληθείας ad locum 2 Tim. II, 15. — Epistola qua viro Carl Friedrich Bahrdt professionem philologiae sacrae extraordinariam nomine seminarii Petrini gratul. Lpz. (Langenheim) Juni 1767. 15 S. (5.—) 14358

Hennig, Balthasar Gottlob, Brevis repetitio et adsertio sententiae Lutheranae de presentia corporis et sanguinis I. C. in coena sacra. Disp. theol. Präs. Jo. August Ernesti. Lpz. (Langenheim) Okt. 1765. 44 S. (6.30) 14356

— — Dasselbe. Ed. II. (6.20) 14357

Hennig, Balth. Glo., († d. 31. März 1808.) Samml. einiger Predigten zur Beförder. christl. Erkenntnisse. 8. Warschau 784.

Hennig, Bruno, a. Berlin: Die Kirchenpolitik der älteren Hohenzollern in der Mark Brandenburg und die päpstlichen Privilegien des Jahres 1447. Kap. 4: Besetzung der Bistümer Brandenburg, Havelberg und Lebus. (Leipzig: Duncker & Humblot 1906.) (42 S.) 8° [F.] ¶(Erscheint vollst. in den Veröffentlichungen des Vereins f. Geschichte der Mark Brandenburg.)
Berlin, Phil. Fak., Ref. Lenz, Diss. v. 30. Juni 1906
[Geb. 15. Sept. 80 Berlin; Wohnort: Friedersdorf bei Seelow; Staatsangeh.: Preußen; Vorbildung: Wilhelm-Gymn. Berlin Reife M. 99; Studium: Berlin 3, Freiburg i. B. 1, Berlin 7 S.; Rig. 14. Dez. 05.]

Hennig, Bruno, die Kirchenpolitik der älteren Hohenzollern in der Mark Brandenburg u. die päpstlichen Privilegien des J. 1447, s.a. Veröffentlichungen des Vereins f. Geschichte der Mark Brandenburg.

Die Kirchenpolitik der älteren Hohenzollern in der Mark Brandenburg und d. päpstl. Privilegien d. Jahres 1447. Von Bruno **Hennig**. Leipzig: Duncker & Humblot 1906. (258 S.) 8° [F.]
Ein T. erschien als Inaug.-Diss. Berlin 1906.
(Veröffentlichungen d. Vereins f. Geschichte d. Mark Brandenburg.) [06. 14363

Hennig, Bruno, s.: **Radziwill**, Elisa, e. Leben in Liebe u. Leid.

Hennig, C., s.: **Compendium**, statist.-topograph., d. neuen Eintheilung des Königr. Böhmen.

Hennig, C., Geschichte der Kinderkrankheiten, s.: Handbuch der Kinderkrankheiten.

Hennig, C und Fr. **Tempsky**. Vollständiges statistisch topographisches Compendium der neuen politischen und gerichtlichen Eintheilung des Königreiches Böhmen in alphabetisch tabellarischer Form. 8. Prag 1850.

Hennig, C. A., das Jahr in Postkarten, s.: Kainradl, Leo.

Hennig, C. A., **Fideles Radler-Album**. Illustr. v. Hugo Schwindrazheim. 1.—3. Lfg. gr. 8. (S. 1—134.) München 898. C. Andelfinger & Co. à n. 1.—

Hennig, C. A., fideles Radler-Album. Illustr. v. Hugo Schwindrazheim. 4. u. 5. (Schluß-)Lfg. gr. 8. (III u. S. 135—230.) München 898. C. Andelfinger & Co. à n. 1.—

Hennig, C. A. F., populärer u. kunstgerechter Baurathgeber bei allen Arbeits- u. Materialberechnungen im Baufache. Mit Beifügung der am häufigsten gebrauchten Formeln u. a. technischen Behelfe, nebst Angabe der gegenwärt. Arbeits- u. Material-Preise in der Hauptstadt Prag. Bearb. v. Ant. Wach. 2., verm. Aufl. gr. 12. (15⅞ B.) Prag u. Berlin 842. (Prag, Calve'sche Buchh.) *

– dass., s.a. Henning, C. A. F.

Hennig, C. A. F. — Generalkarte von Böhmen nach der politisch-gerichtlichen Eintheilung vom Jahre 1854, nebst einer Verwaltungs-Uebersicht Streng nach der Kataſtral-Vermessung und den besten Quellen bearbeitet von . . . . Prag. J. G. Calve'sche Buchhandlung. (1 Bl. 19" hoch, 26" breit: 1 Wiener Zoll = 2 deutschen Meilen. Lith.)

Hennig, C. A. F., offenes Sendschreiben an alle Patrioten Oesterreich's zu einer Protestation gegen die von den Citybewohnern und andern Theilen London's ins britische Parlament eingebrachte Petition für die gewaltthätige Losreißung und Selbstständigmachung Ungarn's von Oesterreich. 1. und 2. Aufl. gr. 8. (20 S.) Prag 849, (Calve'sche Brlgsh.) *

Hennig, Carl, s. Hennig, Karl

Hennig, Chr G [Übers.]
s. Bertolotti, D.: Erzählungen. 1824.

Hennig, Chr. G., s. Bertolotti, Römerin.

Hennig, Chr. Gf., s. Bossi, Geschichte Spaniens.

– s. Braut, Die.

Henning, C. G., die Braut, s. Bibliothek histor. Romane 5r — 7r Bd.

– s. Carli: Briefe.

Hennig, Chr G [Bearb.]
s. Genlis, St.-F. de: Das Schloß von Coppet im Jahre 1807. 1831.

Hennig, Chr G [Übers.]
s. Keratry, A.-H. de: Die Burg Helvin. 1830.

Hennig, C. G., das Schloß v. Coppet, s. Genlis.

— **Christian Heinr.** (Jüterbog), De ictu fustium. Diss. jur. Präs. Augustin v. Leyser (Nudersdorff) Wittbg. (Ephraim Gottlob Eichsfeld) Aug. 1745. 22 S., tlws. dtsch. (6.—) 14364

Hennig, E., die Eppendorfer Arbeiter- u. Beamten-Häuser des Bauvereins f. Arbeiterwohnungen in Eppendorf (Kgr. Sachsen). Ein Uebersichtsbl. in Lichtdr., 4 Taf. in Chromodr. u. 6 Taf. in Lichtdr. nebst Text. (16 S.) Fol. Leipzig (903). C. Scholtze.
In Mappe n. 9. —

Hennig, E., die Arbeiterversicherung im Deutschen Reiche u. im Königr. Sachsen, s.: Handbibliothek, juristische. 176. Bd.

Hennig, E., die Invalidenversicherung im Deutschen Reich, s.: Vorträge üb. Gesetzeskunde u. Verwaltg. 29. Hft.

— u. Br. Lange, Katechismus der Arbeiterversicherungsgesetze m. besond. Berücksicht. der sächs. Ausführungsbestimmungen, s.: Handbibliothek. juristische. 144. Bd.

Hennig, E., d. sämtl. Reichsgesetze üb. d. Arbeiterversicherung (Kranken-, Unfall-, Invaliditäts- u. Altersversicherg.) m. bes. Berücksicht. d. einschlag. sächs. Landesgesetze u. d. wichtigeren Ausführungsbestimmgn. 8. (VII, 208 S.) Dresden 897. O. & R. Becker. 1.50

— die Unfallversicherung im Deutschen Reich, s.: Vorträge üb. Gesetzeskunde u. Verwaltung. 30. Hft.

An mein Vaterland. — Zur Geburtsfeier Sr. Majestät des Königs am dritten des Augusts in der Königlichen deutschen Gesellschaft zu Königsberg vorgelesen von E. HENNIG. ib., 1803. 8°.

— u. B. Lange, die Vortheile der Invalidenversicherung u. der Weg zu ihrer Sicherung. (Reichsgesetz vom 13. VII. 1889.) Für die versicherungspflicht. Personen im Bereiche der Landes-Versicherungsanstalt Königr. Sachsen geschrieben. 8. (4 S.) Dresden (900). (v. Zahn & Jaensch). n. — 10

Hennig, E. A. P. Verhältniss von Robert Southey zu Lord Byron. Diss. Leipzig 1880. 37 S.

Hennig, Eduardus August(us): Adnotationes quaedam de medicamentis specificis. Halis (1847): Heynemann. 28 S. 8°
Halle-Wittenberg, Med. Diss. v. 24. Aug. 1847
Geb. Leimbach (Kr. Querfurt) 28. 4. 1823. V.

Hennig, Edwin, s.: Cook, James, Weltumsegelungsfahrten.

— **Erdbebenkunde, s.a. Wissen u. Können 15. Bd.**

Erdbebenkunde. Eine Übersicht über d. gegenwärt. Stand d. Erdbebenforschung, d. wichtigsten Erdbeben-Hypothesen u. d. internat. Erdbeben-Beobachtungsdienst. Von Dr. phil. Edwin Hennig. Mit 24 Abb. Leipzig: Barth 1909. 174 S. 8°
(Wissen u. Können. 15.) [illegible] 15234

Hennig, Edwin, a. Berlin: Gyrodus und die Organisation der Pyknodonten. (Stuttgart: E. Schweizerbart 1906.) (S. 136—206.) 4° ¶(Aus Palaeontographica Bd 53 ohne die Tafeln.)
Berlin, Phil. Fak., Ref. Branco, Diss. v. 13. Okt. 1906
[Geb. 27. April 82 Berlin; Wohnort: Berlin; Staatsangeh.: Preußen; Vorbildung: Wilhelms-Gymn. Berlin Reife O. 02; Studium: Freiburg i. B. 1, Berlin 7 S.; Rig. 10. Mai 06.]

Hennig Emil, die Behandlg. u. Verwerthg. d. Spinnereiabfälle. (Eine zeitgemäße Betrachtg. unserer heut. Zustände u. Mißstände in der Fabrikation im allgemeinen u. in den Spinnereien im besonderen.) gr. 8. (42 S.) Grünberg 893. Löbner & Co. n. 1.50

Hennig, Emil, die Streichgarn- u. Kunstwoll-Spinnerei in ihrer gegenwärtigen Gestalt. Praktische Winke u. Rathschläge im Gebiet dieser Industrie. gr. 8. (VIII, 156 S. m. 40 Abbildgn.) Berlin 894. J. Springer. Geb. in Leinw. n. 5. —

Hennig, Er. Geschichte der Stadt Goldingen in Curland. I. 8. Mitau 1809.

Hennig, Ernst, s.a. Hennig, Georg Ernst Sigmund

Preussens Ansprüche auf historische Bedeutsamkeit. Eine Rede zur Feyer der Geburt Ihrer Majestät der Königin von Preussen in der Königlich Deutschen Gesellschaft zu Königsberg gehalten von ... ERNST HENNIG. ib., 1809. — 8°.

Hennig, Er., († d. 23. Mai 1815.) histor.-topograph. Beschreib. von Insterburg. 4. Königsb. 794.

— s. ferner Luc. David, Chronik.

—— Einleitung in die Krystallographie. 8. (17 S. mit über 100 Abbild. der Krystalle auf 6 Stnt.) Dresden 862, Klemm's Verlag.

Hennig, Ernst [aus Ratibor, Unterrossarzt im I. Garde-Dragoner-Regiment, Königin von Grossbritannien und Irland]: Die Haematome der Pferde und ihre Behandlung. Stuttgart 1900. 40 S. 8°. (S.-A. aus Monatshefte für praktische Tierheilkunde, Bd. 11.)
Bern. Vet.-med. Diss. 1900/1901.

Hennig, Ernst, Commentar und erklärendes Wörter-Buch zu allen Pharmacopöen (Austriaca, Bavarica, Borussica, Saxonica etc. etc.). Ein unentbehrliches Hülfsbuch für Aerzte und Apotheker so wie für Studirende der Medicin und Pharmacie zum richtigen Verständniss jeder Landes-Pharmacopöe. 2. (Titel-)Aufl. 8. (822 S. mit 7 Stahlst.) Leipzig (858)59. [Dresden, Klemm's Verlag.]

Hennig, Ed., Commentar und erklärendes Wörter-Buch zu allen Pharmacopöen (Austriaca, Bavarica, Borussica, Saxonica etc. etc.). Ein unentbehrliches Hülfsbuch für Aerzte und Apotheker, sowie für Studirende der Medicin u. Pharmacie zum richtigen Verständniss jeder Landes-Pharmacopöe. Bearb. von etc. 2. Aufl. Mit 7 Taf. in Stahlst. Leipzig 859. Polet. 8. 1 Bl., 822 S.) 3 ℛ︁.

Hennig's, (Ernst), Commentar u. Wörterbuch zu allen Pharmacopöen. Ein unentbehrliches Hülfsbuch für Aerzte und Apotheker, sowie für Studirende der Medicin und Pharmacie zum richtigen Verständniss jeder Landes-Pharmacopöe. 3. (Titel-)Aufl. mit 7 Taf. Abbildgn. in Stahlst. Dresden 862. Klemm. 8. (822 S.) 2 ℛ︁ 15 ngr.

— Predigten. 8. Elbing. 800. u. 806.

— Ernst, De rebus Jazygum sive Jazuingorum ex Asia in Ungariam et Poloniam transgressorum, in Prussia exstirpatorum, commentatur documentaque nondum edita. Königsberg (Heinrich Degen) 1812. 72 S. (7.—) 14366

Hennig, E., Commentatio de rebus Jazygum sive Jazuingorum ex Asia in Ungariam et Poloniam transgressorum in Prussia extirpatorum. 4. Königsb. Nicolovius, 812. Rthlr.

Henning, E., de rebus Jazygum sive Jazvingorum ex Asia in Ungariam et Poloniam transgressorum, in Prussia exstirpatorum, cum documentis. Regiom. 818. 8. (72 S.)

— Reise in Schlesien u. Sachsen; in Briefen an e. Kurländer u. e. Preußen. 1r Thl. 8. Königsb. 799.

– s. S a m m l ., Kurländ.

– s.a. S t a t u t e n des deutschen Ordens.

Hennig, E., die Statuten d. deutschen Ordens &c. gr. 8. Königsb. Nicolovius. 806.

— chronolog. Uebersicht d. 18n Jahrh. 8. Elbing. 801. 2e verm. Aufl. 8. Berl. 805. Dies. fortges. bis zum J. 1827 von D. W. Schröder. 8. Königsb. 828. (Th. Enslin in Berl.) 1 ₰ 12 gl.

Hennig, Ernst, erklärendes Wörterbuch zu allen Pharmacopöen (Austriaca, Bavarica, Borussica, Saxonica etc.) Für Aerzte nnd Apotheker bearb. 8. (822 S. mit 13 Stahlst., wovon 1 ill.) Leipzig 847—52, Polet.

— histor.-krit. Würdigung e. hochdeutschen Uebersetzung eines ansehnl. Theils d. Bibel, aus d. 14ten Jahrh. 8. Königsb. 812.

Hennig, Ernst: Die päpstlichen Zehnten aus Deutschland im Zeitalter des avignonesischen Papsttums und während des grossen Schismas. Halle a. S. 1909: Karras. XII, 45 S. 8° ¶ (Ersch. vollst. als Buch b. Niemeyer, Halle.)
Königsberg, Phil. Diss. v. 15. Okt. 1909, Ref. Werminghoff, Gerlach
[Geb. 19. Sept. 88 Heiligenbeil; Wohnort: Königsberg i. P.; Staatsangeh.: Preußen; Vorbildung: Wilhelms-Gymn. Königsberg Reife O. 06; Studium: Königsberg 2, Freiburg i. B. 2, Königsberg 5 S.; Rig. 29. Juli 09.] [U 10. 3603

Hennig, Ernst, die päpstlichen Zehnten aus Deutschland im Zeitalter des avignonesischen Papsttums u. während des grossen Schismas. Ein Beitrag zur Finanzgeschichte des späteren Mittelalters. (XII, 91 S.) gr. 8. Halle 909. M. Niemeyer. 2.80

(Hennig, Dr. F.,) Letzte Stunden eines Maurers. Leipzig, Gräff. 1794. 8 42 S. u. 2 Kupfer.

– dass., s.a. H e n n i n g , Friedr.

v. Hennig, F. G., über Zwangs-Amortisation d. Pfandbriefe, insbesond. der Pfandbriefe der Westpreuß. Landschaft. gr. 8. Marienwerder 842, Baumann. 6 ngl

Hennig, Ferd. Bahr-, s. B a h r - H e n n i g

Hennig, Fr. Wilh., Abhandl. über d. Selbstschutz d. Kinder. gr. 8. Bresl. 797. J. F. Korn. 10 gl

Hennig, Franz, Oberarzt d. L.: Die Lumbalpunktion bei Hirntumoren. Greifswald 1908: Adler. 36 S. 8°
Greifswald, Med. Diss. v. 30. Nov. 1908, Ref. Allard-Minkowski
[Geb. 15. Febr. 75 Posen; Wohnort: Hermsdorf, Mark; Staatsangeh.: Preußen; Vorbildung: Friedrich-Wilhelms-Gymn. Posen Reife M. 93; Studium: Berlin K. W. A. 4, Univ. 3, Greifswald 5 S.; Coll. 18. Juli 08; Approb. 8. Okt. 05.] [U 09. 1487

Hennig, Frdr., s.: Für Feste u. Freunde d. inn. Mission.

— Friedrich Ernst (Wieliczka/Polen), Dissertatio de poena bigamiae ordinaria, ad constit. criminal. Carolin. art. 121. Präs. August Friedrich Schott. Lpz. (Langenheim) 20. III. 1771. 16 S. (5.50) 14367

Hennig, Fritz: Untersuchungen zu Tibull. E. Beitr. z. Echtheitsfrage ... Wittenberg, Buchdr. v. F. Wattrodt, 1895; 20 S. 4.
Wittenberg, G, OP 1895 (260)

Hennig, G., die Araber des Sahels. Erlebnisse und Abenteuer des Capitains der Spahis Emile Tissot. 2 Bde. 8. (VIII und 347 S.) Breslau 865, Trewendt.

Hennig, G., 380 erprobte u. altbewährte Haus- u. Volksheilmittel f. die verschiedensten Krankheiten. Mit Berücksicht. der in jedem Haushalte zu Gebote steh. u. leicht zu beschaff. Heilmittel. Gesammelt u. m. kurzer Anleitg. zur Gesundheit versehen. 8. (V, 91 S.) Oberkirch 894. F. Hübschmann. n. — 80; geb. n. 1.

Hennig, G. A., die ästhetische Bildung in der Volksschule, s. a. S a m m e l m a p p e, pädagogische.

Hennig, G. A., die ästhetische Bildung in der Volksschule. Ein Beitrag zur Schul-Erziehung. 1. und 2. Aufl. gr. 8. (72 S.) Leipzig 874, Siegismund und Volkening. *

– Die ästhet. Bildung in der Volksschule. »Sammelmappe, Pädagog.« (72 S.) Ebd. 1878.

—— Johann Friedrich Herbart. Zu seinem Säkulargeburtstage nach seinem Leben und seiner pädagog. Bedeutung dargestellt in vier Vorträgen. gr. 8. (57 S.) Kyritz 876. (Leipzig, Siegismund und Volkening.) *
Aus: Schulblatt für die Provinz Brandenburg, besonders abgedruckt.

— Johann Friedrich Herbart. Nach seinem Leben u. seiner pädagog. Bedeutung dargestellt. 2., verm. Aufl.

Mit Stahlst.-Portrait J. F. Herbart's. gr. 8. (IV, 130 S.) Leipzig 877. Siegismund & Volkening. n. 1. 50

— Lehrplan f. e. vierklassige Volksschule. Auf Grund der allgemeinen Bestimmgn. vom 15. Octbr. 1872. gr. 8. (38 S.) Ebend. 873. n. — 50

Hennig, G. A., das Rüböl u. seine leichteste, wohlfeilste u. vollkommenste Reinigung, sowohl in Haushaltungen als in Fabriken u. öffentl. Anstalten. gr. 12. (¾ B.) Grimma 835, Verlags-Comptoir.

Hennig, G. A., das Rüböl u. seine leichteste, wohlfeilste und vollkommenste Reinigung sowohl in Haushaltungen als in Fabriken u. öffentl. Anstalten. 13. Aufl. 8. Grimma 845. (Verlags-Comptoir.) verklebt 6 ngl

Hennig, G. S., Reisetaschenbuch durch d. Gegenden um Dresden u. Meißen, durch d. sächs. Schweiz bis an d. böhm. Grenze, für Lustreisende, besonders Töplitzer u. Karlsbader Badegäste. 8. Berl. 820. Petri. 20 ggr (A. u. d. T.: d. Meißner Hochland, oder sächs. Elbgebirge. Ein Landschaftsgemälde.)

Hennig, Georg [cand. med. a. Neusalz a. O.]: Ueber eine Pylorusresection ... München, Buchdr. v. M. Ernst, 1891; 24 S., 1 Bl. 8.
München, Med. Fak., Inaug.-Diss. v. [28. Juli] 1891

Hennig, Geo. Ernst Sigm., s.a. Hennig, Ernst

— d. Glaubens- u. Sittenlehre zum Unterricht d. Jugend. 8. Königsb. 793.

HENNIG, Geo. Ernst Sigm. (geb. 1. Jan. 1746 zu Jauer in Schlesien), Joseph, ein biblisch-episches Gedicht in Prosa in 8 Gesängen. Königsberg und Leipzig, Hartung, 1771. 8°. Selten!

Hennig, Geo. Er. Sigm., († d. 23. Sept. 1809.) Joseph; ein bibl.-episches Gedicht. gr. 8. Königsb. 771. Hartung. 12 ggr

— Predigten üb. versch. Texte. 5 Thle. 8. Ebend. 779—783.

— Diss. I. et II. de reliquiis quibusdam Philippi Melanchthonis literariis, quae Regiomonti asservantur. 4. Königsb. 803.

— Samml. von Predigten über verschiedene Texte d. heil. Schrift. 5 Thle. 8. Königsb. 779—83. Hartung. 3 Rthlr 8 ggr

— chronolog. Uebersicht d. denkwürdigsten Begebenheiten u. milden Stiftungen in Preußen, vorzüglich in Königsberg im 18ten Jahrh. 8. Elbing. 803. (Schöne in Berl.) 16 ggr

Hennig, E., chronolog. Uebersicht d. denkwürd. Begebenheiten, Todesfälle u. milden Stiftungen in Preußen, vorzügl. in Königsberg, im 18. Jahrh. Fortges. d. z. J. 1827 v. D. W. Schröder. 8. (16¼ B.) Königsberg 828. (Berlin, Th. Enslin.)

G. E. S. HENNIG, Preussisches Wörterbuch, worinnen nicht nur die in Preussen gebräuchliche eigenthümliche Mundart und was sie sonst mit der niedersächsischen gemein hat, angezeigt, sondern auch manche in preussischen Schriftstellern, Urkunden, Documenten und Verordnungen vorkommende veraltete Wörter, Redensarten, Gebräuche und Alterthümer erklärt werden, im Namen der Königlichen Deutschen Gesellschaft zu Königsberg herausgegeben. Königsberg, 1785. In Comm. in der Dengelschen Buchhandlung. 8°.

— Preuß. Wörterbuch; worin die in Preußen gebräuchl. eigenthüml. Mundart ꝛc. angezeigt ꝛc. u. manche veraltete ꝛc. Wörter erklärt werden. 8. Königsb. 785. Hartung. 20 ggr

— **Georg Friedrich Christian** (Wittenberg), De hydrocephalo interno. Diss. med. Wittbg. (Friedrich Immanuel Seibt) 12. VI. 1806. 34 S. u. 3 Abbild. (Seiler del.) (6.20) 14368

Hennig, Gustav, a. Niederselters: Beiträge zur Kenntnis der Kieferperiostitis dentalen Ursprungs. Leipzig 1907: B. Georgi. (31 S.) 8°
Leipzig, Med. Fak., Ref. Trendelenburg, Diss. v. 31. Juli 1907
[Geb. 20. Nov. 81 Niederselters; Wohnort: Leipzig; Staatsangeh.: Preußen; Vorbildung: Realgymn. Leipzig Reife O. 01; Studium: Leipzig 3, Halle 4, Leipzig 5 S.; Coll. 7. Aug. 07; Approb. Frühj. 07.]

Hennig, Gust., s.: **Bibliothekar,** der.

— 10 Jahre **Bibliothekarbeit.** Geschichte e. Arbeiterbibliothek. Ein Wegweiser f. Bibliothekverwaltgn. (IV, 89 S. m. Abbildgn. u. 2 Taf.) kl. 8. Leipzig 908. Leipziger Buchdruckerei. —40

— **Sonntagsspaziergänge** in Leipzigs weiterer Umgebung. (VII, 76 S. m. Abbildgn., eingedr. Kartenskizzen u. 1 farb. Karte.) kl. 8. Ebd. 910. —50

Hennig, H., Fächer-Studien, s.: **Giacomelli,** Hect.

Hennig, H., Eduard Grisebach in seinem Leben und Schaffen. Mit 2 Portraits. Berlin 1905. 8°. (Mk 2—.) (1 Mk. B. Liebisch, Lpz., 1911.)

Hennig, Hans. Ökonomische Arzneiverordnung, s. **Jahn,** Ernst.

Hennig, Hans, aus Stammbach: Ein Fall von papillomatösem Krebs des Rectum mit Durchbruch in Blase und Bauchhöhle. *Erlangen 1898: A. Vollrath.* (26 S.) 8°
Erlangen, Med. Diss. v. 7. Juli 1898

Hennig, Hans, Leitfaden zur ökonomischen Arzneiverordnung, s.: **Jahn,** Ernst.

Hennig, Hans [app. Arzt]: Aus d. k. chirurg. Poliklinik in München. Ueber Pseudarthrosen nach intrauterinen und intra partum acquirirten Fracturen. . . . München, k. Hof- u. Univ.-Buchdr. v. Dr. C. Wolf & Sohn, 1888; 19 S. 8°
München. Med. Fak., Inaug.-Diss. v. 1888

Hennig, Herm., die Electrizität, s.: **Schurig,** Ewald.

Hennig, Herm. (Ludov. Guil.) (geb. Ronneburg 3. 12. 1844): De Iphigeniae Aulidensis forma ac condicione. Berolini (1869) (41 S.) 8°
¶ Vollst. ersch. Berolini: Weidmann 1870.
Berlin, Phil. Diss. v. 22. Dez. 1869

Hennig, Herm., de Iphigeniae Aulidensis forma ac condicione. Dissertatio inauguralis. gr. 8. (III, 191 S.) Berlin 870, Weidmann'sche Buchh. *

— Naturlehre, s.: **Berthelt,** A.

Hennig, J. C., die continuirlich-vorlesende u. die conversatorische repetitorische Lehrmethode in Anwendung auf Universitätswissenschaften dargestellt und beurtheilt. gr. 8. Gumbinnen 844, Bönig. ½ Rthlr

Hennig, Calligraph, Magazin d. Schreibekunst, oder Bemerkungen, Ideen, Vorschläge, Materialien und Beurtheilungen zur Beförderung und Verbreitung alles Nützlichen aus dem Gebiete der Calligraphie ꝛc. 1r Jahrg. gr. 8. Berlin, Trautwein. 821.

Hennig, J. C., Magazin d. Schreibekunst, oder Bemerkk., Ideen, Vorschläge, Materialien u. Beurtheilungen zur Beförderung u. Verbreitung alles Nützlichen aus d. Gebiete d. Kalligraphie. 1r Jahrg. 1r Bd. gr. 8. Berl. 831. Trautwein. 1 Rthlr Hbg. Pr. 8 ggr

— u. D. Hornung, allgem. Schulvorschriften, nach prakt. bewährten Grundsätzen ꝛc. (3 Hefte deutsche 3 Rthlr 3 ggr u. 3 Hefte engl. 3 Rthlr 6 ggr) qu. 4. Berl. (Fr. Fleischer in Leipz.) 6 Rthlr 9 ggr

Hennig, J. C. und Hornung, D. Allgemeine Schulvorschriften. Berlin, 1835.

—— D. Hornung u. J. H. Maedler, allgem. Schulvorschriften nach streng geprüften u. prakt. bewährten Grundsätzen in lückenloser Reihenfolge von den leichtesten bis zu den schwersten Uebungen. — Deutsch. (2. Aufl.) 6 Hfte. qu. gr. 4. (127 Kpfrt.) Berlin 845, Kortmann. (Leipzig, Rein'sche Buchh.) Thlr.
Einzeln: 1. Hft. 12½ Ngr., 2. Hft. 15 Ngr., 3—5. Hft. à 20 Ngr., 6. Hft. 15 Ngr.

Hennig, J. C., D. Hornung u. J. H. Maedler, allgem. Schulvorschriften etc. — Englisch. 3 Hfte. qu. gr. 4. (60 Kpfrt.) Ebds. 815.
Einzeln: 1. Hft. 12½ Ngr., 2. Hft. 15 Ngr., 3. Hft. 20 Ngr.

Henning, J. C., u. D. Hornung, allgemeine (deutsche) Schulvorschriften, nach streng geprüften u. prakt. bewährten Grundsätzen, in lückenloser Reihenfolge von d. leichtesten b. zu d. schwersten Uebungen method. geord. 2 Hfte. gr. 4. (56 Kpfrt.) Berlin 828. (Leipzig, Fr. Fleischer.) [1. 12 Gr., 2. 18 Gr.]

—— dies. 3. Hft., gest. v. H. Kliewer. gr. 4. (25 Bl.) Berlin 833, (Kecht.)

—— allgem. (latein.) Schulvorschriften etc. 2 Hfte. gr. 4. (56 Bl. Kpfrt.) Berlin 828. (Leipzig, Fr. Fleischer.) [1. 14 Gr., 2. 18 Gr.]

—— dies. 3. Hft., gest. v. H. Kliewer. gr. 4. (25 Bl.) Berlin 833, (Kecht.)

— Berlin. Schulvorschriften. Deutsche, 2 Hefte. 18 gr Englische, 2 Hefte. 18 gr B. .818. Amelang. 1 Thlr 12 gr

Henning, J. C., u. D. Hornung, kalligraph. Schulvorschriften, nach streng geprüften und prakt. bewährten Grundsätzen. Gestochen von H. Kliewer. Deutsch. 3s Hft. gr. 4. Berlin 833. (Kecht.) 5/6 Thlr — dies. Englisch. 3s Hft. gr. 4. Ebd. 833. 5/6 Thlr

Hennig, J. C., und D. Hornung, kalligraph. Schulvorschriften nach streng geprüften u. prakt. bewährten Grundsätzen. Gest. v. H. Kliewer. Neue wohlf. Ausg. II Hfte. qu. gr. 4. Berlin 841, (Heymann.) à * 7/12 Thlr. *
Hft. I. Deutsche Vorschriften. (25 Blätt.)
- II. Englische Vorschriften. (25 Blätt.)

— — Wandvorschriften, deutsch u. lateinisch. Fol. Berlin 841, Heymann. n. 5/12 Thlr

Hennig, J. H.: Prakt. Bemerkungen über Pachtcontracte ..., s. Hennig, Johann Adam

Hennig, J. J.: Prakt. Bemerkungen über Pachtcontracte ..., s. Hennig, Johann Adam

Hennig, J. S., Anweisung zur Selbsterlernung des Aufnehmens, Auftragens, Berechnens u. Theilens v. Flächen, d. Nivellirens u. Höhenmessens f. Oekonomen, Schachtmeister, Steiger rc. Nebst einem Anh.: Die Berechnung der Körper. Mit 12 (lith.) Taf. Abbildungen. gr. 8. (IX, 138 S.) Leipzig 881. Webel. 3. —

Hennig, J. S., Deutsche Volkslieder. Ein Schul-, Familien- u. Gesellschaftsliederbuch. Ausgewählt u. mit einer zweiten Stimme versehen. gr. 16. (IV u. 63 S.) Zeitz 852, Garcke. 3 ngr

— **Johann Adam** (Chursächs. Advocat), Practische Bemerkungen über Pachtcontracte, Pachtübernahmen und Uebergaben. Lpz. (Christian Adolph Hempel) 1805. 38 S. (6.—) 14369

Hennig, J. A.: „Praktische Bemerkungen über Pachtkontrakte, Pachtübergaben und -abnahmen", Leipzig 1807 (Fleischer).

Hennig, J. J., († d. 4. Febr. 1814.) prakt. Bemerkk. über Pachtcontracte, Pachtübernahmen u. Uebergaben. gr. 8. Leipz. 805. N. A. 829. (G. Fleischer; Frohberger). 6 gr

— **Johann Benjamin** (Morgenroetha/Vogtl.), Historiam legum ecclesiasticarum de temporibus nuptiarum clausis. Präs. August Friedrich Schott. Lpz. (Laugenheim) 23. VI. 1774. 47 S. (6.30) 14370
Gew.: Georg Christoph v. Mangold (Schildbach . .). — Widm. v. Präs.

— **M. Johann Friedrich** (Marienberg), De magno longe vitae beneficio pauca disserit, simulque parenti M. Christian Gottlob Hennig (pastori Baerensteinii) die, quo muneris sui jubila faceret, gratul. filius natu maximus. Schneeberg (Fuld) 1788. 14 S. (6.—) 14371

— **Johann Gottfried** (Zittau), De prorogatione jurisdictionis. Exercit. jurid. Präs. Dietrich Hermann Kemmerich. Wittbg. (Gaebert) 9. VIII. 1788. 14 S. (6.—) 14371

Hennig, Jh. Glo., († d. 16. Febr. 1830.) von d. Alimentation d. Eheleute u. d. Kosten während d. Scheid.-Processes. 8. Wittenb. 782. Zimmermann. 8 gr

— **Johann Gottlob** (Cunewalde/Laus.), De prudentia legislatoria in permittendis divortiis. Diss. jur. Präs. Georg Friedrich Kraus. Wittenbg. (Adam Christian Charisius) 22. VI. 1778. 23 S. (6.—) 14373

Hennig, J. Glo.: Vom Recht u. Verlust d. Vermögens d. Frau, bei erfolgter Scheidung durch Ehebruch u. bösliche Verlassung, theoret. u. prakt. abgehandelt. 1. Th. *Wittenb.*, Zimmermann. 784. 8. (14 Gr.)

HENNIG, Joh. Gottlob (1749—1830), Vom Recht und Verlust des Vermögens der Frauen bei erfolgter Ehescheidung durch Ehebruch und böswillige Verlassung. Th. 1. (einz.?) Wittenberg 1784. 8°.

— über d. Rechte u. Befugniß d. Eltern bei Verheirathung ihrer Kinder. 8. Wittenb. 797. Zimmermann. 1 Thlr 12 gr

— — Ueber die Rechte und Befugnisse der Aeltern bey den Verheyrathungen ihrer Kinder. Ebd. 1797. 8°. 636 S. (5 Mk. Schaper, Hannover, 1904.)

Hennig, Joh. Heinr., Altar-Rede gehalten in der Kirche zu Mohrungen am Veteranen-Feste den 17. März 1863. Mohrungen, Rautenberg. 8. (14 S.) 1½ ngr

Hennig, Joh. S., Anleitung zu einer naturgemäßen und lohnenden Behandlung des Weinstocks. Nach vieljährigen Erfahrungen entworfen. Eingeführt u. bevorwortet von Ferd. v. Biedenfeld. Weimar 858. Jansen u. Co. (52 S.) 10 ngr

Hennig, Joh. S., Anleitung zu einer naturgemäßen und lohnenden Behandlung des Weinstocks. Nach vieljährigen Erfahrungen entworfen. Eingeführt und bevorwortet von Ferd. v. Biedenfeld. 2. Ausg. Leipzig 862. Deckmann. 16. (52 S.) 7½ ngr

Hennig, Joh. S., Anleitung zu einer naturgemäßen und lohnenden Behandlung des Weinstocks. Nach vieljähr. Erfahrungen entworfen. Eingeführt und bevorwortet von Ferd. Frhrn. v. Biedenfeld. 2. (Titel-)Ausg. Leipzig 1862. und 3. (Titel-)Ausg. 16. (52 S.) Berlin 868, Mode's Verlag.

—- Anweisung zu den Uebungen im Gehen und Marschiren oder Vorschule zu den militärischen Uebungen. 8. (71 S.) Zeitz 861, (Webel.) *

Hennig, Jos. Über das Vorkommen des Schwefels, seine Verwendung bei der Fabrikation von Schwefelsäure und die Erkennung desselben in seinen Verbindungen. 18 S. *Tarnowitz* 1877.
Progr.

Hennig, Karl, der wohlunterrichtete Bäckermeister, ein Handbuch für angehende Bäcker u. f. das Bäckerwesen beaufsichtig. Behörden. Mit Berechnungstabellen. 8. Meißen 843, Gödsche. 1/12 ₰

Hennig, Carl, Beiträge zur Begründung d. Einflusses der Wälder auf das Wohl der Bevölkerung. Lex.-8. (17 S.) Leipzig 872. (Wilfferodt.) n. — 80

[K.] Hennig, Karl: Beiträge zur Methodik des naturwissenschaftlichen Unterrichts in den unteren Klassen höherer Lehranstalten. Siegen, Druck v. W. Vorländer, 1893; 3— 10 S. 4.
Siegen, RG, P 1893 (379)

Hennig, Carl, dritter Bericht der Poliklinik für Kinder zu Leipzig. Umfassend die J. 1857—60. gr. 4. (12 S.) Leipzig 860, Engelmann.

Hennig, Carl, vierter Bericht der Kinderheilanstalt zu Leipzig. 4. (20 S.) Leipzig 865, Engelmann. *

Hennig, Carl, und A. Langbein, elfter Bericht der Poliklinik für Kinder zu Leipzig. 4. (20 S.) Leipzig 879, Engelmann. * — 40

—— —— zwölfter Bericht, zugleich als Bericht über deren und der damit verbundenen Frauenstation fünfundzwanzigjähr. Bestehen. Angehängt sind drei Abhandlungen: 1. Von der Überzahl der Finger und Zehen und von dreigliederigen Daumen. — 2. Exstirpatio uteri fibromatosi. — 3. Oophorotomia. 4. (53 S.) Ebendas. 880. * 2 —

—— —— dreizehnter Bericht. Angehängt sind vier Abhandlungen von C. Hennig: 1. Die überzähligen Finger und Zehen und die dreigliederigen Daumen (II. Thl.). — 2. Abscess hinter dem Schlunde. — 3. Oophorotomie und Exstirpatio uteri vaginalis. — 4. Sectio caesarea vaginalis. 4. (44 S.) Ebendas. 882. * 1 —

—— —— vierzehnter Bericht. Mit Anhang: Exstirpatio sacromatis ventriculi, und Schlusswort: „Zur Überzahl der Finger". 4. (31 S.) Ebendas. 885. * — 40

—— —— fünfzehnter Bericht. 4. (14 S.) Ebendas. 886. * — 40

Hennig, Karl, 17. u. 18. Bericht der Kinderheilanstalt zu Leipzig u. der damit verbundenen Frauenstation. gr. 4. Leipzig, W. Engelmann. à n. — 40
17. Über d. J. 1887 u. 1888. (20 S.) 889.
18. Über d. J. 1889 bis mit 1891. (31 S.) 892.

Hennig, Carl, 19. Bericht üb. d. Kinderheilanstalt zu Leipzig u. üb. d. damit verbund. Frauenstation, erstattet üb. d. J. 1892, 1893, 1894. gr. 4. (28 S.) Leipzig 895. W. Engelmann. n. — 40

Hennig, Carl, 20. Bericht üb. die Kinderheilanstalt zu Leipzig u. üb. die damit verbundene Frauenstation, erstattet üb. die J. 1895—1905. Aufsätze: 1. Was die Lippen bergen v. Carl Hennig. 2. Der natürl. Kopfschmuck v. Carl Hennig. (23 S.) Lex.-8. Leipzig 905. W. Engelmann. n. — 40

Hennig, Carl, d. Buch d. Erziehg., s.: Schreber, D.G.M.

Hennig, Carl (II.), 72 zweistimmige Choräle f. d. Schulgebrauch. 12. (1½ B.) Berlin 845, Gust. Bethge.

— die Frauenkrankheiten, im Abrisse dargestellt. 8. (III, 176 S m. 55 Abbildgn.) Leipzig 893. A. Deichert Nachf. n. 3. —; geb. in Leinw. n.n. 3. 40

Hennig, s.a. Führer, illustr., durch Bäder, Heilanstalten u. Sommerfrischen.

Hennig, [Carl]. Illustrierter Führer durch Bäder, Heilanstalten und Sommerfrischen. Hrg. und in seinem aerztlichen Teile bearb. von Medizinalrat Professor Dr. H'. 4. Ausgabe (1907/08). [Mit 17 Tafeln.] XXVIII + 884 S. gr.-8. Leipzig. Ernst Hedrich Nachf., [1907]. [geb. M. 7. —]
Auch zahlreiche Orte der Schweiz *betr. (mit Ansichten und 2 Tafeln).*
1. Aufl. 1901 — 2. Aufl. — 3. Aufl.

— die Geburtshilfe, im Abrisse dargestellt. 8. (IV, 208 S. m. Abbildgn.) Ebd. 893. n. 2. 70; geb. in Leinw. n. 3. —

Hennig, Karl, neues Hefenrecept für Bäckerwaare, so wie für Branntweinbrennerei. Ein versiegeltes Couvert. Meißen 842, Gödsche. n. 1½ ₰ — 2. Aufl. qu. 8. Ebend. 846. verklebt n. 1½ ₰

Hennig, Carl, erster Jahresbericht der Poliklinik für Kinder zu Leipzig. Leipzig 856. Engelmann. gr. 4. (24 S.) 7½ ngr.

—— zweiter Jahresbericht der Poliklinik für Kinder zu Leipzig. gr. 4. (8 S.) Leipzig 857(60), Engelmann. *
1. Jahresbericht. Ebendas. 1856. 7½ Ngr.

Hennig, Carl, 5.—7. Jahresbericht der Poliklinik für Kinder zu Leipzig. 4. (22; 19; 21 S.) Leipzig 868,71,74, Engelmann. à *

—— der Katarrh der inneren weiblichen Geschlechtstheile. Nach Originalien von C. Hennig, gez. von C. Schmiedel. gr. 4. (VIII und 136 S. mit 6 Kpfrt. in qu. Fol.) Leipzig 862, Engelmann. *

—— der Katarrh der inneren weiblichen Geschlechtstheile. 2., mit Zusätzen verseh. Ausg. 4. (VIII, 147 S. mit 6 Kpfrt., wovon 4 color., in qu. gr. 4., und 5 eingedr. Holzschn.) Leipzig 870, Engelmann. *

— die Krankheiten der Eileiter u. die Tubenschwangerschaft, f. prakt. Aerzte dargestellt. Mit 18 eingedr. Holzschn. nach Originalen v. E. A. Funke u. C. Hennig u. 2 Copieen. gr. 8. (VI, 163 S.) Stuttgart 876. Enke. n. 4. —

— die Krankheiten der Thymusdrüse, s.: Handbuch der Kinderkrankheiten.

—— über Laparotomie behufs Ausrottung von Uterusgeschwülsten, s. Sammlung klinischer Vorträge.

— Lehrbuch der Krankheiten des Kindes in seinen verschiedenen Altersstufen. Zunächst als Leitfaden für akadem. Vorlesungen. Leipzig 855. E. Schäfer. (C. F. Winter.) Lex.-8. (XXVII, 464 S.) n. 2 ₰.

—— Lehrbuch der Krankheiten des Kindes in seinen verschiedenen Altersstufen. Zunächst als Leitfaden für akadem. Vorlesungen. 2., verb. Aufl. Lex.-8. (XXVI und 478 S.) Leipzig 859, C. F. Winter'sche Verlagsh. *

—— Lehrbuch der Krankheiten des Kindes in seinen verschiedenen Altersstufen. Zunächst als Leitfaden für academ. Vorlesungen. 3., verb. Aufl. gr. 8. (XXXII und 528 S. mit 3 Stnt. Abbild., wovon 2 in Buntdr.) Leipzig 864, C. F. Winter'sche Verlagsh. *

— der Liedersänger. Eine Sammlung 1-, 2-, 3- u. 4stimmiger Gesänge in 3 Abtheilungen f. d. Schul- u. Privatgebrauch. 1. Abthl. 1. Hlfte. 40 Lieder aus d. berlinischen Handfibel, neu componirt vom Herausg. 12. (1 7/12 B.) Berlin 842. (E. H. Schultze.)

— dass. 1. Abthl. 2. Hlfte.: Ein- u. zweistimmige Lieder von verschied. Dichtern u. Componisten. 12. (1 1/2 B.) Ebds. 844.

— dass. 2. Abthl. 1- u. 2stimmige Lieder von verschied. Componisten. 12. (3 1/6 B.) Ebds. 842.

— dass. 3. Abthl. 3- u. 4stimmige Gesänge. 12. (3 B.) Ebds. 842.

Hennig, Karl, der Liedersänger. Eine Sammlung 1-, 2-, 3- u. 4stimmiger Gesänge in 3 Abthl. f. den Schul- u. Privatgebrauch. 1. Abthl. 1. Hälfte. 40 Lieder aus der Berlinischen Handfibel, neu componirt vom Herausg. 12. Berlin 842. (Wolff u. Co.) 1/8 Thlr — 1. Abthl. 2. Hälfte: Ein- u. zweistimmige Lieder von verschied. Dichtern u. Componisten. 12. Ebend. 844. 1/8 Thlr

— dess. 2. Abthl. 1- u. 2stimmige Lieder von verschied. Componisten. 12. Ebend. 842. 1/4 Thlr

— Mittheilungen aus der Heilanstalt. [I. von der Ueberzahl der Finger u. Zehen u. von dreigliedrigen Daumen. — II. Exstirpatio utori fibromatosi. — III. Oophorotomia.] gr.4. (818.) Leipzig 880. Engelmann. n. 1. —

— Mutter und Kind. Gründliche Belehrungen und Rathschläge während der Schwangerschaft, im Wochenbette und über die phys. Erziehung des Kindes. Eine Gabe für junge Mütter. br. 8. (VII, 192 S.) Leipzig 873, Geibel. geb. mit Goldschn.

— **Carl** (Dresden), Nonnulla gummi kino et acidum coccotannicum spectantia. Diss. med. Lpz. (J. B. Hirschfeld) 7. VII. 1848. 31 S. mit Biogr. (M.: Beyer.) (6.—) 14360
Gew.: Gustav Kunze.

— Perforation und Kephalothrypsis gegeneinander gehalten. Leipzig 855. Engelmann. gr. 8. (40 S.) n. 5 ngr.

— die Pfefferkuchenbäckerei nebst einer Anweisung zur Bereitung aller unschädlichen Saftfarben und zum Formenstechen der Pfefferkuchenfiguren. Mit 250 lith., col. u. schw. Figuren u. Modellen (auf 44 Taf.) 8. Ebend. 845. verklebt 1 1/6 Thlr

Hennig, Carl, Rathschläge an Familienmütter betr. ansteckende und Wochenkrankheiten. gr. 8. (22 S.) Leipzig 888, Engelmann. * — 40

Hennig, Carl, Studien üb. den Bau der menschlichen Placenta u. üb. ihr Erkranken. Mit 8 Taf. Stein- u. Farbendr. nach Zeichngn. v. A. Thierfelder, C. Hennig u. C. Schmiedel. Lex.-8. (39 S.) Leipzig 872. Engelmann. n. 4. —

— s. Trauergesänge.

Hennig, Karl A. F. (Hrsg.), s. Camellien.

Hennig, C. A. F., Camellien. Almanach auf das Jahr 1840, s. v. Schirnding, Fd. Graf.

Hennig, Karl Aug., neue Begründung der Parallelentheorie. Mit 1 Kpfrtaf. gr. 4. Nürnberg 836. Campe. 2/3 Thlr

Hennig, Karl Aug. Fd., s. Schnirch, Fr., die Kaiser-Franzens-Kettenbrücke zu Prag.

Neue Begründung der Parallelentheorie. Von Karl Friedr. Hennig, P. der Math. — 1836. Ebend. — S. 3—16 mit 1 Fig. Taf.
Progr. Schweinfurt.

Kurze Beleuchtung einer neuen Begründung der Differentialrechnung. Von Karl Friedr. Hennig, Verw. der math. Prof. — 1834. Schweinfurt, Morich. — S. 3—8.
Progr. Schweinfurt.

Hennig, Carolus Fridericus: * De Dei rebus adversis aeque atque secundis veram hominum felicitatem stabilientis ac promoventis immutata benignitate. 16 Bl. 8° (4°)
Halle-Wittenberg, Phil. Diss. v. 9. Okt. 1817
Geb. [Marienberg (Erzgebirge; Sachsen) 17. 9. 1790].
Verf. wurde ohne Rigorosum abwesend promoviert.

Ueber analytische und synthetische Form des mathematischen Vortrags. Von Carl Fried. Hennig, P. der Math. — 1841. Ebend. — S. 3—8.
Progr. Schweinfurt.

Von den sogenannten entgegengesetzten Grössen. Von Karl Friedrich Hennig, P. d. Math. — 1847. Ebend. — S. 3—11.
Progr. Schweinfurt.

Hennig, Karl Fr., Grundriß der Elementar-Geometrie. Für Anfänger u. Freunde dieser Wissenschaft. 2. umgearb. und verm. Aufl. Mit 12 Steindrucktaf. 8. Schweinfurt 843, Wetzstein. 1/8 Thlr

Hennig, Karl Fr., Grundriß der Geometrie. Für Forstschulen u. techn. Gymnasien bearb. 1r Thl. Elementare, ebene Geometrie. Mit 8 Steindrucktaf. 8. Ansbach 838. Brügel. (Leipzig, Herbig.) 1/2 Thlr

Hennig, Karl Friedrich (kgl. Prof. d. Mathematik) „Grundzüge der Lehre von der Ellipse". pg. 3—12. 4°. Mit einer Tafel. Morich'sche Buchdr.
Schweinfurt, Progr. 1841/42

Hennig, Karl Fried. (Prof. der Mathematik) „Der Pythagoräische Lehrsatz in seiner Anwendung auf die Verwandlung der Figuren, in einer Reihe von Aufgaben dargestellt". pg. 3—12. 4°. Mit einer Tafel. Ansbach, Brügel.
Schweinfurt, Progr. 1837/38

Hennig, Karl Friedrich (kgl. Professor der Mathematik) „Von den Zinses-Zinsen". pg. 3—14. 4°. Morich'sche B.
Schweinfurt, Progr. 1846/47

— **Carl Gottlieb** (Freyberg), Portionem statutariam marito ab uxore bona mente adimi posse. Ad constit. electoral. Sax. VII. p. III. Präs. Christoph Ludw. Crell. Wittbg. (Scheffler) Juni 1743. 31 S. (6.40) 14361

— **Carl Leopold** (Freiberg/Misn.), De tempestivo opii usu in variolis curandis libellus inauguralis. Lpz. (Klaubarth) 27. V. 1791. 34 S. (6.20) 14362

Hennig, Karl Rafael

[F.] Die Aesthetik der Tonkunst. Von C[arl] R. **Hennig**, Kgl. Prof.…. *Leipzig: J. A. Barth (1896).* (VIII, 231 S.) 1 Bd 8. [96. 9158

Einführung in den Beruf des Klavierlehrers von C[arl] R[afael] **Hennig**. A. Die Erfordernisse f. d. Beruf e. Klavierlehrers. B. Die Lehrtätigkeit. *Leipzig: C. Merseburger 1902.* (334 S.) 8° [02. 6098

— Einführung in das Wesen der Musik, s. a. Aus Natur u. Geisteswelt. 119. Bdchn.

Einführung in das Wesen der Musik von C[arl] R. **Hennig**, (Musikdir.) in Posen. Leipzig: B. G. Teubner 1906. (VI, 122 S.) 8° [F.]
— Natur, Aus, u. Geisteswelt. Bdch. 119. [06 11919

Über die Entstehung der 'hohen Resonanz'. Eine physiolog. Studie in gemeinfaßl. Darstellung von C[arl] R[afael] **Hennig**, Posen. *Leipzig: C. Merseburger 1902.* (27 S.) 8° [F.] [03. 6099

— deutsche **Gesangschule**. Ausg. f. hohe Stimme. hoch 4. (91 S. m. Abbildgn.) Leipzig 890. Gebr. Hug. n. 3. —; geb. n. 4. —

— dasselbe. Ausg. f. tiefe Stimme. hoch 4. (94 S. m. Abbildgn.) Ebd. 890. n. 3. —; geb. n. 4. —

— dass. — Ausg. f. tiefe Stimme. hoch 4. (94 S. m. Abbildgn.) Ebd. 892. * 3 —; geb. * 4 —

— musiktheoretisches **Hilfsbuch** f. den elementaren theoretischen Unterricht. 1. u. 2. Aufl. (à 31 S.) kl. 8. Leipzig 903. 906. C. Merseburger. n. — 40

— **Hülfsbuch** beim theoretischen Unterrichte in der Musik. Für den Klavier-, den Schul- u. Einzel-Unterricht. 4. Aufl. gr. 8. (50 S.) Ebd. 888. — 60

— lerne gesundheitsgemäss **sprechen**. Übungen zur Pflege der Sprechorgane, nebst kurzer Einführung in das Wesen der Sprechkunst. Gemeinfassl. dargestellt f. Berufsredner u. Sänger. 8. (69 S.) Wiesbaden 899. J. F. Bergmann. n. 1. —

— lerne gesundheitsgemäss **sprechen**. Uebungen zur Pflege der Sprechorgane nebst kurzer Einführg. in das Wesen der Sprechkunst, gemeinfasslich dargestellt f. Berufsredner u. Sänger. 2. umgearb. Aufl. (76 S.) 8. Wiesbaden 906. J. F. Bergmann. n. 1. —

— die **Methodik** des Schulgesangunterrichts. gr. 8. (VIII, 152 S.) Leipzig 885, M. Hesse. *M 2.25.; geb. * 2 75

Hennig, C. R., **Beethoven's** neunte Symphonie. Eine Analyse. gr. 8. (III, 106 S.) Leipzig 888. Leuckart. n. 1. 50

Der musiktheoretische Unterricht. Teil A: Musiktheoret. Hilfsbuch. Teil B: Musiktheoret. Leitfaden ... bearb. von C[arl] R[afael] **Hennig**. Leipzig: C. Merseburger 1903. (140 S.) 8° [07. 5410

Der musiktheoretische Unterricht. Für Lernende und Lehrende. Von C[arl] R. **Hennig**, (Prof. u. Musikdir., Posen). Neue durchges. Aufl. Leipzig: Merseburger 1910. 141 S. 8° [10. 13750

Hennig, C. R., die **Unterscheidung** der Gesangregister auf physiologischer Grundlage m. besond. Berücksicht. der voix mixte. gr. 8. (IV, 23 S.) Leipzig 892. Gebr. Hug. n. — 60

— zur **Verständigung**. Ein Beitrag zur Wagner-Sache. 8. (34 S.) Leipzig 894. F. Reinboth. n. 1. —

Ⓑ — Zur Verständigung. 894. (KBL 27.) Jetzt: Leipzig, G. Esseger.

— **Carl Traugott** (Loebau/Laus.), De tutore incerto. Exercit. jur. civ. Präs. Christ. Gottl. Haubold. Lpz. (Saalbach) 17. II. 1790. 16 S. mit Widm. v. Präs. (5.50) 14363

Hennig, Karl Wilhelm: Betriebswirtschaftslehre der Industrie. Berlin 1928

Hennig, Kurt: Die geistliche Kontrafaktur im Jahrhundert der Reformation. Ein Beitr. z. Geschichte d. deutschen Volks- u. Kirchenliedes im XVI. Jh. Halle a. S. 1909: Karras. 123 S. 8° ¶(Ersch. vollst. als Buch b. Niemeyer, Halle a. S.)
Königsberg, Phil. Diss. v. 8. Juni 1909, Ref. Meißner, Baumgart
[Geb. 22. Dez. 84 Schlodien; Wohnort: Königsberg i. P.; Staatsangeh.: Preußen; Vorbildung: Wilhelms-Gymn. Königsberg Reife O. 03; Studium: Königsberg 10 S.; Rig. 9. Dez. 08.] [U 09. 2398

Hennig, Kurt, die geistliche **Kontrafaktur** im Jahrhundert der Reformation. Ein Beitrag zur Geschichte des deutschen Volks- u. Kirchenliedes im XVI. Jahrh. (XI, 322 S.) gr. 8. Halle 909. M. Niemeyer. 8. —

Hennig, K[urt], Rechtsanw.: Das Rudern am Johannes-Gymnasium. Breslau 1908: Graß, Barth & Co. 20 S. 4°
Breslau, st. Johannes-G OP 1908 (238) [S 08. 178

Hennig, Lothar, Arzt aus Hagenau i. Els.: Ueber congenitale echte Sacraltumoren. *Jena: G. Fischer 1900.* (29 S.) 8° ¶ [Aus: Beiträge zur pathol. Anatomie.]
München, Med. Diss. v. 1901

Hennig, Louis, und Emil Rasche, kleine **Schulgeographie**. Ein Leitfaden für den geograph. Unterricht an Bürger- und Volksschulen. gr. 8. (IV, 79 S. mit zahlr. Karten und einem im Text erläut. Illustrationsanhang.) [Breslau 886, F. Hirt.] Leipzig, F. Hirt und Sohn. [* 60 Pf.] * — 40

Hennig, Ludwig, a. Berlin: Die Friesschen Lehren von den Naturtrieben und den Organismen. 1906: (E. Ebering, Berlin.) (47 S.) 8°
Rostock, Phil. Fak., Ref. Erhardt, Diss. v. 29. Jan. 1906
[Geb. 21. Okt. 82 Berlin; Wohnort: Berlin; Staatsangeh.: Preußen; Vorbildung: Dorotheenstädt. Realgymn. Berlin Reife M. 02; Studium: Berlin 6 S.; Rig. 25. Jan. 06.]

Hennig, M., De Nonii Marc. locis Plaut. Diss. 1884. 39 S.

Hennig, Martin

Hennig, Mart., Allerlei aus dem Rettungshaus, s.: **Für Feste u. Freunde der inneren Mission. 54.**

— **Auguste Viktoria**, die deutsche Kaiserin. »Für Feste u. Freunde der inneren Mission.« (16 S. m. Abbildungen.) Ebd. 1900.

Hennig, Mart., s.: **Aus Gottes Werkstatt.**

Hennig, Mart., **Christnacht**. Ein Weihnachtsspiel fürs deutsche Volk. gr. 8. (86 S.) Berlin 894. Buchh. des Ostdeutschen Jünglingsbundes. n. — 50

Hennig, Mart., **Christnacht**. Ein Weihnachtssp. fürs deutsche Volk. 2. Aufl. 8. (86 S.) Berlin 898. Buchh. d. ostdeutschen Jünglingsbundes. n. — 50

— **Christnacht**. Ein Weihnachtsspiel für's deutsche Volk. 3. Aufl. (86 S.) 8. Berlin (909). Buchh. des ostdeutschen Jünglingsbundes. — 50

— **ehrlich** währt am längsten. Deklamatorium f. 4 Personen. [Aus: „Der Familienabend", 18. Hft.] gr. 8. (8 S.) Ebd. 897. n. — 20

— die **Endeavorvereine** u. d. deutsch-evang. Kirche. [Aus: „Flieg. Blätter d. Rauhen Hauses".] gr. 8. (14 S.) Ebd. 895. n. — 80

[F.] Festbüchlein der Inneren Mission. Z. 22. Sept. 1898 d. deutschen Christenvolk gewidmet v. M[artin] **Hennig**. *Berlin: Buchh. d. Ostdeutschen Jünglingsbundes (1898).* (30 S.) 1 Bd 8. [09. 4183

Hennig, Mart., Festreden u. Ansprachen f. evang. Jünglingsvereine, s. a. Aus der Arbeit f. die Arbeit. 4. Bdchn.

Festreden und Ansprachen für Evangelische Jünglingsvereine. Gesamm. von M[artin] Hennig. *Berlin: Ostdeutscher Jünglingsbund 1900.* (30 S.) 8° [F.]
— Arbeit, Aus der, f. d. Arbeit. Bdch. 4. [01. 3773

— Gustav Adolf. Sein Leben in Liedern, zum Jubelfest dargeboten. 3. Aufl. gr. 8. (16 S.) Ebd. 894. n. — 25

[F.] Gustav Adolf. Sein Leben in Liedern z. Jubelfest dargeboten v. Martin Hennig. VI. Aufl. . . . *Berlin: Buchh. d. Ostdeutschen Jünglingsbundes [um 1894].* (16 S.) 1 Bd 8. [98. 7997

[F.] Handbuch der Innern Mission in der Provinz Brandenburg. Im Auftr. d. Prov.-Aussch. f. Inn. Mission in d. Prov. Brandenburg bearb. v. M[artin] Hennig, Pastor ... *Berlin: (Prov.-Ausschuss) 1899.* (88 S.) 1 Bd 8. [90 5539

— u. W. Thiele, Handbüchlein f. Diskussionsübungen in Arbeiter-, Männer- u. Jünglingsvereinen, s. a. Aus der Arbeit f. die Arbeit. 6. Bdchn.

Handbüchlein für Diskussionsübungen in Arbeiter-, Männer- und Jünglingsvereinen von M[artin] Hennig, P., Vereinsgeistl. in Berlin, u. W[ilhelm] Thiele, Pastor in Potsdam. T. 1. 2. *Berlin: Ostdeutscher Jünglingsbund 1900.* 2 Bde 8°
1. Themata aus d. sittlich-religiösen u. kirchengeschichtl. Gebiet.
2. Themata aus d. kulturgeschichtl. u. soz. Gebiet.
— Arbeit, Aus der, f. d. Arbeit. Bdch. 6. 7. [01. 3777

— Das Rauhe Haus u. die Rauhhäusler. Festschrift zur 75. Wiederkehr des Gründungstages des Rauhen Hauses in Hamburg-Horn. Den Freunden u. Hausgenossen der Anstalt überreicht. (184 S. m. Abbildgn.) gr. 8. Hamburg 908. Agentur d. Rauhen Hauses. 1. —

— im Rauhen Hause, s. Für Feste und Freunde der Inn. Mission.

— John Howard, der Reformator des Gefängniswesens, s.: Für Feste u. Freunde d. inn. Mission.

[Kopft.:] [F.] Ein Instruktionskursus über innere Mission für Seminar- und Volksschullehrer. Von P. M[artin] Hennig-Berlin. *[Berlin: Provinzialausschuss f. innere Mission 1896.]* (8 S.) 1 Bd 8. [98. 3788

— der alte Kottwitz, s. a. Für Feste u. Freunde d. inn. Mission.

Der alte Kottwitz. (Von P. M[artin] Hennig-Berlin.) Berlin: Ostdtsch. Jünglingsbund (um 1899). 16 S. 8° [Umschlagt.]
(Für Feste u. Freunde d. Inneren Mission. H. 31.) [09. 536 4

— D. Joh. Hinr. Wicherns Lebenswerk in seiner Bedeutung f. das deutsche Volk. In Verbindg. m. mehreren Fachgenossen hrsg. 1.—3. u. 4.—5. Taus. (Je IV, 168 S. m. 1 Bildnis.) gr. 8. Ebd. 908. 2.—; geb. 2. 80

— Die innere Mission der evangelischen Kirche, s.: Bausteine zum Ausbau des evangelischen Gemeindelebens.

Hennig, Mart., die Innere Mission in Liedern. Ges. u. z. Jubelfeste d. Inn. Mission hrsg. gr. 8. (16 S.) Berlin 898. Buchh. d. ostdeutschen Jünglingsbundes. n. — 15

— Rundschau auf d. Arbeitsfelde der Inn. Mission, s.: Für Feste u. Freunde d. Inn. Mission.

— s.: Samariter, barmherzige.

Hennig, Mart., der nächste Schritt in der Jugendfürsorge. Ein Wort an unsere Gemeindebehörden. Im Auftrage des Prov.-Ausschusses für innere Mission in der Prov. Brandenburg. gr. 8. (32 S.) Berlin 900. Buchh. des ostdeutschen Jünglingsbundes. n. — 60

— Amalie Sieveking, s. a. Für Feste u. Freunde d. inn. Mission.

— Amalie Sieveking. (16 S. m. Abbildungen.) Ebd. 1900.

— sind wir unsterblich?, s.: Lehr u. Wehr für's deutsche Volk. 11.

— s.: Taten Jesu in unseren Tagen.

— Was jedermann heute v. der inneren Mission wissen muß, s.: Wurster, Paul.

— was ist Wahrheit?, s.: Berlling, O.

— s.: Wendung, welch eine.

— Johann Heinrich Wichern, der Herold d. inn. Mission, s. a. Für Feste u. Freunde der inn. Mission.

[F.] J. H. Wichern, der Herold der Inneren Mission. (Von P. Martin Hennig-Berlin.) *Berlin: Buchh. d. Ostdeutschen Jünglingsbundes [1897].* (16 S.) 8.
— Feste, Für, u. Freunde d. Inneren Mission. H. 1. [98. 9978

Hennig, P. Martin, Johann Heinrich Wichern, der Herold der inneren Mission. »Für Feste u. Freunde der inneren Mission. (16 S. mit Abbildgn.) Berl. 1899/1900. Buchh. d. Ostdeutschen Jünglingsbundes.

— J. H. Wichern, e. Osterheld in deutschen Landen. Festschrift. (16 S. m. Abbildgn.) gr. 8. Hamburg (908). Agentur des Rauhen Hauses. p — 15

— Johann Hinrich Wichern, founder of the Rauhe Haus Hamburg. (18 S. m. Abb.) gr. 8. Ebd. (910.) — 20

— s.: Wichern-Feiern, die.

— s.: Wie der Meister uns in den Weinberg rief.

— Wie Paulus Gerhardt im Volke lebt. Zu seinem 300. Geburtstage f. jung u. alt dargestellt. 1.—30. Taus. (16 S. m. Abbildgn.) gr. 8. Hamburg (907). Agentur des Rauhen Hauses. — 10

[F.] Wilhelm der Grosse. S. Leben in Kaiserworten u. Liedern. Fürs Jubelfest zsgest. v. M[artin] Hennig. *Berlin: Buchh. d. Ostdeutsch. Jünglingsb. [1897].* (16 S.) 1 Bd 8. [97. 1322

Hennig, Max. Ueber Dedo den Grossen. 4. Frankenberg 1848.

Hennig, Max, Gymnasialoberl. in Zwickau: A. E. Biedermanns Psychologie der religiösen Erkenntnis. *Leipzig 1902: J. B. Hirschfeld.* (VII, 104 S.) 8° ¶ (T. 1 der gleichzeitig bei Wigand in Leipzig erschienenen Abhandl.: Biedermanns Theorie der religiösen Erkenntnis.)
Leipzig, Phil. Diss. v. [28. Apr.] 1902

Hennig, Max. A[lois] E[manuel] Biedermanns Theorie der religiösen Erkenntnis. Eine religionsphilosophische Studie. XII + 184 S. 8. Leipzig, Georg Wigand, 1902. [M. 3. —]

— das Ziel u. die Aufgaben d. evangelischen Religionsunterrichtes auf dem Gymnasium. Vortrag, geh. auf der sächs. kirchl. Konferenz am 16. X. 1901 in Chemnitz. 8. (40 S.) Ebd. (902). n. — 50

Die Konsumvereinsgefahr von Rechtsanw. [Otto] Hennig-Dessau. (Vorr.: C[arl] W[ilhelm] Zimmermann. 1. Aufl.) Leipzig: Jüstel & Göttel in Komm. (1904). (31 S.) 8° [F.] [05. 10000

Hennig, (Guentherus) Otto (Arthurus) *(geb. Luianeck bei Schweiz 7. 12. 1852)*: De P. Ovidii Nasonis poetae sodalibus. Vratislaviae (1883). (57 S.) 8° *[Im Buchhandel 1883 bei Köhler in Breslau.]*

Breslau, Phil. Diss. v. 8. Nov. 1883

Hennig, Otto, de P. Ovidii Nasonis poetae sodalibus. Dissertatio inauguralis philologica. 8. (58 S.) Breslau 883, (Köhler.)

Hennig, Paul (Hrsg.), s. Alt-Berlin, Bücherei.

Hennig, Paul, s.: Bücherei Alt-Berlin.

Hennig, P., Aristophanis de Aeschyli poesi iudicia. Diss. 1870. 50 S. 2.—

Hennig, Paulus, Aristophanis de Aeschyli poesi judicia. Dissertatio inauguralis. gr. 8. (50 S.) Leipzig 878. Teubner. n. 1. 20

Hennig, Paul, Die staatliche Pensionsversicherung der Privatangestellten. 8°. Berlin, Verein d. deutschen Kaufleute, 1907.

Hennig, Paul Otto

Hennig, P. O., Deutschlands Anteil an der Erziehung Afrikas. Vortrag, geh. in Dresden am 28. XI. 1906. (31 S.) kl. 8. Leipzig 907. F. Jansa. —20

— Gedanken zur Verselbstständigung unserer Missionsgebiete, s.: Hefte zur Missionskunde. Nr. 2.

— Zum Kampf um die Negerseele. Eine Antwort auf Dr. med. Oetkers „Die Negerseele u. die Deutschen in Afrika". (Flugschriften d. hanseatisch-oldenburg. Missions-Konferenz.) (24 S.) 8. Bremen 907. (J. Morgenbesser.) —20

Hennig, P[aul] O[tto]. Afrikanische Kolonial- und Eingeborenen-Politik. Separatabdruck aus dem Evang. Missions-Magazin 1910 [Heft 5 u. 6]. 31 S. 8. (Basel), Basler Missionsbuchh., 1910. [fr.—40]

Hennig, R., und R. Braun, Maiglöckchen, s. Braun, R.

Hennig, R., s.: L.-C.-Taschenbuch, Coburger.

Hennig, Rich., Bahnen des Weltverkehrs, s. a. Wissen u. Können. 13.

Bahnen des Weltverkehrs. Von Dr. Richard Hennig. Mit 23 Ktskizzen. Leipzig: Barth 1909. VII, 304 S. 8°
(Wissen u. Können 13.) [09. 12815

— Buch berühmter Ingenieure. Große Männer der Technik, ihr Lebensgang u. ihr Lebenswerk. Für die reifere Jugend u. f. Erwachsene geschildert. (VII, 308 S. m. 43 Abbildgn.) gr. 8. Leipzig 911. O. Spamer. 5.—; geb. in Leinw. 6. 50

Die Charakteristik der Tonarten. Historisch, kritisch u. statistisch unters. v. psycho-physiolog. u. musikal. Standpunkt aus v. Richard Hennig. *Berlin: F. Dümmler 1897.* (IV, 131 S.) 1 Bd 8. [97. 6508

Hennig, Richard, approb. Arzt aus Sayda i. S.: Ueber Chorea gravidarum. *Leipzig 1901: B. Georgi.* (27 S.) 8°
Leipzig, Med. Diss. v. (20. Juli) 1901

Hennig, Rich., die älteste Entwickelung der Telegraphie u. Telephonie, s. a. Wissen u. Können.

Die älteste Entwickelung der Telegraphie und Telephonie von Dr. Richard Hennig, Ingen. Mit 61 Abb. Leipzig: J. A. Barth 1908. (VIII, 199 S.) 8°
= Wissen u. Können. 2. [08. 10941

Hennig, Rich., Jugend u. Natur. Unmoderne Gedichte. 8. (IX, 124 S.) Dresden 902. E. Pierson. n. 2. —; geb. n. 3. —

Hennig, Rich., Katalog bemerkenswerter Witterungsereignisse v. den ältesten Zeiten bis zum Jahre 1800, s. a. Abhandlungen des königl. preuss. meteorolog. Instituts, II. 4.

Katalog bemerkenswerter Witterungsereignisse von den ältesten Zeiten bis zum Jahre 1800. Von Dr. R. Hennig. *Berlin: A. Asher & Co. 1904.* (93 S.) 4°
= Abhandlungen d. K. Preuß. Meteorol. Instituts. Bd 2, No 4. [04. 5000

— der moderne Spuk- u. Geisterglaube. Eine Kritik u. Erklärung der spiritist. Phänomene. II. Tl. des Werkes „Wunder u. Wissenschaft". Mit e. Vorwort v. Max Dessoir. (367 S.) gr. 8. Hamburg 906. Gutenberg-Verlag Dr. E. Schultze. n. 4. —; geb. n. 5. —
I. Tl. u. d. T.: Hennig: Wunder und Wissenschaft.

Hennig, Richard [aus Plösen]: Untersuchungen ueber die Homogenität von Messing, Zink, Kupfer und Eisen .... Leipzig, Druck v. Metzger & Wittig, 1885; 72 S. 8°.
Würzburg, Phil. Fak., Inaug.-Diss. v. 1885.

Hennig, Richard, Untersuchungen über die Homogenität von Messing, Zink, Kupfer und Eisen. Diss. Würzburg 1885, Stahelsche Univ.-Buchh. 8°. 72 S.

Hennig, Richard *Karl Gustav* [aus Berlin]: Untersuchungen über die Sturmfluten der Nordsee ... Berlin, Druck v. G. Bernstein, 1897; 42 S., 1 Bl. 8.
Berlin, Phil. Fak., Inaug.-Diss. v. 1. Mai 1897

Hennig, R., naturwissensch. Volksbücher, s.: Bernstein, A.

Die Wetterrose. Anleitung z. leichten Selbstbestimmung d. kommenden Wetters. Von Dr. R[ichard] Hennig. Berlin: O. Salle [1907]. (1 gefalt. Bl.) 8° [F.] [07. 13078

Wunder und Wissenschaft. Eine Kritik u. Erklärung d. okkulten Phänomene von Dr. Richard Hennig. T. [1.] 2. Hamburg: Gutenberg-Verl. 1904–06. 8°
[1.] 1904.
2 [u. d. T.:] Der moderne Spuk- u. Geisterglaube ... von Hennig. [06. 13011

Hennig, Rob., u. C. Greiffenhahn, zwei Briefe aus Amerika. Lex. 8. (IV u. 40 S.) Freiberg 850, Reimmann. n. 8 ngl.

Hennig, Robert: Ursachen und Wirkungen der klimatischen Gegensätze zwischen der atlantischen und der pacifischen Seite Süd-Amerikas. Bonn: Eisele 1910. 85 S. 8°
Bonn, Phil. Diss. v. 4. Mai 1910, Ref. Rein
[Geb. 23. Dez. 81 Dippmannsdorf; Wohnort: Aachen; Staatsangeh.: Preußen; Vorbildung: Realgymn. Brandenburg Reife O. 03; Studium: Berlin, Göttingen, München, Göttingen, Bonn; Rig. 16. Febr. 10.] [U 10. 380

Hennig, Rudolfus: Symbolae ad Asiae minoris reges sacerdotes Polemonemque I. Ponti regem ... Lipsiae, typ. O. Schmidtii, 1893; 1 Bl., 62 S. 8.
Leipzig, Phil. Fak., Inaug.-Diss. v. [18. Sept.] 1893

Hennig, Rud., symbolae ad Asiae Minoris reges, sacerdotes Polemonemque I. Ponti regem. Diss. gr. 8. (60 S.) Leipzig 893. (E. Gräfe.) n. 1. 20

Hennig, Sophie, Sände, s.: Unterhaltungsbibliothek, mod.

Hennig, Thdr., der Leibarzt. Ein medicin. Haus-Lexicon und treuer ärztl. Rathgeber bei den Krankheiten eines jeden Alters und Geschlechts. Nebst Hausapotheke, enth. die bewährtesten Hausmittel. 5. verm. Aufl. gr. 8. (242 S.) Berlin 868, Mode's Verlag.

Hennig, Wilhelm, Gerichtsreferendar: Kollektivdelikt und Rückfall unter Berücksichtigung des Reichsstraf-Gesetzbuches, der Reichs-Nebengesetze, sowie der preußischen Forstdiebstahls- und Feld- und Forstpolizei-Gesetze. Remscheid [1907]: H. Krumm. (56 S.) 8°
Heidelberg, Jur. Fak., Ref. v. Lilienthal, Diss. v. 1907
[Geb. 2. Okt. 81 Cöln-Nippes; Wohnort: Cöln-Nippes; Staatsangeh.: Preußen; Vorbildung: Marzellen-Gymn. Cöln Reife O. 00; Studium: Würzburg 4, Bonn 2 S.; Rig. 26. Juli 07.]

Hennige, J., s. Matthias, J. A., Leitfaden f. einen heurist. Schulunterricht in d. Arithmetik 2c.

Hennige, J. Ch. J. Probe der Bearbeitung einer neuen Ausgabe von Matthias Leitfaden für einen heuristischen Schulunterricht in d. Elem. Mathem. (M. 1 Taf.) 50 S. 8.
Progr. Magdeburg P. 1840

Henniger, s.a. Henninger

Henniger, Carl Anton, s. Henniger, Karl Anton

Henniger, J. G. F., Luther, der Wahrheit Held und Sieger. Ein Harfenton in das Jubel-Conzert der evang. protestant. Kirche 2c. 8. Schleiz, Mauke. 817.

Henniger, K., die Verbindung d. Lehrfächer in d. einklass. Volksschule. gr. 8. (48 S.) Hildesheim 898. H. Helmke. — 75

Henniger, Karl (Hrsg.), s. Bändchen, Schaffsteins blaue.

Henniger, Karl, Chronik des Kirchspiels v. Meineweh, Priesen u. Quesnitz. (85 S. m. 1 Taf.) 8. Osterfeld 902. Meineweh, Lehrer K. Henniger. — 75

Henniger, Karl, Till Eulenspiegel, s.: Bücher, die, der deutschen Jugend.

— u. J. v. Harten, Niedersachsens Sagenborn. Eine Sammlg. der schönsten Sagen u. Schwänke aus dem südl. Niedersachsen, ausgewählt u. zusammengestellt. Buchschmuck v. A. Busch. (VII, 296 S. m. Abb.) 8. Hildesheim 907. A. Lax. Geb. 2.80

— — dasselbe. (2. Bd.) Eine Sammlg. der schönsten Sagen u. Schwänke aus dem nördl. Niedersachsen, ausgewählt u. zusammengestellt. Buchschmuck v. Gust. Olms. (VII, 312 S. m. Abbildgn.) 8. Ebd. 909. Geb. in Leinw. 3.—

— — 100 Schwänke u. Schelmenstreiche aus 4 Jahrhunderten deutschen Humors, zur Belustigung f. jung u. alt gesammelt u. hrsg. (Unter Mitwirkg. des Blumenthaler Prüfungsausschusses f. Jugendschriften.) Mit Bildern v. Geo. Barlösius, Max Bernuth, Johs. Bossart u. a. (220 S.) kl. 8. Stuttgart (910). A. W. Franke. Geb. 2.—

— Sonnenschein fürs deutsche Haus. Alte liebe Lieder. (1. In der Kinderstube.) Nach Wort u. Weise gesammelt u. hrsg. Bilder (in Farbdr.) v. Jos. Mauder. Klavierbegleitung v. Wilh. Müller. (84 S.) 22,5×28,5 cm. München (908). C. A. Seyfried & Co. Kart. 3.80

Henniger, K., s. Wunderhorn, neues.

Neues Wunderhorn. Die schönsten deutschen Volkslieder aus alter u. neuer Zeit mit Singweisen u. Bild. von Fr. Stassen [u. a.] ... hrsg. v. K[arl] **Henniger**. Berlin: Fischer & Franke [1906]. (VII, 237 S.) 8° [G.] [108. 13413]

Henniger, *Carl Anton* [Dr.]: Anleitung zu praktischen Arbeiten im chemischen Laboratorium höherer Lehranstalten, zugleich e. Hilfsbuch f. d. chem. Unterricht. *Charlottenburg, Druck v. C. J. Neubell,* 1891; 2 Bl., 50 S., 1 Bl. 8°
Charlottenburg, st. RG, OP 1891 (103)

Henniger, K. A., Grundz. d. anorgan. Chemio m. Einschluss der Elemente d. Mineralogie u. organ. Chemio. Nach method. Grundsätzen bearb. u. m. zahlr. Übungsaufgaben u. analyt. Tabellen vers. gr. 8. (IX, 365 S. m. Holzschn.) Leipzig 895. O. R. Reisland. n. 2.40

Henniger, Karl Ant., Lehrbuch der Chemie u. Mineralogie m. Einschluss der Elemente der Geologie. Nach method. Grundsätzen für den Unterricht an höheren Lehranstalten bearb. 2., völlig umgearb. Aufl. der „Grundzüge". Mit 260 in den Text gedr. Fig. u. 1 Spektraltaf. (VII, 478 S.) gr. 8. Stuttgart 904. F. Grub. Geb. in Leinw. n. 4.50

Henniger, Karl Ant., Lehrbuch der Chemie u. Mineralogie m. Einschluss der Elemente der Geologie. Nach method. Grundsätzen f. den Unterricht an höh. Lehranstalten bearb. 3., verb. Aufl. Mit 245 in den Text gedr. Fig. u. 1 Spektraltaf. (VIII, 412 S.) gr. 8. Stuttgart 907. F. Grub. Geb. 4.20

— vorbereitender Lehrgang der Chemie u. Mineralogie. Nach method. Grundsätzen f. den Unterricht an höheren Lehranstalten bearb. (VIII, 116 S. m. 112 Fig.) 8. Ebd. 906. Geb. n. 1.60

— Vorbereitender Lehrgang der Chemie u. Mineralogie. Nach method. Grundsätzen f. den Unterricht an höh. Lehranstalten bearb. 2. verb. Aufl. (VI, 109 S. m. 104 Fig.) 8. Ebd. 909. Geb. 1.50

— Methodischer Leitfaden der Chemie u. Mineralogie f. höhere Mädchenschulen u. die entsprechenden Klassen der Studienanstalten. Bearb. unter Mitwirkg. v. Carl Lohauß. (VIII, 134 S. m. 90 Abbildgn.) gr. 8. Ebd. 910. Geb. 1.80

Henniger, C. A., methodischer Leitfaden f. den Unterricht in der Botanik. (1. u. 2. Tl.) gr. 8. [Berlin, Grundmann.] Neudamm, J. Neumann. Kart. à n. 1.—
1. Unterstufe. (VI, 106 S.) 889. — 2. Oberstufe. (V, 92 S.) 891.

— Leitfaden f. den Unterricht in der Mineralogie, zugleich als Einführung in die Chemie. Nach method. Grundsätzen bearb. gr. 8. (IV, 84 S. m. eingedr. Fig. u. 1 Steintaf.) Berlin 887. Winckelmann & Söhne. cart. n. 1.20

Chemisch-analytisches Praktikum behufs Einführung in die qualitative Analyse. Bearb. von Dr. Karl Anton **Henniger**, Oberl. in Charlottenburg. Braunschweig: F. Vieweg & Sohn 1902. (VIII, 127 S.) 8° [07.8338 7

Chemisch-analytisches Praktikum als Leitfaden bei den Arbeiten im chemischen Schullaboratorium. Bearb. von Karl Anton **Henniger**, Prof. 2. Aufl. Ausg. A. Mit 18 Abb. Braunschweig: F. Vieweg & Sohn 1907. (VIII, 127 S.) 8° [07.9417 7

Chemisch-analytisches Praktikum als Leitfaden bei den Arbeiten im chemischen Schullaboratorium. Bearb. von Karl Anton **Henniger**, Prof. 2. Aufl. Ausg. B. Mit 21 Abb. Braunschweig: F. Vieweg & Sohn 1907. (XI, 112 S.) 8° [07.9418 7

Henniger, Karl Anton, Dr.: Chemisches Praktikum behufs Einführung in die qualitative Analyse. (Umschlagt.: Einführung in die qualitative Analyse.) T. 1. *Charlottenburg 1900: R. Kühn.* (76 S.) 8°
Charlottenburg, st. RG, OP 1900 (105)

Henniger, Karl Anton, Dr.: Chemisches Praktikum behufs Einführung in die qualitative Analyse. (Umschlagt.: Einführung in die qualitative Analyse.) T. 2. *Berlin 1901: R. Kühn.* (41 S.) 8° ¶[Forts. d. P-Beil. 1900.] — (Neudruck beider Teile soll unter gleichem Titel erscheinen.)
Charlottenburg, st. RG, OP 1901 (107)

Henniger, Osk., die beliebtesten einheimischen u. fremdländischen Stubenvögel, nach ihrer Färbung, Pflege u. Zucht kurz geschildert. Ein Leitfaden f. Anfänger in der Vogelliebhaberei. gr. 8. (26 S.) Parchim 890. (Wehdemann.) n. — 80

Hennigers, Diodor, O. F. M., Geschichte des Franziskanerordens zu Bielefeld. (120 S. m. 2 Taf.) Lex. 8. Düsseldorf 910. L. Schwann. 2. 50
Sonderabdruck aus: „Beiträge z. Gesch. d. sächs. Franziskanerprov. v. hl. Kreuze".

Geschichte des Franziskanerklosters zu Bielefeld von P. Diodor **Henniges** O. F. M. Düsseldorf 1910: Schwann. 120 S. 4° [Umschlagt.]
Aus: Beiträge z. Geschichte d. sächs. Franziskanerprovinz vom Heiligen Kreuze. Jg 1909. [10. 9444 B

Henniges, H., die Bau- u. Kunstdenkmäler des Kreises Iserlohn, s.: Ludorff, A.

[**Henniges,** Henr.]: Meditationum ad instrumentum pacis caesareo-suecicum specim. 1—10. (Halae) 1706—12. 2 Bde
[In Bd 2:] Meditationes ad capitulationem Josephi anno 1711.

Henniges, Ludw., krystallographische Untersuchung einiger organischer Verbindungen. Mit 1 (lith.) Taf. Inaugural-Dissertation. gr. 8. (41 S.) Göttingen 881. (Vandenhoeck & Ruprecht.) n. 1. 20

Hennigk, Heinrich Julius. Kurze Geschichte über den Ursprung und Fortgang der Musik. Dresden 1824.

Hennigk, Heinr. Jul. Kurzer Grundriss der Geschichte der Musik bei den Völkern des Alterthums. Dresden 1837.

Hennigker, Frdr., die Absatz-Kontrolle in Sortiments-Buchhandlungen, Kunst- u. Musikaliengeschäften. 12. (16 S. m. 2 eingedr. Schemata.) Leipzig 898. H. Hedewig Nachf. — 60

Hennigker, Frdr., Kometle. Ernstes u. Launiges aus dem Prager Leben jüngst vergangener Zeit. Mit 2 Portr. (64 S.) kl. 8. Leipzig (905.) (Kößling). n. — 75.

— Manipulationen zur Erhöhung des Absatzes in Sortiments-Geschäften. Mit Briefentwürfen. 2. umgearb. Aufl. 12. (32 S.) Ebd. 898. — 60

— Manipulationen zur Erhöhung des Absatzes in Sortiments-Geschäften. Mit Briefentwürfen. 3. verb. Aufl. (30 S.) 8. Leipzig (904). G. Uhl n.n.n. — 50

Hennigker, Frdr., schneidiges v. Kaiser Wilhelm II. 12. (76 S.) Leipzig 898. Eug. Schmidt. n. — 60

Hennigker, Schmidt-, s. Schmidt-Hennigker.

Hennigs von Treffenfeld, Joachim (aus seinem Leben), s. Kamieth, Herm.

Hennigs, A. v., Offizier-, Stamm- u. Ranglisten des Pommerschen Füsilier-Regts. Nr. 34, s.: Backström, Otto.

Hennigs, *Johann August Julius* Wilhelm [aus Hannover]: Studien zu Lope de Vega Carpio. Eine Klassifikation seiner Comedias . . . Göttingen, Druck d. Dieterich'schen Univ.-Buchdr., 1891; 2 Bl., V, 105 S. 8°
Göttingen, Phil. Fak., Inaug.-Diss. v. [21. Jul.] 1890

Hennigs, Wilh. Studien zu Lope de Vega Carpio. Eine Klassifikation seiner Comedias. Lex.-8. (V, 105 S.) Gött. 891, Vandenhoeck u. Ruprecht. * 2 80

Hennigsdorf [Schlagwort]

Hennigsdorf, s.: **Preussen. Messtischblätter.**

HENNIGSEN, Frau Agnes, Die Vier Liebsten. Stuttgart, Juncker. (190*.)
In der kurzen Notiz im „Amethyst", Doppelheft 9—10, 1906, S. 325, als erot. Roman bezeichnet.

Hennike, s. Hennicke

Henning der Hahn. Seitenstück u. Schluß des „Reineke der Fuchs". Nach dem Altdeutschen des 16. Jahrh. metrisch bearb. v. Ernst Rommel. Mit 4 Original-Zeichnungen. (120 S.) Hannover 847, Bockwitz. n. 1/2 ℳ

Henning, J. W. M., v. 1827 bis 1851 Direktor d. kgl. Schullehrerseminars in Köslin, e. Schüler u. Jünger Pestalozzis. Züge aus d. Bilde s. Lebens u. Wirkens. gr. 8. (47 S. m. Bildn.) Danzig 896. R. Barth. n. 1. —

Henning, J(ohann) W(ilhelm) M(atthias) H', von 1827 bis 1851 Direktor des Königlichen Schullehrerseminars in Köslin, ein Schüler und Jünger [Johann Heinrich] Pestalozzis. Züge aus dem Bilde seines Lebens und Wirkens. Mit Bild [Tafel]. 8. Danzig 1896.

Henning, s.a. Hennig

Henning: Abriss der Geographie von Palaestina. 21 S. –Graudenz, Progr. 1868

Henning, ..., (Prediger), († 1788.) d. Christ am Morgen u. Abend, s. S. Calvisius.

Henning's Sammlung nützlicher Maschinen und Instrumente. Leipzig. fol. 1758.

Henning, Schädigung lebenswichtiger Organe durch Alkoholgenuss, s.: Weichselbaum, A.

Henning, A., ein Beitrag zur maschinellen Baggerförderung. [Aus: „Glaser's Annalen für Gewerbe u. Bauwesen".] 8. (19 S.) Berlin 880. Polytechn. Buchh. n. — 60

— über die Entfernung des Phosphors aus Erzen u. Roheisen. Mit 4 Abbildungen. [Aus: „Glaser's Annalen für Gewerbe u. Bauwesen".] gr. 8. (27 S.) Ebend. 879. n.n. — 75

Henning. Unsere Festungen. Berlin 1885. 8°.

Henning, A., unsere Festungen. Lex.-8. (VIII, 212 S.) Berlin 890. Bath. n. 7. —

Henning, A: Unsere Festungen. Th. 1. 2. Berlin 1890 (1 Bd)
Nebst: Fortsetzung »Die Küstenvertheidigung«. Berlin 1892

Henning, A., die Küstenvertheidigung. Fortsetzung v.: Unsere Festungen. gr. 8. (XV, 344 S. m. eingedr. Kartenskizzen.) Berlin 892. A. Bath. n. 10. —

— Militairfragen unserer Zeit. [Erweit. Sep.-Abdr. aus: „Archiv f. d. Artill.- u. Ingen.-Offiziere d. deutschen Reichsheeres".] gr. 8. (31 S.) Ebend. 880. n. — 60

— Skizze zu einer Geschichte der preußischen Wehrverfassungen. [Aus: „Norddeutsche allg. Zeitg."] hoch 4. (39 S.) Ebd. 890. n. 1. —

Henning, A. Chr. E., Hilaris oder Gott führt die Seinen wunderbar. Eine Erzählung für die reifere Jugend ꝛc. 8. Passau 842, Pustet. ⅓ ℳ — Herabges. Pr. 846. 3 ngl

Henning, A. Chr. E., Hilaris oder Gott führt die Seinen wunderbar. Eine Erzählung für die reifere Jugend und Jugendfreunde. Neue (Titel-)Ausg. Passau (846.) 853. Pleuger. 8. (88 S.) 2 ngl

Henning, A. Chr. E., Hilaris oder Gott führt die Seinen wunderbar. Eine Erzählung für die reifere Jugend und Jugendfreunde. 2., wohlf. Ausg. 8. (88 S.) Passau 847, Pustet'sche Buchh.

Henning, A. Chr. E., Hilaris oder Gott führt die Seinen wunderbar. Eine Erzählung für die reifere Jugend und Jugendfreunde. Neue (Titel-)Ausg. 8. (88 S.) Passau 853, Pleuger.

Henning, Ad. Christ. Ernst, Wilhelm Tell. 8. (5 B.) Nürnberg 836, Stein.

Henning, Adolf

Henning, A., Denkschrift üb. d. Kellnerinnen-Wesen. gr. 8. (20 S.) Berlin 898. (Leipzig, H. G. Wallmann.) n. — 25

Denkschrift über das Kellnerinnen-Wesen. Von A. Henning, Generalsekr. d. deutschen Sittlichkeitsvereine. *Berlin: Selbstv. d. deutschen Sittlichkeitsvereine [1898].* (20 S.) 8° [Umschlagt. F.] [99. 1879]

HENNING, A., Das Kellnerinnen-Wesen. (190*.) (Mk. 0,20.)
Willy Schindler, Pressburg, 1910, ohne nähere Angabe.

— Die allg. Konferenz der deutschen Sittlichkeitsvereine. Verhandlungen d. Jahreskonferenzen i. Colmar i. E., Essen a. R., Breslau, Hamburg. 1894—1897. (56 S.) Berlin 1898. A. Bürtsch.

Die Allgemeine Konferenz der Deutschen Sittlichkeitsvereine. Verhandlungen der Jahreskonferenzen in Colmar i. Els., Essen a. R., Breslau, Hamburg 1894 1897. Bearb. v. A. Henning, Generalsekr. der Vereine. *Berlin: Selbstverl. der Deutschen Sittlichkeitsvereine 1898.* (55 S.) 8° [F.] [99. 1873]

Die zehnte Allgemeine Konferenz der deutschen Sittlichkeitsvereine in Stuttgart vom 4. bis 6. Oktober 1898. Von A. Henning-Berlin, Generalsekr. d. Vereine. *Berlin: Geschäftsstelle d. deutschen Sittlichkeitsvereine 1899.* (23 S.) 8° [F.] [99. 1874]

Die XIII. Allgemeine Konferenz der deutschen Sittlichkeitsvereine in Leipzig vom 27 bis 29 Okt. 1901. Von A[dolf] Henning-Berlin, M. d. R. *Berlin: Geschäftsstelle d. deutsch. Sittlichk.Ver. 1902.* (38 S.) 8° [F.] [02. 1916]

Henning, A., die 10.—13. allgemeine Konferenz der deutschen Sittlichkeitsvereine. gr. 8. Berlin. (Leipzig, H. G. Wallmann.) n. 1. 15
10. in Stuttgart vom 4. bis 6. X. 1898. (23 S.) 899. n. — 25
11. in Dortmund am 9. u. 10. X. 1899. (39 S.) 900. n. — 30
12. in Stettin v. 30. IX. bis 2. X. 1900. (51 S.) 901. n. — 30
13. in Leipzig vom 27. bis 29. X. 1901. (38 S.) 902. n — 30

Henning, A., die allgemeinen Konferenzen der deutschen Sittlichkeitsvereine, Fortsetzung, s.: Konferenz.

[Umschlagt.:] [F.] Die öffentliche Sittenlosigkeit und die Arbeit der Sittlichkeitsvereine. E. Denkschr. v. A. Henning, Generalsekr. d. Vereine. *Berlin: Selbstv. d. Dtsch. Sittlichkeitsver. [1897].* (32 S.) 1 Bd 8. [97 8043]

Henning, Gen.-Secr. A., Die öffentl. Sittenlosigkeit und die Arbeit der Sittlichkeitsvereine. E. Denkschrift. (32 S.) Leipz. 1897. H. G. Wallmann.

Die öffentliche Sittenlosigkeit und die Arbeit der Sittlichkeitsvereine. Eine Denkschrift von A[dolf] Henning-Berlin, Generalsekr. d. Vereine 2. durchges. Aufl. *Berlin: A. Bartsch [1900].* (31 S.) 8° [F.] [01. 1400]

Die öffentliche Sittenlosigkeit und die Arbeit der Sittlichkeitsvereine. Eine Denkschrift von A. HENNING-Berlin, Generalsekretär der Vereine, Mitglied des Reichstags und des Hauses der Abgeordneten. 3. durchgesehene Auflage. Berlin. Verlag der deutschen Sittlichkeitsvereine 8°

Sittlichkeitsbestrebungen für die schulentlassene Jugend. Von Generalsekr. [Adolf] Henning in Berlin. *Berlin 1900: J. Sittenfeld.* (19 S.) 8° [F.]
Aus: Vorberichte f. d. Konferenz d. Centralstelle f. Arbeiterwohlfahrtseinrichtungen. 1900. [01. 1742]

— Sittlichkeitsbestrebungen für die schulentlassene Jugend. (19 S.) 8. Berlin 900. (Leipzig, H. G. Wallmann.) n. — 40
Sonderabdruck aus: „Vorberichte f. die Konferenz d. Centralstelle f. Arbeiterwohlfahrtseinrichtgn."

Volkssitten und Volksunsitten. Vortrag auf d. Wanderversammlung d. Brandenburg. Provinzial-Vereins f. i. Mission in Königsberg N.-M. 1895. Von A[dolf] Henning. Berlin: Provinzial-Ausschuss f. inn. Miss. (1895). 24 S. 8°
Aus: Flieg. Blätter aus d. Rauhen Hause. 1895 Juli-Heft. [99. 9560 I I]

Henning, Alb., Elementar-Zeichenhefte zum Gebrauch für Schüler. 6 Hefte. 2. Aufl. qu. 4. (à 12 lithogr. Bl.) Köthen 878, Schulze. à Heft * 25 Pf. *
Inhalt:
Heft 1. Geradlinige Figuren.
» 2. Geradlinige Kanten und Füllungen.
» 3. Krummlinige Figuren.
» 4. Krummlinige Kanten und Füllungen.
» 5. Blätter und Blüthen.
» 6. Früchte und einfach ausgeführte Blumen.

Henning, Alb., sechs Elementar-Zeichenhefte. Zum Gebrauch für Schüler. qu. 4. (à 12 Steintaf.) Köthen 880. Schulze. à n.n. — 25

Henning, A., Elementar-Zeichenhefte f. Volks- u. Bürgerschulen. 8 Hfte. qu. 4. (à 12 Steintaf.) Köthen 883. Schulze. à n. — 25

— Zeichenheft Nr. 1—4. 2. Aufl. qu. 4. (à 12 lith. Bl.) Ebend. 878. à n. — 25

Hundert Jahre der Johannis-Loge Friedrich zur Beständigkeit im Or. Zerbst, gestiftet am 24. Mai 1783. [Von Albert Henning und Rich. Köhler.] Zerbst 1883: Zeidler. 46, 14 S. 8°
Nebst Verzeichn. der Mitgl., Ehrenmitgl. u. hammerführenden Mstr.

Henning, Albrecht

Henning, *Johann Georg* Albrecht: Steuergeschichte von Köln in den ersten Jahrhunderten städtischer Selbständigkeit bis zum Jahre 1370. . . . Dessau, Verlagsbuchh. v. P. Baumann, 1891; 2 Bl., 87 S., 2 Bl. 8°
Leipzig, Phil. Fak., Inaug.-Diss. v. [24. Apr.] 1891

Henning, Anna: Über das chronische Trophoedem im Anschluss an einen beobachteten Fall. Strassburg i. E. 1910: Muh. 35 S. 8°
Heidelberg, Med. Diss. v. 27. Juli 1910, Ref. Krehl
[Geb. 10. Aug. 78 Hannover; Wohnort: Straßburg; Staatsangeh.: Preußen; Vorbildung: Realgymn. Goslar Reife O. 03; Studium: Göttingen 2, München 1, Göttingen 2, Berlin 4, Heidelberg 2 S.; Coll. 14. Dez. 09; Approb. 19. Juli 10.] [U 10. 2062

Henning, Arend, der Skepticismus Montaigne's u. seine geschichtliche Stellung. Inaugural-Dissertation. gr. 8. (51 S.) Jena 879. (Neuenhahn.) n. 1. —

Henning, Arnoldus: Quaestiones Sophocleae. Halis Saxonum (1861): Ploetz. 34 S. 8°
Halle-Wittenberg, Phil. Diss. v. 29. Juli 1861
Geb. Danzig 22. 2. 1838. V.

Wandtafeln zum Gebrauch im Projektions- und Zirkelzeichnen für höhere und mittlere Schulen, gewerbl. Lehranstalten u. Fortbildungsschulen. Hrsg. von Bruno **Henning**, Lehrer, Halle a. S. [Nebst] Text. *Halle a. S.: L. Hofstetter 1903.* 1 Bd quer 2°, 1 Bd 8° [04. 3001 3

Henning, C., ein mächtiger Brief d. Archimedes. Zum ersten Mal aus e. Londoner Handschrift hrsg. 4. (18 S.) Darmstadt 872. Brill. — 30

Henning, C. (Hrsg.), s. Orchester, Das.

Henning, C., prakt. Violinschule nach pädagogischen Grundsätzen entworfen u. in fortlaufenden method. geordneten Studien herausgeg. (In 6 Heften.) 1. Heft. Fol. Zeitz 843, Schieferdecker. n. 1/3 Thlr

Henning, C. A. F. Populärer und kunstgerechter Bau-Rathgeber, bei allen Arbeits- und Materialberechnungen im Baufache. Mit Beifügung der am häufigsten gebrauchten Formeln und andern technischen Behelfe, nebst Angabe der gegenwärtigen Arbeits- und Materialpreise in der Hauptstadt Prag etc. Bearbeitet von Anton Wach. 2. verm. Auflage. 8. Prag 1842.

– dass., s.a. Hennig, C. A. F.

Henning, C. D., d. Pflanzenreich. 2 Hefte; mit Kpf. 4. Nürnb. 776. Zeh. 1 Thlr 12 gr

Henning, C. G., s. Hennig, Chr. Gf.

Henning, Carl, s. Henning, Karl

— **Eduard Ludwig Constantin** (Zerbst), De oophoritide. Diss. med. Bln. (Johann Friedrich Starck) Juli 1825. 40 S. mit Biogr. (M.: Sintenis.) (6.50) 14377
Oppon.: O. Zimmermann, F. Schmidt, G. Reinhardt. — Gew.: Franz Olberg, I. A. Chemnitz.

Henning, Emil, approb. Arzt: Ueber wahre Zwerchfellhernien nebst einem neuen Fall. *München 1903: C. Wolf & Sohn.* (20 S.) 8°
München, Med. Diss. v. 1902

Henning, Erich: De tragicorum Atticorum narrationibus. Gottingae 1910: Dieterich. 73 S. 8°
Göttingen, Phil. Diss. v. 2. März 1910, Ref. Leo, Pohlenz
[Geb. 2. März 81 Hannover; Wohnort: Hannover; Staatsangeh.: Preußen; Vorbildung: Lyz. I Hannover Reife O. 05; Studium: Göttingen 3, Berlin 2, Göttingen 5 S.; Rig. 8. Dez. 09.] [U 10. 1430

Henning, Ernst, d. Getreideroste, s.: Eriksson, Jak.

Henning, Erwin, Referendar in Potsdam: Der Schadensersatzanspruch aus Pflichtverletzungen der Grundbuchbeamten nach deutschen Partikularrechten und nach Reichsrecht. Borna-Leipzig 1906: R. Noske. (XIII, 71 S.) 8° [F.]
Leipzig, Jur. Fak., Diss. v. 26. Nov. 1906
[Geb. 7. Apr. 83 Potsdam; Wohnort: Potsdam; Staatsangeh.: Preußen; Vorbildung: Viktoria-Gymn. Potsdam Reife O. 01; Studium: Freiburg i. B. 1, München 2, Berlin 4 S.; Rig. 23. Dez. 04.]

Henning, F. (Mitarb.), s. Abendfreuden.

Henning, F: Über die Ausdehnung fester Körper bei tiefer Temperatur. Leipzig 1907 (Mitteil. a. d. Physik.-Techn. Reichsanst.)

Henning, F: Beobachtungen mit astatischen Torsionsmagnetometern. Leipzig 1904 (Mitteil. a. d. Physik.-Techn. Reichsanst.)

Henning, F.: Eine neue Bestimmung ..., s. Holborn, L.

Henning, F.: Über das Leitvermögen ..., s. Kohlrausch, Friedrich

Henning, F., über die Lichtemission u. den Schmelzpunkt einiger Metalle, s.: Holborn, L.

Henning, F.: Über das Platinthermometer ..., s. Holborn, L.

Henning, F: Über den Sättigungsdruck des Wasserdampfes. Leipzig 1907 (Mitteil. a. d. Physik.-Techn. Reichsanst.)

Henning, F: Die Verdampfungswärme des Wassers zwischen 30 und 100° C. Leipzig 1906 (Mitteil. a. d. Physik.-Techn. Reichsanst.)

Henning, F: Die Verdampfungswärme des Wassers zwischen 100 und 180° C. Leipzig 1909. (Mitteil. a. d. Physik.-Techn. Reichsanst.)

Henning, F.: Über die spezifische Wärme ..., s. Holborn, L.

Henning, F., über die Zerstäubung u. die Rekrystallisation der Platinmetalle, s.: Holborn, L.

Henning, F. G., s. G. T. Raynal, philosoph. u. polit. Geschichte d. Niederlassungen etc.

Henning, F. W., Abhandl. üb. d. Selbstsäugen d. Kinder. gr. 8. Breslau, Korn d. ältere. 797.

Henning, Ferdinand, gepr. Rechtspraktikant in München: Das Delikt der Aussetzung nach deutschem Reichsstrafgesetzbuch. *München 1899: C. Wolf & Sohn.* (51 S.) 8° [F.]
Tübingen, Jur. Diss. v. 1899

Henning, Fr. H., reiner Krystallstrom. 2 Thle. 8. Sternberg 782.

— s. Reden über maurerische Gegenstände.

Henning, Fr. H., s. Henning, Johann Georg Friedrich

Henning, Frieda, Fata Morgana. Eine Kindergeschichte. Buchschmuck u. Illustr. v. Adf. Jöhnsson. (201 S.) 8. Bielefeld 910. Verlagshandlung der Anstalt Bethel. Geb. in Leinw. 2. 60

— s.: Für festliche Stunden.

Henning, Frieda, die Sturmflut, s.: Sonntagsbibliothek. Nr. 38.

— der brennende Zehner, s.: Immergrün. Nr. 150.

Henning, Friedrich, s.a. Henning, Johann Georg Friedrich

Henning, Friedrich 1738 -
Abdruck der Copien zweyer Memoriale, welche an Sr. Käyserl. Königl. Majestät in Wien von Friederich Henning übergeben worden. Nebst dem darauf erfolgten allergnädigsten Käyserl. Königl. Toleranz-Edict und der Bücher-Censurs-Hof-Commißion Toleranz seiner sämmtlichen Schriften.
[Philadelphia: Reinhold.] 1784. 16 S. 8°.
New York Public Library
Ort- und Verlagsangabe auf S. 16.
Bristol B 5911

Henning, Friedrich. Akademische Abhandlung von der Bahn der Geschützkugeln, nebst praktischen Tabellen und Regeln, die Schussweiten zu finden. 4. Rostock 1764.

Henning, Friedr., 1812. Der Jugend gewidmet. 12. (116 S. mit 4 Stahlst.) Stuttgart 886, Schmidt und Spring. cart. — 75

Henning, Frdr., Gallerie historischer Erzählungen. 1—12. Bdchn. Mit je 1 (lith. u.) color. Titelbild. Stuttgart 862—65. Schmidt & Spring. 16.

1. Walther von Tarare, oder die Eroberung Jerusalems durch Saladin. (93 S.) 10 ngr.
2. Gundemar. Historische Erzählung aus den Zeiten Pelayo's. (97 S.) 10 ngr.
3. Heinrich von Stechow. Erzählung aus der Zeit der Quitzow's. (97 S.) 10 ngr.
4. Joao de Gama. Historische Erzählung aus den Zeiten Emanuels des Großen. (124 S.) 10 ngr.
5. Jugo Thorkel. Historische Erzählung aus den Zeiten Gustav Wasa's. (95 S.) 10 ngr.
6. Henry Tournon. Historische Erzählung aus den Zeiten Ludwigs XIII. (84 S.) 10 ngr.
7. Heron der Bastard. Historische Erzählung aus den Zeiten Jakobs IV. von Schottland. (81 S.) 10 ngr.
8. Hermann von Tannenstein. Historische Erzählung aus der Zeit Kaisers Wenzel. (87 S.) 10 ngr.
9. Camilla. Historische Erzählung aus der Zeit Ferdinands IV. von Neapel. (95 S.) 7½ ngr.
10. Willibald, der Sohn der Wittwe. Historische Erzählung aus dem deutschen Bauernkriege. (110 S.) 7½ ngr.
11. Frederik van Haken. Historische Erzählung aus der Zeit des Prinzen Moritz von Oranien. (94 S.) 7½ ngr.
12. Robert Grafson. Historische Erzählung aus dem Kampfe der beiden Rosen. (84 S.) 7½ ngr.

—— dass. — 3 Sammlungen. 2. (Titel-)Ausg. gr. 16. (1141 S. mit 12 ill. Stnt.) Ebendas. 866. à Sammlung 22½ Ngr. cart.

—— der Geier-Anderl. Eine Erzählung. 12. (104 S. mit 4 Stahlst.) Ebendas. 886. cart. — 75

—— und A. Engelien, Geschichte der Stadt Landsberg, s. Engelien, A.

Henning, Friedr., vaterländische Geschichtsbilder für die deutsche Jugend. br. 8. (VIII und 416 S. mit 8 ill. Stnt.) Berlin 850, Gaertner. Thlr.

Henning, Friedr., vaterländische Geschichtsbilder für die deutsche Jugend. Mit 8 (lith. u.) illum. Bildern von G. Bartsch. 2. umgearb. Aufl. Berlin (857.) Gaertner. br. 16. (2 Bl., 352 S.) 1 Thlr. 15 ngr.

—— die Irmensäule, od. Clodoald u. Hildegardis. Eine Erzählung, gegründet auf geschichtl. Sage aus den Zeiten Karls des Großen, f. die Jugend u. deren Freunde. 8. (7 B.) Landsberg 845, Volger u. Klein.

Henning, F., die Jungfrau v. Orleans. Historische Erzählung f. die Jugend. Mit 4 Stahlst. 12. (99 S.) Stuttgart 887. Schmidt & Spring. cart. — 75

Henning, Friedr., Carl, der kleine Savoyarde, od. der Sturz von der Simplon-Straße. Eine lehrreiche u. unterhaltende Erzählung f. d. Jugend u. deren Freunde. 8. (6½ B.) Landsberg 844, Volger u. Klein.

Henning, Frdr., Kuno, der Pirgheimer, s. a Sammlung beliebter Jugendschriften.

—— Kuno, der Pirgheimer. Histor. Erzählung aus dem Anfange des 30jähr. Krieges. 12. (103 S. mit 4 Stahlst.) Ebendas. 887. cart. — 75

Henning, Frdr., Pantheon. Historische Novellen für die reifere Jugend. Mit 8 (lith. u.) color. Bildern von Th. Hosemann. Berlin 861. Winckelmann. 8. (415 S.) 1 Thlr. 15 ngr.

HENNING, FR. *Rundschau.* Historische Novellen für die reifere Jugend von Fr. Henning. Berlin, Winckelmann & Söhne [1859]. 2 Bl. 349 S. 1 Bl. und 8 handkolor. Lithogr. (inkl. Titel m. Vign.) sign. C. K. 8°. Illustr., chromolith. Or.Karton in Braun, Gelb u. Lila. 28.—
1. Ausg. Spannende Erzählungen, schön (von Koch?) illustr. — Gutes Ex., der Einband kaum bestoßen, Rücken m. Leinen ergänzt.

Stimme eines Wanderers im Thale Josaphat. [Von Friedr. Henning.] Leipzig: Gräff 1793. XIV, 175 S. 1 Kpfr. 8° [Kupfertit.]

[Dasselbe.] 2. mit 2 Reden u. 2 Kpfr. verm. Aufl. Ebendas. 1794. XVI, 196 S. 8°
Kl. 1111, 1402, Tt. 1872. Reden, Fragmente, Erzählung. 1793 in 25; 1794 in 23. 25.

°Stimme eines Wanderers im Thale Josaphat. [Von Friedr. Henning.] Zusätze f. d. Besitzer d. 1. Aufl. Mit 2 Kpfr. in 4°. Leipzig: Gräff 1794. 20 S. 8°
[Nach d. Kat. d. ▭ Friedr. z. gold. Zepter, Breslau.]

(Henning, Dr. Fr.,) Stimmen eines Wanderers im Thale Josaphat (vom Br. H. . . . Redner der Loge z. d. 3 Greifen in Greifswald). 2. verm. Aufl. Leipzig, Gräff. 1794. 8. XVI, 196 S. 2 Kupfer.

Letzte Stunden eines Maurers. [Von Friedr. **Henning.**] Mit 2 [ill.] Kpfrn in 4° Leipzig: Gräff 1794. 42 S. 8°
Aus: Henning, F.: Stimme e. Wanderers. 1793 S. 135—175; 2. Aufl. 1794 S. 137—178.
cf. °ALZ. 1793 No 244; 1794 No 386.
Kl. 1402, Tt. 2653, TB. 104.

– dass., s.a. Hennig, F.

— Wanderungen durch das Gebiet der Geschichte. Historische Erzählungen. Mit 6 (lith.) Bildern in Farbendr. Stuttgart 861. Schmidt & Spring. 8. (375 S.) 1 Thlr. 15 ngr.

Henning, Fritz: Eine ältere Methode F. Neumanns zur Bestimmung der Wärmeleitungsfähigkeit ⟨1831⟩ und ihr Studium an Marmor, Sandstein, Eisen, Messing. Königsberg i. P. 1909: Kümmel. 54 S. 8°
Königsberg, Phil. Diss. v. 26. Mai 1909, Ref. Volkmann
[Geb. 29. Juli 82 Lingwarowen; Wohnort: Königsberg i. P.; Staatsangeh.: Preußen; Vorbildung: Gymn. Insterburg Reife O. 03; Studium: Königsberg 11 S.; Rig. 12. Mai 09.] [U 09. 2399

Henning, Fritz, aus Culsbug: Über radioaktive **Substanzen** *Halle a. S. 1901: 'Arminius', Berlin.* (74 S.) 8°
Halle, Phil. Diss. v. 19 Nov. 1901

Henning, F[ritz], Assistenzarzt a. d. Brandenb. Landes-Irren-Anst.: Über Urethralzerreissung. Grafenhainichen 1910: Schulze. 40 S. 8°
Halle, Med. Diss. v. 20. Jan. 1910, Ref. v. Bramann
[Geb. 15. Sept. 79 Berlin; Wohnort: Teupitz; Staatsangeh.: Preußen; Vorbildung: Gymn. Doberan Reife O. 98; Studium: Berlin 8, Halle 2 S.; Coll. 17. Dez. 09; Approb. 1. Juli 09.] [U 10. 1686

Henning, G. Ein ungedruckter Brief d. Kaisers Julian. S.-A. 1874. 10 S.

Henning, G., was kann der Lehrer in u. außer der Schule im Dienste d. inneren Mission thun? Vortrag, geh. auf d. Generalschulkonfer. d. Kreisschul-Inspektions-Bez. Uecker-münde I. gr. 8. (14 S.) Berlin (901). F. Zillessen. n. — 20

Henning, G. E. S., Entwurf einer Lehndorff'schen Familiengeschichte aus Urkunden, Stammtafeln und Dyplomen. Königsberg 1792. 4.

Henning, G. W., Gesetze u. Vorschriften üb. Stämpel u. Gebühren. Mit alphabet. Gebühren-Tarif, Tabellen f. die Verzugs-Zinsen u. vollständ. Sachregister. 2 Hfte. gr. 8. (1. Hft. 95 S.) Budapest 873. Ráth. n. 4. —

Henning, G. W., Gesetze u. Vorschriften üb. Stempel u. Gebühren. Mit alphabet. Gebühren-Tarif, Tabellen für die Verzugs-Zinsen u. vollständ. Sachregister. Nach der amtl. Ausg. bearb. 2., m. d. Stempel- u. Gebühren-Gesetzen v. 1873, 1875, 1879, 1881 ergänzte Ausg. gr. 8. (VIII, 366 S.) Budapest 881. Ráth. n. 7. 20

Henning, G. W., das neue Stempel- u. Gebührengesetz, wirksam vom 1. Jan. 1888 an, nebst den noch gelt. älteren gesetzl. Bestimmgn. Zum Selbstunterrichte f. Handels- u. Gewerbefirmen, geistl. u. weltl. Behörden etc. partienweise geordnet. (Ungarisch u. deutsch.) gr. 8. (III, 99 S.) Hermannstadt 888. (Michaelis.) n.n. 2. —

Henning, Georg *Friedrich* [aus Wietstock bei Cammin in Pomm.]: Beitrag zur Kenntnis der Chinaalkaloide ... Berlin, Druck v. M. Driesner, *1892;* 33 S. 8.
Erlangen, Phil. Fak., Inaug.-Diss. v. 1892

Henning, Georg, aus Oschatz: Samuel **Braun der erste** deutsche wissenschaftliche Afrikareisende. Beitrag zur Erforschungsgeschichte von Westafrika. *Basel 1900: E. Birkhäuser.* (143 S.) 8°
Leipzig, Phil. Diss. v. [2. Aug.] 1900

Henning, Hans, Eduard Grisebach in seinem Leben u. Schaffen. Zu seinem 60. Geburtstage am 9. X. 1905. (72 S. m. 2 Bildnissen.) 8. Berlin 905. E. Hofmann & Co. n. 2. —

Henning, Hans, Karl Philipp Moritz. Ein Beitrag z. Gesch. d. Goetheschen Zeitalters. Progr. (64 S.) Lex. 8. Riga 908. (G. Löffler.) 1. 80

— Friedrich Spielhagen. Mit 2 Porträts u. 2 Handschriftproben. (248 S.) 8. Leipzig 910. L. Staackmann. 3.50; geb. in Leinw. 4. 50

Henning, Hans [app. Arzt]: Aus d. hygien. Institut zu Rostock. Über atypisches Wachstum von Kolonien des Typhusbacillus auf Nährgelatine ... Berlin, Buchdr. Gebr. Kiesau, *1896;* 34 S., 1 Taf. 8.
Rostock, Med. Fak., Inaug.-Diss. v. [11. Nov.] 1896

Henning, Hans, aus Braunschweig: Der **Zustand** der schlesischen Festungen im Jahre 1756 und ihre Bedeutung für die Frage des Ursprungs des siebenjährigen Krieges. *Jena 1899: B. Vopelius.* (46 S.) 8°
Jena, Phil. Diss. v. (24. Juni) 1899

Henning, Hans, der Zustand der schlesischen Festungen im J. 1756 u. ihre Bedeutung f. die Frage des Ursprungs des siebenjähr. Krieges. Eine histor. Studie. gr. 8. (VI, 46 S.) Jena 899. H. Haerdle. n. 1. —

Henning, Hilar. Hartm., († d. 30. Jan. 1792.) Samml. erbaul. Lieder als e. Auszug aus d. Hallischen Gesangbuche, 8. Petersb. 774.

Henning, I., dissert. exegeticae in selecta scripturae oracula. III pts. 8. Frcf. 712.

Henning, J. C., s. Hennig

Henning, J. G. F.: Leitfaden bei dem methodischen Unterricht ..., s. Henning, Johann Wilhelm Matthias

Henning, J. W. M., Beschreibung Pommerns, s.: Landes- u. Volkskunde, Pommersche.

Henning, J. W. M., s. Landes- und Volkskunde, pommersche.

Henning, J. W. M., pommersche Landes- u. Volkskunde, od. Beschreibung von Pommern, nebst e. Uebersicht seiner Geschichte u. einem, Andeutungen z. Gebr. dies. Leitfadens f. Lehrer enthaltenden Anhange. Für Volksschulen hrsg. 2., verb. Aufl. 12. (3 B.) Cöslin 843, Hendeß. *

—— Anhang dazu. 12. (½ B.) Ebds. 843. *

Henning, J. W. M., Pommersche Landes- und Volkskunde oder Beschreibung von Pommern, nebst einer Uebersicht seiner Geschichte und einem, Andeutungen zum Gebrauch dieses Leitfadens für Lehrer enthaltenden, Anhange. Für Volksschulen herausg. 3. verb. u. verm. Aufl. Cöslin 853. Hendeß. 8. (78 S.) 3 ngr.

Henning, J. W. M., pommersche Landes- u. Volkskunde. Unter Benutzg. der Beschreibg. Pommerns f. Volksschulen. Bearb. u. hrsg. v. mehreren prakt. Schulmännern. Mit e. (chromolith.) Karte der Provinz (in qu. 4.) v. F. Rieve. 8. (52 S.) Cöslin 872. Hendeß. — 30

Henning, J. W. M., pommersche Landes- u. Volkskunde. Unter Benutzg. der Beschreibg. Pommerns f. Volksschulen bearb. u. hrsg. v. mehreren prakt. Schulmännern. Mit 1 (chromolith.) Karte der Provinz v. F. Riewe. 9. Aufl. [6. Aufl. der Neubearbeitg.] 8. (48 S.) Cöslin 885. Hendeß. n. — 30

Pommersche Landes- und Volkskunde. Unter Benutzung d. Beschreibung Pommerns f. Volksschulen von J. W. M. **Henning**, weil. Sem. Dir. in Köslin, bearb. u. hrsg. von mehreren prakt. Schulmännern. Mit 1 Karte d. Prov. von F. Riewe. 23. Aufl. ⟨20. Aufl. d. Neubearb.⟩ Köslin: C. G. Hendess 1907. (48 S.) 8° [F.] [07. 1448

Henning, J. W. M., Monatsblatt für Pommern's Volksschullehrer, s. Monatsblatt.

Henning, J. W. M., Nachricht v. d. Elementar-Schule d. Stadt Cöslin, nebst einigen Bemerkn. üb. d. Wesen u. d. Wichtigkeit d. Elementar-Schule überh. M. 1 Abbild. 8. (4 B.) Cöslin 828, Hendeß.

— s. Wochenblatt, christliches.

— **M. Joachim Ferdinand,** De exceptione excussionis actioni hypothecariae contra tertium institutae opposita. Disp. jur. Rector Jo. Joachim Hahn. Erfurt (Grosch) 5. X. 1722. 28 Seiten. (0.30) 14384
Gew.: Conrad Gottlieb v. Zedlitz (Hohenlibthal . .).

Henning, Johann Georg Albrecht, s. Henning, Albrecht

Henning, Johann Georg Friedrich

Henning, Jh. Geo. Fr., kleine medicin. Abhandll. u. Wahrnehmungen aus d. Gebiete d. Erfahrung. 8. Stendal 812. Franzen u. Gr. 12 gr.

Henning, Fr. H., praes. K. Fr. **Rehfeldt,** Diss. sistens analecta historica ad theoriam epilepsiae. 22 pp. Gryph. 4°. *Doering,* I, 159. A. L. Z. 88, IV, 251. Erl. Beytr. 88, XLIX, 751. Greifsw. krit. Nachr. 88 n. XIV, 112. Hall. lit. Nachr. 88 p. 76. *Baldinger,* St. 27 p. 52. Stark, Arch. I. St. 4 p. 170. 1 7 8 8

Henning, (Johann Georg) Friedrich: Analecta litteraria epilepsiam spectantis. 272 S., gbd.

Lipsiae: Graeff 1798

JB 4.487

— analecta literaria epilepsiam spectantia. 4. Leipz. 798, (Wienbrack). 1 Rthlr. 16 gr.

— Beitrr. zur prakt. Arzneikunde. 2 Thle, mit 6 Kpf. 8. Gotha 802—4. Ettinger. 1 Rthlr. 18 gr.

— Beyträge z. prakt. Arzneykunst. 2 Thle. m. K. 8. Gotha, Ettinger. 802—4. (à 18 gr.)

— Beobachtt. über den Werth u. d. Wirksamkeit d. Arzneimittel. 8. Stendal 789. Franzen u. Gr. 8 gr.

— **Johann Georg Friedrich** (Coswig/Anhalt), De causis partus animalis naturalibus. Präs. Christian Friedrich Nürnberger. Wittbg. (C. Ch. Dürr) 14. IX. 1784. 32 S. (6.20) 14387
Gew.: Johann Adolph Gladbach, Daniel Dietrich Jacobi.

Henning, J. G. F., die salinischen Eisenquellen bey Zerbst und die daraus hervorgegangenen Erfahrungen. 8. Zerbst. (Leipzig, Engelmann in Comm.) 818. Rthlr.

— d. salinischen Eisenquellen bei Zerbst u. die daraus hervorgegangenen Erfahrungen. 8. Zerbst 818. (Leipz., Magaz. f. Indust.) 12 gr.

Henning, Johann George Friedrich: Medicinische Fragmente, aus meiner Erfahrung gezogen. 400 S., gbd.

Zerbst: Füchsel 1799

JB 2.352

— medicin. Fragmente. 8. Zerbst 799. (Kummer). 1 Rthlr. 4 gr.

Friedrich Henning
1767-1817

Diätetisch-medicinisches Handbuch für Seeleute... Nebst e. Anleitung zur Einrichtung einer Schiffsmedicinkiste von Friedrich Henning. Leipzig: Gräff 1800. VIII,416 S. 8°

— diätet.-medicin. Handbuch für Seeleute. gr. 8. Leipz. 800. (Wienbrack). 1 Rthlr. 18 gr.

Johann Georg Friedrich Henning

Ideen über die Erbkrankheiten. Von Johann George Friedrich Henning. Zerbst: Füchsel 1800. 192 S. 8°

— Ideen über d. Erbkrankheiten. 8. Zerbst 800. (Kummer). 16 gr.

— Ideen über Idiosynkrasie, Antipathie u. kränkl. Reizbarkeit. gr. 8. Stendal 812. Franzen u. Gr. 18 gr.

— über d. kränkl. Laune. 8. Zerbst 810. (Kummer). 8 gr.

Zerbst: [Lied.] Bei Wiedereröffnung der Loge Friedrich zur Beständigkeit. Im Or. zu Zerbst, den 24sten Mai 1814 von [Joh. Georg Friedr.?] H[enning?]. [Zerbst 1814.] 2 Bl. 8⁰ [Umschlagtit.]
Ohne Noten: „Freu't Euch Ihr Brüder, . . .“ 3.

Henning, Johann (Georg Friedrich): Von den Pflichten der Kranken gegen die Aerzte. 126 S., gbd.

Leipzig: Gräff 1791

JB 5.531

Henning, Fr. I., von den Pflichten d. Kranken gegen d. Aerzte. 8. Leipz. 791. (Wienbrack). 8 gr.

— commentatio medico-chirurg. de ptosi, adjecta observationum biga. 8. Leipz. 788.

Thümen, Hans Georg v.: Rede am Tage der Gedächtnisfeier dem Andenken unseres [Br.] Hans Georg v. Thůmen gehalten in der Freimaurerloge [Friedrich z. Beständigkeit] zu Zerbst von [Joh. Georg Friedr.?] H[ennin]g. Am 10ten April 1816. [Zerbst 1816]: Kramer. 20 S. 8⁰ [Umschlagtit.]
Kl. 1446 c.

— **Johann Gottlob** (Zoeschanus), De jure calendarii. Präs. August Cornelius Stockmann. Lpz. (Gottfried Bruder) 20. III. 1807. 28 S. (6.—) 14388
Gew.: Johann Gottlob Ehrhardt. — Widm. v. Präs.

— **Johann Heinrich** (Dresden), De obligatione ex facto praedecessoris. Diss. jur. Präs. Justus Georg Chladen. Wittbg. (Gottfried Gaeberdt) 12. IV. 1725. 32 S. (6.50) 14389
Gew.: Bernhard v. Zech. — Widm. v. Präs.

Henning, J[ohann] W[ilhelm] M[atthias]. Leichenrede über Buch der Weisheit C. IV. V. 14. bei der Beerdigung der seligen Jungfrau Susanna Bernoulli.... gehalten... [zu Basel] den 8. März 1808. 8. Basel (1808).

Henning, J[ohann] W[ilhelm] M[atthias]. Leitfaden beim methodischen Unterricht in der Geographie. Besonders für Eltern und für Lehrer in Elementarschulen bearb. und hrg. von J. W. M. H'.... Mit zwölf Holzschnitten [wovon 1 Tafel]. 8. Iferten 1812.

— Leitfaden beim method. Unterricht in d. Geographie. Besonders für Eltern u. Lehrer in Elementarschulen. Mit 12 Holzschnitten. gr. 8. Iferten 812. Literar. Bureau.

— Leitfaden bei d. method. Unterricht in d. Geographie, mit 12 Holzschn. gr. 8. Iferten, Lit. Büreau. 813.

Henning, Johannes. M. Johannis Henningii ... trichologia id est De capillis veterum collectanea historico-philologica. Sumptibus Theod Philippi Calvisii, Bibliopolæ Qvedlimb Magdeburgi. Excusa Typis Joh. Danielis Mülleri ... CIϽIϽCLXXIIX [1678]. Tit., 3 Bl., 160 S. 8°

HENNING, JOHS. SAM., De diaeta in morbis chronicis praesertim scrophulosis atque scorbuticis. Specimen inaug. med. Kiliae. 1804. P.

Henning, Jul.

—— Rom's Dichterheroen, s. Rom's Dichterheroen.

Henning, Jul., Ehrentempel deutscher Dichter von Luther bis auf die Gegenwart. Kern deutscher Poesie. Ein Buch für Schule und Haus. 2. Stereotyp-Ausg. gr. 12. (VI und 516 S.) Hamburg 850, Schuberth und Comp. *
1. Ausg. Vgl.: Ehrentempel.

Henning, Jul., Ehrentempel deutscher Dichter von Luther bis auf die Gegenwart. Kern deutscher Poesie. Ein Buch für Schule u. Haus. 2. Aufl. (854.) (XII, 491 S.) — 3. mit e. Anh. verm. Aufl. Hamburg (854.) (Leipzig) Schuberth u. Co. (VI, 558 S.) n. 20 ngr.

Henning, Jul., Ehrentempel deutscher Dichter von Luther bis auf die Gegenwart. Kern deutscher Poesie mit biographischen und kritischen Notizen. Ein Buch für Schule und Haus. 4. Aufl. Leipzig 863. Schuberth. 8. (560 S.) n. 10 ngr.

Henning, Jul., Ehrentempel Deutscher Schriftsteller v. Luther bis auf die Gegenwart. Kern Deutscher Prosa. Ein Buch für Schule u. Haus. 8. (XII u. 491 S.) Hamburg 850, Schuberth & Co. n. 1 1/6 ℛ (vergl. Omnibus f. Wissensch.)

—— Ehrentempel deutscher Schriftsteller von Luther bis auf die Gegenwart. Kern deutscher Prosa mit biograph. und krit. Notizen. Ein Buch für Schule und Haus. 4. (Titel-)Aufl. 8. (XII und 491 S.) Leipzig (854)63, Schuberth's Buchh. *

Henning, Jul., s. Ovid's Heroiden. — Rom's Dichterheroen.

Henning, Karl

Henning, Carl, systematisch-topographischer Atlas der Anatomie des Menschen mit Rücksicht auf angewandte und mikroskop. Anatomie in Autotypographien. 1. Lfg.: Knochensystem. Lex.-8. (48 S.) Wien 886, Deuticke. * 2 50
Nicht weiter erschienen.

Henning, Carl, Freilicht. Lyrisch-lehrhaft-laun. Reimbilder. (160 S.) kl. 8. Wien 909. C. Graeser & Co. 2.—; geb. in Leinw. m. Goldschn. 3.—

Henning, Carl, aus Herzenstiefen. Ernste u. heit. Klänge. (Umschlag: Lieder e. Siebenbürger Sachsen.) 8. (208 S.) Wien (897). C. Graeser. n. 2. 20; geb. n. 3. 20

Sammlung der für den Regierungsbezirk Köslin geltenden Provinzial- und Regierungs-Polizei-Verordnungen. Im Selbstverl. hrsg. von **K. Henning,** Reg.-Supernumerar. *Köslin 1899: A. L. Budacks Erben.* (279 S.) 8° [F.]
[...8707]

Henning, K., Sammlung der für den Reg.-Bez. Köslin geltenden Provinzial- u. Regierungs-Polizei-Verordnungen. 12. (283 S.) Köslin 899. (Neustettin, F. A. Eckstein.) Geb. n.n. 2. —

Sammlung der für den Regierungsbezirk Köslin geltenden Provinzial- und Regierungs-Polizei-Verordnungen. 2. Aufl. Im Selbstverl. zsgest. von K[arl] **Henning,** Reg.Sekr. Köslin 1909: Kienitz 412 S. 8°
[09. 17045 B

Sammlung der für den Regierungsbezirk Köslin geltenden Provinzial- und Regierungs-Polizei-Verordnungen zsgest. von K[arl] **Henning,** Reg.Sekr. 2. Aufl. Köslin: Selbstverl. 1909. 412 S. 8° [09. ...

Henning, Carl, Uebungsstücke für die Guitarre, s. Haeuser, J. E., Guitarrenschule, 2. u. 3. Hft.

Henning, Carl, kleine practische und theoretische Violinschule. Eine Reihenfolge fortschreitender Uebungsstücke für angehende Violinspieler, Seminarien und Präparanden-Anstalten hrsg. Op. 106. Imp.-4. (35 S.) Eisleben 854, Kuhnt'sche Buchh.

Henning, Carl. Kleine Violoncello-Schule. Op. 37. Leipzig (1864).

Henning, Karl Matth., s. 1) Erklärung d. Luther. Katechism. 2) Jh. Tauler's Bekehrungsgeschichte.

Henning, Kurt, Referendar in Stettin: Die polizeilichen Zuständigkeiten im heutigen preußischen Gesinderecht. Stettin 1907: F. Hessenland. (VIII, 80 S.) 8°
Greifswald, Jur. Fak., Ref. Sartorius, Diss. v. 14. März 1907
[Geb. 30. Jan. 83 Grabow a. O.; Wohnort: Stettin; Staatsangeh.: Preußen; Vorbildung: Marienstiftsgymn. Stettin Reife M. 01; Studium: München 3, Berlin 1, Freiburg i. B. 1, Greifswald 2 S.; Rig. 8. März 05.]

Henning, Leopold von

— Einleit. zu öffentl. Vorlesungen über Goethe's Farbenlehre, geh. a. d. Kön. Universität zu Berlin. gr. 8. Berlin 822, Dunker u. H.

v. Henning, Leop., s. Hegel's handschriftlichen Nachlaß.

— s. Hegel, G. W. Fr., Werke.

Henning, Prof., s. Jahrbücher für wissenschaftl. Kritik.

— s. v. Jefferson, Handbuch.

— Leopold von (Gotha), De systematis feudalis notione. Diss. philos. Bln. (Feister) 3. II. 1821. 47 S. mit Biogr. (M.: v. Selchov.) (6.—) 14390
Oppon.: E. Gans, F. Conrad, J. Schreiner.

Lp. v. **Henning's** Principien d. Ethik in histor. Entwickl.; z. Gebr. b. akadem. Vorless. *Berl.*, Herbig. 824. 8° 1 ℛ 4 gl

Henning, L. von. Zur Verständigung über die preußische Verfassungsfrage. Auf Veranlassung der von Dr. Jacoby darüber veröffentlichten Denkschrift. Berlin, Besser 1845. 42 S. 8.

v. Henning, Leop., zur Verständigung über die Preuß. Verfassungsfrage. Auf Veranlassung der vom Herrn Dr. Jacobi in Königsberg darüber veröffentlichten Denkschrift. gr. 8. Berlin 845, Besser. n. 1/6 ℔

Henning, Ludw., der heilige Rock zu Trier im J. 1844 u. 1891 m. e. Anh.: Offener Brief Johs. Ronge's an den Tetzel d. 19. Jahrh., Bischof Arnoldi v. Trier, vom 1. Octbr. 1844. Vortrag, geh. in der freireligiösen Gemeinde zu Berlin. 2. Aufl. 8. (24 S.) Berlin 891. W. Rubenow. — 15

Der Zweifler. Dramatisch-religiöses Gedicht in 3 Gesängen v. Ludwig Friedrich **Henning**. Ploen. 1843. 8°

Henning, Martin, aus Daber i. P.: **Aus d. pathol. Institut zu Greifswald. Über Gangrän beider Beine infolge von Embolie.** *Greifswald 1902: J. Abel.* (34 S.) 8°
Greifswald, Med. Diss. v. 7. Juni 1902

Henning, Max

— Römische Afterreligion od. „Frankfurter Lümmeleien"? Offener Brief an Herrn Dr. Armin Kausen in München, Herausgeber der „Allgem. Rundschau". (40 S.) gr. 8. Frankfurt a/M. 909. Neuer Frankfurter Verlag. — 60
Erweit. Sonderdr. aus: „Das freie Wort".

Henning, Max, Amulettkatholizismus. (12 S.) gr. 8. Frankfurt a/M. (910). Neuer Frankfurter Verl. — 20
Sonderabdr. aus: „Das freie Wort".

Henning, Max, prakt. Arzt aus Thorn (Westpr.): **Ein Fall von kongenitaler doppelseitiger Oberschenkelfraktur mit Nabelschnurumschlingung bei einem ohne Kunsthilfe geborenen Kinde.** *Berlin (1900): E. Ebering.* (38 S.) 8°
Berlin, Med. Diss. v. 19. Jan. 1900

Henning, M., biblische Geschichte. 8. (VIII, 208 S.) Königsberg. Leipzig 875. Schneider. n. — 55; geb. n. — 75

Henning, M., biblische Geschichte. 2.—4. Aufl. 8. (VIII, 208 S.) Königsberg 880—83. (Leipzig, Schneider.) geb.

Biblische Geschichte hrsg. von M[ax] **Henning**. † Prov.Schulrat in Coblenz. 11. unveränd. Aufl., besorgt von W. Henning, Pfr. in Ottweiler. Mit e. Karte von Palästina. *Königsberg i. Pr.: E. Rautenberg 1899.* (VIII, 208 S.) 8° [F.] 10

Henning, Max, s.: „Kaplan, der rote".

Henning, Max, s.: Nacht, 1001.

— s.: Wort, das freie.

Henning, Otto von, s.a. Henning auf Schoenhoff

— Otto (Cammin/Pomm.), **Beiträge zur Kenntniss der Pathogenese des Volvulus. Diss. med.-chir. Bln. (A. Haack) 29. VII. 1882. 31 S. mit Biogr. (5.50) 14391**
Oppon.: Grawitz, Hufnagel, Moxter. — Gew.: Couvreur.

Henning, O., einige **Fragen** der Gesetzgebung zum Wohle der Arbeiter, der deutschen Wirthschaftspolitik u. d. Reichshaushalts, für den deutschen Wähler in schlichter Form erläutert. 2. Aufl. Mit Anh.: Das Gesetz betr. die Invaliditäts- u. Altersversicherung der deutschen Arbeiter. Was dasselbe ist, was es fordert, was es leistet. Erläutert v. O. H. 14., erweit. Aufl. gr. 8. (51 u. 24 S.) Greiz 890. Hofbuchdruckerei (O. Henning). n. — 50

— das Gesetz betr. die Invaliditäts- u. Altersversicherung der deutschen Arbeiter. Was dasselbe ist, was es fordert, was es leistet. Erläutert v. O. H. gr. 8. (21 S.) Ebd. 889. — 30

Henning O, das Gesetz betreffend Invaliditäts- u Altersversicherung der deutschen Arbeiter. 4. Auflage. Greiz

Henning, Otto, Wandergn. durch **Greiz** u. s. nähere u. weitere Umgebung. gr. 16. (V, 24 S. m. 1 Abb. u. 2 Plänen.) Greiz 895. O. Henning. n. — 40

Henning, Paul: Die intellektuelle Falschbeurkundung. § 271 StGB. Borna-Leipzig 1910: Noske. VII, 64 S. 8°
Erlangen, Jur. Diss. v. 31. Jan. 1910, Ref. Allfeld
[Geb. 30. Aug. 84 Liebenwerda; Wohnort: Nordhausen; Staatsangeh.: Preußen; Vorbildung: Gymn. Torgau Reife O. 04; Studium: Tübingen 4, Berlin 1, Halle 3 S.; Rig. 9. Dez. 09.] [U 10. 697

Henning, Paul. Hauptm. und Compagnie-Chef im 8. pommerschen Inft.-Reg. Nr. 61. Geschichte des 8. pommerschen Inft.-Reg. Nr. 61. (1859—1887.) Mit 10 Abbild. und 6 Karten und Plänen. 8. Berlin 1887.

Henning, P., Geschichte des 8. Pommerschen Infanterie-Regiments Nr. 61. Mit 10 Abbildgn. u. 6 Karten u. Plänen. gr. 8. (VII, 333 S.) Berlin 888. Mittler & Sohn. n. 8. 50

Henning, Paul, u. Karl Frank, der Versöhnungsengel, s.: Meißner's Weihnachtsbühne. Nr. 1.

Peter von Henning. Familiennachrichten aus d. J. 1870, namentlich über Onkel Peter, s. Verwundung u. s. Tod. Als Ms. gedr. (Hrsg.: Berthold Rassow.) [Leipzig: B. Rassow 1909.] 52 S. 8°

Henning, R., aus den Anfängen Strassburgs. gr. 8. (S. 81—90.) Strassburg 901. K. J. Trübner. n.n. — 50
Sonderabdruck aus: „Strassb. Festschr. z. 46. Versammlg. deutscher Philologen u. Schulmänner".

Henning, R., Buchführung f. Aerzte. Tagebuch. 2. Aufl. (Ausg. A.) 4. (6 u. 144 S. m. Register.) Berlin 895. Fischer's medicin. Buchh. Geb. in Leinw. n. 3. 50; Ausg. B. n. 6. —

Henning, R., Buchhaltung f. Aerzte. 4. (6 u. 145 S. Formulare.) Berlin 889. Fischer's medicin. Buchhandlg. geb. n. 3. 50

Henning, R., Katalog der im Laufe des J. 1860 (—61) erschienenen land- und forstwissenschaftlichen Werke sowie Gartenbau-Literatur. Leipzig. 4.

Henning, Rich., zur Entstehung des englischen Vollblutpferdes, s. a. Pferde, unsere. 13. Hft.

Henning, Richard. Zur Entstehung des Englischen Vollblutpferdes. Von Richard Henning, Major a. D. [in Wichtrach. Mit 5 Tabellen]. 52 S. 8. Stuttgart, Schickhardt & Ebner, 1901. [M. 1. 80]
Unsere Pferde. Sammlung zwangloser hippologischer Abhandlungen. Heft 13.

— über Leistungen des englischen Vollblutpferdes, s. a Pferde, unsere. 24. Hft.

Henning (R.). Ueber Leistungen d. engl. Vollblutpferdes. (44 S.). Stuttg. 1902. M. 1.20

— Leitfaden f. den Unterricht in der Geschichte d. Infanterie-Regiments v. der Marwitz [8. Pommersches] Nr. 61. 12. (81 S.) Thorn 891. W. Lambeck. — 40

Henning, Richard, Die Rennfrage im Hause der Abgeordneten des österreichischen Reichsrathes zu Wien, unter Berücksichtigung der Totalisateur- und Buchmacher-Bewilligung. Gr.-8. (VIII, 102 S.) Wien: Fromme 1894. 1. —

— die Totalisatorfrage in den Verhandlungen des deutschen Reichstags. gr. 8. (32 S.) Burg 894. A. Hopfer. n. — 60

Die Totalisatorfrage in den Verhandlungen des deutschen Reichstages v. Richard Henning ... n. Aufl. *Burg b. M.: A. Hopfer 1898.* (48 S., 1 Bl.) 1 Bd 8. [98. 10998 Ha

Henning, R., Deutschlands Trab-Rennen. Unter besond. Berücksicht. d. Reglements v. 1889, nebst Statistik der einspänn. Rennen 1889 in Deutschland u. Wien. gr. 8. (196 S.) Berlin 890. v. Decker. n.n. 6. —

Henning, Rich., Deutschlands Trab-Rennen. Nachtrag, unter besond. Berücksicht. d. Reglements v. 1892 f. die Trab-Rennen im Preuss. Staate. gr. 8. (7 S.) Berlin 892. v. Decker. — 30; f. Käufer d. Hauptwerks kostenlos.

Henning, Richard, Untersuchungen über die Sturmfluthen der Nordsee. (Inaugural-Dissertation.) Berlin 1897.

Vorschläge zur Einführung öffentlicher Leistungsprüfungen für Pferde unter krit. Beleuchtg der 1895 durch Landstallmstr v. Oettingen veröff. Ansichten v. Richard **Henning**, Maj. a. D. ... (Nebst Nachtrag v. Oscar Simony, Prof. in Wien.) *Burg b. M.: A. Hopfer 1895. (96.)* (73 S., 1 kl. Bl.; 75—85 S.) 1 Bd 8. [96. 6273

— d. Zeitmessung, e. Mittel zur Aufdeckg. d. Humbugs in Pferderennen. 8. (15 S.) Berlin (sw, Yorkstr. 84b) 895. B. Schubert. n.n. — 35

Henning, Rudolf (Hrsg.), s. A c t a germanica.

Henning, R., das deutsche Haus in seiner historischen Entwickelung, s.a. Quellen u. Forschungen zur Sprach- u. Culturgeschichte der germanischen Völker.

—— Das deutsche Haus in seiner historischen Entwicklung. Mit 64 Holzschn. Strassburg 1882. 8.
A. u. d. T.: Quellen u. Forsch. H. 47. . . . . (D.)

Henning, R., die deutschen Haustypen, s.a. Quellen und Forschungen zur Sprach- und Culturgeschichte der germanischen Völker.

Henning, Rud., Die deutschen Haustypen. Strassburg 1886. 8. — Nachträgliche Bemerkungen. Ebda 1885. 8.
(A. u. d. T.: Quellen u. Forsch. H. 55.) . . . . (D.)

— Der Helm v. Baldenheim u. d. verwandten Helme d. frühen Mittelalters. (92 S. m. 36 Abb. u. 10 Taf.) Lex. 8. Strassburg 907. K. J. Trübner. 6. —

—— Nibelungenstudien, s. Quellen und Forschungen zur Sprach- und Culturgeschichte der germanischen Völker.

Henning, R., die deutschen Runendenkmäler. Mit 4 Taf. u. 20 Holzschn. Mit Unterstützg. d. k. preuss. Akademie der Wissenschaften. Fol. (VII, 156 S.) Strassburg 889. Trübner, Verl. cart. n. 25. —

Henning, R., üb. die sanctgallischen Sprachdenkmäler bis zum Tode Karls d. Grossen, s.a. Quellen u. Forschungen zur Sprach- u. Culturgeschichte der germanischen Völker.

Henning, Rudolf: Ueber die Sanctgallischen Sprachdenkmäler bis zum Tode Karls des Grossen. I. (Separat-Abdruck aus den Quellen und Forschungen zur Sprach- und Kulturgeschichte der germanischen Völker, hrsg. von Bernhard ten Brink und Wilhelm Scherer; III. Heft, Seite 1—67.) Strassburg, Karl J. Trübner. London, Trübner u. Comp., 1874. 8. IV, 67 S.

— s.: Untersuchungen z. deutsch. Sprachgeschichte.

Henning, Sal. Liefflendische Churlendische Chronica, was sich vom Jahr 1554 biss auff 1590 in den langwirigen Moscowitischen und andern Kriegen zugetragen. fol. Rostock 1590. — fol. Leipzig 1594. — 8. Riga 1846. — mit Erläut. von Th. Kallmeyer. 8. Riga 1857.

Henning, St. M., geheim gehaltene Fischkünste. Oder Anweis., auf alle Arten Fische d. Köder, d. Witterung od. Lockspeise zu machen, um sie zu fangen; ebenso auch d. Witterung auf Krebse, nebst manchem Wissenswürdigen f. Fischliebhaber ꝛc. 1. u. 2. Aufl. 8. (à 4¼ B. u. 1 Stnt.) Quedlinburg 837, 38, Basse.

Henning, St. M., geheimgehaltene Fischkünste. Oder: Anweisung, auf alle Arten Fische den Köder, die Witterung od. Lockspeise zu machen, um sie in Reusen und Säcken, mit der Angel und dem Zeuggarne und mit den bloßen Händen zu fangen ꝛc. 2. unveränd. Aufl. 8. (Mit 1 Abbild.) Quedlinburg 846, Basse. ⅓ ß

Henning, St. M., geheim gehaltene Fischkünste ꝛc. 3. Aufl. 8. (IV und 63 S.) Quedlinburg 847, Basse.

—— Katechismus f. Jäger, Jagd- u. Hundeliebhaber üb. d. Natur u. Beschaffenheit d. Hunde ꝛc. 8. (5¼ B. u. 1 lith. Stammtaf.) Quedlinburg 839, Basse.

Henning, Th. und Schnabel: A p p a r a t e für centrale Signal- und Weichenstellung. Bruchsal 1880. 4°

Henning, W: Ueber Zentral-Weichen- und Signal-Sicherungsanlagen der Firma Schnabel & Henning in Bruchsal. Vortrag. Berlin 1886

Henning, Walther, a. Berlin: Die Erinnerungen des Grafen Chaptal an Napoleon I. (Berlin: G. Nauck 1908.) (93 S.) 8°
Berlin, Phil. Fak., Ref. Lenz, Diss. v. 8. Febr. 1908
[Geb. 21. Sept. 80 Berlin; Wohnort: Berlin; Staatsangeh.: Preußen; Vorbildung: Friedrichs-Gymn. Berlin Reife M. 00; Studium: Berlin 11 S.; Rig. 19. Dez. 07.]

Henning, Wilhelm: Beitrag zur Kenntnis der tri- und dimolekularen Nitrile. 1907. 50 S. 8° ¶ Vgl. Journal f. prakt. Chemie. Bd 186. N. F. Bd 78. 1908. S. 516 ff.
Dresden, Dr.-Ing.-Diss. v. 6. 3. 1907

Henning, Guilelmus: De cholera sporadica respectu habito cholerae Asiaticae. Halis Saxonum (1846): Colbatzki. 34 S. 8°
Halle-Wittenberg, Med. Diss. v. 30. Mai 1846
Geb. Koswig (Anhalt-Bernburg) 24. 8. 1822. V.

Henning, Wilhelm, u. Pfeiffer, Alb., Gedenkblätter aus der Geschichte des Weilburger Turnvereins 1848—1898, Weilburg T. V. 1898, 16 S., 8°.

Henning, Wilh., das verzauberte Island u. andere Dichtungen. (157 S.) 8. Strassburg 908. J. Singer. 2.50

— Kaiser Wilhelms II. Nordlandsreise u. and. Dichtungen. (149 S.) 8. Ebd. 910. 2.50

Henning auf Schönhoff, Otto v., königl. preuss. Oberst, Command. des 5. ostpreuss. Inft.-Reg. Nr. 41. Sine ira! Die Darstellung des Gefechts von Kissingen (10. Juli 1866) durch den königl. bayer. Generalquartiermeisterstab partiell beleuchtet. Mit 9 Plänen. 8. Königsberg 1869.

Henning, Otto v., die Darstellung des Gefechts von Kissingen [10. Juli 1866] durch den k. bayer. Generalquartiermeisterstab partiell beleuchtet. Königsberg 869. Bon's Buchh. gr. 8. (36 S.) n. 12½ ngr.

Henninger, s.a. Henniger

Henninger, Epist. de officio medici erga animam aegroti. Helmst. 4°.
1740

* **HENNINGER**. — Neues Wunderhorn. Die schönsten deutschen Volkslieder aus alter und neuer Zeit mit Singweisen und Bildern von Stassen, Liebermann, Schmidhammer, Volkmann u. A. Hrsg. von —. Berlin 1906. 8°. (Mk. 2—.) (1 Mk. 40 Pfg., Origlwd., Conr. Skopnik, Berlin, 1909.)

Henninger, Adf., **Katechismus** der deutschen Phonographie oder Lautschrift nach Karl Faulmann's Systeme. Mit 32 (autogr.) Schrifttaf. 8. (XIII, 48 S.) München 879. Franz. n. 2. —

— **manuel** de phonographie, nouveau système de sténographie rationelle, fondé sur l'articulation des sons, adapté à la langue française. La phonographie exacte, sa théorie et sa pratique. gr. 8. (48 S., wovon 16 autogr.) Wien 878. Bormann & Altmann. n. 1. 60

Henninger, Aloys, Bad Ems und seine Umgebungen. Mit 18 Stahlst. Darmstadt 858. Lange. gr. 8. (VI, 50 S.) 1 Thlr. 7½ ngr.

Henninger, Aloys, Bad Ems und seine Umgebungen. Mit (18) Stahlst. 2., verb. Aufl. Darmstadt 864. Lange. Lex.-8. (2 Bl., 50 S.) 1 Thlr. 7½ ngr.

Henninger, Aloyse, Ems et ses environs. Traduit de l'allemand par G. Koell. Lex.-8. (52 S. avec 18 gravures.) Darmstadt 864, Lange. cart.

Henninger, Aloys, die Frauen-Namen nach ihrer Wortbedeutung. Poetisches Album für das schöne Geschlecht. 16. (VII und 264 S. mit lithogr. Titel in Tondr.) Frankfurt a. M. 851, (Lizius.) *

— **Gedenkblätter** aus der 9. allgemeinen deutschen Lehrerversammlung am 3., 4. u. 5. Juni 1857 zu Frankfurt a. M. Frankfurt a. M. 857. Auffarth. 8. (30 S.) 4½ ngr.

Henninger, Aloys, Marburg und seine Umgebungen. Lex.-8. (VIII und 40 S. mit 8 Stahlst.) Marburg 850, (Elwert'sche Universitäts-Buchh.) *

— Marburg und seine Umgebungen. Mit 8 Stahlst. (Neue Ausg.) Marburg 862. Elwert in Comm. gr. 8. (VIII, 40 S.) n. 1 Thlr. 10 ngr.

Henninger, Alois, Nassau in seinen Sagen, Geschichten u. Liedern fremder u. eigner Dichtung. 3 Bde. 8. (43¾ B. u. 3 Stahlst.) Wiesbaden 845, Scholz. ?
Bd. 1. Der Taunus u. der Main.
" 2. Der Rhein u. das Rheingebirg.
" 3. Die Lahn u. der Westerwald.

— der Rhein, s. Rhein, der.

— genannt Alois der Taunide, Sagen, Geschichten u. Lieder aus Gießen u. seiner Umgegend. Ein Gedenkbuch der Musenstadt. 8. (118 S.) Gießen 848. (Ferber.) n. 5/12 Thlr.

— **Wiesbaden** u. Biebrich, s. **Wiesbaden**.

Henninger, Emil, a. Bad-Nauheim: Reaktionen von Metallsalzen in wasserfreiem Aethylacetat. Gießen 1907: J. Weinert. (62 S.) 8°
Gießen, Phil. Fak., Ref. Naumann, Diss. v. 29. April 1907
[Geb. 5. Febr. 80 Bad-Nauheim; Wohnort: Gießen; Staatsangeh.: Hessen; Vorbildung: Oberrealsch. Darmstadt Reife O. 00; Studium: Marburg 4, München 1, Berlin 1, Gießen 4 S.; Rig. 16. März 07.]

Henninger, Eugen [aus Berlin]: Sitten und Gebräuche bei der Taufe und Namengebung in der altfranzösischen Dichtung. . . . Halle a. S., Hofbuchdr. v. C. A. Kaemmerer & Co., 1891; 87 S. 8°
Halle, Phil. Fak., Inaug.-Diss. v. [25. Apr.] 1891

Henninger, Gustav, a. Freudenstadt: Aus d. Zoolog. Institut d. Univ. Tübingen: Die Labyrinthorgane bei Labyrinthfischen. Naumburg a. S. 1907: Lippert & Co. (54 S., 7 Taf.) 8° ¶ (Aus: Zoolog. Jahrbücher Bd 25, Abt. f. Anatomie, 1907.)
Tübingen, Naturw. Fak., Ref. Blochmann, Diss. v. 6. März 1907
[Geb. 18. Febr. 83 Freudenstadt; Wohnort: Freudenstadt; Staatsangeh.: Württemberg; Vorbildung: Wilhelms-Realsch. Stuttgart Reife 01; Studium: Tübingen 11 S.; Coll. 6. März 07.]

Henninger, J. Gli. Fr., Frühlingsblumen. 8. Greiz 808. (Henning). 16 gl.

— Luther, d. Wahrheit Held u. Sieger. Ein Harfenton in d. Jubel-Concert d. evangel. protestant. Kirche bei d. Feier d. 3ten Jubil. ihrer Befreiung aus d. päpstl. Tyrannei etc., d. 30. Oct. 1817. 8. Schleiz 817. Mauke.

Henninger, I. Sigm., quadriga scriptorum diaeteticor. celebr. 8. Strasb. 713.

Henninger, Karl Anton, s. Henniger

Henninger, Oskar. Die beliebtesten einheimischen u. fremden Stubenvögel nach ihrer Färbung, Pflege u. Zucht kurz geschildert. Ein Leitfaden für Anfänger in der Vogelliebhaberei. Parchim 1890. gr. 8.

[Theatrum Genealogicum. T. 1, 2.]
Secundi et tertii Regni in quarta Monarchia pars altera, continens genealogicis tabellis comprehensas familias Imperatorum, Regum, Electorum etc. qui Circo Saxonico tam superiori quam inferiori, Westphalico et Burgundico comprehenduntur etc. Collectas ex variis autoribus etc. studio et opera Hieronymi **Henninges**. (Ulyssene. 1587.) Fol.
Enthält auf S. 241—60 die Genealogie der Grafen von Schauenburg, auf S. 261—72 diejenige der Grafen von Oldenburg und auf S. 273—84 die Genealogie der Könige von Dänemark.
Das Exemplar, in Leder gebunden, ist ehemals reich vergoldet gewesen; auf die Vorderseite des Deckels ist aufgedruckt: D + G CHRISTIANUS + IIII + ELECTUS REX + DANIÆ Anno 1587.

Henninges, Johann (Helmstedt), De fidelibus in charitate dei triumphantibus ex epist. ad Rom. cap. VIII. vers. 38. 39. Dissertat. theolog. Präs. Jo. Andreas Schmid. Helmstedt (Gg. Wolfg. Hamm) Dez. 1710. 40 S. (6.50) 14394

Hennings, Beob. üb. d. Werth u. Wirkungskreis einiger Arzneimittel. Stend. 8°. A. D. B. XCII, 407.
1789

Hennings u. **Mertens**, zur Lösung d. Lagerhaus- u. Warrantbelehnungsfrage f. Riga. Riga 879.

Hennings, (Assessor) ..., s. Reden über maurer. Gegenstände.

Hennings (Hrsg.), s. Volksschul-Zeitung, Schleswig-Holsteinische.

DEMENGEON, J. B. — Geschichte meiner (Demengeons) Vertreibung aus Leipzig (von *A. Hennings*). Kiel (Altona, Hammerich) 1794.
Skandalschrift -- Weller, fing. Druckorte. p. 158.

Hennings, Adelbert von

Hennings, A. v., Dienstunterricht über Kriegsartikel vom 22. IX. 1902, nebst Anhängen: 1. Auszug aus den Bestimmungen über die Beschwerden der Personen des Soldatenstandes vom Feldwebel abwärts. 2. Die wichtigsten Bestimmgn. der Militärstrafgerichtsordnung vom 1. XII. 1898 f. den Mann. 3. Unser Kaiser- u. Königshaus. (71 S.) kl. 8. Berlin 904. R. Schröder. n. — 50

Hennings, A. v., Dienstunterricht. Liefert: Cöpenick, R. Schön.

Hennings, A. v., das Gefecht in der geöffneten Ordnung. Eine Anleitg. f. Offiziere u. Unteroffiziere bei d. Ausbildg. d. einzelnen Mannes, der Rotte, Gruppe, des Zuges u. d. Kompagnie. 3. völlig neubearb. Aufl. auf Grund d. neuen Exerzier-Reglements f. d. Infanterie. (XII, 252 S.) kl. 8. Berlin 907. Cöpenick, R. Schön. Kart. 2.—

— das Gefecht in der zerstreuten Ordnung. Eine Anleitg. f. Offiziere bei der Ausbildung des einzelnen Mannes, der Rotte, der Gruppe, des Zuges u. der Kompagnie. 8. (IX, 126 S.) Berlin 899. R. Schröder. Kart. n. 2. 50

Das Gefecht in der zerstreuten Ordnung. Eine Anleitung f. Offiziere bei d. Ausbildung d. einzelnen Mannes... Von A[delbert] v. **Hennings**, Hauptm. im Inf.Regt No 78. 2. völlig neu bearb. Aufl. *Berlin: R. Schröder 1904.* (XI, 126 S.) 8° [J.] [04. 1:561]

Hennings, A. v., Geschichte d. Infanterie-Regiments Herzog Friedrich Wilhelm v. Braunschweig (Ostfries.) Nr. 78 m. e. Vorgeschichte s. Heimathlandes u. d. Herzogs Friedrich Wilhelm v. Braunschweig. F. d. Offiziere, Unteroffiziere u. Mannschaften bearb. M. 2 Bildn., 10 Text-Skizzen u. 5 Plänen in Steindr. gr. 8. (XII, 278 S.) Berlin 895. E. S. Mittler & Sohn. n. 6. —

Hennings, A. v., was bringt uns die Felddienstordnung 1900 Neues?, s. a. Sammlung militärwissensch. Einzelschriften. 3. Hft.

Was bringt uns die Felddienstordnung 1900 Neues? Für Offiziere aller Waffen dargest. von A. v. **Hennings**, Hauptm. zu Jülich. *Berlin: R. Schroder 1900.* (48 S.) 8° [J.]
= Sammlung militärwissenschaftlicher Einzelschriften. H. 3. [00. 1900]

HENNINGS, ARMENIUS, De erysipelate neonatorum diss. inaug. med. Kiliæ. 1831. 4. P.

Hennings, August (Adolph Friedrich)

Hennings, August: Drei Abhandlungen ..., s. Witte, Samuel Simon

— s. Annalen d. leid. Menschheit.

— Antw. auf d. Bedenk. d. H. Schmith. 8. Kopenh. Proft. 780.

— Antwort auf d. Bedenken d. Hrn. Lars Smith. 8. Kopenh. 800. (Brummer). 8 ggr

— Asmus, ein Beitrag zur Geschichte d. Literatur im 18ten Jahrh. 8. Altona 798. Hammerich. 8 ggr

Hennings A.: Ökonomische Beobachtungen einer im Jahre 1779 auf Befehl unternommenen Reise durch Jütland. Kopenh. u. Leipz. 1786. 194 S.

— ökonom. Beobachtt. auf einer im J. 1779 gemachten Reise durch Jütland. gr. 8. Kopenh. 786. (Centr.-Compt. in Leipz.) 18 ggr

— s. Bericht der Untersuchungs-Commission ...

— s. a. Bibliothek, Philosophische.

[HENNINGS, AUG. ADOLPH FRIEDR.], Philosophische Bibliothek der verschiedenen Meinungen über die heutigen Angelegenheiten der Menschheit, aus dahin gehörigen Schriften kritisch und ohne Partheigeist dargestellt. Hamburg. 1794.

HENNINGS, A. Ad. F.: Darstellung d. röm. Gesetze d. Pfandrechts. *Schleswig*, **Taubstummeninstitut (*L.* Hermann u. Langbein.) 825. 8. (12 Gr.)**

Darstellung der römischen Gesetze des Pfandrechts, in einiger Beziehung auf das heutige Hypothekenwesen. Von August von Hennings. Schleswig. 1825. 8°.

HENNINGS, AUG. ADOLPH FRIEDR., Die Deutschen dargestellt in der frühesten Vorzeit, aus den dürftigen Quellen der Geschichte und mit umfassenden Thaten. Altona. 1819.

— d. Deutschen, dargestellt in d. frühesten Vorzeit. 8. Alt. 819. Hammerich. 1 Rthl 16 ggr

Meine Duellgeschichte. Zur Berichtigung der Wahrheit u. zum reifen Nachdenken über Duelle überhaupt denkenden Männern vorgelegt von August **Hennings**. — Altona: Hammerich 1795. 334 S. 8°

— über Duldung. 8. Kopenh. 780. (Brummer). 12 ggr

— essai histor. sur les arts et sur leurs progrès en Danemarc. 8. Kopenh. 778. Schubothe. 10 ggr

Hennings, Ritter Aug. Ad. Fr., († d. 17. Mai 1826.) vorurtheilsfreie Gedanken über Adelsgeist u. Aristokratism. (A. u. d. T.: ökonom. u. cameralist. Schr. 3r Bd.) gr. 8. Braunschw. 792. Schulbuchh. 12 ggr

— sittl. Gemälde. 8. Neustrel. 798. Albanus. 1 Rthl

— s. Genius des 19. Jahrh.

— s. Genius, Der, der Zeit.

— Gesch. d. Freyheit in England nach Hume etc. gr. 8. Kopenh. Proft. 783.

— philosoph. u. statist. Geschichte des Ursprungs u. des Fortgangs d. Geschichte d. Freiheit in England. gr. 8. Kopenh. 783. (Brummer). 1 Rthl 4 ggr

HENNINGS, August 1746 - 1826
Philosophische und Statistische Geschichte des Ursprungs und des Fortgangs der Freyheit in Engeland.
Nach Hume, Blackstone und andern bewährten Quellen ausgearbeitet.
Kopenhagen: Proft. 1783. 8, 382 S. 8°.
Universitätsbibliothek München

— s. Kammeralverwaltung.

Kameralverwaltungen (Ueber die) in Frankreich (von A. Hennings). 8°. Kopenhagen (Brummer) 1781.

– s. a. Luther, deutsche Vernunft.

Doctor Martin Luther! Deutsche gesunde Vernunft, von einem Freunde der Fürsten und des Volks und einem Feinde der Betrüger der Einen und Verräther des Andern [d. i. August (Adolph Friedrich) von **Hennings**]. Nicht in Berlin, auch leider! nicht in Braunschweig, eher noch in Wien! [Altona.] 1792. 8°

– s. Materialien zur Statistik d. Dän. St.

— Musaget, s. Musaget.

– s. Olavides.

Hennings, August: „Ueber die wahren Quellen des Nationalwohlstandes, Freiheit, Volksmenge, Fleiss, im Zusammenhang mit der moralischen Bestimmung der Menschen und der Natur der Sachen", Kopenhagen und Leipzig 1785. — Vorh.: Com. Bibl. Hamburg.

— üb. d. wahr. Quellen d. Nationalwohlstand. rc. gr. 4. Kopenh. Pelt. (a. Gräff in Leipz.) 785.

— üb. d. wahren Quellen d. Nationalwohlstandes, Freiheit, Volksmenge rc. gr. 4. Kopenh. 785, Pelt, (Wienbrack in Lpz.) 1 Rthlr

Hennings, Ritter Aug. Ad. Fr., Resultate, Bemerkk. u. Vorschläge aus d. Gebiete d. Pädagogik, Religionslehre rc. gr. 8. Altona 800. Hammerich. 1 Rthlr 12 gGr

— Rousseau. 8. Berl. 797. (Rücker). 12 gGr

— Samml. von Staatsschriften während des Seekrieges v. 1776 bis 1783. 2 Thle. gr. 8. Altona 784, 85. (Aue). 1 Rthlr 12 gGr

HENNINGS, August 1746 - 1826
Sammlung von Staatsschriften, die, während des Seekrieges von 1776 bis 1783, sowol von den kriegführenden, als auch von den neutralen Mächten, öffentlich bekannt gemacht worden sind; in so weit solche die Freiheit des Handels und der Schiffahrt betreffen.
Herausgegeben, und mit einer Abhandlung über die Neutralität und ihre Rechte, insonderheit bey einem Seekriege, begleitet von August Hennings ...
Erster [- Zweiter] Band.
Altona: Eckhardt. 1784 [- 1785]. 8°.
Niedersächsische Landesbibliothek Hannover
2. Ausg. 1792, s. Nr. 584.
Baginsky 789. Palmer.

HENNINGS, August 1746 - 1826
August Hennings ... Sammlung von Staatsschriften, welche die Freyheit des Handels und der Schiffahrt in dem Seekriege von 1776 bis 1783 betreffen, und von den kriegführenden sowohl, als den neutralen Mächten öffentlich bekannt gemacht worden sind. Nebst einer Abhandlung über die Neutralität und ihre Rechte.
I. [- II.] Band.
Hamburg: Bachmann und Gundermann. 1792. 8°.
Columbia University Library New York
Nachdr. d. Ausg. v. 1784-1785,

Hennings, A. (Herausgeber): „Sammlung von Staatsschriften, die während des Seekriegs von 1776 bis 1783 sowohl von den kriegführenden, als auch von den neutralen Mächten öffentlich bekanntgemacht worden sind, insoweit solche die Freyheit des Handels und der Schiffahrt betreffen, herausgegeben und mit einer Abhandlung über die Neutralität und ihre Rechte, insonderheit bei einem Seekriege, begleitet", 2 Bände, Hamburg 1784, 1785 (Hoffmann in Kom.).

HENNINGS, August („Königl. dänischer Kammerherr, Oberkommerz- u. Handels-Intendant u. Oberbeamter in den Aemtern Plön u. Ahrensböck"), Historisch-moralische Schilderung des Einflusses der Hofhaltungen auf das Verderben der Staaten.
Suasit amor patriæ civesque iuvandi cupido.
(S.-A. aus d. Schleswigschen Journalen) Altona (o. Adresse). 1792. 8°.
Titel u. 93 S. — Zahm.

— histor.-moral. Schilderung d. Einflusses d. Hofhaltungen auf d. Verderben d. Sitten. 8. Altona 792. (Vieweg in Braunschw.) 6 gGr

— kl. ökon. u. cameral. Schriften. 2 Thle. 8. Kopenh. (a. Gräff in Leipz.) 787.

Hennings, Ritter Aug. Ad. Fr. Kleine ökonomische und cameralistische Schriften. 2 Thle. 8°. Kopenhagen 1787. (Wienbrack in Leipzig.) 3. Thl. a. u. d. T.: Vorurtheilsfreie Gedanken über Adelsgeist und Aristokratismus. gr. 8°. Braunschweig, Schulbuchh., 1792.

— — ders. 3r ist: Ged. üb. d. Adelsgeist.

— über d. Vernunft. 8. Berl. 778. Voss. 14 gGr

Hennings, August, Versuch einer Ostindischen Litteratur-Geschichte nebst einer kritischen Beurtheilung der Aechtheit der Zend-Bücher. Hamburg und Kiel 1786.

August **Hennings** Philosophische Versuche. Th. 1. 2. Kopenhagen. 1779. 8°

— philosoph. Versuche. 2 Bde. 8. Kopenh. 780. (Brummer). 1 Rthlr 16 gGr Holl. P. 2 Rthlr

HENNINGS, A.: Die Zulässigk. d. Wiederklage u. d. Vorstandsforder., insonderh. im Executiv-Processe. *Hamb.*, Perthes. 806. 8. (12 Gr.)

— Zust. d. europ. Besitzungen in Ostindien. 3 Thle. gr. 8. Altona. (Bohn, Hamb.) 784—86. (auch unt. d. einz. Tit.: 1r Gesch. d. Privathandl. d. Dänen in Ostind.; 2r Gesch. des Carnatiks; 3r Vers. e. Ostind. Literaturgesch.)

— gegenwärt. Zustand d. europ. Besitzungen in Ostindien. 3 Thle. gr. 8. Altona 784—86. (1r Thl. (Brummer in Kopenh.) 1 Rthlr 8 gGr 2r, 3r Thl. (Campe in Hamb.) 4 Rthlr 4 gGr (A. u. d. T.: 1r Thl., Geschichte d. Privathandlung d. Dänen in Ostindien. 2r, Geschichte d. Carnatiks. 3r, Versuch e. Ostind. Literatur-Geschichte.)

Hennings, August Adolph (Dänisch-Holstein), De usu et adplicatione legis sextae cod. de sec. nupt. recepta communione bonorum praesertim secundum jura Holsatica. Diss. jur. Götting. (Hager) 22. III. 1766. 38 S. (6.50) 14395

Hennings, O., und J. Nikerk, Eisenbahn-Karte von Niederland und Belgien. 2 Bl. Lithogr. und color. qu. gr. Fol. Utrecht 875. (Neuwied, Heuser's Verlag.)

Hennings, Chr. W. L., s. Hennings, Christian Wilhelm Karl

Hennings, Christian: „Erste Grundlinien der Cameralwissenschaft", Hanau 1800.

Hennings, Christian Wilhelm Karl

— Grundzüge zu e. allgem. Polizeiordnung. 8. Hamb. 814. (Aue in Altona). 8 gGr

HENNINGS, C[HR.] W[ILH.] C[ARL], Grundzüge zu einer allg. städtischen Polizey-Ordnung. Itzehoe. 1814.

Hennings, (C. W. C.) Hülfsbuch d. vaterländischen Rechte d. Herzogthum Holstein. 2 Thle. gr. 8. Itzehoe 817 — 26, (Altona, Busch.)

— Hülfsbuch d. vaterländ. Rechte d. Herzogth. Holstein. 2 Thle. gr. 8. Itzehoe 821 u. 26. (Altona, Aue). 5 ₰

Hennings, Chr. W. L., d. Concursverfahren in Holstein, in prakt. Hinsicht für angehende Stifter u. Advokaten bearbeitet. gr. 8. Altona 817. Hammerich. 1 ₰

— Das Concurs-Verfahren in Holstein, in practischer Hinsicht für angehende Richter und Advocaten bearbeitet. Hamburg. 1817.

Hennings, Curt, s. Hennings, Kurt

Hennings, Emma, Anweisung zur Kunst-Strickerei, s. Leander, Charlotte.

Hennings, Ern. Chr.: Geschichte von der Seele ..., s. Hennings, Justus Christian

Hennings, F., Reductions-Tabellen zur Verwandlung des oldenburgischen Kataster-Maasses in metrisches Flächenmaass und umgekehrt. Nach dem Verhältniss des oldenburg. Längen-Fusses =0,295879 Meter und demnach des □-Fusses =0,08754438.... □-Meter berechnet. gr. 8. (84 S. mit 1 Tab. in qu. 4.) Oldenburg 870, Schulze'sche Buchh. *

Azaleen. Die Kultur d. Azaleen ⟨Azalea indica L.⟩ Felsenstrauch von Friedrich **Hennings**. Berlin: Berliner Gärtner-Börse [1904]. (18 S.) 8°
= **Kultur-Anweisungen**, Gärtnerische. H. 13. [06. 175

– dass., s.a. Radetzki: Gärtnerische Kultur-Anweisungen.

Farne. Die Kultur d. modernen Schnitt- u. Handels-Farne von Friedrich **Hennings**. Berlin: Berliner Gärtner-Börse [1904]. (16 S.) 8°
= **Kultur-Anweisungen**, Gärtnerische. H. 20. [06. 180

Farne. Die Kultur d. modernen Schnitt- u. Handels-Farne von Friedrich **Hennings**, Handelsgärtner. 2. verm. u. verb. Aufl. Berlin: Berliner Gärtner-Börse [1904]. (17 S.) 8°
= **Kultur-Anweisungen**, Gärtnerische. H. 20. [07. 13508 II

– dass., s.a. Radetzki: Gärtnerische Kultur-Anweisungen.

Hennings, F., die neuen Linien der rhätischen Bahn, s. a. Technisches v. der Albulabahn.

Hennings, [Friedrich]. Die neuen Linien der Rhätischen Bahn. Von Oberingenieur Hennings. Sonder-Abdruck aus der «Schweizerischen Bauzeitung» Band 38 Nr. 1, 2 und 4. [Mit 13 Abbildungen.] II + 8 S. 4. Zürich, Ed. Rascher, 1901. [fr. —. 50]

Rhododendron. Die Kultur d. Rhododendron ⟨L. Alpenrose⟩ von Friedrich **Hennings**. Berlin: Berliner Gärtner-Börse [1904]. (16 S.) 8°
= **Kultur-Anweisungen**, Gärtnerische. H. 8. [06. 190

– dass., s.a. Radetzki: Gärtnerische Kultur-Anweisungen.

Hennings, Friedrich: Die Volksversicherung in Deutschland. Bern. Ott & Bollinger, 1911. 78 S. und 12 Tabellen. 8°. [25. XI. 10.]
Bern. Phil. Diss. 1910/11.

Hennings, F[riedrich C S]. Projekt und Bau der Albulabahn. Denkschrift, im Auftrage der Rhätischen Bahn zusammengestellt. [Mit 1 Titel-Vignette und 39 Tafeln: Karten, Plänen, Profilen, Schnitten, Ansichten etc.] IV + 76 S. fol. Chur, Komm. F. Schuler; Buch- und Kunstdr. Jean Frey, Zürich, 1908. [geb. fr. 13. 50]

Hennings, [Friedrich C S]. Splügenbahn, Variante 1903. Technisches Gutachten (An das interkantonale Splügenbahn-Komitee in Chur) von Prof. H. (1903 Dezember 28.) [Mit 3 Tafeln.] II + 8 S. 8. Chur, Manatschal, Ebner & Cie., 1905.

HENNINGS, Frdr. Chrn., Ueber das jetzige gewöhnliche Privilegiren der öffentlichen Buhlerinnen, mit Vorschlägen zur Abänderung in dieser Hinsicht. Rostock, Adler, 1814. 8°. Rar! (In Rostock, Landesbibl.)
Ersch II. 1. 1823. Sp. 465 (ohne Preisang.).

HENNINGS, FRID. CAROL, De naturali renunciationum justitia et jure diss. Altonae. 1763. 4. (Progr.).

Hennings, Hugo [aus Mecklenburg-Strelitz]: Studien über die ältere dänische Königsurkunde bis zur Mitte des XIII. Jahrhunderts Friedland, Druck v. W. Walther, 1886; 55 S. 8°.
Halle, Phil. Fak., Inaug.-Diss. v. [18. Dez.] 1886.

Hennings, Hugo, Studien über die ältere dänische Königsurkunde bis zur Mitte des XIII. Jahrhunderts. Diss. Halle 1886, Lippertsche Buchh. 8°. 55 S.

Hennings, J. B. H., s. Hennings, Jh. Gf. Hieron.

Dithmarsische Ortsnamen. Ein Beitrag zur geographischen Namenkunde v. J. H. Hennings. Im Anhange eine Urkunde, betreffend die Gründung der Barlter Kirche. Heide i. H. 1904. 8°.

Hennings, Jo. Chr., s. Hennings, Justus Christian

Hennings, Johann

Hennings, J., Geschichte d. Singakademie zu Lübeck. (1832—1907.) Eine Festgabe zur Feier des 75jähr. Bestehens am 27. X. 1907. (49 S. m. 4 Bildn.) Lex. 8. Lübeck 907. (J. Carstens.) 1. 50

— Geschichte d. Stenographenvereins Stolze-Schrey zu Lübeck. Festschr. zur 50-Jahrfeier am 23. VIII. 1908. (V, 34 S. m. 3 Bildnistaf.) gr. 8. Ebd. 908. —80

Kurzer Lehrgang der Vereinfachten deutschen Stenographie ⟨Einigungssystem Stolze-Schrey⟩. Aufgestellt vom Einigungsausschuss d. Stenographieschulen Stolze, Schrey, Velten. Bearb. von J. **Hennings**. 6. Aufl. *Berlin: F. Schulze [1898].* (8 S.) 8° [99. 8093

Hennings, J., kurzer Lehrgang der vereinfachten deutsch. Stenographie (Einigungssystem Stolze-Schrey). Aufgestellt vom Einigungsausschuss der Stenographieschulen Stolze, Schrey, Velten. 6. Aufl. 9. Taus. gr. 8. (8 S.) Berlin (899). Frz. Schulze. n. — 20

Kurzer Lehrgang der Vereinfachten deutschen Stenographie ⟨Einigungssystem Stolze-Schrey⟩. Aufgest. v. Einigungsausschuß d. Stenographieschulen Stolze, Schrey, Velten. Bearb. von J. **Hennings**. 7. Aufl. Berlin: F. Schulze [1903]. (8 S.) 8° [Umschlagt.] [03. 6388

Kurzer Lehrgang der Vereinfachten deutschen Stenographie ⟨Einigungssystem Stolze-Schrey⟩. Bearb. von J. **Hennings**. 8. Aufl. Berlin: F. Schulze 1905. (20 S.) 8° [06. 5539

Kurzer Lehrgang der Vereinfachten deutschen Stenographie ⟨Einigungssystem Stolze-Schrey⟩. Bearb. von J. **Hennings**. 9. Aufl. Berlin: F. Schulze 1906. (20 S.) 8° [07. 4171

Kurzer Lehrgang der vereinfachten deutschen Stenographie ⟨Einigungssystem Stolze-Schrey⟩. Bearb. von J[ohann] **Hennings**. 11. Aufl. Berlin: Schulze 1908. 20 S. 8° [09. 5570

— Lohrling, Geselle, Meister. Ein Wegweiser f. d. Frage d. Fortbildg. in d. Stenographie. 8. (7 S.) Ebd. 902. — 15
Sonderabdr. aus: „Rundschau f. Stenographie u. Schriftkde."

— Leitfaden f. den Unterricht in der vereinfachten deutsch. Stenographie (Einigungssystem Stolze-Schrey), aufgestellt vom Einigungsausschuss der Stenographieschulen Stolze, Schrey u. Velten. gr. 8. (40 S.) Lübeck 898. Lübcke & Nöhring. n. — 60

Hennings, Jh. Cph., († ...) bibliotheca seu notitia librorum rariorum, Latina et linguis cognatis, Italica, Hispanica, Gallica etc., item Graeca, nec non Hebraea, Arabica, Persica, Aethiopica, Armenica etc. scriptorum, inprimis in usum eorum, qui peregrinas adeunt bibliothecas, ordine alphabetico instructa, in qua aliorum labores partim emendantur, partim non contemnendo numero augentur. (Die letzten 8 Seiten nebst Titel u. Vorrede von Jh. Hnr. Schulze.) P. I. 8maj. 766.

— s. Geschichte d. Herzogl. Schleswig-Holstein. Hofes, u. setze hinzu: (v. Pt. Fr. Arpe, mit Noten v. Jh. Cph. Hennings).

— Tentamen acad. de logicæ scientiæ ad exemplar arithmetices instituenda ratione. Kiliæ. 1752. 4. P. [Resp. Jo. Henr. Toennies].

HENNINGS, JO. CPH., Specimen planetographiæ physicæ inqvirens præcipue an planetæ sint habitabiles. Kilonii. 1738. 4. [Resp. Jo. Jac. Volckmann].

Beiträge zur Geschichte der Familie Hennings (1500–1900). Hrsg von Johann Friedrich Bernhard Hennings u. Paul Christian de Coninck Hennings. *Lubeck 1899: Gebr. Borchers.* (64 S.) 8° [illegible]

Hennings, Joh. Frdr. Bernh., u. Paul Chrn. de Coninck **Hennings,** Beiträge zur Geschichte der Familie Hennings (1500—1900). gr. 8. (64 S. m. 1 farb. Taf.) Lübeck 899. (J. Carstens). n. 2. —

Hennings, Joh. Frdr. Bernh., u. Paul Christian de Coninck Hennings, Beiträge zur Geschichte der Familie Hennings (1500—1905) u. der Familie Witt (1650—1905). 2. Aufl. (VI, 98 S. m. Abbildgn. u. 22 [1 farb.] Taf.) 8. Lübeck 905. (J. Carstens.) n. 4.—

Hennings, Jh. Gf. Hieron., († 1813,) Wahrheiten d. Religion Jesu, in Predigtform. 2 Thle. 8. Celle 797, 98. Schulze. 1 ß 8 gr

Hennings, Jh. Nikol., († d. 28. Mai 1779), s. Versuch in polit. Schriften über d. Staatswirthschaft rc.

Hennings, Johann Nikolaus: „Versuch in politischen Schriften über die Staatswirthschaft, die Handlung und Manufacturen" (anonym erschienen „Von einem Kaufmann"). Rostock 1762—1769, 2 Theile (bei Joh. Christ. Koppe). — Vorh.: Commerz-Bibliothek Hamburg (Signatur 28/6).

Sudermann und Hauptmann. Von John **Hennings**. Leipzig: Verl. f. Lit., Kunst u. Musik 1909. 39 S. 8°
(Beiträge z. Literaturgeschichte. H. 58.) [illegible]

Hennings, Jos., der moderne Zimmermann. 10 Lfgn. (à 8 Taf.) 4. Ravensburg (904). O. Maier. à n. 3. —; Mappe dazu n. 1.—

Hennings, Justus Christian

— Abhandl. von d. Wege zur Weisheit. gr. 8. Jena 765. Hartung. 4 gr

Hennings, Just. Chr., († d. 30. Aug. 1815.) von den Ahndungen u. Visionen. 1r Thl. (anonym). 8. Leipz. 777. Weygand. 1 ß 4 gr 2 Thl. A. u. d. T.: von den Ahndungen d. Thiere, durch Beispiele erläutert. 8. Ebd. 783. 1 ß

Hennings, Just. Chr., v. d. Ahndungen u. Visionen. 2 Thle. 8. Ebend. 777—83. (I. 1 Rthlr. 4 gr. II. enth. d. Vorausseh. d. Thiere u. Entwickel. and. merkw. Handlungen ders. 1 Rthlr.) Rthlr.

— anthropolog. u. pneumatolog. Aphorismen. 8. Halle 777. Gebauer. 9 gr

— **ARGLIST,** Die, in Beyspielen geschildert. Altenburg, Richter (c. 1780). 8°. (1 Rthl.) Anzeige des Verlegers.

— die Arglist in Beispielen geschildert, e. Beleg. zu einigen Reflexionen über Foltern und Strafen. 8. Altenb. (Academ. Buchh. in Jena.) 781.

— s. Bibliothek, philosoph.

— compendium metaphysicum. 8maj. Jena 768. Hartung. 20 gr

— d. Einigkeit Gottes nach verschied. Gesichtspunkten geprüft u. sogar durch heidnische Zeugnisse erhärtet. 8. Altenb. 779. (Hennings in Reisse). 8 gr

—, A. d. bösen Geistern u. der Zauberey. Ein Sendschreiben an M. *Naubold.* Sorau. 8°.
1783

— von Geistern und Geistersehern, s. a. Geistern.

Hennings, J. Chr., Von Geistern u. Geistersehern. Herausg. v. d. Verf. d. Abhdl. v. d. Ahndungen u. Visionen. 844 S. Lpz. 8°.
1780

Justus Christian Hennings

Geschichte von den Seelen der Menschen und Thiere. Pragmatisch entworfen von Just[us] Christian Hennings. Halle: Gebauer 1774. 54, 552 S. 8°

Hennings, Justus Christian [Praes.], s. Hinrichsen, Heinrich Adolph: Quaestio an et qua ratione matrimonium coactum secundum jus naturae possit esse licitum, cui notiones metaphysicae de coactione praemittuntur.

— Lebensgeschichte J. E. J. Walch's. gr. 8. Jena 780.

— krit. histor. Lehrbuch d. theoret. Philosophie. gr. 8. Leipz. 774. Weygand. 1 ß 8 gr

— prakt. Logik. gr. 8. Jena 764. Stahl. 1 ß

— die Mittel, den menschl. Leib gegen Feuer u. Wasser zu schützen rc. Mit 1 Kpf. 8. Ansb. 790. Gassert. 18 gr

— Sittenlehre d. Vernunft. gr. 8. Altenb. 782. (Hennings in Reisse). 21 gr

— von den Träumern u. Nachtwandlern. 8. Weimar 784. Hoffmann. 1 ß 8 gr Dass. 1802 mit weggelass. Namen d. Verf. u. d. T.: lehrreiche u. unterhalt. Sachen über Träume u. Nachtwandeln rc. Ebd.

— M. Just. Christian u. (Respond.) Luc. Joh. Brenner (Media - Transylvan. [= Mediasch / Siebenbürg.]), Utrum somnus animae humanae ex principio interno an potius externo refutari debeat. Diss. philos. Jena (Tennemann) 22. III. 1758. 24 S. (6.50) 14398
Widm. (a. d. Respond.) v.: Lorenz Johann Daniel Succov.

VISIONEN, neuerer und neuester Zeit (von *Justus Christian Hennings*). Altenburg 1781. 8°. 572 S. (1 Rthl. Lippert, Halle, vor 1870.) (Im British Museum.)
Anon.-Lex. IV. p. 330 (nach d. Cat. genannten Museums).

— Visionen neuerer u. d. neuesten Zeiten, philosophisch ins Licht gestellt, Pendant zu des Verfassers Ahndungen rc. 8. Altenb. (Academ. Buchh. in Jena.) 781.

— verjährte Vorurtheile, bestritten in 5 Abhandll. 8. Riga 778. (Hartknoch in Leipz.) 1 ₰

– s. Walch, J. G.: Philosoph. Lexikon.

– von dem Wege zur Weisheit. gr. 8. Jena, Hartung. 765.

Hennings, Karl, die Hofleute. Lstspl. in 5 A. 8. Erf. u. Gotha 815. N. A. 817. Hennings. 12 gr

Hennings, Karl, Kindespflicht u. Liebe. Trspl. in 5 A. nach Corneille's le Cid. 8. Erf. u. Gotha 811. N. A. 817. Hennings. 8 gr

Hennings, Karl, Sagen u. Erzählungen, Volkskunde u. Kulturgeschichtliches aus dem hannoverschen Wendlande. Hrsg. u. erweitert v. Carl Th. Hennings. (157 S.) gr. 8. Lüchow 906. (W. Bergmann.) n. 3. —

Sagen und Erzählungen, Volkskunde und Naturgeschichtliches aus dem hannoverschen Wendlande. Von Karl **Hennings**. Hrsg. u. erw. von Carl Th[eodor] Hennings. Lüchow 1906. (157 S.) 8° [06. 10387

Hennings, Karl, Sagen und Erzählungen aus dem hannoverschen Wendlande. Lüchow 864. Saur. 16. (2 Bl., 169 S.) 15 ngr.

Hennings, Karl Theodor (Hrsg.), s. Hennings, Karl: Sagen und Erzählungen, Volkskunde ...

Hennings, Curt, aus Berlin: Das Tömösvary'sche Organ der Diplopoden mit specieller Berücksichtigung der Glomeriden. *Berlin (1900): G. Schade.* (30 S.) 8° ¶(Erscheint vollst. u. mit Taf. in einer zool. Zeitschrift.)
Berlin, Phil. Diss. v. 14. Juli 1900

Hennings, Curt, Dr. med. et. phil.: Das Tömösvarysche Organ der Myriopoden. Zweiter Teil. Mit 2 Tafeln und einer Figur im Text. Leipzig: W. Engelmann 1906. (68 S.) 8° ¶(Aus: Zeitschrift für wiss. Zoologie Bd 80, H. 4.)
Rostock, Phil. Fak., Hab. Schr. v. 1906

Hennings, Curt, die Säugetiere Deutschlands, ihr Bau, ihre Lebensweise u. ihre wirtsch. Bedeutung, s. a. Wissenschaft u. Bildung.

Die Säugetiere Deutschlands, ihr Bau, ihre Lebensweise u. ihre wirtschaftl. Bedeutung von Dr. Curt Hennings, Privatd. Leipzig: Quelle & Meyer 1909. 174 S. 8°
(Wissenschaft u. Bildung. 66) [09. 4302

— Tierkunde, s. a. Aus Natur u. Geisteswelt.

Tierkunde. Eine Einführung in d. Zoologie von Dr. Curt **Hennings**, Privatd. Mit 54 Abb. Leipzig: B. G. Teubner 1907. (137 S.) 8° [F.]
— Natur, Aus, u. Geisteswelt. Bdch. 142. [07. 7106

Hennings, L., und Osc. Mertens, Beitrag zur Lösung der Lagerhaus- und Warrantbelehnungsfrage für Riga. gr. 8. (V, 104 S. mit Tab., 4 graph. Stnt. und 2 chromolithogr. Karten.) Riga 879, (Bruhns.)

HENNINGS, NIC., Positiones inaug. ex universa juris privati prudentia selectæ. Kiliæ. 1706. 4. [Præs. Nic. Martini].

Hennings, Otto Fr. Ehrenreich, († d. ... April 1799.), s. Gebete für Kinder; nebst e. Anh. von e. Liedern. 8. Rostock 798., u. setze hinzu: (v. O. F. E. Hennings).

Hennings, P., Welt u. Mensch, s. Hanssen.

Hennings, Paul

Hennings, P., Beitrag zur Pilzflora d. Samlandes. [Aus: „Schriften d. physikal.-ökonom. Gesellsch. in Königsberg".] gr. 4. (6 S.) Königsberg 895. (W. Koch.) n. — 80

Beiträge zur Pilzflora von Schleswig-Holstein v. Paul **Hennings**.
1. (Pilze aus der Umgebung von Kiel.)
2. Pilze von der Insel Sylt (bei Westerland) v. **L. Lewin**. Ende August 1891 gesam. und eingesendet.
Separatabdruck aus: Schriften des naturwissenschaftl. Vereins für Schleswig-Holstein. Bd. 9. Heft 2. Kiel. 1892. 8°.

Hennings, P., Dacryomycetineae, Exobasidiineae, Hymenomycetineae, s.: Engler, A., u. K. Prantl, die natürl. Pflanzenfamilien. I. 1.

Hennings, P., Fungi v. Madagaskar, den Comoren u. Ostafrika, s.: Reise in Ostafrika.

--Der echte Hausschwamm u. andere das Bauholz zerstörende Pilze. 2. Aufl. v. C. v. Tubeuf. Berl. 1902. 105 S. Fig.

Hennings, P., der Hausschwamm u. die durch ihn u. andere Pilze verursachte Zerstörung d. Holzes. 8. (41 S.) Berlin 891. Polytechn. Buchhandlg., A. Seydel. n. — 60

Hennings, Paul, s.: Hedwigia.

Hennings, Paul, üb. Indicationen u. Methode d. Mastkur bei Neurosen. [Aus: „Allg. med. Centralzeitg."] gr. 8. (19 S.) Berlin 895. O. Coblentz. n. 1. —

Hennings, P., Cryptogamen-Typen. 120 Arten einheim. Zell-Cryptogamen (in getrockneten Explrn.). Fol. Mit Text. gr. 8. (23 S.) Hamburg 881. Vetter. In Mappe. n. 12. —

— üb. manuelle electrische Massage. (Vortrag, geh. auf der 4. Versammlg. d. allgem. deutschen Bäder-Verbandes zu Dresden, Novbr. 1895.) [Aus: „Allg. med. Central-Zeitg."] gr. 8. (18 S.) Ebd. 896. n. 1. —

Hennings P.: Ueber Pilzabnormitäten. 1901. [Rostr. Saml.].

— G. Lindau, P. Lindner, F. Neger, Pilze, s.: Kryptogamenflora der Mark Brandenburg. VII. 1.

Hennings, P., die Pilze der deutschen Südpolar-Expedition, s. a. Südpolar-Expedition, deutsche.

Die Pilze der deutschen Südpolar-Expedition 1901–1903 von Prof. P[aul] Hennings (Berlin). Mit Taf. 1 u. 2. (Berlin: G. Reimer 1906.) (17 S.) 4°
= Südpolar-Expedition, Deutsche, 1901–1903. Bd 8, H. 1, 1. [07. 1874

Hennings, [Paul], Standorts-Verzeichniss der Gefässpflanzen in der Umgebung Kiels. gr. 8. (V, 64 S.) Kiel 876, (Homann.) * 1 —
Aus: Schriften des naturwissenschaftlichen Vereins für Schleswig-Holstein, besonders abgedruckt.

Nachtrag zum Standorts-Verzeichniss der Gefässpflanzen in der Umgebung Kiel's v. Paul **Hennings.** Separatabdruck aus: Schriften des naturwissenschaftl. Vereins für Schleswig-Holstein. Bd. 4, Heft 1. Kiel. 1881. 8°.

Standorts-Verzeichniss der bei Hohenwestedt vorkommenden selteneren Pflanzen. Von Paul **Hennings.** Ausschnitt aus: Schriften des naturwissenschaftl. Vereins fur Schleswig-Holstein. Bd. 2. Heft 1. Kiel. 1876. 8°.

Hennings, Paul, botanische Wanderungen durch die Umgebung Kiels. [Aus: „Schleswig.-Holst. Tageblatt".] 12. (85 S.) Kiel 879. Haeseler. n. 1. 60

Hennings, botanische Wanderungen durch die Umgebung Kiels. 2. (Titel-)Ausg. 12. (85 S.) Kiel 892. H. Eckardt's Verl. n. — 50

Beiträge zu Tacitus' Germania Cap. 26 und 30. Namentlich über die agrarische Verfassung der alten Deutschen nach Tacitus und Cäsar. Von Peter Diedrich Christian **Hennings.** Husum. 1869. 8°. Gymn.-Progr.

Hennings, P. D. Ch., Elementarbuch zu der lateinischen Grammatik von Ellendt-Seyffert. 2 Abthlgn. 8. Kiel, Homann. *
Inhalt:
Abthl. 1. Für Sexta. (IV, 124 S.) 869. * 80 Pf.
" 2. Für Quinta. (VI, 168 S.) 870. * ℳ 1,20.

—— dass. — 1.—3. Abthl. gr. 8. Halle, Buchh. des Waisenhauses. *
Inhalt:
Abthl. 1. Für Sexta. 2. umgearb. Aufl. 1872. * 80 Pf., und 3. Aufl. (VI, 118 S.) 874. * ℳ 1.
" 2. Zur Einübung der regelmäßigen Formenlehre und einiger syntactischer Vorbegriffe. Für Quinta. 2. verb. Aufl. (VI, 168 S.) 873. * ℳ 1,20.
" 3. Uebungsstücke zur Casuslehre. Für Quarta. (V, 129 S.) 873. * ℳ 1,20.

— dasselbe. 2. u. 3. Abth. gr. 8. Ebend. 875. à n. 1. 20
2. Zur Einübung der unregelmäß. Formenlehre [u. einiger syntactischen Vorbegriffe]. 3. verb. Aufl. (VIII, 168 S.)
3. Uebungsstücke zur Casuslehre. 2. verb. Aufl. (V, 129 S.)

Hennings, P. D. Ch., Elementarbuch zu der lateinischen Grammatik von Ellendt-Seyffert. 3 Abthlgn. gr. 8. Halle, Buchh. des Waisenhauses. * 3 40
Inhalt:
Abthl. 1. Für Sexta. 4. und 5. Aufl. (IV, 116 S.) 876,77. * ℳ 1.
" 2. Zur Einübung der unregelmäßigen Formenlehre [und einiger syntactischen Vorbegriffe]. 3. und 4. verb. Aufl. (VIII, 168 S.) 877. * ℳ 1,20.
" 3. Uebungsstücke zur Casuslehre. 2. verb. Aufl. (V, 129 S.) 875. * ℳ 1,20.

Hennings, P. D. Ch., Elementarbuch zu der lateinischen Grammatik von Ellendt-Seyffert. 4 Abthlgn. gr. 8. Halle, Buchh. des Waisenhauses. *
Inhalt:
Abthl. 1. Für Sexta. 6. und 7. Aufl. (IV, 116 S.) 880,82. * ℳ 1.
2. Zur Einübung der unregelmäß. Formenlehre [und einiger syntakt. Vorbegriffe]. 5. verb. Aufl. (VII, 168 S.) 882. * ℳ 1,20.
" 3. Uebungsstücke zur Kasuslehre. 3. verb. Aufl. (IV, 129 S.) 1879; 4. verb. Aufl. (V, 131 S.) 884. * ℳ 1,20.
" 4. Uebungsstücke zur Syntax. (VI, 187 S.) 883. * ℳ 1,40.

Hennings, P. D. Ch., Elementarbuch zu der lateinischen Grammatik von Ellendt-Seyffert. 1. und 2. Abtl. gr. 8. Halle, Buchh. des Waisenhauses. [* ℳ 2.20.] * 2 35
Inhalt:
Abtl. 1. Für Sexta. 8. Aufl. (IV, 116 S.) 885. * ℳ 1—.
" 2. Zur Einübung der unregelmäßigen Formenlehre [und einiger syntakt. Vorbegriffe]. 6. verb. Aufl. (VII, 168 S.) 885. * ℳ 1.20.; 7. verb. Aufl. (214 S.) 888. * ℳ 1.35.

Hennings, P. D. Ch. Elementarbuch zu der lateinischen Grammatik v. Ellendt-Seyffert. 1. u. 5. Abtlg. gr. 8. Halle, Buchh. d. Waisenhauses. * 2 50; geb. * * 3 33
1. Für Sexta. 9. Aufl. (IV, 116 S.) 889. * 1 —; geb. * * 1 23.
5. Für Sekunda. Das Leben Alexanders d. Großen [bis 327]. (VI, 244 S. m. Titelbild.) 891. * 1 50; geb. * * 2 10.
2.—4. Abtlg. Ebd. 1883—88. * 3 95.

Hennings, P. D. Ch., Elementarbuch zu der lateinischen Grammatik v. Ellendt-Seyffert. 3. u. 5. Abtlg. Ausg. A. gr. 8. Halle a/S., Buchh. d. Waisenhauses. n. 2. 70; geb. n.n. 3. 30
3. Übungsstücke zur Kasuslehre. 5., verb. Aufl. (V, 129 S.) 893. n. 1. 20; geb. n.n. 1. 50
5. Für die Sekunda. Das Leben Alexanders d. Großen [bis 327]. (VI, 244 S. m. Titelbild.) 891. n. 1. 50; geb. n.n. 1. 80

-- lateinisches Elementarbuch. 1. u. 3. Abtlg. Ausg. B. Nach den preuß. Lehrplänen v. 1892 bearb. v. B. Grosse. gr. 8. Ebd. n. 2. 20; geb. n.n. 2. 80
1. Lehrstoff der Sexta. (III, 96 S.) 894. n. 1. —; geb. n.n. 1. 30
3. Lehrstoff der Quarta. 5. Aufl. (VII, 170 S.) 893. n. 1. 20; geb. n.n. 1. 50

Hennings, P. D. Ch., Lateinisches Elementarbuch. 2. Abtlg. Lehrstoff d. Quinta. Ausg. B. N. d. preuß. Lehrplänen v. 1892 bearb. v. B. Grosse. gr. 8. (IV, 180 S.) Halle 898. Buchh. d. Waisenhauses. n. 1. 20; geb. n. 1. 50 (1—3.: n. 3. 40; geb. n.n. 4. 30)

Homers Odyssee. Ein krit. Kommentar von Prof. Dr. P[eter] D[ietrich] Ch[ristian] **Hennings**. *Berlin: Weidmann 1903.* (VII, 603 S.) 8° [03. 14393

Hennings, P. D. Ch., über die Telemachie, ihre ursprüngliche Form und ihre späteren Veränderungen. Ein Beitrag zur Kritik der Odyssee. gr. 8. (III und 102 S.) Leipzig 858, Teubner. *
Aus: Jahrbücher für class. Philologie, 3. Supplementbd., besonders abgedruckt.

Hennings: Ueber die agrarische Verfassung der alten Deutschen nach Tac. u. Caes. 72 S. 8° – Husum, Progr. 1869.

— über die agrarische Verfassung der alten Deutschen nach Tacitus u. Caesar. Beiträge zu Tacitus Germania cap. 26 u. 30. Ebend. 869. gr. 8. (III, 72 S.) n. 10 ngr.

Die Zeitbestimmung des Sophokleischen Aias; v. [Peter Diedrich Christian] **Hennings.** Rendsburg. 1862. 4°. Real-Gymn.-Progr.

Hennings, R., und C. Heine, zum Besten für Rob. Blum's Kinder, s. Heine.

Hennings, R., Katalog sämmtlicher im Laufe des J. 1861 erschienenen land- und forstwirthschaftlichen Werke sowie Gartenbau-Literatur. Leipzig 862. Hennings. (Wolf.) 4. (18 S.) 2½ ngr.

Hennings, Richard, aus Büsum: Über schwefelhaltige cyclische Verbindungen. *Freiburg i. B. 1902: C. A. Wagner.* (58 S.) 8°
Freiburg i. B., Phil. Diss. v. 1902

Dem Erlauchten ... Herrn Johann Dietrich von Kunheim, Sr. Königl. Majestät in Preussen hochbetrauten ... Staats- und Kriegsminister ... überlieferte an dem Vermälungsfest seiner würdigen Fräulein Tochter dieses Denkmal der Ehrfurcht und Hochachtung die Königliche deutsche Gesellschaft durch SAMUEL GOTTHARD HENNINGS. 1749. den 14. October. (ib.) — fol.

Die Pflichten bey den glücklichen Begebenheiten, wurden an dem Stiftungstage der Königlichen deutschen Gesellschaft in einer feierlichen Rede zur Betrachtung ausgesondert von SAMUEL GOTTHARD HENNINGS, ... 1749. den 21. November. ib. — fol.

— **M. Simon Ambrosius** (Rostock), De notitia Christi, cum observatione mandatorum ipsius conjuncta, commentatiuncula ad locum Johanneum I. epist. II. 3. 4. Disput. Halensi opposita. Präs. Johann Fecht 1710. Rostock 1719. 40 S. (6.50) 14100

Hennings, Thom., Vorlegeblätter für Gewerbe- und Handwerks-Feiertagsschulen, wie auch zur Selbstübung im Linearzeichnen, Werkzeuge anerkannt guter Konstruktion für Metallarbeiter enthaltend. 12 lith. Tafeln nebst (24 S.) erläuterndem Texte (in 4.). Augsburg 859. Rieger. gr. Fol. 1 *ℛ* 24 *ngr.*

Hennings, W., Gesetz u. Ausführungsverordnung üb. die Bodencreditgeschäfte im Königr. Italien. Uebers. u. m. den nöth. Anmerkgn. versehen. gr. 8. (47 S.) Frankfurt a/O. 876. Schiefer. n. 1. —

Hennings, Wilh. 1., († d. 26. Jan. 1794.) Beschreib. von d. Kennzeichen u. Heilart d. Entzündung d. Magens u. d. Gedärme. 8. Kopenh. ... 2e A. 777. 3e A. 795. (Schubothe). 14 *ß*

Hennings, Wilh., deutscher Ehrentempel, s. Ehrentempel.

Hennings, W., deutscher Ehren-Tempel. Mit Kupfern. gr. 4. 1r Thl. Gotha, Hennings. 820. Druckpap.
Postpap. mit K.
Velinpap.

Hennings, W., Deutscher Ehrentempel. Gotha 1821—31.
Enth. auch eine Würdigung Salzmann's. Mit Portrait.

Hennings, (Wilh.,) deutscher Ehrentempel. Mit Kupf. 2r—9r Thl. gr. 4. Gotha 822—27, Hennings. à 3 Rthl. 12 gr. 28 Rthl. Vel. Pap. à 4 Rthl. 12 gr.

Hennings, W., Kennzeich. u. Heilart d. Entzünd. d. Magens u. d. Gedärme. 8. Kopenh. Schubothe. 795.

Hennings, Wilhelm: Kenntzeichen und Heilungsart der Entzündung des Magens uud der Gedärme. 3. Ausg. Kopenhagen u. Leipzig 1795. 106 S.

[Lied.] Zum 24. März 1880. Von Wilh. Hennings. [Rostock 1880: Behm.] 1 Bl. 8° [Kopftit.]
Ohne Noten: „Wie heisst der Stein, auf den gebaut . . .“

Hennings, Wilh., Studien zu Lope de Vega Carpio. Eine Klassifikation seiner Comedias. Lex.-8. (V, 105 S.) Göttingen 891. Vandenhoeck & Ruprecht. n. 2. 80

Henningsen, Agnes, die vier Liebsten des Christian Enevold Brandt. Roman. (292 S.) 8. Stuttgart (906). A. Juncker. n. 4. 50

Agnes Henningsen: Die vier Liebsten des Christian Enevold Brandt. (Übers. v. Luise Wolf.) 5. Aufl. Berlin. Stuttgart. Leipzig. (1908.) 8°
[Umschlagt.:] Agnes Henningsen: Die vier Liebsten des Gutsbesitzers.

Henningsen, Agnes, die vier Liebsten des Christian Enevold Brandt. (Einzige autoris. Übersetzg. v. Luise Wolf.) 3. Aufl. (397 S. m. Bildnis.) 8. Stuttgart (909). Charlottenburg, A. Juncker. 4.—; geb. n 5. —

— Polens Töchter. Roman. (294 S. m. Titelbild.) 8. Ebd. 904. n. 4. —; geb. n. 5. —

Henningsen, Albert, prakt. Arzt aus Eckernförde: Zur Statistik des Kaiserschnittes. *Kiel 1901: Schmidt & Klaunig.* (105 S.) 8°
Kiel, Med. Diss. v. [14. Febr.] 1901

Provinzial-Kochbuch. ca. 600 erprobte und bewährte Rezepte zum Kochen, Backen und Einmachen, sowie zur Bereitung kalter und warmer Getränke. Gesam. u. hrgg. v. **Anna Maria Henningsen.** 1. Aufl. Voorde b. Kiel. [1907.] 8°

Henningsen, August (Hrsg.), s. Nachrichten über das Flensburger Volksschulwesen.

Henningsen, C. F., die merkwürdigsten Ereignisse eines zwölfmonatl. Feldzuges unter Zumalacarrégui in Navarra und den baskischen Provinzen. Aus d. Engl. u. mit e. Anhange von A. von Treskow. 2 Thle. (Mit Zumalacarrégui's Bildniß u. 1 Karte. gr. 8. Quedlinburg 837. Basse. 2⅔ *ℛ*

Noth und Gefahr der Stadt Eckernförde in der Sturmfluth am 13. Nov. 1872. Poetische Schilderung v. **H. J. Henningsen.** Eckernförde. 1900. 2 Bl. 8°.

Cuno und Rosamunde. Ballade v. **Hans Jürgen Henningsen.** Kiel. 1832. 8°.

HENNINGSEN, H[ANS] J[ÜRGEN], Gedichte mit einem Anhange von einem Ungenannten. [ɔ: Karl Gottfr. Schütt]. Altona. 1831.

Henningsen, Hans Jürgen. Gedichte . . . Altona 1831. V (Anhang): *Schütt, Joh. Carl Gottfr.* (Brümner, D. D. Lex. 4. Aufl. IV, 134.)

Henningsen, H. J., Gedichte, mit e. Anh. von e. Ungenannten. gr. 12. (4 B.) Altona 831, (Hammerich.)

Gedichte v. **Hans Jürgen Henningsen.** Eckernförde. 1871. 8°

Henningsen, Henning [app. Arzt aus Burg a/Fehmarn]: Aus d. chirurg. Klinik zu Kiel. Beitrag zur Statistik der Fettgeschwülste. ... Kiel, Druck v. A. F. Jensen, 1888; 38 + 1 S. + 1 Bl. 8°
Kiel, Med. Fak., Inaug.-Diss. v. 8. Sept. 1888

Henningsen, Henning, Beitrag zur Statistik der Fettgeschwülste. Inaugural-Dissertation. gr. 8. (38 S.) Kiel 888, (Lipsius und Tischer.) *

Henningsen, J., Beiträge zur Konsumvereinsfrage! 8. Aufl. 100,000—110,000. (16 S.) 8. Hamburg 906. Deutschnationale Buchh. u. Verlagsanstalt. n. — 20

— Beiträge zur Warenhausfrage! 8. Aufl. 70—80,000. (16 S.) 8. Ebd. 906. n. — 20

Henningsen, J., das Stiftungsbuch der Stadt Husum. Eine Urkundensammlg. (VI, 578 S.) gr. 8. Husum 904. (C. F. Delff.) n.n. 5. —

Henningsen, Joh. (Hrsg.), s. Nordmark, Die.

Henningsen, J(ohannes). Deutsche Briefe. (Auswahl aus der deutschen Briefliteratur.) Mit Buchschmuck von Hans Christiansen. 216 S. 8. Leipzig, Otto Spamer, (1905). [M. 3. 50, geb. 4. 50]
Darin S. 118—122: Von Gottfried Keller; *s. auch S. 43. 46/8. 112. 111.*

Henningsen, Johs., deutsche Briefe. Mit Buchschmuck v. Hans Christiansen. 2. [Titel-]Aufl. (216 S.) 8. Leipzig [905] (900). O. Spamer. 2.—; geb. in Leinw. 3.—

— Erzählungen neuerer deutscher Dichter. Für die Jugend ausgewählt. 3. Folge. 3. Taus. (220 S.) 8. Ebd. (908). Geb. in Leinw. 2. 50

— dasselbe. Für d. deutsche Haus ausgewählt. I.—III. Bd. 8. Ebd. à Bd. 1.60; geb. in Leinw. 2.—
I. 8. [Titel-]Aufl. (175 S.) [909.] 911. — II. 4. [Titel-]Aufl. (163 S.) [906.] 911. — III. 3. [Titel-]Aufl. (220 S.) [908.] 911.

— Humoristische Erzählungen deutscher u. fremder Dichter. Für d. deutsche Haus ausgewählt. (III, 168 S.) 8. Ebd. 910. 2.—; geb. in Leinw. 2. 50

— dasselbe. Neue Folge. (III, 197 S.) 8. Ebd. 910. 2.—; geb. in Leinw. 2. 50

Henningsen, Johs., zwölf Erzählungen neuerer deutscher Dichter. Für die Jugend ausgewählt. 8. (175 S.) Leipzig 903. O. Spamer. n. 2.—; geb. in Leinw. n. 2. 50

— zwölf Erzählungen neuerer deutscher Dichter. Für die Jugend ausgewählt. 3.—6. Aufl. (à 175 S.) 8. Ebd. 904—906. n. 2.—; geb. in Leinw. n. 2. 50

— dasselbe. Neue Folge. 1.—3. Aufl. (à 165 S.) 8. Ebd. (906). n. 2.—; geb. in Leinw. n. 2. 50

— dasselbe. 3. Folge. 1. u. 2. Taus. (220 S.) 8. Ebd. (906). n. 2.—; geb. in Leinw. n. 2. 50

— Zwölf Erzählungen neuerer deutsch. Dichter, f. d. Jugend ausgewählt. 7. Aufl. (175 S.) 8. Ebd. 909. 2.—; geb. in Leinw. 2. 50

— Kaiser Heinrich VI, s.: Grabbe, Chrn. Dietr.

— Meistererzählungen fremder Dichter. Für das deutsche Haus ausgewählt. I.—III. 8. Ebd. à Bd. 1.60; geb. in Leinw. 2.—
I. Nordische Dichter. 3. [Titel-]Aufl. (227 S.) [909.] 911.
II. Englische Dichter. 2. [Titel-]Aufl. (218 S.) [909.] 911.
III. Französ. Dichter. 2. [Titel-]Aufl. (187 S.) [909.] 911.

— dasselbe. Für d. Jugend ausgewählt. Engl., franz. u. nord. Dichter. (218, 187 u. 227 S.) 8. Ebd. 909. à 2.—; geb. in Leinw. à 2. 50

— neue Quellen. Aus neueren deutschen Dichtern. Für die deutsche Jugend hrsg. auf Veranlassg. des Altonaer Prüfungsausschusses f. Jugendschriften. 8. (178 S.) Berlin 900. Schuster & Loeffler. Kart. 2.—

— s.: Soldatenschicksal.

— Aus fernen Zonen. Orig.-Berichte berühmter Forscher u. Reisenden. 2. [Titel-]Aufl. (286 S. m. Abb.) gr. 8. Ebd. [907] (909). 5.—; geb. in Leinw. 6.—

— dasselbe. Neue Folge. 2. [Titel-]Aufl. (332 S. m. Abb. u. 2 Farbdr.) gr. 8. Ebd. [908] (910). 5.—; geb. in Leinw. 6.—

Hülfsbuch des Eisenkonstrukteurs enthaltend Formeln u. Tab. z. Anfertigg der bei Hochbauten vorkommenden einfachen statischen Berechngn. Zsgest. v. N. H. Henningsen, Obering. . . . in Köln-Bayenthal. *Essen: G. D. Baedeker 1898.* (52 S.) 1 Bd 8. (v8 2653)

Henningsen, Nicol., Parzival. Getreu nach Wolfram v. Eschenbach erzählt, s.: Schaffstein's, Volksbücher f. d. Jugend.

— Die Wacht am Rhein, s.: Jank, Angelo.

Bericht über die Badeanstalt Ostseebad Flensburg nebst Anhang v. Peter **Henningsen.** Flensburg. 1873. 8°.

Flensburg als Badeort v. Peter **Henningsen.** Flensburg. (1872) 8°.

Einige Worte über die Wohlfahrtsbestrebungen der Stadt Flensburg v. P[eter] **Henningsen.** Flensburg. 1892. 8°

Henningsen, W., die Arbeitsleute. Rückblick auf Verhandlungen vor 60, 40, 20 Jahren über eine Behörde [ein Organ] zur Vertretung der kleinen Leute. gr. 8. (10 S.) Hamburg 884, (H. J. Koch.) *

Henningsen, W., der achtstündige Arbeitstag, physiologisch untersucht 1.—23. Aufl. gr. 8. (39 S.) Kiel 890. Lipsius & Tischer. n. —50

—— der Isstedter Bote. Versuch in der Volks-Pflege von einem holstein. Feldwebel. gr. 8. (37 S.) Ebendas. 884.

— Etwas aus der Küche der Soldaten, der Gefangenen, der Arbeitlosen 2c. oder die Ernährung d. Menschen in Gewicht, in Geld, in Stoff, in Wort. gr. 8. (70 S.) Hamburg 886. H. J. Koch. n. —60

Henningsen, W., Schlagbäume oder einige Hindernisse, welche der Sonntagsruhe meiner Landsleute im Wege liegen. gr. 8. (16 S.) Hamburg 882. Koch in Comm. n. —20

—— vierstündige Schularbeitszeit. gr. 8. (29 S.) Ebendas. 884.

Henningsen, W., Den Weltgarten umgraben. Vortrag über gesellschaftliche Uebungen im Arbeiterwesen. gr.-8°. Hamburg 1882.

Henningsleben [Schlagwort]

Henningsleben. s.: Geologische Karten. Preussen 198.

Henningson, C. F., die merkwürdigsten Ereignisse e. zwölfmonatl. Feldzuges unt. Zumalacarregui in Navarra u. d. bask. Provinzen. A. d. Engl. u. mit e. Anh. v. A. v. Treskow. 2 Thle. gr. 8. (33⅓ B., Zumalacarregui's Bildn., u. 1 Karte.) Quedlinburg 837, Basse.

Hennink der Hahn. Ein altdeutsches Heldengedicht. übers. . . . Bremen 1813. V: *Renner, Caspar Friedrich.* (GGr)

Hennink, d. Hahn; e. altdeutsches Heldengedicht übersetzt, mit e. Vorrede über den Verfass. u. dem vollständ. Abdruck des seltenen Originals von N. Meyer, mit 12 radirten Blättern v. Menken. 8. Brem. 813. Heyse. 2 ꝛß 18 ℊ ohne d. 12 Bl. 18 ℊ

Hennink der Hahn. Frei übersetzt nach dem altdeutschen Originale von N. Meyer. Hierzu Illustrationen von **Menken.** Bremen 1814. 8°.

Illustrationen zu Nic. Meyer's Uebersetzung „Hennink der Hahn". Radirungen von Menken und Dreyer. 4°.

Hennique, Léon, s. Abende in Medan.

Hennis, Wilhelm, a. Nürnberg: Über die Reaktion zwischen Alkalisilikaten und Schwermetallsalzen. Borna-Leipzig 1906: R. Noske. (52 S.) 8°
Erlangen, Phil. Fak., Ref. Fischer, Diss. v. 11. Sept. 1906
[Geb. 28. Jan. 83 Nürnberg; Wohnort: Nürnberg; Staatsangeh.: Bayern; Vorbildung: Realgymn. Nürnberg Reife 02; Studium: München 5, Erlangen 3 S.; Rig. 24. Juli 06.]

Henno, Frz., Theologia dogm., mor. et scholast. II Tmi: fol. Col. 718.

Hennrich, Joh. (Walth. Schulte vom Brühl), Flucht aus der Mietskaserne. Eine Wohn- u. Baugeschichte. (264 S.) 8. Leipzig 903. Berlin, H. Seemann Nachf. n. 2.—

Hennuyer, Johann, Bischof von Lisieux, ein Drama in drei Aufz. A. d. Franz. von Ch. Fel. Weisse. Leipzig 1773. V: *Mercier, Louis Sébastien.* (Ky) (EE)

Hennuyer, Johann, Bischof v. Lisieux. Drama in 3 Aufz.; übersetzt (v. Chr. Felix Weiße). 8. Leipz. 773. Schwickert. 4 gl

Henny, Fidel, med. pract. von Obersaxen (Kt. Graubünden): Aus der med. Universitätsklinik Zürich. Prof. Dr. H. Eichhorst. Lebercirrhose nach den Beobachtungen der Zürcher Klinik in den Jahren 1899 bis 1905. Zürich 1906. 54 S. 8°. [4. V. 06.]
Zürich. Med. Diss. 1905/1906.

Henny, Fidel. Lebercirrhose, nach den Beobachtungen der Zürcher Klinik in den Jahren 1899—1905. Diss. Med. Univ. Zürich. *Kopftitel:* Aus der med. Universitätsklinik Zürich. Prof. Dr. H[ermann] Eichhorst. 54 S. 8. Zürich, A. Markwalder, 1906.

HENNY, Franciscus: De visionibus Zachariae prophetae. — (1908) 60 S. 4° (Handschr.) Diss. 862
Diss. Wien, Univ.

Kurze Geschichte der Loge Archimedes zu den drei Reissbretern in Altenburg. Zsgest. von [Herm.] [Eman.] **Henny.** (Ms. f. Brr.) Altenburg 1868. VI, 143 S. 8°
Auszug in: Bh. 11 (1868) S. 275—278.
Recens: Bh. 11 (1868) S. 253—255 (J. G. Findel); FZ. 22 (1868) S. 260—261 (R. Hahnemann); L. 27 (1869) S. 167—169 (Th. Merzdorf).
Tt. 526. Nebst Mitglverzeichn. für 1742—1867.

Hennynk de Han. [Bremen] 1732. V: *Renner, Caspar Frdr.* (BrMm) (Bz)

Henoch, das Buch, s. a. Philippi, Ferd.

Henoch, das Buch, vollst. übers., s. a. Hoffmann, Andr. Gtli., die Apokalyptiker der älteren Zeit.

Henoch. Das Buch Henoch in vollständiger Uebersetzung mit fortlaufendem Commentar, ausführlicher Einleitung und erläuternden Excursen von Andreas Gottlieb Hoffmann. [= Die Apokalyptiker der ältern Zeit unter Juden und Christen ... 1. Band.] 2 voll. Jena 1833. 1838.

Henoch, das Buch, übersetzt und erklärt von A. Dillmann. Leipzig 853. Vogel. gr. 8. (2 Bl., LXII, 332 S.) n. 2 ₰. 4 ngr.

Henoch, das Buch, hrsg. v. Joh. Flemming u. L. Radermacher, s. a. Schriftsteller, die griech. christl. V.

Das Buch **Henoch.** Hrsg. im Auftr. d. Kirchenväter-Comm. d. Kgl. Preuss. Akad. d. Wiss. von Dr. Joh. Flemming, Bibliothekar zu Bonn, u. Dr. L[udwig] Radermacher, Privatd. zu Bonn. *Leipzig: J. C. Hinrichs 1901.* (171 S.) 8°
— **Schriftsteller.** Die griechischen christl., d. ersten 3 Jh. Bd 5. (..

— dasselbe, äthiopischer Text, hrsg. v. Joh. Flemming, s. a. Texte u. Untersuchungen zur Geschichte der altchristl. Literatur. N. F. VII. 1.

— Liber Henoch. Aethiopice, ad quinque codicum fidem editus, cum variis lectionibus. Cura Augusti Dillmann. Lipsiae 1851.

Henoch, Reb, oder was thut me der mit. Ein Familiengemälde in drei Abtheilungen. Herausgegeben von M. Allenstein. Berlin 1846. V: *Euchel, Isaac* [?]. (BrMm)

Henoch, ..., Schreiben an den Syndikus d. Königsstädter Theaters, s. Erörterungen über d. Königsstädter Theater.

Henoch E.: Vergleichende Pathologie d. Bewegungs-Nervenkrankheiten d. Menschen u. Hausthiere. Berl. 1845. 106 S. 4°.
(Denkschriften d. deutschen Vereins f. Heilwissenschaft. 1. Bd.).

Henoch, Ed. H.

— s. Budd, Geo., die Krankheiten d. Leber.

Henoch, Ed. H., über Lungenleiden, s. Evans, J. T., Vorlesungen.

– s. Romberg, Mor. Hnr.: Klinische Ergebnisse.

Henoch, Eduard

Henoch, Ed., s.: Arbeiten, pädiatrische.

Henoch, Eduard. (geb. Berlin 1820): De atrophia cerebri. Berolini (1842). (26 S.) 4°
Berlin, Med. Diss. v. 16. Juli 1842

Henoch, Ed., Beiträge zur Kinderheilkunde. gr. 8. (IX und 218 S.) Berlin 861, A. Hirschwald. *

Henoch, E., Beiträge zur Kinderheilkunde. Neue Folge. Berlin 868. A. Hirschwald. gr. 8. (X, 424 S.) n. 2 ₰ 20 ngr.

Henoch, Ed., Klinik der Unterleibs-Krankheiten. 1. Bd. gr. 8. (XII und 303 S. mit 1 Tab. in qu. gr. 4.) Berlin 851 (52,) A. Hirschwald, Vrlgsh. *

Henoch, Ed., Klinik der Unterleibs-Krankheiten. 1. Bd. 1. Aufl. (XII und 303 S. mit 1 Tab. in qu. gr. 4.) 1852. * 1 Thlr. 20 Ngr. und 2., veränd. Aufl. gr. 8. (XVI und 347 S. mit 1 Tab. in qu. gr. 4.) Berlin 855, A. Hirschwald. *

—— dass. — 2. Bd. 1. Aufl. (VIII und 328 S.) 854. * 1 Thlr. 20 Ngr. und 2., veränd. Aufl. gr. 8. (VIII und 349 S.) Ebds. 856. *

—— Klinik der Unterleibs-Krankheiten. 3. Bd. gr. 8. (VIII und 400 S.) Berlin 858, A. Hirschwald. *
1. und 2. Bd. 2. Aufl. Ebendas. 1855,56. * 3 Thlr. 20 Ngr.

Henoch, Ed., Klinik der Unterleibs-Krankheiten. 3., gänzlich umgearb. Aufl. gr. 8. (XV und 759 S.) Berlin 863, A. Hirschwald. *

Henoch, Ed., Vorlesungen über Kinderkrankheiten. Ein Handbuch für Aerzte und Studirende. gr. 8. (VIII, 751 S.) Berlin 881, Hirschwald. *

—— dass. — 2. verm. Aufl. gr. 8. (X, 802 S.) Ebendas. 883. *

— Vorlesungen üb. Kinderkrankheiten. 3., verm. Aufl. gr. 8. (XII, 852 S.) Berlin 887. Hirschwald. n. 17. —

— dasselbe. 4. Aufl. gr. 8. (X, 870 S.) Ebd. 888. n. 17. —

Henoch, Ed. Vorlesungen üb. Kinderkrankheiten. Ein Handbuch f. Aerzte u. Studirende. 5. Aufl. (XII, 875 S.) 890; 6. Aufl. gr. 8. (XII, 888 S.) Berl. 892, Hirschwald. 17 —

— dasselbe. 7. Aufl. gr. 8. (XII, 907 S.) Ebd. 893. n. 17. —

Henoch, Ed., Vorlesgn. üb. Kinderkrankheiten. E. Handbuch f. Aerzte u. Studirende. 9. Aufl. Lex.-8. (XII, 896 S.) Berlin 897. A. Hirschwald. n. 17. —

Henoch, Ed., Vorlesungen üb. Kinderkrankheiten. Ein Handbuch f. Aerzte u. Studirende. 10. Aufl. gr. 8. (XII, 917 S.) Berlin 899. A. Hirschwald. n. 17. —

Vorlesungen über Kinderkrankheiten. Ein Handbuch f. Aerzte u. Studirende. Von Dr. Eduard **Henoch**, Prof. zu Berlin. 11. Aufl. *Berlin: A. Hirschwald 1903.* (XVI, 923 S.) 8° [03. 701]

Henoch, Ed., Vorlesungen über Krankheiten. Ein Handbuch f. Aerzte u. Studirende. gr. 8. (VIII, 751 S.) Berlin 881. Hirschwald. n. 16. —

Henoch, F. H., s.: Handbuch des Deutschtums im Auslande.

Henoch, G: Gutachten, die Wasserversorgung von Dresden betreffend. Dresden 1869

Henoch, G: Gutachten über die Wasserversorgung der Königl. Haupt- und Residenzstadt Königsberg. Altenburg (1869)

Henoch, Hub., s.: Kolonialliteratur, d. deutsche.

— Adolf Lüderitz, s. a. Abhandlungen, koloniale. 25.

Adolf Lüderitz. Eine biogr. Skizze nebst Veröffentlichung einiger bisher unbekannter Briefe von Hubert **Henoch**. Berlin: Süsserott [1909]. 20 S. 8°
(Koloniale Abhandlungen. H. 25) [10. 4856

— s.: Süsserott's illustr. Kolonial-Kalender.

Henoch, Hubert (Hrsg.), s. Zeitschrift für Kolonialpolitik, Kolonialrecht und Kolonialwirtschaft.

Henoch, Johannes Theodor: Die Heimschaffung der Seeleute (Rapatriement). Greifswald 1908: J. Abel. (112 S.) 8°
Greifswald, Jur. Fak., Ref. Frommhold, Diss. v. 20. Juni 1908
[Geb. 30. Dez. 78 Berlin; Wohnort: Berlin; Staatsangeh.: Preußen; Vorbildung: Gymn. Sorau Reife M. 99; Studium: Straßburg 1, Gießen 1, Berlin 1, Leipzig 1, Berlin 3, Berlin 1, Greifswald 1 S.; Rig. 9. März 08.]

Henoch, M. (Hrsg.), s. Jahrbuch über die Fortschritte der Mathematik.

Henoch, Maximil. (geb. Berlin 23. 9. 1841): De Abelianarum functionum periodis. Berolini (1867). (20 S.) 4°
Berlin. Phil. Diss. v. 16. März 1867

Henoch, Oscar, appr. Arzt in Berlin: Ein Fall von Diabetes melitus[!] nach Meningitis. Leipzig 1908: B. Georgi. (27 S.) 8°
Leipzig, Med. Fak., Ref. Curschmann, Diss. v. 26. Mai 1908
[Geb. 9. März 79 Hohensalza; Wohnort: Berlin; Staatsangeh.: Preußen; Vorbildung: Königstädt. Gymn. Berlin Reife O. 98; Studium: Berlin 9 S.; Coll. 5. Juni 08; Approb. 13. April 04]

Henoch, Robert, a. Berlin: Die Umwandlung einer Kommanditgesellschaft auf Aktien in eine Aktiengesellschaft und einer Aktiengesellschaft in eine Kommanditgesellschaft auf Aktien. Berlin 1906: E. Ebering. (74 S.) 8°
Heidelberg, Jur. Fak., Ref. Schröder, Diss. v. 1906
[Geb. 9. Febr. 84 Berlin; Wohnort: Berlin; Staatsangeh.: Preußen; Vorbildung: Wilh.-Gymn. Berlin Reife O. 02; Studium: Heidelberg 1, Berlin 2, Heidelberg 1, Berlin 3 S.; Rig. 18. Jan. 06.]

Henoch-d'Albert, Pauline, das Blumenmädchen. Schauspiel in 2 Acten. 8. (55 S.) Wien 867, (Czermak.)

Das slavische Henochbuch [**Henoch**]. Von N[athanael] Bonwetsch. *Berlin: Weidmann 1896.* (57 S.) 4.
— Abhandlungen d. Kgl. Gesellschaft d. Wissenschaften zu Göttingen. Phil.-histor. Klasse. N. F. Bd 1. No 3. [96. 3517

v. Henolt, C. H., s. Colmann, der Ton d. großen Welt.

Henop, C., Non Morituri. Gemischtes Aufgeschnittenes n. Sudermann in 3 Bildern u. mehr. Einbildgn. Musik aus Gefälligkeit v. mehr. verstorb. Meistern neu componirt. 4. (44 autogr. S.) München (898). Rubinverlag. n. 1. —

Henop, Christian

Henop, Chr., Kritik d. Idealismus, d. Materialismus u. d. Positivismus. Nebst e. Vorwort v. J. Witte. N. d. Verf. Tode hrsg. v. s. Sohne. gr. 8. (IX, 91 S.) Altona 895. J. Harder, Verl. n. 2. —

[F.] Das Uebel und die göttliche Weltordnung. Versuch e. modernen Theodicee. Von Dr. Ch. **Henop**. Altona 1890. *Altona: P. Meyer, Buchdr. 1892.* (2 Bl., 51 S.) 1 Bd 8. [98. 7340

Henop, Ch., das Uebel u. die göttliche Weltordnung. Versuch e. modernen Theodicee. gr. 8. (IV, 51 S.) Altona 892. (J. Harder, Verl.) n. 1. 20

Das Vergängliche, das Bleibende, das Ewige [v.] Christian **Henop**. Altona, Februar 1884. (Altona. 1891.) 8°

[F.] Das Vergängliche, das Bleibende, das Ewige ... Ch. **Henop** ... *Altona: (J. Harder 1892).* (36 S.) 1 Bd 8. [98. 10390

— über das Verhältniß der mechanischen u. der idealen Seite im organischen Naturleben. gr. 8. (VII, 48 S.) Ebd. 892. n. 1. 20

Henop, Hedw., deutscher Geist im Glauben. Religiöse Aussprüche s. Dichter u. Denker. 8. (89 S. m. Abb. u. 4 Farbdr.) Nürnberg 896. Th. Stroefer.
Geb. in Leinw. m. Goldschn. 2. —

Henop, Jac., de lingua Sabina. Praefat. est G. F. Grotefend. 8maj. (3½ B.) Altonae 837, Hammerich.

Henop, Otto, a. Altona: Ueber Lupus der Mundschleimhaut mit einem casuistischen Beitrag. München 1907: Kastner & Callwey. (47 S.) 8°
München, Med. Fak., Ref. v. Angerer, Diss. v. 15. Mai 1908
[Geb. 25. Juni 81 Altona; Wohnort: Potsdam; Staatsangeh.: Preußen; Vorbildung: Realgymn. Altona Reife O. 01; Studium: Kiel 1, Göttingen 2, Tübingen 2, München 5 S.; Coll. 15. Mai 08; Approb. 14. April 08.]

Henop, Ph., Leitfaden zur Literatur-Geschichte sämmtlicher neueren europäischen Völker mit Ausschluß der deutschen. Nebst einer synchronist. Tabelle (in Fol.). Für Haus und Schule bearb. Basel 858. Schweighauser'sche Sortbhdlg. gr. 8. (XII, 261 S.) n. 28 ngr.

Henop, Phil., eine Welle im Meere. Gedichte. Berlin 859. Vossische Buchhdlg. 16. (XI, 115 S.) 22½ ngr.

Henop-Hauswirth, C., 20 Jahre Lumpenball. Denkschrift u. Rechenschaftsbericht zum 20. u. letzten Lumpenball. Im Auftrage d. Comités verf. Illustr. v. Breidwiser, Laci v. Frecskay, v. Gayrsberg u. A. gr. 8. (III, 138 S.) Wien 892. (C. Daberkow.) n. 2. —

Henoticon oder Rede von der Einheit Deutschlands. Germanien [Leipz.] 1814. V: *Wagner, Gottl. Heinrich Adolph.* (Wr) (Ky) (GGr) (NN)

Henotikon, oder Rede von d. Einheit Deutschlands. Germanien 813. (Leipz., Joachim). 4 gr.

[J.] Henoumont, E [Hauptmann a. D.]: Unser Kaiser. (Gedicht.) Düsseldorf, gedr. bei A. Bagel, *1891*; S. 48; 4°
Düsseldorf, HB, OP 1891 (489)

Henoumont, Edm., s.: Barbarossa.

— ausgewählte Dichtungen. gr. 8. (V, 105 S. m. Abbildgn. u. 1 Bildnis.) Köln 893. J. G. Schmitz. n. 2. 50; geb. in Halbleinw. n. 3. —

Henoumont, Edm., Erika. Düsseldorfer Malkasten-Tragödie in 5 Aufzügen. 8. (77 S.) Leipzig 882. Mutze. n. 1. —

Henoumont, Edm., Alicens Rache. Lustspiel in 5 Aufzügen. 8. (77 S.) Düsseldorf 874. Schaub. n. 1. 50

—— Suum cuique. Lustspiel in 3 Aufzügen. gr. 16. (102 S.) Düsseldorf 869, Schaub'sche Buchh. *

Henoumont, Edm., vier Theaterstücke. gr. 8. Leipzig 876, Mutze. 1 50
Inhalt:
Graf v. Gleichen. Dramatisches Rittermährchen in 4 Aufzügen. (61 S.) — Mylord Durchlaucht. Lustspiel in 1 Aufzuge. (32 S.) — Fürstin Dorothea. Zeit- und Charakterbild in 2 Aufzügen. (36 S.) — Frau Käthchen's Allenten. Lustspiel in 1 Aufzuge. (22 S.)

Henri et Mari, ou les Orphelins, suivi de le soir de Noël. Traduction de l'Allemand. 8. Freib... Waizenegger. 5/8 Thlr.

Henri, le pauvre, ou le jeune pelérin, et le joueur de harpe. Imité de l'allemand. 12. (Mit 2 Bildern.) Strasbourg et Paris 842, Vve. Levrault. geb. 6¼ ngr — Color. ¼ Thlr.

Henri [Name engl. Könige]
s. Henry. (10. 4474 4

Henri de Luxembourg, s. Hermann von Luxemburg.

HENRI, Dr. d' (ps.), Geheimnisse der Prostitution. Enthüllungen aus dem Leben der Bohême galante aller Länder. Leipzig, Verlags-Anstalt, 1871. Gr. 8°. (3 Kr. Halm & Goldmann. 1907; 3 Mk. F. Waldau, 1907.)
158 S. (incl. Tit. u. 3 Bll. Inh.). Illustr. Umschlag.

Henri, (A.,) Choix des plus jolis contes arabes etc., s. Choix.

Henri, A., die pariser Zigeuner, s. Schrader.

Henri, Clem., Flammentod! Lex.-8. (III, 54 S.) Berlin 892. (M. Pasch.) 1. 50

— Urania. Gedichte. 12. (IV, 79 S.) Dresden 892. E. Pierson. n. 2. —; geb. in Leinw. m. Goldschn. n. 3. —

Henri, Victor: Über die Lokalisation der Tastempfindungen. *Berlin: Reuther & Reichard 1897.* (73 S.) 8° ¶[Erschien vollständig 1898 im gleichen Verlage u. d. T.: Über die Raumwahrnehmungen des Tastsinnes ...]
Göttingen, Phil. Diss. v. [20. Nov.] 1897

Über die Raumwahrnehmungen des Tastsinnes. E. Beitr. z. experiment. Psychologie v. Dr. Victor Henri. *Berlin: Reuther & Reichard 1898.* (XII, 228 S.) 1 Bd 8. (97. 5909

Henriade, la, voyez Voltaire.

Henriade, La, travestie, en vers burlesques ... Berlin 1765. V: *Fougeret de Montbron, N.* (Milchs) (BrMm)

Henriade, Die neue. Der neuen Henriade erster Theil. Gedicht ... Zeitz 1844. V: *Hesekiel, George.* (Ky)

Henriade, der neuen, 1. Thl., s. Hesekiel.

Henriade, der neuen, erster Theil. Gedicht v. G(eorge) H(esekiel). gr. 8. Zeitz 844, Schieferdecker. ¼ Thlr.

Henric-Petri, Jacob / [1593–1660]. Der Statt Mülhausen Historien von Stattschreiber J' H'-P' (Anno 1626). Supplément du Bulletin du Musée historique (de Mulhouse, [15e–19e Année,] 1890–1895). gr.-8. Mulhouse 1896.

Henric-Petri, Jac., der Statt Mülhausen Historien, m. 23 Taf. u. Beilagen in Lichtdr., darunter 12 Orig.-Compositionen v. Carl Spindler. gr. 8. (285 S.) Mülhausen i/E. 896. C. Bahy. n. 16. —

Henrich und Emma. Stralsund und Leipzig 1753. V: *Prior, Matthew.* (Wukadinovic, Prior 1895, S. 44—47) (Zeitschr. f. Büch. 1923, S. 88)

Henrich: Der Personalkredit d. ländl. Grundbesitzes im preuß. Saargeb., s. Brüggemann.

Henrich, s.: Zuwachssteuer, die.

Henrich, A., Laura, die Sozialistenbraut, od. die soziale Frage praktisch gelöst. 2., verm. Aufl. 8. (IV, 156 S.) Hamburg 891. J. G. Oncken Nachf. — 75

Henrich, A., V. D. M., d. schöne Sepp, s.: Saunders, Miß Marshall.

[J.] Die verlorne Tochter. Nach d. Engl. bearb. v. A. Henrich. *Hamburg: J. G. Oncken Nachf. (1893).* (32 S.) 1 Bd 8. (93. 3564

Henrich, A., die Wallfahrt nach Zionsthal, od. das Suchen u. Finden e. Seele, die sich nach dem Frieden Gottes u. der Gemeinschaft seines Volkes sehnt. 2. verb. Aufl. gr. 16. (VIII, 236 S.) Hamburg 871. J. G. Oncken. n. 1. —

Henrich, A., wie können wir die deutsche Jugend in Amerika f. Haus u. Kirche erhalten. Mit 6 schönen (eingedr. Holzschn.-)Vignetten ausgestattet. gr. 16. (59 S.) New-York 876. (Philadelphia, Schäfer & Koradi.) n. 1. —

Henrich, Adolf Kants Deduktion der reinen Verstandesbegriffe. 59 S. 8. Progr. *Emmerich* 1885.

Henrich, Adolf (geb. am 26 Dez. 1850 in Montabaur): Bern's Einfluss auf die Genfer Reformation ... Emmerich, J. L. Romen'sche Buchdr. (1877). 2 Bl., 72 S., 1 Bl. 8.
Bonn, Phil. Fak., Diss. v. 16 Apr. 1877

Henrich, Adolf Berns Stellung zur Genfer Reformation 1535—1538. 50 S. 8. Progr *Emmerich* 1879.

Henrich, Albertine
Der alte Fritz. Novelle. Von Paul Stein [d.i. Albertine Henrich]. Stuttgart 1859.
In: Hausblätter. Bd 2.

Henrich, Albertine
Das Versprechen der Treue. Dorfgeschichte. Von Paul Stein [d.i. Albertine Henrich]. Stuttgart 1857.
In: Hausblätter. Bd 1.

Henrich, Anton, a. Coblenz: Joseph von Goerres. Seine Sprache und sein Stil. [Bonn] 1907: E. Eisele. (62 S.) 8°
Bonn, Phil. Fak., Ref. Litzmann, Diss. v. 5. März 1907
[Geb. 16. März 84 Coblenz; Wohnort: Coblenz; Staatsangeh.: Preußen; Vorbildung: Kaiserin-Augusta-Gymn. Coblenz Reife O. 02; Studium: Heidelberg 1, Münster 1, München 1, Berlin 2, Bonn 4 S.; Rig. 2. Febr. 07.]

Henrich, Bern. De C. Julii Caesaris in Gallia militia. Pars I. (II) 4. Coblenz, Progr. 1846

Henrich, C., der Kopfschmerz. Dessen sichere u. gefahrlose Heilung, durch eine Heilmethode, die unter genauer Befolgung der angegebenen Regeln jedesmal, meist schon in kürzester Zeit, volle Genesung in sichere Aussicht stellt. 8. (32 S.) Hamburg 852, Th. Niemeyer. 1/6 ₰

Henrich, C., der Kopfschmerz. Dessen sichere und gefahrlose Heilung durch eine Heilmethode, die unter genauer Befolgung der angegeb. Regeln jedes Mal, meist schon in kürzester Zeit volle Genesung in sichere Aussicht stellt. 4. (Titel-)Aufl. 8. (23 S.) Hamburg (852)70, Verlags-Comptoir.

Henrich, Daniel, Erinnerungen an Albrecht Huett, aus seinem eigenhänd. Tagebuche u. aus sichern Quellen geschöpft. gr. 8. (96 S. m. 1 lith. Taf. in 4.) Hermannstadt 847, v. Hochmeister. 1/3 ₰

Henrich, E. W., Handbuch f. praktische Postbeamte. Enth. die allgemeine Dienstanweisg. f. Post u. Telegraphie im Auszuge. 2. verm. Aufl. 12. (XII, 446 S.) Dresden 899. G. Kühtmann. Geb. in Leinw. n. 2. 50 u. durchsch. n. 3. 50; feine Ausg., geb. in Leinw. n. 3. 50

— dasselbe. 2. Aufl. Nachtrag, enth. A. Aenderung des Postgesetzes, Telegraphenwege-Gesetz, nebst Ausführungsbestimmgn., Fernsprechgebühren-Ordng., nebst Ausführungsbestimmgn. u. Bestimmgn. üb. Fernsprech-Nebenanschlüsse, Personalverhältnisse, B. Aenderung im Posttaxwesen, im Post- u. Telegraphenbetriebsdienst, der Invaliden- u. Altersversicherungsbeiträge. Abgeschlossen Mai 1900. 12. (95 S.) Ebd. n. — 50

— dasselbe. Enth. die allgemeine Dienstanweisg. f. Post u. Telegraphie im Auszuge. 3. verm. Aufl. schmal 8. (XVI, 536 S.) Ebd. 903. Geb. in Leinw. n. 3. —

Henrich's (E. W.), Handbuch f. praktische Postbeamte, gleichzeitig Hilfsmittel zur Vorbereitg. auf die Postassistenten- u. Postsekretär-Prüfg. Enth. die allgem. Dienstanweisung f. Post u. Telegraphie im Auszuge. Neu bearb. v. Fritz Vilich. 5., verm. Aufl. (XVI, 676 S.) kl. 8. Dresden 906. G. Kühtmann.
Geb. in Leinw. n. 3. 60 u. durchsch. n. 4. 60
4. Aufl. (XV, 560 u. 45 S.) 904. n. 3. —; durchsch. n. 4. —

Henrich's Handb. f. prakt. Postbeamte, gleichzeitig Hilfsmittel zur Vorbereitg. auf die Postassistenten- u. Postsekretär-Prüfg. Enth. d. allgem. Dienstanweisg. f. Post u. Telegraphie im Auszuge. Neu bearb. v. Fritz Vilich. 6., verm. Aufl. (XXV, 761 S.) kl. 8. Dresden 908. G. Kühtmann.
Geb. in Leinw. 3.60 u. durchsch. 4. 60

Henrich, Emil, Dr.: Die sogenannte polare **Ausdrucksweise** im Griechischen. *Neustadt a. H. 1899: Aktien-Druckerei.* (31 S.) 8°
Neustadt a. d. H., k. humanist. G, P 1899*

Henrich (F.), Ueber Einlagerungen von Kohle im Taunusquarzit. (Sep.-Abdr. Zeitschr. d. D. geolog. Gesellsch. 1901.) 8.

Neuere theoretische Anschauungen auf dem Gebiete der organischen Chemie. Von Dr. Ferdinand **Henrich**, Prof. Mit 7 Abb. Braunschweig: F. Vieweg & Sohn 1908. (XIV, 294 S.) 8° [08. 16333

Henrich, Ferdinand *August Karl* [aus Wiesbaden]: Beiträge zur Kenntnis der Semidine ... Heidelberg, Univ.-Buchdr. v. Ph. Wiese, 1894; 2 Bl., 48 S., 1 Bl. 8.
Heidelberg, Naturw.-math. Fak., Inaug.-Diss. v. [23. Febr.] 1894

– Über Derivate des Amidoorcins. S. 107. IIb. 532.
Separatabdruck

Henrich, Ferdinandvs (geb. am 8 Okt. 1846 in Koblenz): De Wenceslai regis Romanorvm electione ... Bonnae, typ. Carthavsianis (1868). 2 Bl., 94 S., 1 Bl. 8. ¶ Erschien zugleich selbständig bei Cohen & Sohn in Bonn.
Bonn, Phil. Fak., Diss. v. 28 März 1868

Henrich, Ferd., de Wenceslai regis Romanorum electione commentatio historica. gr. 8. (III, 94 S.) Bonn 868, Cohen und Sohn. *

Henrich, Ferdinand, appr. Arzt a. Coblenz: (Aus der inneren Abteilung des St. Marien-Krankenhauses zu Berlin; Oberarzt: Dr. Ed. Reichmann.) Ein Fall von beginnender Akromegalie. Bonn 1906: C. Georgi. (43 S.) 8°
Bonn, Med. Fak., Ref. Schultze, Diss. v. 31. Jan. 1906
[Geb. 31. Juli 81 Coblenz; Wohnort: Coblenz; Staatsangeh.: Preußen; Vorbildung: Kaiserin Aug.-Gymn. Coblenz Reife O. 00; Studium: Heidelberg 4, Straßburg 1, Berlin 5 S.; Coll. 31. Jan. 06; Approb. 1 Nov. 05.]

– Über den Glutakonsäureester. I. (mit 2 Textfiguren). S. 108 IIb. 273.
Separatabdruck

– Über die Konstitution des Mononitrosoorcins. S. 110. IIb. 114.
Separatabdruck

Henrich, F., Lehrbuch der Arithmetik und Algebra mit zahlreichen Aufgaben und Anwendungen für Gymnasien, Realschulen und zum Selbstunterrichte. gr. 8. (X, 230 S.) Wiesbaden 870, Limbarth. *M 2,40.; geb. *

—— dass. — Resultate dazu. gr. 8. (80 S.) Ebendas. 872. *

Henrich, Ferd., Lehrbuch der Arithmetik und Algebra mit zahlr. Aufgaben und einem Anhang, der systematisch geordnete Gleichungen enthält, für höhere Lehranstalten und zum Selbstunterricht. 2. umgearb. und erweit. Aufl. gr. 8. (VIII, 288 S.) Wiesbaden 886, Limbarth. *

—— Lehrbuch der Krystallberechnung. Mit zahlreichen Beispielen, die mit Hilfe der sphär. Trigonometrie auf Grund einer stereograph. Projection berechnet wurden. gr. 8. (XV, 300 S. mit 95 in den Text gedr. Fig.) Stuttgart 886, Enke. *

—— Lehrbuch der ebenen Trigonometrie und Polygoniometrie mit zahlreichen Aufgaben und Anwendungen für Gymnasien, Realschulen und zum Selbstunterrichte. gr. 8. (VIII, 128 S. mit 49 in den Text eingedr. Holzschn.) Ebendas. 870. *

—— Lehrbuch der sphärischen Trigonometrie mit zahlreichen Aufgaben und Anwendungen für Gymnasien, Realschulen und zum Selbstunterrichte. gr. 8. (VIII, 123 S. mit 27 in den Text eingedr. Holzschn.) Ebendas. 870. *

Henrich, Ferdinand, Dr.: Über zwei Modifikationen des Mononitrosoorcins. S. 106. IIb. 155.
Separatabdruck

Henrich, Ferdinand, Dr., Privatdoz. an d. k. k. Univ. zu Graz; Ueber die negative Natur ungesättigter Radikale. *Erlangen 1900: F. Junge.* (55 S.) 8°
Erlangen, Phil. Hab.-Schr. v. [27. Nov.] 1901

Henrich, *Ferdinand* [Prof.]: Die stereographische Projektion und ihre Anwendung in der Krystallographie. Wiesbaden, Buchdr. v. C. Ritter, 1897; 1—16 S., 2 Taf. 4.
Wiesbaden, k. RG, P 1897 (427)

Henrich, Ferd., über die Radioaktivität der Wiesbadener Thermalquellen. (S. 87—100.) gr. 8. Wiesbaden 905. J. F. Bergmann. n. — 60
Sonderabdruck aus: „Jahrbb. d. nass. Ver. f. Naturkde."

Henrich, F., Resultate zu dem Lehrbuch der Arithmetik u. Algebra. gr. 8. (30 S.) Wiesbaden 872. Limbarth. n. — 50

– und Wirth, A.: Über Stereoisomerie bei den Oximen des Dypnons (Diphenyl-1-Methylpropenons-3) (mit 1 Textfigur). S. 113. IIb. 58.
Separatabdruck

— Tabellen zur qualitativen chemischen Analyse. gr. 8. (13 Tab. in qu. 4.) Wiesbaden 886. Limbarth. cart. n. 2. —

– Untersuchungen über die Thermalquellen von Wiesbaden und deren Radioaktivität.
1. Mitteilung (mit 6 Textfiguren). S. 113. IIb. 1091.
– – 2. Mitteilung (mit 1 Textfigur). S. 115. IIb. 1075.
Separatabdruck

Henrich, F., Vorträge über Geologie. 3 Hfte. Mit (eingedr.) Holzschn. gr. 8. (VIII, 346 S.) Wiesbaden 877. 78. Bischkopff. n. 4. 80

Die Unterschiede zwischen alter und neuer Rechtschreibung. Zsgest. von Fr. Henrich. Wetzlar 1902: F. Schnitzler Wwe. & Kinder. (24 S.) 8° [F.] [03. 3689

Henrich, Georg [app. Arzt aus Homburg v. d. H.]: Untersuchungen über die Anlage des Grosshirns beim Hühnchen ... München, J. F. Lehmann, 1897; 42 S. 8.
München, Med. Fak., Inaug.-Diss. v. 1897

Henrich, Gust., das Pfandbrief-Geschäft vom Standpunkte der Buchhaltung. gr. 8. (36 S.) Hermannstadt 892. Michaelis & Seraphin. n. 1. —

Henrich, Hedwig, Tod und Feuerbestattung. Vortrag, gehalten am 16. Septbr. 1883 in der Freidenkergemeinde Stuttgart. gr. 8. (13 S.) Stuttgart 886, (Metzler'sche Buchh., Sortiment.) **

Henrich, Hedwig, Virginia. Trauerspiel. (Den Bühnen gegenüber als Mscr.) Mit einem Anhange von Gedichten. gr. 16. (164 S.) Stuttgart 853, Metzler'sche Buchh.

Henrich, J., deutsches Sprach- u. Aufsatzbuch f. die mittleren u. oberen Klassen der Elementarschule. Mit besonderer Berücksichtigung der preuß., ministeriellen Bestimmungen vom 15. Oktbr. 1872 bearb., u. auch für die Hand des Schülers eingerichtet. 8. (IV, 87 S.) Neuwied 878. Heuser's Verl. n. — 50

Henrich, Karl, a. Wiesbaden: Nachweis der elektrostatisch ponderomotorischen Wirkung der Induktion. Marburg 1910: Friedrich. 40 S. 8°
Marburg, Phil. Diss. v. 30. Mai 1910, Ref. Richarz
[Geb. 30. Mai 85 Gusternhain; Wohnort: Marburg; Staatsangeh.: Preußen; Vorbildung: Realgymn. Wiesbaden Reife O. 05; Studium: München 3, Leipzig 1, Marburg 6 S.; Rig. 26. Febr. 10.] [U 10. 3361

Henrich, Karl Emil [aus Reichenbach (Rheinpfalz)]: Über das Pentathlon der Griechen ... Würzburg, J. M. Richters Buch- u. Kunstdr., 1892; 80 S. 8.
Erlangen, Phil. Fak., Inaug.-Diss. v. 1892

Henrich, Konrad

Henrich, K., d. finanz. Verwaltg. d. öffentl. Vermögen m. bes. Berücksicht. d. Rechnungswesens d. Staates, d. Gemeinden, Kirchen u. Stiftgn. im Großherzogth. Hessen. Ein Leitfaden f. d. Candidaten d. Finanzfaches z. Vorbereitg. f. d. Staatsprüfg., sow. f. Verwaltungs- u. Kassebeamte z. Einführg. in d. Praxis. gr. 8. (VII, 216 S.) Darmstadt 896. Gießen, E. Roth. n.n. 9. —; geb. in Leinw. n.n. 10. —

Henrich, K., die finanzielle Verwaltung der öffentlichen Vermögen m. besond. Berücksicht. des Rechnungswesens des Staates, der Gemeinden, Kirchen u. Stiftungen im Großherzogth. Hessen. Ein Leitfaden f. die Candidaten des Finanzfaches zur Vorbereitg. f. die Staatsprüfg., sowie für Verwaltungs- u. Kassebeamte zur Einführg. in die Praxis. Anh.: Enth. die Aendergn. der Bestimmgn. üb. das Etats-, Kasse- u. Rechnungswesen von 1896 bis 1900. gr. 8. (IV u. S. 217—276.) Gießen 901. E. Roth. n. 2. —; zum Hauptwerk unentgeltlich.

Die finanzielle Verwaltung der öffentlichen Vermögen mit bes. Berücks. d. Rechnungswesens d. Staates, d. Gemeinden, Kirchen u. Stiftungen im Grossherzogt. Hessen. Ein Leitfaden. Bearb. von K[onrad] **Henrich**. 2. Aufl. Mit Anh.: Enth. d. Aenderungen d. Bestimmungen über d. Etats-, Kasse- u. Rechnungswesen von 1896–1900. *Giessen: E. Roth 1901.* (VII, 276 S.) 8° [F.] [04. 9318

Henrich, L., die Reform der direkten Steuern, insbesondere die Einführung der Selbsteinschätzung in Preußen. Ein Mahnwort an die preuß. Landtagswähler. gr. 8. (IV, 80 S.) Berlin 888. C. Heymann's Verl. n. 1. –

— dasselbe. 2., durch e. Nachtrag verm. Aufl. gr. 8. (IV, 89 S.) Ebd. 889. n. 1. 20

Henrich, L. Die Reform der direkten Steuern, insbesondere die Einführung der Selbsteinschätzung in Preußen. Ein Mahnwort an die preuß. Landtagswähler. 2. durch e. Nachtrag verm. Aufl. gr. 8. (IV, 89 S.) Berl. 889, C. Heymann. * 1 20

Henrich, L. Die Reform der direkten Steuern und die Reformvorschläge des Herrn Abg. von Eynern. Vortrag, geh. zu Köln am 14. December 1889. 8°. Köln 1889.

Henrich, M.: Grubenholzpreistabelle. Recklinghausen 1897. 58 S.

Henrich, Otto, a. Emmerich: Aus der Medizinischen Klinik der Universität (Direktor: Geheimrat Schultze). Ueber das Wesen des Morbus Basedowii und seine spezifische Behandlung. Bonn 1907: E. Eisele. (71 S.) 8°
Bonn, Med. Fak., Ref. Schultze, Diss. v. 16. Apr. 1907
[Geb. 29. Mai 83 Emmerich; Wohnort: Bonn; Staatsangeh.: Preußen; Vorbildung: Kaiser-Wilhelms-Gymn. Trier Reife O. 01; Studium: Bonn 5, München 1, Bonn 3 S.; Coll. 6. April 07; Approb. 1. April 07.]

Henrich, R., die freie Arztwahl im Deutschen Reiche. gr. 8. (III, 59 S.) München 898. Staegmeyr. n. 1. 50

Henrich, Richard: Zur Kenntnis des Methylnonylketons. Amorbach 1910: Volkhardt. 70 S. 8°
Gießen, Phil. Diss. v. 3. Aug. 1910, Ref. Elbs
[Geb. 25. März 81 Darmstadt; Wohnort: Gießen; Staatsangeh.: Hessen; Vorbildung: Oberrealsch. Darmstadt Reife O. 01; Studium: Darmstadt Techn. Hochsch. 5, Gießen 10 S.; Rig. 17. Juli 09.] [U 10. 1280

[F.] **Henrich,** Rudolf: Schulpflicht und Lehrplan der bayerischen Volksschule ... München, J. Schweitzer, 1893; 2 Bl., 24 S. 8.
Erlangen, Jur. Fak., Inaug.-Diss. v. 1893

Henrich, Thdr., preisgekrönte pädagogische Aufsätze. gr. 8. (III, 132 S.) Wiesbaden 890. Bechtold & Co. n. 1. 50

— wie erzieht der Lehrer zur Wahrheitsliebe? gr. 8. (47 S.) Ebd. 889. n. — 75

Henrich-Wilhelmi, Frau Hedwig. Der Begriff der Gotteslästerg. Vortrag, geh. in der freireligiösen Gemeinde zu Berlin. Bericht über Verhaftung, Steckbrief u. Verurtheilung von Frau Henrich Wilhelmi. 8. (21 S.) Berl. 891, (Rubenow). — 15
Vgl.: Blanck, stellt sich d. Christentum auf die Seite d. Kapitals od. d. Arbeit?

— ist Religion Privatsache? Vortrag. gr. 8. (15 S.) Ebd. 894. n. — 20

Henrich-Wilhelmi, Hedwig, leibliches u. geistiges Proletariat. Vortrag. gr. 8. (15 S.) Leipzig 895. E. Wiest Nachf. — 10

Henrich-Wilhelmi, Hedwig: Das Recht der Frauen zum Studium und ihre Befähigung für alle Berufsarten. — Berlin: Rubenow [1894]. 40 S. 8°

Henrich-Wilhelmi, Hedw., eine Sünderin. Drama in 5 Akten. (78 S.) 8. Leipzig (896). Berlin, A. Hoffmann. n. 2. —

— der freie Wille. Vortrag gr. 8. (15 S.) Reichenberg 894. Verl. der „Zeitschwingen" (J. Beranek). n. — 15

Henrichs, H. [app. Arzt aus Rees a. Rh.]: Aus d. med. Klinik d. Herrn Geheimrat Prof. Dr. Riegel in Giessen. Ueber die Behandlung des Diabetes mellitus mit Syzygium Jambulanum. ... Giessen, C. v. Münchow, Univ.-Buch- u. Steindr., 1891; 25 S. 8°
Giessen, Med. Fak., Inaug.-Diss. v. 1891

Anweisung zu neuen Evolutionen oder Entwurf eines tactischen Lehrbuchs für leichte Infanterie v. Hermann **Henrichs.** Flensburg. 1795. 8°.

Henrichs, Herm., Anweis. zur neuen Evolution oder Entwickel. e. takt. Lehrbuchs für leichte Infanterie. Mit Pl. u. Kpf. 8. Schlesw. 795. (Hammerich in Alt.) 1 ß

Henrichs, H., Anweis. z. n. Evolution. od. Entw. e. takt. Lehrb. für leichte Infant. m. K. 8. Schleswig, Christiani. 795.

— (s.a.Geschichte d. Prinzen Heraklius.

(**Henrichs, H.**) Geschichte des Prinzen Heraklius und des gegenwärtigen Zustandes von Georgien. 8. Schleswig, Altona 1793. 0,50.

Henrichs, Carl: Zur Casuistik der Haematome der dura mater. (Haematom mit Verkalkung der Wandungen.) Halle 1883: Karras. 27 S. 8°
Halle-Wittenberg, Med. Diss. v. 26. Mai 1883
Geb. Osnabrück 28. 5. 1858. V.

Henrichs, L., vorbereitender Unterricht in der französ. Sprache. I. Cursus. 8. (IV und 98 S.) Stade 845, Pockwitz. *

Geschichtliche Aufsätze. Nach archival. Quellen bearb. von L[eopold] **Henrichs,** Pfarrer. *Geldern: Ch. E. Müller 1899.* (115 S.) 8° [Umschlagt. F.]

Die Bruderschaft des h. Antonius und h. Odulphus in Emmerich. Ein Beitrag z. Geschichte d. Stadt Emmerich. Von Leop[old] **Henrichs,** Pfarrer. Emmerich: Gesellsch. f. Buchdr. & Zeitungsverl. 1910. 128 S. 8°

Zur Geschichte von Emmerich u. Umgegend. Von L[eopold] **Henrichs,** Pfarrer in Dornick. Emmerich. Ges. f. Buchdr. u. Zeitungsverl. 1904. 220 S. 8° [Umschlagt.]

Geschichte der Stadt und des Landes Wachtendonk. Im Zusammenhang m. d. Landesgeschichte dargest. von Leopold **Henrichs,** Pfarrer. Bd 1, (H. 1). Huls-Crefeld Mayer & Kaltenmeier 1910. 8°

Der Grund- und Schirmherr von Straelen. Von L[eopold] **Henrichs,** Pfarrer. *Geldern [1896]: L. N. Schaffrath.* (24 S.) 8° [F. u. Ant.]

Die Mark Straelen und ihre zugehörigen Orte. Von L[eopold] **Henrichs,** Pfarrer. *Geldern: L. N. Schaffrath 1899.* (63 S.) 8° [F.]

Henrichs, Ludwig

Henrichs, L., unser Bekenntnis zu Jesus. Vortrag. (16 S.) 8. Geisweid (909). Verlagshaus der deutschen Zeltmission. — 15

Das Blut Jesu Christi unsere Heiligung. Von L. **Henrichs.** Geisweid i. W.: Deutsche Zelt-Mission [um 1907]. (16 S.) 8° [F.]

Henrichs, L., Glaubensleben. 6 Vorträge üb. Hebräer 11. (59 S.) kl. 8. Gotha (904). Missionsbuchh. P. Ott. n. — 40

— Das reine Herz. (Ein brüderl. Austausch.) (24 S.) 8. Ebd. (910). — 10

Die Macht des Gewissens. Evangelisationsvortrag von L. **Henrichs,** Pred. Geisweid i. W.: Zelt-Missions-Buchh. [um 1907]. (16 S.) 8° [F.]

— Gottes Plan f. uns. Leben. 2. Aufl. (32 S.) 8. Ebd. (910). — 25

Henrichs, L., Schritte auf dem Glaubensweg 12. (VII, 177 S.) Gotha (902). Missionsbuchh. P. Ott. n. 1. 20

Wer ist Jesus? Von L[udwig] **Henrichs.** Geisweid i. Westf.: Deutsche Zelt-Mission [1908]. (29 S.) 8° [F.]

— wie empfange ich den Segen? (18 S.) 8. Ebd. 904. n. — 12

Düstere Wolken. Vortrag von L. **Henrichs,** Pred. Geisweid i. W.: Zelt-Missions-Buchh. [1903]. (15 S.) 8° [F.]

Henrichs, Reiner Theodor *Heinrich* [pr. Arzt]: Acutes angioneurotisches Oedem und Riesenurticaria ... Greifswald, Druck v. J. Abel, 1897; 23 S. 8.
Greifswald, Med. Fak., Inaug.-Diss. v. 11. Mai 1897

Henrichsen, Albert [aus Munster (Westfalen)]: Über Syphilis hereditaria tarda .... Wurzburg, Paul Scheiner's Buchdr., 1887; 31 S. 8°.
Wurzburg, Med. Fak., Inaug.-Diss. v. 1887.

Henrichsen, Albert, über Syphilis hereditaria tarda. Diss. Würzburg 1887. Stahelsche Buchh. 8°. 31 S.

Henrichsen, Albert Julius Ferdinand

Henrichsen, A. J. F.: Des C. Cornelius Tacitus Agricola lat. u. deutsch mit kritischen Anmerkungen. 2. Hälfte 1. Th. als Fortsetzung von 1858. 48 S.– Altona Christ., Progr. 1871.

—— Th. Mommsen's Sendschreiben: „Die Annexion Schleswig-Holsteins" beleuchtet. 2., revid. Aufl. gr. 8. (38 S.) Altona 865, Mentzel.

De consilio et arte convivii Xenophontei ejusque cum Platonico necessitudine (scripsit) Albert Julius Ferdinand Henrichsen. Flensburg. 1840. 4°. Gymn.-Progr.

Henrichsen, A. J. F., de consilio et arte convivii Xenophontei ejusque c. Platonico necessitudine. Dissert. 4. (5¾ B.) Flenopoli 840. (Dessau, Aue.)

Henrichsen, A. J. F., der Schule Einheit. Ein Vortrag gehalt. am 1. Juni 1850 in der vereinten Conferenz der Gymnasial-, Real- u. Volksschullehrer der Stadt Schleswig. gr. 8. (16 S.) Schleswig 850, Bruhn. 3 ngr.

Alberti Julii Ferdinandi Henrichsenii epistola critica ad Car. Fr. Hermannum de consilio convivii Xenophontei ejusque cum Platonico necessitudine. Slesvici. 1841. 4°. Gymn.-Progr.

Henrichsen, A. J. F., Epistola critica ad Car. Fr. Hermannum, de consilio Convivii Xenophontei ejusque cum Platonico necessitudine. 4. (4 B.) Slesvici 841, Bruhn. ** –

Festrede am Geburtstage Herzog Friedrich VIII. im Saale des Altonaer Bürgervereins gehalten v. Albert Julius Ferdinand Henrichsen. Altona. 1865. 8°.

—— de Fragmento Gottorpiensi Lucretii. 8 maj. (2½ B.) Othiniae 846. (Hamburg, Perthes-Besser u. Mauke.)

– Dass., s.a. Henrichsen, Rud. J. F.

— Schleswig-Holsteins Freud' u. Leid, Lieb u. Pflicht. Festrede am Geburtstage Sr. Hoheit Herzog Friedrich VIII. im Saale des Altonaer Bürgervereins gehalten am 6. Juli 1865. 1. u. 2. Aufl. Ebend. 865. gr. 8. (18 S.) 3 ngr.

Henrichsen, A. J. F., zur gegenwärtigen Lage. Vortrag in der Sitzung des Altonaer Schleswig-Holstein. Vereins gehalten am 24. Febr. 1866. Altona 866. Hamburg, Mentzel. gr. 8. (16 S.) 3 ngr.

Henrichsen, A. J. F., unsere Landessache in Beziehung auf die Kreuz-Zeitung und den Bischof Koopmann. Ein Wort zur Verständigung und Beruhigung. Altona 864. Mentzel. gr. 8. (22 S.) n. 6 ngr.

Marco Joanni Friderico Luchtio Gymnasii Christianei Directori ... suo collegarumque nomine gratulatur Albertus Julius Ferdinandus Henrichsenius. Altonae. 1880. 4°.

— der gegenwärtige Stand der Gymnasialfrage. Rede bei der Feier des Königlichen Geburtstages am 6. October 1859 gehalten. Altona. (Lehmkuhl & Co.) gr. 8. (15 S.) n. 6 ngr.

Henrichsen, A. J. F.: Der lateinische Unterricht auf dem Gymnasium nach Vertheilung und Lehrmethode beleuchtet. 24 S.– Altona, Progr. 1869.

—— über die Verbindung der Gelehrtenschulen und der Realschulen zu Realgymnasien. Eine Schulrede gehalten am 22. März 1850. gr. 8. (16 S.) Schleswig 850, Bruhn's Buchh.

Henrichsen, A. J. F., die königl. preuß. Verordnung vom 11. März; beleuchtet im Lichte der geschichtl. Entwickelung unserer Landessache. Vortrag in der Sitzung des Altonaer Schleswig-Holstein. Vereins gehalten am 17. April 1866. gr. 8 (18 S.) Altona 866, Mentzel.

Henrichsen, A. J. F., des Gymnasiums Weg und Ziel. Antrittsrede gehalten am 26. April 1855. Altona 855. Lehmkuhl u. Co. gr. 8. (15 S.) 4½ ngr.

HENRICHSEN, HUGO. Beitrag zur Kenntniss von der Wirkung der Abführmittel. Kiel, 1884.

Henrichsen, Ida, deutsche Küche. Prakt. Lehrbuch f. die feine u. bürgerl. Küche, in leichtverständl. Anleitgn. u. m. Berücksicht. derjenigen, die noch keine Vorkenntnisse in d. Kochkunst besitzen. Mit Anh.: Freundliche Winke f. d. junge Hausfrau u. Gattin; verschied. Speisenfolgen; Küchenkalender; einige Hausmittel. gr. 8. (XXIV, 343 S. m. Bildn.) Hamburg (901). (C. Kloß.) Geb. in Leinw. n. 9. —

Henrichsen, Jh., prakt., auf mehrjähr. Erfahrung gegründete Anweisung z. Anfertigung der verschiedenartigsten Zigarren. Nebst 10 (eingedruckten) Abbild. 12. Hannover 845, Pockwitz. 1/4 ℛ

Henrichsen, Magnus Friedrich (Ludwigsburg), De commodis et noxis quibusdam ex cultu corporis redundantibus. Diss. med. Präs. Wilhelm Gottfried Ploucquet. Tübing. (Reis & Schmid) Juni 1798. 20 S. (6.—) 14403

Henrichsen, Rud. J. F.

Henrichsen, R. J. F., über die neugriech. oder sogen. Reuchlinische Aussprache der Hellenischen Sprache, eine krit. Untersuchung. Aus d. Dän. übers. von P. Friedrichsen. gr. 8. Parchim u. Ludwigslust 839. Hinstorff. 1 ℛ

Henrichsen, Rud. J. F., de carminibus Cypriis comment. 8 maj. (7 B.) Hauniae 828, (Reitzel.) Thlr.

— s. Cicero, de oratore.

Henrichsen, (R. J. F.,) de Phoenicis fabula apud Graecos, Romanos et populos orientales comment. II. Partic. 8. Kopenh. 825—27, (Reitzel.)

Henrichsen, R. J. F., De fragmento Gottorpiensi Lucretii. Pr. 1846. 87 S.

– Dass., s.a. Henrichsen, Albert Julius Ferdinand

Henrichsen, R. J. F., de fragmento Gottorpiensi Lucretii. 8. (37 S.) Othiniae 847. (Hamburg, Perthes-Besser & Mauke.) n. 1/3 ℛ

—— über d. sogen. polit. Verse bei d. Griechen. A. d. Dän. übers. v. P. Friedrichsen. gr. 8. (8½ B.) Leipzig 839, Engelmann.

HENRICHSEN, WILHELM. Ueber Nitrososulfobenzolsäure und Metamidothiobenzolsulfonsäure. Greifswald, 1882.

Henrici, Christian Friedrich, genannt Picander. [Dresden 1805.] V: *Schilling, Friedrich Gustav.* (MGT)

Henrici

— s. a. **Heinrich(s), Heinrici.**

Henrici, ..., s.a. Frauenzimmer, das illustrirte.

Frauenzimmer
— —, Das illustrirte. Humor. Satire und — Wahrheit (von *Henrici*). Leipzig, Verlag von E. Wengler. 1851. Breit-16⁰. 125 S. (incl. Tit.), 2 S. „zur Erklärung des illustr. Umschlages", 1 S. Druckanz. Vieles in Versen.
— — Dasselbe. Mit 25 Holzschnitten. Ebd. 1853. Breit-16⁰. (1 Mk. 50 Pfg. Leo Liepmannssohn. Berlin, 1906.)

Aus der Geschichte der Niederbergischen Synode. Vortrag am 6. Sept. 1903 von Pfarrer **Henrici** in Schöller. Im Selbstverl. d. Niederberg. Kreis-Synode. (Neviges [1903]: L. Syring.) (48 S.) 8° [F.] 1o8. 8137 5

Henrici, Goslar, s. Renaissance, deutsche.

Henrici, Lebenserinnerungen e. Schleswig-Holsteiners. gr. 8. (VII, 192 S.) Stuttgart 897. Deutsche Verlags-Anstalt. n. 3. —; geb. in Halbfrz. n. 5. —

Henrici, üb. d. Nutz. d. Buchdruckerkunst. 8. Hamb. (Herold, Leipz.) 795.

Henrici, das deutsche Reichsgericht. gr. 8. (32 S.) Jena 886, Fischer. *
Aus: Ihering's Jahrbücher für d. Dogm. des heutigen röm. und deutschen Privatrechts, besonders abgedruckt.

Henrici, Dr., I. Assistent der Klinik: Aus der Ohren- und Kehlkopf-Klinik in Rostock i. M. Die Tuberkulose des Warzenfortsatzes im Kindesalter. Wiesbaden: J. F. Bergmann 1904. (51 S.) 8°
Rostock, Med. Hab.-Schr. v. 1904

Henrici, Ant. Alfr. v., weitere Studien üb. die Volksheilmittel verschiedener in Russland lebender Völkerschaften. Diss. gr. 8. (228 S.) Jurjew (Dorpat) 892. (E. J. Karow.) n. 4. —

[F.] **Henrici,** *August:* Verteilung des botanischen und zoologischen Lehrstoffes am Hagener Realgymnasium und Gymnasium auf Grund der amtlichen Lehrpläne vom Januar 1892. Hagen, Buchdr. v. G. Butz, 1892; 1 Bl., 12 S. 4.
Hagen, RG u. G, P 1892 (369)

Deutsches Flottenbüchlein. Von B. **Henrici**. Mit 27 Ill. Hamm i. W.: Breer & Thiemann [1907]. (IV, 77 S.) 8° [F.] 108. 18370

Henrici C, Betrachtungen über die Grundlagen zu behaglicher Einrichtung. (Zeit- und Streitfragen, Deutsche, Neue Folge 56) Hamburg 1889

Henrici, Chr., Vitae eruditissimor. in re litteraria virorum. Francof. 713. 2 P. 8. 14 gr.

— **M. Christ. Friedrich** (Gera), De episcopo unius uxoris viro ad I. Timoth. III, 2. Diss. theolog. Präs. Johann Georg Walch. Jena (Ritter) 18. XII. 1733. 48 S. (7.—) 14406
Gew.: Heinrich 18. Reuss j. L., M. Christoph Henrici (Langenberg).

Henrici, Christian (Bautzen / Laus.), De praescriptione immunitatis & tributis. Von der Verjährung der Steuren und anderer Obrigkeitl. Anlagen Freyheit. Dissert. jur. Präs. Friedrich Philipp (Leipzig). Lpz. (Joh. Georg) 21. VI. 1688. 30 Bl., tlws. dtsch. (8.—) 14404

— — Dasselbe. Wittbg. (Hake) 1745. 78 S. (7.50) 14405

PICANDER (d. i. *Christian Friedr. Henrici*, geb. 14. Jan. 1700 zu Stolpen, studierte in Wittenberg, trat 1727 ins Post- und bald in das Steuerfach, † als sächs. Kreis-Landsteuer- und Stadt-Tranksteuer-Einnehmer, Oberhofkommissär und Kommissionrath in Leipzig am 10. Mai. 1764. — Goedeke III, 352, 18: „Er hatte das Unglück, seiner Plattheit durch rohe Schlüpfrigkeit aufhelfen zu wollen. Elender Nachahmer Günthers." — S. auch Wolfg. Menzel, Deutsche Dichtung, Bd. II. Stuttgart 1859, S. 475—477; Flossmann, Paul, Picander. (Lpz.) Inaug.-Diss. Liebertwolkwitz, Druck von Franz Zeugner, 1899. Gr. 8⁰. 121 S. (incl. Tit.), 1 Bl. Inh., 1 Bl. vita. Tüchtige Monographie. —

L'Art de baiser, Das ist, Die Kunst zu küssen, Nebst einem Unterricht von allen dabey vorfallenden Umständen, aus d. Frantzös. ins Teutsche übersetzt. Bey der M. und P. Hochzeit, Leipzig d. 6. Martii 1726. (Vf. *Chrn. Friedr. Henrici* = *Picander* ps., 1700—64.)

— — Dasselbe mit d. Titel: Der Spaß, oder die Kunst zu küssen. Amathunt 1764. 8⁰. 10 Bll.

— — Briefe. Aufgefangener (in Versen) I.—III. Pacquet. (Satyr.-pikante Klatschereien.) Mit Kpfrn. O. O. 1723. 8⁰.
Bibl. Loescheri, III. Dresd. 1751. p. 134.

— — Dasselbe. 4 Pacquete. Mit 4 Kpfrn. (In Picanders Gedichten. Th. 1. Leipzig 1727. S. 477—520. Ohne Absetzung der Verszeilen.)

PICANDER (d. i. *Chrn. Frdr. Henrici*, 1700—64), Unbestellte Briefe, welche an dem N. N. und N. N. Hochzeit-Tage eröffnet und verlesen werden. Halle den 30. August 1730. Leipzig. 8⁰. 8 Bll. (2 Mk. Frdr. Klüber, München, 1898.)

— — Das Einmahl Eins biss auf Dreissig cum notis variorum, bey der N. N. u. N. N. Hochzeit zum Druck befördert. Halle, d. 30. Aug. 1730. Leipzig, o. J. 8⁰. 8 Bll. (2 Mk. Frdr. Klüber, 1898.)

EXTRACT von allerhand Nouellen, in gebundener Rede (von *Chrn. Friedr. Henrici* = *Picander* ps.). 42 Stücke (cplt.). O. O. u. J. (Leipzig, c. 1730). 4⁰. (15 Mk. Ludolph St. Goar, 1886.)
Enth. Anekdoten u. Erzähl. in pikanten Versen. St. 1—6 war schon in Th. 1 von Picander's Gedichten. Leipzig 1727. Gr. 8⁰. S. 521—566. Cplt. sehr rar! Siehe auch Picander.

— — *Picanders* Gedancken von Hochzeit-machen, bey der N. N. u. N. N. Heyrath entworffen. Gera, d. 19. Sept. 1730. Leipzig, o. J. 8⁰. 8 Bll. (2 Mk. der Vorige.)
Auch in Picander's Gedichten. Th. 3. Leipzig 1732. S. 409—421: Gedanken von Hochzeit-machen, bey der K. und P. Hochzeit in Gera, d. 19. Sept. 1730.

* — — *Picanders* Ernst-Schertzhaffte und Satyrische Gedichte. Mit (6 sehr curiosen) Kupffern u. 1 Bl. Musiknoten. (Th. 1.) LEIPZIG, In Commission zu haben bey Boetio. Anno 1727. Gr. 8⁰. (In Berlin: Yk 4001; auch in Breslau, Kgl. u. Univ.-Bibl.: Litt. Teut. II, 8⁰ 889 b.) (6 Mk. L. Rosenthal, 1906; 10 Mk. K. W. Hiersemann, 1896. Derselbe notirt Th. 1—3, ebd. 1727—32, mit 10 Kpfrn., mit 20 Mk., 1896.)

Erste Ausgabe dieser schlüpfrigen Reimereien.

Titelkpf., 4 Bll. Vorst. (incl. Titel in Roth- u. Schwarzdruck), 566 S. u. 5 Bll. Reg. — Unter der Vorr. unterz. sich der Verf. mit seinem wirklichen Namen: *Christian Friedrich Henrici*, Stolp. Misn. In Einzeldrucken erschien u. a. schon früher: L'Art de baiser, das ist, Die Kunst zu küssen, Nebst e. Unterricht von allen dabey vorfallenden Umständen, aus d. Frantzös. ins Teutsche übersetzt. Bey der M. und P. Hochzeit, Leipzig d. 6. Martii 1726. (In Versen.) S. 434—448. — Aufgefangener Briefe I—IV. Pacquet. S. 477—520. — Extract von allerhand Nouvellen I—VI. Stück. (Frivole Anecdoten u. Erzählungen in Versen.) S. 521—566. — Pauli Caji Institutionum Juris Amatorii Libri IV. Das ist: Die ersten Lehr-Sätze des Rechts der Liebe in vier Büchern aus d. Latein. übers. von Manlio Lucio Ulpiano. Bey der R. u. L. Hochzeit in Leipzig, d. 18. Sept. 1725. (In Versen.) S. 380—403. — Neu revidirte Proceß-Ordnung der Liebe. Bey der K. und R. Hochzeit in Lichtenstein, d. 25. Jan. 1724. (In Versen.) S. 313—317.

* — — Anderer Theil. LEIPZIG, In Commission zu haben bey Boetio. Anno 1729. Gr. 8⁰. (In Berlin: Yk 4004, Th. 2.)

Titkpf., Titel, 1 Bl. Vorr., 564 S. u. 3 Bll. Reg.

Picanders Ernst-Schertzhaffte und Satÿrische Gedichte, Erster [-Vierter und letzter] Theil . . . Leipzig In Commission zu haben bey Joh. Theod. Boetii seel. nachgelassener Tochter, in Durchgange des Rathhauszes Anno 1729-37. [Imprint varies: Vol. 1, Andere Auflage, 1732. Vol. 2, Leipzig In Commission zu haben bey Boetio. 1729. Vol. 4, Leipzig, bey Friedrich Matthias Friesen.]

* — — Dasselbe. Erster Theil, Andere Auflage. LEIPZIG, In Commission zu haben bey Joh. Theod. Boetii seel. nachgelassener Tochter, in Durchgange des Rathhaußes (sic) Anno 1732. Gr. 8⁰. (In Berlin: Yk 4004, Th. 1.)

Titelkpf., 5 Bll. Vorst. (incl. roth u. schwarz gedr. Titel), 566 S., 5 Bll. Reg. — Unter der Dedic. an den Grafen Heinr. v. Brühl (den bekannten sächs. Minister) nennt sich Henrici. — Inhalt stimmt mit der vorigen Ausgabe überein.

* — — Dritter Theil. LEIPZIG, In Commission zu haben bey Joh. Theod. Boetii seel. nachgelassener Tochter, in Durchgange des Rathauses. Anno 1732. Gr. 8⁰. (In Berlin: Yk 4004, Th. 3.)

Titelkpf., 7 Bll. Vorst., 567 S., 9 unbez. S. Reg. Mit 1 großen Kpftafel bei S. 516. — Unter der Dedic. an den Grafen Friedrich Ludwig zu Solms und Tecklenburg nennt sich Henrici.

* — — Anderer Theil. Andere Auflage. LEIPZIG, In Commission zu haben bey Joh. Theod. Boëtii seel. nachgelassener Tochter, im Durchgange des Rathhauses, Anno 1734. Gr. 8⁰. (In Berlin: Yk 4007, Th. 2; auch in Breslau, Kgl. u. Univ.-Bibl.: Litt. Teut. II, 8⁰ 889 c, mit 1 Beid.)

Titelkpf., 2 Bll., 564 S., 3 Bll. Reg.

* — — Dasselbe. Erster Theil. Dritte Auflage. LEIPZIG, 1736. Bey Friedrich Matthias Friesen. Gr. 8⁰. (In Berlin: Yk 4007, Th. 1; auch in Breslau, Kgl. u. Univ.-Bibl.: Litt. Teut. II 8⁰ 889 d.)

Titelkpf., 5 Bll., 566 S., 5 Bll. Reg. Mit Kupfern. Die von Leipzig, Michael-Marckt 1731 dat. Dedicat. u. d. Vorr. unterz. der Verf. mit seinem wirkl. Namen. — S. 380 sq. Pauli Caji Institutionum Juris Amatorii Libri IV. Das ist: Pauli Caji Ersten Lehr-Sätze des Rechts der Liebe in vier Büchern aus d. Latein. übersetzt von Manlio Lucio Ulpiano. — Aufgefangener Briefe 4 Paquete. S. 477—520. — Extract von allerhand Nouvellen 1—6. Stück. S. 521—566.

— — Dasselbe. Andere Auflage. Ebd. 1737. 8⁰. (In Breslau, l. c. II, 889 c. Bb. 2.)

Goedeke, l. c. nennt auch einen Druck von „1750".

* — — Dasselbe. Vierter und letzter Theil. Leipzig, bey Friedrich Matthias Friesen. 1737. Gr. 8⁰. (In Berlin: Yk 4004. Th. 4.)

Titelkpf., 5 Bll. Vorst., 506 S., 5 Bll. Reg. — Vorr. dat. Leipzig, Oster-Messe 1737. Unter der Dedic. an den sächs. Geheimrath Johann Christian v. Heimicke auf Marschwitz nennt sich Henrici.

— — *Picanders* Ernst-Scherzhaffte und Satyrische Gedichte, in 4. Theilen. Leipzig, b. Fr. Matth. Friesen. Gr. 8⁰.

O. M. V. 1743. G 1 b.

* — — *Picanders* neu herausgegebene Ernst-Scherzhafte und Satyrische Gedichte, Fünfter und letzter Theil. Mit Königl. Pohln. und Churfürstl. Sächs. allergnädigstem Privilegio. Leipzig, verlegts Johann Gottfried Dyck, 1751. Gr. 8⁰. (In Berlin: Yk 4004, Th. 5.) (5 Mk. Adolf Weigel, 1905.)

Titelkpf. (gestoch. v. Sysang), Tit., 1 Bl. Vorr., 401 S. u. 5 unbez. S. Reg.

Goedeke III, 352, 18, 4, scheint diesen Bd. als eine neue Aufl. des IV. Thls. zu betrachten. — In München ist eine Ausgabe in 5 Theilen, ebd. 1729—51: P. o. germ. 600 d.)

§ — — Dasselbe. Vierte (verminderte) Auflage. (Vollständig in 3 Bdn., worunter Th. 1—4 den beiden ersten Auflagen angehören, s. d. Vorr. zu Th. 5.*) Mit Titelkpfrn. u. Titelvignetten. von Sysang. Leipzig, verlegts J. G. Dyck. 1748. — (Bd. 3 oder) Th. 5. Ebd. 1751. 8⁰. (In München: P. o. germ. 600 e; in Breslau, Kgl. u. Univ.-Bibl.: Litt. Teut. II 8⁰ 889 e; auch in Dessau, Herzogl. Bibl., 3 voll.; in Marburg, Univbibl.; XVI. C. 444, 2 voll.; in Stuttgart, 3 voll.) (8 Mk. Beck, Nördl., 1885; 20 Mk., 3 Bde., 1778 [??], Scheible, c. 1888.)

* „Der Herr Verleger hat mit meinem Vorbewust die ersten vier Theile in zwey Bände zusammenziehen lassen u. ich habe selbst diejenigen Stücke, so nicht viel sagen wollen, ausgemustert".

Die früheren Ausgaben waren in 5 Bde. abgetheilt, während die vorliegende nur aus 3 Bdn. besteht, wovon der letzte nach der früheren Eintheilung d. Bezeichnung: 5. u. letzter Band trägt. Die Paginirung d. beiden ersten Bände (= Thl. 1—4.) ist fortlaufend bis S. 1244.

Die Sammlung enthält zahllose pikante Hochzeitsgedichte, Quodlibets, Liebesgedichte, Jungferngedichte etc. Die vollständige Sammlung in 3 Bänden (über 2000 S.) ist selten.

ULPIANUS, Manlius Lucius (i. e. *Picander* [s. d.) = *Chrn. Friedr. Henrici.*), *P. Caji* institutionum juris amatorii libri IV. d. i. Lehrsätze des Rechts der Liebe, übersetzt. 1725.

— — PAULI CAJI INSTITUTIONUM JURIS AMATORII LIBRI IV. Das ist: Die ersten Lehr-Sätze des Rechts der Liebe in vier Büchern, aus dem Lateinischen übersetzt, Nebst vollständigen (!) Register und Anhange von einer gantz besondern Kauffmanns-Heyrath. aus dem Englischen verteutscht von Manlio Lucio Ulpiano. (Vign.) Franckfurt u. Leipzig, 1751. 8⁰.

Hochzeitsscherz in Versen, wie Prosa gedr., stellenw. derb-pikant. (Zuerst gedr.: Bey der R. und L. Hochzeit in Leipzig, den 18. Sept. 1725. 8⁰.) 42 S. u. 2 Bll. Reg. Anhang S. 38 ff. in Prosa. — Steht auch in Picander's Gedichten. Th. 1. Leipzig 1727. S. 380—403.

KUNST, Die, zu küssen. In schnakischen Reimlein den jungen Stadt- und Landbewohnern dargereicht. O. O. 1846. Gr. 8⁰. (1 Mk. 50 Pfg. Klüber.)

Längst vergriffener Neudruck eines Hochzeitsscherzes „L'Art de baiser oder die Kunst zu küssen" von Picander (Chrn. Friedr. Henrici), der 1725 erschien. — Die Seiten 15—16 füllt ein „Literar. Anzeiger", enthaltend 13 scherzhafte fingirte Büchertitel (die in Hayn's Bibliogr. derselben nachzutragen sind).

ULPIANUS, Ovidius (= d. Vorigem), Lehrsätze von Liebesbriefen. Erfurt 1735. 4⁰. (7 Sgr. Scheible, c. 1868; jetzt höher!)

Der Meuchel-Mord Des weyland Wohl-Ehrwürdigen Herrn M. Hermann Joachim Hahns, Bey der Kirche zum Heil. Creutz in Dreszden In die 14 Jahr Wohlverdienten Seel-Sorgers und Archi-Diaconi, mitleidend beweinet von Picandern. Leipzig, Zu finden bey Boëtius, 1726.

Das Betrübte Dreszden, Als daselbst Der Evangelisch-Lutherische Prediger M. Herm. Joachim Hahns, Von einem Catholischen Trabanten, Fr. Laublern am 21. May 1726. grausamlich ermordet worden ... In einem unpartheyischen Send-Schreiben ... beschrieben und entdecket. Nebst einem Extract aus des Superintendenten D. Löschers ... Gedächtnisz-Predigt ... Wobey annoch angefüget ist so wohl des Sächs. Ober-Hof-Predigers D. Marpergers ... Predigt, als eine auf den ermordeten wohl gesetzte Klag- und Trost-Ode. Mit einigen Kupfern erläutert. Franckfurt und Leipzig. 1726.

Section III. Die Versöhnte Gerechtigkeit, Oder Umständliche Relation von der wohlverdienten Execution Des Dreszdnischen Priester-Mörders Frantz Laublers, Geschehen zu Dreszden, den 18. Julii 1726. Franckfurt und Leipzig. 1726.

Von dem Wohlredenden Blute Eines Unschuldig-getödteten Abels muszte ... am Tage der Leich-Bestattung ... M. Herrmann Joachim Hahns ... In der Frauen-Kirche bey Volckreicher Versammlung reden Valent. Ernst Löscher, D. ... Dresden, Druckts und verlegts der Königl. Hof-Buchdrucker, Johann Conrad Stöszel.

Goedeke 3, 352, 18, 3.

NOUVELLEN (von *Picander* = *Chrn. Friedr. Henrici*). 6 Nrn. (1723—ca. 1727). Abgedr. im 1. Bde. der Gedichte und zwar leicht überarbeitet. (Orig.-Expl. des 5. Stücks im Lpz. Rathsarchiv, der 2 ersten Stücke in der Kgl. Bibl. zu Dresden.)
Flossmann, Paul, Picander. (Diss.) 1899. S. 20.

— — PAULI CAJI PANDECTAE JURIS CONJUGII, Das ist: Die Haupt-Sätze des Ehestands-Rechts. Frankfurt und Leipzig 1753. 8°. 2 Bogen.
In Versen. Cat. Meissner.

— — Verliebter Patriot, Aus welchem zu ersehen, Was offt vor tolles Werck im Lieben kan geschehen. O. O. u. J. (c. 1728). 4°. (In Dresden: Lit. Germ. rec. B 202, 31.)
Auff die Z. und S. Hochzeit. — Vgl. Picander's Gedichte, Th. 2. Leipzig 1729. S. 204—212.

— — Proceß-Ordnung, Die neue, der Liebe, aufs neue revidirt und herausgegeben von der Königin Venus und Cupido Secretarius. Gedruckt zu Liebenburg. O. J. (1724). 8°. (24 Sgr. Scheible, c. 1870; jetzt theurer!)
Steht auch in Picander's Gedichten. Th. 1. Leipzig 1727. S. 313—317: Neu revidirte Process-Ordnung der Liebe. Bey der K. und R. Hochzeit in Lichtenstein, d. 25. Jan. 1724.

— — Sammlung vermischter Gedichte. Frankfurt und Leipzig, 1768. Gr. 8°. 1 Alph. 3 Bogen.
O. M. V. 1768, S. 941; Cat. Meissner III; Goedeke III, 352, 18, 5.

Henrici, Chr. Fr., Samml. vermischter Gedichte. gr. 8. Leipz. 768. Schwickert. 1 ₰

* — — Teutsche Schau-Spiele, bestehend in dem Academischen Schlendrian, Ertzt-Säuffer und der Weiber-Probe. Zur Erbauung u. Ergötzung des Gemüths entworffen. Mit 3 schön gestoch. satyr. Titelkpfrn. (zu den 3 Stücken) u. Kpfrn. Auff Kosten des Autoris. Berlin, Franckfurth u. Hamburg 1726. 8°. (Auch in Leipzig, Stadtbibl., wo Titel zu Stück 1 fehlt.) (5 Mk. O. Harrassowitz, Lpz., vor 1885; 24 Mk. Auction Runze-Zolling, Lpz., Novbr. 1904, no. 917; 68 Mk. [sol] Martin Breslauer, Berlin, 1908.)
Sehr gesucht u. selten! 11 Bll., 111, 78 u. 77 Seiten. Widmung („dem schönen Geschlechte") dat.: „Leipzig. Neu-Jahr-Markt 1726." Ausführliche Recension und Inhaltsangabe bei Flossmann, S. 66—128: Henrici als Dramatiker.
Die 3 Stücke erschienen zuerst 1725 einzeln ohne Ort und Jahr. Sämmtlich ungemein rar!
Stück 1: „Der Academische Schlendrian"
Spezialtitel zu Stück 2: „Der Säuffer in einem Schau-Spiele vorgestellet von *Picandern*. Berlin, Franckfurt und Hamburg 1725."
Spezialtitel zu Stück 3: „Die Weiber-Probe oder die Untreue der Ehe-Frauen in einem Schau-Spiele vorgestellet von *Picandern*. 1725."

An die Vernünftigen Tadlerinnen den 30. August 1726 (Von *Christian Friedr. Henrici* = *Picander* ps.).
Waniek, Gottsched. Leipzig 1897.

Henrici, Dan., Begr. u. Betr. d. menschl. Körpers rc. 8. Zerbst. 736.

Henrici, E[mil], Prof. Dr.: **Gedenkrede** für den Direktor Prof. Dr. G(eorg) Rose, gehalten am 20. Dezember 1899. *Berlin 1900: Nauck.* (S. 29—34.) 4°
Berlin, Luisenstädt. RG, OP 1900 (102)

Henrici, Emil, zur Geschichte der mittelhochdeutschen Lyrik. gr. 8. (IV, 74 S. m. 1 autogr. Karte in 4.) Berlin 876. Calvary & Co. n. 2. 40.

Dreissig Jahre nachher. Betrachtungen über d. Verhältnis zw. Deutschland u. Frankreich von E[mil] **Henrici**. *Berlin: J. Klönne Nachf. 1901.* (62 S.) 8°

Andreas Mylius. Der Dichter der Warnow. Abhandlung u. Texte von Emil **Henrici**. Begrüßungsschrift f. d. Hansischen Geschichtsverein u. d. Verein f. niederdeutsche Sprachforschung vom Verein f. Mecklenburgische Geschichte u. Altertumskunde. Rostock, am 9. Juni 1908. (Schwerin: Bärensprung 1908.) 67 S. 8°
(Jahrbücher d. Vereins f. Mecklenburg. Geschichte u. Altertumskunde. Jg. 73, [Beil.])

Henrici, Emil [Oberl. Dr.]: Die Nachahmer von Hartmanns Iwein. **Berlin, R. Gaertners Verlagsbuchh., 1890; 24 S. 4°**
Berlin, Luisenst. RG, OP 1890

— Proben der Dichtungen d. Mittelalters, s.: Hopf, J., u. K. Paulsiek, deutsches Lesebuch.

— Wörterbuch mit kurzem Abriß der Grammatik des Mittelhochdeutschen,
s. Hopf, J., u. K. Paulsiek: Deutsches Lesebuch.

Henrici, Ernst, Kolonialwirtschaftliche Aufgaben des deutschen Kaufmanns. Leipzig 1908. 8°.
(Bericht d. öffentl. Handelslehranstalt zu Leipzig. Beil.)

Henrici, Ernst, kolonialwirtschaftl. Aufgaben d. deutschen Kaufmanns. Progr. (44 S.) Lex. 8. Leipzig 908. M. Hesse. 1. —

Henrici, Ernst, die Aztekenblume. (46 S.) 8. Dresden 904. E. Pierson. n. 1. 50; geb. n. 2. 50

Henrici, Ernst, Boetius. Trauerspiel in 5 Akten. 12. (98 S.) Berlin 882. Lorentz. n. 1. 50

Henrici, Ernst. Lehrbuch der Ephe-Sprache [Ewe] Anlo-, Anecho- u. Dahome-Mundart, s.a. Lehrbücher d. Seminars f. orientalische Sprachen in Berlin.

Henrici, Ernst: Lehrbuch der Ephe-Sprache (Ewe), Anlo-, Anecho- und Dahome-Mundart, mit Glossar und einer Karte der Sklavenküste. Stuttgart u. Berlin 1891. XXI, 270 S.
= Lehrbücher des Seminars für Orientalische Sprachen zu Berlin. Bd. 6. 8°.

— die Quellen von Notkers Psalmen, s.a. Quellen und Forschungen zur Sprach- und Culturgeschichte der germanischen Völker.

Henrici, (Carl) Ernst (Julius) (geb. Berlin 10. 12. 1854): Über die Quellen und den Zweck von Notkers Psalmencommentar. Berlin 1878. (44 S.) 8° * Vollst. ersch. in: Quellen u. Forschungen z. Sprach- u. Culturgesch. d. germ. Völker Heft 29 1878.
Berlin, Phil. Diss. v. 1. Juni 1878

— Reichshallen-Rede vom 17. Dezbr. 1880. gr. 4. (4 S.) Ebend. 880. n. — 10

— der Neustettiner Synagogenbrand vor Gericht. Schilderung des Processes, nebst einem Gedenkwort und einer Schlußbetrachtung. gr. 8. (28 S.) Berlin 883, M. Schulze.

Henrici, E., das deutsche Togogebiet u. meine Afrikareise 1887. Mit e. Karte d. Togogebietes u. d. unteren Volta u. 1 Taf. der Gebirgsprofile. gr. 8. (152 S.) Leipzig 888. Reißner. n. 3. —

— was ist der Kern der Juden-Frage? Vortrag, geh. am 13. Jan. 1881. gr. 8. (14 S.) Berlin 881. M. Schulze. — 20

Henrici, Ernst. Dramatische Werke. Baltimore: Schneidereith, 1904-05. DLC, MHS, NN, UC

Henrici, F. G., Bemerkungen über die neuen die Landwirthschaft betreffenden chemischen Briefe des Herrn v. Liebig. Göttingen 858. Vandenhoeck u. Ruprecht. 8. (42 S.) n. 6 ngr

Henrici, F. C., über d. Elektricität d. galvan. Kette. gr. 8. (14¾ B., 1 Figtaf.) Göttingen 840, Vandenhoeck u. Ruprecht.

— über Fruchtfolge und Feldsysteme nebst einer kurzgefaßten Einleitung in die landwirthschaftliche Bodenkunde. Zunächst für jüngere Landwirthe. Göttingen 856. Vandenhoeck u. Ruprecht. gr. 8. (VII, 136 S.) n. 20 ngr

— s. J. F. W. Herschel, über das Studium der Naturwissenschaft.

Henrici, F. W. D., die besten Mittel wider Despotie u. Revolutionen, od. durch welche Mittel können sich Unterthanen geg. etwanige Ungerechtigkeiten ihrer Obrigkeit schützen? 8. (6 B.) Berlin 831, [Jonas, Brlsh.]

Henrici, Ferdinand, Referendar: Die Voraussetzungen der mora creditoris nach gemeinem Recht und nach dem deutschen bürgerlichen Gesetzbuch. ⟨§§ 293—299 B. G. B.⟩ *Jena 1899: G. Neuenhahn.* (43 S.) 8°
Greifswald, Jur. Diss. v. 1899

Henrici, G., s.a. Henrici, Georg Heinrich

Henrici, G., Graf v. Donwitz u. seine Mutter. 1r Thl. 8. Berl. 797. Vieweg in Braunschw. 18 gl

Henrici, G. H., Rettung des Vaterlandes. Ein Schspl. mit Gesang in 5 A. gr. 8. Leipz. 820. 2e A. 822. Andrä. 18 gl

Henrici, (Dr.) G. L., Unsterblichkeit, oder Fortdauer unserer Seele nach d. Tode. Die unzweifelhaftesten Gründe dafür; nebst besonderen Gedanken u. Erfahrungen über Träume, Ahndungen u. Visionen. gr. 12. Stuttg. 832. Scheible. 6 gl

Henrici, G. L., Unsterblichkeit, od. d. Fortdauer uns. Seele nach d. Tode. Die besten unzweifelhaftesten Gründe dafür; nebst besond. Gedanken u. Erfahrn. üb. Träume, Ahnungen u. Visionen. 2., mit e. Anh. verm. Aufl. 12. (2½ B.) Villingen 841, Förderer.

Henrici, G. L. Über die Unzulänglichkeit ...,
s. Henrici, Georg Heinrich

Henrici, G. W.

— Samml. versch. Gelegenheitsreden. 8. Ebend. 813.

Henrici, G. W., üb. d. Werth od. Unwerth fehlgeschlagener Hoffnungen. gr. 8. Goslar, Lohmann. 812.

Henrici, Georg

Bedeutung, über die, der Worte Geist, Geist Gottes u. heiliger Geist in der Bibel. gr. 8. Braunschweig 845, Westermann. n. 12 ngl

— über die, der Worte Geist, Geist Gottes u. heil. Geist in der Bibel. 2. verm. u. verb. Aufl. gr. 8. (IV u. 108 S.) Braunschweig 847, Westermann. n. 12 ngl

Bedürfniß, über das, einer verbesserten Bibel-Uebersetzung statt der lutherischen u. üb. das, was der protestant. Kirche jetzt vorzüglich Noth thut. gr. 8. (IV u. 115 S.) Braunschweig 849, G. C. E. Meyer sen. n. ½ ß

Henrici, (G.,) über den Begriff u. die letzten Gründe des Rechts; 2 Thle. 2e mit e. vollst. Regist. verm. Ausg. gr. 8. Hannov. 822, Helwing.

— üb. d. Begriff d. Rechts. gr. 8. Henneberg, Großmann u. H. 806.

— fordern große Tugenden oder große Verbrechen mehr Geisteskraft? Gespräch. 2 Thle. gr. 8. Leipz. 795. (W. Vogel). 1 ß

Henrici, G., Geschichte der Catilinarischen Verschwörung. Jena 798. 8. 16 gr.

— üb. d. höchst. Grundf. d. Sittenlehre. 1r Thl. 8. Leipzig, F. C. W. Vogel. 799.

Henrici, Georg II: „Grundsätze zu einer Theorie der Polizeywissenschaft", Lüneburg 1808 (Herold). Nachtrag, ebenda 1820.

* — Grundzüge zu ein. Theorie d. Polizeiwissenschaft, nebst Nachtrag dazu. gr. 8. Lüneb. Herold und Wahlstab. 808 u. 10.

— Ideen zu e. wissenschaftl. Begründung d. Rechtslehre. 2 Thle. gr. 8. Hannov. u. Pyrm. 809, 10. Helwing. 3 ß 8 gl 2e A., mit e. Register verm. 2 Bde. gr. 8. Ebd. 822. 2 ß 20 gl

Henrici, G.: Ideen zu e. wissenschaftl. Begründ. d. Rechtslehre, od. üb. d. Begriff u. d. letzten Gründe d. Rechts. *Hann.*, Helwing. 810. 2 Thle. 8. 2. Aufl. 822. (1 Thl. 16 Gr.)

Henrici, Geo., Sammlung einiger Predigten u. religiösen Gelegenheits-Reden. gr. 8. (15 B.) Leipzig 831, Wienbrack.

Henrici, Geo.I., d. Schöpfung von Haydn, aufgeführt v. Bischoff. gr. 8. Goslar 828. (Götting., Dieterich). 4 gl

Henrici, Geo. II., Verschwörung d. Catilina gegen d. Röm. Republik, s. a. Sallust, Catilina.

Henrici, G., Verschwör. d. Catilina rc. e. Revol.-Gem. gr. 8. Jena. (Gleditsch in Leipz.) 798.

— Versuch über den höchsten Grundsatz d. Sittenlehre. 1r Thl. 8. Leipz. 799. (W. Vogel). 1 rthl 4 gl

G. Henrici's krit. Vers. üb. d. höchsten Grundsatz d. Sittenlehre. 1r Th. *Lpz.*, Crusius. 799. 8° 1 rthl 4 gl

— über den Werth oder Unwerth fehlgeschlagener Hoffnungen. Eine Predigt. gr. 8. Goslar 3e Aufl. 812. Lohmann. 6 gl.

Henrici, Georg. Heinr.

Henrici, G., über das zunehmende Bedürfniß einer Reinigung der deutschen Sprache von Fremdwörtern. gr. 8. (IV und 71 S.) Braunschweig 848, G. C. E. Meyer sen.

Henrici, Georg. Heinr., († d. 10. Sept. 1851), die Buchdruckerkunst nach ihrem Einflusse auf Wissenschaft, Religion, Gesittung u. bürgerl. Verkehr. Eine Rede. 3. sehr verm. u. verb. Aufl. gr. 8. (IV u. 47 S.) Braunschweig 849, G. C. E. Meyer sen. n. 1/4 rthl

Henrici, G., über die Unzulänglichkeit e. einfachen Strafrechts-Prinzips. gr. 8. Braunschweig 839, Leibrock. 3/8 rthl

Henrici, G., über d. Unzulänglichkeit e. einfachen Strafrechts-Prinzips. 1. Aufl. (8 1/2 B.) 839. 3/8 Thlr., 2., verm. u. verb. Aufl. gr. 8. (11 B.) Braunschweig 841, Leibrock.

Henrici, G., über die Unzulänglichkeit eines einfachen Strafrechts-Princips. Nebst e. Anh. üb. die Todesstrafe. 3., verm. u. verb. Aufl. gr. 8. (20 1/2 B.) Braunschweig 844, Leibrock.

—— über die Unzulänglichkeit eines einfachen Strafrechts-Princips. Nebst einem Anhange über die Todesstrafe. 4., verm. und verb. Aufl. gr. 8. (IV und 374 S.) Braunschweig 851, G. C. E. Meyer sen. *

Henrici, H., resp. Jo. Jon. **Kolb,** De epilepsia. 40 pp. Hal. 4°.
1710

Henrici, H., das Heil aus Israel. Predigt am 3. Sonntage des Advent, 12. Decbr. 1869, über 1. Mose 22, 18. 8. (16 S.) Bremen 870. (Barmen, Buchh. der evangel. Gesellschaft.) *

Henrici, H., Reisebriefe. [Die christlich-sociale Gemeinde als Heilmittel f. Kirche u. Gesellschaft.] gr. 8. (VI, 98 S.) Gotha 877. F. A. Perthes. n. 1. 40; geb. n. 2. —

Henrici, H., die Thränen des Herrn Jesu. Predigt über Ev. Lucä 19, Vers 41—44 gehalten am Palmsonntag Abend 1862 in der evangel. Trinitatiskirche zu Cöln. gr. 8. (11 S.) Cöln 866, Roemke und Comp. **

Henrici, H., deutsches Volksthum u. deutsches Christenthum. Vortrag geh. am 20. Jan. 1871 im Hause Seefahrt. gr. 8. (31 S.) Bremen 871. Müller. n. — 50

— dasselbe, s. a. Vorträge, zeitgeschichtliche.

Henrici, Hans, aus Aachen: Ueber Beckensarkome. *München 1897: Kastner & Lossen.* (28 S.) 8°
München, Med. Diss. v. 1898

Heinrich Henrici

In curiositatis physico- medicae nimiae Origo et natura inquiritur. [Resp.:] Gottfried Elias Frentz. Halae Magdeb. (1709:) Henckel. 34 S. 8°

Halle, Med. Diss. v. Dez. 1709

Henrici, Henr. Wilh., Ad historiam Scarlatinæ symbolæ nonnullæ. Kiliæ Hols. 1799. P. [Præs. Joa. Frid. Ackermann]. (U. B.).

Henrici, Herm., evangel. Predigten a. d. Nachlaß. Hrsg. v. M. Henrici. 8. (IV, 112 S.) Bremen 896. J. Morgenbesser. n. 1. —; geb. in Leinw. n. 2. —

Henrici, J. Beitrag zur Bacterienflora des Käses. M. Tab. In-8°. 109 S. Basel. These. 1894

— Jo. Andr. Severin, Schediasma historicum de vero anno emortuali Lotharii I. imperatoris. Götting. (Schulz) o. J. [18. Jahrh.] 32 S. (6.20) 14407

Henrici, Johann Christian

Henrici, J. C., Progr. I et II. de abdicatione filiorum Romanis usitata. Vitemb. 792. 2 P. 4.

Henrici, Johann Christian, s. Almanach, Cytherischer, auf das Jahr 1782.

— — Civibus s. Wittbg. 1810. 2 Bl. (—.50) 14414
Jesaiae cap. XIII. v. 16. — cap. XIV. v. 5.

— Johann Christian (Conrector d. Wittenberg. Lyceums), Viro Johanni Christiano Frankio (judicii provinc. in marchionatu Lusatiae inferioris assessori causarum patrono celeb.) Dorotheam Elisabeth Titiam virgine lectissimam Berolino Vitebergam uxorem ducenti gratul. — Inest de vestis nuptialis apud Graecos et Romanos colore. Wittbg. (Adam Christian Charisius) 1780. 17 S. (6.—) 14408

— de partium in republica Romana conventiculis Progr. I-VIII. Vitemb. 794-96. 4.

— — De genio natalium praeside. Comment. antiqu. prior. Präs. Johann Friedrich Hiller. Wittenbg. (Adam Christian Charisius) 23. XII. 1782. 24 S. (4.—) 14409

Henrici, Jo. Christ., diss. II. de genio natalium praeside. Viteb. 782 u. 83. 4.

Henrici, J. C., Diss. de immortal. animi Homerica. Witt. 786. 4.

— — Orationem a Christian Gotthelf Stoll (Werdau). Wittbg. 28. VII. 1794. 4 Bl. (2.—) 14410
De militibus amicitia devotis, comment. VIIII.

— — De pompa triumphi sensus pulcri in operibus artis magistra Romanorum. Wittbg. (Adam Christian Charisius) 1796. 16 S. (4.50) 14411

— — De ostento C. Julio Caesari ad Rubiconem facto probabilia. Commentat. ad Suetonii Julium c. XXXII. Wittbg. (Christian Heinrich Graessler) 1813. 12 S. (3.50) 14415

— — Sacrorum saecularium academiae Vitebergensis solenni nuper ritu ad omnium vota celebratorum gratam recolit memoriam simulque probandos summorum in philosophia et arte poetica honorum candidatos ad petenda honesta literarum praemia. Wittbg. (Adam Christian Charisius) 30. IV. 1803. 18 S. (2.—) 14412

— — Orationem quam Ludwig August Hahn (Zeitz) beneficii Wolframsdorfiani lege habiturus est. — De militum Romanorum in proelio occisorum sepultura. Comment. IV. Wittbg. 7. VIII. 1810. 4 Bl. (—.50) 14413

— **Johann Friedrich** (Altenberga Misn.), De jure principis circa bona subditorum. Diss. jur. Präs. Johann Bernhard Friesen (Pösen). Jena (Müller) 5. XII. 1711. 44 S. (6.—) 14416

Henrici, Joh. Georg, Ruffach: Disputatio inauguralis medica de m o r b i s endemiis.
Basel, Med. Diss. 1703

Henrici, Jh. Gf.

— Beweis, daß d. Himmel für d. Gottlosen kein Himmel sey. 8. Götting. 776.

— Charaktere einiger Personen, die im N. Testam. vorkommen. 8. Goslar 784. 2e A. 785. Dieterich in Gött. 5 ℳ

Henrici, J. Gf., d. betende Christ, od. Gebetb. f. Confirmant. 8. Leipzig, Böhme. 770.

Henrici, Jh. Gf., d. betende Christ, oder Gebetbuch. 8. Clausthal 771. Böhme. 8 ℳ

— s. N i c h t s von Ohngefähr.

— d. Sittlichkeit einer unzufriedenen u. mürrischen Laune, in Predigten. 8. Götting. 784.

— Unterr. in d. christl. Religion. 8. Götting. 782. Dieterich. 2 ℳ

Henrici, Johann Hartmann (Onoldo-Francus)
Advocatus secretorum proditor, specimen inaugurale.
Giessae 20. Aug. 1711; Joh. Reinh. Vulpius. (2), 33 S. 4°
pro licentia summos in utroque jure honores et privilegia doctoralia rite consequendi.

— **Johann Hartmann** (Ansbach/Frk.), De refutatione feudorum imperii, sive von Auflassung derer Reichs=Lehne. Diss. jur. Präs. Immanuel Weber. Giessen April 1711. Wittbg. (Hake) 1750. 72 S. mit Widm. v. Präs. (7.50) 14417

Henrici, Jh. Karl Fr., s. 1) Biograph f. d. Jugend. 2) Naturforscher, d. kleinen. 3) Rechner, d. kleine. 4) Wörterbuch zu Xenophons Memorabilien.

Henrici, Johann Peter

— — De statutis civitatum provincialium in successione ab intestato ad bona etiam alibi sita secundum jus civile extendendis. Diss. jur. Präs. Gottfried Ludwig Mencken. Lpz. (Langenheim) 25. V. 1741. 32 S. (6.50) 14419

Henrici, Joh. Ulr., mächtiger und ohnmächtiger Teufel. Leipz. 708. 8.

Henrici, Julius Einführung in die induktive Logik an Bacons Beispiel (der Wärme) nach Stuart Mills Regeln. 4 (S. 15 – 27).
In: Festschrift z. Einweihung des neuen Gebäudes Grofsh. G. *Heidelberg* 1894 (607).
Progr.

Henrici, Julius: Einführung in die induktive Logik an Bacons Beispiel '(der Wärme)' nach Stuart Mills Regeln. Leipzig, Druck v. B. G. Teubner, 1894; 15—27 S. 4.
Heidelberg, grossh. G, Festschr. 1894 (607)

Henrici, Jul., Elementar-Mechanik des Punktes und des starren Systemes. gr. 8. (VI, 186 S. mit 159 in den Text gedr. Holzschn.) Leipzig 869, Teubner. *

Henrici, Jul., die Erforschung der Schwere durch Galilei, Huygens, Newton, als Grundlage der rationellen Kinematik und Dynamik historisch-didaktisch dargestellt. gr. 4. (40 S.) Heidelberg 885. (Leipzig, Teubner.)

Henrici, Jul., vom Geisterglauben zur Geistesfreiheit. Ein Geschichts- u. Gedenkbuch der Geistesentwicklg. zur natürl. Weltanschaug. m. zahlr. Beigaben unserer Dichter u. Denker. (VII, 444 S.) gr. 8. München 910. E. Reinhardt. 6.—; geb. in Leinw. n 7. 50

—— kleiner Grundriss der Elementar-Chemie für Gymnasien und Realschulen entworfen. gr. 8. (VIII, 88 S.) Leipzig 886, Teubner. cart. *

Henrici, Jul., Grundriß f. den ersten genetischen Unterricht in der Weltbeschreibung zur Ausarbeitg. nach Schulvorträgen f. die Schüler der mittleren Klassen höherer Lehranstalten. gr. 8. (44 S.) Heidelberg 871. J. C. B. Mohr. n. — 60

Henrici, J., u. P. **Treutlein**, Lehrbuch der Elementar-Geometrie. 1. u. 2. Tl. gr. 8. Leipzig 881. Teubner. n. 4. 80

1. Gleichheit der planimetr. Grössen. Kongruente Abbildung in der Ebene. Pensum der Tertia. Mit 188 Fig. in Holzschn. (VIII, 152 S.) n. 2. —
2. Perspektivische Abbildung in der Ebene. Berechnung der planimetr. Grössen. Pensum der Secunda [nebst weiteren Ausführungen für Prima]. Mit 189 (eingedr.) Fig. in Holzschn. u. einem (lith.) Kärtchen. (VIII, 242 S.) n. 2. 80

— und P. T r e u t l e i n, Lehrbuch der Elementar-Geometrie. 3 Tle. gr. 8. Ebendas. *

Inhalt:

Tl. 1. Gleichheit der planimetr. Grössen. Kongruente Abbild. in der Ebene. Pensum der Tertia. (VIII, 152 S. mit 188 Fig. in Holzschn.) 881. *ℳ 2.
„ 2. Perspektivische Abbild. in der Ebene. Berechnung der planimetr. Grössen. Pensum der Secunda [nebst weiteren Ausführungen für Prima]. (VIII, 242 S. mit 189 eingedr. Fig. in Holzschn. und 1 lithogr. Kärtchen.) 882. *ℳ 2,80.
„ 3. Lage und Grösse der stereometr. Gebilde. Abbild. der Fig. einer Ebene auf eine zweite. [Kegelschnitte.] Pensum der Prima. (VIII, 194 S. mit 134 Fig. in Zinkogr.) 883. *ℳ 2,80.

— u. P. **Treutlein**, Lehrbuch der Elementar-Geometrie. 1. Tl. Gleichheit der Gebilde in e. Ebene. Abbildgn. ohne Massänderg. 2. Aufl. gr. 8. (VIII, 146 S. m. 198 Fig. in Holzschn.) Leipzig 891. B. G. Teubner. n. 2. —

Henrici, J., u. P. Treutlein, Lehrbuch der Elementar-Geometrie. 1. u. 2. Tl. gr. 8. Leipzig, B. G. Teubner. n. 4. 80

1. Gleichheit d. Gebilde in e. Ebene. Abbildg. ohne Massänderg. 3. Aufl. (VIII, 141 S. m. 193 Holzschn.) 897. n. 2.—
2. Abbildg. in veränd. Masse. Berechng. der Grössen der ebenen Geometrie. 2. Aufl. M. 188 Fig. in Holzschn. u. 1 Kärtchen. (IX, 248 S.) 896. n. 2. 80

Henrici, J., u. P. Treutlein, Lehrbuch der Elementar-Geometrie. 3. Tl. Die Gebilde des körperl. Raumes. Abbildung v. e. Ebene auf e. zweite. (Kegelschnitte.) 2. Aufl. gr. 8. (VII, 192 S. m. 131 Fig.) Leipzig 901. B. G. Teubner. Geb. in Leinw. n. 3. 30

Henrici, J., u. P. Treutlein, Lehrbuch der Elementar-Geometrie. 2. Tl. Ähnliche u. perspektive Abbildg. in der Ebene (Kegelschnitte), Berechngn. der ebenen Geometrie (Trigonometrie), nebst e. Aufgabensammlg. 3. Aufl. Mit 186 Fig. in Holzschn. u. 1 Kärtchen. (VIII, 240 S.) gr. 8. Leipzig 907. B. G. Teubner. Geb. n. 3. 80

Henrici, J., u. P. Treutlein, Lehrbuch der Elementar-Geometrie. 1. Tl. gr. 8. Leipzig 910. B. G. Teubner. Geb. nn 2. 40

1. Gleichheit der Gebilde in e. Ebene u. deren Abbildg. ohne Massänderung (nebst e. Aufgabensammlg.) 4. Aufl. (VIII, 139 S. m. 192 Fig.)

Henrici, Jul., Lehrbuch f. den Rechen-Unterricht. Propädeutik der allgemeinen Arithmetik zum Gebrauche an höheren Lehranstalten. gr. 8. (XVI, 251 S.) Heidelberg 875. Weiß. n. 2. 60

Henrici, J., Leitfaden der Physik, s.: Beetz, W. v.

— vierstellige logarithmisch-trigonometrische Tafeln. Ster.-Ausg. 8. (12 S.) Ebend. 882. geb. n. — 80

Henrici, K., Abhandlungen aus dem Gebiete der Architektur. Eine Sammlg. v. Vorträgen u. Aufsätzen. (IX, 218 S.) 8. München (905). G. D. W. Callwey. n. 4. —; geb. n. 5. —

Henrici K. Abhandl. aus dem Gebiete der Architektur. (218 S) München (1906)

— **Beiträge zur praktischen Ästhetik im Städtebau. Eine Sammlg. v. Vorträgen u. Aufsätzen.** (278 S. m. Abbildgn.) 8. Ebd. (904). n. 4. —; geb. n. 5. —

Henrici K. Beiträge zur prakt. Ästhetik im Städtebau. (278 S) München (1905)

Henrici, Karl. Betrachtungen über die Grundlagen zu behaglicher Einrichtung, s. Zeit- u. Streitfragen, deutsche.

Henrici, Karl, Frdr. Sander u. Heinr. Wagner, Blindenanstalten; Taubstummenanstalten, s.: Handbuch d. Architektur.

Henrici, Karl [approb. Arzt]: Die Diphtherie-Epidemie in Distelhausen im Jahre 1885 .... München, Kgl. Hof- u. Univ.-Buchdr. v. Dr. C. Wolf & Sohn, 1885: 18 S. u. 1 Taf. 8°.
München. Med. Fak., Inaug.-Diss. v. 1885.

Henrici, Karl, die Diphtherie-Epidemie in Distelhaussen im Jahre 1885. Diss. München 1885, A. Buchholz. 8°. 18 S. mit einer Taf.

Henrici, Karl, Gebäude f. Blinden- u. Taubstummen-Anstalten, s.: Handbuch der Architektur.

— **preisgekrönter Konkurrenz-Entwurf** zu der Stadterweiterung Münchens. gr. 4. (IV, 20 S. m. 1 Plan in Lichtdr. u. 20 Taf.) München 893. L. Werner. Kart. n. 6. —

— Konkurrenz-Entwurf zu der nordwestlichen Stadterweiterung v. Dessau. Ein Beitrag zur Lösung d. Städtebauproblemes. gr. 8. (18 S. m. 1 Lichtdr.-Taf.) Aachen 890. C. Mayer's Verl. n. — 80

Henrici, Karl, über die Pflege des Heimatlichen im ländlichen u. städtischen Bauwesen, s.: Flugschrift, 16., des Dürer-Bundes zur ästhetischen Kultur.

—— Versorgungs-, Pflege- u. Zufluchtshäuser, Blinden- u. Taubstummen-Anstalten, s. Handbuch der Architektur.

— von welchen Gedanken sollen wir uns beim Ausbau unserer deutschen Städte leiten lassen? Vortrag, geh. am 10. Jan. 1894. gr. 8. (16 S.) Trier 894. F. Lintz. n. — 40

Henrici, Karl Ernst Julius, s. Henrici, Ernst

MANNHOLD, Leberecht (d. i. *Lebrecht Henrici* in Leipzig), Alles gegen die Frauen. Leipzig, o. J. (1847). 8°. (1 Mk. G. Priewe, 1895.)
Jahrzahl nennt Weller, Index Ps.

Henrici, Lebr., das Buch f. den Sommer, enth.: Anweisungen, e. wohlschmeck. u. gesundes Trinkwasser herzustellen, in d. größten Sommerhitze d. Wasser kalt zu erhalten rc. Nebst d. Beschreib. e. neu erfund., zugleich als elegante Zimmerverzierung dienenden Apparats, z. Verwandl. selbst d. schlechtesten Wassers in e. vorzügl. u. erquick. Trinkwasser. 8. ($3\frac{1}{2}$ B.) Quedlinburg 841, Basse.

MANNLIEB, Doctor u. Prof. (d. i. *Lebrecht Henrici* in Leipzig), Trutz den † † † Frauen! (Ehestands-Thermometer) vom —. Mit 1 Kpf. Wurzen, Meltzer. (Lpz., Lauffer in Commiss.) 1837. 8°. 102 S. Zahm. (2 Mk. 50 Pfg. Jos. Jolowicz, Posen, 1908.)

Aus der Reformationsgeschichte der Gemeinde Neviges. Vortrag geh. zu Neviges 1902 von M. **Henrici**, Pfarrer. (Neviges 1902: L. Syring.) (23 S.) 8° [Umschlagt. F.] ;03. 18818

HENRICI, MART. OTTO, Die geistliche Beschneidung der Vorhaut des Hertzens, nach der erschrecklichen Wasser-Fluth, so am Christ-Tage d. 25. Dec. A° 1717 über das Land Hadeln u. a. der Elbe, Weser und Nord-See gelegene Marsch Länder ergangen in der Neujahrspredigt 1718 vorgestellet. Hamburg. 4.

Henrici, Mor., Christus der Herr in Legenden u. Gesängen gefeierter Dichter. 16. (12 B. u. 1 Stahlst.) Leipzig 845, Liebeskind. Thlr.

—— die Glorie heiliger Märtyrer u. Märtyrinnen. Mit einleit. Vorw. u. heil'gengeschichtl. Erklärungen. gr. 16. (12 B.) Leipzig 846, Naumburg.

Henrici, Mor., die Glorie heiliger Märtyrer und Märtyrinnen. Mit einleitendem Vorwort und heil'gengeschichtlichen Erklärungen. 2. (Titel-)Ausg. gr. 16. (XV und 175 S.) Leipzig 854, Naumburg.

Henrici, Mor., die Kupferstecherkunst und der Stahlstich. Für Männer v. Fach u. Kunstfreunde. 8. Leipz. 834. Hinrichs. $2/3$ ₰

—— das Leben der Heiliginnen, ein Glaubensspiegel. Erweckungen f. Geist u. Leben. 8. ($10\frac{1}{4}$ B. u. Titkpfr.) Leipzig 845, Hartung.

— s. Sancta Maria in ihrer Herrlichkeit.

— Seelenadel in fünfzig Dichtungen zu Declamations-Uebungen für den höheren Schulunterricht mit Erläuterungen über Vortragskunst sowie auch der Betonung. Neue (Titel-)Ausg. Quedlinburg (845.) 853. Ernst. 16. (XV, 176 S.) 12½ ngr.

Henrici O. Transformation von Differentialausdrücken 1. Ordnung 2. Grades mit Hülfe der verallgemeinerten elliptischen Coordinaten. 1865. 4. Diss. Heidelberg.

Henrici, Ol., Transformation von Differentialausdrücken 1. Ordnung 2. Grades mit Hilfe der verallgemeinerten ellipt. Coordinaten. (Inaug.-Dissert.) Berlin 1865. 4°. brosch. (25 S.)

Henrici, Paul Christian

— De bibliotheca Gymnasii Altonani narratio. Altonæ. 1772. 4. P. (Skoleprogr.).

— Artis poeticæ Horatianæ descriptio. Altonæ. 1762. 4. P. (Skoleprogr.).

— — De disputandi exercitiis. Prolusio qua ultimas orationes quorundam Christianei academici civium recitandas indicit. Altona (Burmester) 18. III. 1785. 20 S. mit Namen. (4.80) 14422

Henrici, Paul Christian [Praes.], s. Hinrichsen, Heinrich Adolph: Proposita ex arte poetica.

HENRICI, PAUL. CHR., Imperii Romani ut mores, ita tempora fuerunt. Altonæ. 1746. 4. P. (Skoleprogr.).

— De bibliothecæ publicæ ex Cilaniana incrementis prolusio. Altonæ. 1775. 4. P. (Skoleprogr.).

HENRICI, PAUL. CHR., De indole carminis Anacreontici prolusio. Altonæ. 1752. 4. P.

Henrici, Paul Christian: Das glorreiche Jubelfest der königlich dänischen Erbfolge und unumschränkten Gewalt. — Altona: Burmester (1760). 30 S. 8° (4°)
Altona, Christianeum. 17. Okt. 1760.

[F.] Lebenserinnerungen eines Schleswig-Holsteiners v. Dr. [Paul Christian] Henrici ... Reichsger.-Senats-Präs. a. D. *Stuttgart & Leipzig: Deutsche Verlags-Anst. 1897.* (VII, 191 S.) 1 Bd 8. [96.8760
Dazu: Biogr. Jahrbuch Jg. 1899, 252.

Ultimas Orationes quorundam Christianei academici civium recitandis indicit Paullus Christianus Henrici. 1787, 89 u. 91. Altonae. 1787, 89 u. 91. 4°.

— De poetis poetico legendis interpretandisque prolusio. Altonæ. 1757. 4. P.

— De poetarum quorundam sæculi XVI in scribendis elegis præstantia prolusio. Altonæ. 1782. 4. P. (Skoleprogr.).

— Proposita ex arte oratoria. Altonæ. 1756. 4. P. (Skoleprogr.).

— Proposita ex arte poetica. Altonæ. 1755. 4. P. (Skoleprogr.).

— Proposita ex disciplina humaniori. Altonæ. 1758. — Sm. St. 1764. — Sm. St. 1768. 4. P.

— Proposita ex disciplinis humanioribus. Altonæ. 1762. 4. P. (Skoleprogr.).

— Proposita ex Ciceronis de claris oratoribus libro. Altonæ. 1770. 4. P. (Skoleprogr.).

— Proposita ex Oratore Ciceroniano. Altonæ. 1760. 4. P. (Skoleprogr.).

— — De Aristotelicorum in syllogismis formandis et reducendis ratione. Prolusio qua ultimas orationes quorundam Christianei academici civium recitandas indicit. Altona (Schmidt) 30. III. 1792. 16 S. mit Namen. (4.80) 14423

— s. De rebus politicis et litterariis commentarii. 1761 ff.

— — (Director d. Gymnas.), De aemulanda scriptorum saeculi XVI in imitandis veteribus sollertia. Prolusio qua sollemnia Christianei litteraria indicit. Altona (Burmester) 24. u. 26. III. 1779. 14 S. mit Namen. (4.50) 14421

-- Paul Christian (Stralsund), Soloecismos quosdam Latinorum veteris aevi auctorum veros et apparentes. Präs. M. Johann Valentin Briegleb. Jena (Jo. Christoph Croeker) Okt. 1739. 24 S. (6.—) 14420
Gew.: Johann Benjamin Huhn. — Widm. v. Georg Christoph Stellwag, M. Caspar Jacob Huth, Präs., H. A. Sledanus (Stralsund), Elias Friedrich Schmersahl.

— De studio Homerico prolusio. I—II. Altonæ. 1787—89. 4. (Skoleprogr.).

De studio Homerico (scripsit) Paulus Christianus Henrici. Prolusio (I.) 3. Altonae. 1787 91. 4°.

— Theses ex litteratura humaniori. Altonæ. 1753. 4. P. (Skoleprogr.).

Henrici, Sigmund

Henrici, Sigm., die sieben Briefe der geheimen Offenbarung Johannis, ausgelegt für unsere Zeit. Mainz 862. Kirchheim. gr. 8. (IV, 108 S.) 10 ngr.

Henrici, Sigm., 7 Fastenpredigten. Gehalten während der Fastenzeit in der Pfarrkirche St. Ignaz zu Mainz. Mainz 867. Kirchheim. gr. 8. (III, 87 S.) 7½ ngr

Henrici, Siegm., offenes Sendschreiben an seine protestantischen Freunde. 1. Aufl. 4 Ngr. und 2. Aufl. gr. 8. (67 S.) Mainz 857, Kirchheim.

Henrici, Sophie, der Tafelrunder Wigamur. Eine Rittergeschichte. 8. (98 S.) Leipzig 892. W. Ottmann. 2. 50

Henrici, (Joan. Armin.) Guil. (geb. Mettmann 6. 1. 1832): De cranioscopiae dignitate. Berolini (1853). (32 S.) 8°
Berlin, Med. Diss. v. 12. Aug. 1853

Henrici, Wilh., Lebensbeschreibung d. weil. Superint. u. ersten Pred. an der Marktkirche zu Goslar, Dr. Georg Heinrich Henrici. gr. 8. (VI u. 144 S.) Goslar 852. (Braunschweig, G. C. E. Meyer sen.) n. ½ ₰

Henrico Quarto, Re di Castigli. Opera [comp. v. J. Mattheson]. Hamb. 1711. V: *Hoe, Johann Joachim.* (Schr)

Henrico: De abscessibus per materiam ..., s. Brendel, Jo. Gttfr. (Praes.)

Henricus, S., e Bavariae Duce Fortitudine, Castitate, Et Pietate Clarissimus Imperator ... S. l. 1720. V: *Haver, Johann.* (Jes)

Henricus, S., Gloriosus Trojae, et sui victor, Drama autumnale ... Bambergae 1765. V: *Kauffmann, Johann.* (Jes)

Henrici de Hervordia chronicon, s. Liber de rebus memorabilioribus.

Beiträge zur Geschichte der letzten Staufer. Ungedr. Briefe aus d. Sammlung d. Magisters Heinrich von Isernia (**Henricus** de Isernia). Mit e. Einl. von Karl Hampe, Prof. Leipzig: Quelle & Meyer 1910. 151 S. 8° 10. 7777 3

Henricus von Uri, s. Bauernpractica.

Henricus, Bruno, Novellen: Der relegirte Student. — Der Rächer seiner Ehre. II. 8. Leipzig 841, Wienbrack. 1⅙ ₰

Henricus, Scipio [wirkl. Name], s.a. Aquilinus, Caesar [Pseud.]

Henrietta, Schwester (Brunnier), die Kinder-Bewahranstalt auf dem Lande. gr. 8. (V, 220 S.) Jena 902. G. Fischer. n. 2.—; geb. n.n. 2.50

Henriette, en deux volumes, trad. de l'anglois. 8. Lausanne, Esslinger. 760.

Henriette, aus dem Engl. der Frau Lenox, zweyte Aufl. 8. Frankfurt, 771. Keßler. 25 sgl.

Henriette. Schauspiel in 5 A. a. d. Franz. Frankf. a. M. 1772. V: *André, Johann.* (GGr)

Henriette, ein Schauspiel in ungebundener Rede und fünf Aufzügen, a. d. Franz. ... Frankf. a. M. 1772. V: *Perreau, Jean André.* Ü: *Faber, Johann Heinrich.* (Ky) (ML) (BrMm)

Henriette. Schspl. Aus d. Französ. (v. J. H. Faber). 8. Frkf. 772. Andreä, 3 K

Henriette, oder sie ist schon verheirathet; ein Lustspiel. O. O. 1777. V: *Grossmann, Gust. Frdr. Wilh.* (Cat. d. Stadtbibl. Zürich. Zürich 1864—97.)

Henriette oder der Husarenraub. In Briefen. Berlin u. Leipzig 1778—80. V: *Beuvius, Adam.* (Heine, D. Roman in Deutschl. Halle 1892. S. 6.) (GGr)

Henriette oder der Husarenraub. In Briefen bey Gelegenheit des gegenwärtigen Kriegs. Berlin u. Leipz. 1779. 3 Thle. Berlin u. Leipz. 1780. 4. verb. Aufl. 1789. Nachdruck Frankf. u. Leipz. 1779. V: *Beuvius, Adam.* (BGE III², 149—150)

Henriette oder der Husarenraub. Ein Schauspiel in fünf Aufz. ... Berlin 1780. V: *Plümicke, Carl Martin.* (MGT) (GGr)

— od. der Husarenraub. Schausp. von Plümike. 8. Berlin, Wever. 780.

— od. sie ist schon verheirathet. Lustsp. 8. Leipz. Schneider. (a. Linke.) 783.

— — dasselbe. 8. Leipz. Vogel. 784.

Henriette oder Fürsten sind oft am unglücklichsten ... Frankf. u. Leipzig 1785. V: *Albrecht, Johann Friedrich Ernst.* (Ky) (MGT)

— od. Fürsten sind oft am unglücklichsten; e. wahre Anekdote. 8. Frkft. Reiffenstein. (Herrmann.) 785.

— od. Fürsten sind immer am unglücklichsten, (v. Jh. Fr. Er. Albrecht). 8. Frankf. 787. Herrmann. 16 K

— oder Fürsten sind oft am unglücklichsten, eine wahre Anekdote, 8. Frankfurt, 787. Reifenstein. 25 sgl.

— od. die Rückkehr zur Tugend. 8. Halle, Franke. 788.

— od. der Husarenraub, in Briefen. 8. Berl. 789. Rottmann. 1 ₰ 12 K

Henriette, en II Vol. trad. de l'angl. 12. Berne, Haller. 789. Rthlr.

— od. sie ist schon verheirathet. Lustsp. in 5 A. v. Großmann. gr. 8. Hamb. (Hahn in Hannov.) 790.

Henriette oder das Weib wie es seyn kann ... Leipzig 1803. 2. ... Aufl. 1806. 5. ... Aufl. 1815. V: *Ludwig, Christine Sophie geb. Fritsche.* »1780« (Schl)

— od. d. Weib wie es seyn kann. a. d. Familie Hohenstamm, v. Ch. S. Ludwig. 8. Lpz. Gräff. 805.

— — oder Leben einer deutschen Buhlerin. Aus der letzten Zeit des 18. Jahrhunderts. Hamburg, A. Schmidt, 1808. 8°. 287 S. (In Dresden.) (3 Mk. Heinr. Lesser, c. 1875; 5 Mk. Scheible, vor 1900.)

In Dialogform. „Gewidmet denen, die zu rasch über Leidenschaft den Stab brechen, die die Seele nicht vom Körper trennen und vergessen, dass Natur Befriedigung bedarf"; übrigens zahm.

— oder das Weib wie es seyn kann, aus d. Familie Hohenstamm, von C. S. Ludwig. 2te Auflage. 8. Leipz. Gräff. 816.

Henriette oder die schöne Sängerin. Eine Geschichte unserer Tage . . . Leipzig 1826. V: *Rellstab, Heinrich Frdr. Ludwig.* (Ky) (Koner) (EE)

— od. die schöne Sängerin. 8. Leipz. 826. Herbig. 18 Gr

Henriette . . . (Roman). Wien 1889. V: *Bors von Borsod, August Baron.* (BGE VIII², 457/458)

Henriette u. Blanka, s. Heurath aus Rache.

Henriette von Blumenau oder die Liebe aus Dankbarkeit. Rührendes Lustspiel in fünf Aufz. Prag 1777. V: *Cornova, Ign.* (Stockmayer, Das deutsche Soldatenstück. Weimar 1878. S. 103.) (Ky)

— et Emma, ou l'education de l'Amitie. 12. Leipz. Wolff. (Schmidt.) 796.

— — und Emma, oder Vernunft und Schwärmerei. Aus d. Französ. von A. Wilhelmi (d. i. Aug. Wilh. Meyer). Paris (Wolf in Leipzig) 1796. Selten!

— u. Emma, od. Vernunft u. Schwärmerei; aus d. Französ. von A. Wilhelmi. 8. Hamb. 797. N. Aufl. 8. Frankf. 819. Sauerländer. 1 Thlr 6 Gr

— und Emma, oder Vernunft und Schwärmerey, aus dem Franz. übersetzt von A. Wilhelmi, 8. Leipzig, 797. Wolf. 1 Rthl. 5 sgl,

— v. England, v. Fr. Schulz. (ist d. gesammelte Romane 3r) 8. Berl. (Vieweg in Braunschw.) 790.

— von England, deutsch herausgegeben von Fr. Schulz, 8. Berlin, 794. Fr. Vieweg. 25 sgl. Auch unter dem Titel: Schulz, Fr. gesammlete Romane, 3r Theil.

Henriette von England. Neue Auflage. Mannheim 1801. Nachdruck N. A. Mannheim 1802. V: *Pioche de Lavergne, Marie Madeleine.* Ü & B: *Schulz, Friedr. Christoph Joachim.* (BGE III², 149)

Henriette und Julie, s. Familiengemälde von Maaß.

— Leben einer deutsch. Buhlerin v. d. letzten Zeiten d. 18ten Jahrh. 8. Hambg. Schmidt. 808.

— die leidende, od. es geräth nicht allemal. Lstspl. 8. Frankf. 780. (J. F. Korn in Bresl.) 3 Gr

Henriette von Wasabourg, eine historische Anekdote . . . [Schwerin 1787.] Ü: *Koppe, Johann Christian.* (MGT)

Henriette von Wollmar, a. d. Franz. übers. Nürnberg 1790. V: *Riedner, Adam Nicolaus.* (GGr) (MGT)

Henriette

Henriettens Briefe an Morvina, durchwebt mit historischen und anmuthigen Anekdoten und Bemerkungen, aus dem Engl. 8. Leipzig, 779. Schwickert, 20 sgl.

VERTHEIDIGUNG der Leipziger Damen, von *Henriette* ***. Leipzig 1798. Kl. 8°. (2 Mk. 50 Pfg. Kühl, Berlin, c. 1882; jetzt theurer!)

Henrietten, d. schönen u. tugendhaft. Lebensgesch. 8. Frkft. 752.

Henriettens Flucht. 8. Frankf. 802. Körner. 12 Gr

Henriettens Geschichte (oder: Papiere e. eins. Wanderers v. C. Smith.) 8. Leipzig, Weygang. 810. (Weygand.)

Henriko; e. Roman, v. Franz Horn. 2 Thle. m. K. 8. Posen, Kühn. 809.

Henriko und Blanka, ein Seitenstück zu Meißners Bianka Capello, 8. Danzig, 797. Brücknersche Buchhandl. 10 sgl.

Henriod, G[ustave]. Bedürfen wir einer Erweckung? (Dem «Journal religieux» von Neuchâtel [46e Année, 1903, No 46—49] entnommen.) 19 S. 8. Basel, Kober, 1904. [fr. —. 10]

Henrion, allgem. Geschichte d. kath. Missionen v. 13. Jahrh. bis auf d. neueste Zeit, bearb. u. fortges. v. Patricius Wittmann. I. Bd. (4 Lfgn.) enth.: die Missionsgeschichte vom 13. bis z. Anf. d. 16. Jahrh. 12. ($12\frac{1}{2}$ B.) Augsburg 845, 46, Kollmann'sche Buchh. (à Lfg. $2\frac{1}{2}$ Ngr.)

Henrion, Baron, allgemeine Geschichte der kathol. Missionen bis auf die neueste Zeit. Aus dem Französ. 1.—18. Liefg. gr. 8. Schaffhausen 845, 47, Hurter'sche Buchh. à $\frac{1}{8}$ Thlr

Henrion, Baron, allgemeine Geschichte der kathol. Missionen bis auf die neueste Zeit. Aus d. Franz. übers. 2 u. 3. Bd. od. 19—46. Lfg. u. 4. Bd. gr. 8. (716. 472 u. 811 S.) Schaffhausen 847—52, Hurter. à Lfg. $\frac{1}{8}$ Thlr od. 2. Bd. $2\frac{1}{4}$ Thlr 3. Bd. $1\frac{1}{4}$ Thlr 4. Bd. $2\frac{1}{4}$ Thlr (cmplt. 8 Thlr)

—— dass. — übersetzt von Patricius Wittmann, s. Wittmann.

— allgemeine Geschichte der Mönchsorden. Frei bearb. u. beträchtl. verm. von Jos. Fehr. Mit e. Vorrede von Prof. Dr. Hefele. 2 Bde. gr. 8. Tübingen 845, Laupp'sche B. $3\frac{1}{4}$ Thlr

Henrion, ..., Amors Offenbarungen, eine Idylle in Geßner's Geschmack; aus d. Französ. 12. Basel 797. (Neukirch). 5 Gr

Henrion, C., Handbuch der französischen Sprache. Enthalt.: I. Leichte Sätze zur Unterhaltung. II. Lesestücke mit einer einfachen und einer zwischenzeiligen Uebersetzung. III. Die Hauptlehren der Sprachlehre. Zum Gebrauch der untern Schulklassen. 8. (VII und 279 S.) Berlin 847, Th. Enslin.

Henrion, F., k. k. Hauptmann in Wien. Anleitung zu dem praktischen Felddienste für jüngere Militäre. Mit 4 Kupfertafeln. (Donation Liechtenstein.) 8. Wien 1839.

Henrion, Hermine (wirkl. Name), s. B r a u n , Hedwig (Pseud.)

Henrion, Jean-Pierre: Bericht zur Reform unseres höheren Schulwesens. Luxemburg [1884]. 59 S. 4⁰

Henrion, J. P., Ernst Koch. Sein Leben u. seine Werke. 4. (55 S.) Luxemburg 878. Brück. 1. 50

Henrion, Jean-Pierre: Peter Stehres. Ein Nachrufswort. Luxemburg: Schamburger 1883. 13 S. 4⁰

Henrion, Poly (Pseud.), s.a. K o h l v. Kohlenegg, Leopold

†Henrion, Poly, s.a. Kohlenegg, L. Kohl v.

Henrion, P., in der Bastille, s. Both's, L. W., Bühnen-Repertoir.

—— ein unschuldiger Diplomat, s. Bloch's, E., Dilettanten-Bühne.

—— für nervöse Frauen, s. Bloch's Dilettanten-Bühne.

—— hohe Gäste, s. Theater-Mappe.

Henrion, P. Hohe Gäste, oder Excellenz u. Elefant, s. Belly, G.

—— Geheirathet, s. Both's, L. W., Bühnen-Repertoir.

Henrion, P., die Liebesdiplomaten, s.a. Bloch's, E., Dilettanten-Bühne.

Henrion, P., die Liebesdiplomaten, s.a. Bloch's, E., Theater-Correspondenz.

— Die Liebesdiplomaten. Lustspiel in 1 Akt. In neuer Bühnen-Einrichtg. v. Mart. Böhm. (20 S.) 8. Berlin (908). M. Böhm. 1. 50

Henrion de Pansey: Ueber das Institut der Friedensrichter, insonderheit über ihre Competenz und ihr Amtsverhältniß zu den übrigen gerichtlichen und Verwaltungs-Behörden. Uebers. u. mit Anm. u. e. Vorr. begleitet von Ludw. Hoffmann. Zweibrücken 1834.

Henrioud, Marc. Les nobles de Hennezel du Pays de Vaud. Étude généalogique. [Illustré.] (Extrait des Archives héraldiques suisses [20ᵉ Année,] 1906, nº 1/2.) II + 15 p. gr.-8. Zurich, Schulthess & Cº, 1906. [fr. 1.20]

Henrioud, Marc. Les Postes dans le Pays de Neuchâtel dès leur origine à 1849. 47 p. 8. Berne, Haller, 1902. ⟨fr. 1. —⟩

Henriques, Agnes, Vorlagen f. Porzellan-Malerei nach alten Mustern. 1. u. 2. Hft. hoch 4. (à 6 farb. Taf. m. 1 Blatt Text.) Berlin 894. W. Schultz-Engelhard. à n. 6. —

Henriques, Agnes, Vorlagen f. Porzellan-Malerei in Delfter Manier. II. Serie. 1. u. 2. Hft. gr. 4. (à 4 farb. Taf. m. 1 Bl. Text.) Berlin 895. W. Schultz-Engelhard. à n. 5. — (I, 1. 2. u. II, 1. 2.: n. 22. —)

Henriques, Rob., der Kautschuk u. seine Quellen. gr. 8. (31 S. m. 5 Tab. u. 4 Karten.) Dresden 899. Steinkopff & Springer. n. 1. 25

Henriques, Robert [aus Hamburg]: Ueber neue Nitroderivate des Phenols. Hamburg, Druck von M. Rosenberg, 1881. 8. II, 25 S.

Henriques, Rob., s.: Revue, chemische, üb. d. Fett- u. Harz-Industrie.

Henriques V.

u. **Sörensen S. P. L.:** Ueber die quantitative Bestimmung d. Aminosäuren, Polypeptide u. d. Hippursäure im Harne durch Formoltitration. 1—2. Strassb. 1909—10. (14, 24) S. (Sertr.). P.

Henrisch, Carlo Filippo, **Grammatica teoretica della lingua tedesca ossia spiegazione analitica della grammatica tedesca.** gr. 8. (VIII und 285 S. mit 1 Stnt. in qu. gr. 4.) Lipsia 856, Holtze.

Henry IV. Koenig von Frankreich. Paris 1803. V: *Musset-Pathay, Victor Donatien de.* (HHBD IX, 238)

Henry, Figuren in Landschaft, siehe: Album, Berliner, für Zeichner.

Henry et Apffel, Avocat à la cour royale de Paris, Histoire de la littérature Allemande. D'après la 5e édition de Heinsius. Avec une préface de M. Matter. gr. in-8. Paris et Leipzig 839. Brockhaus et Avenarius. n. 2¹/₂ ℛ

HENRY, Der Gordische Knoten. Eine Geschichte in Briefen. Aus d. Engl. übers. 2 Thle. (in 1 Bde.). 1773. 8⁰. 542 S. (1 Mk. 80 Pfg. R. Härtel, Plauen, 1904.)
Schilderung der Laster, Tugenden u. Gebräuche einiger europäischen Nationen. — Wenig bekannt u. rar!

Henry, Wissenschaft u. Illusion, s.: Aus alter u. neuer Zeit.

(Henry, A.:) B a u w e r k e am Rhein. Bonn. 4⁰
Heft 1. Kirche zu Schwarz-Rheindorf u. Kreuzgang am Münster in Bonn.

Henry, Aimé, Beitrag zur Kenntniß d. Laubknospen ꝛc. — Ueber nebenständige Beiknospen, s. Acta nova phys.-med. Acad. Caes. Leopold. Carol. XVIII. et XIX. Prs. II. und XXI. Prs. I.

Henry A.: Die Giftpflanzen Deutschlands ... M. e. Vorw. v. Th. F. L. Nees v. Esenbeck. Bonn 1836. 48 S. 32 kol. Tvl.

Henry, A., die Giftpflanzen Deutschlands, zum Schulgebrauch u. Selbstunterricht; durch Abbildd. u. Beschreibungen erläut. Mit einem Vorworte von Th. F. L. Nees v. Esenbeck. Mit 32 ill. Steintaf. gr. Lex.-8. Bonn 836. Henry u. Cohen. 2¹/₃ ℛ

Henry, Aimé, Knospenbilder, ein Beitrag zur Kenntniss der Laubknospen u. der Verzweigungsart der Pflanzen. 1. Abthlg.: Dicotyledonen. Mit 17 Steindrucktafeln. [Für d. kais. Leopold.-Carol. Akad. der Naturforscher.] gr. 4. (178 S.) Breslau u. Bonn 848, Weber. n. 4¹/₂ ℛ (siehe auch: A c t o r u m , nov., acad. caes. Leop.-Carol. nat. curiosor., vol. XXII, pars I.)

— das System der Pilze, s. T. F. L. Nees v. Esenbeck.

Henry, Arthur *(geb. Breslau 10. 6. 1856)*: Statistische Mittheilungen über den Brustkrebs nach Beobachtungen aus der Breslauer chirurgischen Klinik. Breslau 1879. (122 S.) 8⁰
[Buchausg. 1879 bei Maruschke & Berendt in Breslau.]
Breslau, Med. Diss. v. 25. Sept. 1879

Henry, B., der schwarze Dämon, s. Familien-Bibliothek.

Henry, C., der Roman einer häßlichen Frau, s. Bergson's Eisenbahnbücher.

Henry, Ch., Haarleiden und Haarerzeugung! Eine ärztliche Anweisung zur Verhütung und Beseitigung der Haar- und Kopfhaut-Krankheiten und der daraus entspringenden Leiden, wie: Ausfallen und Ergrauen der Haare, Schinnenübel, Kopfreißen rc. Mit Angabe bewährter Mittel rc. Berlin 864. Mode. 8. (44 S.) 7½ ngr.

Henry, Ch., Haarleiden u. Haarerzeugung! Eine ärztl. Anweisung zur Verhütung u. Beseitigung der Haar- u. Kopfhaut-Krankheiten u. der daraus entspringenden Leiden rc. Mit Angabe bewährter Mittel rc. 2. u. 3. Aufl. Berlin 865—66. Mode's Verlag. 8. (48 S.) 7½ ngr.

La mesure des capacités intellectuelle et énergétique. Notes d'analyse statist. par Charles **Henry**. Remarque additionnelle (Sur l'interprétation sociologique de la distribution des salaires) par E(mile) Waxweiler. Bruxelles, Leipzig: Misch & Thron 1906. (75 S.) 4°
= Inst. Solvay. **Travaux** de l'Institut de Sociologie. 1. Notes et mémoires. Fasc. 6. [06. 9039

Henry, E[ugène]. Notizen und Erinnerungen aus dem Leben von E. Heinrich. 8. Thun 1856.

Henry, Eugène. Notizen und Erinnerungen aus dem Leben von H' E'. 8. Luzern 1857.

Henry, Felix: Geschichte d. neuesten Instandsetzg d. Inneren d. St. Barbara-Kirche. *Breslau 1898.*
in: **St. Barbara** in Breslau. [98. 3161

Heimatschutz in Ortschaften. Vortrag geh. in Trebnitz von Architekt [Felix] **Henry**. Breslau: Korn 1909. 15 S. 8°
Aus: Schlesische Zeitung. [09. 17781

Henry, G. A., On the Irrawaddy a story of the first Burmese War. Für den Schulgebrauch herausgegeben von Dr. Paul Reimann. I. Theil: Einleitung und Text. II. Theil: Anmerkungen und Wörter-Verzeichniss. Mit einer Karte und einer Abbildung. 8. (VIII, 127 S.) In einen Band gebunden Prag: Tempsky 1898. —.90

Henry, James, my book. (Poems.) gr. 8. (518 S.) Dresden 853, (Meinhold und Söhne.) **

—— Gedichte. Deutsch von Jul. Schanz. 16. (XVI und 224 S. mit dem Portr. des Verf. in Stahlst.) Dresden 854, Meinhold und Söhne.

—— Notes of a twelfe years' voyage of discovery in the first six books of the Eneis. gr. 8. (XVI und 596 S.) Dresden 853, Meinhold und Söhne. **

—— Poems chiefly philosophical, in continuation of my book and a half year's poems. gr. 8. (II und 301 S. mit 1 Portr. in Stahlst.) Dresden 850, Meinhold und Söhne. *

—— a half year's poems. gr. 8. (II und 168 S. mit Portr. in Stahlst.) Dresden 854, Meinhold und Söhne. *

Henry, James, Thalia petasata, or a foot-journey from Carlsruhe to Bassano, described on the way in verse. Dresden 859. Meinhold & Söhne in Comm. 8. (198 S. u. Portr. in Stahlst.) 1 ₰

Henry, Jean, s. Katechismus (Catéchisme) en passages.

– s. Recueil de psaumes.

Henry, Jean, († d. 3. Oct. 1831.) Sermon sur la fête séculaire de la réformation et sur la fête annuelle du refuge, prononcé le 31. Oct. 8. (Berl.) 818. Duncker et H. 6 gr.

— Sermon sur la nécessité et importance des vérités religieuses. 8. Paris 814.

— d. Ueberschwemmung in Ost- u. Westpreußen im Frühling 1829. Eine Predigt. gr. 8. Berl. 829. Dümmler. 2 gr.

– dass., s.a. Henry, P.

Henry, Jos., l'ame d'un peuple africain, les Bambara, leur vie psychique, éthique, sociale, religieuse, s.a. Anthropos-Bibliothek. I. 2.

L'âme d'un peuple africain. Les Bambara, leur vie psychique, éthique, sociale, religieuse. Par l'Abbé Jos. **Henry**, ancien Missionaire. Avec 11 ill. et 24 pl. Münster i. W.: Aschendorff 1910. V, 238 S. 8°
(Anthropos-Bibliothek. Bd 1, H. 2.) [10. 17217

Henry, L., die Amazonen; heroisches Ballet in 3 Akt. Wien, Wallishausser. 1 gr.

— Arsena; romant. Ballet. Wien, Wallishausser. 1 gr.

— Hamlet; großes Ballet in 5 A. Wien, Wallishausser. 1 gr.

Henry, L., neueste u. zweckmäßigste Methode z. Erlernung der engl. Sprache ohne Lehrer. Nebst e. Zugabe der nothwendigsten Vocabeln u. Redensarten. 8. (12½ B.) Leipzig 845, Hunger.

Henry, M., nach Brüssel, Paris rc. einsteigen, s.: Domizio, Carlo di.

Henry, Matth., Anweis. zum Gebete durch Schriftstellen. 8. London 769. Heidinger. 20 gr.

— prakt. Erklärung d. Psalmen Davids. Aus d. Engl., mit Vorr. von F. E. Rambach. 1. 3 Thle. gr. 8. Leipz. 768—70. Weygand. (à 1 ₰ 12 gr.) 4 ₰ 12 gr.

Henry, Matth., Erkl. d. Psalmen. 3 Thle. gr. 8. Ebd. 768—70. (à 1 Rthlr. 12 gr.) Rthlr.

Henry, Matth., Erklärung d. Weissagungen d. Propheten Jesaias. gr. 8. Leipz. 777. Weygand. 1 ₰ 16 gr.

— Erl. d. Proph. Jesaias. gr. 8. Leipz. Weygand. 777.

Henry, Maurice s. Observations astronomiques pour déterminer la latitude de Berne. (Zürich 1850.)

Henry, P., s.a. Henry, Jean

— die Ueberschwemmung in Ost- u. Westpreußen im Frühling 1829. Pred. üb. 1 B. Mos. Cap. 9. v. 8—17., gehalt. am 8. Mai 1829. gr. 8. ... Berlin, Dümmler.

Henry, Paul, Ermahnungen an alle Hausväter u. Hausmütter, die mit ihren Dienstboten in Frieden leben wollen, nebst e. an d. Dienstboten mitzutheil. Hefte: Das Gehorchen im Namen Gottes. Ermahnn. an christl. Dienstboten. gr. 8. (9 B.) Hamburg 830, [Fr. u. Andr. Perthes.]

(Henry, P.,) Geist u. Leben d. Kirche rc., s. Geist rc.

Henry, Paul, der Glaube Friedrichs des Grossen an Gott u. an Preussen. Eine Predigt gehalten am Tage nach der Enthullung seines Denkmals. Mit einigen Orig.-Stellen aus den Schriften des Königs. Lex. 8. (IV u. 48 S.) Berlin 851, Gaertner in Comm. n. ⅙ ₰ — 2. Aufl. Lex. 8. (VIII u. 74 S.) Berlin 851, Decker. n. ⅓ ₰

Henry, Paul, das Glaubensbekenntniß der franz. reformirten Kirche, s. Glaubensbekenntniß.

Henry, Paul. Das Leben Johann Calvins, des grossen Reformators; mit Benutzung der handschriftlichen Urkunden, vornehmlich der Genfer und Züricher Bibliothek, entworfen, nebst einem [dreifachen] Anhang bisher ungedruckter Briefe und anderer Belege, von P' H'.... 3 Bände. 8. Hamburg 1835–1844.

Band 1. Mit einem Bildnisse [Tafel] und einem Fac simile [Tafel] der Handschrift Calvins. 1835.

Band 2. Mit einem vollstandigen Alphabet der Abkürzungen der Calvinischen Handschrift [Tafel] und einem Fac simile seiner Unterschrift [Tafel]. 1838

Band 3. Mit einem Fac simile der Handschrift (Michel) Servets [Tafel] und einer vollstandigen literarischen Notiz über die Werke Calvins. 2 Abtheilungen. 1844.

—— das Leben Joh. Calvins d. großen Reformators; mit Benutz. d. handschriftl. Urkunden, vornehml. d. genfer u. züricher Bibliothek, entworfen, nebst e. Anh. bisher ungedr. Briefe u. and. Belege. 1. u. 2. Bd. gr. 8. Hamburg, [Fr. u. Andr. Perthes.] [1. (31 B., C's. Portr. u. 1 Facsim.) 835. 2½ Thlr., 2. (42 B.) vollständ. Alphab. d. Abkürzungen d. calvin. Handschr. u. 1 Facsim. sein. Unterschr., 2 Stntaf.) 837. 3¼ Thlr.]

Henry, Paul, das Leben Johann Calvin's, des großen Reformators; mit Benutzung der handschriftl. Urkunden, vornehmlich der Genfer u. Züricher Bibliothek, entworfen, nebst einem Anhange bisher ungedruckter Briefe u. anderer Belege. 1r u. 2r Bd. Mit 1 Bildnisse u. 1 Facsimile der Handschrift Calvin's. gr. 8. Hamburg 835, 38. Fr. Perthes. (I. 2½ ₰, II. 3¼ ₰) 5¾ ₰

—— das Leben Johann Calvins des großen Reformators; mit Benutzung der handschriftl. Urkunden, vornehml. der genfer u. züricher Bibliothek, nebst e. Anh. bisher ungedruckter Briefe u. anderer Belege. M. 1 Facsimile d. Handschrift Servets u. einer vollständ. literar. Notiz über die Werke Calvins. 3. Bd. 2. Abthl. gr. 8. (56¼ B.) Hamburg 844, Fr. Perthes.

1. u. 2. Bd. Ebendas. 835, 37. 5 Thlr. 22½ Ngr.

—— das Leben Johann Calvin's. Ein Zeugniß für die Wahrheit. gr. 8. (32 B. u. C's. Bildn.) Hamburg 846, F. u. Andr. Perthes. *

—— offenes Sendschreiben an die Familien-Väter der französ. reform. Gemeinde zu Königsberg in Preußen. Mit einigen Beilagen. gr. 4. (24 S.) Berlin 847, Amelang'sche Sortimentsb. *

Henry, (P.), die Unsterblichkeit des Geistes etc. Eine Predigt, s. Unsterblichkeit.

Henry, René. La Suisse et la question des Langues, avec une carte des groupes linguistiques et des cantons. *Kopftitel:* Sur les routes du Drang. 34 p. 8. Bern (**Umschlag:* Berne), Stæmpfli & Cie; Paris, Plon, (1907). (fr. 1. —)

(Cette étude a paru dans le Temps des 26 octobre, 18 novembre et 2 décembre 1906. Elle a été reproduite en entier dans la Zeitschrift für Schweizerische Statistik ... ‹1907, 1er volume, 2me livr.›. La carte a été dressée par l'auteur pour les Questions diplomatiques et coloniales *et* publiée dans leur numéro du 1er avril 1906.)

Henry, Viktor, Napoleon I. und seine Liebschaften. (Frauen und Freundinnen Napoleon's I.) Historische Sittenbilder. Verlag und Druck: E. Bartels, Neuweißensee, o. J. (190*). 8°. Ill. roth Orig.-Sarsenetbd. mit Deckel-Tit. in Weißdruck. (Br. Mk. 5—.) (2 Mk. H. Hugendubel, München, c. 1906; 1 Mk. Julius Neumann, Magdeb., 1908; 2 Mk. 50 Pfg., Origlwdbd., Max Perl, 1904.)

462 S. (excl. Titel). Zahmes Colportage-Opus.

Henry, Vikt., Napoléon I. u. seine Liebschaften. (Frauen u. Freundinnen Napoléon I.) Histor. Sittenbilder. (462 S.) 8. Neuweißensee (905). E. Bartels. 6. —; geb. in Leinw. 6. —

Henry, Wilh. Roscher† u. s. Bedeutg. f. d. National-Oekonomik. gr. 8. (16 S.) Leipzig 894. J. Milde. — 60

Henry, William

Henry, Wilh., Chemie für Dilettanten, oder Anleit., d. wichtigsten chem. Versuche ohne große Kosten rc. anzustellen; aus d. Engl., mit Anmerkk. v. J. B. Trommsdorff. 8. Erfurt (u. Gotha) 803. 2e A. 807. (Hennings). 1 ₰

Henry, William: Chemie für Dilettanten. (The Elements of practical chemistry. 4.ed. Dt.) Übers.von Johann Bartholomä Trommsdorff. 2.Ausg. 320 S., Ebd.

Erfurt: Hennings 1807

JB 342

Henry, W., Chemie f. Dilettanten rc. a. d. Engl. m. Anm. v. Trommsdorff. 8. Frankf. (Hennings in Erf.) 807.

Grundriss der theoretischen und praktischen Chemie, sowohl zum Selbstunterrichte als zu Vorlesungen eingerichtet. Aus dem englischen nach der fünften Ausgabe übersetzt, von Friedrich Wolff. Berlin, 1812. 2 vols., 8vo.

— Grundriß d. theoret. u. prakt. Chemie. Aus d. Engl. von Fr. Wolf. 2 Bde, mit 8 Kpf. gr. 8. Berl. 812. Voß. 3 ₰ 18 ⁄⁄

Henrychowski, Ignaz

—— ein kurzer Beitrag zur Literatur der Physiognomones veteres. 4. (39 S.) Gnesen 870. (Berlin, Calvary und Comp.) *

Henrychowski, Ign., Bjelbóg oder die identische Form und Bedeutung des altslawischen und des alttestamentlichen Welt-schöpfers [illegible]. Original-Etymologieen der indogermanisch-christl. und der hebräisch-alttestamentl. Hauptgottesnamen. 1. Essay. gr. 8. (32 S.) Ostrowo 884. (Leipzig, K. F. Köhler's Antiq.) *

Henrychowski, Ignatius *(geb. Byschke in Pos. 29. 1. 1841)*: Aristotelis, Polemonis, Adamantii doctrinae physiognomonicae in harmoniam redactae et emendatae. Joh. Gottl. Schneideri, Saxonis, ineditae conjecturae ad Aristotelis, Polemonis, Adamantii physiognom. ed. Franz. appositae insunt omnes commemoratae et recensae. Vratislaviae (1868). (42 S.) 8°

[Im Buchhandel 1868 bei Maruschke & Berendt in Breslau.]

Breslau, Phil. Diss. v. 1. Apr. 1868

Henrychowski, Ign., Grammatik der deutschen Sprache m. vergleich. Berücksicht. d. Lateinischen u. Polnischen. Lex.-8. (V, 117 S.) Gnesen 875. Lange. n. 1. 50

Henrychowski, Ign., Hál'lû Jâh הַלְלוּ־יָהּ oder die ident. Form und Bedeutung des slaw. und des alttestamentl. Urgottesnamen Bóg יָהּ. Original-Etymologieen der indogermanisch-christl. und der hebräisch-alttestamentl. Hauptgottesnamen. 2. Essay. gr. 8. (35 S.) Ostrowo 887. (Leipzig, K. F. Koehler's Antiqu.) **

1. Essay (Ebendas.) 1884. *ℳ 1.—.

Henrychowski, Ignaz De love cretico. 16 S. *Inowrazlaw* 1879

Schul-/Univ.-Schrift

— Napoleon III. u. der Tag v. Sedan. Festvortrag. gr. 8. (27 S.) Inowraclaw 876. Olawski. n. — 60

Henrychowski, Ign. Zebaoth I. im Verhältnis zu Zaba-Zebaoth II. u. Zeba hamarom. Orig.-Etymologieen der indogermanisch-christl. u. der hebräisch-alttestamentl. Hauptgottesnamen. 3. Essay. gr. 8. (24 S.) Ostrowo 891, (Priebatsch). ℳ 1 —

1. u. 2. Essay. Ostrowo 1884.87. (Lpz., Koehler's Antiqu.) à ** 1 —.

Henry County Democrat: 1885?–1942?

Democratic weekly. Title varies: Henry County Demokrat, 1885–88; 2) Der Deutsche Demokrat, 1889–1916; 3) Henry County Demokrat, 1917–42. Circulation: 1890, 1368; 1895, 1150; 1900, 1300; 1910, 1250; 1915, 1000. Edited & published by Habermann & Clement, 1885–87, by C. L. Clement, 1888–91, by Charles Evers, 1892–1901; edited by Otto K. Evers, & published by Ida P. Evers [Mrs. Charles Evers], 1902–03, edited & published by Otto K. Evers, 1904–32, by Henry County Demokrat Co., 1933; by Otto K. Evers, 1934–37; by Fred. Sattler, 1938, by N. J. Belknap & Mrs. C. L. Belknap, 1939–40; by Fred. Sattler, 1941–42.
Napoleon, OH

Hensay, Joseph [app. Arzt aus Mainz]: Untersuchungen des Central-Nervensystems bei Diabetes mellitus ... Strassburg i. E., Buchdr. C. & J. Gœller, 1897; 38 S. 8.
Strassburg, Med. Fak., Inaug.-Diss. v. 1897

Hensch, Maxim., De Abelianarum functionum periodis. Berolini 1867.

Henscke, Carolus Augustus: Quaedam de anencephalia. Halis Saxonum (1834): Ploetz. 28 S. 8°
Halle-Wittenberg, Med. Diss. v. 9. Aug. 1834
Geb. Königsberg i. Pr. 15. 8. 1830. V.

Henschel, Elias, in seinem Leben und fünfzigjährigen Wirken als Arzt und Geburtshelfer. Breslau 1837. H: *Davidson, Wilh.* (Ky)

Henschel, Dr. Elias, in seinem Leben u. funfzigjähr. Wirken als Arzt u. Geburtshelfer. (Hrsg. v. Davidson.) gr. 8. (9 B.) Breslau 837, Friedländer. Thlr. *

Henschel

— s. a. **Haentschel, Haentzschel, Hentschel, Hentzscellus, Hentzschel, Henzschel.**

Henschel, Bemerkungen über A. Brongniart's Bestimmungen der Vegetation in den verschiedenen Epochen der Erdgeschichte.

Gebrüder **Henschel.** Ifflands mimische Darstellungen für Zeichner und Schauspieler. Während der Vorstellung gezeichnet zu Berlin. 1808–1811. Unvollständig (19 Liefr.) Berlin und Breslau 1811–1812. 4°.

Hentschell, Gebrüder, Ifflands mimische Darstellungen, f. Schauspieler u. Zeichner. 2 Hfte. 4. Berl. (Bresl.) 809, 11. Max u. Comp. 4 ₰ 12 gl

Henschell, Gebrüder, Ifflands mimische Darstellungen, f. Schauspieler u. Zeichner. 1ste Lief. 1s u. 2s Hft. 4. Berl. (Breslau, Kunst u. Ind. Comt.) 811.

[**Henschel.** Iffland's mimische Darstellungen fur Schauspieler und Zeichner. Gez. u. gest. von den Gebrüdern Henschel. (Berlin) 1819.]
Titelkupfer, 2 Bl., 120 Taf. in Kupferst. (Titelblatt fehlt.) 8°
Die Zeichnungen sind 1808–1813 während der Vorstellungen entstanden
Abb. 175

Denkschrift aus Anlass des 100jährigen Bestehens der Maschinen- und Lokomotivfabrik **Henschel** & Sohn, Cassel, u. d. Vollendung d. Lokomotive Fabriknummer 10000. Cassel: (Henschel) 1910. 147 S. 2° 11. 1013 4

Henschel, ..., Dictionnaire des langues Française et Allemande. Ouvrage adopté p. l'Université. II Tomes. gr. in-8. Paris 839. (Brockhaus et Avenarius.) n. $7^1/_2$ ₰

— dass. II Tomes. (28 Lfgg.) gr. in-8. Paris 838. (Vienne, Gerold.) Compl. in 2 Bdn. u. cart. $10^2/_3$ ₰

Henschel. Nouveau dictionnaire allemand-français et français-allemand à l'usage des deux nations. Neuestes deutsch-französisches und französisch-deutsches Wörterbuch. Zum Gebrauche für alle Stände beider Nationen. Neueste, durchgesehene, verbess. u. verm. Ausg. 1. und 2. Bd. Französisch-deutsch; 3. und 4. Bd. Deutsch-französisch. (4 Bde.) 8. Wien u. Leipzig 1840.

—— nouveau Dictionnaire compl. et universel des langues franç. et allemande et allemande-franç. à l'usage des deux nations. — Neuestes, vollständ. franz.-deutsches u. deutsch-franz. Wörterbuch rc. 4 Bde. Neueste durchges. u. verb. Aufl. Lex.-8. (160 B.) Wien 840, 41, Sammer. *

Henschel & Sohn: Preis-Courant der Werkzeug-Maschinen. (Cassel) 1875

Gebrüder **Henschel.** Dramatische Scenen, den Darstellungen des Berliner Theaters nachgebildet. Mit 6 Kupfertafeln. Berlin 1809. 4°.

Henschel, G., dramatische Scenen, d. Darstell. d. Berl. Theat. nachgebildet. 1s Heft. m. K. gr. Fol. Berl. Dunker u. H. 809.

Henschel, französ.-deutsch. u. deutsch-französ. Wörterbuch. — Dictionnaire des langues française et allemande. 2 Bde. (od. 28 Lfgn.) gr. 8. Wien, [Gerold's Vrlsh.]
Bd. 1. Französ.-deutscher Theil. (79½ B.) 837.
" 2. Deutsch-französischer Theil. (83 B.) 838.

Henschel, A., die Bibel ist Gottes Wort. gr. 16. (72 S.) Berlin 894. Deutsche Evangel. Buch- u. Tractat-Gesellschaft. n. — 40

Henschel, A., Fibel f. den 1. Rechenunterricht. 2 Tle. gr. 8. Berlin 894. Nicolai's Verl. n.n. — 75
1. (32 S.) n.n. — 25. — 2. (72 S.) n.n. — 50.

Henschel, A., Kriegslieder, aus der Kreuz-Zeitung gesammelt. 16. (III, 88 S.) Posen 871. Heine. n. — 60

Henschel, A., Kaiser Wilhelm I. als evangelischer Christ. Gekrönte Preisschrift zum 22. III. 1897. Hrsg. vom evangel. Preßverein f. Schlesien. 12. (29 S.) Liegnitz 897. Buchh. d. schles. Prov.-Ver. f. innere Mission. n. — 10

[F.] Kaiser Wilhelm I. als evangelischer Christ. Gekr. Preisschr. z. 22. März 1897 v. A. **Henschel,** Pastor in Zduny ... Hrsg. v. Evang. Pressver. f. Schlesien. *Liegnitz: Christl. Schriften-Niederl. 1897.* (29 S., 1 Bl.) 1 Bd 8. [97. 1454

Henschel, A. W., Hippokrates. Eine Vorlesung. Gel. s. a. 25 S.

Henschel, Adalbert, approb. Arzt aus Culmsee, Kr. Thorn: Aus d. Laboratorium d. III. med. Klinik (Direktor: Geh. Rat Prof. Senator). Ueber Aderlaß und Glycosurie. *Leipzig 1903: B. Georgi.* (26 S.) 8°
Leipzig, Med. Diss. v. (22. Mai) 1903

Henschel, Adolf

Henschel, A., Samuel Dombrowski, s.: Für die Feste u. Freunde d. Gustav-Adolfs-Vereins.

Henschel, Adf., Handbuch zum Posener Gesangbuch, enth. 1. Auswahl v. Liedern zu den sonn-, fest- u. feiertägl. alten Perikopen sowie den neu- u. alttestamentl. Lektionen der Eisenacher Konferenz; 2. Auswahl v. Eingangsliedern f. gewöhnl. Sonntage; 3. Verzeichnis der Melodien nebst Parallelmelodien. (54 S.) 8. Berlin (908.) (Vaterländ. Verlags- u. Kunstanstalt.) Kart. — 80

Henschel, Adf., Johann Heermann, s.: Schriften f. das deutsche Volk. Nr. 42.

Johann Heermann von Adolf **Henschel.** Halle a. d. S.: Ver. f. Reformationsgesch. 1905. (28 S.) 8° [F.]
= Schriften f. d. deutsche Volk. No 42. [05. 1686

— Valerius Herberger, s.: Schriften f. das deutsche Volk.

Henschel, Adf., Dr. Johannes Heß, der Breslauer Reformator, s.a. Schriften f. das deutsche Volk. 37. Hft.

Dr. Johannes Hess der Breslauer Reformator von Adolf Henschel. *Halle a. S.: Ver. f. Reformationsgesch.; (M. Niemeyer in Komm.) 1901.* (26 S.) 8° [F.]
— Schriften f. d. deutsche Volk. 37. [01. 4854 3

Henschel, Adf., Georg Israel, der 1. ständige Prediger der Brüderunität in Posen, s.: Für die Feste u. Freunde d. Gustav-Adolf-Vereins.

— Konkordanz z. Posener Gesangbuche, enth. 1. Wortkonkordanz üb. ca. 100 der bekanntesten Kirchenlieder, 2. Versregister sämtl. Strophenanfänge, 3. Verzeichnis der Liederdichter m. Angabe ihrer Lieder. (VII, 287 S.) 8. Lissa 909. O. Eulitz. Geb. in Leinw. 4. —

— Johannes Laski, der Reformator der Polen, s.: Schriften f. das deutsche Volk.

— evangelische Lebenszeugen d. Posener Landes aus alter u. neuer Zeit. gr. 8. (XXIV, 465 S.) Posen 891. W. Decker & Co. n. 7. 50

— der Puschlaver Mord, s.: Für die Feste u. Freunde d. Gustav-Adolf-Vereins.

— Petrus Paulus Vergerius, s.: Schriften f. das deutsche Volk.

Henschel, Albert (Hrsg.), s.a. Bankgesetz vom 14.3.1875.

Henschel, Alb., Bankgesetz. Vom 14. III. 1875. Nebst d. Novellen v. 18. XII. 1889, 7. VI. 1899 u. 1. VI. 1909, sowie dem Statut d. Reichsbank. Erläuternde Ausg. m. e. Einleitg., e. Zusammenstellg. d. sonst. auf das Notenbankwesen bezügl. Vorschriften, der Geschäftsbestimmgn. der Reichsbank v. 1910, e. Anh., enth. die Papiergeldgesetzgebg., das Gesetz betr. das Reichsschuldbuch u. das Münzgesetz v. 1. VI. 1909, nebst Sachregister. (XV, 492 S.) 16. Berlin 910. F. Vahlen. Geb. in Leinw. 4. —

Henschel, Albert, Gerichtsassessor: Die Haftung der Ehegatten für Kostenschulden nach Bürgerlichem Recht. Berlin 1908: J. S. Preuss. (80 S.) 8° [F.]
Breslau, Jur. Fak., Ref. Fischer-Meyer, Diss. v. 30. Juni 1908
[Geb. 20. Nov. 75 Görlitz; Wohnort: Berlin; Staatsangeh.: Preußen; Vorbildung: König-Wilhelms-Gymn. Breslau Reife O. 96; Studium: Breslau 6 S.; Rig. 29. Juli 99.]

— Scheckgesetz. Vom 11. III. 1908. Textausg. m. erläut. Anmerkgn. u. alphabet. Sachregister. 1. u. 2. Abdr. (VIII, 145 S.) 16. Ebd. 908. Geb. in Leinw. 1. 20

Henschel, A. Scheckgesetz. Vom 11. März 1908. Textausgabe mit erläuternden Anmerkungen und alphabetischem Sachregister. 2. Abdruck. Berlin 1908. (Franz Vahlen.)

Henschel, Albert: Untersuchungen über Berührungskugeln. *Weimar 1899: Hof-Buchdr.* (16 S.) 4°
Weimar, Wilhelm-Ernstisches G, OP 1899 (721)

Henschel, *Albert* [Dr.]: Versuch einer räumlichen Darstellung komplexer ebener Gebilde. (= Inaug.-Diss. Jena 1892.) Weimar, Druck d. Hof-Buchdr., 1892; 3—15 S. 4.
Weimar, RG, OP 1892 (674)

Henschel, Albert [aus Weimar]: Versuch einer räumlichen Darstellung komplexer ebener Gebilde ... Weimar, Druck d. Hof-Buchdr., 1892; 26 S. 8.
Jena, Phil. Fak., Inaug.-Diss. v. 1892

Henschel, Alb., Versuch e. räumlichen Darstellung complexer ebener Gebilde. Diss. gr. 8. (26 S.) Weimar 892. (Rudolstadt, H. Dabis.) n. — 60

Henschel, Alexand. Ferd. (geb. Luckenwalde 1814): De carcinomate uteri. Berolini (1839). (32 S.) 8°
Berlin, Med. Diss. v. 11. Okt. 1839

Henschel, Alma, Kochlehrbuch f. Schule u. Haus. (IV, 160 S.) gr. 8. Leipzig 904. R. Böhm. Geb. in Leinw. n. 2. 80

Henschel, Alma, Kochlehrbuch f. Schule u. Haus. 4. neu durchgeseh. u. verb. Aufl. (189 S.) 8. Leipzig 910. B. Thoß. Geb. in Leinw. 2. 80

Henschel, Alois [aus Schlesien]: Ein Fall von Angioma arteriale racemosum. . . . Greifswald, Druck v. Julius Abel, 1880; 31 S. 8°
Greifswald, Med. Fak., Inaug.-Diss. v. 17. März 1880

Henschel, Anna, Echo der Seele. Novellen. 8. (III, 152 S.) Dresden 899. E. Pierson. n. 2. —; geb. n. 3. —

Henschel, Anna, Erzählungen am Kamin. (III, 190 S.) 8. Straßburg 904. J. Singer. n. 3. 50

Feierabend-Geschichten von Anna **Henschel**. *Eberswalde-Berlin & Leipzig: S. Dyck [1901].* (234 S.) 8° [F.] [01. 9154 11

— Feierabend-Geschichten. 8. (234 S.) Eberswalde (901). Verlag Jung-Deutschland. n. 2. 25

Henschel, Anna, Gedichte. 8. (VII, 97 S.) Dresden 894. E. Pierson. n. 2. —; geb. m. Goldschn. n. 3. —

Herbstblätter. Lyrisches u. Episches von Anna **Henschel**. Dresden, Leipzig & Wien: E. Pierson 1895. (VIII, 143 S.) 8° [F.] [07. 8717

— aus allen vier Jahreszeiten. Gedichte. 8. (VIII, 120 S.) Ebd. 897. n. 2.50; geb. n. 3. 50

Henschel, Anna, was ich am Wege fand. Gedichte. (145 S.) 8. Straßburg 907. J. Singer. 3. —

Henschel, Anton[ius] Arend.: Specimen ... de arsenico albo generatim, praecipue de liquore aluminis arsenicoso. Halae (1821): Baentsch. 31 S. 8°
Halle-Wittenberg, Med. Diss. v. 12. Juli 1821
Geb. Kyrnozy (Russisch-Polen) 14. 8. 1798 [hs. V.: 1796]. V.

Henschel, Arthur, Oberprimaner: Dem Kaiser zum Gruss! Festgedicht zum Geburtstage S. M. d. Kaisers u. Königs Wilhelms II. ⟨27. Jan. 1900.⟩ *Krotoschin (1900): Kosmäl.* (S. 27—28.) 4°
Krotoschin, k. Wilhelms-G, OP 1900 (168)

Henschel, Arth., die Reform der Untersuchungshaft. Krit. Erörtergn. u. Vorschläge. (VIII, 212 S.) gr. 8. Berlin 909. F. Vahlen. 4. —

— Die Vernehmung des Beschuldigten, s.a. Gerichtssaal, der. 74. Bd.

Die Vernehmung des Beschuldigten. Ein Beitrag z. Reform d. Strafprozesses. Von Arthur **Henschel**, Landrichter. Stuttgart: Enke 1909. 146 S. 8°
(Der Gerichtssaal. Bd 74, Beilageh.) [09. 3884

Henschel, August Joseph, prakt. Arzt: Ein Fall von Acardiacus acephalus. Greifswald 1909: Adler. 24 S. 8°
Greifswald, Med. Diss. v. 11. Jan. 1909, Ref. Henkel
[Geb. 3. Sept. 78 Petersheide; Wohnort: Bad Salzbrunn; Staatsangeh.: Preußen; Vorbildung: Gymn. Neiße Reife O. 01; Studium: Berlin 2, Greifswald 7 S.; Coll. 16. Dez. 08; Approb. 19. Apr. 06.] [U 09. 1488

Henschel, August Wilhelm Eduard Theodor

Henschel, Augustus Guilielmus Eduardus Theodorus: De Aristotele botanico philosopho. Vratislaviae: A. Gosohorsky 1823. (58 S.) 4° *[Buchausg. ebenda 1824 unt. d. T.: „Commentatio de Aristotele botanico philosopho".]*

Breslau, Med. Fak., Antr.-Progr. als außerord. Prof. v. 20. Dez. 1823

Henschel, (A. Wilh. E. Th.,) Commentatio de Aristotele botanico philosopho. 8 maj. Vratisl. 824, Gosohorsky.

Henschel, Aug. Guil. Ed. Th., Clavis Rumphiana botan. et zoolog. Accedunt vita G. E. Rumphii, Plinii indici, specimenque mater. med. Amboinensis. 8 maj. (14½ B. u. 1 Stndr. qu. Fol.) Vratislaviae 833, Schulz et Soc.

Henschel, A[ugustus] G[uilelmus] E[duardus] Th[eodorus]: De codicibus medii aevi medicis et physicis bibliothecarum Vratislaviensium manuscriptis notitiae quaedam generales adjecta eorundem catalogi particula prima. (Vratislaviae 1847.) (IV, 56 S.) 4° *[Es gibt Exemplare mit d. Nebent.: „Catalogus codicum medii aevi medicorum ac physicorum qui manuscripti in bibliothecis Vratislaviensibus asservantur. Auctore A. G. E. Th. Henschel. Part. 1 ... Vratislaviae: E. Trewendt in comm. o. J."; Forts. ist d. Glückw. d. med. Fak. z. 50-jähr. Dr.-Jubil. v. W. H. G. Remer am 2. 9. 1847, vgl. Nr 2993.]*

Breslau, Glückwunsch d. med. Fak. z. 50-jähr. Dr.-Jubil. v. Ernst Horn am 10. Apr. 1847

Henschel, Augustus [Guilelmus Eduardus Theodorus] *[geb. Breslau 20. 12. 1790]*: De Asthmatis Millari Et Anginae Polyposae Diversitate. [Vratislaviae] (1813.) (35 S.) 4° *(Praeses: Karl August Wilhelm Berends.)*

Breslau, Med. Diss. v. 13. März 1813

Henschel, A. W. E. Th., das medicinische Doctorat, seine Nothwendigkeit und seine nothwend. Reform. gr. 8. (20 S.) Breslau 848, [Trewendt und Granier.]
Aus: Janus. 3. Bd. 3. Heft, besonders abgedruckt.

Sieben maurerische Fest-Reden. In der Loge F[riedrich] z[um] ⊙ [goldnen] Z[epter] in Breslau gehalten und als Ms. f. Frmr. hrsg. vom Br. A[ug.] W[ilh.] H[enschel]. Breslau: Neubourg 1827. 119 S. 8°
cf. A. 6 (1832) S. 180—210; Neue ZfFr. 1833 bis 1834 S. 106—199 (F. Mossdorf). Kl. 1235.

Die Forderungen der Gegenwart an die Freimaurerey. Ein Vortrag, gehalten bei der Uebernahme des Hammers in der Loge Friedrich zum goldnen Scepter [in Breslau] vom Br A[ug.] W[ilh.] E[du.] Th[eod.] H[enschel]. (Als Ms. f. F. M.) Breslau 1849: Grass, Barth & Co. 19 S. 8° [Umschlagtit.]
Abgedr. in: Frmr-Kalender. 1852 S. 1—28.
Recens: FZ. 3 (1849) S. 279—280, 283—286.
Tt. 2056. Fordert fortschreitende Entwicklung der Frmrei, grössere Brüderlichkeit, höheres Streben, mehr Tatkraft u. mehr Leistungen.

[Dasselbe.] 2. Aufl. Zittau: Graun [1899]. 16 S. 8°
Abgedr. in: Z. 30 (1900) S. 5—7, 12—13.
Recens: Bh. 42 (1899) S. 344 (C. Gotthold); FZ. 53 (1899) S. 224; L. 22 (1899) S. 120, 184.

Henschel (A. W. E. T.). Zur Geschichte der botanischen Gaerten ... in Schlesien ... Berlin, 1837. 8°.

Henschel, Aug. Wilh. Ed. Theod., zur Geschichte d. Medicin in Schlesien. I. Hft. Die vorliterärischen Anfänge. gr. 8. (8½ B.) Breslau 837, Aderholz.

Henschel, A(ugust)W(ilhelm)E(duard)Th(eodor) (Hrsg.):

s.: Janus, Zeitschrift für Geschichte und Literatur der Medicin ... Bd 1-3. Breslau: 1846-48.

JB 6.064

Henschel, Aug. Wilh. Ed. Th., Jatrologiae Silesiae, spec. primum, exhibens brevissimam medicorum Silesiorum notitiam, cui Catalogus medicorum, Silesiae recentiorum eorumque celebriorum adjectus est prodromus. 4. Breslau 837. Friedländer. ⅔ ℛ

Henschel, A[ugustus] G[uilelmus] E[duardus] Th[eodorus]: 1. Anonymi Salernitani de adventu medici ad aegrotum libellus ex compendio Salernitano saec. XII. m. s. editus. — 2. Commentatio de praxi medica Salernitana compendio et libello isto maxime illustrata. Vratislaviae (1850). (25 S.) 4° *(Buchausg. 1850 in Komm. bei Max & Ko. in Breslau unt. d. T.: „De praxi medica Salernitana commentatio, cui praemissus est anonymi Salernitani de adventu medici ad aegrotum libellus e compendio Salernitano saec. XII. mss. editus".]*

Breslau, Glückwunsch d. med. Fak. z. 50-jähr. Dr.-Jubil. v. Ant. Krocker am 20. Okt. 1850

—— de praxi medica Salernitana commentatio cui praemissus est anonymi Salernitani de adventu medici ad aegrotum libellus e compendio Salernitano saec. XII. mss. editus. 4maj. (25 S.) Vratislaviae 851, (Max et soc.)

— von d. Sexualität d. Pflanzen. Nebst e. histor. Anhange von F. Jos. Schelver. gr. 8. Bresl. 820. W. G. Korn. 2 ℛ 12 ℊ

Henschel, A[ugustus] G[uilelmus] E[duardus] Th[eodorus]: Synopsis chronologica scriptorum medii aevi medicorum ac physicorum quae codicibus bibliothecarum Vratislaviensium continentur. Vratislaviae (1847). (60 Sp.) 4° *[Es gibt Exemplare mit d. Nebent.: „Catalogus codicum medii aevi medicorum ac physicorum qui manuscripti in bibliothecis Vratislaviensibus asservantur. Auctore A. G. E. Th. Henschel. Part. 2 ... Vratislaviae: E. Trewendt in comm. o. J."; Part. 1 ist Glückw. d. med. Fak. z. 50-jähr. Dr.-Jubil. v. E. Horn am 10. 4. 1847, vgl. Nr. 2991.]*

Breslau, Glückwunsch d. med. Fak. z. 50-jähr. Dr.-Jubil. v. Wilh. Herm. Georg Remer am 2. Sept. 1847

Das Verhältniss der Freimaurerei zur Politik. Eine Festgabe von A[ug.] W[ilh.] Henschel. Als Ms. f. Frmr. abgedr. auf Geheiss der ☐ Fr[iedrich] z[um] ⊙ S[zepter] i. Or. Breslau. Breslau 1848: Grass, Barth & Co. 16 S. 8° [Umschlagtit.]

Henschel, Aug. Guil. Ed[uardus] Th[eodorus]: Vita G. E. Rumphii, Plinii Indici. Accedunt specimen materiae Rumphianae medicae clavisque herbarii et thesauri Amboinensis. Vratislaviae: Schulzius et soc. 1833. (XIV, 215 S., 1 Taf.) 8° *[Buchausg. ebenda 1833 unt. d. T.: „Clavis Rumphiana botanica et zoologica. Accedunt vita G. E. Rumphii, Plinii Indici, specimenque materiae medicae Amboinensis".]*

Breslau, Med. Fak., Antr.-Progr. als ord. Prof. v. [7.] Aug. 1833

—— Schlesiens wissenschaftliche Zustände im 14. Jahrh. Ein Beitrag insbesondere zur Geschichte der Medicin. gr. 8. (104 S.) Breslau 850, Max und Comp.

Henschel, G. A., Beitrag z. Constructions-Verbesserung d. Eisenbahnen. gr. 8. (2½ B. u. 3 Taf.) Kassel 838, Krieger'sche Bh. *
Aus: Gewerbeblätter f. Kurhessen, besond. abgedruckt. — Die Fortsetz. od. 2. u. 3. Beitrag, s. Fick, Fr.

Henschel, G. A., neue Construction d. Eisen-Bahnen, u. Anwendung comprimirter Luft z. Bewegung d. Fuhrwerke. M. 2 lith. Taf. (qu. gr. Fol.) gr. 4. (8 B.) Kassel 833, (Krieger.)

Henschel, C. A., das bequemste Maas- und Gewichtssystem gegründet auf den natürlichen Schritt des Menschen. Nach Analogie des metrischen Systems und im Zusammenhange mit demselben entworfen. Mit 2 Taf. Steindr. Cassel 855. Bertram. gr. 8. (35 S.) n. 7½ ngr.

— le système de mesures et de poids le plus commode, basé sur le pas naturel de l'homme et projeté d'après l'analogie du système métrique et en rapport avec ce système. Traduit de l'allemand. Ebend. 855. gr. 8. (1 Bl., 33 S. u. 2 lith. Taf.) n. 7½ ngr.

— Vorschlag zur Anwendung eines eisernen Seilzuges auf Eisenbahnen, als Fortsetzung des Obigen, gr. 4. Kassel 833. (Krieger'sche Buchh.) n. ⅙ ℛ

Henschel, E., de atmosphaera ejusq. in corp. hum. efficacia. 8. maj. Halae, Hemmerde et S. 787.

Henschel, E., Commentatio de atmosphaera ejusque in corp. hum. efficacia. 8maj. Halle 787. Schwetschke u. S. 6 gl.

Henschel, Eduard [aus Berlin]: Zur Geschichte der aromatischen Cyansäureäther. . . . Berlin, Buchdr. v. C. Berg, 1888; 46 S. + 1 Bl. 8°
Berlin, Phil. Fak., Inaug.-Diss. v. 1. Dez. 1888

Henschel, Elias, von den Blattern u. deren Ausrottung. gr. 8. Bresl. 796. W. G. Korn. 20 gl.

— s. Blatterpfropfen, über d., u. verbess. (K. F. T. in Elias Henschel).

— etwas über d. gewöhnl. Krankheiten d. Schwangern. 8. Bresl. 797. W. G. Korn. 4 gl.

— kann u. darf d. Nachgeburt unbedingt zurückgelassen werden? 8. Bresl. 805. W. G. Korn. 6 gl.

— üb. d. gewöhnl. Krankheiten der Schwangern. 8. Ebd. 797.

— s. Rear's Rath für Frauen.

Seni venerando Eliae Henschel . . . die III. m. Januarii a. 1837 semisaecularia summorum in re medica honorum celebranti d. d. d. Universitatis Litterarum Vratislaviensis studiosi medicinae. Vratislaviae (1837). (2 Bl.) 4° *[Lat. Gedicht]*

Henschel, Emil, d. Kampf ums Dasein, s.: **Stassen, Frz.**

HENSCHEL, Ernst (Lenin): Zwei Fälle traumatischer Neurose. (Titel nach der Urkunde)
26.7.1890 - Urk: Chr 1890/91,18
Diss. Ingolst.-Landsh.-Mchn.

Henschel, Ernst, 10 neue Turnerlieder ernsten u. heit. Inhalts m. Noten nach beliebten Sangesweisen aus alter u. neuer Zeit gedichtet. Als Anh.: L. Waldmanns beliebtes „Thüringen, schöne Heimat mein". 16. (31 S.) Arnstadt 898. R. Braune. n. — 20

Henschel, F., a collection of anglicisms, germanisms, a. phrases of the english a. german languages. Sammlung von Anglicismen, Germanismen u. Redensarten der engl. u. deutschen Sprache. br. 8. (244 S.) Berlin 871. München, Th. Ackermann. n. 2.

Henschel, F. Kais. französische Uniformen. o. O. um 1810. 6 farb. Bl. 2°

Henschel. Felix. Städtischer Obertierarzt in Berlin. Über die Beteiligung der verschiedenen Organe des Tierkörpers an der Generalisation der Tuberkulose beim Rind. Schaf und Schwein. Zugleich ein Beitrag zur Technik der Untersuchung geschlachteter tuberkulöser Tiere. ⟨Aus dem städtischen Schlachthofe in Berlin.⟩ Berlin 1909. 70 S. 8°. [2. III. 09.]
Bern Vet.-med. Diss 1908/09

Henschel, Fel., über die Beteiligung d. verschiedenen Organe des Tierkörpers an der Generalisation der Tuberkulose beim Rind, Schaf u. Schwein. Zugleich e. Beitrag zur Technik d. Untersuchg. geschlachteter tuberkulöser Tiere. (Aus dem städt. Schlachthofe in Berlin.) (70 S.) Lex. 8. Berlin 909. R. Schoetz. 2. 50

Henschel, Frdr. Hugo [aus Rochlitz]. Darstellung der Flexionslehre in John Barbour's Bruce. Ein Beitrag z. Kenntniss d. Altschottischen . . . Leipzig, Druck v. Leopold u. Bär, 1886: 75 (1) S. 8°.
Leipzig, Phil. Fak., Inaug.-Diss. v. 11. Apr. 1886.

Henschel, Fr. H., Darstellung der Flexionslehre in John Barbour's Bruce. Ein Beitrag zur Kenntnis des Altschottischen. gr. 8. (75 S.) Leipzig 886, Fock. *

HENSCHEL, G., Der Liebes-Spiegel, d. i. Wahrhafft u. hoechst kurtzweil. Lebens- u. Liebes-Geschichte des gelehrten Herrn Dr. Med. Felix Semon u. seiner Ehegattin Auguste, geb. Redeker zur Feier ihrer Vermaehlung . . . im angenehmen Tone der „frechen Roemerweis" in artige Reimlein gebracht. Gedruckt zu London 1879. 8 Bll. 4°. Rot- und Schwarzdruck. Zahm. (3 Mk. Südd. Antiqu., München. 1910.)

Henschel, G. A. L., s. du Cange Glossarium mediae etc.

Henschel, G. A. L., Glossarium mediae et infimae latinitatis, s. **Glossarium.**

Henschel, Georg

--Serbisches Liederspiel . . . Berlin, 1878.

Nubia. Oper in 3 Aufzügen ⟨nach e. Novelle von Richard Voss⟩ von Max Kalbeck. Musik von **Georg Henschel.** Op. 58 Vollst. Klav.-Ausz. mit Text. *Berlin: E. Bote & G. Bock [1899].* (204 S.) 4°

Nubia. Oper in 3 Aufz. ⟨nach e. Novelle von Richard Voß⟩ von Max Kalbeck. Musik von Georg **Henschel.** (Textbuch.) Berlin: Bote & Bock [1900]. 56 S. 8°

Requiem ⟨Missa pro defunctis⟩ f. Chor, Solostimmen u. Orchester von Georg **Henschel.** Op. 59. Textbuch lat., deutsch u. engl. Leipzig: Breitkopf & Härtel [1902]. 15 S. 8°
(Breitkopf & Härtels Musikbücher. Abt. 1. Nr. 296.) 109. 8616

Henschel, Gustav

Henschel, G., praktische Anleitung zur Bestimmung unserer Süsswasser-Fische, nebst e. alphabetisch geordneten Verzeichnis der Synonyme, Beziehungen u. gebräuchlichsten Volksnamen. Mit 5 schemat. Fig. 12. (VII, 162 S.) Wien 890. Deuticke. geb. n. 3. 50

Henschel, Gust., s.: Encyklopädie, allgemeine, der gesammten Forst- u. Jagdwissenschaften.

Henschel, Gust., Erreichung e. einheitlichen Nomenclatur auf dem Gebiete der Entomologie u. der Botanik. [Aus: „Centralbl. d. ges. Forstwesen".] Internationaler land- u. forstwirthschaftl. Congreß zu Wien 1890, Hft. 102.) gr. 8. (5 S.) Wien 890. (W. Frick.) n. 1. —

Henschel, Gust. A. O., d. schädl. Forst- u. Obstbaum-Insekten, ihre Lebensweise u. Bekämpfg. Prakt. Handbuch f. Forstwirthe u. Gärtner. 3., neubearb. Aufl. gr. 8. (XII, 758 S. m. 197 Abb.) Berlin 895. P. Parey. Geb. in Leinw. n. 12. —

Henschel, Gust., der Forstwart. Lehrbuch der wichtigsten Hilfs- und forstl. Fachwissenschaften zum Selbst-Studium für Forstwarte, Eleven, Kleingrundbesitzer rc. und zu Unterrichtszwecken an Waldbau-Schulen. In 4 Lfgn. 1. Lfg. gr. 8. (V, 200 S. mit 166 eingedr. Holzschn.) Wien 878, Braumüller. * 4 —

Henschel, Gust., der Forstwart. Lehrbuch der wichtigsten Hilfs- und forstl. Fachwissenschaften zum Selbst-Studium für Forstwarte, Eleven, Kleingrundbesitzer rc. und zu Unterrichtszwecken an Waldbau-Schulen. 2.—4. Lfg. gr. 8. [Wien, Braumüller.] Berlin, Parey. [2. Lfg. (VIII, S. 201—400 mit 30 eingedr. Holzschn.) 881; 3. Lfg. (XIII, S. 401—639 mit 60 eingedr. Holzschn.) 882; 4. Lfg. (XIII, S. 641—821 mit 27 eingedr. Holzschn.) 883.] à Lfg. *ℳ 4. *
1. Lfg. Ebendas. 1878. *ℳ 4.

HENSCHEL, Gustav: Der Forstwart. Lehrbuch der forstlichen Hilfs- und Fachgegenstände. Für den Selbstunterricht von Forstwarten und Kleinwaldbesitzern, sowie zum Gebrauch an forstlichen Lehranstalten. - Berlin, Wien 1883. 2 Bd. (ersch. in 4 Lfg. ab 1878). - Bd. 1: Die forstlichen Hilfswissenschaften. XI, 509 S., 236 Holzschn. - Bd. 2: Die Forstwirtschaftslehre. XIII, 312 S., 47 Holzschn.

Henschel, Gustav [Cand. med.]: Ueber die normale Harnentleerung und die Harnverhaltung im Wochenbett. . . . Heidelberg, Univ.-Buchdr. v. J. Hörning, 1889; 86 S. u. 1 Taf. 8°
Heidelberg, Med. Fak., Inaug.-Diss. v. [24. Jul.] 1889

—— Die Insecten-Schädlinge in Ackerland u. Küchengarten, ihre Lebensweise und Bekämpfung. 8. (IV, 232 S.) Wien 890, Deuticke. * 4 —; geb. * 5 50

HENSCHEL, Gustav: Leitfaden zur leichteren Bestimmung der schädlichen Forst-Insekten, mit Angabe ihrer Lebensweise, der gegen dieselben seither mit Erfolg angewendeten Vorbauungs- und Vertilgungsmittel, unter gleichzeitiger Berücksichtigung der den Obstbäumen schädlichen Arten. Für Forstleute, Oekonomen, Gärtner analytisch bearbeitet. - Wien 1861. 2 Abt. - Abt. 1: Die Feinde der Nadelhölzer. 80 S. - Abt. 2: Die Feinde der Laubhölzer und Obstbäume. 93 S. - 2. verm. u. verb. Aufl. ebd. 1876. X, 269 S. - 3. neubearb. u. erw. Aufl. u. d. T.: Die schädlichen Forst- und Obstbauminsekten, ihre Lebensweise und Bekämpfung. Praktisches Handbuch für Forstwirthe und Gärtner. Berlin 1895. XII, 758 S., 197 Abb.

Henschel, Gust., Leitfaden zur leichteren Bestimmung der schädlichen Forst-Insekten, mit Angabe ihrer Lebensweise, der gegen dieselben seither mit Erfolg angewendeten Vorbauungs- und Vertilgungsmittel, unter gleichzeitiger Berücksichtigung der den Obstbäumen schädlichen Arten. Für Forstleute, Ökonomen, Gärtner analytisch bearb. Wien 861. Braumüller. gr. 8. (XV, 175 S.) n. 1 ₰

Henschel, Gust., Leitfaden zur Bestimmung der schädlichen Forst- u. Obstbaum-Insekten, nebst Angabe der Lebensweise, Vorbaug. u. Vertilgg. Für Forstleute, Oekonomen, Gärtner analytisch bearb. 2. verm. u. verb. Aufl. gr. 8. (X, 269 S.) Wien, 876. Braumüller n. 4. —

— d. Nonne in Rücksicht ihrer Bekämpfg. Vortrag, geh. im Club d. Land- u. Forstwirthe in Wien am 6. März 1891. [Aus: „Oesterr. Vierteljahrsschr. f. Forstwesen".] gr. 8. (16 S.) Wien 891. (W. Frick.) n. — 60

Henschel, Forstrath Professor, Die Seuche der Nonnenraupe. Zeitgemäße Winke für die Praxis. Gr.-8. (16 S.) Wien:Deuticke 1891. --.45

— die Vernichtung der Reblaus. Anregung zu Versuchen, die Reblaus auf biolog. Grundlage zu bekämpfen. Vortrag, geh. am 29. Jan. 1892 im Club der Land- u. Forstwirthe in Wien. [Aus: „Wiener landwirthschaftl. Zeitg."] gr. 8. (15 S.) Ebd. 892. n. — 60

Henschel, Heinrich [Dr., app. Arzt aus Lewin, Reg.-Bez. Breslau]: Ueber Magenerweiterung im Säuglingsalter. (Aus: „Arch. f. Kinderheilk." XIII. Bd.) München, 1890; 38 S. 8°
München, Med. Fak., Inaug.-Diss. v. 1891

Die Wissenschaftliche Lösung der Socialen Frage. Jedem Bürger e. jährl. Minimal-Einkommen von Einer Million Mark. [Verf.: Hermann Henschel, Gerichtsass. a. D.] 2. Aufl. *Wiesbaden 1901: S. Schabel.* (15 S.) 8° [Gr. 8688

Henschel, H., allgemeine Staats-Lehre. Als Einleitg. in das Studium der Rechts-Wissenschaft. (In 5 Lfgn.) 1. Lfg. gr. 4. (1. Bd. S. 1—96.) Berlin 890. Siemenroth & Worms. n. 4. —

Allgemeine Staats-Lehre. Als Einleitung in d. Studium d. Rechts Wissenschaft. Von Hermann Henschel. Lfg 1. 2 [mehr nicht erschienen]. *Berlin: Siemenroth & Worms 1890-92.* (232 S.) 8° [Umschlagt. J.] [Gr. 655

Henschel, Herm., allgemeine Staats-Lehre. Als Einleitg. in das Studium der Rechts-Wissenschaft. 2. Lfg. gr. 4. (S. 97—232.) Berlin 893. Siemenroth & Worms. n. 5. — (1 u. 2.: n. 9. —)

Henschel, Herm., Verantwortlichkeit der Reichstags-Abgeordneten! Eine Petition an den hohen Reichstag. (7 S.) kl. 8. Hambg. 909. (Peter & Wittmaack.) (Nur direkt.) — 10

Henschel, J. D., k. Abr. d. schlesch. Gesch. 8. Hirschberg, Pittschiller. 797.

— hist. topogr. Beschr. v. Hirschberg. 8. Ebend. 797.

— Handbuch d. schles. Gesch. 8. Ebend. 797.

Henschel, Julius (Glogau/Schles.), De ophthalmia neonatorum. Diss. med. Bln. (August Petsch) 20. I. 1827. 40 S. mit Literatur u. Biogr. (6.50) 14425
Oppon.: J. Magnus, M. Troschel, W. Grattenauer. — Gew.: Carl Himly.

Henschel, Max [app. Arzt aus Frankfurt a/O.]: Drei Fälle von Bewegungsstörungen bei traumatischer Hysterie ... Salzwedel, Buchdr. v. Rosenthal & Weber, 1895; 39 S. 8.
Leipzig, Med. Fak., Inaug.-Diss. v. 11. Juli 1895

Henschel, P., Geschichte des Turnvereins Weimar 1849—1899 zur Jubiläumsfeier, Weimar 1899, 87 S., 8°.

Henschel, W. Abbildungen der preuß. Armee. (Um 1740—1756.) o. O. u. J. 4 farb. Bl. 2°

HENSCHEL W. u. F. — Berliner Ausrufer, gezeichnet und gestochen von *W. u. F. Henschel* Berlin (um 1810). 26 Tafeln in colorirtem Kupferstich, kl. 4°. (Format 18,9: 13,3 cm.)

Henschel, W. et F. A. Les Gardes Impériales et Royales [de l'armée française en 1810] [Berlin um 1810.]
12 farb. Taf. 2°
Neudruck Paris 1904

[Henschel, W. u. F. A.] Kostüme der ganzen Preussischen Armee. [W. Henschel pinx. F. A. Henschel fec.] ... Berlin, bei J. B. Schiavonetti ... 1806. [Umschlagtit.]
24 Taf. in kol. Kupferst. 2°.
Mehr als 4 Hefte mit je 6 Taf. nicht erschienen.

Henschel, W. Französische Soldaten des ersten Kaiser-Reichs. 10 Blatt in Kupferstich. Fol.

Henschel, [Wilhelm u. Moritz]. Masken zum Friedensjahr 1815. Erinnerung vergangener Zeiten in ... Kupferstichen mit Erklärung ... Zu haben bei den Verfertigern Gebr. Henschel ... Berlin. [Umschlagtit.]
6 Bl. 3 Taf. in kol. Kupferst. (Taf. 2. 3. 4. fehlen) 8°

Henschel-Zehdenick, Ludov. (geb. Neudamm 8. 10. 1827): Observationes clinicae de chloroformi in oculorum operationibus usu, adiecta descriptione carcinomatis melanodis coniunctivae bulbi oculi. Berolini (1850). (22 [vielmehr 20] S.) 4°
Berlin, Med. Diss. v. 25. Juli 1850

Henschell, s. Henschel

Henschen, Folke, über Geschwülste der hint. Schädelgrube, insbes. d. Kleinhirnbrückenwinkels. Klinische u. anatom. Studien. (V, 283 S. m. 9 Taf.) Lex. 8. Jena 910. G. Fischer. 10. —

Henschen, Godefroi. Chronotaxis de annis aetateque D. N. Jesu Christi . . . Tyrnaviae 1754. H: *Pinter, Jos.* (Jes)

Henschen, Karl

Henschen, Carl, med. pract. aus Zürich, gewesener Assistent des pathologischen Instituts Zürich. Assistenzarzt der chirurgischen Universitätsklinik Zürich: Aus dem pathologischen Institut der Universität Zürich. (Direktor: Herr Prof. Dr. P. Ernst.) Beiträge zur Geschwulstpathologie des Chylusgefässystems. [Mit einer Tafel.] Zürich 1905. 115 S. 8°. [1. VII. 05.]
Zürich. Med. Diss. 1904/1905.

Henschen, Carl. Beiträge zur Geschwulstpathologie des Chylusgefässystems. Diss. Med. Univ. Zürich von K' H'.... [Mit 1 Tafel.] *Kopftitel:* Aus dem pathologischen Institut der Universität Zürich (Direktor: ... Prof. Dr. P[aul] Ernst). 115 S. 8. Zürich, Jacques Bollmann, 1905.

Henschen, Karl, Dr., Assistenzarzt d. chirurg. Klinik zu Zürich, z. Zt. Assistent d. chirurg. Klinik zu Tübingen: Die Extensionsbehandlung der Ober- und Unterschenkelbrüche auf physiologisch-mechanischer Grundlage (Extension b. Muskelentspannung). Tübingen 1908: H. Laupp jr. (105 S., 1 Taf.) 8° ¶ (Aus: Beiträge z. klin. Chirurgie Bd 57 H. 3.)
Tübingen, Med. Fak., Hab.-Schr. v. 1908
(Nicht für den Austausch)

Henschen, Salom. Eberh., das Aneurysma arteriae pulmonalis, s. a. Sammlung klinischer Vorträge. Nr. 422.23.

Das Aneurysma arteriae pulmonalis von S[alomon] E[berhard] **Henschen,** Stockholm. Mit 2 Lichtdrucktaf. Leipzig: Breitkopf & Härtel 1906. (61 S.) 8° [Umschlagt.]
— **Sammlung** klinischer Vorträge. No 422/423. [06. 8447

Henschen, Salom. Eberh., klinische u. anatomische Beiträge zur Pathologie d. Gehirns. 1. u. 2. Tl. u. 3. Tl. 1. Hälfte. Imp.-4. Upsala. (Leipzig, K. F. Koehler's Sort.) n.n. 83. 75
1. (V, 215 S. m. 3 Karten, 36 z. Tl. farb. Taf. u. 36 Bl. Erklärgn.) 890. n.n. 33. 75
2. (VII u. S. 217—451 m. 20 Taf. u. 6 Karten.) 892. n.n. 30. —
3. I. (115 S. m. 14 Taf. u. 15 Bl. Erklärgn.) 894. n.n. 20. —

Henschen, Sal. Eberh., klin. u. anat. Beiträge z. Pathologie d. Gehirns. 3. Tl. 2. Hälfte. gr. 4. (V u. S. 115—245 m. 18 Taf.) Upsala 896. (Leipzig, K. F. Koehler's Sort.) n.n. 16. — (I.—III.: n.n. 99. 75)

— klinische u. anatomische Beiträge zur Pathologie des Gehirns. IV. Tl. 1. Hälfte. (VII, 114 S. m. 19 Taf. u. 19 Bl. Erklärgn.) gr. 4. Upsala 903. (Leipzig, K. F. Koehler.) n.n. 30. — (I—IV, 1. n.n. 129. 75)

— die Eheschließung vom gesundheitlichen Standpunkte. Autoris. Uebersetzg. v. Leo Klemperer. (86 S.) 8. Wien 907. M. Perles. n. 1. 50

— **Mitteilungen** aus d. modizin. Klinik zu Upsala. 1. Bd. gr. 8. (V, 292 S. m. 103 Fig.) Jena 898. G. Fischer. n. 8. —
Hieraus einzeln:
Zur Lehre v. d. Herzarhythmie. (24 S. m. 7 Abb.) n. — 75
Ueb. Herz-Dilatation bei Chlorose u. Anämie. (48 S. m. 27 Fig.) n. 1. 50
Ein Beitrag z. Kenntnis d. Scharlach-Herzens. (63 S. m. 21 Abb.) n. 2. —
Ueb. d. Herz b. d. Nephritis. (96 S. m. 25 Abb.) n. 3. —
Zur akuten Dilatation beim Alkohol-Herzen u. b. d. Herz-Degeneration. (50 S. m. 27 Fig.) n. 1. 50

Henschen, S. E., Mitteilungen aus der medizinischen Klinik zu Upsala. 2. Bd. gr. 8. (V, 312 S. m. 108 Fig.) Jena 900. G. Fischer. n. 8. —
Sonderabdrucke hieraus:
Skidlauf u. Skidwettlauf. Eine medizin. Sportstudie. (74 S. m. 37 Abbildgn.) n. 2. 80
Ueber akute Herzerweiterung bei akutem Rheumatismus u. Herzklappenfehlern. (114 S. m. 27 Abbildgn.) n. 4. —
Ueber akute Herzdilatation infolge akuten Infektionskrankheiten. (92 S. m. 31 Abbildgn.) n. 3. —
Die Deutung des Kardiogramms. (26 S. m. 13 Abb.) n. 1. —

Henschen, S. E., Skilauf und Skiwettlauf, E. medizinische Sportstudie, m. Abb., Jena 1899, 74 S., 8°.

Henschke (Hrsg.), s. Monatsschrift für das gesammte deutsche Mädchenschulwesen.

Henschke, Alfred [aus Lebus]: Ueber Chelidonin, Chelerythrin und Sanguinarin. Ein Beitrag zur Kenntniss dieser Alkaloide .... Halle a. S., Gebauer-Schwetschke'sche Buchdr., 1886; 47 + 1 S. 8°.
Erlangen, Phil. Fak., Inaug.-Diss. v. 1886.

Henschke, Alfred, ueber Chelidonin, Chelerythrin und Sanguinarin. Ein Beitrag zur Kenntniss dieser Alkaloide. Diss. Erlangen 1886, Th. Blaesing. 8°. 47 S.

Henschke, Carl, s. Henschke, Karl

Henschke, E., die Auferstehung des Herrn, was sie uns verbürgt, u. wodurch sie selbst uns verbürgt wird. Predigt über 1. Korinther 15, 17—21, gehalten am Sonntage nach Ostern 1844. 8. Schwedt 845. (Jungheim.) n. 3 *ngl*

Henschke, Ernst [Dr., Assist.]: Über das Leben und die Schriften Kaspar Poggels. München, Druck d. C. Gerber'schen Buchdr., 1893; IV, 48 S. 8.
München, k. Ludwigs-Kreis-R, P 1893

Henschke, Ernst Aug. Geo. [aus Calbe]: Ueber die Nachbildung griechischer Metra im Deutschen .... Leipzig, Druck v. Metzger & Wittig, 1885; 2 + 36 + 1 S. 8°.
Leipzig, Phil. Fak., Inaug.-Diss. v. 28. Aug. 1885.

Henschke, Ernst Aug. Geo., über die Nachbildung griechischer Metra im Deutschen. Diss. Leipzig 1885, Gustav Fock. 8°. 36 S.

Henschke, G., s. Henschke, Karl

Henschke, Gust., die Pflanzenkost. Ihre Begründung nebst Anleitung zum prakt. Gebrauch derselben. 1. und 2. Aufl. Mit Tabellen über den Nährgehalt des Fleisches und der Pflanzen und mit Kochzetteln. gr. 8. (31 S.) Berlin 876, Grieben. * — 60

Henschke, Hermann [aus Lebus (Prov. Brandenburg)]: Ueber die Bestandtheile der Scopoliawurzel. Ein Beitrag zur Kenntniss der mydriatisch wirkenden Alkaloide .... Halle a. S., Gebauer-Schwetschke'sche Buchdr., 1887; 1 Bl. + 41 + 1 S. 8°
Freiburg i. B., Phil. Fak., Inaug.-Diss. v. 1887

Henschke, Isidor, a. Neumark ⟨Prov. Westpreußen⟩: **Aus der Kgl. Universitäts-Poliklinik für orthopädische Chirurgie** von Professor Dr. Hoffa. Ueber einen Fall von angeborener doppelseitiger Kniegelenksluxation nach vorn. Berlin 1906: G. Schade. (47 S.) 8°
Leipzig, Med. Fak., Ref. Trendelenburg, Diss. v. 30. Juli 1906
[Geb. 12. März 73 Neumark, W.-Pr.; Wohnort: Berlin; Staatsangeh.: Preußen; Vorbildung: Gymn. Strasburg W.-Pr. Reife O. 94; Studium: Berlin 15 S.; Coll. 7. Aug. 06; Approb. 1. April 05.]

Henschke, Karl

Henschke, Carolus: De Conrado I. episcopo Hildesheimensi. Halis Saxonum 1865: Orphanotropheum. 53 S. 8°
Halle-Wittenberg, Phil. Diss. v. 22. Juli 1865
Geb. Mitau 28. 5. 1844. V.

Henschke, Margarete: Zur Einführung in die Theorie und die Praxis der Mädchen-Fortbildungsschule. Vorlesungen, geh. in d. „Lehrerinnen-Kursen" d. Victoria-Fortbildungsschule zu Berlin ⟨1898-1901⟩. — Leipzig: Hofmann 1902. 172 S. 8°

Henschke, Margarete: Zum Gedächtnis der Kaiserin Friedrich. Rede, geh. bei d. Trauerfeier d. Victoria-Fortbildungsschule z. Berlin am 21. Nov. 1901. — Leipzig: Dürr 1902. 24 S. 8°
— — [Ausz.] Bearb. u. eingel. v. Hans Landsberg. — Berlin: Simion 1904. XII, 256 S. 8° (Renaissance-Bibliothek. Bd 2.)

Henschke, Margarete: Die weibliche Jugend und die Aufgaben unserer Zeit. Vortrag, geh. in d. „Mädchen- u. Frauengruppen f. soziale Hilfsarbeit" in Berlin. — Leipzig: Dürr 1902. 16 S. 8°

— deutsche Prosa. Ausgew. Reden u. Essays. Zur Lektüre auf der obersten Stufe höh. Lehranstalten zusammengestellt. gr. 8. (XV, 415 S. m. 4 Abbildgn.) Gera 900. Leipzig, Th. Hofmann. n. 3. —; geb. n. 3. 50

Henschke, Margarete, deutsche Prosa. Ausgewählte Reden u. Essays. Zur Lektüre auf der obersten Stufe höherer Lehranstalten zusammengestellt. 2. Aufl. (XVI, 423 S. m. 4 Abbildgn. auf 3 Taf.) 8. Gera 905. Leipzig [Th. Hofmann.] B. G. Teubner. n. 3. —; geb. n.n. 3. 50

— 1878-1908. Victoria-Fortbildungsschule f. d. weibl. Jugend. Vormals unter d. Protektorat I. M. der Kaiserin u. Königin Friedrich. Bericht aus Anlass des 30jährigen Bestehens der Anstalt. — Berlin 1908: Hermann. 27 S. 8°

'Was ich litt und was ich lebte' ⟨Goethe⟩. Gedichte von Otto **Henschke.** Forst ⟨Lausitz⟩: Schaller [1909]. 230 S. 8° 10. 17495

Henschke, Ulrike: Ansprache bei der Prüfung der III. Fortbildungsschule für Mädchen am 16. März 1883. — Berlin [1883]: Kerskes & Hohmann. 23 S. 8°

Henschke, Ulrike: Miss Archer. Gedächtnissrede geh. am 18. April 1883 im Hörsaal d. Viktoria-Lyceums. — Berlin: Springer 1884. 32 S. 8°

Henschke, Ulrike: Die Bedeutung des Vereinslebens für die Frauen. Vortrag, gehalten am 26. Aug. 1866 im Lissa'er Frauen-Verein. — Lissa ⟨Posen⟩: Selbstverl.; Scheibel in Komm. 1866. 23 S. 8°

Henschke, Ulrike: Eduard Cauer. Gedächtnissrede geh. i. Verein deutscher Lehrerinnen u. Erzieherinnen am 14. November 1882. — Berlin: Springer 1883. 24 S. 8°

— Denkschrift über das weibliche Fortbildungsschulwesen in Deutschland. (60 S. m. 4 Tab. u. 1 Bildn.) Ebd. 1893. Gaellius'sche Buchh. Kart.

Henschke, Ulrike, Denkschrift üb. das weibliche Fortbildungsschulwesen in Deutschland. hoch 4. (VI, 60 S. m. 4 Tab. u. 1 Bildnis.) Berlin 893. (A. W. Hayn's Erben.) Kart. n. 2. 40

Henschke, Ulrike, zur Frauen-Unterrichts-Frage in Preußen. gr. 8. (82 S.) Berlin 870, Habel. (* 50 Pf.) *

Henschke, Ulrike: Zur Frauen-Unterrichts-Frage in Preussen. — Berlin: Lüderitz 1870. 32 S. 8°

Henschke, Ulrike, u. Margarete Henschke, deutsches Lesebuch f. d. weibl. Jug. Z. Gebr. an Fortbildungsschulen u. and. Lehr- u. Erziehungsanst. f. d. nachschulpflicht. Alter. gr. 8. (XVI, 509 S.) Gera 898. Th. Hofmann. n. 2. —; geb. in Leinw. n. 2. 50

Henschke, Frau Ulrike, u. Margarete Henschke, deutsches Lesebuch f. die weibliche Jugend. Zum Gebrauch an Fortbildungsschulen u. and. Lehr- u. Erziehungsanstalten f. das nachschulpflicht. Alter. 2. Aufl. Mit dem Bildnis v. Ulrike Henschke. gr. 8. (XVI, 523 S.) Ebd. 900. n. 2. —; geb. in Leinw. n.n. 2. 50

Henschke, Frau Ulrike, u. Margarete Henschke, deutsches Lesebuch f. die weibliche Jugend. Zum Gebrauch an Fortbildungsschulen u. anderen Lehr- u. Erziehungsanstalten f. das nachschulpflicht. Alter. 3., neubearb. Aufl. Mit dem Bildnis v. Ulrike Henschke. (XVIII, 500 S.) 8. Leipzig 905. [Th. Hofmann.] B. G. Teubner. Geb. n n. 2. 75

Henschke, Frau Ulrike, u. Margar. Henschke, deutsches Lesebuch f. die weibl. Jugend. Zum Gebrauch an Fortbildungsschulen u. anderen Lehr- u. Erziehungsanstalten f. das nachschulpflicht. Alter. 4. Aufl. Mit dem Bildnis v. Ulrike Henschke. (XVIII, 479 S.) 8. Leipzig 908. B. G. Teubner. Geb. nn 2. 50

Henschl, R. Sektionstechnik. Anleitg z. zweckmäß. Ausführ. pathol. Sektionen u. z. Abfass. d. Befundscheine. Wien 1859.

Henschler, Johann Jakob (Oberlehrer am Gouvernements=Gymnasium zu Riga), Die Metrik der Lateiner, ein philologisch=ästhetisches Bildungsmittel beim Unterricht in Gymnasien. — Als Einladungsschrift zur öffentlichen Prüfung u. zur Dimissions=Handlung im Gouvernements=Gymnasium. Riga (Julius Conrad Daniel Müller) 1./2. VII. 1818. 16 S. mit Namen. (5.—) 14426
Impr.: A. Albanus.

Henschling, Xavier, auteur d'une statistique générale de la Belgique, chef de division au ministère de l'intérieur. L'empire de Turquie. Territoire. Population. Gouvernement. Finances. Industrie agricole, manufacturière et commerciale. Voies de communication. Armée. Culte etc. Suivi d'un appendice contenant le texte des traités et conventions cités dans l'ouvrage. 8. Bruxelles et Leipzig 1860.

Hense. Erinnerungen an Wolfram v. Eschenbach. Parchim. 4. 22 p. 1864.
Schul-/Univ.-Schrift

Hense: Die Musik als Bildungsmittel der griechischen Jugend. 26 S. – Münster, G., Progr. 1869.

Hense, Carl Conrad, s. Hense, Karl Konrad

Lehrplan der städtischen Volksschulen in Torgau. Entworfen von E[rnst] Hense, Rektor. Genehmigt durch Regier.-Verfüg. vom 18. Febr. 1901. *Torgau: [F. Jacob] 1901.* (94 S.) 8° [J.] [illegible]

Hense, Frdr., kleine Heiligen-Legende in täglichen Lesungen u. Betrachtungen nach Grosez. Neue (Titel-)Ausg. m. 1 Titelbild (in Stahlst.). 2 Bde. 12. (XXIII, 646 u. XI, 728 S.) Freiburg i/Br. (1875) 880. Herder. n. 4. —

Hense, F., kleine Heiligen-Legende in täglichen Lesungen u. Betrachtungen nach Grosez. 2., verb. Aufl. 2 Bde. 12. (XIX, 569 u. IX, 641 S.) Freiburg i/Br. 889. Herder. n. 6. —; geb. n. 8. —

Hense, Frdr., Heiligen-Legende in täglichen Lesungen u. Betrachtungen nach Grosez, S. J. 3. Aufl. (XVI, 724 S. m. Titelbild.) gr. 8. Freiburg i/B. 903. Herder. Geb. in Leinw. n. 6. —

Hense, Frdr., s.: Jahr, geheiligtes.

Hense, F., Leben des Cardinals Rob. Bellarmin, s. Bellarmin's ascetische Schriften.

—— Lourdes u. seine Wunder nach eigener Anschauung u. authent. Berichten. Nebst einem Anhang. 3. Aufl. 8. (399 S.) Paderb. 890, Bonifacius Druckerei. cart. * 2 60

Hense, Frdr., Lourdes u. seine Wunder nach eigener Anschauung u. authent. Berichten, nebst e. Anh. üb. Paray-le-Monial. 4., wiederum verm. u. m. Bildern ausgestattete Aufl. (480 S.) 8. Paderborn 908. Bonifacius-Druckerei. 3.40; geb. 4. 20

Hense, Friedr., Tagebuch der Heiligen und der Kirchenfeste in kurzen Betrachtungen auf alle Tage des Jahres, s. Bibliothek, ascetische.

Hense, Frdr. Tagebuch der Heiligen u. der Kirchenfeste in kurzen Betrachtungen auf alle Tage d. Jahres. Nach J. St. Grosez. 1. u. 2. Bd. 8. (XXIII, 646 u. XI, 728 S.) Freiburg i. Br. 875. Herder. à 3. —

Hense, Frdr., die Versuchungen u. ihre Gegenmittel nach den Grundsätzen der Heiligen u. der großen Geisteslehrer. 8. (XIV, 764 S.) Freiburg i/Br. 884. Herder. n. 5. —

— die Versuchungen u. ihre Gegenmittel nach den Grundsätzen der Heiligen u. der großen Geisteslehrer. 2., vielfach verb. Aufl. gr. 8. (XIV, 658 S.) Ebd. 890. n. 4. 50; geb. n. 6. —

— die Versuchungen u. ihre Gegenmittel nach den Grundsätzen der Heiligen u. der großen Geisteslehrer. 3., veränd. u. verm. Aufl., bearb. v. e. Benediktiner der Beuroner Kongregation. gr. 8. (XXIV, 636 S.) Freiburg i/B. 902. Herder. n. 4. 80; geb. in Halbfrz. n. 6. 40

Hense, Hedwig: Der deutsche Aufsatz in der Schule. Schwerin 1907: Sandmeyer. (S. 3—14.) 8°
Schwerin i. M., Hense-Buddesche-Schulen: HM usw. OP 1907 [225]

Hense, Hedw., deutsche Aufsätze f. die oberen Klassen der höheren Mädchenschule. gr. 8. (VII, 119 S.) Gera 894. Th. Hofmann. n. 1. 50

Hense, Hedw., deutsche Aufsätze f. die oberen Klassen der höh. Mädchenschule. Hilfsbuch f. den deutschen Unterricht 2. Aufl. gr. 8. (XVI, 266 S.) Leipzig 902. Th. Hofmann. n. 3. 20

Hense, Hedw., deutsche Aufsätze f. die oberen Klassen der höheren Mädchenschule. Hilfsbuch f. den deutschen Unterricht. 2. Aufl. VI Abtlgn. gr. 8. Leipzig [Th. Hofmann]. B. G. Teubner. n. 3. 60
I. II. Vaterländische u. religiös-sittliche Stoffe. (IV, 72 S.) 903. n. 1. —
III. Literarische u. ästhetische Stoffe. (V u. S. 69—192.) 903. n. 1. 60
IV—VI. Pädagogische Stoffe, Stoffe aus verschied. Gebieten u. Stoffe aus dem prakt. Leben. (V u. S. 189—259.) 903. n. 1. —

Hense, Hedw., deutsche Aufsätze f. die oberen Klassen der höh. Mädchenschule u. das Lehrerinnenseminar. Hilfsbuch f. d. deutschen Unterricht. I. u. II. 8. Leipzig 909. B. G. Teubner. Kart. 3. 80
I. Literarisch-ästhetische u. pädagogische Stoffe. 3. Aufl. (XVIII, 134 S.) Kart. 2. 20
II. Vaterländische, religiös-sittliche Stoffe; Stoffe aus verschied. Gebieten, a. d. prakt. Leben. 3. Aufl. (VI, 103 S.) Kart. 1. 60

Hense, Heinr., kurzer Wegweiser durch die Heilfaktoren in der Pastor Felke'schen Heilweise m. Orientierungstafel der Augendiagnose. Anh.: Uebungstaf. f. Muskelübgn. im Luftbade. Kinderkrankheiten. 2. verm. u. verb. Aufl. (43 S. m. Abb. u. 1 Bildnis.) 8. Krefeld (910). A. Fürst Nachf. nn — 50

Hense, Joseph: Abriss der deutschen Litteraturgeschichte. (Ein Hülfsbüchlein für Wiederholungen.) *Paderborn 1898: Junfermann.* (40 S.) 8° [F.]
Paderborn, k. G. Theodorianum, OP 1898 (370)

Hense, Jos., Abriß der deutschen Literaturgeschichte. (Ein Hülfsbüchlein f. Wiederholgn.) 2. Aufl. (48 S.) 8. Paderborn 904. Junfermann. n. — 65

Griechisch-römische Altertumskunde. Ein Hilfsbuch f. d. Unterr. Unter Mitw. von Th[eodor] Grobbel, W[ilhelm] Kotthoff, H[ermann] Leppermann, E[gon] Schunck, A[nton] Wirmer hrsg. von Prof. Dr. J[osef] Hense, Dir. in Paderborn. *Paderborn: Th. Hense 1903.* (XV, 234 S.) 8° [F.] [04. 3002

— griechisch-römische Altertumskunde. Ein Hilfsbuch f. den Unterricht. Unter Mitwirkg. v. Th. Grobbel, W. Kotthoff, H. Leppermann, E. Schunck, A. Wirmer hrsg. 2., verb. u. verm. Aufl. (XIX, 295 S.) gr. 8. Paderborn 905. Th. Hense. n. 3. 10

Hense, Jos., griechisch-römische Altertumskunde. Ein Hilfsbuch f. den Unterricht. Unter Mitwirkg. v. Th. Grobbel, W. Kotthoff, H. Leppermann, E. Schunck, A. Wirmer hrsg. 3., verb. u. verm. Aufl. (XII, 341 S.) 8. Münster 910. Aschendorff. Geb. in Leinw. 4. —

Griechisch-römische Altertumskunde. Ein Hilfsbuch f. d. Unterricht. Unter Mitw. von ... hrsg. von Prof. Dr. J[osef] Hense, Dir. 3. verb. u. verm. Aufl. Paderborn: Th. Hense 1910. XII, 341 S. 8° [11. 4113 6

[F.] Hense, *Joseph* [Dir. Prof. Dr.]: *Bericht über seine Einführung als Direktor der Anstalt.* Paderborn, Junfermannsche Buchdr., 1894; 32—34 S. 4.
Paderborn, k. G. Theodorianum, P 1894 (360)

Hense, *Joseph* Die Bibliothek des Dominikaner-Klosters zu Warburg (Umschlagtitel: Katalog der sogenannten Dominikaner-Bibliothek zu Warburg I Hälfte (umfassend die Folio- und Quartbände)) 4 (32 S.). **Progr.** G. *Warburg* 1886 (340).

Führer durch Paderborn und Umgebung. Mit Ill. u. e. Pl. d. Stadt. [Verf.: Josef Hense.] *Paderborn: Junfermann [1900].* (80 S.) 8° [F.] [01. 83 6

— Führer durch Paderborn u. Umgebung. Mit zahlreichen Illustr. u. e. Plane der Stadt. 2. Aufl. (64 S.) kl. 8. Paderborn 906. Junfermann. n. — 50

Führer durch Paderborn und Umgebung von Gymn.Dir. Geh.R. Dr. [Josef] Hense. Mit zahlr. Ill. u. 1 Pl. 3. Aufl. Paderborn: Junfermann 1910 82 S. 8° [10 16128

Hense, Joseph [Dir. Prof. Dr.]: Grundzüge der philosophischen Propädeutik. Warburg, Druck d. Fr. Quickschen Buchdr., 1889; S. 3—20; 4°
Warburg, G, OP 1889 (345)

— Grundzüge der philosophischen Propädeutik f. den Gymnasialunterricht. Beigabe zu dem deutschen Lesebuche f. die oberen Klassen höherer Lehranstalten desselben Verf. (VIII, 37 S.) gr. 8. Freiburg i/B. 905. Herder. n. — 70

Hense, Joseph Grundzüge der philosophischen Propädeutik für die Schüler der höheren Lehranstalten. 4 (S. 3—20).
Progr. G. *Warburg* 1889 (345).

Hense, Jos., de Hierone I. Syracusanorum tyranno ejusque aula. Dissertatio historica. Münster 862. (Coppenrath.) gr. 8. (VI, 54 S.) n. 10 ngr.

[F. u. Ant.] Hense, Joseph [Dir. Prof. Dr.]: Das dreihundertjährige Jubiläum der Warburger Schützen, ein Beitr. z. Geschichte Warburgs. Warburg, Druck d. F. Quickschen Buchdr., 1891; S. 3—18, 1 Taf. 4°
Warburg, G, P 1891 (356)

Hense, Jos., Kanon der einzuprägenden Jahreszahlen im Anschlusse an die neuen Lehrpläne vom J. 1901, f. höh. Lehranstalten zusammengestellt. gr. 8. (65 S.) Paderborn 902. Th. Hense. n. — 50

Hense, J., deutsches Lesebuch f. die oberen Klassen höherer Lehranstalten. Auswahl deutscher Poesie u. Prosa m. litterar.-histor. Darstellgn. u. Übersichten. 1. Tl.: Dichtung d. Mittelalters. gr. 8. (XI, 207 S.) Freiburg i/Br. 884. Herder. n. 1. 40; Einbd. n.n. — 50

Hense, J., deutsches Lesebuch für die oberen Klassen höherer Lehranstalten. Auswahl deutscher Poesie und Prosa mit litterar-histor. Darstellungen und Übersichten. 2 Tle. gr. 8. Freiburg i. Br., Herder'sche Verlagsh. *
Inhalt:
Tl. 1. Dichtung des Mittelalters. 2. verb. Aufl. (XI, 218 S.) 888. * M 1.60.
" 2. Dichtung der Neuzeit. (XI, 438 S.) 887. * M 3.20.

Hense, J. Deutsches Lesebuch für die oberen Klassen höherer Lehranstalten. Auswahl deutscher Poesie u. Prosa m. litterar.-histor. Uebersichten u. Darstellungen. 2. u. 3. Tl. gr. 8. Freib. i. Br., Herder. * 6 80; geb. ** 7 90
2. Dichtung der Neuzeit. 2. verb. Aufl. (XI, 437 S.) 892. * 3 20; geb. ** 3 70.
3. Beschreibende u. lehr. Prosa. (VIII, 532 S.) 889. * 3 60; geb. ** 4 20.
1. Tl. Dichtung des Mittelalters. Ebd. 1888. * 1 60.

— deutsches Lesebuch f. d. ob. Klassen höh. Lehranst. Auswahl deutscher Poesie u. Prosa m. litterarhistor. Darstellgn. u. Uebersichten. 1. u. 3. Tl.: gr. 8. Freiburg i/B., Herder. n. 5. —; Einbde. in Halbldr. n.n.n. — 95 (1.—3.: n. 8. 20; Einbde. n.n.n. 1. 45)
1. Dichtung d. Mittelalters. 3., verb. Aufl. (VIII, 256 S.) 896. n. 1. 80; Einbd. in Halbldr. n.n.n. — 45
3. Beschreib. u. lehr. Prosa. 2. Aufl. (VII, 307 S. m. 5 Abb.) 897. n. 3. 20; Einbd. in Halbldr. n.n.n. — 50

Hense, Jos., deutsches Lesebuch f. die oberen Klassen höherer Lehranstalten. Auswahl deutsch. Poesie u. Prosa m. litterarhistorischen Übersichten u. Darstellgn. 2. Tl.: Dichtung der Neuzeit. 3., nach den neuen Lehrplänen geänd. Aufl. gr. 8. (XV, 466 S.) Freiburg i/B. 902. Herder. n. 4. —; Einbd. in Halbldr. n.n.n. — 50

— deutsches Lesebuch f. die oberen Klassen höherer Lehranstalten. Auswahl deutscher Poesie u. Prosa m. literar-histor. Uebersichten u. Darstellgn. 1. Tl.: Dichtung des Mittelalters. 4., verb. Aufl. (XI, 252 S.) gr. 8. Freiburg i/B. 903. Herder. n. 2. 20; Einbd. in Halbldr. n.n.n. — 45

— Deutsches Lesebuch f. die oberen Klassen höh. Lehranstalten. Auswahl deutscher Poesie u. Prosa m. literar-histor. Übersichten u. Darstellgn. 2 Tle. gr. 8. Freiburg i/B. 908. Herder. 6.40; geb. 7. 70
1. Dichtg. d. Mittelalters. 5. Aufl. (XI, 255 S.) 2.20; geb. 2. 90
2. Dichtung der Neuzeit. 4., verb. u. erweit. Aufl. (XV, 488 S.) 4.20; geb. 4. 80

Hense, J. Romanze und Ballade. Warburg, G., 1878 u. 1879. 13. 18 S. 4. **Progr.**

— Sammlung deutscher Musterdichtungen, s. a. Schöningh's, Ferd., Ausgaben deutscher Klassiker.

[F.] Sammlung deutscher Musterdichtungen für Schule und Haus. Methodisch geordn. v. Dr. Joseph Hense. *Paderborn: F. Schöningh 1897.* (XV, 203 S.) 1 Bd 8.
— Ausgaben, Schöninghs, deutscher Klassiker. Ergzgsbd 1. [97. 8368

[K.] **Hense,** *Joseph* [Dir. Prof. Dr.]: Das Gymnasium Theodorianum zu Paderborn unter der preussischen Regierung '(1802—1895)'. Paderborn, Junfermannsche Buchdr., 1895; 3—30 S., 4 Bl. Pl. 4.
Paderborn, k. G Theodorianum, P 1895 (365)

Hense, Karl Josef, s. Hense, Josef

Hense, Karl Konrad

Hense, C.C.: Ueber personifizirende Adjectiva und Epitheta bei griechischen Dichtern, insbesondere bei Pindar, Aeschylos, Sophokles. 24 S. – Halberstadt, Progr. 1855.

Hense, Carl Conrad, histor. Bilder. Darstellungen der denkwürd. Ereignisse und ausgezeichn. Personen in der Weltgeschichte. 1r Bd. gr. 8. Eisleben 840. Reichardt. 1⅔ Thlr.

Hense, Carl Conr., deutsche Dichter d. Gegenwart. Erläuternde u. kritische Betrachtungen. 5 Lfgn. 16. (42½ B.) Sangerhausen 842, Rohland. *

Hense, Carl Conrad, Deutsche Dichter der Gegenwart. Erläuternde u. krit. Betrachtungen. 2 Bde. 2. (Titel-)Ausg. 16. (IV u. 652 S.) Hamburg (842) 852, Kittler. n. 24 ngr

— Friedrich der Große. Kurze Darstellung des Lebens, Charakters u. der Thaten des großen Königs. Eine Volksschrift zur 100jähr. Jubelfeier der Thronbesteigung desselben. Mit dem Portrait Friedrichs des Großen. 8. Sangerhausen 840. Rohland. n. ½ Thlr.

Hense, C. C. Friedrich der Grosse. (10½ B.) 8. Sangerhausen 1840. — 2. Ausg. 8. Brandenburg 1845. — 3 Ausg. 8. Berlin 1851. 1,50.

—— Friedrich der Große. Kurze Darstellung des Lebens, Charakters u. der Thaten des großen Königs. (Billige Volks-Ausg.) 8. (10½ B.) Brandenburg 845, Müller. *

Hense, Carl Conr., Friedrich der Große. Kurze Darstellung des Lebens, Charakters und der Thaten des großen Königs. 3. Aufl. mit einer Beschreibung des Denkmals für Friedrich den Großen. Neue (Titel-)Ausg. Leipzig (845.) 854. Holtze. 8. (4 Bl., 160 S.) 10 ngr

—— Friedrich der Große. Kurze Darstellung des Lebens, Charakters und der Thaten des großen Königs. 2. Aufl. 1852. und 3. Aufl., mit einer Beschreibung des Denkmals für Friedrich den Großen. Neue Ausg. 8. (VII und 160 S.) Leipzig 854, Holtze. Thlr.

— Friedrich Wilhelm III. und die berühmtesten Männer des Preuß. Staates unter seiner Regierung. 1e Lfrg. Mit dem Portrait Friedrich Wilhelm III. 8. Ebd. 840. ½ Thlr.

——, Friedrich Wilhelm III. u. d. berühmtesten Männer d. preuß. Staates unt. seiner Regierung. 1—4. Lfg. 8. (20¾ B. u. 4 Portr.) Sangerhausen 840, 41, Rohland. à

—— Hülfsbuch beim Unterr. in d. allgem. Geschichte. — A. u. d. T.: Histor. Bilder. Darstelln. d. denkwürdigsten Ereignisse u. ausgezeichnetsten Personen in d. Weltgeschichte. 1. u. 2. Bd. gr. 8. Eisleben. [Berlin, Hermes.]
Bd. 1. Geschichte d. Alterthums. (37 B.) 839. 1 Thlr. 16 Gr.
" 2. Geschichte d. Mittelalters. (44½ B.) 840. 2 Thlr. 8 Gr.

— Hülfsbuch beim Unterricht in d. allgem. Geschichte. 1r Bd. A. u. d. T.: Histor. Bilder. Darstellungen der denkwürdigsten Ereignisse u. ausgezeichnetst. Personen des Alterthums. gr. 8. Eisleben 839. Reichardt, jetzt Hermes in Berlin, 1⅔ Thlr. — 2r Bd. Von den ersten röm. Kaisern bis z. Tode Friedrichs II., des Hohenstaufen. A. u. d. T.: Histor. Bilder. Darstellungen der denkwürd. Ereignisse und ausgezeichnetsten Personen der Weltgeschichte. 2r Bd. gr. 8. Ebd. 840., jetzt Ebd. 2⅓ Thlr. (1. 2.: 4 Thlr.)

Hense, Carolus Conradus: * De libertatis notione apud Graecos dissertatio philosophica. 15 Bl. 4° (2°)
Halle-Wittenberg, Phil. Diss. v 30. März 1836
Geb. [Eisleben 23. 1. 1813]

Hense, C. C., Dissertationis de Euripidis persona apud Aristophanem particula. Pr. 1841. 14 S. 4°.

Hense, C. Dissertationis de Euripidis persona apud Aristophanem particula. 14 S.
Halberstadt, Progr. 1845

Hense, C. C. Beseelende Personifikation in griech. Dichtungen mit Berücksichtigung latein. Dichter und Shakespeares. Zweite Abt. 30 S. [I: Parchim 1874.] Progr. G. *Schwerin* 1877

— Beseelende Personification in griechischen Dichtungen mit Berücksichtigung lateinischer Dichter und Shakspere's. Ebd. 1874. 30 S. 4.
Dasselbe. Zweite Abtheilung. Schwerin, G., 1877. 30 S. 4.
Progr.

Hense, C. C., poetische Personification in griechischen Dichtungen mit Berücksichtigung lateinischer Dichter und Shakspere's. 1. Abth. Parchim 864. Wehdemann. 4. (XIV, 54 S.) n. 15 ngr

—— poetische Personification in griechischen Dichtungen mit Berücksichtigung latein. Dichter und Shakspere's. (In 2 Thln.) 1. Thl. 8. (XXXII und 286 S.) Halle 868, Buchh. des Waisenhauses. *

Hense, C. C., das Schweigen u. Verschweigen in Dichtungen gr. (87 S.) Parchim 872. Wehdemann. n. 1. 2

Hense, Carl Conr., Shakespeare. Untersuchungen und Studien. gr. 8. (IX, 641 S.) Halle 884, Buchh. des Waisenhauses. *

— Shakspeare's Sommernachtstraum erläutert. gr. 8. (VIII u. 135 S.) Halle 851, Buchhandl. des Waisenhauses. ⅔ Thlr.

—— lateinische Stilistik für obere Gymnasialklassen. gr. 8. (VIII, 214 S.) Parchim 881, Wehdemann's Buchh. *

— Vorträge über ausgewählte dramatische Dichtungen Shakspeare's, Schiller's und Goethe's. 2. (Titel-)Ausg. Halberstadt (844.) 856. Helm. gr. 8. (VIII, 344 S.) 15 ngr

Hense, *Konrad* [cand. med. aus Berlin]: Ueber Koeliotomie bei Peritonitis tuberculosa ... München, kgl. Hofbuchdr. Kastner & Lossen, 1897; 30 S. 8.
München, Med. Fak., Inaug.-Diss. v. 1897

Hense, Konr., der Stand der Operationen des Gebärmutterkrebses, s.a. Klinik, Berliner.

Der Stand der Operationen des Gebärmutterkrebses. Von Dr. Konrad Hense in Königsberg. *Berlin: Fischer (1903).* (16 S.) 8°
= Klinik, Berliner. H. 167. [03 6139]

Hense, Otto (Hrsg.), s. Aeschylus: Agamemnon.

Reden gehalten ... bei der öffentlichen Feier der Uebergabe des Prorectorats ... v. d. abtretenden Prorector Hofr. Prof. Dr. *Otto* **Hense** (Bericht über das Studienjahr 1893/94) u. d. antretenden Prorector Hofr. Prof. Dr. *Robert* **Wiedersheim** (Zur Geschichte der Anatomie). Freiburg i. B., Univ.-Buchdr. v. Ch. Lehmann, 1894; 56 S. 4.

Hense (Otto), kritische Blätter. 1. Heft: Aeschylus' Choephoren. Miscellen. gr. 8. (86 S.) Halle 872, Mühlmann. *

Hense, Otto, der Chor des Sophokles. gr. 8. (X, 32 S.) Berlin 877. Weidmann. n. 1. 20

Hense, O., Di una elegia di Solone. S.-A. 1874. 12 S.

Hense, Otto, de Stobaei florilegii excerptis Bruxellensibus. gr. 8. (36 S.) Freiburg i. Br. 882, Mohr.

Hense, Otto: Exercitationes criticae imprimis in Euripidis fragmentis. Halis (1868): Orphanotropheum. 63 S. 8°
Halle-Wittenberg, Phil. Diss. v. 9. [vielmehr: 11.] Mai 1868
Geb. Halberstadt 11. 4. 1845. V.

Hense, Otto: Lectiones Stobenses. Halis 1872: Teubner in Leipzig. 40 S. 8°
Halle-Wittenberg, Phil. Hab.-Schr. v. 9. März 1872
Mit einigen Veränderungen S. 1—85 der eingereichten Arbeit von 103 [vielmehr: 109] S. 4° (2°)

Hense, Otto, die Modificirung der Maske in der griechischen Tragödie. (S. 207—236.) Lex.-8. Freiburg i/B. (902). (G. Ragoczy.) n.n. 1. 30
Sonderabdruck aus: „Festschr. d. Univ. Freiburg z. 50jähr. Reg.-Jub. d. Grossh. Friedrich von Baden".

Die Modificirung der Maske in der griechischen Tragödie von Otto **Hense**. 2. Aufl. Freiburg im Br.: Herder 1905. VI, 38 S. 4°(8°) [11. 625 9

Hense, O., De Jonis fabulae Euripideae partibus choricis. Pr. 1876. 36 S.

Hense, Otto, de Ionis fabulae Euripideae partibus choricis commentatio. gr. 8. (36 S.) Leipzig 876. Teubner. n. 1 -

Hense, O., Die Reihenfolge d. Eklogen in d. Vulgata d. Stobäischen „Florilegium". (Schluss.) S.-A. O. J. 87 S. 1.50

— Nicolaus Schow und Stobaeus. S.-A. 1885. 40 S.

Programm, wodurch zur Feier des Geburtsfestes Seiner Kgl. Hoheit unseres durchlauchtigsten Grossherzogs Friedrich ... einladet d. gegenw. Prorector Dr. Otto **Hense**. — Inhalt: Seneca und Athenodorus. Freiburg, Univ.-Buchdr. v. Ch. Lehmann, 1893; 4 Bl., 48 S. 4.

— Studien zu Sophokles. gr. 8. (VIII, 322 S.) Leipzig 880. Teubner. n. 8. —

Rede gehalten ... bei der oeffentlichen Feier der Uebernahme des Prorectorats ... v. Hofr. Prof. Dr. Otto **Hense**. — (Inh.: I. Die Synkrisis in der antiken Litteratur. — II. Anhang. Bericht ueber das Studienjahr 1892/93.) Freiburg i. Br., Univ.-Buchdr. v. Ch. Lehmann, 1893; 1 Bl., 55 S. 4.

—— Heliodoreische Untersuchungen. gr. 8. (XII, 170 S.) Leipzig 870, Teubner. *

Wisconsin's Deutsch-Amerikaner bis zum Schluß des neunzehnten Jahrhunderts. Von Wilhelm **Hense-Jensen** (2: u. Ernest Bruncken). Bd 1. 2. *Milwaukee: Deutsche Gesellsch. 1900–02.* 2 Bde 8° [F.] [03. 15320

Hense-Jensen, Wilh., u. Ernest **Bruncken**, Wisconsin's Deutsch-Amerikaner bis zum Schluß des 19. Jahrh. 2 Bde. (X, 889 u. VIII, 306 S.) gr. 8. Milwaukee 900. 902. (Langebrück, C. H. Schmidt.) n. 12. 80; geb. n. 16. —
Bd. 1 ist v. W. Hense-Jensen allein bearb.

Hensel, Luise, der innere Lebensgang derselben, s.: Bartscher, F.

Hensel, Luise, u. ihre Lieder, s.: Reinkens, J. H.

Sebastian **Hensel**. Ein Lebensbild aus Deutschlands Lehrjahren mit e. Vorw. von Prof. Paul Hensel. *Berlin: B. Behr 1903.* (XIV, 419 S.) 8° [03. 14932

Hensel, Sebastian. Ein Lebensbild aus Deutschlands Lehrjahren, m. e. Vorwort v. Paul Hensel. 1. u. 2. Aufl. (Je XV, 419 S. m. 1 Bildnis.) gr. 8. Ebd. 903. 904. n. 8. —; geb. n. 7. —

Die vierte Epistel St. Johannis. Von des Ordens-Coelibates Aufhebung. Erschienen und verkündet in der Loge „Pegasus" zu Berlin bei deren erstem Schwestern-Feste am 21. Febr. 1874. [Unterz.:] Hensel. Berlin [1874]: Pormetter. 2 Bl. 8° [Umschlagtit.]
Toast in Versen: „Ich sass mal kürzlich Abends spät . . ."

Dem Meister Marcks! Tafel-Scherz gesprochen in der Loge „Pegase" zu Berlin bei deren Säcular-Feier am 4. Sept. 1871. [Unterz.:] **Hensel**. (Auf Verlangen gedruckt.) Berlin [1871]: Pormetter. 2 Bl. 8° [Umschlagtit.]
„Die Musen auf dem Mont Parnasse . . ."
Rekt. Kneisner, Hamburg.

Hensel, A., die Falk'schen „Allgemeinen Bestimmungen" die Berliner Volksschule. Ein Vortrag geh. im Bezirkverein der Rosenthaler Vorstadt am 5. März 1873. gr. (16 S.) Berlin 873. Rubenow. — 1

Hensel, A. (H.) Elb- und Flaggenkarte aller Nationen, Flaggensignale und Flaggen sämmtlicher Hamburger Rheder. Farbendr. qu. gr. Fol. Hamb. 890, (W. Temps). * 2 —
Als Leporello-Album in Decke * 2 50

Hensel, A. W. E. Th., s. Janus. Zeitschrift f. Geschichte.

Hensel, Albert (Guilelmus Julius) *(geb. Canth bei Breslau 1. 5. 1830)*: De purpura haemorrhagica. Vratislaviae (1851). (25 S.) 8°
Breslau, Med. Diss. v. 1. Dez. 1851

Hensel, Anton

Hensel, Ant., zur Enthüllung des Kaiser Wilhelm-Denkmals zu Königsberg i/Pr. Festschrift zum 4. Septbr. 1894. gr. 8. (48 S. m. Abbildgn.) Königsberg 894. Hartung. n. — 50

Hensel, Ant., Fremdlinge. Erzählg. a. d. Englischen, Französischen, Spanischen, Russischen. Deutsch v. H. 1. Bd. 12. (128 S.) Königsberg 895. Hartung. n. 1. —

— Masuren. Ein Wegweiser durch das Seengebiet u. seine Nachbarschaft. Mit 12 Illustr. nach photograph. Aufnahmen v. L. Minzloff. 12. (135 S.) Ebd. 892. n. 1. —; Wege u. Wanderkarte dazu. Farbendr. 47×42 cm. n. — 50

[F.] Masuren. Ein Wegw. durch d. Seengebiet u. s. Nachbarschaft. Hrsg. v. Anton Hensel. 2. verm. Aufl. M. 10 Kt. ... Dazu sep. 1 Wegekt. [Bei der 2. Aufl. nicht wieder miterschienen.] *Königsberg: Hartung 1896.* (141 S., 10 Taf.) 1 Bd 8. 95. 7314

Hensel, Ant., Masuren. Ein Wegweiser durch das Seengebiet u. seine Nachbarschaft. 3. umgearb. u. verm. Aufl. Dazu separat e. Wegkarte. 12. (88 S.) Königsberg 901. Hartung. n. — 60

Hensel, Ant., Masuren. Ein Wegweiser durch das Seengebiet u. seine Nachbarschaft. 4. verb. Aufl. Dazu separat e. Wegekarte. (101 S.) kl. 8. Königsberg 905. Hartung. n. — 60

Hensel, Ant., Masuren. Ein Wegweiser durch d. Seengebiet u. seine Nachbarschaft. 5. verb. u. verm. Aufl. (102 u. XIV S.) kl. 8. Königsberg 909. Hartung. — 60

— Königsberger Namen. Ernst u. Scherz aus d. Königsberger Adreßbuche. Neu hrsg. u. erweitert. gr. 16. (63 S.) Ebd. 895. n. — 50

— Samland. Ein Wegweiser f. den Strand u. das Innere. 12. (VIII, 100 S. m 8 Abbildgn.) Ebd. 894. n. 1. —; Karte dazu. 34×28,5 cm. Lith. n. — 30; auf Leinw. in Etui n.n. — 60
Bildet zugleich Ersatz f. das nicht wieder erscheinende: Gebauer, Karl Emil, Wegweiser durch Samland.

Samland. Ein Wegweiser f. d. Strand u. d. Innere. Hrsg. von A[nton] Hensel. Neue völlig umgearb. Aufl. *Königsberg: Hartung 1900.* (V, 71 S.) 8° [F.] 00. 8363 10

Samland. Ein Wegweiser f. d. Strand u. d. Innere. Hrsg. von A[nton] Hensel. Der neuen Folge 2. Aufl. (vielmehr: 3. verb. Aufl.). *Königsberg: Hartung 1903.* (V, 78 S.) 8° [F.] 03. 10

Samland. Ein Wegweiser f. d. Strand u. d. Innere. Hrsg. von A[nton] Hensel. 4. verb. Aufl. [Nebst] Wanderkarte. ⟨Ergänzt 1905.⟩ Königsberg: Hartung 1905. (IV, 90 S., 1 Kartenbl. 28×34 cm.) 8° [F.] 06. 10

— Samland. Ein Wegweiser f. d. Strand u. d. Innere. 5. verb. Aufl. (105 S.) kl. 8. Ebd. 909. — 50

Anton Hensel, Shinda usagi-uma. Berlin: Vita [1898]. (S. 82–93.) 8° [F.] = Geschichten, Kurze. 1, 10, [4.] 05. 3147

Hensel, C., s. Hensel, Karl

Hensel, C. G. A., Friedrichsehre, s. Friedrichsehre.

Hensel, C. G. A., Friedrichsehre. Ein Gedenkbuch für das deutsche Volk, zugleich ein poetischer Supplementband zu den Geschichtswerken über Friedrich den Einzigen. Mit einem Stahlstiche. Posen 1851. 8.

Hensel, C. G. A., deutsches Lese- u. Declamirbuch f. mittlere Gymnasialklassen. gr. 8. (16 B.) Berlin 845, Klemann.

Hensel, Clara, s. Hensel, Klara

Hensel, Dn. Gf., († 1780.), s. Taufe d. Christen.

Hensel, E., s.: Camera humoristica.

Hensel, E., Tafeln zur Berechnung der Abgaben aus dem Gesetz vom 24. Juni 1887, betr. die Besteuerung des Branntweins. Lex.-8. (92 S.) Berlin 888. (Parey.) n. 2. —

Hensel Ed. Licht und Schatten. Schauspiel in 4 Akten. Prag, Landau 1852. kl. 8.

Hensel, Ed., Worte der Wahrheit über Ungarns Landes-Verhältnisse der J. 1848 u. 1849. gr. 8. (66 S.) Dresden 850, Arnold in Comm. n. 12 ngr

(E[duard]) Hensel, Lexikon der Magie. *[Berlin: L. A. Kunze in Komm. 1898.]* (184 S.) 8° [Umschlagt. F.]

Der Vortrag des Zauberers. Humorist. Studien von Eduard Hensel u. F. W. Conradi. Dresden: Horster & Kluge [1897]. (79 S.) 8° 96. 6904

Hensel, Ernestine, das Kirchenjahr. Briefe an meine christlichen Freundinnen. 8. (IV, 123 S.) Breslau 879. Aderholz. n. 1. —

Hensel, Ernst Eduard Louis, s. Hensel, Louis

Hensel, F. S., die Familie auf dem Lande. Drama in 5 A. 8. Braunschw. 770. Schulbuchh. 6 gl.

Hensel, Fanny, und Cécile Hensel, In's Maerchenland! Zwölf Silhouetten zu Grimm's Märchen. gr. 4. Berlin 879, Behr's Buchh. cart. 4 50
In Mappe * 7 50

Hensel, Ferd. [aus Köln-Bayenthal]: Ueber die Oxydation und Reduction von Reissert's Pyranilpyroinsäure, sowie über die Einwirkung von Brom auf die Dihydropyranilpyroinsäure, ein Beitrag zur Kenntnis der Mesaconanilsäure. ... Bonn, Univ.-Buchdr. v. Carl Georgi, 1889; 46 S. 1 Bl. 8°
Bonn, Phil. Fak., Inaug.-Diss. v. 29. Mai 1889

Hensel, Fr., & Haenert, d. Kaffee u. s. Behandlg. vor, während u. nach d. Röstg. (Verf. v. E. Schulze u. Herm. Schwarz.) (3. Aufl.) 8. (V, 56 S. m. 1 Abb. u. 1 Bildnistaf.) Halle 895. (F. Starke.) n. 1. —

Hensel, Fritz, wie werde ich bestimmt gesund? (Einbd.: Die lacto-vegetabile Radikalkur.) (173 S.) gr. 8. Leipzig (905). Deutscher Reform-Verl. Geb. in Leinw. n. 6. 50

Hensel, G., G. Kälter u. E. Nodig, aus der Praxis der ländlichen Fortbildungsschule, s.: Handbibliothek f. ländl. Fortbildungsschullehrer. 4. Bd.

Hensel, G., G. Kälter u. E. Nodig, Rechenbuch f. ländliche Fortbildungsschulen. (64 S.) 8. Leipzig 907. H. Voigt. n. — 50

— — — Rechenbuch f. ländl. Fortbildungsschulen. 2. neubearb. Aufl. (71 S.) 8. Leipzig 909. H. Voigt. — 50; Anschlußbgn. u. Ergebnisse 907 — 20

Hensel, Georg [d. Z. Volontärarzt d. chir. Klinik]: Die Resultate der Klumpfussbehandlung in der chirurgischen Klinik zu Jena 1888—93 ... Jena, Univ.-Buchdr. G. Neuenhahn, 1894; 83 S. 8.
Jena, Med. Fak., Inaug.-Diss. v. [28. Nov.] 1894

Hensel, Gf.

— Abbild. d. Wohnung Gottes im Mensch. 8. Leipz. Weidmann. 713.

Hensel, Gf., Chronik d. Stadt Gottes ꝛc. 8. Breslau, Pietsch. 750.

— cosmotheoria biblica restaur. od. n. mosaisch. bibl. Weltsystem m. K. 8. Hirschberg. 740.

— Einl. z. d. Geheimniss. d. heil. Schr. 5 Thle. 4. Leipzig, Gleditsch. 735.

— Herzenstempel. 8. Leipz. 713.

— Hochzeit d. Lammes ꝛc. 8. Bautzen. 735.

— Schauplatz gottl. Liebe gegen d. Menschen ꝛc. 2 Thle. Bautzen, Drachstädt. 735.

— synops. univ. philologiae etc. Nrnb. Homann. 746.

Hensel, Gustav, üb. das Prinzip des Strafrechts. 8. Lpz. Rein. 811.

Hensel, Gustav [aus Danzig in Preussen]: Ueber das Verhältnis der Menge der Nahrung zur Dauer ihres Aufenthalts im Magen ... Erlangen, Druck d. Univ.-Buchdr. v. E. Th. Jacob, 1893; 41 S. 8.
Erlangen, Med. Fak., Inaug.-Diss. v. 8. Juli 1892

Hensel, Hermann, appr. Arzt a. Königsberg i. Pr.: Ueber zwei Fälle von Sklerodermie. Leipzig 1906: B. Georgi. (33 S.) 8°
Leipzig, Med. Fak., Ref. Hoffmann, Diss. v. 9. Febr. 1906
[Geb. 3. Sept. 80 Königsberg i. Pr.; Wohnort: Hamburg; Staatsangeh.: Preußen, Vorbildung: Friedrichscollegium Königsberg i. Pr. Reife M. 99; Studium: Königsberg 5, München 1, Königsberg 3 S.; Coll. 9. Febr. 06; Approb. 27 Juni 04.]

Hensel, J., schweizer Sprachen-Trichter in Sprüchwörtern. Deutsch—Englisch—Französisch—Italienisch—Lateinisch. gr. 8. (48 S.) Genf. Berlin 879. Kortkampf in Comm. n. 1. 20

Hensel, Jh. Adm., († d. 2. Febr. 1778.) Kirchenhistorie d. protestant. Gemeine in Schlesien, vom Anfange d. Bekehrung zum christl. Glauben bis 1768. Mit e. Vorrede v. F. E. Rambach l. gr. 4. Liegn. 768. Siegert. 2 Thlr. 8 Gr.

Hensel, Joh. Daniel

— kurzer Abriß d. Schlesischen Geschichte, als Leitfaden beim Unterrichte in niedern Schulen. 8. Hirschb. 797. (Joachim in Lpz.) 2 Gr. N. Aufl. 8. Bresl. 804. 3e A. 813. 4e A. 824. Heymann in Glogau. 4 Gr.

— — dasselbe neue Aufl. 8. Breslau, Barth. 804.

— s. K. L. Bauers e. d. größten Philologen, u. setze hinzu: (von Jh. Dn. Hensel).

— histor.-topograph. Beschreib. d. Stadt Hirschberg in Schlesien, seit ihrem Ursprunge bis 1797. 2 Thle. gr. 8. Hirschb. 799. (Joachim in Leipz.) 2 Thlr.

— s. Jul. Cäsar's Werke, im Ausz.

— Daphne, od. d. Friedensfeier in Arkadien. Sgspl. in 3 A. 8. Hirschb. 798.

Hensel, Joh. Daniel, Feiergesang am 100jährigen Geburtsfeste Friedrichs des Einzigen 24. Jan. 1812. 8.

— über d. Frage: Sollen d. alten Sprachen d. allgem. Unterricht d. Jugend in höhern Ständen zum Grunde gelegt, oder d. eigentl. Gelehrten allein überlassen werden? 8. Halle 788. Hendel. 4 Gr.

— d. Freiheitskrieg in d. J. 1813, 14 u. 15, bis zum preuß. Friedensfeste. 2 Thle. 8. Hirschb., Krahn. 2 Thlr.

Die Freymäurer, oder Ihr Schönen forschet umsonst. Ein Lustspiel in drey Aufzügen. [Von Joh. Dan. Hensel.] Frankfurt u. Leipzig [Lüneburg: Lemke] 1781. 104 S. 8°
cf. Z. 5 (1875) S. 61.
Kl. 4024. Selten.

— Handbuch d. Schlesischen Geschichte für Liebhaber u. Schullehrer. 8. Hirschb. 797. 2e A. 804. (Leipz., Joachim). 10 Gr. N. Aufl. 8. Bresl. 810. Barth. 12 Gr. 3e A. 8. Ebd. 813. 10 Gr. 4e A. 8. Glogau 824. Heymann. 1 Thlr. Auszug daraus. 8. Ebd. 824. 4 Gr.

Hensel, K. D., Handbuch d. schles. Geschichte f. Liebhaber u. Schullehrer in niedern Schulen, auch als Leitfaden in den obern Klassen zu gebrauchen. 3te mit d. Geschichte d. neuesten Zeit verm. Aufl. 8. Bresl. Holäufer. 813.

— Schlesiens Huldigungsgesang bei des Königs Friedrich Wilhelm III. Regierungsantritt. 4. Hirschb. 798. (Leipz., Joachim). 3 Gr.

Hensel, Jh. Dn., ausübende Klavierschule. 1r Gang, 1s—4s Heft. Hirschb., Pittschiller. 2 Thlr.

— Lehrbuch d. schlesischen Gesch. 8. Glogau 824, Heymann.

— Auszug aus Obigem. Glogau, Heymann.

Hensel, J. D., Lehrbuch d. Schlesischen Geschichte. 2e, bis Ende 1833 vervollständ. Ausg. 8. Berlin 834. Heymann. 2/3 Thlr.

— Auszug daraus, bis Ende 1833. 8. Ebd. 834. 1/8 Thlr.

— Singspiele, (enth. 1) d. Geisterbeschwörung; 2) Daphon, oder d. Frühlingsfeier in Arkadien; 3) die Geisterinsel.) 2 Bd.. 8. Leipz. Joachim.

Hensel, Jh. Dn., Singspiele. 2 Bde. 8. Hirschb. 799. (Leipz., Central-Compt.) 20 Gr.

— allgem. Sprachlehre als Grundlage einer besondern Sprachlehre. Mit Tabellen. 8. Leipz. 807. Schwickert. 1 Thlr. 12 Gr. Auszug hieraus zum Gebrauch für Anfänger. Mit Tabb. 8. Ebd. 807. 8 Gr.

— System d. weiblichen Erziehung, besond. f. d. mittlern und höhern Stand. 2 Thle. 8. Halle, Hendel. 787—88

HENSEL, M. Joh. Dan., System der weiblichen Erziehung, besonders für den mittlern und höhern Stand, nebst einem Anhange über die Schamhaftigkeit. 2 Thle. Halle, Hendel, 1788. 8°. (1²/₃ Rthl.)
Ehestandsalmanach I. p. 284; Anzeige d. Verlegers.

— Tabelle d. schles. Geschichte. gr. Fol. Bresl. 813. Holäufer. 2 ℊ

— Uebungen u. Modulationen durch alle 24 Tonarten, zur Uebung beider Hände. 1s Heft. Fol. Bresl. 816, Graß, B. u. C. 16 ℊ

— Vorübungen für Clavierspieler. 2 Hefte. 4. Bresl. 801, 2. Graß, B. u. C. 1 ꝛß 8 ℊ

— d. Weltgebäude allgem. faßl. beschrieben. 8. Hirschb. 820. Lachmann. 12 ℊ

Hensel, Johs. Heinr. Aug., Jesus Christus, d. duldende Erlöser. Ein episches Gedicht, nach d. sechs Hauptstücken d. heil. Passionsgesch., in sechs Gesängen bearb. gr. 8. (4 B.) Heide 835, (Dithmarscher Buchh. v. F. Pauly.) *

Hensel, Julius

Hensel, Jul. Aufklärung über Hensel's Universaldünger. Zugleich e. Antwort auf die Schmähschriften von Prof. Dr. Paul Wagner in Darmstadt u. Dr. Halenke in Speyer. gr. 8. (51 S.) [Berl. 889.] Hermsdorf unterm Kynast, Hensel's Selbstverlag. : — 75

Hensel, Jul., die lebenswichtige Bedeutung der Mineralstoffe des Blutes u. der gesamten Leibessubstanz. 16.—20. Tausf. (18 S.) gr. 8. Leipzig (904). O. Borggold. n. — 50

— ein Beitrag zur Vereinfachung der Heilkunde. Physiologisches Brot erzeugt neues gesundes Blut u. bewährt sich hierdurch als das naturgemäßeste Schutzmittel gegen Rheumatismus, Bleichsucht, Blutarmuth ꝛc. gr. 8. (16 S.) Hermsdorf 894. Ebd. — 20

Hensel, Jul., Brod aus Steinen durch mineral. Düngg. d. Felder. Zugleich e. kurzgef. Chemie f. Laien, Landwirthe u. Chemiker. gr. 8. (48 S.) Leipzig 898. [O. Gottwald.] O. Borggold. n. 1. —

— Diphtheritis, Cholera u. Blattern. Ihre wahren Ursachen, nebst Angabe v. Schutz- u. Heilmitteln. Zugleich e. Widerlegg. der Bacillenlehre u. der Impftheorie. gr. 8. (112 S.) Zürich 883. (Stuttgart, Alb. Koch.) n. 3. 20

Hensel, die Donau v. Kehlheim bis Passau als Grossschiffahrtsweg, s. a Verbands-Schriften d. deutsch-österr.-ungar. Verbandes f. Binnenschiffahrt. Nr. 42.

Die Donau von Kehlheim bis Passau als Grossschiffahrtsweg. Von Bauamtm. [Julius] Hensel-Deggendorf. *Berlin: Siemenroth & Troschel 1899.* (13 S.) 8°
= Deutsch-Oesterr.-Ung. Verband f. Binnenschiffahrt. Verbands-Schriften. No 42. 109 17319

—— Mineralische Düngung der natürliche Weg zur Lösung der socialen Frage. Den königl. Landräthen gewidmet. 2. Aufl. gr. 8. (40 S.) Hermsdorf unterm Kynast 892. (Lpz., K. F. Koehler.) * — 60

Hensel, J., Gesundheits-Almanach für den Landmann. Eine Belehrung über die häufigsten Krankheiten, denen der Dorfbewohner in den verschiedenen Jahreszeiten ausgesetzt ist, nebst Angabe ihrer Behandlung und Heilung ꝛc. 1. Thl.: Krankheiten erwachsener Personen. 8. (80 S.) Berlin 868, (Conrad.) *

— vereinfachte Heilkunst, auf physiolog. Chemie begründet. I. Zuckerharnruhr u. Lepra. gr. 8. (24 S.) Ebd. 897. n. — 80

Hensel, Jul., vereinfachte Heilkunst, auf physiolog. Chemie begründet. I. Rheumatismus u. Tuberkulose. II. Wie entstehen Bacillen? gr. 8. (48 S.) Leipzig 899. O. Borggold. n. 1. 20

—— das Leben. Seine Grundlagen und die Mittel zu seiner Erhaltung. I. Die Fortdauer der Urzeugung. Physikalisch erklärt zum prakt. Nutzen für Ackerbau, Forstwirthschaft, Heilkunde und allgemeine Wohlfahrt. Lex.-8. (VIII, 512 S. mit 1 lithogr. Taf.) Christiania 885. (Berlin, Actiengesellschaft Pionier.) *

Hensel, Jul., das Leben. Seine Grundlagen u. die Mittel zu seiner Erhaltg. I. Die Fortdauer der Urzeugg. Physikalisch erklärt zum prakt. Nutzen f. Ackerbau, Forstwirthschaft, Heilkunde u. allgemeine Wohlfahrt. Hierzu e. Beilage „Theorie der Lebens-Chemie in Figuren". gr. 8. (V, 520 S.) Christiania 886. Huseby & Co. limit. n. 15. —

— das Leben. Seine Grundlagen u. d. Mittel zu seiner Erhaltung. II. Unsere Krankheiten u. unsere Heilmittel. 1. Lfg. gr. 8. (VII, 48 S.) Berlin 888. Actiengesellschaft „Pionier". n. 1. —; (I. u. II, 1.: n. 16. —)

—— Das Leben, seine Grundlagen und die Mittel zu seiner Erhaltung. Physikalisch erläutert zum prakt. Nutzen für Ackerbau, Forstwirthschaft, Heilkunde u. allgemeine Wohlfahrt. 2. Aufl. Mit e. Beilage „Hensel's Theorie der Lebens-Chemie in typ. Figuren". gr. 8. (VII, 512 S.) Philadelphia 890. (Lpz., K. F. Koehler).
12 —; geb. 13 50
Ergänzung dazu u. d. T.:

— Makrobiotik od. unsere Krankheiten u. unsere Heilmittel. Ergänzung zu: „Das Leben, seine Grundlagen u. die Mittel zu seiner Erhaltg." Für prakt. Ärzte u. gebildete Leute. 2., umgearb. Aufl. Lex.-8. (V, 208 S.) Philadelphia 892. Ebd. n. 5. —; geb. n. 6. —

— Makrobiotik od. unsere Krankheiten u. unsere Heilmittel. Ergänzung zu: „Das Leben, seine Grundlagen u. die Mittel zu seiner Erhaltg." Für prakt. Ärzte u. gebildete Leute. 3. umgearb. Aufl. (VII, 204 S.) Lex.-8. Ebd. 904. n. 5. —; geb. n. 6. —

Hensel, Jul., neue Makrobiotik oder die Kunst Seuchen zu verhüten u. zu heilen. Nebst einer Heilmittel-Liste. Für Mediciner u. Behörden. 8. (184 S.) Stuttgart 881. (A. Koch.) n. 3. —

Hensel, Jul., neue Makrobiotik oder die Kunst Seuchen zu verhüten und zu heilen. Nebst einer Heilmittel-Liste. Für Mediciner und Behörden. 8. (184 S.) Stuttgart 882, (A. Koch.)

Hensel, J. Neue Makrobiotik oder die Kunst Seuchen zu verhüten und zu heilen. In-8°. Zürich, Uhle. 1893. 3 75

Hensel, Schiffbarkeit d. ob. Donau, s.: Leibbrand.

— von der Seele im gesunden u. kranken Zustande. (Das Leben. Seine Grundlagen u. die Mittel zu seiner Erhaltg. II. Bd. 1. Lfg.) gr. 8. (48 S.) Berlin 888. Actiengesellschaft „Pionier". n. 1. —

Hensel, Jul., von der Seele im gesunden u. im kranken Zustande. 2. Aufl. (V, 59 S.) gr. 8. Leipzig 907. O. Borggold. 1. 20

— Studien betr. das Donau-Main-Kanal-Projekt, s. a. Verbands-Schriften d. deutsch-österr.-ungar. Verbandes f. Binnenschiffahrt. Nr. 55.

Studien betreffend das Donau-Main-Kanal-Projekt. Mittheilungen d. techn. Amtes d. Vereins z. Hebung d. Fluss- u. Kanalschiffahrt in Bayern. Erstattet auf d. IV. Verbands-Tage in Budapest 1899 vom Kgl. Bauamtmann [Julius] **Hensel**, Nürnberg. Mit 2 Taf. *Berlin: Siemenroth & Troschel 1900.* (19 S.) 8°
= Deutsch-Oesterr.-Ung. Verband f. Binnenschiffahrt. Verbands-Schriften. No 55. [01. 8577

Hensel, Jul., Allerlei medicinische Themata f. gebild. Laute. Warnung vor Kreosot u. Carbol. — Magenauspumpen. — Fettleibigkeit. — Leberkrankheiten. — Darmkatarrh. — Magengeschwüre. — Gicht. — Rheumatismus. — Hämorrhoïden. — Gallensteine u. s. w. gr. 8. (27 S.) Leipzig 898. [O. Gottwald.] O. Borggold. n. 1. —

— kurzer medicinischer Unterricht bei inneren Krankheiten. gr. 8. (68 S.) Christiania 887. Berlin, Actiongesellschaft „Pionier". n. 1. 50

— kurzer medizinischer Unterricht bei inneren Krankheiten. gr. 8. (IV, 68 S.) Ebd. 888. n. 1. 50

— das Wichtigste v. der ganzen Heilkunst od.: Was braucht der Mensch zum Leben u. Gesundbleiben? 2. umgearb. Aufl. (123 S.) gr. 8. Ebd. (904). n. 2. 40; geb. n. 3. 20

Hensel, Jul., d. Wichtigste v. d. ganzen Heilkunst einschliessl. Diphtheritis u. Schwindsucht. Z. Zwecke d. Selbsthilfe in d. Familie zusammengef. f. gebild. Leute. gr. 8. (48 S. m. 1 Fig.) Hermsdorf 895. (Völklingen, L. Wiegand.) n. 1. 20

Hensel, Jul., wie entstehen die Bacillen (Bakterien)? — Wie schützen wir uns gegen Ansteckg.? Worin besteht „Krebs"? — Woher kommt die Klauenseuche? [Aus: „Berliner Neueste Nachrichten".] gr. 8. (14 S.) Berlin 894. (Leipzig, L. Wiegand.) — 20

Hensel, K. D., s. Hensel, Joh. Dan.

Hensel, Carl, Eliza und ihr Bramin. Ein Schattenriß. Posen 856. Merzbach. 16. (3 Bl., 62 S.) 15 *ngr.*

Hensel, Karl, Assistenzarzt im Inf.-Reg. v. Manstein (Schlesw.) No 84, aus Hamburg: Aus d. Neuen Allgem. Krankenhause zu Hamburg-Eppendorf. 40 Fälle von Eklampsie. *Kiel 1901: Schmidt & Klaunig.* (23 S.) 8°
Kiel, Med. Diss. v. [16. Aug.] 1901

— Genealogie des Königshauses der Hohenzollern. Nach den Quellen zusammengestellt. Ebend. 854. gr. 4. (46 Bl.) 25 *ngr.*

Hensel, C., u. J. Wolinski, Handbuch zum Uebertragen aus dem Deutschen in das Polnische, s.: Wolinski, J.

Hensel, C., literaturgeschichtliches Lesebuch für höhere Töchterschulen. Mit Ausführungen und Andeutungen zu vielfacher Benutzung des Lesestoffes. Obere Stufe. 1. und 2. Heft. gr. 8. Hannover 858, Meyer. à Heft * 7½ Ngr. *
Inhalt:
Heft 1. Sprach- und Stilproben von der frühesten Zeit bis auf Lessing. (144 S.)
„ 2. Wieland, Herder und Schiller. (III und 124 S.)
Das 3. Heft erschien unter dem Titel:

Hensel, C., literaturgeschichtliches Lesebuch für Real-, höhere Bürger- und höhere Töchterschulen sowie zum Privatgebrauch. Mit Ausführungen und Andeutungen zu vielfacher Benutzung des Lesestoffes. Oberste Stufe. Heft III. Hannover 859. Meyer. gr. 8. (IV, 196 S.) n. 15 *ngr.*
Inhalt: Goethe, Jean Paul und Tieck.

Hensel, Clara, goldene Fädchen, s.: Cabanis, G. P. S.

Hensel, Kurt, s.: Jahresbericht d. deutschen Mathematiker-Vereinigung.

— s.: Journal f. die reine u. angewandte Mathematik.

— Ernst Eduard Kummer u. der grosse Fermat'sche Satz, s. a. Reden, Marburger akadem. Nr. 23.

Ernst Eduard Kummer und der grosse Fermatsche Satz. Akademische Festrede zu Kaisers Geburtstag geh. von Kurt **Hensel**. Marburg: Elwert 1910. 22 S. 8°
(Marburger Akademische Reden. Nr 23.) (10. 16423

— u. Geo. **Landsberg**, Theorie d. algebraischen Funktionen e. Variablen u. ihre Anwendung auf algebraische Kurven u. Abelsche Integrale. gr. 8. (XVI, 707 S.) Leipzig 902. B. G. Teubner. n. 26. —; geb. in Leinw. n. 28. —

— Theorie d. algebraischen Zahlen. 1. Bd. (XI, 349 S.) gr. 8. Leipzig 908. B. G. Teubner. Geb. in Leinw. 14. —

Hensel, Kurt (geb. Königsberg i. Pr. 30. 12. 1861): Arithmetische Untersuchungen über Discriminanten und ihre ausserwesentlichen Theiler. Berlin 1884. (30 S.) 4° ¶ Die am Schluss der Arbeit angekündigte vervollständigte Ausg. ist bis 1899 nicht erschienen.
Berlin, Phil. Diss. v. 24. März 1884

Hensel, Kurt, arithmetische Untersuchungen üb. Discriminanten u. ihre ausserwesentlichen Theiler. 4. (30 S.) Berlin 884. (Mayer & Müller.) n. 1. 50

Hensel, L., neueste Offenbarungen üb. das Fortleben und das Jenseits. Eine spiritualist. Schrift in 4 Abschnitten Haupttheil d. Buches. Die Philosophie d. Geistes. Dargestellt nach Mittheilgn. aus der Geisterwelt an L. H. Nebst Anh. gr. 8. (V, 328 u. Anh. 79 S.) Steglitz 885. (Berlin, Siegismund.) n. 6. —

Hensel, Louis

Hensel, *Ernst Eduard* Louis [pr. Arzt zu Tribsees]: Zur Lokalbehandlung der Rachendiphtherie mit der Löffler'schen Toluol-Mischung ... Tribsees, Druck v. M. Henk, 1895; 26 S. 8.
Greifswald, Med. Fak., Inaug.-Diss. v. 11. Apr. 1895

Hensel, Ludwig: Weissagungen in der alexandrinischen Poesie. Gießen 1908: Brühl. 58 S. 8°
Gießen, Phil. Diss. v. 28. Sept. 1908, Ref. Körte
[Geb. 13. Juli 85 Hirzenhain; Wohnort: Darmstadt; Staatsangeh.: Hessen; Vorbildung: Gymn. Büdingen Reife O. 03; Studium: Gießen 4, München 1, Gießen 4 S.; Rig. 3. Aug. 08.] [U 09. 1309

Hensel, Luise und Wilhelmine, Gedichte. Herausg. von H. Kletke. Berlin 857. Rauh. 16. (IX, 154 S.) 20 *ngr.*

Hensel, Luise und Wilhelmine, Gedichte. Hrsg. von H. Kletke. 16. (IX und 154 S.) Berlin 858, Rauh.

Hensel, Luise Maria

Hensel, Luise M. Briefe der Dichterin. Paderborn 1878. H: *Schlüter, Chph Bernhard.* (ADB) (UBTüb K, Nachtr. 23)

Hensel, Luise, Lieder, s.a. Bücherei, allgemeine.

Hensel, Luise M., Lieder, hrsg. von C. Schlüter. 8. (XVI, 328 S.) Paderborn 869, Schöningh. *
geb. mit Goldschn. *

Hensel, Luise M., Lieder. 2. Aufl. 16. (VIII, 392 S
Paderborn 870. Schöningh. n. 3. —; geb. m Goldschn. n. 4.!

Hensel, Luise M., Lieder. 3. verm. Aufl. 16. (XXVI, 415 S.) Paderborn 877, F. Schöningh. * 3 50
geb. mit Goldschn. * 5 —
—— dass. — Mit dem (Holzschn.-)Portr. der Dichterin. 4. verm. Aufl. 16. (XXIX, 440 S.) Ebendas. 879. * 4 —
geb. * 5 50

Hensel, Luise M., Lieder. Mit dem (Holzschn.-)Portr. der Dichterin. 5., verm. Aufl. 16. (XXIX, 366 S.) Paderborn 882. F. Schöningh. n. 4. —; geb. n. 5. 70

Hensel, Luise M., Lieder. Mit dem Portr. der Dichterin. 6. Aufl. 12. (XX, 394 S.) Paderborn 887. F. Schöningh. n. 4. —; geb. m. Goldschn. n. 5. 50

Hensel, Luise M. Lieder. 7. Aufl. Paderborn 1892. H: *Schlüter, Chn Bernh.* (Berl)

Hensel, Luise M. Lieder. 7. Aufl. 12. (XX, 397 S. m. Bildnis.) Paderb. 892, F. Schöningh. * 4 —; geb. * 5 50

Hensel, Luise Maria, Lieder. 8. Aufl. 12. (XX, 397 S. m. 8 Bildn.) Paderborn 898. F. Schöningh. n. 4. —;
Geb. in Leinw. m. Goldschn. n. 5. 50

Hensel, Luise Maria, Lieder. Mit 2 Portr. der Dichterin. 9. Aufl. Orig.-Ausg. letzter Hand. (XII, 339 S.) kl. 8. Paderborn 904. F. Schöningh. n. 3. 60;
geb. in Leinw. m. Goldschn. n. 5. —

— dasselbe. 10. Aufl. Billige Volksausg. (X, 168 S. m. Bildnis.) kl. 8. Ebd. (907). Geb. in Leinw. 1. 40

Hensel, Luise Maria, Lieder. 11. Aufl. Orig.-Ausg. (XII, 339 S. m. 2 Bildnissen.) kl. 8. Paderborn (910). F. Schöningh. 3.60; geb. 5. —

HENSELIUS, Mart. (Past. zu Falckenstein), Die höchstnöthige Flucht vor den Sünden der Jugend, aus 2. Tim. 2, 22. allen jungen Leuten treulich angerathen. Zweyter Druck. Züllichau 1738. 4°. (1 gr.)
Im Verlags-Verz. d. Züllichauer Waisenhaus-Buchhandlg. vom J. 1744.

HENSEL, Mart. („Past. zu Falkenstein, Breitenstein u. Sengenfeld d. Landsberg. Dioeces in d. Neumark"), Schlüssel zur Erkentniß und Verabscheuung des heydnischen Tanz- und Lust-Wesens in der Christenheit, aus überzeugenden Gründen der H. Schrift, rechtschaffenem Wesen des Christenthums, gesunden Vernunft und täglichen Erfahrung verfertiget, mit einer kurzgefaßten Historie des eingerissenen Tanz- und Lust-Wesens in der christlichen Kirche. Züllichau 1735. 8°. 2 Bogen. Rar!
Cat. univ. d. Buchh. d. Waisenh. zu Züllichau (174*). Cat. Meissner II.

— — Dasselbe. Zweiter Druck. Ebd. 1737. 8°. 2½ Bog. (l. c.)

* — — Des Schlüssels zur Erkenntniß und Verabscheuung des heydnischen Tantz- und Lust-Wesens in der Christenheit. Ander Theil. Ebd. 1738. 8°. 2½ Bogen. Rar! (In Berlin: an Da 14,752.)

* — — Schlüssel zur Erkenntniß und Verabscheuung des heydnischen Tanz- und Lust-Wesens in der Christenheit, aus überzeugenden Gründen der H. Schrift, rechtschaffenem Wesen des Christentums, gesunden Vernunft und tägl. Erfahrung verfertiget, mit einer kurzgefaßten Historie des eingerissenen Tanz- und Lust-Wesens in der christlichen Kirche. 2 Thle. Zweyter Druck. Ebd. 1737—38. 8°. (1 gr. 6 pf.) (Nur Th. 2 mit d. Jahrzahl „1738" in Berlin.)
Im Verlags-Verz. d. Züllichauer Waisenhaus-Buchhandlg. vom J. 1744.

Hensel, Martin, kleine Schriften v. wahren Christenthume. 2 Thle. 8. Züllichau, Frommann. 740—41.

Hensel, Mich. Kritische Sichtung der Theorie über die juristische Natur des Lebensversicherungsvertrages. D. Leipzig 1905.

Hensel, Paul [prakt. Arzt]: Beiträge zur Casuistik des Lungenbrandes .... Leipzig, Druck v. J. B. Hirschfeld, 1887; 4 Bl. + 36 S. 8°
Breslau, Med. Fak., Inaug.-Diss. v. 15. Jul. 1887.

Hensel, Paul, Beiträge zur Casuistik des Lungenbrandes. Diss. Breslau 1887, Wilhelm Koebner. 8°. 36 S.

Hensel, Paul [aus Gross-Barken]: Ueber die Beziehung des reinen Ich bei Fichte zur Einheit der Apperception bei Kant .... Freiburg i. B., Univ.-Buchdr. v. H. M. Poppen & Sohn, 1885; 48 S. 8°.
Freiburg i. B., Phil. Fak., Inaug.-Diss. v. 1885.

Hensel, Paul, über die Beziehung des reinen Ich bei Fichte zur Einheit der Apperception bei Kant. Diss. Freiburg i. B. 1885, Fr. Wagnersche Univ.-Buchh. 8°. 48 S.

Hensel, Paul, Thomas Carlyle, s.a. Frommann's Klassiker der Philosopie. XI.

Thomas Carlyle von Paul **Hensel**. Mit Bildnis. *Stuttgart: F. Frommann 1901.* (212 S.) 8°
— **Klassiker**, Frommanns, d. Philosophie. 11. [00. 1138]

Hensel, Paul, die neue Güterlehre, s.: Schleiermacher, d. Philosoph des Glaubens.

Hensel, Paul, Hauptprobleme der Ethik. 7 Vorträge. (VI, 106 S.) gr. 8. Leipzig 903. B. G. Teubner. n. 1. 60

Hensel, Paul, die evangel. Masuren in ihrer kirchl. u. nation. Eigenart, s.a. Schriften der Synodalkommission f. ostpreuß. Kirchengeschichte. 4. Heft.

Die evangelischen Masuren in ihrer kirchlichen und nationalen Eigenart. Ein kirchengeschichtl. Beitrag z. Frage d. kath.-poln. Propaganda in Masuren von Paul **Hensel**, Pfarrer. Königsberg i. Pr.: F. Beyer in Komm. 1908. (79 S.) 8° [F.]
— **Schriften** d. Synodalkommission f. ostpreuß. Kirchengeschichte. H. 4. [08. 9844 10]

Die evangelischen Masuren in ihrer kirchlichen und nationalen Eigenart. Ein kirchengeschichtl. Beitrag z. Frage d. kath.-poln. Propaganda in Masuren von Paul **Hensel**, Pfarrer. 2. verm. Aufl. Königsberg i. Pr.: F. Beyer in Komm. 1908. (84 S.) 8° [F.]
== **Schriften** d. Synodalkommission f. ostpreuß. Kirchengeschichte. H. 4.
[c8. 10335 10

Die Polengefahr für die masurische Bevölkerung. Von PAUL HENSEL, Pfarrer in Johannisburg, Ostpreussen. Berlin 1911. Deutscher Ostmarken-Verein. 8°.

— Rousseau, s.a. Aus Natur u. Geisteswelt.

Hensel, Paul. (Jean-Jacques) Rousseau. Mit einem Bildnisse Rousseaus [Tafel]. VI + 122 + *Anzeigen* 32 S. 8. Leipzig, B. G. Teubner, 1907. (M. 1. —, geb. 1. 25)
Aus Natur und Geisteswelt. Sammlung wissenschaftlich-gemeinverständlicher Darstellungen. Bändchen 180.

Hensel, Paul, d. Stellung d. Reichskanzlers nach d. Staatsrecht d. Deutschen Reichs. gr. 8. (59 S.) Leipzig 881. [Hirth.] München, J. Schweitzer Sort. n. 2. —

Hensel, Paul, die Stellung des Reichskanzlers nach dem Staatsrechte des Deutschen Reiches. gr. 8. (59 S.) München 882, Hirth.
Aus: Annalen des Deutschen Reichs 2c., besonders abgedruckt.

Hensel, Paul. Ethisches Wissen u. ethisches Handeln. Ein Beitrag zur Methodenlehre der Ethik. gr. 8. (III, 48 S.) Freib. i. Br. 889, J. C. B. Mohr. 1 50

Hensel, P., ethisches Wissen u. ethisches Handeln. Ein Beitrag zur Methodenlehre der Ethik. gr. 8. (III, 48 S.) Freiburg i/Br. 890. J. C. B. Mohr. n. 1. 50

Hensel, R., die Bedeutung der Entwickelungsgeschichte für die systematische Zoologie. gr. 8. (45 S.) Breslau 852, (Gosohorsky's Buchh.) *

Hensel, R. (Hrsg.), s. Retorte

Hensel, R. F., ein Beitrag zur Kenntniss fossiler Ueberreste aus der Gattung Arctomys. (Für die k. Leopold-Carol. Akad. der Naturforscher.) gr. 4. (14 S. mit 2 Stnt.) Bonn 854, Weber. *

Hensel, Reinhold, Beiträge zur Kenntniss der Säugethiere Süd-Brasiliens. gr. 4. (130 S. mit 3 lithogr. Taf.) Berlin 872, (Dümmler's Verlag.) *
Aus: Abhandlungen der k. Akademie der Wissenschaften zu Berlin, besonders abgedruckt.

Hensel, Rhold., über Hipparion mediterraneum. gr. 4. (97 S. mit 4 Stnt.) Berlin 861, (Dümmler's Verlagsh.) *
Aus: Abhandlungen der k. Akademie der Wissenschaften zu Berlin, Jahrg. 1860, besonders abgedruckt.

Hensel, R., Zur Kenntnis der Zahnformel für die Gattung Sus. 4°. Mit Taf. S.-A. Jena 75. Fromann. M. 2.40

Hensel, Rhold., zur Kenntniss der Zahnformel für die Gattung Sus. Imp.-4. (40 S. mit 1 lithogr. und color. Taf.) Dresden 875. (Leipzig, Engelmann.) * 2 40
Aus: Nova Acta der kaiserl. Leop.-Carol. deutschen Akademie der Naturforscher, besonders abgedruckt.

HENSEL, Reinhold: Über die forstlich schädlichen Nagethiere Schlesiens. - Breslau o.J. 24 S., 1 Taf.

Hensel, Reinhold (Friedrich) *(geb. Adelnau in Pos. 1. 9. 1825)*: Das leitende Prinzip der systematischen Zoologie. Breslau (1852). (47 S.) 8° *[Buchausg. 1852 in Komm. bei Maske in Breslau unt. d. T.: „Die Bedeutung d. Entwickelungsgesch. f. d. system. Zoologie".]*
Breslau, Phil. Diss. v. 14. Febr. 1852

Hensel, Rhold., craniologische Studien. Mit 8 (lith.) Taf. [Aus: „Nova Acta d. ksl. Leop.-Carol.-deutschen Akad. der Naturforscher".] gr. 4. (71 S. m. 11 Tab.) Halle. Leipzig 881. Engelmann in Comm. n. 12. —

Hensel, Richard [pr. Arzt]: Ueber Resorption und Ausscheidung des Guajakols und Kreosots bei Phthisikern ... Königsberg in Pr., Buchdr. v. R. Leupold, 1894; 48 S., 2 Bl., 6 Bl. Tab. 8.
Königsberg, Med. Fak., Inaug.-Diss. v. 14. Aug. 1894

Hensel, Rich., üb. Resorption u. Ausscheidung des Guajakols u. Kreosots bei Phthisikern. Diss. gr. 8. (60 S.) Königsberg 894. (W. Koch.) n. 1. —

Hensel, Rich., u. F. W. **Conradi,** der Vortrag des Zauberers. Humoristische Studien. gr. 8. (IV, 80 S.) Dresden (897). Nürnberg, Horstor. 1. —

Hensel, Rudolphus, Brandenburgensis: Vindiciae Platonicae. (Berolini: Mayer et Mueller 1906.) (52 S.) 8°
Berlin, Phil. Fak., Ref. Diels, Diss. v. 28. Apr. 1906
[Geb. 24. April 83 Treuenbrietzen; Wohnort: Treuenbrietzen; Staatsangeh.: Preußen; Vorbildung: Melanchthon-Gymn. Wittenberg Reife O. 02; Studium: Erlangen 3, Berlin 4 S.; Rig. 25. Febr. 06.]

Hensel, Sebastian

Hensel, S., die Familie Mendelssohn 1729—1847. Nach Briefen u. Tagebüchern. Mit 8 Portraits (in Lichtdr.), gezeichnet v. Wilh. Hensel. 3 Bde. gr. 8. (XIII, 427; VII, 283 u. VII, 261 S.) Berlin 879. Behr. n. 16. —; geb. n. 20. —

— dasselbe. 2 Bde. 2. durchgeseh. Aufl. gr. 8. (XV, 383 u. VII, 400 S.) Ebend. 880. 82. n. 12. —; geb. n. 14. 50

Hensel, S., die Familie Mendelssohn 1729—1847. Nach Briefen und Tagebüchern. Mit 8 (Lichtdr.-)Portr., gezeichnet von Wilh. Hensel. 2 Bde. 2.—4. Aufl. gr. 8. (XV, 383; VII, 400 S.) Berlin 880—84, Behr's Verlag. *
geb. *

Hensel, S., die Familie Mendelssohn 1720—1847. Nach Briefen u. Tagebüchern. Mit 8 Portraits, gez. v. Wilh. Hensel. 2 Bde. 5. Aufl. gr. 8. (XV, 383 u. VII, 400 S.) Berlin 886. Behr's Verl. n. 12. —; geb. n.n. 14. 50

Hensel, S., die Familie Mendelssohn 1729—1847. Nach Briefen u. Tagebüchern. Mit 8 Portraits, gez. v. W. Hensel. 6. Aufl. 2 Bde. gr. 8. (XV, 383 u. 400 S.) Berlin 888. Behr's Verl. n. 12. —; geb. n. 14. 50

Hensel, S., die Familie Mendelssohn. 1729—1847. Nach Briefen u. Tagebüchern. 2 Bde. 7. Aufl. Mit 8 Portr., gezeichnet v. Wilh. Hensel. gr. 8. (XV, 388 u. V, 400 S.) Berlin 891. B. Behr's Verl. n. 12. —; geb. in Leinw. n.n. 14. 50

Die Familie Mendelssohn. 1729—1847. Nach Briefen u. Tagebüchern. Von S[ebastian] Hensel. M. 8 Portr., gez. v. Wilhelm Hensel. 8. Aufl. (Bd) I. II. *Berlin: B. Behr 1896.* 2 Bde 8.
I. (IX S., 3 Bl., 383 S., 4 Portr.)
II. (4 Bl., 400 S., 4 Portr.)
[96. 1411

Hensel, S., d. Familie Mendelssohn. 1729—1847. Nach Briefen u. Tagebüchern. M. 8 Portraits, gezeichnet v. Wilh. Hensel. 2 Bde. 9. Aufl. gr. 8. (XV, 383 u. VII, 400 S.) Berlin 898. B. Behr's Verl. n. 12. —; geb. in Leinw. n.n. 14. 50

Hensel, S., die Familie Mendelssohn. 1729—1847. Nach Briefen u. Tagebüchern. Mit 8 Portraits, gezeichnet v. Wilh. Hensel. 2 Bde. 10. Aufl. m. e. Geleitwort v. Paul Hensel u. e. Portr. S. Hensels, gezeichnet v. Gertrud Hensel. gr. 8. (XV, 383 u. VII, 400 S.) Berlin 900. B. Behr's Verl. n. 12. —; geb. n.n. 14.50

Die Familie Mendelssohn. 1729–1847. Nach Briefen u. Tagebüchern. Von S(ebastian) **Hensel**. Vermehrt um e. Geleitw. von Paul Hensel u. e. Portr. S. Hensels. Mit 8 Portr., gez. von Wilhelm Hensel. 1. 2. Berlin: B. Behr 1903–04. 2 Bde 8°
1. 11. [hds.: 12.] Aufl. 1903 [1904]. 2. 12. Aufl. 1904. [03. 7336

Hensel, S., die Familie Mendelssohn. 1729—1847. Nach Briefen u. Tagebüchern. Mit 8 Porträts, gezeichnet v. Wilh. Hensel. 2 Bde. 11.—13. Aufl., vermehrt um e. Geleitwort v. Paul Hensel u. e. Portr. S. Hensels. (à XV, 383 u. VII, 400 S.) 8. Berlin 903—906. B. Behr's Verl. n. 12. —; geb. n. 14.50

Hensel, S., die Familie Mendelssohn. 1729—1847. Nach Briefen u. Tagebüchern. Mit 9 Porträts. 2 Bde. 14. Aufl. Pracht-Ausg. (XV, 383 u. VII, 400 S.) 8. Berlin 908. [B. Behr's Verl.] G. Reimer. Geb. in Ldr. 15.—

— dasselbe. 15. Aufl. 2 Bde. (XVII, 455 u. VII, 483 u. XII S. m. Bildnis.) 8. Ebd. 908. 6.—; geb. 7.50

— Naturgeschichten f. Kinder. M. 4 kolor. Taf. u. Abb. im Text v. Lucy du Bois-Reymond. gr. 8. (IV, 224 S.) Leipzig 896. S. Hirzel. Geb. in Leinw. n. 6.—

— Carl Witt, e. Lehrer u. Freund der Jugend. gr. 8. (XI, 340 S.) Ebd. 894. n. 5.—

Hensel, W., s. Bundesblüthen.

Hensel, W., Ritter Hans, s. A. Müllner, Almanach für Privatbühnen. 26 Bdchen.

Hensel, W., die drei Kränze. Festspiel zur Silber-Hochzeit Ihrer Königl. Hoheiten des Prinzen und der Prinzessin von Preußen. Berlin 854. Schlesinger'sche Buchhdlg. gr. 8. (7 S.) 3⅓ ngr.

Hensel, Werner: Die Vögel in der provenzalischen und nordfranzösischen Lyrik des Mittelalters. Erlangen 1908: Junge. 43 S. 8° ¶(Ersch. vollst. in: Romanische Forschungen.
Königsberg, Phil. Diss. v. 19. Jan. 1909, Ref. Schultz-Gora
[Geb. 1. März 86 Königsberg i. P.; Wohnort: Königsberg; Staatsangeh.: Preußen; Vorbildung: Altstädt. Gymn. Königsberg Reife O. 04; Studium: Königsberg 8 S.; Rig. 22. Juli 08.] [U 09. 2400

Hensel W[ilhelm]. Die lebenden Bilder und Pantomimischen Darstellungen bei dem Festspiel: Lalla Rûkh aufgeführt auf dem Königlichen Schlosse in Berlin den 27sten Januar 1821, bei der Anwesenheit I. I. K. K. H. H. des Grossfürsten Nicolaus und der Grossfürstin Alexandra Feodorowna. Nach der Natur gezeichnet von W. Hensel. Gestochen von F. Berger, Fr. Meyer d. Ae. und H. Moses. Berlin 1823. Bei Ludwig Wilhelm Wittich.
Tit., 11 Bl., 12 Taf. in Kupferst. gr 2°.

Hensel, Wilhelm, Referendar a. D. in Stuttgart: Kritische Sichtung der Theorien über die juristische Natur des Versicherungsvertrages. Neuwied 1905: Heuser. (138 S.) 8°
Leipzig, Jur. Fak., Diss. v. 14. Sept. 1905
[Geb. 20. Okt. 74 Lindenstadt, Prov. Posen; Wohnort: Stuttgart; Staatsangeh.: Preußen; Vorbildung: Gymn. Spandau Reife O. 93; Studium: Berlin 4, Göttingen 3 S.; Rig. 28. Febr. 05.]

Hensel, Wilhelmine, Gedichte. 16. (XII, 272 S.) Paderborn 882. F. Schöningh. n. 2. 25; geb. n. 3. 50

Henseler

— s. a. **Hensler.**

Henseler, Antonin

Henseler, Ant. (secrétaire de la Société suisse de numismatique). Antoine Bovy, artiste-graveur en médailles. Sa vie et ses principales œuvres. Gr. in-8°, 107 p. et 6 pl. Fribourg, chez l'auteur. 1881.

Henseler, A. Catalogue descriptif des Monnaies et Médailles suisses de la Collection de Ant. Henseler à Fribourg (Suisse). In-8°, 288 p. Fribourg, A. Henseler & Cie. 1879. 3 50

Henseler. Deuxième supplément au catalogue descriptif des monnaies et médailles suisses de la collection de Ant. Henseler à Fribourg (Suisse). In-12°, 94 p. Fribourg, Ant. Henseler. 1 50
1880.

Henseler, Ant. (secrétaire de la Société suisse de numismatique). Un écu à vis. In-12°, 6 p., av. 1 planche lithographiée. Fribourg, impr. Bielmann. 1880. — 60
*** Extrait de la „Revue scientifique suisse", février 1880.

Henseler. Antonin. Essai sur les monnaies d'or et d'argent de Fribourg. [Avec 7 planches.] 8. Fribourg. Paris. Berne 1884.

Henseler, Ant. Essai sur les monnaies d'or et d'argent de Fribourg. In-8°, 136 p., av. 7 planches lith. et grav. dans le texte. Berne, J. Dalp. 8
1893.

(Henseler. Ant[onin].) Fribourg et ses environs. Petit guide à l'usage des étrangers. [Avec des illustrations. 5 planches, 1 plan et 1 carte.] 8. Fribourg.
[1re éd.] 1880.
(2e Éd.) 1880 (* Umschlag: 1881)

[Henseler. Antonin.] Fribourg & ses environs. Petit guide offert à Messieurs les Délégués de l'Union suisse des arts & métiers…. ([Avec] Supplément par Léon Genoud [ainsi que des illustrations, 5 planches, 1 plan et 1 carte].) 8. Fribourg 1893.

(Henseler. A[ntonin].) Des médailles frappées pour le tir fédéral de Fribourg. Le 400e anniversaire de l'entrée de Soleure et Fribourg dans la Confédération suisse, la fête de (Ignaz) Heim. à Zurich, la fête cantonale de chant, à Fribourg. et la fête cantonale de gymnastique à Bulle, en 1881. <E.> 8. ([Fribourg] 1881.)

(H[enseler]. A[ntonin].) Les projets de l'écu du tir fédéral de Fribourg 1881. [E.] 8. Fribourg 1880.

Henseler, C. Vide: Presse (Die freie).

Henseler, E., aus Berlin. Strassenbilder. Mit Text von P. Lindenberg. Fol. (6 Bl. in Lichtdr. mit 4 S. Text.) Berlin 888, Hermes. In Carton-Mappe *
In Leinw.-Mappe

Henseler, Heinrich (Bielefeld), De morborum divisione in genere et de cachexiis in specie. Dissert. med. Bln. (Jordan) 12. VIII. 1830. 54 S. m. Biogr. (M.: M. Th. Müller.) (6.50) 14427
Oppon.: B. Ferrari, A. Roettscher, J. Nadermann. — Gew.: Franz Anton Henseler (Paderborn; Bruder).

Henseler, Heinz: Ueber das spezifische Gewicht und die chemische Zusammensetzung der Knochensubstanz von Lauf- und Schrittpferden in ihrer Beziehung zur Knochenfestigkeit. Halle a. S. 1910: Hohmann. 51 S. 8°
Halle, Phil. Diss. v. 2. Aug. 1910, Ref. Disselhorst
[Geb. 7. Mai 85 Euskirchen; Wohnort: Halle a. S.; Staatsangeh.: Preußen; Vorbildung: Stadt. Gymn. Bonn Reife O. 03; Studium: Halle 8 S.; Rig. 8. Juli 10.] [U 10. 1747

Henseler, J., die brandenburgisch-preuß. Geschichte. Für Elementar-Schulen. Mit lithogr. Abbildd. 2e verm. u. verb. Aufl. gr.-12. Wesel 839. Becker. $^1/_{12}$ ₰ (Die 1e Aufl. ist nicht in den Buchhandel gekommen.)

Henseler, J., die brandenburgisch-preußische Geschichte. Für Elementar-Schulen bearb. Mit lith. Abbildungen. (1 Taf.) 11., verm. Aufl. 8. (52 S.) Wesel 877. Romen. n. — 30; geb. n.n. — 35

— Johann (Ulm), Paradoxa arithmetico-geometrica. (Disputat. circul. cum philos. & b. art. studiosis in gymnasio Ulmensi X.) Präs. M. David Algöwer. Ulm (Kühn) 24. XI. 1711. 4 S. (4.80) 14428
Oppon.: Marcus Anton Krafft v. Delmensingen, Georg Wagner (Ulm), Georg Claus (Ulm).

Henseler, Matthias [app. Arzt aus Borgloh]: Aus d. patholog. Institut zu Kiel. Zwei Fälle von zahlreichen Divertikeln des Dünndarms. . . . Kiel, Druck v. Carl Böckel. 1890; 14 S. + 1 Bl. 8°
Kiel, Med. Fak., Inaug.-Diss. v. 19. März 1890

Henseler, M., zwei Fälle v. zahlreichen Divertikeln d. Dünndarms. Aus dem patholog. Institut zu Kiel. Inaug.-Diss. gr. 8. (14 S.) Kiel 890. (Lipsius & Tischer.) n. 1. —

Henseler, Matth., Ausführliches auch zum Selbstunterricht geeignetes **Lehrbuch** der Stenographie System „Deutsche Schnellschrift". (32 S.) gr. 8. Berlin 905. Leipzig, J. H. Robolsky. n. 1. —
Tl. II u. d. T.:

— vollständiger **Leitfaden zur Erlernung** d. II. Tls: „Deutsche Eilschrift" u. des Anhangs: „Deutsche Redezeichnung". (16 S. u. 8 autogr. Taf.) 8. Leipzig 906. J. H. Robolsky. n. 1. —

[Henseler, Matthias Joseph.] Erlebnisse aus dem Sonderbundskriege von einem Soldaten des St. Gallischen Bataillons Martignoni. 8. St. Gallen 1848.

Henseler, Paul, Arzt an d. Univ.-Augenklin. zu Greifswald: Aus d. Univ.-Augenklin. Greifswald. Untersuchungen über den ätiologischen Zusammenhang zwischen der Neuritis optica retrobulbaris und der Sclerosis cerebrospinalis disseminata seu multiplex. Greifswald 1908: Adler. 133 S. 8°
Greifswald, Med. Diss. v. 30. Aug. 1908, Ref. Römer
[Geb. 25. Aug. 70 Greifswald; Wohnort: Greifswald; Staatsangeh.: Preußen; Vorbildung: Gymn. Greifswald Reife O. 90; Studium: Greifswald 9 S.; Coll. 4. Jan. 08; Approb. 31. Dez. 07.] [U 09. 1489

Hensellana. Zeitschrift zur Verbreitg. u. Popularisierg. der Theorien Julius Hensels, physiolog. Chemikers u. wissenschaftl. Begründers der Nährsalztheorie, u. zur Aufklärg. u. Belehrg. üb. den Wert u. Zweck der mineral. Salze („Nährsalze") im Haushalte des menschl. Organismus, als Mittel zur Gesunderhaltg. u. diätet. Unterstützg. e. jeden Heilmethode. Red.: Firma Julius Hensel. 1. Jahrg. 1906. 12 Nrn. (à ca. 16 S.) gr. 8. Stuttgart. (Leipzig, O. Borggold.) n. 1. 60

Hensellana. Zeitschrift zur Verbreitg. u. Popularisierg. der Theorien Julius Hensels, sowie zur Aufklärg. u. Belehrg. üb. den Wert u. Zweck der mineral. Salze („Nährsalze") im menschl. Organismus, als Mittel zur Gesunderhaltg. u. diätet. Unterstützg. e. jeden Heilmethode. Red.: Firma Jul. Hensel. 3. Jahrg. Sommer 1908. (32 S.) gr. 8. Stuttgart, Jul. Hensel. (Nur direkt.) Unentgeltlich

Henselin, Adolf

Henselin, Ad., Backstein-Massstab m. Fugenteilg. u. Steinmass-Tabellen. 1:20, 1:25, 1:33$^1/_3$, 1:50 u. 1:100. qu. schmal Fol. (à 2 S.) Berlin (900). (Polytechn. Buchh. A. Seydel.) à n. — 30

Lehrbilder für Baustoffkunde. Eine Sammlung von Bildern aus d. Werkstätten d. Baustoffgewerbe. Gezeichnet u. erl. vom Architekten Ad[olf] Henselin. *Berlin: A. Seydel 1903.* (40 Bl.) 8° [F.] [03. 13966

Henselin, Ad., Lehrbilder u. Leitsätze f. Baustoffkunde, auf dem Bau u. in den Werkstätten der Baustoffgewerbe beobachtet u. f. den Unterricht in neuer Weise dargestellt u. erläutert. 2., geänd. Aufl. (VIII, 83 S. m Abbildgn.) gr. 8. Berlin 906. (Polytechn. Buchh. A. Seydel.) Geb. n. 2. —
1. Aufl. (VII S. u. 40 Bl.) 903. n. 2. —.

Lehrbilder und Leitsätze für Baustoffkunde, auf d. Bau u. in d. Werkstätten d. Baustoffgewerbe beobachtet u. f. d. Unterr. in neuer Weise dargest. u. erl. v. Architekten Ad[olf] **Henselin.** 3. Aufl. ⟨erw.⟩. Berlin: A. Seydel in Komm. 1907. (XII, 87 S.) 8° [F.] [07. 16341

Henselin, Ad., Lehrbilder u. Leitsätze f. Baustoffkunde, auf dem Bau u. in den Werkstätten der Baustoffgewerbe beobachtet u. f. den Unterricht in neuer Weise dargestellt u. erläutert. 4. Aufl. (erweitert). (VIII, 96 S. m. Abbildgn.) gr. 8. Berlin 909. Polytechn. Buchh. A. Seydel. Kart. 2. —

— Lehrbilder u. Leitsätze f. die praktische Zimmerei, e. Hilfsbuch f. die prakt. Lehre u. e. Lehrbuch f. Zimmerkonstruktionen. 1. Tl. gr. 8. Ebd. 910. Geb. 1. 50
1. Fachwerk u. Zwischendecke. (VII, 52 S. m. Abbildgn.)

— Mauerregeln, e. Leitfaden f. den Unterricht in der Mauerconstruction. 1. Hft. Backsteinmaß u. Backsteinmauern, nebst Einführg. in das bautechn. Zeichnen. gr. 8. (III, VI, 29 S. m. 112 Abbildgn.) Ebd. (900). n. 1. —

— Mauerregeln, e. Leitfaden f. den Unterricht in der Mauerconstruktion. 1. Heft. Backsteinmaß u. Backsteinmauern nebst Einführg. in das bautechn. Zeichnen. 2. Aufl. (III, VI, 29 S. m. 112 Abbildgn.) gr. 8. Ebd. 901. n. 1. —

Henselin, Adf., Rechentafel, enth. d. grosse Einmaleins b. 999 mal 999 m. e. Einrichtg., d. es ermöglicht, jedes gesuchte Resultat, sowohl f. d. Multiplikation, als auch f. d. Division, blitzschnell zu finden, nebst e. Kreisberechnungstabelle. qu. schmal Fol. (III, 222 S.) Berlin 897. O. Elsner. Geb. in Leinw. n. 6. —

— **Rechentafel.** Das grosse Einmaleins bis 999 mal 999 nebst e. Kreisberechnungstabelle. 2. Ster.-Aufl. (III, 222 S.) 40×16 cm. Berlin 904. Regenhardt'sche Verlagsanst. Geb. in Leinw. n. 6. —

Henseling, Friedrich: Über Methanbildung bei niederen Temperaturen. 1906. 79 S. 8° ¶ Vgl. Max Meyer: Über einige Gasreaktionen. Methanbildung u. Kohlenoxyd-Kohlensäuregleichgewicht. Hab.-Schr. 1908 [Nr 2064]; Journal f. Gasbeleuchtung. Jg. 52. 1909. S. 167 ff.
Karlsruhe, Dr.-Ing.-Diss. v. 23. 7. 1906

Henseling, G., s.: Stammer's Taschenkalender f. Zucker-Fabrikanten.

HENSELING, GUSTAV. Beiträge zur Kenntniss des Amarins. Freiburg i. B., 1884.

Henseling, R., vom Papier zum Leben! Anläßlich achtjähr. Schriftsteller, s.: Flugschrift, 51., des Dürer-Bundes zur ästhetischen Kultur.

Henseling, Rob., Sternbüchlein, s. a. Volksbücher, naturwissenschaftliche.

Henseling, Robert: Sternbüchlein für 1911. Stuttgart (1910)

Henseling, Wilhelm

Henseling, Anleitung zur Behandlung v. Untersuchungssachen f. untersuchungsführende Offiziere. gr. 8. (61 S.) Hannover 887. Helwing's Verl. n. 1. 20

— die Kriegsartikel m. Erläuterungen, bearb. v. H. gr. 8. (56 S.) Berlin 892. R. Eisenschmidt. n. — 60

Die Kriegsartikel mit Erläuterungen. Von [W.] Henseling, Major. 3. Aufl. *Berlin: R. Eisenschmidt 1902.* (57 S.) 8° [J.] [… 1902]

— 4. Aufl. [Nach Einführung der unter dem 22. 9. 1902 erlassenen Kriegsartikel.] Berl. 1902.

Henseling, die Kriegsartikel m. Erläuterungen. 4. Aufl. 8. (55 S.) Berlin 902. R. Eisenschmidt. n. — 60

Henselius, s.a. Hensel

Henselii, Synopsis universae philologiae, in qua miranda harmonia linguarum totius orbis eruitur. Cum figuris. Norimb. 741. 8. 12 gr.

Henselii Synopsis — — Edit. 2. Ibid. 754. 8. 2 rthl.

Gottholdus Guilelmus Henselius

De Lepra squamosa. Wirceburgi 1818: Nitribitt. 28 S. 8°.

Würzburg, Med. Diss. v. 1818

Hensell, Ernst, prakt. Arzt a. Worms: Aus der Universitäts-Augenklinik zu Gießen. Zur Kasuistik der Schrotschussverletzungen des Auges. Gießen 1908: v. Münchow. (39 S.) 8°
Gießen, Med. Fak., Ref. Vossius, Diss. v. 27. Febr. 1908
[Geb. 25. Jan. 80 Worms; Wohnort: Worms; Staatsangeh.: Hessen; Vorbildung: Gymn. Laubach i. H. Reife O. 99; Studium: Marburg 4, Würzburg 1, Gießen 6 S.; Coll. 3. Aug. 07; Approb. 28. März 08.]

Hensell, [Wilhelm]: [Bericht über die Dreihundertjahrfeier des Gymnasiums.] S. 9—20. 4.
Progr.

Hensell, Wilh., die einfachste Buchführung f. Alle, welche ohne vorhergeh. Lehrjahre e. Kaufmannsgeschäft begründen u. ihre Bücher vereinfacht u. übersichtlich führen wollen. Nebst Anweisg. zur richt. Ausstellg. v. Wechseln, Contracten, Vollmachten ꝛc. u. 38 kaufmänn. Klugheitsregeln. gr. 16. (VI, 56 S.) Quedlinburg 872. Ernst. — 90

— die einfachste Buchführung f. den Kleinhandel, f. Alle welche ohne vorhergeh. Lehrjahre e. Kaufmannsgeschäft begründen und ihre Bücher vereinfacht und übersichtlich führen wollen. Nebst Anweisg. zur richt. Ausstellg. v. Wechseln, Contracten, Vollmachten ꝛc. u. 38 kaufmänn. Klugheitsregeln. 2. verb. Aufl. 8. (63 S.) Ebend. 874. 1. —

Hensell, Wilh., die einfachste Buchführung f. den Kleinhandel, f. Alle, welche ohne vorausgegangene Lehrjahre e. Kaufmannsgeschäft begründen u. ihre Bücher vereinfacht u. übersichtlich führen wollen. Nebst Anweisg. zur richt. Ausstellg. v. Wechseln, Kontrakten, Vollmachten, e. Münztabelle, e. deutl. Erklärg. der neuesten Maße u. Gewichte u. vielen kaufmänn. Klugheitsregeln. 3., verb. Aufl. 12. (IV, 60 S.) Halberstadt 893. Ernst. n. 1. —

Hensell, Wilh., die einfachste Buchführung f. den Kleinhandel. Ein prakt. Ratgeber zur richt. u. übersichtl. Führg. der Geschäftsbücher, nebst e. Anweisg. zur Ausstellg. v. Wechseln, Kontrakten, Vollmachten ꝛc. Mit e. Münztab., e. deutl. Erklärg. der neuesten Maße u. Gewichte u. vielen kaufmänn. Klugheitsregeln. 4. verb. Aufl. 8. (V, 60 S.) Leipzig (902). Ernst. 1. —

— die duftigsten Knospen u. Blüthen aus dem Kranze deutscher Dichtung. Für Deutschlands Frauen und Jungfrauen ausgewählt. 16. (XIX, 148 S.) Leipzig 872. Ruhl. geb. m. Goldschn. n. 2. 50

Hensell, Wilh., Knospen und Blüthen aus dem Kranze deutscher Dichtung. Für Deutschlands Frauen und Jungfrauen ausgewählt. 2. Aufl. 16. (XVII, 158 S.) Leipzig 878, Ruhl. geb. mit Goldschn. * 2 50

Hensell, W., griechisches Übungsbuch, im Anschluß an die Schulgrammatiken v. Curtius-v. Hartel u. Gerth, auf Grund der 13. Aufl. d. griech. Elementarbuches v. Karl Schenkl bearb. 1. u. 2. Tl. gr. 8. Prag, Tempsky. — Leipzig, Freytag. à n. 1. 50; geb. n.n. 1. 85
1. Regelmäßige Formenlehre bis zu den verbis liquidis einschließlich. (VII, 184 S.) 889.
2. Verba auf μι u. unregelmäß. Verba. Syntax. (IV, 167 S.) 890.

Hensell, W. Griechisches Ubungsbuch, im Anschluß an die Schulgrammatiken von Curtius-v. Hartel u. Gerth, auf Grund der 13. Aufl. des griech. Elementarbuches von Karl Schenkl bearb. 2 Tle. gr. 8. Prag, Tempsky. — Lpz., Freytag. à Tl. * 1 50; * 3 — geb. à Tl. * 1 85; * 3 70
1. Regelmäßige Formenlehre bis zu den verbis liquidis einschließlich. (VII, 184 S.) 889.
2. Verba auf μι u. unregelmäßige Verba. Syntax. gr. 8. (IV, 187 S.) 891.

Hensell, W., griechisches Verbal-Verzeichnis, in Anschluß an die „Griech. Schulgrammatik v. G. Curtius“ für den Schulgebrauch aufgestellt. gr. 8. (IV, 85 S.) Prag 881. Tempsky. cart. n. 1. 20

Hensell, W., griechisches Verbal-Verzeichnis, im Anschluß an die Schulgrammatiken von Curtius, Gerth und Koch für den Schulgebrauch aufgestellt. 2. verb. Aufl. gr. 8. (IV, 99 S.) Prag 885, Tempsky. — Leipzig, Freytag. *

Hensell, W., griechisches Verbal-Verzeichnis, im Anschluß an die Schulgrammatiken von Curtius-v. Hartel, Gerth u. Koch f. den Schulgebrauch aufgestellt. 3., durch Angabe d. syntakt. Gebrauches der Verben verm. Aufl. gr. 8. (III, 87 S.) Prag 889. Tempsky. — Leipzig, Freytag. n. — 80; geb. n.n. 1. 10

Hensell, W., griechisches Verbal-Verzeichnis im Anschluß an die Schulgrammatiken v. Curtius-Meister, Curtius-Weigel, Gerth, Koch u. Kaegi f. den Schulgebrauch aufgestellt. 4. Aufl., bearb. v. H. Schmitt. (III, 103 S.) gr. 8. Leipzig 903. G. Freytag. Geb. in Leinw. n. 1. 60

Hensell, W., Griechisches Verbal-Verzeichnis im Anschluss an die Schulgrammatiken von Curtius-Meister. 4. Aufl. Gr.-8°. (103 S.) Wien: Tempsky 1903. K 2.—

Henselmann, Ernst, durch den Kampf. Gedichte. (IV, 156 S.) kl. 8. Dresden 906. E. Pierson. n. 2. —; geb. n. 3. —

Hensel's Luise. Lebensbild, s.: Binder, F.

Henselt, Eduard, a. Passau, Rechtsprakt. am kgl. Landgericht Passau: Die Strafbarkeit der im Auslande begangenen Verbrechen mit besonderer Berücksichtigung der Frage, ob ein in staatenlosem Gebiete begangenes Verbrechen im Deutschen Reiche strafbar ist. Borna-Leipzig 1906: R. Noske. (VIII, 64 S.) 8°

Erlangen, Jur. Fak., Ref. Allfeld, Diss. v. 9. Juli 1906

[Geb. 26. Dez. 81 Siegsdorf; Wohnort: Passau; Staatsangeh.: Bayern; Vorbildung: Gymn. Passau Reife Juli 00; Studium: Lyzeum Passau 2, München 4, Erlangen 2 S.; Rig. 7. März 06.]

Hensemann, Christ., Abbildungen geschmackvoller Garten-Verzierungen. Ein Musterbuch f. jeden Gartenbesitzer, sowie f. Tischler etc. 42 lith. Taf. kl. 4. Quedlinburg 835, Basse.

Hensemann, C., Abbild. geschmackvoller Gartenverzierungen, enth.: Pavillons, Gartenhäuser, Lauben, Ruhesitze, Grotten, chinesische Schirme etc. 42 lith. Taf. 4. Quedlinburg. 1835. Basse. — 22½

Hensen, Dr., Ueber die Tonempfindung. (Aus: Mittheilungen des Vereins nördlich der Elbe zur Verbreitung naturwissenschaftlicher Kenntnisse. 7. Heft. 1866.) Kiel 1866.

Hensen, Hans, Dr. med.: Beiträge zur Physiologie und Pathologie des Blutdrucks. *Naumburg a. S.: Lippert & Co. 1900.* (75 S.) 8°

Kiel, Med. Hab.-Schr. v. [9. März] 1900

(Nicht für den Austausch)

Hensen, Hans *Karl August* [app. Arzt aus Kiel, Assist. an d. med. Klinik in Kiel]: Ueber die Durchgängigkeit von Membranen für Fäulnissprozesse ... München, Druck v. R. Oldenbourg, 1897; 19 S. 8.

Kiel, Med. Fak., Inaug.-Diss. v. [30. Jan.] 1897

— Lektüre für Taubstumme zur eigenen Fortbildung in d. Wörtersprache rc. 8. Ebd. 815. Ebd.

Hensen, Ritter Hans, Unterrichts-Cursus für Taubstumme. 1e—6e Abtheil. 8. Schlesw. 811—15. 2e A. 813—23. Taubst.-Institut.

Hensen, Heinr., zuverlässiger Leitfaden zur Erkennung u. gründlichen Beseitigung vorkommender Krankheiten der Pferde u. des Rindviehes, s.: Müller, Ad.

Hensen, Joseph, appr. Arzt a. Aschendorf: ⟨Aus dem städtischen Krankenhause zu Wolfenbüttel, Chefarzt Dr. Plücker.⟩ Ein Beitrag zu den Gesichtsmissbildungen. Papenburg 1906: J. J. Lauscher. (22 S.) 8°

Rostock, Med. Fak., Ref. Thierfelder, Diss. v. 5. Mai 1907

[Geb. 23. Febr. 79 Aschendorf; Wohnort: Aschendorf; Staatsangeh.: Preußen; Vorbildung: Gymn. Osnabrück Reife O. 00; Studium: Freiburg i. B. 1, Marburg 1, Greifswald 3, Berlin 3, Rostock 2 S.; Coll. 5. Juli 05; Approb. 13. Juni 06.]

Hensen, Caspar: Kritische Untersuchung der Vanadin-Bestimmungsmethoden. 1909. 60 S. 4°

Aachen, Dr.-Ing.-Diss. v. 22. 4. 1909

Hensen, Viktor

Hensen, V., s. Arbeiten aus dem Kieler physiologischen Institut.

— über das Auge einiger Cephalopoden. Leipzig 865. Engelmann. gr. 8. (III, 88 S. mit 10 Taff., wovon 2 in Farbendr., in Kpfrst. u. in 4.) n. 2 ₰ 25 ngr.

—— über die Befischung der deutschen Küsten. Fol. (38 S. mit 9 lithogr. Karten in gr. Fol.) Berlin 874, Wiegandt, Hempel und Parey. *

Aus: Jahresberichte der Kommission zur Untersuchung der deutschen Meere in Kiel, besonders abgedruckt.

Ueber die Befischung der Deutschen Küsten. (Mit 9 Karten.) Von Victor Hensen. (Berlin 1875.)
Siehe in: Jahresbericht der Commission zur Untersuchung der Deutschen Meere in Kiel. Jg. 2 und 3. Fol.

Hensen, V., s.: Bericht, 5., der Kommission zur wissenschaftlichen Untersuchung der deutschen Meere.

Ueber die Bestimmung des Plankton's oder des im Meere treibenden Materials an Pflanzen und Thieren nebst Anhang v. Victor Hensen. Mit 6 Tafeln. (Berlin 1887.)
Siehe in: 5. Bericht der Commission zur wissenschaftl. Untersuchung der deutschen Meere in Kiel. Jg. 12–16.
Berlin 1887. Fol.

Ueber die Eimenge der im Winter laichenden Fische v. Prof. V[ictor] Hensen u. Dr. C[arl] Apstein in Kiel. M. 20 Taf. u. 4 Fig. im Text. *Kiel & Leipzig: Lipsius & Tischer 1897.* (97 S., 1 Bl., 20 Taf. u. Kt.) 4.
(Die Nordsee-Expedition 1895 des Deutschen Seefischerei-Ver.)
— Meeresuntersuchungen, Wissenschaftliche. N. F. Bd II. H. 2, [1.] [97. 2944

Hensen, Vict., die Entwickelungsmechanik der Nervenbahnen im Embryo der Säugetiere. Ein Probeversuch. (51 S. m. 4 Fig. u. 1 Taf.) hoch 4. Kiel 903. Lipsius & Tischer. n. 4.

— s.: Ergebnisse der in dem Atlantischen Ocean ausgeführten Plankton-Expedition der Humboldt-Stiftung.

—— und C. Voelckers, Experimentaluntersuchung über den Mechanismus der Accomodation. 4. (VII, 60 S. mit 2 Kpfrt., wovon 1 color.) Kiel 868, Schwers'sche Buchh. *
geb. *

Ueber den Fischfang auf der Expedition zur Untersuchung der Ostsee im Sommer 1871 v. Victor Hensen. Berlin 1873.
Siehe in: Jahresbericht der Commission zur wissenschaftlichen Untersuchung der deutschen Meere in Kiel. Jg. 1. Berlin 1873. Fol.

Ueber das Gedächtniss. Rede beim Antritt des Rectorats gehalten v. Victor Hensen. Kiel 1877.
Siehe in: Schriften der Univ. zu Kiel. Bd. 24. Kiel 1878. 4°

Hensen, Vict., über das Gedächtniss. Rede beim Antritt des Rectorats der königl. Christian-Albrecht-Universität zu Kiel am 5. März 1877 geh. gr. 4. (18 S.) Kiel 877. Universitätsbuchh. n. 1. —

— Gehör, s.: Handbuch der Physiologie.

Hensen, V., Dr., Methodik der Untersuchungen bei der Plankton-Expedition. Kiel und Leipzig 1895.

Die Naturwissenschaft im Universitätsverband. Rede beim Antritt des Rektorats der K. Christian-Albrechts-Universität zu Kiel am 5. März 1887 gehalten von Dr. Victor Hensen, Prof. d. Physiol. Kiel, Univ.-Buchh. (Paul Toeche), 1887; 16 S. 8°.

Die N o r d s e e - E x p e d i t i o n des Deutschen Seefischerei-Vereins. Über die Eimenge der im Winter laichenden Fische. Von Victor Hensen und Carl Apstein. Mit 20 Tafeln und 4 Figuren im Text. (Kiel und Leipzig 1897.)
Siehe in: Wissenschaftl. Meeresuntersuchungen. Neue Folge, Bd. 2, Heft 2. 4° g.

—— Physiologie der Zeugung, s. Handbuch der Physiologie.

Das Plankton der östlichen Ostsee und des Stettiner Haffs von Victor Hensen. Mit 1 Tafel. (Berlin.) 1890. Siehe in: 6. Bericht der Commission zur wissenschaftl. Untersuchung der deutschen Meere in Kiel. Jg. 17—21. Heft 2. Fol.

— die Plankton-Expedition u. Haeckel's Darwinismus. Ueber einige Aufgaben u. Ziele der beschreib. Naturwissenschaften. gr. 8. (87 S. m. 2 Steindr.-Taf.) Kiel 891. Lipsius & Tischer. n. 3. —

—— Resultate der statistischen Beobachtungen über die Fischerei an den deutschen Küsten. Kiel 1878. 4.
Sep.-Abdr. aus: 3. Bericht d. Comm. z. Unters. d. d. Meere.

R e s u l t a t e der statistischen Beobachtungen über die Fischerei an den deutschen Küsten. Von Victor Hensen. (Berlin 1878.)
Siehe in: Jahresbericht der Commission zur Untersuchung der deutschen Meere in Kiel. Jg. 4, 5 und 6. Fol.

Hensen, V., Studien über das Gehörorgan der Decapoden. Mit 4 Taf. (in Kpfrst. in 4.) Leipzig 863. Engelmann. gr. 8. (X, 94 S.) n. 1 ℛ︀ 20 ngr.

Hensen, V., das Verhalten des Resonanz-Apparates im menschlichen Ohr. gr. 8. (11 S.) Berlin 902. (G. Reimer.) n. — 50
Sonderabdruck a.: „Sitzungsber. d. preuss. Akad. d. Wiss."

Hensen, Viktor: Vorbericht über die Nordseeexpedition des Deutschen Seefischerei-vereins im Februar, März und April 1895. (S.-A.) Mittheilungen des Deutschen Seefischereivereins. No. 6. 1895.) Berlin 1895. 13 S. 8°.

Ueber das V o r k o m m e n und die Menge der Eier einiger Ostseefische, insbesondere derjenigen der Scholle, der Flunder und des Dorsches v. Victor Hensen. (Berlin 1882.)
Siehe in: 4. Bericht der Commission zur wissenschaftlichen Untersuchung der deutschen Meere in Kiel. Jg. 7–11. Abth. 1. Fol.

—— ein photographisches Zimmer für Mikroskopiker. gr. 4. (11 S. mit 1 Taf.) Leipzig 887, Engelmann. *
Aus: Festschrift für A. v. Kölliker, besonders abgedruckt.

Henser, Emil. Pa im 17. Jhrhdt u d ausgewanderten Pfälzer in England. Neustadt, 1910.

Hensgen, Die Beteiligung der Vereinsorganisation vom Roten Kreuz, speziell der Sanitätskolonnen, am Rettungswesen im westfälischen Industriegebiete. Berlin, 1908. 4 S.

Hensgen, zur Reform des Hebammenwesens. [Aus: „Frauenarzt".] gr. 8. (17 S.) Neuwied 887. Heuser's Verl. — 75

Hensgen, Zur Reform des Hebammenwesens. (17 S.) Leipzig 1890. E. Fiedler.

Hensgen, H., das Wochenbett. Allgemeinverständliche Anweisg. zur Förderg. e. gesunden Wochenverlaufes u. spezielle Vorschriften zur Verhütg. d. Wochenbettfiebers. 8. (72 S.) Hagen i/W. 891. H. Risel & Co. n. 1. —

Anleitung zur Desinfektion. Für d. Unterr. d. Mitglieder von Sanitätskolonnen hrsg. von Geh. Med.R. Dr. [Heinrich] Hensgen. Berlin: R. Schoetz 1908. (23 S.) 8° [F.] 08. 15738

Hensgen, über Gefahren, welche aus körperl. Züchtigungen erwachsen können, s. a. Für die Schule aus der Schule.

Über Gefahren, welche aus körperlichen Züchtigungen erwachsen können. Von Dr. [Heinrich] Hensgen, Kreiswundarzt in Berg-Neustadt. *Neuwied & Leipzig: Heuser [1902].* (12 S.) 8° [F.]
Aus: Rhein. Schulmann.
— Schule. Für die, aus d. Schule. H. 10. 04. 11624

— s.: Geschäfts-Buch f. Desinfektoren.

1870/71er Kriegs- und Gefangenschafts-Erlebnisse von Kreisphysikus Dr. [Heinrich] Hensgen. *Siegen: Selbstverl. d. Siegener Kriegerver. 1895.* (VIII, 68 S.) 8° [F.]
Zur Feier d. 25jähr. Stiftungsfestes d. Siegener Kriegervereins. 04. 133 ?

— Leitfaden f. Desinfektoren. Anleitung zur Vernichtg. u. Beseitigg. der Ansteckungsstoffe. Im amtl. Auftrage hrsg. 8. (IV, 71 S.) Berlin 901. R. Schoetz. Kart. n. 1.60

Leitfaden für Desinfektoren. Anleitung z. Vernichtung u. Beseitigung d. Ansteckungsstoffe. In amtl. Auftr. hrsg. von Med.R. Dr. [Heinrich] Hensgen in Siegen. 2. veränd. Aufl. Berlin: R. Schoetz 1905. (VII, 77 S.) 8° [F.] 06. 119

Hensgen, die deutschen freiwilligen Sanitätskolonnen in ihrer geschichtlichen Entwickelung bis auf d. Gegenwart. gr. 8. (100 S. m. 1 Taf.) München 901. Seitz & Schauer. n. 1. 20

(B) — Die dtsch. freiwill. Sanitätskolonnen. 901. (KBL 31.) Jetzt: Heidelberg, J. Hörning.

Hensgen, L., 32 Schullieder, zweistimmig in Musik gesetzt. gr. 8. (2 B.) Aachen 837, [Düsseldorf,] Roschütz u. Comp. *

Hensgen, Rob., d. Krankheiten d. Menschen u. deren naturgem. Heilg. auf Grundlage sachverständ. Harnuntersuchg. gr. 8. (128 S. m. Fig.) Leipzig 896. R. Friese, Sep.-Cto. n. 6. —; kart. n. 7. —

Henshaw, Alonzo Norton [Rev.]: The syntax of the indicative and subjunctive moods in the Anglo-Saxon Gospels ... Leipzig-R., print. by O. Schmidt, 1894; 56 S., 1 Bl. 8.
Leipzig, Phil. Fak., Inaug.-Diss. v. [11. Aug.] 1894

Hensing, E. R., der Rechtsrat insbesondere beim Verfahren vor dem deutschen Amtsgerichte. Ein Ratgeber für Jederman, besonders für den Geschäftsmann zur Selbstverfolgung von vermögens- und strafrechtl. Ansprüchen. Leichtfaßlich erläutert und mit prakt. Ratschlägen, Beispielen, Formularen, sowie mit ausführl. Sachregistern versehen. 2. vervollständ. Aufl. gr. 8. (XVI, 265 S.) Berlin 883, Baensch.

Hensing, E. R., das Verfahren vor dem deutschen Amtsgerichte. Ein Rathgeber für Jedermann, insbesondere für den Geschäftsmann, zur Selbstverfolgung von vermögens- u. strafrechtlichen Ansprüchen. Leichtfaßlich erläutert u. mit praktischen Rathschlägen, Beispielen, Formularen, sowie mit einem ausführlichen Sachregister versehen. gr. 8. (208 S.) Berlin 879. (R. Kühn.) n. 4. —

Freimaurer-Bundeslied. [Unterz.:] Ernst **Hensing.** [Worms 1877: Boeninger.] 1 Bl. 8⁰ [Kopftit.]
Ohne Noten: „Kennt Ihr den Bund, durch Liebe gross, . . .“

[Lied.] Zur Jubiläums-Feier des Br.·. Gust. Münch. [Unterz.:] Ernst **Hensing.** [Worms 1882: Boeninger.] 1 Bl. 8⁰ [Kopftit.]
Ohne Noten: „Es rief uns eine frohe Kunde . . .“

Hensing, Ernst, dem malerischen Oberlande. Ein Sträußlein aus Geschichte u. Sagen, Bildern u. Liedern gebunden. gr. 8. (193 S.) Straßburg 875. Schneider. n. 3. —; m. (10) Stahlst. n. 4. 50; geb. n. 5. —

Tafellied zum Johannisfest 23. Juni 1878. [Unterz.:] Ernst **Hensing.** Worms [1878]: Boeninger. 1 Bl. 8⁰ [Kopftit.]
Ohne Noten: „Die Rosen blüh'n auf, schmückt die Tempel, Brüder, . . .“

Tafel-Lied der zum Johannisfest am 22. Juni 1884 in Frankenthal vereinigten Logen: Zur Freimüthigkeit am Rhein, Or. Frankenthal, (Grossloge Zur Sonne in Bayreuth) und Zum Wiedererbauten Tempel der Bruderliebe, Or. Worms, (Grossloge Zur Eintracht in Darmstadt). [Unterz.:] Ernst **Hensing.** Worms [1884]: Boeninger. 2 Bl. 8⁰ [Umschlagtit.]
Ohne Noten: „Der Meister, der die Welten baut, . . .“

Tafel-Lied der zum Johannisfest am 13. Sept. 1885 in Worms vereinigten Logen: Zur Freimüthigkeit am Rhein, Or. Frankenthal, (Grossloge zur Sonne in Bayreuth) und Zum Wiedererbauten Tempel der Bruderliebe, Or. Worms, (Grossloge zur Eintracht in Darmstadt). [Unterz.:] Ernst **Hensing.** Worms [1885]: Boeninger. 2 Bl. 8⁰ [Umschlagtit.]
Ohne Noten: „So sind wir denn in treuer Liebe wieder . . .“

Brand, Phil.: [Worte.] Zur Feier des fünfundzwanzigjährigen Jubelfestes des Br.·. Phil. Brand. [Unterz.:] Ernst **Hensing.** Worms [1888]. 1 Bl. 2⁰ [Kopftit.]

Hensing, Ernst Ludw. (Giessen), De fontibus juris Romani praetermissa ad Pomponium. Präs. Senckenberg. Giessen (E. H. Lammers) 24. XI. 1742. 16 S. (5.—) 14430

Hensing, Friedr. Wilh. (Giessen)
Dissertatio inauguralis de peritonaeo.
Giessae [7.] Juni 1742: Eb. Henr. Lammers. 52 S. 4⁰
pro gradu doctoris rite et majorum more impetrando.

Hensing, Joh. Dietr.

Hensing, J. D., Taschenbuch f. angeh. Aerzte u. Wundärzte, s. a. Taschenbuch.

Hensing, Jh. Dietr., († d. 18. Oct. 1808.) Taschenbuch f. angeh. Aerzte u. Wundärzte über d. prakt. Arzneimittellehre. 1r Thl. A. u. d. T.: Uebersicht d. eigentl. medicin. u. chirurg. Arzneimittel 2c. 797. 16 gr. 2r Thl. A. u. d. T.: alphabet. Uebersicht d. gebräuchl. 2c. Arzneimittel 2c. 798. 20 gr. 3r Thl., 1e u. 2e Abtheil. A. u. d. T.: prakt. Anleit. zum Receptschreiben. 800, 2. 2 Thlr. 8 gr. Zusätze, oder 4r Thl., nebst Register. 805. 2 Thlr. 8. Königsb. 797—805. Nicolovius. 5 Thlr. 20 gr.

Hensing, Johann Thomas [Präs.] u. Daniel Kellander Petersson (Gothenburg) [Resp.]
Cerebri examen chemicum, ex eodemque phosphorus singularis omnia inflammabilia accendens, dissertatio academica.
Giessae-Hassorum 20. März 1719: vidua J.R. Vulpii. (4), 40 S. 4⁰

Hensing, Johann Thomas [Präs.] u. Joh. Georg Beck (Wiesbaden) [Resp.]
Dissertatio chemica de germinatione metallica artificiali ejusdemque novo invento.
Giessae März 1718: vidua Vulpii. 36 S. 4⁰

HENSING, JOHANN THOMAS.
Meditationes et experimenta circa acidulas Svalbacenses . . . Francofurti, 1711. 8vo.

Hensing, Joh. Thomas [Präs.] u. Friedr. Moeller (Wetzlar) [Resp.]
Dissertatio chemica de tinctura martis volatili nova, aurei coloris et usus.
Giessae 5. Aug. 1721: Vulpius. 20 S. 4⁰

Hensing, Johann Thomas [Präs.] u. Henr. Anton Hoefer (Giessen) [Resp.]
Dissertatio medico-chirurgica de ulcere cacoetheo feliciter curando.
Giessae Febr. 1725: Müller. 34, (2) S. 4⁰

Hensing, Johannes Thomas (Frankfurt a. M.)
Dissertatio inauguralis chymico-medica de vitriolo.
Giessae 30. Mai 1710: Joh. Reinh. Vulpius. 48 S. 4⁰
pro summo doctoratus gradu huicque annexis praerogativis et immunitatibus rite capessendis.

Hensing, Johann Thomas [Präs.] u. Friedr. Ludw. Rencker (Gießen) [Resp.]
Dissertatio de vitriolo, an sit materia lapidis philosophicorum.
Giessae Aug. 1723: vidua J.R. Vulpii. 40 S. 4⁰
in auditorio philosophico

Hensing, Karl, die Ausländerfrage an den deutschen Hochschulen, s. a. Flugschriften des alldeutschen Verbandes. 24. Hft.

Die Ausländerfrage an den deutschen Hochschulen. Von Karl **Hensing,** Oberl. Vortrag, geh. auf d. Alldeutschen Verbandstage 1905 zu Worms. Hrsg. v. Alldeutschen Verbande. München: J. F. Lehmann 1905. (12 S.) 8⁰ [F.]
= Flugschriften d. Alldeutschen Verbandes. H. 22 (vielm. 24). [05. 14610

Hensing, Karl, Grundzüge der Physik. gr. 8. (XI, 327 S. m. 220 Abbildgn.) Leipzig-Reudnitz 900. A. Hoffmann. Geb. in Halbldr. n.n. 3. 70

Hensing, Karl, s. a. Handbuch f. den Rüdesheimer Verband deutscher Burschenschafter.

Handbuch für den Rüdesheimer Verband deutscher Burschenschaften. Von Karl **Hensing,** Oberl. 3. Aufl. Leipzig-R.: A. Hoffmann 1907. (200 S.) 8⁰ [F.] [07. 13698

— Raumlehre, s.: Geiß, Geo.

Hensinger, A., s. Humpel, M. E., statist. Tableaus.

Hensinger, E. Diesseits u jenseits des Oceans. Braunschweig, 1846.

Henske, Bruno, a. Demmin: Ein Beitrag zu Statistik der Myome. Greifswald 1905: J. Abel. (27 S.) 8°
Greifswald, Med. Fak., Ref. Martin, Diss. v. 11. Sept. 1905
[Geb. 27. Jan. 77 Demmin; Wohnort: Demmin; Staatsangeh.: Preußen; Vorbildung: Gymn. Demmin Reife M. 98; Studium: Greifswald 1, Freiburg i. B. 1, Greifswald 6, Berlin 1, Greifswald 2 S.; Coll. 7. Dez. 04; Approb. 1. Juni 05.]

Henske, Emil, Dr. Martin Luther's kleiner Katechismus für die Volksschule ausgelegt. 8. (74 S.) Marienwerder 870, Nax. *

Henske, Emil, Dr. Martin Luther's kleiner Katechismus als Lernbüchlein f. die Volksschule hrsg. 8. (25 S.) Marienwerder 871. Nax. n. — 20

— dasselbe. 2. durch Lieder verm. Aufl. 8. (40 S.) Ebend. 874. n. — 25

Henske, Emil, Dr. Martin Luther's kleiner Katechismus, als Lernbüchlein nebst Bibelsprüchen u. Kirchenliedern für die Volksschule hrsg. 8., nach der neuen Orthogr. verb. Aufl. 8. (40 S.) Marienwerder 881. Bielefeldt. cart. n.n. — 25

Henske, Emil, Lehrbuch für den Religions-Unterricht in den oberen Klassen evangelischer Gymnasien. Gütersloh 861. Bertelsmann. gr. 8. (VIII, 182 S.) n. 18 ngr.

Hensler

— s. a. **Henseler.**

Hensler, A . Die Hohenems. Eine Märe aus dem XII. Jahrhundert. 112 S. 8. Feldkirch-Lindau i. B., F. Unterberger (K. Oberholzers Buchdr., Uznach), 1904. [M. 1.25, geb. 1.70]

— die Hohenems. Eine Märe aus dem XII. Jahrh. (112 S.) 12. Feldkirch 904. [F. Unterberger.] (Wien, H. Kirsch.) n. 1.25; geb. in Leinw. n. 1.70

Hensler, Adolf Christian

— An Diejenigen, welche dieses Jahr geerndtet haben. Zwei Predigten in der Kirche zu Barkau gehalten. Kiel. 1822. P.

— An und für Die, welches dieses Jahr geerndtet haben. Drei Predigten in der Kirche zu Barkau gehalten. Kiel. 1823.

⊙ Franz Baco v. Verulam gegen die Neologen; nebst einem Briefe an Pastor Harms, veranlasst durch den wider ihn erzürnten Menschenverstand des Pastor [Friedrich Marquard] Meyer v. Adolph **Christian Hensler.** Kiel. 1818. 8°.

Hensler, Ad. Ch., Franz Baco von Verulam gegen die Neologen, nebst einem Briefe an Harms. 8. Kiel 818. Hesse. 7 gr

Hensler, A. Ch., Franz Baco von Verulam gegen die Neologen, nebst einem Briefe an Harms. 8. Kiel, acad. Buchhdl. 819.

— Zwey Predigten, die eine bey dem Anfang, die andere bey dem Ende des Sommers 1827 gehalten. Kiel. P.

Hensler, Anna

Hensler, A . Frankreichs Lilien. Die Schicksale der Kinder Ludwigs XVI. Nach ursprünglichen Quellen geschildert. Illustriert mit einem Titelbild in Lichtdruck [Tafel, Porträtvignette auf dem Einband] und 24 ganzseitigen Einschaltbildern. ([Mit] Anhang.) 344 S. 8. Einsiedeln *etc.*, Benziger & Co. A. G., 1905. [geb. fr. 4.50]

Hensler, A(nna). Frankreichs Lilien. Die Schicksale der Kinder Ludwigs XVI. Nach ursprünglichen Quellen geschildert. Illustriert mit einem Titelbild in Lichtdruck [Tafel, Porträtvignette auf dem Einband] und 24 ganzseitigen Einschaltbildern. ([Mit] Anhang. 3. Aufl., 6.—8. Tausend:) 7. Tausend. VIII + 344 S. 8. Einsiedeln *etc.*, Benziger & Co. A. G., 1908. [geb. fr. 4.50]

Hensler, C. Gli., s. Hensler, Christian Gotthilf

Hensler, Chr. Fr., Dissertatio de nummo antiquo argenteo Apolloniae urbis Illyridis. Tubing. 755. 4. (15 S.)

Hensler, Christian Gotthilf, Animadversiones in quaedam duodecim prophetarum minorum loca proponit. Kiel 1786. 16 S. (5.—) 14431

— animadverss. in quaedam XII prophetar. loca. 4. Kiel 786 Bohn. 3 gr

— Bemerkungen über Stellen in den Psalmen und in der Genesis. Hamburg und Kiel. 1791.

Hensler, C. Gli., Bemerk. üb. Stellen in d. Psalmen u. in d. Genesis. gr. 8. Hamb. Bohn. 791. Rthlr.

— Bemerkk. über Stellen in d. Psalmen u. in d. Genesis. gr. 8. Hamb. 791. (Campe). (Schnuphase in Altenb.) 1 Rf 6 gr

— Bemerkk. üb. Stellen in Jeremias Weissagungen. gr. 8. Lpz. 805. W. Vogel. 18 gr

— Der erste Brief des Apostels Petrus, uebersetzt und mit einem Commentar versehen. Sulzbach. 1813.

Hensler, C. G., erster Brief des Apostels Petrus, übersetzt u. umständlich erläutert, mit ein. Uebersetzung des 2n Briefes. 8. Sulzb. Seidel. 813.

— Der Brief des Apostels Jakobus, übersetzt und für die der Grundsprache Unkundigen erläutert. Mit einem Anhange über die Abfassung deutscher Uebersetzungen des Neuen Testaments. Hamburg. 1801.

— d. Brief d. Apostels Jacobus übers. rc. 8. Hamb. Gundermann. 801.

— Paulus Brief an die Galater und der erste Brief von Petrus uebersetzt. Lpz. 1805.

— Erläuterungen des ersten Buches Samuels und der salomonischen Denksprüche. Hamburg und Kiel. 1796.

— Erläuter. des 1n Buchs Samuels u. d. Salomon. Denksprüche. gr. 8. Hamb. 796. (Campe). 1 ₰

— s. Hamberg, üb. d. Werth.

— s. Jacobus, d. Apostels Brief.

— s.a. Jesaias

— Jesaias, neu übersetzt, mit Anmerkungen. Hamburg und Kiel. 1788.

— Jesaias neu übers. m. Anmerk. gr. 8. Hamburg, Bohn. 788.

Hensler, Chr. Gtthlf., († d. 24. April 1812.) codicum N. T graecor. biblioth. Havniens. notitia. Spec. I. 8. Hamb. 784. Hoffmann. 4 ₰

— observ. in XII prophetas min. 4. ibid. 786.

— s. Paulus, d. Apostels, erster Brief.

— s. Petrus, d. Apostels, 1r Brief.

— s. Wahrheit d. christl. Religion.

Hensler, [Johannes Josef] Erwin: Verfassung von Kurmainz um das Jahr 1600. Ein Beitrag z. Verfassungsgeschichte d. geistl. Fürstentümer. Straßburg 1908: M. DuMont Schauberg. (29 S.) 8° ¶ (Erscheint vollst. u. d. T.: „Verfassung u. Verwaltung v. Kurmainz um 1600" als: Straßburger Beiträge z. neueren Geschichte Bd 2 H. 1.)

Straßburg, Phil. Fak., Ref. Spahn, Diss. v. 10. Febr. 1906

[Geb. 18. Mai 82 Bad Langenschwalbach im Taunus; Wohnort: Wiesbaden; Staatsangeh.: Preußen; Vorbildung: Realgymn. u. Gymn. Wiesbaden Reife O. 01; Studium: Freiburg i. B. 1, München 2, Berlin 1, Straßburg 9 S.]

Hensler, Erwin, Verfassung u. Verwaltung v. Kurmainz um das J. 1600, s.a. Beiträge, Straßburger, zur neueren Geschichte. II, 1.

Verfassung und Verwaltung von Kurmainz um das Jahr 1600. Ein Beitrag z. Verfassungsgeschichte d. geistl. Fürstentümer von Erwin Hensler. Straßburg i. E.: Herder in Komm. 1909. xv, 87 S. 8°

[Ein T. erschien als Inaug.-Diss. Strassburg 1908.]

(Straßburger Beiträge z. neueren Geschichte. Bd 2, H. 1.) [illegible]

Hensler, Friedrich

HENSLER, HIERON. FRID. PHIL., De exploratione obstetricia. Diss. inaug. Kiliae Hols. 1790. P.

— **Friedrich**, De exploratione obstetricia disquisitio brevis. Altona u. Leipzig (Jo. Heinr. Kaven) 1791. 48 S. (4.50) 14432

Gew.: Philipp Gabriel Hensler (Vater).

Hensler, J., de exploratione obstetricia. 8. Altona 791. (List in Berl.) 8 ₰

Hensler, F., de exploratione obstetricia. 8. Altona. (Sommer, Lips.) 791.

Der Freymaurer, oder Handeln macht den Mann! Ein Schauspiel in 3 Aufzügen. Von Friderich [!] Hensler. o. O. [1786]. 1 Bl. 4°.

Theater-Zettel. **Facsimile-Wiedergabe in: BayrBbl. 10 (1909/10) Nr. 2. Beilage.**

Handeln macht den Mann, oder Der Freimäurer. Ein Schauspiel in drey Aufzügen, verfertigt von Friedr. Hensler. Köln a. Rh.: Langen 1782. 102 S. 8°

[Dasselbe.] Ebendas. 1785. 102 S. 8°

Kl. 4023. Selten. Ausg. 1782 ist erwähnt in Kalender f. d. Prov. L. v. Mecklenburg 7 (1830) S. 99.

Maurerrede auf Mozarts Tod. Von Friedr. **Hensler.** Vorgelesen bei einer Mstraufnahme in die s. ehrw. St. Joh. □ „Z. Gekr[önten] Hoffnung" im Or. v. Wien. Wien: Alberti 1792.

Abgedr. in: FZ. (Wien) 2 (1876) S. 68—70.

Äusserst selten. Es soll nur 1 Exemplar bekannt sein.

[Z. 5 (1875) S. 61.]

Hensler, Heinr., Abend-Stunden. Novellen und Erzählungen. 3 Bde. 8. (X und 905 S.) Leipzig 861, Schrag's Verlag.

Einzelne Bde.

Hensler, Heinr., Erzählungen und Novellen. 1. Bdchn. A. u. d. T.: Das Fräulein von Kersay. Geschichtliche Erzählung aus der Zeit des Königreichs Westphalen. Stuttgart 857. K. Müller. (1 Bl., 166 S.) n. 20 ngr.

Hensler, Heinr., Erzählungen und Novellen. 1. Bdchn.: Das Fräulein von Kersay. Geschichtliche Erzählung aus der Zeit des Königreichs Westphalen. 12. (166 S.) Stuttgart 857. [Leipzig, C. F. Winter'sche Verlagsh.] Thlr. *

Hensler, Heinr., Führer durch den hessischen Odenwald m. geschichtl. Notizen. gr. 16. (71 S.) Frankfurt a/M. 873. Jäger. — 90

— Jugendbilder. Novellen, Erzählungen und Sagen. Leipzig 860. Schlicke. 8° (3 Bl., 213 S.) 24 ngr.

— der graue Thurm. Ein Novellenkranz. 2 Bde. 8. (VI und 429 S.) Leipzig 861, Haendel.

— Vertraue auf Gott! Novellen und Erzählungen für die Jugend und das Volk. 8. (VII und 208 S.) Frankfurt a. M. 859, Verlag für Kunst und Wissenschaft. *

Hensler, Hieronymus Friedrich Philipp, s. Hensler, Friedrich

Hensler, Johannes Josef Erwin, s. Hensler, Erwin

Hensler, Jos., der Rosenkranz in Liedern. gr. 8. Frankfurt a. M. 873. Aachen, Creutzer. *

Hensler, Jos., Rosenkranz in Liedern. Festgeschenk zum Weihnachtstage. gr. 8. (XVI, 231 S.) Frankfurt a. M. 873. Hamacher. n. 3. —

Hensler, Joseph, med. prakt., von Einsiedeln, Kt. Schwyz: Der heutige Stand der Lehre von der Viscosität des Blutes. Einsiedeln 1908. 64 S. 8°. [11. VIII. 08.]
Zürich. Med. Diss. 1907/08.

Hensler, Josef. Der heutige Stand der Lehre von der Viscosität des Blutes. Diss. Med. Univ. Zürich. 64 S. 8. Einsiedeln, Eberle & Rickenbach, 1908.

Hensler, Karl Friedrich

— alles in Uniform f. unsern König. Lstspl. in 3 A. 8. Wien 795. Wallishausser. 6 gr

— alles weiß, nichts schwarz, oder der Trauerschmauß. Lstspl. in 3 A. 8. Ebd. ... Ebd. 6 gr

— der Alte Ueberall u. Nirgends. Schspl. nach Spieß. 2 Thle. 8. Ebd. 12 gr

— der geschwätzige Barbier. Posse in 1 A. 8. Ebd. 798. 5 gr

— Benno, Ritter v. Eisenburg. Schspl. in 4 A. 8. Ebd. 798. Ebd. 6 gr

— das Bergfest. Schspl. in 2 A. 8. Ebd. 800. 5 gr

— das Donauweibchen. Volksmährchen mit Gesang in 3 A. 2 Thle. 8. Ebd. 797. a. 807. 6 gr

— es ist Friede. Ein Zeitstück mit Gesang in 3 A. 8. Ebd. 797. 6 gr

— s. Eugen II., d. Held uns. Zeit.

— das Faustrecht in Thüringen. Schspl. 3 Thle. 8. Ebd. 797. (Ebd.) 18 gr

— der Feldtrompeter, od. Wurst wieder Wurst. Posse in 1 A. 8. Ebd. 2e A. 798. 5 gr

— dass. als Singspl. in 1 A. 8. Ebd. 5 gr

— Ferrandino. Schspl. in 4 A. in 3 Thlen. 8. Ebd. 800. 18 gr

— die Fledermaus. Lstspl. in 1 A. 8. Ebd. 802. 5 gr

— der Forstmeister; ein Schspl in 3 Aufz. 8. Ebd. 793. ...

— das Frühstück. Ein Burschenstreich in 1 A. 8. Ebd. 807. 5 gr

— das Gallerie-Gemälde. Schspl. in 5 A. 8. Ebd. 6 gr

— Geistesgegenwart. Lstspl. in 2 A. 8. Wien 803. Schaumburg. 6 gr

— der Großvater, oder die 50jähr. Hochzeitfeier; ein Lstspl. in 4 Aufz. 8. Wien 792.

— s. Grünzinger, Kaspar.

— gute Menschen lieben ihren Fürsten. Zeitstück in 3 A. 8. Wien 799. Wallishausser. 6 gr

— Heroine, od. d. schöne Griechin in Alexandria. Schspl. in 3 A. 8. Wien 800. Schaumburg. 6 gr

— das Judenmädchen in Prag; e. Lstspl. in 3 Aufz. 8. Wien 792.

— die 12 schlafenden Jungfrauen. 3 Thle. Schspl. mit Gesang. 8. Wien 797. Schaumburg. 21 gr

— Kaspar, der unruhige Wanderer. Feenmährchen in 4 A. 8. Wien 801. Wallishausser. 6 gr

— s. Kord, der aus Liebe.

— der Kriegsgefangene, oder Kindesliebe kennt keine Gränzen; e. Lstspl. in 3 Aufz. 8. Wien 792.

— die Marionettenbude, od. d. Jahrmarkt v. Grünwald. Lstspl. in 2 A. 8. Amsterd. 798.

— die unruhige Nachbarschaft. Oper in 2 A. 8. Wien 803. Wallishausser. 6 gr

Hensler, Karl Friedr., s. National-Litteratur, deutsche.

NYMPHE, Die, der Donau. Fortsetzung des Donauweibchens. Romantisch-komisches Volksmärchen (von *Carl Friedr. Hensler*). Wien 1803.
Anon.-Lex. III. p. 222 (nach Goedeke).

— der Orang-Outang, oder das Tigerfest; ein Lstspl. in 3 Aufz. 8. Wien 792.

— das Petermännchen. Schspl. in 4 A. in 2 Thle. 8. Wien 804. Wallishausser. 12 gr

— Ritter Quixotte. Oper in 2 A. 8. Ebd. 802. 6 gr

— der Räuber aus Rachsucht. Lstspl. in 3 A. 8. Ebd. 6 gr

— Rinaldo Rinaldini. Schspl. in 4 A. 3 Thle. 8. Ebd. 808. 1 ß

— der braune Robert u. das blonde Nandchen; e. Fürstengemälde in 4 Aufz. 8. Wien 796.

Hensler, K. F., Sophie Romani, od. was vermag ein Schurke nicht. Schspl. in 3 A. 8. Wien, Wallishausser. 6 gr

— Samml. einiger Singspiele. 8. Wien, Gerold. 791.

Hensler, K. F., († d. 24. Nov. 1825.) Marianellische Schaubühne in Wien. 8 Thle. Wien 794, 95. (Liebeskind in Leipz.) 3 ß 20 gr

— das Schlangenfest zu Sangora. Oper in 2 A. 8. Ebd. 797. 6 gr

— der Schornsteinfeger. Lstspl. in 3 A. 8. Ebd. 6 gr

— Eugenius Skoko, Erbprinz v. Dalmatien; e. histor. Schspl. in 5 Aufz. 8. Wien 797.

— der Soldat von Cherson. Lstspl. in 3 A. 8. Ebd. 790. (Wallishausser). 5 gr

— der österreichische Soldat in Kehl. Vorspiel in 1 A. 8. Ebd. 797. 5 gr

— der Sturm. Oper in 2 A. 8. Ebd. 798. 6 ℊ

— Telemach, Prinz v. Ithaka. 1r Thl. Posse in 2 A. 8. Ebd. 802. 6 ℊ 2r Thl. Posse in 2 A. 8. Ebd. 805. 6 ℊ

— Thaddädel, d. 30jährige ABC-Schütz. Posse in 3 A. 8. Ebd. 6 ℊ

— der Unbekannte. Schspl. in 4 A. 8. Ebd. 803. 6 ℊ

— die schöne Ungarin, oder das Pasquill. Lstspl. in 1 A. 8. Ebd. 798. 6 ℊ

— die Verschwörung der Odalisken, oder die Löwenjagd. Singspl. 8. Ebd. 792. 6 ℊ

— die Waffenruhe in Thüringen. Schspl. in 3 A. in 2 Thle. 8. Ebd. 802. 12 ℊ

— der Waffenschmidt. Oper in 3 A. 8. Ebd. 797. 6 ℊ

— d. Waldgeist, od. die Kohlenbrenner im Eichthale. Schspl. in 3 A. 8. Ebd. 795. 6 ℊ

— des Waldweibchen. 1r Thl. Volksmährchen in 3 A. 8. Ebd. 800. 6 ℊ

— das tapfere Wienermädchen. Gelegenheitsstück in 5 A. 8. Ebd. 6 ℊ

— Ritter Willibald, oder das goldne Gefäß. Singspl in 2 A. 8. Ebd. 6 ℊ

— wer den Schaden hat, darf für den Spott nicht sorgen. Oper in in 2 A. Ebd. 798. 5 ℊ

— Zaide, od. das Weib in ihrer wahren Schönheit. Lstspl. in 3 A. 8. Ebd. 6 ℊ

— das Zauberschwerdt. Romant.-kom. Original-Singspl. in 2 A. 8. Ebd. 802. 6 ℊ

Hensler, Oscar Heinrich [cand. med. aus Zürich '(Schweiz)']: Die heutigen Dammschutzverfahren im Anschluss an die ætiologischen Momente der Dammrisse. Aus d. gynækol. Klinik d. Hrn Prof. Dr. Freund zu Strassburg ... Strassburg i. E., Buchdr. C. Goeller, 1894; 28 S. 8.
Strassburg, Med. Fak., Inaug.-Diss. v. 1894

Hensler, Peter Wilhelm

HENSLER, Pet. W., Gedichte. Altona 1782. 8⁰. (1 Mk. 80 Pfg., unaufgeschn., Frdr. Klüber, München, 1896:)
„Enth. Epigramme, Erzählungen u. andere Gedichte, teilweise sehr derb."

— Gedichte. (Herausgeg. von Phil. Gabr. Hensler und J. H. Voss). Altona. 1782.

Hensler, Pt. Wilh., († d. 29. Juli 1779.) Gedichte. Nebst dessen Leben. gr. 12. Altona 782. Petersen in Altenb. 12 ℊ

Hensler, Pt. W., s. a. Konau, Lorenz.

[HENSLER, PT. WILH.], Lorenz Konau. Ein Schauspiel in einer Handlung. Altona. 1776. P.

Unterricht für Kranke und Sterbende v. Petrus Hensler. Altona. 1746. 8⁰.

Hensler, Philipp Gabriel (Hrsg.u.Praef.):

s.: Abhandlungen, Drei, von den Kennzeichen, Ursachen und der Heilmethode der Norwegischen Pest, (oder Radesyge) von (Nicolaus) Arbo, (Christian Elovius) Mangor und (Wilhelm Georg) Pfefferkorn. (Die beiden ersten) aus dem Dänischen (übers. von Andreas Friedrich Kühnel). Altona: 1797 - 1799

JB 4.671

Hensler, Philipp Gabriel (Mitarb.), s. Abhandlungen, Zwei, über Geld u. Münze, Banken u. Banknoten.

— Zwei Abhandlungen über Geld und Münze. s. Schubach, Joh. 1787.

— Anzeige der Rettungsmittel derer, die plötzlich leblos geworden. 8. Altona 780. N. A. ausgearb. v. J. C. F. Scherf. 8. Leipz. 787. Schneider. 10 ℊ

Anzeige der hauptsächlichsten Rettungsmittel derer, die auf plötzliche Unglücksfälle leblos geworden sind oder in naher Lebensgefahr schweben, aufgesetzt v. Philipp Gabriel Hensler. Altona. 1770. 8⁰

Philipp Gabriel Hensler

Anzeige der Rettungsmittel bey Leblosen und in plotzliche Lebensgefahr Gerathenen. Nach [Philipp Gabriel] Hensler... ausgearb. von Jo[hann] Christian Friedr[ich] Scherff [Scherf]. Altona: Hellmann 1780. XXIX, 279 S. 8

Phil. Gabr. Hensler vom abendländischen Aussatze im Mittelalter, nebst einem Beitrage zur Kenntniss und Geschichte des Aussatzes. Hamburg 1790. 8. — *Nov. tit.* Ibid. 1794. 8. (Ob accuratas in scriptores medii aevi disquisitiones et excerpta ex his collecta semper magni aestimabitur, sed nimis angusta auctori est leprae notio tanquam morbi cutanei; cfr. *Franz Wilh. Sieber Reise nach Kreta*, II. 155)

Hensler, Ph. Gabr., († d. 31. Dec. 1805.) vom abendländ. Aussatze im Mittelalter. 8. Hamb. 790. N. A. 794. (Aue in Altona). 1 ₰ 8 ℊ

Hensler, Phil(ipp) Gabr(iel): Vom abendländischen Aussatze im Mittelalter nebst einem Beitrage zur Kenntniß und Geschichte des Aussatzes. 408 S., 125 S., gbd.

Hamburg: Herold 1790

JB 4.613

Hensler, Phil(ipp) Gabr(iel): Vom abendländischen Aussatze im Mittelalter, nebst einem Beitrage zur Kenntniß und Geschichte des Aussatzes. 408 S., gbd.

Hamburg: Bachmann & Gundermann 1794
beigedr.: Excerpta. (1794)

JB 4.614

HENSLER, PHIL. GABR., Beytrag zur Geschichte des Lebens und der Fortpflanzung der Menschen auf dem Lande. Altona und Lübeck. 1767. 4. (M. 6 Tabeller). — Wien. 1777.

— Beitrag z. Geschichte d. Lebens u. d. Fortpflanzung d. Menschen auf dem Lande. 4. Altona 787. Iversen. 8 gr 8. Wien 777. (Heubner). 8 gr

— Beyträge z. Geschichte des Lebens u. d. Fortpflanz. ꝛc. 4. Altona, Iversen. 767.

— — dasselbe. 8. Wien, Kurzböck. (Camesina.) 777.

Hensler, Ph. Gabr., Bericht u. Bedenken, die Kriebelkrankheit betreffend. Kopenh. 8°.
1772

– s.a. Briefe über das Blatterbelzen ...

Philipp Gabriel Hensler

Briefe über das Blatterbelzen. Dem Parlamente von Paris gewidmet. ([Verf.: Philipp Gabriel] H[ensler].) Th.1.2. Altona: Iversen 1765-66. 1 Bd 8°

— Gedichte. 8. Altona. 782.

Phil. Gabr. Hensler Geschichte der Lustseuche, die zu Ende des XV. Jahrhunderts in Europa ausbrach. I. Bd. Altona 1783. 8.; 2. Bd. 2. Stück: Ueber den westindischen Ursprung der Lustseuche. Hamburg 1789. 8. — *Nihil amplius unquam prodiit quam volumen primum et voluminis secundi fasciculus secundus; utrumque novum titulum serius accepit:* Hamburg 1794. 8.

— Geschichte d. Lustseuche, die zu Ende des 15ten Jahrh. in Europa ausbrach. 1r Bd. 8. Altona 783. Hamb. 794. (Campe). 18 gr 2r Bd. oder über den westindischen Ursprung d. Lustseuche. 8. Hamb. 789. 2e Aufl. 794. Gundermann. 5 gr

Philipp Gabriel Hensler

Phil[ipp] Gabr[iel] Henslers [Hensler] Geschichte der Lustseuche, die zu Ende des 15. Jh. in Europa ausbrach. Bd 1. Altona: Verf.; Hamburg: Hofmann in Comm. 1783. 8°

Bd 1: 1783.

Hensler, Phil(ipp) Gabr(iel): Geschichte der Lustseuche, die zu Ende des XV. Jahrhunderts in Europa ausbrach. Bd 1, 335 S., gbd.

Hamburg: Herold 1789

JB 4.615

— Geschichte d. Lustseuche. 2r Bd. 8. Hamb. Herold. 794.

— de herpete seu formica veter. labiis venereae non prorsus expertae. 8maj. Kiel 801. Hesse. 6 gr

Philipp Gabriel Hensler

De Herpete seu formica veterum labis venereae non prorsus experte. Progr., quo nonnullorum medicinae cand. promotiones indicat decanatuque 1800 et 1801 geste se abdicat Phil[ippus] Gabr[iel] Hensler. Kiliae 1801: Mohr. 84 S. 8°

— de herpete s. formica vet. labis venereae non prorsus experta. gr. 8. Kiel, Academ. Buchh. 802.

— über Krankenanstalten. 4. Hamb. 785.

– s. Rohr, Jul. Phil. Benj. von: Anmerkungen über den Cattunbau.

— tentaminum et observat. de morbo varioloso Satura. 4. Götting. 762.

— Allgemeine Therapie. Zum Druck befördert von Carl Gottlob Kühn. Lpz. 1817. (U. B.).

— allgem. Therapie. Zum Druck befördert von K. G. Kühn. gr. 8. Leipz. 817. W. Vogel. 1 rthl 12 gr

Versuch
Poetischer, vom Gefühle (von *Philipp Gabriel Hensler*). London (Göttingen) 1758.
Anon.-Lex. IV. p. 310 (nach Kordes, Meusel u. Weller).

Hensler, Philipp Ignatz

Hensler, Ph. Ign., über die verschied. Arten des thierischen Magnetismus und ihre verschied. Wirkungen auf den Menschen im kranken Zustande. Eine Nachweisung aus den in der Literatur des Magnetismus niedergelegten Erfahrungen, mit beigefügten Erläuterungen u. eigenen Versuchen. gr. 8. Würzburg 833. (Stahel.) 1 rthl

Hensler, Ph. Jgn. (Hrsg.), s. Arzneiverordnung gegen Cholera.

Hensler, (Ph.) neue Lehren im Gebiete d. physiolog. Anatomie u. d. Physiologie d. Menschen. 1s u. 2s Bdchen. 8. Nürnb. 824 u. 26. Riegel u. W.

Hensler, Phil. Ign., der Menschen-Magnetismus in seinen Wirkungen auf Gesundheit u. Leben. Eine Samml. v. Thatsachen aus d. Literatur u. aus eigenen Erfahrn., f. jeden einsichtsvollen Leser. gr. 8. (28¾ B.) Würzburg 837, Stahel'sche Buchh.

Hensler, Philipp Ignatz: Ueber die Wirkungen des thierischen Magnetismus auf Menschen und Natur und über die Wichtigkeit desselben in ärztlicher, rechtlicher, philosophischer, religiöser und weltgeschichtlicher Hinsicht und in Bezug auf das gesellschaftliche Beisammenleben. 78 S., gbd.

Würzburg: Becker 1832

JB 2.684

—— über d. Wirkungen d. thier. Magnetismus auf Menschen u. Natur, u. üb. d. Wichtigkeit dess. in ärztl., rechtl., philosoph., religiöser u. weltgeschichtl. Hinsicht u. in Bezug auf d. gesellschaftl. Beisammenleben. Eine Uebersicht d. Gegenstände dies. merkwürd. Wissenschaft nach d. neuesten Forschungen ders. gr. 8. (5 B.) Würzburg 832, (Stahel.)

Hensler, Rhold., Katechismusunterredungen f. den Schul- u. Konfirmandenunterricht. (190 S.) gr. 8. Dresden (908). C. Weiske. 2.80

Hensler-Maubach, J., die rationelle Verschönerungskunst u. Jugend-Conservirung. Belehrungen, Mittel u. Anweisungen, die jugendlichen Reize durch edlen Anstand u. natürliche Anmuth zu erhöhen, Teint u. Gesichtsglätte, Formenfülle, schöne Büste wie Elasticität der Körpertheile diätetisch herzustellen u. zu erhalten. Zudem 80 kosmetische Recepte zur Selbstbereitung wie zur geheimen Toilette. Nach 15jähriger erfolgreicher Praxis mit Benützung der neuesten wissenschaftlichen Forschungen bearb. 8. (VIII, 248 S.) Leipzig 878. Kollmann in Comm. n. 2. —

Hensman, (P. J.,) Denkschrift über die geistigen Flüssigkeiten, eine gekrönte Preisschrift. Aus d. Franz. übers. u. mit Anmerkk. üb. denselben Gegenstand, d. Branntweine, d. Brennerei, Gährung zc. betreff., verm., herausgeg. v. R. Brandes. gr. 8. Lemgo 826, Meyer.

— historia naturalis technica et chemica opii jusque succedaneorum; dissert. prämio ornata. 4 maj. Lovanii 823, (Bonn, Weber.)

— Mémoire sur le proportionnement, chimique pesé et mesuré des corps. 12. Lovain. 824, Weber in Bonn.

Hensold, Geo., Aufgabensammlung zum Rechenunterrichte, s.: Heuner, Joh. Fr.

Hensold, Geo., Lehrbuch d. Physik, s.: Fuß, Konr.

Hensoldt, (H. C.,) Brandwehr- u. Rettungsanstalten für Dörfer. 12. Hildburgh. 827, Kesselring.

Hensoldt, H. Chr., die Krankheiten d. Staatsbehörden u. ihre gründl. Heilung, od.: Registratur-Archivwesen u. Geschäftsgang in ihrer jetz. zweckwidr. u. künftig zweckmäßigsten Einrichtung. gr. 8. (13½ B.) Hanau 831, Edler.

— die Kunst, alle Blöcher zu Bohlen od. Dielen, Brettern, Latten u. Werkhölzern auf d. nützl. Art zu schneiden, ingl. Schneidemühlwaaren aufs Vortheilhafteste einzukaufen zc. M. 1 Steindr. 8. Hildburgh. 824.

Hensoldt, H. Chr., Tafeln üb. d. Kubikinhalt stehender, näml. noch nicht abgeschlag. Stämme u. walzenförmiger Blochstücke, z. bequem. Gebr. f. alle Forstmänner, Holzkäufer zc. berechnet. 12. (2 B.) Koburg 838, Riemann'sche Buchh.

— vollständ. Taschenbuch über alle Sorten von Schneidemühlwaaren. 1r Thl., enthält 3515 Stück Breter u. Bohlen (Dielen) von ½ bis 4 Zoll Dicke und sehr verschied. Breite, die aus Blochen von 10 bis 30 Zoll Durchmesser bei einer Länge von 8 bis 18 Fuß in d. vortheilhaftesten aller Schnittarten, dem sogenannten Schreinerschnitt (Tischlerschnitt) gewonnen werden; ingleichen, wie viel diese Breter u. Bohlen von jedem einzelnen der 5203 berechneten Bloche an Flächenraum bedecken und geschnittene Holzmasse nach Kubikfußen geben. Mit 1 Steintaf. 8. Coburg 840. Riemann'sche Buchh. ⅞ Thlr.

—— vollständ. Taschenbuch üb. alle Sorten Schneidemühl-Waaren. 1. Thl. Ein in dies. Art noch nicht vorhand. höchst nützl. Hülfsb. f. Bauunternehmer, Baumeister zc. 8. (8 B. u. 1 Stnt.) Coburg 840, Riemann'sche Buchh.

Hensoldt, H. Chr., Das Zunftwesen, wie es war, wie es jetzt ist und wie es werden muss; ingleichen dessen hohe Wichtigkeit für die Staatspolizei und Volkswohlfahrt, sowie sein natürl. Verhältniss zu Gewerbs-, Industrie-, polytechn. und Kunstvereinen. Zeitgemässe Darstellung. 8⁰. Coburg, Riemann'sche B., 1840.

Hensoldt, Heinrich Christoph

— Beschreibung der durch ihren Welthandel berühmten Stadt Sonneberg im Herzogthum Sachsen-Meiningen; ingleichen der darin im altdeutschen Styl vom Architekten Karl Heideloff erbauten Stadtpfarrkirche. Mit 6 Stahltaf. Lex.-8. Ebend. 845. 1½ Thlr.

Hensoldt, Hnr. Cph., die neue Stadt-Pfarrkirche in Sonneberg im Herzogthum Sachsen-Meiningen. Erbaut von Karl Heideloff. Mit 6 Stahltaf. Lex.-8. Nürnb. 845, Stein. ⅝ Thlr.

Hensoldt, Max (Weimar), Ueber Extensionsapparate und Gypsverband in ihrer Anwendung bei Schussfrakturen. Diss. med.-chir. Bln. (Gustav Lange [Paul Lange]) 5. II. 1876. 32 S. mit Biogr. (6.—) 14433
Oppon.: F. Meyer, P. Lindenau, A. Hecker.

Hensolt, Auguste, nach d. Palmenlande. Reise d. ersten v. d. Ev.-luther. Mission zu Leipzig ausgesandten Diakonissen Auguste Hensolt u. Emma v. Soden n. d. Tamulenlande, s.: Palmzweige aus d. ostind. Missionsfelde.

Henson, Josiah, wirkliche Lebensgeschichte des Onkels Tom in Frau Beecher-Stowe's „Onkel Tom's Hütte". Frei nach dem Englischen von Marie Schweickher. Autoris. Ausg. gr. 16. (208 S. m. Holzschntaf.) Bremen 878. Verl. d. Tractathauses. n. 1. —

Henson's Luft-Dampf-Wagen. (1 Stahlst. u. deutscher und engl. Text in Lex.-8. 843. (Darmstadt, Lange.) n. ⅙ Thlr.

Henß, Adam, die Ablösung der grundherrl. Rechte im Großherzogth. Weimar mit u. ohne Landrentenbank. 12. (28 S.) Weimar 848. (Landes-Industrie-Comptoir.) n. 1/12 Thlr.

Henß, Adam, öffentliche Antwort an zwei verkappte Fuldaische Ritter u. ihren Schildträger bezügl. des fuldaischen Hirtenbriefes. Nebst Appellation an alle christl. Brüder jeden Glaubensbekenntnisses. 12. (1¾ B.) Weimar 846, Landes-Ind.-Compt.

Henß, Adam, Chronik der christkatholischen Gemeinde (Deutschkatholiken zu Weimar und ihrer Schwestergemeinden zu Erfurt, Arnstadt und Mühlhausen. 12. (IV und 92 S.) Weimar, 853, Landes-Industrie-Comptoir. **

—— Erörterung des Gutachtens des hohen großherzogl. weimarischen Staats-Ministeriums, betreffend die Stadtordnung der Stadt Weimar, gegeben im Jahre 1842. 12. (2⅔ B.) Leipzig 844. (Jena, Frommann.) *.

Henß, Adam, das polit. Glaubensbekenntniß u. d. staatsbürgerl. Ansichten e. teutschen Bürgers u. Handwerkers. 8. (5½ B.) Weimar 832, Gräbner.

—— die Revolutionskeime d. Vergangenheit u. d. Zukunft. gr. 12. (2½ B.) Jena 834, Frommann.

Henß, Adam, Sendschreiben an den hochwürdigen Hrn. Bischof zu Fulda bezüglich dessen zur Fastenzeit 1846 erlassenen Hirtenbriefs gegen die Kirche d. Deutsch-Katholiken. 8. (4 B.) Weimar 846, Landes-Ind.-Compt. Thlr.

Henß, Adam. Sendschreiben an den Hochwürdigen Herrn Bischof zu Fulda bezüglich dessen zur Fastenzeit 1846 erlassenen Hirtenbriefs gegen die Kirche der Deutsch-Katholiken. Weimar, Landes-Industrie-Comptoir 1848. 64 S. 8.

—— Wanderungen u. Lebensansichten. 8. (22 B.) Jena 845, Frommann.

Henß, Adam, die Stadt Weimar, ihr Communwesen u. ihre städt. Institute. Aus öffentl. Acten bearb. gr. 12. (12⅚ B.) Weimar 837, (Landes-Inst.-Comptoir.) *

Ein historischer Baum im Hanauer Land. Das Wartbäumchen bei Windecken. Von C. Henß, Pfarrer. Windecken: Scheer 1909. 17 S. 8° [09. 13691 4

Festschrift zum 250jährigen Jubiläum der Grundsteinlegung der Johanniskirche zu Hanau. 1658 – 15. Mai – 1908. [Verf.: C. **Henss**, Pfarrer in Windecken, u. Karl Jakob Theodor Fuchs, Pfarrer in Hanau.] Hanau: Joh.-Kirchengemeinde, Selbstverl. 1908. (100 S.) 4° [F.] c9.15001 4

Henssen, Otto [app. Arzt aus Trier]: Ueber das Wachstum einiger Spaltpilzarten auf Nierenextrakt-Nährböden ... [Aus: Centralbl. f. Bakteriol., Abth. 1 Bd 17.] Jena, G. Fischer, 1895; 15 S. 8.
Freiburg i. B., Med. Fak., Inaug.-Diss. v. 1895

Hensge, E., Leitfaden f. den Gesangs-Unterricht in einfachen Volks- u. mittleren Bürgerschulen. 1) geeignete Volkslieder, 2) die in sächs. Schulen vorgeschriebenen Choräle, 3) die Gottesdienstordng., 4) Tonzeitwert-, Stimmbildungs- u. Treffübgn. enth. u. nach 8 Schuljahren verteilt. 2 Hfte. 8. Leipzig 887. Robolsky. n. — 90
1. Hft. 2 Abtlgn. (40 S.) à Abtlg. n. — 15. — 2. Hft. (72 S.) n. — 60.

Henssgen, Wilhelm, a. Niedersynderstedt: Über die Temperaturkoeffizienten der Wärmeleitung der Dämpfe von Aminbasen. Jena 1905: A. Kämpfe. (46 S.) 8°
Jena, Phil. Fak., Ref. Winkelmann, Diss. v. 24. Nov. 1905
[Geb. 22. März 81 Pferdsdorf b. Vacha a. d. W.; Wohnort: Niedersynderstedt; Staatsangeh.: Sachsen-Weimar; Vorbildung: Realgymn. Weimar Reife O. 00; Studium: Jena 6, Erlangen 1 S.; Rig. 29. Juli 05.]

Henssler, Paul, a. Mühlhausen a. d. E.: Die Erhebung der direkten Steuern in Württemberg. Göppingen 1904: Illig & Müller. (IV, 75 S.) 8° [F.]
Tübingen, Staatsw. Fak., Ref. v. Jolly, Diss. v. 10. Aug. 1904
[Geb. 18. Jan. 79 Mühlhausen, Württemberg; Wohnort: Stuttgart; Staatsangeh.: Württemberg; Vorbildung: Realgymn. Geislingen bis 94; Studium: Stuttgart T.H., Straßburg, Tübingen 3 S.; Rig. 30. Juni 04.]

Henssler, Philipp: Neue Lehren im Gebiete der physiologischen Anatomie und der Physiologie des Menschen ... Bdch. 1. Nürnberg 1825.

Henszlmann, Emrich, s. Gesetzvorschlag über Ungarns Freistädte, — u. Gesetzvorschlag über die Volkserziehung im Königr. Ungarn.

Henstock, Herbert, B. Sc., aus Bonsall, England: Untersuchungen in der Phenanthrenreihe. [Englisch.] Zürich 1906. 68 S. 8°. [20. II. 06.]
Zürich Phil. Diss. II. S. 1905/1906.

Henstock, Herbert. Untersuchungen in der Phenanthrenreihe. Diss. Phil. [II.] Univ. Zürich. 68 S. 8. Zürich, H. Börsig, 1906.

HENSZLMANN, E(MERICH): Genesis der Kathedrale von Fünfkirchen in Ungarn. In: Mitt. d. Centr. com. Jg. 14. 1869, S. 139-152. Inst. f. östr. Gesch. Forsch.
- Dass. SA. Wien 1871: Hof- u. Staatsdruckerei. S. 139-152. - 310 mm

Henszlmann, Emrich, die Grabungen d. Erbischofs v. Kalocsa Dr. Ludwig Haynald. Fol. (222 S. m. eingedr. Holzschn. u. 2 Kpfrtaf.) Leipzig 873. Haendel in Comm. n. 24. —

HENSZLMANN, EMMERICH: Die Kathedrale zu Fünfkirchen. In: Mitt. d. Centr. com. Jg. 13. 1868, S. 11-40. Inst. f. östr. Gesch. Forsch.
- Dass. SA. Wien 1868: C. Gerold's Söhne. 29 S. 1 t. - 300 mm

Hente, H., Götzendienst, s.: Flugblätter des deutschen Vereins gegen den Mißbrauch geistiger Getränke. Nr. 1.

Henter, J. J., die Ordnungsübungen für Knaben, s. Breitenhuber, H.

HENTIG, H.: Ueber die Beziehungen zwischen der Stellung der Blätter zum Licht und ihrem inneren Bau. - Kassel 1883. 14 S., m. Taf.

Hentig, H., Flora von Eberswalde u. Umgegend. Aufzählung u. Beschreibung der wildwachsend beobachteten Phanerogamen u. Gefässkryptogamen, sowie der wichtigsten Kultur- u. Zierpflanzen, nebst ausführlicher Anleitung zum Bestimmen derselben. 8. (XXXII, 172 S. m. 1. Tab. u. 1 lith. Karte.) Berlin 881. Mayer & Müller. n. 2. 50; geb. n. 3. —

Hentig, H., Flora von Eberswalde und Umgegend. Aufzählung und Beschreibung der wildwachsend beobachteten Phanerogamen und Gefässkryptogamen, sowie der wichtigsten Kultur- und Zierpflanzen, nebst ausführl. Anleitung zum Bestimmen derselben. 8. (XXXII, 172 S. mit 1 Tab. und 1 lithogr. Karte.) Berlin 882, Mayer und Müller. *
geb. 3.

HENTIG, Hans von (Berlin): Die objektiven Voraussetzungen für den strafrechtlichen Schutz des literarischen Eigentums.- Berlin: Springer 1912. 59 S.- Vollständig erschienen u.d.Titel: Der strafrechtliche Schutz des literarischen Eigentums nach deutschem und österreichischem Rechte.
26.3.1912 - Chr 1911/12,23; U 12.5402
Diss. Ingolst.-Landsh.-Mchn.

Vaterländischer Schriftenverband (V. S. V.). Das deutsche Volk und die Ausländerei. Von Prof. Dr. [Hermann] **Hentig.** Berlin: Schriftenverband 1910. 14 S. 8°
(Flugschriften des V. S. V. 8.) [11. 4730

Hentig, Otto, Gesamt-Ausgabe der am 1. I. 1900 in Kraft getretenen Reichsgesetze u. Verordnungen nebst den preuß. Ausführungsgesetzen, Verordnungen u. Verfügungen, bearb. u. hrsg. in Verbindg. m. F. Siber, M. Chrzescinski, K. Klee. gr. 8. (VII, 997 S.) Leipzig 900. F. Reinboth.
Geb. in Leinw. 10. —; in Halbfrz. n. 12. —

Hentig, Werner-Otto: Die Exterritorialität in ihrer modernen Rechtserscheinung. Berlin 1909: Pass & Garleb. 63 S. 8°
Würzburg, Jur. Diss. v. 5. Juli 1909, Ref. Meurer
[Geb. 22. Mai 86 Berlin; Wohnort: Berlin; Staatsangeh.: Preußen; Vorbildung: Gymn. Gotha Reife O. 05; Studium: Königsberg 2, Berlin 3, Grenoble 1, Bonn 2 S.; Rig. 16. Juni 09.] [U 09. 4053

Hentl, Friedrich von, s.a. Dornau, Friedrich

Hentl, Friedr. Ritter v., 1848. Episches Gedicht in 10 Gesängen. 8. (111 S.) Wien 876. Rosner. n. 2. —

—— Ein- und Umschau. Dichtungen. gr. 16. (VII, 116 S.) Bremen 879, Kühtmann und Comp. *
geb. *

Hentl, Frdr. Ritter v., Ein- u. Umschau. Dichtungen. gr. 16. (VII, 116 S.) Norden 879. Fischer Nachf. n. 2. 50; geb. n. 3. —

— Führer durch das Leben. Dichtungen. 8. (IV, 96 S.) Zürich 877. Verlags-Magazin. n. 1. 60

Hentl, Friedr. Ritter v., Gedanken über Tonkunst und Tonkünstler. gr. 8. (IX, 149 S.) Wien 868, Hilberg.
—— dass. — 2. Ausg. gr. 8. (IX, 149 S.) Eichstätt 871, Krüll'sche Buchh. *

—— Gedanken über Tonkunst und Tonkünstler. 2. verb. und verm. Aufl. 8. (154 S.) Leipzig 876, Barth. *

— die Gott- u. Weltanschauung deutscher Dichter u. Dichterinnen im Spiegel ihrer lyrischen, Lehr- u. Spruch-Dichtung, nebst erläuternden Zügen aus ihrem Leben u. geistigen Schaffen. 8. (XVI, 480 S.) Preßburg 877. Heckenast Nachf. n. 4. —

Hentrich, Die Ruhrkanalisierung in technischer und wirtschaftlicher Beziehung. Hrsg. vom Verein zur Schiffbarmachung der Ruhr.
Witten, 1910. 8 8.

Hentrich, Ch., mathematisches Hülfsbuch zum Gebrauch beim Studium dieser Wissenschaft. Bearbeitet nach Fragen u. Antworten zu schriftl. u. mündl. Lösung. In 2 Thln. I. Thl.: Die Arithmetik. 8. (VI u. 139 S.) Münster 852, Coppenrath. n. 1/2 ℔

Hentrich, Konrad, a. Leinefelde: Die Vokale der Mundart von Leinefelde. Halle a. d. S. 1905: E. Karras. (54 S.) 8° ¶ (Soll vollst. erscheinen u. d. T. „Grammatik d. nordwestthüring. Mundart d. mittl. Eichsfeldes auf Grund d. Mundart v. Leinefelde“ in: Samml. kurzer Grammatiken deutscher Mundarten.)
Greifswald, Phil. Fak., Ref. Reifferscheid, Diss. v. 1. Aug. 1905
[Geb. 10. Okt. 80 Leinefelde; Wohnort: Leinefelde; Staatsangeh.: Preußen; Vorbildung: Gymn. Heiligenstadt Reife O. 01; Studium: München 1, Berlin 2, Greifswald 4 S.; Rig. 5. Nov. 04.]

Hentsch

— s. a. **Haentsch.**

Hentsch, Telegraphenkarte des deutsch-russischen Grenzgebietes, bearb. und gez. Berlin [1872?] . . . . (Br. Mus.)

Hentsch, Alice: Genevoide...
Phil. Diss. Halle 1902/3.

Hentsch, C., s. Hentsch, Frz.

Hentsch, Frz.

Hentsch, F., Anleitung zur praktischen Ausbildung d. Soldaten zum Schützen. 8. (III, 68 S.) Berlin 872. Schlesier. n. — 80

— Ballistik der Hand-Feuerwaffen. 2 Lfgn. gr. 8. Leipzig und Berlin 874, Luckhardt'sche Verlagsh. [1. Lfg. (S. 1—187 mit 6 lithogr. Taf. in qu. 4.) 873. * ℳ 5.; 2. Lfg. (XIV, S. 188—372 mit 17 lithogr. Taf. Abbildungen in qu. 4. und qu. gr. Fol.) * ℳ 10.] *

Hentsch, Frz., Ballistik der Hand-Feuerwaffen. Mit 23 Tafeln Abbild. und 9 Beilagen. 2. Ausg. gr. 8. (372 S.) Berlin 876, Luckhardt'sche Verlagsh. *

Hentsch, F. Beschreibung des französischen Armeegewehres M/74. [Système Gras.] (28) 8. Augsburg 1876. 1,50.

— Beschreibung des französischen Armeegewehres Modell 1874 [System Gras]. gr. 8. (28 S. mit 1 Buntdr.-Taf. in qu. Fol.) Augsburg 877. (Berlin, Luckhardt'sche Verlagsh.) *
Aus: Dingler's polytechnisches Journal, besonders abgedruckt.

— die Entwickelungsgeschichte und Construction sämmtlicher Hinterladergewehre Frankreichs. gr. 8. (68, 176 S. mit 7 lithogr. Taf. Abbild.) Berlin 879, Luckhardt'sche Verlagsh. *

— die Entwicklungsgeschichte und Construction sämmtlicher Hinterladergewehre der europäischen Staaten und Nordamerika's. Nr. 1—4. gr. 8. Leipzig und Berlin, Luckhardt'sche Verlagsh.
Inhalt:
Nr. 1. Frankreich. 1. Lfg. (63 S. mit 1 chromolithogr. Taf. Abbildungen in Fol.) 873. * ℳ 1.50.
» 2. Holland. (55 S. mit 5 chromolithogr. Taf. Abbildungen in qu. 4. und Fol.) 874. * ℳ 4.
» 3. Nordische Staaten [Schweden, Norwegen, Dänemark]. (122 S. mit 2 lithogr. Taf. Abbildungen in qu. Fol.) 874. * ℳ 4.
» 4. Frankreich. 2. Lfg. (83 S. mit 5 lithogr. Taf. Abbildungen in qu. Fol.) 874. * ℳ 6.

— die Entwickelungsgeschichte und Construction sämmtlicher Hinterladergewehre der Nordischen Staaten [Schweden, Norwegen, Dänemark]. gr. 8. (143 S. mit 6 lithogr. Taf. Abbild.) Ebendas. 879. *

— — Allgemeine Grundzüge der Ballistik der Handfeuerwaffen. Ein Handbuch für Einjährig-Freiwillige, Officier-Aspiranten etc. gr. 8. Darmstadt und Leipzig 1878.

— allgemeine Grundzüge der Ballistik der Handfeuerwaffen. Ein Handbuch für Einjährig-Freiwillige, Offizier-Aspiranten etc. gr. 8. (III, 56 S.) Darmstadt 879, Zernin. *

— —, Construction und Behandlung des Gewehr-Systems „Mauser“.
Mit 18 Abbildungen. Berlin 1872. 8.

Hentsch, F. Konstruktion u. Handhabung des Gewehr-Systems Mauser u. seine Entwickelung aus dem Dreyseschen Zündnadelgewehre. Mit Abb. Berlin 1872. 40 S.

Hentsch, F. Construction und Handhabung des Gewehrsystems Mauser und seine Entwicklung aus dem Dreyse'schem Zündnadel-Gewehr. (40) 8. M. 19 Abbild. Berlin 1873. — 2. Aufl. (46) 8. M. Abbild. ib. 1875. 1,00.

— Construction u. Handhabung d. Gewehr-Systems Mauser u. seine Entwickelg. aus dem Dreyse'schen Zündnadel-Gewehre. Mit 19 erläut. Abbildgn. (in eingedr. Holzschn.) 2. verb. Aufl. 8. (46 S.) Berlin 875. Schlesier. n. 1. —

— die Theorie d. Schießens der Handfeuerwaffen, m. besond. Berücksicht. d. Zündnadel-Gewehres. Populär dargestellt. Mit 4 lith. Taf. (in qu. gr. 4.) gr. 8. (69 S.) Darmstadt 872. Zernin. n. 1. 60.

— die Theorie des Schießens der Handfeuerwaffen, mit besond. Berücksicht. des deutschen Infanterie-Gewehres M/71 [System Mauser]. Populär dargestellt. 2. Aufl. gr. 8. (III, 58 S. mit 4 lithogr. Taf.) Ebendas. 878. *

Hentsch, Gust. Fr., (✝ d. 13. Octbr. 1813.) epitome entomologiae europ. syst. sec. Fabricium. 4. Leipz. 804. Compt. f. Lit. 1 ℔ 12 ℊ

Hentsch, Gustav Friedrich, De causis *ἈΠΙΣΤΙΑΣ* inter nostri temporis homines longe lateque regnantis. Lpz. (Klaubarth) 1796. 23 S. (5.50) 14434
Gew.: Gottlob Adolph Ernst v. Nostitz u. Jaenkendorf (Oppach, Doberschau).

Hentsch, Heinrich Gottlob

— — (Rector), De caussis, quod pauciores adolescentes e scholis publicis latinis satis latine docti in academias discedant. disserit. (Prolusio qua ad audiendas oratiunculas III quae in schola episcopali Cizensi habebuntur invitat.) Zeitz (Huch) 8. VI. 1764. 16 S. (5.—) 14436

— — Dasselbe. II. Zeitz (Huch) 13. V. 1766. 12 Seiten. (4.—) 14437

— **M. Heinrich Gottlob** (Strehla/Misnicus) u. **Georg Gottfried Zemisch** (Leipzig), Pro comprehensione in sextum scepticum. Lpz. (Langenheim) 15. VIII. 1753. 25 S. (6.—) 14435

— — Prolusio qua ad audiendas oratiunculas VI quae in schola episcopali Zizensi habeuntur invitat et simul de locis aliquot Cicer. dispp. Tuscc. I. disserit. Zeitz (Huch) 19. V. 1768. 11 Seiten. (4.80) 14438

Hentsch, (J.) Versuch einer allgemeinen Conjugation d. lateln. regelmäßigen Zeitwörter; od. Darstellung allgem. Regeln rc. richtig zu conjugiren. Mit 1 Tabelle f. die thätige, u. einer f. die leidende Form. gr. 8. Eger 826, (Leipzig, Gleditsch.)

Hentsch, Johann Jakob

* Ausführliche Anweisung zu den mathematischen Wissenschaften, worinnen die Rechenkunst, Geometrie und Trigonometrie in einer natürlichen Ordnung erklärt, und der Zusammenhang derselben mit der practischen Geometrie und bürgerlichen Baukunst deutlich gezeiget wird von M. *Johann Jacob Hentschen.* Leipzig, Verlegts Johann Gottfr. Dyck. mit Fig. pp. 324. 8. (1 Rthlr. 6 gr.) 1754.

— ausführl. Anweisung zu d. mathemat. Wissenschaften. 2 Thle. m. Kpf. 8. Leipz. 754. 55. Dyck. 1 ℛ 6 ℊ

— s. 1) B. Hederich, Progymnasmata. 2) Homeri Iliados Rhapsodia I. XXIV.

* Introductio plana in Philosophiam complectens genuinas, juxta quas Intellectus humanus operatur, Leges Geometriae Euclideae ope exutas atque dilucidatas Conamen I. Auctore *Jo. Jacobo Hentschio* Phil. Mag. Lusato. Platonis academiae foribus inscriptum: Οὐδεὶς ἀγεωμέτρητος εἰσίτω. Nullus Geometriae expers accedito. Adjecta est sub finem ob argumenti analogiam dissertatio: De idearum in vigilantibus successione ao. 1748. defensa, Lipsiae sumtibus Haered. Lanckisianorum. 8. 176 Seit. 8 Bl. 4 Kupfert.

1751.

Johann Jakob Hentsch

Introductio plana in philosophiam. Auct. Jo[hanne] Jacobo Hentschio [Hentsch]. Conamen 1-4. Lipsiae: Lanckisius 1751-52. 8°

Conamen 1: Complectens genuinas, juxta quas intellectus humanus operatur leges geometriae Euclideas ope erutas atque dilucidatas. 1751.
[Zwischent.:] Bel, Car[olus] Andreas: De idearum in vigilantibus successione. [Resp.:] Wilhelm Gottlieb Reichel. Leipzig, Phil. Diss. v. 1748.

Conamen 2: Complectens logicas quantitatum ad elementum 1 et 2 Euclidis accomodatas. 1751

Conamen 3 [u.d.T.]: Hentsch: Philosophia prima ex Euclide restituta, complectens notiones communes, metaphysicas vulgo dictas ex elem. 3 et 4 erutas atque dilucidatas. 1752.

Conamen 4 [u.d.T.]: Hentsch: Philosophia magnitudinum universalis ex Euclide restituta ad elem. 5 et 6 accomodatum. 1752.

* Philosophia Magnitudinum universalis ex Euclide restituta Conamen IV. ad Elem. V et VI. accommodatum Auctore *Hentschio* etc. *Jac. Bernoulli:* Omnes disciplinae Mathesi indigent, Mathesis nulla, sed per se sola sibi sufficit. Lipsiae etc. 8. 136 Seiten, 8 Blätter, 6 Kupfert.

1752.

philosophia mathematica complectens methodum cogitandi, nec non scientiam rerum universalem ex Euclide restitutam. Conamina duo priora et duo posteriora. Ed. II. auct. et emend. II. Tom., c. XVIII. tabb. aen. 8. Lpz. 756. 57. (Brockhaus). 1 ℛ

* Philosophia mathematica complectens methodum cogitandi ex *Euclide* restitutam. Conamina duo priora. Auctore *Joan. Jacobo Hentschio.* Editio secunda auctior et emendatior. Lipsiae apud haered. Lankisianos. 8. 1 Alph. 6 Kupf.

1756.

* Philosophia mathematica, complectens scientiam rerum universalem ex Euclide restitutam. Conamina duo posteriora. Auctore *Johanne Jacobo Hentschio*, editio nova. Lipsiae, apud haeredes Lankisianos. 8. 1 Alphabet, 12 Kupf.

1757.

* Philosophia prima ex Euclide restituta complectens Notiones communes, mataphysicas vulgo dictas ex Elem. III. et IV. erutas atque dilucidatas Conamen III. Auctore *Jo. Jacobo Hentschio.* Phil. Mag. Lusato. Xenocratis: Τὰ Μαθήματα λαβὰς τῆς Φιλοσοφίας. Mathemata ansae Philosophiae. Lipsiae etc. 8. 736 Seiten, 8 Blätter, 6 Kupfertaf.

1752.

— **M. Jo. Jacob** (Bautzen) u. (Respond.) **Wilhelm Gottlieb Reichel** (Mühlhausen/Thür.), De idearum in vigilantibus successione. Diss. philos. Leipzig (Langenheim) 22. V. 1748. 20 S. (6.—) 14439
Gew.: Ernst Christoph Grf. v. Manteufel (Kerstin . .).

Potiora serierum figuratarum symptomata, quibus combinationum mysterium continetur declarat *Jo. Jacobus Hentschius*, Mathem. in Academia Julia Carolina Prof. P. O. et soc. Caes. Reg. Ital. sodalis. Accedunt lectiones in academia Julia Carolina per semestre hybernum anno 1763. habendae. Helmstadii, litteris Drimbornianis. 4. 12 S.

1763

Hentsch, Jh. Jak., († d. 15. Juli 1764.) Versuch üb. d. Folge d. Veränderungen in d. menschlichen Seele. 8. Leipz. 756. Breitkopf u. H. 5 ℊ

— s. A. Blacq, Tabellen.

Hentsch, Wlh. Jak. Chr., die Entführung, od. die Vereinigung der Liebe. Eine Operette in 3 Aufz. Nebst e. Anh. Gelegenheitsgedichte. 8. Königsb. 808.

— das Fest d. Fischer, od. die Liebe macht Sorgen. Eine Operette in 1 Aufz., nebst e. Anh. 8. Königsb. 806.

— das Glück d. Liebe. Eine Operette in 2 Aufz. 8. Königsb. 807.

— Graziose u. Perzinet. Eine Operette in 3 Aufz. 8. Riga 794. Müller. 4 ℊ

Hentsch, Wlh. Jak. Chr., († d. 7. Sept. 1816.) die jüngsten Kinder meiner Laune. 16 Bdchn. 8. Königsb. 795.

Hentsche, H. G., De locis aliquot Cicer. disp. Tusc. I. Pr. 1768. 7 S. 4°.

Hentschel

— s. a. **Haentschel, Haentzschel, Henschel, Hentzscelius, Hentzschel, Henzschel.**

Hentschel, Kurzer Abriß u. Geschichte d. Physik. [Aus: „Kehr's pädagog. Blätter".] gr. 8. (146 S.) Gotha 897. E. F. Thienemann. n. 2. —

Hentschel, Armenwesen, Armenhaus, Georgenhaus. S.-A. aus der Festschrift: „Die Stadt Leipzig in hygienischer Beziehung." 8°. Leipzig 1891.

Hentschel, A[dolf]

Hentschel, A., der Geschäftsaufsatz. Ein Hilfsbuch für Schüler in Volks-, Bürger- und Fortbildungsschulen. 1. Aufl. (40 S.) 1878. * ℳ 1.; 2. verm. Aufl. gr. 8. (48 S.) Leipzig 879, Peter's Verlag. cart. **

Hentschel, A., der Geschäftsaufsatz. Ein Hilfsbuch für Schüler in Volks-, Bürger- und Fortbildungsschulen. 3.—5. Aufl. Mit neuer Orthographie. gr. 8. (480 S.) Leipzig 881—83, Peter's Verlag. cart. *

Hentschel, A., der Geschäftsaufsatz. Ein Hilfsbuch für Schüler in Volks-, Bürger- und Fortbildungsschulen. 6. und 7. Aufl. Mit neuer Orthographie. gr. 8. (48 S.) Leipzig 884,85, Peter's Verlag. cart. * — 25
Weitere Aufl. sind mit dem Zusatz: „Ausg. A." versehen.
—— dass. — Ausg. A. 8. und 9. Aufl. gr. 8. (48 S.) Ebendas. 886,87. cart. * — 25
—— dass. — Ausg. B. Zum Gebrauche für den Schreibunterricht auf der Oberstufe der Volksschule. 1. und 2. Aufl. gr. 8. (16 S.) Ebendas. 886,87. * — 12

Hentschel, A., der Geschäftsaufsatz. Ein Hilfsbuch f. Schüler in Volks-, Bürger- u. Fortbildungsschulen. Ausg. A. 13. Aufl. gr. 8. (48 S.) Leipzig 893. E. Peter. n.n. — 25
— dasselbe. Ausg. B. Zum Gebrauch f. den Schreibunterricht auf der Oberstufe der Volksschule. 4. Aufl. gr. 8. (16 S.) Ebd. 893. n. — 12

— dasselbe. Ausg. B. Z. Gebr. f. d. Schreibunterr. auf d. Oberstufe d. Volksschule. 5. Aufl. gr. 8. (16 S.) Ebd. 897. n. — 12

Hentschel, A., d. Geschäftsaufsatz. Ein Hilfsbuch f. Schüler in Volks-, Bürger- u. Fortbildungsschulen. Ausg. A. 15. Aufl. gr. 8. (48 S.) Leipzig 898. E. Peter. n.n. — 25

— dasselbe. Ausg. B. Zum Gebrauch f. den Schreibunterricht auf der Oberstufe der Volksschule. 6. Aufl. gr. 8. (16 S.) Ebd. (899). n. — 12

Hentschel, A., der Geschäftsaufsatz. Ein Hilfsbuch f. Schüler in Volks-, Bürger- u. Fortbildungsschulen. Ausg. A. 16. Aufl. gr. 8. (56 S.) Leipzig 901. E. Peter. n. — 30

Hentschel, A., der Geschäftsaufsatz. Ein Hilfsbuch f. Schüler in Volks-, Bürger- u. Fortbildungsschulen. Ausg. A. 17., verb. Aufl. Neue Rechtschreibg. (58 S.) gr. 8. Leipzig 905. Dürr'sche Buchh. n. — 30

— dasselbe. Ausg. B. Zum Gebrauch f. den Schreibunterricht auf der Oberstufe der Volksschule. 8. verb. Aufl. (16 S.) 8. Ebd. 906. n. — 16

Hentschel, A., der Geschäftsaufsatz. Ein Hilfsbuch f. Schüler in Volks-, Bürger- u. Fortbildungsschulen. Ausg. A. 18., verb. u. erweit. Aufl. (58 S.) gr. 8. Leipzig 908. Dürr'sche Buchh. — 30

— dasselbe. Ausg. B. Zum Gebrauch f. den Schreibunterricht auf der Oberstufe der Volksschule. 9. Aufl. (16 S.) 8. Ebd. 909. — 16

— s.: Lehrerkalender, allgemeiner deutscher.

— s.: Lektüre, gewählte, f. Schule u. Haus.

— u. E. **Lindenblatt**, Lern- u. Merkstoffe für den Religionsunterricht. Auf Grund der allgemeinen Bestimmungen zusammengestellt. 8. (IV, 79 S.) Halberstadt 877. Fischer. cart. n. — 45

— — Lern- u. Merkstoffe für den evangelischen Religionsunterricht. Auf Grund der allgemeinen Bestimmungen zusammengestellt. 2., verb. u. verm. Aufl. 8. (80 S.) Leipzig 881. Peter. cart. n. — 50

— u. E. **Lindenblatt**, Lern- u. Merkstoffe f. d. evangel. Religionsunterricht. Ält. u. neuere Kirchenlieder. Liederdichter. Katechismus. Sprüche. Gebete. Bibelkunde. Ordng. d. Hauptgottesdienstes. Kirchenjahr. Kirchengeschichte. Geographie v. Palästina. Auf Grund d. allgem. Bestimmgn. zusammengest. 3., verb. u. verm. Aufl. 8. (II, 80 S.) Leipzig 895. E. Peter. Kart. n. — 50

— u. K. **Linke**, illustrirte deutsche Litteraturkunde in Bildern u. Skizzen für Schule u. Haus. gr. 8. (239 S.) Ebend. 882. n. 1. 80; geb. n. 2. 20 u. n. 3. —

— u. K. **Linke**, illustrierte deutsche Litteraturkunde in Bildern u. Skizzen f. Schule u. Haus. 2., verb. Aufl. gr. 8. (268 S.) Ebd. 889. n. 1. 50

— u. K. **Linke**, illustr. deutsche Litteraturkunde in Bild. u. Skizzen f. Schule u. Haus. 3., durchgeseh. Aufl. gr. 8. (VIII, 261 S.) Ebd. 895. n. 2. —; geb. in Halbldr. n. 2. 50; in Leinw. n. 3. 60

— u. K. **Linke**, illustrierte deutsche Literaturkunde in Bildern u. Skizzen f. Schule u. Haus. 5., durchgeseh. u. vervollständ. Aufl. Hrsg. v. K. Linke. gr. 8. (288 S.) Ebd. (902). n. 2. 25; geb. in Halbldr. n. 2. 70

— u. K. **Linke**, illustrierte deutsche Literaturkunde in Bildern u. Skizzen f. Schule u. Haus. 7. Aufl. Bis zur neuesten Zeit erweitert. Hrsg. v. K. Linke. (284 S.) 8. Leipzig 908. Dürr'sche Buchh. Geb. 2. 80

— u. K. **Linke**, ill. deutsche Literaturkunde. — Kleine Literaturkunde. Jetzt: Leipzig, E. Peter's Verl.

— u. K. **Linke**, kleine Litteraturkunde. Eine Beigabe zum Schullesebuche. gr. 8. (64 S.) Ebend. 883. n. — 40; cart. n. — 50

— u. K. **Linke**, kleine Litteraturkunde f. Bürger-, Mittel-, Fortbildungsschulen u. Präparandenanstalten. 2., verb. Aufl. gr. 8. (94 S. m. 30 Dichterbildnissen.) Ebd. 891. n. — 50; kart. n. — 60

— — kleine Litteraturkunde f. Bürger-, Mittel-, Fortbildungsschulen u. Präparandenanst. M. 30 Dichterbildn. 3., verm. u. verb. Aufl. gr. 8. (94 S.) Ebd. 897. Geb. n. — 60

— — kleine Literaturkunde f. Bürger- Mittel-, Fortbildungsschulen u. Präparandenanstalten. Mit 30 Dichterbildnissen. 5., durchgeseh. u. ergänzte Aufl. Hrsg. v. K. Linke. gr. 8. (100 S.) Ebd. 903. Kart. n. — 70

— u. K. Linke, kleine Literaturkunde. 6. Aufl. Im einzelnen ergänzt u. bis zur neuesten Zeit erweitert. Als Grundlage f. den literaturgeschichtl. Unterricht u. als Lesewart hrsg. v. K. Linke. Mit 32 Dichterbildnissen. (96 S.) gr. 8. Leipzig 905. Dürr'sche Buchh. Kart. n. — 70

— — Kleine Literaturkunde. 8. Aufl. Hrsg. v. K. Linke. Mit 32 Dichterbildnissen. (95 S.) 8. Ebd. 909. Kart. — 70

Hentschel, A., Sammlung stufenmäßig geordneter Aufsätze f. Mittelklassen v. Stadt- und Landschulen. 1. Thl. — Stufe I. u. II. 8. (128 S.) Leipzig 875. Peter. n. 1. 20

—— Sammlung stufenmäßig geordneter Aufsätze für Stadt- und Landschulen. 2. Thl.: Stufe III. für die Oberklassen. 8. (189 S.) Ebendas. 877. *
1. Thl. Ebendas. 1875. *ℳ 1,20.

— Sammlung stufenmäßig geordneter Aufsätze für Stadt- u. Landschulen. 1. Thl. Stufe I u. II, für die Unter- u. Mittelklassen, 3., verb. u. verm Aufl. 8. (125 S.) Ebend. 882. n. 1. 20; geb. n. 1. 50

—— Sammlung stufenmäßig geordneter Aufsätze für Stadt- und Landschulen. 2 Thle. 8. Ebendas. *
Inhalt:
Thl. 1. Stufe I und II für die Unter- und Mittelklassen. 2. verb. und verm. Aufl. (125 S.); 3. verm. und verb. Aufl. (160 S.) 883. *ℳ 1,20.
2. Stufe III für die Oberklassen. 2. und 3. Aufl. (192 S.) 881,83. *ℳ 1,50.

—— Sammlung stufenmäßig geordneter Aufsätze für Stadt- und Landschulen. 1. Tl. Stufe I und II. Für die Unter- und Mittelklassen. 4. verb. Aufl. 8. (160 S.) Ebendas. 886. *ℳ 1.20.; geb. * 1 50
2. Tl. Ebendas. 1883. *ℳ 1.50.

— Sammlung stufenmäßig geordneter Aufsätze f. Stadt- u. Landschulen. 2. Tl. 3. Stufe. Für die Oberklassen mehrgliederiger Volksschulen, f. Fortbildungs- u. Präparandenschulen, sowie f. mittlere Klassen höherer Lehranstalten. 4., verm. Aufl. gr. 8. (216 S.) Ebd. 890. n. 1. 50

— Sammlung stufenmäßig geordneter Aufsätze f. Stadt- u. Landschulen. 2. Tl. Stufe III. Für die Oberklassen mehrgliedr. Volksschulen, f. Fortbildungs- u. Präparandenschulen, sowie f. mittl. Klassen höh. Lehranstalten. 5. verm. u. verb. Aufl. 8. (228 S.) Leipzig (901). E. Peter. n. 1.50; geb. in Halbleinw. n. 1. 80; m. dem 1. Tl. in 1 Halbleinw.-Bd. n. 3.—

—— Der Schulaufsatz in seiner Verbindung mit dem Lesestoffe. Für Stadt- u. Landschulen bearb. Für Unter- u. Mittelklassen. 8. (174 S.) Ebd. 892. * 1 50; geb. * 1 80

Hentschel, Alfred: Beitrag zur Lehre von Magenkolonfisteln. Würzburg 1894: Scheiner. 28 S. 8°
Würzburg, Med. Fak., Inaug.-Diss. von 1894

Hentschel, Alfred: Ein Beitrag zur Statistik der Uterusmyome. Würzburg 1895: Fromme. 48 S., 1 Bl. 8°
Würzburg, Med. Fak., Inaug.-Diss. von 1895

Hentschel, Benno (Imanuel [!]) (geb. Schonlanke in Posen 20. 3. 1855): Ueber Resectio manus. Berlin (1878). (32 S.) 8°
Berlin, Med. Diss. v. 24. Dez. 1878

Hentschel, C., s.a. Hentschel, Karl

—— und H. Kaiser, Lebensbeschreibungen berühmter Männer und Frauen, s. Kaiser, H.

Hentschel, C.: Liederhain, s. Hentschel, Ernst

Hentschel, Carl, s. Hentschel, Karl

Hentschel, Curt, s. Hentschel, Kurt

Hentschel, E., d. Quartierleistung f. d. bewaffnete Macht im Frieden. Handbuch f. Verwaltungsbeamte u. Gemeinde-(Orts-)Vorstände. gr. 8. (88 S.) Freiberg 898. E. Mauckisch. Kart. n.n. 1. 50

Hentschel, E. Streitfragen über Musik und Methode der Musik und des musikalischen Unterrichts. Fink und Marx. Essen 1843.

Hentschel, Emil

Hentschel, *Gottfried* Emil [app. Arzt aus Herford in Westph.]: Einige Erörterungen über die Aetiologie des Krebses, im Anschl. daran über e. Fall v. Ulcus rodens ... Prag, k. u. k. Hofbuchdr. A. Haase, 1895; 29 S. 8.
Leipzig, Med. Fak., Inaug.-Diss. v. 29. März 1895

Hentschel, Emil, Hannchens Geburtstag. Lustspiel in 1 Aufzuge. 8. (32 S.) Leipzig 887, Lenz. * 1 —

Hentschel, Erich *Ernst Johannes* [aus Greifswald]: Das Auftreten von Nierensteinen bei Rückenmarkverletzungen nach Wirbelfrakturen ... Halle a. S., Plötz'sche Buchdr., 1894; 32 S., 1 Bl. 8.
Halle, Med. Fak., Inaug.-Diss. v. 24. Mai 1894

Hentschel, Erich, vom Sinn des Lebens. Gedanken zur Gährg. u. Klärg. (19 S.) kl. 8. Leipzig 910. Gr.-Lichterfelde, K. G. Th. Scheffer. — 40

Hentschel, Ernst, Aufgaben über die Decimalbrüche. Für den Schulgebrauch entworfen und mit Erläuterungen versehen. Leipzig 854. Merseburger. 8. (50 S.) n. 2 ngr.

—— Antwortheft zu den Aufgaben der Decimalbrüche. 8. (23 S.) Leipzig 854, Merseburger. *

Hentschel, E., Aufgaben über die Decimalbrüche. Für den Schulgebrauch entworfen u. mit Erläuterungen versehen. 2., umgearb. Aufl. Leipzig 865. Merseburger. 8. (52 S.) n. 2 ngr.; Antwortheft dazu. 3. Aufl. (23 S.) geb. n. 4 ngr.

Hentschel's, Ernst, 100 Aufgaben aus dem bürgerlichen Rechnen mit elementarischen Auflösungen. Zum Gebrauche in Volks- u. Präparandenschulen u. zur Selbstunterweisung für Lehramts-Bewerber, neu bearb. u. mit einer Vorstufe u. Übungsbeispielen verm. von E. Jänicke. 8. (VI, 98 S.) Leipzig 880. Merseburger. n. 1. —

Hentschel's, Ernst, 100 Aufgaben aus dem bürgerlichen Rechnen mit elementarischen Auflösungen, einer Vorstufe und Übungsbeispielen. Zum Gebrauche in Volks- und Präparandenschulen und zur Selbstunterweisung für Lehramts-Bewerber, neu bearb. von E. Jänicke. 2.—7. Aufl. 8. (VI, 93 S.) Leipzig 881—887, Merseburger. * 1 —

Hentschel, E., Aufgaben zum Kopfrechnen. Entworfen für preußische Volksschulen u. nach unterrichtl. Grundsätzen geordnet. 1., 2. Heft. 8. Weißenfels 842, 44, Meusel. (à) n. 1/3 ₰ — 1. Heft. 2. Aufl. 846. n. 1/3 ₰

Hentschel, E(rnst), Aufgaben zum Kopfrechnen. Für preuß. Volksschulen. 1. Heft. 2., verb. und verm. Aufl. 8. (112 S.) Weißenfels 847, Meusel. *

—— dass. — 2. Heft. 3. Aufl. 8. (120 S.) Leipzig 850, Merseburger. *

—— Aufgaben zum Kopfrechnen. Entworfen für preuß. Volksschulen und nach unterrichtlichen Grundsätzen geordnet. 1. und 2. Heft. 4. Aufl. 1853. und 5., mit Ster. gedr. Aufl. 8. (à 120 S.) Leipzig 855, Merseburger. à Heft * 10 Ngr. *

Hentschel, Ernst, Aufgaben zum Kopfrechnen. Entworfen für preuß. Volksschulen und nach unterrichtl. Grundsätzen geordnet. 1. und 2. Heft. 6., mit Ster. gedr. Aufl. 8. (à Heft 120 S.) Leipzig 857, Merseburger. à Heft * 10 Ngr. *

—— Anhang zum 1. und 2. Hefte der Aufgaben zum Kopfrechnen, enthaltend die nothwendigsten Uebungen in Betreff der neuen Gewichts- und Münzverhältnisse. 8. (IV und 24 S.) Ebendas. 858.

—— Aufgaben zum Kopfrechnen. Für Volksschulen entworfen und nach unterrichtl. Grundsätzen geordnet. 2 Hefte. 7.—9., mit Ster. gedr. Aufl., umgearb. nach der neuen Münz- und Gewichtsordnung. 8. (à 120 S.) Leipzig 863—68, Merseburger. à Heft * 10 Ngr. *

Hentschel, E., Aufgaben zum Kopfrechnen. Für Volksschulen entworfen und nach unterrichtl. Grundsätzen geordnet. Ausg. A. 1. und 2. Heft. 10. Aufl., umgearb. nach der neuen Maß- und Gewichtsordnung. 8. (119; 118 S.) Leipzig 870, Merseburger. à Heft * ℳ 1. *

—— dass. — Für Volksschulen entworfen. Ausg. A. 1. und 2. Heft. 11. Aufl., umgearb. nach dem neuen Maße, Gewichte und Gelde. 8. Ebendas. 875. [1. Heft. (120 S.) * ℳ 1.; 2. Heft. (72 S.) * 60 Pf.] *

Hentschel, E., Aufgaben zum Kopfrechnen. Für Volksschulen entworfen. 1. Heft. 12. Aufl., nach den allgemeinen Bestimmungen vom 15. Octbr. 1872 und den amtl. Erlassen über Bezeichnung und Schreibweise der Münz-, Maß- und Gewichtseinheiten umgearb. von A. Költzsch. 8. (128 S.) Leipzig 879, Merseburger. *

—— dass. — 2. Heft. 2 Abthlgn. 12. Aufl., nach den amtlichen Erlassen über Bezeichnung und Schreibweise der Münz-, Maß- und Gewichtseinheiten umgearb. von A. Költzsch. 8. Ebendas. 879. à Abthl. * 60 Pf. *

Inhalt:
Abthl. 1. Die Bruchrechnung. (72 S.)
" 2. Die bürgerlichen Rechnungsarten. (72 S.)

— Aufgaben zum Kopfrechnen. Für Volksschulen entworfen. 1. Hft. 13. Aufl., nach den amtlichen Erlassen über Bezeichnung u. decimale Schreibweise der Münzen x. u. nach neuer Orthogr. bearb. von A. Költzsch. 8. (128 S.) Ebend. 882. n. 1. —

—— dass. — 2. Heft. 2 Abthlgn. 13. Aufl., nach den amtlichen Erlassen über Bezeichnung und Schreibweise der Münz-, Maß- und Gewichtseinheiten umgearb. von A. Költzsch. 8. Ebendas. 883. à Abthl. * 60 Pf. *

Inhalt:
Abthl. 1. Die Bruchrechnung. (72 S.)
" 2. Die bürgerlichen Rechnungsarten. (72 S.)

—— Aufgaben zum Kopfrechnen. Für Volksschulen entworfen. 1. Heft. 14. und 15. Aufl., nach den amtl. Erlassen über Bezeichnung und decimale Schreibweise der Münzen x. bearb. von A. Költzsch. 8. (128 S.) Ebendas. 886. * 1 —

—— dass. — 2. Heft. 2 Abthlgn. 14. und 15. Aufl., nach den amtl. Erlassen über Bezeichnung und Schreibweise der Münz-, Maß- und Gewichtseinheiten umgearb. von A. Költzsch. 8. Ebendas. 886. à Abthl. * 60 Pf. * 1 20

Inhalt:
Abthl. 1. Die Bruchrechnung. (72 S.)
" 2. Die bürgerlichen Rechnungsarten. (72 S.)

Hentschel, E., Aufgaben zum Kopfrechnen. Für Volksschulen entworfen. 1. Hft. u. 2. Hft., 2 Abtlgn. 16. Aufl., nach den amtl. Erlassen über Bezeichnung u. decimale Schreibweise der Münzen x. bearb. v. A. Költzsch. 8. Leipzig 889. 890. Merseburger. n. 2. 20
I. (128 S.) n. 1.—. — II, 1. (72 S.) n. — 60. — II, 2. (72 S.) n. — 60.

Hentschel, Ernst. Aufgaben zum Kopfrechnen. Für Volksschulen entworfen. 1. Heft u. 2. Heft. 2 Abtlgn. 16. Aufl., nach den amtl. Erlassen über Bezeichnung u. decimale Schreibweise der Münzen x. bearb. von A. Költzsch. 8. Lpz. 891, Merseburger. [1. Heft. (128 S.) * 1 —; 2. Heft. 1. Abtlg. (72 S.) * — 60; 2. Heft. 2. Abtlg. (72 S.) * — 60.] * 2 20

Hentschel, E., Aufgaben zum Kopfrechnen. Für Volksschulen entworfen. 1. Hft., u. 2. Hft. 2 Abtlgn. 17. Aufl., bearb. v. A. Költzsch. gr. 8. Leipzig 894. C. Merseburger. n. 2. 20
I. (128 S.) n. 1.—. — II. 1. 2. (à 72 S.) à n. — 60.

Hentschel, Ernst, Aufgaben z. Kopfrechnen. Für Volksschulen entworfen. 1. Hft. D. Rechnen m. ganzen Zahlen. 18. Aufl., bearb. v. A. Költzsch. 8. (128 S.) Leipzig 898. C. Merseburger. n. 1. —

— u. A. Költzsch, Aufgaben z. Kopfrechnen. F. Volksschulen entworfen. 2. Hft. 2 Abtlgn. 18. Aufl. 8. (à 72 S.) Ebd. 898. à n. — 60
1. Die Bruchrechnung. — 2. Die bürgerl. Rechnungsarten.

Hentschel, Ernst, Aufgaben zum Kopfrechnen. Für Volksschulen entworfen. I. Heft u. II. Heft. 2 Abtlgn. 19. Aufl., bearb. v. A. Költzsch. 8. Leipzig 904. C. Merseburger. n. 2. 20

I. Das Rechnen m. ganzen Zahlen. (128 S.) n. 1. —
II, 1. Die Bruchrechnung. (72 S.) n. — 60
II, 2. Die bürgerlichen Rechnungsarten. (72 S.) n. — 60

—— Aufgaben z. Zifferrechnen. Entworfen f. preuß. Volksschulen u. nach unterrichtl. Grundsätzen geordnet. 1. Hft. 1. u. 2. Abthl. u. 2. Hft. 1. Abthl. 8. (8¾ B.) Weißenfels 842, 43, Meusel. à *

— Aufgaben zum Zifferrechnen. Entworfen für preuß. Volksschulen u. nach unterrichtl. Grundsätzen geordnet. 1. Heft. 1. u. 2. Abthl. 8. Ebend. 842. 2. Aufl. 846. à n. 2 ngl — 2. Hft. 2 Abthl. 8. Ebend. 843 u. 46. à n. 2 ngl

—— Antwortbüchlein hierzu. 3 Hfte. (1. Hft. 2. Aufl.) 8. (5¾ B.) Ebds. 842, 43. à *

— Antwortbüchlein hierzu. 1. Hft. 1. u. 2. Abthl. 8. Ebend. 842. 2. Aufl. 846. geb. à n. 4 ngl — 2. Hft. 1. Abthl. 8. Ebend. 843. n. 4 ngl

Hentschel, E., Aufgaben zum Zifferrechnen. Entworfen für preußische Volksschulen u. nach unterrichtlichen Grundsätzen geordnet 1. Hft. 1. Abthlg. 5. Aufl. 8. (32 S.) Leipzig 851, Merseburger. 1½ ngr — 6. mit Stereot. gedruckte Aufl. 8. (32 S.) Ebd. 852. 1½ ngr — 1. Hft. 2. Abthlg 4. Aufl. 8. (47 S.) Ebd. 850. n. 2 ngr — 5. mit Stereot. gedruckte Aufl. 8. (48 S.) Ebd. 852. n. 2 ngr — 2. Hft. 1. Abthlg. 4 Aufl. 8. (52 S.) Ebd 852. n. 2 ngr — 2. Hft. 2. Abthlg. 3. mit Stereot. gedruckte Aufl. 8. (52 S.) Ebd 852. n. 2 ngr

— Antwortbüchlein zu den Aufgaben zum Zifferrechnen. 1. Hft 1 u. 2. Abthlg. 4. mit Stereot. gedr. Aufl. 8. (34 S.) Ebd 852. n. 4 ngr (2. Aufl. s.: Antwortbüchlein.)

— Aufgaben zum Zifferrechnen. Entworfen für preußische Volksschulen ꝛc. Mit Stereot. gedr. Aufl. Leipzig 853—58. Merseburger. 8.
1. Heft. 1. Abth. 7—12. Aufl. (32 S.) 1½ ngr.; cart. n. 2 ngr. — 2. Abth. 5—13. Aufl. (48 S.) n. 2 ngr.; cart. n. 2½ ngr.
2. Heft. 1. Abth. 5—10. Aufl. (IV, 52 S.) n. 2 ngr.; cart. n. 2½ ngr. — 2. Abth. 4—6. Aufl. (IV, 52 S.) n. 2 ngr.; cart. n. 2½ ngr.

— Antwortbüchlein dazu. 1. Heft. 1. 2. Abth. 5—7. Aufl. Ebend. 855—58. (34 S.) n. 4 ngr.

— — 2. Heft. 1. Abth. 7. u. 8. Aufl. (27 S.); 2. Abth. 4. u. 5. Aufl. (20 S.) Ebend. 854—57. Jedes Heft n. 4 ngr.

— Aufgaben zum Zifferrechnen. Für Volksschulen entworfen und nach unterrichtl. Grundsätzen geordnet. 1. Heft. 1. Abthl. 12—15., mit Ster. gedr. Aufl. 8. (32 S.) Leipzig 858—61, Merseburger.

— dass. — 1. Heft. 2. Abthl. 13—16. Aufl., 2. Heft. 1. Abthl. 10—13. Aufl. und 2. Heft. 2. Abthl. 6—9. Aufl. 8. Ebendas. 858—61. [1. Heft. 2. Abthl. (48 S.) 2. Heft. 1. Abthl. und 2. Heft. 2. Abthl. (à IV und 52 S.) à Abthl. * 2 Ngr.]

— Antwortenbüchlein dazu. 1. Heft. 1. und 2. Abthl. 7. Aufl. 8. (34 S.) Ebendas. 858. *

— dass. — 2. Heft. 1. Abthl. 7. Aufl. 8. (27 S.) Ebendas. 858. *

— dass. — 2. Heft. 2. Abthl. 5. Aufl. 8. (20 S.) Ebendas. 858. *

— Aufgaben zum Zifferrechnen. Für Volksschulen entworfen und nach unterrichtl. Grundsätzen geordnet. 2 Hefte. à 2 Abthl. 8. Leipzig 862—67, Merseburger. [1. Heft. 1. Abthl. 16.—21. Ster.-Aufl. (32 S.) 1⅓ Ngr., 1. Heft. 2. Abthl. 17.—22. Ster.-Aufl. (48 S.) * 2 Ngr., 2. Heft. 1. Abthl. 14.—19. Ster.-Aufl. (IV und 52 S.) * 2 Ngr., 2. Heft. 2. Abthl. 10.—15. Ster.-Aufl. (52 S.) * 2 Ngr.] *

— Aufgaben zum Zifferrechnen. Für Volksschulen entworfen u. nach unterrichtl. Grundsätzen geordnet. Ausg. A. 2 Hefte à 2 Abth. Ebend. 865—69. 8. [1. Heft. 1. Abth. 19—25. Ster.-Aufl. (32 S.) 1⅓ ngr., 1. Heft. 2. Abth. 20—25. Ster.-Aufl. (48 S.) n. 2 ngr., 2. Heft. 1. Abth. 17—22. Ster.-Aufl. (IV, 52 S.) n. 2 ngr., 2. Heft. 2. Abth. 13—15. Ster.-Aufl. (52 S.) n. 2 ngr.] n. 7⅓ ngr.

— Aufgaben zum Zifferrechnen. Für Volksschulen entworfen u. nach unterrichtl. Grundsätzen geordnet. 1. Hft. 1. u. 2. Abth. u. 2. Hft. 1. u. 2. Abth. Ausg. A. Umgearbeitet nach der neuen Maß- u. Gewichtsordng. 8. Ebend. 874. n. — 75
I. 1. 30. Aufl. (22 S.) n. — 15. — I. 2. 30. Aufl. (48 S.) n. — 20. — II. 1. 26. Aufl. (52 S.) n. — 20. — II. 2. 21. Aufl. (54 S.) n. — 20.

— Aufgaben zum Zifferrechnen. Für Volksschulen entworfen und nach unterrichtl. Grundsätzen geordnet. 2 Hefte. à 2 Abthlgn. Ausg. A. Umgearb. nach der neuen Maß- und Gewichtsordnung. 8. Leipzig 868—73, Merseburger. [1. Heft. 1. Abthl. 22.—29. Aufl. (32 S.) 15 Pf.; 1. Heft. 2. Abthl. 23.—29. Aufl. (48 S.) * 20 Pf.; 2. Heft. 1. Abthl. 20.—26. Aufl. (52 S.) * 20 Pf.; 2. Heft. 2. Abthl. 16.—20. Aufl. (54 S.) * 20 Pf.] cart. *

— dass. — Antwortbüchlein. Ausg. A. 1. Heft. 1. und 2. Abthl. 12. Aufl. 1869, und 13. verb. Aufl. nach der neuen Maß- und Gewichtsordnung. 8. (34 S.) Ebendas. 872. cart. *

— Aufgaben zum Zifferrechnen. Für Volksschulen entworfen. 4 Hefte. Ausg. A. Umgearb. nach dem neuen Maße, Gewichte und Gelde. 8. Leipzig 874, Merseburger. [1. Heft. (Stufe 3.) 30. und 31. Aufl. (32 S.) 15 Pf.; 2. Heft. (Stufe 4.) 30. und 31. Aufl. (36 S.) * 20 Pf.; 3. Heft. (Stufe 5—7.) 27. und 28. Aufl. (52 S.) * 20 Pf.; 4. Heft. (Stufe 8—12.) 21. und 22. Aufl. (48 S.) * 20 Pf.]

Hentschel, E., Aufgaben zum Zifferrechnen. Antwortbüchlein. Ausg. A. 1. und 2. Heft. 14. verb. Aufl. nach der neuen Maß-, Gewichts- und Münzordnung. 8. (48 S.) Leipzig 874, Merseburger. cart. *

— Aufgaben zum Zifferrechnen. Für Volksschulen entworfen. Ausg. A. Umgearb. nach dem neuen Maße, Gewichte und Gelde. 4 Hefte. 8. Ebendas. 876, 77. [1. Heft. (Stufe 3.) 32. und 33. Aufl. (32 S.) * 15 Pf.; 2. Heft. (Stufe 4.) 32. und 33. Aufl. (44 S.) * 20 Pf.; 3. Heft. (Stufe 5—7.) 29. und 30. Aufl. (48 S.) * 20 Pf.; 4. Heft. (Stufe 8—12.) 23. und 24. Aufl. (48 S.) * 20 Pf.] *

— dass. — Ausg. A. 4 Hefte. Umgearb. nach den allgemeinen Bestimmungen vom 15. Octbr. 1872 und den amtl. Erlassen über Bezeichnung und Schreibweise der Münz-, Maß- und Gewichtseinheiten. 8. Ebendas. 875—78. [1. Heft. (Stufe 3.) 34. Aufl. (32 S.) * 15 Pf.; 2. Heft. (Stufe 4.) 34. und 35. Aufl. (48 S.) * 20 Pf.; 3. Heft. (Stufe 5—7.) 31. und 32. Aufl. (48 S.) * 20 Pf.; 4. Heft. (Stufe 8—12.) 25. Aufl. (48 S.) * 20 Pf.] *

— dass. — Antwortbüchlein. 4 Hefte. 8. Ebendas. 878. [1. und 2. Heft. 15.—17. verb. Aufl. (56 S.) 3. und 4. Heft. 16. Aufl. (à 36 S.) à * 40 Pf.] cart. *

— Aufgaben zum Zifferrechnen. Für Volksschulen entworfen. Ausg. A. Umgearb. nach den amtl. Erlassen über Bezeichnung und Schreibweise der Münz-, Maß- und Gewichtseinheiten. 4 Hefte. 8. Ebendas. 880—84. [1. Heft. 35.—39. Aufl. (32 S.) 15 Pf.; 2. Heft. 36.—40. Aufl. (48 S.) * 20 Pf.; 3. Heft. 33.—36. Aufl. (48 S.) * 20 Pf.; 4. Heft. 26.—30. Aufl. (48 S.) * 20 Pf.] *

— dass. — Antwortbüchlein. 4 Hefte. 8. Ebendas. 883. [1. und 2. Heft. 18. verb. Aufl. (56 S.) * 40 Pf.; 3. und 4. Heft. 17. Aufl. (à 36 S.) à * 40 Pf.] *

— Aufgaben zum Zifferrechnen. Für Volksschulen entworfen. 4 Hefte. Ausg. A. 8. Ebendas. 885—88. [1. Heft. 40.—47. Aufl. (32 S.) 15 Pf.; 2. Heft. 42.—47. Aufl. (48 S.) * 20 Pf.; 3. Heft. 39.—46. Aufl. (48 S.) * 20 Pf.; 4. Heft. 31.—35. Aufl. (48 S.) * 20 Pf.] * — 75

— dass. — Antwortbüchlein zu den 4 Heften. Ausg. A. 8. Ebendas. 885. [1. und 2. Heft. 19. verb. Aufl. (56 S.) * 40 Pf.; 3. und 4. Heft. 18. Aufl. (à Heft 36 S.) à Heft * 40 Pf.] * 1 20

Ergänzung dazu, s. Kölzsch, A., das dreistufige Zifferrechnen.

Antwortbüchlein zum 3. Heft, 19. Aufl., s. Hentschel, Ernst, und A. Kölzsch.

— u. A. Költzsch, Aufgaben zum Zifferrechnen. Ausg. A. 4 Hfte. 8. Ebd. 890. n. — 75; Einbde. à n. — 10
1. 50. Ster.-Aufl. (32 S.) — 15. — 2. 50. Ster.-Aufl. (48 S.) n. — 20. — 3. 49. Ster.-Aufl. (48 S.) n. — 20. — 4. 37. Ster.-Aufl. (48 S.) n. — 20.

— — dasselbe. Antwortbüchlein. 4 Hfte. 8. Ebd. à n. — 40
1. 2. 20. Aufl. (63 S.) 889. — 3. 19. Aufl. (38 S.) 888. — 4. 19. Aufl. (34 S.) 889.

— — Aufgaben zum Zifferrechnen. Ausg. A. 4 Hefte. 8. Ebd. 893. [1. Heft. 57. Aufl. (32 S.) — 15; 2. Heft. 54. Aufl. (48 S.) * — 20; 3. Heft. 54. Aufl. (48 S.) * — 20; 4. Heft. 40. Aufl. (48 S.) * — 20.] * — 75

— dass. — Antwortbüchlein. 1./2., 3. u. 4. Heft. 20. Aufl. 8. Ebd. [1./2. Heft. (63 S.) 889; 3. Heft. (38 S.) 892; 4. Heft. (32 S.) 893.] à Heft * — 40

— u. A. Költzsch, Aufgaben zum Zifferrechnen. Ausg. A. Für Volksschulen entworfen. 4 Hfte. 8. Ebd. 894. n. — 75; Einbde. à n. — 10
1. 59. Aufl. (32 S.) — 15. — 2. 3. 55. Aufl. (à 48 S.) à n. — 20. — 4. 41. Aufl. (48 S.) — 20.

— — dasselbe. Antwortbüchlein. 4 Hfte. 8. Ebd. n. 1. 20
1. 2. 21. Aufl. (63 S.) 894. n. — 40. — 3. 20. Aufl. (38 S.) 893. n. — 40. — 4. 20. Aufl. (32 S.) 893. n. — 40.

— — Aufgaben z. Zifferrechnen. Ausg. A. F. Volksschulen entworfen. 4 Hfte. 8. Ebd. 898. n. — 75; Einbde. à n. — 10
1. 67. Ster.-Aufl. (32 S.) n. — 15
2. 59. Ster.-Aufl. (48 S.) n. — 20
3. 59. Ster.-Aufl. (48 S.) n. — 20
4. 45. Ster.-Aufl. (48 S.) n. — 20

— — dasselbe. Antwortbüchlein z. 3. u. 4. Hft. 21. Aufl. 8. (38 u. 32 S.) Ebd. 898 u. 897. à n. — 40

— u. A. Költzsch, Aufgaben zum Zifferrechnen. Ausg. A. Für Volksschulen entworfen. 4 Hfte. 8. Ebd. 902. n. — 75; Einbde. à n. — 10
I. 73. Ster.-Aufl. (32 S.) n. — 15
II. 63. Ster.-Aufl. (48 S.) n. — 20
III. 63. Ster.-Aufl. (48 S.) n. — 20
IV. 49. Ster.-Aufl. (48 S.) n. — 20

— u. A. Költzsch, Aufgaben zum Zifferrechnen. Ausg. A. Für Volksschulen entworfen. I.—IV. Heft. kl. 8. Ebd. 906. — 75; Einbde. à n.n. — 10
I. 77. Aufl. (32 S.) — 15. — II. 67. Ster.-Aufl. (48 S.) — 20
III. 67. Ster.-Aufl. (48 S.) — 20
IV. 53. Ster.-Aufl. (48 S.) — 20

— — dasselbe. Antwortbüchlein. Ausg. A. I/II. u. IV. Hft. 22. Aufl. (63 u. 32 S.) kl. 8. Ebd. 904. 905. à n. — 40

— u. A. Költzsch, Aufgaben zum Zifferrechnen. Ausg. A. Für 3- u. mehrklass. Volksschulen entworfen. 4 Hefte. 8. Ebd. 910. à — 25; geb. à n — 37; Antwortbuch. 23. Aufl. (32, 32, 40 u. 32 S.) à — 40
I. Mittelstufe, 2. Abtlg. 81. Aufl. (48 S. m. Abbildgn.)
II. Mittelstufe, 1. Abtlg. 71. Aufl. (48 S.)
III. Oberstufe, 2. Abtlg. 71. Aufl. (52 S.)
IV. Oberstufe, 1. Abtlg. 57. Aufl. (52 S.)

Hentschel, Ernst, Autorenregister, s.: Jahresbericht, zoolog.

Hentschel, Ernst, aus Salzwedel: Beiträge zur Kenntniss der Spinnenaugen. *Jena: G. Fischer 1899.* (26 S.) 8°
München, Phil. Diss. v. 1899

— und H. Kaiser, das Büchlein der Wochensprüche und Wochenverse, s. Kaiser, H.

Hentschel, Ernst, evangel. Choralbuch mit doppelten Zwischenspielen, enthaltend: 156 der gangbarsten Choräle in vierstimm. Bearbeitung. qu. gr. 4. Weißenfels 840. (Meusel.) 2½ ₰

— evangelisches Choralbuch, enthltd. eine Auswahl von 210 der gangbarsten Kirchenmelodien mit vielen Varianten. Vierstimmig für die Orgel gesetzt und mit Zwischenspielen versehen. 3., verm. u. umgearb. Aufl. (4 Hefte.) Ebend. 851—53. (3 Bl., 126 S.) 2 ₰.

— Nachtrag zum evangelischen Choralbuch, enthaltend 40 meist ältere Melodien vorzüglicher Kirchenlieder, vierstimmig für Orgel und Pianoforte mit einfachen Zwischenspielen. Bearb. unter Mitwirkung von C. Ratsch. qu. gr. 4. (III und 28 S.) Leipzig 859, Merseburger.

— evangelisches Choralbuch enthaltend eine Auswahl von 210 der gangbarsten Kirchenmelodien mit vielen Varianten. Vierstimmig für Orgel oder Pianoforte gesetzt und mit einfachen Zwischenspielen versehen. 4. Aufl. qu. gr. 4. (IV und 126 S.) Leipzig 860, Merseburger.

— evangelisches Choralbuch, enthaltend eine Auswahl von 210 der gangbarsten Kirchenmelodien mit vielen Varianten. Vierstimmig für Orgel oder Pianoforte gesetzt u. mit einfachen Zwischenspielen versehen. 7. Aufl. qu. gr. 4. (IV, 126 S.) Ebend. 877. 6. —

— evangelisches Choralbuch, vierstimmig f. Orgel u. Pianoforte gesetzt. Nach d. v. d. Prov.-Synode gewählt. Form der Melodien umgearb. v. R. Kropf. 14. Aufl. Anh.: Melodien des Militär-Gesang- u. Gebetbuches f. das Deutsche Kriegsheer. (VIII, 129 S.) qu. gr. 4. Ebd. (903). n. 6. —

Hentschel, Ernst, evangelisches Choralbuch, vierstimmig f. Orgel od. Pianoforte gesetzt. Nach der v. der Prov.-Synode gewählten Form der Melodien umgearb v. R. Kropf. 15. Aufl. Anh.: Melodien des Militär-Gesang- u. Gebetbuches f. das deutsche Kriegsheer. (VIII, 129 S.) 24×28 cm. Leipzig (907). C. Merseburger. 6. —

— die Erziehung z. Gottesfurcht u. z. Kunstsinnigkeit, s. Harnisch, W., Frisches u. Firnes, 3. Bdchn.

Hentschel, Ernst [Hrsg.], s. Euterpe.

Hentschel, Ernst: Der Preußen Gedenktage ..., s. Hentschel, Karl

— Gorgonacea v. Amboina u. Thursday Island, s.: Denkschriften der medicinisch-naturwiss. Gesellschaft zu Jena. VIII, 6.

— Kinderharfe. 46 auserwählte Lieder theils ernsten, theils heitern Inhalts für Knaben und Mädchen von 5—8 Jahren. Zum Gebrauche in Volksschulen sowie im häuslichen Kreise. 1. Aufl. 1852. und 2. Aufl. gr. 16. (32 S.) Leipzig 854, Merseburger.

— Kinderharfe. 46 auserwählte Lieder theils ernsten, theils heitern Inhalts für Knaben und Mädchen von 5—8 Jahren. Zum Gebrauche in Volksschulen sowie im häuslichen Kreise herausgegeben. 2. Aufl. 854. — 3. Aufl. Ebend. 857. 16. (32 S.) 1¼ ngr.

— Kinderharfe. 46 auserwählte Lieder theils ernsten, theils heitern Inhalts für Knaben und Mädchen von 5—8 Jahren. Zum Gebrauche in Volksschulen sowie im häusl. Kreise hrsg. 4. Aufl. 16. (32 S.) Leipzig 860, Merseburger.

Hentschel, E., Kinderharfe, 46 auserwählte Lieder theils ernsten, theils heitern Inhalts für Knaben und Mädchen von 5—8 Jahren. Zum Gebrauche in Volksschulen sowie im häusl. Kreise hrsg. 5. Aufl. 1864. und 6. Aufl. 16. (32 S.) Leipzig 867, Merseburger.

Hentschel's, E., Kinderharfe. 46 ausgewählte Lieder theils ernsten, theils heitern Inhalts f. Knaben u. Mädchen von 5 bis 8 Jahren. Zum Gebrauche in Volksschulen, sowie im häusl. Kreise. 8. Aufl. gr. 16. (32 S.) Leipzig 874. Merseburger. — 12

—— **Kinderharfe.** Sechsundvierzig auserwählte Lieder theils ernsten theils heiteren Inhalts für Knaben und Mädchen von 5—8 Jahren. Zum Gebrauche in Volksschulen, sowie im häusl. Kreise hrsg. 9.—11. Aufl. gr. 16. (32 S.) Ebendas. 875,78,79.

—— **Kinderharfe.** Sechsundvierzig auserwählte Lieder theils ernsten theils heiteren Inhalts für Knaben und Mädchen von 5—8 Jahren. Zum Gebrauche in Volksschulen, sowie im häusl. Kreise hrsg. 12. und 13. Aufl. gr. 16. (32 S.) Ebendas. 880,84.

—— **Kinderharfe.** Vorstufe zu Hentschel's „Liederhain". 58 auserwählte Lieder teils ernsten, teils heitren Inhalts, für Knaben und Mädchen von 5—9 Jahren. Zum Gebrauche in Volksschulen sowie im häusl. Kreise. 14. und 15. Aufl. 12. (40 S.) Ebendas. 886,87. — 12

— **Kinderharfe.** Vorstufe zu Hentschel's Liederhain. 58 auserwählte Lieder teils ernsten, teils heiteren Inhalts f. Knaben u. Mädchen von 5—9 Jahren. Zum Gebrauche in Volksschulen, sowie im häusl. Kreise hrsg. 15. Aufl. 12. (40 S.) Ebd. 888. — 12

—— **Kinderharfe.** Vorstufe zu Hentschel's Liederhain. 58 auserwählte Lieder teils ernsten, teils heitern Inhalts für Knaben u. Mädchen von 5—9 Jahren. Zum Gebrauche in Volksschulen sowie im häusl. Kreise hrsg. 16. Aufl. 12. (40 S.) Ebd. 891. — 12

— **Kinderharfe.** Vorstufe zu Hentschel's „Liederhain". 58 auserwählte Lieder teils ernsten, teils heitern Inhalts f. Knaben u. Mädchen von 5—9 Jahren. Zum Gebrauche in Volksschulen sowie im häusl. Kreise. 17. Aufl. 12. (40 S.) Ebd. 894. — 12

— **Kinderharfe.** Vorstufe z. Hentschel's „Liederhain". 58 auserw. Lieder teils ernsten, teils heit. Inhalts f. Knaben u. Mädchen v. 5—9 Jahren. Z. Gebrauch in Volksschulen sow. im häusl. Kreise hrsg. 19. Aufl. 12. (40 S.) Ebd. 898. — 12

Hentschel, Ernst, Kinderharfe. Vorstufe zu Hentschel's „Liederhain". 58 auserwählte Lieder teils ernsten, theils heitern Inhalts f. Knaben u. Mädchen von 5—9 Jahren. Zum Gebrauche in Volksschulen sowie im häusl. Kreise hrsg. 22. Aufl. 12. (40 S.) Leipzig 901. C. Merseburger. — 12

— **Kinderharfe.** Vorstufe zu Hentschel's „Liederhain". 58 auserwählte Lieder teils ernsten, teils heitern Inhalts f. Knaben u. Mädchen von 5—9 Jahren. Zum Gebrauche in Volksschulen sowie im häuslichen Kreise hrsg. 26. Aufl. (40 S.) kl. 8. Ebd. 906. — 12

— **Kinderharfe.** Vorstufe zu Hentschels „Liederhain". 58 auserwählte Lieder, teils ernsten, teils heitern Inhalts f. Knaben u. Mädchen von 5—9 Jahren. Zum Gebrauche in Volksschulen sowie im häusl. Kreise hrsg. 29. Aufl. (40 S.) kl. 8. Ebd. 910. — 12

Hentschel, Ernst, das Leben des Süßwassers. Eine gemeinverständl. Biologie. (IV, 336 S. m. 229 Abbildgn. u. 17 [1 farb.] Taf.) gr. 8. München 909. E. Reinhardt. Geb. in Leinw. 5. —

—— **Lehrbuch** d. Rechenunterrichts in Volksschulen. Verfaßt m. gleichmäßiger Berücksichtig. d. Kopf- u. Zifferrechnens. 2 Thle. gr. 8. Weißenfels, Meusel. *

A. u. d. Ttln.:

Thl. 1. Die Grundrechnungsarten in ganzen Zahlen nebst der Regel de tri. (12 B.) 842. * 16 Ngr.

„ 2. Die Brüche. Fortsetz. der Regel de tri. Kettensatz. Vielsatz. Besond. Rechnungsfälle des gemein. Lebens. (17½ B.) 844. * 20 Ngr.

—— **Lehrbuch** des Rechenunterrichtes in Volksschulen. Verfaßt mit gleichmäßiger Berücksicht. des Kopf- und Zifferrechnens. 1. Thl.: Die Grundrechnungsarten nebst der Regel de tri in ganzen Zahlen. 3. Aufl. gr. 8. (216 S.) Leipzig 850, Merseburger. *

— **Lehrbuch** des Rechenunterrichtes in Volksschulen. Verfaßt mit gleichmäßiger Berücksichtigung des Kopf- u. Zifferrechnens. 1. Thl. Die Grundrechnungsarten nebst der Regel de tri in ganzen Zahlen. 4. Aufl. 1. Abdr. 854. — 2. Abdr. Ebend. 857. gr. 8. (XI, 212 S.) n. 16 ngr.

— — 2. Thl. Brüche. Fortsetzung der Regel de tri. Kettensatz. Vielsatz. Besondere Rechnungsfälle des gemeinen Lebens. 4. Aufl. 1. Abdr. 855. — 2. Abdr. Ebend. 857. gr. 8. (XII, 268 S.) n. 20 ngr.

Hentschel, Ernst, Lehrbuch des Rechenunterrichtes in Volksschulen 2c. 2. Thl. 1. Hälfte. 4. Aufl. 1857. und 5., neu bearb. Aufl. gr. 8. (S. 1—96.) Leipzig 861, Merseburger. Thlr. *

—— dass. — 2. Thl. 2. Hälfte. 4. Aufl. 1857. und 5., neu bearb. Aufl. gr. 8. (S. 97—264.) Ebendas. 861. *

— **Lehrbuch** des Rechenunterrichtes in Volksschulen. Verfaßt mit gleichmäßiger Berücksichtigung des Kopf- u. Zifferrechnens. 2 Thle. Ebend. gr. 8. n. 1 ₰ 6 ngr

1. Thl.: Die Grundrechnungsarten und die Regel de tri in ganzen Zahlen. 5. Aufl. 860. — 6., neu bearb. Aufl. 862. (VII, 212 S.) n. 16 ngr

2. Thl.: Brüche. Fortsetzung der Regel de tri. Kettensatz. Vielsatz. Besondere Rechnungsfälle des gemeinen Lebens. 5. Aufl. 861. — 6. neu bearb. Aufl. 863. (VI, 263 S.) n. 20 ngr

—— **Lehrbuch** des Rechenunterrichts in Volksschulen. Verfaßt mit gleichmäßiger Berücksichtung des Kopf- und Zifferrechnens. 1. Thl.: Die Grundrechnungsarten und die Regel de tri in ganzen Zahlen. 6.—8. Aufl. gr. 8. (IV und 212 S.) Leipzig 862—68, Merseburger. *

—— dass. — 2. Thl.: Brüche. Fortsetzung der Regel de tri. Kettensatz. Vielsatz. Besondere Rechnungsfälle des gemeinen Lebens. 6., neu bearb. Aufl. gr. 8. (IV und 263 S.) Ebendas. 863. *

— — 2. Thl.: Brüche. Fortsetzung der Regel de tri. Kettensatz. Vielsatz. Besondere Rechnungsfälle des gemeinen Lebens. 8., neu bearb. Aufl. Ebend. 869. gr. 8. (IV, 263 S.) n. 20 ngr.

—— **Lehrbuch** des Rechenunterrichts in Volksschulen. Verfaßt mit gleichmäß. Berücksicht. des Kopf- und Zifferrechnens. 2 Thle. gr. 8. Leipzig, Merseburger. *

Inhalt:

Thl. 1. Die Grundrechnungsarten und die Regeldetri in ganzen Zahlen. 9. umgearb. Aufl. (IV, 208 S.) 871. * ℳ 1,60.

„ 2. Brüche. Fortsetzung der Regeldetri. Kettensatz. Vielsatz. Besondere Rechnungsfälle des gemeinen Lebens. 7. Aufl. 1865, und 8. Aufl. (IV, 263 S.) 669. * ℳ 2., und 9. umgearb. Aufl. 2 Abthlgn. (166; 145 S.) 872,73. à Abthl. * ℳ 1,40. — * ℳ 2,80.

— dasselbe. 1. Thl. Die Grundrechnungsarten u. d. Regeldetri in ganzen Zahlen. 10. Aufl., umgearb. v. A. Költzsch. gr. 8. (IV, 231 S.) Ebend. 876. n. 2. —

—— Lehrbuch des Rechenunterrichts in Volksschulen. Verfaßt mit gleichmäß. Berücksicht. des Kopf- und Zifferrechnens. Nach dem Tode des Verf. bearb. von A. Költzsch. 2 Thle. gr. 8. Ebendas. *

Inhalt:

Thl. 1. Die Grundrechnungsarten, Regeldetri und Durchschnittsrechnung in ganzen Zahlen. 10. umgearb. Aufl. (IV, 231 S.) 1876; 11. Aufl. (VIII, 211 S.) 879. *ℳ 2.

„ 2. 1. Abthl.: Die Bruchrechnung. 10. umgearb. Aufl. (144 S.) 1877; 11. Aufl. (IV, 152 S.) 879. — 2. Abthl.: Die bürgerlichen Rechnungsarten. 10. umgearb. Aufl. (142 S.) 1877; 11. Aufl. (II, 150 S.) 879. à Abthl. *ℳ 1,40.

Hentschel's, Ernst, Lehrbuch des Rechenunterrichts in Volksschulen. Verfaßt mit gleichmäß. Berücksicht. des Kopf- und Zifferrechnens. Nach dem Tode des Verf. bearb. von A. Költzsch. 2 Thle. gr. 8. Leipzig, Merseburger. *

Inhalt:

Thl. 1. Die Grundrechnungsarten, Regeldetri und Durchschnittsrechnung in ganzen Zahlen. 12. Aufl. (VIII, 211 S.) 882. *ℳ 2.

„ 2. 1. Abthl.: Die Bruchrechnung. 12. Aufl. (IV, 152 S.) 883. — 2. Abthl.: Die bürgerlichen Rechnungsarten. 12. Aufl. (II, 150 S.) 883. à Abthl. *ℳ 1,40.

—— Lehrbuch des Rechenunterrichts in Volksschulen. Verfaßt mit gleichmäß. Berücksicht. des Kopf- und Zifferrechnens. Nach dem Tode des Verf. bearb. von A. Költzsch. 2 Tle. 13. Aufl. gr. 8. Ebendas. 886. * 4 —

Inhalt:

Tl. 1. Das Rechnen in ganzen Zahlen. (VI, 170 S.) *ℳ 1.60.

„ 2. Die Bruchrechnung und die bürgerlichen Rechnungen. (IV, 280 S.) *ℳ 2.40.

—— Lehrbuch des Rechenunterrichts in Volksschulen. Verfaßt m. gleichmäßiger Berücksichtigung des Kopf- u. Zifferrechnens. Nach dem Tode d. Verf. bearb. v. A. Költzsch. 2 Tle. 14. Aufl. gr. 8. Ebd. 891. * 4 —

1. Das Rechnen in ganzen Zahlen. (VI, 170 S.) * 1 60.

2. Die Bruchrechnung u. die bürgerlichen Rechnungen. (IV, 280 S.) * 2 40.

— Lehrbuch d. Rechenunterrichts in Volksschulen. Verf. m. gleichmäß. Berücksicht. d. Kopf- u. Zifferrechnens. Nach d. Tode d. Verf. bearb. v. A. Költzsch. 2 Tle. 15. Aufl. gr. 8. Ebd. 896. n. 4. —

1. Allgem. Rechen-Methodik u. d. Rechnen in ganzen Zahlen. (VI, 176 S.) n. 1. 60

2. Die Bruchrechng. u. d. bürgerl. Rechngn. (IV, 267 S.) n. 2. 40

— Lehrbuch des Rechenunterrichts in Volksschulen. Verf. m. gleichmäß. Berücksicht. des Kopf- u. Zifferrechnens. Nach dem Tode des Verf. bearb. v. A. Költzsch. 2 Tle. 16. Aufl. gr. 8. Ebd. 901. n. 4. —; in 1 Bd. geb. n. 4. 60

I. Allgemeine Rechen-Methodik u. das Rechnen in ganzen Zahlen. (VI, 176 S.) n. 1. 60

II. Die Bruchrechnung u. die bürgerlichen Rechnungen. (IV, 267 S.) n. 2. 40

— Lehrbuch des Rechenunterrichts in Volksschulen. Verf. m. gleichmäß. Berücksicht. des Kopf- u. Zifferrechnens. Nach dem Tode des Verf. bearb. v. A. Költzsch. 2 Tle. 17. Aufl. gr. 8. Ebd. 907. à 2.40; in 1 Bd. geb. 5. 40

Ia. Allgemeine Methodik; Theorie, Geschichte u. Praxis. b. Das Rechnen m. ganzen Zahlen. (250 S.)

II. Die Bruchrechnung u. die bürgerlichen Rechnungen. (280 S.)

— — Lehrbuch f. den Rechenunterricht, 2. Tl., s.: Költzsch, A., das deutsche Volksschulrechnen.

Hentschel, (E.,) kurzer Leitfaden bei d. Gesangunterricht in Volksschulen. (Aus d. Volksschullehrer v. Harnisch abgedr.) 8. Halle 825. (Anton.)

— Liederhain. Auswahl volksmäßiger deutscher Lieder f. Jung u. Alt zunächst f. Knaben- u. Mädchenschulen. 1. Hft. gr. 16. (32 S.) Ebd. 850. 1/24 ₰ — 2. Aufl. gr. 16. (32 S.) Ebd. 850. 1/24 ₰ — 3. Aufl. gr. 16. (32 S.) Ebd. 851. 1/24 ₰ — 2. Hft. gr. 16. (32 S.) Ebd. 850. 1/24 ₰

—— Liederhain. Auswahl volksmäßiger deutscher Lieder für Jung und Alt zunächst für Knaben- und Mädchenschulen. 1. Heft. 1. Aufl. 1850., 2. Aufl. 1851. und 3. Aufl. gr. 16. (32 S.) Leipzig 852, Merseburger.

—— dass. — 2. Heft. 1. Aufl. 1852. und 2. Stereotyp-Aufl. gr. 16. (32 S.) Ebds. 852.

— Liederhain. Auswahl volksmäßiger deutscher Lieder für Jung und Alt zunächst für Knaben- und Mädchenschulen. 1. Heft. 4—10. Stereot.-Aufl. — 2. Heft. 2—6. Stereot.-Aufl. Ebend. 854—58. 32. (32; 32 S.) Jedes Heft 1¼ ngr.

—— Liederhain. Auswahl volksmäßiger deutscher Lieder für Jung und Alt zunächst für Knaben- und Mädchenschulen. 1. Heft. 10—14. Ster.-Aufl. und 2. Heft. 6—9. Ster.-Aufl. 16. (à Heft 32 S.) Leipzig 858—61, Merseburger. à Heft. 1⅓ Ngr.

—— Liederhain. Auswahl volksmäß. deutscher Lieder für Jung und Alt zunächst für Knaben- und Mädchenschulen. 1. Heft. 15.—24. Ster.-Aufl. und 2. Heft. 10.—16. Ster.-Aufl. gr. 16. (à Heft 32 S.) Leipzig 862—67, Merseburger. à Heft 1⅓ Ngr.

—— dass. — Mit leichter Klavierbegleitung versehen und unter Zustimmung und Bevorwortung E. Hentschel's hrsg. von Constant. Schöbe. 1. und 2. Heft. qu. 4. Ebendas. 865. [1. Heft. 2. Ster.-Aufl. (IV und 44 S.) 6 Ngr., 2. Heft (III und 48 S.) 7½ Ngr.] * —

—— Liederhain. Auswahl volksmäß. deutscher Lieder für Jung und Alt zunächst für Knaben- und Mädchenschulen. 1.—3. Heft. 16. Ebendas. 868—74. [1. Heft. 25.—38. Ster.-Aufl. (32 S.) 12 Pf.; 2. Heft. 17.—26. Ster.-Aufl. (32 S.) 12 Pf.; 3. Heft. Ausg. A. Für Knaben-Oberklassen. 1.—3. Aufl. (32 S.) 15 Pf.; 3. Heft. Ausg. B. Für Mädchen-Oberklassen. (32 S.) 869. 15 Pf.]

—— Liederhain. Auswahl volksmäß. deutscher Lieder für Jung und Alt zunächst für Knaben- und Mädchenschulen. 3 Hefte. 16. Ebendas. 875—79. [1. Heft. 39.—47. Ster.-Aufl. (32 S.) 12 Pf.; 2. Heft. 27.—34. Ster.-Aufl. (32 S.) 12 Pf.; 3. Heft. Ausg. A. Für Knaben-Oberklassen. 4.—8. Aufl. (32 S.) 15 Pf.; 3. Heft. Ausg. B. Für Mädchen-Oberklassen. 2. und 3. Aufl. (32 S.) 15 Pf.]

— Liederhain. Auswahl volksmäßiger neuer Lieder für Jung u. Alt, zunächst für Knaben- u. Mädchenschulen. 1. u. 2. Hft. u. 3. Hft. Ausg. A u. B. gr. 16. (à 32 S.) Ebend. 880—82. — 54

1. 56. Ster.-Aufl. — 12. — 2. 41. Ster.-Aufl. — 12. — 3. A. Für Knaben-Oberklassen. 10. Aufl. — 15. — 3. B. Für Mädchen-Oberklassen. 3. Aufl. — 15

—— Liederhain. Auswahl volksmäß. deutscher Lieder für Jung und Alt zunächst für Knaben- und Mädchenschulen. 3 Hefte. 16. Ebendas. 880—84. [1. Heft. 48.—60. Ster.-Aufl. (32 S.) 12 Pf.; 2. Heft. 35.—44. Ster.-Aufl. (32 S.) 12 Pf.; 3. Heft. Ausg. A. Für Knaben-Oberklassen. 9.—14. Aufl. (32 S.) 15 Pf.; 3. Heft. Ausg. B. Für Mädchen-Oberklassen. 4. Aufl. (32 S.) 15 Pf.]

—— Liederhain. Auswahl volksmäß. deutscher Lieder für jung und alt, zunächst für Knaben- und Mädchenschulen. 3 Hefte. [3. Heft in 2 Abthlgn.] 12. (à Heft 40 S.) Ebendas. 885—88. [1. Heft. 63.—67. Ster.-Aufl. 12 Pf.; 2. Heft. 47.—50. Ster.-Aufl. 12 Pf.; 3. Heft. Ausg. A. Für Knaben-Oberklassen. 16. und 17. Aufl. 15 Pf. — Ausg. B. Für Mädchen-Oberklassen. 7. Aufl. 15 Pf.] — 54

— Liederhain. Auswahl volksmäß. deutscher Lieder für jung u. alt, zunächst f. Knaben u. Mädchenschulen. 3 Hfte. 12. (à 40 S.) Ebd. 890. — 39

1. 69. Ster.-Aufl. — 12. — 2. 52. Ster.-Aufl. — 12. — 3. Ausgabe A.: Für Knaben-Oberklassen. 19. Aufl. — 15. — Ausgabe B.: Für Mädchen-Oberklassen. 8. Aufl. — 15.

—— Liederhain. Auswahl volksmäß. deutscher Lieder für jung u. alt, zunächst f. Knaben- u. Mädchenschulen. 3 Hefte. [3. Heft, Ausg. A. u. B.] 12. (à Heft 40 S.) Ebd. — 54

1. 71. Aufl. 892. — 12. — 2. 54. Aufl. 892. * — 12. — 3. Ausg. A.: Für Knaben-Oberklassen. 20. Aufl. 892. — 15. — Ausg. B.: Für Mädchen-Oberklassen. 8. Aufl. 890. * — 15.

— Liederhain. Auswahl volksmäß. deutscher Lieder f. jung u. alt, zunächst f. Knaben- u. Mädchenschulen. 3 Hfte. 12. (à 40 S.) Ebd. — 54
1. 78. Aufl. 894. — 12. — 2. 60. Aufl. 894. — 12. — 3. Ausg. A: Für Knaben-Oberklassen. 22. Aufl. 894. — 15. — 3. Ausg. B: Für Mädchen-Oberklassen. 10. Aufl. 893. — 15.

— Liederhain. Auswahl volksmäß. deutscher Lieder f. jung u. alt, zun. f. Knaben- u. Mädchenschulen. 3 Hfte. 12. (à 40 S.) Ebd. 898. — 54
1. 77. Ster.-Aufl. — 12. — 2. 60. Ster.-Aufl. — 12.
3. Ausg. A: Für Knaben-Oberklassen. 26. Ster.-Aufl. — 15.
Ausg. B: Für Mädchen-Oberklassen. 13. Ster.-Aufl. — 15.

— Liederhain. Auswahl volksmäß. deutscher Lieder f. jung u. alt, zunächst f. Knaben- u. Mädchenschulen. I. u. II. Hft. u. III. Hft., Ausg. A u. B. 12. (à 40 S.) Ebd. 902. — 54
I. 81. Aufl. — 12. — II. 64. Aufl. — 12.
III. Ausg. A: Für Knaben-Oberklassen. 30. Aufl. — 15.
Ausg. B: Für Mädchen-Oberklassen. 16. Ster.-Aufl. — 15.

— dasselbe. Zum Gebrauche in Volksschulen sowie im häusl. Kreise hrsg. Neubearbeitung in method. Ordng. f. drei Stufen unter sorgfält. Berücksicht. des Stimmumfangs u. im Anschluß an die gebräuchlichsten Lesebücher hrsg. v. O. Model u. M. Möhring. I. u. II. Hft. u. Hft. IIIa. u. IIIb. 8. Ebd. n. 1.40
I. Unterstufe. (82 fortlauf. Aufl., 1. der Neubearbeitg.) (42 S.) 902. n — 16
II. Mittelstufe. (65. fortlauf. Aufl., 1. der Neubearbeitg.) (65 S.) 902. n. — 24
IIIa. Oberstufe f. Knaben. (31. fortlauf. Aufl., 1. der Neubearbeitg.) (130 S.) 902. n. — 50
b Oberstufe f. Mädchen. (17. fortlauf. Aufl., 1. der Neubearbeitg.) (129 S.) 902. n. — 50

— dasselbe. Neubearbeitung v. Otto Model u. Max Möhring. Kleine Ausg. in 1 Hefte f. einfache Schulverhältnisse, besonders f. Landschulen. (104 S.) 8. Ebd. (903). n. — 40

— Liederhain. Auswahl volksmäß. deutscher Lieder f. jung u. alt, zunächst f. Knaben- u. Mädchenschulen. I. u. II. Heft u. III. Heft, Ausg. A u. B. (à 40 S.) kl. 8. Ebd. 906. — 54
I. 88. Aufl. — 12. — II. 70. Aufl. — 12.
III. Ausg. A.: Für Knaben-Oberklassen. 35. Aufl. — 15.
Ausg. B.: Für Mädchen-Oberklassen. 20. Ster.-Aufl. — 15.

Hentschel, Ernst, Liederhain. Auswahl volksmäß. deutscher Lieder. Zum Gebrauche in Volksschulen sowie im häusl. Kreise hrsg. Neubearbeitung in method. Ordng. f. drei Stufen unter sorgfält. Berücksicht. des Stimmumfangs u. im Anschluß an die gebräuchlichsten Lesebücher hrsg. v. O. Model u. M. Möhring. Heft I, II, IIIa u. IIIb. 8. Leipzig, C. Merseburger. n. 1.40

I. Unterstufe. (87. fortlauf. Aufl., 2. d. Neubearbeitg.) (42 S.) 906. n. — 16
II. Mittelstufe. (69. fortlauf. Aufl., 2. der Neubearbeitg.) (65 S.) 906. n. — 24
IIIa. Oberstufe f. Knaben. (36. fortlauf. Aufl., 2. der Neubearbeitg.) (130 S.) 906. n. — 50
IIIb. Oberstufe f. Mädchen. (21. fortlauf. Aufl., 2. der Neubearbeitg.) (129 S.) 906. n. — 50

— dasselbe. Auswahl volksmäß. deutscher Lieder. Zum Gebrauche in Volksschulen sowie im häusl. Kreise hrsg. Neubearbeitung in method. Ordng. f. drei Stufen unter sorgfält. Berücksicht. des Stimmumfangs u. im Anschluß an die gebräuchlichsten Lesebücher hrsg. v. O. Model u. M. Möhring. II. Heft: Mittelstufe. (72. fortlauf. Aufl., 3. der Neubearbeitg.) (65 S.) 8. Ebd. 908. — 24

— Liederhain. Auswahl volksmäß. deutscher Lieder f. jung u. alt, zunächst f. Knaben- u. Mädchenschulen. I. u. II. Heft u. III. Heft, Ausg. A u. B. (à 40 S.) kl. 8. Ebd. — 54
I. 90. Aufl. 909. — 12. — II. 75. Aufl. 911. — 12.
III. Ausg. A.: Für Knaben-Oberklassen. 39. Aufl. 910. — 15
III. Ausg. B.: Für Mädchen-Oberklassen. 24. Aufl. 911. — 15

—— die neuen Maße und Gewichte als Gegenstand des Volksschulunterrichts. 8. (30 S.) Ebendas. 869. *

— u. E Jänicke, Maswali ya kuhesabu kwa wototo wadogo. (Rechenbuch, Missionsausg.) 8. (30 S.) Leipzig (901). C. Merseburger. n. — 16

—— hundert Rechenaufgaben, elementar. gelöſ't. Oder prakt. Anleit., die Aufgaben d. einfachen u. zusammengesetzten Regel de tri, d. niedern Wechselrechn., d. Disconto-Termin- u. Rabattrechn., sowie d. Gesellschafts- u. Mischungsrechn. ohne Anwend. d. Proportionen zu lösen. Zum Gebr. in Volksschulen u. z. Selbstunterweis. f. angeh. Lehrer bearb. 8. (5 B.) Weißenfels 837, Meusel.

— 100 Rechenaufgaben, elementarisch gelöſ't. Eine pract. Anleitg., die Aufgaben der einfachen u. zusammengesetzten Regel de tri, der niedern Wechselrechnung, der Disconto- Termin- u. Rabattrechnung, sowie der Gesellschafts- u. Mischungsrechng ohne Anwendung der Proportionen zu lösen. Zum Gebrauche in Volksschulen u. zur Selbstunterweisung für Diejenigen, welche sich zu Lehrern bilden wollen, bearb. 2. verb. Aufl. 8. (69 S.) Ebd. 851. 1/4 ₰

—— hundert Rechenaufgaben elementarisch gelöst. Eine prakt. Anleitung, die Aufgaben der einfachen und zusammengesetzten Regel de tri, der niedern Wechselrechnung, der Disconto-Termin und Rabattrechnung, sowie der Gesellschafts- und Mischungsrechnung ohne Anwendung der Proportionen zu lösen. Zum Gebrauche in Volksschulen und zur Selbstunterweisung für Diejenigen, welche sich zu Lehrern bilden wollen, bearb. 3. Aufl. 1857. und 4. Aufl. 8. (XII und 60 S.) Leipzig 861, Merseburger.

—— 100 Rechenaufgaben, elementarisch gelöst. Eine prakt. Anleitung, die Aufgaben der einfachen und zusammengesetzten Regel de tri, der niedern Wechselrechnung, der Disconto-, Termin- und Rabattrechnung ohne Anwendung der Proportionen zu lösen. Zum Gebrauche in Volksschulen und zur Selbstunterweisung. 5. Aufl. 8. (XII, 60 S.) Leipzig 868, Merseburger.

— 100 Rechenaufgaben, elementarisch gelöst. Eine prakt. Anleitung, die Aufgaben der einfachen u. zusammengesetzten Regel de tri, der niedern Wechselrechnung, der Disconto-, Termin- u. Rabattrechnung, ohne Anwendung der Proportionen zu lösen. Zum Gebrauche in Volksschulen u. zur Selbstunterweisung. 5. Aufl. Ebend. 869. 8. (XII, 60 S.) 7½ ngr.

— 100 Rechen-Aufgaben, elementar. gelöst, nebst e. Vorstufe u. e. Anh. m. Übungsbeispielen. Z. Gebr. in Volks- u. Präparandenschulen u. z. Selbstunterweisg. f. Lehramts-Bewerber neu bearb. v. A. Költzsch. 8. Aufl. 8. (VI, 80 S.) Ebd. 898. n. 1. —

—— und E. Jänicke, Rechenbuch für die abschließende Volksschule. Bearb. mit Rücksicht auf die neuen Maße und Gewichte. [Ausg. B. von E. Hentschel's Rechenheften.] 4 Hefte. 8. Leipzig 870, Merseburger. [1. Heft. (35 S.) 15 Pf.; 2. Heft. (35 S.) 15 Pf.; 3. Heft. (48 S.) * 20 Pf.; 4. Heft. (52 S.) * 20 Pf.] *

Hentschel, E., und E. Jänicke, Rechenbuch für die abschließende Volksschule. Nach den neuen Münzen umgearb. [Ausg. B. von E. Hentschel's Rechenheften.] 6 Hefte. Für die Hand des Schülers. 8. Aufl., nach den allgemeinen Bestimmungen vom 15. Octbr. 1872 und den amtl. Erlassen über Bezeichnung und Schreibweise der Münz-, Maß- und Gewichtseinheiten bearb. 8. Ebendas. 878. [1. Heft. (31 S.) * 16 Pf.; 2. Heft. (32 S.) * 16 Pf.; 3. Heft. (26 S.) * 16 Pf.; 4. Heft. (26 S.) * 16 Pf.; 5. Heft. (30 S.) * 16 Pf.; 6. Heft. (43 S.) * 20 Pf.] * 1 —

—— und E. Jänicke, Rechenbuch für die abschließende Volksschule. Nach den neuen Münzen umgearb. [Ausg. B. von E. Hentschel's Rechenheften.] Für die Hand des Schülers. 6 Hefte. 8. Ebendas. 881. [1. und 2. Heft. 4. und 5. Aufl. (31; 32 S.) à 16 Pf.; 3.—5. Heft. 4. Aufl. (26; 27; 30 S.) à 16 Pf.; 6. Heft. 4. Aufl. (43 S.) 20 Pf.]

—— und E. Jänicke, Rechenbuch für die abschließende Volksschule. [Ausg. B von E. Hentschel's Rechenheften.] 6 Hefte. Für die Hand des Schülers. 8. Ebendas. 885—88. [1. Heft. 6.—10. Aufl. (31 S.) * 16 Pf.; 2. Heft. 6.—11. Aufl. (32 S.) * 16 Pf.; 3. Heft. 5.—8. Aufl. (26 S.) * 16 Pf.; 4. Heft. 5.—8. Aufl. (26 S.) * 16 Pf.; 5. Heft. 5.—7. Aufl. (30 S.) * 16 Pf.; 6. Heft. 5.—7. Aufl. (42 S.) * 20 Pf.] *M 1.—.; geb. * 1 60

—— —— dass. — Nach den neuen Münzen umgearb. [Ausg. B. von E. Hentschel's Rechenheften.] Für die Hand des Lehrers mit den Resultaten. 6 Hefte. 8. Ebendas. [1. Heft. (31 S.) 875; 2. Heft. 2. Aufl. (82 S.) 886; 3. Heft. 4. Aufl. (30 S.) 886; 4. Heft. 4. Aufl. (32 S.) 885; 5. Heft. 4. Aufl. (36 S.) 885; 6. Heft. (52 S.) 884.] à Heft * 40 Pf. * 2 40

Die „Rechenfibel" und die „neue Rechenfibel" sind zu einer verschmolzen und erscheinen nunmehr u. d. T.: Hentschel: Rechenfibel.

— u. E. Jänicke, Rechenbuch für die abschließende Volksschule. [Ausg. B. v. E. Hentschel's Rechenheften.] 6 Hfte. Für d. Hand d. Schülers. 8. Ebd. n. 1. —; geb. n. 1. 60

1. 12. Aufl. (31 S.) 890. n. — 16; geb. n. — 26. — 2. 13. Aufl. (32 S.) 890. n. — 16; geb. n. — 26. — 3. 9. Aufl. (26 S.) 889. n. — 16; geb. n. — 26. — 4. 8. Aufl. (26 S.) 888. n. — 16; geb. n. — 26. — 5. 7. Aufl. (30 S.) 888. n. — 16; geb. n. — 26. — 6. 8. Aufl. (42 S.) 889. n. — 20; geb. n. — 30.

— — dasselbe. (Neue Bearbeitung v. E. Eicke u. G. Limpert.) 6 Hfte. Für die Hand d. Schülers. 8. Ebd. 890. n. 1. 4

1. [1. Schulj.] 13. Aufl. (32 S.) n. — 16. — 2. [2. Schulj.] 14. Aufl. (32 S.) n. — 16. — 3. [3. Schulj.] 10. Aufl. (32 S.) n. — 16. — 4. [4. Schulj.] 9. Aufl. (35 S.) n. — 16. — 5. [5. Schulj.] 8. Aufl. (40 S.) n. — 20. — 6. [6. Schulj.] 9. Aufl. (40 S.) n. — 20.

— — dasselbe. Für die Hand d. Lehrers m. den Resultaten. 6 Hfte. 8. Ebd. 890. à n. — 40

1. [1. Schulj.] 2. Aufl. (32 S.) — 2. [2. Schulj.] 3. Aufl. (40 S.) — 3—6. [3.—6. Schulj.] 5. Aufl. (40, 40 48 u. 48 S.)

—— u. E. Jänicke. Rechenbuch für die abschließende Volksschule. Ausg. B. von E. Hentschel's Rechenheften. Schülerausgabe. 6 Hefte. 8. Ebd. 893. [1. Heft. 17. Aufl. (32 S.) * — 16; 2. Heft. 17. Aufl. (32 S.) * — 16; 3. Heft. 14. Aufl. (32 S.) * — 16; 4. Heft. 12. Aufl. (35 S.) * — 16; 5. u. 6. Heft. 12. Aufl. (à Heft 40 S.) à Heft * — 20.] * 1 04

—— dass. — Für die Hand des Lehrers mit den Resultaten. 6 Hefte. 8. Ebd. 890. [1. Heft. 2. Aufl. (32 S.); 2. Heft. 3. Aufl. (40 S.); 3. Heft. 5. Aufl. (40 S.); 4. Heft. 5. Aufl. (40 S.); 5. Heft. 5. Aufl. (48 S.); 6. Heft. 5. Aufl. (48 S.)] à Heft * — 40

— u. E. Jänicke, Rechenbuch f. die abschließende Volksschule. Ausg. B v. E. Hentschels Rechenheften, 6 Hfte. Für die Hand d. Schülers. 8. Ebd. 894. n. 1. 4; Einbde. à n. — 10

1. 2. 18. Aufl. (à 32 S.) à n. — 16. — 3. 15. Aufl. (32 S.) n. — 16. — 4. 13. Aufl. (36 S.) n. — 16. — 5. 6. 13. Aufl. (40 u. 46 S.) à n. — 20.

— u. E. Jähnike, Rechenbuch f. d. abschließ. Volksschule. Ausg. B v. E. Hentschels Rechenheften. F. d. Hand d. Schülers. 6 Hfte. 8. Ebd. n. 1. 04

1. (1. Schulj.) 20. Ster.-Aufl. (32 S.) 897. n. — 16
2. (2. Schulj.) D. Zahlenraum v. 1—100. Reine u. benannte Zahlen. 21. Ster.-Aufl. (32 S.) 898. n. — 16
3. (3. Schulj.) D. Zahlenraum v. 1—1000. Reine u. benannte Zahlen. 17. Ster.-Aufl. (32 S.) 898. n. — 16
4. (4. Schulj.) D. große Zahlenraum. Reine u. benannte Zahlen. 15. Ster.-Aufl. (36 S.) 898. n. — 16
5. (5. Schulj.) Bruchrechng. 15. Ster.-Aufl. (40 S.) 898. n. — 20
6. (6. Schulj.) Bürgerl. Rechnungsarten u. Raumberechngn. 15. Ster.-Aufl. (46 S.) 898. n. — 20

— — Rechenbuch f. die abschließende Volksschule. Ausg. B. v. E. Hentschels Rechenheften. Für die Hand des Schülers. 6 Hfte. 8. Ebd. 902. n. 1. 04

I. (1. Schulj.) Der Zahlenraum von 1—10 u. von 1—20. Reine Zahlen. 24. Aufl. (32 S.) n. — 16
II. (2. Schulj.) Der Zahlenraum von 1—100. Reine u. benannte Zahlen. 25. Aufl. (32 S.) n. — 16
III. (3. Schulj.) Der Zahlenraum von 1—1000. Reine u. benannte Zahlen. 21. Aufl. (32 S.) n. — 16
IV. (4. Schulj.) Der große Zahlenraum. Reine u. benannte Zahlen. 19. Aufl. (36 S.) n. — 16
V. (5. Schulj.) Bruchrechnung. 19. Aufl. (40 S.) n. — 20
VI. (6. Schulj.) Bürgerliche Rechnungsarten u. Raumberechnungen. 19. Aufl. (47 S.) n. — 20

— u. E. Jänicke, Rechenbuch f. die abschließende Volksschule, neubearb. v. C. Eicke. Ausg. B v. E. Hentschels Rechenheften. Heft I—VI, VIb, VII u. VIIb. 8. Leipzig, C. Merseburger. n. 1. 94

I. (1. Schulj.) Der Zahlenraum von 1—10 u. von 1—20. 26. Aufl. (32 S.) 905. n. — 16
II. (2. Schulj.) Der Zahlenraum von 1—100. 28. Aufl. (32 S.) 906. n. — 16
III. (3. Schulj.) Der Zahlenraum von 1—1000. Reine u. benannte Zahlen. 24. Aufl. (32 S.) 906. n. — 16
IV. (4. Schulj.) Der große Zahlenraum. Reine u. benannte Zahlen. 21. Aufl. (36 S.) 905. n. — 16
V. (5. Schulj.) Bruchrechnung. Reine u. benannte Zahlen. 21. Aufl. (40 S.) 905. n. — 20
VI. (6. Schulj.) Bruchrechnung. Bürgerliche Rechnungsarten. Aufgaben aus einigen Unterrichtsfächern. 20. Aufl. (48 S.) 905. n. — 20
VIb. (6. Schulj.) (Für 6stuf. Schulen.) Bruchrechnung. Bürgerliche Rechnungsarten. Aufgaben aus einigen Unterrichtsfächern. (56 S.) 906. n. — 30
VII. (7. Schulj.) Bürgerliche Rechnungsarten, Aufgaben aus wicht. Gebieten des prakt. Lebens u. aus einigen Unterrichtsfächern. (64 S.) 905. n. — 30
VIIb. (7. Schulj.) (Für Mädchenschulen.) Bürgerliche Rechnungsarten, Aufgaben aus wicht. Gebieten des prakt. Lebens u. aus einigen Unterrichtsfächern. (64 S.) 906. n. — 30

— — dasselbe. Ergebnishefte zu Heft III/IV, V, VI, VIb, VII u. VIIb (52, 31, 31, 36, 36 u. 32 S.) 8. Ebd. 905. 906. à n. — 40

— u. E. Jänicke, Rechenbuch f. die abschließende Volksschule, neubearb. v. C. Eicke. Ausg. B v. E. Hentschels Rechenheften. Heft I—V, u. VIa. 8. Leipzig, C. Merseburger. 1. 04

I. (1. Schulj.) Der Zahlenraum von 1—10 u. von 1—20, 29. Aufl. (32 S.) 910. — 16
II. (2. Schulj.) Der Zahlenraum von 1—100. 30. Aufl. (32 S.) 909. — 16
III. (3. Schulj.) Der Zahlenraum von 1 bis 1000. Reine u. benannte Zahlen. 28. Aufl. (32 S.) 910. — 16
IV. (4. Schulj.) Der große Zahlenraum. Reine u. benannte Zahlen. 24. Aufl. (36 S.) 910. — 16
V. (5. Schulj.) Bruchrechnung. Reine u. benannte Zahlen. 23. Aufl. (40 S.) 910. — 20
VIa. (6. Schulj.; f. siebenstuf. Schulen.) Bruchrechnung. Bürgerliche Rechnungsarten. Aufgaben aus einigen Unterrichtsfächern. 21. Aufl. (48 S.) 907. — 20

— Rechenbuch, Ausg. C., s.: Kölzsch, A., das dreistufige Zifferrechnen.

— Rechenbücher, Ausg. C., s.: Kölzsch, A., d. dreistuf. Zifferrechnen f. einf. Schulverhältnisse.

Hentschel, E(rnst), Rechenfibel. Uebungsbüchlein für die ersten Anfänger im schriftl. Rechnen, umfassend die Zahlen von 1 bis 10 und von 1 bis 100. Bearb. und als Vorläufer der „Aufgaben zum Zifferrechnen" hrsg. 1. Aufl. 1851. und 2. Stereotyp-Aufl. 8. (32 S.) Leipzig 852, Merseburger.

— Rechenfibel. Übungsbüchlein für die ersten Anfänger im schriftlichen Rechnen, umfassend die Zahlen von 1 bis 10 und von 1 bis 100. Bearb. und als Vorläufer der „Aufgaben zum Zifferrechnen" herausg. 3. u. 4. mit Stereot. gedr. Aufl. Ebend. 854, 55. 8. (32 S.) 1⅓ ngr.; cart. n. 2 ngr.

— — Antwortbüchlein dazu. 2. Aufl. Ebend. 858. 8. (13 S.) 3 ngr.

—— Rechenfibel. Uebungsbüchlein für die ersten Anfänger im schriftlichen Rechnen, umfassend die Zahlen von 1 bis 10 und von 1 bis 100. 4., mit Ster. gedr. Aufl. 8. (32 S.) Leipzig 855, Merseburger.

— Rechenfibel. Übungsbüchlein für die ersten Anfänger im schriftlichen Rechnen. 5—20. mit Stereot. gedr. Aufl. Ebend. 856—64. 8. (32 S.) 1½ ngr.

—— Rechenfibel. Uebungsbüchlein für die ersten Anfänger im schriftlichen Rechnen, umfassend die Zahlen von 1—10 und von 1—100. Bearbeitet und als Vorläufer der „Aufgaben zum Zifferrechnen" hrsg. 9—13., mit Ster. gedr. Aufl. 8. (32 S.) Leipzig 859—61, Merseburger.

—— Rechenfibel. Uebungsbüchlein für die ersten Anfänger im schriftl. Rechnen, umfassend die Zahlen von 1 bis 10 und von 1 bis 100. 14.—30. Ster.-Aufl. 8. (32 S.) Leipzig 862—67, Merseburger.

—— Rechenfibel. Uebungsbüchlein für die ersten Anfänger im schriftl. Rechnen, umfassend die Zahlen von 1 bis 10 und von 1 bis 100. Bearb. und als Vorläufer der „Aufgaben zum Zifferrechnen" hrsg. (Stufe 1 und 2.) 31.—64. Ster.-Aufl. 8. (16 S.) Leipzig 868—74, Merseburger.
Antwortheft dazu

—— Rechenfibel. Uebungsbüchlein für den ersten Anfänger im schriftl. Rechnen, umfassend die Zahlen von 1 bis 10 und von 1 bis 100. Bearb. und als Vorläufer der „Aufgaben zum Zifferrechnen hrsg. Stufe 1 und 2. 65.—82. Ster.-Aufl. 8. (32 S.) Ebendas. 875—79.
Antwortbüchlein *

—— Rechenfibel. Uebungsbüchlein für den ersten Anfänger im schriftl. Rechnen, umfassend die Zahlen von 1 bis 10 und von 1 bis 100. Bearb. und als Vorläufer der „Aufgaben zum Zifferrechnen" hrsg. 83.—102. Ster.-Aufl. 8. (32 S.) Ebendas. 880—82.
Antwortbüchlein

—— Rechenfibel. Übungsbüchlein für die ersten Anfänger im schriftlichen Rechnen, umfassend die Zahlen von 1—10 und von 1—100. Als Vorläufer der „Aufgaben zum Zifferrechnen" hrsg. 103.—122. mit Stereot. gedr. Aufl. 8. (32 S.) Leipzig 883—86, Merseburger. — 15

—— und A. Költzsch, Rechenfibel. Übungsbüchlein für die ersten Anfänger im schriftl. Rechnen, umfassend die Zahlen von 1 bis 10, 1 bis 20 und 1 bis 100, sowie die erste Vorbereitung der Bruchrechnung. Als Vorläufer der „Aufgaben zum Zifferrechnen" bearb. 126., 128. und 129. umgearb. Aufl. 8. (32 S.) Ebendas. 888. — 15

— — Rechenfibel. Übungsbüchlein f. die ersten Anfänger im schriftlichen Rechnen, umfassend die Zahlen von 1 bis 10, 1 bis 20 u. 1 bis 100, sowie die erste Vorbereitg. der Bruchrechng. Als Vorläufer der „Aufgaben zum Zifferrechnen" bearb. 130., umgearb. Aufl. 8. (32 S.) Ebd. 889. — 15; geb. n. — 25

—— u. A. Költzsch. Rechenfibel. 137. Aufl. 8. (32 S.) Ebd. 893. — 15

— — Rechenfibel. Übungsbüchlein f. die ersten Anfänger im schriftlichen Rechnen. 139. Aufl. 8. (32 S.) Ebd. 894. — 15; geb. n. — 25

— — Rechenfibel. Übungsbüchl. f. d. ersten Anfänger im schriftl. Rechnen, umfass. d. Zahlen v. 1—10, 1—20 u. 1—100, sow. d. erste Vorbereitg. d. Bruchrechng. Als Vorläufer d. „Aufgaben z. Zifferrechnen" bearb. 147. Ster.-Aufl. 8. (32 S.) Ebd. 898. — 15; geb. n. — 25

— — Rechenfibel. Übungsbüchlein f. die ersten Anfänger im schriftl. Rechnen, umfassend die Zahlen von 1 bis 10, 1 bis 20, 1 bis 100, sowie die erste Vorbereitg. der Bruchrechng. Als Vorläufer der „Aufgaben zum Zifferrechnen" bearb. 154. Ster.-Aufl. 8. (32 S.) Ebd. 902. — 15; geb. n. — 25

— — Rechenfibel. Uebungsbüchlein f. die ersten Anfänger im schriftl. Rechnen, umfassend die Zahlen von 1 bis 10, 1 bis 20 u. 1 bis 100, sowie die erste Vorbereitg. der Bruchrechng. Als Vorläufer der „Aufgaben zum Zifferrechnen" bearb. 158. Ster.-Aufl. (32 S.) kl. 8. Leipzig 906. C. Merseburger. — 15; geb. n. — 25

— — Rechenfibel. Vorstufe der „Aufgaben zum Zifferrechnen" umfassend das Zahlengebiet von 1—10, 1—20 u. 1—100 (Rechenstoff der Unterstufe). 162. Aufl. (40 S.) 8. Ebd. 910. —20; geb. —32

—— neue Rechenfibel, umfassend die Zahlen von 1 bis 10, von 1 bis 20 und von 1 bis 100. 92.—114. umgearb. Aufl. der Rechenfibel. 8. (32 S.) Ebendas. 880—84.

Hentschel, Ernst, neue Rechenfibel, umfassend die Zahlen von 1—10, von 1—20 und von 1—100. 115.—125. und 127. umgearb. Aufl. der Rechenfibel. 8. (32 S.) Ebendas. 885—88. — 15
geb. * — 25
s.: Hentschel, E., u. A. Költzsch.

— evangelisches Schulchoralbuch. Eine Auswahl der vorzüglichsten Kirchenmelodien nach der im größeren Theile des Herzogth. Sachsen und in den Königl. Sächs. Landen üblichen Lesart, sowie zugleich nach der ursprünglichen Notation. 1. u. 2. Abth., (jede) enthld. 57 der gangbarsten Choräle, darunter sämmtliche Melodien zu den für die Volksschulen des Merseburger Regierungsbezirks vorgeschriebenen Kirchenliedern. Ebend. 855, 56. 16. (64 S.) Jede Abth. 1¼ ngr.

—— evangelisches Schulchoralbuch. Eine Auswahl der vorzüglichsten Kirchenmelodien nach der im größeren Theile des Herzogth. Sachsen und in den königl. sächs. Landen übl. Lesart, sowie zugleich nach der ursprüngl. Notation. 2 Abthlgn. gr. 16. Leipzig, Merseburger. à Abthl. 12 Pf. — 24
Inhalt:
Abthl. 1. 57 Choräle. 4. und 5. Aufl. (S. 1—32.) 873,77.
" 2. 56 Choräle. 3. Aufl. (S. 33—64.) 877.

Hentschel, E., evangelisches Schulchoralbuch. Eine Auswahl der vorzüglichsten Kirchenmelodieen nach der durch die Provinzialsynode bestimmen Lesart. 2 Abtlgn., enth. je 75 d. gangbarsten Choräle, darunter sämtl. Melodieen zu den für die Volksschulen des Merseburger Regierungsbezirks vorgeschriebenen Kirchenliedern. 6., durchgeseh. Aufl. 8. (à 40 S.) Leipzig 888. Merseburger. à — 12

— evangelisches Schulchoralbuch. Eine Auswahl der vorzüglichsten Kirchenmelodieen. 1. Abtlg., enth. 75 der gangbarsten Choräle, darunter sämtl. Melodieen zu den f. die Volksschulen d. Merseburger Reg.-Bezirk vorgeschriebenen Kirchenliedern. 7. Ster.-Aufl. nach der durch die Provinzialsynode bestimmten Lesart. 12. (40 S.) Ebd. 890. — 12

— Evang. Schulchoralbuch. Eine Ausw. d. vorzüglichsten Kirchenmelodieen. 1. Abtlg., enth. 75 d. gangbarsten Choräle, darunter sämtl. Melodieen z. d. f. die Volksschulen d. Merseburger Reg.-Bezirk vorgeschrieb. Kirchenliedern. 8. Ster.-Aufl. nach d. durch d. Prov.-Synode bestimmten Lesart. 12. (40 S.) Leipzig 895. C. Merseburger. — 12

—— Streitfragen über Musik u. Methode der Musik u. des musikal. Unterrichts. — Fink u. Marx. gr. 8. (5 B.) Essen 843, Bädeker.
Aus: Rheinische Blätter rc., besond. abgedruckt.

— Tetraxonida, s.: Fauna, die, Südwest-Australiens.

Hentschel, F., kurzer Leitfaden bei d. Gesangunterricht in Volksschulen. (Aus d. Volksschullehrer von Harnisch abgedruckt.) 8. Halle 825. (Anton). 3 gr

Hentschel, Franz: Pathologisch-histologische Beiträge zur Amyloiderkrankung der Niere. Würzburg 1878: Fleischmann. 29 S. 8°
Würzburg, Med. Fak., Inaug.-Diss.

Hentschel, Friedr. Mor. Praktisches Lehrbuch der Kammgarnspinnerei zum Selbstunterricht für Spinnereitechniker, Werkführer u. vorwärtsstrebende Arbeiter. Mit 45 Textabbildgn. u. vielen Tab. 8. (XV, 295 S.) Stuttg. 889, Cotta Nachf. geb. * 6 —

Hentschel, F. M., praktisches Lehrbuch der Kammgarnspinnerei zum Selbstunterricht f. Spinnereitechniker, Werkführer u. vorwärtsstreb. Arbeiter. 2. Aufl. Mit 96 Abbildgn. u. vielen Tab. gr. 8. (XIV, 336 S.) Stuttgart 900. A. Bergsträßer. n. 7. —; geb. in Leinw. n. 8. —

Hentschel, Fritz, der bekehrte Ehemann, s.: Für frohe Stunden. 4. Hft.

Hentschel, Fritz, Kolumbus, s.: Becker, Jul.

Hentschel, Georg: Über den Ersatz der Alkyle tertiärer aromatischer Amine durch Acyle und durch Nitrosyl. Halle a. S. 1909: Kaemmerer. 37 S. 8°
Halle, Phil. Diss. v. 21. Jan. 1909, Ref. Vorländer
[Geb. 22. Febr. 84 Gleiwitz; Wohnort: Neukirch a. K.; Staatsangeh.: Preußen; Vorbildung: Stadt-Gymn. Halle Reife O. 03; Studium: Halle Med. 1, Chem. 8 S.; Rig. 21 Nov. 08.] [U 09. 1658

Hentschel, Georg, a. Salzwedel i. d. Altmark: ⟨Aus d. chirurg. Poliklinik zu Jena.⟩ Über Wachstumsstörungen am Unterschenkel nach akuter Osteomyelitis. Stettin 1908: Buchdr. d. Pommerschen Reichspost. (47 S., 1 Taf.) 8°
Jena, Med. Fak., Ref. Jacobsthal, Diss. v. 6. Mai 1908
[Geb. 30. Juni 81 Salzwedel; Wohnort: Salzwedel; Staatsangeh.: Preußen; Vorbildung: Gymn. Salzwedel Reife M. 00; Studium: Berlin 4, Greifswald 1, Jena 5 S.; Coll. 30. Jan. 08; Approb. 6. Mai 08.]

Hentschel, Gottfried Emil, s. Hentschel, Emil

Hentschel, Hans, Referendar: Die Mängelrüge nach dem deutschen Handelsgesetzbuch vom 10. Mai 1897. *Greifswald 1899: J. Abel.* (62 S.) 8°
Greifswald, Jur. Diss. v. 1899

Jahresbericht des unter dem hohen Protektorat Sr. Durchlaucht Hans Heinrich XI. Fürsten von Pless ... stehenden Veteranen- und Krieger-Vereins zu Waldenburg i. Schl. für d. Geschäftsjahr 1902. Vorgetragen 1903 vom Vorsitz. Kaufmann Heinrich Hentschel. Kattowitz (1903): G. Siwinna. (40 S.) 8° [F.]
[Im Wesentlichen Bericht über d. 50j. Jubil. d. Ver. 1902.] [03. 3030 2

Hentschel, J., Lieder von evangelischen Kirchen in Posen. Eine Abschiedsgabe an den Gustav-Adolph-Verein der Provinz Posen. Berlin 861. Geelhaar. gr. 8. (31 S.) n. 5 ngr.

— Von Eins bis Hundert. Unterrichtsgang für die erste Rechenstufe, zugleich als Gebrauchs-Anweisung für die Zahlenbilder des Verf. Ebend. 863. Lex.-8. (40 S.) 6 ngr.

— 16 (lith.) Tafeln Zahlenbilder für den Anschauungs-Unterricht auf der ersten Rechenstufe. Neu-Ruppin 863. Oehmigke & Riemschneider. gr. Fol. n. 27½ ngr.

Johann Hentschel's Richtiger Wegweiser der unentbehrlichen edlen Rechenkunst. Jena 8. 14 Bog. 1719.

Hentschel, Joa. Mart., quaestionum de Lysiae oratione Epicratea [XXVII] capita duo. Dissertatio inauguralis. gr. 8. (55 S.) Misenae 874. (Leipzig, Krüger & Roskoschny.) — 90

Hentschel, Joannes Guilelmus: Quaedam de historia et natura syphilidis. Halae (1834): Ruff jun. 74 S. 8°
Halle-Wittenberg, Med. Diss. v. 11. Apr. 1834
Geb. Kerzlin (Mark) 26.9. 1811. V.
Verf. erlebte die Diplomerneuerung 1884 als praktischer Arzt in Seehausen.

Hentschel, Jos., s.: Handels-Adressbuch d. k. k. Bez.-Hauptmannsch. Troppau.

Hentschel, K. F. T., histor.-geograph. Anzeige d. natürlichen rc. Produkte Schlesiens rc. 8. Bresl. 793. J. F. Korn. 16 gl.

Hentschel, Carl, die Bekehrung der Preußen durch Hermann von Salza. Gedicht in 10 Gesängen. gr. 8. (13⅓ B. u. lith. Bildn. des H. v. S.) Sondershausen 845. (Eupel.) *

Hentschel, Carl, Chemie, Alchemie u. Botanik. Lehr- u. Lobgedicht in 4 Abthln. 8. (7 B.) Hof u. Wunsiedel 840, Grau. *

Hentschel, Carl, Flora. Legenden, Sagen und Schilderungen aus der Pflanzenwelt. Eine poetische Gabe. Langensalza 857. Hentschel. 8. (VI, 108 S.) 10 ngr.

Hentschel, C., Flora. Legenden, Sagen und Schilderungen aus der Pflanzenwelt. Eine poetische Gabe. gr. 8. (VI und 108 S.) Langensalza 857, Verlags-Comptoir.

Hentschel, C., Flora. Legenden, Sagen u. Schilderungen aus der Pflanzenwelt. Eine poetische Gabe. 12. (IV, 159 S.) Langensalza 881. Beyer & Söhne. n. 1. —

— und H. Kaiser, der Preußen Gedenktage in Declamatorien, Gesängen und Gebeten. Ein Rathgeber bei der Feier derselben in Schulen u. Familien. Auf Grund der preuß. Regulative bearb. Langensalza 856. (Erfurt, Villaret.) 8. (IV, 80 S.) n. 10 ngr.

— — 2. verm. u. verb. Aufl. Langensalza 858. (Hentschel.) 8. (102 S.) 10 ngr.

—— —— der Preußen Gedenktage in Declamatorien, Gesängen und Gebeten. Ein Rathgeber bei der Feier derselben in Schulen und Familien. Auf Grund der preuß. Regulative bearb. 2., verm. und verb. Aufl. gr. 8. (102 S.) Langensalza 858, Verlags-Comptoir.

— der Kampf in der Krim. Preisgedicht in 3 Gesängen. Grossbodungen. (Langensalza 858. Hentschel.) 16. (70 S.) 5 ngr.

—— der Kampf in der Krim. Preisgedicht in 3 Gesängen. 16. (70 S.) Grossbodungen 858. (Langensalza, Verlags-Comptoir.)

Hentschel, Kurt

Hentschel, C., G. Hey, u. O. Lyon, Handbuch z. Einführg. in d. deutsche Litteratur m. Proben aus Poesie u. Prosa, s. a. Lesebuch, deutsches, f. höh. Lehranst.

Handbuch zur Einführung in die deutsche Literatur mit Proben aus Poesie u. Prosa von Prof. Dr. C[urt] Hentschel, Prof. Dr. G[ustav] Hey, Prof. Dr. O[tto] Lyon. 3. umgearb. Aufl. Leipzig & Berlin: B. G. Teubner 1906. (XIV, 619 S.) 8° [F.]
— Lesebuch, Deutsches, f. höhere Lehranstalten. T. 5. [06. 8630

Hentschel, Curt, Lehrplan f. den deutschen Unterricht in den unteren u. mittleren Klassen e. sächsischen Realgymnasiums. Zugleich Ergänzungshft. zum 6. Jahrg. der Zeitschrift f. den deutschen Unterricht. Der Ergänzungshfte. 2. gr. 8. (VI, 87 S.) Leipzig 892. B. G. Teubner. n. 1. 60

Hentschel, Kurt, s.: Sammlung ausgeführter Stilarbeiten.

Hentschel, Kurt Johann Balthasar Schupp. Ein Beitrag zur Geschichte der Pädagogik des siebzehnten Jahrh. LXXVII S.
Progr. *Döbeln* 1876.

Hentschel, Kurt u. Gustav Märkel

Hentschel u. Märkel, Umschau in Heimat u. Fremde. Ein geograph. Lesebuch zur Ergänzg. der Lehrbücher der Geographie, insonderheit derer von Ernst v. Seydlitz. 1. Bd. Deutschland. Mit vielen Abbildgn. gr. 8. (296 S.) Breslau 886. F. Hirt. n. 2. 50; geb. n. 3. 30

Hentschel u. Märkel, Umschau in Heimat u. Fremde. Ein geograph. Lesebuch zur Ergänzung der Lehrbücher der Geographie, insonderheit derer von Ernst v. Seydlitz. 2. Bd. Europa [mit Ausschluß d. Deutschen Reiches]. Mit vielen Abbildgn. gr. 8. (459 S.) Breslau 887. F. Hirt. n. 3. 60 (1. u. 2.: n. 6. 10)

Hentschel u. Märkel, Umschau in Heimat u. Fremde. Ein geograph. Lesebuch zu Ergänzg. der Lehrbücher der Geographie. 1. Bd. Deutschland. 2., durchgeseh. u. verm. Aufl. Mit 127 erläut. Abbildgn. in Schwarzdr. u. 2 Taf. in vielfach. Farbendr. gr. 8. (413 S.) Breslau 900. F. Hirt. n. 4. —; geb. in Leinw. n. 5. —

Hentschel, Martin: Johann Jakob Wagners Pädagogik. Weida i. Th. 1910: Thomas & Hubert. 122 S. 8°
Leipzig, Phil. Diss. v. 20. Okt. 1910, Ref. Volkelt, Barth
[Geb. 22. Dez. 82 Großenhain i. S.; Wohnort: Leipzig; Staatsangeh.: Sachsen; Vorbildung: Sem. Dresden-Plauen bis O. 03, Wahlfähigk. 05; Studium: Leipzig 8 S.; Rig. 28. Juli 10.] [U 11. 3215

Hentschel, Max [app. Arzt aus Grünberg '(Schles.)']: Über Osteomata maxillae superioris ... Leipzig, Druck v. A. Edelmann, Univ.-Buchdr., *1894*; 31 S. 8.
Leipzig, Med. Fak., Inaug.-Diss. v. 22. März 1894

Hentschel, O.: Über stationäre elektrische Strömung in einer lemniskatischen Platte, s.a. Festschrift zu der am 2. November 1882 stattfindenden Feier der Einweihung des neuen Gymnasiums zu Salzwedel.

Hentschel, O. **Über stationäre elektrische Strömung in einer lemniskatischen Platte.** 8 S. u. 10 Fig. **Progr.** **Salzwedel* 1882.

Hentschel, O., Ueber stationäre elektrische Strömungen in einer lemniskatischen Platte. 4°. Salzwedel, Klingenstein. 1883.
M. —.60

Hentschel, Oskar

Hentschel, O., conforme Abbildung einiger Flächen, welche den unendlich fernen Punkt enthalten, auf den Kreis. 4. (16 S.) Berlin 874. Calvary & Co. n. 1. —

Hentschel O. Ueber einige conforme Abbildungen. 1871. 8.
Diss. Jena.

Hentschel, Oskar, Prof. Dr.: **Ausführung** einiger konformen Abbildungen, T. 1. *Salzwedel (1899): A. Menzel.* (S. 1—8.) 4° [Umschlagt.] ¶ (Vgl. P-Beil. 1874.)
Salzwedel, k. G, OP 1899 (260)

Hentschel, Oskar, Prof. Dr.: **Ausführung** einiger **konformen** Abbildungen. T. 2. *Salzwedel (1900): A. Menzel.* (S. 1—4.) 4° ¶ [Forts. d. P-Beil. 1899.]
Salzwedel, k. G, OP 1900 (204)

Hentschel, O., Ausführung einiger konformen Abbildungen der Parabel auf den Kreis u. unendlich lange Parallelstreifen. gr. 4. (8 u. 4 S. m. 9 Fig.-Taf.) Leipzig 900. (Buchh. G. Fock.) n. 1. 20

Hentschel, Rudolf [pr. Arzt aus Neurode '(Schles.)']: Über Aktinomykosis hominis ... Leipzig, Druck v. Sellmann & Henne, 1896; 41 S. 8.
Leipzig. Med. Fak., Inaug.-Diss. v. 30. Juli 1896

Hentschel, Salome, Salomon Hentschels // Sch. Fort. Coll. u. Cantoris, // Grundregeln // der // Hoch-Deutschen Sprache. // Naumburg /// Gedruckt mit Boßögelischen Schriften. 17?9.- 4 Blatt (nicht paginiert) Titelblatt und Vorrede. - 104 Seiten.
Auf dem Titelblatt steht die Widmung:
In die Bibliothec der
Deutschen Gesellschaft
schencket dieses
der Autor.
S. S. T. 8°.2??.

Hentschel, Thdr., die Schiebersteuerungen bei Dampfmaschinen, besonders bei Locomotiven. In populärer Darstellung für Techniker, Locomotivführer, Gewerbtreibende u. Gewerbschüler bearb. Mit 5 lith. Figurentaf. (in Fol.) Leipzig 859. Merseburger. gr. 4. (VI S., 56 Sp.) 20 ngr.

Hentschel, W., Strafgesetzbuch für das Deutsche Reich. Correcte Text-Ausg. nach der Redaktion vom 26. Febr. 1876 mit den Inhalt der Paragraphen anzeigenden Ueberschriften, die praktische Anwendung des Gesetzes unterstützende Bemerkungen, ferner bezw. sowohl durch verschiedenen Druck, als auch durch Marginalien bewirkten Hinweis auf die sachliche Zuständigkeit, die Ueberweisungsfähigkeit, Zulässigkeit des Strafbefehls u. die nothwendige Vertheidigung, nebst einem Sachregister. gr. 16. (V, 186 S.) Leipzig 879. Fues. n. 1. 20; geb. n.n. 1. 60

— dasselbe. Neue Aufl., ergänzt von Alfr. Lohmann. 12. (VI, 186 S.) Ebend. 881. n.n. 1. 60

[Kopft.:] [F.] Ueber die wahrscheinlichen Ursachen der Regenbildung. Offener Brief an d. deutschen Elektro-Techniker. (Vf.: Dr. **W. Hentschel,** Seiffersdorf b. Freystadt N. Schlesien.) *(Leipzig: Dr. v. Th. Hentzschel [1897].)* (6 S., 1 Bl.) 1 Bd 8. [97. 8814

Hentschel, W., über die wahrscheinl. Ursachen der Regenbildung. Off. Brief an d. deutschen Elektro-Techniker. gr. 8. (6 S. m. 2 Abb.) Seiffersdorf 897. (Grünberg, F. Weiß.) — 15

Hentschel, Walther, aus Zschopau ⟨Nossen⟩: Beiträge zur Kenntnis des Verhaltens der Carbanilido-N-Aryl-Aldoxime gegen verschiedene Basen. *Roßwein i. S. (1902): A. Haubold.* (49 S.) 8°
Leipzig. Phil. Diss. v. [22. Dez.] 1902

Hentschel, Willibald

Hentschel, Willib., vom aufsteigenden Leben. Ziele der Rassen-Hygiene. (Buchschmuck v. Kurt Lindekugel.) (128 S.) gr. 8. Leipzig 910. F. Eckardt. 1.80; geb. 2. 50

Hentschel, Willib., Mittgart. Ein Weg zur Erneuerg. der german. Rasse. (14 S.) gr. 8. Leipzig 904. Hammer-Verlag. (Th. Fritsch.) n. — 50

Hentschel, Willib. Ein naturphilosophisches Problem. gr. 8. (23 S.) Lpz. 889, [Fritsch.] Herm. Beyer. — 60

Hentschel, Willib., Varuna. Eine Welt- u. Geschichts-Betrachtg. vom Standpunkt des Ariers. (1. u. 2. Bd.) gr. 8. (S. 1—426.) Leipzig 901. Th. Fritsch. à n. 2. 40; geb. à n. 3. 50

Dr. Willibald **Hentschel**. Varuna. Eine Welt- u. Geschichts-Betrachtung vom Standpunkt d. Ariers. (1.) 2. *Leipzig: T. Fritsch 1901(02).* 2 Bde 8° [F.]

— Varuna. Das Gesetz des aufsteig. u. sink. Lebens in der Geschichte. 2. Aufl. (3. u. 4. Taus.) (VII, 626 S.) gr. 8. Leipzig 907. Th. Fritsch. 6.—; geb. 7. 20

Hentschel, Willy: H. Taines Erkenntnis-Theorie in De L'Intelligence. (Darstellung und Beurteilung). Rochlitz i. S. 1910: Meltzer. 61 S. 8°
Erlangen, Phil. Diss. v. 20. April 1910, Ref. Falckenberg
[Geb. 8. Febr. 83 Schönfeld b. Rochlitz; Wohnort: Leipzig; Staatsangeh.: Sachsen; Vorbildung: Realgymn. Borna Reife O. 05; Studium: Erlangen 3, Leipzig 6 S.; Rig. 21. Febr. 10.] [U 10. 866

Hentschel, Willy, Referendar am Landgerichte zu Ostrowo: **Wesen** und Merkmale des wesentlichen Irrtums. *Greifswald 1900: J. Abel.* (63 S.) 8°
Greifswald, Jur. Diss. v. [19. Nov.] 1900

Hentschel v. Gilgenheimb, Wilh. Ritter, Offizier-Stammliste des Feldartillerie-Regiments v. Peucker (1. schles.) Nr. 6. Vom 21. II. 1809—1. X. 1908. (VII, 472 S.) gr. 8. Oldenburg 908. G. Stalling's Verl. nn 11.50; geb. nn 13. —

Hentschell, s. Henschel

Hentschen, s. Hentsch

Hentscher, Max *Friedrich* [app. Arzt aus Erfurt]: Aus d. patholog. Institute zu Kiel. Über Aneurysmenbildung bei jugendlichen Individuen ... Kiel, Druck v. L. Handorff, 1893; 24 S. 8.
Kiel, Med. Fak., Inaug.-Diss. v. [18. Febr.] 1893

HENTSCHITT, JOSEPH S. J.: Dank- und Bitt-Rede als wegen im Königreich Böhmen von Gott gesegneten Waffen Ihro Majestät ... Mariä Theresiä das feyerliche Te Deum von der k. Frey-Stadt Oedenburg ... den 1. Julij 1742 gehalten wurde. Oedenburg 1742. Gedr. bey Joh. Phil. Rennauer. 18 S. - 4°

HENTSCHITT, JOSEPH S. J.: Danck- und Ehrenrede Gott dem Allerhöchsten vor die gecrönte Sieg in Hertzogthum Bayern, und siegreiche Crönung im Königreich Böheim Ihro königl. Ungarischen Majestät, der Allerdurchlauchtigsten Frauen Frauen Mariae Theresiae unserer gnädigsten Landesmutter &c. abgestattet als das feyerliche Te Deum von der königl. Frey-Stadt Oedenburg den 7. Juli 1743. gehalten wurde, vorgetragen. Oedenburg bey Joh. Phil. Rennauer. 1743. 20 S. - kl. 4°

Hentschius, s. Hentsch

Hentschke, Georg *(geb. Görlitz 21.2.1860)*: Die Verbalflexion in der Oxf. Hs. des Girart de Rosillon. Halle 1882. (32 S.) 8°
[Erweit. Buchausg. 1883 bei Niemeyer in Halle.]
Breslau, Phil. Diss. v. 8. [vielmehr 11.] Nov. 1882

Hentschke, Geo., die Verbalflexion in der Oxf. Hs. d. Girart de Rosillon. gr. 8. (58 S.) Halle 883. Niemeyer. n. 1. 60

Hentschke, Th., Allgemeine Tanzkunst, Theorie u. Geschichte, antike u. moderne (gesellschaftliche u. theatralische) Tanzkunst u. Schilderung d. meisten National- u. Charaktertänze, m. Abb., Stralsund 1845, 278 S., 7 Taf., 8°.

***HENTSCHKE,** Th., Allgemeine Tanzkunst. Theorie und Geschichte, antike und moderne (gesellschaftliche und theatralische) Tanzkunst und Schilderung der meisten National- und Charaktertänze. Mit 7 Tafeln. Stralsund, Löffler'sche Buchhandlung, 1845. 8°.

Henty, George Alfred

— in Freedom's cause. In gekürzter Fassg. f. den Schulgebrauch hrsg. v. Paul Geissler. 8. (VII, 128 S.) Leipzig 902. G. Freytag. Geb. in Leinw. n. 1. 40; Wörterbuch (40 S.) n. — 50

Henty, G. A., Bonnie Prince Charlie. In gekürzter Fassg. f. den Schulgebrauch hrsg. v. Johs. Mättig. (VI, 125 S.) 8. Leipzig 903. G. Freytag. Geb. in Leinw. n. 1. 50; Wörterbuch. (39 S.) n. — 50

Henty, G. A., Bonnie prince Charlie. [Freytag's Sammlung französischer und englischer Schriftsteller.] 8°. (V, 125, 18 S.) geb. K 1.80
Hierzu Wörterbuch. 8°. (39 S.) K —.60
Wien: Tempsky 1903.

— Unter den Fahnen Friedrichs des Großen. Eine Erzählg. aus dem 7jähr. Kriege. Autoris. Uebersetzg. v. Vikt. Witte. (347 S.) 8. Ebd. 910. 4.—; geb. in Leinw. 5. —

— Eine Flucht aus Sibirien od.: Verurteilt als Nihilist. Erzählung auf Grund wahrer Begebenheiten im Reiche des Zaren. Autoris. Übersetzg. v. Vikt. Witte. (328 S.) 8. Ebd. 910. 4.—; geb. in Leinw. 5. —

— In westindischen Gewässern. Erzählung aus der Zeit des Negeraufstandes v. Haiti. Autoris. Übersetzg. v. Vikt. Witte. (399 S.) 8. Ebd. 910. 4.—; geb. in Leinw. 5. —

— Im Herzen des Felsengebirges. Abenteuer im wilden Westen Nordamerikas. Autoris. Übersetzg. v. Vikt. Witte. (344 S.) 8. 910. 4.—; geb. in Leinw. 5. —

Henty, G. A., on the Irrawaddy. A story of the first Burmese war. Für d. Schulgebr. hrsg. v. Paul Reimann. 1. Tl.: Einleitg. u. Text. 2. Tl.: Anmerkgn. u. Wörterverzeichnis. 8. (VIII, 184 S. m. 1 Abb. u. 1 Karte.) Leipzig 898. G. Freytag. Geb. in Leinw. u. geh. n. 1. 50

Henty, G. A., der Löwe v. St. Markus. Erzählung aus Venedigs Vergangenheit. Nach d. Engl. bearb. v. E. Ostus. Mit 10 Einschaltbildern v. Gordon Brown. gr. 8. (VIII, 256 S.) Berlin 898. H. J. Meidinger. Geb. in Leinw. n. 4. —

— Mit Cortez in Mexiko. Eines Schiffbrüchigen Abenteuer im Aztekenlande. Autoris. Übersetzg. v. Vikt. Witte. (397 S.) 8. Jena 910. H. Costenoble. 4.—; geb. in Leinw. 5. —

— Both sides the border, hrsg. v. Hans Strohmeyer, s.a. Authors, English.

Henty, G. A., both sides the border. In gekürzter Fassung f. den Schulgebrauch hrsg. v. Karl Münster. I. Tl.: Einleitung u. Text. II. Tl.: Anmerkungen. 8. (VI, 146 S.) Leipzig 901. G. Freytag. Geb. u. geb. n. 1. 50; Wörterbuch (51 S.) n. — 50

HENTY, G. A.

G. A. Henty. Both sides the Border. In gekürzter Fassung für den Schulgebrauch herausgegeben von Dr. Karl Münster. I. Theil: Einleitung und Text. II. Theil: Anmerkungen. (Freytag's Sammlung französischer und englischer Schriftsteller.) Wien und Prag. 1901. Tempsky. Gr.-8°. V, 146 S. Geb. K 1.80

Both sides the border. A tale of Hotspur and Glendower. By G(eorge) A(lfred) Henty. In Ausz. mit Anm. z. Schulgebr. hrsg. von Dr. Hans Strohmeyer. Mit e. Bildn. d. Verf. u. 2 Übersichtskarten. [Nebst] Anh. [u.] Wörterbuch. Bielefeld & Leipzig: Velhagen & Klasing 1908. 3 Bde 8° = Sammlung, Velhagen & Klasings, franz. u. engl. Schulausgaben. English authors. Lfg 115 B.

— Sturdy and strong or, How George Andrews made his way. In gekürzter Fassg. f. den Schulgebrauch hrsg. v. Max Thümmig. 8. (IV, 100 S.) Leipzig 902. G. Freytag. Geb. in Leinw. n. 1. 20; Wörterbuch (33 S.) n. — 50

— when London burned, hrsg. v. G. Wolpert, s.: Schulbibliothek, französische u. englische.

— when London burned, Wörterbuch, s.: Schulbibliothek, französische u. englische. A. 126.

Henty, Geo. Alfr., with Clive in India, or the beginnings of an empire, hrsg. v. G. Opitz, s.a. Authors, English.

— with Clive in India, hrsg. v. Geo. Wolpert, s.a Klassiker-Bibliothek, französisch-englische. 33.

With Clive in India or the beginnings of an Empire. By G(eorge) A[lfred] Henty. Mit Anm. z. Schulgebr. hrsg. von G[ustav] Opitz. Mit 1 Karte. [Nebst] Anhang [u.] Wörterbuch. Bielefeld & Leipzig: Velhagen & Klasing 1907. 3 Bde 8° = Sammlung, Velhagen & Klasings, franz. u. engl. Schulausgaben. English authors. Lfg 112 B.

— Wulf the Saxon. A story of the Norman conquest. In gekürzter Fassg. f. den Schulgebrauch hrsg. v. Rhold. Besser. 8. (IV, 119 S.) Ebd. 903. Geb. in Leinw. n. 1. 40; Wörterbuch (43 S.) n. — 50

Henty, G. A., Wulf the Saxon. A story of the Norman Conquest. [Freytag's Sammlung französischer und englischer Schriftsteller.] 8°. (119, 18 S.) geb. K 1.70
Hierzu Wörterbuch. 8°. (48, 16 S.) K —.60
Wien: Tempsky 1903.

— Yarns on the beach, hrsg. v. R. Eule, s.: Schulbibliothek, französische u. englische, A. 143.

Hentz, B. Der elegante Schnitt für Damengarderobe. Leichtfasslicher Unterricht im Kleidermachen zum Selbstunterricht für Damen, sowie als Leitfaden für Fachschulen. Nach Methode von Madame Prof. A. Guerre in Paris. Mit bildl. Erklärungen des Maasnehmens u. gedr. Schnittübersichten. 38 Tfln. 44 S. Gr. in-4°. Basel, E. Birkhäuser. 1873. 5 —

Hentz, Caroline Lee, Linda, s. Lese-Cabinet, amerikanisches.

— Ernst Linwood. Eine Erzählung. Deutsch von F. Thalberg. 3 Bde. Leipzig 856. Einhorn. (Wien, Hartleben.) 8. (198; 215; 237 S.) 1 ℛ. 15 ngr.

— Markus Warland oder die Moosquelle. Lebensbild aus dem Süden der Vereinigten Staaten. Aus dem Engl. von Friedr. Arendt. 8. (IV und 293 S.) Leipzig 855(56,) Einhorn's Verlag.

Hentz, J. K. Gli., s. Henze, Johann Karl Gottlieb

* *Johann Hentz* Arithmetische Lustspiele oder unterschiedliche solvirte Rechnungsaufgaben. Stettin. 8. 13 Bog. 1758.

— Lübeck. 8. Donatius, gr. 8. (12 gr.) 1777.

Hentz, Lina, leichtfasslicher Unterricht im Kleidermachen zum Selbstunterricht f. Damen, sowie als Leitfaden f. Fachschulen. Nach der Methode von Madame Alice Guerre in Paris. Übers. von H. Einzig autoris. Übersetzg. in die deutsche Sprache. Mit bildl. Erklärgn. d. Massnehmens u. gedr. Schnittübersichten. Fol. (III, 44 S. m. 35 Taf.) Basel 893. E. Birkhäuser. Kart. n. 4. —

Hentze, s.a. Henze

Hentze, A[lbin], Dr. med. et. chir., approb. Arzt u. approb. Zahnarzt: Neubildungen der Zahnpulpa. *Kiel 1902: H. Fiencke.* (40 S.) 8°
Kiel, Med. Hab.-Schr. v. [6. Sept.] 1902
(Nicht für den Austausch)

Hentze, Albin, approb. Arzt aus Halle a. S.: Die Zahnhalscaries bei Phthisikern. *Kiel 1900: 'Nord-Ostsee-Zeitung'.* (25 S.) 8°
Kiel, Med. Diss. v. [11. Nov.] 1900

Hentze, C., s. Hentze, Karl

Hentze, Ed., Anweisung zur Anlegung u. Construction geruchloser Abtritte, insbesond. solcher, deren Luft durch besond. Zugöfen gereinigt wird. Für Baumeister u. Hausbesitzer. Nach d. neuesten engl., franz. u. deutschen Erfindn. u. Verbessn. M. 17 Abbild. (auf 2 lith. Bog. Fol.) 8. (1½ B.) Quedlinburg 832, Basse.

Hentze, H. W., Pferdefleisch und das Pferdefleisch-Essen. 8. (35 S.) Elberfeld 848, Bädeker'sche Buchh.

Hentze, J.: Arithmetische Lustspiele, s. Hentz, Johann

Hentze, Jh. Gli., († d. 7. Nov. 1798.) Berneck; ein histor. Versuch. Auch u. d. T.: Ruinen merkwürdiger Gegenden u. Alterthümer des Fränk. Kreises rc. Von e. Gesellschaft Gelehrten. gr. 4. Bayr. 790. Lübecks Erb. (Grau in Hof). 12 gr.

— Versuch üb. die älteste Geschichte des Fränk. Kreises, insbesond. des Fürstenth. Bayreuth. 16 Stück. 8. Bayr. 788. Lübecks E. (Grau in Hof). 8 gr.

Hentze, Karl

Hentze, C., Anleitg. zur Vorbereitg. auf Homers Odyssee, s.: Schüler-Kommentare zu griechischen u. lateinischen Klassikern.

Bilder aus Marburgs Vergangenheit. Von K[arl] Hentze. Zur Erl. der 7 grossen hist. Gemälde in der Univ.-Aula. Marburg 1909: Koch. 15 S. 8°

Hentze, Karl Einleitung zum elften Gesange der Ilias. 24 S.
[— Anhang zu Homers Ilias IV (1878). S. 40—74.] *Göttingen* 1877.
Progr.

Hentze, Einleitung zum 11. Gesange der Ilias. gr. 4. (24 S.) Göttingen 877. (Vandenhoeck & Ruprecht.) n. 1. —

Hentze, C., Die Entwicklung d. Funktionen d. Partikel *μή* in den homerischen Gedicl
S.-A. o. J. 66 S.

Hentze, C., Erläuterungen z. Homer's Ilias, s.: Homer's Ilias.

Hentze, Karl, Geschichte f. Mittelschulen u. verwandte Anstalten, s.: Andrä, J. C.

Hentze, C., Hamburg. Heimatkunde f. Schule u. Haus. 8. (IV, 140 S.) Hamburg 898. C. Kloß. Geb. n. 1.20

Hentze, C., Hamburg. Heimatkunde f. Schule u. Haus. 2., verm. Aufl. 8. (VIII, 160 S.) Hamburg 899. C. Kloß. Geb. n. 1.20

Hentze, C., Hamburg. Heimatkunde f. Schule u. Haus. 7. verm. Aufl. (VI, 194 S. m. Abbildgn.) 8. Hamburg 910. C. Boysen. Geb. in Halbleinw. 1.50; Geschenkausg. geb. in Leinw. 2.—

Hentze, K., s.: **Handbuch des preuss. Rektorenvereins.**

— s.: **Handbuch f. Schulinspektoren usw.**

Hentze, Karl (Mitarb.), s. Homers Odyssee.

Hentze, K., s.: Kalender f. Schulinspektoren.

Hentze, Carol., de pronominum relativorum linguae graecae origine atque usu Homerico. Dissertatio inauguralis. gr. 8. (44 S.) Göttingen 863, (Vandenhoeck und Ruprecht.)

Hentze, *Carl* Die Parataxis bei Homer. I. Teil. 4 (32 S.). II. Teil. 4 (S. 14—27). G. u. Rg. *Göttingen* 1888 (288). 1889 (290). **Progr.**

Hentze, C., die **Parataxis** bei Homer. I. II. gr. 4. Göttingen 888. 889. (Vandenhoeck & Ruprecht's Verl.) n. 2.—
I. (32 S.) n. 1.20. — II. (16 S.) n. —80.

Hentze, C. [Prof. Dr.]: Die Parataxis bei Homer. II. Teil. Göttingen, Druck v. L. Hofer, 1889; S. 14–27; 4°
Göttingen, k. G u. RG, OP 1889 (290)

Hentze, *Carl* [Prof. Dr.]: Die Parataxis bei Homer. III (Forts. d. P-Beil. 1888. 89.) Göttingen, Druck d. Dieterich'schen Univ.-Buchdr., 1891; 1 Bl., 18 S. 4°
Göttingen, k. G u. RG, OP 1891 (295)

— die **Parataxis** bei Homer. III. gr. 4. (18 S.) Göttingen 891. (Vandenhoeck & Ruprecht.) n. —80 (I—III.: n. 2.80)

Hentze: Zur Periodenbildung bei Homer, 27 S.–Göttingen, Progr. 1868

Hentze, C. Vorbereitung auf Homers Odyssee, s. Schiller-Kommentare zu griech. u. latein. Klassikern.

Hentze, L., practische u. systematische Anleitung zur Portrait-Aquarell-Malerei, ihre Anwendung auf Photographien u. alle Arten graphischer Abbildungen [incl. Landschaft]. Nach kunstwissenschaftl. Principien bearb. 8. (196 S.) Leipzig 889. Oelsner. n. 2.—

Hentze, Lothar, Leitfaden für den praktischen Photographen. Ausführliche Beschreibung des feuchten Collodionverfahrens und der Anfertigung positiver Copien nach Negativs auf Chlorsilberpapier nach den in den vorzüglichsten Ateliers Deutschlands, Frankreichs u. Englands ausgeübten Methoden. Leipzig 864. Abel. 8. (XV, 268 S.) n. 1 ℳ

Magister Franz Günther aus Nordhausen und sein verdienstvoller Anteil an den ersten Kämpfen der Reformation. Von Otto **Hentze**, Pfarrer. Görsbach: Selbstverl. 1907. (32 S.) 8° [Umschlagt. F.]
Aus: Zeitschrift d. Vereins f. Kirchengesch. in d. Prov. Sachsen. Jg. 3, H. 2. (07. 6155 S

Hentze, R., der Böttcher, s.: **Barfuß, F. W.**

— **Der Faßberechner. Leitfaden zur schnellen u. zuverläss. Inhaltsberechng. v. runden, ovalen u. bauch. Fässern u. Bottichen, sowie v. zylindr. u. zugespitzten Gefäßen, enth. Kreisflächen- u. Faßberechnungstabellen, Tabellen zur Anfertigg. der quadrat. u. kub. Visierstäbe, nebst e. Abweinungstabelle zur Inhaltsberechng. teilweise gefüllter Fässer.** (48 S. m. 8 Abbild.) gr. 8. Leipzig 907. B. F. Voigt. 1.—

Hentze, Rudolf, appr. Arzt a. Fürstenwalde ⟨Spree⟩: Aus d. chirurg. Klinik d. Königl. Univ. Greifswald. Über einen Fall von „Elephantiasis permagna" und den Nutzen der Behandlung mit Curschmann'scher Drainage des Zellgewebes. Greifswald 1907: H. Adler. (27 S.) 8°
Greifswald, Med. Fak., Ref. Sauerbruch-Friedrich, Diss. v. 4. Nov. 1907
[Geb. 24. März 70 Fürstenwalde; Wohnort: Fürstenwalde; Staatsangeh.: Preußen; Vorbildung: Gymn. Fürstenwalde Reife O. 97; Studium: Berlin 1, Leipzig 2, Greifswald 4, Breslau 9, Greifswald 3 S.; Coll. 28. Juni 07; Approb. 10. Juli 07.]

WILHELM HENTZE, Ueber Veränderlichkeit der Blattform bei Quercus Cerris L. Mit 2 Tafeln Abbildungen, nach den dem Vereinsherbar übergebenen Belegexemplaren gezeichnet von H. Möhl. s. l. & a.

Hentze, Willy, analyt. Berechng. elektr. Leitungen. Mit 37 in d. Text gedr. Fig. gr. 8. (V, 81 S.) Berlin 898. J. Springer. — München, R. Oldenbourg. (Auslieferg. durch J. Springer.) Geb. n. 3.—

Hentze, Willy, am Hofe des Kaisers Menelik v. Abessynien. (VII, 182 S. m. 41 Abbildgn., 6 Taf. u. 1 Fksm.) gr. 8. Leipzig (905). E. H. Mayer. n. 4.—; geb. n. 5.—

Hentze, Willy, am Hofe des Kaisers Menelik v. Abessynien. Mit 7 Taf., 1 Fksm. u. 43 Illustr. im Text. 2. verm. Aufl. (VII, 214 S.) gr. 8. Leipzig (908). E. H. Mayer. 4.50; geb. 5.50

Hentzelt, Anatol, über die Behandlung der subcutanen Querfracturen der Patella, mit besond. Berücksicht. der Function des Gelenkes und der Knochennaht. Inaugural-Dissertation. gr. 8. (51 S.) Dorpat 883, (Schnakenburg's Verlag.)

Hentzen, Alexander (geb. Böddeken in Westf. 4. 2. 1836): Ueber Apoplexia sanguinea. Berlin (1869). (32 S.) 8°
Berlin, Med. Diss. v. 14. Jan. 1869

Hentzerling, Anton (Arensburg), De conservatione sui tanquam primo principio juris. Diss. jur. Präs. Steph. Sigism. Wloemen. Giessen (Eb. H. Lammers) 28. II. 1742. 18 S. (6.—) 14442

Hentzl, K. k. Generalmajor von, Die Vertheidigung der Festung Ofen vom 4. bis 21. Mai 1849. Nach hinterlassenen Tagebuchblättern. Gr.-8. (V, 94 S. mit 1 Plan und 1 Tabelle.) Wien: „Reichswehr" 1893. 1.80

Hentzschel

— s. a. **Haentschel, Haentzschel, Henschel, Hentschel, Henzschel.**

Hentzschel, Adam Wilhelm (Finsterwalde), De sudore pedum. Diss. med. Präs. Friedrich Schwaegrichen. Lpz. (Staritz) 16. XII. 1825. 30 S. (6.—) 11111

Gew.: Heinrich Leopold Francke.

Hentzschel, Alfred, Ref. in Borna: Die Vereitelung der Zwangsvollstreckung — § 288 des Str.-G.-B. Leipzig 1906: Hallberg & Büchting. (VIII, 84 S.) 8°

Leipzig, Jur. Fak., Diss. v. 30. Juni 1906

[Geb. 7. Mai 79 Wurzen; Wohnort: Borna.; Staatsangeh.: Sachsen; Vorbildung: Gymn. Wurzen Reife O. 98; Studium: Leipzig 7 S.; Rig. 8. Juli 01.]

Hentzschel, J. Chr. W.

— kurze Anweis. im Rechnen für Elementarschulen. 1r Curs. Die 4 Species nebst d. Regel de Tri, verbunden mit vielen Aufgaben z. Uebung. 8. Frankf. . d. O. 828. Tempel. 4 gl

— Grablieder bei Beerdigungen. 12. Berl. 827, Flittner.

— Grablieder bei Beerdigungen. 12. Berl. 827, (Sander). 4 gl

Henzschel, J. Chr. W., kurzer Inbegriff d. christl. Religionswahrheiten, 1r Curs. 8. Frankf. a. d. O. 821. 2e Aufl. 822. Hoffmann. 3 gl 2r Curs. 8. Ebd. 821.

Henzschel (Henzschel), J. Chr. W., kurzer Inbegriff der christl. Religionswahrheiten, als Leitfaden beim Unterricht d. Jugend, nebst M. Luther's Katechismus 2c. 1r Cursus. 3e verm. Aufl. Frankfurt a. O. 835. Hoffmann. 1/8 Rthlr

Hentzschel, Otto: Die Hauptküstentypen des Mittelmeers unter besonderer Berücksichtigung ihrer horizontalen Gliederung. *Leipzig 1903: Hallberg & Büchting.* (61 S.) 8°

Leipzig, Phil. Diss. v. [12. Jan.] 1903

Hentzschel, Otto: Lichtenbergs Lebensanschauung. Borna-Leipzig 1910: Noske. IV, 59 S. 8°

Leipzig, Phil. Diss. v. 19. April 1910, Ref. Barth, Volkelt

[Geb. 6. Jan. 84 Leipzig; Wohnort: Marienburg Wpr.; Staatsangeh.: Sachsen; Vorbildung: Realgymn. Leipzig Reife O. 03; Studium: Leipzig 9 S.; Rig. 22. Dez. 09.] [U 10. 3152

Hentzschel, Paul, Frauenturnen in Bild und Wort, Geräteübungen, m. 100 photogr. Bild. v. Verf., Magdeburg, 128 S., 8°.

Hentzschel, Paul, Gemeinübungen an den Geräten, s. a. Volks-Turnbücher, deutsche. 17. u. 18 Hft.

Hentzschel, P.: Gemeinübungen an den Geräten. 25 Übungsgruppen f. d. Turnen d. Knaben u. Männer. Leipzig 1901. 67 S. m. Abb. (Deutsche Volks-Turnbücher. 17—18.)

Hentzschel, Paul, das Keulenschwingen, s.: Wortmann, H.

Hentzschel, Paul, Spiele für jung und alt, Anleitung zu den wichtigsten Turn- und Gesellschaftsspielen, m. Abb., Leipzig 1907, 84 S., 8°.

Hentzschel, Paul, Spiele f. Jung u. Alt. 2. Tl. Anleitung zur Veranstaltg. v. Wettkämpfen f. Männer, Frauen u. Kinder. Mit e. Anh. üb. Gesellschafts- u. Kampfspiele. Mit 29 Bildern nach eigenen Aufnahmen u. Zeichngn. (54 S. m. 1 Merkblatt.) kl. 8. Leipzig 909. P. Eberhardt. 1.—

— dasselbe, s. a. Bibliothek turnerischer Unterhaltungen.

— deutsches Turnen im Hause. Leibesübungen für unsere Jugend. In 230 Bildern nach dem Leben. Mit Anleitg. zum Selbstunterricht. (144 S.) 8. Leipzig 906. P. Eberhardt. Geb. in Leinw. n. 2. 50

Hentzschel, Paul, Das Turnen am Pferd, Tisch und Bock in Bild und Wort, 113 turnerische Lichtb. m. erl. Übungsfolgen, Magdeburg, 116 S., 8°.

Hentzschel, Paul, Das Turnen an den Schaukelringen, dem Schaukelreck, der Leiter, den Kletterstangen und den Tauen, E. Sammlung v. 100 turnerischen Lichtbildern m. erläuternden Übungsfolgen in 3 Stufen, Magdeburg, 96 S., 8°.

Hentzschel, Paul, Volkstümliche Übungen in Bild und Wort, E. Samml. v. 110 Lichtbildern m. erl. Anleitungen, Magdeburg, 112 S., 8°.

Hentzschel, Robert Arthur, approb. Arzt aus Pulsitz b. Ostrau: Ueber **Uterusabscess** und die Fähigkeit der Gonokokken, Bindegewebe und Muskulatur eitrig einzuschmelzen. *Leipzig 1901: B. Georgi.* (23 S.) 8°

Leipzig, Med. Diss. v. (28. Nov.) 1901

Henvaux, D., Construction der Walzwerke zur Bearbeitung des Frischeisens zu Stabeisen aller Art, Eisenbahnschienen, Blech, Façoneisen 2c. Nach der französ. Schrift bearb. von Carl Hartmann. Mit 3 lith. Langfoliotaf. Leipzig 859. Gerhard. gr. 8. (VII, 73 S.) n. 1 Rthlr 10 ngr.

Henz, Fritz [aus Aarau]: Beitrag zur Kenntnis der Trennung von Antimon und Zinn mittels Oxalsäure. (S.-A. aus d. Zeitschr. f. anorgan. Chemie Bd. 36, H. 4.) Leipzig 1903. 62 S. 8°. [22. IX. 03]

Zürich. Phil. Diss. II. S. 1903/1904.

Henz, Fritz. Beitrag zur Kenntnis der Trennung von Antimon und Zinn mittels Oxalsäure. Diss. Phil. [II.] Univ. Zürich. [Mit Figuren. — Sep.-Abdr. aus der Zeitschrift für anorganische Chemie, Bd. 36, Heft 4.] 62 S. 8. Leipzig, Metzger & Wittig, 1903.

Henz, Heinrich: Stellung der Objektspronomina im Verhältnis zum Verbum wie auch unter sich im **Altitalienischen.** Landau 1908: Meixner. 45 S. 8°

Landau, k. G P 1908* [S 08. 179

Henz, L., praktische Anleitung zum Erdbau. gr. 8. (VIII und 323 S. mit 17 in Kpfr. gest. und chromolith. Figurent. in qu. Fol.) Berlin 856, Ernst und Korn. *

Henz, L., praktische Anleitung zum Erdbau. 2. Aufl. Nach dem Tode des Verf. bearb. von F. Plessner. Mit einem Atlas von 17 (lithogr.) Taf. (in 4. und Fol.). Lex.-8. (X, 291 S. mit eingedr. Holzschn.) Berlin 868, Ernst und Korn. *

—— dass. — 3. Aufl. Nach dem Tode des Verf. umgearb. und verm. von Wilh. Streckert. Mit einem Atlas von 17 (chromolithogr. und lithogr.) Taf. (in qu. Fol.). Lex.-8. (XII, 318 mit eingedr. Holzschn.) Ebendas. 873. *

— — Aufsätze betr. das Eisenbahnwesen in Nordamerika, bearb. von Bendel. Berlin 1862. Text 4°. Atlas Fol.

—— Hülfs-Tafeln bei Berechnung des Inhalts von Erdarbeiten beim Bau der Eisenbahnen, Chausseen und Kanäle. gr. 8. (XIV und 241 S. mit 3 Tab. in gr. Fol.) Berlin 854, Ernst und Korn. *

— Normalbrücken und Durchlässe nebst den zur Veranschlagung derselben erforderlichen Raum-Ermittelungen. Berlin (855.) Ernst u. Korn. Lex.-8. (39 S. u. 22 Kpfrtaf.) n. 1 Rthlr. 20 ngr.; die Kpfrtaf. einzeln n. 1 Rthlr. 10 ngr.

—— Normalbrücken und Durchlässe nebst den zur Veranschlagung derselben erforderlichen Raum-Ermittelungen. 2. Aufl. hoch 4. (40 S. mit 22 Kpfrt.) Berlin 869, Ernst und Korn. *

Henz, Ludwig

— Bericht über Project u. Vorarbeiten zu der Anlage einer Eisenbahn von Elberfeld über Hagen nach Witten. Mit 1 Karte (in qu. 1/2 gr. Fol.). Elberfeld 836. (Schönian.) 1 1/2 ₰

Henz, Ldw., Denkschrift zur Begründung des Projectes der Erbauung einer Eisenbahn zwischen Cöln u. Eupen, als deutsche Hälfte der Bahn von Cöln nach Antwerpen. Auszug der speziellen Bearbeitung des Planes. Mit 1 Karte. gr. 4. Elberfeld 835. (Essen, Bädeker; Köln, Pt. Schmitz. 1 ₰ Leipzig, Brockhaus. 2/3 ₰)

Henz, L. Eisenbahn zwischen Köln und Eupen. Elberfeld 1835. 4

Henz, L. Projekt der Eisenbahn zwischen Elberfeld und Witten. Elberfeld 1836. 4.

— der Ruhrstrom u. seine Schifffahrts-Verhältnisse, nebst Vorschlägen zur Erweiterung derselben. Nebst 1 Karte mit Längenprofil. gr. 4. Essen 840. Bädeker. n. 1 ₰

Henz, W., der Hausgarten als naturwissenschaftliches Praktikum, s.a. Taschenbibliothek, naturwissenschaftliche. 5.

Der Hausgarten als naturwissenschaftliches Praktikum. Von W. Henz. Mit vielen Abb. Wien & Leipzig: Hartleben (1910). 140 S. 8°
(Naturwissenschaftliche Taschenbibliothek. Bd 5.) (... 1910) 4

Henz, Wilhelm

Henz, Wilh., das Duell. Trauerspiel in 4 Aufzügen u. 1 Vorspiele. (III, 142 S.) 8. Dresden 904. E. Pierson. n. 2.—

— Leitfaden der gesamten Heilpädagogik f. Seminaristen u. Lehrer. (VIII, 178 S.) gr. 8. Halle 909. H. Schroedel. 2.50

Henze, s.a. Hentze

Henze und Harkort, Fr. Plan des Terrains der Eisenbahn von Minden nach Cöln und deren Seitenverbindungen. Wetter a. d. Ruhr 1832. 1 Bl. c. I.

Henze: Verkehrskarte von Europa. 1:3000000. Leipzig-N. [1906]. Aufgezog. u. mit Stäb. vers. 170 × 200 cm.

Henze's neue Verkehrs-Karte des Deutschen Reiches. Bearb. von L. Roßmann. Maßstab = 1:500000. Leipzig-Neustadt (1904?) Fol.

Henzes Weltkarte m. bes. Berücks. d. Welt- u Handelsverk., d. Kolonialbesitzes etc. Äquatorialmassstab 1:35000000. Aufgez. m. St. Leipzig Neust. (1902)

Henze's Zonenmesser für das Deutsche Reich und Österreich-Ungarn. Blatt A und B in 3 Teilen. Nebst Handbuch (Verzeichnis der Postanstalten etc.) bearbeitet von K Kluge. (158 S) Leipzig 1891

Henze A.: Die Entwickelung d. Forstdüngungsfrage. M. e. Anh.: Die Forstdüngungsversuche d. Landwirtschaftskammer f. die Provinz Sachsen. Einladungsschr. Dresden 1904. (73) S. (Sætr.).

Henze, A., Handbuch d. Schriftgießerei, s. Schauplatz, neuer, der Künste rc., 138. Bd.

Henze, A. On conversational lessons in Higher Schools. Braunschweig, H. T., 1871. 10 S. Progr.

Henze, Adolf (Hrsg.), s. Anzeiger, Illustrierter, f. Contor u. Bureau.

Henze, Adf. (Hrsg.), s. Anzeiger, Illustrierter, über gefälschtes Papiergeld u. unächte Münzen.

Henze, Adf., das Buch der Goldmünzen. Enth. die coursir. Goldmünzen d. In- u. Auslandes in naturgetreuen erhabenen Gold-Prägn. auf Grundlage d. neuen Münzgesetzes bearb. In 5 Lfgn. 4. (1. Lfg. 10 S. m. 3 Taf.) Neu-Schönefeld 872. Henze. 3. —

Henze, Adf., die Chirogrammatomantie oder Lehre den Charakter, die Neigungen, die Eigenschaften und Fähigkeiten der Menschen aus der Handschrift zu erkennen und zu beurtheilen. gr. 8. (IV und 326 S. mit 1000 in den Text gedr. facs. Handschriften, physiognom. Bildern in Holzschn. und dem Portr. des Verf. in Stahlst.) Leipzig (861)62, Weber. *

Henze, Erd-Globus (feste Form mit Fußgestell) Bei Adolf Henze in Leipzig-Neustadt. (Min.-Erl. v 29. Januar 1893, Z 27852) 41.31

Henze, Adf., illustrirte Fälschungs-Geschichten. Hrsg. und fortges. von Arth. Henze. (In ca. 10 Lfgn.) 1. Lfg. Lex.-8. (20 S.) Neustadt-Leipzig 888, Henze. * — 60

Henze, Adf., das Geld aller Völker. Ein Nachschlagebuch f. Contor u. Bureau, enth. die cursir. Münzen u. das cursir. Papiergeld aller Staaten der Erde in naturgetreuen Abbildgn. (in metall. Hochdr. u. Spiegel-Fksms.) m. Angabe des Werthes in deutscher Reichswährung. Nach amtl. Quellen bearb. Begründet v. A. H. Ausg. 1893. (In 42 Lfg.) 1.—18. Lfg. Lex.-8. Leipzig-Neustadt 894. A. Henze. à n. — 40

1. Belgien. (II, 6 S.) — 2. Dänemark. (S. 7—10.) — 3. 4. Deutsches Reich. (S. 11—18.) — 5. 6. Frankreich. (S. 19—26.) — 7. Griechenland. (S. 27—30.) — 8. Großbritannien. (S. 31—34.) — 9. Italien. (S. 35—38.) — 10. Monaco. Niederlande. (S. 39—42.) — 11. 12. Oesterreich-Ungarn. (S. 43—50.) — 13. Portugal. (S. 51—54.) — 14. Rumänien. (S. 55—58.) — 15. Rußland. (S. 59—62.) — 16. 17. Schweden u. Norwegen. (S. 63—70.) — 18. Schweiz. (S. 71—74.)

— das Geld aller Völker. Ein Nachschlagebuch f. Contor u. Bureau, enthält d. cursir. Münzen u. d. cursir. Papiergeld all. Staaten d. Erde in naturgetreuen Abb. (in metall. Hochdr. u. Spiegel-Fksms.) m. Angabe d. Werthes in deutscher Reichswährg. Nach amtl. Quellen bearb. Begr. v. A. H. 19.—22. Lfg. Lex.-8. Leipzig-Neustadt, A. Henze. à n. — 40

19. Serbien. (S. 75—78.) 895.
20. Königr. Spanien. (S. 79—82.) 895.
21. Türk. Reich. (S. 83—86.) 896.
22. Die vereln. Staaten v. Nordamerika. (S. 85—92.) (897.)

— dasselbe. 1.—4. Ergänzungs-Lfg. Lex.-8. Ebd. 897. à n. — 40

1. Fürstenth. Bulgarien. (S. I—IV.)
2. Großfürstenth. Finnland. (S. V—VIII.)
3. Königr. d. Niederlande. (S. IX—XII.)
4. Monarchie Österreich-Ungarn. (S. XIII—XVI.)

— das Geld aller Völker. Ein Nachschlagebuch f. Contor u. Bureau, enth. die cursir. Münzen u. das cursir. Papiergeld aller Staaten der Erde in naturgetreuen Abbildgn. (in metall. Hochdr. u. Spiegel-Fksms.) m. Angabe des Werthes in deutscher Reichswährg. Nach amtl. Quellen bearb. Begründet v. A. H. 23 Lfg. Republik Mexiko. Lex.-8. (S. 93—96.) Leipzig-Neustadt 899. A. Henze. n. — 40

— das Geld aller Völker. Ein Nachschlagebuch f. Contor u. Bureau, enth. die cursir. Münzen u. d. cursir. Papiergeld aller Staaten der Erde in naturgetreuen Abbildgn. (in metall. Hochdr. u. Spiegel-Fksms.) m. Angabe des Werthes in deutscher Reichswährg. Nach amtl. Quellen bearb. Begründet v. A. H. 24—30 Lfg. Lex.-8. Leipzig-Neustadt, A. Henze. à n. — 40

24. Republik Argentina. (S. 97—100.) (900.)
25. Republik Brasilien. (S. 101—104.) (901.)
26. Republiken Bolivia u. Chile. (S. 105—108.) (902.)
27. Republiken Colombia, Costa-Rica u. Ecuador. (S. 109—112.) (903.)
28. Die centralamerikanischen Republiken Guatemala u. Haiti. (S. 113—116.) (904.)
29. Republiken Paraguay, Peru u. Uruguay. (S. 117—120.) (905.)
30. Republik Venezuela. (S. 121—124.) (906).

— Das Geld aller Völker. Ein Nachschlagebuch f. Contor u. Bureau, enth. die cursir. Münzen u. das cursir. Papiergeld aller Staaten der Erde in naturgetreuen Abbildgn. (in metall. Hochdr. u. Spiegel-Flsms.) m. Angabe des Wertes in deutscher Reichswährg. Nach amtl. Quellen bearb. Begründet v. A. H. 31. u. 32. Lfg. Lex. 8. Leipzig-Neustadt, A. Henze. à — 40
31. Abessinien u. Ägypten. (S. 125—128.) (909.)
32. Britisch-Ostafrika u. Deutsch-Ostafrika, sowie Erläuterungen üb. die Zahlungsmittel im Congostaat (belgische Kolonie). (S. 129—132.) (910.)

Henze, Adf., die Handschriften der deutschen Dichter und Dichterinnen mit 305 Facsimile's (in eingedr. Holzschn.), kurzen Biographien und Schrift-Charakteristiken. gr. 16. (VIII und 158 S.) Leipzig 855, Schlicke. —

— das Handschriften-Lesebuch. Eine Anleitung die verschiedenartigsten Handschriften aller Länder und Nationen, berühmter Männer und Frauen, verschiedener Stände und Jahrhunderte lesen zu lernen. Sammlung von 202 der interessantesten Handschriften. Für die Schulen bearb. und herausg. Leipzig 854. (Hübner in Comm.) 8. (IV, 91 S. in Holzschn.) n. 10 ngr.

— — 193 Faksimile-Handschriften. Mit Schlüssel. (80 u 16 S) Neuschönfeld 1866

— s. Journal für Kupfer- u. Stahlstechkunst.

Henze A, grosse Contor- und Bureaukarte von Europa zur Übersicht der Staaten und des Weltverkehrs. 1 : 3000000. auf Lwd mit Stäben. Leipzig-Neustadt

Henze, A. (Hrsg.), s.a. Contor- und Bureau-Karte, Große, des Deutschen Reiches.

Henze, Adlf, Grosse Contor- und Bureau-Karte des Deutschen Reiches. Mit bes. Berücksichtigung des deutschen Handels und deutscher Industrie, deutscher Fabrikate und deutscher Producte, deutscher Postanstalten und deutscher Eisenbahnen. Neuschönefeld bei Leipzig, Henze, 1890. Imp.-Fol. 16 Sect. Chromolith. . . . (t.nk.)

— neue Normal-Alphabete der deutschen u. lateinischen Kurrentschrift. Mit gesetzmäß. Erläutergn. u. Begründgn. Unter sorgfält. Berücksicht. der Beschlüsse der sächs. Bezirks-Lehrervereine hrsg. gr. 8. (16 S. m. 2 Taf.) Ebd. 894. n.n. — 50

Henze A, deutsche Preis-National-Handschrift. Brieflicher Unterricht im Schönschreiben. (120 S) qu 4° Neuschönfeld 1868-70

— Ratgeber und Lesebuch fur den Unterricht an der männlichen allgemeinen Fortbildungs- und Sonntagsschule. 1. und 2. Auflage. Stuttgart 1893. 97

— Ratgeber für den Unterr. an männlichen ländl. Fortbildungsschulen. Stuttgart 1893

— s. Rhabani Mauri de laudibus sanctae crucis.

Henze, Ad., die Schnellschrift. (Stenographie.) Anweisung, durch gewählte Abbreviaturen beim Schreiben fast die Hälfte der Zeit zu ersparen etc. Mittelst der Autographie geschrieben. gr. 8. (23 S.) Leipzig 847, [Pönicke.] *

Henze's, Adf., Schönschreibe-Hefte für Schulen. 1—7. Heft. Neu-Schönfeld 870. Henze. qu. 4. Jedes Heft (29 lith. S.) n. 1 ngr.

— Schönschreibhefte f. Schulen. Ausg. A. Deutsche Schrift. 9 Hfte. qu. 4. (à 24 S.) Ebd. 893. à n.n. — 10; bessere Ausg. auf stärkerem Pap. à n.n. — 12

— dasselbe. Ausg. B. Lateinische Schrift. 7 Hfte. qu. 4. (à 24 S.) Ebd. 893. à n.n. — 10; bessere Ausg. auf stärkerem Pap. à n.n. — 12

— dasselbe mit Geschäftsaufsätzen. 8 Hfte. qu. 4. (à 24 S.) Ebd. 893. à n.n. — 12

Henze, Adf., Schönschreib-Wandtafeln. 4 Blatt. Lith. Imp.-Fol. Neustadt-Leipzig 884. Henze. Auf Leinw. m. Stäben. à n. 2. —

NORDECK, Arthur v. (d. i. *Adolph Henze*), Die geheime Schrift für Liebende und Befreundete. Leipzig o. J. (c. 1845). 8°. (1 Mk. A. Bielefeld, c. 1883.)
30 lithogr. Seiten, enthaltend Alphabete und Beispiele.

Henze, Adf., neue methodische Schulzeichenhefte, s.: Windisch, C. F.

Henze, Adf., Selbstunterricht im Schönschreiben der lateinischen Schrift. 3 Lfgn. qu. gr. 4. (49 lith. S.) Neustadt-Leipzig 879. Henze. à n. 1. —

—— brieflicher Unterricht im Schönschreiben. Nach der gekrönten Preis-National-Handschrift des Gymnasiallehrers Gosky in Cottbus unter Benutzung der in Vorschlag gebrachten Verbesserungen durch die Preisrichter bearb. 6 Hefte. qu. 4. (120 lithogr. S. mit Text.) Neu-Schönefeld 868—71, Henze. à Lfg. *ℳ 1. *

— brieflicher Unterricht im Schönschreiben. Nach der gekrönten deutschen Preis-National-Handschrift des Gymnasiallehrers Gosky in Cottbus unter Benutzung der in Vorschlag gebrachten Verbesserungen durch die Preisrichter bearb. 1—5. Liefg. Ebend. 869. qu. 4. (54 Steintaff. mit 24 S. Text.) Jede Liefg. n. 10 ngr.

— Unterrichts-Lesebuch für weibliche ländliche Fortbildungsschulen. Stuttgart 1893

— kalligraphische Vorlegeblätter für Oberklassen, nach der deutschen Preis-National-Handschrift bearb. 1. Hft. qu. Fol. (6 Kpfrtaf.) Ebend. 872. 1. —

— Vorschriften für Damen. Leipzig (854.) Voigt u. Günther in Comm. qu. 4. (8 lith. Bl.) n. 2½ ngr.

—— Vorschriften für die reifere Jugend, die sich den Wissenschaften, oder den Künsten, dem Militair, oder dem Gewerbsfache widmet. qu. 4. (16 lithogr. S. in Tondr.) Leipzig 854, (Voigt und Günther.) *

—— Vorschriften für Kaufleute. qu. 4. (16 lithogr. S. in Tondr.) Leipzig 854, (Voigt und Günther.) *

—— Vorschriften für Kinder. qu. 4. (16 lithogr. S. in Tondr.) Leipzig 854, (Voigt und Günther.) *

— Zeichenhefte f. Schulen mit Vorlagen (v. K. Hoffmeister). 5 Hfte. 4. (à 16 S.) Leipzig-Neustadt 893 A. Henze. à n.n. — 10

Henze, Alfred, Kgl. württ. Forstref.: Ueber **Bonitäten** und Bonitätenbildung. *Dresden 1902: J. Päßler.* (105 S.) 8° [F.]
Tübingen, Staatswiss. Diss. v. 1902
(Nicht für den Austausch)

Henze, Alfred, Forstassessor Dr.: Die Entwickelung der Forstdüngungsfrage. Mit einem Anhange: Die Forstdüngungsversuche der Landwirtschaftskammer für die Provinz Sachsen Dresden 1904: J. Päßler. (S. 149—221.) 8° [F.] ¶(Aus Tharander Jahrbuch, Bd 54.)
Halle, Phil. Fak., Hab.-Schr. v. 1904

Henze, Alfr., die Hauptgrundsätze des Forstbetriebes f. den waldbesitzenden Landwirt, s.a. Bibliothek der gesamten Landwirtschaft.

Die Hauptgrundsätze des Forstbetriebes für den waldbesitzenden Landwirt. Von Alfred **Henze**. Hannover: M. Jänecke 1908. (115 S.) 8° [F.]
= **Bibliothek** d. gesamten Landwirtschaft. Bd 47. [08. 11000 7

Henze, Andreas: Das Klima von Arnsberg. Arnsberg, Druck v. F. W. Becker, kgl. Hofbuchdr., 1893; III—XXIII S. 4.
Arnsberg, k. Laurentianum, P 1893 (340)

Henze, Andreas [Prof.]: Das Klima von Arnsberg. '(Forts. [d. P-Beil. 1893.])' Arnsberg, Druck v. F. W. Becker, kgl. Hofbuchdr., 1895; III—XVIII S. 4.
Arnsberg, k. Laurentianum, P 1895 (350)

Henze, Andreas [Prof.]: Das Klima von Arnsberg. Nach d. Beobachtgn d. meteorolog. Station. '(Forts.)' (Forts. d. P-Beil. 1893. 95.) Arnsberg, Druck v. F. W. Becker, kgl. Hofbuchdr., *1897*; III—XXVI S. 4.
Arnsberg, k. Laurentianum, P 1897 (356)

—, Die Lage und die klimatischen Verhältnisse Arnsbergs. 8 (S. 53—58).
In: Festschrift z. Erinnerung a. d. 250j. Jubelfeier d. G. Laurentianum *Arnsberg* 1893.
Nicht im Tauschverkehr.
Progr.

Henze, Andr. Die Schmetterlingssammlung des Gymnasiums. XXXIV, XXIV, XLVIII SS. **Progr.** *Arnsberg* 1883. 1884. 1885.

Henze, Aug., Untersuchungen über das specifische Gewicht der verholzten Zellwand und der Cellulose. Inaugural-Dissertation. gr. 8. (39 S.) Göttingen 883, (Vandenhoeck und Ruprecht's Verlag.)

Henze, Bernhard, approb. Thierarzt aus Buchholz b. Fürstenwalde a. d. Spree: Aus d. Poliklinik f. große Hausthiere d. thierärztl. Hochschule zu Berlin. Die chronische **Entzündung** des Fleischsaumes und der Fleischkrone und ihre Behandlung. Mit 4 Textfig. u. 5 Abb. auf 2 Taf. *Stuttgart 1903: Union.* (31 S.) 8°
Gießen, Veterinär-med. Diss. v. 1903

Henze, E., s.: Bericht üb. den Verbandstag der Hilfsschulen Deutschlands.

Henze, Eleonore

— das Buch der Gesellschaftsspiele, } s. Damen-Bibliothek.

—— und Adf. Henze, Damen-Bibliothek. (In 10 Bdchn.) 1. und 2. Bdchn. br. 8. Leipzig 854—55, Michelsen's Buchh. à Bdchn. 7½ Ngr.
Inhalt:
Bdchn. 1. Das Orakel. Dichtung und Wahrheit, Ernst und Scherz in Frage und Antwort. Zur Unterhaltung für Damen. (79 S.)
" 2. Das Buch der Gesellschaftsspiele. Eine Anleitung, im Freien und zu Hause Frohsinn und Heiterkeit zu schaffen. Von Eleonore Henze. (60 S.)

Henze, Eleonore, Katechismus der Kochkunst. Eine Vorschule für den ersten Unterricht in Küche und Keller. 8. (VIII und 135 S. mit 50 in den Text gedr. Abbild. in Holzschn.) Leipzig 853, Weber. Thlr. *

– Das Orakel, s. Damen - Bibliothek.

Henze, Emil [app. Arzt aus Trebitz a/P.]: Über einen Fall von primärem Nierencarcinom unter besonderer Berücksichtigung der Metastasen bei solchen. . . . Freiburg i. B., Univ.-Buchdr. v. Chr. Lehmann, 1888; 57 S. 8°
Freiburg i. B., Med. Fak., Inaug.-Diss. v. 1888

Henze, Frau Emma, neues praktisches Kochbuch, enth. einfache Kochrezepte. Einem Einkommen von 800—1100 u. 1100—1500 Mark angepaßt. Nebst e. Anh., betr. allerlei Nützliches f. Haushalt u. Leben. (170 S.) 8. Eisleben (905.) (G. Reichardt). 1.—; geb. 1.50

Neues praktisches Kochbuch enth. einfache Kochrezepte. Einem Einkommen von 800-1100 u. 1100-1500 Mark angepaßt... Bearb. von Frau Emma **Henze**, Eisleben. (Eisleben): Selbstverl. (1905). (170 S.) 8° [F.] [06. 6005 8

Henze, Ernst

Henze, E., die Besiedelung der Gegend um Torgau,
— Torgisch Bier,
} s.: Veröffentlichungen d. Altertums-Vereins zu Torgau.

– Von der Geschichte, Aufgabe und Einrichtung des Museums (sächs. Altertümer zu Torgau),
s. Veröffentlichungen des Altertums-Vereins zu Torgau.

Henze, E., Geschichte v. Torgau u. Umgegend. Heimatgeschichtliches Ergänzungsheft zur deutschen Geschichte. gr. 8. (III, 32 S.) Torgau 899. P. Schultze. n. — 40

Heimatkunde des Kreises Torgau. Für d. Schulen bearb. von E[rnst] **Henze**, Rektor. *Torgau: P. Schultze 1900.* (20 S.) 8° [F.] [00. 10512

— **Heimatkunde des Kreises Torgau.** Für die Schulen des Kreises bearb. 2. vollständig umgearb. u. verm. Aufl. (IV, 67 S.) gr. 8. Torgau 907. F. Jacob. — 50

Hilfsbuch zur Vorbereitung auf die theoretische Meisterprüfung und zum Gebr. in gewerbl. Fortbildungsschulen. Von E[rnst] **Henze**, Rektor in Torgau. Halle a. S.: H. Schroedel 1907. (VII, 107 S.) 8° [F.] [08. 7166

— s.: **Hilfsschule, die.**

Karte des Kreises Torgau. Entw. von Rector [Ernst] **Henze**, Torgau. Massst. 1:50,000. *Torgau: P. Schultze [1900].* (1 Kartenbl. 90 × 77 cm.) gr. 2° [00. 10513

Lehrplan der städtischen Volksschulen in Torgau. Entworfen von E[rnst] **Henze**, Rektor. Genehmigt durch Regier.-Verfüg. vom 18. Febr. 1901. *Torgau: [F. Jacob] 1901.* (94 S.) 8° [F.] [01. 3376

— **Torgau u. Umgegend.** Heimatgeschichtliches Ergänzungsheft zur deutschen Geschichte. 2. verm. u. umgearb. Aufl. (III, 57 S. m. 1 Taf.) gr. 8. Torgau 907. F. Jacob. — 75

Torgau und Umgegend. Heimatgeschichtl. Erg.H. z. deutschen Geschichte. Von E[rnst] **Henze**, Rektor. 2. verm. u. umgearb. Aufl. Torgau: Jacob 1909. 57 S. 8° [10. 7839

– Das Verzeichnis der Gegenstände, Bücher und Urkunden des Museums (sächs. Altertümer zu Torgau),
s. Veröffentlichungen des Altertums-Vereins zu Torgau.

Henze, Ernst Walter, s. Henze, Walter

[F. u. Ant.] Aus den Fremdenbüchern der Rhön. Von Fr. **Henze**. *Fulda: Fuldaer Actiendr. 1897.* (134 S., 1 Bl.) 1 Bd 8. [98. 1574

Henze, Fr., Führer durch Münden u. Umgegend. 8. (VIII, 196 S.) Hann.-Münden 900. R. Werther. n. 1.—

Henze, Fr., Führer durch Münden. (VIII, 80 S. m. Abbildgn., 1 Plan u. 1 Karte.) kl. 8. Hann. Münden 906. (R. Werther.) n. — 50

Henze, G. Geschichtsbilder für Schule u. Haus. Auf Grund von Schulr. Dr. Wild's „Stoffplänen"* zusammengestellt. gr. 8. (III, 221 S.) Bischofswerda 890. Lpz., (Schneider). * 1 15
geb. ** 1 80
*Wild, Stoffpläne, s. Sammelmappe, pädagog., Heft 22. 23.

Henze, G., Geschichtsbilder für Schule u. Haus. 3., verm. Aufl. gr. 8. (248 S.) Bischofswerda 897. P. Klepsch. Geb. in Leinw. n. 1.75

Henze, H., Namen- u. Sachregister, s.: Zeitschrift, meteorologische.

Henze, H., amtliche Verordngn., b. Handarbeitsunterricht u. d. Handarbeitslehrerin betr. Systemat. geordnet u. hrsg. gr. 8. (VIII, 148 S.) Frankfurt a/M. 895. Kesselring. Kart. n. 1.80

Henze, Henricus, Finsterbergensis: Quomodo Cicero de historia eiusque auctoribus iudicaverit quaeritur. *Ienae 1899: H. Pohle.* (72 S.) 8°
Jena, Phil. Diss. v. (19. Mai) 1899

Henze, Hermann, appr. Arzt a. Kirchhain: Aus d. Universitäts-Frauenklinik zu Marburg (Geheimrat Prof. Dr. Ahlfeld). Ein Beitrag zur Lehre von der Hyperemesis gravidarum. Marburg a. L. 1908: H. Bauer. (41 S.) 8°
Marburg, Med. Fak., Ref. Ahlfeld, Diss. v. 27. Juni 1908
[Geb. 15. Juni 82 Niederelsungen, Kr. Wolfhagen, Bez. Cassel; Wohnort: Marburg; Staatsangeh.: Preußen; Vorbildung: Gymn. Corbach Reife O. 02; Studium: Marburg 4, Halle 2, Marburg 5 S.; Coll. 28. Aug. 07; Approb. 21. Mai 08.]

Henze, Hermann: Der Nil. Eine nach neueren Quellen bearb. Darstellung seiner Hydrographie u. seiner wirtschaftl. Bedeutung. *Halle a. S. 1903: Gebauer-Schwetschke.* (101 S.) 8° ¶(= Angewandte Geographie, H. 4.)
Jena, Phil. Diss. v. (15. Febr.) 1902

Henze, Herm., der Nil, seine Hydrographie u. wirtschaftliche Bedeutung, s. a. Geographie, angewandte. I, 4.

Der Nil, seine Hydrographie und wirtschaftliche Bedeutung. Von Dr. Hermann **Henze**. Mit 2 Abb. *Halle a. S.: Gebauer-Schwetschke 1903.* (103 S.) 8°
— Geographie, Angewandte. Ser. 1, H. 4. [09. 7744]

Henze, Jh. Gli., s. Hentze

Henze, Johann Karl Gottlieb

Jo. Carl Gli. **Henze** Entwurf eines Verzeichnisses veterinarischer Bücher und einzelner Abhandlungen, die zur theoretischen und practischen Kenntniss von Pferden, Eseln, Mauleseln, Rindvieh, Schaafen, Ziegen und Schweinen den Vieharzneikundigen nützen können. Göttingen und Stendal 1781. 8. *Cum 5 pagg. erratorum.* — Ejusd. Nachrichten von veterinarischen Werken als Commentar über seinen Entwurf. 1. Bd. Stendal 1785. 8.

Henze, Jh. Karl Gli., Entwurf e. Verzeichn. veterinär. Bücher, u. einzeln. Abhandll. 8, (Stendal) 781. Franzen u. Gr. 15 gr.

Henzen J. K. G.: Entwurf eines Verzeichnisses veterinarischer Schriften u. einzelner Abhandlungen ... Stendal 1781. 246 S.

Henzen, J. C. G., Entwurf eines Verzeichnisses veterinarischer Schriften. Göttingen 781. Franzen & Grosse. M. 1.90

— — Nachrichten von veterinarischen Werken als Kommentar über seinen Entwurf veterinarischer Schriften. Ebd. 785. M. 1.80

— Nachr. von veterinär. Werken, als Commentar zu seinem Entwurf rc. 1r Bd. 8. Stendal 785. Franzen u. Gr. 18 gr.

Henzen, J. Verzeichn. veterinar. Bücher u. einzeln. Abhandlgn. Göttingen 1781.

Henze, L., s. **Masenius**, Jac., Sarcotis.

Henze, Leo, das Hirtenglöcklein. Eine Erzähl. f. Kinder. 8. (8½ B. u. Titlkpfr.) Würzburg 841, Stahel'sche Buchh.

Henze, Leo, das Hirtenglöcklein. Anton der Waisenknabe. Zwei Erzählungen für die christl. Jugend u. das Volk. 2., vollständig umgearb. Aufl. Mit einem Stahlst. 8. (141 S.) Straubing 879. Volks- u. Jugendschriften-Verlag. cart. 1.—

Henze, Martin: Zur geometrischen Isomerie der α-Methylkrotonsäuren und der Pseudobutylene. *Leipzig 1897: Metzger & Wittig.* (24 S.) 8°
Leipzig, Phil. Diss. v. [4. Dez.] 1897

Henze, Martin, Dr.: Über die Produkte der Einwirkung von Benzylcyanid auf Aldehyde und auf einige ungesättigte Verbindungen. *Leipzig 1902: Metzger & Wittig.* (47 S.) 8°
Leipzig, Phil. Hab.-Schr. v. 30. Jan. 1902

Henze, Max, Denkschrift betr. die Errichtung e. Sachverständigen-Kammer f. Theater-Angelegenheiten. Der Delegierten-Versammlung der Genossenschaft deutscher Bühnenangehöriger vom 10. bis 12. XII. 1902 überreicht. gr. 8. (54 S.) Hamburg (902). Verlagsanstalt u. Druckerei. n. 1.50

Henze, Max: Der Dienstaufwand der Schauspielerin. — Eine sozialrechtl. Untersuchung. — Berlin: Struppe & Winckler 1904. IX, 36 S. 8°

Henze, Max, der deutsch-französische Krieg 1870 u. 1871, s.: Dittrich, Max.

Henze, Max, Tierfabeln, s.: Levetzow, Hulda v.

Henze, Max, unter dem Stern des Heils. Gedichte u. Lieder v. Jesu u. zu Jesu. (VIII, 147 S.) 8. Dresden 909. E. Pierson. 2.—; geb. n 3.—

Henze, O., s.: Handelshafen, der, der Saarstädte.

Henze, Reinhold: Das aetherische Senfoel. Halle a. S. 1878: Gebauer-Schwetschke. 70 S. 8°
Halle-Wittenberg, Med. Diss. v. 3. Okt. 1878
Geb. Zöberitz bei Zörbig 16. 11. 1852. V.
Ersch. auch in: Zeitschrift f. d. ges. Naturwissenschaften. Bd 51. Berlin 1878. S. 605—673.

Henzius, Sam. Gtll. Rud., Programma. Inest libri ecclesiastae argumenti brevis adumbratio. 4. (2 B.) Dorpati 827. (Lipsiae, Kummer.)

— s. Fragmenta arabica.

Henze, Theodor

— u. E. Martini, Heimatkunde der Stadt Magdeburg u. ihrer nächsten Umgebg. F. d. Schulgebr. bearb. M. e. Bilderanh. gr. 8. (60 S.) Breslau 896. F. Hirt. Kart. n. — 60; Geschenkausg. geb. n. 1.—

Heimatkunde der Stadt Magdeburg und ihrer nächsten Umgebung. Für d. Schulgebr. bearb. von Th[eodor] **Henze** u. E[rnst] Martini, Lehrern in Magdeburg. M. e. Bilderanh. 2., durchges. Aufl. *Breslau: F. Hirt 1899.* (60 S.) 8° [F.] [00. 8039]

Heimatkunde der Stadt Magdeburg und ihrer nächsten Umgebung. Für d. Schulgebr. bearb. von Th[eodor] **Henze** u. E[rnst] Martini, Lehrern in Magdeburg. Mit e. Bilderanh. 3., durchges. Aufl. *Breslau: F. Hirt 1903.* (60 S.) 8° [F.] [04. 8399

— u. E. Martini, Heimatkunde der Stadt Magdeburg u. ihrer nächsten Umgebung. Für den Schulgebrauch bearb. Mit e. Bilderanh. 4., durchgeseh. Aufl. (64 S.) 8. Breslau 909. F. Hirt. — 60

[F.] Die Provinz Sachsen und das Herzogtum Anhalt. Acht natürl. Landschaftsgebiete in method. Einzelbild. F. d. Schulgebr. bearb. v. Th[eodor] **Henzé**, Lehrer in Magdeburg. M. 1 Kt. v. Ed. Gaebler in 5fachem Farbendr. *Magdeburg: Creutz 1897.* (98 S., 1 Kt.) 1 Bd 8. [97. 5788

— dasselbe. Ausg. B. 3. Aufl. (X, 108 S.) 8. Ebd. 902. Kart. n. — 80

Henze, Th., die Prov. Sachsen u. das Herzogt. Anhalt. 8 natürl. Landschaftsgebiete in method. Einzelbildern. Für den Schulgebrauch bearb. Mit 1 Karte v. Ed. Gaebler in 5 fachem Farbendr. u. 1 Karten-Skizze d. norddeutschen Flachlandes in Schwarzdr. Ausg. A. 4. Aufl. (X, 116 S.) 8. Magdeburg 906. Creutz. Kart. n. — 80

Henze, Th., die Prov. Sachsen u. das Herzogt. Anhalt. 8 natürl. Landschaftsgebiete in method. Einzelbildern. Für den Schulgebrauch bearb. Mit 1 Karte v. Ed. Gaebler in 5fachem Farbendr. u. 1 Karten-Skizze des norddeutschen Flachlandes in Schwarzdr. Ausg. B. 4. Aufl. (VIII, 103 S.) 8. Magdeburg 906. Creutz. Kart. — 80

Henze, W., Aufgaben f. den ersten Rechenunterricht m. Benutzung des Tillich'schen Rechenkastens. Unter Zugrundelegg. der Schrift „Der erste Rechenunterricht" von F. Schneyer hrsg. 1. u. 2. Heft. gr. 8. Gotha, E. F. Thienemann. Kart. n. — 60
1. Der Zahlenraum von 1 bis 10. (28 S. m. Fig.) 903. n. — 25
2. Der Zahlenraum von 1 bis 100. 2. verb. Aufl. (42 S.) 905. n. — 35

Henze, W., s.: Landeskunde des Herzogt. S.-Gotha.

Henze, Walt., die soziale Bedeutung der Reformanstalten f. kleinere Gemeinden. (8 S.) 8. Berlin 907. [D. Gerhardt.] Naumburg, M. Schmidt. — 30

Henze, *Ernestus* **Walter [Berolinensis]: De civitatibus liberis, quae fuerunt in provinciis populi romani ... Berolini, W. Weber, 1892; 2 Bl., 87 S., 1 Bl. 8.**
Berlin, Phil. Fak., Inaug.-Diss. v. 9. März 1892

Dei Appelboom. Wer hett dei Schuld? 2 plattdeutsche Vorträge von W[ilhelm] **Henze**. 2. Taus. Hannover: W. Otto [1904]. (6 S.) 8° [F.]
— [**Henze**: Vorträge. 1.] [07. 6556 9

— Konrad Barnstorf als Präsedente in'n landwirtschaftlichen Verein tau Poggenhagen. Plattdeutscher Vortrag. (6 S.) kl. 8. Ebd. (904). n. — 15

Kunrad Barnstorf als Präsedente in'n landwirtschaftlichen Verein tau Poggenhagen. Von W[ilhelm] **Henze**. 3. Taus. Hannover: W. Otto [1905]. (6 S.) 8° [F.]
— [**Henze**: Vorträge. 2.] [07. 10783 9

— dei Buer as Milljonär. (6 S.) kl. 8. Ebd. (904.) n. — 15

Dei Buer as Milljonär. Von Wilhelm **Henze**. 2. u. 3. Taus. Hannover: W. Otto [1906]. (6 S.) 8° [F.]
— [**Henze**: Vorträge. 4.] [07. 10786 9

Dei Buer as Milljonär. Von Wilhelm **Henze**. Hannover: Otto [1910]. 6 S. 8° [10. 10644 7

Dei klauken Buerjungens. Seihet Kinners, dat is ein Geschäft! 2 plattdeutsche Vorträge von Wilhelm **Henze**. 2. Taus. Hannover: W. Otto [1904]. (6 S.) 8° [F.]
— [**Henze**: Vorträge. 5.] [07. 6558 9

Die verliebten Buerjungens. Original von W[ilhelm] **Henze**. [Aufgestempelt: Hannover: W. Otto] [1906]. (1 Bl.) 8° [Kopft. F.] [07. 10784 9

Jehann Drömel. Na'n ollen Döneken von Wilhelm **Henze**. Hannover: W. Otto [1907]. (2 Bl.) 8° [F.]
— **Henze**: [Vorträge]. 18. [07. 6569 9

Dei Duiwel in Pattjehagen. Von Wilhelm **Henze**. Hannover: Otto [1910]. 6 S. 8°
(Henze: Plattdeutsche Vorträge. 24.) [11. 7319

Kristoffel Eike vor Gericht. Von Wilhelm **Henze**. Hannover: W. Otto [1904]. (6 S.) 8° [F.]
— [**Henze**: Vorträge. 6.] [07. 6559 9

Festrede zur Fahnenweihe des Gesangvereins 'Zauberflöte' gehalten von Bauermeister, Großköthner u. Liedervater Christian Meier. Von Wilhelm **Henze**. 5.–7. Taus. *Hannover: W. Otto in Komm. [1903].* (7 S.) 8° [F.] [04. 14511 7

— Festrede zur Fahnenweihe des Gesangvereins „Zauberflöte", geh. vom Bauermeister, Großköthner u. Liedervater Christian Meier. 8.—9. Taus. (6 S.) kl. 8. Ebd. (905). n. — 10

Festrede zur Fahnenweihe des Gesangvereins 'Zauberflöte' geh. v. Bauermeister, Grossköthner u. Liedervater Christian Meier. Von Wilhelm **Henze**. 10. Taus. Hannover: W. Otto [1907]. (6 S.) 8° [F.]
— **Henze**: [Vorträge]. 7. [07. 6560 9

— datt Gesundbäen. Nach e. Humoreske aus Jan u. Hinnerks gesammelten Werken. Von Frz. Poppe. (7 S.) 12. Ebd. (903). n. — 15

Datt Gesundbäen. Von Wilhelm **Henze**. Nach e. Humoreske aus Jan u. Hinnerks gesammelten Werken. Von Franz Poppe, Oldenburg. 2. u. 3. Taus. Hannover: W. Otto [1905]. (6 S.) 8° [F.]
— [**Henze**: Vorträge. 8.] [07. 10787 9

Datt Gesundbäen. Von Wilhelm **Henze**. Nach e. Humoreske aus Jan und Hinnerks ges. Werken. Von Franz Poppe. Hannover: Otto [1910]. 6 S. 8° [10. 10647 7

Dat Gooseäten. Nach e. Göttinger Orig. umgearb. u. ins Plattdeutsche übertr. von Wilhelm **Henze**. Hannover: W. Otto [1904]. (7 S.) 8° [F.]
— [**Henze**: Vorträge. 9.] [07. 6561 9

Hochdeutsch und Plattdeutsch. Soloscene mit Gesang von W[ilhelm] **Henze**. *Hannover: W. Otto in Komm. [1903].* (4 Bl.) 8° [F.] [04. 14513 7

Hochdeutsch und Plattdeutsch von Wilhelm **Henze**. 3. u. 4. Taus. Hannover: W. Otto [1904]. (6 S.) 8° [F.]
— [**Henze**: Vorträge. 10.] [07. 6562 9

Johann Knaak iut Warmbeuken. Seene Erlebnisse in d. Residenzstadt Hannower. Von Wilhelm **Henze**. 2. Taus. Hannover: W. Otto [1905]. (6 S.) 8° [F.]
— **Henze**: [Vorträge]. 11. [07. 6563 9

Johann Knaak iut Warmbeuken. Seene Erlebnisse in d. Residenzstadt Hannower. Von Wilhelm **Henze**. Hannover: Otto [1910]. 6 S. 8° [10. 10645 7

Wilhelm **Henze**. Knartje un dei Knartjen. Hannover: Otto [1908]. 3 S. 8°
(Henze: Plattdeutsche Vorträge. [12.]) [11. 7315

— Dei Koornsäcke. 1. Taus. (6 S.) kl. 8. Ebd. (910.) — 20

— s.: Krint un Reuben, Calenberger.

Henze, Wilhelm, aus Ahlden, approb. Arzt: **Ueber Narben und Fistelcarcinom an den Gliedmassen.** *Greifswald 1899: J. Abel.* (29 S.) 8°
Greifswald, Med. Diss. v. 23. Dez. 1899

— Dei Näsenhandel. 1. Taus. (6 S.) kl. 8. Ebd. (910.) — 20

Die Notbremse. Von Wilhelm **Henze.** Hannover: Otto [1910]. 6 S. 8°
(Henze: Plattdeutsche Vorträge. 22.) [11. 7317

Madame Pinkerten aus Berlin. Von Wilhelm **Henze.** Hannover: W. Otto [1905]. (6 S.) 8° [F.]
— **Henze:** [Vorträge]. 11 [vielm. 12]. [07. 6364 9

Madame Pinkerten aus Berlin. Von Wilhelm **Henze.** Hannover: Otto [1905]. 6 S. 8°
(Henze: Humorist. plattdeutsche u. Dialekt-Vorträge. 11 [vielm. 13].) [11. 10804

Madame Pinkerten aus Berlin. Von Wilhelm **Henze.** Hannover: Otto [1910]. 6 S. 8° [10. 10648 7

Pinneberg als Delegierter. Von Wilhelm **Henze.** Hannover: Otto [1905]. 6 S. 8°
(Henze: Humorist. plattdeutsche u. Dialekt-Vorträge. 13 [vielm. 14].) [11. 10805

Dat nee'e Plaster. Von Wilhelm **Henze.** Hannover: Otto [1910]. 6 S. 8°
(Henze: Plattdeutsche Vorträge. 23.) [11. 7315

Der waise Rabbi. Humoreske. Nach e. vorhand. Stoffe bearb. von Wilhelm **Henze.** Hannover: Otto [1906]. 4 S. 8°
(Henze: Humorist. plattdeutsche u. Dialekt-Vorträge. 16 [vielm. 17].) [11. 10808

Henze, Wilhelm [Prof. Dr.]: **Über die bevorstehende Reform der französischen Orthographie durch die Académie française.** Berlin, R. Gaertner, 1896; 23 S. 4.
Berlin, Dorotheenstädt. RG, OP 1896 (93)

Ut 'ner olen Stadt ⟨Einbecker Erinnerungen⟩ von W. **Henze.** Mit veier Billern. Hannover: W. Otto [1908]. (41 S.) 8° [F.] [08. 13067

Stoffel Strohkopp as Rekrute. Von Wilhelm **Henze.** Hannover: Otto [1909]. 3 Bl. 8°
(Henze: Plattdeutsche Vorträge. 21.) [11. 7316

Stoffel Strohkopp als Rekrute. Von Wilhelm **Henze.** Hannover: Otto [1910]. 3 Bl. 8° [10. 9100 7

Krischan Stümpel iut Brünjehiusen bie'n Fürsten Bismarck. Original von W[ilhelm] **Henze.** 3. Taus. *Hannover: W. Otto in Komm. [1903].* (7 S.) 8° [F.] [04. 14524 7

— Krischan Stümpel iut Brünjehiusen bie'n Fürsten Bismarck. 3.—5. Taus. (6 S.) kl. 8. Ebd. (904). n. — 15

Krischan Stümpel iut Brünjehiusen bie'n Fürsten Bismarck. Original von W[ilhelm] **Henze.** 6. Taus. Hannover: W. Otto [1907]. (6 S.) 8° [F.]
— **Henze:** [Vorträge]. 14. [07. 6366 9

Krischan Stümpel iut Brünjehiusen bie'n Fürsten Bismarck. Original von W[ilhelm] **Henze.** Hannover: Otto [1907]. 6 S. 8°
(Henze: Humorist. plattdeutsche u. Dialekt-Vorträge. 14 [vielm. 15].) [11. 10806

Eine Tell-Parodie in verschiedenen Variationen. Von Wilhelm **Henze.** Hannover: Otto [1904]. 5 S. 8°
(Henze: Humorist. plattdeutsche u. Dialekt-Vorträge. 15 [vielm. 16].) [11. 10807

— Andreis Unverzagt un dei engelsche Boxer. 1. Taus. (6 S.) kl. 8. Ebd. (910). — 20

— Volkshumor, vertellt. 1. u. 2. Heft. (à 7 S.) kl. 8. Ebd. (910). — 20

Wilhelm **Henze:** Vorträge. [1.] Hannover: W. Otto [1904]. [Fing. T.] 8° [07. 6355 9

— Humoristische, plattdeutsche u. Dialekt-Vorträge. (II, 6, 6, 7, 6, 6, 6, 6, 6, 7, 6, 6, 4, 6, 6, 6, 4, 4, 8, 4, 4, 6, 6, 6 u. 6 S.) kl. 8. Ebd. (910). Geb. 3. 50

Wilhelm **Henze.** Plattdeutsche Vorträge. [1.] Hannover: W. Otto [1908]. 8° [F.] [08. 6338 9

Wee Kunrad Bartels ut Lütjen-Baukholte dat Scheitepulwer erfunnen het. Von Wilhelm **Henze.** Hannover: W. Otto [1907]. (2 Bl.) 8° [F.]
— **Henze:** [Vorträge]. 19. [07. 6370 9

Dei Weenreisende un dei Wülwe. Nach Wilh. Schröder von Wilhelm **Henze.** Hannover: W. Otto [1907]. (2 Bl.) 8° [F.]
— **Henze:** [Vorträge]. 20. [07. 6371 9

Wie Jobst Biebera dat Beier erfunnen het. Von Wilhelm **Henze.** 2. u. 3. Taus. Hannover: W. Otto in Komm. [1904]. (7 S.) 8° [F.]
— [**Henze:** Vorträge. 3.] [07. 6357 9

Wie Jobst Biebera dat Beier erfunnen het. Von Wilhelm **Henze.** Hannover: Otto i. Komm. [1910]. 7 S. 8° [10. 10640 7

Festspruch zur Einweihung des neuen Logenhauses gewidmet seinen l. Logenbrüdern im Oriente Nürnberg von Henzel. Wiesbaden [1886]: Ritter. 2 Bl. 8°. [Umschlagtit.]

Henzel, N: Erwiderung auf einen Vortrag des Herrn Waagenfabrikanten Dopp in Berlin über Waagen ohne Geleise-Unterbrechung. Wiesbaden 1884

Henzen, G., s. Ephemeris epigraphica.

Henzen, G, Sugli equiti singolari degli imperatori Romani. S. A. 1850. 54 S.

Henzen, G., Iscrizioni Chiusine. S.-A. 1863. 17 S.

— Due iscrizioni latine. Lettera al sig. consigl. Gerhard. S. A. 1865. 15 S.

— Scavi nel Bosco Sacro de fratelli Arvali S. A. 1869. 45 S.

Henzen, Johann Karl Gottlieb, s. Henze

Henzen, Guill., s. Acta fratrum arvalium.

Henzen, Guil., de publicis Romanorum alimentis, s. Tabula.

Henzen, Wilh., Amphitryon, s.: Kleist, Heinr. v.

Henzen, Wilh., die Anbetung der Hirten. Ein Weihnachtsvorspiel. Mit einer Musikbeilage. 8. (26 S.) Berlin 882. F. Luckhardt. n. 1. —

Henzen, Wilh., deutsche Bürger. Volksbühnenspiel in 4 Acten. 8. (III, 82 S.) Leipzig 892. Abel & Müller. n. 1. —

Henzen, Wilh., Veste Coburg. Volksbühnenspiel in 3 Tln. f. die dreiteil. Bühne. gr. 8. (108 S. m. Bühnenplan.) Coburg 899. E. Riemann. n. 1. 50

Henzen, Wilh., s.: Corpus inscriptionum latinarum.

Henzen, Wilh., die hl. Elisabeth, s. a. Universal-Bibliothek.

—— Die heilige Elisabeth. Ein Volksbühnenspiel in 5 Acten. Mit 2 Bühnenplänen. gr. 8. (VII, 80 S.) Worms 891, Kräuter. * 1 —

Die heilige Elisabeth. Ein Volksbühnenspiel in 5 Acten von Wilhelm Henzen. Mit 1 Bühnenpl. u. 1 Anh. 3. Aufl. Worms: H. Kräuter 1892. (78 S.) 8° [F.] [04. 11938

— im Escorial, s.: Universal-Bibliothek.

— Faust in Bremen. Festspiel zum 75. Stiftungsfeste d. Bremer Primavereins. gr. 8. (35 S.) Bremen 897. Leipzig, M. Heinsius Nachf. n. — 80

— der neue Frühling. Farbenfestspiel zum Fest in Roth. Mit Illustr. von S. v. Sallwürk. qu. gr. 8. (30 S.) Leipzig 901. R. Maeder. n. 1.—

— Gedächtnisrede auf Heinrich Bulthaupt, gesprochen am 4. XI. 1905 im großen Saale des Bremer Künstlervereins. (18 S.) 8. Oldenburg (905). Schulze. n. — 30

— die Geißel. Lustspiel in 4 Acten. 8. (76 S.) Ebend. 882. n. 1. 50

Henzen, Wilh., Großfriedrichsburg. Ein deutsches Kolonialfestspiel in 4 Aufzügen. (120 S.) 8. Essen 908. G. D. Baedeker. 1. 20

Henzen, Wilh., Ulrich v. Hutten. Reformationsdrama in 5 Akten. 8. (87 S.) Leipzig 884. Reißner. n. 1. 50

— Turnvater Jahn. Vaterländisches Festspiel in 5 Aufzügen u. e. Vorspiel. (128 S.) kl. 8. Leipzig 908. P. Eberhardt. 2. —

— Vater Jahn. Turnfestspiel in 3 Akten. (52 S.) kl. 8. Ebd. 909. — 75

— s.: Inscriptiones urbis Romae latinae.

Henzen, Guil., Inscriptiones urbis Romae latinae, s. Corpus inscriptionum latinarum.

— Hebbels Judith u. Schillers Jungfrau, s. a. Beiträge z. Literaturgeschichte.

Hebbels Judith und Schillers Jungfrau von Dr. Wilhelm Henzen. Leipzig: Verl. f. Lit., Kunst u. Musik 1907. (37 S.) 8° [F.]
— Beiträge z. Literaturgeschichte. H. 28. [07. 4072

— Kaiser, König u. Bürger. Drama in 5 Akten. 8. (116 S.) Leipzig (900). F. Luckhardt. n. 1. 50

Kaiser, König und Bürger. Drama in 5 Akten von Wilhelm Henzen. Neue verand. Ausg. *Halle a. S.: O. Hendel (1901).* (64 S.) 8° [F.]
(Bibliothek d. Gesamtlitteratur d. In- u. Auslandes. No 1512.) [1 12666

— dasselbe, s. a. Bibliothek der Gesamtlitteratur.

Henzen, W., Konrad v. Wettin. Historisches Drama in 5 Akten. 8. (142 S.) Leipzig 889. (Mutze.) n. 1. —

Henzen, Wilh., die Kypseliden. Tragödie in 5 Acten. 8. (121 S.) Leipzig 874. Exped. der Literatur. n. 1. 25

— die Kypseliden. Trauerspiel in 5 Acten. 2., vielfach umgearb. Ausg. 12. (180 S.) Leipzig 877. Dürr'sche Buchh. 2. 40

—— Martin Luther. Reformationsdrama in 5 Akten und einem Vorspiel. 8. (100 S.) Leipzig 883, Reißner. *
—— dass. — s. a. Universal-Bibliothek Nr. 1920.

— Menschenopfer. Drama in 3 Akten. (99 S.) 8. Leipzig 906. O. Leiner. n.n. 3. —

— Bettina de Monk. Ein modernes Schauspiel in 4 Akten. 8. (IV, 76 S.) Berlin 881. F. Luckhardt. n. 1. 50

— Mutter u. Kind. Schauspiel in 4 Akten. 8. (III, 115 u. Musikbeilage 3 S.) Leipzig 901. R. Maeder. n. 2. —

— die Pfalzgräfin. Schauspiel in 4 Acten. gr. 8. (83 S.) Leipzig 882. Edelmann in Comm. n.n. 2. —

— Savitri. Drama in 4 Aufzgn. u. e. Vorspiel: „Im Todtenreiche". gr. 8. (112 S.) Leipzig 898. F. Luckhardt. n. 2. 40

Schiller. Freiheit u. Schicksal. Realismus. Sehnsucht. 3 Aufsätze m. Prolog von Dr. Wilhelm Henzen. Leipzig: Verl. f. Lit., Kunst u. Musik 1910. 70 S. 8°
(Beiträge z. Literaturgeschichte. H. 66.) [10. 13130

—— Schiller u. Lotte, s. Universal-Bibliothek Nr. 2766.

Henzen, Wilh., deutsche Studenten. Ein patriot. Spiel. gr. 8. (59 S.) Leipzig 887, Elischer Nachf. * 1 50

— Suggestion. Schauspiel in 3 Aufzügen. gr. 8. (103 S.) Leipzig 893. (G. Fock.) n. 1. 50

Henzen, Wlh., s. Tabula alimentaria Baebianorum.

Henzen, Wilh., d. Tod d. Tiberius, s. a. Universal-Bibliothek.

— d. Tod d. Tiberius. Drama in 1 Akt m. theilweiser Benutzg. d. gleichnam. Geibel'schen Ballade. 8. (52 S.) Leipzig 895. Deutsche Genossenschaft dramat. Autoren u. Componisten. 1. 50

— Schillers Todesfeier. Festspiel zum 100jähr. Todestage Friedrich v. Schillers, 9. V. 1905. (32 S.) 8. Ebd. 905. n. 1. 50

Henzen, Wilhelm [aus Bremen]: Über die Träume in der altnordischen Sagalitteratur. . . . Leipzig, Verl. v. Gustav Fock, 1890; 1 Bl. + 89 + 1 S. + 1 Bl. 8°
Leipzig, Phil. Fak., Inaug.-Diss. v. 25. März 1890

Henzenberger, X. G., erster deutscher Leseunterricht. gr. 8. (5¾ B.) Leipzig 831, Gluck.

—— kurze geschichtl. Vorbereitung auf d. 300jähr. Jubiläum d. Uebergabe d. protestant. Glaubensbekenntnisses in Augsburg, nebst e. Auszuge dess. 8. (2 B.) Leipzig 830, Hartmann.

Henzerling, Hermann [aus Frankfurt a. M.]: Ueber das technische sog. „Phosphorsesquisulfid". Marburg 1903. 40 + 2 S. 8°. [5. XII. 01.]
Bern, Phil. Diss. 1903/1904.

Henserling, Hermann. Ueber das technische sog. «Phosphorsesquisulfid». Diss. Phil. Bern. 41 S. 8. Marburg, Köster & Schell, 1903.

Henserling, Carl, a. Frankfurt a. M.: Über Kreatinin. Marburg 1908. (49 S.) 8°
Marburg, Phil. Fak., Ref. Schmidt, Diss. v. 8. Aug. 1908
[Geb. 29. Dez. 78 Frankfurt a. M.; Wohnort: Frankfurt a. M.; Staatsangeh.: Preußen; Vorbildung: Gymn. Fulda, Marburg, Montabaur Reife O. 01; Studium: Freiburg i. B. 1, Marburg 2, Gießen 1, Marburg 6 S.; Rig. 15. Mai 07.]

Henzi. Der Gattenmörder Peter H' und seine ... Mitschuldige Anna Häsler, geb. Siegenthaler ..., und ihre Verurtheilung .... Mit [1 Vignette und] den wohlgetroffenen Portraits der beiden Verbrecher [auf 1 Doppeltafel]. 8. Bern 1836.

Hensi, Arnold. Das Wiedersehen. Ländler für 2 Violinen mit Pianofortebegleitung. [Mit illustriertem Titel.] 7 + 2 *mal* 2 S. 4. Bern, R. Müller-Gyr, [1904]. [fr. 2. 70]

Henzi's, Sam., Leben und Schriften, s. Baebler, J. J.

Henzius, s. Henze

Henzkius, Ludwig (Wittenberg), Quod Christus formaliter et syllogistice disputaverit. Disp. logica. Präs. Johann Adam Calo (Belgerano). Wittbg. (Samuel Kreusig) Okt. 1714. 10 Blatt. (6.20) 14445
Gew.: Andreas Bayer.

Henzler G, Schulkarte von Europa. 2. Auflage. auf Lwd m St. Stuttgart 1888

Henzler, G., Schul- und Wandkarte von Deutschland [politisch und physikalisch]. 1:1,000,000. 4 Bl. Fol. Stuttgart 875, Rieger'sche Verlagsh. *
lackirt aufges. mit Stäben *

Henzler, G., Schulkarte von Württemberg und Baden. 3.—6. verb. Aufl. 1868—1874. * 50 Pf., und 7. Aufl. Fol. Heilbronn 876, Scheurlen's Verlag. *

Henzler, G., Schulwandkarte von Deutschland politisch und physikalisch. 4 Bl. Chromolithogr. Imp.-Fol. Stuttgart 878, Rieger'sche Verlagsh. *
Auf Leinw. mit Stäben und lackirt **

—— dass. — 1:1,000,000. 2. durchgesch. Aufl. 4 Bl. Chromolithogr. und color. Imp.-Fol. Ebendas. 879. *
Auf Leinw. mit Stäben und lackirt **

—— Schulwandkarte von Deutschland politisch und physikalisch. Ebdn. 1878. Imp.-Fol. 4 Bll. Chromolith.
——, —— 1:1000000. 2. durchges. Aufl. Ebda. 1879. 4 Bll. Chromolith u. kolor.
——, —— 3. durchges. Aufl. Ebda. 1889. Imp.-Fol. 4 Bll. Chromolith.
——, —— 4. durchges. Aufl. Ebda. 1892. 4 Bll. Farbendr. 72×73 cm. (M. 9.)

—— Schulwandkarte von Württemberg. 2. verb. Aufl. 4 Bl. Fol. Ebendas. 878. *
aufges. mit Stäben *

Hensler, G., Schulwandkarte von Württemberg. 3. Aufl. 4 Bl. Chromolithogr. und color. Imp.-Fol. Heilbronn 877, Scheurlen's Verlag. *
Auf Leinw., lackirt und mit Stäben **

Hensler, G., Wandkarte von Württemberg für die Schulen gezeichnet. 4 Bl. Fol. Heilbronn 872, Scheurlen's Verlag. *

Henzler, Gottlob, appr. Arzt: Über einen Fall von Cysticercus racemosus der weichen Häute des Gehirns und Rückenmarks. Leipzig: Hirzel 1909. S. 39—49. 8° ¶(Aus: Arbeiten auf d. Gebiete d. pathol. Anatomie u. Bakteriol. aus d. pathol.-anatom. Inst. zu Tübingen. Bd 7.)
Tübingen, Med. Diss. v. 29. Mai 1909, Ref. v. Baumgarten
[Geb. 3. Dez. 81 Eningen; Wohnort: Heilbronn; Staatsangeh.: Württemberg; Vorbildung: Ev.-Theol. Sem. Urach Reife M. 00; Studium: Tübingen 1, München 3, Tübingen 4 S.; Coll. 5. Dez. 08; Approb. 5. März 09.] [U 09. 3928

Henzler Edler v. Lehnensburg, E. M. A. Ritter v., Stammtafel der Henzler von Lehnensburg. 2 Bll. in Farbendruck. München 1888—91. fol.

Henzog, H. Ueber die Oxydationswirkung des molecularen Sauerstoffs. Göttingen, 1901.

Henzschel

— s. a. **Haentschel, Huentzschel, Henschel, Hentschel, Hentzscellus, Hentzschel.**

Henzschel, Gustav (Pirna), De gangraenae atque sphaceli natura indole ac curatione. Diss. med.-chir. Lpz. (Elber) Mai 1821. 44 S. (6.40) 14446
Gew.: Carl Ferdinand Graefe, Heinrich Theophil Schmalz.

Henzschel, J. Chr. W., s. Hentzschel

Henzschel, Oscar: Beiträge zur Casuistik des angeborenen Radiusdefekts. Halle (1872): Plötz. 38 S. 8°
Halle-Wittenberg, Med. Diss. v. 21. März 1872
Geb. Frankfurt a. d. Oder 29. 3. 1845. V.

Henzschel, W., kurze Anweisung im Rechnen f. Elementarschulen. 1. Curs. Die 4 Species nebst Regel de tri, verbunden mit vielen Aufgaben z. Uebung. 8. (5 W.) Frankfurt a. d. O. 828, Tempel.

Henzschel, W., der kleine Bibel-Kinderfreund. Eine Samml. v. Bibelsprüchen u. Liederversen üb. d. wichtigst. Wahrheiten d. Christl. Religion, f. Stadt- u. Landschulen, nebst Luthers Katechismus. 8. (6 W.) Berlin 884, Amelang. Thlr.

HEOMO Verekehe, oder nüzliche (!) und angenehme Unterhaltungen für allerlei Leser, gesammelt von Verehrern alter (oriental.) Weisheit, X. J. P.**, J. F. H.**** u. S. W.***. Franckfurt und Leipzig (Münster) 1788. 8⁰. 2 Bll. u. 512 S. (6 Mk. Adolf Weigel, 1908:)
Originalübersetzgn. aus d. Arabisch., Pers., Türk., den indisch. u. einig. europ. Sprachen. — Selten!
Im Vorwort an den „geliebten Leser" heisst es: „Du findest hier wenig originelles, aber desto mehr bisher nicht von jedermann aufgefundene Perlen gesammelt. Die meisten sind im Orient gefischt." — Dr. Franz Schnitzer's Bibl. München 1902. No. 196.

Heomo Verekehe, od. unterh. Erzähl. a. d. Orient a. oriental. Handschr. 8. Münster, Coppenrath. 788.

Hepburn, George Grant. Zur Kenntniss des Di-Methyl-Para-Toluidins. Ueber die Kondensation von Phenanthrenchinon mit Phenyl-Hydrazin. Basel, 1894.

[H.] Julius Sturm. E. Gedenkbl. nebst e. Liederstrauss aus d. Werken d. Dichters zsgest. v. A. **Hepding,** Pfarrer in Grossen-Linden. *Giessen: J. Ricker 1896.* (79 S.) 1 Bd 8. [96. 4012

Hepding, Hugo, Attis, seine Mythen u. sein Kult, s. a. Versuche u. Vorarbeiten, religionsgeschichtliche. I.

Attis, seine Mythen und sein Kult. Von Hugo Hepding. *Gießen: J. Ricker 1903.* (224 S.) 8°
- Versuche, Religionsgeschichtl., u. Vorarbeiten. Bd 1. [04 871

Hepding, Hugo, ?. Assist. an d. Univ.-Bibl. Gießen: **Der Attiskult.** *Gießen: J. Ricker 1903.* (S. 123—170.) 8° ¶ [Gekr. Preisschr.] — (Kap. 3 d. eingereichten Arbeit. Erschien vollst. ebenda u. d. T.: Attis, seine Mythen u. sein Kult, als: Religionsgeschichtl. Versuche u. Vorarbeiten, Bd 1.)
Gießen, Phil. Diss. v. 1903

Hepding, Hugo, s.: **Blätter**, hessische, f. Volkskunde.

Hephaestio

Hephaestionis de metris enchiridion et de poemate libellus, s.a. **Scriptores** metrici graeci.

Ἡφαιστίωνος Ἐγχειρίδιον περὶ μέτρων καὶ ποιημάτων. Hephaestionis Alexandrini Enchiridion ad Mss. fidem recensitum cum notis var., praecipue Leon. Hotchkins, A. M. cur. Thoma Gaisford, A. M. Acced. Procli Chrestomathia grammatica. Editio nova et auctior. 8 maj. Mit 1 Tabelle. Lpz. 831. Hartmann. 3 ℛ Schrbp. 4 ℛ 12 gℛ

Hephaestionis Alexandrini Enchiridion ad Mss. fidem recensitum cum notis var. praecipue Leon. Hotchkins, cur. Thoma Gaisford. Acced. Procli Chrestomathia grammatica. Ed. nova et auctior. 8 maj. (86½ B. u. 1 Tab. qu. gr. Fol.) Lipsiae 832, Hartmann. 5 Thl., Schrbp.

ΗΦΑΙΣΤΙΩΝΟΣ ἐνχειρίδιον περὶ μετρῶν καὶ ποιημάτων. — Hephaestionis Alexandrini enchiridion iterum edidit Th. Gaisford. Acced. Terentianus Maurus de syllabis et metris, et Procli chrestomathia grammatica. 2 vol. Oxonii 855. (Parker.) gr. 8. (XI, 496; 642 S.) n. 8 ℛ. 10 ngr.

Hephaestionis Enchiridion cum commentariis veteribus ed. Maximilianus Consbruch. Accedunt variae metricorum graecorum reliquiae. Lipsiae: B. G. Teubner 1906. (XXXII, 430 S.) 8°
(Bibliotheca scriptorum graec. et rom. Teubneriana.) [06. 8333 9

Hephästos, eine prakt.-techn. Monatsschrift f. Handwerker, Künstler, Fabrikanten, Kaufleute, Land- u. Hauswirthe, Architekten u. alle Freunde u. Beförderer d. Gemeinnützigen. Hrsg. v. Freytag, im Vereine v. mehr. Mitredakteuren. 1—3. Jahrg. 1839—41. à 12 Hfte. M. Abbildn. gr. 8. Bielefeld, Helmich. à *

Hephata, Gedicht nebst Bildniß. Meurs... Rheinische Schulbuchhandl. ¼ ℛ

Hephata oder Denkwürdigkeiten und Bekenntnisse eines Freimaurers. Leipz. 1836. V: *Pelz, Eduard.* (Menzel, Wolfgang, Denkwürd. 1877. S. 385.) (Mitth. A. Rosenbaum.)

Hephata oder Denkwürdigkeiten und Bekenntnisse eines Freimaurers. Leipzig 1836. H: ***Lumignon, P.*** (Kl 2076) (wolfstieg II, 412) H: ***Pelz, Eduard.*** (Tt 1342)

Hephata oder Denkwürdigkeiten und Bekenntnisse eines Freimaurers. [Hrsg. von P. Lumignon.] Mit erl. Abb. Leipzig: Andrä 1836. XII, 316 S. u. 15 Taf. 8°
Recens: A. 7 (1837) S. 138—144.
Kl. 2076, Tt. 1342. Nach Taute soll Ed. Pelz Hrsg. sein. Enthält Mitteilungen aus verschiedenen Ritualen u. Stufen; Zweck der Mrei sei das Essen.

Hephata, oder Denkwürdigkeiten und Bekenntnisse eines Freimaurers. Mit erläut. Abbildd. (auf 15 Steintaf.). gr. 8. Leipzig 836. Andrä. (Breslau, Pelz.) Verklebt 2 ℛ

Hephata, od. Denkwürdigkeiten u. Bekenntnisse e. Freimaurers. gr. 8. (20½ B. u. 15 Stnt.) Leipzig 836, (Hunger.)

„**Hephata**". Gebete v. Adelma Elisa (Adelma Vay-Wurmbrand). 3., rev. u. verm. Aufl. 8. (VII, 111 u. III S.) Berlin 895. K. Siegismund. n. 1. —;
bessere Ausg. 2. —

— ein Wochenblatt zur Unterhaltg. u. Belehrg. f. Taubstumme. Unter Mitarbeit von Taubstummen u. Taubstummenlehrern geleitet v. K. Franke. 5. u. 6. Jahrg. 1895—1896. à 52 Nrn. (à ca. 4 S.) 4. Osterburg (R. Danehl's Sort.) à Jahrg. n. 3. —

— dasselbe. 7. Jahrg. Jan.—Juli 1897. 26 Nrn. (à ca. 4 S.) 4. Ebd. n. 1. 50
Weiter nicht erschienen.

— der Morgen d. neuen Lebens im Jenseits. 1. Hft. 8. (77 S.) Leipzig 898. O. Mutze. n. 1. 20

Hephata, Fortsetzg, s.: **Faßbender**, Elise.

— Ein Ruf Gottes an die Menschen. (Von Gust. Otto Loeffler.) gr. 8. (223 S.) Stuttgart 898. Süddeutsches Verlags-Institut.) Kart. n. 2. 50

(B) **Hephata.** Ein Ruf Gottes an d. Menschheit. 898. (EBB 29.) Jetzt: Leipzig, H. Hedwig's Nachf. Erm. Br. 2. —

Hephata. Gebete v. Adelma — Elise (Vay). 4., rev., abermals verm. Aufl. (V, 247 u. VI S.) 8. Wien 905. R. Lechner's Sort. n. 2. —

Hepke, Bernhard: Über kürzeste Transversalen zwischen Erzeugenden einer hyperboloidischen Regelschaar. Breslau 1905: H. Fleischmann. (76 S.) 8°
Breslau, Phil. Fak., Ref. Sturm, Diss. v. 1. Sept. 1905
[Geb. 31. März 77 Breslau; Wohnort: Breslau; Staatsangeh.: Preußen; Vorbildung: Realgymn. z. hl. Geist Breslau Reife O. 07; Studium: Breslau 13 S.; Rig. 1. Sept. 05.]

Hepke, Felix Viktor von, s. Hepke, Viktor

Hepke, Conr. Henr. Andr.: De occasione et ratione legis pauca diss. Hannoverae 1754.

Hepke, Paul: Über histo- und organogenetische Vorgänge bei den Regenerationsprocessen der Naiden. M. 2 lithogr. Taf. *Leipzig: W. Engelmann 1897.* (33 S. mit Taf.) 8° ¶ (Aus: Zeitschrift für wissenschaftliche Zoologie, Bd 63 H. 2.)
Rostock, Phil. Diss. v. [23. März] 1897

Hepke, R., die polnische Erhebung u. die deutsche Gegenbewegung in Posen im Frühjahr 1848. Eine Denkschrift mit den begründenden Aktenstücken dem völkerrechtlichen Ausschuß der deutschen National-Versammlung übergeben. gr. 8. (112 S.) Berlin 848. Mittler & Sohn. ½ ℛ

—— die polnische Liga und der deutsche Bund in Posen. gr. 8. (24 S.) Posen 848, [Mittler und Sohn, Brlgsh.] *

Treuenpreuss [d. i. Hepke], R. F.: Das rothe Kreuz im Völkerrecht u. im Vereinswesen. E. Skizze. Berlin 1887.

Hepke, Rob. (geb. Posen 1820): De philosophis qui Romae docuerunt ad M. Aurelii Antonini imperium. Berolini (1842). (50 S.) 8°
Berlin, Phil. Diss. v. 12. Dez. 1842

Hepke, Viktor

Hepke, das Heer Frankreichs am Ende des 19. Jahrh., s. a. Heere u. Flotten, die, der Gegenwart.

Frankreich. Das Heer am Ende des 19. Jahrh. von [Viktor] Hepke, Oberst. Mit 1 Karte d. Truppenstandorte u. e. Armee-Einteilung von [Moritz Heinrich] Exner, Oberstlt. in Dresden. *Berlin: A. Schall (1900).* (XX, 644 S.) 4°(8°)
— Heere u. Flotten d. Gegenwart. Bd 5.

Hepner's Berliner Conducteur. Strassenplan und Auskunftsbuch über Stadt- und Pferdebahn-Verbindung von und nach allen Punkten der Stadt Berlin und Umgebung, nebst sämmtl. sonst. Verkehrsnachrichten. Ergänzt bis Octbr. 1884. 8. (II, 192 S.) Berlin 884, Seeliger.

Hepner's Berliner Conducteur. Strassenplan u. Auskunftsbuch üb. Stadt- u. Pferdebahn-Verbindg. von u. nach allen Punkten der Stadt Berlin u. Umgebg., nebst sämmtl. sonst. Verkehrsnachrichten. Ergänzt bis Octbr. 1884. 8. (II, 192 S.) Berlin 885. Seeliger. — 50

Hepner, Ad., Die politische demi-monde. 1. Heft: Das „Leipziger Tageblatt". 8°. Leipzig, Thiele, 1870.

Hepner, A., meine 3½jährige Leipziger Polizeicampagne. Heiteres und Ernstes, Publicistisches u. Juristisches. Zugleich e. Beitrag zur Charakteristik unserer heut. polit. Zustände. gr. 8. (IV, 57 S.) Braunschweig 874. Bracke jr. 1. —

Ephren, A. [d. i. Hepner, Ad.]: Vier Zeitfragen in neuer Behandlung. Breslau 1881.

1. Streiflichter auf Theorie und Praxis der Zwangsvollstreckung.
2. Nicht blos Beschränkung, sondern Reform des Wechselverkehrs.
3. Ueber Juden — und Christen.
4. Die Reichspost als Mittel zur Belebung des Geschäftsverkehrs, insbes. des Buchhandels.

Hepner, Adf., d. Ikarier in Nordamerika. Eine Warng. vor communist. Colonialgründgn. 8. (38 S.) New-York 886. Berlin, Buchh. d. Vorwärts. n. — 20

Hepner, Ad., Die Ikarier in Nordamerika. Eine Warnung vor communistischen Colonial-Gründungen. 8°. New York 1886. (Socialistic Library, Nr. 7.)

Hepner, Adf., s.: **Schutz, der, d. Deutschen in Frankreich 1870 u. 1871.**

Hepner, Albert, a. Breslau: Ueber die Einwirkung von aromatischen Aminen auf das Chlormethylat des 1-Phenyl-3-methyl-5-Chlorpyrazols. Rostock 1904: C. Hinstorff. (61 S.) 8°
Rostock, Phil. Fak., Ref. Michaelis, Diss. v. 12. Sept. 1904
[Geb. 27. Apr. 75 Görchen, Posen; Wohnort: Görchen; Staatsangeh.: Preußen; Vorbildung: Gymn. Breslau Reife f. Obersecunda O. 92; Studium: Breslau 1, Rostock 5 S.; Rig. 13. Mai 04.]

Hepner, Clara, s. Hepner, Klara

Hepner, E., histor. chronolog. Wegweiser. 3 Wandtafeln f. den Unterricht in d. Geschichte. Fol. Bresl. 824.

Hepner, Eberhard, Assistenzarzt a. d. chirurg. Abt. d. Allerheiligen Hospitals: Aus d. chirurg. Abt. d. Allerheiligen Hospitals zu Breslau. Zur Diagnostik und Therapie des inneren Darmverschlusses. *Tübingen 1902: H. Laupp jr.* (46 S.) 8° ¶ (Aus: Beiträge zur klinischen Chirurgie, Bd 36, H. 2.)
Breslau, Med. Diss. v. 18. Nov. 1902

Hepner, Ernst

— s. 1) Andokides. 2) Aristides, Lobrede.

Hepner, Ernst (Bearb.), s. Aristoteles: Kleine naturphilosophische Abhandlungen von dem Gedächtnisse und der Wiedererinnerung . . .

Hepner, E. De variis Theocriteor. Idyllior. generibus. 19 S.
Progr. Thorn 1836

Hepner, Ern., de variis Theocriteorum idyllior. generibus. 4. (2¾ B.) Thoruni 836. (Berolini, libr. Nicolai.) *

Hepner, Gertrud: Aus d. Univ.-Kinder-Polikl. u. d. Heinrich-Kinder-Hosp. in Kiel. Über die eitrigen Erkrankungen der Harnwege bei männlichen Säuglingen. Kiel 1910: Fiencke. 21 S. 8°
Kiel, Med. Diss. v. 28. Nov. 1910, Ref. Lüthje
[Geb. 15. Nov. 82 Breslau; Wohnort: Breslau; Staatsangeh.: Preußen; Vorbildung: Friedrichs-Gymn. Breslau Reife O. 04; Studium: Breslau 6, München 1, Breslau 3 S.; Coll. 18. Nov. 10; Approb. 15. Juni 10.] [U 11. 2569

Hepner Hans Über Nitroderivate des β-Naphtochinolins. S. 115. Hb. 87 . . . . vgr.
Separatabdruck

Hepner, Heinrich, a. Görlitz, Referendar am Kgl. Landgericht I zu Berlin: Der Bote ohne Ermächtigung. Eine Parallele zum Vertreter ohne Vertretungsmacht. Gräfenhainichen 1908: W. Hecker. (78 S.) 8°
Erlangen, Jur. Fak., Ref. Binder, Diss. v. 29. Juli 1908
[Geb. 31. Okt. 85 Görlitz; Wohnort: Berlin; Staatsangeh.: Preußen; Vorbildung: Prinz-Heinrich-Gymn. Schöneberg Reife O. 04; Studium: Berlin 5, Freiburg i. B. 1 S.; Rig. 7. Mai 08.]

Hepner, Julius, a. Beuthen O.-S., Referendar am Kgl. Amtsgericht zu Landeshut: Der Besitzerwerb an Grundstücken durch Tradition nach römischem Recht und dem Recht des Bürgerlichen Gesetzbuchs. Ein Vergleich. Borna-Leipzig 1908: R. Noske. (VIII, 45 S.) 8°
Erlangen, Jur. Fak., Ref. Siber, Diss. v. 2. März 1908
[Geb. 29. Mai 86 Beuthen; Wohnort: Landeshut (Schlesien); Staatsangeh.: Preußen; Vorbildung: Gymn. Beuthen Reife O. 04; Studium: München 2, Freiburg i. B. 1, Berlin 1, Breslau 2 S.; Rig. 16. Jan. 08.]

Hepner, Klara

Hepner, Clara (Frau Clara Muschner), der Himmelswagen. Eine Komödie f. kleine u. große Leute in 4 Akten. (58 S.) 8. Kattowitz 909. Phönix-Verlag. 1.50

— Neue Märchen, m. Bildern v. Jos. Mauder. (75 S.) 8. München (908). C. A. Seyfried & Co. Geb. in Leinw. 1.50

Hepner, Clara (Frau Clara Muschner), Sonnenscheinchens erste Reise. Märchen u. Erzählgn. für Klein u. Groß. Mit Titelblatt v. Ernst Liebermann. (188 S.) 8. Berlin (906). Schall & Rentel. Geb. n. 2. 50

— Sonnenscheinchens erste Reise. (Farbiger) Bildschmuck v. Hans Schroedter. [Aus: „Das deut. Bilderb."] (16 S.) 31×23,5 cm. Mainz (909). J. Scholz. Kart. 2. —

— 100 neue Tiergeschichten. Mit 4 Taf. v. W. Planck u. zahlreichen Textbildern v. B. Körting. 2. Aufl. (VIII, 203 S.) 8. Stuttgart (910). Franckh. 2. 80; geb. in Leinw. 3. 60

Hepner, Rud., Fifikus im Hause u. auf d. Reise. (60 S.) kl. 8. Berlin (908). (Verlags-Anstalt K. Koch-Krauss.) 2. —

Hepner, S[alo] (geb. Zerkow in Pos. 12. 3. 1846): Zur Lehre von der Fussgelenks-Resection. Breslau 1872. (25 S.) 8°
Breslau, Med. Diss. v. 2. [vielmehr 3.] Juli 1872

Hepp, hepp! od. die Meistersinger von Nürnberg. Große confessionell-socialdemokrat. Zukunftsoper in 3 gegenwärt. Acten f. die Vergangenheit componirt v. Richard. Text auch v. Richard, aber v. e. anderen. 16. (IV, 80 S.) Spremberg 872. Erbe. -- 75

Hepp, Adelb., d. Christ. od. Unterw. wie e. Christ s. zu verhalt. habe. gr. 8. Augsb. Doll. 788.

Hepp, C., die Tochter d. Diaios. Dramatisches Gedicht. 8. (81 S.) Berlin 873. W. Müller. n. 2. —

Hepp, C., practischer Wegweiser auf der Insel Sylt, mit Anhang und (lithogr.) Karte. 16. (VIII, 76 S.) Tondern 879, Dröhse. * 1 50

Hepp, C., practischer Wegweiser auf der Insel Sylt, m. Anh. u. (lith.) Karte. 2., verm. Aufl. 12. (VII, 48 m. Reglement für das Nordseebad Westerland 23 S.) Tondern 881. Droehse. n. 1. 50

Hepp, C. (H.), praktischer Wegweiser auf der Insel Sylt. Mit Anhang. 3. Aufl. 12. (VIII, 53 S. mit Karten.) Tondern 885, Dröhse. *ℳ 1.50.; geb. * 1 80

—— 5. Aufl. Mit Illustrationen. ebd. (1889.) 8°

Hepp's Wegweiser auf Sylt. Mit Anh. Bade-Reglement. Eisenbahn- u. Dampfschiffs-Fahrpläne, Karten u. Plan v. Westerland. 12. Jahres-Ausg. 12. (53 u. 36 S. m. Abbildgn.) Tondern 890. Dröhse. n. 1. —

Hepp, Eduard [aus Strassburg i. Els.]: Ueber einige Verbindungen von Aldehyden mit aromatischen Kohlenwasserstoffen. Strassburg, Univ.-Buchdr. von J. H. Ed. Heitz. 1875. 8. 56 S.

Hepp, Fe d. Karl Theodor, s. Hepp, Karl Ferd. Theodor

Hepp, Fr. J., Vocabulaire français-allemand et allemand-français pour la Grammaire de Mozin. gr. 8. München 815. Lentner. 1 fl 2 Kr

Hepp, G. Ph., Essai sur la théorie de la vie sociale et du gouvernement représentatif, pour servir d'introduction à l'étude de la science sociale ou du droit et des sciences politiques. Nebst 3 Tabb. gr. in-8. Paris et Strasbourg 833. Levrault. 2 fl

Hepp, G. P.: Geschichte und System der Staatswissenschaft, s. Buss, Franz Joseph

Hepp, Johannes

Hepp, J., Geschichte der christlichen Kirche für Haus und Schule. Ein Anhang zur bibl. Geschichte und zu jedem Diöcesankatechismus. 3. Aufl. 1847. 5 Ngr. und 4., verb. Aufl. 8. (IV und 108 S.) Mainz 852, [Kirchheim.]

Hepp, Johs., Geschichte der christlichen Kirche für Haus und Schule. Ein Anhang zur biblischen Geschichte und zu jedem Diöcesankatechismus. 5., verb. Aufl. gr. 12. (112 S.) Mainz 855, Kirchheim.

Hepp, J., Geschichte der christlichen Kirche für Haus und Schule. Ein Anhang zur bibl. Geschichte und zu jedem Diöcesankatechismus. 7. Aufl. 12. (112 S.) Mainz 865, Kirchheim.

Hepp, J., Geschichte der christlichen Kirche f. Haus u. Schule. Ein Anh. zur bibl. Geschichte u. zu jedem Diöcesankatechismus. 8. verb. Aufl. 8. (115 S.) Mainz 876. Kirchheim. — 40

—— Geschichte der christlichen Kirche in Lebensbeschreibungen. Christlichen Schulen und Familien gewidmet. 2 Bde. gr. 12. Mainz, [Kirchheim.] [1. (VII und 420 S.) 851. * 18 Ngr., 2. (III und 612 S.) 852. * 24 Ngr.] *

Hepp, J., Geschichte der christl. Kirche für Volksschulen. Ein Anhang z. bibl. Geschichte u. zu jedem Diöcesankatechismus. 2. verb. u. verm. Aufl. 12. Mainz 844, Kirchheim, Schott u. Thielmann. 1/6 fl

Hepp, Johs., Geschichte der christl. Kirche f. Volksschulen. Ein Anhang zur bibl. Geschichte u. zu jedem Diöcesankatechismus. 3. verb. Aufl. 8. (IV u. 108 S.) Mainz 847, Kirchheim & Schott. 1/6 fl — für Haus u. Schule. 4. verb. Aufl. (IV u. 108 S.) Ebd. 852. 4 ngr

—— der Gottesdienst der katholischen Kirche zur Belehrung und Erbauung für Haus und Schule. gr. 16. (VIII und 229 S.) Mainz 852, [Wirth und Comp.]

—— Lehr- und Lesebuch für die mittleren Klassen katholischer Volksschulen. gr. 12. (VIII und 192 S.) Mainz 856, Kirchheim. *

Hepp, J., Lehr- und Lesebuch für die mittleren Klassen katholischer Volksschulen. 2. Aufl. Mainz 862. Kirchheim. 8. (VIII, 192 S.) n. 5 ngr

Hepp, J., vollständiges Lehr- und Lesebuch für die oberen Klassen katholischer Volksschulen. Im Vereine mit mehreren prakt. Schulmännern bearb. u. herausg. 4—6., nach der 4. unveränd. abgedr. Aufl. Mainz 854—58. Kirchheim. gr. 8. (2 Bl., 504 S.) n. 15 ngr

— vollständiges Lehr- und Lesebuch für die oberen Klassen katholischer Volksschulen. Im Verein mit mehreren praktischen Schulmänniern bearb. u. herausg. 7., nach der 4. unveränd. abgedr. Aufl. Ebend. 861. gr. 8. (IV, 504 S.) n. 15 ngr

—— vollständiges Lehr- und Lesebuch für die oberen Klassen katholischer Volksschulen. Im Verein mit mehreren prakt. Schulmännern bearb. und hrsg. 8., nach der 4., unverändert abgedr. Aufl. gr. 8. (IV und 496 S.) Mainz 865, Kirchheim. *

—— vollständ. Lehr- u. Lesebuch f. Volksschulen, s. Lehr- u. Lesebuch.

—— vollständiges Lehr- und Lesebuch für Volksschulen. Im Vereine mit mehr. pract. Schulmännern bearb. und hrsg. 3., verb. Aufl. gr. 8. (VIII und 472 S.) Mainz 848, [Kirchheim.] *

—— der Schulfreund. Ein Lehr- u. Lesebuch f. Volksschulen. 12. (11 B.) Mainz 846, Kirchheim, Schott u. Thielmann. *

— der Schulfreund. Ein Lehr- u. Lesebuch für Volksschulen. gr. 12. (IV u. 260 S.) Ebd. 847. n. 7 ngr

— der Schulfreund. Ein Lehr- und Lesebuch für Volksschulen. 3. Aufl. Mainz 857. Kirchheim. 12. (IV, 276 S.) n. 7½ ngr

—— der Schulfreund. Ein Lehr- und Lesebuch für Volksschulen. 4. Aufl. 12. (IV und 276 S.) Mainz 861, Kirchheim. *

Hepp, Joh(annes). Die Selbstregierung der Schüler. Erfahrungen mit F(r[iedrich]) W[ilhelm] Försters Vorschlägen für eine vertiefte Charakterbildung in der Schule. VIII + 111 S. 8. Zürich, Schulthess & Co., 1911. [fr. 2. 40]

Hepp, Karl

Hepp, Carl, der Dämon d. Kaisers. Erzählende Dichtg. 12. (189 S.) Leipzig 892. Th. Thomas. n. 2. 40

Hepp, Carl, der Dämon d. Kaisers. Erzählende Dichtg. (Neue [Titel-] Ausg.) 12. (189 S.) Leipzig (892) 895. Berlin, J. Gnadenfeld & Co. n. 2. 40

— Gerald d. Krähenhöfer. Erzähl. Dichtg. (Neue [Titel-] Ausg.) 12. (240 S.) Ebd. (892) 895. n. 3. —

Hepp, C. (I.), Schillers Leben und Dichten. 8. (VIII, 602 S. mit 2 Facs., sowie 51 Abbild. in Kpfrst., photogr. Lichtdr. und Holzschn.) Leipzig 885, Bibliographisches Institut. * 5 —

Hepp, Carl, Paracelsus. Dichtung. (259 S.) gr. 8. Leipzig 907. Modernes Verlagsbureau. 4. —

Paracelsus. Dichtung von Carl Hepp. Berlin-Leipzig: C. Wigand 1907. (259 S.) 8° [ad. 12840

— der Prior v. San Marco, s.: Meyer's Volksbücher.

Hepp, Carl, Renate. Eine Studentengeschichte. 12. (249 S.) Stuttgart 890. Neff. n. 3. —; geb. n. 4. —

— Renate. E. Studenten-Geschichte. (Neue [Titel-]Ausg.) 12. (249 S.) Leipzig (890) 895. Berlin, J. Gnadenfeld & Co. n. 3. —

Hepp, Karl, Regierungsrat in Stuttgart: Der sogenannte Schulpatronat in Württemberg. Tübingen 1907: H. Laupp jr. (XVI, 77 S.) 8° [J.]
Tübingen, Jur. Fak., Ref. Rietschel, Diss. v. 22. April 1907
[Geb. 28. März 70 Saulgau; Wohnort: Stuttgart; Staatsangeh.: Württemberg; Vorbildung: Gymn. Ulm Reife M. 87; Studium: Tübingen 3, Berlin 1, Tübingen 4 S.]

Hepp, Karl, der sogen. Schulpatronat in Württemberg. Nebst d. Entwicklg. in and. deutschen Staaten dargestellt. (XVIII, 77 S.) gr. 8. Rottenburg 907. W. Bader. 1. 60

Hepp, Karl (Bearb.), s. Volksschulgesetz, Das Württembergische.

— Die württemb. Volksschulgesetzgebung, s.: Schilz, Ernst.

Hepp, Carl, Weißdorn. Gedichte. 12. (270 S.) Stuttgart 890. Neff. n. 3. —; geb. n. 4. —

— Weißdorn. Gedichte. (Neue [Titel-]Ausg.) 12. (272 S.) Ebd. (890) 895. n. 3. —

Hepp, Karl Ferd. Theodor

Hepp, Ferd. Carl Th., Anklageschaft, Oeffentlichkeit u. Mündlichkeit des Strafverfahrens, gegründet auf eine histor.-kritische Beleuchtung d. bestehenden Inquisitionsprocesses. gr. 8. (12½ B.) Tübingen 842, Osiander'sche Buchh. -

Hepp, Ferd. Carl Theod., Beiträge zur Lehre v. Hochverrath nach gem. u. nach Bernischem Strafrechte, in 6 Abhandln. Mit e. Abdr. d. Bern. Strafgesetzes v. 7. Juli 1832. gr. 8. (6 B.) Bern 833, Dalp.

— s. J. Bentham, Grundsätze der Criminalpolitik.

—— actenmäß. Darstellung u. Prüfung d. Verfolgungen d. Berner Obergerichts u. d. damit zusammenhäng. Cabinets-Justiz. gr. 8. (15¾ B.) Tübingen 834, Osiander.

—— Darstellung u. Beurtheilung d. deutschen Strafrechts-Systeme, ein Beitrag z. Geschichte d. Philosophie u. d. Strafgesetzgebungs-Wissenschaft. 2 Abthl. 2., umgearb. Aufl. gr. 8. Heidelberg, J. C. B. Mohr.
Abthl. 1. Die Vergeltungs- od. Gerechtigkeitssysteme. (24 B.) 843. 2 Thlr.
" 2. Die relativen Systeme. 2 Hfte. à Hft. 2 Thlr. 10 Ngr.
Hft. 1. Die Vertrags- u. Abschreckungstheorien. (31¼ B.) 844.
" 2. Die Präventions-, die Besserungs-, die relativen Coalitions- u. die Rechtssysteme. (30 B.) 845.

—— krit. Darstellung d. Strafrechts-Theorien, nebst e. Versuch üb. d. Möglichkeit e. strafrechtl. Theorie überh. gr. 8. (12 B.) Heidelberg 829, Mohr.

Hepp, Carl Ferd. Theod. (Altona), Dissert. inaug. qua inquiritur ex quo tempore hypotheca bona debitoris afficiat. Lpz. (G. H. Maret) 1825. 193 S. (8.50) 14447
Gew.: Johann Gurlitt (Hamburg), Ant. Fried. Just. Thibaut (Heidelb.).

Hepp, (Carl Ferd. Th.,) Dissert. inaug. qua inquiritur, ex quo tempore hypotheca bona debitores afficiat. 8 maj. Lipsiae 825, (Rein) auch Märker.

—— über d. Gerechtigkeits- u. Nutzungs-Theorieen d. Auslandes u. d. Werth d. Philosophie d. Strafrechts f. d. Strafgesetzgebungs-Wissenschaft überh. gr. 8. (8 B.) Heidelberg 834, Mohr.

Hepp, Ferd. Carl Th.: Jeremias Bentham's Grundsätze der Criminalpolitik in einem Auszuge u. system. Zusammenhange dargest. Tübingen 1839.

— Diss. Philog.-juridica interpretationem Legis 2. §. 5. D. de O. J. scripta pro impetranda legendi facultate. gr. 8. Heidelb. 826. Oswald.

Hepp, Ferd. Carl Theod., Commentar üb. d. neue württemberg. Straf-Gesetzbuch, nach seinen authent. Quellen, den Vorlagen d. Staats-Regierung, u. d. ständ. Verhandln. d. J. 1838, mit Erläutern. u. Registern versehen. 1. Bd. (5 Lfgn.) u. 2. Bd. (8 Lfgn.) gr. 8. Tübingen, Osiander'sche Bh. [1. ($61\frac{3}{4}$ B.) 839, 40. $4\frac{1}{6}$ Thlr., 2. (102 B.) 840—42. $6\frac{2}{3}$ Thlr.] à L. $\frac{5}{6}$ Thlr.

—— Commentar üb. das neue württemberg. Straf-Gesetzbuch. 3. Bd. 3 Lfgn. Die öffentlichen Fälschungen. Tödtungsfälle u. Körperverletzungen. gr. 8. (35 B.) Tübingen 842, Osiander'sche Buchh. à Lfg. 25 Ngr.
1. u. 2. Bd. Ebendas. 1840, 42. 10 Thlr. 20 Ngr.

— s. Pindar's 8r nemes. Siegsgesang.

Hepp, F(erd.) C(arl) Th., die nothwendige Reform der Freiheitsstrafen und Strafanstalten in Württemberg. gr. 8. (V und 74 S.) Frankfurt a. M. 848, Sauerländer's Verlag.
Aus: Zeitschrift für deutsches Strafverfahren. Neue Folge 4. Bd. 2. Heft, besonders abgedruckt.

—— die polit. u. unpolitischen Staats-Verbrechen u. Vergehen nebst angrenzenden Amtsverbrechen u. Polizei-Uebertretungen, nach gemeinem u. württemb. Rechte. gr. 8. (32 B.) Tübingen 846, Zu-Guttenberg. *

— F. C. Th., Ueber den gegenwärtigen Stand der Streitfrage über die Zuläßigkeit der Todesstrafe. (Anzeige der Feier des Geburts=Festes Seiner Majestät d. Königs Wilhelm v. Württemberg v. d. Rector u. acad. Senate d. Universität.) Tüb. (Eifert) 27. IX. 1835. 83 S. (7.—) 14448

—— über d. gegenwärt. Stand d. Streitfrage üb. d. Zulässigkeit d. Todesstrafe. Ein Progr., geschr. z. Feier d. Geburtsfestes Sr. Maj. d. Königs v. Württemberg. 4. ($10\frac{1}{2}$ B.) Tübingen 836, Osiander'sche Buchh.

—— das Strafen-System d. neuen Entwurfs e. Strafgesetzbuches f. d. Königr. Württemberg v. J. 1835, in Vergleich. mit d. gem. Rechte, d. Strafedicte u. neueren Legislatoren. gr. 8. (7 B.) Heidelberg 836, J. C. B. Mohr.

—— die Theorie v. d. Zurechnung u. v. d. Milderungsgründen d. Strafe nach d neueren Legislationen u. d. gem. Rechte, mit besond. Rücksicht auf d. Entwurf e. Strafgesetzbuches f. d. Königr. Württemberg v. J. 1835. gr. 8. (5 B.) Heidelberg 836, C. F. Winter.

Hepp, Ferd. Carl. Theod.: Vergleichung d. ursprüngl. Hannoverschen Strafentwurfs mit d. revidirt. Entwurfe. (Aus den „Heidelberg. Jahrbb. d. Lit." besonders abgedruckt.) *Heidelberg*, Winter. 832. (6 Gr.)

Hepp, Ferd. Carl Theod.: Versuche üb. einzelne Lehren der Strafrechtswissenschaft. *Heidelberg*, Mohr. 827. gr. 8. (1 Thl. 16 Gr.)

—— die Zurechnung auf d. Gebiete d. Civilrechts, insbesond. d. Lehre v. d. Unglücksfällen, nach d. Grundsätzen d. röm. u. deutschen Rechts u. d. neueren Legislationen dargestellt. gr. 8. ($16\frac{1}{4}$ B.) Tübingen 838, Osiander'sche Buchh.

Hepp, Leo Politisches und Sociales aus der Ilias und Odyssee in vergleichender Darstellung. 72 S. Progr. *Rottweil* 1883.

Hepp, Ludwig, aus Neustadt a/H. (Rheinpfalz): Die pathologischen Veränderungen der Muskelfaser. Zür. E. Kiesling Dr. 1853. 35 S. 8°. Zürich, Med. Diss. v. 17. Sept. 1853.

Hepp (O.). Lichenflora von Wuertzburg . . . Manitz, 1824. 8°.

Hepp, Oscar: Geistesstörung bei traumatischer Aphasie. *Tübingen: F. Pietzcker 1898.* (42 S.) 8°
Tübingen, Med. Diss. v. 1898

Hepp (P.). Sporen der europaeischen Lichenen . . . Zuerich, 1853-67. 4°.
Rarely met with complete, being privately printed and long in progress.

Hepp, Paul [aus Strassburg i. E.]: Über Trinitroderivate des Benzols und Toluols. Über Additionsproducte von Nitroderivaten mit Kohlenwasserstoffen. Strassburg, Universitäts-Buchdruckerei von J. H. Ed. Heitz, 1881. 8. 63 S.

Hepp, Ph., Lichenen-Flora von Würzburg, oder Aufzählung u. Beschreib. der um Würzburg wachsenden Flechten. Mit 1 Steindruck. 8. Mainz 824. Kupferberg. 10 gr.

Heppe

— s. a. **Haeppen.**

Heppe, C., vaterländische Geschichte, s.: Grosse-Bohle.

Heppe, C. J., Gesänge für Sonntags-Schulen. Mit ausgewählten Melodien und Liedern. qu. 4. (IV, 136 S.) Philadelphia 868, (Schäfer und Koradi.) geb. *

Heppe, Christian Wilhelm von, s.a. H e p p e , Karl von

HEPPE, Christian Wilhelm v.: Einheimisch und ausländischer wohlredender Jäger oder nach alphabetischer Ordnung gegründeter Rapport derer Holz-, Forst- und Jagd-Kunstwörter nach verschiedener teutscher Mundart und Landesgewohnheit. - Regensburg 1763. 346 S. - 2. Aufl. ebd. 1779. 428 S.

— d. einheim. u. ausländ. wohlred. Jäger. gr. 8. Regensb. 763. 2e Aufl. 779. Montag u. W. 1 rthl 4 gr

Heppe, Chr. Wlh., († d. 22. Jan. 1791.) d. sich selbst rathende Jäger. 8. Augsb. 754. Lotter. 12 gr

Heppe, C. W. v., d. s. selbst rathende Jäger. 8. Augsb. Lotter. 756.

— aufricht. Lehrprinz, od. prakt. Abhandl. von d. Leithund. 8. Augsb. 751. Lotter. 12 gr

Heppe, G. S., die neuesten Fortschritte in der Waarenkunde. Bearb. unter Mitwirkung mehrerer Fachmänner. Ergänzungsband zur 6. Aufl. von Schedels Waarenlexikon. Leipzig 863. Hinrichs. Lex.-8. (2 Bl., 300 S.) 1 rthl 15 ngr

(Mey's Hauswirthschaftliche Bibliothek 2. Bändchen.) Heizung und Beleuchtung. Von G. S. **Heppe**. Plagwitz-Leipzig. 1884. 8°.

Heppe, G. S., Vorträge über das Wissenswürdigste aus den gewerblichen Hülfswissenschaften, s. Schule, die, des Handwerkers.

Heppe, Gustav

— Sachsen's Boden, s.: Friedrich, D.

Heppe, G., hauswirtschaftliche Chemie. Die Lehren u. Fortschritte der Chemie in ihrer Anwendung auf das Hauswesen. Leichtfaßlich dargestellt für gebildete Leser. 8. (VIII, 184 S.) Hamburg 882. Voß. n. 2. —; geb. n. 2. 80

Heppe, G., hauswirthschaftliche Chemie. 2. Ausg. 8. (VIII, 184 S.) Hamburg 884. Voß. cart. n. 1. —

Heppe, Gustav.
Hauswirthschaftliche Chemie. Dritte Auflage. Hamburg. 1889.

Heppe, G., hauswirthschaftliche Chemie. Die Lehren u. Fortschritte der Chemie in ihrer Anwendung auf das Hauswesen. Leichtfaßlich dargestellt f. gebildete Leser. 3., verb. Aufl. 8. (XII, 232 u. VII S.) Hamburg 890. Voß. n. 2. —

Heppe, Gust., praktische Düngetafel. Graphische in Farben ausgeführte Darstellung des Verbrauchs und also auch des Bedarfs der wichtigsten Culturpflanzen an Mineralbestandtheilen pro Morgen Land für kleinere, mittlere und große Ernten berechnet, nebst Nachweis des Procentgehaltes der wichtigsten Düngemittel, namentlich der Staßfurter Kalisalze an mineral. Pflanzennahrung. Mit erläut. Text zum Gebrauch für Landwirthe bearb. Chromolithogr. Imp.-Fol. (12 S. Text in Lex.-8.) Berlin 869, Wiegandt, Hempel und Parey. *

—— Katechismus der Chemikalienkunde, s. a. Weber's, J. J., illustrirte Katechismen.

— — Katechismus der Chemikalienkunde. Eine kurze Beschreibung der wichtigsten Chemikalien des Handels. (Aus: „J. J. Weber's Illustrierte Katechismen" Nr. 96.) Leipzig 1880.

Heppe, G., Katechismus d. Chemikalienkunde. 2. Aufl., s.: Bletsch, M.

Heppe, G., Katechismus der Droguenkunde, s. a. Weber's, J. J., illustrirte Katechismen.

Heppe. Katechismus der Droguenkunde. (Aus: „J. J. Weber's Illustrierte Katechismen" Nr. 81.) Leipzig 1879.

— Katechismus der Droguenkunde. Mit 80 in den Text gedr. (Holzschn.-) Abbildungen. 8. (X, 286 S.) Leipzig 879. Weber. geb. n. 2. 50

– Katechismus der Farbwarenkunde, s.a. Weber's, J. J.: Illustrirte Katechismen.

Heppe. Katechismus der Farbwaarenkunde. (Aus: „J. J. Weber's Illustrierte Katechismen" Nr. 102.) Leipzig 1881.

— Katechismus der Farbwarenkunde. 8. (VIII, 148 S.) Ebend. 881. geb. n. 2. —

—— s. Merck's, Klemens, Warenlexikon.

—— die chemischen Reactionen der wichtigsten anorganischen und organischen Stoffe. Tabellen in alphabet. Anordnung zum Gebrauche bei Arbeiten im Laboratorio. 13 Lfgn. Lex.-8. (XVII, 391 S.) Leipzig 874,75, Kollmann. à Lfg. *ℳ 2,40. *

HEPPE, GUSTAV.
Die chemische Reactionen der wichtigsten anorganischen und organischen Stoffe. Tabellen in alphabetischer Anordnung zum Gebrauche bei Arbeiten im Laboratorio. Leipzig, 1875. pp. xvii–391 roy. 8vo.
Unfortunately the author adopts the old atomic weights, O = 8, etc.

— — d. chem. Reactionen d. wichtigsten anorg. u. organ. Stoffe. 2. Aufl. 1882. 7.20

Heppe, G. (Bearb.), s. Schick, E.: Katechismus der Waarenkunde.

—— Vademecum des praktischen Chemikers. Sammlung älterer und neuerer Tabellen, Formeln und Zahlen aus dem Gebiete der Chemie, Physik und Technologie. Ein Hand- und Hilfsbuch bei den Arbeiten im Laboratorio und in chem. Fabriken zum Gebrauche für Apotheker, Brauer, Brenner u. A. zusammengestellt. 6 Lfgn. 16. (XXI, 400 S.) Leipzig 871,72, Kollmann. à Lfg. *ℳ 1,50. *

Heppe, H., System der Pädagogik. Hrsg. v. H. Wiegand. gr. 8. (82 S.) Hannover-Linden 892. Manz & Lange. n. — 60

Heppe, H. E., der Dom zu Metz. Kurze Geschichte u. Beschreibg. des Denkmals u. seines Ausbaues. 4. (III, 103 S. m. 1 Taf.) Metz 901. G. Scriba. n. 2. —

Heppe, Heinr. (Ludw. Jul.), die fünfzehn marburger Artikel vom 3. Octbr. 1529, s. Artikel, die fünfzehn marburger.

Heppe, Heinr., s. Bädeker, F. G. H. J. Geschichte der evangel. Gemeinden der Grafsch. Mark 2c.

Heppe, Heinr. (Ludw. Jul.), Beiträge zur Geschichte und Statistik des hess. Schulwesens im 17. Jahrh., s. Zeitschrift des Vereins für hessische Geschichte.

Heppe, H., die Bekenntnisschriften der altprotestant. Kirche Deutschlands, s. Bekenntnissschriften etc.

Heppe, Heinr., Theodor Beza, s. a. Leben und ausgewählte Schriften der Väter und Begründer der reformirten Kirche.

Heppe, Heinrich. Theodor Beza. Leben und ausgewählte Schriften. 8. Elberfeld 1861.
Leben und ausgewählte Schriften der Väter ... der reformirten Kirche. Theil 6.

Heppe, Heinr., Denkschrift über den Untergang des kurhessischen Staats. gr. 8. (IV und 44 S.) Marburg 866, Ehrhardt's Universitäts-Buchh.

— Denkschrift über die confessionellen Wirren in der evangelischen Kirche Kurhessens. Cassel 854. Fischer. gr. 8. (III, 111 S.) n. 15 ngr.

—— Dogmatik des deutschen Protestantismus im 16. Jahrh. 3 Bde. gr. 8. Gotha 857, F. A. Perthes. [1. Bd. (X und 460 S.) 2. und 3. Bd. (X und 330 S.) à Bd. * 2 Thlr.] *

—— die Einführung der Verbesserungspunkte in Hessen von 1604—1610 und die Entstehung der hess. Kirchenordnung von 1657 als Beitrag zur Geschichte der deutsch-reformirten Kirche urkundlich dargestellt. gr. 8. (VI und 240 S.) Kassel 849, (Kriegersche Buchh.) *

—— die Entstehung und Fortbildung des Luthertums und die kirchlichen Bekenntnisschriften desselben von 1548—1576. gr. 8. (VIII und 264 S.) Cassel 863, Krieger'sche Buchh. *

— Entstehung, Kämpfe und Untergang evangelischer Gemeinden in Deutschland urkundlich dargestellt. 1. Heft. Wiesbaden 862. Niedner. 12. (186 S.) n. 12 ngr.
Inhalt: Das evangelische Hammelburg u. dessen Untergang durch das Papstthum.

—— die confessionelle Entwicklung der altprotestantischen Kirche Deutschlands, die altprotestant. Union und die gegenwärtige confessionelle Lage und Aufgabe des deutschen Protestantismus. gr. 8. (XXIV und 425 S.) Marburg 854, Elwert'sche Universitäts-Buchh.

— die confessionelle Entwicklung der hessischen Kirche oder das gute Recht der reformirten Kirche in Kurhessen. Frankfurt a. M. 853. Völcker. gr. 8. (VII, 56 S.) n. 10 ngr.

— christliche Ethik. Hrsg. v. Alb. Kuhnert. gr. 8. (VIII, LIV, 115 S.) Elberfeld 881. Friderichs. n. 3. —

Heppe, Heinr., christliche Ethik. Hrsg. v. Alb. Kuhnert. 2. [Titel=]Ausg. gr. 8. (IV, LIV, 115 S.) Leipzig [882]. 901. G. Strübig. n. 2. --

Heppe, Heinr. Ludw. Jul., Gebetbüchlein zur täglichen Uebung der Andacht im christl. Hause. br. 8. (XVI u. 230 S.) Marburg 852. Frankfurt a. M., Zimmer'sche Sort.=Buchhandlg. (Völcker.) n. ⅔ ₰; in Engl. Einb. m. Goldschn. n. 1 ₰ 6 ngr

— Gebetbüchlein zur täglichen Uebung der Andacht im christlichen Hause. 2. verm. Aufl. Marburg 856. Koch. 16. (XVI, 248 S.). 15 ngr; Velinp. geb. 1 ₰.

Heppe, Heinr., Gebetbüchlein zur täglichen Uebung der Andacht im christlichen Hause. 3. Aufl. Marburg 860. Koch. (Sipmann.) 16. (XVI, 248 S.) n. 15 ngr

— Gebetbüchlein zur täglichen Uebung der Andacht im christlichen Hause. 4., verm. Aufl. gr. 16. (IV, 312 S.) Marburg 876. Sipmann. cart. n. 2. —; geb. n. 3. —; feine Ausg. geb. m. Goldschn. n. 4. —

Heppe, H., Gebetbüchlein zur täglichen Uebung der Andacht im christlichen Hause. 5. (Titel=)Aufl. 12. (IV, 312 S.) Marburg 888. Elwert's Verl. cart. n. 1. —; geb. n. 1. 50; feine Ausg. geb. m. Goldschn. 3. —

Heppe, Heinr., Geschichte der theolog. Facultät zu Marburg. gr. 4. (68 S.) Marburg 873. Ehrhardt n. 1. 50

Heppe, Heinr., Geschichte der evangelischen Gemeinden der Grafsch. Mark &c., s.: Bädeker, F. G. H. J.

—— Geschichte der hessischen Generalsynoden von 1568—1582. Nach den Synodalakten zum ersten Male bearb. und mit einer Urkundensammlung hrsg. 2 Bde. gr. 8. (412 und 370 S.) Kassel 847, Fischer. à Bd. 1 Thlr. 15 Ngr.
Bd. 1. Die Geschichten der Generalsynoden von 1568—1577.
" 2. Die Geschichten der Generalsynoden von 1578—1582.

—— zur Geschichte der evangelischen Kirche Rheinlands und Westphalens. 1. Bd. A. u. d. T.: Geschichte der evangelischen Kirche von Cleve=Mark und der Provinz Westphalen. gr. 8. (VIII und 566 S.) Iserlohn 867, Bädeker. *

— zur Geschichte der evangelischen Kirche Rheinlands u. Westphalens. 2. Bd. A. u. d. T.: Geschichte der evangelischen Gemeinden, der Grafschaft Mark u. der benachbarten Gemeinden v. Dortmund, Soest, Lippstadt, Essen &c. v. F. G. H. Bädeker, fortgesetzt v. Heinrich Heppe. gr. 8. (VII, 512 S.) Iserlohn 870. Bädeker. n. 7. 50 (1. 2: n. 14. 50)

— Geschichte der quietistischen Mystik in der katholischen Kirche. gr. 8. (XII, 522 S.) Berlin 875. Hertz. n. 9. —

— Geschichte des Pietismus u. der Mystik in der reformirten Kirche, namentlich der Niederlande. gr. 8. (XVI, 503 S.) Leiden 879. Brill. n.n. 9. —

—— Geschichte des deutschen Protestantismus in den J. 1555—1585. Neue wohlf. (Titel=)Ausg. 4 Bde. in 20 Lfgn. gr. 8. (XXVIII und 2403 S.) Frankfurt a. M. (852)65,66, Völcker. à Lfg. 9 Ngr.

—— Geschichte des deutschen Protestantismus in den J. 1555—1581. 1. Bd.: Die Geschichte des deutschen Protestantismus von 1555—1562 enthaltend. gr. 8. (X und 665 S.) Marburg 852, Elwert'sche Universitäts=Buchh.

— Geschichte des deutschen Protestantismus in den Jahren 1555—1581. 2. Bd. Die Geschichte des deutschen Protestantismus von 1563—1574 enthaltend. Marburg 853. Elwert. gr. 8. (XII, 494 S. u. Beilagen 145 S.) 2 ₰. 25 ngr

—— Geschichte des deutschen Protestantismus in den J. 1555—1581. 3. Bd.: Die Geschichte des deutschen Protestantismus von 1574—1577 enthaltend. A. u. d. T.: Geschichte der lutherischen Concordienformel und Concordie. 1. Bd. gr. 8. (VI und 788 S.) Marburg 857, Elwert'sche Universitäts=Buchh.

— Geschichte des deutschen Protestantismus in den Jahren 1555—1581. 4. Bd.: Die Geschichte des deutschen Protestantismus von 1577—1581 mit Fortsetzung bis zum Jahre 1583 enthaltend. A. u. d. T.: Geschichte der lutherischen Concordienformel u. Concordie. 2. Bd. Marburg 859. Elwert. (Frankfurt a. M., Völcker.) gr. 8. (XII, 490 S.) 2 ₰ 5 ngr

Heppe, Heinr., Geschichte des deutschen Volksschulwesens. 5 Bde. gr. 8. Gotha, F. A. Perthes. [1. Bd. (VII und 344 S.) 858., 2. und 3. (VI und 699 S.) 858., 4. (VII und 384 S.) 859., 5. (VIII und 456 S.) 860. à Bd. * 1 Thlr. 22 Ngr.] Thlr. *

— Halte was du hast, damit Niemand deine Krone nehme, s. Halte &c.

— Katholicismus u. Protestantismus im Hinblick auf die vaticanischen Concilbeschlüsse betrachtet. Vortrag, gehalten zu Bremen am 2. Decbr. 1870. 8. (38 S.) Bremen 871. Müller's Verl. n. — 50

— dasselbe, s. a. Vorträge, zeitgeschichtliche.

— Kirchengeschichte beider Hessen. 2 Bde. (479 u. VIII, 496 S.) Marburg 876—878. Gießen, J. Ricker. 17. —

— Kirchengeschichte beider Hessen. 1. u. 2. Hft. gr. 8. (S. 1—352.) Marburg 876. Sipmann. à n. 3. —

— Kirchengeschichte beider Hessen. 2 Bde. gr. 8. (479; VIII, 496 S.) Marburg 877, Sipmann'sche Buchh. * 17 —

— Kirchengeschichte beider Hessen. 1. Bd. 3. Hft. u. 2. Bd. gr. 8. (1. Bd. S. 353—479 u. 2. Bd. VIII, 496 S.) Marburg 878. Sipmann. n. 11. — (cplt.: n. 17. —)

—— die Kirchengewalt der Kurfürsten von Hessen aus der hessischen Kirchenordnung vom 21. Octbr. 1566 erwiesen. Zur Widerlegung der unlängst erschienenen Schrift: „Die Superintendenten in der ersten Kammer der Landstände in Kurhessen. Kassel 1856." gr. 12. (38 S.) Darmstadt 856, Leske. *
Aus: Allgemeine Kirchen=Zeitung, besonders abgedruckt.

Heppe, Heinr., der Convent evangelischer Reichsstände zu Naumburg im Jahre 1554 u. die Bedeutung desselben für den deutschen Protestantismus, nach archival. Studien dargestellt. gr. 4. (18 S.) Marburg 877. Sipmann. n. 1. —

Heppe, Hnr. Ldw. Jul., Dissertatio inauguralis de loco Evang. Luc. XVI. 1—9. 8maj. Marburg 844. (Cassel, Krieger.) n. ¼ ₰

— Philipp Melanchthon, der Lehrer Deutschlands. Ein Lebensbild dem deutschen Volke dargestellt. 1. u. 2. Aufl. Marburg 860. Koch. (Neuruppin, A. Oehmigke.) 8. (VIII, 224 S.) n. 15 ngr

—— Philipp Melanchthon, der Lehrer Deutschlands. Ein Lebensbild der deutschen Jugend dargestellt. 2. Aufl. 8. (VIII und 224 S. mit 4 lithogr. Bildern.) Neu-Ruppin 867, Oehmigke. cart. -

—— zwei Predigten über das evangelische Diaconissenamt. gr. 8. (20 S.) Treysa 865. (Marburg, Ehrhardt's Universitäts-Buchh.) *

—— die Restauration des Katholizismus in Fulda, auf dem Eichsfelde und in Würzburg. Urkundlich dargestellt. gr. 12. (VI und 292 S.) Marburg 850, Elwert'sche Universitäts-Buchh.

— Schriften zur reformirten Theologie. Elberfeld, Friderichs. gr. 8. Jeder Bd. 1 ℛ 15 ngr.
1. Bd.: Die Bekenntnisschriften der reformirten Kirchen Deutschlands. 860. (XXIV, 310 S.)
2. Bd.: Die Dogmatik der evangelisch-reformirten Kirche dargestellt u. aus den Quellen belegt. 861. (VIII, 520 S.)

—— das Schulwesen des Mittelalters und dessen Reform im 16. Jahrhundert. Mit einem Abdr. von Bugenhagen's Schulordnung der Stadt Lübeck. gr. 8. (V und 96 S.) Marburg 860, Elwert'sche Universitäts-Buchh. *

-- Sendschreiben an die hochwürdigen Herren Dr. Thomasius, Dr. Hofmann und Dr. Schmid, Proff. d. Theol. zu Erlangen, den Bekenntnißstand der reformirten Kirche in Kurhessen betreffend. Mit einem Vorwort über den gegenwärtigen Stand der confessionellen Wirren in Kurhessen. Giessen 855. Ferber. gr. 8. (124 S.) n. 12 ngr.

— christliche Sittenlehre. Hrsg. von Alb. Kuhnert. gr. 8. (VIII, 112 S.) Elberfeld 882. Friderichs. n. 2.40

— christliche Sittenlehre. Hrsg. v. Alb. Kuhnert. 2. [Titel-]Ausg. gr. 8. (VIII, 112 S.) Leipzig [882.] 902. G. Strübig. n. 1.60; geb. n. 2.25

Heppe, Heinr. (Bearb.), s. Soldan, W. G.: Geschichte der Hexenprozesse.

Heppe, Heinr., die presbyteriale Synodalverfassung der evangelischen Kirche in Norddeutschland nach ihrer histor. Entwickelung und evangelisch-kirchl. Bedeutung beleuchtet. 1. Aufl. 1868. ℳ 1,20., und 2. verm. Aufl. gr. 8. (IV, 144 S.) Iserlohn 874, Baedeker.

Heppe, Heinr. Ludw. Jul., Thatsachen aus d. kurhess. Kirchengeschichte, od.: Einige Worte üb. die unlängst erschien. Schrift d. Hrn. Pfarrer Vilmar „die kurhessische Kirche" betitelt. gr. 8. (3 B.) Kassel 844, Krieger'sche Buchh. Thlr. -

— der Text der Bergischen Concordienformel, verglichen mit dem Text der schwäbischen Concordie, der schwäbisch-sächsischen Concordie u. des Torgauer Buches. 2. Ausg. Marburg 860. Koch. (Sipmann.) gr. 8. (VI, 216 S.) n. 20 ngr.

—— historische Untersuchungen über den kasseler Katechismus vom J. 1539, nach seiner Entstehung und kirchl. Bedeutung. gr. 8. (89 S.) Kassel 847, J. G. Luckhardt.

— Ursprung und Geschichte der Bezeichnungen „reformirte" und „lutherische" Kirche. Gotha 859. F. A. Perthes. gr. 8. (VIII, 104 S.) n. 15 ngr.

—— die Verfassung der evangelischen Kirche im ehemaligen Kurhessen in ihrer historischen Entwicklung dargestellt. gr. 8. (IV, 107 S.) Marburg 869, Ehrhardt. *
Aus: Zeitschrift für preußische Geschichte und Länderkunde, besonders abgedruckt.

—— das rechtliche Verhältniß der Universität zu Marburg zur evangel. Kirche Hessens aktenmäßig dargelegt. gr. 8. (VI und 42 S.) Marburg 850. (Kassel, Kriegersche Buchh.) *

Heppe, Heinr. (Ludw. Jul.), einige Worte zur Beurtheilung der von dem Hr. Pfarrer Ruckert zu Kassel veröffentlichten Schrift, s. Worte, einige.

Heppe, J. C., die Denkmäler; ein Lstspl. in 1 Aufz. 8. Frankf. u. Leipz. 774.

Heppe, Jh. Cph.

— astronom. Abbildung des großen Kometen. 4. Nürnb. 769.

— Abbildung u. Beschreib. der Fische. Mit 19 Kpf. gr. 8. Nürnb. 782. 2e Aufl. 788. Mit 69 ill. Kpf. 800. Winterschmidt.

— Abbild. u. Beschr. d. Fische. 6 Hefte. m. K. gr. 8. Nrnb. Winterschmidt. 800—805.

—— s. Abhandll., drei philosophische.

—— s. Beschreib. d. Barometer.

—— s. Erkenntniß d. Herrlichkeit Gottes.

—— s. Größe u. Weisheit Gottes.

HEPPE, Joh. Christ.: Die Jagdlust oder die hohe und niedere Jagd nach allen ihren Verschiedenheiten in drey Theilen gründlich beschrieben und mit nöthigen Kupfern erläutert. - Nürnberg 1783 u. 1784. 3 Bd. - Bd. 1: 496 S. - Bd. 2: 636 S. - Bd. 3: 606, VIII S.

— die Jagdlust, oder die hohe u. niedere Jagd. 3 Thle. Mit Kpf. 8. Nürnb. 783, 84. Bauer u. R. 2 ℛ 16 ggr.

— encyklopäd. Kalender, od. kurze Aufsätze für die Liebhaber der Haushaltungskunst ꝛc. für d. J. 1765—67, 76, 80, 85—93. 4. Nürnb., Endter. (à 3 ggr.) 1 ℛ 18 ggr.

Heppe, J. Ch., Lehrb. e. Experimentalnaturlehre. 2 Thle. 8. Gotha, Ettinger. 787. 88.

—— s. Lehrbuch üb. d. drei Reiche d. Natur.

Heppe, Jh. Cph., († d. 24. Mai 1806.) Lesebuch e. Experimentalnaturlehre. 2 Thle. 8. Gotha 787, 88. Ettinger. 20 ggr.

—— s. Magazin, Fränk.

—— s. Nichts ohne Absicht.

—— s. Reiche, die drei d. Natur.

— Reise eines arabischen Weltweisen nach den fünf Planeten u. dem Sternbilde des Widders. 4. Nürnb. 774.

—— s. Samml. geheimer Kunststücke.

—— s. Kasp. Stoll, Abbildd.

—— s. Toiletten-Almanach.

— Der Vogelfang nach seinen verschiedenen Arten pracktisch (!) nach der Erfahrung beschrieben, nebst Anleitung z. Jagd d. Federwildprets. Th. (1)-2. Nürnb. 1797. 21 Tvl. (14 kol.).

— d. Vogelfang nach seinen verschied. Arten. 2 Thle. Mit Kpf. 8. Nürnb. 797, 804. Bauer u. R. 5 ₰ 8 ℛ

— d. Vogelfang n. s. versch. Art. 2 Thle. m. K. 8. Nrnb. Raspe. 805. 806. (à 2 Rthlr. 16 gr.)

Heppe, Joh. Georg: Οἰνολογίαν [Oinologian], seu dissertationem de vino, ... [Resp.:] Theodorus Schneckerus. Wittebergae: Wilckius 1700. Wittenberg, Phil Diss. 1700 -- 7°
Boehmer: Hoppe, Io. Ge.

Heppe, Joh. Georg Ludw. (Decia-Nassovicus)
Dissertatio inauguralis juridica de variis fidejussorum differentiis, et qui inde pendent diversis longe effectibus.
Gissae Catt. 11. Nov. 1700. (8), 48 S. 4°
pro licentia summos in utroque jure honores . . . rite capessendi

Joh. Georg Ludwig (Diez/Nassau), De variis fidejussorum differentiis, et qui inde pendent diversis longe effectibus. Diss. jur. Giessen (Johann Reinhard Vulpius) Nov. 1700. 48 S. (7.—) 14451
Widm. v.: Friedrich Nitzsch, Joh. Nicolaus Hert, Bernhard Ludwig Mollenbec, Immanuel Weber, E. L. v. Worm, Leopold Vigelius.

— **Johann Philipp** (Cassel), Dissertatio de variis disputandi modis. Präs. Conr. Fried. Ern. Bierling. Rinteln (Joh. Gottfr. Enax) 3. IX. 1740. 40 Seiten. (6.50) 14452
Gew.: Carl Laers, Christoph Philipp Heppe (Vater). — Widm. v.: Präs., Justus Friedrich Bierling (dtsch.), F. W. Pestel.

Heppe, Karl von, s.a. H e p p e , Christian Wilhelm von

HEPPE, Karl v.: Der sich selbst rathende Jäger oder: Hundert und siebenzehn auserlesene und zum Theil sehr delikate Casus und streitige Fälle, welche täglich bey dem Forst-, Jagd- und Fischerey-Wesen vorkommen, und sowol aus denen Rechten, als besonders löbl. Oberservanz entschieden sind. - Augsburg 1754. 488 S.

HEPPE, Carl v.: Aufrichtiger Lehrprinz oder Praktische Abhandlung von dem Leithund, als dem Fundament der edlen hirschgerechten Jägerey. Nebst gründlicher Erklärung der weydmännischen Redensarten, und vielen anderen zur Jagdwissenschaft dienlichen allgemeinen Anmerkungen. - Augspurg 1751. 499 S.

Heppe, Carl Wilhelm (Cassel), De usuris in contractibus stricti juris secundum recessum deputat. de anno 1600. §. 139. Disp. jur. Präs. Joh. Friedr. Hombergk zu Vach. Marburg (Phil. Casim. Müller) 4. V. 1736. 72 S. (7.—) 14450

Der Altenstein bei Allendorf an der Werra einst und jetzt. Ein Beitrag z. Geschichte e. ehemal. Ritterburg von Ludwig Heppe. *Kassel: F. Lometsch [1903?].* (110 S.) 8° [F.] [04. 8036 4

Heppe, Ludw., der Altenstein bei Allendorf an der Werra einst u. jetzt. Ein Beitrag zur Geschichte e. ehemal. Ritterburg. (110 S. m. Titelbild.) 8. Kassel (904). E. Röttger. n. 1. —

Heppe, Otto [Referendar aus Dortmund]: Aufbewahrungspflicht von unbestellt Zugesendetem. Nach gemeinem Civilrecht ... Dortmund, Druck v. W. Crüwell, 1896; 34 S. 8.
Erlangen, Jur. Fak., Inaug.-Diss. v. 1896

Allopathie. Homöopathie. Isopathie. Therapeutische Studien von Dr. med. [Richard] **Heppe**, pr. Arzt, Kassel. Kassel: J. G. Oncken Nachf. 1906. (57 S.) 8° [06. 9444 4

Heppe, Richard [cand. med. aus Dortmund]: Ueber Arthrodese ... München, Druck v. V. Höfling, 1893; 19 S. 8.
München, Med. Fak., Inaug.-Diss. v. 1893

Heppe, Walt., die Appendicitis im Kanton Aargau, besonders ihr endem. Auftreten u. epidem. Aufflackern (m. Karte). (25 S.) gr. 8. Aarau 907. H. R. Sauerländer & Co. 1. 60

Heppe, Walter, prakt. Arzt von Zürich, z. Z. Assistenzarzt an der chirurgischen Abteilung der kantonalen Krankenanstalt in Aarau. Über eine Ohrmuschelgeschwulst von ungewöhnlichem Bau (Carcinom, Sarkom oder Endotheliom?). Aarau 1906. 26 S. 8°. [25. VI. 06.]
Zürich. Med. Diss. 1905/1906.

Heppe, Walter. Über eine Ohrmuschelgeschwulst von ungewöhnlichem Bau (Carcinom, Sarkom oder Endotheliom?). 8.
Ausg. A: Diss. Med. Univ. Zürich. II + 25 S. (Aarau, G. Keller, 1906.) V Zür
Ausg. B: 19. Jahresbericht über die Kantonale Krankenanstalt Aarau ... 1905. Aarau, G. Keller, 1906. (Beilagen: I.) 28 S.

Heppel, Balthasar (Röttingen), Sapientia legislatoris nec non prudentia judicis circa testamentifactiones existentibus propinquis omni odio, ac impostis prosequendas. Präs. Franz Christoph Wiesen. Würzburg (Franz Ernst Nitribitt) 6. IX. 1780. 102 S. (7.50) 14453

HEPPENHEIMER, Friedrich Karl (New York): Num icterus sit haematogeneus. (Titel nach der Urkunde) 18.3.1880 - Urk; Chr 1879/80,14
Diss.Ingolst.-Landsh.-Mchn.

Hepperger, Josef von

Hepperger, J. v., Bahnbestimmung des Kometen 1874. III. [Coggia.] [Aus: „Sitzungsber. d. k. Akad. d. Wiss."] Lex.-8. (60 S.) Wien 882. (Gerold's Sohn). n. 1. —

Hepperger, Privatdoc. Dr. J. v., Bahnbestimmung d. Kometen 1846 IV [De-Vico.] [Aus: „Sitzungsberichte der k. Akademie d. Wissenschaften"] Lex. 8°. (42 S.) Wien, Gerold's Sohn. 8. —.35. 1887.

Hepperger, J. v., Bahnbestimmung d. Kometen 1846 IV [De-Vico]. [Aus: „Sitzungsber. d. k. Akad. d. Wiss."] Lex.-8. (42 S.) Wien 887. (Tempsky.) n.n. — 70

— Bahnbestimmung des Biela'schen Kometen auf Grund der Beobachtungen aus dem Jahre 1865. S. 109. II a. 623 . . . . vgr.
Separatabdruck

Hepperger, J. v., Bahnbestimmung d. Biela'schen Kometen aus d. Beobachtgn. während d. J. 1826 u. 1832. [Aus: „Sitzungsber. d. k. Akad. d. Wiss."] gr. 8. (113 S.) Wien 898. (C. Gerold's Sohn.) n. 2. 20

Hepperger, J. v., Bahnbestimmung des Biela'schen Kometen aus den Beobachtungen während der J. 1845 u. 1846. gr. 8. (84 S.) Wien 900. (C. Gerold's Sohn.) n. 1. 50
Sonderabdruck aus: „Sitzungsber. d. k. Akad. d. Wiss."

Hepperger, Jos. v., Bahnbestimmung des Biela'schen Kometen aus den Beobachtungen während der J. 1846 u. 1852. (48 S.) gr. 8. Wien 903. (A. Hölder.) n. — 90

— Bestimmung der Masse des Biela'schen Kometen. (55 S.) gr. 8. Ebd. 906. n. 1. 50
2 Sonderabdrucke aus: „Sitzungsber. d. k. Akad. d. Wiss."

— über einige Eigenschaften des Capillar-Elektrometers. [Aus: „Sitzungsber. d. k. Akad. d. Wiss."] Lex.-8. (11 S.) Ebend. 880. n.n. — 25

— Ueber einige Eigenschaften des Capillar-Elektrometers. Lex. 8°. *11 S.* Ibid. 1881. fl. —.15

— üb. d. Einfluss d. selectiven Absorption auf d. Extinotion d. Lichtes in d. Atmosphäre. [Aus: „Sitzungsber. d. k. Akad. d. Wiss."] gr. 8. (55 S.) Ebd. 896. n. 1. 10

Hepperger Josef von, Dr.: Über den Einfluß der Konzentration der Flüssigkeiten auf die elektrometorische Kraft des Daniell'schen Elementes. S. 82. II. 926 . . . . . —.30
Separatabdruck

— üb. die Fortpflanzungsgeschwindigkeit der Gravitation. [Mit 5 Holzschn.] [Aus: „Sitzungsber. d. k. Akad. d. Wiss."] Lex.-8. (26 S.) Ebd. 888. n. — 70

— üb. d. Helligkeit d. verfinst. Mondes u. d. scheinbare Vergrösserg. d. Erdschattens. [Aus: „Sitzungsber. d. k. Akad. d. Wiss."] Lex.-8. (37 S m. 2 Fig.) Ebd. 895. n. — 80

— Integration der Gleichung f. die Störung der mittleren täglichen siderischen Bewegung periodischer Kometen v. geringer Neigung [Biela'scher Komet] durch die Planeten Erde, Venus u. Mercur. [Aus: „Sitzungsber. d. k. Akad. d. Wiss."] Lex.-8. (28 S.) Ebd. 889. n. — 60

— Integration der Gleichungen f. die Störungen der Elemente periodischer Kometen v. geringer Neigung [Biela'scher Komet] durch die Planeten Erde, Venus u. Mercur. [Aus: „Sitzungsber. d. k. Akad. d. Wiss."] Lex.-8. (15 S.) Ebd. 890. n. — 40

— über Kometen, s. a. Vorträge des Vereines zur Verbreitung naturwiss. Kenntnisse in Wien. 45. Jhrg. 6. Hft.

Hepperger, J. v., Über Kometen. [Vorträge des Vereines zur Verbreitung naturwissenschaftlicher Kenntnisse in Wien. 45. Jahrg. Heft 6.] 8°. (31 S.) † K —.60
Wien: Wilhelm Braumüller 1905.

Hepperger, J. v., üb. Krümmungsvermögen u. Dispersion v. Prismen. [Mit 8 (eingedr.) Holzschn.] Lex.-8. (40 S.) Wien 885. (Gerold's Sohn.) n. — 80

—— über Lage und Gestalt von Isochronen in Kometenschweifen. Lex.-8. (7 S.) (Ebendas.) 884.

—— über die Schweifaxe des Kometen 1874 III [Coggia]. Lex.-8. (46 S. mit 1 eingedr. Holzschn.) (Ebendas.) 883. *
Vorstehende fünf Schriften sind aus: Sitzungsberichte der k. Akademie der Wissenschaften, besonders abgedruckt.

Hepperger, J. v., zur Theorie der astronomischen Refraction. [Aus: „Sitzungsber. d. k. Akad. d. Wiss."] Lex.-8. (36 S.) Wien 893. (F. Tempsky.) n. — 70

Hepperger, J. v., Vergleichung der in Potsdam bestimmten Temperaturen v. Sternen m. den Grössenangaben des Draper-Katalogs u. der revised Harvard photometry. (9 S.) gr. 8. Wien 910. A. Hölder. — 35

—— über die Verschiebung des Vereinigungspunktes der Strahlen beim Durchgange eines Strahlenbüschels monochromatischen Lichtes durch ein Prisma mit gerader Durchsicht. Lex.-8. (27 S. mit 2 eingedr. Holzschn.) Wien 885, (Tempsky.) **
Letztere vier Schriften sind aus: Sitzungsberichte der k. Akademie der Wissenschaften, besonders abgedruckt.

— Versuch e. Bahnbestimmung d. Schmidt'schen Nebels. Lex.-8. (17 S.) Ebend. 883. n. — 40

— Über den Zusammenhang zwischen der Lichtänderg. u. d. Elementen d. Systems β Lyrae. (35 S.) gr. 8. Ebd. 909. 1. —
2 Sonderabdr. a.: „Sitzungsber. d. k. Akad. d. Wiss."

Heppes, Julius, Rechtsprakt.: Wilddiebstahl. Erlangen 1909: Jacob. VIII, 122 S. 8°
Erlangen, Jur. Diss. v. 8. Juli 1900, Ref. Allfeld
[Geb. 2. Febr. 81 Grünstadt; Wohnort: Kissingen; Staatsangeh.: Bayern; Vorbildung: Gymn. Speier Reife Juli 99; Studium: Würzburg 7, Berlin 1 S.; Rig. 27. März 09.] [U 10. 698

Heppes, Wilh. (Red.), s. Armen-Seelen-Blatt.

Heppius, J. M. Parallelismus et convenientia XII linguarum, ex matrice Scytho-Celticae, Europae a Japheti posteris vindicatarum. Diss. Wittenberg 1797. 20 S. 4.

Hepple, William, Brief-Entwürfe zum Uebersetzen aus dem Deutschen ins Engl., oder Sammlung von Materialien zum Entwerfen kaufmännischer Briefe, nebst einer Auswahl engl. Originalbriefe, ins Deutsche übertragen zum Zurück-Uebersetzen ins Engl. Ferner eine Anweisung über den üblichen Anfang u. Schluß der engl. Handlungsbriefe, mit Verzeichniß über die in diesem Buche vorkomm. techn. Ausdrücke. gr. 12. Hamburg 840. (Herold.) 7/12 ℛ

Hepple, William, Brief-Entwürfe zum Uebersetzen aus dem Deutschen ins Englische, oder Sammlung von Materialien zum Entwerfen kaufmänn. Briefe, nebst einer Auswahl engl. Originalbriefe, ins Deutsche übertragen zum Zurück-Uebersetzen ins Englische. 2. (Titel-)Ausg. 12. (XL und 55 S.) Hamburg 851, Heroldsche Buchh. *

Hepple, Will., Leitfaden z. engl. Correspondenz od. deutsche Handlungsbriefe, mit zweckmäß. phraseolog. u. terminolog. Anmerkn. z. Uebersetzen in d. Engl., wobei zugleich gründl. Anweis. zu Adressen, Frachtbriefen, Wechseln, Rechn. rc. gegeben, u. Erklär. d. üblichsten kaufmänn. Ausdrücke u. Abbreviaturen. gr. 12. (8½ B.) Hamburg 853, Herold.

Hepple, Will., Leitfaden zur engl. Correspondenz, od. deutsche Handlungs-Briefe, m. zweckmäß. phraseolog. u. terminolog. Anmerkungen, z. Uebersetzen ins Englische, wobei zugleich gründliche Anweisung zu Adressen, Frachtbriefen, Wechseln, Rechnungen rc. gegeben, u. Erklärung d. üblichsten kaufmänn. Ausdrücke u. Abbreviaturen. 2. Ausg. gr. 12. (8¾ B.) Hamburg 842, Herold'sche Buchh. * —

Hepple, William, Leitfaden zur englischen Correspondenz, oder deutsche Handlungs-Briefe, mit phraseolog. und terminolog. Anmerkungen zum Uebersetzen ins Englische, wobei zugleich gründliche Anweisung zu Adressen, Frachtbriefen, Wechseln, Rechnungen rc. gegeben und Erklärung der üblichsten kaufmännischen Ausdrücke und Abbreviaturen. 3., verm. Aufl. 8. (VIII und 212 S.) Hamburg 856, Nolte und Köhler. Thlr. *.

Hepplen, Andreas Ludwig: Quaestiones selectae controversae de justificatione ..., s. May, Joh. Heinr. (Präs.)

Hepplewhite, J, englische Hausmöbel, Stil Ende des 18. Jahrh. Facsm.-Neudrucke aus dem im J. 1794 u. d. T. „Cabinet maker and upholsterers guide" erschienenen Werke. 15 Taf. u. 1 Suppl.-Taf. von William Thomas. (II S. Text.) gr. Fol. Berlin (906). B. Hessling. In Mappe n. 15. —; geb. in Halbleinw. n. 20. —
Sonderabdruck aus: „Sheraton, Hepplewhite u. a., engl. Kunstmöbel".

(B) Hepplewhite, J., englische Hausmöbel. 906. (KBL 83.) Jetzt: Berlin, Ornamentverlag.

Hepplewhite, J., englische Kunstmöbel, s.: Sheraton, Thom.

Heppner, Aron

Heppner, A., die Scholien zu Ruth etc., s.a. Bar-Hobraeus.

Heppner, Aron [cand phil.]. Die Scholien des Bar-Hebraeus zu Ruth und den apokryphischen Zusätzen zum Buche Daniel nach den vier in Deutschland befindlichen Handschriften von Bar Hebraeus' אוצר ארזא ediert, übersetzt und mit Anmerkungen versehen. . . . Halle a. S., *Druck v. G. Zahn & H. Baendel, Kirchhain, N. L.*, 1888; 2 Bl. + 33 + 1 S. 8°
Halle, Phil. Fak., Inaug.-Diss. v. [2. Apr.] 1889

Aus Vergangenheit und Gegenwart der Juden und der jüd. Gemeinden in den Posener Landen von Dr. A. **Heppner**, Rabbiner, u. I[saak] Herzberg, Lehrer. H. 1. Koschmin: J. Tuch 1904. 8° [F.] 07. 13067

Aus Vergangenheit und Gegenwart der Juden in Hohensalza. Nach gedr. u. ungedr. Quellen von Dr. A(ron) **Heppner**, Rabb. in Koschmin, u. I[saac] Herzberg, Lehrer in Bromberg. Frankfurt a. M.: Kauffmann 1907. 68 S. 8°
Erw. aus Heppner: Aus Vergangenheit u. Gegenwart d. Juden u. d. jüd. Gemeinden in d. Posener Landen. 09. 9296

Heppner, Theodor: Die Laut- und Flexionsverhältnisse in Burcard Waldis' Bearbeitung des Theuerdank im Verhältnis zu denen des Originals. Erlangen 1907: Junge & Sohn. (X, 118 S.) 8° ¶ (Teildruck.)
München, Phil. Fak., Ref. H. Paul, Diss. v. 8. März 1907
[Geb. 23. März 80 Hall in Tirol; Wohnort: Kroisbach b. Graz; Staatsangeh.: Österreich; Vorbildung: Obergymn. Feldkirch in Vorarlberg Reife Juli 00; Studium: München 5, Wien 1, München 5 S.; Rig. 8. März 07.]

Hepprich, A., Rousseaus „Emil“ u. Salzmanns „Konrad Kiefer“ — ein Vergleich, s.: Lehrer-Prüfungs- u. Informations-Arbeiten.

Heptameron, das, od. Die Erzählgn. d. Königin Margareta Navarra, s.a. Perlen älterer romanischer Prosa.

Heptameron, Franc., ou nouvelles de Marguerithe, Reine de Navarre. III Vols. av. fig. gr. 8. Bern 791. Typ. Soc. 27 ₰ 16 gr.

— deutsch (v. B. A. Dunker) unt. d. T.: romant. Erzähll. der Königin Margaretha v. Navarra. 2 Bde. Mit 17 Kpf. u. 35 Vign. gr. 8. Ebd. 791. 5 ₰ ohne Kpf. 16 gr.

Heptameron, der. Erzählungen der Königin von Navarra. Aus dem Französ. übers. von Wilh. Förster. 1.—8. Tausend. 8. (XVI, 450 S.) Berlin 886, Jacobsthal.

—— dass. — 2. Aufl. 9. Tausend. 8. (XVI, 448 S. mit 4 Vollbildern und zahlr. Vignetten nach Kupfern von Ant. Dunker, Sam. Freudenberg und Longueil.) Ebendas. 886. *
geb. *

Heptameron, der. Erzählungen der Königin v. Navarra. Aus dem Franz. übers. v. Wilh. Förster. 3. u. 4. Aufl. Mit zahlr. Vignetten nach Kupfern v. A. Dunker, S. Freudenberg u. Longueil. 8. (XVI, 448 S.) Berlin 889. 890. Jacobsthal. n. 3. —

Heptameron, der. Erzählungen der Königin v. Navarra. Aus dem Franz. übers. v. Wilh. Förster. 5. Aufl. Mit zahlreichen Vignetten nach Kupfern v. Ant. Dunker, Sam. Freudenberg u. Longueil. 8. (XVI, 448 S.) Berlin 891. Neufeld & Henius. n. 4. —

Heptameron, der. Erzählgn. d. Königin v. Navarra. Aus d. Franz. übers. v. Wilh. Förster. 10. Aufl. Mit zahlr. Vignetten nach Kupfern v. Ant. Dunker, Sam. Freudenberg u. Longueil. 8. (XVI, 448 S.) Berlin 898. Neufeld & Henius. 4. —

Heptameron, der, od. Die Erzählungen der Königin v. Navarra. (202 S. m. Abbildgn.) schmal 8. Berlin (905). Norddeutsche Verlags-Anstalt L. Hohenstein & Co. n. 2. —

— dasselbe. Illustriert v. Coeurdame. Nach den Documenten v. Le Roux de Lincy u. Montaiglon aus dem Altfranz. übers. v. Morizeau. (In 30 Heften.) 1.—10. Heft. (16 S. u. S. 1—304 m. je 2 Vollbildern.) gr. 8. Prag (906). A. Hynek. à n. — 40

Heptaméron, der. Die Erzählgn der Königin der Navarra. Nach den Documenten v. Le Roux de Lincy u. Montaiglon aus dem altfranz. übers. v. Morizeau. Illustr. v. Coeurdame. 11.—17. (Schluß-) Heft. (S. 305—494 u. 35 S. m. 13 Vollbildern.) gr. 8. Prag (907). A. Hynek. à Heft — 40

Hepting, Fridol., und Geo. Fath, Lesebuch für die Oberklassen der katholischen Volksschulen bearb. 1. Abthl. Welt- und Erdkunde im Allgemeinen; Naturlehre; Naturgeschichte. 8. (VIII und 136 S.) Freiburg im Br. 867, Herder'sche Verlagsh. *

Hepting, Fridolin, und G. **Fath,** der Realunterricht für die vier ersten Schuljahre in seiner natürlichen Verbindung mit dem Sprachunterrichte. Ein Handbuch für Volksschullehrer mit Rücksichtnahme auf die neueren Bestimmungen über das badische Volksschulwesen bearbeitet u. herausgegeben. (Mannheim) 853. (Constanz, Meck.) gr. 8. (XIV, 130 S.) n. 12 ngr.

Hepting, Fridolin, und Geo. Fath, der Realunterricht für die vier ersten Schuljahre in seiner natürlichen Verbindung mit dem Sprachunterrichte. Ein Handbuch für Volksschullehrer mit Rücksichtsnahme auf die neueren Bestimmungen über das bad. Volksschulwesen bearb. und hrsg. gr. 8. (XIV und 130 S.) (Constanz 854, Meck.) *

— der Realunterricht für das fünfte und sechste Schuljahr in seiner natürlichen Verbindung mit dem Sprachunterrichte. Ein Handbuch für Volksschullehrer mit Rücksichtnahme auf die neueren Bestimmungen über das badische Volksschulwesen bearb. u. herausg. Constanz 855. (Meck.) gr. 8. (XIV, 249 S.) n. $17\frac{1}{2}$ ngr.

Tabellen zur Absteckung der Schnitt- und Brechpunkte von Wegen und Gräben. Bearb. von L[eo] **Heptner**, Kgl. Landmesser. Mit 2 Zeichn. Leobschütz [1905]: W. Witke. (15 S.) 8° 06. 11838 2

Heptner, L., Tafeln für Wertsberechnungen. Multiplikationstafeln. Hrsg. m. Unterstützg. des königl. preuss. Ministeriums f. Landwirtschaft, Domänen u. Forsten. (VIII, 201 S.) Lex.-8. Leobschütz, Landmess. Heptner.
Geb. in Leinw. n.n. 5. 80

Tafeln für Wertsberechnungen. Multiplikationstafeln. Bearb. von L[eo] **Heptner**, Kgl. Landmesser. (Leobschütz): Selbstverl. 1905. (VIII, 201 S.) 4° (8°) 06. 11839 2

Heptner, M: Preis-Courant der Special-Fabrik für Büsten usw. 22. Aufl. Berlin (1896)

HEPWORTH Dixon, W. Seelenbräute. Überfetzt von J. Frefe. 2 Bde. Berlin 1868.
Behandelt weiblichen Pietismus.

Hepworth, G. H., der Schuhmacher von Bakenheim, s.: Sandmann, Frdr.

Hepworth, George, das B. A. C. H. in Joh. Seb. Bach's „Kunst der Fuge“. gr. 8. (14 S.) Leipzig 887. E. Stoll. n. — 40

Hepworth, J., Bädeker's Reisehandbuch, s.: **Blochs**, E., Theater-Correspondenz.

Hepworth, John, Glück. Schauspiel in 4 Aufzügen. (64 S.) 8. Hamburg (906). O. Laven. n. 2. —

Hepworth, William, Mittheilgn. f. Spieler, Besitzer, Händler u. Verfertiger v. Streichinstrumenten, sowie f. Saitenfabrikanten, nach eigenen Erfahrungen, Studien u. Beobachtgn. zusammengest. 12. (55 S.) Dresden 895. J. G. Seeling. — 60

FSC
www.fsc.org
MIX
Papier | Fördert gute Waldnutzung
FSC® C083411

Kolibri 360 GmbH
Ferdinand-Jühlke-Straße 7
99095 Erfurt, Deutschland
produktsicherheit@kolibri360.de